河南省郑州市紫荆山公园
木本植物志谱

赵天榜　米建华　田国行　周宪魁　何彦召　主编

黄河水利出版社
·郑州·

内 容 提 要

本书是一部全面系统地介绍河南省郑州市紫荆山公园木本植物种质资源的专著。本书内容丰富、论点明确、资料翔实、文图并茂,是作者多年来从事该公园木本植物种质资源研究的成果和劳动结晶。全书分两篇:第一篇介绍了郑州市紫荆山公园自然概况、成绩与经验;第二篇介绍了郑州市紫荆山公园的木本植物种质资源。每种均记述其学名、异学名、形态特征、产地、识别要点、生态习性、繁育与栽培技术要点、主要病虫害及主要用途等。本书记述该公园木本植物种质资源共计71科、18亚科、26族、139属、2亚属、223种(1新改隶组合种)、6亚种(2新亚种、2新改隶组合亚种)、86变种(15新变种、1新组合变种)、37变型(1新变型)及71品种(17新品种),并附图231幅(包括第一篇图1-1、第二篇230幅)及彩色图版59幅(彩片578张)。首次将各分类群的名称、学名、异学名采用对照排列,并在书后附有参考文献。

本书可供植物分类学、树木学、园林植物学、树木育种学、花卉学、经济林栽培学、园林设计等专业师生、科研单位工程技术人员,以及园林、花卉等爱好者阅读,也是园林植物工作者一部重要的工具书与参考书。

图书在版编目(CIP)数据

河南省郑州市紫荆山公园木本植物志谱／赵天榜等主编.
郑州:黄河水利出版社,2017.4
ISBN 978 - 7 - 5509 - 1740 - 8

Ⅰ.①河…　Ⅱ.①赵…　Ⅲ.①木本植物 - 植物志 - 郑州
Ⅳ.①S717.261.1

中国版本图书馆 CIP 数据核字(2017)第 094646 号

出 版 社:黄河水利出版社
　　　地址:河南省郑州市顺河路黄委会综合楼 14 层　　　邮政编码:450003
发行单位:黄河水利出版社
　　　发行部电话:0371 - 66026940、66020550、66028024、66022620(传真)
　　　E-mail:hhslcbs@126.com
承印单位:郑州新海岸电脑彩色制印有限公司
开本:787 mm×1 092 mm　1/16
印张:38　　　　　　　　　　　插页:30
字数:960 千字　　　　　　　　印数:1—1 000
版次:2017 年 4 月第 1 版　　　印次:2017 年 4 月第 1 次印刷

定价:128.00 元

《河南省郑州市紫荆山公园木本植物志谱》
编著委员会

主　　任	周宪魁				
副 主 任	赵天榜	米建华	田国行	何彦召	张　翔
委　　员	陈俊通	孙雪霞	娄秋莲	陈志秀	李小康
	赵东武	赵东方	宋培豪	王　华	杨志宏
	徐新洪	周　欣	娄艳华	张　文	杨惠淳
	阎克飞	刘　璀	王边江		
主　　编	赵天榜	米建华	田国行	周宪魁	何彦召
副 主 编	陈俊通	孙雪霞	娄秋莲	范永明	李小康
	陈志秀	赵东方	赵东武	徐　兵	景泽龙

编 著 者　田国行　陈志秀　赵天榜　赵东武　范永明　河南农业大学
　　　　　　米建华　周宪魁　孙雪霞　娄秋莲　何彦召
　　　　　　徐　兵　李　娜　李　静　王国强　杜　玉
　　　　　　张平安　郑州市紫荆山公园
　　　　　　陈俊通　北京林业大学园林学院硕士研究生
　　　　　　李小康　王　华　郑州植物园
　　　　　　赵东方　郑州市林业工作总站
　　　　　　宋培豪　河南农业大学林学院博士研究生

绘 图 者　陈志秀　赵天榜

选排图者　赵天榜　陈俊通　宋培豪

摄 影 者　陈俊通　宋培豪　赵东方　赵东武　赵天榜　米建华
　　　　　　杨志宏　张平安　李　娜　魏　阳　郑州市紫荆山公园
　　　　　　赵东欣　河南工业大学
　　　　　　李小康　王　华　王　珂　郑州植物园

彩 图 编排者　陈俊通　宋培豪　赵天榜

英文文献翻译　陈俊通　李小康

日文文献翻译　赵天榜

拉 丁 文撰写　赵天榜　陈俊通

工 作 人 员　马　娟　王　珂　王桂玲　刘晓喻　胡艳荣
　　　　　　郑琳琳　高淑贤

索 引 编 者　陈志秀　赵天榜　赵东方

参考文献编者　陈志秀　赵天榜　宋培豪

前　言

　　河南省郑州市紫荆山公园始建于1958年,因园中有紫荆山而得名。该公园地处郑州市中心,依商代旧城遗址(隞都)而建。50多年来,该园经过全体员工的努力,已建设成为一个商代文化与现代文化相结合、富有特色的引种驯化、科普教育、市民健身与娱乐活动的重要场所。近年来,紫荆山公园科技人员开展了林木良种引种驯化和良种选育研究,获得了良好成果。如引种栽培的黄山紫荆 Cedrela glaziovii C. DC.、魁核桃 Juglans major (Tott.) Heller 等,生长发育良好,已开花结果。同时,发现一些新分类单位,并选育出一批新品种,如腺毛魁核桃 Juglans major(Tott.) Heller subsp. glandulipila T. B. Zhao, Z. X. Chen et J. T. Chen、垂枝银柳 Salix argyracea E. Wolf var. pendula T. B. Zhao, Z. X. Chen et J. T. Chen、撕裂叶构树 Broussonetia papyifera(Linn.) L'Hért. ex Vent. var. lacera T. B. Zhao, J. T. Chen et Z. X. Chen、'大果'千头柏 Platycladus orientalis(Linn.) Franco 'Daguo'、'弯枝'海桐 Pittosporum tobira(Thunb.) Ait. 'Wanzhi' 等。

　　为了进一步发挥郑州市紫荆山公园在引种驯化、科普教育、市民健身与娱乐活动等方面的作用,我们对该园木本植物种质资源进行了调查研究。其结果表明,该园木本植物共计71科、18亚科、26族、139属、2亚属、223种(1新改隶组合种)、6亚种(2新亚种、2新改隶组合亚种)、86变种(15新变种、1新组合变种)、37变型(1新变型)及71品种(17新品种),并附图231幅(包括第一篇图1-1、第二篇230幅)及彩色图版59幅(彩片578张)。现将调查研究成果编著成文图并茂的《河南省郑州市紫荆山公园木本植物志谱》一书。

　　本书在编著过程中,主要参考《中国植物志》、《中国树木志》、《河南植物志》、《河南木本植物图鉴》等专著,选录《中国树木志》、《中国高等植物》、《山东植物精要》、《中国高等植物彩色图鉴》、《黄山珍稀植物》、《中国现代月季》等专著中的一些物种图片。同时,对这些专著中的一些错误专业术语,均加以纠正,如花蕾、叶芽、子房、果实、种子等形态特征术语,用卵圆形、长椭圆形、圆形是错误的,应该采用卵球状、长椭圆体状、球状,因为它们为立体状,而不是平面形。此外,每一物种均记述其名称、学名、异学名、形态特征、产地、识别要点、生态习性、繁育与栽培技术要点、主要病虫害及主要用途等。

　　本书在编著过程中,得到了河南农业大学、郑州市紫荆山公园领导的大力支持,特致谢意!在进行该园木本植物资源调查、标本采集、引种驯化、文献收集等工作中,河南农业大学李静高级馆员、硕士研究生杨红震先后参加了木本植物资源调查、良种选育与推广、栽培技术及其应用等工作,在此致以谢意!本书书稿由赵天榜、陈志秀审定。

　　本书作者在编著过程中,虽付出了艰辛的劳动,但因水平有限,书中难免有不妥之处,敬请读者批评指正!

赵天榜

2016年6月3日

目　　录

第二篇　郑州市紫荆山公园木本植物种质资源

郑州市紫荆山公园自然概况、成绩与经验

第一章　自然概况

一、公园简介

公园是供公众游览、观赏、休憩、开展科学研究、传播文化及锻炼身体的优良场所,有较完善的娱乐设施和优良的绿化、美化环境,特别是有非常丰富的植物资源和优美的绿化环境,是开展植物学、植物分类学、树木学、植物育种学、植物保护学等多学科教学和教学实习的最佳场地之一。

郑州市紫荆山公园始建于1958年,开放于1964年2月,因园中有紫荆山而得名。其后,曾改称为"东方红公园"、"紫荆山广场"。紫荆山系商代旧城遗址(隞都)的一部分,距今已有3 600余年,城墙绝大部分埋于地下,现在紫荆山和公园南山两处仅露出地表面积约1 000 m²。

为了保护商代遗址,1958年郑州市委、市政府决定,在此建园,并划地19.73 hm²。经过大规模的挖湖堆山义务劳动和先绿化后美化的建园规划,使紫荆山公园的建设初具规模。

50多年来,郑州市紫荆山公园在党、政各级部门及主管业务部门的关怀和支持下,始终坚持园林建设方向,充分利用自然条件和人文条件,采用科学造园手法,经过多次改建、扩建和新建,形成现今的东园、西园和南园3大景区。其中,包括"敬林园"、"梦溪园"、"绿韵景区"、"东湖景区"等12个园林景点,现已成为广大游客游览、休息、娱乐的最佳场所,发挥着巨大的社会功能。如东园由"绿韵景区"、"东湖景区"和儿童游乐场组成,以山水风景为主;南园是古代文明与现代风貌相结合,整个园区突出古商文化,使古商文化与现代园林艺术融于一体,是一处具有较高艺术与文化价值的园区;西园是中国传统环境艺术与园外优秀文化相融合,具有多功能、多文化,独具中原文化特色和时代特征的城市广场,它既保留了原商代遗址(如封底)和水体,并有浮雕小品、现代灯饰、奇花异草、乔灌相映,是目前河南省唯一一处品位高尚、情调高雅的集市民休闲、晨练和集会活动于一体的活动场所。

二、位置与地形

郑州市紫荆山公园位于河南省郑州市商代旧城遗址紫荆山。其交通十分便利,有多条公共汽车及电车、地铁经过。郑州市紫荆山公园总体平面图如图1-1所示。该园内地形有4种类型:(1)山丘3处,(2)平地7处,(3)湖1处,(4)广场1处。其4种类型分布在东园、西园和南园3个区域内。同时,公园内仅有一条东西流向的金水河穿过。

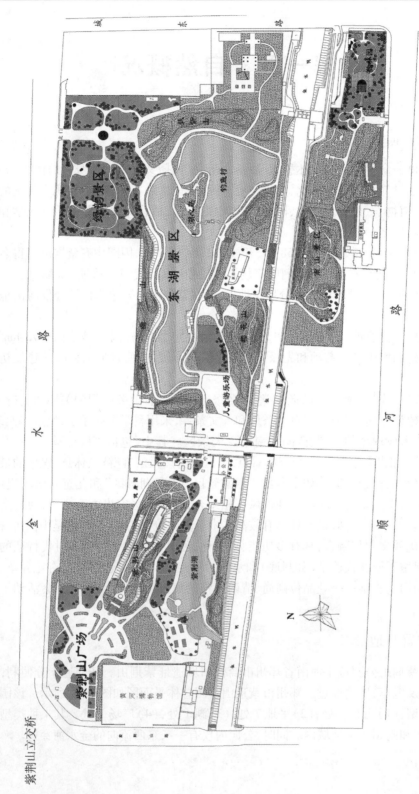

图 1-1 郑州市紫荆山公园总体平面图（2010 年 6 月）

三、河流

郑州市紫荆山公园内有一条东西流向的金水河穿过。沿河两岸均由水泥、石、砂砌成。两岸上边为紫荆山公园东园、西园和南园三大景区。

四、机构设置

郑州市紫荆山公园机构设置有:(1)办公室。其下设办公室主任、副主任、秘书及工作人员。(2)园林科。其下设 3 个管理区,即东园、西园和南园管理区。每区由 1 名技术人员负责本区的一切工作,并配置专职技工负责正常工作。(3)财务科。(4)园容科。(5)总务科。负责公园一切总务工作,如物资供应、水、电、气,以及病虫害防治等日常事务。

五、公园现状

郑州市紫荆山公园土地面积为 19.73 hm^2,分别设置 3 个管理区,即东园、西园和南园三大景区。

东园景区:以展现山水自然景观为主,内有绿韵和东湖景区。绿韵景区以草坪为主,配以花、灌木和乔木,实现四季常青、景色各异、鲜花不断、清香四溢的美丽景观,还配置一些形态各异的景石,展现出绿韵的特色。东湖景区包含湖心岛、环湖路、钓鱼村等,栽植有垂柳、侧柏、樱花、水杉、金银木、红枫、木槿、丁香等,吸引了大量的游客。其中,紫荆山上有一亭,名曰:"听香亭"(图版 1:2)。还有展览馆(图版 2:1)、温室(图版 1:11)、紫荆颂、儿童乐园(图版 2:3)、东湖景观、商代铜币雕塑(图版 1:8)等。

南园景区:是公园三大景区中面积最小的景区,内有敬林园、梦溪园及玲珑隅等景点。其中,敬林园占地 4 000 m^2,是将郑州的古代文明与现代风貌相融合的一处景观。梦溪园是新建的一座江南风格园林(图版 1:4)。园内有主厅、偏厅、门厅、廊、亭等,内有小湖,湖面积约 700 m^2,观赏植物 60 余种。玲珑隅是指南门正北的一块绿地,面积不大,造型乖巧玲珑,给人"室雅无须大,花香不在多"之感。南园最西边的小广场和东边的广场,是举家休闲的绝佳场地。

西园景区:以展现山水自然景观为主,内有绿韵景区和西园景区。绿韵景区以草坪为主,配以花草、灌木和乔木,实现四季常青、景色各异、鲜花不断、清香四溢的美丽景观,还配置一些形态各异的景石,展现出绿韵的特色。同时,西园紫荆山广场是古商文化与现代文明相结合的典范,并配有高台电视、喷泉、叠泉、音乐、台阶、大面积植物色块、紫荆、月季等,使季相变化万千、丰富多彩,还有数百只和平鸽,可供游人喂食,是幼儿们游玩的最佳场地之一。

六、气候特点

郑州市紫荆山公园位于河南郑州市区内,属于暖温带和北亚热带过渡地区,其气候具有显著的过渡特征,气候特点是:冬寒少雪、春旱多风、夏热多雨、秋季凉爽。郑州市年平均气温 14.2 ℃,最低(1 月)平均气温 −0.4 ℃,极端最低气温 −17.9 ℃;最高(7 月)平气温27.4 ℃,极端最高气温43.0℃。年平均降水量646.1 mm,最低年降水量403.0 mm,最高年降水量1 041.3 mm。空气相对湿度平均为66.0 % 。此外,还有旱涝自然灾害发生。

七、土壤

郑州市紫荆山公园的土壤属潮土类中的两合土。两合土多属于壤质冲积物发育而成的粉土和粉壤土,或由砂土、淤土等熟化而形成。其特性是:(1)质地适中;(2)耕性良好;(3)保肥、供肥性好;(4)适宜多种作物、树木、花草生长发育。

八、植物资源

郑州市紫荆山公园位于河南中部,植物资源很丰富。据作者2015～2016年调查,该园木本植物资源计71科、18亚科、26族、139属、2亚属、223种(1新改隶组合种)、6亚种(2新亚种、2新改隶组合亚种)、86变种(15新变种、1新组合变种)、37变型(1新变型)及71品种(17新品种),是普及植物知识,进行教学、科学研究的最佳场地之一。应特别提出的是:该园植物有常绿乔灌木树种、落叶乔灌木树种、藤本植物、草本花卉、药用植物、水生植物、观赏盆景植物,还有人工纯林、混交林等。

第二章　成绩与经验

郑州市紫荆山公园始建于1958年,在河南省各级党、政领导的支持下,经过全园职工50多年的努力,该园成为全市、全省优秀的公园之一。其主要成绩与经验,简介如下。

第一节　公园成绩

一、古代文化与现代文明相结合的典范

郑州市紫荆山公园因园中有紫荆山而得名。紫荆山系商代旧城遗址(隞都)的一部分,距今3 600余年。据1915年《郑县志》记载:"紫荆山乃北城门外崇圣寺后旧城故址,久积沙渐后而高……"为此,该园是国务院1961年公布的第一批重点文物保护单位。郑州市紫荆山公园在设计中,将古商文化与现代园林艺术融于一体,是古代文化与现代文明相结合的典范,具有较高的艺术价值与文化价值,深得园林专家和园林设计者的称赞,也深得广大游客所喜爱,因而年游客量达500万人次以上。

二、园林设计新异

郑州市紫荆山公园的科技工作者随着时代的变迁,因时、因地制宜地设计和塑造出新的作品,使人瞩目和敬仰。如毛选彩灯、工农兵学商、龙腾盛世、龙腾虎跃、梦溪园、博雅堂、水景交融等。其中,龙腾虎跃(图版2:7)、虎虎生威分别于2011、2012年获香港国际花展最具特色景点金奖。

三、花展新颖,重点突出

郑州市紫荆山公园历年进行了多次形态各异的花卉及艺术展览。如1968年的"工农兵学商"塑像,1978年的"灯展",2013年的"广场喷泉"、"万物同源",2008年的"喜迎奥运",2009年的"庆祝建国六十周年",2012年的"龙腾盛世",以及多年"荷花展"(图版1:12)、连续10年"紫荆花展"(图版2:2)等,创造出形态各异的珍品,吸引了大批游人,获得了称赞,如图版1、图版2及图版3中有关内容。

四、科技普及、宣传场地

为了普及科技知识、提高科学技术水平,公园在园内增设科技售书与阅读点、展览厅,增加游人买书、读书机会,提高科学技术水平和文化修养,如图版2及图版3中有关内容。

五、教学实习、引种驯化试验基地

郑州市紫荆山公园位于我国暖温带和北亚热带过渡地区,气候具有显著的过渡特征,

适宜于多种植物生长发育,是各类学校进行教学实习的最佳场地之一。如幼儿、小学生的爱花、爱鸟教育,中专、大学的植物学、树木学、林木育种学、花卉学、林木栽培学、植物保护学等多学科教学实习,如图版2:11、12中有关内容。紫荆山公园还是引种驯化试验和新品种的最佳场地,如魁核桃、加拿大紫荆、湖北紫荆等均能生长健壮、发育良好。同时,从引种驯化树种中选育出一批新品种、发现一批新变种。

六、健身、娱乐场所

郑州市紫荆山公园内设有休闲场地、文化娱乐场地、秋千场地、旱冰场、湖内游艇、飞鸽场地等多处,满足老人、儿童等各类人群的需要,如图版2及图版3中有关内容。

第二节　公园经验

郑州市紫荆山公园建园以来取得了很多成绩,现将其经验总结如下。

一、坚强的领导集体

郑州市紫荆山公园自建园以来,有一个坚强的领导集体,各成员之间互相帮助、团结一致,将公园建设、游客服务作为公园的宗旨。历届领导集体决定的有益于公园的事,下届领导集体必须贯彻执行。这是郑州市紫荆山公园的一条宝贵经验。

二、认真贯彻执行党、政领导关于公园建设的方针、政策、决议和指示

郑州市紫荆山公园党、政领导成员定期学习党、政有关政策、决议和指示,结合公园实际情况,制定具体落实措施,分片专人负责落实。

三、建立"三结合"科技队伍

为了不断提高公园的科技水平和艺术设计水平,公园建立了一个"三结合"科技队伍,负责公园的艺术造型、香花展览、引种驯化、良种选育等科学研究。"三结合"科技队伍是指含有领导干部、科技人员及技术工人的队伍。公园的一切科学技术由该小组提出设计方案,再由公园领导集体研究通过后执行。

四、建立规章制度

为了提高公园的科技水平和服务水平,公园建立了一套规章制度,如学习制度、请假制度、卫生公约、奖惩制度等。同时,定期检查、评比,优秀者奖励,差者批评教育。

五、加强公园之间的交流

为了提高公园的科技水平和服务水平,定期组织领导干部、科技人员及技术工人到省内外公园、植物园、展览馆参观、学习,改进工作。

第二篇

郑州市紫荆山公园木本植物种质资源

第一章 郑州市紫荆山公园裸子植物

裸子植物 Gymnospermae 多为常绿乔木,或灌木,稀为木质藤本、草本;木本植物种具有形成层,次生木质部几乎全由管胞组成,稀具导管。叶多为针形、条形、刺形、鳞形,稀为羽状复叶、扇形、椭圆形、披针形,或宽椭圆形。因多数种为针形、条形、刺形、鳞形,常被誉为针叶树。雌雄同株,或异株;球花单性;小孢子叶数枚至多数,组成疏松,或紧密的雄球花,呈圆柱状,多为风媒传粉;大孢子叶不形成密闭的子房,多数丛生树干顶端,形成大孢子叶球(雌球花),胚珠裸露,没有心皮包被,不形成果实。种子裸露于种鳞之上,或多少被变态大孢子叶发育的假种皮所包,具 2 枚,或多枚子叶。胚乳丰富。

裸子植物是较原始的种子植物,在进化系统中一般属于裸子植物门。裸子植物发生在 4 亿年前的古生代泥盆纪,在中生代至新生代普遍分布于当时地球各大陆。现代的裸子植物有不少种类是从约 250 万年前至 6 500 万年之间的新生代第三纪出现的,又经过第四纪冰川时期保留下来,繁衍至今。

现代裸子植物的种类分属于 4 纲、9 目、13 科、71 属,近 800 种,分布很广。我国现有 4 纲、8 目、11 科、41 属、236 种、47 变种;河南有 10 科、28 属、60 种、14 变种与变型。

裸子木本植物分科检索表

1. 落叶。叶扇形,叶脉分叉 ………………………………………………… 银杏科 Ginkgoaceae
1. 常绿,或落叶。叶不为扇形,叶脉不分叉。
　2. 干不分枝,偶有分枝。叶常绿,羽状复叶,簇生茎顶 ……………………… 苏铁科 Cycadaceae
　2. 干常分枝。叶常绿,或落叶,各式着生。雌雄同株,稀异株。雄球花雄蕊具 2 ~ 9 枚背腹面排列的花药。球果种鳞与苞鳞离生,或基部合生。每种鳞具种子 1 至多粒。
　　3. 雌雄异株,稀同株;雄蕊具 4 ~ 20 枚悬垂花药,排成内外 2 行。球果苞鳞具种子 1 粒。种子与苞鳞合生。叶钻形、卵圆形,或披针形,常绿 …………………… 南洋杉科 Araucariaceae
　　3. 雌雄同株,稀异株;雄蕊具 4 ~ 9 枚背腹面排列花药。球果种鳞复面具 1 至多粒种子。
　　　4. 球果种鳞与苞鳞离生,或基部合生,每种鳞具种子 1 至多粒。种鳞与叶螺旋状排列,或交叉对生、轮生。
　　　　5. 球果种鳞与苞鳞离生,或基部合生,每种鳞具种子 2 粒。种鳞与叶螺旋状排列,或交叉对生、轮生 …………………………………………………………… 松科 Pinaceae
　　　5. 球果种鳞与苞鳞半合生、先端分离,或合生。每种鳞具种子 1 至多粒。种鳞与叶螺旋状排列,或交叉对生、轮生。
　　　　6. 种鳞与叶螺旋状排列,或交叉对生。每种鳞具种子 2 ~ 9 粒。种子两侧具窄翅,或下部具刺。叶披针形、钻状、鳞形、条形 ………………………… 杉科 Taxodiaceae
　　　　6. 种鳞与交叉对生,或轮生。每种鳞具种子 1 至多粒。种子两侧具窄翅,或无翅,或上部具一长一短翅。叶鳞形、刺形 ………………………… 柏科 Cupressaceae
　　　4. 种子核果状,全部包于肉质假种皮中,或种子坚果状,着生于杯状肉质假种皮中。
　　　　7. 雄蕊具 2 枚花药,花粉有气囊 ………………………… 罗汉松科 Podocarpaceae

7. 雄蕊具 3~9 枚花药,花粉无气囊。

    8. 种子常数枚,稀 1 枚生于膨大的花轴上,核果状,全部包于肉质假种皮中

          …………………………………………… 三尖杉科 Cephalotaxaceae

    8. 种子坚果状,包于杯状肉质假种皮中,具短梗,或近无梗…… 红豆杉科 Taxaceae

一、苏铁科

Cycadaceae Persoon,Syn. Pl. 2:630. 1807;中国科学院中国植物志编辑委员会. 中国植物志 第七卷:4. 1978;郑万钧主编. 中国树木志 第一卷:148. 1983;丁宝章等主编. 河南植物志(第一册):123. 1981;朱长山等主编. 河南种子植物检索表:22. 1994;中国科学院西北植物研究所编著. 秦岭植物志 第一卷 种子植物(第一册):2. 1976;傅立国等主编. 中国高等植物 第三卷:1~2. 2000。

    形态特征:常绿木本植物,主干圆柱状,稀顶端呈 2~4 叉状分枝,或成块状茎,常密被宿存的木质叶基;髓部大,木质部及韧皮部较窄。叶螺旋状排列,有鳞叶及营养叶 2 种,二者相互成环状交互着生。鳞叶小,密被褐色粗毡毛;营养叶大,羽状深裂,稀叉状二回羽状深裂,集生于树干顶部,或块状茎上。雌雄异株;球花单生于树干顶部,直立;小孢子叶扁平,鳞状,或盾状,螺旋状排列,下面着生有多数小孢子囊;大孢子叶扁平,上部羽状分裂,或几不分裂,生于树干顶端羽状叶与鳞片之间,常不形成雌球花,或大孢子叶似盾状,螺旋状排列于中轴上,呈球花状,直立,生于树干顶端,或块状茎顶端;大孢子叶中、下部狭窄成柄状,两侧着生 2~10 枚胚珠。种子核果状,具 3 层种皮:外种皮肉质、中种皮木质、内种皮膜质,常具 2~3 棱;胚乳丰富。

    本科模式属:苏铁属 Cycas Linn.。

    产地:本科植物有 9 属、约 110 种,分布于热带及亚热带地区。我国有 1 属、9 种。河南有 1 属、8 种。郑州市紫荆山公园栽培 1 属、5 种。

    (Ⅰ)苏铁属

Cycas Linn.,Sp. Pl. 1188. 1753;Gen. Pl. ed. 5,495. 1754;中国科学院中国植物志编辑委员会. 中国植物志 第七卷:4~5. 1978;郑万钧主编. 中国树木志 第一卷:149. 1983;丁宝章等主编. 河南植物志(第一册):123. 1981;周汉藩著. 河北习见树木图说(THE FAMILIAR TREES OF HOPEI by H. F. Chow):11. 1934;中国科学院西北植物研究所编著. 秦岭植物志 第一卷 种子植物(第一册):2. 1976;傅立国等主编. 中国高等植物第三卷:2. 2000。

    形态特征:常绿木本植物,主干圆柱状,稀顶端呈 2 叉状分枝,或成块状茎,常密被宿存的木质叶基;髓部大,木质部及韧皮部较窄。叶螺旋状排列,有鳞叶及营养叶 2 种,二者相互成环状交互着生;营养叶大,羽状深裂,稀叉状二回羽状深裂,集生于树干顶部,或块状茎上,呈棕榈状;羽状裂片窄长,条形,或窄披针形,中脉显著,无侧脉,基部下延,叶轴基部小叶变为刺状,脱落时通常叶柄基部宿存;幼叶叶轴及小叶全拳卷状;鳞叶小,密被褐色粗毡毛。雌雄异株;雄球花(小孢子叶球)圆柱状,或卵球状;小孢子叶扁平,楔形,下面着生多数单室花药;花药无花丝,通常 3~5 枚聚生,药室纵裂;大孢子叶扁平,匙形,背面密

被淡黄棕色长绒毛,边缘深裂成针状齿,常成为疏松的雌球花,单生于树干顶端羽状叶与鳞片之间,常不形成雌球花,稀形成疏松的雌球花,直立;大孢子叶中下部狭窄成柄状;两侧着生 2 ~ 10 枚胚珠。种子核果状,具 3 层种皮:外种皮肉质、中种皮木质、内种皮膜质,常具 2 ~ 3 棱;胚乳丰富。

本属模式种:拳叶苏铁 Cycas circinalis Linn.。

产地:本属约 17 种,分布很广。我国有 10 种,台湾、福建、广东、云南、四川等省栽培较广,供观赏和药用。河南有 1 属、8 种。郑州市紫荆山公园栽培 1 属、5 种。

本属植物分种检索表

1. 大孢子叶上部顶片显著增大,边缘深条裂呈刺状。
　　2. 大孢子叶上部顶片长于宽,或长与宽近相等。两面叶脉隆起,或一面显著隆起,表面中脉无凹槽。
　　　3. 大孢子叶上部顶片边缘具 10 ~ 20 对裂片,顶生裂片不增大,或略增大,呈条状钻形。
　　　　4. 干甚矮小,基部显著膨大。叶柄长约为羽片 1/3,羽状裂片薄革质,或革质,基部两侧收缩对称,不下延 ……………………………………………………… 云南苏铁 Cycas siamensis Miq.
　　　　4. 干较高,基部不膨大。叶柄长不超过羽片 1/4,羽状裂片厚革质,或革质,基部两侧收缩不对称,多少下延 …………………………………………………… 苏铁 Cycas revoluta Thunb.
　　　3. 大孢子叶上部顶片边缘具 5 ~ 7 对裂片,顶生裂片显著增大,呈长圆形,长 3.5 ~ 4.0 cm,宽 1.5 ~ 2.0 cm ……………………………………… 海南苏铁 Cycas hainanensis C. J. Chen
　　2. 大孢子叶上部顶片宽较长为大。叶脉两面隆起显著,表面中脉中央具 1 条凹槽 ……………
………………………………………………………………… 篦齿苏铁 Cycas pectinata Griff.
1. 大孢子叶上部顶片微增大,三角状窄匙形,边缘具细短的三角状裂齿 ……………………………
………………………………………………………………… 华南苏铁 Cycas rumphii Miq.

1. 苏铁　图 1　图版 4:1 ~ 5

Cycas revoluta Thunb. , Pl. Jap. 229. 1784;陈嵘著. 中国树木分类学:1. 图 1. 1937;周汉藩著. 河北习见树木图说(THE FAMILIAR TREES OF HOPEI by H. F. Chow):11. 图 1. 1934;郝景盛著. 中国裸子植物志:9. 1945,再版:8. 1951;侯宽昭编著. 广州植物志:第一卷:66. 1956;裴鉴等主编. 江苏南部种子植物手册:2. 图 1. 1959;南京林学院树木学教研组编. 树木学 上册:92. 图 43. 1961;中国科学院植物研究所主编. 中国高等植物图鉴 第一册:285. 图 569. 1983;中国科学院中国植物志编辑委员会. 中国植物志 第七卷:7. 9. 图版 1:1 ~ 6. 1978;丁宝章等主编. 河南植物志(第一册):124. 1981;郑万钧主编. 中国树木志 第一卷:150 ~ 151. 图 6;1 ~ 6. 1983;朱长山等主编. 河南种子植物检索表:22. 1994;卢炯林等主编. 河南木本植物图鉴:1. 图 1. 1998;中国科学院西北植物研究所编著. 秦岭植物志 第一卷 种子植物(第一册):2. 1976;傅立国等主编. 中国高等植物 第三卷:6. 图 6:1 ~ 5. 2000;李法曾主编. 山东植物精要:27. 图 83. 2004;*Palmas japonica* Herm. , Prodr. 361. 1691;*Arbor calappoides sinensis* Rumph. , Herb. Amb. V. 92. t. 24. 1750;*Cycas inermis* Lour. , Fl. Cochinch. II. 776. 1790. excl. syn. ;*Cycas revoluta* Thunb. var. *inermis* Miq. , Anal. Bot. Ind. II. 28. t. 3 – 4. 1851, et Prodr. Cycad. 16. 1861;*Cycas inermis* Oudem. in Arch. Néerl. II. 385. t. 20. 1867. ibidem III. l. 1868.

形态特征:常绿木本植物,高 2.0 m,稀 8.0 m 以上;树干圆柱状,通直,常不分枝,有明显螺旋状排列的菱形叶柄残痕。羽状叶从树干的顶部生出,下层的向下弯,上层的斜上伸展,整个羽状叶的轮廓呈倒卵球 – 狭披针形,长 75 ~ 200 cm,羽状裂片达 100 对以上,条形,厚革质,坚硬,长 9.0 ~ 18.0 cm,宽 4 ~ 6 mm,向上斜展微成 "V" 字形,边缘显著地向下反卷,上部微渐窄,先端具刺状尖头,基部窄,两侧不对称,下侧下延,表面深绿色,具光泽,中央微凹,凹槽内有稍隆起的中脉,背面浅绿色,中脉显著隆起,两侧疏被柔毛,或无毛。雄球花圆柱状,长 30.0 ~ 70.0 cm,径 8.0 ~ 15.0 cm,具短梗;大孢子叶 14.0 ~ 22.0 cm,羽状分裂,裂片 12 ~ 18 对,密被淡黄色绒毛;胚珠 2 ~ 6 枚,着生于孢子叶柄两侧,被绒毛。种子红褐色,或橘红色,倒卵球状,或卵球状,密被灰黄色短绒毛,后渐脱落,中种皮木质,两侧有 2 条棱脊,先端无棱脊,或棱脊不显著,顶端具尖头。花期 6 ~ 7 月;种子成熟期 10 月。

产地:苏铁主产于我国长江流域以南各省(区、市)。河南各地均有栽培。郑州市紫荆山公园有栽培。

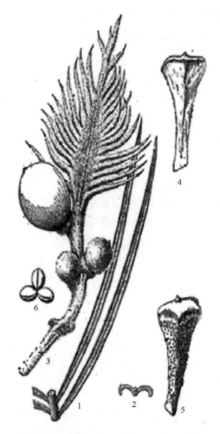

图 1 苏铁 Cycas revoluta Thunb.

1.羽状裂片的一段;2.羽状裂片横切面;3.大孢子叶及种子;4.小孢子叶腹面;5.小孢子叶背面;6.花药簇生(选自《中国树木志》)。

识别要点:苏铁为常绿木本植物。羽状叶,丛生,螺旋状排列;羽状裂片条形,厚革质,边缘向下反卷,表面深绿色,具光泽,背面中脉显著隆起,两侧疏被柔毛,或无毛。大孢子叶和胚珠密被淡黄色绒毛;胚珠被绒毛。种子密被灰黄色短绒毛,后渐脱落。

生态习性:苏铁为喜光树种,喜暖热、湿润气候和土壤肥沃的环境,不耐寒冷,生长甚慢,寿命约 200 年。我国南方各省(区、市)多栽植于庭园;北方各省(区、市)多栽植于盆中,冬季置于温室内越冬;小环境下可露地栽培。

繁育与栽培技术要点:苏铁采用种子及分蘖繁殖。秋末采收成熟的种子。然后,将种子进行沙藏。沙藏技术要点:选地势高燥、排水良好、向阳的沙壤土地段上,挖贮藏坑。其规格视种子多少而定。然后,用 60℃ 的热水浸泡种子,每天换水 1 次,待种子吸水膨大后进行沙藏。贮藏期间,要翻动 2 ~ 3 次,保持细沙湿润。翌春,及时分批捡出裂口种子进行播种。育苗地选地势高燥、排水良好、肥沃的沙壤土,细致整地后进行播种;播种沟深 6.0 ~ 10.0 cm,沟距 20.0 ~ 40.0 cm,穴播株距 10.0 ~ 15.0 cm,覆土厚度相当于种子直径的 2 倍,稍镇压、盖草、浇水保持湿润。出苗后,将盖草撤掉,并及时除草、中耕、施肥、防治病虫危害。栽培技术常采用单株穴栽,或盆栽,也有成行栽植。

主要病虫害:苏铁常见的病害有叶枯病、斑点病、茎腐病等。其中,苏铁斑点病是庭园盆栽苏铁常见的病害。其防治方法,见赵桂芝主编. 百种新农药使用方法. 1997。

　　主要用途:苏铁为优美的观赏树种,栽培极为普遍。茎内含淀粉,可供食用。种子含油和丰富的淀粉,微有毒,供食用;药用有治痢疾、止咳和止血之效。

　　2. 华南苏铁　图2　图版4:6~7

Cycas rumphii Miq. in Bull. Sci. Phys. et Nat. Neerl. 45. 1839;Monogr. Cycad. 29. 1842,et Anal. Bot. Ind. II. t. 5. f. a~b. 1851;陈嵘著. 中国树木分类学:2. 1937;郝景盛著. 中国裸子植物志:8. 1945. 再版:7. 1951. 不包括变种;南京林学院树木学教研组编. 树木学 上册:93. 1961;陈焕镛主编. 海南植物志 第一卷:208. 1964;中国科学院植物研究所主编. 中国高等植物图鉴 第一册:285. 图570. 1983;中国科学院中国植物志编辑委员会. 中国植物志 第七卷:16~17. 图版3:4~8. 1978;丁宝章等主编. 河南植物志 (第一册):124. 1981;郑万钧主编. 中国树木志 第一卷:154. 图7:4~8. 1983;朱长山等主编. 河南种子植物检索表:22. 1994;卢炯林等主编. 河南木本植物图鉴:1. 图2. 1998;*Olus calappoides* Rumph. , Herb. Amb. I. 86. t. 20~22. 1741; *Cycas sp*. Griff. , Notul. Pl. Asiat. 4:16. 1854, et Icon. Pl. Asiat. 4:t. 360(sine num. f.). 1854;*Cycas circinalis* auct. non Linn. ;Roxb. , Hort. Bengal. 71. 1814, et Fl. Ind. III. 371. 1842.

　　形态特征:常绿木本植物,高4.0~8.0 m,稀达15.0 m;主干圆柱状,分枝,或不分枝,上部具残存的叶柄。羽状叶长1.0~2.0 m,近直展,上部拱弯,叶轴下部常具短柄,横切面近圆形,或三角–圆形;叶柄长10.0~15.0 cm,或更长,常具三钝棱,两侧具短刺,刺间距离1.5~2.0 cm,稀无刺;羽状裂片50~80 对排成两列,条形,或长披针–条形,稍弯曲,或直,革质,长15.0~30.0 cm,宽1.0~1.5 cm,绿色,具光泽,两面中脉微凹,先端渐长尖,边缘平展,或微反曲,稀微波状,上侧急窄,下侧较宽,或微窄,下延生长。雌雄异株;雄球花椭圆体状,长12.0~25.0 cm,具短梗;小孢子叶楔形,长2.5~5.0 cm,顶部截状,密被红色绒毛,或褐红色绒毛;大孢子叶长20.0~35.0 cm,上部顶片微增大,三角–窄匙形,边缘具细短的三角状裂齿,具长柄,初被绒毛,后渐脱落,其上部两侧各具1~3 枚胚珠,稀4~8 枚胚珠。种子扁球状,或卵球状,径3.0~4.5 cm,先端有时微凹,中种皮木质,具2 条棱脊。花期5~6月;种子成熟期10月。

　　产地:华南苏铁在我国华南各地均有栽培。印度尼西亚、澳大利亚北部、越南、缅甸、印度及非洲的马达加斯加等地也有分布。河南各地均有栽培。郑州市紫荆山公园有栽培。

　　识别要点:华南苏铁为常绿木本植物。羽状叶,近直展,上部拱弯,条形,革质,具光

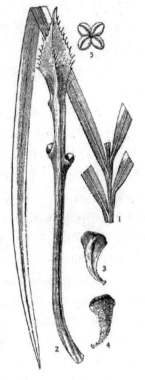

图2　华南苏铁 Cycas rumphii Miq.

　　1. 羽状裂片的一段;2. 大孢子叶及胚珠;3. 小孢子叶腹面; 4. 小孢子叶背面;5. 花药簇生(选自《中国树木志》)。

泽,先端长渐尖,边缘平展,或微反曲,稀微波状。大孢子叶上部顶片微增大, 三角－窄匙形,边缘具细短的三角状裂齿。

生态习性:华南苏铁性喜强光。喜生于温暖、干燥及通风良好之处。不耐寒,生长缓慢。土壤以肥沃、微酸性的沙质土壤为宜。

繁育与栽培技术要点:华南苏铁播种育苗技术与苏铁播种育苗技术相同。分蘖繁殖技术是:冬季生长停止后进行,自根际割下小蘖芽培养。如蘖芽不易发芽,可罩花盆使其不见阳光,待叶发出后再逐渐见光。埋插法是:将华南苏铁茎干切成厚 10.0～15.0 cm 的厚片埋于沙壤土中(沙壤土必须消毒),待四周发出新芽,即可另行分栽。此法勿浇大水,否则易腐烂。栽培技术常采用单株穴栽,或盆栽,也有成行栽植。

主要病虫害:华南苏铁主要病虫害与苏铁相同。其防治方法,见赵桂芝主编. 百种新农药使用方法. 1997。

主要用途:华南苏铁髓部含淀粉,可供食用。为优美的庭院观赏树种。河南各地均有栽培。

3. 云南苏铁　图 3　图版 4:8～9

Cycas siamensis Miq. in Bot. Zeitung 21:334. 1836;郑万钧主编. 中国树木志 第一卷:152～153. 图 7:1～3. 1983;陈嵘著. 中国树木分类学:2. 1937;郝景盛著. 中国裸子植物志:9. 1945. 再版:8. 1951;中国科学院中国植物志编辑委员会. 中国植物志 第七卷:11～12. 图版:1～3. 1978;*Cycas intermedia* Hort. ex B. S. Williams, Gen. Pl. Catal. 42. 1878;*Cycas immersa* Craib in Kew Bull. 434. 1912;*Cycas rumphii* auct. non Miq.;S. Y. Hu in Taiwania 10:15. 1964. quoad Plant. Yunnana.

形态特征:常绿木本植物;树干矮小,高 30.0～1.80 cm,径 10.0～60.0 cm,下部间稀具分枝,基部膨大成盘状茎,上部逐渐细呈圆柱状,或卵球－圆柱状。羽状叶长 1.2～2.5 m,或更长,幼时被柔毛,叶轴横切面呈半圆形、近圆形、三角－圆形;羽状裂片 40～120 对,或更多,排成 2 列,中部羽状裂片间距约 2.0 cm,披针－条形,薄革质,长 25.0～33.0 cm,宽 1.5～2.2 cm,边缘稍厚,微向下反卷,先端渐尖,基部圆,两侧近对称,常不下延,表面深绿色,平滑,具光泽,两面中脉隆起;叶柄长 40.0～100.0 cm,两侧具刺,刺圆锥状,长约 3 mm,略向下斜展,刺间距 2.5～5.0 cm。雄球花卵柱状,或长圆体状,长约 30.0 cm,径 6.0～8.0 cm;小孢子叶楔形,长 2.0～3.0 cm,具光泽,顶部近菱形,长约 1.0 cm,两角呈三角形,先端向上反曲,具尖头,

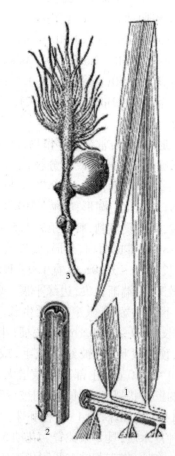

图 3　云南苏铁 Cycas siamensis Miq.
1. 羽状裂片的一段;2. 叶柄上部一段;
3. 大孢子叶及种子(选自《中国树木志》)。

长 1.5~3.5 cm,径约 2 mm;大孢子叶下部柄状,长 5.0~7.0 cm;胚珠 2~4 枚,生于大孢子叶中部,或中、上部两侧;胚珠无毛。种子卵球状,或宽倒卵球状,先端具尖头,长 2.0~3.0 cm,径 1.8~2.5 cm,成熟时黄褐色,或浅褐色,具光泽。花期 5~6 月;种子 11 月成熟。

产地:云南苏铁原产于我国云南。现华南各地均有栽培。河南有盆栽。缅甸、泰国、越南也有分布。郑州市紫荆山公园有栽培。

识别要点:云南苏铁为常绿木本植物;干甚矮小,基部显著膨大成盘状茎。羽状叶长 1.2~2.5 m,或更长;羽状裂片 40~120 对,或更多,排成 2 列,中部羽状裂片间距约 2.0 cm,披针-条形,薄革质,长 25.0~33.0 cm,宽 1.5~2.2 cm,边缘稍厚,微向下反卷,基部圆,两侧近对称,常不下延;叶柄长 40.0~100.0 cm,两侧具刺,刺圆锥状,长约 3 mm,略向下斜展。

生态习性、繁育与栽培技术要点、主要病虫害、主要用途:云南苏铁与苏铁、华南苏铁相似。

4. 篦齿苏铁 图 4 图版 4:10~11

Cycas pectinata Griff. , Notul. Pl. Asiat. 4: 1854,et Icon. Pl. Asiat. t. 360. f. 3. 1854;郑万钧主编. 中国树木志 第一卷:153. 1983;郑万钧. 植物分类学报,13(4):59. 1975;中国科学院中国植物志编辑委员会. 中国植物志 第七卷:14. 16. 图版 4. 1978;傅立国等主编. 中国高等植物 第三卷:10. 图 14. 2000;*Cycas circinalis* Linn. subsp. *vera* Schuster var. *pectinata* (Griff.) Schuster in Engl. Pflanzenfam. 99,4(1):68. 1932.

形态特征:常绿木本植物;树干圆柱状,高达 3.0 m。羽状叶长 1.2~1.5 m,叶轴横切面呈圆形、三角-圆形;羽状裂片 80~120 对,排成 2 列,披针-条形,或条形,厚革质,坚硬,中部羽状裂片长 15.0~20.0 cm,宽 6~8 mm,先端渐尖,边缘微反曲,基部两侧不对称,下延,两面叶脉显著隆起,表面深绿色,中脉隆起,其中间具 1 凹槽,被短柔毛,后无毛;叶柄长 15.0~30.0 cm 两侧具疏刺,

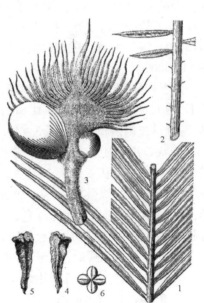

图 4 篦齿苏铁 Cycas pectinata Griff.

1. 羽状裂片的一段;2. 叶柄上部及羽状叶下部一段;3. 大孢子叶及种子;4、5. 小孢子叶的背腹面;6. 聚生的药(选自《中国植物志》)。

刺略下弯,长约 2 mm。雄球花长圆锥-柱状,长约 40.0 cm,径 10.0~15.0 cm,具短梗;小孢子叶楔形,长 3.5~4.5 cm,顶部三角形、斜方形,先端具钻状长尖头,宽 1.2~2.0 cm,密被黄褐色绒毛,花药 3~5 枚聚生;大孢子叶密被黄褐色绒毛,上部顶片斜方状宽圆形,或宽圆形,长 6.0~8.0 cm,边缘具 30 多枚钻状裂片,顶生裂片较大,长 3.0~5.0 cm,边缘常具疏锯齿,或再分裂,通常无毛;胚珠 2~4 枚,生于大孢子叶上部两侧,胚珠无毛。种子卵球状,或椭圆-倒卵球状,长 4.5~5.0 cm,径 4.0~4.7 cm,成熟时红褐色,具光泽。

　　产地:篦齿苏铁产于我国云南。现全国各地均有栽培。河南有盆栽。印度、尼泊尔、锡金、缅甸、泰国、柬埔寨、老挝、越南有分布。河南有栽培。郑州市紫荆山公园有栽培。

　　识别要点:篦齿苏铁为常绿木本植物。羽状裂片80~120对,中部羽状裂片长15.0~20.0 cm,边缘微反曲,基部两侧不对称,下延,两面叶脉显著隆起,表面中脉中间具1凹槽;叶柄两侧具疏刺,刺略下弯。大孢子叶上部顶片边缘具30多枚钻状裂片,顶生裂片较大,其边缘常具疏锯齿,或再分裂;胚珠无毛。

　　生态习性、繁育与栽培技术要点、主要病虫害、主要用途:篦齿苏铁与苏铁、华南苏铁相似。

　　5. 海南苏铁　图5　图版4:12~13

　　Cycas hainanensia C. J. Chen,植物分类学报,13(4):82. 图2:5~6. 1975;郑万钧主编. 中国树木志 第一卷:153~154. 1983;中国科学院中国植物志编辑委员会. 中国植物志 第七卷:14. 16. 图版4. 1978;郑万钧. 植物分类学报,13(4):82. 图2:5~6. 1975;傅立国等主编. 中国高等植物 第三卷:10~11. 图14. 2000。

　　形态特征:常绿木本植物;树干圆柱状。羽状叶长1.2~1.5 m;叶柄长约20.0 cm,横切面四方-圆形,两侧具疏刺,刺略下弯,长3~4 mm,刺间距约1.0 cm。羽状裂片近对生,排成2列,条形,厚革质,坚硬,斜上伸展,中部羽状裂片长15.0~20.0 cm,宽6~8 mm,先端渐尖,边缘微反曲,基部两侧不对称,下侧下延,背面中脉微隆起,表面深绿色,具光泽,中脉显著隆起。大孢子叶初密被黄褐色绒毛,后渐脱落近无,上部顶片斜方-卵圆形,长6.0~8.0 cm,宽约5.0 cm,边缘羽状分裂,每边具裂片5~7枚,裂片钻状,长2.0~3.0 cm,粗约2 mm,先端具刺尖头,顶生裂片较大,长圆形,上部坚硬,长3.5~4.0 cm,宽1.5~2.0 cm,边缘中下部全缘,上部常具数枚疏锯齿,或再分裂,先端具一长刺,刺长1.0~1.4 cm,边缘具少数不显的锯齿。大孢子叶下部柄状,长约7.0 cm,横切面四方-圆形;胚珠2枚,着生于大孢子叶基部两侧,卵球状,无毛。种子卵球状,稍扁,表面具不规则皱纹。

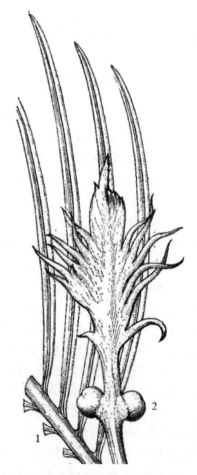

图5　海南苏铁 Cycas hainanensia
C. J. Chen
1. 羽状叶的一段;2. 大孢子叶及胚珠
(选自《中国植物志》)。

　　产地:海南苏铁原产于我国海南岛。现今黄河流域以南各省(区、市)广泛栽培。河南有盆栽。郑州市紫荆山公园有栽培。

　　识别要点:海南苏铁为常绿木本植物;树干圆柱状。羽状叶长1.2~1.5 m;叶柄长约20.0 cm,横切面四方-圆形,两侧具疏刺,刺略下弯,刺间距约1.0 cm。羽状裂片近对生。大孢子上部顶片边缘每边具裂片5~7枚,顶生裂片较大,长圆形,长3.5~4.0 cm,

宽 1.5 ~ 2.0 cm;胚珠 2 枚,着生于大孢子叶基部两侧,卵球状,无毛。

生态习性、繁育与栽培技术要点、主要病虫害、主要用途:海南苏铁与苏铁、华南苏铁相似。

二、银杏科

Ginkgoaceae Engl. in Nat. Pflanzenfam. Nachtr. II – IV. 19. 1897;朱长山等主编. 河南种子植物检索表:22. 1994;丁宝章等主编. 河南植物志(第一册):124. 1981;郑万钧主编. 中国树木志 第一卷:154. 1983;陈嵘著. 中国树木分类学:3. 1937;郝景盛著. 中国裸子植物志:11. 1945;中国科学院昆明植物研究所编著. 云南植物志 第四卷(裸子植物):11. 1986;中国科学院中国植物志编辑委员会. 中国植物志 第七卷:18. 1978;周汉藩著. 河北习见树木图说(THE FAMILIAR TREES OF HOPEI by H. F. Chow):13. 1934;湖北省植物研究所编著. 湖北植物志 第一卷:1. 1976;中国科学院西北植物研究所编著. 秦岭植物志 第一卷 种子植物(第一册):2 ~ 3. 1976;南京林学院树木学教研组主编. 树木学 上册:10. 1961;王遂义主编. 河南树木志:22 ~ 23. 1994;傅立国等主编. 中国高等植物 第三卷:11. 2000。

形态特征:落叶大乔木,寿命长;树干通直。枝有长枝、短枝和"银杏股"3 种。叶扁形,稀中间深裂,叶脉叉状并列。长枝、短枝上叶螺旋状排列;"银杏股"上叶簇生。雌雄异株,稀同株。雌雄球花着生于"银杏股"上叶腋内;雄球花为葇荑花序,具梗;雄蕊多数,螺旋状着生,雄蕊具 2 枚花药,花丝短;雌球花具长梗,顶端通常具 2 枚珠座,每珠座具 1 枚直立胚珠。种子核果状,具 3 层种皮:外种皮肉质、中种皮骨质、内种皮胚膜质;胚乳丰富,胚具子叶 2 枚。

本科模式属:银杏属 Ginkgo Linn. 。

产地:本科植物 1 种,为我国特产。现今全国南北省(区、市)均有栽培。河南各地有栽培。郑州市紫荆山公园有 1 属、1 种栽培。

(Ⅰ)银杏属

Ginkgo Linn. ,Mant. Pl. 2;313. 1771;朱长山等主编. 河南种子植物检索表:22. 1994;丁宝章等主编. 河南植物志(第一册):124. 1981;郑万钧主编. 中国树木志 第一卷:154. 1983;陈嵘著. 中国树木分类学:3. 1937;中国科学院昆明植物研究所编著. 云南植物志 第四卷(裸子植物):11. 1986;中国科学院中国植物志编辑委员会. 中国植物志 第七卷:18. 1978;周汉藩著. 河北习见树木图说(THE FAMILIAR TREES OF HOPEI by H. F. Chow.):13. 1934;南京林学院树木学教研组主编. 树木学 上册:10. 1961;王遂义主编. 河南树木志:22 ~ 23. 1994;傅立国等主编. 中国高等植物 第三卷:11. 2000。

形态特征与科形态特征相同。

本属模式种:银杏 Ginkgo biloba Linn. 。

产地:本科植物 1 种、4 变种,均产我国。河南各地有栽培。郑州市紫荆山公园有 1 种栽培。

1. 银杏　图 6　图版 5:1 ~ 2

Ginkgo biloba Linn. ,Mant. Pl. 2;313. 1771;钱崇澍. 中国科学社生物所论文集,3;

27. 1927；陈嵘著. 中国树木分类学：3 ~ 4. 图 3. 1937；郝景盛著. 中国裸子植物志：11 ~
13. 图 2. 1945：11. 图 2. 1945，再版：10. 图 2. 1951；方文培. 峨眉植物志 第二卷：图版
149. 1945；刘玉壶. 中研汇报，1（2）：141. 1947；刘慎谔主编. 东北木本植物图志：73.
1955；裴鉴等主编. 江苏南部种子植物手册：2. 图 2. 1959；南京林学院树木学教研组主
编. 树木学 上册：95. 图 44. 1961；中国科学院植物研究所主编. 中国高等植物图鉴 第一
册：286. 图 571. 1972；中国科学院中国植物志编辑委员会. 中国植物志 第七卷：18 ~ 22.
图版 5. 1978；戴天澍等主编. 鸡公山木本植物图鉴：2. 图 3. 1991；丁宝章等主编. 河南
植物志（第一册）：124 ~ 125. 1981；卢炯林等主编. 河南本本植物图鉴：1. 图 3. 1998；郑
万钧主编. 中国树木志 第一卷：154 ~ 156. 图 8. 1983；中国科学院昆明植物研究所编著.
云南植物志 第一卷（裸子植物）：11 ~ 12. 图版 3. 1986；郭善基主编. 中国果树志 银杏
卷：78 ~ 81. 1993；周汉藩著. 河北习见树木图说（THE FAMILIAR TREES OF HOPEI by
H. F. Chow.）：14 ~ 17. 图 2. 1934；湖北省植物研究所编著. 湖北植物志 第一卷：12. 图

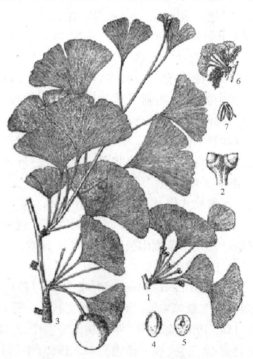

1. 1976；中国科学院西北植物研究所编
著. 秦岭植物志 第一卷 种子植物（第一
册）：3 ~ 4. 图 1. 1976；中国树木志编委会
主编. 中国主要树种造林技术：308 ~ 313.
图 40. 1978；王遂义主编. 河南树木志：
23. 图 1. 1994；傅立国等主编. 中国高等
植物 第三卷：11. 图 15. 2000；李法曾主
编. 山东植物精要：27. 图 84. 2004；
Salisburia adiantifolia Smith in Trans. Linn.
Soc. London 3：330. 1797；*Salisburia biloba*
Hoffmagg，Verz. Pflanzenkult. 109. 1824；
Ginkgo biloba Mayr，Fremdl. Wald. &
Parkb. ，286. 1906.

　　形态特征：落叶大乔木，高达 40.0 m；
幼树皮淡灰褐色，浅纵裂；老树皮灰褐色，
深纵裂；幼、壮树树冠圆锥状；老树树冠宽
卵球状；侧枝直立、斜展，稀下垂。枝有长
枝、短枝和"银杏股" 3 种。叶扁形，稀中
间深裂，叶脉叉状并列；具长柄。长、壮枝
上叶螺旋状排列，通常先端 2 深裂，稀再分
裂，基部宽楔形；短枝（长 3.0 ~ 25.0 cm）

图 6　银杏 Ginkgo biloba Linn.
1. 雌球花枝；2. 雌球花顶端；3. 长枝、"银杏股"叶与种
子；4. 去外种皮种子；5. 种子纵剖面；6. 雄球花枝；7. 雄蕊
（选自《中国植物志》）。

叶通常互生，先端波状缺刻："银杏股"上叶 3 ~ 8 枚簇生。雌雄异株，稀同株；雌雄球花
4 ~ 6 朵着生于"银杏股"上叶腋内，常下垂；雄球花黄色，为荑黄花序，具短梗，下垂；雄蕊
多数，每雄蕊具 2 枚花药，药室纵裂，花丝短；雌球花具长梗，先端常分 2 叉，稀 3 ~ 5 叉，或
不分叉，每叉具 1 枚盘状珠座，每珠座具 1 枚直立胚珠。种子具长柄，下垂，核果状，椭圆
体状、倒卵圆体状、近球状，长 2.5 ~ 3.5 cm，径约 2.0 cm，成熟时黄色，或橙黄色，被白粉，

具臭味,有3层种皮:外种皮肉质;中种皮骨质、白色,具2~3条纵棱;内种皮膜质、黄褐色;胚乳肉质,胚具子叶2枚。花期3~4月;种子成熟期8~10月。

产地:银杏为我国特产物种,全国各地栽培很广。河南各地栽培。河南济源市王屋山紫微宫、登封县嵩山少林寺和法王寺、信阳市李家寨、长葛市兴国寺、泌阳县福禅寺、郏县灵泉寺、新县李子洼、西峡县回龙寺等地均有参天古树。嵩县白河乡上寺、下寺有300多株大树组成的古银杏树群,有河南"银杏之乡"之称。郑州市紫荆山公园有栽培。

识别要点:落叶大乔木,高达40.0 m。枝有长枝、短枝和"银杏股"3种。叶扇形,稀中间深裂,叶脉叉状并列;具长柄。雌雄异株,稀同株;雌雄球花4~6朵着生于"银杏股"上叶腋内,常下垂;雄球花为葇荑花序,具梗;雌球花长梗,顶端通常具2枚珠座,每珠座具1枚直立胚珠。种子核果状,成熟时具臭味,具3层种皮;胚乳肉质。

生态习性:银杏对气候条件适应很广,在年均气温10.0~18.0℃,绝对最低气温-20.0℃,年均降水量600~1 500 mm的条件下生长良好。性喜强光,不耐遮阴,在温暖、干燥及通风良好的肥沃、微酸性的沙质土壤为宜。生长缓慢,树木寿命长达数百年。深根性树种,耐干旱,对大气污染有一定抗性,不耐水淹和重盐碱土。结籽年龄晚,通常实生树20年左右结籽。嫁接植株5~7年开始结籽。

繁育与栽培技术要点:

(1)播种育苗技术。种子成熟后,去掉外种皮,阴干后贮藏。贮藏方法是:选背风向阳、地势高燥处挖贮藏坑。其大小依种子多少而定。贮藏时,种子用50℃左右温水浸泡1~2天,用细沙1:3比例放入贮藏内,封后贮藏。翌春,取出播种。育苗地选择土壤肥沃、灌溉方便的粉沙壤土地育苗。育苗地要施入基肥后,细致整地,筑成平床。行距25.0 cm、株距15.0 cm左右点播。播后,覆土后灌溉,加强苗床管理,严防地下害虫。

(2)扦插育苗技术。选用幼龄植株上的长、壮枝,剪成长15.0~20.0 cm的插穗,上端留叶,用吲哚丁酸50 mg/L处理1天后,进行扦插。扦插于细沙沙床内,插前细沙用0.5%的高锰酸钾溶液消毒,以防插穗感菌腐烂。扦插后,保持沙床通风、透光,用自动喷水器喷水,保持其内空气相对湿度80.0%以上、气温20~28℃。经过20~30天插穗生根成活。待幼苗高生长停止时,可移入地下,作砧木用苗。

(3)嫁接繁殖。银杏嫁接繁殖通常采用切接。切接基本技术是:① 采穗条时期。春季嫁接时接穗以随采随接为宜。② 接穗条规格。具备繁育目的的优良品种,采集时,应选择光照充足、发育充实的健壮枝条。接穗条采集后,选用枝条中部的饱芽。③ 嫁接时期。3月上、中旬均可进行。也可将砧木苗起出,在温室内嫁接后,放在湿沙中贮藏,用塑料薄膜覆盖,待接合处愈合后,翌春发芽前移栽,成活率高。④ 嫁接技术。削接穗方法是:先在接穗基部2.0~3.0 cm处上方芽的两侧切入木质部,下切呈水平状、成双切面,削面平滑,一侧稍厚,另一侧稍薄。削好的接穗最少要保留2个芽为好。削砧木(银杏实生苗):砧木苗从根颈上10.0~15.0 cm处剪去苗干,断面要平滑,随之选择光滑平整的砧木一侧面,用刀斜削一下,露出形成层,对准露出的形成层的一侧,用切接刀从其边部向下垂直切下2.5~3.5 cm,但切伤面要平直。接法:将削好的接穗垂直插入砧木的切口内,使接穗和砧木的形成层上下接触面要大、要牢固。若砧木和接穗粗细不同时,其两者的削面,必须有一侧形成层彼此接合。接后,用塑料薄膜绑紧,切忌碰动接穗。也可采用根接。

其接法与上述方法相同,其不同是:选 3 ~ 6 年生的银杏树根,剪成长 15.0 ~ 20.0 cm,分级做砧根,两端削平,采用劈接方法。接后沙藏。翌年春将成活的移栽苗圃。⑤ 管理。温室内切接后,将接后的嫁接植株放在湿润的有塑料薄膜覆盖的温室内,进行假植,保持一定湿度和温度,利于接口愈合,但以不发芽为宜。翌春进行移栽。移栽时,严防碰动接穗,以保证嫁接具有较高的成活率。移栽成活后,及时松绑接穗、除萌、中耕、除草、灌溉、施肥、防治病虫和防止成活的接枝风折等。

　　主要病虫害:银杏主要病虫害有茎腐病、金龟子、蝼蛄、天牛等,要及时防治。其防治技术,见杨有乾等编著. 林木病虫害防治. 河南科学技术出版社,1982。赵桂芝主编. 百种新农药使用方法. 1997。

　　主要用途:银杏树体高大,秋叶金黄,是优美的风景树,还可制作盆景,供观赏,为优美的庭院栽培供观赏树种。种子营养丰富,可食用。叶可药用,可治肺结核病、冠心病。种子外种皮含银杏酸、银杏醇、银杏二酚,有毒,可用于杀虫。木材优良,结构细、纹理直,不翘裂,可作绘图板、雕刻、工艺品及室内装饰等用。河南开封相国寺的" 千手观音 "就是用银杏木材雕刻的。

　　变种、变型:

1.1　银杏　原变种

Ginkgo biloba Linn. var. **biloba**

1.2　塔形银杏　河南新记录变种　图版 5:4

Ginkgo biloba Linn. var. **fastigiata** (Mast.) in Kew Hand – list Conif. 19. 1896. nom. ;陈嵘著. 中国树木分类学:4. 1937;郝景盛著. 中国裸子植物志:13. 1945;*Ginkgo biloba* Linn. f. *fastigiata* (Henry) Rehd. in Bibliography of Cultivated Tress and Shrubs:1. 1949;*Ginkgo biloba* Linn. cv. ' Fastigiata ' (S. G. Harrison 1966)。

　　本变种树冠塔形;侧枝及小枝直立伸展。

　　产地:塔形银杏在我国北京、山东等省有栽培。河南有栽培。郑州市紫荆山公园有栽培。

1.3　垂枝银杏　河南新记录变型　图版 5:3

Ginkgo biloba Linn. f. **pendula**(Van Geert)Beissner,Syst. Eintheil. Conif. 24. 1887;郝景盛著. 中国裸子植物志:13. 1945;垂枝银杏 Chuizhiyixing,郭善基主编. 中国果树志银杏卷:115. 彩图 19. 1993;*Ginkgo biloba* Linn. var. *pendula* Carr. ,Traité Conif. ed. 2,713. 1867;*Ginkgo biloba* Linn. cv. ' Pendula '. 1966;*Saliburia adiantifolia* Smith var. *pendula* Van Geert,Cat. 1862:62. 1862.

　　本变种侧枝细,通常拱形下垂。小枝纤细而长,长达 2.0 m,下垂。叶扇形,或扇形,中裂明显,边缘浅波状。种子实扁球状,成熟时外种皮坚硬,淡黄绿色,被薄白粉,先端钝圆,顶点凹,基部宽平,蒂盘圆形而大。种核球状,先端钝圆,顶点微尖,基部宽圆,两侧棱明显。

　　产地:垂枝银杏在我国各地有栽培。河南有栽培。郑州市紫荆山公园有栽培。

三、南洋杉科

Araucariaceae Henkel et W. Hochst, Syn. Nadelh. 17:1. 1865;郑万钧主编. 中国树

木志 第一卷:158. 1983;陈嵘著. 中国树木分类学:3. 1937;郝景盛著. 中国裸子植物志:11. 1945;丁宝章等主编. 河南植物志(第一册):141. 1981;中国科学院昆明植物研究所编著. 云南植物志 第四卷(裸子植物):11. 1986;中国科学院中国植物志编辑委员会. 中国植物志 第七卷:24. 1978;傅立国等主编. 中国高等植物 第三卷:12. 2000;Strasburtger,Conif. Gnet. 25. 1872, p. p.

形态特征:常绿乔木,髓部大;皮层具树脂。大枝轮生。叶革质,螺旋状排列,或交叉对生,基部下延。球花单性,雌雄异株,或同株。雄球花圆柱状,单生,或簇生叶腋,或枝顶;雄蕊多数,螺旋状着生,花药4～20枚,悬垂、排列内外2行,药室纵裂,花粉无气囊;雌球花单生枝顶,由苞鳞多数螺旋状排列,珠鳞不发育,或与苞鳞腹面具一相互合生,仅先端分离的舌状珠鳞。珠鳞与苞鳞腹面具一胚珠1枚,倒生。珠鳞与胚珠合生,或珠鳞退化与胚珠苞鳞离生。球果大,2～3年成熟;苞鳞木质,或厚革质,扁平,先端具三角状尖头,或尾状尖头,或无尖头,有时腹面中部具舌状种鳞,成熟时苞鳞脱落,发育苞鳞具1粒种子。种子扁平与苞鳞离生,或合生,无翅,或具翅、先端具翅。

本科模式属:南洋杉属 Araucaria Juss. 。

产地:本科植物2属、约40种,分布于南半球热带及亚热带。我国引栽2属、4种。河南引栽1属、1种,冬季须在温室内越冬。

（Ⅰ）南洋杉属

Araucaria Juss. ,Gen. Pl. 413. 1789;郑万钧主编. 中国树木志 第一卷:158. 1983;陈嵘著. 中国树木分类学:3. 1937;郝景盛著. 中国裸子植物志:11. 1945;丁宝章等主编. 河南植物志(第一册):141. 1981;中国科学院昆明植物研究所编著. 云南植物志 第四卷(裸子植物):11. 1986;中国科学院中国植物志编辑委员会. 中国植物志第七卷:25～26. 1978;傅立国等主编. 中国高等植物 第三卷:12. 2000。

形态特征:常绿乔木,髓部大;皮层具树脂。枝轮生,或近轮生。叶鳞形、钻状、针状镰状、披针形,或卵圆－三角形,大小悬殊。雌雄异株,或同株。雄球花圆柱状;雄蕊单生,或簇生、顶生;雄蕊多数,紧密排列,具显著延伸的药隔,花药4～20枚,悬垂、排列内外2行,药室纵裂,花粉无气囊;雌球花椭圆体状,或近球状,单生枝顶,有多数螺旋状排列苞鳞,苞鳞腹面具一相互合生,仅先端分离的舌状珠鳞,每珠鳞的腹面基部具1枚倒生胚珠,珠鳞与胚珠合生;苞鳞先端具三角状,或尾状尖头。球果大,直立,椭圆体状,或近球状,2～3年成熟,成熟后苞鳞脱落;苞鳞木质,宽大,扁平,先端厚,上缘具锐利的横脊,中央具三角状尖头,或尾状尖头,尖头向外反曲,或向上弯曲;种鳞舌状,位于苞鳞腹面中部,其下与苞鳞合生,仅先端分离,稀先端外伸。种子扁平,位于舌状种鳞下部,合生,无翅,或两侧具与苞鳞结合的翅。

本科模式属:智利南洋杉 Araucaria imbricata Pavon = *Araucaria araucana*(Mol.)K. Koch。

产地:本属约18种,分布于南美洲、大洋洲及太平洋岛屿。我国引栽3种,栽培于华南各地。河南引栽1种,冬季须在温室内越冬。郑州市紫荆山公园有1种栽培。

1. 南洋杉　图7　图版5:5～6

Araucaria cunninghamii Sweet, Hort. Brit. ed. 475. 1830;——Kent, Veitchs Man.

Conif. ed. 2, 303. 1900；——Pilger in Engl. &. Prantl, Pflanzenfam. ed. 2, 13：265.
1926；——Bailey, Cult. Conif. 150. 1933；——Clinton – Baker et Jackson, Illastr. New
Conif. 22. 5,33～34. 1935；——Dallimore et Jackson, Handb. Conif. ed 2,155. 1931, ed.
3,199. 1948, rev. Harrison, Handb. Conif. and Ginkgo. ed. 4. 113. 1966；南京林学院树木
学教研组编. 树木学 上册：227. 1961；丁宝章等主编. 河南植物志（第一册）：141～142.
图173. 1981；陈焕镛主编. 海南植物志 第一卷：214. 1964；中国科学院中国植物志编辑
委员会. 中国植物志 第七卷：28. 图版7. 1978；候宽昭编著. 广州植物志：68. 1956；郑万
钧主编. 中国树木志 第一卷：160. 图10. 1983。

　　形态特征：常绿大乔木，高达
70.0 m；树干通直；树皮灰褐色，粗
糙，横裂；大枝平展，或斜展。幼树树
冠尖塔状。小枝密，下垂，排列为平
面，后簇生于大枝末端。叶2型：幼
树末端小枝叶排列疏松，开展，45°～
90°角，钻状，两侧扁，亮绿色，长8～
16 mm，宽1～2 mm，腹背2面具明显
棱脊，先端短刺状。大树末端小枝叶
钻形，4棱状，内曲，亮绿色，长6～10
mm，宽2～3 mm，叶背具明显棱脊，
先端渐尖。雄球花单生枝顶，圆柱
状，长达4.0 cm。球果椭圆体状，长
达10.0 cm，径达7.0 cm；苞鳞楔 –
倒卵圆形，两侧具薄翅；种鳞先端外
露，呈狭三角形。种子长椭圆体状，
稍扁，长1.5～2.0 cm，宽7～10 mm，
两侧具膜翅。

　　产地：南洋杉产于澳大利亚和新
几内亚岛。我国引栽于华南各地。
河南各地有盆栽。郑州市紫荆山公
园有1种栽培。

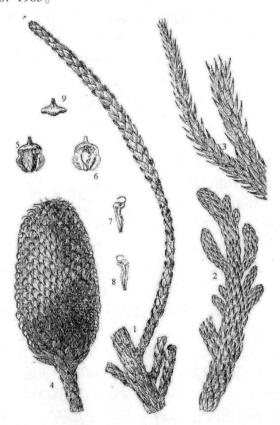

图7　南洋杉 Araucaria cunninghamii Sweet
1～3.枝叶；4.球果；5～9.苞鳞背、腹、侧面及俯视（选自《中国
植物志》）。

　　识别要点：南洋杉为常绿大乔
木。幼树小枝密，下垂，排列为平面，后簇生于大枝末端。叶2型：幼树末端小枝叶钻状，
两侧扁，腹背2面具明显棱脊，先端短刺状。大树末端小枝叶钻状，4棱状，内曲，叶背具
明显棱脊，先端渐尖。雄球花单生枝顶，圆柱状，长达4.0 cm。球果椭圆体状，长达10.0
cm；苞鳞楔 – 倒卵圆形，两侧具薄翅；种鳞先端外露，呈狭三角形。种子长椭圆体状，稍
扁，两侧具膜翅。

　　生态习性：南洋杉喜温暖气候，不耐寒冷。河南郑州市冬季在温室内盆栽越冬。喜肥
沃、排水良好的酸性土壤。喜光，不耐盐碱土。

繁育与栽培技术要点：南洋杉采用播种育苗。栽培技术常采用单株穴栽,或盆栽。

主要病虫害：南洋杉幼苗易受立枯病危害。还有金龟子、蝼蛄、根腐病、叶斑病等病虫危害,要及时防治。其防治技术,见杨有乾等编著. 林木病虫害防治. 河南科学技术出版社,1982。

主要用途：南洋杉,适应性强,树干通直,材质优良,用途广泛,还可供观赏。

四、松科

Pinaceae Lindl. , Nat. Syst. Bot. ed. 2, 313. 1836；中国科学院中国植物志编辑委员会. 中国植物志 第七卷：32. 1978；王遂义主编. 河南树木志：23. 1994；山西省林业科学研究院编著. 山西树木志：29. 2001；丁宝章等主编. 河南植物志(第一册)：125. 1981；郑万钧主编. 中国树木志 第一卷：162 ~ 163. 1983；卢炯林等主编. 河南木本植物图鉴：1. 1998；周汉藩著. 河北习见树木图说(THE FAMILIAR TREES OF HOPEI by H. F. Chow)：17. 1934；中国科学院西北植物研究所编著. 秦岭植物志 第一卷 种子植物(第一册)：4. 1976；湖北省植物研究所编著. 湖北植物志 第一卷：2. 1976；周以良主编. 黑龙江树木志：29. 1986；南京林学院树木学教研组主编. 树木学 上册：13. 1961；王遂义主编. 河南树木志：23. 1994；傅立国等主编. 中国高等植物 第三卷：14. 2000。

形态特征：常绿,或落叶乔木,稀灌木；侧枝轮生,或近轮生；老树皮多鳞片状开裂。幼树树冠常尖塔状。枝有长枝、短枝之别。叶条形,或针状。条形叶扁平,稀 4 棱状；长枝叶螺旋状散生,短枝叶簇生状。针状叶 2 ~ 5 针 1 束,稀 1 针,或 7 ~ 8 针 1 束,螺旋状排列于极短枝枝端,基部具叶鞘。花单性,雌雄同株；雄球花腋生,或单生枝端,或多数集生枝端,具多数螺旋状着生的雄蕊,每雄蕊具 2 枚花药,花粉具气囊,或无气囊,或具退化气囊；雌球花由多数螺旋状着生的珠鳞与苞鳞所组成,每珠鳞腹面具 2 枚倒生胚珠,背面的苞鳞与珠鳞分离,仅基部合生,花后珠鳞增大发育成种鳞。球果直立,或下垂,当年成熟,或翌年成熟,稀第 3 年成熟,成熟时张开,稀不张开；种鳞背腹面扁平,木质,或革质,宿存,或熟后脱落；苞鳞与种鳞离生,仅基部合生,苞鳞较长而露出,或不露出,或短小而位于种鳞的基部；种鳞的腹面基部具 2 粒种子。种子通常上端具 1 枚、膜质之翅,稀无翅,或近无翅；胚具 2 ~ 16 枚子叶,发芽时出土,或不出土。

本科模式属：松属 Pinus Linn. 。

产地：本科植物有 3 亚科、10 属、约 230 余种,多产于北半球。我国有 10 属、113 种、29 变种(其中引种栽培 24 种、2 变种),分布于全国各地。河南有 8 属、30 种。郑州市紫荆山公园有 3 属栽培。

本科植物分属检索表

1. 小枝上具明显叶枕。叶 4 棱状,或扁棱 - 条形,或条形、扁平,无柄,4 面具气孔线,或仅表面具气孔线。球果当年成熟 ………………………………………………… 云杉属 Picea A. Dietr.
1. 小枝上无叶枕。球果翌年成熟。
 2. 叶针状,坚硬,常绿型,螺旋状排列,或在短枝上端成簇生状,均不成束。球果成熟后种鳞脱落 …………………………………………………………………… 雪松属 Cedrus Trew

2. 叶针状,通常 2 针 1 束、3 针 1 束,或 5 针 1 束,基部具叶鞘,叶鞘宿存,或脱落。球果成熟种鳞宿存,背部上方具鳞盾及鳞脐 ·· 松属 Pinus Linn.

(Ⅰ) 云杉属

Picea A. Dietr. ,Fl. Gen. Berl. 2:794. 1824;中国科学院中国植物志编辑委员会. 中国植物志 第七卷:123～124. 1978;郑万钧主编. 中国树木志 第一卷:212. 1983;丁宝章等主编. 河南植物志(第一册):127. 1981;周汉藩著. 河北习见树木图说(THE FAMILIAR TREES OF HOPEI by H. F. Chow):21～22. 1934;中国科学院西北植物研究所编著. 秦岭植物志 第一卷 种子植物(第一册):9. 1976;湖北省植物研究所编著. 湖北植物志 第一卷:7～8. 1976;周以良主编. 黑龙江树木志:43～44. 1986;南京林学院树木学教研组主编. 树木学 上册:37. 1961;王遂义主编. 河南树木志:25. 1994;傅立国等主编. 中国高等植物 第三卷:34～35. 2000。

形态特征:常绿乔木;树冠塔状;侧枝轮生。小枝具显著叶枕。叶枕下延,彼此间具凹槽,顶端凸起呈木钉状,叶生于叶枕上,脱落后小枝具多数叶枕;小枝基部芽鳞宿存。叶螺旋状排列,辐射伸展,在枝上面之叶向上伸展,或向前伸展,在枝下面及两侧之叶向上弯伸,或向两侧伸展,无柄。叶 4 棱－条形,横切面 4 方形,或菱形,4 面气孔线条数近相等,或背面气孔线条数较少,稀背面无气孔线条;或横切面扁平,两面中脉隆起,仅表面中脉具气孔线,背面无气孔线;树脂道 2 枚,边生,稀无树脂道。球花单性,雌雄同株;雄球花椭圆体状,或圆柱状,单生叶腋,稀单生枝顶,黄色、深红色;雄蕊多数,螺旋状着生,花药 2 室,药室纵裂;雌球花单生枝顶,绿色、紫红色,珠鳞多数,螺旋状着生,腹面基部具 2 枚胚珠,背面具小苞鳞。球果当年成熟,下垂,圆柱状、卵球－圆柱状,稀卵球状;种鳞宿存,薄木质、近革质、倒卵球状等,上部边缘全缘,或细缺齿,或波状,腹面具 2 粒种子;苞鳞短小,不外露。种子倒卵球状,或卵球状,种翅长,倒卵球形,膜质;子叶 4～9(～15)枚。

本属模式种:欧洲云杉 Picea abies(Linn.)Karat。

产地:本属植物约有 40 种,分布于北半球,北至北极地区。我国有 20 种、5 变种,分布几遍全国。河南有 14 种。郑州市紫荆山公园有 1 种栽培。

1. 云杉　图 8　图版 5:7～9

Picea asperata Mast. in Journ. Linn. Soc. Lond. Bot. 37:419. 1906,et in Repert. Sp. Nov. 4:110. 1907;郑万钧主编. 中国树木志 第一卷:217. 图 34:1～7. 1983;中国科学院中国植物志编辑委员会. 中国植物志 第七卷:129～130. 132～133. 图版 31:1～7. 1978;陈嵘著. 中国树木分类学:37. 图 24. 1937,不包括异名;郝景盛著. 中国裸子植物志:85. 图 19. 1945,再版:72. 图 19. 1951;南京林学院树木学教研组主编. 树木学 上册:145. 图 66:1～9. 1961;中国科学院植物研究所主编. 中国高等植物图鉴 第一册:296. 图 592. 1983;丁宝章等主编. 河南植物志(第一册):129. 图 154. 1981;朱长山等主编. 河南种子植物检索表:24. 1994;卢炯林等主编. 河南木本植物图鉴:4. 图 10. 1998;周汉藩著. 河北习见树木图说(THE FAMILIAR TREES OF HOPEI by H. F. Chow):25～26. 图 5. 1934;中国科学院西北植物研究所编著. 秦岭植物志 第一卷 种子植物(第一册):9～10. 图 7. 1976;中国树木志编委会主编. 中国主要树种造林技术:237～245. 图 28. 1978;王遂义主编. 河南树木志:25. 图4:1~7. 1994;傅立国等主编. 中国高等植物 第三卷:36~37. 图51. 2000;*Picea asperata* Mast. var. *notabilis* Rehd. & Wils. in Sargent,Pl. Wils. II. 23. 1914;*Picea asperata* Mast. var. *ponderosa* Rehd. & Wils. in Sargent,Pl. Wils. II. 23. 1914;*Picea heterolepis*(Rehd. & Wils.)Cheng ex Rehd.,Man. Cultivated Trees and Shrubs: ed. 2,24. 1910;*Picea notabilis*(Rehd. & Wils.)Lacassagne in Trav. Lab. For. Toulouse,II. 3,1:180,f.(Ètrang. Anat. Syst. Picea). 1934;*Picea asperata* Mast. var. *heterolepis*(Rehd. & Wils.)Cheng 载于陈嵘著. 中国树木分类学:38. 1937;*Picea ponderosa*(Rehd. & Wils.) Lacassagne in Trav. Lab. For. Toulouse, II. 3,1:203, fig.(Ètrang. Anat. Syst. Picea). 1934;*Picea meyeri* Rehd. & Wils. in Sargent,Pl. Wils. II. 28. 1914;*Picea schrenkiana* Fisch. & Mey. in Bull. Acad. Sci. St. Pétersb. 10:253(Enum. Pl. Schrenk Lect. 2:12). 1842.

形态特征:常绿乔木,高达 45.0 m;树皮淡灰褐色,裂成不规则的薄块片、块状脱落。小枝疏被短毛,或密被短毛,稀无毛。1 年生枝淡褐黄色、淡红褐色;叶枕被白粉,或白粉不明显,基部宿存芽鳞先端向外反卷;2~3 年生枝灰褐色、褐色。冬芽被树脂。叶 4 棱 - 条形,微弯,长 1.0~2.0 cm,宽 1~1.5 mm,先端微尖、急尖,横切面 4 菱形,4 面具气孔线,表面具气孔线 4~8 条,背面具气孔线 4~6 条。球果圆柱 - 长圆体状,长 5.0~16.0 cm,径 2.5~3.5 cm,成熟前绿色,后褐色;中部种鳞倒卵球状,长约 2.0 cm,宽约 1.5 cm,上部圆形、截形,排列紧密,或上部钝三角状,排列较松,先端边缘全缘,或基部至中部种鳞先端 2 浅裂,或微凹;苞鳞三角 - 匙形,长约 5 mm。种子倒卵球状,长约 4 mm,连翅长 1.5 cm,翅膜质。花期 4~5 月;球果成熟期 9~10 月。

图 8　云杉 Picea asperata Mast.

1. 球果枝;2. 枝和冬芽;3. 种鳞(及苞鳞)背腹面;4、5. 种子;6. 叶;7. 叶的横剖(选自《中国植物志》)。

产地:云杉原产于我国陕西、甘肃、四川省。河南各地有引种栽培。郑州市紫荆山公园有栽培。

识别要点:云杉为常绿乔木。小枝疏被短毛,或密被短毛,稀无毛。冬芽被树脂。叶 4 棱 - 条形,微弯,横切面 4 菱形,4 面具气孔线,表面具气孔线 4~8 条,背面具气孔线 4~6 条。球果圆柱 - 长圆体状;中部种鳞倒卵球状,上部圆形、截形,排列紧密,或上部钝三角状,排列较松,边缘全缘,或基部至中部种鳞先端 2 浅裂,或微凹。

生态习性:云杉喜凉爽气候,垂直分布于 1 600~3 600 m 的峡谷地带。幼龄稍耐阴,侧根发达,浅根系,在气候凉润、土层深厚、肥沃、排水良好的微酸性土壤上生长良好。

繁育与栽培技术要点、主要病虫害及主要用途:参见中国树木志编委会主编. 中国主要树种造林技术:237~245. 1978。

(Ⅱ) 雪松属

Cedrus Trew, Cedrorum Libani Hist. 4. 1757;中国科学院中国植物志编辑委员会. 中国植物志 第七卷:200. 1978;丁宝章等主编. 河南植物志(第一册):130. 1981;郑万钧主编. 中国树木志 第一卷:256. 1983;王遂义主编. 河南树木志:29. 1994;中国科学院西北植物研究所编著. 秦岭植物志 第一卷 种子植物(第一册):14. 1976;湖北省植物研究所编著. 湖北植物志 第一卷:10. 1976;南京林学院树木学教研组主编. 树木学 上册:62. 1961;傅立国等主编. 中国高等植物 第三卷:51. 2000。

形态特征:常绿乔木;侧枝平展,或下垂。小枝有长枝和短枝。长枝常下垂,基部有宿存芽鳞,具叶枕。叶针状,坚硬,通常 3 棱状,或背脊明显呈 4 棱状,被白粉,深绿色。长枝上叶螺旋状排列、辐射伸展;短枝上叶簇生状。球花单性,雌雄同株;直立,单生短枝顶端;雄球花具多数螺旋状着生的雄蕊,花丝极短,花药 2 枚,药室纵裂,药隔显著,鳞片卵球状,边缘具细齿,花粉无气囊;雌球花淡紫色,有多数螺旋状着生的珠鳞,珠鳞背面具短小苞鳞,腹(上)面基部具 2 枚胚珠。球果翌年成熟,稀 3 年成熟,直立;种鳞木质,宽大,排列紧密,腹面具 2 粒种子,鳞背密被短绒毛;苞鳞短小,熟时与种鳞一同从宿存的中轴上脱落。球果顶端及基部的种鳞无种子。种子具宽大膜质的种翅;子叶通常 6~10 枚。

本属模式种:黎巴嫩雪松 Cedrus libani Rich. 。

产地:本属植物有 4 种,分布于非洲北部、亚洲西部及喜马拉雅山西部。我国有 1 种和引种栽培 1 种。河南有 1 种和引种栽培 1 种。郑州市紫荆山公园有 1 种栽培。

1. 雪松　图9　图版5:10~13

Cedrus deodara (Roxb.) Loud. , Hort. Brit. 388. 1830;中国科学院中国植物志编辑委员会. 中国植物志 第七卷:200~202. 203. 图版47. 1978;陈嵘著. 中国树木分类学:29. 图19. 1937;郝景盛著. 中国裸子植物志 再版:54. 图16. 1951;刘慎谔主编. 东北木本植物图志:79. 1956;裴鉴等. 江苏南部种子植物手册:6. 图6. 1959;南京林学院树木学教研组主编. 树木学 上册:62. 图29. 1961;中国科学院植物研究所主编. 中国高等植物图鉴 第一册:306. 图611. 1983;郑万钧主编. 中国树木志 第一卷:256~258. 图50. 1983;丁宝章等主编. 河南植物志(第一册):130~131. 图159. 1981;卢炯林等主编. 河南木本植物图鉴:7. 图19. 1998;王遂义主编. 河南树木志:29. 图9. 1994;中国科学院西北植物研究所编著. 秦岭植物志 第一卷 种子植物(第一册):14. 1976;湖北省植物研究所编著. 湖北植物志 第一卷:10. 图10. 1976;中国树木志编委会主编. 中国主要树种造林技术:231~236. 图27. 1978;傅立国等主编. 中国高等植物 第三卷:51. 图78. 2000;李法曾主编. 山东植物精要:31. 图97. 2004;*Pinus deodara* Roxb. , Hort. Bengal. 69. 1814. nom. ;*Cedrus libani* Rich. var. *deodara* (Roxb.) Hook. f. , Himal. Journ. 1:257. 1854.

形态特征:常绿乔木;树冠塔状;侧枝平展,或斜展;树皮深灰色,裂成不规则的鳞状块片。枝有长枝和短枝。1 年生长枝淡灰黄色,密被短绒毛,微被白粉;2~3 年生枝灰色、淡褐灰色,或深灰色。叶针状,长 2.5~5.0 cm,宽 1~1.5 mm,坚硬,先端锐尖,常呈 3 棱状,在长枝上叶螺旋状排列,在短枝上叶 15~20 枚簇生。叶腹面 2 侧各具气孔线 2~3 条,背面具气孔线 4~6 条,幼时气孔线被白粉。雌雄同株!球花单生于短枝顶端。雄球花长卵

球状,或椭圆体状,长2.0～3.0 cm,径
约1.0 cm;雌球花卵球状,长约8 mm,
径约5 mm。球果翌年成熟,稀3年成
熟,成熟前淡绿色,微被白粉,成熟时红
褐色、卵球状、近球状,或宽椭圆体状,
顶端圆钝,长7.0～12.0 cm,径5.0～
9.0 cm;具短梗;种鳞木质,褐色,或栗
褐色,中部种鳞扇－倒三角形,长2.5～
4.0 cm,宽4.0～6.0 cm;鳞背密被短
绒毛,成熟时自中轴脱落;苞鳞短小,不
露出。种子近三角状,种翅宽大,连翅
长2.2～3.7 cm。花期10～11月;球果
成熟期翌年10月。

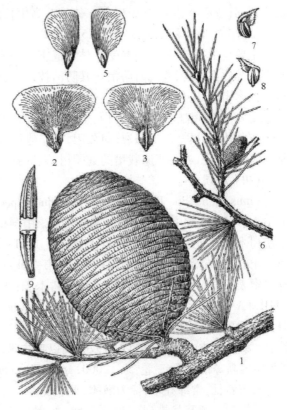

　　产地:雪松分布于喜马拉雅山区
等。我国西藏西南部海拔1 200～
3 000 m地带有天然林分布。现今北
京、辽宁、山东、江苏、上海、浙江、江西、
湖北、湖南、云南、河南等地广泛栽培。
郑州市紫荆山公园有栽培。

　　识别要点:雪松为常绿乔木。树冠
塔状;树皮灰褐色,鳞片状裂;大枝呈不
规则轮生,平展,或斜展。1年生长枝
淡灰黄色,密被短绒毛,微被白粉。雌

图9　雪松 Cedrus deodara（Roxb.）Loud.
1.球果与枝、叶;2.种鳞背面及苞鳞;3.种鳞腹面;4、5.种子
背腹面;6.雄球花枝;7、8.雄蕊背腹面;9.叶（选自《中国树木
志》）。

雄同株;球花单生于短枝顶端。球果翌年成熟,稀3年成熟,成熟时红褐色、卵球状、近球
状,或宽椭圆体状,先端圆钝,具短梗;种鳞木质,褐色,或栗褐色,种鳞扇－倒三角形,鳞背
密被短绒毛,成熟时自中轴脱落;苞鳞短小,不露出。

　　生态习性:雪松寿命长,且喜光,喜温暖、凉爽气候,抗寒性强,能耐－25℃ 低温。对
土壤要求不严,不耐水涝和重盐碱地,在土层深厚、排水良好的酸性土壤上生长旺盛。据
调查,50年生雪松高17.2 m,胸径93.6 cm。雪松为浅根性树种,抗风力弱,抗烟害和二
氧化硫很弱,容易造成危害。

　　繁育与栽培技术要点:雪松可播种繁殖,或插条育苗。

　　(1)播种育苗技术。雪松种子成熟后,去掉种鳞,阴干后贮藏。育苗地选择土壤肥
沃、灌溉方便的粉沙壤土地育苗。育苗地要施入基肥后,细致整地,筑成平床。行距25.0
cm,株距10.0～15.0 cm点播。播后,覆土后灌溉,加强苗床管理,严防地下害虫。

　　(2)扦插育苗技术。选用幼龄植株上的长、壮枝,剪成长15.0～20.0 cm的插穗,上
端留叶,用吲哚丁酸50 mg/L处理1天后,进行扦插。扦插于细沙沙床内,插前细沙用
0.5％的高锰酸钾溶液消毒,以防插穗感菌腐烂。扦插后,保持沙床通风、透光,用自动喷
雾器喷水,保持其内空气相对湿度80.0％以上、气温20～28℃ 。经过20～30天插穗生

根成活,其成活率达80.0%以上。待幼苗高生长停止时,可移入地下,培育大苗。见赵天榜等. 河南主要树种育苗技术:1～5. 1982。

主要病虫害:雪松幼苗易受立枯病危害。还有金龟子、蝼蛄、布袋蛾等,以及根腐病、叶斑病等病虫危害,要及时防治。其防治技术,见杨有乾等编著. 林木病虫害防治. 河南科学技术出版社,1982。

主要用途:雪松木材边材白色,心材褐色,纹理通直,材质坚实、致密而均匀,比重0.56,有树脂,具香气,少翘裂,耐久用,可作建筑、桥梁、造船、家具及器具等用。雪松终年常绿,树形美观,亦为普遍栽培的庭园树,为世界五大观赏树种之一。

(Ⅲ) 松属

Pinus Linn. ,Sp. Pl. 1000. 1753,exclud. spec. nonnull. ;Gen. Pl. ed. 5,434. 1754, p. p. ;中国科学院中国植物志编辑委员会. 中国植物志 第七卷:204～205. 1978;南京林学院树木学教研组主编. 树木学 上册:64. 1961;郑万钧主编. 中国树木志 第一卷:258～259. 1983;丁宝章等主编. 河南植物志(第一册):131. 1981;朱长山等主编. 河南种子植物检索表:25. 1994;王遂义主编. 河南树木志:29. 1994;周汉藩著. 河北习见树木图说 (THE FAMILIAR TREES OF HOPEI by H. F. Chow):29～30. 1934;中国科学院西北植物研究所编著. 秦岭植物志 第一卷 种子植物(第一册):14～15. 1976;湖北省植物研究所编著. 湖北植物志 第一卷:11. 1976;周以良主编. 黑龙江树木志:52. 1986;傅立国等主编. 中国高等植物 第三卷:51. 2000;*Apinus* Necker. ,Elém. Bot. Ⅲ. 209. 1790.

形态特征:常绿乔木,稀为灌木;侧枝轮生。小枝每年生1节、2节,或多节。冬芽显著,芽鳞多数,覆瓦状排列。叶有2型:① 鳞叶单生,螺旋状排列,在幼苗时期为扁平条形,绿色,后则逐渐退化成膜质苞片状,基部下延生长,或不下延生长;② 针叶螺旋状排列,辐射伸展,常2针1束、3针1束,或5针1束,生于苞片状鳞叶的腋部,或不发育的短枝顶端,每束针叶基部由8～12枚芽鳞组成的叶鞘所包;叶鞘脱落,或宿存;针叶边缘全缘,或具细锯齿,背部无气孔线,或具气孔线。球花单性,雌雄同株;雄球花生于新枝下部的苞片腋部,多数聚集成穗状花序状,无梗,斜展,或下垂;雄蕊多数,螺旋状排列,花药2室,药室纵裂,药隔鳞片状,边缘微具细缺齿,花粉具气囊;雌球花单生,或2～4朵生于新枝近顶端,直立,或下垂,由多数螺旋状排列的珠鳞与苞鳞所组成。幼小球果于翌年春受粉后迅速长大。球果直立,或下垂,具梗,或几无梗;种鳞木质,宿存,排列紧密,上部露出部分为鳞盾,鳞盾的先端具瘤状凸起的鳞脐,或中央具瘤状凸起的鳞脐,鳞脐具刺,或无刺;球果翌年秋季成熟,熟时种鳞张开,种子散出,稀不张开,种子不脱落;发育的每一种鳞具2粒种子。种子上部具长翅,种翅与种子结合而生,或有关节与种子脱离;子叶3～18枚。

本属模式种:欧洲赤松 Pinus sylvestris Linn. 。

产地:本属植物80余种,分布于北半球,北至北极地区,南至北非洲、中美洲,以及苏门答腊赤道以南地方。为世界上木材和松脂生产的主要树种。我国有22种、10变种,分布几遍全国。河南分布与栽培有16种。郑州市紫荆山公园有3种栽培。

本属植物分种检索表

1. 叶鞘宿存,稀脱落。针叶 2 针 1 束,3 针 1 束,或 4 针 1 束,基部苞片下延。芽红褐色。针叶树脂道 5 ~ 8 个,边生。种鳞鳞脐凸起,具尖刺 ························· 油松 Pinus tabulaeformis Carr.

1. 叶鞘早落。针叶 3 针 1 束,基部苞片不下延 ············· 白皮松 Pinus bungeana Zucc. & Endl.

1. 油松 图 10 图版 6:1 ~ 4

Pinus tabulaeformis Hort. ex Carr. ,Traité Conif. ed. 2,510. 1867;中国科学院中国植物志编辑委员会. 中国植物志 第七卷:251 ~ 253. 图版 56:8 ~ 13. 1978;陈嵘著. 中国树木分类学:22. 图 12. 1937;郝景盛著. 中国裸子植物志 再版:59. 1951;刘慎谔主编. 东北木本植物图志:95. 图版 6(21). 1955;吴中伦. 植物分类学报,5(3):155. 图版 25. 图 17. 1956;竹内亮著. 中国东北裸子植物研究资料:80. 图版 17. 1958;南京林学院树木学教研组主编. 树木学 上册:81. 83. 图 38:1 ~ 4. 1961;郑万钧主编. 中国树木志 第一卷:286 ~ 288. 图 59:8 – 13. 1983;贺士元等. 北京植物志 上册:121. 图 60. 1984;中国科学院植物研究所主编. 中国高等植物图鉴 第一册:311. 图 622. 1983;丁宝章等主编. 河南植物志(第一册):135. 图 167. 1981;卢炯林等主编. 河南木本植物图鉴:10. 图 29. 1998;朱长山等主编. 河南种子植物检索表:26. 1994;王遂义主编. 河南树木志:33. 图 13:8 ~ 14. 1994;周汉藩著. 河北习见树木图说(THE FAMILIAR TREES OF HOPEI by H. F. Chow):33 ~ 34. 图 8. 1934;中国科学院西北植物研究所编著. 秦岭植物志 第一卷 种子植物(第一册):17 ~ 18. 图 16. 1976;湖北省植物研究所编著. 湖北植物志 第一卷:13 ~ 14. 图 18. 1976;中国树木志编委会主编. 中国主要树种造林技术:103 ~ 116. 图 10. 1978;周以良主编. 黑龙江树木志:63. 65. 图版 10:1 ~ 5. 1986;傅立国等主编. 中国高等植物 第三卷:61 ~ 62. 图 92. 2000;李法曾主编. 山东植物精要:33. 图 105. 2004;*Pinus leucosperma* Maxim. in Bull. Acad. Sci. St. Pétersb. 16:558(in Mél. Biol. 11:347). 1881;*Pinus densiflora* Sieb. & Zucc. var. *tabulaeformis*(Carr.)Fort. ex Mast. in Journ. Linn. Soc. Lond. Bot. 26:549. 1902;*Pinus taihangshanensis* Hu et Yao,静生汇报,6(4):167. 1935;*Pinus tokunagai* Nakai in Rep. First Sci. Exped. Manch. 4(2):164. t. 19. f. 24. 1935;*Pinus tabulaeformis* Carr. var. *tokunagai*(Nakai)Takenouchi,实验林时报,3:290. t. 9. 1941. et in Journ. Jap. For. Soc. 24:123. 1942;*Pinus tabulaeformis* Carr. var. *bracteata* Takenouchi. ,l. c. 4:l. f. l. 1942;*Pinns sinensis* auct. non Lamb. Shaw in Sarg. Pl. Wils. II. 15. 1914. p. p. , et Gen. Pinus 60. 1914. p. p. ;*Pinns sinensis* sensu Mayr. Fremdl. Wald. & Parkbaume,349. f. 1906;*Pinus thunbergii* sensu Franch. in Nouv. Arch. Mus. Hist. Nat. Paris,sér. 2,7:95(Pl. David. 1:285)1884;*Pinus densiflora* sensu Franch. in Journ. de Bot. 13:253. 1899,non Sieb. & Zucc. 1842.

形态特征:常绿乔木,高达 25.0 m,胸径可达 1.0 m 以上;侧枝平展,或向下斜展,老树树冠平顶;树皮灰褐色,或褐灰色,裂成不规则较厚的鳞状块片,裂缝及上部树皮红褐色。小枝较粗,褐黄色,无毛,幼时微被白粉。冬芽长圆体状,先端尖,微具树脂;芽鳞红褐色,边缘具丝状缺裂。针叶 2 针 1 束,深绿色,粗硬,长 10.0 ~ 15.0 cm,径约 1.5 mm,边缘具细锯齿,两面具气孔线;初生叶窄条形,先端尖,边缘具细锯齿;树脂道 5 ~ 8 个,或更多,

边生,间有个别中生。球果卵球状,长
4.0~9.0 cm,鳞盾肥厚隆起,扁菱形,
或菱－多边形,横脊显著,鳞脐凸起具
尖刺。球果成熟时淡橙褐色,或灰褐
色,常宿存树上数年不落。种子卵球
状,长6~8 mm,连翅1.5~1.8 cm。
花期4~5月;球果翌年9~10月成
熟。

产地:油松为我国特有树种,分布
于吉林南部、辽宁、河北、河南、山东、
山西、内蒙古、陕西、甘肃、宁夏、青海
及四川等省(区)。河南太行山、伏牛
山有天然分布,平原地区有栽培。郑
州市紫荆山公园有栽培。

识别要点:油松树皮裂成不规则
较厚的鳞状块片,裂缝及上部树皮红
褐色。针叶2针1束,粗硬,边缘具细
锯齿,两面具气孔线;树脂道5~8个,
或更多,边生,间有个别中生。球果卵
球状,鳞盾肥厚隆起,扁菱形,或菱－
多边形,横脊显著,鳞脐凸起具尖刺。

生态习性:油松适生于华北和西
北地区。在深厚、肥沃的棕壤土、淋溶
褐色土生长良好;根系发达,穿透力

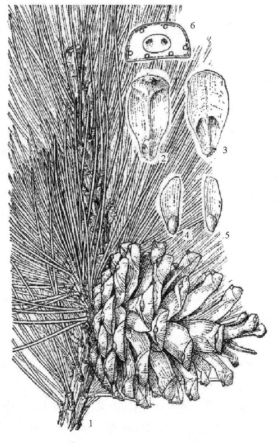

图10　油松 Pinus tabulaeformis Hort. ex Carr.
1.球果与枝、叶;2、3.种鳞背腹面;4、5.种子背腹面;6.叶的
横剖(选自《中国树木志》)。

强,在干旱瘠薄、多石山地亦能生长,但不耐水淹、不耐盐碱,也不耐寒冷。

繁育与栽培技术要点:油松采用播种育苗。其技术是:油松种子成熟后,
立即采种。球果采集后,阴干,取出种子去杂后,贮藏。育苗地选择土壤肥沃、灌溉方便的粉沙壤土
地。育苗地要施入基肥后,细致整地,筑成平床,行距25.0 cm,进行撒播。播种前,用
0.5%的高锰酸钾溶液消毒,并用温水进行催芽,待种子70.0%以上裂口时,进行播种。
播后,覆土后灌溉,加强苗床管理,严防地下害虫。特别是幼苗出土后,立枯病、地下害虫
危害,要及时防治。苗木生长中后期,及时喷磷酸二氢钾,加速苗木顶芽形成,提高苗木质
量。无形成顶芽的苗木则为废苗。翌春,发芽前,及时进行移栽,培养大苗供造林与绿化
用。见赵天榜等. 河南主要树种育苗技术:24~26. 1982。

主要病虫害:油松有立枯病、落叶病、叶锈病、天牛、介壳虫等危害。其防治技术,见杨
有乾等编著. 林木病虫害防治. 河南科学技术出版社,1982。

主要用途:油松木材心材淡黄红褐色,边材淡黄白色,纹理直,结构较细密,材质较硬,
比重0.4~0.54,富含树脂,耐久用,可供建筑、电杆、矿柱、造船、器具、家具及木纤维工业
等用材。树干可割取树脂,提取松节油;树皮可提取栲胶。松节、松针(即针叶)、花粉均

供药用。油松为常绿乔木树种,可营造用材林、水土保持林,还是城乡园林化的主要树种之一。

2. 白皮松　图11　图版6:5~8

Pinus bungeana Zucc. ex Endl. ,Syn. Conif. 166. 1847;中国科学院中国植物志编辑委员会. 中国植物志 第七卷:234. 236. 图版 55. 1978;陈嵘著. 中国树木分类学:23. 1937;郝景盛著. 中国裸子植物志 再版:58. 1951;吴中伦. 植物分类学报,5(3):144. 图版 2. 图 10. 1956;竹内亮著. 中国东北裸子植物研究资料:89. 图版 19. 1958;裴鉴等主编. 江苏南部种子植物手册:7. 1959;南京林学院树木学教研组主编. 树木学 上册:75. 图 36. 1961;贺士元等. 北京植物志 上册:121. 图 59. 1984;中国科学院植物研究所主编. 中国高等植物图鉴 第一册:309. 图 617. 1983;郑万钧主编. 中国树木志 第一卷:276~278. 图 58. 1983;丁宝章等主编. 河南植物志(第一册):133~134. 图 163. 1981;卢炯林等主编. 河南木本植物图鉴:9. 图25. 1998;朱长山等主编. 河南种子植物检索表:26. 1994;王遂义主编. 河南树木志:31~32. 图 11:6~8. 1994;周汉藩著. 河北习见树木图说(THE FAMILIAR TREES OF HOPEI by H. F. Chow):30~32. 图 7. 1934;中国科学院西北植物研究所编著. 秦岭植物志 第一卷 种子植物(第一册):15~16. 图 14. 1976;湖北省植物研究所编著. 湖北植物志 第一卷:12. 图 15. 1976;中国树木志编委会主编. 中国主要树种造林技术:81~84. 图 8. 1978;傅立国等主编. 中国高等植物 第三卷:59. 图 87. 2000;李法曾主编. 山东植物精要:32. 图101. 2004;*Pinus bungeana* Zucc. in Endl. , Syn. Conif. 166. 1847.

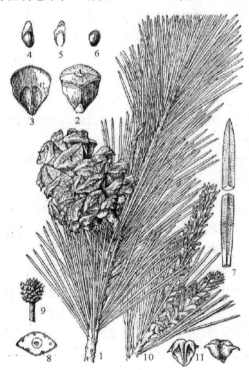

图 11　白皮松 Pinus bungeana Zucc. ex Endl.
1. 枝、叶与球果;2、3. 种鳞背、腹面;4. 带翅种子;5. 种翅;6. 去翅种子;7. 针叶腹面;8. 叶横切面;9. 雌球花;10. 雄球花枝;11. 雄蕊背腹面(选自《中国植物志》)。

形态特征:常绿乔木,高达 30.0 m,胸径可达 3.0 m。其主干明显,或从树干近基部分成数干;侧枝较细长,斜展,形成宽塔状至伞状树冠;幼树树皮光滑,灰绿色,长大后树皮成不规则的薄块片脱落,露出淡黄绿色的新皮;老则树皮呈淡褐灰色,或灰白色,裂成不规则的鳞状块片脱落,脱落后近光滑,露出粉白色的内皮,白色、褐色相间成斑块状。1 年生枝灰绿色,无毛。冬芽红褐色,卵球状,无树脂。针叶 3 针 1 束,粗硬,长5.0~10.0 cm,径 1.5~2.0 mm,背面及腹面两侧均具气孔线,先端尖,边缘具细锯齿;树脂道 4~7 个,边生,稀背面具 1~2 个中生树脂道;叶鞘脱落。雄球花卵球状,或椭圆体状,长约 1.0 cm,多数聚生于新枝基部成穗状,长 5.0~10.0 cm。球果通常单生,初直立,后下垂,成熟前淡绿色,熟时淡黄褐色,卵球状,或圆锥状,长 5.0 ~ 7.0 cm,径 4.0 ~ 6.0 cm,具短梗,或几无梗;种鳞长圆 - 宽楔形,先端厚,鳞盾菱状,具横脊,鳞脐生于鳞盾中央,具三角状短尖刺,尖头通常向下反曲。种子灰褐色,近倒卵球状,长约 1.0 cm,径 5 ~ 6 mm;种翅短,赤褐色,具关节易脱落,长约 5.0 mm;子叶 9 ~ 11 枚,针状,长 3.1 ~ 3.7 cm,宽约 1 mm。花期 4 ~ 5 月;球果翌年 10 ~ 11 月成熟。

产地:白皮松为我国特有树种,产于山西、河南西部、陕西秦岭、甘肃南部及天水麦积山、四川北部江油观雾山及湖北西部等地,生于海拔 500 ~ 1 800 m 地带。辽宁南部至长江流域各省、市广为栽培。河南伏牛山区有分布,各地有栽培。郑州市紫荆山公园有栽培。

识别要点:白皮松树皮裂成不规则的鳞状块片脱落,脱落后近光滑,露出粉白色的内皮,白色与褐色相间成斑块状。针叶 3 针 1 束,横切面扇 - 三角形,或宽纺锤形,边缘具细锯齿,树脂道 4 ~ 7 个,边生,稀背面具 1 ~ 2 个中生树脂道。球果种鳞鳞盾菱形,具横脊,鳞脐具三角状短尖刺,尖头通常向下反曲。

生态习性、繁育与栽培技术要点、主要病虫害、主要用途与油松相近。

五、杉科

Taxodiaceae Warming, Handb. Syst. Bot. 184. 1890;中国科学院中国植物志编辑委员会. 中国植物志 第七卷:281 ~ 282. 1978;郑万钧主编. 中国树木志 第一卷:306. 1983;丁宝章等主编. 河南植物志(第一册):136 ~ 137. 1981;朱长山等主编. 河南种子植物检索表:27. 1994;王遂义主编. 河南树木志:35. 1994;中国科学院西北植物研究所编著. 秦岭植物志 第一卷 种子植物(第一册):18. 1976;湖北省植物研究所编著. 湖北植物志 第一卷:14. 1976;南京林学院树木学教研组主编. 树木学 上册:87. 1961;傅立国等主编. 中国高等植物 第三卷:68. 2000。

形态特征:常绿,或落叶乔木;树干端直;侧枝轮生,或近轮生。叶螺旋状排列,散生,少数为交叉对生(水杉属),披针形、钻状、鳞状,或条形,同一树上之叶同型,或 2 型。球花单性,雌雄同株;球花的雄蕊和珠鳞均螺旋状着生,稀交叉对生(水杉属);雄球花小,单生,或簇生于枝顶,或排成圆锥花序状,或生于叶腋;雄蕊有 2 ~ 9 枚花药,花粉无气囊;雌球花顶生,或生于去年生枝近枝顶,珠鳞与苞鳞结合,或半结合,或苞鳞发育而珠鳞不发育(杉木属),或苞鳞退化(台湾杉属),珠鳞腹面基部具 2 ~ 9 枚直立,或倒生胚珠。球果当年成熟,熟时种鳞(苞鳞)张开;种鳞扁平,或盾状,木质,或革质,螺旋状交叉对生(水杉属),宿存,或脱落,能育种鳞、苞鳞腹面具种子 2 ~ 9 粒。种子扁平,或 3 棱状,具翅,子叶 2 ~ 9 枚。

本科模式属:落羽杉属 Taxodium Rich. 。

产地:本科植物有 10 属、16 种,主要分布于北温带各国。我国产 5 属、7 种,引入栽培 4 属、7 种。河南有 7 属、8 种。河南各地有栽培。郑州市紫荆山公园有 2 属、2 种栽培。

本科植物分属检索表

1. 常绿乔木。叶钻状,单生,在枝上螺旋状散生,稀对生。球果直立,种鳞盾状,上部具 3 ~ 7 枚裂齿,能育种鳞具种子 2 ~ 9 粒……………………………………… 柳杉属 Cryptomeria D. Don
1. 落叶乔木。叶条形,对生,在枝上排成 2 列,侧生小枝和叶冬季脱落。球果种鳞盾状,能育种鳞具种子 5~9 粒 ·· 水杉属 Metasequoia Miki ex Hu et Cheng

（Ⅰ）柳杉属

Cryptomeria D. Don in Trans. Linn. Soc. Lond. 18:166. 1841；郑万钧主编. 中国树木志 第一卷:313. 1983；中国科学院中国植物志编辑委员会. 中国植物志. 第七卷:293~294. 1978；丁宝章等主编. 河南植物志（第一册）:138~139. 1981；湖北省植物研究所编著. 湖北植物志 第一卷:1~17. 1976；南京林学院树木学教研组主编. 树木学 上册:92. 1961；王遂义主编. 河南树木志:37. 1994；傅立国等主编. 中国高等植物 第三卷:70. 2000。

形态特征:常绿乔木;树皮红褐色,或灰褐色,裂成长条片脱落。冬芽小,卵球状。叶钻状,两侧具气孔线,先端尖,基部下延,螺旋状排列略为 5 行。雌雄同株;雄球花长圆体状,无梗,单生于小枝上部叶腋,多数密集成穗状花序状,基部具 1 枚小苞叶;雄蕊多数,单花具花药 3~6 枚,药室纵裂;雌球花近球状,单生枝顶,稀少数集生,无梗,珠鳞螺旋状排列,每珠鳞具 2~5 枚胚珠;珠鳞与苞鳞合生,仅先端分离。球果下垂,当年成熟,近球状;种鳞木质,盾状,宿存,上部肥大,边缘具 3~7 枚裂齿,背面中部以下具三角状分离的苞鳞;每发育种鳞具 2~5 粒种子;顶部种鳞小,无种子。种子为不规则扁椭圆体状,或扁三角-椭圆体状,周围具窄翅,先端凹缺;子叶 2~3 枚,发芽时出土。

本属模式种:日本柳杉 Cryptomeria japonica（Linn. f.）D. Don。

产地:本属植物有 2 种,特产我国和日本。现今华北、华东、中南区省（市）广泛栽培。河南有 3 种,各地栽培很广。郑州市紫荆山公园有 1 种栽培。

1. 柳杉　图 12　图版 6:9~11

Cryptomeria fortunei（Linn. f.）D. Don in Trans. Linn. Soc. Lond. 18:167. 1841；郑万钧主编. 中国树木志 第一卷:313~314. 图 71:1~5. 1983；中国科学院中国植物志编辑委员会. 中国植物志 第七卷:294~295. 图版 68:1~5. 1978；侯宽昭编著. 广州植物志:73. 图 15. 1956；陈嵘著. 中国树木分类学 补编:2. 1957；郝景盛著. 中国裸子植物志:97. 1947,再版:82. 1951；裴鉴等主编. 江苏南部种子植物手册:10. 图 12. 1959；南京林学院树木学教研组主编. 树木学 上册:93~94. 图 46. 1961；中国科学院植物研究所主编. 中国高等植物图鉴 第一册:315. 图 629. 1983；丁宝章等主编. 河南植物志（第一册）:139. 图 170. 1981；卢炯林等主编. 河南木本植物图鉴:13. 图 39. 1998；朱长山等主编. 河南种子植物检索表:28. 1994；王遂义主编. 河南树木志:37. 图 18:1~5. 1994；湖北省植物研究所编著. 湖北植物志 第一卷:17. 图 22. 1976；中国树木志编委会主编. 中国主要树种造林技术:29~34. 图 2. 1978；傅立国等主编. 中国高等植物 第三卷:71~71. 图 108:1~5. 2000；李法曾主编. 山东植物精要:35. 图 112. 2004；*Cryptomeria japonica*（Linn. f.）D. Don var. *sinensis* Sieb. in Sieb. & Zucc.,Fl. Jap. II. 52. 1870；*Cryptomeria japonica*（Linn. f.）D. Don var. *fortunei* Henry in Elesand Henry,Trees Gt. Brit. and Irel. I. 129. 1906；*Cryptomeria mairei* Lévl.,Cat. Pl. Yunnan 56. 1916；*Cryptomeria kauwii* Hayata in Bot. Mag. Tokyo,31:117. f. 1917；*Cryptomeria mairei*（Lévl.）Nakai in Journ. Jap. Bot. 13:395. 1937；*Cupressus japonica* Linn. f.,Suppl. Pl. 421. 1781；*Cryptomeria fortunei*

Hooibrenk ex Otto et Dietr. in Allg. Gartenzeit. 21：234. 1853.

形态特征：常绿乔木，高达 40.0 m，胸径达 2.0 m 以上；树皮红棕色，裂成长条形脱落。小枝细长、下垂。叶钻状，长 1.0～1.5 cm，稀长 2.4 cm，略向内弯曲。雄球花长圆体状，无梗，单生于小枝上部叶腋内，多数密集成穗状花序状，单花具花药 3～6 枚；雌球花近球状，单生枝顶，稀少数集生，无梗；珠鳞螺旋状排列，每珠鳞有 2～5 枚胚珠；珠鳞与苞鳞合生，仅先端分离。球果当年成熟，近扁球状，径 1.2～2.0 cm；种鳞 20 枚左右，木质，上部具 4～5 枚短三角形分离的苞鳞尖头，尖头长 3～5 mm，基部宽 3～4 mm；每发育种鳞具 2 粒种子。种子褐色，长 4～6.5 mm，宽 2～3.5 mm，边缘具窄翅。花期 4 月；球果成熟期 10～11 月。

产地：柳杉为我国特产。现今黄河流域以南各省（区、市）分布与栽培很广。河南各地有栽培。郑州市紫荆山公园有栽培。

识别要点：柳杉为常绿乔木。叶钻状，略向内弯曲。雄球花单生小枝上部叶腋内，多数密集成穗状花序状；雌球花近球状，单生枝顶，稀少数集生；珠鳞螺旋状排列，每珠鳞有 2～5 枚胚珠；珠鳞与苞鳞合生，仅先端分离。球果当年成熟，近扁球状；每发育种鳞具 2 粒种子。种子褐色，边缘具窄翅。

生态习性：柳杉为喜光树种，对环境条件的适应性较强。在年均气温 14.0～19.0℃ ，年降水量 1 000 mm 以上的肥沃、湿润、排水良好的壤土、沙壤土上生

图 12　柳杉 Cryptomeria fortunei
（Liin. f.）D. Don
1. 球果枝；2. 种鳞；3. 种子（选自《树木学》）。

长最好。在山地黄壤土、黄褐土、石灰性土壤均可生长；在重黏土、粗砂土、重盐碱土，以及排水不良的地方，生长不良。浅根性树种，无明显主根，侧根发达，抗大风能力弱。

繁育与栽培技术要点：柳杉通常采用播种育苗技术。其具体技术，见中国树木志编委会主编. 中国主要树种造林技术：29～34. 图 2. 1978 及赵天榜等主编. 河南主要树种栽培技术：24～28. 图 2. 1994。

主要病虫害：柳杉主要病虫害有立枯病、茎腐病、蝼蛄、地老虎、金龟子、大袋蛾、天牛等，要及时防治。其防治技术，见杨有乾等编著. 林木病虫害防治. 河南科学技术出版社，1982。

主要用途：柳杉其木材边材白色，心材淡红色，材质轻软，纹理直，结构稍粗，可供房屋建筑、板料、电杆、家具及木纤维工业原料等用。树姿优美，为著名的庭园欢赏树种。同时，具有抗二氧化硫较强特性，适用于工矿区绿化。

（Ⅱ）水杉属

Metasequoia Miki ex Hu et Cheng,胡先骕等. 静生汇报,1（2）:154. 1948;中国科学院中国植物志编辑委员会. 中国植物志. 第七卷:310. 1978;郑万钧主编. 中国树木志 第一卷:322. 1983;郝景盛著. 中国裸子植物志 再版:126. 1951;丁宝章等主编. 河南植物志（第一册）:140. 1981;王遂义主编. 河南树木志:38～39. 1994;中国科学院西北植物研究所编著. 秦岭植物志 第一卷 种子植物（第一册）:19. 1976;湖北省植物研究所编著. 湖北植物志 第一卷:18. 1976;南京林学院树木学教研组主编. 树木学 上册:94. 1961;傅立国等主编. 中国高等植物 第三卷:71～71. 2000;*Metasequoia* Miki in Jap. Journ. Bot. 9:261. 1841.

形态特征:落叶,大枝不规则轮生;树皮灰色,或灰褐色。小枝对生,或近对生。冬芽卵球状。叶交叉对生,基部扭转列成2列,羽状,条形,长1.0～1.7 cm,宽约2 mm,扁平,表面中脉凹下,背面中脉隆起,每边各具4～8条气孔线。冬季叶和侧生小枝同落。雌雄同株;球花基部具交叉对生的苞片;雄球花单生叶腋,或枝顶,具短梗,球花枝呈总状花序状,或圆锥花序状,雄蕊交叉对生,约20枚,每雄蕊有3枚花药,花丝短,药室纵裂,花粉无气囊;雌球花具短梗,单生于去年生枝顶,或近枝顶,梗上有交叉对生的条形叶,珠鳞11～14对,交叉对生,每珠鳞有5～9枚胚珠。球果下垂,当年成熟,近球状,微具4棱,稀成长圆－球状,具长梗;种鳞木质,盾状,交叉对生,先端有凹槽,基部楔形,宿存,每发育种鳞具5～9粒种子。种子扁平,周围具窄翅,先端有凹缺;子叶2枚,发芽时出土。

本属模式种:水杉 Metasequoia glyptostroboides Hu et Cheng。

产地:本属植物1种,特产我国四川石柱县及湖北利川县磨刀溪、水杉坝一带及湖南西北部龙山及桑植等地。现华北、华东、中南区及西北区、西南区部分省（区、市）广泛栽培。河南各地栽培很广。郑州市紫荆山公园有1种栽培。

1. 水杉　图13　图版6:12～14

Metasequoia glyptostroboides Hu et Cheng,胡先骕等. 静生汇报,1（2）:154. 图版:1～2. 1948;陈嵘著. 中国树木分类学 补编:3. 1957;南京林学院树木学教研组主编. 树木学 上册:94. 95. 图47. 1961;郑万钧主编. 中国树木志 第一卷:322～324. 图74. 1978;中国科学院中国植物志编辑委员会. 中国植物志 第七卷:310. 312. 图版71. 1978;裴鉴等主编. 江苏南部种子植物手册:11. 图14. 1959;中国科学院植物研究所主编. 中国高等植物图鉴 第一册:315. 图630. 1983;丁宝章等主编. 河南植物志（第一册）:140～141. 图172. 1981;卢炯林等主编. 河南木本植物图鉴:15. 图45. 1998;王遂义主编. 河南树木志:39. 图20. 1994;中国科学院西北植物研究所编著. 秦岭植物志 第一卷 种子植物（第一册）:19～20. 图18. 1976;湖北省植物研究所编著. 湖北植物志 第一卷:18. 图24. 1976;中国树木志编委会主编. 中国主要树种造林技术:35～42. 图3. 1978;傅立国等主编. 中国高等植物 第三卷:73. 图112. 2000;李法曾主编. 山东植物精要:36. 图117. 2004;*Sequpia glyptostroboides*（Hu et Cheng）Weide in Repert. Sp. Nov. 66:185. 1962.

形态特征:落叶大乔木,高达35.0 m,胸径达2.5 m;树干通直,基部常膨大;幼树树冠尖塔状,老树树冠宽球状;幼树树皮裂成薄片脱落;大树树皮灰色、灰褐色,或暗灰色,裂成长条状脱落,内皮淡紫褐色;侧枝斜展,或平展。1年生枝光滑、无毛;幼时绿色,后渐变成淡褐色;2~3年生枝淡褐灰色,或褐灰色;脱落性小枝排成2列羽状,长4.0~15.0 cm与叶冬季凋落。冬芽卵球状,或椭圆体状,先端钝,长约4.0 mm,径约3.0 mm。叶条形,交互对生,长0.8~2.0 cm,宽1.0~2.5 mm,表面淡绿色,背面色较淡,沿中脉有2条较边带稍宽的淡黄色气孔带,每带有4~8条气孔线。球果下垂,近4棱-球状,或长圆-球状,成熟前绿色,熟时深褐色,长1.8~2.5 cm,径1.6~2.5 cm;果梗长2.0~4.0 cm,其上有交互对生的条形叶;种鳞木质,盾状,通常11~12对,交叉对生,种鳞顶扁菱形,中央是1条横槽,基部楔形,能育种鳞具5~9粒种子。种子扁平,倒卵球状,或球状,周围具翅,先端凹缺;子叶2枚,条形,两面中脉微隆起,表面具气孔线,背面无气孔线。花期2月下旬;球果11月成熟。

图13　水杉 Metasequoiaglyptostro - boides
Hu et Cheng
1.枝叶与球果;2.球果;3.种子;4.雄球花枝;
5.雌球花;6、7.雄蕊(选自《中国植物志》)。

产地:水杉这一古老稀有的珍贵树种为我国特产,仅分布于四川石柱县及湖北利川县磨刀溪、水杉坝一带及湖南西北部龙山及桑植等地。现华北区、华东区、中南区等广泛栽培。河南各地有栽培。郑州市紫荆山公园有栽培。

识别要点:水杉为落叶乔木。小枝对生,下垂;脱落性小枝与叶冬季凋落。叶条形,交互对生。雌雄同株,球果下垂,近4棱-球状,或长圆-球状;果梗长2.0~4.0 cm。

生态习性:水杉为喜光性强的速生树种,对环境条件适应性较强。在年均气温12.0~20.0℃、年降水量800 mm以上土壤上生长良好。对土壤要求不严格,在山地黄壤土、黄褐土、石灰性土壤均可生长,但以肥沃、湿润、排水良好的壤土、沙壤土上生长最好;在重黏土、粗砂土、重盐碱土,以及排水不良的地方,生长不良。

繁育与栽培技术要点:

(1)播种育苗。其技术是:水杉种子成熟后,立即采种。球果采集后,阴干,取出种子去杂后,贮藏。育苗地选择土壤肥沃、灌溉方便的粉沙壤土地育苗。育苗地要施入基肥后,细致整地,筑成平床。行距25.0 cm,进行撒播。播种前,用0.5%的高锰酸钾溶液消毒,并用温水进行催芽,待种子70.0%以上裂口时,进行播种。播后,覆土后灌溉。加强苗床管理,严防地下害虫。特别是幼苗出土后,立枯病、地下害虫危害,要及时防治。苗木生长中后期,及时喷磷酸二氢钾,加速苗木顶芽形成,提高苗木质量。无形成顶芽的苗木则为废苗。翌春,发芽前,及时进行移栽,培养大苗供造林与绿化用。

(2)扦插育苗。其技术是:选用大苗、幼龄植株上的长壮枝,剪成长15.0~20.0 cm的插穗,用吲哚丁酸50 mg/L处理1天后,进行扦插。扦插于细沙沙床内,插前细沙用

0.5％的高锰酸钾溶液消毒,以防插穗感菌腐烂。扦插后,保持沙床通风透光,用自动喷水器喷水,保持其内空气相对湿度80.0％以上、气温20~28℃。经过20~30天插穗生根成活,其成活率达80.0％以上。待幼苗高生长停止时,可移入地下,培育大苗。见中国树木志编委会主编.中国主要树种造林技术:35~42.图3.1978;赵天榜主编.河南主要树种栽培技术:13~18.图2.1994。

主要病虫害:水杉主要病虫害有立枯病、茎腐病、蝼蛄、地老虎、金龟子、大袋蛾、天牛等,要及时防治。其防治技术,见杨有乾等编著.林木病虫害防治.河南科学技术出版社,1982。

主要用途:水杉其木材边材白色,心材褐红色,材质轻软,纹理直,结构稍粗,早晚材硬度区别大,不耐水湿。可供房屋建筑、板料、电杆、家具及木纤维工业原料等用。树姿优美,为著名的庭园观赏树种。

六、柏科

Cupressaceae Bartling.,Ord.Nat.Pl.90.95.1830;郑万钧主编.中国树木志 第一卷:324.1983;南京林学院树木学教研组主编.树木学 上册:99.1961;山西省林业科学研究院编著.山西树木志:49.2001;丁宝章等主编.河南植物志(第一册):142.1981;朱长山等主编.河南种子植物检索表:29.1994;王遂义主编.河南树木志:39.1994;中国科学院中国植物志编辑委员会.中国植物志 第七卷:313.1978;周汉藩著.河北习见树木图说(THE FAMILIAR TREES OF HOPEI by H.F.Chow):35.1934;中国科学院西北植物研究所编著.秦岭植物志 第一卷 种子植物(第一册):20.1976;湖北省植物研究所编著.湖北植物志 第一卷:18~19.1976;周以良主编.黑龙江树木志:66.1986;傅立国等主编.中国高等植物 第三卷:73~74.2000。

形态特征:常绿乔木,或灌木。叶交叉对生,或3~4枚轮生,稀螺旋状着生,鳞形,或刺状,或二者兼有。球花单性,雌雄同株,或异株,单生枝顶,或叶腋;雄球花具3~8对交叉对生的雄蕊;每雄蕊具2~6枚花药,花粉无气囊;雌球花具3~16枚交叉对生珠鳞,或3~4枚轮生的珠鳞,珠鳞的腹面基部具1至多枚直立胚珠,稀胚珠单生2枚珠鳞之间;珠鳞与苞鳞完全合生。球果球状、卵球状,或圆柱状;种鳞薄,或厚,木质、近革质,扁平,或盾状,成熟时种鳞张开,或种鳞肉质、合生、不开裂为浆果状;每发育种鳞有1至多粒种子。种子具翅,或无翅。

本科模式属:柏木属 Cupressus Linn.。

产地:本科植物有22属、约150种,分布于南北两半球各国。我国有8属、29种、6变种,分布于全国各地。河南有7属、23种。郑州市紫荆山公园有5属、6种栽培。

本科植物分属检索表

1. 叶鳞形,交叉对生。球果成熟后开裂;种鳞木质,或革质。
　2. 种鳞木质。种子无翅。雄球花具6对雄蕊;雌球花具4对珠鳞。‥‥‥‥‥ 侧柏属 Platycladus Spach.
　2. 种鳞革质。种子具翅。
　　3. 雌球花具3对珠鳞。种子上部具1短、1长之翅 ‥‥‥‥‥‥‥‥ 翠柏属 Calocedrus Kurz

3. 雌球花具5对珠鳞,稀4对珠鳞。种子周围具翅 ……………………… 崖柏属 Thuja Linn.
1. 球果成熟后不开裂;种鳞肉质。生叶小枝常不排成一平面。

    4. 叶全为刺形,基部有关节,不下延生长。球果生于叶腋。种子生于2种鳞之间 …………
    ………………………………………………………………… 刺柏属 Juniperus Linn.

    4. 叶全为鳞形,或刺形,或二者并存。刺形叶基部无关节,下延生长。球果生于小枝顶端。
    种子生于种鳞内面基部 ……………………………………………… 圆柏属 Sabina Mill.

(一) 侧柏亚科

Cupressaceae Bartling. subfam. **Thujoideae** Pilger in Engl. & Prantl, Pflanzenfam. , ed. 2,13:377. 1926, excl. Fokienia; 南京林学院树木学教研组主编. 树木学 上册:99. 1961。

形态特征:球果当年成熟;种鳞扁平,交互排列,成熟时种鳞张开。

产地:郑州市紫荆山公园有1属、1种栽培。

(Ⅰ) 崖柏属

Thuja Linn. ,Sp. Pl. 1002. 1753;Gen. Pl. 435. no. 957. 1754, p. p. ; 丁宝章等主编. 河南植物志(第一册):144. 1981; 朱长山等主编. 河南种子植物检索表:30. 1994; 王遂义主编. 河南树木志:41. 1994; *Thuia* Scopoli, Introd. Hist. Nat. 353. 1777; *Thyia* Ascherson, Fl. Prov. Brandenb. 1:886. 1864; *Thya* Ascherson & Graebner, Syn. Mitteleur. Fl. 1 239. 1897.

形态特征:常绿乔木,或灌木。生鳞叶的小枝直展,排成平面,扁平。叶鳞2型,交叉对生,排为4列,小枝中央的鳞叶呈倒卵圆-斜方形。雌雄同株;球花单生于小枝顶端;雄球花具3~6对雄蕊,每雄蕊具下垂的花药2~4枚;雌球花具3~6对珠鳞,每珠鳞具2~5枚胚珠。球果椭圆体状、卵圆球状;种鳞3~6对,顶端1对珠鳞常合生,薄革质,扁平。种子小,扁平,周围具翅。

本属模式种:北美香柏 Thuja occidentalis Linn. 。

产地:本属植物5种,分布北美洲各国及我国云南、贵州、广东、广西和台湾、河南有引种。郑州市紫荆山公园有1种栽培。

1. 北美香柏 图14 图版7:1~2

Thuja occidentalis Linn. ,Sp. Pl. 1002. 1753; 陈嵘著. 中国树木分类学:62. 图50. 1957; 南京林学院树木学教研组主编. 树木学 上册:236. 图1:9. 1961; 丁宝章等主编. 河南植物志(第一册):144. 图175. 1981; 朱长山等主编. 河南种子植物检索表:30. 1994; 王遂义主编. 河南树木志:41. 图21:8~9. 1994; 卢炯林等主编. 河南木本植物图鉴:16. 图47. 1998; 戴天澍等主编. 鸡公山木本植物图鉴. 32. 图64. 1991; 中国科学院中国植物志编辑委员会. 中国植物志 第七卷:320. 图版72:8,图版75:4~6. 1978; *Thuja procera* Salisbury, Prodr. Stirp. Chap. Allert. 398. 1796; *Thuia obtusa* Moench, Metyh. Pl. 691. 1794; *Thuja theophrasti* C. Baxhiu ex Mieuwl. in Midl. Nat. 2:284. 1912.

形态特征:常绿乔木,高20.0 m,树冠塔状;树皮红褐色、灰褐色。小枝上面叶深绿色,下面叶灰绿色、淡黄绿色。鳞叶长1.5~3 mm,两侧鳞叶与中间叶鳞近等长,或稍短,先端尖,内弯,中间叶鳞明显隆起,具透明圆腺点,有香味。小枝下面鳞叶无白粉。球果长椭圆体状、卵圆球状,长8~13 mm;种鳞5对,稀4对,下面2~3对发育,各具种子1~2粒。

产地:北美香柏原产于美国。我国各地有引种。郑州市紫荆山公园有1种栽培。

识别要点:北美香柏为常绿乔木。常绿乔木。小枝上面叶深绿色,下面叶灰绿色、淡黄绿色,鳞叶先端尖,内弯,中间叶鳞明显隆起,具透明腺点,有香味。球果种鳞5对,稀4对。

生态习性:北美香柏适应范围很广。喜温暖、湿润气候,也能耐 - 30℃ 的绝对低温。喜生于湿润、肥沃、排水良好的土壤。生长速度缓慢。

图14　北美香柏 Thuja occidentalis Linn.
（选自《山东植物精要》）。

繁育与栽培技术要点:北美香柏采用播种育苗。其技术与侧柏播种育苗相同。

主要病虫害:北美香柏主要病虫害有立枯病、蝼蛄、金龟子等危害。其防治技术,见杨有乾等编著. 林木病虫害防治. 河南科学技术出版社,1982。

主要用途:北美香柏材质优良,可作器具、家具用。还常栽培作庭园观赏树。

（Ⅱ）翠柏属

Calocedrus Kurz in Journ. Bot. 11:196. June 1873;中国科学院中国植物志编辑委员会. 中国植物志 第七卷:324 ~ 325. 1978;郑万钧主编. 中国树木志 第一卷:331. 1983;丁宝章等主编. 河南植物志（第一册）:143. 1981;*Libocedrus* subgen. *Heydtria* Pilger in Engl. & Prantl,Pflanzenfam. ed. 2,13:389. 1926.

形态特征:常绿乔木。生鳞叶的小枝直展,排成平面,扁平,两面异型,下面的鳞叶微凹,具气孔点。叶鳞2型,交互对生,明显对生,小枝上下面中央的鳞叶扁平,两侧的鳞叶互覆于中央两侧叶的侧边及下部,背部具脊。雌雄同株;球花单生于小枝顶端;雄球花具6~8对交差对生的雄蕊,每雄蕊具下垂的花药2~4枚,药隔近盾状,顶端尖;雄球花具3对交叉对生的珠鳞,珠鳞腹面基部具2枚胚珠。球果长圆柱状、椭圆体状、卵圆－柱状;种鳞3对,木质,扁平,背部顶端的下方具1短尖头,成熟时开张,最下部1对种鳞很小,微反曲,无种子;中部的1对种鳞发育,各具2粒种子。种子椭圆体状,或卵球状,上部具1短、1长之翅。

本属模式种:翠柏属 Calocedrus Kurz。

产地:本属植物2种,分布北美洲及我国云南、贵州、广东、广西和台湾等省（区）。河南有引种。郑州市紫荆山公园有1种栽培。

1. 翠柏　图15　图版7:3~5

Calocedrus macrolepis Kurz in Journ. Bot. 11:196. t. 133. f. 3. 1878;中国科学院中国植物志编辑委员会. 中国植物志 第七卷:325. 图版73:1~3. 327. 图版75:7~9. 1978;郑万钧主编. 中国树木志 第一卷:331. 图76:7~9. 1983;丁宝章等主编. 河南植物志(第一册):143. 1981;*Libocedrus macrolepis*(Kurz)Benth. in Benth. et Kook. f. Gen. Pl. 3:426. 1880;*Thuja macrolepis*(Kurz)Voss. in Mitt. Deutsch. Dendr. Ges. 16:88. 1907;*Heyderia macrolepis*(Kurz)Li in Journ. Arn. Arb. 34(1):23. 1957.

形态特征:常绿乔木,高30.0~35.0 m,胸径1.0~1.2 m;树皮红褐色、灰褐色,幼树平滑,老时纵裂。小枝2列状,生鳞叶小枝直展,扁平,排成平面,两面异型,下面的鳞叶微凹,具气孔点。叶鳞2对交互对生,成节状,小枝上下两面中央的鳞叶扁平,露出部分呈楔形,先端急尖,长3~4 mm,两侧之叶对折,覆瓦状着生于中央之叶的侧边及下面,与中央之叶几等长,先端微急尖,伸展,或微内曲,下面叶微被白粉,或无白粉。雌雄球花着生于短枝顶端黄色,卵球状,长3~5 mm,每雄蕊具花药3~5 枚;着生雌球花及球果的小枝下部圆柱状、上部4 棱状,长3~17 mm,其上具6~24 对交互对生鳞叶,鳞叶背部具纵脊。球果长圆体状、椭圆体状,长1.0~2.0 cm,成熟时红褐色;种鳞3 对,木质,扁平。种子上部具2 枚大小不等膜质翅。花期3~4月;球果成熟期9~10 月。

图15　翠柏 Calocedrus macrolepis Kurz
1. 球果鳞叶枝;2. 种子;3. 幼树的鳞叶枝(选自《中国植物志》)。

产地:翠柏产于我国云南、贵州、广东、广西及台湾等省(区)。河南各地广泛栽培。郑州市紫荆山公园有栽培。

识别要点:翠柏为常绿乔木。生鳞叶小枝直展,扁平,排成平面,两面异型。鳞叶2 对交互对生,成节状。雌雄球花着生于短枝顶端,黄色,卵球状,长3~5 mm,每雄蕊具花药3~5 枚;着生雌球花及球果的小枝下部圆柱状、上部4 棱状。球果成熟时红褐色;种鳞3 对,木质,扁平。种子上部具2 枚大小不等膜质翅。

生态习性:翠柏适应范围很广。喜温暖、湿润气候,也能耐-35℃ 的绝对低温。喜生于湿润、肥沃、排水良好的土壤。生长速度缓慢。

繁育与栽培技术要点:翠柏采用播种育苗。其技术与侧柏播种育苗相同。

主要病虫害:翠柏主要病虫害有立枯病、蝼蛄、金龟子等危害。其防治技术,见杨有乾等编著. 林木病虫害防治. 河南科学技术出版社,1982。

主要用途:翠柏木材淡黄褐色,富树脂,材质细密,纹理斜行,耐腐力强,坚实耐用,可供建筑、器具、家具、农具及文具等用材。常栽培作庭园观赏树。

(Ⅲ) 侧柏属

Platycladus Spach,Hist. Nat. Vég. Phan. 11:333. 1842,exclud. sp. nonnull.;南京林学院树木学教研组主编. 树木学 上册:101. 1961;中国科学院中国植物志编辑委员会.

中国植物志 第七卷:321~322. 1978;郑万钧主编. 中国树木志 第一卷:329. 1983;山西省林业科学研究院编著. 山西树木志:49. 2001;丁宝章等主编. 河南植物志(第一册):143. 1981;王遂义主编. 河南树木志:40. 1994;周汉藩著. 河北习见树木图说(THE FAMILIAR TREES OF HOPEI by H. F. Chow):36. 1934;中国科学院西北植物研究所编著. 秦岭植物志 第一卷 种子植物(第一册):20~21. 1976;湖北省植物研究所编著. 湖北植物志 第一卷:19. 1976;周以良主编. 黑龙江树木志:73. 1986;傅立国等主编. 中国高等植物 第三卷:76. 2000;*Thuja* Linn. sect. *Biota* Lamb. ,Descr. Pinus ed. 8,2:129. 1832;*Boita* D. Don ex Endl. ,Syn. Conif. 46. 1847;*Thuja* Linn. subgen. *Biota* (Endl.)Engl. in Nat. Pflanzenfam. Nachtr. 25. 1897;*Thuja* Linn. ,Sp. Pl. 1002. 1753;Gen. Pl. ed. 5,435, no. 957. 1754.

　　形态特征:常绿乔木。生鳞叶的小枝直展,或斜展,扁平,两面同型。叶鳞形,交叉对生,基部下延生长,背面具腺点。雌雄同株;球花单生于小枝顶端;雄球花具 6 对雄蕊,花药 2~4 枚;雌球花具 4 对珠鳞,仅中部 2 对珠鳞各具 1~2 枚胚珠。球果卵圆 - 椭圆体状,或近球状,当年成熟,熟时开裂;种鳞 4 对,木质,厚,近扁平,背部顶端的下方具一弯曲的钩状尖头,最下部 1 对种鳞很小,不发育;中部的种鳞发育,各具 1~2 粒种子。种子椭圆体状,或卵球状,无翅;种子具子叶 2 枚,发芽时出土。

　　本属模式种:侧柏 Platycladus orientalis(Linn.)Franco。

　　产地:本属植物仅侧柏 1 种,分布几遍我国。河南伏牛山区有分布。郑州市紫荆山公园有 1 种栽培。

　　1. 侧柏　图 16　图版 7:6~9

Platycladus orientalis (Linn.) Franco in Portugaliae Acta Biol. sér. B. Suppl. 33. 1949;郑万钧. 中研丛刊,2:104. 1931;陈嵘著. 中国树木分类学:61. 图 48. 1937;刘玉壶. 中研汇报,1(2):162. 图 2. 1947;郝景盛著. 中国裸子植物志 再版:86. 图 22. 1951;刘慎谔主编. 东北木本植物图志:106. 图版 8. 图 29. 1955;侯宽昭编著. 广州植物志:75. 图 17. 1956;竹内亮著. 中国东北裸子植物研究资料:96. 图版 22. 图 1:19. 1958;裴鉴等主编. 江苏南部种子植物手册:15. 图 18. 1959;南京林学院树木学教研组主编. 树木学 上册:101~103. 图 152. 1961;中国科学院植物研究所主编. 中国高等植物图鉴 第一册:317. 图 633. 1983;中国科学院中国植物志编辑委员会. 中国植物志. 第七卷:322~323. 图版 72:9~10,图版 74:5~7. 1978;郑万钧主编. 中国树木志 第一卷:320~331. 图 75:5~7. 1983;丁宝章等主编. 河南植物志(第一册):143~144. 图 174. 1981;朱长山等主编. 河南种子植物检索表:30. 1994;卢炯林等主编. 河南木本植物图鉴:16. 图 46. 1998;王遂义主编. 河南树木志:40. 图 21:1~7. 1994;周汉藩著. 河北习见树木图说(THE FAMILIAR TREES OF HOPEI by H. F. Chow):36~38. 图 9. 1934;中国科学院西北植物研究所编著. 秦岭植物志 第一卷 种子植物(第一册):21. 图 19. 1976;湖北省植物研究所编著. 湖北植物志 第一卷:19~20. 图 25. 1976;中国树木志编委会主编. 中国主要树种造林技术:274~281. 图 34. 1978;周以良主编. 黑龙江树木志:75. 图版 13:4~8. 1986;傅立国等主编. 中国高等植物 第三卷:76~77. 图 117. 2000;李法曾主编. 山东植物精要:37. 图 120. 2004;*Thrja orientalis* Linn. var. *argyi* Lévl. et Lemeé in

Monde des Pl. 17:15. 1915; *Thuja chengii* Gaussen in Trav. Lab. Forest. Toulouse 1,3(6):
6. 1939; *Platycladus stricta* Spach, Hist. Nat. Vég. Phan. 11:335. 1842; *Thuja orientalis*
Linn. ,Sp. Pl. 1002. 1753, ed. 2,2:1422. 1763; *Biota orientalis*(Linn.)Endl. ,Syn. Conif.
47. 1847.

　　形态特征:常绿乔木,高达 20.0 m,胸径 1.0 m;
树皮薄,浅灰褐色,纵裂成条片;侧枝向上伸展,或斜
展;幼树树冠卵球－塔状,老树树冠为宽卵球状。生
鳞叶的小枝细,向上直展,或斜展,扁平,排成一平面,
多下垂。叶鳞形,长 1 ~ 3 mm,先端微钝,紧贴小枝
上,呈交叉对生排列;小枝中央的叶露出部分呈倒卵
圆－菱形,或斜方形,背面中间具条状腺槽;两侧的叶
船形,先端微内曲,背部具钝脊,尖头的下方有腺点。
雄球花黄色,卵球状,长约 2 mm;雌球花近球状,径约
2 mm,蓝绿色,被白粉。球果近卵球状,长 1.0 ~ 2.5
cm,成熟前近肉质,蓝绿色,被白粉;成熟后木质,开
裂,红褐色,中间 2 对种鳞鳞背先端下方具一向外弯
曲尖头,上部 1 对种鳞窄长,先端具尖头,下部 1 对种
鳞很小。种子卵球状,或近椭圆体状,无翅,先端微
尖,灰褐色,或紫褐色。花期 3 ~ 4 月;球果成熟期
9 ~ 10 月。

图 16　侧柏 **Platycladus orientalis**
(Linn.) Franco
(选自《中国高等植物图鉴》)。

　　产地:侧柏产于我国内蒙古南部、吉林、辽宁、河
北、山西、山东、江苏、浙江、福建、安徽、江西、河南、陕
西、甘肃、四川、云南、贵州、湖北、湖南、广东北部及广
西北部等省(区、市)。河南伏牛山区有天然纯林分布,而各地广泛栽培。郑州市紫荆山
公园有栽培。

　　识别要点:侧柏常绿乔木。小枝扁平,排列成 1 个平面,多下垂。叶小,鳞鳞,紧贴小
枝上,呈交叉对生排列,叶背中部具条状腺槽。球果近卵球状,成熟前近肉质,蓝绿色,被
白粉,成熟后木质,开裂,褐色。

　　生态习性:侧柏适应范围很广,在年均气温 8.0 ~ 16.0 ℃ 、年降水量 300 ~ 1 600 mm
条件下,能良好生长,能耐 – 35 ℃的绝对低温。喜光,幼时稍耐阴,适应性强,耐强太阳光
照射,耐高温。浅根系树种,喜生于湿润、肥沃、排水良好的钙质土壤,耐寒、耐旱、抗盐碱。
生长速度缓慢,25 年生树高平均 8.2 m,胸径 13.0 cm。

　　繁育与栽培技术要点:侧柏采用播种育苗。其技术,见:① 河南农学院林业试验站
(赵天榜). 侧柏播种育苗丰产经验总结. 1960. 中国林业出版社;② 赵天榜等主编. 河
南主要树种栽培技术:89 ~ 95. 1994;③ 赵天榜等. 河南主要树种育苗技术:1 ~ 5. 1982。

　　主要病虫害:侧柏主要病虫害有立枯病、蝼蛄、金龟子、侧柏毒蛾、松柏红蜘蛛、侧柏球
果蛾、紫色根腐病等危害。其防治技术,见杨有乾等编著. 林木病虫害防治. 河南科学技
术出版社,1982。

主要用途:侧柏木材淡黄褐色,富树脂,材质细密,纹理斜行,耐腐力强,比重0.58,坚实耐用,可供建筑、器具、家具、农具及文具等用材。种子与生鳞叶的小枝入药,前者为强壮滋补药,后者为健胃药,又为清凉收敛药及淋疾的利尿药。常栽培作庭园观赏树。同时,还是荒山造林、水土保持林的优良树种。

品种:

1.1 侧柏 原品种

Platycladus orientalis(Linn.)Franco '**Orientalis**'

1.2 千头柏 品种

Platycladus orientalis (Linn.) Franco ' **Sieboldii** ', Dallimore and Jackson, rev. Harrison,Handb. Conif. and Ginkgo ed. 4. 616. 1966;陈嵘著. 中国树木分类学:61. 1937;刘慎谔主编. 东北木本植物图志:107. 1955;中国科学院中国植物志编辑委员会. 中国植物志 第七卷:323～324. 1978;丁宝章等主编. 河南植物志(第一册):144. 1981;朱长山等主编. 河南种子植物检索表:30. 1994;王遂义主编. 河南树木志:40. 1994;郑万钧主编. 中国树木志 第一卷:330. 1983;*Biota orientalis*(Linn.)Endl. var. *sieboldi*i Endl. , Syn. Conif. 47. 1847;*Thuja orientalis* Linn. var. *sieboldii*(Endl.)Laws. ,List. Pl. Fir Tribe 55. 1851; *Biota orientalis* (Linn.) Endl. var. *nana* Carr. , Traité Conif. 93. 1855; *Thuja orientalis* Linn. var. *nana* Schneid. in Silva Tarouca Uns. Frei. – Nadelh. 286. 1913;*Thuja orientalis* Linn. f. *sieboldii*(Endl.)Rehd. in Bibliography of Cultivated Trees and Shrubs:48. 1949;*Biota orientalis*(Linn.)Endl. f. *sieboldii*(Endl.)Cheng et W. T. Wang,南京林学院树木学教研组主编. 树木学 上册:103. 1961

形态特征:千头柏丛生灌木,无主干;枝密,上伸;树冠卵球状,或球状;叶绿色。

产地:千头柏主要分布于我国长江流域各省(区、市)均有栽培。河南各地广泛栽培。郑州市紫荆山公园有栽培。

主要用途:千头柏多栽培作绿篱树,或庭园观赏树种。

1.3 '大果'侧柏 新品种 图版7:9(右)

Platycladus orientalis(Linn.)Franco '**Daguo**',cv. nov.

本新品种与侧柏原品种 Platycladus orientalis(Linn.)Franco '**Orientalis**'主要区别:小枝、叶淡黄绿色。球果球状,大,长1.8～2.0 cm,径1.7～2.0 cm,果鳞8枚,先端不发育,2～4枚发育果鳞背面卵球状,中间呈纵浅凹,淡黄绿色,具光泽,先端很短,不反曲。

产地:河南。郑州市紫荆山公园有栽培。选育者:米建华、陈俊通、赵天榜。

(二)桧柏亚科

Cupressaceae Bartling. subfam. **Juniperoideae** Engl. & Prantl, Pflanzenfam. ed. 2, 13:377. 1926;南京林学院树木学教研组主编. 树木学 上册:109. 1961。

形态特征:球果种鳞肉质,结后,成熟时种鳞不张开,顶端不结合,微裂。种子无翅。

产地:郑州市紫荆山公园有1属、3种栽培。

(Ⅳ)圆柏属

Sabina Mill. ,Gard. Dict. Abridg. 4,3. 1754;中国科学院中国植物志编辑委员会. 中

国植物志 第七卷:347~348. 1978;南京林学院树木学教研组主编. 树木学 上册:109. 1961;郑万钧主编. 中国树木志 第一卷:345. 1983;丁宝章等主编. 河南植物志(第一册):148. 1981;朱长山等主编. 河南种子植物检索表:31. 1994;王遂义主编. 河南树木志:43. 1994;周汉藩著. 河北习见树木图说(THE FAMILIAR TREES OF HOPEI by H. F. Chow):38~39. 1934;中国科学院西北植物研究所编著. 秦岭植物志 第一卷 种子植物(第一册):23~24. 1976;周以良主编. 黑龙江树木志:67. 1986;傅立国等主编. 中国高等植物 第三卷:84. 2000;*Juniperus* Linn. ,Sp. Pl. 1038. 1753;Gen. Pl. ed. 5,461. 1005. 1754;*Juniperus* Linn. sect. *sabina* Spach in Ann. Sci. Nat. Bot. sér. 2,16:291. 1841.

　　形态特征:常绿乔木,或灌木,直立,或匍匐。冬芽不显著。有叶小枝不排成一平面。叶刺状,或鳞片状;幼树之叶均为刺状,老树之叶全为刺状,或全为鳞片状,或同一树兼有鳞叶及刺叶;刺叶通常 3 叶轮生,稀交互对生,基部下延生长,无关节,腹面具气孔带;鳞叶小,交叉对生,稀 3 叶轮生,背面具腺点。雌雄异株,或同株;球花单生短枝顶端;雄球花卵球状,或长圆体－球状,黄色,雄蕊 4~8 对,交互对生;雌球花具 2~4 对交叉对生的珠鳞,或珠鳞 3 枚轮生;单花具胚珠 1~2 枚,着生于珠鳞的腹面基部。球果通常翌年成熟,稀当年成熟,或第三年成熟,不开裂,种鳞与苞鳞合生,肉质,仅苞鳞先端尖头分离;每果具种子 1~6 粒,无翅,常有树脂槽,稀具棱脊。种子具子叶 2~6 枚。

　　本属模式种:欧洲刺柏 Juniperus communis Linn. 。

　　产地:本属植物约有 50 种,分布于北半球,北至北极圈,南至热带高山地带。我国有 15 种、56 种。河南有 3 种、6 变种。郑州市紫荆山公园有 2 种栽培。

本属植物分种检索表

1. 常绿乔木。叶 2 型:刺叶与鳞叶。刺叶 3 枚交叉轮生,斜展,或近开展;鳞形叶交互对生,排裂紧密,先端钝,或微尖 ·················· 圆柏 Sabina chinensis(Linn.) Ant.
1. 常绿匍匐灌木。小枝沿地面扩展,枝梢向上伸展。叶刺形, 3 枚轮生,先端渐尖,表面微凹,具 2 条白粉带,背面蓝绿色,沿中脉具细纵槽 ······ 铺地柏 Sabina procumbens(Endl.)Iwata et Kusaka

1. 圆柏　图 17　图版 7:10~12

Sabina chinensis(Linn.)Ant. ,op. cit. 54,t. 75. 76. f. a,t. 78. 1857;南京林学院树木学教研组编. 树木学 上册:111. 图 60. 1961;中国科学院植物研究所主编. 中国高等植物图鉴 第一册:321. 图 641. 1983;周汉藩著. 河北习见树木图说(THE FAMILIAR TREES OF HOPEI by H. F. Chow):41~43. 图 11. 1934;陈嵘著. 中国树木分类学:65. 图 52. 1937;郝景盛著. 中国裸子植物志:120. 1945,再版:101. 1951;刘慎谔主编. 东北木本植物图志:103. 1955;侯宽昭编著. 广州植物志:76. 图 18. 1956;竹内亮著. 中国东北裸子植物研究资料:105. 1958;裴鉴等主编. 江苏南部种子植物手册:14. 图 17. 1959;中国科学院中国植物志编辑委员会. 中国植物志 第七卷:363. 图版 80:6~8. 1978;郑万钧主编. 中国树木志 第一卷:355~356. 图 81:6~8. 1983;丁宝章等主编. 河南植物志(第一册):148~149. 图 179. 1981;朱长山等主编. 河南种子植物检索表:32. 1994;卢炯林等主编. 河南木本植物图鉴:18. 图 54. 1998;王遂义主编. 河南树木志:43~44. 图

24. 1994；中国科学院西北植物研究所编著. 秦岭植物志 第一卷 种子植物（第一册）:25. 图23. 1976；湖北省植物研究所编著. 湖北植物志 第一卷:22~23. 图29. 1976；周以良主编. 黑龙江树木志:67~68. 图版11:1~4. 1986；傅立国等主编. 中国高等植物 第三卷:89. 图135. 2000；李法曾主编. 山东植物精要:39. 图125. 2004；*Juniperus thunbergii* Hook. & Arn. ,Bot. Beech. Voy. 271. 1838；*Juniperus fortunei* Hort. ex Carr. ,Traité Conif. 11. 1855. pro syn. ；*Juniperus chinensis* Linn. ,Mant. Pl. 127. 1767；*Juniperus sinensis* Hort. ex Carr. ,Traité Canif. ed. 2,33. 1867. pro syn.

形态特征:常绿乔木,高达 20.0 m,胸径达 3.5 m;树皮深灰色,纵裂,成条片开裂。幼树的枝条通常斜上伸展,树冠尖塔状;老则树冠宽球状,下部侧枝平展;树皮灰褐色,纵裂,裂成不规则的薄片脱落。小枝通常直,或稍呈弧状弯曲;生鳞叶的小枝近圆柱状,或近4棱状。叶2型,即刺叶及鳞叶。鳞叶生于幼树之上,老龄树则全为刺叶,壮龄树兼有刺叶与鳞叶。幼树壮枝上刺叶3枚交叉轮生,直伸而紧密,近披针形,先端微渐尖,表面微凹,具2条白粉带。雌雄异株,稀同株。雄球花黄色,椭圆体状,常有3~4枚花药。球果近球状,2年成熟,熟时暗褐色,被白粉,或白粉脱落。每果有1~4粒种子。种子卵球状,扁,顶端钝,有棱脊,具子叶2枚,出土。

图17 圆柏 **Sabina chinensis**(Linn.) Ant.
（选自《中国高等植物》）。

产地:圆柏产于我国内蒙古乌拉山、河北、山西、山东、江苏、浙江、福建、安徽、江西、河南、陕西南部、甘肃南部、四川、湖北西部、湖南、贵州、广东、广西北部及云南等地。各地均多栽培,西藏也有栽培。朝鲜半岛、日本也有分布。河南各地多栽培。郑州市紫荆山公园有栽培。

识别要点:圆柏为常绿乔木。叶2型:刺叶与鳞叶。刺叶3枚交叉轮生,斜展,或近开展;鳞形叶交互对生,排列紧密,先端钝,或微尖。球果近球状,2年成熟,熟时暗褐色,被白粉,或白粉脱落。

生态习性:圆柏为喜光树种,喜温凉、温暖气候及湿润土壤,也能生于中性土、钙质土及微酸性土上。幼龄能耐庇荫。圆柏生长很慢。

繁育与栽培技术要点:圆柏采用扦插育苗。其技术:通常于6~7月采集幼树上壮枝,剪成长 20.0~25.0 cm 长的插穗,其下部1/2~2/3处剪去小枝,其下剪口要平滑,无伤皮层。然后,用吲哚丁酸50 mg/L 处理1天后,进行扦插。扦插于苗床内,行株距30.0 cm × 20.0 cm。扦插后,搭荫棚,或遮阴网,保持苗床通风透光,用自动喷水器喷水,保持其内空气相对湿度80.0 %以上、气温 20~28℃ 。经过 20~30 天插穗生根成活,其成活率达90.0%以上。待幼苗高生长停止时,可移入地下,培育大苗。圆柏造林,或绿化,通常采用带土穴栽。

主要病虫害:圆柏有梨锈病、苹果锈病及石楠锈病等。这些病以圆柏为越冬寄主,应及时防治。其防治技术,见杨有乾等编著. 林木病虫害防治. 河南科学技术出版社,1982。

主要用途:圆柏木材心材淡褐红色,边材淡黄褐色,有香气,坚韧致密,耐腐力强,可作房屋建筑、家具、文具及工艺品等用材;树根、树干及枝叶可提取柏木脑的原料及柏木油;枝叶入药,能祛风散寒,活血消肿、利尿。种子可提润滑油。为石灰岩山地优良的绿化树种,也是优良的园林绿化树种。

变种:

1.1　圆柏　原变种

Sabina chinensis(Linn.)Ant. var. **chinensis**

1.2　龙柏　变种　图版7:13～14

Sabina chinensis(Linn.)Ant. var. **kaizuca** Cheng et W. T. Wang,南京林学院树木学教研组主编. 树木学 上册:111～112. 1961;中国科学院中国植物志编辑委员会. 中国植物志 第七卷:364. 1978;丁宝章等主编. 河南植物志(第一册):179. 1981;朱长山等主编. 河南种子植物检索表:32. 1994;王遂义主编. 河南树木志:44. 1994;*Juniperus chinensis* Linn. var. *kaizuca* Hort.,陈嵘著. 中国树木分类学:66. 1937;*Sabina chinensis* (Linn.)Ant. var. *kaizuca* Cheng et W. T. Wang cv. 'Kaizuca',郑万钧主编. 中国树木志 第一卷:356. 1983。

形态特征:龙柏树冠扭曲;枝条向上直展,常有扭转上升之势。小枝密、在枝端成几相等长之密簇。鳞叶排列紧密,幼嫩时淡黄绿色,后呈翠绿色。球果蓝色,满被白粉。

产地:龙柏在我国长江流域各省(区、市)及华北各大城市庭园有栽培。河南各地均有栽培。郑州市紫荆山公园有栽培。

1.3　鹿角桧　变种　图版7:15

Sabina chinensis(Linn.)Ant. var. **pfitzeriana** Moldenke in Castanea 9:33. 1944;中国科学院中国植物志编辑委员会. 中国植物志 第七卷:366. 1978;*Juniperus chinensis* Linn. f. *pfitzeriana* Späth, Verzeich. no. 104. 142. 1899;*Juniperus chinensis* Linn. f. *pfitzeriana* (Späth.)Rehd. in Bibliography of Cultivated Trees and Shrubs:60. 1949;*Sabina chinensis* (Linn.)Ant. ' Pfitzeriana ',郑万钧主编. 中国树木志 第一卷:356～357. 1983。

形态特征:丛生灌木,主干不发育;大枝自地面向上斜展。

产地:鹿角桧在我国长江流域各省(区、市)及华北各大城市庭园广泛栽培。河南各地均有栽培。郑州市紫荆山公园有栽培。

1.4　塔柏　变型

Sabina chinensis Ant. f. **pyramidalis** (Carr.) Beissner, Syst. Eintheil. Conif. 17. 1887. (f.);南京林学院树木学教研组主编. 树木学 上册:112. 1961;中国科学院中国植物志编辑委员会. 中国植物志 第七卷:365～366. 1978;郑万钧主编. 中国树木志 第一卷:356～357. 1983;丁宝章等主编. 河南植物志(第一册):149. 1981;*Juniperus chinensis* Linn. var. *japonica pyramidalis* Lasvallée, Arb. Segrez. 290. 1887;*Juniperus chinensis* Linn. cv. 'Pfitzeriana',Dallimore and Jackson,rev. Harrison,Handb. Conif. and Ginkgo. ed. 4,

245.1966.

形态特征:塔柏为丛生灌木;大枝近直展。小枝密生,绿叶丛中杂有金黄色枝与叶。

产地:塔柏在我国长江流域各省(区、市)及华北各大城市庭园广泛栽培。河南各地均有栽培。郑州市紫荆山公园有栽培。

2. 铺地柏　图18　图版8:1~2

Sabina procumbens(Endl.)Iwata et Kusaka,Conuif. Jap. Illustr. 199. t. 79. 1954;郑万钧主编. 中国树木志 第一卷:350~351. 1983;南京林学院树木学教研组主编. 树木学 上册:255. 1961,"(Siebl.)";中国科学院中国植物志编辑委员会. 中国植物志 第七卷:357~358. 1978;丁宝章等主编. 河南植物志(第一册):150. 1981;*Sabina procumbens* Iwata,王遂义主编. 河南树木志:44. 1994;*Juniperus chinensis* Linn. var. *procumbens* Endl. , Syn. Conif. 21. 1847;*Juniperus procumbens* Sieb. in Jaarb. Nederl. Maatsch. Aanmoed. Tuinb. 1844;31(Naamlist). 1844. nom. .

形态特征:常绿匍匐灌木,高达70.0 mm。小枝沿地面扩展,褐色,枝梢向上伸展。叶刺形,3枚轮生,长6~8 mm,先端渐尖,表面微凹,具2条白粉带,背面蓝绿色,沿中脉具细纵槽。球果近球状,径6~9 mm,成熟时黑色,被白粉。每果有2~3粒种子。种子卵球状,有棱脊。

产地:铺地柏原产日本。我国黄河流域至长江河流各省(区、市)多栽培。河南各地多栽培。郑州市紫荆山公园有栽培。

识别要点:铺地柏常绿匍匐灌木。小枝沿地面扩展,枝梢向上伸展。叶刺形,3枚轮生,表面微凹,具2条白粉带,背面蓝绿色,沿中脉具细纵槽。球果近球状,成熟时黑色,被白粉。

生态习性:铺地柏为喜光树种,喜温凉、温暖气候及湿润土壤,也能生于中性土、钙质土及微酸性土上。幼龄能耐庇荫。生长很慢。

繁育与栽培技术要点等:铺地柏与圆柏相似。

图18　铺地柏 **Sabina procumbe**(Endl.)

Iwata et Kusaka

(选自《河北植物志》)。

(Ⅴ) 刺柏属

Juniperus Linn. ,Sp. Pl. 1038. 1753. p. p. ;Gen. Pl. ed. 5,461,no. 1005. 1754;南京林学院树木学教研组主编. 树木学 上册:115. 1961;中国科学院中国植物志编辑委员会. 中国植物志 第七卷:376~377. 1978;郑万钧主编. 中国树木志 第一卷:362. 1983;丁宝章等主编. 河南植物志(第一册):150. 1981;朱长山等主编. 河南种子植物检索表:32. 1994;王遂义主编. 河南树木志:45. 1994;周汉藩著. 河北习见树木图说(THE FAMILIAR TREES OF HOPEI by H. F. Chow):38~39. 1934;中国科学院西北植物研究所编著. 秦岭植物志 第一卷 种子植物(第一册):26. 1976;湖北省植物研究所编著. 湖北植物志 第一卷:23. 1976;傅立国等主编. 中国高等植物 第三卷:93. 2000;——*Juniperus* Linn. sect. *Oxycedrus* Spach in Ann. Sci. Nat. Bot. sér. 2,16:288. 1841.

形态特征:常绿乔木,或灌木。小枝近圆柱状,或4棱状。冬芽显著。叶全为刺叶,3叶轮生,基部具关节,不下延,披针形,或近条形,腹面平,或凹下,具1条,或2条气孔带,背面隆起呈纵脊。雌雄同株,或异株;球花单生叶腋;雄球花卵球状,或椭圆体状,具雄蕊约5对,交叉对生;雌球花近球状,具3枚轮生的珠鳞;单花具胚珠3枚,生于珠鳞之间。球果浆果状,近球状,2年成熟,或3年成熟;种鳞3枚,合生,肉质;苞鳞与种鳞结合生,仅先端尖头分离,成熟时不张开,或球果先端微张开。每果种子通常3粒。种子卵球状,具棱脊,具树脂槽,无翅。

本属模式种:欧洲刺柏 Juniperus communis Linn. 。

产地:本属植物有10余种,分布于亚洲、欧洲及北美洲各国。我国产3种,引入栽培1种。河南有3种。郑州市紫荆山公园有1种栽培。

1. 刺柏　图19　图版8:3~4

Juniperus formosana Hayata in Gard. Chron. sér. 3,43:198. 1908;胡先骕. 中国科学社生物所论文集,2(5):15. 1926;钱崇澍. 中国科学社生物所论文集,3(1):28. 1927;金平亮三著. 台湾树木志 增补改版:60. 图版21. 1936;陈嵘著. 中国树木分类学:68. 1937;郑万钧. 中国科学社生物所论文集,8:302. 1933;南京林学院树木学教研组主编. 树木学 上册:115~116. 1961;刘玉壶. 中研汇报,1(2):161. 1947;郝景盛著. 中国裸子植物志 再版:96. 1951;裴鉴等主编. 江苏南部种子植物手册:13. 图16. 1959;中国科学院植物研究所主编. 中国高等植物图鉴 第一册:326. 图652. 1983;中国科学院中国植物志编辑委员会. 中国植物志 第七卷:377~379. 图版87:5~7,图版:88:1~2. 1978;郑万钧主编. 中国树木志 第一卷:362. 图88:5~7. 1983;丁宝章等主编. 河南植物志(第一册):151. 图181. 1981;朱长山等主编. 河南种子植物检索表:33. 1994;卢炯林等主编. 河南木本植物图鉴:20. 图59. 1998;王遂义主编. 河南树木志:45. 图25:5~6. 1994;中国科学院西北植物研究所编著. 秦岭植物志 第一卷 种子植物(第一册):26~27. 图24. 1976;湖北省植物研究所编著. 湖北植物志 第一卷:23. 图30. 1976;傅立国等主编. 中国高等植物 第三卷:93. 图143. 2000;李法曾主编. 山东植物精要:39. 图126. 2004;*Juniperus formosana* Hayata in Journ. Sci. Tokyo,25,19:209. t. 38(Fl. Mont. Formos.) 1908.

形态特征:常绿乔木,高达12.0 m;树冠塔状,或圆柱状;侧枝斜展,或直展;树皮褐色,纵裂成长条薄片脱落。小枝3棱状,下垂。叶3叶轮生,窄披针形,或条状刺形,长1.2~2.0 cm,稀长达3.2 cm,宽1.2~2.0 mm,先端渐尖,具锐尖头,表面稍凹,中脉微隆起,绿色,两侧各具1条白色气孔带,稀为紫色,或淡绿色气孔带,背面绿色,有光泽,具纵钝脊。雄球花球状,或椭圆体状,长4~6 mm,药隔先端渐尖,背部具纵脊。球果近球状,或宽卵球状,长 6 ~ 10 mm,径 6 ~ 9 mm,成熟时淡红褐色,或淡红色,被白粉,或白粉脱落。种子半月圆形,具3 ~ 4个棱脊,先端尖,近基部具3 ~ 4个树脂道。

产地:刺柏为我国特有树种,产于秦岭、长江流域以南各省至西藏。河南各地广为栽培。郑州市紫荆山公园有栽培。

识别要点:刺柏为常绿乔木;树冠塔状,或圆柱状;树皮褐色,纵裂成长条薄片脱落。枝条斜展,或直展。小枝下垂,3 棱状。叶 3 枚轮生,窄披针形,或条状刺形。球果径6 ~ 9 mm。

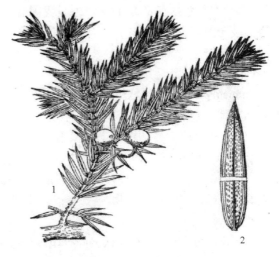

图 19　刺柏 Juniperus formosana Hayata
1. 果时刺叶枝;2. 刺形叶(选自《中国植物志》)。

生态习性:刺柏喜光,耐寒,耐旱;主、侧根均甚发达,在干旱沙地、肥沃通透性土壤生长最好。但生长很慢。

繁育与栽培技术要点:刺柏通常采用扦插育苗。其技术见圆柏繁育与栽培技术。

主要病虫害:刺柏病虫害防治技术,见杨有乾等编著. 林木病虫防治. 河南科学技术出版社,1982。

主要用途:刺柏木材边材淡黄色,心材红褐色,纹理直、均匀,结构细致,比重0.54,有香气,耐水湿,可作船底、桥柱、桩木、工艺品、文具及家具等用材。刺柏小枝下垂,树形美观,在长江流域各大城市多栽培作庭园树,也可作水土保持林的造林树种。

七、罗汉松科

Podocarpaceae Endl. ,Syn. Conif. 203. 1847;南京林学院树木学教研组主编. 树木学 上册:117. 1961;中国科学院中国植物志编辑委员会. 中国树木志 第七卷:398 ~ 399. 1978;郑万钧主编. 中国树木志 第一卷:364 ~ 365. 1983;丁宝章等主编. 河南植物志(第一册):151. 1981;王遂义主编. 河南树木志:46. 1994;中国科学院西北植物研究所编著. 秦岭植物志 第一卷 种子植物(第一册):27. 1976;湖北省植物研究所编著. 湖北植物志 第一卷:23 ~ 24. 1976;傅立国等主编. 中国高等植物 第三卷:95. 2000。

形态特征:常绿乔木,或灌木。叶螺旋状排列,条形、窄披针形、椭圆形、钻状、鳞形,或退化为叶状枝,螺旋状散生、交叉对生,或近对生。球花单性,雌雄异株,稀同株;雄球花穗状,单生,或簇生叶腋、枝顶;雄蕊多数,螺旋状排列,各具 2 枚外向一边排列背腹面有区别的花药,药室斜向开裂、横向开裂,花粉具气囊,稀无气囊;雌球花具多数螺旋状着生的苞片,或少数螺旋状着生的苞片,部分、全部,或仅先端之苞腋着生 1 枚胚珠。胚珠为囊状,或为杯状套被包围,稀无套被。种子核果状,或坚果状,全部为肉质,或部分为肉质,或薄而干的假种皮所包;苞片与轴愈合发育为肉质种托,或不发育。种子有胚乳,子叶 2 枚。

本科模式属:罗汉松属 Podocarpus L'Hèr. ex Persoon。

产地:本科植物有 8 属、130 余种。我国有 2 属、14 种、3 变种,分布于秦岭至山东鲁山以南及台湾等省(市、区)。另有 1 引种栽培变种。河南有 2 种。郑州市紫荆山公园有1 属、1 种栽培。

(Ⅰ)罗汉松属

Podocarpus L'Hér. ex Persoon,Syn. Pl. 2:580. 1807;南京林学院树木学教研组主编. 树木学 上册:117. 1961;中国科学院中国植物志编辑委员会. 中国植物志 第七卷:399. 1978;郑万钧主编. 中国树木志 第一卷:364 ~ 365. 1983;丁宝章等主编. 河南植物志(第一册):151 ~ 152. 1981;中国科学院西北植物研究所编著. 秦岭植物志 第一卷 种子植物(第一册):27 ~ 28. 1976;湖北省植物研究所编著. 湖北植物志 第一卷:24. 1976;傅立国等主编. 中国高等植物 第三卷:98. 2000。

形态特征与科相同。

本属模式种:好望角罗汉松 Podocarpus elongata(Ait.)L'Hér. ex Persoon。

产地:本属植物 100 余种,多分布于南半球热带、亚热带、南温带各国。我国有 13 种、3 变种,分布于长江流域以南各省(区、市)。另有 1 引种栽培变种。河南有 2 种、1 变种。郑州市紫荆山公园栽培 1 种。

1. 罗汉松　图 20　图版 8:5 ~ 9

Podocarpus macrophylla(Thunb.)D. Don in Lamb. Descr. Gen. Pinus 2:22. 1824;南京林学院树木学教研组主编. 树木学 上册:118. 图 62. 1961;中国科学院中国植物志编辑委员会. 中国植物志 第七卷:412. 图版 93:1 ~ 2. 1978;郑万钧主编. 中国树木志 第一卷:374. 图 93:1 ~ 2. 1983;陈嵘著. 中国树木分类学:14. 图 10. 1937;裴鉴等主编. 江苏南部种子植物手册:3. 图 3. 1959;中国科学院植物研究所主编. 中国高等植物图鉴 第一册:327. 图 653. 1983;丁宝章等主编. 河南植物志(第一册):153. 图 182. 1981;朱长山等主编. 河南种子植物检索表:33. 1994;卢炯林等主编. 河南木本植物图鉴:21. 图 63. 1998;王遂义主编. 河南树木志:46. 图 26. 1994;中国科学院西北植物研究所编著. 秦岭植物志 第一卷 种子植物(第一册):28. 1976;湖北省植物研究所编著. 湖北植物志 第一卷:24. 图 31. 1976;傅立国等主编. 中国高等植物 第三卷:99. 图 152. 2000;李法曾主编. 山东植物精要:40. 图 129. 2004;*Taxus macrophylla* Thunb. ,Fl. Jap. 276. 1784;*Podocarpus longifolius* Hort. ex Sieb. in Jaarb. Nederl. Maatsch. Aanmoed. Tuinb. 1844:35(Kruidk. Naaml.). 1844,pro syn.

形态特征:常绿乔木,栽培多为灌木状。树皮灰色、灰褐色,浅纵裂,成薄片脱落。枝开展、斜展。叶螺旋状着生,窄披针形,长 7.0 ~ 12.0 cm,宽 7 ~ 10 mm,表面深绿色,具光泽,中脉隆起明显,背面带白色、灰绿色,先端尖,基部楔形。雌雄异株;雄球花穗状,腋生,或 3 ~ 5 个簇生极短总梗上,长 3.0 ~ 5.0 cm,基部具数枚三角状苞片;雌球花单生叶腋,基部具少数苞片。种子卵球状,当年成熟,核果状,径约 1.0 cm,成熟时肉质假种皮紫黑色,被白粉;肉质种托短柱状,红色,或紫红色;种柄长 1.0 ~ 1.5 cm。花期 4 ~ 5 月;种子成熟期 8 ~ 9 月。

产地:罗汉松多分布于我国长江流域以南各省(区、市)。河南有栽培。郑州市紫荆山公园有栽培。日本有分布。

识别要点:罗汉松为常绿乔木,栽培多为灌木状。叶螺旋状着生,窄披针形。雌雄异株。雄球花穗状,腋生,或 3～5 个簇生极短总梗上,基部具数枚三角状苞片;雌球花单生叶腋,基部具少数苞片。种子核果状,成熟时肉质假种皮紫黑色,被白粉;肉质种托短柱状,红色,或紫红色。

生态习性:罗汉松喜光,耐寒,耐旱。在肥沃、湿润、通透性的壤土、沙壤土上生长最好。但生长很慢。

繁育与栽培技术要点:罗汉松通常采用播种育苗和扦插育苗。其技术:扦插育苗见圆柏繁育与栽培技术,播种育苗见侧柏播种育苗技术。

主要病虫害:罗汉松病虫害防治技术,见杨有乾等编著. 林木病虫害防治. 河南科学技术出版社,1982。

主要用途:罗汉松木材可作船底、工艺品、文具及家具等用材。其树形美观,在长江流域各大城市多栽培作庭园树。

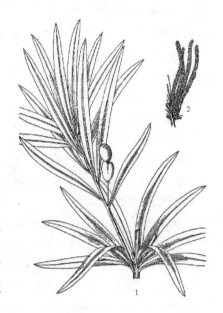

图 20　罗汉松 Podocarpus macrophylla
(Thunb.) D. Don
1. 枝、叶与种子;2. 雄球花枝(选自《中国树木志》)。

八、三尖杉科

Cephalotaxaceae Pilger in Neger, Pflanzenreich, IV. 5 (Heft 18): 38, 80. 1903, "subfam. *Taxoideae* trib. C. ";南京林学院树木学教研组主编. 树木学 上册:122. 1961;中国科学院中国植物志编辑委员会. 中国植物志 第七卷:423. 1978;郑万钧主编. 中国树木志 第一卷:378～379. 1983;丁宝章等主编. 河南植物志(第一册):153. 1981;朱长山等主编. 河南种子植物检索表:33. 1994;王遂义主编. 河南树木志:47. 1994;中国科学院西北植物研究所编著. 秦岭植物志 第一卷 种子植物(第一册):28. 1976;湖北省植物研究所编著. 湖北植物志 第一卷:25. 1976;傅立国等主编. 中国高等植物 第三卷:101. 2000;*Cephalotaxaceae* F. W. Neger, Nadelh. 23, 30(Samml. Göschem, No. 355). 1907.

形态特征:常绿乔木,或灌木,髓心中部具树脂道。小枝对生,或不对生,基部宿存芽鳞。叶条形,或窄披针形,稀披针形,交叉对生,或近对生;在侧枝上叶基部扭转成 2 列,表面中脉隆起,背面具 2 条宽气孔带,横切面上维管束下方具 1 枚树脂道。球花单性,雌雄异株,稀同株;雄球花 6～11 朵聚成头状球花序,腋生,具梗,或近无梗,基部具多数螺旋状着生的苞片,每 1 球花基部具 1 枚卵圆形苞片,或三角－卵圆形苞片;雄蕊 4～16 枚,各具 2～4 枚背腹面排列花药,药隔三角形,药室纵裂,花粉无气囊;雌球花具长梗,生于小枝基部苞腋,稀生于枝顶;花梗上部花轴具数对交叉对生苞片。每一苞片腋生 2～3 枚直立胚珠。胚珠生于珠托之上。种子翌年成熟,核果状,全部由珠托发育为肉质假种皮中,常数枚,稀 1 枚生于梗端微膨大的轴上。种子卵球状、椭圆体状、椭圆体－卵球状,或近球状,先端具突起的小尖头,基部具宿存苞片,外种皮骨质,坚硬,内种皮膜质,具胚乳。种子具子叶 2 枚,发芽时出土。

本科模式属:三尖杉属 Cephalotaxus Sieb. & Zucc. ex Endl. 。

产地:本科植物有 1 属、9 种,产于亚洲东部各国。我国有 1 属、7 种、3 变种,分布于秦岭以南各地。河南有 1 属、2 种。郑州市紫荆山公园有栽培。

(Ⅰ) 三尖杉属

Cephalotaxus Sieb. & Zucc. ex Endl. ,Gen. Pl. Suppl. 2:27. 1842;中国科学院中国植物志编辑委员会. 中国植物志 第七卷:423. 1978;郑万钧主编. 中国树木志 第一卷. 379. 1983;南京林学院树木学教研组主编. 树木学 上册:122. 1961;王遂义主编. 河南树木志:47. 1994;傅立国等主编. 中国高等植物 第三卷:102. 2000。

形态特征与科同。

本属模式种:海南粗榧 Cephalotaxus harringtonia(Forb.)K. Koch。

产地:本属植物有 1 属、9 种,产亚洲东部各国。我国有 7 种、3 变种,产于秦岭以南地区。河南有 1 属、2 种。郑州市紫荆山公园有 1 属、1 种栽培。

1. 粗榧　图 21　图版 8:10 ~ 13

Cephalotaxus sinensis(Rehd. & Wils.)Li in Lloydia 16(3):162. 1953;南京林学院树木学教研组主编. 树木学 上册:123 ~ 124. 图 67:3 ~ 8. 1961;中国科学院植物研究所主编. 中国高等植物图鉴 第一册:330. 图 660. 1983;郑万钧. 中国科学社生物所论文集,8:301. 1933;陈嵘著. 中国树木分类学:12. 1937;郝景盛著. 中国裸子植物志 再版:29. 1951;中国科学院中国植物志编辑委员会. 中国植物志 第七卷:428. 430. 432. 图版 98:1978;郑万钧主编. 中国树木志 第一卷:381 ~ 382.

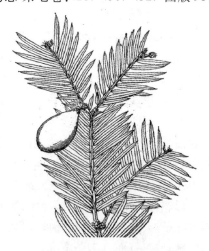

图 98 1. 1983;丁宝章等主编. 河南植物志(第一册):154. 图 185. 1981;朱长山等主编. 河南种子植物检索表:33. 1994;卢炯林等主编. 河南木本植物图鉴:22. 图 63. 1998;王遂义主编. 河南树木志:47 ~ 48. 图 27:6. 1994;中国科学院西北植物研究所编著. 秦岭植物志 第一卷 种子植物(第一册):29 ~ 30. 图 26. 1976;湖北省植物研究所编著. 湖北植物志 第一卷:25 ~ 26. 图 33. 1976;傅立国等主编. 中国高等植物 第三卷:103 ~ 104. 图 159. 2000;*Cephalotaxus harringtonia* (Forbes) Koch var. *sinensis* (Rehd. & Wils.) Rehd. , Journ. Arn. Arb. 22:571. 1941;*Cephalotaxus drupacea* Sieb. & Zucc. var. *sinensis* Rehd. & Wils. in Sargent ,Pl. Wils. II. 3. 1914.

图 21　粗榧 Cephalotaxus sine
(Rehd. & Wils.)Li
种子与枝、叶(选自《中国树木志》)。

形态特征:常绿灌木,或小乔木,高达 15.0 m;树皮灰色,或灰褐色,裂成薄片脱落。叶条形,长 2.0 ~ 5.0 cm,宽约 3 mm,由下至上渐窄,先端渐尖,或微凸尖,基部圆截形,或圆形,质地较厚,中脉明显,背面具 2 条白粉气孔带,较绿色边带宽 2 ~ 4 倍。种子 2 ~ 5 枚生于总梗的上端,卵球状、椭圆体状,或近球状,长 1.8 ~ 2.5 cm,顶端中央具尖头,假种皮成熟时紫红色。花期3~4月;种子翌年10~11月成熟。

产地:粗榧为我国特有树种,分布很广,长江流域以南各省(区、市)及河南、陕西、甘肃等地有分布与栽培。河南各地有栽培。郑州市紫荆山公园有栽培。

识别要点:粗榧为常绿灌木,或小乔木。叶条形,中脉明显,背面有2条白粉气孔带,较绿色边带宽2~4倍。种子成熟时假种皮紫红色。

生长习性:粗榧喜温暖、湿润气候,也较耐寒。喜肥沃、湿润、酸性的黄壤、黄棕壤、棕色森林土;多数生于海拔600~2 200 m的花岗岩、砂岩及石灰岩山地。抗虫害能力很强。生长缓慢,有较强的萌芽力,一般每个生长期萌发3~4个枝条,耐修剪。

繁育与栽培技术要点:粗榧通常采用播种育苗。其技术,见银杏播种育苗技术。栽植通常采用带土穴栽。

主要病虫害:粗榧病虫害防治技术,见杨有乾等编著. 林木病虫害防治. 河南科学技术出版社,1982。

主要用途:粗榧的园林、药用、油用、材用等利用价值高。木材坚实,可作农具及工艺等用。叶、枝、种子、根可提取多种植物碱,对治疗白血病及淋巴瘤等有一定疗效。根皮、枝、叶:苦、涩、寒,祛风湿,抗癌。还可治淋巴癌、白血病、蛔虫、钩虫等。还是庭园优良观赏树种。

九、红豆杉科

Taxaceae S. F. Grey,Nat. Arr. Brit. Pl. 222. 226. 1821;陈嵘著. 中国树木分类学:7. 1937;郑万钧主编. 中国树木志 第一卷:386. 1983;中国科学院中国植物志编辑委员会. 中国植物志 第七卷:437. 1978;傅立国等主编. 中国高等植物 第三卷:105. 2000。

形态特征:常绿乔木,或灌木。叶条形,螺旋状排列,或交叉对生,表面中脉明显,或不明显,背面沿中脉两侧各有1条气孔带,叶内有树脂道,或无。球花单性,雌雄异株,稀同株;雄球花单生叶腋,或苞腋;花序为穗状花序,集生于枝顶。雄蕊多数,花药3~9枚,辐射排列或一边排列,药室纵裂,花粉无气囊;雌球花单生,或成对生于叶腋或苞腋,具梗,或无梗,基部具多枚苞片,胚珠1枚,直立。种子核果状,无梗,则全部为肉质假种皮所包,或具长梗,则种子包于囊状肉质假种皮中,其顶端尖头露出;或种子坚果状,包于杯状肉质假种皮中,具短梗,或近无梗;胚乳丰富;子叶2枚。

本科模式属:红豆杉属 Taxus Linn. 。

产地:本科植物我国有4属、12种、1变种及1栽培种。河南有栽培。郑州市紫荆山公园有栽培。

(I) 红豆杉属

Taxus Linn. ,Gen. Pl. 312. 1737. Nr. 756;中国科学院中国植物志编辑委员会. 中国植物志 第七卷:438. 1978;郑万钧主编. 中国树木志 第一卷:386~387. 1983;傅立国等主编. 中国高等植物 第三卷:106. 2000。

形态特征:常绿乔木,或灌木。小枝基部具宿存芽鳞,稀全部脱落。叶条形,基部扭转排成两列,表面中脉隆起,背面有2条气孔带,无树脂道。雌雄异株;球花单生叶腋;雄球花圆球状,具梗,基部具苞片;雄蕊6~14枚,盾状,花药4~9枚;雌球花近无梗,基部具苞片,胚珠直立,单生于苞腋,基部托以圆盘状的珠托,受精后珠托发育成肉质、杯状、红色的假种皮。种子坚果状,种脐明显,成熟时肉质假种皮红色,具短梗,或近无梗,当年成熟。

本属模式种:欧洲红豆杉 Taxus baccata Linn. 。

产地:本属植物约 11 种,分布于北半球各国。我国有 4 种、1 变种。河南有栽培。郑州市紫荆山公园有栽培 1 属、1 种。

1. 红豆杉　图 22　图版 8:14

Taxus chinensis(Pilger)Rehd. in Journ. Arn. Arb. 1:51. 1919, pro parte, Man. Cultivated Trees and Shrubs:41. 1927, pro parte, ed. 2,3. 1940, pro parte et Bibliogr. 3. 1949, excl syn. Tsuga mairei Lemee et Lévl.;钱崇澍. 科学社生物所论文集 3(1):27. 1927;胡先骕、陈焕镛. 中国植物图谱 2:3. 图版 53. 1929;陈嵘著. 中国树木分类学:7. 1937;郝景盛著. 中国裸子植物志:20. 1945;郑万钧主编. 中国树木志 第一卷:389. 图 101:1~5. 1983;——S. Y. Hu in Taiwania 10:20. 1964, pro parte;中国科学院植物研究所主编. 中国高等植物图鉴 第一册:332. 图 663. 1972;傅立国等主编. 中国高等植物 第四卷:107~108. 2000;中国科学院中国植物志编辑委员会. 中国植物志 第七卷:442~443. 1978;——Dallimore and Jackson, Handb. Conif. 71. 1923, pro parte, ed. 3,97. 1948, pro parte; *Taxus baccata* Linn. subsp. *cuspidata* Sieb. & Zucc. var. *chinensis* Pilger in Engl. Pflanzenr. 18 Heft,4(5):112. 1903; *Taxus baccata* Linn. var. *sinensis* Henry in Elwee and Henry, Trees Gr. Brit. And Irel. 1:100. 1906; *Taxus cuspidata* Sieb. & Zucc. var. *chinensis*(Pilger)Schneid. ex Silva, Tarouca, Uns. Freil. – Nadelh. 276. 1913;——Rehd. & Wils. in Sargent, Pl. Wilson. II:8. 1914; *Taxus wallichiana* Zucc. var. *chinensis*(Pilger)Florin in Acta Hort. Berg. 14(8):355. t. 5. textfig in p. 356. 1948;——Dallimore and Jackon, rev. Harrison, Handb. Conif. and Ginkgo. ed. 4, 601. 1966; *Taxus baccata* auct. non Linn.:

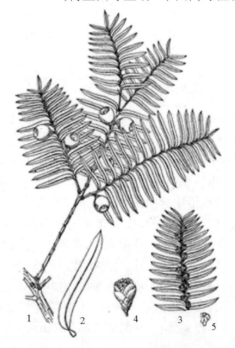

图 22　红豆杉 Taxus chinensis(Pilger)Rehd.
1.种子、枝、叶;2.叶;3.雄球花枝;4.雄球花;5.雄球花枝(选自《中国高等植物图鉴》)。

Franch. in Nouv. Arch. Mus. Hist. Nat. Paris sér. 2,7:103(Pl. David. 1:293). 1884, et in Journ., de Bot. 13:264. 1889; *Taxus cuspidata* auct. non Sieb. & Zucc.:Chun, Chinese Econ. Trees 43. f. 13. 1921,p. p.; *Taxus wallichiana* auct. non Zuca.:S. Y. Hu in Taiwania 10:22. 1964, quoad specim. *e.* Szechuan. et Sikang.;中国科学院中国植物志编辑委员会. 中国植物志 第七卷:442~443. 1978。

形态特征:常绿乔木。高达 30.0 m,胸径 60.0~100.0 cm;树皮灰褐色,或暗褐色,片状脱落。1 年生枝绿色,或淡黄绿色,秋季变成绿黄色,或淡红褐色;2 ~ 3 年生枝黄褐色、淡红褐色,或灰褐色。冬芽芽鳞三角 – 卵圆形。叶 2 列,条形,微弯或较直,长 1.0 ~ 3.0 cm,宽 2 ~ 4 mm,表面深绿色,具光泽,背面淡黄绿色,具 2 条气孔带。雄球花具雄蕊 8 ~ 14 枚,花药 4 ~ 8 枚。种子生于杯状红色肉质的假种皮中,或生于近膜质盘状的种托之上,卵球状,先端具凸起的短钝尖头。种脐近球状,稀三角 – 球状。

产地:红豆杉是我国特有树种,河南、甘肃、陕西、四川、云南、贵州、湖北、湖南、广西、安徽等省(区)。河南各地有栽培。郑州市紫荆山公园有栽培。

识别要点:红豆杉,常绿乔木。1 年生枝绿色,或淡黄绿色,秋季变成绿黄色,或淡红褐色;2 ~ 3 年生枝黄褐色、淡红褐色,或灰褐色。叶 2 列,条形,具 2 条气孔带。雄蕊 8 ~ 14 枚,花药 4 ~ 8 枚。种子生于杯状红色肉质的假种皮中,或生于近膜质盘状的种托之上,卵球状,先端具凸起的短钝尖头。

生长习性:红豆杉喜温暖、湿润气候,也较耐寒。喜肥沃、湿润、酸性的黄壤、黄棕壤、棕色森林土。不耐盐碱,不耐水湿。

繁育与栽培技术要点:红豆杉通常采用播种育苗。大苗、幼树采用带土球栽植。

主要病虫害:红豆杉病虫害防治技术,见杨有乾等编著. 林木病虫害防治. 河南科学技术出版社,1982。

主要用途:红豆杉木材坚实,可供建筑、车辆、家具、器具、农具及文具等用材。根皮、枝、叶:苦、涩、寒,祛风湿,抗癌。还是庭园优良观赏树种。

第二章　郑州市紫荆山公园木本被子植物

　　被子植物 Angiospermae 为落叶,或常绿乔木、灌木、藤本及草本。木质部具有导管,稀无导管而具管胞。常有特化的营养器官,如鳞茎、球茎、块茎、根状茎、块根、卷须等。单叶与复叶,叶具网状脉,或平行脉。生殖器官形成真正的花;完全花由花萼、花冠、雄蕊及雌蕊组成;或缺少某一花部而成单被花、无被花,或单性花。花单性,或成花序。雌蕊由1枚至多数心皮组成,胚珠包藏于雌蕊下部膨大且闭合的子房内,由柱头受粉后,子房(或连同花托、花被)发育为果实。种子藏于果实内。种子有胚乳,或无胚乳,具子叶1~2枚(稀3~4枚)。

　　被子植物门是植物界最进化、分化程度最高、结构最复杂、适应性最强、经济价值最大的高等植物类群,且分为双子叶植物纲和单子叶植物纲两大类,共约25万种,隶属于413科,分布很广。我国现有251余科、2 946属、约25 000种。乔木树种约2 000种,经济优良树种在1 000种以上。河南植物有169科、986属、3 684种。

　　被子植物门是人类的大部分食物和营养来源,有直接通过农作物,或园艺作物,如谷类、豆类、薯类、瓜果和蔬菜等食物,也有间接地为牧场提供牲畜所需的饲料。被子植物还提供建筑、造纸、纺织和塑料制品、油料、纤维、食糖、香料、虫蜡、医药、树脂、鞣酸、麻醉剂、饮料等多得不可计数的原材料。此外,世界上大约有25亿人口从木材和煤炭来获得能源。据估计,在农业、林业、果树和蔬菜栽培及生药学上有用的种最少在6 000种以上。其中,还有大量种是纯粹的观赏园艺植物。

十、杨柳科

Salicaceae Horaninov,Prim. Linn. Syst. Nat. 64. 1834;郑万钧主编. 中国树木志 第二卷:1954. 1985;丁宝章等编. 河南植物志(第一册):164. 1981;中国科学院中国植物志编辑委员会. 中国植物志 第二十卷 第二分册:2. 1984;中国科学院西北植物研究所编著. 秦岭植物志 第一卷 种子植物(第二册):15. 1974;湖北省植物研究所编著. 湖北植物志 第一卷:58. 1976;周以良主编. 黑龙江树木志:82. 1986;王遂义主编. 河南树木志:52. 1994;傅立国等主编. 中国高等植物 第五卷:284~285. 2003。

　　形态特征:落叶乔木,或直立、垫状和匍匐灌木;树皮光滑,或开裂粗糙,通常味苦。小枝具顶芽,或无顶芽。芽由1至多数鳞片所包被。单叶,互生,稀对生,不分裂,或浅裂,边缘全缘、锯齿缘,或齿牙缘;托叶鳞片形,或叶形,早落,或宿存。花单性,雌雄异株,罕有杂性。花序为葇荑花序,直立,或下垂。花先叶开放,或与叶同时开放,稀叶后开放。花着生于苞片与花序轴间;苞片脱落,或宿存;花基部具杯状花盘,或腺体,稀无;雄蕊2枚至多数;花药2室,纵裂;花丝分离至合生;雌花子房无柄,或具柄,雌蕊由2~4(~5)枚心皮组成,子房1室,侧膜胎座,胚珠多数;花柱不明显至很长,柱头2~4裂。蒴果2~4(~5)瓣裂。种子微小,种皮薄,胚直立,无胚乳,或有少量胚乳,基部周围有多数白色丝状长毛。

本科模式属:柳属 Salix Linn.。

产地:本科植物有 3 属、约 620 种,分布于寒带、温带和亚热带各国。我国有 3 属、320 余种,各省(区、市)均有分布,尤以山地和北方较为普遍。其中,河南分布与栽培有 2 属(杨属和柳属)、41 种、9 变种。郑州市紫荆山公园有 2 属(杨属和柳属)、7 种栽培。

本科植物分属检索表

1. 萌枝髓心五角状。具顶芽,芽鳞多数。雌、雄花序下垂;苞片先端分裂;花盘杯状。叶通常宽大;具长叶柄 ……………………………………………………………… 杨属 Populus Linn.
1. 萌枝髓心圆形。无顶芽,芽鳞 1 枚。雌花序直立,或斜展,苞片全缘,无杯状花盘。叶通常狭长;具短柄。雄花序直立。花具腺体;花丝与苞片离生 ……………………… 柳属 Salix Linn.

(Ⅰ)杨属

Populus Linn. ,Sp. Pl. 1034. 1753;Gen. Pl. 456. no. 996. 1754;郑万钧主编. 中国树木志 第二卷:1955. 1985;丁宝章等编. 河南植物志(第一册):164. 1981;朱长山等主编. 河南种子植物检索表:36. 1994;王遂义主编. 河南树木志:52. 1994;中国科学院中国植物志编辑委员会. 中国植物志 第二十卷 第二分册:2. 1984;中国科学院西北植物研究所编著. 秦岭植物志 第一卷 种子植物(第二册):15~16. 1974;湖北省植物研究所编著. 湖北植物志 第一卷:59. 1976;周以良主编. 黑龙江树木志:85. 1986;傅立国等主编. 中国高等植物 第五卷:285~286. 2003。

形态特征:落叶大乔木;树干通常端直;树皮光滑,或纵裂,常灰白色。小枝具顶芽(胡杨无);芽鳞多数,常具黏脂。枝有长枝(包括萌枝)、短枝之分,圆柱状,或具棱。单叶,互生,多为卵圆形、卵圆-披针形,或三角-卵圆形,在不同枝(如长枝、短枝、萌枝)上常有不同的形状,边缘具齿状缘;叶柄长,侧扁,或圆柱状,先端具腺点,或无腺点。花序为荑黄花序,下垂。花常先叶开放;雄花序较雌花序稍早开放;苞片先端尖裂,或条裂,膜质,早落;花盘斜杯状;雄花有雄蕊 4 至多枚,着生于花盘内;花药暗红色,花丝较短,离生;子房花柱短,柱头 2~4 裂。蒴果 2~4(~5)瓣裂。种子小,多数;子叶椭圆形。

本属后选模式种:银白杨 Populus alba Linn.。

产地:本属植物 100 多种,广泛分布于欧洲、亚洲、北美洲各国。一般分布在北纬30°~72°范围;垂直分布多在海拔 3 000 m 以下。我国约有 62 种(包括 6 杂交种、引入栽培的约 4 种),其中分布我国还有很多变种、变型和品种。河南有 16 种、5 变种。郑州市紫荆山公园栽培 1 属、4 种。

本属植物分种检索表

1. 短枝叶密被白色绒毛。幼枝、幼叶、幼叶柄密被白色绒毛。
　2. 长枝、萌枝叶通常 3~5 掌状深裂、浅裂。长枝、萌枝和短枝叶背面、叶柄和短枝叶密被白色绒毛 ……………………………………………… 银白杨 Populus alba Linn.
　2. 长枝、萌枝叶通常不分裂,有时边缘具牙齿缺刻,叶背面、叶柄密被灰白色绒毛,或柔毛。
　　3. 树干通直;树皮灰黑色、暗灰色;皮孔菱状、明显。小枝灰褐色,幼时密被绒毛。叶三角状卵圆形,背面密被白色绒毛 ………………………… 毛白杨 Populus tomentosa Carr.

3. 树干微弯;树皮灰绿色;皮孔小菱状。小枝紫褐色,幼时被柔毛。叶三角状卵圆形,背面疏被柔毛,或无毛。雌株……… 河北毛白杨 Populus hopei – tomentosa Z. Wang et T. B. Zhao

1. 长枝、萌枝和短枝叶两面无毛,淡绿色,边缘具半透明的狭边,背面被黏液,两面具气孔;叶柄侧扁,先端常有腺点,稀无腺点 …………………………… 加拿大杨 Populus × canadensis Moench.

1. 银白杨 图23

Populus alba Linn. ,Sp. Pl. 1034. 1753;陈嵘著. 中国树木分类学:112～113. 图83. 1937;中国科学院植物研究所主编. 中国高等植物图鉴 第一册:350. 图700. 1983;中国科学院西北植物研究所编著. 秦岭植物志 第一卷 种子植物(第二册):16～17. 1974;丁宝章等主编. 河南植物志(第一册):166～167. 图202. 1981;朱长山等主编. 河南种子植物检索表:36. 1994;王遂义主编. 河南树木志:55. 图32:1～4. 1994;中国科学院中国植物志编辑委员会. 中国植物志 第二十卷 第二分册:7～8. 图版1:144. 1984;中国树木志编委会主编. 中国主要树种造林技术:330～333. 图42. 1978;牛春山主编. 陕西杨树:14～16. 图1. 1980;南京林学院树木学教研组编. 树木学 上册:322～324. 图228:1～2. 1961;山西省林学会杨树委员会. 山西省杨树图谱:17～18. 图3、图4. 照片1(彩片3张). 1985;周以良主编. 黑龙江树木志. 88～90. 图版17:1～3. 1986;内蒙古植物志编辑委员会. 内蒙古植物志 第一卷:163. 图版39:4～5. 1985;郑万钧主编. 中国树木志. 第二卷:1955. 1985;徐纬英主编. 杨树:29. 31. 图2－2－2:1～4. 1988;中国科学院植物研究所主编. 中国高等植物图鉴 补编 第一册:15. 1972;李淑玲等主编. 林木良种繁育学:272～273. 图3－1－15. 1996;赵天锡等主编. 中国杨树集约栽培:13～14. 图1－3－1. 1994;《四川植物志》编辑委员会. 四川植物志 第三卷:41～42. 1985;新疆植物志编辑委员会主编. 新疆植物志第一卷:129. 131. 图版34. 1992;吴征镒主编. 西藏植物图志 第一卷:414～416. 图124:1～3. 1983;刘慎谔主编. 东北木本植物图志. 112. 图版XI:1～2. 1955;赵天榜等主编. 河南主要树种栽培技术:96～113. 图13、图14. 1994;周汉藩著. 河北习见树木图说(THE FAMILIAR TREES OF HOPEI by H. F. Chow):52～54. 图14. 1934;傅立国等主编. 中国高等植物 第五卷:2889. 图459. 2003;李法曾主编. 山东植物精要:170. 图573. 2004。

图23 银白杨 Populus alba Linn.
1.叶与枝;2.雌花枝;3.雌花;4.萌枝叶(选自《中国树木志》)。

形态特征:落叶乔木,树高10.0～30.0 m,胸径达2.0 m;树冠宽大,近球状。雌株主干弯曲,雄株主干通直;树皮幼龄时灰白色、白色,平滑;皮孔菱形,明显,纵裂,突起,多散生,稀 2~3 个连生;老龄时基部深褐色,常粗糙,开裂。芽鳞密被白色短绒毛。1 年生枝密被白色短绒毛。长、萌枝上叶大,菱 - 宽卵圆形、近圆形,长 10.0~13.5 cm,宽 9.0~12.0 cm,掌状 3~5 裂,裂片三角形,边缘具不规则的大齿牙,先端急尖,基部宽楔形,或圆形,表面暗绿色,背面密被白色绒毛;叶柄上部略扁,下部圆柱状,密被白色绒毛。短枝叶较小,卵圆形、椭圆形,或菱 - 卵圆形,长 3.0~10.0 cm,宽 2.0~7.0 cm,先端钝圆、钝尖,基部心形、宽楔形,或圆形,表面暗绿色,具金属光泽,边缘具不规则波状钝齿,近基部全缘,背面密被灰白色绒毛;叶柄圆柱状,长 2.0~6.0 cm,密被白色绒毛,先端无腺体,稀具 1~2 枚腺体。雌雄异株;雄花序,长 3.0~7.0 cm,花序轴被丝状毛;苞片膜质,长 3~5.5 mm,匙 - 卵圆形、匙 - 椭圆形,中部以上淡褐色,中部以下具褐色横条,边缘具黑褐色条裂和白色长缘毛;雄蕊 6~10 枚,花药细长、紫红色,后淡黄色;雌花序长 5.0~10.0 cm,花序轴被丝状毛;子房卵球状,具胚珠 4~7 枚,花柱短,柱头红色,2 裂,每裂又分 2 叉,裂片淡黄白色。果序长 8.0~12.0 cm。蒴果细圆锥状,长约 5 mm,基部花盘宿存,成熟后 2 瓣裂。花期 3 月;果实成熟期 4 月上、中旬。

产地:银白杨分布很广,主要分布于欧洲中部及西部、中亚、西亚及巴尔干等地,亚洲西部及北部地区也有分布。中国新疆的额尔齐斯河及其支流范围内有大面积的天然林分布。内蒙古南部、河北、山东、河南、山西及陕西等省(区、市)均有栽培。河南各地有栽培。郑州市紫荆山公园有栽培。

识别要点:银白杨为落叶乔木。雌株主干弯曲,雄株主干通直。芽鳞密被白色短绒毛。1 年生枝密被白色短绒毛。长、萌枝上叶大,掌状 3~5 裂,裂片三角形,边缘具不规则的大齿牙。短枝叶较小,表面暗绿色,具金属光泽,边缘具不规则波状钝齿,近基部全缘,背面密被灰白色绒毛;叶柄密被白色绒毛,先端无腺体,稀具 1~2 枚腺体。雌雄异株;雄花序花序轴被丝状毛;苞片膜质,边缘具黑褐色条裂和白色长缘毛;雌花序轴被丝状毛;子房卵球状,具胚珠 4~7 枚。蒴果细圆锥状,基部花盘宿存,成熟后 2 瓣裂。

生态习性:银白杨喜光、耐旱、耐大气干旱、耐高温等特性,在气温 -44.8℃,无冻害发生;在气温 40.1℃ 条件下,生长良好。喜光,不耐遮阴,在天然林中,林木分化严重,生长极差;在特别干旱、瘠薄、低洼积水地、盐碱地、茅草丛生地、沙地上银白杨生长不良。抗烟性及抗污能力强。生长快。寿命一般 40 年左右就开始衰退。

繁育与栽培技术要点:银白杨可用播种、插条、埋条、留根等繁殖方法进行育苗。栽培技术通常采用穴栽。

主要病虫害防治:银白杨易受叶锈病、天牛等危害。其防治技术,见杨有乾等编著. 林木病虫害防治. 河南科学技术出版社,1982。

主要用途:银白杨木材用途较广,是优良的胶合板用材;木纤维是优良的造纸用材。银白杨还具有生长快、适应性强,根系发达、萌蘖力强,能天然更新等优良特性,是营造防风固沙林、水土保持林的优良树种之一。不宜发展雌株。

2. 毛白杨　图 24　图版 9:1~2

Populus tomentosa Carr. in Rev. Hort. 1867:340. 1867;陈嵘著. 中国树木分类学:113~114. 图 84. 1937;中国科学院植物研究所主编. 中国高等植物图鉴 第一册:351. 图 702. 1983;中国科学院西北植物研究所编著. 秦岭植物志 第一卷 种子植物(第二册):

17～18. 图6. 1974;徐纬英主编. 杨树:32～33. 图2-2-3(1～6). 1988;丁宝章等主编. 河南植物志(第一册):173～176. 图202. 1981;朱长山等主编. 河南种子植物检索表:37. 1994;王遂义主编. 河南树木志:55. 图33:1～4. 1994;中国科学院中国植物志编辑委员会. 中国植物志 第二十卷 第二分册:17～18. 图3:1～6. 1984;中国树木志编委会主编. 中国主要树种造林技术:314～329. 图4. 1978;牛春山主编. 陕西杨树:19～21. 图4. 1980;南京林学院树木学教研组编. 树木学 上册:324～325. 图228:3～4. 1961;山西省林学会杨树委员会. 山西省杨树图谱:13～16. 图1. 图2. 照片1(彩片3张). 1985;郑万钧主编. 中国树木志. 第二卷:1966～1968. 图998:1～6. 1985;赵天榜. 杨树:2～11. 图1～5. 1974;河南农学院园林系杨树研究组. 毛白杨类型的研究. 中国林业科学,1:14～20. 图. 1978;河南农学院园林系杨树研究组. 毛白杨起源与分类的初步研究. 河南农学院科技通讯,2:20～41. 图5. 1978;中国科学院植物研究所主编. 中国高等植物图鉴 补编 第一册:15. 1972;李淑玲等主编. 林木良种繁育学:278～279. 图3-1-20. 1996;赵天锡等主编. 中国杨树集约栽培:16. 图1-3-3. 1994;《四川植物志》编辑委员会. 四川植物志. 3:42. 1985;刘慎谔主编. 东北木本植物图志. 112～113. 1955;赵天榜等主编. 河南主要树种栽培技术:96～113. 图13、图14. 1994;周汉藩著. 河北习见树木图说(THE FAMILIAR TREES OF HOPEI by H. F. Chow):52～54. 图14. 1934;傅立国等主编. 中国高等植物 第五卷:290. 图463. 2003;李法曾主编. 山东植物精要:171. 图576. 2004;*Populus pekinensis* Linn. Henry in Rev. Hort. 1903:335. f. 142. 1903;*Populus glabrata* Dode in Mén. Soc. Nat. Autun. 18:185(Extr. Monogr. Ined. Populus,27). 1905;——*Populus glabrata* Dode in Bull. Soc. Hist. Nat. Autun. 18:185(Extr. Monogr. Populus,27). 1905;*Populus glabrata* Dode,Extr. Monog. Ined. Populus,27. Pl. 11. f. 25(a). 1905.

形态特征:落叶乔木,树高达30.0 m,胸径达2.0 m;树冠卵球状;侧枝开展;树干常高大,通直;树皮灰绿色至灰白色;皮孔菱形,明显,散生,或横向连生;老龄时深灰色,纵裂。幼枝被灰白色绒毛,后渐脱落。叶芽卵球状,被疏绒毛。花芽近球状,被疏绒毛,先端尖;芽鳞淡绿色,边缘红棕色,具光泽,微被短毛。长、萌枝上叶三角-卵圆形,或宽卵圆形,长10.0～18.0 cm,宽13.0～23.0 cm,先端短尖,基部心形,或截形,边缘具不规则的齿牙,或波状齿牙,表面深绿色,具光泽,背面灰绿色,密被灰白色绒毛,后渐脱落;叶柄上部侧扁,长5.0～7.0 cm,先端通常具2枚腺体,稀3枚腺体,或4枚腺体。短枝叶较小,三角-卵圆形,或卵圆形,长7.0～11.0 cm,宽6.5～10.5 cm,先端长渐尖、渐尖、短尖,基部心形,或截形,边缘具不规则的深波状齿牙,或波状齿牙,表面深绿色,具金属光泽,背面绿色,幼时被灰白色绒毛,后渐脱落;叶柄长5.0～7.0 cm,侧扁,先端无腺点。雌雄异株;雄花序粗大,长10.0～20.0 cm;雄蕊6～9 枚,花药深红色、淡红色、淡黄白色;雌花序长5.0～7.0 cm;苞片深褐色、褐色、灰褐色,先端尖裂,边缘具白色长缘毛;子房长椭圆体状,柱头2裂,淡黄白色、粉红色。果序长7.0～15.0 cm。蒴果长卵球状,中部以上渐长尖,成熟后2瓣裂。花期3月;果实成熟期4月。

产地:毛白杨原产于中国,是我国特产杨属树种之一。栽培范围很广,北讫辽宁、内蒙古南部,经河北、天津、北京、河北、山东、河南、山西及陕西南部、湖北、安徽、甘肃东南部、新疆等省(区、市)均有栽培,但以黄河中下流域各省(区)为毛白杨适生栽培区。河南各地有栽培。郑州市紫荆山公园有栽培。

识别要点:毛白杨为落叶大乔木;树皮幼时暗灰色,壮时灰绿色,渐变为灰白色,老时基部黑灰色,纵裂,粗糙。长枝叶宽卵圆形,或三角状卵圆形,背面通常密被灰白色绒毛,先端短渐尖,基部心形,或截形。

生态习性:毛白杨喜光,要求凉爽、湿润气候,较耐寒冷;在年平均气温 7.0 ~ 16.0℃、年平均降水量 600 ~ 1 300 mm 的范围内均有毛白杨栽培。耐寒性差,我国北方地区毛白杨常遭冻害,是造成毛白杨破腹病的主要原因;在高温、多雨地区,病虫害严重,生长也差。对土壤要求不严,但以中性、肥沃、沙壤土、壤土地上生长最好。据调查,21 年生

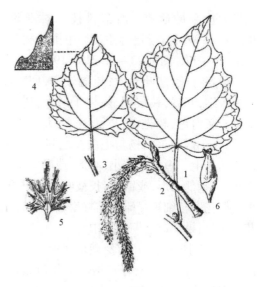

图 24　毛白杨 Populus tomentosa Carr.

1. 叶;2. 雌花枝;3. 萌枝叶;4. 叶下面放大部分示绒毛;5. 苞片;6. 子房(选自《中国植物志》)。

树高 23.8 m,胸径 50.8 cm,单株材积 1.8074 8 m³;在特别干旱、瘠薄、低洼积水地、盐碱地、茅草丛生地、沙地上毛白杨生长不良、病虫害严重,常形成"小老树"。抗烟性及抗污能力强。生长快。寿命可达 200 年,但一般 40 年左右就开始衰退。

繁育与栽培技术要点:毛白杨可用播种、插条、埋条、留根、嫁接等繁殖方法进行育苗。选择雄性毛白杨优良品种培育小苗;移栽宜在早春,或晚秋进行,适当深栽。繁育与栽培技术,见赵天榜等. 河南主要树种育苗技术:1 ~ 5. 1982 及赵天榜等主编. 河南主要树种栽培技术:96 ~ 113. 1994。栽培技术通常采用穴植。

主要病虫害防治:毛白杨易受毛白杨破腹病、毛白杨红心病、毛白杨锈病等危害。其防治技术,见杨有乾等编著. 林木病虫害防治. 河南科学技术出版社,1982。

主要用途:毛白杨木材纹理细,易加工,油漆及胶粘性能好,用途广泛,是优良的胶合板用材;木纤维好,是优良的造纸用材。树姿雄伟,材质优良,是营造用材林、防护林、城乡"四旁"绿化的重要树种之一。不宜发展雌株。

变种与品种:

1.1　毛白杨　原变种

Populus tomentosa Carr. var. tomentosa

1.2　小叶毛白杨　变种　图25　图版9:3 ~ 5

Populus tomentosa Carr. var. **microphylla** Yü Nung,河南农学院园林系编(赵天榜). 杨树:7 ~ 8. 图1、图2. 1974;河南农学院园林系杨树研究组. 毛白杨类型的研究. 中国林业科学,1:18 ~ 19. 图6. 1978;丁宝章等主编. 河南植物志(第一册):175. 1981;河南农学院园林系杨树研究组. 毛白杨起源与分类的初步研究. 河南农学院科技通讯,2:34 ~ 35. 图9. 1978;——*Populus tomentosa* Carr. cv. Microphylla,赵天榜等主编. 河南主要树种栽培技术:99. 1994;——*Populus tomentosa* Carr. cv. ' Microphylla ',赵天榜等. 毛白杨

优良无性系的研究. 河南科技－林业论文
集－:7. 1991;赵天锡等主编. 中国杨树集约
栽培:16～17. 图1－3－6. 313. 1994。

　　形态特征:落叶乔木;树冠较密,卵球状;
侧枝较细,开展,枝层明显;树干通直;树皮灰
绿色至灰白色,较光滑;皮孔菱形,大小中等,
明显,介于截叶毛白杨与毛白杨之间,多3～5
枚横向连生。短枝叶较小,心形,或卵圆形,先
端短尖,基部心形,或截形;长枝叶边缘具重锯
齿。雄花序较细短。雌株结籽率占1/3以上。
花期3月;果实成熟期4月中旬。

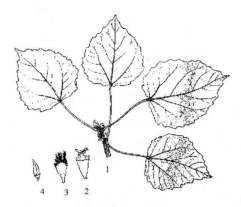

图25　小叶毛白杨 Populus tomentosa
Carr. **var. microphylla** Yü Nung

1. 短枝、叶;2. 雌花;3. 苞片;4. 蒴果(摘自《河南
农学院科技通讯》)。

　　产地:小叶毛白杨广泛栽培于河南、河北、
山东等省。河南各地有栽培。郑州市紫荆山
公园有栽培。

　　识别要点:小叶毛白杨侧枝较细,开展;树干通直;树皮皮孔菱形,中等,明显,多散生。
短枝叶较小;长枝叶边缘具重锯齿。雄花序较细短。雌株结籽率占1/3以上。花期3月;
果实成熟期4月中旬。

　　生态习性、繁育与栽培技术要点、主要病虫害防治、主要用途:小叶毛白杨与箭杆毛白
杨相同。不宜发展。

　　1.3　箭杆毛白杨　变种　图26　图版9:6

Populus tomentosa Carr. var. **borealo－sinensis** Yü Nung,河南农学院园林系编(赵天
榜). 杨树:5～6. 1974;河南农学院园林系杨
树研究组. 毛白杨类型的研究. 中国林业科
学,1:15～17. 图1、2. 1978;丁宝章等主编.
河南植物志(第一册):174. 1981;河南农学院
园林系杨树研究组. 毛白杨起源与分类的初步
研究. 河南农学院科技通讯,2:26～30. 图6.
1978;中国树木志编委会主编. 中国主要树种
造林技术:314. 315. 1981;李淑玲等主编. 林
木良种繁育学:279. 图3－1－20. 1996;赵天
锡等主编. 中国杨树集约栽培:17. 图
1－3－4. 312. 1994;*Populus tomentosa* Carr.
cv. Borealo－sinensis,赵天榜等主编. 河南主
要树种栽培技术:97. 1994。

图26　箭杆毛白杨 Populus tomentosa Carr.
var. borealo－sinensis Yü Nung

1. 短枝、叶;2. 苞片(摘自《河南农学院科技通
讯》)。

　　形态特征:落叶乔木;树冠塔状;侧枝少,
斜展;树干通直,中央主干明显;树皮灰绿色至
灰白色,较光滑;皮孔菱形,中等至大型,明显,
多散生;老龄时深灰色、黑褐色,深纵裂。小枝粗壮,灰绿色,初被灰白色绒毛,后渐脱落。

花芽近椭圆体状,先端短尖;芽鳞淡灰绿色,边缘棕褐色,具光泽,微被短毛。短枝叶三角－卵圆形,或卵圆形,长9.0～16.0 cm,宽9.5～14.5 cm,先端短尖,基部心形,或截形,边缘具不规则的波状大齿牙,表面深绿色,具金属光泽,背面淡绿色,幼时被具灰白色绒毛,后渐脱落;叶柄侧扁,长7.0～8.0 cm,有时顶端具1～2枚腺体。幼叶为紫红色,发叶较晚。雄株;雄花序长7.8～11.0 cm;雄蕊6枚,稀7～8枚,花药深红色;苞片匙状卵圆形,淡灰褐色,裂片边部及苞片中部以上有较深灰条纹,边缘具白色长缘毛;花盘三角－漏斗状,边缘齿状裂,基部突偏。花期3月。

产地:箭杆毛白杨广泛栽培于河南、河北、山东、陕西、甘肃东南部、江苏及安徽北部等省。河南各地有栽培。郑州市紫荆山公园有栽培。

识别要点:箭杆毛白杨树冠宽塔状;树皮皮孔菱形,中等至大型,明显,多散生。长枝叶宽卵圆形,或三角－卵圆形,背面通常密被灰白色绒毛。

生态习性:箭杆毛白杨与毛白杨相同。箭杆毛白杨在适生条件下,20年生平均树高22.7 m,平均胸径35.5 cm,单株材积0.955 9 m³。

繁育与栽培技术要点:箭杆毛白杨通常采用插条、埋条、留根等繁殖方法进行育苗与穴状造林。

主要病虫害防治:箭杆毛白杨与毛白杨相同。其防治技术,见杨有乾等编著. 林木病虫害防治. 河南科学技术出版社,1982。

主要用途:箭杆毛白杨与毛白杨相同。

1.3.1 '大皮孔'箭杆毛白杨 品种 图版9:7

Populus tomentosa Carr. var. **borealo－sinensis** Yü Nung '**DAPIKONG**', CATALOGUE INTERNATIONAL DES CULTIVARS DE PEUPLIERS,17～18. 1990;李淑玲等主编. 林木良种繁育学:279～280. 图3－1－21. 1996;*Populus tomentosa* Carr. cv. 'DAPIKONG',赵天锡等主编. 中国杨树集约栽培:16. 312. 1994;*Populus tomentosa* Carr. cv. Dapikung,赵天榜等主编. 河南主要树种栽培技术:97. 1994。

本品种树冠卵球状;侧枝较粗,下部枝展;树干通直,中央主干明显;树皮灰绿色至灰白色,较光滑;皮孔菱形,大,明显,径2.5～3.0 cm,多散生,稀2～4个连生;老龄时基部纵裂,较粗糙。短枝叶三角－卵圆形,或宽三角形,先端尖,或短尖,基部心形,或截形,表面深绿色,具光泽,背面淡绿色;叶柄侧扁。雄株;花苞片卵圆－匙形,灰褐色,边部及中部具褐色条纹;花盘浅斜盘状,边缘齿状裂。花期3月上旬。

产地:河南各地有栽培。郑州市紫荆山公园有栽培。本品种由赵天榜、陈志秀选出。大皮孔箭杆毛白杨生长很快,能成大材。如在土壤肥沃的沙壤土上,20年生树高23.4m,胸径53.1 cm,单株材积2.7945 m³。

1.3.2 '小皮孔'箭杆毛白杨 品种 图版9:8

Populus tomentosa Carr. var. **borealo－sinensis** Yü Nung '**XIAOPIKONG**', CATALOGUE INTERNATIONAL DES CULTIVARS DE PEUPLIERS,18. 1990;李淑玲等主编. 林木良种繁育学:280. 1996;赵天锡等主编. 中国杨树集约栽培:16. 312. 1994;*Populus tomentosa* Carr. cv. Xiaopikung,赵天榜等主编. 河南主要树种栽培技术:98. 1994。

　　本品种树冠卵球状;侧枝细,较多,分布均匀,斜展;树干通直,中央主干明显,直达树顶;树皮灰绿色,较光滑;皮孔菱形,较小,明显,具圆点状小皮孔,散生,稀 2~4 个横向连生。短枝叶三角-卵圆形,或卵圆形,先端渐尖,或短渐尖,基部浅心形、截形,或偏斜,表面深绿色,具光泽;叶柄侧扁,稀具腺点。雄株;花序长;苞片匙-卵圆形,灰褐色,先端尖,裂片长又宽,上部及中部具褐色细条纹;花盘掌状盘状,边缘齿状裂。单花具雄蕊 6~8枚,花期 3 月上旬。

　　产地:河南各地有栽培。郑州市紫荆山公园有栽培。本品种由赵天榜、陈志秀选出。生长快,能成大材。如在肥沃地上,20 年生树高 20.5 m,胸径 42.6 cm,单株材积 1.1306 2 m³。

　　3. 河北毛白杨　新组合种　图 27　图版 9:9~11

Populus hopei - tomentota Z. Wang * et T. B. Zhao, nom. comb. nov. , *Populus tomentota* Carr. var. *hopeinica* Yü Nung,河南农学院园林系杨树研究组. 毛白杨起源与分类的初步研究. 河南农学院科技通讯,2:35~37. 图 10. 1978;河南农学院园林系杨树研究组. 毛白杨类型的研究. 中国林业科学,1:19. 图 2. 1978;丁宝章等主编. 河南植物志(第一册):176. 1981;李淑玲等主编. 林木良种繁育学:278. 图 3-1-19. 1960;*Populus tomentota* Carr. cv. 'Hopeinica',赵天锡等主编. 中国杨树集约栽培:18. 1994;*Populus tomentosa* Carr. cv. Hepeinica,赵天榜等主编. 河南主要树种栽培技术:100. 1994。

　　形态特征:落叶乔木,树高 25.0~30.0 m;树冠宽球状;侧枝平展,较少,梢端稍下垂;树干微弯;树皮灰绿色,光滑,被白粉;皮孔菱形,大,稀疏,散生。小枝棕褐色,具光泽,被黄褐色茸毛。短枝叶近圆形,较小,表面深绿色,具光泽,背面淡绿色,沿主脉基部被黄褐色茸毛;具紫褐色茸毛,后表面茸毛脱落;幼枝、幼叶红褐色,密被红褐色茸毛。雌株;雌蕊柱头粉红色,或灰白色,2 裂,每裂 2~3 叉,裂片大,呈羽毛状,初淡紫红色,灰白色。花期 3 月;果熟期5 月初。

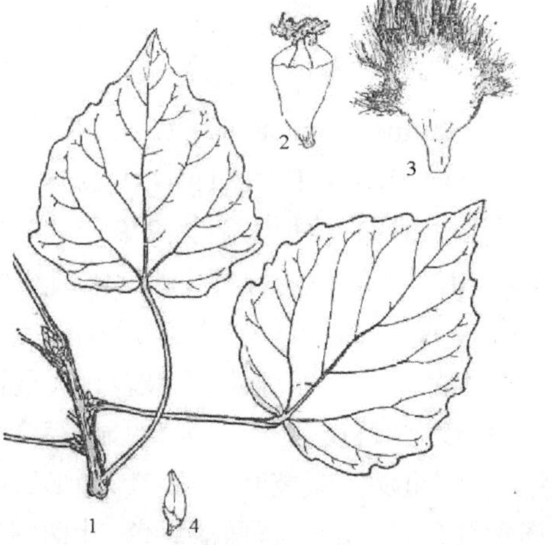

图 27　河北毛白杨 Populus hopei - tomentota
Z. Wang et T. B. Zhao
1. 枝、叶;2. 雌蕊;3. 苞片;4. 蒴果(选自《中国林、业科学》)。

　　产地:河北毛白杨是我国特有杨树树种之一,原产于河北易县,系毛白杨与河北杨天然杂种。现河北、河南及山东栽培较多。郑州市紫荆山公园有栽培。

　　生态习性:河北毛白杨适应性强、耐干旱、耐寒冷。喜光,不耐阴。且根系发达、萌蘖力强。

　　繁育与栽培技术要点:河北毛白杨通常采用扦插育苗、留根、分株繁殖。繁育与栽培技术,见赵天榜等主编. 河南主要树种栽培技术:96~113. 1994。栽培技术通常采用穴植。

　　主要病虫害防治:河北毛白杨病虫害与毛白杨相同。

　　主要用途:河北毛白杨与毛白杨相同。不宜发展。

　　注:*遵照王战研究员生前 1984 年意见,将河北毛白杨作种级处理。

4. 加拿大杨 加杨 图28 图版10:1~3

Populus × canadensis Moench,Verz. Ausl. Bäume Weissent. 81. 1785;陈嵘著. 中国树木分类学:121. 1937;刘慎谔等主编. 东北木本植物图志:115~116. 图版Ⅻ:34. 图版ⅩⅢ:1~3. 1955;中国科学院植物研究所主编. 中国高等植物图鉴 第一册:356. 图712. 1983;中国科学院西北植物研究所编著. 秦岭植物志 第一卷 种子植物(第二册):17~18. 1974;丁宝章等主编. 河南植物志(第一册):192. 图225. 1978;朱长山等主编. 河南种子植物检索表:40. 1994;中国科学院中国植物志编辑委员会. 中国植物志 第二十卷 第二分册:71~72. 图版22:3. 1984;牛春山主编. 陕西杨树:48~50. 图14. 1980;徐纬英主编. 杨树:392~391. 1988;周以良主编. 黑龙江树木志:94~96. 图版19:5. 1978;山西省林学会杨树委员会. 山西省杨树图谱:68~70. 图31、图32. 照片22. 1985;中国科学院植物研究所主编. 中国高等植物图鉴 补编 第一册:16. 1972;内蒙古植物志编委会. 内蒙古植物志 第一卷:161. 163. 图版41. 图:1~3. 1985;赵天锡主编. 中国杨树集约栽培:26. 1994;中国树木志编委会主编. 中国主要树种造林技术:380~386. 图52. 1986;《四川植物志》编辑委员会主编. 四川植物志 第三卷:58. 1985;郑万钧主编. 中国树木志 第二卷:

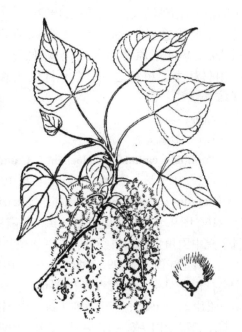

图28 加拿大杨 Populus × canadensis Moench
(选自《中国高等植物图鉴》)。

2001~2002. 图1013:3. 1985;周以良主编. 黑龙江树木志:94. 96. 图版19:5. 1986;王遂义主编. 河南树木志:62~63. 图42:2~4. 1994;傅立国等主编. 中国高等植物 第五卷:299. 图483. 2003;李法曾主编. 山东植物精要:172. 图581. 2004;*Populus × euramericana*(Dode)Guinier in Act. Bot. Neerland. 6(1):54. 1957;*Populus × deltoides* auct. Non Marshall,Ⅲ. Handb. Laubh. 1:7. 1904.

形态特征:落叶大乔木,树高可达30.0 m;树冠卵球状,侧枝开展;树干较直;树皮灰绿色、灰褐色、粗糙,老龄时黑褐色,深沟裂。小枝近圆柱状,微具棱,无毛,稀被短柔毛;长枝上棱角明显。花芽大,牛角状,褐绿色,被黏质,先端短尖。短枝叶三角形、三角-卵圆形,长7.0~10.0 cm,先端渐尖,基部截形,或宽截形,边缘具半透明的狭边、圆钝锯齿,无毛,稍具缘毛,表面绿色,具光泽,背面淡绿色,两面被黄色黏质;叶柄侧扁,先端无腺体,或具1~2枚腺体;长、萌枝叶长达20.0 cm以上。雄花序长7.0~15.0 cm,花序轴无毛;单花具雄蕊15~25(~40)枚,花丝细长,白色;苞片淡绿褐色,边缘具不整齐丝状深裂;花盘淡黄绿色,边缘全缘。雌花序有花45~50朵;柱头4裂。果序长达27.0 cm。蒴果卵球状,长约8 mm,先端锐尖,成熟后2~3瓣裂。雄株多,雌株少。花期4月;果实成熟期5月。

产地:加拿大杨原产于意大利加拿大河流域。目前,我国长江流域以北各省(区、市)广泛栽培。河南各地"四旁"均有栽培。郑州市紫荆山公园有栽培。

生态习性:加拿大杨喜温、湿润气候,又耐干旱、瘠薄。喜光,不耐阴。生长较快。

繁育与栽培技术要点:加拿大杨采用扦插繁殖。栽培技术通常采用穴植。

主要病虫害防治:加拿大杨与毛白杨相同。其防治技术,见杨有乾等编著. 林木病虫害防治. 河南科学技术出版社,1982。

主要用途:加拿大杨树冠宽大,宜作行道树、庭院树及防护林等。孤植、列植都适宜,是华北平原常用的绿化树种,适合工矿区绿化及"四旁"绿化。也是营造速生用材林主要树种之一,其木材供箱板、家具,火柴杆、牙签和造纸等用。不宜发展雌株。

品种:

1.1　加拿大杨　原品种

Populus × canadensis Moench. ' **Canadensis** '

1.2　沙兰杨　品种　图 29　图版 10:4 ~ 6

Populus × canadensis Moench. ' **Sacrau 79** ',河南农学院园林系编(赵天榜). 杨树: 15 ~ 16. 图 9. 1974;丁宝章等主编. 河南植物志(第一册):192 ~ 193. 图 226. 1981;中国科学院中国植物志编辑委员会. 中国植物志 第二十卷 第二分册:73 ~ 74. 1984;周以良主编. 黑龙江树木志:99. 1986;牛春山主编. 陕西杨树:120 ~ 122. 图 54. 1980;山西省林学会杨树委员会. 山西省杨树图谱:71 ~ 74. 图 33. 照片 23 . 1985;赵天锡等主编. 中国杨树集约栽培:27. 图 1 – 3 – 21. 491 ~ 501. 1994;中国树木志编委会主编. 中国主要树种造林技术: 391 ~ 394. 图 54. 1986;河南农学院园林系杨树研究组等(赵天榜). 沙兰杨、意大利 I – 214 杨引种生长情况的初步调查报告. 河南农学院科技通讯,2:66 ~ 76. 图 1. 1978;郑万钧主编. 中国树木志 第二卷:2002 ~ 2003. 1985;周以良主编. 黑龙江树木志:99. 1986;赵天榜等主编. 河南主要树种栽培技术:114 ~ 121. 图 15. 1994;王遂义主编. 河南树木志:63 ~ 64. 1994;*Populus × euramericana*(Dode)Guinier, cv. ' Sacrau 79 '.

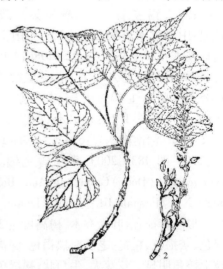

图 29　沙兰杨 Populus × canadensis
Moench. ' **Sacrau 79** '

1.枝与叶;2.果序(选自《河南农学院科技通讯》)。

形态特征:落叶乔木,树高 25.0 m;树冠卵球伏;侧枝稀疏,枝层明显;树干微弯;树皮灰白色、或灰褐色,基部浅裂,裂纹宽而浅,上部光滑,具明显较大菱形皮孔,散生。长枝、或萌枝具棱线,灰白色、或灰绿色;短枝圆柱状,黄褐色,被黄褐色黏质。芽三角 – 圆锥体状,先端弯,被赤褐色点状黏质。短枝叶三角形、或三角 – 卵圆形,长 8.0 ~ 11.0 cm,宽 6.0 ~ 9.0 cm,先端渐尖、或长渐尖,基部截形、或宽楔形,边缘具密钝锯齿,微内曲,具半透明狭边,表面暗绿色,具光泽,背面淡绿色,两面被黄色黏质;叶柄侧扁,光滑,淡绿色,常带红色,长4.0~8.0 cm,先端常具1~4枚腺体。长、萌枝叶三角形,较大,先端短尖,基部截形。雌株:雌花序长5.0~10.0 cm,花序轴淡黄绿色,无毛;子房圆球状,具光泽,无毛,柱头2裂;花盘碗状,淡黄绿色,边缘波状;苞片匙－卵圆形。果序长20.0~25.0 cm,果序轴无毛。蒴果长卵球状,长达1.0 cm,果柄长0.5~1.0 cm,成熟后2瓣裂。花期4月上、中旬;果实成熟期5月中旬。

产地:沙兰杨是美洲黑杨 Populus deltoides Bartr 与黑杨 Populus nigra Linn. 杂种栽培品种,1954年从德国(原东德)引入中国。先后在东北、华北、西北区各地,内蒙古、江苏、湖北及新疆等省(区)引入栽培,实践证明,在辽宁省盖县、辽阳、兴城,北京市顺义、黄村,河南省洛宁、南召、滑县、新乡等县,陕西省周至县,山西省太原及山东省等地区生长优良。郑州市紫荆山公园有栽培。

识别要点:沙兰杨为落叶乔木;树干通直,有时微弯;树冠卵球状,或圆锥状,枝层明显。树皮灰白色,或灰褐色,基部浅纵裂,裂纹浅而宽;皮孔菱形,大而明显。叶卵圆－三角形。果实成熟期5月中旬。

生态习性:沙兰杨喜光的强阳性树种,适应性强,生长迅速。对土壤、水肥要求较高,在土层深厚、肥沃、湿润的条件下,最能发挥其速生特性。据赵天榜在河南南召县调查,12年生沙兰杨平均树高21.5 m,平均胸径51.1 cm,单株材积2.149 0 m³。

繁育与栽培技术要点:沙兰杨采用扦插育苗。用1年生苗干作种条,剪成插穗长度17.0 cm左右,粗度1.0~1.5 cm为宜。采用垂直扦插最好。扦插密度以30.0 cm × 30.0 cm,或30.0 cm × 40.0 cm为宜。插后做好浇水、施肥、除草等苗木管护工作,以促进苗木快速生长。繁育与栽培技术,见赵天榜等主编. 河南主要树种栽培技术:114~121. 图15. 1994。

主要病虫害:沙兰杨主要病害有腐烂病、芳香木蠹蛾、白杨透翅蛾、杨干象鼻虫等。其防治技术,见杨有乾等编著. 林木病虫害防治. 河南科学技术出版社,1982。

主要用途:沙兰杨其木材淡黄白色,纹理直,结构细,油漆及胶合性能良好,易干燥、加工,纤维长,是造纸工业优良原料,是胶合板和人造板工业的重要原料,也是城乡绿化的重要树种之一。不宜发展。

(Ⅱ) 柳属

Salix Linn. ,Sp. Pl. 1015. 1753;Gen. Pl. ed. 5,447. no. 976. 1754;丁宝章等主编. 河南植物志(第一册):196. 1981;朱长山等主编. 河南种子植物检索表:40. 1994;郑万钧主编. 中国树木志 第二卷:2009. 1985;中国科学院中国植物志编辑委员会. 中国植物志 第二十卷 第二分册:81. 1984;中国科学院西北植物研究所编著. 秦岭植物志 第一卷 种子植物(第二册):25. 1974;湖北省植物研究所编著. 湖北植物志 第一卷:62. 1976;周以良主编. 黑龙江树木志:122. 1986;王遂义主编. 河南树木志:65. 1994;傅立国等主编. 中国高等植物 第五卷:300. 2003。

形态特征:落叶乔木,或匍匐状、垫状、直立灌木。小枝圆柱状,髓心近圆形,无顶芽。侧芽通常紧贴枝上,芽鳞1枚。单叶,互生,稀对生,通常为披针形,羽状脉,边缘具锯齿,或全缘;叶柄短;具托叶,边缘具锯齿,常早落,稀宿存。柔荑花序直立,或斜展。花先叶开放,或与花叶同时开放,稀花后叶开放;苞片边缘全缘,被毛,或无毛,宿存,稀早落;单花雄蕊 2 至多枚,花丝离生,或部分离生、全部合生;腺体 1~2 枚(位于花序轴与花丝之间者为腹腺,近苞片者为背腺);雌蕊由 2 心皮组成;子房无柄,或具柄;花柱长短不一,或缺,单 1,或分裂;柱头 1~2 枚,分裂,或不裂。蒴果 2 瓣裂;种子小。暗褐色。

　　本属模式种:五蕊柳 Salix pentandra Linn. 。

　　产地:本属植物世界 520 多种,主产北半球温带地区,寒带次之,亚热带和南半球地区极少,大洋洲无野生种。我国有 257 种、122 变种、33 变型,各省(区、市)均有分布。河南有 25 种、2 变种。郑州市紫荆山公园有 3 种栽培。

本属植物分种检索表

1. 落叶乔木。
　2. 枝条下垂。子房无毛,或仅基部稍有毛;苞片披针形……………………… 垂柳 Salix babylonica Linn.
　2. 枝条斜上伸展。子房无毛;苞片卵圆形…………………………………… 旱柳 Salix matsudana Koidz.
1. 落叶灌木。子房卵状－圆锥状,密被灰色绒毛;子房柄远短于腺体,褐色,柱头约与花柱等长;苞片卵圆形,先端尖,或微钝…………………………………………………………………………… 银柳 Salix argyracea E. Wolf

　　1. 垂柳　图 30　图版 10:7~10

Salix babylonica Linn. ,Sp. Pl. 1017. 1753;陈嵘著. 中国树木分类学:125. 图 93. 1937;刘慎谔主编. 东北木本植物图志:146. 图版 36:55. 图版 37:1~8. 1955;侯宽昭编著. 广州植物志:378. 1956;中国科学院植物研究所主编. 中国高等植物图鉴 第一册:362. 图 724. 1983;中国科学院西北植物研究所主编. 秦岭植物志 第一卷 种子植物(第二册):33. 图 19. 1974;丁宝章等主编. 河南植物志(第一册):200. 图 234. 1981;朱长山等主编. 河南种子植物检索表:41. 1994;郑万钧主编. 中国树木志 第二卷:2045. 图 1024 1985;中国科学院中国植物志编辑委员会. 中国植物志 第二十卷 第二分册:81. 1984;湖北省植物研究所编著. 湖北植物志 第一卷:70. 图 61. 1976;中国树木志编委会主编. 中国主要树种造林技术:425~429. 图 61. 1978;周汉藩著. 河北习见树木图说(THE FAMILIAR TREES OF HOPEI by H. F. Chow):73~74. 图 22. 1934;王遂义主编. 河南树木志:70~71. 图 46:4~6. 1994;周以良主编. 黑龙江树木志:134. 136. 图版 28:1~3. 1986;傅立国等主编. 中国高等植物 第五卷:319~320. 图 498. 2003;李法曾主编. 山东植物精要:173. 图 585. 2004;*Salix chinensis* Burm. ,Fl. Ind. I. 211(err. typogr. 311). 1768;*Salix cantoniensis* Hance in Journ. Bot. 4:48. 1868;*Salix babylonica* Linn. var. *szechuanica* Gorz in Bull. Fan. Mém. Inst. Biol. 6:2. 1935.

　　形态特征:落叶乔木,高 12.0~18.0 m;树冠开展,而疏散;树皮灰黑色,不规则开裂。小枝细,下垂,淡褐黄色、淡褐色,或带紫色,无毛。芽微被柔毛,先端急尖。叶狭披针形,或线－披针形,长 9.0~16.0 cm,宽 0.5~1.5 cm,先端长渐尖,基部楔形,两面无毛,或微被毛,表面绿色,背面色较淡,边缘具锯齿缘;叶柄长(3~)5~10 mm,被短柔毛;托叶仅生在萌发枝上,斜披针形,或卵圆形,边缘具齿牙。花序为柔荑花序;花序轴被柔毛。花先叶开放,或花与叶同时开放;雄花序长 1.5~2.0(~3.0)cm;具短梗。单花有雄蕊 2 枚,花丝

与苞片近等长,或较长,基部多少被长柔毛;花
药红黄色;苞片披针形,外面被毛;腺体 2 枚;雌
花序长达 2.0~3.0(~5.0)cm,具花梗,基部
具 3~4 枚小叶,花轴被毛;子房椭圆体状,无
毛,或下部稍被毛,无柄,或近无柄;花柱短,柱
头 2~4 深裂;苞片披针形,长 1.8~2(~2.5)
mm,外面被毛;腺体 1 枚。蒴果长 3~4 mm,带
绿黄褐色。花期 3~4 月;果实成熟期 4~5 月。

　　产地:垂柳产于我国长江流域与黄河流域
各省(区、市),其他各地均栽培,为道旁、水边
等绿化树种。亚洲、欧洲、美洲各国均有引种。
郑州市紫荆山公园有栽培。

　　识别要点:垂柳为落叶乔木;树冠开展而
疏散;树皮灰黑色,不规则开裂。小枝细,下
垂。叶狭披针形,或线－披针形。

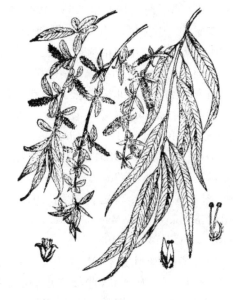

图 30　垂柳 Salixbabylonica Linn.
(选自《中国高等植物图鉴》)。

　　生态习性:垂柳喜光,喜温暖、湿润气候及
潮湿、深厚之酸性及中性土壤。较耐寒,特耐水湿,但亦能生于土层深厚之高燥地区。萌
芽力强,根系发达。生长迅速,15 年生树高达 13.0 m,胸径 24.0 cm。但某些虫害危害比
较严重,寿命较短,树干易老化。30 年后渐趋衰老。对有毒气体有一定的抗性,并能吸收
二氧化硫。

　　繁育与栽培技术要点:垂柳多用插条繁殖。栽培技术通常采用插干,或穴栽。

　　主要病虫害:垂柳易发生蚜虫、柳毒蛾、天牛等病虫害。其防治技术,见杨有乾等编
著. 林木病虫害防治. 河南科学技术出版社,1982。

　　主要用途:垂柳为优美的绿化树种。木材可供制家具。枝条可编筐;树皮含鞣质,可
提制栲胶。叶可作羊饲料。不宜发展雌株。

　　品种:

　　1.1　垂柳

Salix babylonica Linn. ' **Babylonica** '

　　1.2　'金枝'垂柳　图版 10:11

Salix babylonica Linn. ' Aurea ' *

本品种小枝金黄色。

　　产地:'金枝'垂柳河南各地有栽培。郑州市紫荆山公园有栽培。

　　注: * 尚待查证。

　　2. 旱柳　图 31　图版 10:12

Salix matsudana Koidz. in Bot. Mag. Tokyo,29:312. 1915;陈嵘著. 中国树木分类
学:124. 图 92. 1937;刘慎谔主编. 东北木本植物图志:150. 图版 39:57. 图版 40:1~8.
1955;中国科学院植物研究所主编. 中国高等植物图鉴 第一册:363. 图 726. 1983;中国
科学院西北植物研究所主编. 秦岭植物志 第一卷 第二分册:34. 1974;丁宝章等主编. 河

南植物志(第一册):199. 图233. 1981;朱长山等主编. 河南种子植物检索表:41. 1994;
郑万钧主编. 中国树木志 第二卷:2045～2047. 图1024:4～6. 1985;中国科学院中国植
物志编辑委员会. 中国植物志 第二十卷 第二分册:132～134. 图版38:4～6. 1984;中国
科学院西北植物研究所编著. 秦岭植物志 第一卷 种子植物(第二册):34. 1974;湖北省
植物研究所编著. 湖北植物志 第一卷:70. 图62. 1976;中国树木志编委会主编. 中国主
要树种造林技术:420～424. 图60. 1978;周汉藩著. 河北习见树木图说(THE FAMILIAR
TREES OF HOPEI by H. F. Chow):69～71. 图21. 1934;周以良主编. 黑龙江树木志:
146. 图版28:4～6. 1986;赵天榜等主编. 河南主要树种栽培技术:133～143. 1994;王遂
义主编. 河南树木志:70. 图46:1～3. 1994;傅立国等主编. 中国高等植物 第五卷:318～
319. 图496. 2003;李法曾主编. 山东植物精要:172. 图583. 2004;*Salix matsudana*
Koidz. in Tokyo, Bot. Mag. 29:312. 1915;*Salix jeholensis* Nakai in Rep. First Sci. Exped.
Mansh. sect. 4,4:74. 1936.

　　形态特征:落叶乔木,高达20.0 m;胸径达
80.0 cm;树冠宽圆球状,侧枝斜展;树皮暗灰
黑色,纵裂沟。小枝细长,直立,或斜展,浅褐
黄色,或带绿色,后变褐色,无毛;幼枝被毛。
芽微被短柔毛。叶披针形,长5.0～10.0 cm,
宽1.0～1.5 cm,先端长渐尖,基部窄圆形,或
楔形,表面绿色,无毛,具光泽,背面苍白色,或
带白色,边缘具细腺锯齿缘;幼叶被丝状柔毛;
叶柄短,长5～8 mm,表面被长柔毛;托叶披针
形,或缺,边缘具细腺锯齿。花序与叶同时开
放;雄花序圆柱状,长1.5～2.5(～3.0)cm,径
6～8 mm,花序梗短,花序轴被长柔毛;单花有
雄蕊2枚,花丝基部被长柔毛;花药卵球状,黄
色;苞片卵圆形,黄绿色,先端钝,基部疏被短
柔毛;腺体2枚;雌花序较雄花序短,长达2.0
cm,径约4 mm;花序梗基部有3～5枚小叶,花
序轴疏被长柔毛;子房长椭圆体状,近无柄,无
毛,无花柱,或花柱很短,柱头卵球状,近圆裂;
苞片同雄花;腺体2枚,背生和腹生。果序长
达2.0～2.5 cm。花期4月;果实成熟期4～5
月。

图31　旱柳 **Salix matsudana** Koidz.
(选自《中国高等植物图鉴》)。

　　产地:旱柳产于我国东北、华北平原,西北黄土高原,西至甘肃、青海,南至淮河流域,
以及浙江、江苏等省。朝鲜半岛、日本、俄罗斯远东地区也有分布。河南伏牛山区有分布。
郑州市紫荆山公园有栽培。

　　识别要点:旱柳为落叶乔木。小枝细长,直立,或斜展,无毛;幼枝被毛。叶披针形,背
面苍白色,或带白色,边缘具细腺锯齿缘。花序与叶同时开放;雄花序圆柱状,花序轴被长

柔毛;单花有雄蕊 2 枚,花丝基部被长柔毛;苞片基部疏被短柔毛;腺体 2 枚;雌花序较雄花序短;花序梗基部有 3 ~ 5 小叶,花序轴疏被长柔毛。

生态习性:旱柳喜光,耐寒,湿地、旱地皆能生长,但以湿润而排水良好的土壤上生长最好;根系发达,抗风能力强,生长快,易繁殖。

繁育与栽培技术要点:旱柳通常采用扦插繁殖和插干栽植。繁育与栽培技术,见赵天榜等. 河南主要树种育苗技术:84 ~ 87. 1982;赵天榜等主编. 河南主要树种栽培技术:133 ~ 143. 1994。栽培技术通常采用插干,或穴栽。

主要病虫害:旱柳常见病虫害星天牛、光肩星天牛、大袋蛾、刺蛾、李叶甲、柳叶甲、蚱蝉等。其防治技术,见杨有乾等编著. 林木病虫害防治. 河南科学技术出版社,1982。

主要用途:柳树木材白色,质轻软,比重 0.45,供建筑器具、造纸、人造棉、火药等用。细枝可编筐;为早春蜜源树种,又是防风固沙林、水土保持林、护岸林和"四旁"绿化树种。叶为冬季羊饲料。不宜发展雌株。

变型:

1.1　旱柳　原变型

Salix matsudana Koidz. f. **matsudana**

1.2　绦柳　倒栽柳　变型　图版 10:13

Salix matsudana Koidz. f. **pendula** Schneid. in Bailey,Gent. Herb. 1:18. 1920;陈嵘著. 中国树木分类学:125. 1937;中国科学院西北植物研究所主编. 秦岭植物志 第一卷 第二分册:34. 1974;中国科学院中国植物志编辑委员会. 中国植物志 第二十卷 第二分册:133. 1984;周汉藩著. 河北习见树木图说(THE FAMILIAR TREES OF HOPEI by H. F. Chow):72. 1934;周以良主编. 黑龙江树木志:147. 1986;朱长山等主编. 河南种子植物检索表:41. 1994;王遂义主编. 河南树木志:70. 1994。

本变型小枝黄色,密被柔毛。叶披针形,背面苍白色疏被柔毛,沿脉较密,边缘疏被长缘毛;叶柄长 5 ~ 8 mm,密被柔毛。雌花具腺体 2 枚。

产地:绦柳河南各地有栽培。郑州市紫荆山公园有栽培。

主要用途:我国各地多栽于庭院做绿化观赏树种。

1.3　馒头柳　变型

Salix matsudana Koidz. f. **umbraculifera** Rehd. in Journ. Arn. Arb. 6:205. 1925;陈嵘著. 中国树木分类学:125. 1937;郑万钧主编. 中国树木志 第二卷:2047. 1985;中国科学院中国植物志编辑委员会. 中国植物志 第二十卷 第二分册:134. 1984;王遂义主编. 河南树木志:70. 1994。

本变型与原变型的主要区别为树冠半球状,如同馒头状。

产地:馒头柳河南各地有栽培。郑州市紫荆山公园有栽培。

用途:我国各地多栽培于庭院做绿化树种。

1.4　龙爪柳　变型　图版 10:14

Salix matsudana Koidz. f. **tortuosa** (Vilm.) Rehd. in op. cit. 206. 1925;陈嵘著. 中国树木分类学:125. 1937;郑万钧主编. 中国树木志 第二卷:2047. 1985;中国科学院中国植物志编辑委员会. 中国植物志 第二十卷　第二分册:134. 1984;丁宝章等主编. 河南

植物志(第一册):199. 1981;朱长山等主编. 河南种子植物检索表:41. 1994;王遂义主编. 河南树木志:70. 1994;卢炯林等主编. 河南木本植物图鉴:197. 1998。

本变型枝条弯曲。

产地:龙爪柳我国各地多栽培于庭院做绿化树种。河南各地有栽培。郑州市紫荆山公园有栽培。

3. 银柳　银芽柳　河南新记录种　图32

Salix argyracea E. Wolf in Isw. Liesn. Inst. 13:50. 57. 1905,et in Fedde. Rep. Sp. Nov. 6:215. 1909;郑万钧主编. 中国树木志 第二卷:2091～2092. 1985;中国科学院中国植物志编辑委员会. 中国植物志 第二十卷 第二分册:316. 318. 图91:4～7. 1984;*Salix argyracea* E. Wolf f. *obovata* Görz in Fedde. 1. c. 35:27. 1934.

形态特征:落叶大灌木,高 4.0～5.0 m;树皮灰色,或灰褐色。小枝淡黄色至褐色,无毛;嫩枝被短绒毛。芽卵球状,先端钝,褐色,初被短绒毛,后脱落。叶倒卵圆形、长圆－倒卵圆形,稀长圆－披针形,或宽披针形,长 4.0～10.0 cm,宽 1.5～3.0 cm,先端短渐尖,基部楔形,边缘具细腺锯齿,表面绿色,初被灰色绒毛,后脱落,背面密被绒毛,中脉淡褐色,侧脉 8～18 对,呈钝角开展;叶柄长 5～10 mm,褐色,被绒毛;托叶披针形,或卵圆－披针形,边缘具腺锯齿,早落。花先叶开放。雄花序长约 2.0 cm,几无梗;单花具雄蕊 2 枚,离生,无毛,腺体 1 枚;雌花序长 2.0～4.0 cm,具短花序梗,果期伸长;子房卵球－圆锥状,密被灰色绒毛,子房柄远短于腺体,花柱长约 1 mm,褐色,柱头约与花柱等长;苞片卵圆形,先端尖,或微钝,黑色,密被灰色长柔毛,腺 1 枚,腹生。花期 5～6 月;果实成熟期 7～8 月。

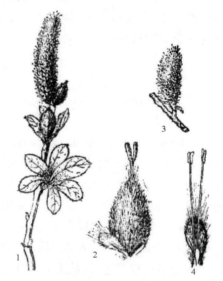

图32　银柳 Salix argyracea E. Wolf
1. 雌花枝;2. 雌花;示子房、苞片和腹腺;
3. 雄花;4. 雄花;示雄蕊、苞片和腹腺(选自《中国植物志》)。

产地:银柳产于我国新疆。河南各地有引种栽培。郑州市紫荆山公园有栽培。

识别要点:银柳落叶大灌木。嫩枝被短绒毛。叶边缘具细腺锯齿,背面密被绒毛;托叶边缘具腺锯齿,早落。花先叶开放。雄花具腺体 1 枚;雌花子房卵球－圆锥状,密被灰绒毛,子房柄远短于腺体;苞片密被灰色长毛,腺 1 枚,腹生。

生长习性:银柳多生于山地林缘,或林中空地。喜生于山间溪旁土壤肥沃之处。分蘖、生根能力很强。扦插繁殖极易成活。

生态习性:银柳与旱柳相同。

繁育与栽培技术要点:银柳常采用扦插繁殖。栽培技术通常采用插干,或穴栽,也有采用嫁接繁育。

主要病虫害:危害银柳的病虫害有立枯病、黑斑病、刺蛾、袋蛾、夜蛾、红蜘蛛、介壳虫、尺蠖、蚜虫、茶翅蝽、卷叶螟、叶甲等,应及时防治。其防治技术,见杨有乾等编著. 林木病虫害防治. 河南科学技术出版社,1982。

主要用途:银柳是一种优良的观芽植物。适宜植于庭院路边。银柳也是优良切花材料,观芽期长,是室内装饰的理想材料。银柳是很好的造林、绿化、薪炭、防风、固沙树种。银柳低矮,生长速度快,为园林提供罕见的银白色景观,也可作观赏树。不宜发展雌株。

变种:

1.1　银柳　原变种

Salix argyracea E. Wolf var. **argyracea**

1.2　垂枝银柳　新变种　图版11:1~4

Salix argyracea E. Wolf var. **pendula** T. B. Zhao,Z. X. Chen et J. T. Chen,var. nov.

A var. recedit ramulia pendulis. florescentiis:3 - mensibus et sex - mensibus. plantis maribus!

Henan:Zhengzhou City. 17 - 03 - 2016. T. B. Zhao et Z. X. Chen, No. 201603171 (ramulia et flos,holotypus hic disignastus,HNAC).

本新变种与垂枝银柳原变种 Salix argyracea E. Wolf var. argyracea 主要区别:枝条下垂。花期3月及6月。

产地:河南。郑州市紫荆山公园有栽培。2016 年 3 月 17 日,赵天榜和陈志秀,No. 201603171。模式标木存河南农业大学。

十一、胡桃科

Juglandaceae Horaninov,Ptim. Linn. Syst. Nat. 64. 1834;郑万钧主编. 中国树木志第二卷:2359. 1985;丁宝章等主编. 河南植物志(第一册):216. 1981;朱长山等主编. 河南种子植物检索表:43. 1994;中国科学院中国植物志编辑委员会. 中国植物志 第二十一卷:6. 1979;中国科学院西北植物研究所编著. 秦岭植物志 第一卷 种子植物(第二册):47. 1974;湖北省植物研究所编著. 湖北植物志 第一卷:77~78. 1976;周汉藩著. 河北习见树木图说(THE FAMILIAR TREES OF HOPEI by H. F. Chow):77. 1934;周以良主编. 黑龙江树木志:172. 1986;王遂义主编. 河南树木志:78. 1994;傅立国等主编. 中国高等植物 第四卷:164. 2000。

形态特征:落叶,或半常绿乔木,多具芳香树脂,被腺体。裸芽,或具芽鳞,常2~3枚叠生。叶奇数羽状复叶,或偶数羽状复叶,互生。小叶互生,或对生,边缘具锯齿,稀全缘;无托叶。花单性,雌雄同株;花序单性,稀两性;雄花为荑黄花序,下垂,生于去年枝叶腋,或新枝基部,稀生于枝顶而直立;雄花具1枚大苞片与2枚小苞片,花被片1~4枚,或无花被片及小苞片;单花具雄蕊3~40枚,多轮排列,花丝短,或无,花药2室,纵裂;雌花为穗状花序,生于枝顶,稀由多数雌花组成下垂荑黄花序;雌花具1片大苞片,或苞片3裂;单花具花被片2~4枚;雌蕊1枚,由2枚心皮组成,花柱短,柱头2裂,稀4裂;子房下位,1室,或基部不完全2~4室。每室具胚珠1枚。核果,或坚果。种子1枚,无胚乳,种皮薄,子叶常4裂,肉质,含油脂。子叶出土,或不出土。

本科模式属:核桃属 Juglans Linn. 。

产地:本科植物有8属、约63种,分布于北半球温带、热带和亚热带地区。我国有7

属、27 种、1 变种,引入 4 种。全国各省(区、市)均有栽培,尤以新疆、云南分布与栽培较为普遍。河南分布与栽培有 5 属、10 种。郑州市紫荆山公园有 2 属、4 种栽培。

本科植物分属检索表
1. 枝具鳞芽。核果无翅 ·· 核桃属 Juglans Linn.
1. 枝具鳞芽,或裸芽。坚果具翅,果翅向两侧伸展 ··············· 枫杨属 Pterocarya Kunth

(I) 核桃属　胡桃属

Juglans Linn. ,Sp. Pl. 997. 1753,exclud. sp. 2;Gen. Pl. 431. no. 950. 1754;郑万钧主编. 中国树木志 第二卷:2359 ~ 2360. 1985;丁宝章等主编. 河南植物志(第一册):220. 1981;朱长山等主编. 河南种子植物检索表:44. 1994;中国科学院中国植物志编辑委员会. 中国植物志 第二十一卷:30. 1984;中国科学院西北植物研究所编著. 秦岭植物志 第一卷 种子植物(第二册):48. 1974;湖北省植物研究所编著. 湖北植物志 第一卷:78. 1976;周汉藩著. 河北习见树木图说(THE FAMILIAR TREES OF HOPEI by H. F. Chow):77 ~ 78. 1934;周以良主编. 黑龙江树木志:173. 1986;王遂义主编. 河南树木志:81. 1994;傅立国等主编. 中国高等植物 第四卷:170. 2000。

形态特征:落叶乔木。枝具片状髓心。叶互生,奇数羽状复叶。小叶边缘具锯齿,或全缘。雌雄同株;雄花为葇荑花序,下垂,单生,无花序梗,单生于去年枝上叶腋。雄花具花被片 3 枚,分离,苞片 1 枚,小苞片 2 枚,分离;单花具雄蕊 4 ~ 40 枚,无花丝;雌花序为穗状花序,直立,生于新枝枝顶,雌花无花梗;苞片与小苞片合生呈壶状;花被具 4 枚裂片,柱头羽状;子房下位,1 室,由 2 枚心皮组成,具胚珠 1 枚。核果,外、中果皮肉质,成熟时开裂,或不开裂,内果皮硬骨质,具刻纹及纵脊。种子子叶常 4 裂,肉质,含油脂。子叶不出土。

本属模式种:核桃 Juglans regia Linn. 。

产地:本属植物约有 20 种,分布于北半球温带、热带和亚热带地区。我国有 5 种、1 变种,引入 2 种。全国各省(区、市)均有分布与栽培。河南分布与栽培有 3 种。郑州市紫荆山公园有 2 种栽培。

本属植物分种检索表
1. 奇数羽状复叶。小叶 5 ~ 9 枚,边缘全缘。核果内果皮硬骨质,具钝棱与宽沟纹
　　·· 核桃 Juglans regia Linn.
1. 奇数偶数羽状复叶,或偶数羽状复叶。小叶 5 ~ 17 枚,边缘具钝锯齿。果核内皮硬骨质,密具锐棱与沟纹 ····················· 魁核桃 Juglans major(Tott.) Heller

1. 核桃　图 33　图版 11:5 ~ 8

Juglans regia Linn. ,Sp. Pl. 997. 1753;郑万钧主编. 中国树木志 第二卷:2360. 1985;丁宝章等主编. 河南植物志(第一册):220 ~ 221. 图 265. 1981;朱长山等主编. 河南种子植物检索表:44. 1994;中国科学院中国植物志编辑委员会. 中国植物志 第二十一卷:31. 图版 9:7 ~ 10. 1979;卢炯林等主编. 河南木本植物图鉴:223. 图 668. 1998;中国

科学院植物研究所主编. 中国高等植物图鉴 第一册:381. 图762. 1983;中国科学院西北植物研究所编著. 秦岭植物志 第一卷 种子植物(第二册):48～49. 1974;湖北省植物研究所编著. 湖北植物志 第一卷:79. 图76. 1976;中国树木志编委会主编. 中国主要树种造林技术:926～942. 图156. 1978;周汉藩著. 河北习见树木图说(THE FAMILIAR TREES OF HOPEI by H. F. Chow):78～81. 图24. 1934;赵天榜等主编. 河南主要树种栽培技术:230～239. 图29. 1994;河北农业大学主编. 果树栽培学 下册 各论:297～312. 1963;王遂义主编. 河南树木志:81～82. 图59:1～6. 1994;傅立国等主编. 中国高等植物 第四卷:171. 图243. 2000;李法曾主编. 山东植物精要:175. 图593. 2004;*Juglans regia* Linn. var. *sinensis* C. DC. in Ann. Sci. Nat. Bot. sér. 4,18:33. t. 4,f. 38 – 40. 1862;*Juglans duclouxiana* Dode in Bull. Soc. Dendr. France 2, 81. 1906;*Juglans duclouxiana* Dode in op. cit. 81,f. (p. 82)1906;*Juglans sinensis*(C. DC.)Dode in Bull. Soc. Dendr. France 1925:10. 19251;*Juglans hippocarya* Dochnahl,Sich. Fnhr. Obstk. 4:22. 1860.

　　形态特征:落叶大乔木,高达15.0～30.0 m;树干通常端直;幼树皮光滑,后纵裂,灰色。小枝具片状髓心。叶为奇数羽状复叶,长20.0～35.0 cm;叶柄、叶轴幼时有腺毛及腺体。小叶5～9枚,稀3枚,对生,或近对生,椭圆 - 卵圆形,或椭圆形,4.5～12.5 cm,先端钝圆,或微尖,边缘全缘;幼树及壮枝小叶边缘具不整齐锯齿,背面脉腋簇生淡褐色毛;侧生小叶柄短,顶生小叶柄长3.0～6.0 cm。雌雄同株;雄花为葇黄花序,长5.0～15.0 cm,下垂,单生,或簇生于去年枝叶腋;雄花苞片、小苞片及花被片被腺毛,单花具雄蕊6～30枚,花药黄色;雌花1枚,或2～4枚集生于当年新枝顶;雌花总苞被白色短腺毛,柱头羽状,淡黄绿色:子房下位,1室,具胚珠1枚。果序轴长4.5～6.0 cm,被柔毛。核果球状,径3.0～6.0 cm;幼果被毛,后无毛,外果皮肉质,具褐色皮孔成熟时开裂,或不开裂,内果皮硬骨质,具刻纹及2枚钝纵脊。种子子叶常4裂,肉质,含油脂。子叶不出土。花期4～5月;果实成熟期9～10月。

图33　核桃 Juglans regia Linn.

1. 雌花枝;2. 雄花枝;3. 雄花下面;4. 雄花上面; 5. 雄蕊;6. 雌花;7. 果序;8. 种仁;9. 叶背面放大示脉腋簇生毛;10. 果核(选自《中国树木志》)。

　　产地:我国新疆有大面积野生核桃林分布。我国栽培核桃已有2 000多年历史。目前,我国各省(区、市)均普遍栽培核桃。伊朗、阿富汗等也有分布。河南各地有栽培。郑州市紫荆山公园有栽培。

　　识别要点:核桃为落叶大乔木。小枝具枝具片状髓心。奇数羽状复叶;小叶5～9枚,边缘全缘。雌雄同株;雄花为葇黄花序,下垂;雌花1枚,或2～4枚集生于当年新枝顶;雌花总苞被白色腺毛,柱头羽状,淡黄绿色。核果球状,果皮肉质,内果皮硬骨质,有刻纹及2钝纵脊。

生物学特性:核桃属温带树种,适生在年均气温 0 ~ 15℃,绝对最低气温 - 2 ~ 15℃,绝对最高气温 39℃,年均降水量 500 ~ 1 200 mm,空气相对湿度 40.0 % ~ 70.0 %,无霜期 150 ~ 240 天的地区。核桃喜光。对土壤水分和肥力条件要求较高。在土层浅薄、干旱、瘠薄地上,根系发育不良,天气干旱时,坐果率很少,枝条有枯死现象。通常在土层深厚、土壤肥沃、湿润、富含钙质、pH 6.5 ~ 7.5 的壤土、沙壤土上生长发育良好。核桃寿命长,通常 200 年以上大树仍生长旺盛,结果累累。

繁育与栽培技术要点:核桃通常采用播种育苗和嫁接繁殖。其技术是:

(1)播种育苗。核桃果实种子成熟后,去掉肉质果皮,阴干后贮藏。贮藏方法是:选背风向阳、地势高燥处挖贮藏坑。其大小依果实多少而定。贮藏时,果实用 50℃ 左右温水浸泡 1 ~ 2 天,用细沙1:3比例放入贮藏坑内,封后贮藏。贮藏期间,要检查 2 ~ 3 次,发现贮藏坑内沙干燥时,要喷水使其湿润;反之,混入干沙,使其湿润,再回坑贮藏。翌春,取出裂口的核桃播种。育苗地选择土壤肥沃、灌溉方便的粉沙壤土,或壤土地育苗。育苗地要施入腐熟有机基肥后,细致整地,筑成平床。行距 25.0 cm,株距 15.0 ~ 20.0 cm 点播。播后,覆土后灌溉。其后加强苗床管理,严防地下害虫,特别是鼠害。

(2)嫁接繁殖。优良品种核桃通常采用嫁接繁殖。通常采用切接和芽接。

1)切接技术是:① 采穗条时期。春季嫁接时接穗以随采随接为宜。② 接穗条规格。具备繁育目的优良品种。采集时,应选择光照充足、发育充实的健壮枝条。接穗条采集后,选用枝条中部的饱芽部分。③ 嫁接时期。3 月上、中旬均可进行。但以核桃砧木苗发芽后,砧木没有伤流腋为最佳嫁接时期。也可将砧木苗起出,在温室内嫁接后,放在湿沙中贮藏,用塑料薄膜覆盖,待接合处愈合后,翌春发芽前移栽,成活率高。④ 嫁接技术。削接穗方法是:先在接穗基部 2.0 ~ 3.0 cm 处上方芽的两侧切入木质部,下切呈水平状、成双切面,削面平滑,一侧稍厚,另一侧稍薄。削好的接稳最少要保留 2 个芽为好。削砧木:砧木苗从根颈上 10.0 ~ 15.0 cm 处剪去苗干,断面要平滑,随之选择光滑平整的砧木一侧面,用刀斜削一下,露出形成层,对准露出的形成层的一侧,用切接刀从其边部向下垂直切下 2.5 ~ 3.5 cm,但切伤面要平直。接法:将削好的接穗垂直插入砧木的切口内,使接穗和砧木的形成层上下接触面要大、要牢固。若砧木和接穗粗细不同时,其两者的削面,必须有一侧形成层彼此接合。接后,用塑料薄膜绑紧,切忌碰动接穗。⑤ 管理。温室内切接后,将接后的嫁接植株放在湿润的有塑料薄膜覆盖的温室内,进行假植,保持一定湿度和温度,利于接口愈合,但以不发芽为宜。翌春进行移栽。移栽时,严防碰动接穗,以保证嫁接具有较高的成活率。

2)芽接技术是:① 采穗条时期。春季嫁接时接穗以随采随接为宜。② 接穗条规格。具备繁育目的优良品种。采集时,应选择光照充足、发育充实的健壮枝条。接穗条采集后,选用枝条中部的饱芽部分。③ 嫁接时期。6 月上、中旬均可进行。嫁接前 2 ~ 5 天,将砧木顶部嫩枝、叶去掉后,嫁接在完全木质化苗干上某一总叶柄下 2.0 ~ 3.0 cm 处,进行"T"嫁接。④ 嫁接技术。削接穗方法是:先在接穗基部 1.5 ~ 2.0 cm 处上方芽的横切入木质部,再从接芽下面 2.5 cm 左右外切入削成盾形稍薄芽片,去木质部,速将削好的芽片与砧木上接口上对齐,侧方一面对准形成层。接时,用塑料薄膜绑紧,使其接口处,流出淡黄色小水珠为宜。⑤ 管理。切接后,10～15 天内,严防下大雨。加强抚育管理的培苗,成活率95.0 %以上,苗高达1.5 m以上。

核桃经济林栽培技术要点:选土层深厚、土壤肥沃、灌排良好的沙壤土,或壤土地。采用大穴穴栽。每穴施入有机肥料。选用2个以上优良品种混栽。品种必须有雄花先开与雌花先开,不能均选雄花先开品种,或雌花先开品种。采用5.0～10.0 m的株行距。林下可间作豆科植物等,加强林地与林木管理。见赵天榜等. 河南主要树种育苗技术:162～179. 1982;赵天榜等主编. 河南主要树种栽培技术:230～239. 1994;河北农业大学主编. 果树栽培学 下册 各论:297～312. 1963。栽培技术通常采用带土穴栽。

主要病虫害:核桃主要病虫害有黑斑病、炭疽病、核桃枝枯病、核桃举肢蛾、木燎尺蠖、云斑白条天牛等。其防治技术,见杨有乾等编著. 林木病虫害防治. 河南科学技术出版社,1982;赵天榜等主编. 河南主要树种栽培技术:230～239. 1994。

主要用途:核桃木材轻软,细致,供建筑、板料、火柴杆、造纸等用。还是营造防护林、水土保持林或"四旁"绿化的树种。果壳可制活性炭。种仁营养丰富,富含蛋白质、脂肪等,可生食,还是制作糕点佳品。种仁入药用,是治疗肾炎佳品。

2. 魁核桃　河南新记录种　　图版11:9～13

Juglans major (Tott.) Heller in Muhlenbergia, 1: 50. 1904;——A. Rehder in Bibliography of Cultivated Trees and Shrubs:90. 1949; *Juglans rupestris* Engelm. β. *major* Torrey in Sitgreaves Rep. Exp. Zuni & Colo. Riv. 171. t. 16. 1853;——C. DC. in DC., Pordr. 16,2:138. 1864;——Sargent,Silva N. Am. 7:126(in nota),t. 336. 1895. "var."; *Juglans torreyi* Dode in Bull. Soc. Dendr. Françe,1909:194. f. t. (p. 175) 1909; *Juglans arizonica* Dode in op. cit. 193. f. a. (p. 175)1909.

形态特征:落叶大乔木,高达20.0 m;侧枝平展;树干通常稍弯;树皮灰褐色,浅纵裂。小枝灰褐色,幼时被短柔毛。芽鳞密被短柔毛。奇数羽状复叶;叶轴淡黄绿色,被较密短柔毛。小叶9～13 枚,稀19 枚,对生,或近互生,长圆－披针形至卵圆形,长3.5～5.0 cm,宽1.3～2.5 cm,表面绿色,无毛,背面绿色,无毛,或沿主脉被短柔毛,先端渐尖,基部楔形,或圆形,偏斜,不对称,或一侧半圆形,一侧半楔形,边缘具粗锯齿,无缘毛。雌雄同株;花异熟;雄花为荑黄花序,长6.0～10.0 cm;雄蕊30～40 枚,雄花早于雌花15～20 天。浆果状核果,近球状,或卵球状,稀先端渐尖,径2.5～3.5 cm,淡黄绿色,被淡红色绒毛;密被细小、微凸点;萼片小,宿存,被短柔毛;果核硬骨质,近球状,径2.0～3.0 cm,密具深沟纹,厚壳。花期4～5 月;果实成熟期9～10 月。

产地:魁核桃产于美国。我国有引种栽培。河南各地有栽培。郑州市紫荆山公园有栽培。

识别要点:魁核桃为奇数偶数羽状复叶。小叶5～17 枚,对生、互生,或近对生,边缘具钝锯齿,表面绿色,无毛,沿主脉及其两侧被较密短柔毛。果核皮硬骨质,密具锐棱与沟纹。

生物学特性:魁核桃属温带树种,适生在年均气温0～15℃ ,绝对最低气温－2～15℃ ,绝对最高气温39℃ ,年均降水量500～1 200 mm,空气相对湿度40.0 %～70.0 %,无霜期 150~240 天的地区。魁核桃喜光。对土壤水分和肥力条件较高。在土层浅薄、干旱瘠薄地上,根系发育不良,天气干旱时,坐果率很低,枝条有枯死现象。通常在土层深厚、土壤肥沃、湿润、富含钙质、pH 6.5~7.5 的壤土、沙壤土上生长发育良好。

　　繁育与栽培技术要点:魁核桃采用嫁接繁殖,也可采用播种育苗。其技术,见赵天榜等主编. 河南主要树种栽培技术:230~239. 1994。栽培技术通常采用带土穴栽。

　　主要病虫害:魁核桃引栽时间短,尚无发现重大灾害。

　　主要用途:魁核桃木材轻软、细致,供建筑、板料、火柴杆、造纸等用。还是"四旁"绿化的树种。果壳可制活性炭。种核可制工艺品和装饰品。

　　亚种:

1.1　魁核桃　原亚种

Juglans major(Tott.)Heller subsp. **major**

1.2　腺毛魁核桃　新亚种　图 34　图版 12:1~3

Juglans major (Tott.) Heller subsp. **glandulipila** T. B. Zhao,Z. X. Chen et J. T. Chen,subsp. nov.

Subsp. nov. recedit: plantis partialibus in juvenilibus dense petioli – pilis multiglandulis.

Henan:Zhengzhou City. 20 – 04 – 2015. T. B. Zhao et X. K. Li et al. ,No. 201504201 (ramulia et al. , holotypus hic disignastus, HNAC).

　　本新亚种与魁核桃原亚种 Juglans major(Tott.)Heller subsp. major 主要区别:植株幼嫩部分,密被多细胞具柄腺毛,稀具簇状毛及枝状毛。

　　产地:河南郑州市有引种栽培。2015 年 4 月 20 日,赵天榜、陈俊通,No. 201504201(幼枝、幼叶及花等)。模式标木存河南农业大学。

(Ⅱ) 枫杨属

Pterocarya Kunth in Ann. Sci. Nat. 2:345. 1824;郑万钧主编. 中国树木志 第二卷:2367. 1985;丁宝章等主编. 河南植物志(第一册):218. 1981;朱长山等主编. 河南种子植物检索表:44. 1994;中国科学院西北植物研究所编著. 秦岭植物志 第一卷 种子植物(第二册):49~50. 1974;湖北省植物研究所编著. 湖北植物志 第一卷:79. 1976;周汉藩著. 河北习见树木图说(THE FAMILIAR TREES OF HOPEI by H. F. Chow):86. 1934;周以良主编. 黑龙江树木志:16. 1986;王遂义主编. 河南树木志:80. 1994;傅立国等主编. 中国高等植物 第四卷:168. 2000。

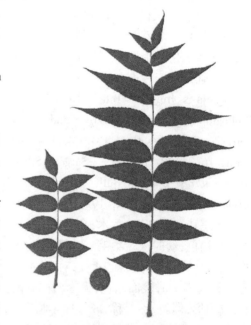

图 34　腺毛魁核桃 Juglans major(Tott.) Heller subsp. **glandulipila** T. B. Zhao, Z. X. Chen et J. T. Chen 叶形(陈俊通拍摄)

形态特征:落叶乔木。小枝具片状髓心。鳞芽,或裸芽;腋芽单生,或数个叠生,具长柄。叶互生,奇数羽状复叶,稀偶数羽状复叶。小叶边缘具细锯齿,或细牙齿。雌雄同株;花序为具荑葇花序,单生,下垂。雄花序具多数雄花,单生于小枝叶腋;雄花无柄;花被片4枚,仅1~3枚发育;单花具雄蕊9~15枚,基部具1枚大苞片与2枚小花苞片;雌花序单生于新枝先端,花时下垂;雌花无柄,贴生于苞腋,具苞片2枚、小苞片2枚,各自离生;花被片4裂,贴生于子房;子房下位,花柱短,柱头2裂,羽毛状。果序下垂。坚果具翅。

本属模式种:高加索枫杨 Pterocarya fraxinifolia(Lam.)Spach。

产地:本属植物约8种,分布于北半球温带各国。我国特有7种。全国各省(区、市)均有分布与栽培。河南分布与栽培有3种。郑州市紫荆山公园栽培1种。

1. 枫杨　图35　图版12:4、5、7

Pterocarya stenoptera DC. in Ann. Sci. Nat. Bot. sér. 4,18:34. 1862;郑万钧主编. 中国树木志 第二卷:2367~2369. 图1196. 198;丁宝章等主编. 河南植物志(第一册):219. 图263. 1981;朱长山等主编. 河南种子植物检索表:44. 1994;中国科学院中国植物志编辑委员会. 中国植物志 第二十一卷:23. 25. 图版7:1~3. 1979;卢炯林等主编. 河南木本植物图鉴:224. 图671. 1998;中国科学院植物研究所主编. 中国高等植物图鉴 第一册:379. 图758. 1983;中国科学院西北植物研究所编著. 秦岭植物志 第一卷 种子植物(第二册):48~49. 图37. 1974;湖北省植物研究所编著. 湖北植物志 第一卷:80. 图77. 1976;中国树木志编委会主编. 中国主要树种造林技术:709~713. 图116. 1978;周汉藩著. 河北习见树木图说(THE FAMILIAR TREES OF HOPEI by H. F. Chow):86~87. 图27. 1934;周以良主编. 黑龙江树木志:176~177. 图版43:1~6. 1986;王遂义主编. 河南树木志:81~82. 图58 3~4. 1994;傅立国等主编. 中国高等植物 第四卷:168~169. 图239. 2000;李法曾主编. 山东植物精要:175. 图595. 2004;*Pterocarya stenoptera* DC. var. *typica* Franch. in Journ. de Bot. 12:317. 1898;*Pterocarya stenoptera* DC. var. *kouichensis* Franch. in Journ. de Bot. 12:317. 1898;*Pterocarya stenoptera* DC. var. *sinensis*(Chinensis)Graebn. in Mitt. Deutsch. Gen. no. 20:215. 1911;*Pterocarya stenoptera* DC. var. *brevialata* Pamp. in Nouv. Giorn. Bot. Ital. n. sér. 22:274. 1915;*Pterocarya laevigata* Hort. ex Lavallée,Icon. Arb. Segr. 65. 1882,pro syn. ;*Pterocarya chinensis* Hort. ex Lavallée,Icon. Arb. Segr. 65. 1882. pro syn. ;*Pterocarya japonica* Hort. ex Dippel,Handb. Laubh. 2:329. f. 151. 1892;*Pterocarya japonica* Dipp.,Handb. Laubhk. II. 329. 1892;*Pterocarya esquirollii* Lévl.,Cat. Pl. Yunnan. 135. 1916;*Pterocarya sinensis* Hort. ex. Rehder,in Bailey,Cycl. Am. Hort. 3:1464. 1901,pro syn. 1901.

形态特征:落叶大乔木,高达30.0 m。小枝灰色,或灰绿色,被柔毛。裸芽,密被锈褐色腺体;具长柄。叶偶数羽状复叶,稀奇数羽状复叶,长8.0~16.0 cm,稀长25.0 cm;叶轴具狭翅,被柔毛。小叶10~16枚,稀6~25枚,对生,或近对生,长圆形,或长圆-披针形,长4.0~11.0 cm,宽3.0~3.0 cm,先端短尖,或钝圆,边缘具内弯细锯齿,表面被腺体,背面疏被腺体,沿脉被褐色毛,脉腋具星芒状毛。雌雄同株;雄花序为荑葇花序、下垂,单生去年生枝上叶腋,长5.0~10.0 cm,花序轴被星芒状毛;雄花无柄,花被片1枚发育,稀2枚、3枚发育;单花具雄蕊5~12枚,基部具1枚苞片与2枚小苞片;雌花序单生于新枝顶端,长 10.0～15.0 cm,花序轴密被星芒状毛及柔毛;雌花无柄,贴生于苞腋,苞片与小苞片基部被星芒状毛及密被腺体,花被片 4 裂。果序长 20.0～40.0 cm,下垂。坚果具 2 枚斜展之翅,翅长圆形,或长圆状 - 披针形,长 1.0～2.0 cm,无毛。花期 4～5 月;果实成熟期 8～9 月。

产地:枫杨在我国中部、西部及南部各省(区、市)均有分布与栽培。河南伏牛山区及桐柏、大别山区均有分布,平原地区有分布与栽培。郑州市紫荆山公园有栽培。

识别要点:枫杨为落叶乔木。裸芽,密被锈褐色腺体;具长柄。偶数羽状复叶;叶轴具狭翅,被柔毛。小叶边缘具细锯齿,两面被腺体,沿脉被褐色毛,脉腋具簇生毛。雌雄同株。坚果具 2 枚斜展之翅。

生物学特性:枫杨属北半球亚热带、温带树种。喜光。对土壤水分和肥力条件要求较

图 35 枫杨 Pterocarya stenoptera DC.
1. 花枝;2. 果枝;3. 雄花;4. 雌花(选自《中国树木志》)。

宽。通常在土层深厚,土壤肥沃、湿润、富含钙质、pH 6.5～7.5 的壤土、沙壤土上生长发育良好,常在山区谷间、溪边形成小片纯林,或栎类、化香等形成天然混交林。

繁育与栽培技术要点:枫杨通常采用播种育苗技术。其技术与核桃播种育苗技术相同。繁育与栽培技术,见赵天榜等主编. 河南主要树种育苗技术:128～130. 1982;赵天榜等主编. 河南主要树种栽培技术:230～239. 图 29. 1994。栽培技术通常采用穴栽,大苗、幼树采用带土穴栽。

主要病虫害:枫杨在郑州市栽培,发现有天牛、介壳虫等危害。其防治技术,见杨有乾等编著. 林木病虫害防治. 河南科学技术出版社,1982。

主要用途:枫杨木材是建筑及农用的用材。树皮含纤维,可作造纸等原料。也为我国中部地区重要园林绿化树种。

变型:

1.1 枫杨 原变型

Pterocarya stenoptera DC. f. **stenoptera**

1.2 齿翅枫杨 新变型 图版 12:6

Pterocarya stenoptera DC. f. **serralata** T. B. Zhao,J. T. Chen et Z. X. Chen,f. nov.

A f. nov. recedit:alis fructibus apice margine plerumque 3 - serrulatis

Henan:Zhengzhou City. 27 - 05 - 2016. T. B. Zhao et X. K. Li et al. ,No. 2016062321(ramulia,folia et fructibus,holotypus hic disignastus,HNAC).

本新变种与枫杨 Pterocarya stenoptera DC. f. stenoptera 主要区别:果翅较宽,先端平截,通常具 3 枚细齿。

产地:河南。郑州市有引种栽培。2016 年 6 月 23 日,陈俊通、米建华和赵天榜,No. 2016062321(枝与叶)。模式标本存河南农业大学。

十二、壳斗科

Fagaceae(Reichenb.) A. Br. in Ascherson,Fl. Prov. Brandenb. 1:62,615. 1864;郑万钧主编. 中国树木志 第二卷:2198~2199. 1985;丁宝章等主编. 河南植物志(第一册):241. 1981;朱长山等主编. 河南种子植物检索表:49. 1994;中国科学院中国植物志编辑委员会. 中国植物志 第二十二卷:1~2. 1998;中国科学院西北植物研究所编著. 秦岭植物志 第一卷 种子植物(第二册):70. 1974;湖北省植物研究所编著. 湖北植物志 第一卷:100. 1976;周汉藩著. 河北习见树木图说(THE FAMILIAR TREES OF HOPEI by H. F. Chow):112~113. 1934;周以良主编. 黑龙江树木志:206~207. 1986;王遂义主编. 河南树木志:97. 1994。

形态特征:落叶,或半常绿乔木,稀灌木。芽鳞覆瓦状排列。单叶,互生,羽状脉,具叶柄;无托叶。雌雄同株;单被花,形小,花被片 4~7 裂;雄花多为荑黄花序,稀头状花序。雄花与花被片裂片同数,或为具倍数,花丝细长;雌花 1~3(~5)朵生于总苞内。总苞单生、簇生,或集生为穗状,稀生于雄花序基部;雌花子房下位,2~6 室。每室具胚珠 2 枚;花柱与子房同数。总苞在果实成熟时木质化形成壳斗。壳斗被鳞状、线状小苞状、瘤状突起成针刺。每壳斗具 1~3(~5)枚坚果。每果具 1 枚种子。坚果无胚乳,子叶肉质,富含淀粉。

本科模式属:水青冈属 Fagus Linn.。

产地:本科植物有 8 属、900 多种,分布于北半球温带、热带和亚热带地区。我国有 7 属、300 多种。全国各省(区、市)均有分布与栽培。河南分布与栽培有 4 属、24 种。郑州市紫荆山公园有 1 属、1 种栽培。

(Ⅰ)栎属

Quercus Linn.,Sp. Pl. 994. 1753;Gen. Pl. 431. n. 949. 1754;郑万钧主编. 中国树木志 第二卷:2324. 1985;丁宝章等主编. 河南植物志(第一册):244. 1981;朱长山等主编. 河南种子植物检索表:50. 1994;中国科学院中国植物志编辑委员会. 中国植物志 第二十二卷:213. 215. 1998;中国科学院西北植物研究所编著. 秦岭植物志 第一卷 种子植物(第二册):74. 1974;湖北省植物研究所编著. 湖北植物志 第一卷:111~112. 1976;周汉藩著. 河北习见树木图说(THE FAMILIAR TREES OF HOPEI by H. F. Chow):116. 1934;周以良主编. 黑龙江树木志:207. 1986;王遂义主编. 河南树木志:99. 1994。

形态特征:落叶、半常绿乔木,或常绿乔木,稀灌木。树皮深裂,或片状剥落。芽多数覆瓦状排列。单叶,互生,羽状脉,边缘具锯齿,稀深裂,或全缘。雌雄同株;雄花多为荑黄花序,簇生,下垂。单花花被杯状,4~7 裂;花被 5~6 深裂,稀有退化雄蕊;雌花子房下位,3(2~5)室。每室具胚珠 2 枚;花柱与子房同数,柱头侧生带状,下延,或顶生头状。壳斗杯状、蝶状、半球状,或近钟状,别被鳞状、线状,或锥状苞片,覆瓦状排列,紧贴、开展,或反曲。每壳斗具 1 枚坚果。坚果当年成熟,或翌年成熟,顶端有柱座,不育胚珠在坚果基部外侧。坚果无胚乳,子叶肉质,富含淀粉。花期 4~5 月;果实成熟期翌年 8~9 月。

本属模式种:英国栎 Quercus robur Linn.。

产地:本属植物有 300 种,分布于北半球温带、亚热带和热带地区。我国有 51 种、14 变种、1 变型。全国各省(区、市)均有分布与栽培。河南分布与栽培有 4 属、21 种。郑州市紫荆山公园有 1 属、1 种栽培。

1. 沼生栎　图 36　河南新记录种

Quercus palustris Münchh. in Hausvat. 5:253. 1770;中国科学院植物研究所主编. 中国高等植物图鉴 补编 第二册:132. 1982;中国科学院中国植物志编辑委员会. 中国植物志 第二十二卷:239. 1998;郑万钧主编. 中国树木志 第二卷:2331. 1985;李法曾主编. 山东植物精要:182. 图 622. 2004。

形态特征:落叶乔木,高达 25.0 m;树皮暗灰褐色,略平滑。小枝褐色,无毛。芽长卵球状,无毛,暗褐色。单叶,互生,卵圆形,或椭圆形,长10.0 ~ 25.0 cm,先端渐尖,基部窄楔形,或近圆形,边缘具 5 ~ 7 深裂,裂片边缘全缘,或具疏细裂齿,表面淡绿色,或淡黄绿色,无毛,背面淡绿色,无毛,脉腋有簇生毛;叶柄长 2.5 ~ 5.0 cm,翌年成熟,高 2.0 ~ 2.5 cm,径约 1.5 cm,淡褐色,初被薄绒毛,后无毛,先端圆形,有小柱座,无胚乳,子叶肉质,富含淀粉。花期 4 ~ 5 月;果实成熟期翌年 9 月。

图 36　沼生栎 **Quercus palustris** Münchh.
1. 果枝;2. 坚果和壳斗;3. 叶(选自《山东植物精要》)。

产地:沼生栎原产于美洲。我国山东、辽宁、河南有引栽。郑州市紫荆山公园有引种栽培。

识别要点:沼生栎叶边缘具羽状深裂。壳斗小苞片紧密。果实翌年成熟。

生态习性:沼生栎对气候适应性很强,在年平均气温 12.0 ~ 15.0℃ ,能耐低温 -18.0℃,年降水量 500 ~ 1 600 mm 生长良好。喜光,冠大;侧枝开展,根系发达,适应性强,对土壤要求不严格,甚至在干旱、瘠薄的成土母岩上也能生长。

繁育与栽培技术要点:沼生栎播种育苗技术是:坚果成熟后,立即采集。收集的坚果,应选优去劣,并用薰蒸杀虫剂杀死橡实象甲后,进行贮藏。贮藏方法是:① 沙藏:选背风向阳、地势高燥处挖贮藏坑。其大小依果实多少而定。贮藏时,果实用 50℃ 左右温水浸泡 1 ~ 2 天,用细沙1:3比例放入贮藏坑内,封后贮藏。贮藏期间,要检查 2 ~ 3 次。发现贮沙干燥时,要喷水,使其湿润;反之,混入干沙,使其湿润,再回坑贮藏。翌春,取出裂口的坚果播种。② 水藏:选取经常有流水的河边、溪旁挖贮藏水坑。将选好的坚果放入细网袋中后,再放入水坑内,确保水流不断,并经常翻动,严防危害。育苗地选择土壤肥沃、灌溉方便的粉沙壤土,或壤土地育苗。育苗地要施入腐熟有机基肥后,细致整地,筑成平床。行距25.0 cm、株距15.0 cm 左右点播。播后,覆土后灌溉。其后加强苗床管理,严防地下害虫,特别是鼠害。造林时,可直播造林,也可植苗造林。

主要病虫害:沼生栎主要虫害有介壳虫等。其防治技术,见杨有乾等编著. 林木病虫害防治. 河南科学技术出版社,1982。

主要用途:沼生栎木材材质优良,是工业、建筑及农用的良材。坚果富含淀粉,可作制酒精原料,还可作凉粉食用。栓皮是工业原料。木材可烧炭;也可作为我国中部地区重要园林绿化树种。

亚种:

1.1 沼生栎 原亚种

Quercus palustris Müench. subsp. **palustris**

1.2 多型叶沼生栎 新亚种 图37

Quercus palustris Müench. subsp. **multiforma** T. B. Zhao, J. T. Chen et Z. X. Chen, subsp. nov.

Subsp. nov. recedit: foliis multiformis, viz. ovatis, ellipticis, ob ovatis, anguste ovatis, loratis, amplitudinibus insigniter conspicuis. foliis pusillis 7. 5 cm longis 2. 5 cm latis, foliis magnis 23. 0 cm longis 16. 0 cm latis, apice late triangulatis vel obtusis, basi cuneatis laticuneatis non conformibus, margine dentatilobis triangulis conspicuis, dentatilobis margine integris apice aristatis, supra et supra flavovirentibus glabis; petiolis 1. 5 ~ 5. 0 cm longis glabis.

Henan: Zhengzhou City. 27 - 05 - 2016. T. B. Zhao et X. K. Li et al., No. 201605271 (ramulia et folia, holotypus hic disignastus, HNAC).

图37 多型叶沼生栎 Quercus palustris Müench. **subsp. multiforma** T. B. Zhao, J. T. Chen et Z. X. Chen (赵天榜、陈俊通拍摄)

本新亚种与沼生栎原亚种 Quercus palustris Müench. subsp. palustris 主要区别:叶多种类型,如卵圆形、椭圆形、倒卵圆形、狭椭圆形、舌形,大小悬殊,如小叶:长 7. 5 cm,宽2. 5 cm;大叶:长 23. 0 cm,宽 16. 0 cm;先端具宽三角形,或钝圆,基部楔形、宽楔形,两侧不对称,边缘具大小不等三角形裂齿,裂齿边缘全缘,先端具芒刺,两面淡黄绿色,无毛;叶柄长 1. 5 ~ 5. 0 cm,无毛。

产地:河南。郑州市有引种栽培。2016 年 5 月 27 日,赵天榜等,No. 201605271(枝与叶)。模式标木存河南农业大学。

十三、榆科

Ulmaceae Mirb. in Elém. Phys. Vég. 2:905. 1815;丁宝章等主编. 河南植物志(第一册):258. 1981;朱长山等主编. 河南种子植物检索表:53. 1994;郑万钧主编. 中国树木志 第三卷:2399. 1997;中国科学院中国植物志编辑委员会. 中国植物志 第二十二卷:

334. 1998;中国科学院西北植物研究所编著. 秦岭植物志 第一卷 种子植物（第二册）：82～83. 1974;湖北省植物研究所编著. 湖北植物志 第一卷：126. 1976;周汉藩著. 河北习见树木图说（THE FAMILIAR TREES OF HOPEI by H. F. Chow）：132. 1934;周以良主编. 黑龙江树木志：212. 1986;王遂义主编. 河南树木志：108. 1994;傅立国等主编. 中国高等植物 第四卷：1. 2000;卢炯林等主编. 河南木本植物图鉴：226. 图 678. 1998;

　　形态特征：落叶乔木、灌木,稀常绿乔木、灌木。小枝细,无顶芽。芽鳞多数,覆瓦状排列。单叶,互生,常排为 2 列,羽状脉,或基部 3（～5）出脉,基部常偏斜,边缘具锯齿,稀全缘;托叶早落。花两性、单性,或杂性;雌雄同株,或异株;单被花;花被片 4～8 裂;雄蕊 4～8 枚,与花被片对生,稀为花被片 2 倍;花丝直立,花药 2 室,纵裂;雌蕊子房由 2 心皮合生;子房上位,1～2 室,每室具 1 枚悬垂胚珠,花柱 2 深裂,柱头羽状。果实核果、翅果,或坚果。种子常无胚乳。

　　本科模式属：榆属 Ulmus Linn.。

　　产地：本科植物约 15 属、200 种以上,分布于北半球温带、亚热带及热带。我国有 8 属、52 种、7 变种。全国各省（区、市）山区均有分布与栽培。河南分布与栽培有 5 属、16 种、2 变种。郑州市紫荆山公园有 3 属、5 种栽培。

本科植物分属检索表

1. 叶羽状脉。
　2. 果实为翅果。种子扁平 ·· 榆属 Ulmus Linn.
　2. 果实为核果状,无翅 ·· 榉树属 Zelkova Spach
1. 叶基 3 出脉。果实为核果,无翅 ··································· 朴属 Celtis Linn.

（Ⅰ）榆属

Ulmus Linn. ,Sp. Pl. 225. 1753;Gen. Pl. 106. no. 281. 1754;丁宝章等主编. 河南植物志（第一册）：258～259. 1981 ;朱长山等主编. 河南种子植物检索表：53. 1994;郑万钧主编. 中国树木志 第三卷：2400. 1997;中国科学院中国植物志编辑委员会. 中国植物志 第二十二卷：335. 1998;中国科学院西北植物研究所编著. 秦岭植物志 第一卷 种子植物（第二册）：83. 1974;湖北省植物研究所编著. 湖北植物志 第一卷：126. 1976;周汉藩著. 河北习见树木图说（THE FAMILIAR TREES OF HOPEI by H. F. Chow）：133. 1934;周以良主编. 黑龙江树木志：215. 1986;王遂义主编. 河南树木志：109. 1994;傅立国等主编. 中国高等植物 第四卷：2. 2000;卢炯林等主编. 河南木本植物图鉴：226. 图 678. 1998;

　　形态特征：落叶乔木,或常绿乔木,稀灌木;树皮多纵裂、粗糙,稀薄片剥落。枝有时具木栓翅,或木栓层。芽鳞多数,覆瓦状排列。单叶,互生,常排为 2 列,羽状脉,边缘具重锯齿,或单锯齿,基部常偏斜;托叶早落。花两性,稀杂性。花先叶开放,或花后叶开放,稀秋季开放;雌雄同株;簇生,或排列成聚伞花序,稀散生于新枝基部;花被片 4～5 裂;雄蕊着生于裂片基部,与裂片同数、对生。果实翅果,扁圆形,或扁卵圆形,先端常缺刻。种子具翅。

　　本属模式种：英国榆 Ulmus campestris Linn.。

产地:本属植物约 45 种,分布于北半球温带。我国有 25 种。全国各省(区、市)山区均有分布与栽培。河南分布与栽培有 7 种、2 变种。郑州市紫荆山公园栽培 2 种。

本属植物分种检索表

1. 树皮深灰色,粗糙,深纵裂。花先叶开放。花期 3 ~ 4 月。果实成熟期 5 月 ……………………………………………………………………… 榆树 Ulmus pumila Linn.
1. 树皮不规则片状剥落。花后叶开放。花期 8 ~ 9 月。果实成熟期 10 月 ……………………………………………………………… 榔榆 Ulmus parvifolia Jacq.

1. 榆树　图 38　图版 12:8 ~ 10

Ulmus pumila Linn. ,Sp. Pl. 226. 1753,excl. syn. Plukenet. ;丁宝章等主编. 河南植物志(第一册):264. 图 325. 1981;朱长山等主编. 河南种子植物检索表:54. 1994;卢炯林等主编. 河南木本植物图鉴:226. 图 678. 1998;郑万钧主编. 中国树木志 第三卷:2413 ~ 2416. 图 1223:1 ~ 6. 1997;裴鉴等主编. 江苏南部种子植物手册:212. 图 328. 1959;南京林学院树木学教研组编. 树木学 上册:447. 图 296. 297:1. 1961;陈嵘著. 中国树木分类学:210. 图 147. 1937;周汉藩著. 河北习见树木图说(THE FAMILIAR TREES OF HOPEI by H. F. Chow):142 ~ 144. 图 51. 1934;中国科学院植物研究所主编. 中国高等植物图鉴 第一册:463. 图 926. 1983;中国科学院西北植物研究所编著. 秦岭植物志 第一卷 种子植物(第二册):84. 1974;江苏省植物研究所辑. 江苏植物志 下册:54. 图 804. 1982;贵州植物志编辑委员会. 贵州植物志 第一卷:121. 图 113:4. 1982;福建省科学技术委员会等编著. 福建植物志 第一卷:149. 1982;吴征镒主编. 西藏植物志 第一卷:504. 图 159:3 ~ 4. 1983;贺士元主编. 河北植物志 第一卷:271. 图 228. 1984;中国科学院中国植物志编辑委员会. 中国植物志 第二十二卷:356. 358. 360. 图版 112:1 ~ 6. 1998;湖北省植物研究所编著. 湖北植物志 第一卷:129. 图 156. 1976;中国树木志编委会主编. 中国主要树种造林技术:568 ~ 573. 图 87. 1978;周以良主编. 黑龙江树木志:223 ~ 224. 图版 56:4 ~ 8. 1986;赵天榜等主编. 河南主要树种栽培技术:168 ~ 174. 图 19. 1994;王遂义主编. 河南树木志:112 ~ 113. 图 89:3 ~ 6. 1994;傅立国等主编. 中国高等植物 第四卷:7 ~ 8. 图 8. 2000;李法曾主编. 山东植物精要:182. 图 623. 2004;*Ulmus pumilis* Linn. *microphylla* Pers. ,Syn. Pl. 1:291. 1805;*Ulmus campestris* Linn. δ. *pumilis* Maxim. in Bull. Acad. Sci. St. Pétersb. 18:290(in Mél. Biol. 9:23). 1873;*Ulmus pumilis* Linn. var. *genuina* Skv. in Lingnan Sci. Journ. 6:208. 1928;*Ulmus manshurica* Nakai,Fl. Sylv. Kor. 19:22,f. t. 6,7. 1032;*Ulmus pumilis* Linn. var. *gordeiev* Skv. ,刘慎谔等. 东北木本植物志:227. 1955. sine lat. Deser. 。

形态特征:落叶乔木,高达 25.0 m;树皮深灰色,粗糙,不规则深纵裂。小枝柔软,被短柔毛,后无毛。芽鳞多数,覆瓦状排列。单叶,互生,常排为 2 列,卵圆形,椭圆 - 卵圆形,或椭圆 - 披针形,羽状脉,长 2.0 ~ 9.0 cm,宽 1.5 ~ 3.0 cm,边缘具单锯齿,先端短尖、渐尖,基部楔形、近圆形,常偏斜,表面暗绿色,无毛,背面无毛,幼时被短柔毛;叶柄长 2 ~ 8 mm,早落。花两性;花先叶开放。雌雄同株,簇生。花被钟状,4 浅裂,宿存,边缘具缘毛,无花瓣;单花具雄蕊4枚,着生于裂片基部,与裂片同数、对生;花丝离生,花药2室,纵裂;雌蕊子房上位,1室,无柄,或具柄,扁平;花柱2枚,羽状。果实翅果,近扁圆形,或扁卵圆形,长1.0～1.5 cm,先端常缺刻。种子具翅。花期3～4月;果实成熟期5月。

产地:榆树在我国各省(区、市)山区均有分布与栽培。河南山区有分布与栽培;平原各地有栽培。郑州市紫荆山公园有栽培。

识别要点:榆树为落叶乔木;树皮深灰色,粗糙,深纵裂。小枝叶常排为2列,羽状脉,边缘具单锯齿,基部常偏斜。花先叶开放。花无花瓣。果实翅果,先端常缺刻。种子具翅。

生态习性:榆树适应性强,能在绝对气温-48℃地区仍能生长。抗旱性强,在年降水量不足200 mm、空气相对湿度50.0％以下荒山、沙地上也

图38　榆树 Ulmus pumila Linn.
(选自《中国高等植物图鉴》)。

能生长。对土壤要求不严,在多种立地条件下的土壤上均能正常生长。如在含盐率0.3％的土壤上也能生长;在年降水量600～1 200 mm、空气相对湿度60.0％左右条件下的肥沃、湿润壤土上生长很快,年胸径生长量达4.8 cm。榆树喜光,冠大;侧枝开展,根系发达,分布广,常在山区山间坡地、谷间、溪边形成大面积天然混交林。榆树不耐水湿。

繁育与栽培技术要点:榆树可播种育苗技术与扦插育苗,也可天然下种。其具体育苗技术如下:

(1)播种育苗技术:榆树种子成熟后,自行落地,可扫拾后捡出杂物,即可播种。育苗地选择土壤肥沃、灌溉方便的粉沙壤土地。育苗地要施入基肥后,细致整地,筑成平床。苗床长10.0 m,宽1.0 m,步道20.5～30.0 cm。播种行距25.0 cm。播种时,用开沟器,开成3.0～5.0 cm深的播种沟,进行撒播。播后,覆土稍加镇压后,灌溉,加强苗床管理。幼苗出土前后,严防地下病害虫。特别是幼苗出土后,立枯病、地下害虫危害,要及时防治。苗木生长期间,及时中耕、除草,及时防治榆叶金花虫,提高苗木质量。翌春,发芽前,及时进行移栽,培养大苗供造林与绿化用。

(2)扦插育苗技术:选用大苗、幼龄植株上的长壮枝,剪成长15.0～20.0 cm的插穗,进行扦插。扦插方法采用开缝后,将插穗垂直放入缝内,上端侧芽露出地面、踩实。苗床管理与播种育苗管理相同。但是,严防多次大水灌溉,以防插穗感菌腐烂。经过20～30天插穗生根成活,其成活率达95.0％以上。待幼苗高生长停止时,可移入地下,培育大苗。优良品种,还可采用劈接,或切接技术,见赵天榜等主编. 河南主要树种栽培技术:168～112. 1994。造林时,可直播造林,也可植苗造林;赵天榜等. 河南主要树种育苗技术:110～130. 1982。栽培技术通常采用穴栽,大苗、幼树采用带土穴栽。

主要病虫害:榆树主要病虫害有蝼蛄、金龟子、榆绿金花虫、柳木蠹蛾、光肩星天牛等。要及时防治。其防治技术,见杨有乾等编著. 林木病虫防治. 河南科学技术出版社,

1982。

主要用途:榆树木材坚硬,材质优良,是工业、建筑及农用的用材。幼叶与榆钱可食。也可作为我国中部地区重要园林绿化树种。

2. 榔榆 图 39 图版 12:11~14

Ulmus parvifolia Jacq.,Pl. Rar. Hort. Schoenbr. 3:6. t. 262. 1798;丁宝章等主编. 河南植物志(第一册):265~266. 图 327. 1981;朱长山等主编. 河南种子植物检索表:54. 1994;卢炯林等主编. 河南木本植物图鉴:229. 图 686. 1998;郑万钧主编. 中国树木志 第三卷:2423~2424. 图 1219:9~11. 1997;周汉藩著. 河北习见树木图说(THE FAMILIAR TREES OF HOPEI by H. F. Chow):145~147. 图 52. 1934;陈嵘著. 中国树木分类学:214. 图 153. 1937;裴鉴等主编. 江苏南部种子植物手册:212. 图 329. 1959;南京林学院树木学教研组编. 树木学 上册:453. 图 297:6. 1961;中国科学院植物研究所主编. 中国高等植物图鉴 第一册:467. 图 934. 1983;中国科学院西北植物研究所编著. 秦岭植物志 第一卷 种子植物(第二册):83~84. 图 74. 1974;湖北省植物研究所编著. 湖北植物志 第一卷:130. 图 160. 1976;江苏省植物研究所辑. 江苏植物志 下册:58. 图 809. 1982;贵州植物志编辑委员会. 贵州植物志 第一卷:122. 图 113:4. 1982;李书心主编. 辽宁植物志 上册:271. 图 105:5. 1988;中国科学院中国植物志编辑委员会. 中国植物志 第二十二卷:376~377. 图 108:9~11. 1998;王遂义主编. 河南树木志:114~115. 图 91:4~6. 1994;傅立国等主编. 中国高等植物 第四卷:11. 图 16. 2000;李法曾主编. 山东植物精要:183. 图 630. 2004;*Ulmus chinensis* Pers. in Syn. Pl. I. 291. 1805;*Ulmus japonica* Seib. in Verth. Batav. Gen. Kunst. Wetensch. 12:28(Syn. Pl. Oecon.). 1803, nom.;*Ulmus campestris* Linn. var. *chinensis* Loudon, Arb. Brit. 3:1377. f. 1231. 1838;*Ulmus sieboldii* Daveau in Bull. Soc. Dendr. France 1914:26. f. 1 d – d[1]. f. B – B[11]. 1914;*Ulmus shirasawana* Daveau in op. cit. 27, f, 1b – c[1]. 1914;*Ulmus coreana* Nakai, Fl. Sylv. Kor. 19:31. t. 11. 1932;*Ulmus sieboldii* Daveau f. *shirasawana* Nakai, op. cit. 32. 1932;*Planea parvifolia* Sweet, Hort. Brit. ed. 2, 464. 1830;*Microptelea parvifolia* Spach in Ann. Sci. Nat. Bot. sér. 2,15:358. 1841.

图 39 榔榆 Ulmus parvifolia Jacq.
(选自《中国高等植物图鉴》)。

形态特征:落叶乔木,高达 25.0 m;树皮灰褐色,不规则片状剥落。幼枝密被柔毛,后脱落。单叶,互生,近革质,椭圆形、卵圆形,或倒卵圆形,羽状脉,长 2.0~8.0 cm,宽 1.0~3.0 cm,边缘具整齐单锯齿,先端短尖,基部近圆形、楔形,常偏斜,表面暗绿色,沿主脉疏被柔毛,背面脉腋有簇毛;叶柄长 2~6 mm,密被柔毛。花两性,腋生,秋季开放。雌雄同株,2~6 朵簇生。花被 4 深裂,无花瓣;雄蕊 4 枚;花丝离生,花药 2 室,纵裂;

雌蕊子房上位,1 室;花梗长约 1mm,被毛。果实翅果,椭圆形、卵圆－椭圆形,长 1.0～1.4 cm,先端常凹缺,凹缺处被毛。种子具翅。花期 8～9 月;果实成熟期 10 月。

产地:榔榆在我国各省(区、市)山区均有分布与栽培。河南山区有分布与栽培;平原各地有栽培。郑州市紫荆山公园有栽培。

识别要点:榔榆树皮不规则片状剥落。叶近革质,羽状脉,边缘具单锯齿。花期 8～9 月。

生态习性、繁育与栽培技术要点、主要病虫害、主要用途等,榔榆与榆树相同。

(Ⅱ) 朴属

Celtis Linn. ,Sp. Pl. 1043. 1753;Gen. Pl. ed. 5,467. no. 1012. 1754;丁宝章等主编. 河南植物志(第一册):268. 1981;朱长山等主编. 河南种子植物检索表:55. 1994;郑万钧主编. 中国树木志 第三卷:2437. 1997;中国科学院中国植物志编辑委员会. 中国植物志 第二十二卷:400. 1998;中国科学院西北植物研究所编著. 秦岭植物志 第一卷 种子植物(第二册):86. 1974;湖北省植物研究所编著. 湖北植物志 第一卷:133. 1976;周汉藩著. 河北习见树木图说(THE FAMILIAR TREES OF HOPEI by H. F. Chow):151～152. 1934;王遂义主编. 河南树木志:116. 1994;*Solenostigma* Endl. ,Prod. Fl. Norf. 41. 1983;*Solenostigma* Rafinesque,Sylv. Tellur. 32. 1838.

形态特征:落叶乔木,稀常绿乔木,稀灌木;树皮灰褐色、深灰色,较光滑,有时具木栓质瘤状突起。芽小,卵球状,先端贴近小枝。单叶,互生,近革质,卵圆形,长 2.0～5.0 cm,边缘具单锯齿,稀全缘,先端渐尖,基部近圆形,基部 3～5 出脉。花两性,单生,或 2～3 朵簇生于新枝上部叶腋;稀杂性同株。雄花簇生于枝下部,稀总状花序、聚伞花序;雌花单生,或 2～3 枚簇生于上部叶腋;单花花被片 4～5 裂;雄蕊 4～5 枚。果实核果,近球状、卵球状,单生,或 2～3 枚簇生于上部叶腋。

本属模式种:南方朴树 Seltis australis Linn. 。

产地:本属植物约 50 种,分布于北半球温带、热带。我国有 22 种、3 变种,各省(区、市)山区均有分布与栽培。河南有 7 种,各山区有分布与栽培;平原各地有栽培。郑州市紫荆山公园栽培 2 种。

本属植物分种检索表

1. 果柄长为叶柄长 2～4 倍 ………………………………… 珊瑚朴 Celtis julianae C. K. Schneid.
1. 果柄长为叶柄近等长 …………………………………………………… 朴树 Celtis sinensis Pers.

1. 朴树　图 40　图版 13:1～2

Celtis sinensis Pers. ,Syn. Pl. 1:292. 1805;丁宝章等主编. 河南植物志(第一册):271. 图 335. 1981;朱长山等主编. 河南种子植物检索表:56. 1994;郑万钧主编. 中国树木志 第三卷:2439. 图 1235:1～2. 1997;中国科学院植物研究所主编. 中国高等植物图鉴 第一册:470. 图 940. 1983;中国科学院西北植物研究所编著. 秦岭植物志 第一卷 种子植物(第二册):88. 1974;江苏省植物研究所辑. 江苏植物志 下册:60. 图 812. 1982;王景祥主编. 浙江植物志 第二卷:80. 图 2－104. 1992;周汉藩著. 河北习见树木图说

（THE FAMILIAR TREES OF HOPEI by H. F. Chow）:153～154. 图55. 1934；卢炯林等主编. 河南木本植物图鉴:233. 图697. 1998；中国科学院中国植物志编辑委员会. 中国植物志 第二十二卷:400. 1998；湖北省植物研究所编著. 湖北植物志 第一卷:136. 图169. 1976；王遂义主编. 河南树木志:119. 图96:2～4. 1994；傅立国等主编. 中国高等植物 第四卷:24. 图36. 2000；李法曾主编. 山东植物精要:185. 图638. 2004；*Celtis nervosa* Hamsl. in Journ. Lionn. Soc. Bot. 26:450. 1894；*Celtis bodinieri* Lévl. in Fedde, Rep. Sp. Nov. 13:265. 1914；*Celtis hunamnensis* Hand. – Mazz. in Anzicg. Akad. Wiss. Wien. Math. – Nat. Kl. 59:53. 1922, et Symb. Sin. 7(1):102. Taf. III. Abb. 1. 1929；*Celtis tetrandra* Roxb. subsp. *sinensis*（Pers.）Y. C. Tang in Acta Phytotax Sin. 17(1):51. 1979, nom. Illeg.；*Celtis bungeana* Bunge, Müs. Bot. Lugd. – Bat. 2:71. 1852；*Celtis chinensis* Pers. ex Bunge in Mém. Div. Sav. Acad. Sci. St. Pétersb. 2:135（Enum. Pl. Chin. Bor. 61. 1833）. 1835, non *Celtis sinensis* Persoon 1805；*Celtis biondii* Pamp. in Nuov. Giorn. Bot. Ital. no. sér. 17:252. f. 1910；*Celtis davidiana* Carr. in Rev. Hort. 1868:300. 1868.

形态特征:落叶乔木,高达20.0 m;树皮灰褐色,粗糙,不开裂。幼枝密被柔毛。单叶,互生,卵圆形,或狭卵圆形,长3.0～7.0 cm,宽1.5～4.0 cm,边缘中部以上具浅锯齿,先端急尖、微突尖,或长渐尖,基部近圆形,或宽楔形,常偏斜,基部3～5出脉,表面深绿色,无毛,背面淡绿色,脉腋被柔毛;幼叶两面被柔毛,后无毛,边缘中部以上具圆齿,或近全缘;叶柄长3～10 mm。果实核果,近球状,径4～5 mm,红褐色,外果皮肉质,内果皮坚硬,有凹穴和脊肋;果柄与叶柄近等长。花期4月;果实成熟期9～10月。

产地:朴树在我国陕西、甘肃及长江流域以南各省（区、市）山区均有分布与栽培。河南伏牛山

图40　朴树 Celtis sinensis Pers.

1. 花枝;2. 果枝（未成熟）;3. 雄花;4. 两性花;5. 果核;6. 幼苗（选自《树木学》）。

区、大别山区和桐柏山区有分布与栽培,平原各地有栽培。郑州市紫荆山公园有栽培。

识别要点:朴树落叶乔木;树皮灰褐色,粗糙,不开裂。幼枝密被柔毛。单叶,互生,边缘中部以上具浅锯齿,基部3～5出脉。果实核果,近球状,红褐色,内果皮坚硬,有凹穴和脊肋;果柄与叶柄近等长。

生态习性、繁育与栽培技术要点、主要病虫害、主要用途等,朴树与榔榆树相同。

2. 珊瑚朴　图41　图版13:3

Celtis julianae C. K. Schneid. in Sarg. Pl. Wils. Ⅲ. 265. 1916;丁宝章等主编. 河南植物志(第一册):270. 图333. 1981;朱长山等主编. 河南种子植物检索表:57. 1994;郑万钧主编. 中国树木志 第三卷:2440. 图1236:1~2. 1997;中国科学院植物研究所主编. 中国高等植物图鉴 第一册:471. 图941. 1983;江苏省植物研究所辑. 江苏植物志 下册:59. 图810. 1982;中国科学院西北植物研究所编著. 秦岭植物志 第一卷 种子植物(第二册):87. 1974;福建省科学技术委员会编著. 福建植物志 第一卷:404. 1982;贵州植物志编辑委员会. 贵州植物志 第一卷:125. 图115:4. 1982;王景祥主编. 浙江植物志 第二卷:77. 图2-98. 1992;中国科学院中国植物志编辑委员会. 中国植物志 第二十二卷:407. 图127:1~2. 1998;卢炯林等主编. 河南木本植物图鉴:232. 图695. 1998;湖北省植物研究所编著. 湖北植物志 第一卷:134~135. 图166. 1976;王遂义主编. 河南树木志:118. 图95:4. 1994;傅立国等主编. 中国高等植物 第四卷:22. 图32. 2000;李法曾主编. 山东植物精要:185. 图639. 2004;*Celtis julinnae* Schneid. var. *calvescens* Schneid. in Sargent,Pl. Wils. Ⅲ. 266. 1916.

形态特征:落叶乔木,高达27.0 m;树皮灰色,平滑。小枝密被黄色绒毛及粗柔毛。芽被褐色毛。单叶,互生,厚纸质,宽卵圆形、倒卵圆形至卵圆－椭圆形,长4.0~16.0 cm,宽3.0~8.5 cm,边缘中部以上具浅钝锯齿,稀全缘,叶脉显著凸起,先端短渐尖,或长尾尖,基部近圆形,或偏楔形,基部3~5出脉,表面深绿色,稍粗糙,叶脉凹入,被粗毛,背面淡黄绿色、密被黄色绒毛;幼叶两面被柔毛,后无毛;叶柄长0.8~1.5 cm,粗壮,密被黄色绒毛。花两性,或单性同株。雄聚伞花序密生于幼枝基部,花序被长柔毛;两性花单生于枝条上部叶腋。果实核果,近卵球状,径1.0~1.3 cm,无毛。果核卵球状,长约1.0 cm,具蜂窝状网纹,先端具长2 mm尖头,具2棱;果柄较粗,长1.5~2.2 cm,初被绒毛,或无毛。花期3~4月;果实成熟期9~10月。

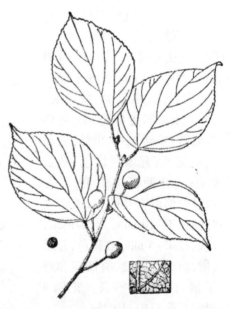

图41　珊瑚朴 Celtis julianae C. K. Schneid.
（选自《中国高等植物图鉴》）。

产地:珊瑚朴在我国陕西、甘肃及长江流域以南各省(区、市)山区均有分布与栽培。河南伏牛山区、大别山区和桐柏山区有分布与栽培,平原各地有栽培。郑州市紫荆山公园有栽培。

识别要点:珊瑚朴幼枝密被黄色绒毛及粗柔毛。叶厚纸质,边缘中部以上具浅钝锯齿,叶脉显著凸起,基部3~5出脉,表面粗糙,被粗毛,背面密被黄色绒毛;叶柄密被黄色绒毛。果实核果,卵球状,具蜂窝状网纹;果柄较粗,初被绒毛,或无毛。

生态习性、繁育与栽培技术要点、主要病虫害、主要用途等,珊瑚朴与朴树相同。

(Ⅲ) 榉属

Zelkova Spach in Ann. Sci. Nat. sér. 2,15:356. 1841;丁宝章等主编. 河南植物志(第一册):266. 1981;朱长山等主编. 河南种子植物检索表:58. 1994;郑万钧主编. 中国树木志 第三卷:2427. 1997;中国科学院中国植物志编辑委员会. 中国植物志 第二十二卷:382. 1998;中国科学院西北植物研究所编著. 秦岭植物志 第一卷 种子植物(第二册):89~90. 1974;湖北省植物研究所编著. 湖北植物志 第一卷:131. 1976;王遂义主编. 河南树木志:115. 1994。

形态特征:落叶乔木;树皮平滑,大树呈鳞片状剥落。芽卵球状,先端不贴近小枝。芽鳞多数,深褐色,覆瓦状排列。单叶,互生,近革质,卵圆形,边缘具单钝锯齿,先端渐尖,基部近圆形,羽状脉。花单性,雌雄同株;雄花簇生于小枝下部叶腋;萼片4~5裂;雄蕊4~5枚;雌花单性,或2~3朵簇生于新枝上部;花被片4~5裂,花柱偏生,子房1室,无柄,具1枚倒垂胚珠,花柱2裂,向外弯曲,内面为乳头状。果实核果,具短柄。种子无胚乳,胚弯曲,具宽的子叶。

本属模式种:Zelkova carpinifolia(Pall.)K. Koch. 。

产地:本属植物约5种,在我国各省(区、市)山区均有分布与栽培。河南有3种,各山区有分布与栽培,平原各地有栽培。郑州市紫荆山公园栽培1种。

1. 榉树 图42 图版13:4~5

Zelkova serrata(Thunb.)Makino in Bot. Mag. Tokyo,17:13. 1903;丁宝章等主编. 河南植物志(第一册):266. 图328. 1981;朱长山等主编. 河南种子植物检索表:58. 1994;郑万钧主编. 中国树木志 第三卷:2429. 图1230:6~7. 1997;陈嵘著. 中国树木分类学:223. 1937;中国科学院植物研究所主编. 中国高等植物图鉴 第一册:469. 图937. 1983;中国科学院西北植物研究所编著. 秦岭植物志 第一卷 种子植物(第二册):89~90. 图78. 1974;福建省科学技术委员会编著. 福建植物志 第一卷:420. 图379. 1982;中国科学院中国植物志编辑委员会. 中国植物志 第二十二卷:382. 图120:1~2. 1998;卢炯林等主编. 河南木本植物图鉴:229. 图687. 1998;湖北省植物研究所编著. 湖北植物志 第一卷:131~132. 图161. 1976;王遂义主编. 河南树木志:115~116. 图93:1~2. 1994;傅立国等主编. 中国高等植物 第四卷:13. 图19. 2000;李法曾主编. 山东植物精要:184. 图632. 2004;*Corchorus serrata* Thunb. in Trans. Linn. Soc. Lond. 2:335. 1794;*Ulmis keaki* Seib. in Verh. Bat. Geroot. Kunst. Wetensch. 12:28(Syn. Pl. Oecon. Japan.). 1830;*Planera acuminata* Lindl. in Gard. 1862:428. 1862;*Planera japonica* Miq. in Ann. Mus. Bot. Lugd. – Bat. 2:66(Prol. Fl. Japan. 254). 1867;*Zelkova acuminata* Planch. in Compt. Rend. Acad. Sci. Paris,74:1496. 1872;*Zelkova keaki* Maxim. in Bull. Acad. Sci. St. Pétersb. 18:288(in Mél. Biol. 9:21). 1873;*Abelicea hirta* Schneid. , Ⅲ. Handb. Laubh. 1:226. f. 143 – 144. 1904;*Zelkova hirta* Scheneid. , op. cit. 806. 1906;*Zelkova torokoensis* Hayata, Icon. Pl. Form. 9:104. f. 33(3 – 4). 1920;*Zelkova serata*(Thunb.)Makino var. *tarokoensis*(Hayata)Linn. ,Journ. Wash. Acad. Sci. 42:40. 1952,et Fl. Taiwan Ⅱ. 116. 1926,syn. nov. .

形态特征:落叶乔木,高达30.0 m;树皮灰色,平滑,老树皮块状剥落。小枝密被白色柔毛,后无毛。单叶,互生,卵圆形至卵圆 - 椭圆形,长 2.0~4.5(~9.0)cm,宽 1.0~2.0(~4.0) cm,边缘具粗尖锯齿,先端长渐尖,基部近圆形,或浅心形,偏斜,表面深绿色,粗糙,被疏毛,主脉凹入,背面淡黄绿色、无毛,侧脉 8~14 对;叶柄长 1~4(~9)mm,密被柔毛。果实核果,近卵球状,径约 4 mm,上部偏斜,无柄。花期 4 月;果实成熟期 10 月。

产地:榉树在我国陕西、甘肃及长江流域以南各省(区、市)山区均有分布与栽培。河南伏牛山区、大别山区和桐柏山区有分布与栽培,平原各地有栽培。郑州市紫荆山公园有栽培。

识别要点:榉树小枝密被白色柔毛。叶边缘具粗尖锯齿,表面深绿色,粗糙,被疏毛,背面淡黄绿色、无毛。果实核果,上部偏斜,无柄。

生态习性:榉树与朴树相同。

繁育与栽培技术要点:榉树采用播种育苗。其技术与朴树相同。繁育与栽培技术,见赵天榜

图 42　榉树 Zelkova serrata(Thunb.) Makino

(选自《中国高等植物图鉴》)。

等. 河南主要树种育苗技术:113~114. 1982。栽培技术通常采用穴栽,大苗、幼树采用带土穴栽。

主要病虫害:榉树主要病虫害有天牛、蝼蛄、金龟子、介壳虫等危害。其防治技术,见杨有乾等编著. 林木病虫害防治. 河南科学技术出版社,1982。

主要用途:榉树木材优良,是建筑、家具用材。树形壮观,也是园林绿化树种。

十四、桑科

Moracee Lindl. , Vég. Kingd. 266. 1846;丁宝章等主编. 河南植物志(第一册):273. 1981;朱长山等主编. 河南种子植物检索表:56. 1994;郑万钧主编. 中国树木志 第三卷:2449. 1997;中国科学院中国植物志编辑委员会. 中国植物志 第二十三卷 第一分册:1. 1998;中国科学院西北植物研究所编著. 秦岭植物志 第一卷 种子植物(第二册):91. 1974;湖北省植物研究所编著. 湖北植物志 第一卷:139~140. 1976;周汉藩著. 河北习见树木图说(THE FAMILIAR TREES OF HOPEI by H. F. Chow):157~158. 1934;周以良主编. 黑龙江树木志:224. 1986;王遂义主编. 河南树木志:120. 1994;傅立国等主编. 中国高等植物 第四卷:27. 2000。

形态特征:落叶乔木,或灌木,藤本,稀为草本,通常具白色乳液。小枝具刺,或无刺。单叶,互生,稀对生,边缘全缘,或具锯齿、分裂,或不分裂,掌状脉,或羽状脉,具钟乳体,或无钟乳体;托叶 2 枚,早落。花小,单性,雌雄同株,或异株,花无花瓣;花序腋生,典型成对。花序为总状花序、聚伞花序、头状花序、穗状花序,或壶状花序,稀聚伞花序;花序轴有时肉质,增厚,或封闭为隐头花序,或开张为头状花序,或为圆锥状花序。雄花;花被片

2~4枚,稀1枚至8枚,分离,或合生,覆瓦状排列,或镊合状排列;雄蕊通常与花被片同数而对生,具退化雄蕊,或无。雌花:花被片4枚,稀更多,或少,宿存;子房上位、半上位、下位,1室,稀2室。每室有倒生,或弯生胚珠1枚;花柱2裂,或单1。果为瘦果,或核果状,围以肉质变厚的花被;花序形成聚花果,或隐藏于壶形花序托内壁,形成隐花果(榕果)。

　　本科模式属:桑属 Morus Linn.。

　　产地:本科植物约有53属、1 400种,多产热带、亚热带各国,少数种分布在温带地区。我国有12属、约153种、59变种及变型,分布于长江流域以南各省(区、市)。河南有7属、14种。郑州市紫荆山公园有2族、2属、2种栽培。

本科植物分属检表

1. 花雌雄同株,为隐头花序 ···································· 榕属 Ficus Linn.
1. 花雌雄异株,不为隐头花序 ···················· 构属 Broussonetia L.Hert. ex Vent.

Ⅰ. 构树族

Moraceae Lindl. trib. **Broussonetieae** Gaud. ,Voy. Freyc. Bot. 508. 1826;中国科学院中国植物志编辑委员会. 中国植物志 第二十三卷 第一分册:23. 1998。

　　形态特征:无刺乔木、灌木,或为攀缘藤状灌木,通常具白色乳液。雄花序为假穗状花序,或总状花序;雌花序为球状头状花序。

　　产地:本族植物1属。郑州市紫荆山公园有栽培。

(Ⅰ) 构属

Broussonetia L'Hert. ex Vent. ,Tableau Rég. Vég. 3:547. 1799;丁宝章等主编. 河南植物志(第一册):283. 1981;朱长山等主编. 河南种子植物检索表:58. 1994;郑万钧主编. 中国树木志 第三卷:2462. 1997;中国科学院中国植物志编辑委员会. 中国植物志 第二十三卷 第一分册:23. 1998;中国科学院西北植物研究所编著. 秦岭植物志 第一卷 种子植物(第二册):97. 1974;湖北省植物研究所编著. 湖北植物志 第一卷:142~143. 1976;周汉藩著. 河北习见树木图说(THE FAMILIAR TREES OF HOPEI by H. F. Chow):167. 1934;王遂义主编. 河南树木志:122. 1994;傅立国等主编. 中国高等植物 第四卷:32. 2000;*Smithiodendron* Hu in Sunyatsenia Ⅲ. 196. 1936;*Allaeanthus* Thw. in Hook. Journ. Bot. Kew Gard. Misc. 6:202. 1854;*Stenochasma* Miq. ,Pl. Junghubn. 1:45. 1851。

　　形态特征:落叶乔木,或灌木,或为攀缘藤状灌木。枝、叶有乳液。冬芽小。单叶,互生,分裂,或不分裂,边缘具锯齿,基部3出脉,侧脉羽状;托叶侧生,分离,卵圆–披针形,早落。雌雄异株,稀同株;雄花为下垂荑黄花序,或为球状头状花序;花萼4裂,或3裂,萼片镊合状排列;雄蕊4枚,与花被裂片对生,在花芽中内折,退化雌蕊小;雌花密集成球状头状花序,苞片棍棒状,宿存;花被管状,顶端3~4裂,或全缘,宿存;子房内藏,具柄,花柱侧生,线形;胚珠自室顶垂悬。聚花果球状,肉质,由多数橙红色小核果组成。种皮近膜质,胚弯曲,子叶圆形,扁平,或对折。

　　本属模式种:构树 Broussonetia papyrifera(Linn.)L'Hér. ex Vent. 。

　　产地:本属植物4种,分布于亚洲东部各国和太平洋岛屿。我国有3种,主要分布于西南部至东南部各省(区)。河南有分布与栽培 2 种。郑州市紫荆山公园栽培 1 种。

1. 构树　图 43　图版 13:6

Broussonetia papyifera(Linn.)L'Hért. ex Vent. ,Tableau Rég. Vég. 3:547. 1799；
陈嵘著. 中国树木分类学:232. 1937；中国科学院植物研究所主编. 中国高等植物图鉴
第一册：481. 图 926. 1983；丁宝章等主编. 河南植物志(第一册):283～284. 图 353.
1981；朱长山等主编. 河南种子植物检索表:58. 1994；郑万钧主编. 中国树木志 第三卷：
2462. 图 1245. 1997；中国科学院中国植物志编辑委员会. 中国植物志 第二十三卷 第一
分册:24. 26. 图版 7:1～5. 1998；卢炯林等主编. 河南木本植物图鉴:235. 图 703. 1998；
中国科学院西北植物研究所编著. 秦岭植物志 第一卷 种子植物(第二册):97～98.
1974；湖北省植物研究所编著. 湖北植物志 第一卷:143. 图 179. 1976；周汉藩著. 河北习
见树木图说(THE FAMILIAR TREES OF HOPEI by H. F. Chow):167～169. 图 62. 1934；
王遂义主编. 河南树木志:122～123. 图 101:1～4. 1994；傅立国等主编. 中国高等植物
第四卷:32. 图 47. 2000；李法曾主编. 山东植物精要:187. 图 645. 2004；*Morus papyifera*
Linn. ,Sp. Pl. 986. 1753；*Smithiodendron artocarpioideum* Hu in Sunyatsenia III. 106. 1936.

形态特征:落叶乔木,高 10.0～20. 0 m；树皮
暗灰色,平滑。小枝密生柔毛。单叶,互生,或对
生,螺旋状排列,宽卵圆形至长椭圆－卵圆形,长
6.0～18.0 cm,宽 5.0～9.0 cm,先端渐尖,基部心
形,两侧常不相等,边缘具粗锯齿,不分裂,或 3～5
裂,表面粗糙,疏生糙毛,背面密被长柔毛,基生 3
出脉,侧脉 6～8 对；叶柄长 2.5～8.0 cm,密被糙
毛；托叶大,卵圆形,狭渐尖,长 1.5～2.0 cm,宽
0.8～1.0 cm。雌雄异株；雄花序为柔荑花序,粗
壮,长 3.0～8.0 cm；苞片披针形,被毛；花被 4 裂,
裂片三角－卵圆形,被毛；雄蕊 4 枚,花药近球状,
退化雌蕊小；雌花序球状,苞片棍棒状,顶端被毛,
花被管状,顶端与花柱紧贴；子房卵球状,柱头线
形,被毛。聚花果径 1.5～3.0 cm,成熟时橙红色,
肉质；小核果扁球状,具与等长的柄,表面有小瘤,
龙骨双层,外果皮壳质。花期 4～5 月；果实成熟期 6～8 月。

图 43　构树 Broussonetia papyifera
(Linn.)L'Hért. ex Vent.
(选自《北京植物志》)。

产地:构树在我国南北各地均有分布。锡金、缅甸、泰国、越南、马来西亚、日本、朝鲜
半岛也有野生,或栽培。河南山区有野生,平原地区有栽培。郑州市紫荆山公园有栽培。

识别要点:构树幼枝、幼叶伤后有白色黏液。叶螺旋状排列,长、壮枝叶对生,边缘具
细锯齿,不分裂,或 3～5 裂,背面密被长柔毛；聚花果,成熟时橙红色,肉质；瘦果具有等长
的柄；小核果表面有小瘤,龙骨双层,外果皮壳质。

生态习性:构树喜光,适应性很强,耐干旱、瘠薄,也能生于水边,多生于石灰岩山地,
也能在酸性土及中性土上生长。耐烟尘,抗大气污染力强。根萌蘖力很强,常形成群落。

繁育与栽培技术要点:构树多用根蘖繁殖。也可播种育苗。通常可天然下种成苗。

栽培技术通常采用穴栽,大苗、幼树采用带土穴栽。

主要病虫害:构树主要病虫害有烟煤病、天牛、介壳虫等。其防治技术,见杨有乾等编著. 林木病虫害防治. 河南科学技术出版社,1982。

主要用途:构树韧皮纤维、木材可作造纸材料。幼枝、幼叶伤后有白色黏液,可治癣。幼叶、幼雄花序,可蒸后食用。根系发达,萌蘖力很强,是沙区造林、荒山、荒沟等主要造林树种之一。其抗污染能力强、阻尘能力也强,是工厂、矿区主要绿化树种之一。不宜发展雌株。

变种:

1.1　构树　原变种

Broussonetia papyifera(Linn.)L'Hért. ex Vent. var. **papyifera**

1.2　深裂叶构树　新变种　图版 13:7

Broussonetia papyifera(Linn.)L'Hért. ex Vent. var. **partita** T. B. Zhao,X. K. Li et H. Wang,var. nov.

A var. recedit foliis late partitis,lobis non lobatis. fructibus pyriformibus.

Henan:Zhengzhou City. 12 – 07 – 2014. T. B. Zhao et X. K. Li, No. 201407121 (ramulia,folia et fructus,holotypus hic disignastus,HNAC).

本新变种与构树原变种 Broussonetia papyifera(Linn.)L'Hért. ex Vent. var. papyifera 的主要区别:叶宽深裂;裂片不分裂。果实梨状。

产地:河南。郑州市有栽培。2014 年 7 月 12 日。赵天榜、李小康和王华。No. 201407121(枝、叶和果实)。模式标本,存河南农业大学。

1.3　无裂叶构树　新变种　图版 13:8

Broussonetia papyifera(Linn.)L'Hért. ex Vent. var. **aloba** T. B. Zhao,Z. X. Chen et X. K. Li,var. nov.

A var. recedit:foliis non lobatis.

Henan:Zhengzhou City. 12 – 07 – 2015. T. B. Zhao et Z. X. Chen, No. 201507125 (ramulia et flos,holotypus hic disignastus,HNAC).

本新变种与构树原变种 Broussonetia papyifera(Linn.)L'Hért. ex Vent. var. papyifera 的主要区别:叶边缘细锯齿,不分裂。

产地:河南。郑州市有栽培。2015 年 7 月 12 日。赵天榜和陈志秀。No. 201507125 (枝和叶)。模式标本存河南农业大学。

1.4　撕裂叶构树　新变种　图 44

Broussonetia papyifera(Linn.)L'Hért. ex Vent. var. **lacera** T. B. Zhao,J. T. Chen et Z. X. Chen,var. nov.

A var. recedit:foliis margine laceris et duplicato – partitis incisuris. lobis margine triangule denticulatis infra medium nullis.

Henan:Zhengzhou City. 22 – 04 – 2016. T. B. Zhao et Z. X. Chen, No. 201604225 (ramulia et flos,holotypus hic disignastus,HNAC).

本新变种与构树原变种 Broussonetia papyifera(Linn.)L'Hért. ex Vent. var. papyifera

的主要区别：叶边缘不规则的深缺刻分裂及二回
掌状深裂。裂片边缘具三角状齿，下部无三角状
齿。

产地：河南。郑州市有栽培。2016 年 4 月
22 日。赵天榜和陈俊通。No. 201604225（枝和
叶）。模式标本存河南农业大学。河南栾川县山
区有野生。2016 年 5 月 8 日。陈俊通。No.
20160508（枝和叶）。

Ⅱ. 榕族

Moraceae Lindl. trib. **Ficeae** Trécul, in Ann.
Sci. no. sér. 3, 8: 77. 139. 1847；中国科学院中
国植物志编辑委员会. 中国植物志 第二十三卷
第一分册: 66. 1998。

形态特征：无刺乔木、灌木。花生于壶状花
序托内壁，有雄花、雌花、瘿花及中花；雄蕊 1~3
枚，或更多。

产地：本族植物分布很广，有 1 属、2 种。

（Ⅱ）榕属　无花果属

Ficus Linn., Sp. Pl. 1059. 1753；Gen. Pl.

图 44　撕裂叶构树 Broussonetia papyifera
(Linn.) L'Hért. ex Vent. var.
lacera T. B. Zhao, J. T. Chen et
Z. X. Chen

ed 5, 482. no. 1032. 1754；丁宝章等主编. 河南植物志（第一册）: 276~277. 1981；朱长
山等主编. 河南种子植物检索表: 57. 1994；郑万钧主编. 中国树木志 第三卷: 2499.
1997；中国科学院中国植物志编辑委员会. 中国植物志 第二十三卷 第一分册: 66. 1998；
中国科学院西北植物研究所编著. 秦岭植物志 第一卷 种子植物（第二册）: 91~92.
1974；湖北省植物研究所编著. 湖北植物志 第一卷: 146. 1976；王遂义主编. 河南树木
志: 123. 1994；傅立国等主编. 中国高等植物 第四卷: 42. 2000。

形态特征：落叶小乔木，或灌木，稀匍匐状，或附生。全株具白色乳液。叶互生，稀对
生，边缘全缘，或具锯齿，或分裂，具小钟乳体，或无，被毛，或无毛，基部浅心形，3~5 出
脉，侧脉 5~7 对；叶柄粗，长 2.0~5.0 cm，红色；托叶卵圆－披针形，长约 1.0 cm，红色，
合生，包围顶芽，早落。雌雄同株，或异株。花大，花间无苞片；生于肉质壶状花序托内壁。
雌雄同株；花序托内有雄花、雌花、瘿花。雌雄异株；花序托内壁则雄花、瘿花同生于一花
序托内，而雌花，或不育花则另生于一植株花序托内；雄花，花被片 2~6 枚，雄蕊 1~3 枚，
或较多；瘿花似雌花；花柱常 2 裂，或漏斗状，稀不裂。榕果。

本属模式种：无花果 Ficus carica Linn.。

产地：本属植物约 1 000 种，主要分布于热带、亚热带地区。我国约有 98 种、3 亚种、
43 变种、2 变型，分布于我国西南部至东部和南部，其余地区较稀少。河南有 4 种、2 变
种。郑州市紫荆山公园有 2 种栽培。

本属植物分种检表

1. 常绿。枝、叶无毛。叶厚革质,边缘全缘,羽状脉 ……… 印度榕 Ficus elastica Roxb. ex Hornem.
1. 落叶。枝、叶被粗糙毛。叶厚纸质,边缘分裂、具锯齿,稀全缘,基部 3 ~ 5 出脉 …………………
……………………………………………………………………… 无花果 Ficus carica Linn.

1. 无花果　图45　图版13:9 ~ 11

Ficus carica Linn. ,Sp. Pl. 1059. 1753;陈嵘著. 中国树木分类学:239. 1937;中国科学院植物研究所主编. 中国高等植物图鉴 第一册:491. 图 981. 1983;王景祥主编. 浙江植物志 第二卷:89. 图 2 – 116. 1992;丁宝章等主编. 河南植物志(第一册):278. 图344. 图 707. 1998;郑万钧主编. 中国树木志 第三卷:2500. 图 1262. 1997;中国科学院中国植物志编辑委员会. 中国植物志 第二十三卷 第一分册:124 ~ 125. 图版27:1 ~ 4. 1998;中国科学院西北植物研究所编著. 秦岭植物志 第一卷 种子植物(第二册):93. 1974;湖北省植物研究所编著. 湖北植物志 第一卷:147. 图 185. 1976;傅立国等主编. 中国高等植物 第四卷:54. 图 79:6 ~ 9. 2000;李法曾主编. 山东植物精要:188. 图 647. 2004;*Ficus sativa* Poiteau & Turpinl in Duhamel,Traité Arb. Fruit. Nouv. éd. 6;F. no.1;t. 4,fasc. 1 (1087),nom. Altern. . Ètrang.

形态特征:落叶乔木、灌木状,高 3.0 ~ 10.0 m,多分枝;树皮灰褐色;皮孔明显。小枝直立,粗壮。叶互生,厚纸质,宽卵圆形,长宽近相等,长 10.0 ~ 20.0 cm,通常 3 ~ 5 裂;小裂片卵圆形,边缘具不规则钝齿,表面粗糙,背面密生细小钟乳体及灰色短柔毛,基部浅心形,3 ~ 5 出脉,侧脉 5 ~ 7 对;叶柄粗,长 2.0 ~ 5.0 cm,红色;托叶卵圆 – 披针形,长约 1.0 cm,红色。雌雄异株;雄花和瘿花同生于一榕果内壁;雄花生内壁口部,花被片 4 ~ 5 枚,雄蕊 3 枚,稀 1 枚,或 5 枚;瘿花花柱侧生,短;雌花花被片 4 ~ 5 枚,子房卵球状,光滑,花柱侧生,柱头 2 裂,线形。榕果单生叶腋,梨状,径 3.0 ~ 6.0 cm,顶部下陷,成熟时紫红色,或黄色,基生苞片 3 枚,卵圆形。花果期 5 ~ 8 月。

图45　无花果 Ficus carica Linn.
(选自《中国高等植物图鉴》)。

产地:无花果原产于地中海沿岸,分布于土耳其至阿富汗。我国唐代即从波斯传入。现在南北各省(区、市)均有栽培。新疆自治区南部尤多。河南各地均有栽培。

识别要点:无花果幼枝、叶伤时,流出白色黏液。叶互生,厚纸质,通常 3 ~ 5 裂;小裂片卵圆形,边缘具不规则钝齿,两面密被长柔毛。榕果梨状,成熟时紫红色,或黄色。

生态习性:无花果喜温暖、湿润气候,耐瘠薄,抗旱,不耐寒,不耐涝。以向阳、土层深厚、疏松肥沃、排水良好的沙质壤上,或黏质壤土栽培为宜。

繁育与栽培技术要点:无花果用扦插、分株、压条繁殖,尤以扦插繁殖为主。培枝采用穴栽。

主要病虫害:无花果病虫害有桑天牛、介壳虫等。其防治技术,见杨有乾等编著. 林木病虫害防治. 河南科学技术出版社,1982。

主要用途:无花果新鲜幼果及鲜叶治痔疮疗效良好。成熟果味甜可食,或作蜜饯,又可作药用;也供庭院观赏。

2. 印度榕 图46 图版13:12～13

Ficus elastica Roxb. ex Hornem. ,Hort. Beng. 65. 1814,nom. nud. ;丁宝章等主编. 河南植物志(第二册):277～278. 图343. 1988;朱长山等主编. 河南种子植物检索表:57. 1994;郑万钧主编. 中国树木志 第三卷:2486. 1997;陈嵘著. 中国树木分类学:238. 1937;中国科学院植物研究所主编. 中国高等植物图鉴 第一册:484. 图968. 1983;丁宝章等主编. 河南植物志 第二册:278. 图344. 1981;卢炯林等主编. 河南木本植物图鉴:236. 图706. 1998;中国科学院中国植物志编辑委员会. 中国植物志 第二十三卷 第一分册:103～104. 图版25:7～8. 1998;傅立国等主编. 中国高等植物 第四卷:50. 图71. 2000;李法曾主编. 山东植物精要:188. 图650. 2004。

形态特征:常绿乔木,高达30.0 m;树皮灰褐色,或紫褐色。小枝粗壮,绿色、灰褐色,或紫褐色,具环状托叶痕。单叶,互生,厚革质,长卵圆形、椭圆形,或长圆形,深绿色,或紫褐色,无毛,具光泽,长10.0～30.0 cm,宽7.0～10.0 cm,先端急尖,基部钝圆形,边缘全缘,侧脉为平行脉;叶柄长2.5～6.0 cm,粗壮;托叶单生,卵圆－披针形,膜质,深红色,长约10.0 cm。花序无柄;雄花具萼片4枚;花被片4枚,卵圆形,雄蕊1枚,花药卵圆形,无花丝;瘿花花被片4枚,子房卵圆形,花柱近顶生,弯曲。榕果成对腋生,卵圆－长圆体状,长约1.0 mm,成熟时黄绿色;基生苞状风帽状,脱落后基部具一环状体。花期11月。

产地:印度榕原产地印度。我国南北各省(区、市)均有栽培。河南各地均有引种栽培。郑州市紫荆山公园有栽培。

识别要点:印度榕为常绿树种。幼枝、叶伤时,流出白色黏液。叶互生,厚革质,边缘全缘。

图46 印度榕 Ficus elastica Roxb. ex Hornem.
(选自《中国高等植物图鉴》)。

生态习性:印度榕喜温暖、湿润气候,耐瘠,抗旱,不耐寒 。以土层深厚、疏松肥沃、排水良好的酸性沙质壤上,或黏质壤土栽培为宜。

繁育与栽培技术要点:印度榕用扦插、分株、压条繁殖,尤以扦插繁殖为主。栽培技术通常采用带土穴栽。

主要病虫害:印度榕较少发生病虫害。通常有介壳虫危害,可人工扑杀。

主要用途:印度榕在我国中、北部地区常盆栽供观赏,冬季搬入温室。

十五、紫茉莉科

Nyctaginaceae,Linn. Sp. Pl. 177. 1753;中国科学院中国植物志编辑委员会. 中国植物志 第二十六卷:5. 1996;中国科学院西北植物研究所编著. 秦岭植物志 第一卷 种子植物(第二册):186. 1974;湖北省植物研究所编著. 湖北植物志 第一卷:278. 1976;丁宝章等主编. 河南植物志(第一册):379. 1981;朱长山等主编. 河南种子植物检索表:82. 1994;郑万钧主编. 中国树木志 第三卷:2643. 1997;傅立国等主编. 中国高等植物 第四卷:290. 2000。

形态特征:落叶灌木、藤状灌木、乔木,或草本。单叶,对生,或互生,边缘全缘;无托叶。单被花,两性,稀单性,或杂性,辐射对称;花序为聚伞花序,花序基部常有萼状总苞;有的苞片颜色鲜明;花被筒状、管状、漏斗状,3~5(~10)裂,常呈花瓣状;雄蕊1至多数,通常3~5枚,离生,或基部合生;子房上位,1室,具基生直立胚珠1枚;花柱细长。果实为瘦果,外被宿存花被片。种子具胚乳。

本科模式属:紫茉莉属 Mirabilis Linn. 。

产地:本科植物约30属、290多种。其产于热带、亚热带各国,以拉丁美洲各国分布最多。我国有4属、11种(包括引进2属、4种),现今我国南北各省(区、市)均有栽培。尤以浙江、江苏等省栽培最广。河南栽培有2属、3种。郑州市紫荆山公园有1属、1种栽培。

（Ⅰ）叶子花属

Bougainvillea Comm. ex Juss. ,Gen. Pl. 91. 1789("Bougainvillea");丁宝章等主编. 河南植物志(第一册):379. 1981;朱长山等主编. 河南种子植物检索表:82. 1994;郑万钧主编. 中国树木志 第三卷:2646. 1997;中国科学院中国植物志编辑委员会. 中国植物志 第二十六卷:5~6. 1996;傅立国等主编. 中国高等植物 第四卷:292. 2000。

形态特征:落叶藤状灌木。茎具刺。单叶,互生,边缘全缘;无托叶。花两性;3朵簇生,托以红色、紫色等大型叶状苞片3枚;花被筒状,绿色,5~6裂,裂片短,玫瑰色,或黄色;雄蕊5~10枚,不外露;子房上位,1室,具胚珠1枚,具短柄;花柱侧生,线状,柱头尖;花梗附生于苞片中脉。果实为瘦果,具5棱。

本属模式种:叶子花 Bougainvillea spectabilis Willd. 。

产地:本属植物约18种。其产于南美洲各国。我国引进2种,现今我国南北各省(区、市)均有栽培。河南栽培2种、1变种。郑州市紫荆山公园有1种栽培。

1. 光叶子花　图47　图版14:1~2

Bougainvillea glabra Choisy in DC. Prodr. 13(2):437. 11849;丁宝章等主编. 河南植物志(第一册):380. 图480. 1981;朱长山等主编. 河南种子植物检索表:82. 1994;金平亮三著. 台湾植物志 第二卷:299. 1976;中国科学院中国植物志编辑委员会. 中国植物志 第二十六卷:6. 图版1:8~11. 1996;李法曾主编. 山东植物精要:213. 图748. 2004;中国科学院植物研究所主编. 中国高等植物图鉴 第一册:161. 图1222. 1972;陈焕镛等主编. 海南植物志 第一卷:439. 1964;侯宽昭编著. 广州植物志:170. 图74. 1956。

形态特征:落叶藤状灌木。茎粗壮。小枝下垂,无毛,或疏被柔毛,具刺;刺腋生,长5~15 mm。叶纸质,卵圆形,或卵圆-披针形,长5.0~13.0 mm,宽3.0~6.0 cm,表面无毛,背面脉腋微被柔毛,边缘全缘,先端急尖,或渐尖,基部圆形,或宽楔形;叶柄长约1.0 cm。花序常3朵顶生枝端3枚苞片内。每苞片内生1朵花。花苞片大型,椭圆形、长圆形,紫色,或洋红色,长3.0~3.5 cm,宽约2.0 cm;花被管状,长约2.0 cm,淡绿色,疏被短柔毛,具棱,顶端5浅裂;雄蕊6~8枚,不外露;花柱侧生,线形,边缘呈薄片状;柱头尖;花盘基部合生呈环状,上部撕裂状。花期5~12月。

产地:光叶子花原产于巴西。我国南北各省(区、市)均有栽培。河南也有栽培。郑州市紫荆山公园有栽培。

识别要点:光叶子花为落叶藤状。小枝具刺枚。花顶生。花序常3朵顶生枝端3枚苞片

图 47　光叶子花 Bougainvillea glabra Choisy
(选自《山东植物精要》)。

内。每苞片内生1朵花。花苞片大型,紫色,或洋红色;花被管状淡绿色,疏被短柔毛,具棱,顶端5浅裂;雄蕊6~8枚;花柱线形,边缘呈薄片状;花盘基部合生呈环状,上部撕裂状。

生态习性:光叶子花喜温暖、湿润气候,不耐寒。以土层深厚、疏松肥沃、排水良好的酸性沙质壤上,或黏质壤土栽培为宜。

繁育与栽培技术要点:光叶子花通常采用播种育苗、扦插育苗及嫁接育苗。栽培技术通常采用穴栽,大苗、幼树采用带土穴栽。

主要病虫害:光叶子花主要虫害有蚜虫、介壳虫等。其防治技术,见杨有乾等编著.林木病虫害防治. 河南科学技术出版社,1982。

主要用途:光叶子花主要供观赏。

十六、芍药科

Paeoniaceae Bartling,Ord. Nat. Pl. 251. 1830;郑万钧主编. 中国树木志 第四卷:4805. 2004;中国科学院中国植物志编辑委员会. 中国植物志 第二十七卷:37. 1979;傅立国等主编. 中国高等植物 第四卷:555. 2000;*Ranunculaceae* Juss. trib. *Paeonioideae* DC. ,Prodr. 1:64. 1824.

形态特征:落叶灌木,或多年生草本,具纺锤状,或圆柱状块根。叶互生,二回三出复叶,或羽状复叶。小叶边缘全缘、缺裂、粗锯齿;无托叶。花两性,大型,艳丽,辐射对称。花单生枝顶,稀2朵至几朵顶生及腋生;苞片2~6枚;萼片3~5枚,宿存。单花具花瓣5~13枚,白色、黄色、红色、暗紫色等,倒卵圆形;雄蕊多数,离心发育,花丝线状,花药黄色,基部着生,外向纵裂;离心皮雌蕊,心皮(2~)5(~6)枚,分生,雌蕊先熟,花柱极短,柱

头扁平,外卷;胚珠多数,2 列;花盘杯状、囊状,或盘状,革质,或肉质。果实为聚生蓇葖
果。蓇葖果沿腹缝线开裂。种子近球状,深褐色至黑色,具光泽,有小的胚和丰富胚乳。

本科模式属:芍药属 Paeonia Linn.。

本科植物 1 属、40 余种,主要分布于欧、亚大陆温带地区,北非及美洲各国有少数种
分布。我国有 40 余种。

(Ⅰ) 芍药属

Paeonia Linn. ,Sp. Pl. 530. 1753;Gen. Pl. 235. no. 600. 1754;中国科学院西北植
物研究所编著. 秦岭植物志 第一卷 种子植物(第二册):224. 1974;湖北省植物研究所编
著. 湖北植物志 第一卷:319. 1976;朱长山等主编. 河南种子植物检索表:95. 1994;傅立
国等主编. 中国高等植物 第四卷:555. 2000。

形态特征:多年生草本,或落叶灌木,具纺锤状,或圆柱状块根。叶互生,二回三出复
叶,或羽状复叶。小叶边缘全缘、缺裂、粗锯齿;无托叶。花两性,大型,艳丽,辐射对称。
花单生枝顶,稀 2 朵至几朵顶生及腋生;苞片 3 ~ 9 枚;萼片 5 枚,稀 3 枚、4 枚、6 枚,宿存,
绿色,覆瓦状排列。单花具花瓣 5 ~ 13 枚(品种多为重瓣),白色、黄色、红色、暗紫色等,
倒卵圆形;雄蕊多数,花丝线状,花药黄色,基部着生,外向纵裂;花盘革质,或肉质,全包,
或半包子房,或不发育;心皮 2 ~ 5 枚,分生,雌蕊先熟,花柱极短,柱头扁平。果实为聚生
蓇葖果。蓇葖果沿腹缝线开裂。种子近球状,深褐色至黑色,具光泽。

本科模式种:芍药 Paeonia officinalis Linn.。

本科植物 1 属、40 余种,主要分布于河南、山东、陕西等省。河南分布与栽培有 6 种、
品种极多。

本属植物分种检索表

1. 叶为二回三出复叶。单花具花瓣 5 枚,颜色多种,腹面基部无紫色大斑,雌蕊心皮 5 枚,密被柔
   毛;花丝及花盘、柱头,红色、红紫色、暗红紫色。品种单花具花瓣多瓣,最多近 300 枚 ············
   ··· 牡丹 Paeonia suffruticosa Andrews
1. 叶为二回羽状复叶。花丝及花盘、柱头,淡黄白色、白色;花瓣腹面基部具暗紫色、紫黑色大斑;
   雌花心皮 5 枚,密被粗毛 ························· 紫斑牡丹 Paeonia papaveracea Andr.

1. 牡丹　图 48　图版 14:3 ~ 6

Paeonia suffruticosa Andrews in Bot. Rep. 6;t. 373. 1804;丁宝章等主编. 河南植物
志(第一册):421 ~ 422. 图 531. 1988;朱长山等主编. 河南种子植物检索表:95. 1994;郑
万钧主编. 中国树木志 第四卷:4806. 图 2629. 2004;中国科学院中国植物志编辑委员
会. 中国植物志 第二十七卷:41. 图版 1:1 ~ 3. 1979;陈嵘著. 中国树木分类学:261. 图
193. 1937;中国科学院植物研究所主编. 中国高等植物图鉴 第一册:651. 图 1301. 1983;
中国科学院西北植物研究所编著. 秦岭植物志 第一卷 种子植物(第二册):225. 1974;湖
北省植物研究所编著. 湖北植物志 第一卷:320. 图 442. 1976;傅立国等主编. 中国高等
植物 第四卷:556. 图 891. 2000;李法曾主编. 山东植物精要:226. 图 788. 2004;*Paeonia
decomoosita* Hand. – Mazz. in Acta Hort. Gothob. 13;39. 1939;*Paeonia yunnamensis* Fang,

植物分类学报,7(4):306. 图版 612. 1958;*Paeonia moutan* Sims in Bot. Mag. 29:t. 1154. 1809,sensu lato. ;*Paeonia fruticosa* Dumont de Courset,Bot. Cultivated,ed. 2,4:462. 1811; *Paeonia frutescens* W. E. S. ex Link,Enum. Hort. Berol. 2:77. 1822,pro syn. .

图 48　牡丹 Paeonia suffruticosa Andrews （选自《中国树木志》）。

形态特征:落叶灌木,高 1.0~5.0 m,丛生;树皮黑灰色。叶互生,纸质,通常为二回三出复叶,或二回羽状复叶;顶生小叶长 10.0~15.0 cm,倒卵圆形,或椭圆形,3 深裂,裂片上部 3 浅裂,或不裂;侧生小叶,卵圆形、宽卵圆形、近圆形、椭圆形、卵圆 - 披针形,边缘具粗锯齿、不等浅裂,或深裂,稀全缘,表面绿色,无毛,背面被白粉,中脉疏被毛,后无毛;具叶柄,或无柄。花单生,稀双生枝顶,径 12.0~25.0 cm;苞片 3~6 枚,长圆形、扁圆形,稀棉桃状;萼片 4~5 枚,绿色,匙形、披针形,或卵圆形,宿存。单花具花瓣 12 枚至多瓣,颜色多种;雄蕊多数,常瓣化,花丝线形,白色、淡红色至紫红色;花药黄色;心皮 5 枚,或较多,密被粗毛,常瓣化,花盘杯状及柱头颜色因品种而异。蓇葖果发育,或不发育。发育蓇葖果卵球状,密被黄褐色柔毛。花期 4~5 月;果实成熟期 8~9 月。

产地:牡丹原产于我国,现栽培很广。河南伏牛山区的西峡、栾川、卢氏等县有野生。洛阳市栽培牡丹历史悠久。

形态识别要点:落叶灌木,丛生。叶通常为二回三出复叶,或二回羽状复叶。花生于枝顶。单花具花瓣 12 枚至多瓣,颜色多种;雄蕊多数,常瓣化,花盘杯状及柱头颜色因品种而异。发育蓇葖果卵球状,密被黄褐色柔毛。

生态习性:牡丹喜光,也能耐阴,特别是在疏林下能正常生长、开花结果。适应性很强,在干旱、瘠薄的山地能生长,但喜酸性土及中性肥沃、湿润的壤土、沙壤土上生长最佳。分蘖力强。

繁育与栽培技术要点:牡丹可采用播种育苗培育砧木苗,也可进行实生选种。通常采用根蘖繁殖,用嫁接技术繁育优良品种。栽培技术通常采用穴栽,丛株采用带土穴栽。

主要病虫害:牡丹主要病虫害有地老虎、蝼蛄、介壳虫、金龟子、烟煤病和天牛等。其防治技术,见杨有乾等编著. 林木病虫害防治. 河南科学技术出版社,1982。

主要用途:牡丹根皮称"丹皮",入中药有活血化瘀、镇疼通经之效。种子榨油。花大色艳,主要供观赏,是庭园绿化良种,也是特用经济林树种之一。

2. 紫斑牡丹　图 49　图版 14:7

Paeonia papaveracea Andr. in Bot. Rep. 7:463. 1807;丁宝章等主编. 河南植物志（第一册):422. 1981;朱长山等主编. 河南种子植物检索表:95. 1994;郑万钧主编. 中国树木志 第四卷:4816. 图 2636. 2004;中国科学院中国植物志编辑委员会. 中国植物志 第

二十七卷:45. 图版 3:1~3. 1979;中国科学院西北植物研究所编著. 秦岭植物志 第一卷种子植物(第二册):225. 1974;中国科学院植物研究所主编. 中国高等植物图鉴 第一册:653. 图 1303. 1983;傅立国等主编. 中国高等植物 第四卷:558. 图 895. 2000;*Paeonia suffruticosa* Andr. var. *papaveracea*(Andr.)Kerner, Hort. Semperv. t. 473. 1816, ex Index Londin.;*Paeonia moutam* Sims var. *papaveracea*(Andr.)DC., Rég. Vég. Syst. 1:387. 1817;*Paeonia suffruticosa* auct. non Andrews Stern, Stud. Gen. Paeonia 40. 1946;*Paeonia suffruticosa* Andr. var. *papaveracea*(Andr.)L. H. Bailey in Rhodora, 18:156. 1916.

图 49　紫斑牡丹 Paeonia papaveracea Andr.

1. 花;2. 花片;3. 萼片;4. 苞片;5. 二回羽状复叶(选自《中国树木志》)。

形态特征:落叶灌木,高达 2.0 m,丛生。叶互生,纸质,二回羽状复叶,长约 30.0 cm,具长柄;每羽片具小叶 3 枚,或 5 枚。小叶卵圆形,稀披针－卵圆形,长 4.5~8.0 cm,宽 2.0~5.0 cm,先端尖,基部楔形、宽楔形、楔形,稀圆形、平截,边缘 3 深裂,或浅裂,具粗齿,稀全缘,表面绿色,无毛,或近无毛,背面粉绿色,疏被柔毛,中脉较多毛;小叶柄疏被毛,或无毛。花单生枝顶,径约 15.0 cm;苞片 4 枚,宽披针－卵圆形,长 4.5~9.0 cm,萼片 4 枚,扁圆形,长约 3.0 cm;花瓣 10~11 枚,白色,腹面基部具紫色大斑,宽倒卵圆形,长 6.0~8.5 cm,宽 4.0~6.5 cm,基部楔形,先端截圆形,边缘微具蚀状浅齿;雄蕊多数,花丝线形,淡黄白色,花药黄色;花盘杯状,或囊状,革质,淡黄白色;心皮 5~7 枚,密被黄色短柔毛;花柱短,柱头扁平。蓇葖果长 2.0~3.5 cm,径约 1.5 cm,卵球状,密被黄褐色短柔毛,先端具喙。花期 5 月;果实成熟期 6~7 月。

产地:紫斑牡丹原产于我国陕西、甘肃、四川等省,尤以甘肃紫斑牡丹最佳,现栽培很广。河南伏牛山区的西峡、内乡、卢氏等县有野生,现各地均有栽培。

形态识别要点:紫斑牡丹叶二回羽状复叶,具长柄。花单生枝顶。花瓣白色,腹面基部具紫色大斑。雌花具心皮 5~7 枚,密被黄色短柔毛。蓇葖果密被黄褐色短柔毛,先端具喙。

生态习性:紫斑牡丹喜光,也能耐阴,特别是在疏林下能正常生长、开花结果。适应性很强,在干旱、瘠薄的山地能生长,但喜酸性土及中性肥沃、湿润的壤土、沙壤土上生长最佳。

繁育与栽培技术要点:紫斑牡丹可采用播种育苗培育砧木苗,也可进行实生选种。通常采用根蘖繁殖,用嫁接技术繁育优良品种。其育苗技术与牡丹育苗技术相同。栽培技术通常采用穴栽,丛株采用带土穴栽。

主要病虫害:紫斑牡丹主要病虫害与牡丹主要病虫害相同。

主要用途:紫斑牡丹与牡丹主要病虫害相同。

十七、小檗科

Berberidaceae Torrey & Gray,Fl. N. Am. 1:49. 1839;丁宝章等主编. 河南植物志(第一册):487. 1981;朱长山等主编. 河南种子植物检索表:110. 1994;郑万钧主编. 中国树木志 第四卷:4893～4894. 2004;中国科学院中国植物志编辑委员会. 中国植物志 第二十九卷:50～51. 2001;中国科学院西北植物研究所编著. 秦岭植物志 第一卷 种子植物(第二册):306. 1974;湖北省植物研究所编著. 湖北植物志 第一卷:381. 1976;周以良主编. 黑龙江树木志:234. 1986;王遂义主编. 河南树木志:153. 1994;*Berberides* Juss. in Gen. Pl. 286. 1789.

形态特征:常绿,或落叶灌木,多年生草本,稀小乔木,稀具根状茎,或块茎。茎具刺,或无。单叶,互生,稀对生、基生,或一回至三回羽状复叶;具托叶,或无托叶。花单生、簇生,花序为总状花序、穗状花序、伞形花序、聚伞花序,或圆锥花序,顶生,或腋生;具花序梗,或无花序梗。花两性;辐射对称;花被片通常 3 基数,偶 2 基数,稀无花被片;萼片6～9枚,花瓣状,离生,覆瓦状排列,2～3 轮;单花具花瓣 6 枚,扁平,盔状、距状,或为蜜腺体状,基部具蜜腺,或无蜜腺;雄蕊 6 枚,与花瓣对生;花药 2 室,瓣裂,或纵裂;雌蕊子房上位,1 室,胚珠多数,稀 1 枚,基生,或侧膜胎座。浆果、蒴果、菁葵果,或瘦果。种子有时具假种皮;富含胚乳;胚大或小。

本科模式属:小檗属 Berberis Linn.。

产地:本科植物 17 属、约 650 种,主要分布于北温带和亚热带高山地区。中国有 11 属、约 320 种,主要分布于西部和西南部各省(区、市)。河南有 7 属、21 种。郑州市紫荆山公园有 2 属、3 种栽培。

本科植物分属检索表

1. 单叶。枝上具单一,或三叉状锐刺 ┄┄┄┄┄┄┄┄┄┄┄┄┄┄┄┄┄┄ 小檗属 Berberis Linn.

1. 一回奇数羽状复叶。枝上无刺 ┄┄┄┄┄┄┄┄┄┄┄┄┄┄┄┄┄┄┄ 十大功劳属 Mahonia Nutt.

(Ⅰ)小檗属

Berberis Linn. ,Sp. Pl. 330. 1753,p. p. typ.;Gen. Pl. ed. 5,153. no. 379. 1754;丁宝章等主编. 河南植物志(第一册):488. 1981;朱长山等主编. 河南种子植物检索表:110～112. 1994;郑万钧主编. 中国树木志 第四卷:4894. 2004;中国科学院中国植物志编辑委员会. 中国植物志 第二十九卷:54. 2001;中国科学院西北植物研究所编著. 秦岭植物志 第一卷 种子植物(第二册):307. 1974;湖北省植物研究所编著. 湖北植物志 第一卷:382. 1976;周以良主编. 黑龙江树木志:234. 1986;王遂义主编. 河南树木志:153. 1994。

形态特征:落叶灌木,或常绿灌木。小枝无毛,或被绒毛,通常具单一,或三叉状锐刺,内皮层和木质部均为黄色。单叶,互生,或簇生,着生于侧生的短枝上,通常具叶柄,叶片与叶柄连接处常有关节。花序为单生、簇生。花序为总状花序、圆锥花序,或伞形花序。花3数,小苞片通常3枚,早落;萼片通常6枚,2轮排列,稀3枚,或9枚,1轮,或3轮排列,黄色;花瓣6枚,黄色,常小于萼片,内侧近基部具2枚腺体;雄蕊6枚,与花瓣对生,花药瓣裂,花粉近球状,具螺旋状萌发孔,或为合沟,外壁具网状纹饰;雌蕊子房1室,具胚珠1~12枚,稀15枚,基生,花柱短,或缺,柱头头状。浆果球状、椭圆体状等,通常红色,或蓝黑色,具种子1~10枚。种子黄褐色至红棕色,或黑色,无假种皮。

本属模式种:普通小檗 Berberis vulgaris Linn.。

产地:本属植物约有500种,主要分布于北温带和亚热带高山地区。我国约有250多种,主要分布于西部和西南部各省(区、市)。河南有11种、1变种。郑州市紫荆山公园有1种栽培。

1. 日本小檗　图50　图版14:8

Berberis thunbergii DC. , Rég. Vég. Syst. 2:9. 1821;中国科学院植物研究所主编. 中国高等植物图鉴 第一册:770. 图1539. 1983;江苏省植物研究所辑. 江苏植物志 下册:186. 图1021. 1982;安徽经济植物志增修编办公室等. 安徽植物志 第一卷:349. 图660. 1986;中国科学院中国植物志编辑委员会. 中国植物志 第二十九卷:155. 2001;卢炯林等主编. 河南木本植物图鉴:392. 图1176. 1998;朱长山等主编. 河南种子植物检索表:111. 1994;湖北省植物研究所编著. 湖北植物志 第一卷:384~385. 图541. 1976;周以良主编. 黑龙江树木志:236. 238. 图版61:11~12. 1986;牧野 日本植物图鑑 增補版:547. 第1639 圖. 昭和33年;李法曾主编. 山东植物精要:234. 图824. 2004。

形态特征:落叶灌木,高约1.0 m,多分枝。枝条开展,具细纵棱;幼枝淡红绿色,无毛;老枝暗红色;茎刺单一,稀3分叉,长5~15 mm;节间长1.0~1.5 cm。叶薄纸质,倒卵形、匙形,或菱-卵圆形,长1~2 cm,宽5~12 mm,先端骤尖,或钝圆,基部狭楔形,边缘全缘,表面绿色,背面灰绿色,中脉微隆起,两面网脉不显,无毛;叶柄长2~8 mm。花2~5朵组成具总梗的伞形花序,或近簇生的伞形花序,或无总梗而呈簇生状;花梗长5~10 mm,无毛;小苞片卵圆-披针形,长约2 mm,带红色;花黄色;外萼片卵圆-椭圆形,长4~4.5 mm,宽2.5~3 mm,先端近钝圆,带红色,内萼片宽椭圆形,长5~5.5 mm,宽3.3~3.5 mm,先端钝圆;花瓣长圆-倒卵圆形,长5.5~6 mm,宽3~4 mm,先端微凹,基部略呈爪状,具2枚近靠的腺体;雄蕊长3~3.5 mm,药隔不延伸,顶端平截;子房含胚珠

图50　日本小檗 Berberis thunbergii DC.
（选自《中国高等植物图鉴》）。

1~2枚,无珠柄。浆果椭圆体状,长约8 mm,径约4 mm,亮鲜红色,无宿存花柱。种子1~2枚,棕褐色。花期4~6月;果实成熟期7~10月。

产地:日本小檗原产于日本,是小檗属中栽培最广泛的种之一。我国大部分省(区、市),特别是各大城市常栽培于庭园中,或路旁作绿化,或绿篱用。河南各地有栽培。郑州市紫荆山公园有栽培。

识别要点:日本小檗为落叶灌木;多分枝,枝条广展,老枝灰棕色,或紫褐色,嫩枝紫红色;刺细小,通常单一,很少分叉。

生态习性:日本小檗在肥沃土壤中生长良好。耐旱,不耐水涝。喜光,萌芽力强。

繁育与栽培技术要点:日本小檗可采用播种、扦插、分株的繁殖方式。栽培技术通常采用穴栽,大苗采用带土穴栽。

主要病虫害:日本小檗最常见的病虫害有白粉病、介壳虫等。其防治技术,见杨有乾等编著. 林木病虫防治. 河南科学技术出版社,1982。

主要用途:日本小檗根和茎含小檗碱,可供提取黄连素的原料,可作黄色染料。日本小檗叶形、叶色优美,姿态圆整,春开黄花,秋缀红果,深秋叶色变紫红,果实经冬不落,焰灼耀人,枝细密而有刺,是良好的观果、观叶和刺篱材料。在园林绿化中通常布置花坛等景观。

品种:

1.1　日本小檗　原品种

Berberis thunbergii DC. 'Thunbergii'

1.2　'紫叶'小檗　品种　图版14:9~10

Berberis thunbergii DC. 'Atropurpurea',李振卿等主编. 彩叶树种栽培与应用:115. 2011; *Berberis thunbergii* DC. f. *atropurpurea* (Chenault) Rehd. in Bibiography of Cultivated Trees and Shrubs:173. 1949; *Berberis thunbergii* DC. f. *atropurpurea* Chenault in Rev. Hort. no. sér. 20:307. 1926.

本品种落叶灌木,高1.0~1.5 m,多分枝。小枝条开展,具细棱与沟;幼枝淡红紫色,无毛;老枝暗红色;茎刺单一,长5~10 mm。叶倒卵圆形,薄纸质,长1.0~2.5 cm,宽5~10 mm,先端短尖,或钝圆,基部狭楔形,下延,边缘全缘,表面紫色,或绿色,背面灰绿色,中脉微隆起,两面网脉不显,无毛;叶柄长2~8 mm。花2~5朵组成具总梗的伞形花序,花序梗长5~8 mm,无毛;小苞片卵圆-披针形,长2~3 mm,带红色;外萼片卵圆-椭圆形,长2~3 mm,宽约2 mm,先端近钝圆,带紫红色;内萼片宽椭圆形,长约3 mm,先端钝圆。单花具花瓣5枚,黄色,匙-圆形,长约3 mm,先端微凹,基部具2枚、黄色腺体;雄蕊2枚着生于无毛球状体上面2侧,下面具无毛、圆柱体上,长2~3 mm,顶端平截,具2枚球状药室;子房绿色,无毛,花柱球状。浆果椭圆体状,长约8 mm,径约4 mm,亮鲜红色,无宿存花柱;果梗长5~10 mm,无毛。种子1~2枚,棕褐色。花期3~4月;果实成熟期8~10月。

产地:'紫叶'小檗河南各地有栽培。郑州市紫荆山公园有栽培。

1.3　'金叶'小檗　品种　图版14:11

Berberis thunbergii DC. 'Aurea',李振卿等主编. 彩叶树种栽培与应用:116. 2011。

本品种叶倒卵圆形,或匙-倒卵圆形,表面淡黄绿色,或淡黄色;小苞片、外萼片、内萼片淡黄色。单花具花瓣5枚,黄色,匙-圆形,长约3 mm,先端微凹,基部具2枚、黄色腺体;雄蕊2枚着生于无毛球状体上面2侧,下面具无毛、圆柱体上,顶端平截,具2枚倒宽卵球状药室;子房绿色,无毛,花柱球状;花梗长5～10 mm,无毛。花期3～4月;果实成熟期8～10月。

产地:'金叶'小檗河南各地有栽培。郑州市紫荆山公园有栽培。

(Ⅱ) 十大功劳属

Mahonia Nuttall,Gen. N. Amer. Pl. 1;211. 1818;丁宝章等主编. 河南植物志(第一册):494. 1981;郑万钧主编. 中国树木志 第四卷:4932. 2004;中国科学院中国植物志编辑委员会. 中国植物志 第二十九卷:214～215. 2001;中国科学院西北植物研究所编著. 秦岭植物志 第一卷 种子植物(第二册)325. 1974;湖北省植物研究所编著. 湖北植物志 第一卷:395. 1976;王遂义主编. 河南树木志:159. 1994;*Odostemon* Rafin. in Am. Monthly Mag. 2:265. 1817;*Berberis* Linn. ,Sp. Pl. 330. 1753,p. p.

形态特征:常绿灌木,或小乔木。枝无刺。顶芽具多数宿存鳞片。叶为奇数羽状复叶,稀3小叶,互生;具叶柄,或无叶柄。小叶3～41枚;侧生小叶具叶柄,或无叶柄,边缘具锯齿,或刺状齿牙,稀全缘;托叶小。花序为顶生总状花序、圆锥花序,长3.0～35.0 cm,基部具芽鳞,具花3～18朵,稀1朵。单花具萼片9枚,每轮3枚,黄色;花瓣6枚,2轮;雄蕊6枚,花药瓣裂;子房1室,具基生胚珠1～7枚;花柱极短,或无花柱,柱头盾状。果实为浆果,深蓝色至黑色。

本属模式种:Mahonia aquifolium(Pursh)Nutt. 。

产地:本属植物约有60种,分布于东亚、东南亚、美洲各国。我国约有35种,分布于西南各省(区、市)。河南分布与栽培有1属、2种。郑州市紫荆山公园栽培1种、2种。

本属植物分种检索表

1. 顶生小叶具柄。小叶每边具2～8枚刺齿 …………… 阔叶十大功劳 Mahonia bealei(Fort.)Carr.
1. 顶生小叶无柄。小叶每边具6～13枚锐刺 ………… 十大功劳 Mahonia fortunei(Lindl.)Fedde

1. 阔叶十大功劳　图51　图版14:12～13

Mahonia bealei(Fort.)Carr. in Fl. des Serres,10:166. 1854;丁宝章等主编. 河南植物志(第一册):495. 图634. 1981;朱长山等主编. 河南种子植物检索表:112. 1994;郑万钧主编. 中国树木志 第四卷:4943. 图2722:1～8. 2004;中国科学院中国植物志编辑委员会. 中国植物志 第二十九卷:214～215. 图版47:1～8. 2001;中国科学院植物研究所主编. 中国高等植物图鉴 第一册:776. 图1552. 1983;中国科学院西北植物研究所编著. 秦岭植物志 第一卷 种子植物(第二册):325. 图278. 1974;江苏省植物研究所辑. 江苏植物志 下册:1869. 图1026. 1982;王景祥主编. 浙江植物志 第二卷:210. 图2－410. 1985;卢炯林等主编. 河南木本植物图鉴:393. 图1177. 1998;湖北省植物研究所编著. 湖北植物志 第一卷:399. 图564. 1976;王遂义主编. 河南树木志:159. 图143:1～7. 1994;李法曾主编. 山东植物精要:235. 图826. 2004;*Berbetis bealei* Fort. in Gard. Chron. 1850:212. 1850;*Berbetis bealei* Fort. var. *planifolia* Hook. f. ,Curtis's in Bot. Mag. 81:t. 4846,1855;*Mahomia japonica*(Fort.)DC. var. *planifolia*(Hook. f.)Lévl. in Enum. Arbres. :

15,1877;*Mahomia japonica*(Fort.)DC. var. *planifolia*(Hook. f.)Ahrendt in Journ. Linn. Soc. Bot. 57:320. 1962,syn. nov. .

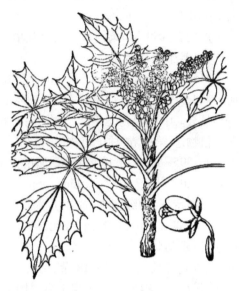

形态特征:常绿灌木,高约 4.0 m。全株无毛。叶为奇数羽状复叶,长 25.0~51.0 cm;叶柄长 0.5~2.5 cm。小叶(3~)4~10 对,厚革质,卵圆形,长 4.0~12.0 cm,宽 1.5~4.5 cm;侧生小叶无柄;顶生小叶较大,具柄;先端渐尖,基部宽楔形,或近圆形,稀心形,表面蓝绿色,背面黄绿色,每边具 2~6 对粗锯齿,锯齿具硬刺尖,边缘反卷;托叶小。花序为总状花序,3~9 朵簇生,直立,长 5.0~10.0 cm;宿存芽鳞卵圆形,或卵圆–披针形,长 1.5~4.0 cm;苞片宽卵圆形,或卵圆–披针形,长 3~5 mm;外萼片卵圆形、中萼片椭圆形、内萼片长圆–椭圆形,长约 7 mm。单花花瓣黄色,倒卵圆–椭圆形,长 6~7 mm,先端微缺,基部腺体明显;雄蕊药隔不延伸,顶端圆,或平截;雌蕊子房 1 枚,具胚珠数 3~4 枚;花梗长 4.0~6.0 cm。果实为浆果,卵球状,长约 1.5 cm,径

图 51　阔叶十大功劳 Mahonia bealei
(Fort.)Carr.
(选自《中国高等植物图鉴》)。

1.0~1.2 cm,暗蓝色,被白粉。花期 9 月至翌年 1 月;果实成熟期 3~5 月。

　　产地:阔叶十大功劳分布于我国黄河流域以南各省(区、市)。河南伏牛山区、大别山、桐柏山区有分布,平原地区有栽培。郑州市紫荆山公园有栽培。

　　识别要点:阔叶十大功劳为常绿灌木,全株无毛。叶为奇数羽状复叶,顶生小叶具柄。小叶每边具 2~8 枚刺齿。

　　生态习性、繁育与栽培技术要点、主要病虫害、用途:阔叶十大功劳与十大功劳相同。

　　2. 十大功劳　　图 52　　图版 14:14~15

Mahonia fortunei(Lindl.)Fedde in Bot. Jahrb. Syst. 31:130. 1910,p. p. typ.;丁宝章等主编. 河南植物志(第一册):495~496. 图 635. 1981;郑万钧主编. 中国树木志 第四卷:4938~4940. 图 2719:1~9. 2004;中国科学院中国植物志编辑委员会. 中国植物志 第二十九卷:228. 230. 图版 44:1~9. 2001;王景祥主编. 浙江植物志 第二卷:309. 图 2–408. 1985;中国科学院植物研究所主编. 中国高等植物图鉴 第一册:778. 图 1555. 1983;湖北省植物研究所编著. 湖北植物志 第一卷:396. 图 559. 1976;卢炯林等主编. 河南木本植物图鉴:393. 图 1178. 1998;王遂义主编. 河南树木志:159~160. 图 143:8. 1994;李法曾主编. 山东植物精要:235. 图 825. 2004;*Berberis fortunei* Lindl. in Journ. Hort. Soc. Lond. 1:231,300. f. 1846;*Mahonia fortunei* Lindl. var. *szechuanica* Ahrendt in Journ. Linn. Soc. Bot. 57:328. 1961,syn. nov. .

　　形态特征:常绿灌木,高 2.0~4.0 m。全株无毛。叶为奇数羽状复叶,长 8.0~28.0 cm;叶柄长 2.5~9.0 cm。小叶 3~9 枚,革质,窄披针形,或窄椭圆形,长 4.5~14.0 cm,

宽 0.9～2.5 cm,无小叶柄;顶生小叶较大,无小叶柄,先端急尖,或渐尖,基部楔形,表面暗绿色、深绿色,背面灰黄绿色,叶脉凸起,每边具 6～13 枚刺状锐齿;托叶小。花序为总状花序,花 4～10 枚簇生,长 3.0～7.0 cm;宿存芽鳞披针形,或三角-卵圆形,长 0.5～1.0 cm。单花花瓣长圆形,黄色,先端微缺裂,基部腺体明显;苞片卵圆形,长 1.5～2.5 mm;外萼片卵圆形,或三角-卵圆形、中萼片椭圆形、内萼片椭圆形,长 4～5.5 mm。单花花瓣黄色,长圆形,先端微缺,基部腺体明显;雄蕊药隔不延伸,顶端平截;无花柱;雌蕊子房 1 枚,具胚珠 2 枚。果实为浆果,球状,长 4～6 mm,紫黑色,被白粉。花期 7～9 月;果实成熟期 9～10 月。

图 52　十大功劳 Mahonia fortunei
（Lindl.）Fedde
（选自《中国高等植物图鉴》）。

产地:十大功劳产于四川,分布于我国黄河流域以南各省(区、市)。河南伏牛山区、大别山、桐柏山区有分布,平原地区有栽培。郑州市紫荆山公园有栽培。

识别要点:十大功劳常绿灌木,全株无毛。顶生小叶无柄。小叶每边具 6～13 枚锐刺。

生态习性:十大功劳喜温暖及湿润的环境,比较耐阴,也耐寒。要求肥沃、排水良好的沙质壤土。对水分要求不甚严格,既能耐湿,也能耐旱。在疏林下生长良好。

繁育栽培技术要点:十大功劳通常采用播种育苗,也可分株繁殖。栽培技术通常采用穴栽,大苗、幼树采用带土穴栽。

主要病虫害:十大功劳主要病虫害有蝼蛄、介壳虫、白粉病、黄刺蛾等。其防治技术,见杨有乾等编著.林木病虫害防治.河南科学技术出版社,1982。

主要用途:十大功劳全株入药,有清热、消肿之效;根含小檗碱,可作杀虫剂。也是庭院观赏树种。

十八、南天竹科

Nandinaceae Horaninov,Prim. Linn. Syst. Nat. 90. 1834;郑万钧主编. 中国树木志第四卷:4892. 2004。

形态特征:常绿灌木,无根状茎。叶互生,二回至三回奇数羽状复叶,叶轴具关节。小叶边缘全缘,脉羽状;无托叶。花序为顶生大型圆锥花序,长 20.0～35.0 cm。花小,两性,白色;苞片钻状,宿存;萼片与花瓣,多轮,每轮 3 枚,螺旋状排列,由外向内逐渐增大,白色,花瓣状。单花具花瓣 6 枚,较萼片大;雄蕊 6 枚,离生,与花瓣对生,花药纵裂;花丝短;子房上位,心皮 1 枚,1 室,具胚珠 2 枚,侧膜胎座。浆果,球状,具种子 2 粒。

本科模式属:南天竹属 Nandina Thunb.。

产地:本科植物 1 属、1 种,产于中国和日本。我国黄河流域以南各省(区、市)均有分布与栽培。河南各地有 1 属、1 种栽培。郑州市紫荆山公园有 1 属、1 种栽培。

（Ⅰ）南天竹属

Nandina Thunb. in Nov. Gen. Pl. Ⅰ. 14. 1781；丁宝章等主编. 河南植物志（第一册）:496. 1981；中国科学院西北植物研究所编著. 秦岭植物志 第一卷 种子植物（第二册）:325. 1974；湖北省植物研究所编著. 湖北植物志 第一卷:399. 1976；王遂义主编. 河南树木志:160. 1994；——*Nandina* Thunb., Fl. Jap.:9. 1784.

形态特征:与科形态特征相同。

本属模式种:南天竹 Nandina domestica Thunb.。

产地:本属植物 1 种。河南各地有栽培。郑州市紫荆山公园有 1 种栽培。

1. 南天竹　图 53　图版 15:1～3

Nandina domestica Thunb., Fl. Jap. 9. 1784；中国科学院植物研究所主编. 中国高等植物图鉴 第一册:762. 图 1524. 1983；中国科学院西北植物研究所编著. 秦岭植物志 第一卷 种子植物（第二册）:326. 1974；浙江植物志编辑委员会编辑. 浙江植物志 第二卷:311. 图 2 - 412. 1992；中国科学院昆明植物研究所编著. 云南植物志 第七卷:12. 图版 6:1～7. 1997；江苏省植物研究所辑. 江苏植物志 下册:188. 图 1024. 1982；丁宝章等主编. 河南植物志（第一册）:496. 图 636. 1981；卢炯林等主编. 河南木本植物图鉴:393. 图 1179. 1998；郑万钧主编. 中国树木志 第四卷:4892. 图 2695. 2004；中国科学院中国植物志编辑委员会. 中国植物志 第二十九卷:52. 图版 11. 2001；湖北省植物研究所编著. 湖北植物志 第一卷:399. 图 558. 1976；王遂义主编. 河南树木志:160. 图 144. 1994；李法曾主编. 山东植物精要:235. 图 827. 2004。

形态特征:常绿直立小灌木。茎丛生而少分枝，高 1.0～3.0 m，光滑，无毛。幼枝常为红色，老后呈灰色。叶互生，着生于茎的上部，二回至三回羽状复叶，长 30.0～50.0 cm。小叶对生，薄革质，椭圆形，或椭圆 - 披针形，长 3.5～10.0 cm，宽 0.3～2.0 cm，先端渐尖，基部楔形，边缘全缘，表面深绿色，无毛，冬季变红色，背面叶脉隆起，无毛;近无柄。花序为顶生、直立圆锥花序，长 20.0～35.0 cm。花小，白色，具芳香，径 6～7 mm;萼片多轮，每轮 3 枚，外轮较小，卵圆 - 三角形，长 1～2 mm，向内各轮渐大，最内轮萼片卵圆 - 长圆形，长 2～4 mm;花瓣长圆形，长约 4.2 mm，宽约 2.5 mm，先端圆钝;雄蕊 6 枚，长约 3.5 mm，花丝短，花药纵裂，药隔延伸;雌蕊子房 1 室，具 1～3 枚胚珠。浆果球状，径 5～8 mm，熟时鲜红色，稀橙红色。花期 3～7 月;果实成熟期 9～10 月。

产地:南天竹产于我国湖北，分布于陕西、河

图 53　南天竹 Nandina domestica Thunb.
1. 果枝;2. 小叶叶形变异;3. 花蕾;4. 外萼片;5. 内萼片;6. 花瓣;7. 雄蕊;8. 雌蕊(选自《中国树木志》)。

南、河北、山东、湖北、江苏、浙江、安徽、江西、广东、广西、云南、贵州、四川等省(区)。日本、印度也有种植。河南各地有栽培。郑州市紫荆山公园有栽培。

识别要点:南天竹为常绿小灌木。幼枝常红色,后灰色。叶互生,着生于茎的上部,二回至三回羽状复叶。花序为顶生、直立圆锥花序。花小,白色;萼片多轮,每轮3枚。浆果球状,径5～8 mm,熟时鲜红色,稀橙红色。

生态习性:南天竹性喜温暖及湿润的环境,比较耐阴,也耐寒。要求肥沃、排水良好的沙质壤土。对水分要求不甚严格,既能耐湿,也能耐旱。野生于疏林及灌木丛中,也多栽于庭园。强光下叶色变红。

繁育与栽培技术要点:南天竹繁殖以播种、分株为主,也可扦插。可于果实成熟时随采随播,也可春播。分株宜在春季萌芽前,或秋季进行。扦插以新芽萌动前,或夏季新梢停止生长时进行。室内养护要加强通风透光,防止介壳虫发生。栽培技术通常采用穴栽、带土穴栽。

主要病虫害:南天竹主要病虫害有红斑病、炭疽病、尺蠖、介壳虫等。其防治技术,见杨有乾等编著. 林木病虫害防治. 河南科学技术出版社,1982。

主要用途:南天竹含多种生物碱。茎、根含有南天竹碱、小檗碱;茎含原阿片碱、异南天竹碱。茎和叶含木兰碱;果实含异可利定碱、原阿片碱。叶、花蕾及果实均含氢氰酸。叶含穗花杉双黄酮、南天竹甙 A 及南天竹甙 B。叶煎剂对金黄色葡萄球菌、福氏痢疾杆菌、伤寒杆菌、绿脓杆菌、大肠杆菌均有抑制作用。茎干丛生,枝叶扶疏,秋冬叶色变红,红果经久不落,是赏叶观果的佳品。

变种与品种:

1.1　南天竹　原变种

Nandina domestica Thunb. var. **domestica**

1.2　线叶南天竹　河南新记录变种　图版15:5

Nandina domestica Thunb. var. **linearifolia** Dippel, Handb. Laubh. 3:104. 1893; *Nandina domestica* Thunb. var. *linearifolia* C. Y. Wu in Acta Phytotax. Sin. 25(2):154. 图 4. 1987.

本变种与原变种主要区别:小叶线形,长弯曲。

产地:线叶南天竹河南郑州市有栽培。郑州市紫荆山公园有栽培。

1.3　紫叶南天竹　变种　图版15:4

Nandina domestica Thunb. var. **purpureifolia** Lavallée, Arb. Segrez. 16. 1877, nom.

本变种叶为二回奇数羽状复叶,具小叶3～9枚,稀11枚;叶轴紫色,无毛。小叶带形,长1.0～3.5 cm,宽2～5 mm,两面紫色,无毛,先端长渐尖至长尾尖,基部狭楔形,边缘全缘,或浅波状。花期3月下旬至4月中旬。

产地:紫叶南天竹河南郑州市有栽培。郑州市紫荆山公园有栽培。

1.4　紫果南天竹　变种

Nandina domestica Thunb. var. **porphyocarpa** Makino *

本变种与原变种主要区别:果实紫色。

产地:紫果南天竹河南郑州市有栽培。

注：＊尚待查征。

1.5　'绿果'南天竹　新品种　图版 15：6

Nandina domestica Thunb. **'Luguo'**, cv. nov.

本新品种与原品种主要区别：果实亮绿色。

产地：'绿果'南天竹河南郑州市有栽培。选育者：陈俊通、李小康、赵天榜。

1.6　'黄果'南天竹　新品种　图版 15：7

Nandina domestica Thunb. **'Huangguo'**, cv. nov.

本新品种与原品种主要区别：果实黄色。

产地：'黄果'南天竹河南郑州市有栽培。选育者：陈俊通、李小康、赵天榜。

1.7　'褐果'南天竹　新品种　图版 15：8

Nandina domestica Thunb. **'Heguo'**, cv. nov.

本新品种与原品种主要区别：果实亮褐色。

产地：'褐果'南天竹河南郑州市有栽培。选育者：陈俊通、李小康、赵天榜。

1.8　'小叶'南天竹　新品种

Nandina domestica Thunb. **'Xiaoye'**, cv. nov.

本新品种与原品种主要区别：小叶形小；果红色。

产地：'小叶'南天竹河南郑州市有栽培。选育者：陈俊通、李小康、赵天榜。

十九、木兰科

Magnoliaceae Jaume, St. Hilaire, Expos. Fam. Nat. 2：74. 1805；中国科学院中国植物志编辑委员会编辑. 中国植物志 第三十卷 第一分册：82. 1996；丁宝章等主编. 河南植物志（第一册）：508. 1981；郑万钧主编. 中国树木志 第一卷：419. 1983；刘玉壶. 木兰科分类系统的初步研究. 植物分类学报. 第 22 卷. 第 2 期：89～109. 1984；朱长山等主编. 河南种子植物检索表：114～115. 1994；赵天榜等主编. 世界玉兰属植物资源与栽培利用：8～20. 2013；赵天榜等主编. 世界玉兰属植物种质资源志：6～18. 2013；中国科学院西北植物研究所编著. 秦岭植物志 第一卷 种子植物（第二册）：336. 1974；湖北省植物研究所编著. 湖北植物志 第一卷：421. 1976；赵天榜等主编. 河南玉兰栽培：8～20. 2015；王遂义主编. 河南树木志：165. 1994；傅立国等主编. 中国高等植物 第三卷：123. 图78. 2000。

形态特征：常绿，或落叶乔木，或灌木。单叶互生，稀簇生，边缘全缘，稀分裂；具叶柄；托叶大，包被幼芽。小枝具环状托叶痕，或同时在叶柄上留疤痕。花大，通常两性，单生、顶生、腋生。单花具花被片 2 轮至多轮；每轮 3（～4）片，分离，覆瓦状排列，有时外轮花被片较小，呈萼状；雄蕊多数，离生，螺旋状排列在隆起花托下部；花药条形，2 室，内向、侧向纵裂，或外向纵裂，药隔伸长成短尖，或长尖，稀不伸出，花丝短；雌蕊多数、离生、螺旋状排列在花托上部，1 室，具胚珠 2 枚至多枚，2 列着生在腹缝线上；雌蕊群无柄，稀具柄。聚生蓇葖果由多数蓇葖果组成。蓇葖果木质、革质，稀稍为肉质，分离，或部分结合，成熟时通常 2 瓣裂，稀完全合生，干后近基部横裂脱落。每蓇葖果内具 1 至数枚具红色、橙黄色拟假种皮种子，常具一丝状珠柄上悬垂于蓇葖果之外，稀为翅状小坚果。

本科模式属：木兰属 Magnolia Linn.。

产地：本科 3 亚科、4 族、5 亚族、17 属、23 组、16 亚组、6 系，约 300 种，主要分布于亚洲、北美洲各国。我国有 3 亚科、14 属，约 165 种。河南有 3 亚科、8 属、3 亚属、9 组、14 亚组、57 种、23 亚种、85 变种、310 品种。郑州市紫荆山公园有 3 亚科、4 属、8 种栽培。

木兰科亚科、属检索表

1. 叶马褂状，先端截形，或宽凹缺。花后叶开放，单生于当年生新枝顶端。果实为卵球状翅果 …… 鹅掌楸亚科 Magnoliaceae Jaume subfam. Liriodendroideae（Bark.）Law、鹅掌楸属 Liriodendron Linn.
1. 叶全缘，稀开裂。混合芽、花蕾顶生，或玉蕾顶生、腋生及簇生。果实为聚生蓇葖果。
  2. 混合芽、花蕾顶生。花后叶开放，单生于当年生新枝顶端 …… …… 木兰亚科 Magnoliaceae Jaume subfam. Magnolioideae、木兰属 Magnolia Linn.
  2. 玉蕾顶生、腋生及簇生，稀有混合芽及花蕾。花先叶开放，稀花叶近同时开放，或开花 2～3 次。花单生，簇生于前 1 年生枝端、叶腋，稀着生于当年生新枝顶端 …… …… 玉兰亚科 Magnoliaceae Jaume subfam. Yulanialioideae D. L. Fu et T. B. Zhao.
    3. 常绿树种。花蕾顶生、腋生，稀有混合芽。花后叶开放，或有 2～3 次开花。花单生于前 1 年生枝端、叶腋，或着生于当年生新枝顶端、叶腋 …… 含笑属 Michelia Linn.
    3. 落叶树种。玉蕾顶生、腋生及簇生，稀有混合芽。花先叶开放，稀花叶近同时开放，或有 2～3 次开花。花单生、簇生于前 1 年生枝端、叶腋 …… 玉兰属 Yulania Spach.

（一）鹅掌楸亚科

Magnoliaceae Jaume subfam. **Liriodendroideae**（Bark.）Law，刘玉壶. 木兰科分类系统的初步研究. 植物分类学报，第 22 卷 第 2 期：105. 1984；赵天榜等主编. 世界玉兰属植物资源与栽培利用：16～18. 2013；郑万钧主编. 中国树木志 第一卷：507. 1983。

形态特征：落叶乔木；树皮灰白色，纵裂，小块状脱落。小枝具分隔的髓心。冬芽卵球状，为 2 片黏合的托叶所包围。幼叶在芽中对折，向下弯垂。叶互生，马褂形，先端平截，或微凹，近基部具 1 对，或 2 列侧裂，具长柄；托叶与叶柄离生。花单生枝顶，后叶开放，两性。单花具花被片 9～18 枚，3 枚 1 轮，近相等；药室外向开裂；雌蕊群无柄，单雌蕊多数，螺旋状排列，分离，最下部不育，每单雌蕊具胚珠 2 颗，在子房顶端、下垂。聚合果纺锤状，成熟心皮木质，种皮与内果皮愈合，顶端延伸成翅状，成熟时自花托脱落；花托宿存；种子 1～2 枚，具薄而干燥的种皮。

本亚科模式属：鹅掌楸属 Liriodendron Linn.

产地：本亚科植物有 3 种，即鹅掌楸、杂种鹅掌楸、北美鹅掌楸。鹅掌楸原产于我国长江流域以南。杂种鹅掌楸系我国林木育种学家叶培忠教授培育的，现在我国引种很广。河南各地及郑州植物园均有栽培。郑州市紫荆山公园有 1 属、1 种栽培。

（Ⅰ）鹅掌楸属

Liriodendron Linn.，Sp. Pl. 535. 1753；中国科学院中国植物志编辑委员会. 中国植物志 第三十卷 第一分册：194. 1996；朱长山等主编. 河南种子植物检索表：117. 1994；丁宝章等主编. 河南植物志（第一册）：516. 1981；赵天榜等主编. 世界玉兰属植物资源与栽培利用:18. 2013;郑万钧主编. 中国树木志 第一卷:507. 1983;湖北省植物研究所编著. 湖北植物志 第一卷:431~432. 1976;王遂义主编. 河南树木志:170. 1994;傅立国等主编. 中国高等植物 第三卷:156. 2000。

形态特征:本属植物形态特征与亚科相同。

本属模式种:鹅掌楸 Liriodendron chinense(Hemsl.)Sarg.。

产地:木属植物种类:3 种,即鹅掌楸、杂种鹅掌楸、北美鹅掌楸。河南各地及郑州植物园均有栽培。郑州市紫荆山公园有 1 种栽培。

1. 鹅掌楸 图 54 图版 15:9~11

Liriodendron chinense(Hemsl.)Sarg.,Trees and Shrubs:1:103. t. 52. 1903;陈嵘著. 中国树木分类学:300. 图 224. 1937;中国科学院植物研究所主编. 中国高等植物图鉴 第一册:785. 图 1570. 1983;朱长山等主编. 河南种子植物检索表:117. 1994;丁宝章等主编. 河南植物志(第一册):516. 1981;郑万钧主编. 中国树木志. 第一卷:507. 1983;王章荣等编著. 鹅掌楸属树种杂交育种与利用:17~18. 图 2-1. 2004;中国科学院中国植物志编辑委员会. 中国植物志. 第三十卷. 第一分册:196~198. 图版 56. 1996;郑万钧主编. 中国树木志 第一卷:507~508. 图 169. 1983;湖北省植物研究所编著. 湖北植物志 第一卷:432. 图 610. 1976;王遂义主编. 河南树木志:170. 图 159:1~3. 1994;傅立国等主编. 中国高等植物 第三卷:157. 图 243. 2000;李法曾主编. 山东植物精要:240. 图 844. 2004;*Liriodendron tulipifera* Linn. var.? *chinense* Hemsl. in Journ. Linn. Soc. Bot. 23:25. 1886;*Liriodendron tulipifera* Linn. var. *sinensis* Diels in Bot. Jahrb. 29:322. 1900;*Liriodendron sp.*? Marchant Moore in Bot. 13:225. 1875.

形态特征:落叶乔木,树高可达 40.0 m,胸径可达 1.0 m 以上;树皮灰色、黑灰色,大树树皮呈交叉浅纵裂。小枝灰色,或灰褐色。叶马褂形,两边各具 1 裂片,中央 1 裂片先端平截,或浅宽凹缺,老叶背面密被乳头状突起的白粉点;具长柄。花两性,单生枝顶,后叶开放。单花具花被片 9 枚,外轮 3 枚,绿色,向外开展;内

图 54 鹅掌楸 **Liriodendron chinense**
(Hemsl.)Sarg.
1. 花枝;2. 雄蕊背腹面;3. 聚合果;4. 翅状小坚果
(引自《中国树木志》)。

2 轮花瓣 6 枚,直立,具浅黄色纵条纹;雄蕊多数分离,花药长 1.0~1.6 cm,花丝长 5.0~6.0 mm;离心皮雌蕊多数,覆瓦状密生于纺锤形的花托上,胚珠 2 枚。聚合果纺锤状,长 7.0~9.0 cm,由许多具翅小坚果组成,成熟时自花托飞落。花期 5 月;果成熟期 10 月。

产地:鹅掌楸原产于我国,分布于长江流域以南各省(区);越南北部也有分布。河南各地及郑州植物园均有栽培。郑州市紫荆山公园有栽培。

识别要点:鹅掌楸树皮裂纹不明显。小枝灰色,或灰褐色。叶马褂形。花被片绿色,具黄色纵条纹。翅状小坚果先端钝。

生态习性:鹅掌楸为落叶大乔木;树干通直,树体壮观。喜光树种,生长较快,适应性强,喜土层深厚、肥沃、湿润沙壤土、壤土,不耐水湿、盐碱地。

繁育与栽培技术要点:鹅掌楸播种育苗、扦插繁殖、嫁接繁殖。植树与造林时,苗木通常采用裸根穴栽,幼树通常采用带土穴栽,有时适当疏枝,或截枝,及时灌水,确保成活。

主要病虫害:鹅掌楸主要虫害有天牛、布袋蛾等。其防治技术,见杨有乾等编著. 林木病虫害防治. 河南科学技术出版社,1982。

主要用途:鹅掌楸落叶大乔木,树干通直,生长较快,叶形奇特,花美丽,是优良的观赏树种。其木材结构细致均匀,是大型建筑用材,还是优良的纤维原料及胶合板用材。树皮入药,祛水湿风寒。

(二) 木兰亚科

Magnoliaceae Jaume subfam. **Magnolioideae** Harms in Ber. Deutsch. Bot. Ges. 15:358. 1897;刘玉壶. 木兰科分类系统的初步研究. 植物分类学报,第 22 卷 第 2 期:105. 1984;赵天榜等主编. 世界玉兰属植物资源与栽培利用:16. 2013;郑万钧主编. 中国树木志 第一卷:421. 1983。

形态特征:常绿,或落叶,乔木,或灌木。叶边缘全缘,稀分裂,或先端凹缺而呈 2 裂。花先叶开放。花被片近相似,外轮花被片稀为萼片状;花药药室内向开裂,或侧向开裂。蓇葖果沿腹缝线开裂,或背缝线开裂、周裂,稀不规则开裂。种皮为拟假种皮,与内果皮分离。

本亚科模式属:木兰属 Magnolia Linn.。

产地:本亚科植物约 13 属、240 余种。中国有 10 属、约 90 种。河南各地有栽培。郑州市紫荆山公园有 1 属、1 种栽培。

(Ⅱ) 木兰属

Magnolia Linn. ,Sp. Pl. 535. 1753;中国科学院中国植物志编辑委员会. 中国植物志 第三十卷 第一分册:108. 1996;赵天榜等编著. 木兰及其栽培:8. 1992;郑万钧主编. 中国树木志 第一卷:440. 1983;中国科学院西北植物研究所编著. 秦岭植物志 第一卷 种子植物(第二册):337. 1974;湖北省植物研究所编著. 湖北植物志 第一卷:421 ~ 422. 1976;朱长山等主编. 河南种子植物检索表:115. 1994;丁宝章等主编. 河南植物志(第一册):509. 1981;王遂义主编. 河南树木志:165. 1994;傅立国等主编. 中国高等植物 第三卷:130 ~ 131. 2000。

形态特征:常绿,或落叶乔木,或灌木。叶边缘全缘;托叶膜质。花两性,单生枝顶。单花具花被片 9 ~ 12 枚,每轮 3 ~ 4 枚,近相等;花丝扁平,药隔伸出呈长尖、短尖,稀不伸出,药室内向开裂,或侧向开裂;雌雄蕊群相连,稀具雌蕊群柄;心皮离生,少数至多数,具2 枚胚珠,稀 3 ~ 4 枚胚珠。聚生蓇葖果由多数蓇葖果组成,成熟后沿腹缝线开裂。每蓇葖果具种子 1 ~ 2 枚,外种皮为拟假种皮,鲜红色、橙黄色,带肉质,含油分,内种皮坚硬,珠柄有细绊与胚座相连,悬垂于果外。

本属模式种:Magnolia virginiana Linn.。

产地:木兰属植物约有 90 种。中国、日本、马来群岛、北美洲和中美洲各国有分布。我国约有 30 种。河南引种栽培 1 种、2 品种。郑州市紫荆山公园有 1 种栽培。

1. 荷花木兰　图 55　图版 16:1~4

Magnolia grandiflora Linn.,Syst. Nat. ed. 10,2:1802. 1759;陈嵘著. 中国树木分类学:296~297. 图 219. 1937;侯宽昭编著. 广州植物志 79. 图 21. 1956;陈焕镛等主编. 海南植物志 第一卷:224. 1964;中国科学院植物研究所主编. 中国高等植物图鉴 第一册:791. 1582. 1983;郑万钧主编. 中国树木志 第一卷:454~454. 图 136. 1983;陈封怀主编. 广东植物志 第一卷:8. 图 7. 1987;赵天榜等编著. 木兰及其栽培:40~41. 1992;湖北省植物研究所编著. 湖北植物志 第一卷:426~427. 图 602. 1976;朱长山等主编. 河南种子植物检索表:116. 1994;丁宝章等主编. 河南植物志(第一册):510. 图 655. 1981;王遂义主编. 河南树木志:166. 图 151. 1994;傅立国等主编. 中国高等植物 第三卷:137. 图 208. 2000;李法曾主编. 山东植物精要:239. 图 841. 2004。

形态特征:常绿乔木,高 30.0 m;树皮淡褐色,或灰色,薄鳞片状开裂。小枝粗壮,具横隔的髓心。芽、幼枝、叶背、叶柄均密被绣褐色,或黄灰色绒毛。叶厚革质,椭圆形,长圆－椭圆形,稀倒卵圆－椭圆形,长 16.0~20.0 cm,宽 4.0~10.0 cm,先端钝圆,或短钝尖,基部宽楔形,边缘微反卷,表面深绿色,具光泽,侧脉每边 8~10 条;叶柄长 1.5~4.0 cm,粗壮,具深沟,初密生锈色绒毛;托叶与叶柄分离。花白色,荷花状,径 15.0~20.0 cm。单花具花被片 9~12 枚,形状近似倒卵圆形,肉质,长 6.0~10.0 cm,宽 5.0~7.0 cm;雄蕊长约 2.0 cm,花丝扁平,紫红色,花药内向纵裂,药隔伸出成短尖;雌蕊群椭圆体状,无柄,密被长绒毛;单雌蕊卵球状,长 1.0~1.5 cm,花柱呈卷曲状。聚生蓇葖果圆柱状,或卵球状,长 7.0~

图 55　荷花木兰 Magnolia grandiflora Linn.
1. 花枝;2. 聚合果;3. 种子(引自《中国树木志》)。

10.0 cm,径 4.0~5.0 cm,密被锈褐色,或黄灰色绒毛;成熟蓇葖果沿背缝线开裂,背面圆,先端外曲呈喙状。种子近卵球状,长约 14 mm,径约 6 mm,拟假种皮红色。花期 5~6月;果实成熟期 10 月。

产地:荷花木兰原产于北美洲各国。我国有引种栽培。河南引种栽培 1 种、2 品种。郑州市紫荆山公园有栽培。

识别要点:荷花木兰为常绿乔木。初夏开花;花大,白色,状如荷花,芳香。

生态习性:荷花木兰为喜光树种,生长较快,适应性较强,喜土层深厚、肥沃、湿润沙壤土、酸性壤土,不耐水湿、盐碱地,不耐寒冷。该种在河南黄河以北地区常遭冻害,不能栽培。

繁育与栽培技术要点:荷花木兰采用播种育苗。嫁接繁殖,常用望春玉兰作砧木进行嫁接繁殖。植树与造林时,苗木通常采用裸根穴栽,幼树通常采用带土穴栽,有时适当疏枝,或截枝,及时灌水,确保成活。

主要病虫害:荷花木兰常遭介壳虫危害。同时,还遭冻害、日灼之害。其防治技术,见杨有乾等编著. 林木病虫害防治. 河南科学技术出版社,1982。

主要用途:荷花木兰常绿乔木,树干通直,生长较快,枝叶浓密,是优良的观赏树种。

(三) 玉兰亚科

Magnoliaceae Jaume subfam. **Yulanialioideae** D. L. Fu et T. B. Zhao,赵天榜等主编. 世界玉兰属植物资源与栽培利用:19 ~ 20. 2013;赵天榜等主编. 河南玉兰栽培:154 ~ 155. 2015。

形态特征:落叶乔木,或灌木。花先叶开放,或花叶同时开放、花后叶开放。玉蕾顶生,或腋生,或簇生呈总状聚伞花序。玉蕾有:缩台枝、芽鳞状托叶、雏枝、雏芽和雏蕾组成;外轮与内轮花被片形态相似,大小近相等,或外轮花被片退化呈萼状;花药内侧向开裂,或侧向开裂。

本亚科模式属:玉兰属 Yulania Spach。

产地:本亚科植物有63 种、5 杂交种,主要分布于我国。日本有3 种分布。美国和加拿大等1 种。河南分布与栽培有2 属、3 亚属、51 种、85 变种、310 品种。郑州市紫荆山公园有2 属、6 种栽培。

本亚科植物分属检表

1. 常绿树种。花蕾顶生、腋生,稀有混合芽。花后叶开放,或有2 ~ 3 次开花。花单生于前1 年生枝端、叶腋,或着生于当年生新枝顶端、叶腋 ……………………… 含笑属 Michelia Linn.
1. 落叶树种。玉蕾顶生、腋生及簇生,稀有混合芽。花先叶开放,稀花叶近同时开放,或有2 ~ 3 次开花。花单生、簇生于前1 年生枝端、叶腋………………………… 玉兰属 Yulania Spach.

(Ⅲ) 玉兰属

Yulania Spach in Hist. Nat. Vég. Phan. 7:462. 1839;傅大立. 玉兰属的研究. 武汉植物学研究,19(3):191 ~ 198. 2001;田国行等. 玉兰属植物资源与新分类系统的研究. 中国农学通报,22(5):405. 2006;赵东武等. 河南玉兰亚属植物资源与开发利用的研究. 安徽农业科学,36(22):9488. 2008;赵天榜、田国行等主编. 世界玉兰属植物种质资源与栽培利用:165 ~ 167. 2013;赵天榜等主编. 世界玉兰属植物种质资源志:6 ~ 7. 2013;赵天榜等主编. 河南玉兰栽培:141. 2015;中国科学院中国植物志编辑委员会. 中国植物志第三十卷 第一分册:126. 1996;郑万钧主编. 中国树木志 第一卷:455 ~ 466. 1983;丁宝章等. 中国木兰属植物腋花、总状花序的首次发现和新分类群. 河南农业大学学报,19(4):359. 1985;傅大立等. 关于木兰属玉兰亚属分组问题的探讨. 中南林学院学报,19(2):6 ~ 11. 1999;*Magnolia* Linn. subgen. *Yulania*(Sapch)Reichebach,王亚玲等. 西北林学院学报,21(3):37 ~ 40. 2006;*Lassonia* Buc'hoz,Pl. Nouv. Décour. 21. t. 19. f. 1. 1779,descr. Manca falsaque;*Magnolia* Linn. subgen. *Yulania*(Spach)Reichenbach in Der Dectsche Bot. ,I. 192. 1841;*Magnolia* Linn. subgen. *Pleurochasma* Dandy in J. Roy. Hort. Soc. ,75:

161. 1950;*Magnolia* Linn. subgen. *Yulania*(Spach)Reichenbach in Der Dectsche Bot.,1(1):192. 1841.

形态特征:落叶乔木,或灌木。小枝上具环状托叶痕。叶多种类型:倒卵圆形、椭圆形、圆形,或奇形等,先端钝圆、钝尖、微凹、急尖,或不规则形、浅裂,或深裂,或不规则形,基部楔形,稀近圆形。玉蕾形状、大小不等,顶生,或腋生,稀簇生,明显呈总状聚伞花序。玉蕾由缩台枝、芽鳞状托叶、雏枝、雏芽和雏蕾组成。缩台枝通常3~5节,稀1~2节,或>6节,明显增粗,稀纤细,密被长柔毛,稀无毛。每玉蕾具芽鳞状托叶3~5枚,稀1~2枚,或>6枚,始落期从6月中、下旬开始,至翌春开花前脱落完毕,稀有开花前脱落。花先叶开放,花叶同时开放,稀花后叶开放。每种具1种花型,稀2至多种花型;每花具佛焰苞状托叶1枚,膜质,外面疏被长柔毛,稀2枚,其中1枚肉质,外面无毛,稀无佛焰苞状托叶。花两性。单花具花被片9~21(~32)枚,稀6~8枚,或33~48枚,稀外轮花被片稍小,或萼状;雄蕊多数,药隔先端急尖,具短尖头,稀钝圆;花丝短、宽,通常与花药等宽,或稍宽;雌蕊群无雌蕊群柄;离生单雌蕊子房无毛,稀被毛;雄蕊和离生单雌蕊紫红色,或亮粉红色等;雄蕊群与雌蕊群等高,或包被雌蕊群;缩台枝、花梗和果枝粗、短,密被长柔毛,稀无毛。聚生蓇葖果常因部分单雌蕊不发育而弯曲;蓇葖果先端钝圆,或具短喙,成熟后沿背缝线开裂成2瓣。

本属模式种:玉兰 Yulania denudata(Desr.)D. L. Fu。

产地:本属植物有63种和5杂交种。中国分布53种(不包括引种栽培的4种)。日本分布3种。朝鲜半岛有2种。美洲仅分布渐尖玉兰 Yulania acuminata(Linn)D. L. Fu 1种及其变种。滇藏玉兰(滇藏木兰)Y. campbellii(Hook. f. & Thoms.)D. L. Fu 在印度东北部、缅甸北部、不丹、尼泊尔、锡金有分布。欧洲各国的本属植物均为引栽种,或以杂交种为主。河南各地有栽培。郑州市紫荆山公园栽培有5种、2变种、2品种。

本属植物分种检索表

1. 单花具花被片有萼、瓣之分。离生单雌蕊子房被毛。瓣状花被片匙状椭圆形,外面中部以下紫色。叶椭圆形,先端长尖,短尖或短渐尖 ……………… 望春玉兰 Yulania biondii(Pamp.)D. L. Fu
1. 单花具花被片9枚,花瓣状。
  2. 花被片白色,外面基部具紫红色晕或亮粉红色。叶倒卵圆形,背面被短柔毛,主脉、侧脉被短柔毛 ………………………………………… 玉兰 Yulania denudata(Desr.)D. L. Fu
  2. 单花具花被片9枚,外面花被片淡紫色,外轮花被片为内轮花被片长的2/3。叶、玉蕾和花等具有多型性 ……………… 朱砂玉兰 Yulania soulangiana(Soul. – Bod.)D. L. Fu

1. 玉兰 图56 图版16:5~11

Yulania denudata(Desr.)D. L. Fu,傅大立. 玉兰属的研究. 武汉植物学研究,19(3):198. 2001;中国科学院昆明植物研究所编著. 云南植物志. 第十六卷:28. 2006;田国行等. 玉兰属植物资源与新分类系统的研究. 中国农学通报,22(5):407. 2006;赵东武等. 河南玉兰属植物种质资源与开发利用的研究. 安徽农业科学,36(22):9488. 2008;孙军等. 玉兰种质资源与分类系统的研究. 安徽农业科学,36(5):1826. 2008;赵天榜、田国行等主编. 世界玉兰属植物资源与栽培利用:198~200. 图9-7. 图版2:21~23. 2013;

赵天榜等主编. 世界玉兰属植物种质资源志:29~30. 2013;赵天榜等主编. 河南玉兰栽培:165. 图9-6. 2015;郑万钧. 中国植物学杂志,1:302. 1934;周汉藩著. 河北习见树木图说(THE FAMILIAR TREES OF HOPEI by H. F. Chow):170~172. 图63. 1934;陈嵘著. 中国树木分类学:286. 图211. 1937;侯宽昭编著. 广州植物志:80~81. 图22. 1956;裴鉴等主编. 江苏南部种子植物手册:295. 图467. 1959;商业部土产废品局等主编. 中国经济植物志 下册:1306~1307. 图1031. 1961;南京林学院树木学教研组编. 树木学 上册:146. 图82:1961;中国科学院植物研究所主编. 中国高等植物图鉴 第一册:786. 图1572. 1983;郑万钧主编. 中国树木志 第一卷:460~461. 图140. 1983;华北树木志编写组编. 华北树木志:200. 图193. 1984;河北植物志编辑委员会. 河北植物志 第一卷:488~489. 图500. 1986;西南林学院等编著. 云南树木图志 上册:187. 图版82:1988;李心书等主编. 辽宁植物志 上册:455~456. 图184. 1988;安徽经济植物志增修编写办公室等. 安徽经济植物志 上册:290~291. 图370. 1990;牛春山主编. 陕西树木志:281~282. 图274. 1990;王景祥主编. 浙江植物志 第二卷:333. 图3-438. 1992;戴天澍等主编. 鸡公山木本植物图鉴:93. 1991;中国科学院中国植物志编辑委员会. 中国植物志 第三十卷 第一分册:131~132. 1996;朝日新闻社编. 朝日园芸植物事典. 189. 彩图. 1987;江苏省植物研究所编. 江苏植物志 下册:197. 图1035. 1982;张启泰等. 奇花异木:94. 1988;中国科学院西北植物研究所编著. 秦岭植物志 第一卷 种子植物(第二册):338. 1974;卢炯林等主编. 河南木本植物图鉴:26. 1998;刘玉壶主编. 中国木兰. 54~57. 彩图. 图. 2004;傅立国等主编. 中国高等植物 第三卷:138. 图210. 彩片166. 2000;湖北省植物研究所编著. 湖北植物志 第一卷:422~423. 图549. 1976;王遂义主编. 河南树木志:168~169. 图155. 1994;傅立国等主编. 中国高等植物 第三卷:138. 图210. 2000;李法曾主编. 山东植物精要:238. 图834. 2004;*Magnolia obovata* Thunb. in Trans. Linn. Soc. Lond. II. 336. 1794, quoad syn. "Kaempfer Icon. t. 43";*Magnolia obovata* Thunb. [var.]*a. denudata* DC., Règ. Vég. Syst. I. 457. 1818, exclud. syn. Kaempferi et Thunb. ;*Magnolia obovata* Thunb. var. *denudata*(Desr.)DC., Prodr. I. 81. 1824;*Magnolia hirsuta* Thunb., Pl. Jap. Nov. Sp. 8(nomen nudum). 1824, secund. specim. Originale; *Magnolia precia* Correa de Serra ex Vent., Jard. Malmais. sub t. 24. nota 2. 1803, nom. ; *Magnolia kobus* sensu Sieb. & Zucc. in Abh. Math. – Phys. Cl. Akad. Wiss. Münch. 4 (2):187(Fl. Jap. Fam. Nat. 1:79). 1845, p. p. ;no. DC., 1817;*Magnolia Yulan* Desf., Hist. Arb. II. 6. 1809;*Gwillimia Yulan*(Desf.)C. de Vos, Handb. Boom. Heest. ed. II. 116. 1887;*Yulania conspicua*(Salisb.) Spach, Hist. Nat. Vég. 22:464. 1839;*Magnolia conspicua* Salisb., Parad. Lond. I. t. 38. 1806;*Lassonia heptapeta* Buc'hoz, Pl. Nouv. Découv. 21,t. 19. Paris 1779, descry. manca falsaque;Coll. Préc. Fl. Cult. Tom. 1, Pl. IV. 1776. f. 4-14;*Magnolia heptapeta*(Buc'hoz) Dandy in Journ. Bot. 72:103. 1934; *Magnolia denudata* Desr. in Lama. Encycl. Méth. Bot. III. 675. 1791. exclud. syn. "Mokkwuren Kaempfer";*Magnolia denudata* Desr. in Sargent, Pl. Wils. I. 399. 1913; *Mokkwuren florealbo* Kaempfer, Amoen. V. 845. 1712;*Yulan cibot* in Batteux, Mém. Hist. Chinois III. 441. 1778;*Mokkwuren florealbo* 1. Banks,Ioon. Kaempfer,t. 43. 1791;*Magnolia precia* Correa de Serra apud Ventenat, Jard. Malm. nota, 2, ad. t. 24(nomen nudum)1803.

形态特征:落叶乔木。小枝淡灰褐色,被短柔毛;幼枝紫褐色、灰绿色,或浅黄绿色,被短柔毛,后无毛。玉蕾顶生,卵球状,大小不等;芽鳞状托叶 4~6 枚,外层第 1 枚芽鳞状托叶外面密被浅黄色短柔毛,始落期 6 月中、下旬,内层几枚芽鳞状托叶外面密被浅黄色长柔毛。叶厚纸质,倒卵圆形、宽倒卵圆形,或倒卵圆 – 椭圆形,长 7.0~21.5 cm,宽 4.0~16.0 cm,先端钝圆,具短尖头,或平截,具短尖头,从中部向下渐窄,基部楔形、宽楔形,边缘全缘,基部边缘不下延,表面深绿色,初疏被短柔毛,后无毛,沿脉被短柔毛,背面淡绿色,被长柔毛,后仅在中脉两侧有长柔毛,两面侧脉明显可见;叶柄长 1.0~2.5 cm,粗壮,表面中央具小纵沟,疏被长柔毛,后无毛;托叶痕为叶柄长度的 1/4~1/3。花先叶开放,直立,径 10.0~16.0 cm,杯状,芳香。单花具花被片 9 枚,稀 7、8、10(~18)枚,白色,有时外面基部带粉红色晕,形状近相似,长圆状倒卵圆形、匙状卵圆形,长 5.0~12.0 cm,宽 2.5~6.0 cm,先端钝圆,稍内曲;雄蕊多数,长 7~13 mm,花丝长 3~4 mm,花药长 6~7 mm,药室侧向纵裂,药隔伸出呈窄三角状短尖头;雌蕊群圆柱状,长 2.0~2.5 cm;离生单雌蕊多数;子房狭卵球状,长 3~4 mm,无毛,锥状花柱长约 4 mm;花梗长 1.0~2.0 cm,密被浅黄色长柔毛。聚生蓇葖果圆柱状、卵球状,长 8.0~15.0 cm,径 3.0~5.0 cm,淡褐色,常因部分离生单雌蕊不发育而扭曲;缩台枝和果梗粗壮,被长柔毛;蓇葖果厚木质,扁球状,褐色,具白色皮孔。花期 3~4 月;果实成熟期 8~9 月。

产地:玉兰特产我国,现长城以南各地,如河北、山西、广东、江西、安徽、浙江、河南、湖北、贵州等各省(区、市)广泛栽培。欧美各国常有引种栽培。河南各地有栽培。郑州市紫荆山公园有栽培。

识别要点:玉兰为落叶乔木。玉蕾顶生,卵球状,大小不等;芽鳞状托叶 4~6 枚,外层第 1 枚始落期 6 月中、下旬。叶通常倒卵圆形,先端钝圆,具短尖头,基部楔形。花先叶开放。单花具花被片 9 枚,稀 7、8、10(~18)枚,白色,有时外面基部带粉红色晕,形状近相似;离生单雌蕊子房狭卵球状,无毛;花梗密被浅黄色长柔毛。聚生蓇葖果圆柱状、卵球状,常因部分离生单雌蕊不发育而扭曲;缩台枝和果梗粗壮,被长柔毛。

图 56　玉兰 Yulania denudata(Desr.) D. L. Fu
1. 花枝;2. 枝叶(引自《中国树木志》)。

生态习性:玉兰适应性强、寿命长。喜光树种,不耐阴。喜土层深厚,土壤肥沃、湿润的壤土,重黏土、沙壤土。重盐碱土、地势低洼积水地、茅草丛生地,不宜栽培。

繁育与栽培技术要点:玉兰采用播种育苗、嫁接繁殖、植苗栽植。大苗、幼树移栽,必须带土移栽。繁育与栽培技术,见赵天榜等主编. 世界玉兰属植物种质资源志;2013;赵天榜、宋良红等主编. 河南玉兰栽培:2015。栽培技术通常采用穴栽,大苗、幼树采用带土穴栽。

主要病虫害:玉兰有多种病害、虫害、自然灾害、鼠害等。其防治技术,见杨有乾等编著. 林木病虫害防治. 河南科学技术出版社,1982。

主要用途:玉兰适应性强、寿命长、花大,是优良观赏绿化、用材林树种。玉蕾入中药,作"辛夷"。玉蕾挥发油中含有月桂烯(myrcene)14.3% β – 桉叶油醇(β – eucalypiol)5.43%等,特别是含有抗癌物质——β – 桉叶油醇,很有开发利用前景。据徐植灵等测定,玉蕾挥发油中含有 α – 蒎烯(α – pinene)39.05%、柠檬烯(limonene)10.14%、1,8 – 桉叶素(1,8 – cineole)8.26%等,是提取香料的原料。

变种、品种:

1.1　玉兰　原变种

Yulania denudata(Desr.)D. L. Fu var. **denudata**,赵天榜、田国行等主编. 世界玉兰属植物资源与栽培利用:200. 2013;赵天榜等主编. 世界玉兰属植物种质资源志:31. 2013。

1.2　黄花玉兰

Yulania denudata(Desr.)D. L. Fu var. **flava**(T. B. Zhao et Z. X. Chen)D. L. Fu, T. B. Zhao et Z. X. Chen,田国行等. 玉兰新分类系统的研究. 植物研究,26(1):35. 2006;赵天榜、田国行等主编. 世界玉兰属植物资源与栽培利用:202. 图版3:1. 2013;赵天榜等主编. 世界玉兰属植物种质资源志:32～33. 2013;赵天榜等主编. 河南玉兰栽培:168. 图版23:1～4. 2015;——*Magnolia denudata* Desr. var. *flava* T. B. Zhao et Z. X. Chen,赵天榜等编著. 木兰及其栽培. 15～16. 1992。

本变种花浅黄色,或黄色。单花具花被片9枚,匙状卵圆形,先端钝圆。

产地:黄花玉兰产于河南南召县。郑州市紫荆山公园有栽培。

1.3　塔形玉兰　图版16:12

Yulania denudata(Desr.)D. L. Fu var. **pyrandalis**(T. B. Zhao et Z. X. Chen)T. B. Zhao,Z. X. Chen et D. L. Fu,田国行等. 玉兰新分类系统的研究. 植物研究,26(1):35. 2006;赵天榜、田国行等主编. 世界玉兰属植物资源与栽培利用:200. 2013;赵天榜等主编. 世界玉兰属植物种质资源志:31. 2013;赵天榜等主编. 河南玉兰栽培:166. 图版19:1～5. 2015;*Magnolia denudata* Desr. var. *pyrandalis* T. B. Zhao et Z. X. Chen,丁宝章等. 河南木兰属新种和新变种. 河南农业大学学报,4:11. 1983。

本变种树冠塔状;侧枝少、细,与主干呈25°～30°着生。小枝细,直立伸展。单花具花被片9枚,匙状卵圆形,先端钝圆,白色,外面中、基部具紫色晕。聚生蓇葖果圆柱状,长12.0～15.0 cm,径3.5～4.0 cm。蓇葖果厚木质,卵球状,淡红褐色;缩台枝和果梗不膨大,灰褐色,无毛,或微被毛。花期4月;果实成熟期8月。

产地:塔形玉兰产于河南。郑州市紫荆山公园有栽培。

2.　望春玉兰　图57　图版17:1～5

Yulania biondii(Pamp.)D. L. Fu,傅大立. 玉兰属的研究. 武汉植物学研究,19(3):198. 2001;田国行等. 玉兰属植物资源与新分类系统的研究. 中国农学通报,22(5):407. 2006;赵东武等. 河南玉兰属植物种质资源与开发利用的研究. 安徽农业科学,36(22):

9488. 2008；孙军等. 望春玉兰品种资源与分类系统的研究. 安徽农业科学，36（22）：
9492～9492. 9501. 2008；赵天榜、田国行等主编. 世界玉兰属植物资源与栽培利用：
260～262. 图9－28. 图版7：1～5. 2013；赵天榜等主编. 世界玉兰属植物种质资源志：
63～64. 2013；赵天榜、宋良红等主编. 河南玉兰栽培：233～234. 图9－29：1、图版2：5、
图版3：11、图版5、图版63. 2015；中国科学院西北植物研究所编著. 秦岭植物志 第一卷
种子植物（第二分册）：339. 图288. 1974；湖北省植物研究所编著. 湖北植物志 第一卷：
424. 图597. 1976；郑万钧主编. 中国树木志 第一卷：465. 1983；牛春山主编. 陕西树木
志：278～279. 图271. 1990；安徽经济植物志增修编办公室等. 安徽经济植物志 上册：
289. 图368. 1990；中国科学院中国植物志编辑委员会. 中国植物志 第三十卷 第一分册：
136. 138. 图版34：1～10. 1996；卢炯林等主编. 河南木本植物图鉴：27. 图79. 1999；刘
玉壶主编. 中国木兰：36～37. 图. 彩图. 2004；傅立国等主编. 中国高等植物 第三册：
139～140. 图214. 2000；刘玉壶主编. 中国木兰：44～45. 图. 彩图3幅. 2004；邢福武主
编. 中国的珍稀植物：45～46. 2006；王遂义主编. 河南树木志：167. 图154：1～3. 1994；
傅立国等主编. 中国高等植物 第三卷：139～140. 图214. 2000；李法曾主编. 山东植物精
要：237. 图832. 2004；*Magnolia aulacosperma* Rehd. & Wils. in Sargent，Pl. Wils. I. 396～
397. 1913；*Magnolia fargesii*（Finet & Gagnep.）Cheng in Journ. Bot. Soc. China. 1（3）：
296. 1934；*Magnolia conspicua* Salisb. var. *fargesii* Finet & Gagnep. in Bull. Soc. Bot.
France（Mém.）4：38. 1905；*Magnolia obovata sensu* Pavolini in Nuov. Giorn. Bot. Ital. no. sér. 17：275. 1910；18. t. 3 1911；*Lassonia quinquepeta* Buc'hoz，Pl. Nouv. Décour.，21. t. 19. f. 2. 1779；*Magnolia quinquepeta*（Buc'hoz）Dandy，Journ. Bot.，72：103. 1934，non Buc'hoz（1779）；*Magnolia fargesii*（Finet & Gagnep.）Cheng in Journ. Bot. Soc. China，1（3）：296. 1934；*Magnolia denudata* Desr. var. *fargesii*（Finet & Gagnep.）Pamp. in Bull. Soc. Tosc. Ortic.，20：200. 1915；*Magnolia biondii* Pamp. in Nuov. Giorun Bot. Ital. no. sér. 17：275. 1910.

　　形态特征：落叶乔木，高达20.0 m；胸径达1.5 m；树皮灰褐色，平滑，老龄时基部粗糙，黑褐色，纵裂。小枝细，绿紫色、黄褐色，或浅黄绿色，初被短柔毛，后无毛。玉蕾卵球状，长1.7～3.0 cm；芽鳞状托叶4～6枚，外面密被浅黄色长柔毛。叶互生，纸质，长卵圆形、狭卵圆

图57　望春玉兰 Yulania biondi
（Pamp.）D. L. Fu
1. 果枝；2. 花枝；3. 雄蕊群和雌蕊群；4. 果实
（选自《秦岭植物志》）。

形、椭圆形、倒卵圆－椭圆形，长10.0～21.7 cm，宽3.5～6.5（～11.0）cm，先端短渐尖、渐尖，基部圆形，稀楔形，表面暗绿色，具光泽，初被长柔毛，后无毛，背面淡绿色、灰绿色，

通常被短柔毛,后无毛,沿脉疏被短柔毛,侧脉 10 ~ 15 对;叶柄浅黄绿色,长 1.0 ~ 2.0
cm;托叶膜质,早落,托叶紧贴于叶柄基部,托叶痕长 1 ~ 4 mm,为叶柄长度的 1/5 ~ 1/3。
花先叶开放,径 6.0 ~ 12.0 cm,芳香。单花具花被片 9 枚,外轮花被片 3 枚,萼线形等,长
3 ~ 15 mm,膜质,早落,内轮花被片 6 枚,薄肉质,白色,或白色,外面主脉、基部淡紫色,有
时紫色,内面白色,匙 - 椭圆形,或倒卵圆 - 披针形,长 4.0 ~ 6.0 cm,宽 1.3 ~ 2.5 cm,先
端短尖;雄蕊多数,长 8 ~ 10 mm,花丝短于花药,药室侧向纵裂,药隔伸出短尖头;离生单
雌蕊多数;子房无毛,花柱先端内曲,微有紫色晕;花梗长 7 ~ 11 mm,密被浅黄色柔毛。聚
生蓇葖果圆柱状,不规则弯曲,长 6.0 ~ 14.5(~ 25.3) cm;果梗粗壮,宿存长柔毛;蓇葖果
球状、近球状,表面疏被疣点,先端无喙。花期 2 ~ 4 月;果实成熟期 8 ~ 9 月。聚生蓇葖果
成熟后常 1 ~ 3 年悬挂树上不脱落。

产地:望春玉兰特产我国,分布于陕西、河南、湖北、安徽、四川等省。河南南召山区有
分布。河南南召、鲁山县有大面积人工栽培。郑州市紫荆山公园有栽培。

识别要点:望春玉兰为落叶乔木。玉蕾卵球状,具芽鳞状托叶 4 ~ 6 枚,8 ~ 10 月相继
脱落至翌春花前脱落完。叶纸质,通常长卵圆形至狭椭圆形。花先叶开放。单花花被片
9 枚,外轮花被片 3 枚,萼形,早落,内轮花被片 6 枚,花瓣状,薄肉质,通常白色,外面主
脉、基部淡紫色,有时紫色;离生单雌蕊子房无毛;花梗密被浅黄色柔毛。聚生蓇葖果圆柱
状,不规则弯曲。聚生蓇葖果成熟后常 1 ~ 3 年悬挂树上不脱落。

生态习性:望春玉兰为喜光树种,不耐阴。喜土层深厚;土壤肥沃、湿润的壤土,重黏
土、沙壤土。重盐碱土、地势低洼积水地、茅草丛生地,不宜栽培。

繁育与栽培技术要点:望春玉兰采用播种育苗、嫁接繁殖、植苗栽植。大苗、幼树移
栽,必须带土包裹移栽。繁育与栽培技术,见赵天榜等. 河南主要树种育苗技术:214 ~
216. 1982;赵天榜、宋良红等主编. 河南玉兰栽培:233 ~ 234. 图9 ~ 29:1. 2015。栽培技
术通常采用穴栽,大苗、幼树采用带土穴栽。

主要灾害:望春玉兰有多种病害、虫害、自然灾害、鼠害等。其防治技术,见杨有乾等
编著. 林木病虫害防治. 河南科学技术出版社,1982。

主要用途:望春玉兰玉蕾入中药,称"辛夷",是珍贵中药材,也是香精制品的重要原
料,还是我国重要中药材出口物资之一。玉蕾挥发油中含有 α - 松油醇(α - terpineol)
11.00 % 、α - 毕澄茄醇(α - cadinol)5.20 % 、金合欢醇(farneso)10.90 % 等,特别是部分
品种具有较高含量的名贵香料成分——金合欢醇,是优良的香料原料,具有巨大的开发利
用潜力。树形美观,生长快,材质好,是优良的绿化观赏树种和用材树种。树根发达,适应
性强,是我国长江中游山区绿化和水土保持林、水源涵养林的优良树种。此外,它与木兰
科多种树种的嫁接亲和力强,是优良的砧木资源。

品种:

1.1　望春玉兰　原品种

Yulania biondii(Pamp.)D. L. Fu '**Biondii**'

1.2　'小蕾'望春玉兰　品种　图版 17:6

Yulania biondii(Pamp.)D. L. Fu '**Parvialabastra**',孙军等. 望春玉兰品种资源与
分类系统的研究. 安徽农业科学,36(22):9492. 2008;赵天榜、田国行等主编. 世界玉兰

属植物资源与栽培利用:265. 2013;赵天榜、宋良红等主编. 河南玉兰栽培:240~241. 2015;丁宝章等. 河南木兰属新种和新变种. 河南农学院学报,4:8. 1983;黄桂生等. 河南辛夷品种资源的调查研究. 河南科技,增刊:29. 1991;*Magnolia biondii* Pamp. var. *parvialabastra* T. B. Zhao,Y. H. Ren et J. T. Gao.

本品种玉蕾顶生,卵球状,小,长1.6~2.4 cm,平均2.0 cm,径0.7~1.4 cm;平均1.0 cm;芽鳞状托叶4枚,外面丝状柔毛较长,稀疏. 花径7.4~9.2 cm. 单花具花被片9枚,外轮花被片3枚,萼线形,或长三角形;内两轮花被片花瓣状,长椭圆形,先端钝圆,长4.2~9.6 cm,宽0.9~1.9 cm,内面浅黄白色,外面中、基部紫色,上部具淡紫色小斑点.

产地:'小蕾'望春玉兰产于河南南召县. 选育者:赵天榜、任云和、高聚堂. 郑州市紫荆山公园有栽培.

3. 朱砂玉兰　图58　图版17:7~9

Yulania soulangeana(Soul. – Bod.)D. L. Fu,傅大立. 玉兰属的研究. 武汉植物学研究,19(3):198. 2001;中国科学院昆明植物研究所主编. 云南植物志 第十六卷:29. 2006;郑万钧主编. 中国树木志 第一卷:465. 1983;田国行等. 玉兰属植物资源与新分类系统的研究. 中国农学通报,22(5):409. 2006;赵东武等. 河南玉兰属植物种质资源与开发利用的研究. 安徽农业科学,36(22):9489. 2008;赵天榜、田国行等主编. 世界玉兰属植物资源与栽培利用:316~318. 图9-44. 图版10:1~3. 2013;赵天榜等主编. 世界玉兰属植物种质资源志:89~91. 2013;赵天榜、宋良红等主编. 河南玉兰栽培:279~280. 图9-42. 2015;西南林学院等编著. 云南树木图志. 上册:180. 图版84(182)1988;郑万钧主编. 中国树木志 第一卷:465. 1983;中国科学院中国植物志编辑委员会. 中国植物志 第三十卷 第一分册:132~133. 1996;刘玉壶主编. 中国木兰. 110~111. 彩图. 2004;朝日新闻社编. 朝日园芸植物事典. 247. 1987;傅立国等主编. 中国高等植物 第三卷:138. 图211. 2000;傅立国等主编. 中国高等植物 第三卷:138. 图211. 2000;a *Yulan* Spach var. *soulangeana* Lindl. in Bot. Rég. 14:t. 1164. 1828;*Magnolia hybrida* Dipp. var. *soulangeana* Dipp. , Handb. Laubh. III. 151. 1893;*Magnolia conspicua* Salisb. var. *soulangeana* Hort. ex Pamp. in Bull. Soc. Tosc. Ortic. 40:216. 1915,pro syn. ;*Magnolia ×soulangeana* Hamelin in Ann. Soc. Hort. Paris,I. 90. t. 1827;*Magnolia speciosa* Van Geel, Sert. Bot. cl. XIII. t. 1832;*Magnolia cyathiformis* Rinz ex K. Koch,Dendr I. 376. 1869,pro syn. sub *Magnolia Yulan*;*Gwillimia cyathiflora* C. de Vos,Handb. Boom. Heest. ed. II. 115. 1887;*Yulania japonica* Spach γ. *incarnata* Spach,Hist. Nat. Vég. Phan. 7:466. 1839;*Magnolia soulangiana* Soul. in L. H. Bailey,MANUAL OF CULTIVATED PLANTS:290~291. 1925;*Magnolia × soulangeana* [M. denuata × M. liliflora] Soul. – Bod. in Mém. Soc. Linn. Paris 1826,269(Nouv. Esp. Mag.). 1826.

形态特征:落叶小乔木,高6.0~1.0 m. 小枝赤褐色,圆柱状,光滑,无毛;幼枝被短柔毛. 单叶,互生,纸质,宽卵圆形、倒卵圆形至宽椭圆形,长6.0~15.0 cm,宽4.0~7.5 cm,先端短尖,2/3以下向基部渐狭成楔形,幼时被短柔毛,表面绿色,具光泽,主脉基部常被短柔毛,背面淡绿色,被短柔毛,边缘全缘,被缘毛,侧脉7~9对,干时两面网脉隆起;叶柄长1.0~1.5 cm,被短柔毛;托叶痕为叶柄长度的1/3. 玉蕾卵球状,单生枝顶. 花先叶开放；花大，宽钟形，径 12.0～18.0 cm。单花具花被片 9 枚，外轮花被片 3 枚，长为内轮花被片的 2/3，内轮花被片较大，匙状椭圆形，长 6.0～8.0 cm，宽 1.5～2.5 cm，外面黄色，或淡黄色，基部亮绿色，具纵棱与沟，内面黄白色，少香味，或无香味；雄蕊多数，长 1.0～1.2 cm，花药长约 6 mm，药室侧向纵裂，药隔伸出呈短尖头；雌蕊群圆柱状，长约 1.5 cm；离生单雌蕊多数，子房无毛。聚生蓇葖果长 8.0 cm，径约 3.0 cm；蓇葖果卵球状，长 1.0～1.5 cm。花期 3～4 月；果实成熟期 8～9 月。

图 58　朱砂玉兰 Yulania soulangiana
(Soul.－Bod.) D. L. Fu
1. 叶、枝和玉蕾；2. 花；3. 花被片；4. 雌雄蕊群；5. 雄蕊
（陈志秀绘）。

产地：朱砂玉兰原产中国。1826 年，法国人 Soulange－Bodin 用玉兰与紫玉兰 Yulania liliflora (Desr.) D. L. Fu 杂交培育而成。目前，我国陕西栽培朱砂玉兰大树树龄远超过 Soulange－Bodin 杂交培育的朱砂玉兰杂种。现今我国长城以南各省（区、市）栽培很广。河南南召、鲁山县有大面积人工栽培。郑州市紫荆山公园有栽培。

识别要点：朱砂玉兰为落叶小乔木。叶通常宽卵圆形、倒卵圆形至宽椭圆形，先端短尖，2/3 以下向基部渐狭成楔形，边缘全缘，被缘毛。玉蕾卵球状，单生枝顶。花先叶开放。单花具花被片 9 枚，外轮花被片 3 枚，长为内轮花被片的 2/3，内轮花被片较大，匙状椭圆形，外面黄色，或淡黄色，基部亮绿色，具纵棱与沟，内面黄白色；离生单雌蕊子房无毛。

生态习性、繁育与栽培技术要点、主要灾害与玉兰相同。

主要用途：朱砂玉兰为绿化观赏树种。玉蕾入中药，作“辛夷”。

品种：

1.1　朱砂玉兰　原品种

Yulania soulangiana (Soul.－Bod.) D. L. Fu 'Soulangiana'

1.2　'紫霞'朱砂玉兰　品种　图版 17：10

Yulania soulangiana (Soul.－Bod.) D. L. Fu 'Zixia'，王建勋等. 朱砂玉兰品种资源及繁育技术. 安徽农业科学，36(4)：1424. 2008；赵天榜、田国行等主编. 世界玉兰属植物资源与栽培利用：323. 图版 10：29. 2013；*Yulania soulangiana* (Soul.－Bod.) D. L. Fu cv. 'Zixia'，赵天榜、宋良红等主编. 河南玉兰栽培：284. 图版 94：1～11. 2015；*Magnolia × soulangiana* Soul.－Bod.) D. L. Fu cv. 'Zixia'，王亚玲等. 西北地区木兰属引种、选育与应用. 植物引种驯化集刊，12：35. 37. 1998。

本品种叶椭圆形、倒卵圆形；幼叶棕红色，叶脉绿色。单花具花被片 9 枚，外轮花被片长椭圆形，比内轮花被片长椭圆形，稍短，紫红色；雄蕊花丝、花药背部紫红色；离生单雌蕊子房无毛，淡灰紫褐色，无毛，花柱、柱头淡土色，具淡灰紫褐色晕。花期 3 月下旬至 4 月上旬；果实成熟期 8～9 月。

产地：'紫霞'朱砂玉兰河南各地有栽培。郑州市紫荆山公园有栽培。

（Ⅳ）含笑属

Michelia Linn. ,Sp. Pl. 536. 1753；Gen. Pl. ed. 5,240. 1754；郑万钧主编. 中国树木志 第一卷：479. 1083；中国科学院中国植物志编辑委员会. 中国植物志 第三十卷 第一分册：151～152. 1996；王遂义主编. 河南树木志：170. 1994；傅立国等主编. 中国高等植物 第三卷：1144. 2000。

形态特征：常绿乔木，或灌木。叶全缘；托叶与叶柄贴生，或分离。花两性，单生叶腋。单花具花被片 6～21 枚，3 枚 1 轮，或 6 枚 1 轮，花被片近相等，稀外轮花被片较小；雄蕊多数，药室侧向纵裂，或近侧向纵裂，药隔伸出呈尖头，稀不伸出；雌蕊群具雌蕊群柄，心皮多数，或少数，分离；胚珠 2 枚至多枚。聚生蓇葖果通常部分蓇葖果不发育。蓇葖果成熟后宿存，沿背缝线开裂，或背腹 2 瓣裂。蓇葖果具种子 2 粒至数粒。

本属模式种：Michelia champaca Linn. 。

产地：本属植物约有 60 种，主产亚洲热带、亚热带和温带各国。我国约有 35 种，主产西南部至东部。河南有 1 属、4 种。郑州市紫荆山公园有 1 种栽培。

1. 深山含笑　图 59　图版 17：11～13

Michelia maudiae Dunn in Journ. Linn. Soc. Bot. 38：353. 1908；郑万钧主编. 中国树木志 第一卷：505. 图 167. 1083；陈封怀主编. 广东植物志 第一卷：14. 图 12. 1987；中国高等植物图鉴 第一册：图 1587. 1983；中国科学院中国植物志编辑委员会. 中国植物志 第三十卷 第一分册：179～180. 1996；傅立国等主编. 中国高等植物 第三卷：130～131. 图 78. 2000；*Michelia cingii* W. C. Cheng in Contr. Biol. Lab. Sci. Soc. China Bot. sér. 10：110. 1936.

形态特征：常绿乔木。枝、叶等各部无毛。顶芽窄葫芦状。芽、幼枝、叶背面被白粉。叶革质，长圆 - 椭圆形、倒卵圆 - 椭圆形，稀卵圆 - 椭圆形，长 7.0～18.0 cm，宽 3.5～8.5 cm，先端急窄，短渐尖，尖头钝，基部楔形、宽楔形，或近圆形，边全缘，表面深绿色，具光泽，侧脉 7～12 对，网脉密；叶柄长 1.0～3.0 cm；无托叶痕。单花具花被片 9 枚，白色，芳香，外轮花被片倒卵圆形，长 5.0～7.0 cm，先端具短尖头，内两轮花被片稍窄小；雄蕊多数，长 1.5～2.2 cm，药

图 59　深山含笑 Michelia maudiae Dunn
1. 果枝；2. 花枝（选自《中国树木志》）。

隔伸出长约 2 mm，花丝淡紫色；雌蕊群长 1.5～1.8 cm，雌蕊群柄长 5～8 mm。聚生蓇葖果长 10.0～12.0 cm；果梗长 1.0～3.0 cm。蓇葖果长圆体状、倒卵球状、卵球状，先端圆

钝，或具短尖头。种子卵球状，长约 1.0 cm，稍扁。花期 2 ~ 3 月；果实成熟期 9 ~ 10 月。

产地：深山含笑产于我国浙江、福建、湖南、广东、贵州等省。河南各地有栽培。郑州市紫荆山公园有栽培。

识别要点：深山含笑为常绿乔木。枝、叶等各部无毛。顶芽窄葫芦状。芽、幼枝、叶背面被白粉。叶革质，先端急窄，短渐尖，尖头钝，基部楔形、宽楔形，或近圆形，边全缘；叶柄无托叶痕。单花具花被片 9 枚，白色；雌蕊群具雌蕊群柄。

生态习性：深山含笑为喜光树种。适生于亚热带地区，怕严寒。河南郑州市引栽时，冬季要进行防寒措施。喜酸性壤土、沙壤土，干旱、瘠薄的沙土、重盐碱土、重黏土，低洼有积水之处，生长不良，或不能生长。

繁育与栽培技术要点：深山含笑通常采用播种育苗。其技术与玉兰播种育苗相同。栽培技术通常采用穴栽，大苗、幼树采用带土穴栽。

主要灾害：深山含笑灾害与玉兰相同。但防寒、防水淹及盐碱害，要更加重视。

主要用途：深山含笑木材结构细、纹理直，易加工，供家具、板材、细木工等用，还是优美的常绿观赏树种。

二十、蜡梅科

Calycanthaceae Lindl. in Bot. Rég. 5：t. 404，p. [1] 1819；丁宝章等主编. 河南植物志（第一册）：522. 1981；赵天榜等主编. 中国蜡梅：9. 1993；郑万钧主编. 中国树木志 第二卷：1173. 1085；中国科学院中国植物志编辑委员会. 中国植物志 第三十卷 第二分册：1. 1979；中国科学院西北植物研究所编著. 秦岭植物志 第一卷 种子植物（第二册）：343. 1974；湖北省植物研究所编著. 湖北植物志 第一卷：441. 1976；王遂义主编. 河南树木志：174. 1994；傅立国等主编. 中国高等植物 第三卷：203. 2000；*Calycanthaceae* Horaninov，Prim. Linn. Syst. Nat. 81. 1834；

形态特征：落叶，或常绿灌木，稀小乔木；树皮褐色。小枝近四棱状至近圆柱状。枝、叶等有油细胞。鳞芽，或芽无鳞片而被叶柄的基部所包围。单叶，对生，稀互生，边缘全缘，或近全缘，羽状网脉；具短叶柄；无托叶。花两性，辐射对称，单生枝端，稀簇生腋生，通常芳香。花黄色、黄白色，或褐红色，或粉红白色，先叶开放；花梗短；花被片多数，未明显地分化成花萼和花瓣，成螺旋状着生于杯状的花托外围，花被片形状各式，最外轮的似苞片，内轮的呈花瓣状；雄蕊 4 枚至多枚，通常 2 轮，外轮的雄蕊能育，内轮的雄蕊败育，发育的雄蕊 5 ~ 30 枚，螺旋状着生于杯状的花托顶端边缘，花丝短，离生，药室长椭圆体状，2 室，外向纵裂，药隔伸长，或短尖；内轮具退化雄蕊 5 ~ 25 枚，线形至线状 – 披针形，被短柔毛；雌蕊少数至多数，离生，着生于杯状花托内面；每心皮具倒生胚珠 1 ~ 2 枚，或 1 枚不发育；花柱丝状，伸长；花托杯状。聚合瘦果着生于坛状、卵球状、钟状的果托之中。瘦果内有种子 1 粒。种子无胚乳；胚大；子叶叶状，席卷。

本科模式属：美国蜡梅属 Calycanthus Linn. 。

产地：本科植物有 4 属、11 种、10 变种，分布于亚洲东部和美洲北部。我国有 2 属、7 种、9 变种，分布于山东、江苏、安徽、浙江、江西、福建、湖北、湖南、广东、广西、云南、贵州、四川、陕西等省（市、区）。河南有 2 属、7 种、9 变种。郑州市紫荆山公园有有 1 属、1 种栽培。

（ I ）蜡梅属

Chimonanthus Lindl. in Bot. Rég. V. t. 404. 1819；丁宝章等主编. 河南植物志（第一册）:522. 1981；朱长山等主编. 河南种子植物检索表:118. 1994；赵天榜等主编. 中国蜡梅:9. 1993；郑万钧主编. 中国树木志 第二卷:1173. 1085；陈嵘著. 中国树木分类学:309. 1937；胡先骕著. 经济植物手册 上册:397. 1955；中国科学院中国植物志编辑委员会. 中国植物志 第三十卷 第二分册:5. 1979；中国科学院西北植物研究所编著. 秦岭植物志 第一卷 种子植物（第二册）:343. 1974；湖北省植物研究所编著. 湖北植物志 第一卷:441. 1976；王遂义主编. 河南树木志:174. 1994；傅立国等主编. 中国高等植物 第三卷:204. 2000；*Meratia* Lois. , Herb. Amat. 3:173. t. 1818.

形态特征:落叶,或常绿直立灌木。小枝四棱状至近圆柱状。单叶,对生,纸质,或近革质,叶面粗糙;羽状脉,有叶柄;鳞芽裸露。花腋生,芳香,直径0.7～4.0cm。单花具花被片15～25 枚,黄色,或黄白色,有紫红色条纹,膜质;雄蕊5～6 枚,着生于杯状的花托上,花丝丝状,基部宽而连生,通常被微毛,花药2 室,外向,退化雄蕊少数至多数,长圆形,被微毛,着生于雄蕊内面的花托上;心皮5～15 枚,离生,每心皮有胚珠2 枚,或1 枚败育。果托坛状,被短柔毛;瘦果长圆体状,内有种子1 粒。

本属模式种:蜡梅 Chimonanthus praecox（Linn.）Link。

产地:本属植物特产我国,有7 种、9 变种。河南有2 属、7 种、9 变种。河南各地有栽培。郑州市紫荆山公园有1 种栽培。

1. 蜡梅　图60　图版18:1,5

Chimononthus praecox（Linn.）Link, Enum. Pl. Hort. Berol. 2:66. 1822；裴鉴等. 江苏南部种子植物手册:299. 图475. 1959；中国科学院植物研究所主编. 中国高等植物图鉴 第一册:804. 图1607. 1983；中国科学院西北植物研究所编著. 秦岭植物志 第一卷 种子植物（第二册）:343～344. 图292. 1974；陈嵘著. 中国树木分类学:309. 图233. 1937；赵天榜等主编. 中国蜡梅:18. 图4～6. 1993；丁宝章等主编. 河南植物志（第一册）:522. 1981；朱长山等主编. 河南种子植物检索表:118. 1994；孔庆莱等编. 植物学大辞典:1540. 附图. 1933；中国科学院中国植物志编辑委员会. 中国植物志 第三十卷 第二分册:7～9. 图版3. 1979；湖北省植物研究所编著. 湖北植物志 第一卷:441～442. 图626. 1976；王遂义主编. 河南树木志:174～175. 图163. 1994；傅立国等主编. 中国高等植物 第三卷:204. 图316. 2000；李法曾主编. 山东植物精要:240. 图847. 2004；*Calycanthus praecox* Linn. , Sp. Pl. ed. 2,718. 1762；*Meratia fragrans* Lois. , Herb. Amat. 3: 173. t. 1818；*Meratia praecox* Rehd. & Wils. in Sargent Pl. Wils. I. 419. 1913；*Chimonanthus fragrans* Lindl. in Bot. Rég. 6:t. 451. f. *a*. 1－9. 1820；*Chimonanthus fragraps* Lindl. *β*. *grandiflora* Lindl. , Bot. Règ. 6:t. 451. 1820；*Chimonanthus parviflorus* Raf. , Alsogr. Am. 6. 1838；*Chimonanthus praecox*（Linn.）Link var. *concblor* Makino in Bot. Mag. Tokyo, 23:23. 1909；*Chimonanthus praecox*（Linn.）Link var. *grandiflorus*（Lindl.）Makino in Bot. Mag. Tokyo, 24:301. 1910；*Chimonanthus praecox*（Linn.）Link var. *intermedius* Makino in Bot. Mag. Tokyo, 24:300. 1910；*Butneria praecox*（Linn.）Schneid. , Dendr. Winterstud. 204. 241. f. 221（i. o）. 1913；*Meratia praecox*（Linn.）Rehd. & Wils.

in Sargent, Pl. Wils. I. 419. 1913；*Chimonanthus yunnanensis* Smith in Not. Bot. Gard. Edin. 8:182. 1914；*Meratiu yunnanensis*(Smith)Hu in Journ. Arn. Arb. 6:140. 1925.

形态特征:落叶灌木,高达 4.0 m。幼枝四棱状,老枝近圆柱状,灰褐色,无毛,或被疏微毛;具皮孔。鳞芽通常着生于 2 年生的枝条叶腋内;芽鳞片近圆形,覆瓦状排列,外面被短柔毛。叶纸质至近革质,卵圆形、椭圆形、宽椭圆形至卵圆 – 椭圆形,稀长圆 – 披针形,长 5.0～25.0 cm,宽 2.0～8.0 cm,顶端急尖至渐尖,稀尾尖,基部急尖至圆形,除叶背脉上被疏微毛外无毛。花着生于 2 年生枝条叶腋内,先花后叶,芳香,径 2.0～4.0 cm;花被片圆形、长圆形、倒卵形、椭圆形,或匙形,长 5～20 mm,宽 5～15 mm,颜色多种,内部花被片比中部花被片短,基部有爪;雄蕊长约 4 mm,花丝比花药长,或等长,花药向内弯,无毛,药隔顶端短尖,退化雄蕊长 3 mm;心皮基部疏被硬毛,花柱长达子房 3 倍,基部被毛。果托近木质化,坛状,或倒卵 – 椭圆体状,长 2.0～5.0 cm,径 1.0～2.5 cm,口部收缩,并具有钻状披针形的被毛附生物。花期 11 月至翌年 4 月;果实成熟期 6～7 月。

图60　蜡梅 Chimononthus praecox(Linn.) Link
1. 花枝;2. 花纵剖;3. 雄蕊;4. 除去花被片示雄蕊;
5. 果枝;6. 果托;7. 果(选自《中国树木志》)。

产地:蜡梅特产我国,山东、江苏、安徽、浙江、福建、江西、湖南、湖北、河南、陕西、四川、贵州、云南、广西、广东等省(区)有天然分布与栽培。湖北保康等县山区有大面积野生林。日本、朝鲜半岛和欧洲、美洲均有引种栽培。郑州市紫荆山公园有栽培。

识别要点:蜡梅为落叶灌木。花期 10 月至翌年 4 月。花色多种;花被片形状多样。果托近木质化,坛状,或倒卵 – 椭圆体状,口部收缩,并具有钻状披针形的被毛附生物。

生态习性:蜡梅性喜光,能耐阴、耐寒、耐旱,忌渍水。萌蘖力强。

繁育与栽培技术要点:蜡梅繁殖一般以嫁接为主,分株、播种、扦插、压条也可。繁育与栽培技术,见赵天榜等主编. 中国蜡梅. 1993。栽培技术通常采用穴栽,丛株采用带土穴栽。

主要病虫害:蜡梅主要病虫害有金龟子、炭疽病、黑斑病、蚜虫、红颈天牛、日本龟蜡蚧等。其防治技术,见杨有乾等编著. 林木病虫害防治. 河南科学技术出版社,1982。

主要用途:蜡梅在百花凋零的隆冬绽蕾,斗寒傲霜,利于庭院栽植,又适作古桩盆景和插花与造型艺术,是冬季赏花的理想名贵花木。花药用价值:解暑生津,顺气止咳,用于暑热心烦、口渴、百日咳、肝胃气痛、水火烫伤。

品种:

1.1　蜡梅　原品种

Chimonanthus praecox(Linn.) Link '**Praecox**'

1.2　'黄龙紫'蜡梅　品种　图版 18:2

Chimonanthus praecox(Linn.) Link '**Huanglongzi**'; *Chimonanthus praecox*(Linn.) Link cv. Huanglongzi,赵天榜等主编. 中国蜡梅:92. 1993。

　　本品种花径 1.2~1.6 cm;中部花被片 6~7 枚,狭卵椭圆 - 披针形,黄色,长 7~9 mm,宽 3~4 mm,先端长渐尖,微外弯,边缘稍向上曲;内部花被片 9 枚,深紫色、紫色,紫斑及条纹,卵圆 - 披针形,先端微外曲;雄蕊 5~7 枚,具退化雄蕊;雌蕊多数,离生。

　　产地:'黄龙紫'蜡梅河南各地有栽培。选育者:赵天榜、宋留高。郑州市紫荆山公园有栽培。

1.3　'小花'蜡梅　品种

Chimonanthus praecox(Linn.) Link '**Parviflorus**', *Chimonanthus parviflorus* Rafinesque Alsogr. Am. 61. 1839; *Chimonanthus praecox*(Linn.) Link cv. Grandiconcolor,赵天榜等主编. 中国蜡梅:103. 1993。

　　本品种花径很小,1.0 cm 以下;中部花被片 6 枚,狭卵椭圆 - 披针形,黄色,长 6~8 mm,宽 3~4 mm,先端渐尖,不反曲;内部花被片 6 枚,紫色,卵圆形,长 3~5 mm,宽 2.5~3 mm,先端钝尖,不反曲;雄蕊 5 枚,椭圆体状,先端钝圆,花丝被柔毛,先端钝尖退化;雌蕊多数,离生。

　　产地:'小花'蜡梅河南各地有栽培。郑州市紫荆山公园有栽培。

1.4　'尖被'蜡梅　品种

Chimonanthus praecox(Linn.) Link '**Intermedius**', *Chimonanthus praecox*(Linn.) Link var. intermedius Makino in Bot. Mnag. Tokyo 24:300. 1910;陈志秀等. 河南蜡梅属植物的研究. 河南农业大学学报,21(4):418~419. 1987; *Chimonanthus praecox*(Linn.) Link cv. Huanglongzi,赵天榜等主编. 中国蜡梅:92. 1993。

　　本品种花径 2.0~2.5 cm;中部花被片 12~14 枚,披针形、宽披针形,金黄色,无毛,长 1.2~1.5 cm,宽 4~5 mm;内部花被片 6 枚,紫色,长卵圆形,先端尖,反曲,基部具爪,下部具紫色条纹,边缘有时被极疏缘毛;雄蕊 5~8 枚,花丝被疏柔毛,与花药近等长;雌蕊多数,离生,被疏柔毛。

　　产地:'尖被'蜡梅河南郑州市有栽培。郑州市紫荆山公园有栽培。

1.5　'尖被素心'蜡梅　品种

Chimonanthus praecox(Linn.) Link '**Acuticoncolor**', *Chimonanthus praecox*(Linn.) Link cv. Cirrhoconcolor,陈志秀等. 河南蜡梅属植物的研究. 河南农业大学学报,21(4):417. 1987;赵天榜等主编. 中国蜡梅:110. 1993。

　　本品种花径 1.0~1.8 cm;中部花被片 6 枚,匙 - 窄披针形,黄色,长 1.0~1.3 cm,宽 3~4 mm,先端长渐尖;内部花被片 6 枚,淡黄色,长卵圆形、卵圆形,基部具爪;雄蕊 5~8 枚,椭圆体状,先端钝圆,具退化雄蕊,花丝疏被柔毛,与花药近等长;雌蕊多数,离生。

　　产地:'尖被素心'蜡梅河南郑州市有栽培。选育者:赵天榜和陈志秀。郑州市紫荆山公园有栽培。

1.6　'卷被素心'蜡梅　品种　图版 18:4

Chimonanthus praecox(Linn.) Link '**Cieehoconcolor**',陈志秀等. 河南蜡梅属植物的研究. 河南农业大学学报,21(4):417. 1987;*Chimonanthus praecox* (Linn.) Link cv. Cieehoconcolor,赵天榜等主编. 中国蜡梅:114~115. 1993。

本品种花径 2.0~2.5 cm;中部花被片 9 枚,长椭圆形、长椭圆-披针形,金黄色,或淡黄色,长 1.3~1.5 cm,宽 4~5 mm,先端渐尖,常反卷,边部波状起伏;内部花被片 6 枚,淡黄色,长卵圆形,先端反卷,基部具爪;雄蕊 5~8 枚,近白色,具退化雄蕊,花丝疏被柔毛,与花药近等长;雌蕊多数,离生,被疏柔毛。

产地:'卷被素心'蜡梅河南各地有栽培。选育者:赵天榜与陈志秀。郑州市紫荆山公园有栽培。

1.7　'大花素心'蜡梅　品种　图版 18:3

Chimonanthus praecox(Linn.) Link '**Grandiconcolor**';*Chimonanthus praecox* (Linn.) Link cv. Grandiconcolor,赵天榜等主编. 中国蜡梅:111. 1993。

本品种花径 4.0~5.0 cm;中部花被片 12~14 枚,椭圆形,米黄色,长 1.5~1.7 mm,宽 6~8 mm,先端尖,通常反曲;内部花被片 6 枚,匙-卵圆形,黄白色,先端渐尖,反曲,基部具爪;雄蕊 5~7 枚,花丝短,疏被柔毛,具退化雄蕊疏被柔毛;雌蕊多数,离生,疏被柔毛,花柱及柱头无毛。

产地:'大花素心'蜡梅河南郑州市有栽培。选育者:赵天榜、宋留高。郑州市紫荆山公园有栽培。

二十一、樟科

Lauraceae Lindl. ,Nat. Syst. Bot. ed. 2,200. 1836;丁宝章等主编. 河南植物志(第一册):523. 1981;朱长山等主编. 河南种子植物检索表:118. 1994;郑万钧主编. 中国树木志 第一卷:606. 1983;中国科学院中国植物志编辑委员会. 中国植物志 第三十一卷:1~2. 1982;中国科学院西北植物研究所编著. 秦岭植物志 第一卷 种子植物(第二册):344. 1974;湖北省植物研究所编著. 湖北植物志 第一卷:442. 1976;王遂义主编. 河南树木志:1175. 1994;傅立国等主编. 中国高等植物 第三卷:206. 2000。

形态态征:常绿,或落叶乔木、灌木,稀为缠绕寄生草本,具油细胞,有香气。叶互生,稀对生、近对生,或轮状簇生,边缘全缘,稀分裂,羽状脉,3 出脉,或离基 3 出脉;无托叶。花序为圆锥花序、总状花序、伞形花序,或团伞花序,稀单生、腋生,或近顶生。苞片大,或小,开花时脱落,或宿存。花小,两性、单性异株,或杂性,辐射对称,3 出数,稀 2 出数,花被片基部合生成花被筒。单花具花被片 6 枚,或 4 枚,2 轮,大小相等,或外轮较小,果时脱落,或宿存;雄蕊 3~12 枚,每轮 3 枚,或 2 枚,稀 4 枚;雄蕊花丝基部具腺体 2 枚,或无,最内轮雄蕊花药常退化,或无;花药 2 室,或 4 室,瓣裂,内向、外向,稀侧向;子房上位,稀下位,1 室,1 枚胚珠、倒生、悬垂;花柱 1 枚,柱头盘状,或头状,稀不明显。核果,或浆果,稀花被筒增大形成杯状,或盘状果托,稀花被筒全包果实。种子种皮薄,无胚乳,子叶厚、肉质。

本科模式属:月桂属 Laurus Linn. 。

产地：本科植物约 45 属、2 000 ~ 2 500 种，分布于热带和亚热带地区。我国约有 20 属、400 多种，多分布于长江流域以南各省（区、市）。河南分布与栽培有 8 属、29 种、3 变种。郑州市紫荆山公园有 2 属、2 种栽培。

本科分属检索表

1. 花两性，稀杂性；花被裂片 6 枚；能育雄蕊 9 枚，3 轮；第一、第二轮雄蕊花丝基部无腺体，花药内向；第三轮雄蕊花丝基部具 2 枚腺体，花药向，退化雄蕊枚，位于最内 ⋯ 樟属 Cinnamomum Trew
1. 花单性，稀两性；花被裂片 4 枚；雄花具雄蕊 8 ~ 14 枚，通常 12 枚，3 轮；第一雄蕊花丝基部无腺体；三轮雄蕊花丝中部具 2 枚无柄肾状腺体，花药向；雌花具退化雄蕊 4 枚，花丝顶端具 2 枚无柄腺体 ⋯⋯⋯⋯⋯⋯⋯⋯⋯⋯⋯⋯⋯⋯⋯⋯⋯⋯⋯⋯⋯ 月桂属 Laurus Linn.

（Ⅰ）樟属

Cinnamomum Trew，Herb. Blackwell. Cent. 3，signaturem. t. 347. 1760；丁宝章等主编. 河南植物志（第一册）：523 ~ 524. 1981；朱长山等主编. 河南种子植物检索表：120. 1994；郑万钧主编. 中国树木志 第一卷：736. 1983；中国科学院中国植物志编辑委员会. 中国植物志 第三十一卷：160 ~ 161. 1982；中国科学院西北植物研究所编著. 秦岭植物志 第一卷 种子植物（第二册）：349. 1974；湖北省植物研究所编著. 湖北植物志 第一卷：448. 1976；王遂义主编. 河南树木志：179. 1994；傅立国等主编. 中国高等植物 第三卷：250. 2000；*Camphora* Fabr.，Enum. Méth. Hort. Méd. Helmstad. 218，1759；Trew，Herb. Blackwell. Cent. 3，signature 1. t. 347. 1760；*Malabathrum* Burm.，Fl. Ind. I. 214. 1768；*Cecidodaphne* Nees in Wall. Pl. Asiat. Rar. III. 72. 1831；*Parthenoxylon* Bl.，Mus. Lugd. – Bat. I. 916. 1851.

形态态征：常绿乔木、灌木，具香气。裸芽，或鳞芽。叶互生、近对生，或对生，稀簇生枝顶，离基 3 出脉，或基部 3 出脉，或羽状脉，边缘全缘。花两性，稀杂性；花序为腋生圆锥花序，或近顶生圆锥花序；花被筒短，杯状，或钟状，花被裂片 6 枚，近等大，花后脱落，或下半部残留，稀宿存；能育雄蕊 9 枚，稀少，或多，3 轮；第一、第二轮雄蕊花丝基部无腺体，花药内向；第三轮雄蕊花丝基部具 2 枚腺体，花药 4 室，稀第三轮 2 室，外向；第四轮雄蕊退化，4 枚，心形，或箭头形，具短柄；花柱较细，与子房等长，柱头头状，或盘状，稀具 3 圆裂。浆果，果托盘状、杯状、钟状，或倒圆锥状。

本属模式种：尚待查证＊。

产地：本属约 250 种，分布于亚洲热带和亚热带各国、澳大利亚及太平洋岛屿。我国约有 46 种，分布于南方各省（区、市）。河南分布与栽培有 3 种。郑州市紫荆山公园有 1 种栽培。

1. 樟树　图 61　图版 18：6 ~ 7

Cinnamomum camphora（Linn.）Presl，Priorz，Rostin 2；36，et 47 ~ 56. t. 8. 1852；丁宝章等主编. 河南植物志（第一册）：524. 图 676. 1981；朱长山等主编. 河南种子植物检索表：120. 1994；郑万钧主编. 中国树木志 第一卷：749. 图 300：2 ~ 7. 1983；陈嵘著. 中国树木分类学：332. 图 251. 1937；中国科学院植物研究所主编. 中国高等植物图鉴 第一

册:816. 图 1631. 1983;中国科学院中国植物志编辑委员会. 中国植物志 第三十一卷:
182 ~ 184. 图版 43:1 ~ 3. 1982;卢炯林等主编. 河南木本植物图鉴:33. 图 98. 1998;湖
北省植物研究所编著. 湖北植物志 第一卷:448 ~ 449. 图 635. 1976;中国树木志编委会
主编. 中国主要树种造林技术:531 ~ 539. 图 81. 1978;王遂义主编. 河南树木志:179. 图
168. 1994;傅立国等主编. 中国高等植物 第三卷:254. 图 392 2000;李法曾主编. 山东植
物精要:243. 图 854. 2004;*Laurus camphora* Linn., Sp. Pl. 369. 1753;*Persea capmhora*
Spreng., Syst. Vég. II. 268. 1825;*Camphora officinarum* C. G. Nees in Wall. Pl. Asiat.
Rar. II. 72. 1831;*Cinnamomum simondii* Lecomte in Nouv. Arch. Mus. Hist. Nat. Paris
sér. 5:73. 1914;*Cinnamomum camphora*(Linn.)Sieb. var. *nominale* Hayata ex Matsum. et
Hayata in Journ. Coll. Sci. Univ. Tokyo XXII. 349. 1906;*Cinnamomum camphoroides* Hay.,
Icon. Pl. Formos. III. 158. 1913;*Cinnamomum nominale*(Hay.)Hay.,Icon. Pl. Formos.
III. 160. 1913,6. Suppl.:62. 1917;*Cinnamomum camphora*(Linn.)Nees et Eberm. var.
glaucescens(Braun)Meissn. in DC. Prodr. 15(1):24. 1864;*Cinnamomum officinarum* C. G.
Nees von Esenbeek,in Wallich,Pl. As. Rar. II. 72. 1831;*Cinnamomum officinarum* Stend.
Nom. Bot. ed. 2,1:271. 1840.

形态态征:常绿大乔木,高达 30.0 m;树皮
黄褐色,纵裂。枝、叶、皮及木材有樟脑气味。
小枝绿褐色,具棱角,无毛。叶近革质,互生,大
小悬殊,卵圆形、椭圆 – 卵圆形,或长圆 – 卵圆
形,长 6.0 ~ 12.0 cm,宽 2.5 ~ 6.0 cm,无毛,表
面绿色,具光泽,背面灰绿色,微被白粉,无毛,
幼叶背面微被柔毛,脉腋内有腺窝,离基 3 出
脉,近基部第一对侧脉,或第二对侧脉显著,边
缘全缘;叶柄细,长 2.0 ~ 3.0 cm,无毛。花两
性。花序为腋生圆锥花序,长 3.5 ~ 7.0 cm,无
毛,或节上被微柔毛。花小,淡绿色,或黄绿色,
长约 3 mm;花被片 6 枚,长约 2 mm,椭圆形,外
面无毛,内面疏被短柔毛;能育雄蕊 9 枚,花丝
被短柔毛;雄蕊退化 3 枚,箭头状,具短柄,被短
柔毛;子房球状,无毛。核果,近球状,或卵球
状,成熟后紫黑色,径 6 ~ 8 mm;果托杯状,长约
5 mm,顶端平,径约 4 mm。花期 4 ~ 5 月;果实
成熟期 8 ~ 10 月。

图 61　樟树 Cinnamomum camphora
(Linn.)Presl
(选自《中国高等植物图鉴》)。

产地:樟树在我国分布于长江流域及其以南各省(区、市)。日本、朝鲜半岛、越南也
有分布。河南大别山区、桐柏山区有分布,黄河以南平原各地有栽培。郑州市紫荆山公园
有栽培。

识别要点:樟树为常绿乔木;树皮黄褐色,纵裂。枝、叶有香气。叶近革质,互生,大小
悬殊,背面灰绿色,微被白粉,无毛,脉腋内有腺窝,离基 3 出脉。花两性,腋生圆锥花序。

花小,淡绿色,或黄绿色,花被裂片 6 枚,内面被短柔毛。核果,近球状,或卵球状,成熟后紫黑色;果托杯状,顶端平。

生态习性:樟树喜温暖、湿润气候,在 1 月平均气温 5℃ 以上,绝对最低气温 -7℃ 以上,年降水量 1 000 mm 以上,且分布均匀的地区。喜土层深厚、土壤肥沃、湿润的酸性、中性沙壤土;不耐干旱、瘠薄、积禾水、盐碱地。在气温低于 -10℃ 条件下,常遭冻害。樟树喜光,树冠发达,孤立木生长良好。其生长快,寿命长达 1 000 年以上。

繁育与栽培技术要点:樟树采用播种育苗。其育苗主要技术:

(1) 选择生长快、主干通直、树冠发达、无病虫害、结实多的 40 ~ 60 年生壮龄树为采种母树。

(2) 及时采种:樟树种子成熟时果皮由青变紫色后为黑色时为最佳采种期。采集后,将鲜果浸水 2 ~ 3 天,除皮后,再用草木灰处理 12 ~ 24 小时,洗净、阴干后贮藏。种子贮藏采用湿沙贮藏。

(3) 选择土层深厚、土壤肥沃、湿润的酸性、中性沙壤土作育苗地。育苗地要施入有机肥,要细致整地。

(4) 适时播种:播种前,将贮藏种子进行精选后,用 0.5 % 的高锰酸钾溶液浸种 24 小时后,用 50℃ 温水催芽。

(5) 及时播种:催芽种子大部裂口时,及时条播。条播行距 20.0 ~ 25.0 cm,定苗株距 5.0 ~ 10.0 cm。

(6) 加强苗木管理,及时中耕、除草、灌溉、施肥,防治病虫害。樟树小苗可裸根栽植;大苗、幼树可带土移栽。其技术,见中国树木志编委会主编. 中国主要树种造林技术:531 ~ 539. 图81. 1978。

主要病虫灾害:樟树有白粉病、黑斑病、天牛等危害。其防治技术,见杨有乾等编著. 林木病虫害防治. 河南科学技术出版社,1982。河南郑州引种栽培的樟树有黄化现象。

主要用途:樟树全身可提取樟脑、樟脑油,为医药、香料和工业用。还可入药、杀虫等用。也是优良的"四旁"绿化、美化树种。其木材纹理致密、美观、耐腐朽、防虫蛀,有香味,为造船、建筑和家具等优良用材。

(Ⅱ) 月桂属

Laurus Linn. , Sp. Pl. 369. 1753;——Nees in Wall. Pl. Asiat. Rar. 2:61. 1831;——Meissn. Gen. 327 (239). 1841, et in DC. Prodr. 15 (1):233. 1864;——Benth. in Benth et Hook. f. Gen. Pl. 3:163. 1880;Hegi,Fl. Mittl. ;——Europ. ed. 2,4 (1):13. 1958;丁宝章等主编. 河南植物志(第一册):546. 1981;郑万钧主编. 中国树木志 第一卷:607. 1983;中国科学院中国植物志编辑委员会. 中国植物志 第三十一卷:437. 1982;王遂义主编. 河南树木志:179. 图 168. 1994;傅立国等主编. 中国高等植物 第三卷:207. 2000。

形态态征:常绿小乔木。叶互生,革质,羽状脉。雌雄异株,或两性,花序为具梗的伞形花序。伞形花序在开花前由 4 枚交互对生的总苞片所包裹,球状,腋生,通常成对,稀 1 枚,或 3 枚呈簇状,或短总状排列。花被筒短,花被裂片 4 枚,近等大。雄花具雄蕊 8 ~ 14 枚,通常 12 枚,排列成 3 轮:第一轮花丝无腺体,第二、三轮花丝中部具一对无柄的肾形腺体,花丝2室,药室内向;子房不育。雌花具退化雄蕊4枚,与花被片互生,花丝顶端具成对无柄的腺体,其间延伸具1枚披针形的舌状体;子房1室,花柱短,柱头稍增大,钝三棱状;胚珠1枚。果卵球状;花被筒不增大,或稍增大,完整,或撕裂。

本属模式种:月桂 Laurus nobilis Linn.。

产地:本属约2种,分布于大西洋的加那利群岛、马德拉群岛及地中海沿岸地区。我国引种栽培1种。河南栽培有1种。郑州市紫荆山公园有1种栽培。

1. 月桂　图62　图版18:8~9

Laurus nobilis Linn.,Sp. Pl. 369. 1753;——Europ.,ed. 2, 4(1):13. 1958;丁宝章等主编. 河南植物志(第一册):546~547. 图711. 1981;朱长山等主编. 河南种子植物检索表:122. 1994;郑万钧主编. 中国树木志 第一卷:608~609. 图231. 1983;中国科学院植物研究所主编. 中国高等植物图鉴 第一册:821. 图1642. 1983;中国科学院中国植物志编辑委员会. 中国植物志 第三十一卷:437~438. 图版115. 1982;卢炯林等主编. 河南木本植物图鉴:33. 图97. 1998;王遂义主编. 河南树木志:190~191. 图183. 1994;傅立国等主编. 中国高等植物 第三卷:207~208. 图318. 2000;李法曾主编. 山东植物精要:242. 图852. 2004。

形态态征:常绿小乔木,或灌木状,高达12.0 m;树皮黑褐色。小枝圆柱状,具纵向细条纹;幼枝略被微柔毛,或近无毛。叶互生,革质,长圆形,或长圆－披针形,长5.5~10.0 cm,宽1.8~3.2 cm,先端锐尖,或渐尖,基部楔形,边缘细波状,表面暗绿色,背面稍淡,两面无毛,羽状脉,中脉及侧脉两面凸起,侧脉每边10~12条,末端近叶缘处弧形连结,细脉网结,两面多少明显,呈蜂窠状;叶柄长0.7~1.0 cm,幼时紫红色,略被微柔毛,或近无毛,腹面具槽。雌雄异株;花序为伞形花序,腋生,1~3朵呈簇状,或短总状排列。开花前,由4枚交互对生的总苞片所包裹,呈球状;总苞片近圆形,外面无毛,内面被绢毛;总花梗长7 mm,略被微柔毛,或近无毛。雄花:每一伞形花序具花5朵;花小,黄绿色;花梗长约2 mm,被疏柔毛;花被筒短,外面密被疏柔毛;花被裂片4枚,

图62　月桂 Laurus nobilis Linn.
(选自《中国高等植物图鉴》)。

宽倒卵圆形,或近圆形,两面被贴生柔毛;能育雄蕊通常12枚,排成3轮:第一轮花丝无腺体,第二、三轮花丝中部具一对无柄的肾状腺体;花药椭圆体状,2室,室内向;子房不育。雌花:通常具退化雄蕊4枚,与花被片互生,花丝顶端具成对无柄的腺体,其间延伸具1枚披针形舌状体;子房1室,花柱短,柱头稍增大,钝三棱状。果卵球状,熟时暗紫色。花期3~5月;果实成熟期6~9月。

产地:月桂原分布于大西洋的加那利群岛、马德拉群岛及地中海沿岸地区。我国有引种栽培。河南栽培有1种。郑州市紫荆山公园有1种栽培。

识别要点:月桂为常绿小乔木,或灌木状。叶革质,长圆形,或长圆 – 披针形;叶柄幼时紫红色,腹面具槽。花雌雄异株。花序为伞形花序,腋生,1~3朵呈簇状,或短总状排列。开花前呈球状;总苞片外面无毛,内面被绢毛。雄花:每一伞形花序具花5朵;能育雄蕊通常12枚,排成3轮:第一轮花丝无腺体,第二、三轮花丝中部具一对无柄的肾状腺体。雌花:通常具退化雄蕊4枚,与花被片互生,花丝顶端具成对无柄的腺体,其间延伸具1枚披针形舌状体。

生态习性:月桂喜温暖、湿润气候。喜土层深厚、土壤肥沃、湿润的酸性、中性沙壤土;不耐干旱、瘠薄、积禾水、盐碱地。喜光。

繁育与栽培技术要点:月桂采用播种育苗。其主要技术与樟树相同。小苗可裸根栽植;大苗、幼树可带土移栽。

主要病虫灾害:月桂主要病虫灾害与樟树相同。

主要用途:月桂叶和果含芳香油,叶含芳香油0.3%~0.5%,高达1.0%~3.0%,果含芳香油约1.0%,用于食品及皂用香精;种子含植物油约30.0%,油供工业用。也是优良的"四旁"绿化、美化树种。其木材纹理致密、美观、耐腐朽、防虫蛀,有香味,为造船、建筑和家具等优良用材。

二十二、海桐花科

Pittosporaceae Sieb. & Zucc. ,Fl. Jap. 1:42. 1836,quoad Stachyurus;郑万钧主编. 中国树木志 第三卷:2665~2666. 1997;丁宝章等主编. 河南植物志(第二册):122. 1988;中国科学院中国植物志编辑委员会. 中国植物志 第三十五卷 第二分册:1. 1979;中国科学院西北植物研究所编著. 秦岭植物志 第一卷 种子植物(第二册):463. 1974;中国科学院武汉植物研究所编著. 湖北植物志 第二卷:104~105. 1979;王遂义主编. 河南树木志:206. 1994。

形态特征:常绿乔木,或灌木,或藤本,或被毛,偶具刺。叶互生,稀对生,或近轮生,多数革质,边缘全缘,稀具齿,或分裂;无托叶。花通常两性,稀杂性,辐射对称,稀左右对称,除子房外,花的各轮均为5数。花序为伞形花序、伞房花序、圆锥花序,稀单生,有苞片及小苞片;萼片5枚,常分离,或略连合;花瓣5枚,常具爪,分离,或连合,白色、黄色、蓝色、或红色;雄蕊5枚,与萼片对生,花丝线形,花药基部着生,或背部着生,2室,纵裂,或孔裂;雌蕊子房上位,子房柄存在,或缺,心皮2~3枚,稀5枚,通常1室,或2~5室,倒生胚珠通常多数,侧膜胎座、中轴胎座,或基生胎座,花柱短,头状,单1,或2~5裂,宿存,或脱落。蒴果沿腹缝裂开,或浆果。种子常被黏质,或油质包在外面,种皮薄,胚乳发达,胚小。

本科模式属:海桐花属 Pittosporum Banks。

产地:本科植物约有9属、360种,分布于热带和亚热带各国。其中,海桐花属 Pittosporum Banks ex Gaertner种类最多,广泛分布于西南太平洋各岛屿,大洋洲、东南亚及亚洲东部的亚热带地区。我国有1属、44种,分布很广。河南有1属、5种栽培。郑州市紫荆山公园有1属、1种栽培。

(Ⅰ)海桐花属

Pittosporum Banks ex Gaertner,Fruct. I:286. t. 59. 1788;丁宝章等主编. 河南植物

志(第二册):122. 1988;朱长山等主编. 河南种子植物检索表:153. 1994;郑万钧主编. 中国树木志 第三卷:2666. 1997;中国科学院植物研究所主编. 中国高等植物图鉴 第二册:153. 图2035. 1972;中国科学院中国植物志编辑委员会. 中国植物志 第三十五卷 第二分册:6. 1979;中国科学院西北植物研究所编著. 秦岭植物志 第一卷 种子植物(第二册):463. 1974;中国科学院武汉植物研究所编著. 湖北植物志 第二卷:105. 1979;王遂义主编. 河南树木志:206. 1994。

形态特征:常绿灌木、乔木。单叶,互生,常集生于枝顶,边缘全缘,或具波状钝锯齿;无托叶。花两性,稀杂性,辐射对称;花单生,或花序为伞形花序、伞房花序,或圆锥花序;花萼5枚;花瓣5枚,常具爪,分离,或下部靠合;侧膜胎座,或基生胎座,柱头2~5裂,常宿存。蒴果,2~5瓣裂。种子小,具红色黏质假种皮,胚乳。

本属模式种:海桐 Pittosporum tobira(Thunb.) Ait.。

产地:本属植物约360种,分布于大洋洲、西南太平洋岛屿、亚洲东部及东南部热带、亚热带地区。我国约有40种,分布与栽培很广。河南有5种、1变种。郑州市紫荆山公园有1种栽培。

1. 海桐　图63　图版18:10~12

Pittosporum tobira(Thunb.) Ait. in Hort. Kew. 2,2:37. 1811;中国科学院植物研究所主编. 中国高等植物图鉴 第二册:153. 图2035. 1983;丁宝章等主编. 河南植物志(第二册):123~124. 图884. 1988;朱长山等主编. 河南种子植物检索表:154. 1994;卢炯林等主编. 河南木本植物图鉴:243. 图728. 1998;郑万钧主编. 中国树木志 第三卷:2667~2669. 图1360. 1997;中国科学院中国植物志编辑委员会. 中国植物志 第三十五卷 第二分册:6. 8. 图版1:4. 1979;中国科学院武汉植物研究所编著. 湖北植物志 第二卷:107~108. 图840. 1979;王遂义主编. 河南树木志:206~207. 图204:1~2. 1994;李法曾主编. 山东植物精要:272. 图962. 2004;*Evonymus tobira* Thunb. in Nov. Act. Soc. Sci. Upsala,III. 19,208. 1780.

形态特征:常绿灌木,或小乔木,高达6.0 m;树冠浓密。嫩枝被褐色柔毛,具皮孔。单叶,互生,上部叶聚生于枝顶,革质,嫩时两面被柔毛,后变无毛,倒卵圆形,或倒卵圆-披针形,长4.0~9.0 cm,宽1.5~4.0 cm,表面深绿色,具光泽,先端圆钝,常微凹入,基部窄楔形,边缘全缘,边部反卷,侧脉6~8对;叶柄长2.0 cm。花序为伞形花序,顶生,或近顶生;花序梗密被黄褐色柔毛。花瓣倒披针形,长1.0~1.2 cm,离生,白色,有芳香,后变黄色;子房上位,长卵球状,密被柔毛;花梗长1.0~2.0 cm。蒴果球状,或倒卵球状,具棱,径1.0~1.3 cm,多少被毛;果片木质,厚1.5 mm,内侧黄褐色,具光泽,具横格。种子长约4 mm,多角形,红色。

产地:海桐产于我国长江流域以南各省,内地多为栽培。日本及朝鲜半岛也有分布与栽培。河南有栽培。郑州市紫荆山公园有栽培。

识别要点:海桐为常绿灌木,或小乔木。叶聚生于枝顶,革质,表面深绿色,发亮,倒卵形或倒卵-披针形。花白色,后变黄色。蒴果果片木质。种子多角状,红色。

生态习性:海桐对气候的适应性较强,能耐寒冷,亦颇耐暑热。黄河流域以南,可在露地安全越冬。

繁育与栽培技术要点：海桐采用播种育苗，其主要技术如下：

（1）及时采种：海桐蒴果成熟开裂后，为最佳采种期。采集后，将其浸水 2～3 天，除去种皮后，洗净、阴干后贮藏。

（2）种子贮藏采用湿沙贮藏。

（3）选择土层深厚、土壤肥沃、湿润的酸性、中性沙壤土作育苗地。育苗地要施入有机肥，要细致整地。

（4）适时播种：催芽种子大部裂口时，及时条播。条播行距 20.0～25.0 cm，定苗株距 5.0～10.0 cm。

（5）加强苗木管理，及时中耕、除草、灌溉、施肥，防治病虫害。海桐小苗可裸根栽植；大苗、幼树可带土移栽。

主要病虫害：海桐主要病虫害有白粉病、介壳虫、吹绵蚧、天牛等。其防治技术，见杨有乾等编著. 林木病虫害防治. 河南科学技术出版社，1982。

图 63　海桐 **Pittosporum tobira**（Thunb.）Ait.
（选自《山东植物精要》）。

主要用途：海桐枝叶繁茂。叶经冬不凋，初夏花朵清丽芳香，秋果红色，颇为美观。通常可作绿篱栽植，也可孤植、丛植于草丛边缘、林缘，或门旁、列植在路边。本种还是理想的花坛造景树，或造园绿化树种。

品种：

1.1　海桐　原品种

Pittosporum tobira（Thunb.）Ait. '**Tobira**'

1.2　'无棱果'海桐　新品种　图版 18：13～14

Pittosporum tobira（Thunb.）Ait. '**Wulengguo**'

本新品种叶狭倒卵形。蒴果倒卵球状，无棱，无毛。

产地：'无棱果'海桐河南有栽种。选育者：陈俊通、赵天榜和米建华。郑州市紫荆山公园有栽培。

1.3　'弯枝'海桐　新品种　图版 19：1～3

Pittosporum tobira（Thunb.）Ait. '**Wanzhi**'

本新品种小枝拱形下垂。

产地：'弯枝'海桐河南有栽种。选育者：赵天榜、陈俊通和米建华。郑州市紫荆山公园有栽培。

二十三、山梅花科

Philadelphaceae Lindl.，Nat. Syst. Bot. ed. 2，47. 1836；郑万钧主编. 中国树木志 第二卷：1518. 1985。

形态特征:灌木、亚灌木,稀小乔术。单叶,对生,或轮生,边缘具锯齿,羽状脉,或基部3～5出脉,无托叶。花序为总状花序、圆锥花序、聚伞状花序,顶生,稀单生。萼筒多少与子房结合,稀分离;萼裂片4～5枚;花瓣4～5枚,分离,多为白色;雄蕊1至多枚,花丝分离,或基部结合,花药2室;子房上位至下位,1～7室;花柱17枚,分离,稀基部连合;胚珠多数,稀单生,中轴胎座,稀侧膜胎座。蒴果,室背开裂。种子小,胚乳肉质,胚小而直立。花期5～6月;果实成熟期8月。

本科模式属:山梅花属 Philadelphus Linn. 。

产地:本科植物7属、约135种,分布于欧洲南部至亚洲东部、北美洲各国,南至菲律宾、新几内亚、夏威夷群岛。我国有2属、约50种,分布与栽培很广。河南有2属、11种。郑州市紫荆山公园有2属、2种栽培。

本科植物分属检索表

1. 植物被星状毛。单花具萼片、花瓣各5枚;雄蕊10枚,或较多 ………… 溲疏属 Deutzia Thunb.
1. 植物无星状毛。单花具萼片、花瓣各4枚;雄蕊20～40枚 ……… 山梅花属 Philadelphus Linn.

（Ⅰ）溲疏属

Deutzia Thunb. in Diss. Nov. Gen. 1:19. 1781;丁宝章等主编. 河南植物志(第二册):105. 1988;朱长山等主编. 河南种子植物检索表:150. 1994;郑万钧主编. 中国树木志 第二卷:1519. 1985;中国科学院西北植物研究所编著. 秦岭植物志 第一卷 种子植物(第二册):458. 1974;中国科学院武汉植物研究所编著. 湖北植物志 第二卷:99. 1979;周以良主编. 黑龙江树木志:240～241. 1986;王遂义主编. 河南树木志:196. 1994。

形态特征:落叶,稀常绿灌木。小枝褐色,表皮常剥落,稀不剥落,常中空,髓心白色。芽鳞覆瓦状排列。单叶,对生,边缘具锯齿,常被星状毛;具短柄,无托叶。花序为聚伞状花序、伞房花序、总状花序,或圆锥花序,稀单生,通常顶生。花两性,多白色、淡紫色、粉红色。单花萼下部合生,萼裂片5枚、花瓣5枚;雄蕊10枚,2轮;花丝带形,先端2侧各具1裂齿,花药着生花丝顶端,内轮有时着生于花丝内侧;子房下位,花柱3～5枚,分离。蒴果。种子小,褐色。

本属模式种:溲疏 Deutzia scabra Thunb. 。

产地:本属植物约60种,分布于东亚、喜马拉雅山区各国及墨西哥。我国有40多种,分布很广。河南有8种、5变种。郑州市紫荆山公园有1种栽培。

1. 溲疏　图64　图版19:4～7

Deutzia scabra Thunb. ,Fl. Jap. 185. t. 24.1784;丁宝章等主编. 河南植物志(第二册):108～109. 图863. 1988;朱长山等主编. 河南种子植物检索表:151. 1994;郑万钧主编. 中国树木志 第二卷:1522. 1985;卢炯林等主编. 河南木本植物图鉴:133. 图397. 1998;中国科学院植物研究所主编. 中国高等植物图鉴 第二册:99. 图1928. 1983;中国科学院武汉植物研究所编著. 湖北植物志 第二卷:100～101. 图828. 1979;王遂义主编. 河南树木志:197. 图190:3～8. 1994;*Deutzia sieboldiana* Maxim. in Mém. Acad. Sci. St. Pétersb. sér. 7,10,16:26,t. 2,f. 19－26(Rev. Hydrang. As. Or.). 1867;*Deutzia crenata*

Sieb. & Zucc. , Fl. Jap. I. 19. t. 6. 1835.

形态特征：灌木，高达 1.5 m。小枝淡褐
色，表皮常剥落。花枝上叶长椭圆形，或卵
圆–披针形，长 4.0 ~ 6.0 cm，先端渐尖，基部
圆形，或浅心形；叶柄极短，或抱茎。营养枝上
叶宽椭圆形，或近圆形，长达 6.5 cm，边缘具浅
密锯齿，表面粗糙略皱，被锈褐色星状毛，具辐
射枝 3 ~ 4 根，中央具一单毛，分布均匀，背面星
状毛较密，具辐射枝 3 ~ 6 根，沿叶脉两侧有开
展锈褐色单毛。花序为圆锥花序；花梗密被星
状毛和单毛。花萼密被星状毛，萼裂片三角
形；花瓣白色，长 6 ~ 7 mm；花丝锥状，无裂齿；
花柱 3 枚。蒴果半球状。花期 5 月；果实成熟
期 7 ~ 8 月。

图64　溲疏 **Deutzia scabra** Thunb.
（选自《中国高等植物图鉴》）。

产地：溲疏产于我国，分布于江苏、浙江、
安徽、湖北、贵州等省。河南大别山区有分布，
平原地区有栽培。郑州市紫荆山公园有栽培。

识别要点：溲疏灌木。小枝淡褐色，表皮
常剥落。叶表面粗糙略皱，被锈褐色星状毛，具辐射枝 3 ~ 4 根，中央具一单毛，背面星状
毛辐射枝 3 ~ 6 根，沿叶脉两侧有开展锈褐色单毛。花序为圆锥花序；花梗密被星状毛和
单毛。花萼密被星状毛。

生态习性：溲疏喜温暖、湿润和半阴环境。在多种气候、立地条件下，均可生长，但不
耐寒。对土壤要求不严格，但在酸性、中性、微碱性土壤上均能生长，在土层深厚、疏松、肥
沃、湿润、排灌良好的地方生长最好。

繁育与栽培技术要点：溲疏萌蘖力很强，可萌蘖繁殖。栽培技术通常采用穴栽，丛株
采用带土穴栽。

主要病虫害：溲疏主要病虫害防治技术，见杨有乾等编著. 林木病虫害防治. 河南科
学技术出版社,1982。

主要用途：溲疏作庭园绿化观赏植物。

变型：

1.1　溲疏　原变型

Deutzia scabra Thunb. f. **scabra**

1.2　重瓣溲疏　变型

Deutzia scabra Thunb. f. **plena**（Maixm.）Schneid. in Mitt. Deutsch. Dendr. Ges.
1904(13)：178. 1905；丁宝章等主编. 河南植物志 第二册：109. 1988；朱长山等主编. 河
南种子植物检索表：151. 1994；王遂义主编. 河南树木志：197. 1994。

本变种单花重瓣，外面杂有玫瑰红色。

产地：重瓣溲疏河南郑州、开封等地有栽培。郑州市紫荆山公园有栽培。

（Ⅱ）山梅花属

Philadelphus Linn.，Sp. Pl. 470. 1753；Gen. Pl. ed. 5，211. no. 540. 1754；丁宝章等主编. 河南植物志（第二册）:112. 1988；朱长山等主编. 河南种子植物检索表:152. 1994；郑万钧主编. 中国树木志 第二卷:1531～1532. 1985；中国科学院西北植物研究所编著. 秦岭植物志 第一卷 种子植物（第二册）:457. 1974；中国科学院武汉植物研究所编著. 湖北植物志 第二卷:97. 1979；周以良主编. 黑龙江树木志:246. 1986；王遂义主编. 河南树木志:200. 1994。

形态特征:落叶,稀常绿灌木。小枝对生,髓心白色。侧芽包于叶柄基部,或露出,鳞片覆瓦状排列。单叶,对生,边缘全缘,或具锯齿,基部3～5出脉;具叶柄,无托叶。花为总状花序,稀单生,或2～3朵的聚伞状花序,稀为圆锥状花序。单花具花瓣4(～5)枚,白色;萼片4(～5)裂,裂片卵圆形,或三角形,覆瓦状排列;雄蕊20～40枚,花丝锥状,分离;子房下位,或半下位,4室,稀3～5室;花柱4枚,稀3～5枚,基部连合,上部分离,柱头分离、线状、棒状、橹状、鸡冠状,或合生为柱状、近头状;胚珠多数,呈覆瓦状排列,多层、下垂。蒴果倒圆锥状、椭圆体状,或半球状;萼裂片宿存。种子小,褐色。

本属模式种:西洋山梅花 Philadelphus coronarius Linn.。

产地:本属植物约75种,分布于亚洲、欧洲、北美洲温带地区。我国有18种、12变种和变型,分布很广。河南有3种、1变种。郑州市紫荆山公园有1种栽培。

1. 山梅花　图65　图版19:8～10

Philadelphus incanus Koehne in Gartnfl. 45;562. 1896,exclud. Specim. Henry 8823；郑万钧主编. 中国树木志 第二卷:1536. 图753:1～3. 1985；丁宝章等主编. 河南植物志（第二册）:112. 1988；朱长山等主编. 河南种子植物检索表:152. 1994；卢炯林等主编. 河南木本植物图鉴:137. 图409. 1998；中国科学院植物研究所主编. 中国高等植物图鉴 第二册:95. 图1919. 1983；中国科学院西北植物研究所编著. 秦岭植物志 第一卷 种子植物（第二册）:457～458. 图391. 1974；中国科学院武汉植物研究所编著. 湖北植物志 第二卷:97～98. 图824. 1979；王遂义主编. 河南树木志:200～201. 图195:3～4. 1994；李法曾主编. 山东植物精要:271. 图958. 2004。

图65　山梅花 Philadelphus incanus Koehne
（选自《中国高等植物图鉴》）。

形态特征:落叶灌木,高达3.0 m。1年生小枝被柔毛;2年生小枝灰色、褐色,枝皮不剥落,或迟剥落。单叶,对生,卵圆形,或椭圆形,稀椭圆－披针形,长4.0～10.0 cm,先端渐尖,基部圆形,或宽楔形,边缘具浅锯齿,表面疏被直立刺毛,背面被平伏短毛。花序为总状花序;花序梗长3.0～7.0 cm,被柔毛。

花序具花 5 ~ 7 朵,稀 11 朵。花白色,径 2.0 ~ 3.0 cm;花瓣倒卵圆形,或近圆形,长 1.3 ~ 1.5 cm,宽 0.8 ~ 1.3 cm,边缘波皱,基部具厚爪;花丝不等长,萼裂片三角 – 卵圆形,密被平伏白毛,边缘及内面沿边缘被缘毛;花盘无毛,花柱无毛、上部 4 裂。蒴果倒卵球状,密被长柔毛,径 7 ~ 9 mm。花期 5 ~ 6 月;果实成熟期 7 ~ 8 月。

产地:山梅花产于我国,分布于黄河流域以南省(区、市)。河南太行山区、伏牛山区有分布,平原地区有栽培。郑州市紫荆山公园有栽培。

识别要点:落叶灌木 2 年生小枝枝皮不剥落,或迟剥落。花序为总状花序,具 7 ~ 11 朵花;萼密被平伏白毛;花盘、花柱无毛。

生态习性:山梅花喜温暖、湿润和半阴环境。在多种气候、立地条件下,均可生长。对土壤要求不严格。在土层深厚、疏松、肥沃、湿润、排灌良好的地方,生长最好。

繁育与栽培技术要点:山梅花可播种育苗和分株繁殖。栽培技术通常采用穴栽,大苗、幼树采用带土穴栽。

主要病虫害:其防治技术,见杨有乾等编著. 林木病虫害防治. 河南科学技术出版社,1982。

主要用途:山梅花作庭园绿化观赏植物。

二十四、绣球科

Hydrangeaceae Dumortier,Anal. Fam. Pl. 38. 1829;郑万钧主编. 中国树木志 第二卷:1540. 1985;*Saxifragaceae* DC. subfam. *Hydrangeoideae* A. Braun in Ascherson,Fl. Prov. Brandenb. 1;61. 1864;*Myrtoideae* Ventenat,Tabl. Rég. Vég. 317. 1799,p. p. quoad Philadelphus.

形态特征:草本、灌木,稀小乔木,或藤本。单叶,对生,或互生,稀轮生,边缘具锯齿,稀全缘,羽状脉;托叶缺。花序为伞房状花序、圆锥状复聚伞花序。花两性,或杂性异株,稀具不孕性放射花,常位于花序周围;萼片 1 ~ 5 枚,花瓣状;两性花为完全花,小,萼筒与子房合生;萼片 4 ~ 10 枚,绿色;花瓣 4 ~ 10 枚;雄蕊 4 ~ 10 枚,稀多数;花丝分离,或基部连合;雌蕊由 2 ~ 5 枚心皮组成;子房下位,或半下位,花柱 1 ~ 6 枚,分离,或基部连合,倒生胚珠多数;侧膜胎座,或中轴胎座。蒴果,稀浆果。种子细小,具翅及网纹,或无翅,具胚乳。

本科模式属:绣球属 Hydrangea Linn. 。

产地:本科植物有 10 属、约 115 种,分布于北温带、亚热带各国,少数种分布于热带各国。我国有 9 属、70 多种,分布与栽培很广。河南有 1 属、5 种。郑州市紫荆山公园有 1 属、1 种栽培。

(Ⅰ) 绣球属　八仙花属

Hydrangea Linn. ,Sp. Pl. 397. 1753;Gen. Pl. ed. 5,180,no. 492. 1754;丁宝章等主编. 河南植物志(第二册):98 ~ 99. 1988;朱长山等主编. 河南种子植物检索表:149 ~ 150. 1994;郑万钧主编. 中国树木志 第二卷:1543. 1985;中国科学院中国植物志编辑委员会. 中国植物志 第三十四卷 第一分册:201. 203. 1984;中国科学院西北植物研究所编著. 秦岭植物志 第一卷 种子植物 (第二册):451. 1974;中国科学院武汉植物研究所编著. 湖北植物志 第二卷:90. 图558. 1979;王遂义主编. 河南树木志:192. 1994;*Hortensia* Comm. ex Juss. , Gen. Pl. 214. 1789;*Cornidia* Ruiz & Pav. , Prod. 53. 1794;*Sarcostyles* Presl ex Ser. in DC. Prodr. 4:15. 1830.

　　形态特征:落叶灌木,稀小乔木,或攀缘灌木。小枝表层剥落。芽具鳞片2~3对。单叶,对生,稀轮生,边缘具锯齿,稀全缘;托叶缺。花序为伞房状花序,稀圆锥状花序,顶生;放射状花萼3~4枚(2~5枚),分离;两性花萼4~6裂;花瓣状,4~5枚,镊合状排列,分离,偶有连合为帽状;雄蕊通常10枚,稀8~25枚;子房半下位,或完全下位,2~5室,花柱短2~4枚,稀5枚,分离,或基部连合。蒴果顶端孔裂。

　　本属模式种:乔木状绣球 Hydrangea arborescens Linn. 。

　　产地:本属植物约80种,分布极广。我国约45种,主产秦岭及长江流域以南各省(区、市)。河南有6种、1变种。郑州市紫荆山公园有1属、1种栽培。

　　1. 绣球　图66　图版19:11~12

Hydrangea macrophylla(Thunb.)Seringe in DC. Prodr 4:15. 1830;郑万钧主编. 中国树木志 第二卷:1546~1547. 1985;丁宝章等主编. 河南植物志(第二册):100. 图850. 1988;朱长山等主编. 河南种子植物检索表:150. 1994;卢炯林等主编. 河南木本植物图鉴:138. 图412. 1998;中国科学院中国植物志编辑委员会. 中国植物志 第三十四卷 第一分册:226~227. 1984;中国科学院植物研究所主编. 中国高等植物图鉴 第二册:106. 图1941. 1983;中国科学院武汉植物研究所编著. 湖北植物志 第二卷:92~93. 图814. 1979;王遂义主编. 河南树木志:193. 1994;李法曾主编. 山东植物精要:263. 图950. 2004;*Viburum macrophyllum* Thunb. ,Fl. Jap. 125. 1784;*Hortensia opuloides* Lam. ,Encycl. Méth. Bot. 3:136. 1789;*Hortensis hortensis* Smith, Icon. Pict. Pl. Rat. t. 12. 1792;*Hydrangea opuloides* Hort. ex Savi,Fl. Ital. 3:65. 1824;*Hydrangea hortensis* Sieb. in Nov. Act. Acad. Leop－Carol. 14,2:688. (Syn. Hydrang.) 1829;*Hydrangea otaksa* Sieb. & Zucc. ,Fl. Jap. 1,105. t. 52. 1840;*Hydrangea hortensia* Sieb. var. *otaksa* A. Gra in Mém. Amer. Acad. no. sér. 6:312(Bot. Jap.). 1857;*Hydrangea opuloides* Hort. var. *hortensis* Dipp. ,op cit. 322. 1893;*Hydrangea macrophylla*(Thunb.) Seringe f. *otaka* Wils. f. *hortensia* (Maxim.) Rehd. in Journ. Arn. Arb. 7(4):240. 1926.

　　形态特征:落叶灌木,高达4. 0 m,多分枝;树冠球状。小枝粗壮,表层剥落;叶痕大;皮孔明显。叶大而稍厚,对生,倒卵圆形、椭圆形,或宽卵圆形,长8. 0~20. 0 cm,先端短尖,基部宽楔形,边缘具粗锯齿,表面

图66　绣球 Hydrangea macrophylla
(Thunb.) Seringe
(选自《中国高等植物图鉴》)。

鲜绿色,背面黄绿色,叶脉在近缘前网结;叶柄粗壮,长 1.0 ~ 6.0 cm。花大型,花序为伞房花序,稀圆锥状花序;总花梗无毛,或被灰色毛。花多数,或全为放射状;花萼 2 ~ 5 枚;两性花萼 4 ~ 6 裂开花时花瓣不脱落。种子无翅,或翅极短。蒴果窄卵球状,黄褐色,具棱角,花柱 3 ~ 4 枚,长 3 ~ 4 mm。花期 6 ~ 7 月。

产地:绣球产于我国长江流域以南各省(区、市)。日本、朝鲜半岛也有分布。河南有栽培。郑州市紫荆山公园有栽培。

识别要点:绣球为落叶灌木,多分枝;树冠球状。小枝粗壮,叶痕大;皮孔明显。叶大而稍厚,对生,边缘具粗锯齿。花序为伞房花序。花多为放射花。蒴果窄卵球状,黄褐色,具棱角。

生态习性:绣球喜温暖、湿润和半阴环境。对土壤要求不严格。在多种气候、立地条件下,均可生长。

繁育与栽培技术要点:绣球常用分株、压条、扦插繁殖。栽培技术通常采用穴栽、带土穴栽。

主要病虫害:绣球主要病害有萎蔫病、白粉病和叶斑病等。其防治技术,见杨有乾等编著. 林木病虫害防治. 河南科学技术出版社,1982。

主要用途:绣球花大色美,是长江流域著名观赏植物。

二十五、金缕梅科

Hamamelidaceae Lindl. , Vég. Kingd. 784. 1846;丁宝章等主编. 河南植物志(第二册):126. 1988;郑万钧主编. 中国树木志 第二卷:1874 ~ 1875. 1985;中国科学院中国植物志编辑委员会. 中国植物志 第三十五卷 第二分册:38 ~ 38. 1979;中国科学院西北植物研究所编著. 秦岭植物志 第一卷 种子植物(第二册):465. 1974;中国科学院武汉植物研究所编著. 湖北植物志 第二卷:109. 1979;王遂义主编. 河南树木志:208. 1994;傅立国等主编. 中国高等植物 第四卷:700. 2000。

形态特征:常绿,或落叶灌木,或乔木。小枝等被星状毛。单叶,互生,稀对生,边缘全缘,或具锯齿,或掌状分裂,羽状脉,或掌状脉;具托叶,或苞片状,早落,稀无托叶。花单性、两性,稀单性雌雄同株,稀雌雄异株、杂性。花序为头状花序、总状花序、穗状花序,或圆锥花序。单花具花瓣 4 ~ 5 枚,稀 6 ~ 7 枚,线形、匙形、鳞片状,或无花瓣;花为周位花、上位花、下位花;萼筒与子房分离,或多少合生,萼裂片 4 ~ 5 枚,镊合状排列,或覆瓦状排列;雄蕊 4 ~ 5 枚,稀较多,花药常 2 室,直裂、瓣裂,具退化雄蕊,或无;雌蕊子房半下位,或下位,稀上位;心皮 2 枚,基部合生,花柱柱头分裂 4 片。每室具胚珠多数,倒而垂悬于中轴胎座下,稀 1 枚。蒴果木质,室背开裂,或室间开裂为 4 片。种子具种脐;胚乳肉质。

本科模式属:金缕梅属 Hamamelis Linn. 。

产地:本科植物有 27 属、140 多种,分布于东亚、北美洲、中美洲、非洲南部、大洋洲各国及马尔加什。我国有 17 属、75 种、16 变种,分布于西南各省(区、市)。河南有 8 属、9 种。郑州市紫荆山公园有 2 属、2 种栽培。

本科植物分属检索表

1. 单花具花瓣 4 枚,白色,线形,长 2.0 cm 以上;雄蕊 4 枚 …………… 继木属 Loropetalum R. Br.
1. 单花无花瓣;雄蕊 2~8 枚 ……………………………… 蚊母树属 Distylium Sieb. & Zucc.

Ⅰ. 金缕梅族

Hamamelidaceae Lindl. trib. **Hamamelideae** Niedenzu in Nat. Pflanzenfam. Ⅲ. 2a. 121. 1891;郑万钧主编. 中国树木志 第二卷:1874~1875. 1985;中国科学院中国植物志编辑委员会. 中国植物志 第三十五卷 第二分册:68. 1979。

形态特征:花两性;雄蕊、裂片与花瓣 4~5 枚;花瓣线形,先端 2 裂;雄蕊具花药 4 枚,稀不定数,具退化雄蕊,或无退化雄蕊,花丝极短;雌蕊子房半下位至上位。每室具 1 枚胚珠。种子具种脐。

产地:本亚科植物有 5 族、19 属。我国有 4 族、9 属。

(Ⅰ) 继木属

Loropetalum R. Brown in Abel, Narr. Journ. China, App. B. 375. 1818;丁宝章等主编. 河南植物志(第二册):127. 1988;郑万钧主编. 中国树木志 第二卷:1899. 1985;中国科学院中国植物志编辑委员会. 中国植物志 第三十五卷 第二分册:70. 1979;中国科学院武汉植物研究所编著. 湖北植物志 第二卷:116. 1979;王遂义主编. 河南树木志:210. 1994;傅立国等主编. 中国高等植物 第四卷:710. 2000。

形态特征:常绿,或半常绿灌木,或小乔木。芽无鳞片。单叶,互生,革质,卵圆形,边缘全缘;具短柄,托叶早落。花两性,簇生于枝端。花序为穗状花序,或头状花序,具花 4~8 朵。单花具花瓣 4 枚,条形,白色,芽时内卷;萼筒倒圆锥状,短,与子房合生,被星状毛;萼 4 裂,裂片卵圆形,花后脱落;雄蕊 4 枚,周位着生,花丝极短,花药具 4 个花粉囊,瓣裂,药隔突出,退化雄蕊鳞片状,与雄蕊互生;雌蕊子房半下位,2 室,被星状毛,花柱 2 枚。每室具 1 枚胚珠,下垂。蒴果木质,卵球状,被星状毛,上半部 2 片瓣裂,每裂片 2 浅裂,下半部萼筒宿存,或合生;果柄极短。种子长卵球状,种脐白色。

本属模式种:继木 * Loropetalum chinense(R. Br.)Oliver。

注:* 尚待查证。

产地:本属植物 4 种、1 变种。我国有 1 种、1 变种,分布于长江以南各省(区、市)。河南有 1 种。郑州市紫荆山公园有 1 种、1 变种栽培。

1. 继木　图 67　图版 20:1~2

Loropetalum chinense(R. Br.)Oliv. in Trans. Linn. Soc. 23:459. f. 4. 1862;丁宝章等主编. 河南植物志(第二册):128. 图 890. 1988;郑万钧主编. 中国树木志 第二卷:1899~1900. 图 965. 1985;中国科学院中国植物志编辑委员会. 中国植物志 第三十五卷 第二分册:70. 72. 图版 16. 1979;卢炯林等主编. 河南木本植物图鉴:183. 图 549. 1998;中国科学院植物研究所主编. 中国高等植物图鉴 第二册:162. 图 2053. 1983;中国科学院武汉植物研究所编著. 湖北植物志 第二卷:116~117. 图 854. 1979;王遂义主编. 河南树木志:210. 图 208. 1994;傅立国等主编. 中国高等植物 第四卷:710. 图 1122. 2000;李法曾主编. 山东植物精要:273. 图 964. 2004;*Hamamelis chinensis* R. Br. in Abel, Narr.

Journ. China,375. f. 1818.

形态特征:常绿小乔木,高达 10.0 m,常为灌木状;树皮暗灰色、浅灰褐色,薄片剥落。多分枝;小枝被锈褐色星状毛。单叶,互生,革质,卵圆形,长 2.0 ~ 5.0 cm,宽 1.5~2.5 cm,先端短尖,基部钝圆,偏斜,边缘全缘,表面被粗毛,或无毛,背面密被星状毛;叶柄长 2 ~ 5 mm,被星状毛;托叶膜质,三角 – 披针形,长 3 ~ 4 mm,早落。花两性,3 ~ 8 朵簇生;花序梗长约 1.0 cm。单花具花瓣 4 枚,白色,线形,长 1.0 ~ 2.0 cm;苞片线形,长约 3 mm;萼筒杯状,被星状毛,萼齿 4 枚,卵圆形,长约 2 mm,花后脱落;雄蕊 4 枚,花丝极短,退化雄蕊 4 枚,鳞片状,与雄蕊互生;雌蕊子房下位,2 室,被星状毛,花柱 2 枚,离生,极短。每室具 1 枚

图 67　继木 Loropetalum chinense(R. Br.) Oliver
1. 果枝;2. 花枝;3. 花;4. 除去花瓣的花;5. 雄蕊侧面(选自《中国树木志》)。

垂生胚珠。蒴果卵球状,长 7 ~ 8 mm,木质,萼筒长约为果长的 2/3,被星状毛,2 瓣裂。种子长卵球状,长 4 ~ 5 mm。花期 3 ~ 4 月;果实成熟期 8 ~ 9 月。

产地:继木分布于我国山东东部及长江以南各省(区、市)。印度、日本也有分布。河南各地有栽培。郑州市紫荆山公园有栽培。

识别要点:继木为常绿小乔木。多分枝,幼枝被锈褐色星状毛。单叶,互生,革质,背面密被星状毛;叶柄被星状毛。花两性,3 ~ 8 朵簇生。单花具花瓣 4 枚,白色,线形。蒴果倒卵球状,萼筒长约为果长 2/3,被星状毛,2 瓣裂。

生态习性、繁育与栽培技术要点、主要病虫害:继木与蚊母树相同。

主要用途:继木全株入药,可止血、止痛。也是园林绿化及盆景良种。

变种:

1.1　檵木　原变种

Loropetalum chinense(R. Br.)Oliv. var. **chinense**

1.2　红花檵木　河南新记录变种　图版20:3

Loropetalum chinense(R. Br.)Oliv. var. **rubrum** Yieh,中国园艺专刊,2:33. 1942;中国科学院中国植物志编辑委员会. 中国植物志 第三十五卷 第二分册:72. 1979。

本变种花紫红色,长 2.0 cm。

产地:红花檵木在我国湖北栽培很广。河南有栽培。郑州市紫荆山公园有栽培。

Ⅱ. 蚊母树族

Hamamelidaceae Lindl. trib. **Distylteae** Hallier in Beihefte zum Bot. Centrabl. 14(2):252. 1903;郑万钧主编. 中国树木志 第二卷:1874 ~ 1875. 1985;中国科学院中国植物志编辑委员会. 中国植物志 第三十五卷 第二分册:98. 1979。

形态特征:花单性,或两性;萼筒壶状,宿存,或脱落;无花瓣;雄蕊定数,或无定数,无退化雄蕊;雌蕊子房上位,或近上位。

(Ⅱ) 蚊母树属

Distylium Sieb. & Zucc., Fl. Jap. 1:178. t. 94. 1835;丁宝章等主编. 河南植物志(第二册):131. 1988;郑万钧主编. 中国树木志 第二卷:1914. 1985;中国科学院中国植物志编辑委员会. 中国植物志 第三十五卷 第二分册:101. 1979;中国科学院武汉植物研究所编著. 湖北植物志 第二卷:109~110. 1979;王遂义主编. 河南树木志:212. 1994;傅立国等主编. 中国高等植物 第四卷:716. 2000。

形态特征:常绿灌木,或乔木。幼枝、芽被鳞毛及星状绒毛。裸芽。单叶,互生,厚革质,羽状脉,边缘全缘,稀具小齿;叶柄短,具披针形托叶,早落。花小,单性,或杂性。雄花常与两性花同株。花序为穗状花序腋生。苞片、小苞片披针形,早落。单花无花瓣;萼筒极短,花后脱落;萼齿2~6裂,大小不等,裂片覆瓦状排列,稀无;雄蕊4~8枚,花丝长短不等,花药2室,纵裂;雄花无退化雄蕊,或具雌蕊子房;雌花两性花蕊子房上位,2室,被鳞片,或星状绒毛,花柱2枚,自基部分叉,柱头尖。每室具1枚胚珠。蒴果木质,卵球状,上半部2片分裂,每片2裂。种子种皮角质。

本属模式种:总状花序蚊母 Distylium racemosum Sieb. & Zucc. 。

产地:本属植物18种,分布于北半球亚洲及拉丁美洲热带各国。我国有12种、3变种,分布于西南各省(区、市)。河南有1种。郑州市紫荆山公园有1种栽培。

1. 蚊母树　　图68　　图版20:4~5

Distylium chinensis(Sieb. & Zucc.) Diels in Bot Jahrb,24:380. 1900;丁宝章等主编. 河南植物志(第二册):131. 图895. 1988;郑万钧主编. 中国树木志 第二卷:1914~1916. 1985;中国科学院中国植物志编辑委员会. 中国植物志 第三十五卷 第二分册:102. 1979;卢炯林等主编. 河南木本植物图鉴:184. 图552. 1998;中国科学院植物研究所主编. 中国高等植物图鉴 第二册:167. 图2064. 1983;中国科学院武汉植物研究所编著. 湖北植物志 第二卷:110~111. 图845. 1979;王遂义主编. 河南树木志:212. 1994;傅立国等主编. 中国高等植物 第四卷:717. 图1134. 2000;李法曾主编. 山东植物精要:274. 图967. 2004;*Distylium racemosum* Sieb. & Zucc. var. *chinensis* Franch. apud Hemsl in Jour. Soc. 23:290. 1887.

形态特征:常绿乔木,高10.0~16.0 m;树皮暗灰色,粗糙。幼枝、芽被鳞毛及星状绒毛。裸芽。单叶,互生,厚革质,椭圆形,或卵圆形,长3.0~7.0 cm,宽1.5~3.0 cm,先端钝圆,或稍尖,稀圆形,基部宽楔形,背面初被鳞毛,后无,边缘全缘,侧脉5~6对;叶柄长5~10 mm,被鳞毛。花序为总状花序,花序轴无毛,长约2.0 cm。单花无花瓣;苞片2~3枚,披针形,长约3 mm,被鳞毛;雌雄花同序,雌花位于花序顶端;萼筒极短,花后脱落,萼齿不等,被鳞毛;雄蕊5~6枚,花丝长约2 mm,花药长约3.5 mm,红色;雌蕊子房上位,被星状毛,花柱长6~7 mm。蒴果卵球状,长1.0~1.3 cm,先端尖,密被褐色星状毛,室背2裂。种子深褐色,具光泽,种脐白色。花期4~5月;果实成熟期8~9月。

产地:蚊母树分布于我国台湾、浙江、福建、广东、海南等省,多栽培供观赏。日本及朝鲜半岛也有分布与栽培。河南各地有栽培。郑州市紫荆山公园有栽培。

识别要点:蚊母树为常绿乔木。幼枝、芽被垢鳞及星状绒毛。单叶,互生,厚革质,椭圆形,或卵圆形,背面初被鳞毛,后无。花序为总状花序,无毛。单花无花瓣;雌雄花同序,雌花位于花序顶端;子房上位,被星状毛。蒴果卵球状,密被褐色星状毛。

生态习性:蚊母树对气候的适应性较强,能耐寒冷,亦耐暑热。喜光,也耐阴。黄河流域以南,可在露地安全越冬。生长慢。对土壤要求不严,在各种立地条件下,均能生长。

繁育与栽培技术要点:蚊母树采用播种育苗。其技术,见赵天榜等主编. 河南主要树种栽培技术一书有关内容. 1994。栽培技术通常采用穴栽,大苗、幼树采用带土穴栽。

主要病虫害:蚊母树主要虫害有金龟子、介壳虫等。其防治技术,见杨有乾等编著. 林木病虫害防治. 河南科学技术出版社,1982。

图68　蚊母树 Distylium chinensis
（Sieb. & Zucc.）Diels
（选自《山东植物精要》）。

主要用途:蚊母树叶浓绿色,具光泽,经冬不凋。通常孤植,片植、行栽,是园林绿化树种。

二十六、杜仲科

Eucommiaceae Harms in Nat. Pflanzenfam. Nachtr. 2:111. 1906;丁宝章等主编. 河南植物志(第二册):131. 1988;郑万钧主编. 中国树木志 第三卷:2551. 1997;中国科学院中国植物志编辑委员会. 中国植物志 第三十五卷 第二分册:116. 1979;中国科学院西北植物研究所编著. 秦岭植物志 第一卷 种子植物(第二册):469. 1974;中国科学院武汉植物研究所编著. 湖北植物志 第二卷:118. 1979;王遂义主编. 河南树木志:213. 1994;傅立国等主编. 中国高等植物 第四卷:722. 2000;*Trochodendraceae* Prantl in Engl. & Prantl,Nat. Pflanzenfam. III. 2:21,p. p. 1891。

形态特征:落叶乔木,各部折断有银白色胶丝。小枝具片状髓心分隔,无顶芽。单叶,互生,纸质,羽状脉,边缘具锯齿;具柄,无托叶。花先叶开放,或花叶同时开放。花单性,雌雄异株,无花被;雄花簇生,具短柄及小苞片;雄蕊4~10枚,花丝极短,线形,花药4室,纵裂;雌花单生于幼枝基部苞腋内,具短花梗;雌蕊子房2心皮合生,1室,扁平,顶端呈"V"字形,柱头2裂,反曲;胚珠2枚,倒生,并列,下垂。果为带翅小坚果,扁平,长椭圆形;果梗短。种子具丰富胚乳。

本科模式属:杜仲属 Eucommia Oliv. 。

产地:本科植物1属、1种,特产我国,分布中部各省(区、市)。河南有1属、1种。郑州市紫荆山公园有1属、1种栽培。

（Ⅰ）杜仲属

Eucommia Oliv. in Hook. Icon. Pl. 20：t. 1950. 1890；丁宝章等主编. 河南植物志（第二册）：131. 1988；郑万钧主编. 中国树木志 第三卷：2551. 1997；中国科学院中国植物志编辑委员会. 中国植物志 第三十五卷 第二分册：116. 1979；中国科学院西北植物研究所编著. 秦岭植物志 第一卷 种子植物（第二册）：470. 1974。

形态特征：与科形态特征相同。

本属模式种：杜仲属 Eucommia ulmoides Oliv. 。

1. 杜仲　图69　图版20：6～7

Eucommia ulmoides Oliv. in Hook. Icon. 20：t. 1950. 1890；丁宝章等主编. 河南植物志（第二册）：131～132. 图897. 1988；郑万钧主编. 中国树木志 第三卷：2551～2553. 图1287. 1997；中国科学院中国植物志编辑委员会. 中国植物志 第三十五卷 第二分册：117～118. 图版25. 1979；卢炯林等主编. 河南木本植物图鉴：239. 图715. 1998；中国科学院植物研究所主编. 中国高等植物图鉴 第二册：170. 图2069. 1983；中国科学院西北植物研究所编著. 秦岭植物志 第一卷 种子植物（第二册）：470. 图402. 1974；中国科学院武汉植物研究所编著. 湖北植物志 第二卷：118～119. 图857. 1979；张康健主编. 中国杜仲研究：46～93. 1992；中国树木志编委会主编. 中国主要树种造林技术：1175～1186. 图185. 1978；赵天榜等主编. 河南主要树种栽培技术：305～311. 图37. 1994；王遂义主编. 河南树木志：213～214. 图212. 1994；傅立国等主编. 中国高等植物 第四卷：723. 图1144. 2000；李法曾主编. 山东植物精要：274. 图968. 2004。

形态特征：落叶乔木，高达20.0 m；树皮灰色，纵裂。树皮、小枝、叶、果折断具银白色胶丝。小枝淡褐色，或黄褐色，无毛，具片状髓心。单叶，互生，纸质，椭圆形，或椭圆–卵圆形，长6.0～18.0 cm，宽4.0～6.0 cm，先端渐尖、锐尖，基部宽楔形，或近圆形，边缘具细锯齿，表面绿色，无毛，微皱，背面沿脉被长柔毛；叶柄长1.0～2.0 cm，无托叶。花先叶开放，或花叶同时开放。花单性，雌雄异株，无花被，生于幼枝基部苞腋内。雄花簇生，雄蕊4～10枚，花丝短；花药线形，药隔突出，纵裂，具短柄；雌花苞片倒卵圆形，子房具短柄，2心皮合生，1室，扁平，顶端呈"V"字形，柱头2裂，反曲；胚珠2枚，倒生，下垂。果为小坚果，扁平，长椭圆形，长3.0～3.5 cm，窄1.0～1.3 cm，两侧具狭翅。种子扁条状，长约1.5 cm，具丰富胚乳。花期4～5月；果实成熟期9～10月。

图69　杜仲 Eucommia ulmoides Oliv.
（选自《中国高等植物图鉴》）。

产地：杜仲特产于我国，分布于中部各省（市、区）。河南有1属、1种。郑州市紫荆山公园有栽培。

识别要点:杜仲各部含胶汁,折断时具银白色胶丝。

生态习性:杜仲喜温暖、湿润气候,在年均气温 13～17℃ ,年降水量 500～1 500 mm 范围内均可生长。但耐寒力很强,能忍受 -40℃ 低温。杜仲喜光,不耐庇荫,对光照条件要求严格。对土壤具有很强的适应能力,在酸性、中性、微碱性土壤上,均能生长;在特别干旱、贫瘠、过黏、过湿、重盐碱的土壤上,则生长不良;在缓坡、平地,土层深厚、疏松、肥沃、湿润、排灌良好,pH 5.0～7.5 的土壤上,生长最好。10 年生胸径 16.2 cm。深根性树种,主根深达 1.35 cm 以上。同时,萌蘖力很强,可萌蘖繁殖、萌芽更新和矮林经营。

繁育与栽培技术要点:杜仲可采用播种育苗、嫩枝扦插、根蘖繁殖等。

(1)播种育苗。其育苗技术是:杜仲翅果成熟后,采后去杂,阴干后,袋藏至冬初进行贮藏。贮藏方法是:选背风向阳、地势高燥处挖贮藏坑。其大小依果实多少而定。贮藏时,果实用 50℃ 左右温水浸泡 1～2 天,用细沙1:3比例放入贮藏坑内,封后贮藏。贮藏期间,要检查 2～3 次。发现贮藏沙干燥时,要喷水使其湿润;反之,混入干沙,使其湿润,再回坑贮藏。翌春,取出裂口的杜仲播种。育苗地选择土壤肥沃、灌溉方便的粉沙壤土,或壤土地育苗。育苗地要施入腐熟有机基肥后,细致整地,筑成平床。行距 25.0 cm,株距 15.0～20.0 cm 点播。播后,覆土后灌溉。其后加强苗床管理,严防地下害虫,特别是蝼蛄、金龟子幼虫危害。

(2)嫁接繁殖。良种杜仲通常采用嫁接繁殖。通常采用切接。切接的基本技术是: ① 采穗条时期。春季嫁接时接穗以随采随接为宜。② 接穗条规格。具备繁育目的的优良品种。采集时,应选择光照充足、发育充实的健壮枝条。接穗条采集后,选用枝条中部的饱芽部分。③ 嫁接时期。3 月上、中旬均可进行,但以杜仲砧木苗发芽前,为最佳嫁接时期。也可将砧木苗起出,在温室内嫁接后,放在湿沙中贮藏,用塑料薄膜覆盖,待接合处愈合后,翌春发芽前移栽,成活率高。④ 嫁接技术。削接穗方法是:先在接穗基部 2.0～3.0 cm 处上方芽的两侧切入木质部,下切呈水平状、成双切面,削面平滑,一侧稍厚,另一侧稍薄。削好的接穗最少要保留 2 个芽为好。削砧木:砧木苗从根颈上 10.0～15.0 cm 处剪去苗干,断面要平滑,随之选择光滑平整的砧木一侧面,用刀斜削一下,露出形成层,对准露出的形成层的一侧,用切接刀从其边部向下垂直切下 2.5～3.5 cm,但切伤面要平直。接法:将削好的接穗垂直插入砧木的切口内,使接穗和砧木的形成层上下接触面要大、要牢固。若砧木和接穗粗细不同时,其两者的削面,必须有一侧形成层彼此接合。接后,用塑料薄膜绑紧,切忌碰动接穗。⑤ 管理。温室内切接后,将接后的嫁接植株放在湿润的有塑料薄膜覆盖的温室内,进行假植,保持一定湿度和温度,利于接口愈合,但以不发芽为宜。翌春进行移栽。移栽时,严防碰动接穗,以保证嫁接具有较高的成活率。此外,还可进行嫩枝扦插、插根育苗、留根繁殖及分蘖育苗。

杜仲经济林栽培技术要点:选土层深厚,土壤肥沃,灌排良好沙壤土,或壤土地。采用大穴穴栽。每穴施入有机肥料。选用优良品种。采用 5.0～10.0 m 的株行距。林下可间作豆科植物等。加强林地与林木管理。见赵天榜等主编. 河南主要树种育苗技术:194～196. 1982;赵天榜等主编. 河南主要树种栽培技术:305～311. 图37. 1994。

主要病虫害:杜仲主要虫害有金龟子、蝼蛄、介壳虫、黄刺蛾、大袋蛾等。其防治技术,见赵天榜等主编. 河南主要树种栽培技术. 231～232. 1994；杨有乾等编著. 林木病虫害防治. 河南科学技术出版社,1982。

主要用途：杜仲是我国特产经济树种,其皮是传统名贵中药材之一,能润肝补肾,强筋骨,治腰膝腹痛、治高血压病。叶（含胶率3.0％～5.0％）、牛皮（含胶率6.0％～10.0％）、根皮（含胶率10.0％～12.0％）与果实（含胶率10.0％～18.0％）。杜仲胶广泛应用于电器和电信工业,也是制造海底电缆和高级黏合剂的优良材料。其木材坚实、致密,耐腐朽,是制造家具良材。还是"四旁"绿化、水土保持林、经济林和林农间作的优良树种,也是"四旁"绿化树种。

二十七、悬铃木科

Platanaceae Lindl. ，Nat. Syst. Bot. ed. 2，187. 1836；郑万钧主编. 中国树木志 第二卷：1923. 1985；丁宝章等主编. 河南植物志（第二册）：133. 1988；中国科学院中国植物志编辑委员会. 中国植物志 第三十五卷 第二分册：118. 1979；中国科学院西北植物研究所编著. 秦岭植物志 第一卷 种子植物（第二册）：470. 1974；中国科学院武汉植物研究所编著. 湖北植物志 第二卷：119. 1979；王遂义主编. 河南树木志：214. 1994；傅立国等主编. 中国高等植物 第四卷：699. 2000。

形态特征：落叶大乔木；树皮片状剥落。枝被星状毛,无顶芽。叶柄下芽。单叶,互生,被星状毛,掌状脉,掌状分裂,稀为羽状脉,不裂,边缘粗缺刻；托叶常鞘状,早落。花单性,雌雄同株,头状花序；雄花序无苞片；雌花序有苞片；萼片3～8裂,三角形；单花具花瓣3～8枚,倒披针形；雄花具雄蕊3～8枚,药隔先端呈盾状鳞片；雌花具3～8枚离心皮雌蕊；花柱细长；子房具1室,具1～2枚直立胚珠、悬垂。聚合果球睟,由多数小坚果组成。坚果小,窄长倒圆锥状,基部周围具长硬毛；花柱宿存。种子胚乳少,胚直立。

本科模式属：悬铃木属 Platanus Linn. 。

产地：本科植物1属、3种、1杂交种,分布于北美洲各国至墨西哥、欧洲东南部及亚洲西南部至印度。我国栽培3种及1杂交种。河南各地引种栽培1属、3种、1杂交种。郑州市紫荆山公园有1属、1种栽培。

（Ⅰ）悬铃木属

Platanus Linn. ，Sp. Pl. ，999. 1753；Gen. Pl. ed. 5，433. no. 954. 1754；郑万钧主编. 中国树木志 第二卷：1923. 1985；丁宝章等主编. 河南植物志（第二册）：133. 1988；朱长山等主编. 河南种子植物检索表：156. 1994；中国科学院中国植物志编辑委员会. 中国植物志 第三十五卷 第二分册：118. 1979。

形态特征：与科形态特征相同。

本属模式种：一球悬铃木 Platanus orientalis Linn. 。

产地：本科植物1属、3种、1杂交种。河南各地引种栽培1属、3种、1杂交种。郑州市紫荆山公园有1属、1种栽培。

1. 二球悬铃木　英国梧桐　图70　图版20：8

Platanus acerifolia（Ait. ）Willd. ，Sp. Pl. ，4，1：474. 1805；郑万钧主编. 中国树木志第二卷：1923. 图980：1. 1985；丁宝章等主编. 河南植物志（第二册）：134. 图898. 1988；

朱长山等主编. 河南种子植物检索表:156. 1994;中国科学院中国植物志编辑委员会. 中国植物志 第三十五卷 第二分册:120～121. 1979;卢炯林等主编. 河南木本植物图鉴:186. 图556. 1998;中国科学院西北植物研究所编著. 秦岭植物志 第一卷 种子植物(第二册):471. 1974;潘志刚等编著. 中国主要外来树种引种栽培:348～356. 图54. 1994;王遂义主编. 河南树木志:215. 图214. 1994;傅立国等主编. 中国高等植物 第四卷:700. 图1106. 2000;李法曾主编. 山东植物精要:275. 图970. 2004;*Platanus orientalis* Linn. var. *acerifolia* Ait. ,Hort. Kew III. 364. 1789.

　　形态特征:落叶大乔木,高达35.0 m;树皮深灰色,薄片剥落,内皮淡绿白色。嫩枝、叶密被黄褐色星状绒毛。叶柄下芽。单叶,互生,宽卵圆形,长12.0～25.0 cm,宽10.0～24.0 cm,掌状脉3条,稀5条,基部截形、心形,上部掌状分裂为5深裂,稀7深裂,或3深裂片至中部,或中部以下,中裂片宽三角形,长宽近相等,裂片全缘,或边缘疏生1～2枚粗齿;幼时两面被灰黄色毛,背面更密,后无,仅脉腋被毛;叶柄长3.0～10.0 cm,密被黄褐色毛;托叶长1.0～1.5 cm,基部鞘状,上部分裂。花4数,雄花序无无柄、无苞片,基部被绒毛;萼片卵圆形,被毛;花瓣4枚,长圆形;雄蕊药隔被毛;雌花序具柄。总柄具球状序1～2(～3)枚,果序径2.0～2.5 cm,下垂;花柱宿存呈刺尖,长2～3 mm;坚果间具刺状柔毛。花期4～5月;果实成熟期9～10月,长期不落。

图70　二球悬铃木 Platanus acerifolia
(Ait.)Willd.

1. 果枝;2. 果;3. 雄蕊;4. 雌花及离心皮雌蕊;5. 种子萌生幼根;6. 子叶出土;7～9. 幼苗(选自《中国树木志》)。

　　产地:二球悬铃木为三球悬铃木与一球悬铃木杂种,系英国人培育而成,现广植世界各地。我国各省(区、市)均有引种栽培。河南各地引种栽培。郑州市紫荆山公园有栽培。

　　识别要点:二球悬铃木总柄具球状果序2(1～3)枚,果序径2.0～2.5 cm。

　　生态特性:二球悬铃木喜温暖、湿润气候;不耐寒冷。喜光,不耐阴。喜微酸性至中性,深厚、肥沃、湿润、排水良好的沙壤土、壤土。抗污染能力强。生长快,10年生树高达17.8 m,胸径31.7 cm;树形壮观。

　　繁育与栽培技术要点:二球悬铃木通常采用扦插育苗,也可播种育苗,或天然下种。其技术参见:河南农学院园林系编. 悬铃木. 1978年。栽培技术通常采用穴栽,大苗、幼树采用带土穴栽。

　　主要病虫害:二球悬铃木主要虫害有蝼蛄、金龟子、介壳虫、大袋蛾等。其防治技术,见杨有乾等编著. 林木病虫害防治. 河南科学技术出版社,1982。

　　主要用途:二球悬铃木主要作庭院、行道树绿化用树。木材质脆,必须处理后,可作家具用。果毛散飞，污染环境，目前尚无解决办法。应选择少球悬铃木植株发展。

二十八、蔷薇科

Rosaceae Necker in Act. Acad. Elect. Sci. Theod. – Palat. 2：490. 1770, nom. subnud. ;郑万钧主编. 中国树木志 第二卷：931. 1985；中国科学院中国植物志编辑委员会. 中国植物志 第三十六卷：2. 1974；丁宝章等主编. 河南植物志（第二册）：135. 1988；朱长山等主编. 河南种子植物检索表：157～160. 1994；中国科学院西北植物研究所编著. 秦岭植物志 第一卷 种子植物（第二册）：471～472. 1974；中国科学院武汉植物研究所编著. 湖北植物志 第二卷：119～120. 1979；周汉藩著. 河北习见树木图说（THE FAMILIAR TREES OF HOPEI by H. F. Chow）：177～178. 1934；王遂义主编. 河南树木志：215. 1994。

形态特征：落叶，或常绿灌木、乔木，或藤本、草本；具刺，或无刺。单叶，或复叶，互生，稀对生；具托叶，稀无托叶。花两性，稀单性，通常辐射对称；花托（萼筒）碟状、钟状、杯状、坛状，或圆筒状；边缘着生萼片、花瓣和雄蕊；萼片和花瓣通常4～5枚，覆瓦状排列，稀无花瓣，萼片稀具副萼；雄蕊5枚至多枚，稀1～2枚；花丝离生，稀合生；雌花心皮1枚至多枚，离生，或合生，稀与花托连合。每心皮具1枚至数枚、直立的，或悬垂的倒生胚珠；花柱与心皮同数，顶生、侧生，或基生。果实为蓇葖果、瘦果、蔷薇果、梨果，或核果，稀蒴果。种子通常不含胚乳，稀具少量胚乳；子叶为肉质，背部隆起，稀对折，或呈席卷状。

本科模式属：蔷薇属 Rosa Linn.。

产地：本科植物有4亚科、124属、3 300余种，分布于全世界，主产北半球温带各国。我国约有51属、1 000余种，产于全国各地。河南有4亚科、38属、239种。郑州市紫荆山公园有4亚科、16属、38种栽培。

本科植物分亚科检索表

1. 蓇葖果，稀蒴果。花具托叶，或无。雌花子房具心皮1～5（～12）枚 ⋯⋯⋯ 绣线菊亚科 Rosaceae
1. 梨果、瘦果、浆果状，或核果。具托叶。
　2. 雌花子房下位、半下位，稀上位，具心皮（1～）2～5枚 ⋯⋯⋯⋯⋯⋯⋯⋯ 苹果亚科 Maloideae
　2. 雌花子房上位，稀下位。
　　3. 雌花子房具心皮多数。瘦果，萼宿存。叶为复叶，稀单叶 ⋯⋯⋯⋯⋯⋯⋯⋯ 蔷薇亚科 Rosoideae
　　3. 雌花子房具心皮1枚，稀2枚，或5枚。核果，萼常脱落。叶为单叶 ⋯ 李亚科 Prunoideae

（一）绣线菊亚科

Rosaceae Necker subfam. **Spiraeoideae** Agardh，Class. Pl. 20. 1825；郑万钧主编. 中国树木志　第二卷：932. 1985；中国科学院中国植物志编辑委员会. 中国植物志 第三十六卷：2～3. 1974；周以良主编. 黑龙江树木志：268. 1986；*Neilliaceae* Miq.，Fl. Ned. Ind. I. 390. 1855；*Spiraeaceae* Dumort.，Comm. Bot. 53. 1822；*Saxifragaceae* subfam. *spiraeaceae* K. Koch，Dendr. I. 303. 1869；*Rosaceae* Necker subfam. I. *Spiraeoideae* Focke in op. cit. 13. 1888.

形态特征:灌木,稀草本。单叶,稀复叶。叶边缘全缘,或具锯齿;无托叶,稀具托叶。雌花子房上位,具心皮 1 ~ 5(~ 12)枚,离生,或基部合生。每心皮具 2 枚至数枚、悬垂的倒生胚珠。果实为蓇葖果,成熟时开裂,稀蒴果。

产地:本亚科植物有 22 属。我国有 8 属。河南有 2 属、4 种。郑州市紫荆山公园有 2 属、4 种栽培。

本亚科植物分属检索表

1. 单叶,边缘具锯齿,或缺裂。花序为伞形花序、伞形总状花序、伞房状花序,或圆锥状花序;心皮 5 枚,或 3 ~ 8 枚,离生 ……………………………………… 绣线菊属 Spiraea Linn.
1. 叶为一回羽状复叶。圆锥状花序大型。心皮 5 枚,基部合生 ………………………………………………………………… 珍珠梅属 Sorbaria(Ser.) A. Br. ex Aschers.

(I) 绣线菊属

Spiraea Linn. ,Sp. Pl. 489. 1753,exclud. spec. non. ;Gen. Pl. ed. 5,216. no. 554. 1754;郑万钧主编. 中国树木志 第二卷:932. 1985;丁宝章等主编. 河南植物志(第二册):141. 1988;中国科学院中国植物志编辑委员会. 中国植物志 第三十六卷:3 ~ 4. 1974;中国科学院西北植物研究所编著. 秦岭植物志 第一卷 种子植物(第二册):475. 1974;中国科学院武汉植物研究所编著. 湖北植物志 第二卷:125. 1979;王遂义主编. 河南树木志:217. 1994;*Spiraea* Linn. subgen. *Euspiraea* Schneid. ,III. Handb. Laubh. 1:449. 1905;*Spiraea* Linn. subgen. *Protospiraea* Nakai,Fl. Sylv. Kor. 4:12. 1916.

形态特征:落叶灌木。冬芽小,具 2 ~ 8 外露的鳞片。单叶,互生,边缘具锯齿、缺刻、分裂,稀全缘;羽状叶脉,或基部有 3 ~ 5 出脉,通常具短叶柄,无托叶。花两性,稀杂性。花序为伞形花序、伞形总状花序、伞房状花序,或圆锥花序。花萼筒钟状;萼片 5 枚,通常稍短于萼筒;花瓣 5 枚,常圆形,较萼片长;雄蕊 15 ~ 60 枚,着生在花盘外缘和萼片之间;雌花心皮 5(3 ~ 8)枚,离生。蓇葖果 5 瓣裂,常沿腹缝线开裂,内具数粒细小种子。种子线状至长圆体状;种皮膜质,胚乳少,或无。

本属模式种:柳叶绣线菊 Spiraea salicifolia Linn.。

产地:本属植物有 100 多种,主要分布于北半球温带至亚热带各国山区。我国有 50 多种。河南有 25 种。郑州市紫荆山公园有 3 种栽培。

本属植物分种检索表

1. 花序着生当年生长枝顶端。
　2. 圆锥花序长圆体状,或金字塔状。花粉红色……………… 柳叶绣线菊 Spiraea salicifolia Linn.
　2. 复伞房花序平顶状。花白色、粉红色,或紫色 …………… 日本绣线菊 Spiraea japonica Linn. f.
1. 花序从去年生枝上芽生出,着生于短枝顶端。叶菱 – 披针形,边缘具锯齿、缺刻,或分裂 ………………………………………… 麻叶绣线菊 Spiraea cantoniensis Lour.

1. 柳叶绣线菊　河南新录种　图 71

Spiraea salicifolia Linn. ,Sp. Pl. 489. 1753;陈嵘著. 中国树木分类学:491. 图 387.

1937;刘慎谔主编. 东北木本植物图志:278. 图版97:183. 1955;中国科学院植物研究所主编. 中国高等植物图鉴 第二册:171. 图2071. 1983;郑万钧主编. 中国树木志 第二卷:934～936. 图401:1～3. 1985;中国科学院中国植物志编辑委员会. 中国植物志 第三十六卷:9～10. 图版1:1～3. 1974;周以良主编. 黑龙江树木志:350. 352. 图版103:1～4. 1986;李法曾主编. 山东植物精要:276. 图972. 2004。

形态特征:直立落叶灌木,高1.0～2.0 m。枝条密集。小枝稍具棱角,黄褐色;嫩枝被短柔毛,后脱落。冬芽卵球状,或长圆－卵球状,先端急尖,具数个褐色外露鳞片,外被稀疏细短柔毛。叶长圆－披针形至披针形,长4.0～8.0 cm,宽1.0～2.5 cm,先端急尖,或渐尖,基部楔形,边缘密具锐锯齿,稀重锯齿,两面无毛;叶柄长1～4 mm,无毛。花序为长圆－圆锥花序,或金字塔状圆锥花序,长6.0～13.0 cm,径3.0～5.0 cm,被细短柔毛;花朵密集;花梗长4～7 mm;苞片披针形至线状披针形,边缘全缘,或具少数锯齿,微被细短柔毛;花径5～7 mm;萼筒钟状;萼片三角形,内面微被短柔毛;花瓣卵圆形,先端通常圆钝,长2～3 mm,宽2～2.5 mm,粉红色;雄蕊50 枚,约长于花瓣2 倍;花盘圆环状,边缘裂片呈细圆锯齿状;雌花子房稀疏被柔毛;花柱短于雄蕊。蓇葖果直立,

图71 柳叶绣线菊 Spiraea salicifolia Linn.
（选自《中国高等植物图鉴》）。

无毛,或沿腹缝被短柔毛;花柱顶生,倾斜开展;萼片常反折。花期6～8 月;果实成熟期8～9 月。

产地:柳叶绣线菊产于我国黑龙江、吉林、辽宁、内蒙古、河北等省(区)。蒙古、日本、朝鲜、俄罗斯西伯利亚以及欧洲东南部均有分布。河南各地有栽培。郑州市紫荆山公园有栽培。

识别要点:柳叶绣线菊为落叶灌木。枝条密集,小枝稍具棱角,黄褐色。花序着生在当年生具叶长枝的顶端,花序为长圆体状花序,或金字塔状的圆锥花序。花瓣卵圆形,粉红色;雄蕊50 枚。

生态习性:柳叶绣线菊喜光也稍耐阴,抗寒,抗旱。喜温暖、湿润的气候和深厚、肥沃的土壤。萌蘖力和萌芽力均强,耐修剪。喜生长于河流沿岸、空旷地和山沟中。

繁育与栽培技术要点:柳叶绣线菊可以播种繁殖、分株繁殖及扦插繁殖。播种繁殖出芽率较高,一般情况下第二年即可成苗。栽培技术通常采用穴栽,丛株采用带土穴栽。

主要病虫害:柳叶绣线菊主要虫害有绣线菊叶蜂、绣线菊蚜等。其防治技术,见杨有乾等编著. 林木病虫害防治. 河南科学技术出版社,1982。

主要用途:柳叶绣线菊花期为夏季,是缺花季节,粉红色花朵十分美丽,给炎热的夏季带来些许柔情与凉爽,是庭院观赏的良好观赏植物材料;又为蜜源植物。其根、全草可以

通经活血、通便利水,也可用于关节痛、周身酸痛、咳嗽多痰、刀伤、闭经。

2. 粉花绣线菊 日本绣线菊 图72 图版20:9

Spiraea japonica Linn. f.,Suppl. Pl. 262. 1781;陈嵘著. 中国树木分类学:490. 图386. 1937;郑万钧主编. 中国树木志 第二卷:936. 1985;郑万钧主编. 中国树木志 第二卷:932. 1985;中国科学院中国植物志编辑委员会. 中国植物志 第三十六卷:12. 1974;朱长山等主编. 河南种子植物检索表:160. 1994;卢炯林等主编. 河南木本植物图鉴:50. 图150. 1998;*Spiraea callosa* Thunb.,Fl. Jap. 209. 1784.

形态特征:矮生落叶灌木,高达1.5 m。小枝近柱状,细长,无毛;幼时被毛。冬芽小,卵球状,具鳞片。单叶,互生,卵圆形,或卵圆-椭圆形;新叶金黄色,老叶深绿色,夏叶浅绿色,秋叶金黄色,先端急尖,或渐尖,基部楔形,长2.0～8.0 cm,宽1.0～3.0 cm,背面灰白色,两面沿脉被短柔毛,边缘具缺刻状重锯齿,或单锯齿;叶柄短,长1～3 mm,被短柔毛,无托叶。花序为复伞房花序,直立新枝顶端,径4.0～8.0 cm。花两性,密集,密被柔毛;萼筒钟状,内面被短柔毛,萼片三角形,常直立,内面先端被短柔毛;花瓣5枚,卵圆形、圆形,较萼片长,长2.5～3.5 mm,宽2～3 mm;花粉红色;雄蕊25～30枚,长于花瓣,着生在花盘与萼片之间;花盘圆环状,约具10个不等裂片;雌花心皮5枚,离生。蓇葖果5裂,沿腹缝线开裂,沿腹缝线被毛,内具数粒细小种子。种子长圆体状,种皮膜质。花期6～7月;果实成熟期8～9月。

图72 粉花绣线菊 Spiraea japonica Linn. f.
(选自《北京植物志》)。

产地:粉花绣线菊原产于日本、朝鲜半岛。我国各地有栽培。河南各地有栽培。郑州市紫荆山公园有栽培。

识别要点:粉花绣线菊落叶小灌木。叶深绿色;幼叶黄绿色。叶片卵圆-长椭圆形,或椭圆-披针形,常沿叶脉有短柔毛,边缘具重锯齿。花序为复伞房花序,直立新枝顶端。花白色、粉红色,或紫色。

生态习性:粉花绣线菊喜光,阳光充足则开花量大,耐半阴;耐寒性强,能耐-10 ℃低温。喜四季分明的温带气候,在无明显四季交替的亚热带、热带地区生长不良;耐瘠薄、不耐湿,在湿润、肥沃富含有机质的土壤中,生长茂盛。生长季节需水分较多,但不耐积水,也有一定的耐干旱能力。

繁育与栽培技术要点:粉花绣线菊常以播种、扦插和分株繁殖。栽培技术通常采用穴栽,丛株采用带土穴栽。

主要病虫害:粉花绣线菊病害有叶斑病和角斑病,虫害有蚜虫和叶蜂危害等。其防治技术,见杨有乾等编著. 林木病虫害防治. 河南科学技术出版社,1982。

　　主要用途:粉花绣线菊可作花坛花境,或植于草坪及园路角隅构成夏日佳景,也可作基础种植,或地被材料;在园林绿化中,可作花篱及城市街道绿化,是用作切花、盆栽生产的好材料。

　　3. 麻叶绣线菊　图73　图版20:10~12

Spiraea cantoniensis Lour. ,Fl. Cochinch. 1:322. 1790;陈嵘著. 中国树木分类学:487. 图382. 1937;裴鉴等主编. 江苏南部种子植物手册:373. 图602. 1959;中国科学院植物研究所主编. 中国高等植物图鉴 第二册:175. 图2080. 1983;丁宝章等主编. 河南植物志(第二册):155. 图925. 1988;朱长山等主编. 河南种子植物检索表:162. 1994;郑万钧主编. 中国树木志 第二卷:939~941. 图403:11~12. 1985;中国科学院中国植物志编辑委员会. 中国植物志 第三十六卷:33~34. 图版4:16~17. 1974;丁宝章等主编. 河南植物志(第二册):155. 图925. 1981;中国科学院西北植物研究所编著. 秦岭植物志 第一卷 种子植物(第二册):483~484. 1974;中国科学院武汉植物研究所编著. 湖北植物志 第二卷:128. 图867. 1979;王遂义主编. 河南树木志:228. 图225:1~3. 1994;李法曾主编. 山东植物精要:276. 图975. 2004;*Spiraea revesiana* Lindl. in Bot. Rég. 30:t. 10. 1844;*Spiraea lanceolata* Poir. in Lam. Encycl. Méth. Bot. 7:354. 1806.

　　形态特征:落叶小灌木,高达1.5 m。小枝细瘦,圆柱状,呈拱形弯曲;幼时暗红褐色,无毛。冬芽小,卵球状,先端急尖,无毛,有数枚外露鳞片。叶菱-披针形,或菱-长椭圆形,长3.0~5.0 cm,宽1.5~2.0 cm,先端急尖、渐尖,基部楔形,边缘中部以上具缺刻状锯齿,表面深绿色,背面灰蓝色,两面无毛,羽状叶脉;叶柄长4~8 mm,无毛。花序为伞形花序,具多数花朵。花小,径5~7 mm;萼筒钟状,外面无毛,内面被短柔毛;萼片三角形,或卵圆-三角形,直立开展,先端急尖,或短渐尖,内面微被短柔毛;花瓣近圆形,或倒卵圆形,先端微凹,或圆钝,长与宽2.5~4 mm,白色;雄蕊20~28枚,稍短于花瓣,或几与花瓣等长;花盘由大小不等的近圆形裂片组成,裂片先端有时微凹,排列成圆环形;雌花子房近无毛,花柱短于雄蕊;花梗长8~14 mm,无毛;苞片线形,无毛。蓇葖果直立开张,无毛,花柱顶生,常倾斜开展,具直立开张萼片。花期4~5月;果实成熟期7~9月。

图73　麻叶绣线菊 Spiraea cantoniensis Lour.
(选自《树木学》)

　　产地:麻叶绣线菊产于我国广东、广西、福建、浙江、江西。在河北、河南、山东、陕西、安徽、江苏、四川等省均有栽培。日本也有分布。河南各地有栽培。郑州市紫荆山公园有栽培。

识别要点:麻叶绣线菊为落叶小灌木。冬芽具数个外漏鳞片。叶边有锯齿,或缺刻,稀分裂。花序为有总梗的伞形花序。叶片、花序及蓇葖果均无毛。

生态习性:麻叶绣线菊性喜温暖和阳光充足的环境,稍耐寒、耐阴,较耐干旱,忌湿涝。分蘖力强。生长适温 15～24 ℃,冬季能耐 –5 ℃低温。土壤以肥沃、疏松和排水良好的沙壤土为宜。

繁育与栽培技术要点:麻叶绣线菊常以播种、扦插和分株繁殖。栽培技术通常采用穴栽,丛株采用带土穴栽。

主要病虫害:麻叶绣线菊病害有叶斑病和角斑病,虫害有蚜虫和叶蜂。其防治技术,见杨有乾等编著. 林木病虫害防治. 河南科学技术出版社,1982。

主要用途:麻叶绣线菊花繁密,盛开时花序密集,枝条全被细小的白花覆盖,形似一条条拱形玉带,洁白可爱,叶清丽,庭园栽培供观赏。可成片配置于草坪、路边、斜坡、池畔,也可单株或数株点缀花坛。其有很大的医药价值,根、叶、果实:清热,凉血,祛瘀,消肿止痛;也可用于跌打损伤、疥癣。

（Ⅱ）珍珠梅属

Sorbaria(Ser.)A. Br. ex Aschers. ,Fl. Brandenb. 177. 1864;郑万钧主编. 中国树木志 第二卷:954. 1985;丁宝章等主编. 河南植物志(第二册):157～158. 1988;朱长山等主编. 河南种子植物检索表:164. 1994;中国科学院中国植物志编辑委员会. 中国植物志 第三十六卷:75. 1974;丁宝章等主编. 河南植物志(第二册):157～158. 1981;中国科学院西北植物研究所编著. 秦岭植物志 第一卷 种子植物 (第二册):488. 1974;中国科学院武汉植物研究所编著. 湖北植物志 第二卷:133. 图845. 1979;周以良主编. 黑龙江树木志:329～330. 1986;王遂义主编. 河南树木志:229. 1994;*Spiraea* Linn. ,Sp. Pl. 489. 1753. p. p. ;*Spiraea* Linn. sect. *Sorbaria* Ser. in DC. Prodr. 2:545. 1825.

形态特征:落叶灌木。冬芽卵球状,具数枚、互生外露的鳞片。羽状复叶,互生。小叶边缘具锯齿;具托叶。花序为顶生圆锥花序。花小,萼筒钟状,萼片5枚,反折;花瓣5枚,白色,覆瓦状排列;雄蕊20～50枚;雌花心皮5枚,基部合生,与萼片对生。蓇葖果沿腹缝线开裂,含种子数粒。

本属模式种:珍珠梅 Sorbaria sorbifolia(Linn.)A. Br. 。

产地:本属植物约9种,分布于亚洲。我国有4种,产于东北、华北至西南各省(区、市)。河南有2种、3变种,各地有栽培。郑州市紫荆山公园有1种栽培。

1. 珍珠梅　图 74　图版 21:1～4

Sorbaria sorbifolia(Linn.)A. Br. ex Ascherson,Fl. Brandenb. 177. 1864;郑万钧主编. 中国树木志　第二卷:954～956. 图411:1～2. 1985;丁宝章等主编. 河南植物志(第二册):158. 图930. 1988;朱长山等主编. 河南种子植物检索表:164. 1994;中国科学院中国植物志编辑委员会. 中国植物志 第三十六卷:75～76. 图版11:1～2. 1974;卢炯林等主编. 河南木本植物图鉴:53. 图159. 1998;中国科学院西北植物研究所编著. 秦岭植物志 第一卷 种子植物 (第二册):488. 1974;周以良主编. 黑龙江树木志:330. 图版94. 1986;王遂义主编. 河南树木志:231. 图227:5～6. 1994;*Spiraea sorbifolia* Linn. ,Sp. Pl.

490. 1753;*Sorbaria sorbifolia*(Linn.) A. Br. var. *typica* Schneid.,III. Handb. Laubh. 1:
488. 1905;*Sorbaria arborea* Schneid. III. Handb. Laubh. I. 490. f. 297. 1905;*Sorbaria arborea* Bean in Kew Bull. 1914:53. 1914;*Sorbaria sorbifolia*(Linn.) A. Br. ex Aschers. in Fl. Brandenb. 177. 1864;*Sorbaria sorbifolia* Linn.,Sp. Pl. 490. 1753.

形态特征:落叶灌木,高达 2.0 m。枝条开展。小枝圆柱状,稍屈曲,无毛,或微被短柔毛,初时黄绿色,老时暗红褐色,或暗黄褐色。冬芽卵球状,先端圆钝,无毛,或顶端微被柔毛,紫褐色,具有数枚互生外露的鳞片。羽状复叶,连叶轴长 13.0~23.0 cm,宽 10.0~13.0 cm,叶轴微被短柔毛。小叶 11~17 枚,对生,相距 1.5~2.5 cm,披针形至卵圆–披针形,长 5.0~7.0 cm,宽 1.8~2.5 cm,先端渐尖,或尾尖,基部近圆形,或宽楔形,稀偏斜,边缘具尖锐重锯齿,两面无毛,或近于无毛,羽状网脉,具侧脉 12~16 对,背面明显;小叶无柄,或近于无柄;托叶叶质,卵圆–披针形,先端渐尖至急尖,边缘有不规则锯齿,长 8~13 mm,宽 5~8 mm,外面微被短柔毛。顶生大型密集圆锥花序,分枝近于直立,长 10.0~20.0 cm,径 5.0~12.0 cm;总花梗和花梗被星状毛,或短柔毛,果

图 74　珍珠梅 Sorbaria sorbifolia
（Linn.）A. Br.
（选自《中国高等植物图鉴》）。

期逐渐脱落,近于无毛;苞片卵圆–披针形至线状–披针形,长 5~10 mm,宽 3~5 mm,先端长渐尖,边缘全缘,或具浅齿,两面微被柔毛,果期逐渐脱落。花径 1.0~1.2 cm;萼筒钟状,外面基部微被短柔毛;萼片三角卵圆形,先端钝,或急尖,萼片约与萼筒等长;花瓣长圆形,或倒卵圆形,长 5~7 mm,宽 3~5 mm,白色;雄蕊 40~50 枚,长于花瓣 1.5~2.0 倍,生在花盘边缘;雌花心皮 5 枚,无毛,或稍被柔毛;花梗长 5~8 mm。蓇葖果长圆体状,有顶生弯曲花柱,长约 3.0 mm;果梗直立;萼片宿存,反折,稀开展。花期 7~8 月;果实成熟期 9 月。

产地:珍珠梅产于我国辽宁、吉林、黑龙江、内蒙古等省(区)。俄罗斯、朝鲜半岛、日本、蒙古亦有分布。河南各地有栽培。郑州市紫荆山公园有栽培。

识别要点:珍珠梅为落叶灌木。圆锥花序密集,具直立分枝。雄蕊长于花瓣,花柱顶生。

生态习性:珍珠梅耐寒,耐半阴,耐修剪。在排水良好的沙质壤土中生长较好。生长快,易萌蘖,是良好的夏季观花植物。

繁育与栽培技术要点:珍珠梅繁殖多以分株法为主,也可以播种,但因种子细小,多不采用播种法。也可以采用扦插和压条繁殖。扦插法适合大量繁殖,生根最快,且成活率高。栽培技术通常采用穴栽,丛株采用带土穴栽。

主要病虫害:珍珠梅主要病虫害有叶斑病、白粉病、褐斑病、金龟子、斑叶蜡蝉等。其

防治技术,见杨有乾等编著. 林木病虫害防治. 河南科学技术出版社,1982。

主要用途:珍珠梅以其花色似珍珠而得名。珍珠梅凌霜傲雪。珍珠梅花期很长,是园林中很受欢迎的观赏树种。枝、叶、花入药,还可活血散瘀,消肿止痛。用于治疗骨折、跌打损伤、关节扭伤红肿疼痛、风湿性关节炎。

(二) 苹果亚科

Rosaceae Necker subfam. **Maloideae** Weber in Journ. Arn. Arb. 45：164. 1964；郑万钧主编. 中国树木志 第二卷:963. 1985；中国科学院中国植物志编辑委员会. 中国植物志 第三十六卷:102 ~ 103. 1974；*Pomaceae* Linn. , Phil. Bot. II. 35. 1763；*Rosaceae* I. *Pomaceae* A. L. De Juss. , Gen. Pl. 334. 1789；*Pomariae* Asch. , Prov. Brans. I. 204. 1864；*Rosaceae* tribus *Pomeae* Benth. & Hook. , Gen. Pl. I. 626. 1865；*Rosaceae* subfam. *Pomoideae* Focke in Engl. & Prantl , Nat. Pflanzenfam. 3(3):18. 1888；*Malaceae* Small , Fl. Southeast U. S. 529. 1903.

形态特征:落叶灌木、乔木。单叶,或复叶;具托叶。雌花子房上位、半下位,稀上位,具心皮(1 ~)2 ~ 5 室。每室具 2 枚,稀 1 枚至数枚、直立胚珠。果实为梨果,稀浆果状,或小核果状。

产地:本亚科植物有 20 属。我国有 16 属。河南各地有 12 属、76 种栽培。郑州市紫荆山公园有 8 属、43 种栽培。

本亚科植物分属检索表
1. 心皮成熟时坚硬骨质,果内具 1 ~ 5 枚小核。
　2. 枝常具刺。叶边缘具锯齿,稀全缘。
　　3. 叶常绿。心皮 5 枚。每心皮具 2 枚胚珠 ……………………… 火棘属 Pyracantha Roem.
　　3. 叶凋落,稀半常绿。心皮 1 ~ 5 枚。每心皮具 1 枚胚珠 ………… 山楂属 Crataegus Linn.
1. 心皮成熟时革质,或纸质,梨果具 1 ~ 5 室。每心皮具 1 枚,或多数种子。
　　4. 花序为复伞房花序,或圆锥花序,具多花。
　　　5. 心皮部分离生,子房半下位。总花梗及花梗被瘤点 …………… 石楠属 Photinia Lindl.
　　　5. 心皮连合,子房下位;萼宿存。心皮 3 ~ 5 枚,稀 2 枚。总花梗及花梗被瘤点 …………
　　　……………………………………………………………… 枇杷属 Eriobotrya Lindl.
　　4. 花序为伞形花序,或总状花序,稀花单生。
　　　6. 子房每室具多枚胚珠。
　　　　7. 落叶乔木。单花顶生于新枝顶端 ……………… 木瓜属 Pseudocydonia Schneid.
　　　　7. 落叶小乔木,或灌木。单花,或多花簇生于前 1 年生枝叶腋内 ……………
　　　　…………………………………………………… 贴梗海棠属 Chaenomeles Lindl.
　　　6. 子房每室具 1 ~ 2 枚胚珠。
　　　　8. 花柱离生。果实含石细胞 ……………………………… 梨属 Pyrus Linn.
　　　　8. 花柱离生。果实多无石细胞 ……………………………… 苹果属 Malus Mill.

(Ⅲ) 火棘属

Pyracantha Roem. , Fam. Nat. Rég. Vég. Syn. 3:104. 219. 1847；郑万钧主编. 中国

树木志 第二卷:978. 1985;丁宝章等主编. 河南植物志(第二册):169. 1988;朱长山等主编. 河南种子植物检索表:167~168. 1994;中国科学院中国植物志编辑委员会. 中国植物志 第三十六卷:179. 1974;中国科学院西北植物研究所编著. 秦岭植物志 第一卷 种子植物(第二册):495. 1974;中国科学院武汉植物研究所编著. 湖北植物志 第二卷:144. 1979;王遂义主编. 河南树木志:240. 1994;*Mespilus* Linn. , Sp. Pl. 478. 1753;Gen. Pl. ed. 5,214. no. 549. 1754,p. p. ;*Pyrus* Benth. & Hook. f. ,Gen. Pl. I. 626. 1865,p. p. ;*Sportella* Hance,Journ. Bot. 15:207. 1877;*Cotoneaster* sect. *Pyracantha*(Roem.)Focke in Engl. & Prantl,Nat. Pflanzenfam. III. 3:21. 1888.

形态特征:常绿灌木,或小乔木,常具枝刺。芽细小,被短柔毛。单叶,互生,边缘具圆钝锯齿、细锯齿,或全缘;叶柄短;托叶细小,早落。花序为复伞房花序。花萼筒短,萼片5枚;花瓣5枚,近圆形,开展,白色;雄蕊15~20枚,花药黄色;子房半下位,心皮5枚,在腹面离生,在背面约1/2与萼筒相连,花柱5枚。每心皮具2枚胚珠。梨果小,球状,顶端萼片宿存,内含小核5粒。

本属模式种:欧亚火棘 Pyracantha coccinea Roem. 。

产地:本属植物10种,产亚洲东部至欧洲南部各国。中国有7种。河南有4种。河南各地有栽培。郑州市紫荆山公园有2种栽培。

1. 火棘 图75

Pyracantha fortuneana(Maxim.)Li in Journ. Arn. Arb. 25:420. 1944;裴鉴等. 江苏南部种子植物手册:346. 图552. 1959;中国科学院植物研究所主编. 中国高等植物图鉴 第二册:202. 图2134. 1983;丁宝章等主编. 河南植物志(第二册):170~171. 图948. 1988;朱长山等主编. 河南种子植物检索表:167~168. 1994;郑万钧主编. 中国树木志 第二卷:979. 图423:2. 1985;中国科学院中国植物志编辑委员会. 中国植物志 第三十六卷:180. 1974;卢炯林等主编. 河南木本植物图鉴:61. 图182. 1998;中国科学院西北植物研究所编著. 秦岭植物志 第一卷 种子植物(第二册):495~496. 图418. 1974;中国科学院武汉植物研究所编著. 湖北植物志 第二卷:144. 图898. 1979;王遂义主编. 河南树木志:241. 图237:4~5. 1994;*Photinia fortuneana* Maxim. in Bull. Acad. Sci. St. Pétersb. 19:179. 1873;*Photinia fortuneana* Maxim. in Mél. Boil. 9:179. 1873;*Photinia crenato - serrata* Hance in Journ. Bot. 18:261. 1880;*Pyracantha yunnanensis* Chitt. in Gard. Chron. sér. 3,70:325. 1921;*Pyracantha crenato - serrata*(Hance)Rehd. in Journ. Arn. Arb. 12:72. 1931;*Pyracantha crenulata* auct. non Roem. 1847:Schneid. III. Handb. Laubh. 1:761. 1906 & 2:1004. 1912. p. p. ;*Cotoneaster pyracantha* auct. non Spach:Pritz. in Bot. Jahrb. 29:386. 1900.

形态特征:常绿灌木,高达3.0 m;侧枝短,先端成刺状;嫩枝外被锈色短柔毛,老枝暗褐色,无毛,具枝刺。芽小,外被短柔毛。叶倒卵圆形,或倒卵圆 - 长圆形,长1.5~6.0 cm,宽0.5~2.0 cm,先端圆钝,或微凹,或具短尖头,基部楔形,或近楔形,下延连于叶柄,边缘具钝锯齿,齿尖向内弯,近基部全缘,两面皆无毛;叶柄短,无毛,或嫩时被柔毛。花序为复伞房花序,径3.0~4.0 cm;总花梗近于无毛。花径约1.0 cm;萼筒钟状,无毛;萼片三角卵圆形,先端钝;花瓣白色,近圆形,长约4 mm,宽约3 mm;雄蕊20枚,花丝长3~4

mm,药黄色;雌花花柱 5 枚,离生,与雄蕊等长,子房上部密被白色柔毛;花梗长约 1.0 cm,无毛。果实近球状,径约 5 mm,橘红色,或深红色。花期 3~5 月;果实成熟期 10~11 月。

产地:火棘原产于我国。现分布于黄河流域以南及广大西南地区。生于山地、丘陵地阳坡灌丛草地及河沟路旁。河南各地有栽培。郑州市紫荆山公园有栽培。

识别要点:火棘侧枝短,先端成刺状。嫩枝外被锈色短柔毛。叶先端圆钝,或微凹,下延连于叶柄,边缘具钝锯齿,齿尖向内弯,近基部全缘,两面皆无毛。果实近球状,径约 5 mm,橘红色,或深红色。

生态习性:火棘喜光,稍耐阴,耐旱,不耐寒,北方需放温室越冬。对土壤要求不严,而以排水良好、湿润、疏松的中性,或微酸性壤土为好。萌芽力强,耐修剪。

图 75　火棘 Pyracantha fortunean
(Maxim.) Li
(选自《中国高等植物图鉴》)。

繁育与栽培技术要点:火棘常用扦插和播种育苗繁殖。播种,可在 11 月上、中旬。扦插可于春季 2~3 月选用健壮的 1~2 年生枝条,剪成 10.0~15.0 cm 长的插穗,随剪随插;或在雨季进行嫩枝扦插,易于成活。栽培技术通常采用穴栽,丛株采用带土穴栽。

主要病虫害:火棘病虫害较少,常有蚜虫、介壳虫危害。其防治技术,见杨有乾等编著. 林木病虫害防治. 河南科学技术出版社,1982。

主要用途:火棘常绿多刺灌木,枝叶茂盛,结果累累,适宜作绿篱栽培,很美观。果实磨粉可以代粮食用。嫩叶可作茶叶代用品。茎皮根皮含鞣质,可提栲胶。

品种:

1.1　火棘　原品种

Pyracantha fortuneana(Maxim.) Li ' **Fortuneana** '

1.2　'小丑'火棘　河南新记录品种

Pyracantha fortuneana(Maxim.) Li ' **Harlequin** ',李振卿等主编. 彩叶树种栽培与应用:121. 2011。

本品种叶卵圆形,或椭圆形,长 1.0~1.5 cm,宽 3~5 mm,先端圆钝,或微凹,或具短尖头,基部狭楔形,边缘具尖锯齿,基部全缘,两面边部皆具乳白色、大小不等的彩斑、彩片;叶柄短,长约 1 mm,红褐色。花白色。花期 4 月;果实成熟期 8~10 月。

产地:'小丑'火棘河南有栽培。郑州市紫荆山公园有栽培。

1.3　'大果'火棘　新品种

Pyracantha fortuneana(Maxim.) Li ' **Daguo** ',cv. nov.

本新品种果实球状,径 5~7 mm,橙红色,成熟期 9 月。

产地:'大果'火棘河南郑州市有栽培。选育者:赵天榜、李小康、王华。郑州市紫荆山公园有栽培。

（Ⅳ）山楂属

Crataegus Linn. ,Sp. Pl. 475. 1753,p. p. ;Gen. Pl. ed. 5,213. no 347. 1754;郑万钧主编. 中国树木志　第二卷:981～982. 1985;丁宝章等主编. 河南植物志(第二册): 171. 1988;朱长山等主编. 河南种子植物检索表:168. 1994;中国科学院中国植物志编辑委员会. 中国植物志 第三十六卷:186～187. 1974;中国科学院西北植物研究所编著. 秦岭植物志 第一卷 种子植物(第二册):497. 1974;中国科学院武汉植物研究所编著. 湖北植物志 第二卷:146. 1979;周汉藩著. 河北习见树木图说(THE FAMILIAR TREES OF HOPEI by H. F. Chow):179. 1934;周以良主编. 黑龙江树木志:273～274. 图版94. 1986; 王遂义主编. 河南树木志:241. 1994;*Mespilus* Scop. ,Fl. Carniol. 1:345. 1772. p. p. .

形态特征:落叶,稀半常绿灌木,或小乔木,通常具刺,稀无刺。冬芽卵球状,或近球状。单叶,互生,边缘具锯齿、深裂,或浅裂,稀不裂;具叶柄与托叶。花序为伞房花序,或伞形花序。花极少单生;萼筒钟状,萼片5枚;花瓣5枚,白色,稀粉红色;雄蕊5～25枚; 雌花子房下位,或半下位,具心皮1～5枚,大部分与花托合生,仅先端和腹面分离。每室具2枚胚珠,其中1个常不发育。梨果,先端萼片宿存;成熟时心皮为骨质,具1～5枚小核。每小核具1粒种子。种子直立,扁,子叶平凸。

本属模式种:锐刺山楂 Crataegus oxyacantha Linn. 。

产地:本属植物约1 000种以上,广泛分布于北半球各国,北美洲各国种类分布很多。中国约有17种。河南有7种。郑州市紫荆山公园有1种栽培。

1. 山楂　图76　图版21:5～8

Crataegus pinnatifida Bunge in Mém. Div. Sav. Acad. Sci. St. Pétersb. 2, 100 (Enum. Pl. Chin. Bor.). 1833(1835);陈嵘著. 中国树木分类学:441. 图336. 1937;刘慎谔主编. 东北木本植物图志:294. 1955;裴鉴等主编. 江苏南部种子植物手册:347. 图554. 1959;北京师范大学生物系贺士元等. 北京植物志 上册:385. 图332. 1962;中国科学院植物研究所主编. 中国高等植物图鉴 第二册:204. 图2137. 1983;郑万钧主编. 中国树木志 第二卷:982～984. 图424:9～10. 1985;丁宝章等主编. 河南植物志(第二册): 171～172. 图949. 1988;朱长山等主编. 河南种子植物检索表:168. 1994;中国科学院中国植物志编辑委员会. 中国植物志 第三十六卷:190. 图版26:9～10. 1974;卢炯林等主编. 河南木本植物图鉴:66. 图198. 1998;周汉藩著. 河北习见树木图说(THE FAMILIAR TREES OF HOPEI by H. F. Chow 1934):181～182. 图66. 1934;周以良主编. 黑龙江树木志:277. 279. 图版75:1～2. 1986;河北农业大学主编. 果树栽培学 下册 各论:333～342. 1963;王遂义主编. 河南树木志:242. 图238:1～2. 1994;李法曾主编. 山东植物精要:297. 图1054. 2004;*Mespilus pinnatifida* K. Koch, Dendr. 1:152. 1869;*Crataegus oxyacantha* Linn. γ. *pinnatifida* Regel in Acta Hort. Petrop. 1:118(Rev. Spec. Gen. Crataegi). 1871－72;*Crataegus pinnatifida* Bunge α. *songarica* Dippel,Handb. Laubh. 2: 447. 1893;*Crataegus pinnatifida* Bunge var. *typica* Schneid. ,Ⅲ. Handb. Laubh. 1:769. f. 435 a－f. 436 a－g. 1906.

形态特征:落叶小乔木,高达6.0 m;树皮粗糙,暗灰色,或灰褐色。小枝圆柱状,当年生枝紫褐色,无毛,或近于无毛;皮孔疏生。老枝灰褐色。冬芽三角 - 卵球状,先端圆钝,无毛,紫色。叶片宽卵圆形,或三角 - 卵圆形,稀菱 - 卵圆形,长 5.0 ~ 10.0 cm,宽 4.0 ~ 8.0 cm,先端短渐尖,基部截形至宽楔形,通常两侧各有 3 ~ 9 枚羽状深裂,裂片卵圆 - 披针形,或带形,先端短渐尖,边缘具尖锐,稀具疏不规则重锯齿,或单锯齿,表面暗绿色,具光泽,背面沿叶脉疏被短柔毛,侧脉 6 ~ 10 对,有的达到裂片先端,有的达到裂片分裂处;叶柄长 2.0 ~ 6.0 cm,无毛;托叶革质,镰形,边缘具锯齿。花序为伞房花序,具多花,径4.0 ~ 6.0 cm,总花梗被柔毛,花后脱落。苞片膜质,线 - 披针形,长 6 ~ 8 mm,先端渐尖,边缘具腺齿,早落;花径约 1.5 cm;萼筒钟状,长 4 ~ 5 mm,外面密被灰白色柔毛;萼片三角 - 卵圆形至披针形,约与萼筒等长,先端渐尖,边缘全缘,两面均无毛,或在内面顶端有髯毛;花瓣倒卵圆形,或近圆形,长 7 ~ 8 mm,宽 5 ~ 6 mm,白色;雄蕊 20 枚,短于花瓣,花药粉红色;雌花花柱 3 ~ 5

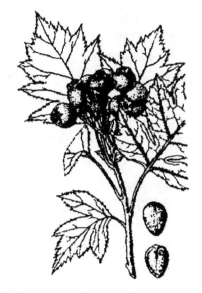

图 76　山楂 **Crataegus pinnatifida**
Bunge
(选自《树木学》)。

枚,基部被柔毛,柱头头状;花梗长 4 ~ 7 mm,被柔毛。果实近球状,或梨状,径 1.0 ~ 1.5 cm,深红色,有浅色斑点;果内有小核 3 ~ 5 枚;核外面稍具棱,内面两侧平滑;萼片脱落晚,先端留一圆形深洼。花期 4 ~ 5 月;果实成熟期 9 ~ 10 月。

产地:山楂产于我国黑龙江、吉林、辽宁、内蒙古、河北、河南、山东、山西、陕西、江苏等省(区)。其生于山坡林边,或灌木丛中,海拔 100 ~ 1 500 m。朝鲜半岛和俄罗斯西伯利亚也有分布。河南各地有栽培。郑州市紫荆山公园有栽培。

识别要点:山楂叶片宽卵圆形,或三角 - 卵圆形,通常两侧各有 3 ~ 9 枚羽状深裂片,边缘具尖锐,稀疏不规则重锯齿,或单锯齿;托叶革质,镰形,边缘具锯齿。果实深红色,有浅色斑点。

生态习性:山楂为喜光树种,喜冷凉干燥气候,适应性强,较耐寒,抗旱,喜排水良好的土壤。

繁育与栽培技术要点:播种繁殖、分株繁殖,优良品种采用嫁接繁殖。其技术,见河北农业大学主编. 果树栽培学 下册 各论:333 ~ 342. 1963。栽培技术通常采用穴栽,大苗、幼树采用带土穴栽。

病虫害:山楂病虫害有山楂轮纹病、花腐病、白粉病、山楂红蜘蛛、山楂蝶、桃小食心虫、桃蛀螟、槐枝坚蚧、苹毛金龟子、山楂花象甲、山楂柳蠹蛾、星天牛、金缘吉丁虫、根枯病、蛴螬、地老虎等。其防治技术,见杨有乾等编著. 林木病虫害防治. 河南科学技术出版社,1982。

主要用途:山楂可栽培作绿篱和观赏树,秋季结果累累,经久不凋,颇为美观。苗木可作嫁接山里红等砧木。果实可生食,或作果酱、山楂糕等;干制后入药,有消食积、健胃、止泻、舒气散瘀、降压之效。

变种：

1.1　山楂　原变种

Crataegus pinnatifida Bunge var. **pinnatifida**

1.2　山里红　变种　图77　图版21:9

Crataegus pinnatifida Bunge var. **major** N. E. Br. in Gard. Chron. n. sér. 26:621. f. 121. 1886；周汉藩著. 河北习见树木图说（THE FAMILIAR TREES OF HOPEI by H. F. Chow）:183～184. 图67. 1934；刘慎谔主编. 东北木本植物图志:294. 1955；裴鉴等主编. 江苏南部种子植物手册:347. 图555. 1959；中国科学院植物研究所主编. 中国高等植物图鉴 第二册:204. 图2137. 1972；中国科学院中国植物志编辑委员会. 中国植物志 第三十六卷:190～191. 1974；丁宝章等主编. 河南植物志（第二册）:172. 1988；王遂义主编. 河南树木志:242. 1994；*Mespilus korolkowi* Aschers. & Graebn.，Syn. Mitteleur. Fl. 6，2:43. 1906；*Crataegus pinnatifida* Bunge var. *korolkowi* Yabe，Enum. Pl. S. Manch. 63，t. 1. f. 3. 1912；*Crataegus korolkowii* Regel ex Schneider，III. Handb. Laubholzh，1:770. f. 435. g－h. 436. e－h. 1906.

图77　山里红 Crataegus pinnatifida
Bunge var. **major** N. E. Br.
1. 花枝；2. 果枝；3. 花纵剖面；4. 雄蕊（选自《树木学》）。

本变种叶大，裂片较浅。果大，扁球状，长2.5～3.0 cm，径2.5～3.2 cm，深红色，具光泽，果点小，明显；萼洼深，萼片干枯、宿存。

产地：山里红在我国河北、河南、山东等栽培较广。河南各地有栽培。郑州市紫荆山公园有栽培。

（Ⅴ）石楠属

Photinia Lindl. in Trans. Linn. Soc. 13:103. 1821；郑万钧主编. 中国树木志 第二卷:993. 1985；丁宝章等主编. 河南植物志（第二册）:182. 1988；朱长山等主编. 河南种子植物检索表:169～170. 1994；中国科学院中国植物志编辑委员会. 中国植物志 第三十六卷:216. 1974；中国科学院西北植物研究所编著. 秦岭植物志 第一卷 种子植物（第二册）:502. 1974；中国科学院武汉植物研究所编著. 湖北植物志 第二卷:149. 1979；王遂义主编. 河南树木志:245. 1994；*Pourthiaea* Dcne. in Nouv. Arch. Mus. Hist. Nat. Paris. 10:146. 1874.

形态特征：落叶，或常绿乔木，或灌木。冬芽小，具覆瓦状鳞片。单叶，互生，革质，或纸质，多数边缘具锯齿，稀全缘；具托叶。花两性。花序为顶生伞形花序、伞房花序，或复伞房花序，稀聚伞花序。单花具花瓣5枚，开展，在芽内成覆瓦状排列，或卷旋状排列；萼筒杯状、钟状，或筒状，萼片5枚，短；雄蕊20枚，稀较多，或较少；雌花心皮2枚，稀3～5

枚,花柱离生,或基部合生;子房半下位,2～5 室。每室 2 胚珠。果实为 2～5 室小梨果,微肉质,成熟时不裂开,先端 1/3 部分与萼筒分离,萼片宿存。每室有 1～2 粒种子。种子直立,子叶平凸。

　　本属模式种:石楠 Photinia serrulata Lindl. 。

　　产地:本属植物有 60 余种,分布于亚洲东部及南部各国。我国有 40 余种。河南有 6种、3 变种。河南各地有栽培。郑州市紫荆山公园有 2 种栽培。

本属植物分种检索表

1. 叶长椭圆形、长倒卵圆形,或倒卵圆 – 椭圆形;叶柄长 2.0～4.0 cm ··· 石楠 Photinia serrulata Lindl.
1. 叶长圆形、倒披针形,稀椭圆形;叶柄长 0.8～1.5 cm ··· 椤木石楠 Photinia davidsoniae Rehd. & Wils.

1. 石楠　图 78　图版 21:10～11

Photinia serrulata Lindl. in Trans Linn. Soc. Lond. 13:103. 1821, excl. syn. Thunberg.;丁宝章等主编. 河南植物志(第二册):183. 图 966. 1988;朱长山等主编. 河南种子植物检索表:169. 1994;郑万钧主编. 中国树木志 第二卷:994. 图 430. 1985;中国科学院中国植物志编辑委员会. 中国植物志 第三十六卷:220～221. 图版 28:1～6. 1974;陈嵘著. 中国树木分类学:434. 图 331. 1937;裴鉴等主编. 江苏南部种子植物手册:350. 图 560. 1959;卢炯林等主编. 河南木本植物图鉴:69. 图 205. 1998;中国科学院植物研究所主编. 中国高等植物图鉴 第二册:208. 图 2145. 1983;中国科学院西北植物研究所编著. 秦岭植物志 第一卷 种子植物(第二册):502～503. 图 424. 1974;中国科学院武汉植物研究所编著. 湖北植物志 第二卷:150. 1979;王遂义主编. 河南树木志:246. 图 243. 1994;李法曾主编. 山东植物精要:289. 图 1021. 2004;*Pourthiaea serrulata* var. *aculeata* Lawrence in Gentes Herb. 8:80. 1949;*Stranvaesia argyi* Lévl. in Mém. Acad. Sci. Art. Barcelona sér. 3,12:560. 1916. Pro. Syn. Sorbus calleryana Dcne;*Crataegus glabra* Loddiges,Bot. Cab. 3:t. 248. 1818,non Thunberg.;*Mespilus glabra* Colla,Hort. Ripul. 90, t. 36. 1824,excl. descript.,non *Crataegus glabra* Thunb. 1824;*Crataegus serratifolia* Desf., Cat. Hort. Paris ed. 3,408. 1829;*Photinia glabra*(Thunb.)Maxim. *β*. *chinensis* Maxim. in Bull. Acad. Sci. St. Pétersb. 19:179(in Mél. Biol. 9:179). 1873;*Photinia pustulata* S. Moore in Journ. Bot. 138. 1878.

　　形态特征:常绿灌木,或小乔木,高 4.0～6.0 m,稀达 12.0 m。枝褐灰色,无毛。冬芽卵球状,鳞片褐色,无毛。叶革质,长椭圆形、长倒卵圆形,或倒卵圆 – 椭圆形,长 9.0～22.0 cm,宽 3.0～6.5 cm,先端尾尖,基部圆形,或宽楔形,边缘具疏生腺细锯齿,近基部全缘,表面深绿色,具光亮泽,幼时中脉被绒毛,后两面无毛,中脉显著,侧脉 25～30 对;叶柄粗壮,长 1.0～3.0 cm,幼时被绒毛,后无毛。花序为复伞房花序,顶生,径 10.0～16.0 cm;总花梗无毛;花密生,径 6～8 mm;萼筒杯状,长约 1 mm,无毛;萼片宽三角形,长约 1mm,先端急尖,无毛;花瓣白色,近圆形,径 3～4 mm,两面皆无毛;雄蕊 20 枚,外轮较花瓣长,内轮较花瓣短,花药带紫色;雌花花柱2枚,稀3枚,基部合生,柱头头状;子房顶端被柔毛;花梗无毛,长3～5 mm。果实球状,径5～6 mm,红色,后成褐紫色,具1粒种子。种子卵球状,长2 mm,棕色,平滑。花期4～5月;果实成熟期10月。

产地:石楠产于我国陕西、甘肃、河南、江苏、安徽、浙江、江西、湖南、湖北、福建、台湾、广东、广西、四川、云南、贵州等省(区)。日本、印度尼西亚也有分布。河南各地有栽培。郑州市紫荆山公园有栽培。

识别要点:石楠为常绿灌木,或小乔木。叶革质,长椭圆形、长倒卵圆形,或倒卵圆－椭圆形,基部圆形,或宽楔形,边缘具疏生具腺细锯齿,近基部全缘。

生态习性:石楠为亚热带树种,喜光,也耐阴。喜欢肥沃、湿润、土层深厚、排水良好的壤土、沙壤土。耐寒,在河南、山东等地能露地越冬。萌芽力强,耐修剪整形。

图78　石楠 Photinia serrulata Lindl.
1. 花枝;2. 花;3. 雌蕊(选自《中国树木志》)。

繁育与栽培技术要点:石楠以播种为主,也可扦插繁殖、压条繁殖。栽培技术通常采用穴栽,丛株采用带土穴栽。

主要病虫害:石楠主要病虫害有灰霉病、叶斑病、炭疽病、介壳虫、蚜虫等。其防治技术,见杨有乾等编著. 林木病虫害防治. 河南科学技术出版社,1982。

主要用途:石楠具圆球状树冠。叶丛浓密,嫩叶红色。花白色、密生。冬季果实红色,鲜艳夺目,是美丽的观赏树种;园林中孤植、丛植及基础栽植都甚为合适,尤宜配植于整形式园林中。木材坚密,可制车轮及器具柄。叶和根供药用为强壮剂、利尿剂,有镇静解热等作用。又可作土农药,对马铃薯病菌孢子发芽有抑制作用。种子榨油供制油漆、肥皂,或润滑油用;可作枇杷的砧木,用石楠嫁接的枇杷寿命长,耐瘠薄土壤,生长强壮。

品种:

1.1　石楠　原品种

Photinia serrulata Lindl. **'Serrulata'**

1.2　'红叶'石楠　新品种　图版21:12～13

Photinia serrulata Lindl. **'Hongye'**, cv. nov.

本新品种幼枝、幼叶淡红色。

产地:'红叶'石楠产于河南。选育者:陈俊通、陈志秀和赵天榜。郑州市紫荆山公园有栽培。

2. **枸木石楠**　图79　图版22:1～3

Photinia davidsoniae Rehd. & Wils. in Sarg. Pl. Wils. I. 185. 1913;陈嵘著. 中国树

木分类学:434. 1937;中国科学院植物研究所主编. 中国高等植物图鉴 第二册:208. 图
2146. 1983;丁宝章等主编. 河南植物志(第二册):182~183. 图965. 1988;朱长山等主
编. 河南种子植物检索表:169. 1994;郑万钧主编. 中国树木志 第二卷:994~996. 1985;
中国科学院中国植物志编辑委员会. 中国植物志 第三十六卷:225~226. 1974;卢炯林等
主编. 河南木本植物图鉴:69. 图207. 1998;中国科学院西北植物研究所编著. 秦岭植物
志 第一卷 种子植物(第二册):503. 1974;中国科学院武汉植物研究所编著. 湖北植物志
第二卷:151. 图910. 1979;王遂义主编. 河南树木志:245~246. 图242. 1994。

　　形态特征:常绿乔木,高6.0~15.0 m。幼枝
黄红色,后成紫褐色,疏被平伏锈色柔毛:老时灰
色,无毛;稀具刺。单叶,互生,革质,长椭圆形至
倒卵圆－披针形,长5.0~15.0 cm,宽2.0~5.0
cm,先端急尖,或渐尖,具短尖头,基部楔形,边缘
稍反卷,具腺细锯齿,表面深绿色,具光泽,中脉初
有贴生柔毛,后渐脱落无毛,侧脉10~12对;叶柄
长8~15 mm,无毛。花序为顶生复伞房花序,径
1.0~11.2 cm,多花,密集;总花梗被平贴短柔毛。
花苞片、小苞片微小,早落;花径1.0~1.2 cm;萼
筒浅杯状,径2~3 mm,外面疏被平贴短柔毛;萼
片宽三角形,长约1.0 mm,先端急尖,被柔毛;花
瓣圆形,径3.5~4 mm,先端圆钝,基部具极短爪,
两面皆无毛;雄蕊20枚,较花瓣短;雌蕊花柱2
枚,基部合生,密被白色长柔毛;花梗长5~7 mm,

图79　椤木石楠 Photinia davidsoniae
Rehd. & Wils.
(选自《中国高等植物图鉴》)。

被平贴短柔毛。果实球状,或卵球状,直7~10
mm,黄红色,无毛。种子2~4粒,卵球形,长4~5
mm,褐色。花期5月;果实成熟期9~10月。

　　产地:椤木石楠产于我国陕西、江苏、安徽、浙江、江西、湖南、湖北、四川、云南、福建、
广东、广西等省(区、市)。越南、缅甸、泰国也有分布。河南各地有栽培。郑州市紫荆山
公园有栽培。

　　识别要点:椤木石楠为常绿乔木。叶革质,互生,长椭圆形至倒卵状披针形,基部楔
形,边缘稍反卷,具腺细锯齿。

　　生态习性:椤木石楠喜温暖、湿润和阳光充足的环境。耐寒、耐阴、耐干旱,不耐水湿。
萌芽力强,耐修剪。生长适温10~25 ℃,冬季能耐－10 ℃低温。

　　繁育与栽培技术要点:椤木石楠可采用播种育苗、扦插繁殖、压条繁殖。栽培技术通
常采用穴栽,丛株采用带土穴栽。

　　主要病虫害:椤木石楠主要病虫害有灰霉病、叶斑病、炭疽病、介壳虫、蝼蛄、蚜虫等。
其防治技术,见杨有乾等编著. 林木病虫害防治. 河南科学技术出版社,1982。

　　主要用途:椤木石楠常见栽培于庭院,冬季叶片常绿并有黄红色果实,颇为美观。木
材可做农具。

（Ⅵ）枇杷属

Eriobotrya Lindl. in Trans. Linn. Soc. Lond. 13：102. 1821；郑万钧主编. 中国树木志 第二卷：1001. 1985；丁宝章等主编. 河南植物志（第二册）：175. 1988；中国科学院中国植物志编辑委员会. 中国植物志 第三十六卷：260～261. 1974；中国科学院西北植物研究所编著. 秦岭植物志 第一卷 种子植物（第二册）：510. 1974；中国科学院武汉植物研究所编著. 湖北植物志 第二卷：155. 1979；王遂义主编. 河南树木志：248. 1994；*Photihia* Benth. & Hook. f. in Gen. Pl. 1：627. 1865. p. p. .

形态特征：常绿乔木，或灌木。单叶，互生，边缘具锯齿，或近全缘，羽状脉，网脉显明；具叶柄，或近无柄；托叶早落。花序为顶生圆锥花序，常密被绒毛。单花具花瓣 5 枚，倒卵圆形，或圆形，无毛，或被毛，芽时呈卷旋状，或双盖覆瓦状排列；雄蕊 20～40 枚；雌蕊花柱 2～5 枚，基部合生，常被毛；子房下位，合生，心皮 2～5 室。每室具 2 胚珠；萼筒杯状，或倒圆锥状；萼片 5 枚，宿存。梨果肉质，或干燥，内果皮膜质，有 1 粒，或数粒大种子。

本属模式种：枇杷 Eriobotrya japonica（Thunb.）Lindl. 。

产地：本属植物约有 30 种，分布在亚洲温带及亚热带各国。我国产 13 种。河南引栽 1 种。郑州市紫荆山公园有栽培。

1. 枇杷　图 80　图版 22：4～6

Eriobotrya japonica（Thunb.）Lindl. in Trans. Linn. Soc. 13：102. 1821；陈嵘著. 中国树木分类学：428. 图 327. 1937；侯宽昭编著. 广州植物志：298. 图 153. 1956；裴鉴等主编. 江苏南部种子植物手册：351. 图 562. 1959；中国科学院植物研究所主编. 中国高等植物图鉴 第二册：216. 图 2161. 1983；丁宝章等主编. 河南植物志（第二册）：175. 图 954. 1988；郑万钧主编. 中国树木志 第二卷：1102～1103. 图 434：1～5. 1985；中国科学院中国植物志编辑委员会. 中国植物志 第三十六卷：225～226. 1974；卢炯林等主编. 河南木本植物图鉴：71. 图 212. 1998；中国科学院西北植物研究所编著. 秦岭植物志 第一卷 种子植物（第二册）：510～511. 图 430. 1974；中国科学院武汉植物研究所编著. 湖北植物志 第二卷：155. 图 916. 1979；王遂义主编. 河南树木志：248～249. 图 247. 1994；李法曾主编. 山东植物精要：289. 图 1022. 2004；*Mespilus japonica* Thunb. , Fl. Jap. 206. 1784；*Crataegus bibas* Lour. , Fl. Cochin. 319. 1790；*Photinia japonica* Franch. & Savat. , Fl. Jap. 1：142. 1875.

形态特征：常绿乔木，高达 12.0 m。小枝粗壮，黄褐色，密被锈色，或灰棕色绒毛。单叶，互生，革质，披针形、倒披针形、倒卵圆形，或椭圆－长圆形，长 12.0～30.0 cm，宽 3.0～9.0 cm，先端急尖，或渐尖，基部楔形，或渐狭成叶柄，上部边缘有疏锯齿，基部全缘，表面深绿色，具光泽，侧脉 11～21 对，羽状脉凹入，多皱，背面密被灰棕色绒毛；叶柄短，或几无柄，长 6～10 mm，被灰棕色绒毛；托叶钻状，长 1.0～1.5 cm，先端急尖，被毛。花序为圆锥花序顶生，长 10.0～19.0 cm，多花；总花梗密被锈色绒毛。花径 1.2～2.0 cm；萼筒浅杯状，长 4～5 mm，萼片三角－卵圆形，长 2～3 mm，先端急尖；萼筒及萼片外面被锈色绒毛；花瓣白色，长圆形或卵圆形，长 5～9 mm，宽 4～6 mm，基部具爪，被锈色绒毛；雄蕊 20 枚，远短于花瓣，花丝基部扩展；雌蕊花柱 5 枚，离生，柱头头状，无毛；子房顶端被锈色柔毛，5 室。每室有 2 枚胚珠；苞片钻形，长 2～5 mm，密被锈色绒毛；花梗长 2.0～8.0

mm,密被锈色绒毛。梨果球状,或长圆体状,径 2.0 ~ 5.0 cm,黄色,或橘黄色,被锈色柔毛,不久脱落;种子 1 ~ 5 粒。种子球状,或扁球状,径 1.0 ~ 1.5 cm,褐色,光亮;种皮纸质。花期 10 ~ 12 月;果实成熟期翌年 5 ~ 6 月。

产地:枇杷产于我国陕西南部、贵州、湖北、福建、浙江、安徽、江苏、浙江、台湾、江西、四川、湖北、贵州、云南、广东、广西等省(区)有野生与栽培。日本、印度、越南、缅甸、泰国、印度尼西亚也有栽培。河南各地有栽培。郑州市紫荆山公园有栽培。

识别要点:枇杷小枝粗壮,黄褐色,密被锈色绒毛,或灰棕色绒毛。叶基部楔形,或渐狭成叶柄,上部边缘具疏锯齿,基部全缘,表面多皱,背面密生灰棕色绒毛;托叶钻状。梨果黄色,或橘黄色,被锈色柔毛,不久脱落。

图 80　枇杷 Eriobotrya japonica(Thunb.) Lindl.

1. 花枝;2. 叶背一部分(示毛);3. 花纵切;4. 果实;5. 果核(选自《中国高等植物图鉴》)。

生态习性:枇杷稍耐阴,喜温暖、湿润的气候,不耐寒,在年均气温 15 ℃以上,温度过高、降雨过多易徒长,对结果不利。对土壤要求不严,以深厚、肥沃、排水良好的中性,或微酸性土生长最为适宜,排水不良的地方易感染根腐病。

繁育与栽培技术要点:枇杷播种繁殖、嫁接繁殖、扦插繁殖。栽培技术通常采用穴栽,大苗、幼树采用带土穴栽。

主要病虫害:枇杷病虫害有叶斑病、枝干腐烂病、炭疽病、白纹羽病、裂果病、果锈病、栓皮病、皱果病、日烧病、根腐病、枇杷舟蛾、枇杷留蛾、细皮夜蛾、桔蚜、螨类、枇杷燕灰蛾、梨小食心虫、卷蛾类、星天牛、桑天牛等。其防治技术,见杨有乾等编著. 林木病虫害防治. 河南科学技术出版社,1982。

主要用途:枇杷是优良的观赏、绿化树木和果树。成熟的枇杷味道甜美,营养颇丰,有各种果糖、葡萄糖、钾、磷、铁、钙以及维生素 A、B、C 等。果味甘酸,供生食、蜜饯和酿酒用。叶晒干去毛,可供药用,有化痰止咳,和胃降气之效。种子可榨油。木材红棕色,可作木梳、手杖、农具柄等用。

(Ⅶ) 榅桲属

Cydonia Mill. Gard. Dict. ed. 8. 1768;*Pyrus* Linn. , Sp. Pl. 479. 1753,p. p. quoad. *P. cydonia* & Gen. pl. ed. 5, 214. no. 550. 1754. p. p. ;*Pyrus cydonia* Weston, Bot. Univ. 1;230. 1770;丁宝章等主编. 河南植物志(第二册):186. 1988;中国科学院中国植物志编辑委员会. 中国植物志 第三十六卷:344 ~ 345. 1974。

形态特征:落叶灌木,或小乔木。单叶互生,边缘全缘。花单生小枝顶端;萼片 5 枚,具腺齿。单花具花瓣 5 枚,倒卵圆形,白色,或粉红色;雄蕊 20 枚;花柱 5 枚,离生,基部具毛;子房下位,5 室,每室具多数胚珠。梨果,萼片宿存,反折。

本属模式种:榅桲 Cydonia oblonga Mill.。

产地:本属植物只有 1 种,原产中亚西亚各国。河南有引栽。郑州市紫荆山公园有栽培。

1. 榅桲　图 81　图版 22:7 ~ 9

Cydonia oblonga Mill. Gard. Dict. ed. 8. C. no. l. 178;陈嵘著. 中国树木分类学:427. 图 326. 1937;中国科学院植物研究所主编. 中国高等植物图鉴 第二册:242. 图 2213. 1972.;丁宝章等主编. 河南植物志(第二册):186. 图 954. 1988;——Schneid. Ill. Handb. Laubh. 1:654. f. 385. 1906;—— Hers in Journ. N. China Branch Roy. Asiat. Soc. 53:109. 1922;—— Rehd. in Journ. Arn. Arb. 5:184. 1924;*Pyrus cydonia* Linn. ,Sp. Pl. 480. 1753;*Cydonia vulgaris* Pers. , Syn. Pl. 2:658. 1807; DC. Prodr. 2:630. 1825;——Steward,Man. Vasc. Pl. Lower Yangtze Valley 168. f. 159. 1958.

形态特征:落叶灌木,或小乔木。小枝圆柱状,无毛形,幼时密被绒毛,后脱落。叶卵圆形至长圆形,长 5.0 ~ 10.0 cm,宽 3.0 ~ 5.0 cm,先端急尖,或微凹,基部圆形,或近心形,表面深绿色无毛,背面浅绿色密被长柔毛;叶柄被绒毛;托叶膜质,边缘具腺齿,无毛。花单生;花梗密被绒毛;苞片膜质,卵圆形,早落;萼筒钟状,外面被绒毛;萼片边缘具腺齿,两面被绒毛;单花具花瓣 5 枚,倒卵形,白色;雄蕊 20 枚;花柱 5 枚,离生,基部密被长绒毛。梨果密被短绒毛,黄色;萼片宿存反折;果梗短粗,被绒毛。花期 4 ~ 5 月;果实成熟期 10 月。

产地:榅桲原产于中亚西亚各国。河南各地有栽培。郑州市紫荆山公园有栽培。

识别要点:榅桲为落叶灌木,或小乔木。幼枝密被绒毛。叶背面密被长柔毛;叶柄被绒毛;托叶边缘具腺齿。花单生;花梗密被绒毛;单花具花瓣 5 枚,白色;雄蕊 20 枚;花柱 5 枚,离生,基部密被长绒毛。梨果密被短绒毛;萼片宿存。

生态习性:榅桲稍耐阴。喜温暖、湿润的气候,不耐寒,在年均气温 15 ℃以上生长良好。对土壤要求不严,以深厚、肥沃、排水良好的中性,或微酸性土生长最为适宜;在排水不良的地方易感染根腐病。

图 81　榅桲 Cydonia oblonga Mill.
1. 花枝;2. 花之纵剖面;3. 果实;4. 果实纵剖面;5. 果实横剖面;6. 果脐;7. 种子(选自《树木学》)。

繁育与栽培技术要点:榅桲播种繁殖、嫁接繁殖、扦插繁殖。栽培技术通常采用穴栽,大苗、幼树采用带土穴栽。

主要病虫害:榅桲主要病虫害有叶斑病、根腐病、蚜虫、介壳虫、天牛等。其防治技术,见杨有乾等编著. 林木病虫害防治. 河南科学技术出版社,1982。

主要用途:榅桲是优良的观赏、绿化树木和药用树种。果实芳香,供药用,治水泻、肠虚、烦热,散酒气。可作苹果和梨类砧木。耐修剪,适宜作绿篱。

(Ⅷ) 木瓜属

Pseudocydonia Schneid. in Fedde, Repert. Sp. Nov. Ⅲ. 180. 1906; Pseudochaenomeles Carr. ,Revue Hort. 1882:238. t. 52 ~ 55. 1882; *Chaenomeles* Lindl. in Trans. Linn. Soc. Lond. 13:97. 1822. "Choenomeles"。

形态特征:落叶乔木。枝无刺。单叶,互生,椭圆 – 卵圆形,或椭圆 – 长圆形,稀倒卵圆形,边缘具芒状腺齿;叶柄短,疏被柔毛及具柄腺体、腺体;托叶膜质,边缘具腺齿。混合芽顶生,或腋生。花后叶开放。花单生当年生新枝顶端。单花具花瓣 5 枚,萼片 5 枚;雄蕊多数;雌蕊花柱 3 ~ 5 枚,基部合生,疏被柔毛。每室多数胚珠排成 2 列。梨果大,萼片、花柱宿存,或脱落。每果具种子多粒。种子褐色,种皮革质,无胚乳。花期 4 月;果实成熟期 9 ~ 10 月。

本属模式种:木瓜 Pseudochaenomeles Carr. 。

产地:本属植物 1 种,特产我国。河南各地有 1 种栽培。郑州市紫荆山公园有 1 种栽培。

1. 木瓜 图 82 图版 22:10 ~ 14

Pseudochaenomeles sinensis(Thouin) Carr. , Revue Hort. 1882:238.4. 52 ~ 55. 1882; 丁宝章等主编. 河南植物志(第二册):188 ~ 189. 图 973. 1988;朱长山等主编. 河南种子植物检索表:171. 1994;郑万钧主编. 中国树木志 第二卷:1027 ~ 1028. 图 451. 1985;中国科学院中国植物志编辑委员会. 中国植物志 第三十六卷:350 ~ 351. 1974;陈嵘著. 中国树木分类学:425. 图 324. 1937;裴鉴等主编. 江苏南部种子植物手册:352. 图 563. 1959;贺士元等. 北京植物志 上册:399. 图 345. 1962;中国科学院植物研究所主编. 中国高等植物图鉴 第二册:243 图 2215. 1983;卢炯林等主编. 河南木本植物图鉴:65. 图 194. 1998;中国科学院西北植物研究所编著. 秦岭植物志 第一卷 种子植物(第二册):524. 图 438. 1974;中国科学院武汉植物研究所编著. 湖北植物志 第二卷:169 ~ 170. 图 943. 1979;王遂义主编. 河南树木志:255 ~ 256. 图 254:6 ~ 7. 1994;李法曾主编. 山东植物精要:291. 图 1030. 2004; *Cydonia sinensis* Thouin in Ann. Mus. Hist. Nat. Paris 19: 145. t. 8,9. 1812; *Pyrus sinensis* Poiret, Encycl. Méth. Bot. Suppl. 4:452. 1816; *Pyrus sinensis* Sprengel in Linn. Syst. Vég. , ed. 16,2:510. 1825; *Pyrus cathayensis* Hemsl. in Journ. Linn. Soc. Lond. Bot. 23:256. 1887,p. p. quoad. specim. e Kingsi; *Chaenomeles sinensis* Koehne,Gatt. Pomac. 29. 1890; *Cydonia sinensis* Thouin in Ann. Mus. Hist. Nat. Paris,19:145. t. 8. 9. 1812; *Malus sinensis* Dumont de Courset, Bot. Cult. 5:428. 1811. exclud. syn. Willd. et Miller. ; *Chaenomeles sinensis* Koehne, Gatt. Pomac. 29. 1890; *Pseudocydonia sinensis* Schneid. in Fedde, Repert. Sp. Nov. Rég Vég. 3:181. 1906; *Pseudocydonia sinensis* Schneid. in Repert. Sp. Nov. Rég Vég. 3:181. 1906.

形态特征:落叶小乔木,高达 10.0 m;树皮片状剥落。小枝圆柱状,无刺;幼枝被柔毛,后脱落;2 年生枝紫褐色。芽小,无毛;混合芽顶生,或腋生。单叶,互生,革质,椭圆 - 卵圆形,或椭圆 - 长圆形,稀倒卵圆形,长 5.0 ~ 8.0 cm,宽 3.0 ~ 5.0 cm,先端急尖,基部楔形,或近圆形,边缘具芒状腺齿,表面深绿色,具光泽,背面淡绿色,幼叶背面密被淡黄白色绒毛,后无毛;叶柄短,长 5 ~ 10 mm,疏被柔毛及具柄腺体、腺体;托叶膜质,卵圆 - 披针形,长约 1.0 cm,先端急尖,边缘具腺齿。花两性,后叶开放。花单生当年生新枝顶端 *。单花具花瓣 5 枚,倒卵圆形,淡粉红色;萼筒浅杯状,无毛,萼片狭三角形,长 6 ~ 10 mm,先端急尖,边缘具腺齿,内面密被淡褐色绒毛,反折;雄蕊多数;雌蕊花柱 5 枚,基部合生,被柔毛。果实长圆体状,长 10.0 ~ 18.0 cm,黄色,木质;果梗短。花期 4 月;果实成熟期 9 ~ 10 月。

注:* 中国植物志 第三十六卷中记载,木瓜花腋生是错误的。

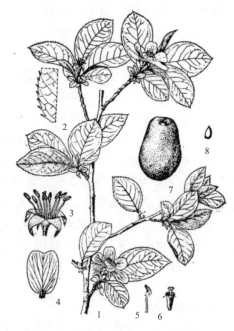

图 82　木瓜 Pseudochaenomeles sinensis
(Thouin) Carr.

1. 花枝;2. 叶缘放大;3、4. 花及花瓣;5. 雄蕊;
6. 雌蕊;7. 果;8. 种子(选自《中国树木志》)。

产地:木瓜特产我国。长城以南各省(区、市)广泛栽培。湖北神农架山区有野生。河南各地广泛栽培。郑州市紫荆山公园有栽培。

识别要点:木瓜为落叶小乔木;树皮片状剥落。单叶,互生,革质,边缘具芒状腺齿;叶柄疏被柔毛及具柄腺体、腺体。花两性,顶生新枝上。单花具花瓣 5 枚,淡粉红色;萼片边缘具腺齿,内面密被淡褐色绒毛。果实长圆体状,大型,黄色,木质;果梗短。

生态习性:木瓜喜光,稍耐阴。喜温暖、湿润的气候,不耐寒,在年均气温 15 ℃以上生长良好。对土壤要求不严,以深厚、肥沃、排水良好的中性,或微酸性土生长最为适宜;在排水不良的地方易感染根腐病。

繁育与栽培技术要点:木瓜采用播种育苗、品种嫁接繁殖。栽培技术通常采用穴栽,大苗、幼树采用带土穴栽。

主要病虫害:木瓜主要病虫害有叶斑病、根腐病、蚜虫、介壳虫、天牛等。其防治技术,见杨有乾等编著. 林木病虫害防治. 河南科学技术出版社,1982。

主要用途:木瓜是优良的观赏、绿化树种。成熟果实入药,有活血化瘀、治风湿性关节炎等病。木材边材淡红色,心材暗红褐色,坚硬致密,具光泽,可做木梳、手杖、农具柄,以及工艺品。

(Ⅸ) 贴梗海棠属

Chaenomeles Lindl. in Trans. Linn. Soc. Lond. 13:97. 1822;中国科学院中国植物志编辑委员会. 中国植物志 第三十六卷:348. 1974;丁宝章等主编. 河南植物志(第二册):186 ~ 187. 1988;朱长山等主编. 河南种子植物检索表:171. 1994;郑万钧主编. 中国树木

志 第二卷:1027. 1985;中国科学院中国植物志编辑委员会. 中国植物志 第三十六卷:
348. 1974;中国科学院西北植物研究所编著. 秦岭植物志 第一卷 种子植物(第二册):
523. 1974;中国科学院武汉植物研究所编著. 湖北植物志 第二卷:170. 1979;周汉藩著.
河北习见树木图说(THE FAMILIAR TREES OF HOPEI by H. F. Chow):190. 1934;王遂
义主编. 河南树木志:254. 1994。

　　形态特征:落叶小乔木,或灌木。枝具枝刺。单叶,互生,椭圆形、卵圆形,或披针形,
边缘具腺齿,稀全缘;叶柄无具柄腺体、腺体。花先叶开放。花 1～5 朵簇生于 2 至多年生
叶腋处。单花具花瓣 5 枚,萼片 5 枚;雄蕊 20 枚;雌蕊子房 5 室,花柱 5 枚,基部合生,疏
被柔毛。每室多数胚珠排成 2 列。梨果大,萼片、花柱宿存,或脱落。每果具种子多粒。
种子褐色,种皮革质,无胚乳。花期 4 月;果实成熟期 9～10 月。

　　本属模式种:日本贴梗海棠 Chaenomeles japonica(Thouin)Lindl. ex Spach.。

　　产地:本属植物 5 种。特产我国 3 种,日本 1 种,以及 1 杂交种。河南有 5 种。郑州
市紫荆山公园有 2 种栽培。

本属植物检索表

1. 落叶灌木。花单性,雌雄同株,单生,或 3～5 朵花簇生 2 至多年生枝叶腋处。果实卵球状,黄色,
　木质 ………………………………………………… 贴梗海棠 Chaenomeles speciosa(Sweet)Nakai
1. 落叶灌木,或小乔木。叶、托叶边缘具芒尖锯齿。果实大小悬殊,通常先端突起呈瘤状、萼宿存、
　肉质化,或萼脱落 ……………………………… 木瓜海棠 Chaenomeles cathayensis(Hemsl.)Schneid.

1. 贴梗海棠　图 83　图版 23:1～4

Chaenomeles speciosa(Sweet)Nakai in Jap. Journ. Bot. 4:1927;丁宝章等主编. 河南
植物志(第二册):187. 图 972. 1988;朱长山等主编. 河南种子植物检索表:171. 1994;郑
万钧主编. 中国树木志 第二卷:1028～1029. 图 452. 1985;周汉藩著. 河北习见树木图说
(THE FAMILIAR TREES OF HOPEI by H. F. Chow):115. 图 70. 1934;陈嵘著. 中国树
木分类学:426. 图 325. 1937;裴鉴等主编. 江苏南部种子植物手册:352. 图 564. 1959;
贺士元等. 北京植物志 上册:400. 图 346. 1962;中国科学院植物研究所主编. 中国高等
植物图鉴 第二册:243. 图 2216. 1983;郑万钧主编. 中国树木志 第二卷:1102～1103. 图
434:1～5. 1985;中国科学院中国植物志编辑委员会. 中国植物志 第三十六卷:225～
226. 图 48:1～5. 1974;卢炯林等主编. 河南木本植物图鉴:65. 图 195. 1998;中国科学
院西北植物研究所编著. 秦岭植物志 第一卷 种子植物(第二册):524～525. 图 439.
1974;中国科学院武汉植物研究所编著. 湖北植物志 第二卷:171. 图 944. 1979;王遂义
主编. 河南树木志:254～255. 图 254:1～5. 1994;李法曾主编. 山东植物精要:292. 图
1032. 2004;*Cydonia speciosa* Sweet, Hort. Suburb. Lond. 113. 1818. Holotyp, pl. 692. in
Curtis's Bot. Mag. 18:1803;*Chenomeles lagenaria*(Loisel.)Koidz. in Bot. Mag. Tokyo,23:
173. 1909;*Cydonia lagenaria* Loisel. in Nouv. Duhame 16:255. pl. 76. 1813.

　　形态特征:落叶灌木,高达 3.0 m。枝紫褐色、黑褐色,直立,具刺;幼枝无毛。芽小,
无毛;鳞片边缘具缘毛。单叶,互生,卵圆形、椭圆形,或长椭圆形,长 3.0～9.0 cm,宽

1.5～5.0 cm,先端急尖、钝圆,基部楔形,或宽楔形,边缘具尖锯齿,表面深绿色,具光泽,背面淡绿色,沿脉疏被柔毛;叶柄短,长5～10 mm;托叶大,肾形、半圆形,稀卵圆形,长5～10 mm,宽1.2～2.0 cm,边缘具尖重锯齿。花先叶开放。花单性,雌雄同株;单生,或3～5朵花簇生去年枝,或多年生枝叶腋处。单花具花瓣5枚,倒卵圆形、近圆形,淡粉红色、白色,或猩红色;萼筒钟状,萼片半圆形、卵圆形,长2～3 mm,宽4～5 mm,直立;雄蕊45～50枚;雌蕊子房5室,花柱5枚,基部合生,被柔毛。果实球状、卵球状,径4.0～6.0 cm,黄色,木质;果梗短。花期3～4月;果实成熟期9～10月。

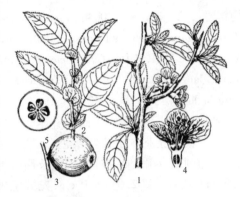

图83　贴梗海棠 Chaenomeles specios
（Sweet）Nakai
1.花枝;2.叶枝;3.果实;4.花纵剖面;5.果实横切面(选自《中国树木志》)。

产地:贴梗海棠特产我国。黄河流域以南各省（区、市）广泛栽培。缅甸也有分布。河南各地广泛栽培。郑州市紫荆山公园有栽培。

识别要点:贴梗海棠为落叶灌木。花单性,雌雄同株！单生,或3～5朵花簇生去年枝,或多年生枝叶腋处。花先叶开放。单花具花瓣5枚,倒卵圆形,淡粉红色、白色,或猩红色;萼筒浅杯状,萼片三角形,直立;雄蕊45～50枚;雌蕊子房5室,花柱5枚,基部合生,被柔毛。果实卵球状,黄色,木质;果梗短。

生态习性:贴梗海棠喜光,稍耐阴。喜温暖、湿润的气候,不耐寒,在年均气温15 ℃以上生长良好。对土壤要求不严,以深厚、肥沃、排水良好的中性,或微酸性土生长最为适宜,排水不良的地方易感染根腐病。

繁育与栽培技术要点:贴梗海棠采用播种育苗、分株,品种嫁接繁殖。栽培技术通常采用穴栽,丛株采用带土穴栽。

主要病虫害:贴梗海棠主要病虫害有叶斑病、根腐病、蚜虫、介壳虫、天牛等。其防治技术,见杨有乾等编著. 林木病虫害防治. 河南科学技术出版社,1982。

主要用途:贴梗海棠是优良的观赏、绿化及绿篱树种,也是盆栽佳品。

2. 木瓜海棠　毛叶木瓜　图84　图版23:5～6

Chaenomeles cathayensis(Hemsl.)Schneid. ,III. Handb. Laubh. I. 730. f. 405. p～p². f. 406. e～f. 1906,non *Pyrus cathayensis* Hemsl. in Journ. Linn. Soc. 23:257. 1887;丁宝章等主编. 河南植物志(第二册):187. 1988;朱长山等主编. 河南种子植物检索表:171. 1994;郑万钧主编. 中国树木志 第二卷:1029. 图453. 1985;中国科学院中国植物志编辑委员会. 中国植物志 第三十六卷:352～353. 1974;陈嵘著. 中国树木分类学:426. 1937;卢炯林等主编. 河南木本植物图鉴:66. 图198. 1998;中国科学院中国植物志编辑委员会. 中国植物志 第三十六卷:225. 1974;中国科学院西北植物研究所编著. 秦岭植物志 第一卷 种子植物(第二册):525. 1974;中国科学院武汉植物研究所编著. 湖北植物志 第二卷:171. 图945. 1979;王遂义主编. 河南树木志:255. 1994;李法曾主编. 山东植物精要:292. 图 1031. 2004;*Cydonia cathyensis* Hemsl. in Hook. Icon. 27:pl. 2657~2658. 1901;*Cydonia japonica*(Thunb.) Lindl. var. *cathyensis*(Hemsl.) Cardot in Bull. Mus. Hist. Nat. Paris 24:64. 1918;*Chaenomeles speciosa*(Sweet)Nakai var. *cathyensis*(Hemsl.) Harain, Journ. Jap. Bot. 32:139. 1957;*Chaenomeles speciosa*(Sweet)Nakai var. *wilsonii*(Rehd.) Hara in Journ. Jap. Bot. 32:39. 1957.

形态特征:落叶灌木,或小乔木,高 3.0~6.0 m。枝具枝刺。小枝紫褐色,无毛。单叶,互生,卵圆形、椭圆形、披针形,或长椭圆形,长 5.0~11.0 cm,宽 2.0~3.0 cm,先端急尖、渐尖,基部楔形,或宽楔形,边缘具芒尖锯齿,上半部边缘具重锯齿,稀近全缘,表面深绿色,具光泽,背面淡绿色,沿脉疏被柔毛,幼时密被褐色柔毛,后无毛;叶柄短,长 5~10 mm;托叶肾形、耳形、半圆形,边缘具芒尖锯齿,背面被褐色绒毛。花先叶开放。雌雄同株;2~3 朵花簇生去年枝,或多年生枝叶腋处。单花具花瓣 5 枚,倒卵圆形、近圆形,长 1.0~1.5 cm,宽 8~15 mm,淡粉红色、白色;萼筒浅杯状;萼片,直立,边缘全缘,或浅齿及黄褐色缘毛;雄蕊 45~50 枚;雌蕊子房 5 室,花柱 5 枚,基部合生,被

图 84 木瓜海棠 Chaenomeles cathayensis (Hemsl.) Schneid.
1. 果枝;2. 花枝(选自《中国树木志》)。

柔毛。果实卵球状、椭圆体状,大小悬殊,通常先端突起呈瘤状、萼宿存、肉质化,或萼脱落。花期 3~5 月;果实成熟期 9~10 月。

产地:木瓜海棠特产我国。长江流域以南各省(区、市)有野生和广泛栽培。河南各地广泛栽培。郑州市紫荆山公园有栽培。

识别要点:木瓜海棠为落叶灌木,或小乔木。枝具刺;小枝无毛。单叶,互生,边缘具芒尖锯齿;托叶边缘具芒尖锯齿,背面被褐色绒毛。果实卵球状、椭圆体状,大小悬殊,通常先端突起呈瘤状、萼宿存、肉质化,或萼脱落。

生态习性:木瓜海棠喜光,稍耐阴。喜温暖、湿润的气候,不耐寒,在年平均气温 15 ℃以上生长良好。对土壤要求不严,以深厚、肥沃、排水良好的中性,或微酸性土生长最为适宜,排水不良的地方易感染根腐病。

繁育与栽培技术要点:木瓜海棠采用播种育苗、分株,品种嫁接繁殖。栽培技术通常采用穴栽,丛株采用带土穴栽。

主要病虫害:木瓜海棠主要病虫害有叶斑病、根腐病、蚜虫、介壳虫、天牛等。其防治技术,见杨有乾等编著. 林木病虫害防治. 河南科学技术出版社,1982。

主要用途:木瓜海棠是优良的观赏、绿化及绿篱树种,也是盆栽佳品。

(X) 梨属

Pyrus Linn.,Sp. Pl. 479. 1753,p. p.;Gen. Pl. ed. 5,214. no. 550. 1754. p. p. typ.;郑万钧主编. 中国树木志 第二卷:1030. 1985;丁宝章等主编. 河南植物志(第二

册）:189. 1988；朱长山等主编. 河南种子植物检索表:171~172. 1994；中国科学院中国植物志编辑委员会. 中国植物志 第三十六卷:354~355. 1974；中国科学院西北植物研究所编著. 秦岭植物志 第一卷 种子植物（第二册）:512. 1974；中国科学院武汉植物研究所编著. 湖北植物志 第二卷:162. 1979；中国科学院武汉植物研究所编著. 湖北植物志 第二卷:162. 1979；周汉藩著. 河北习见树木图说（THE FAMILIAR TREES OF HOPEI by H. F. Chow）:199~200. 1934；王遂义主编. 河南树木志:256. 1994；*Pyrus* Linn. sect. 1 *Pyrophorum* DC. , Prodr. 2:633. 1825.

形态特征:落叶,稀半常绿乔木,或灌木。枝上有时具刺。芽多圆锥体状,先端尖;芽鳞多数,覆瓦状排列。单叶,互生,边缘具锯齿,或全缘,稀分裂,在芽中呈席卷状;具叶柄与托叶。花先于叶开放,或同时开放。花序为伞形总状花序。花两性,顶生新枝上。单花具花瓣 5 枚,倒卵圆形,白色,稀粉红色,基部具爪;雄蕊 15~30 枚,花药深红色,或紫色;雌蕊子房 2~5 室,花柱 2~5 枚,离生。每室有 2 胚珠。果实为梨果,皮孔显著,果肉多汁,具石细胞,内果皮软骨质。子房壁软骨质。种子黑色,或黑褐色。

本属模式种:西洋梨 Pyrus communis Linn. 。

产地:本属植物全世界约有 25 种,分布亚洲、欧洲至北非各国。我国有 14 种。河南有 10 种。郑州市紫荆山公园有 1 种栽培。

1. 杜梨　图 85　图版 23:7~8

Pyrus betulaefolia Bunge in Mém. Div. Sav. Acad. Sci. St. Pétersb. Sav. Étrang. II. 101. 1835；丁宝章等主编. 河南植物志（第二册）:192. 图 979. 1988；朱长山等主编. 河南种子植物检索表:172. 1994；裴鉴等主编. 江苏南部种子植物手册:356. 图 570. 1959；贺士元等. 北京植物志 上册:291. 图 337. 1662；中国科学院植物研究所主编. 中国高等植物图鉴 第二册:233. 图 2195. 1983；中国科学院中国植物志编辑委员会. 中国植物志 第三十六卷:366~367. 图版 50:1~4. 1974；周汉藩著. 河北习见树木图说（THE FAMILIAR TREES OF HOPEI by H. F. Chow）:206~208. 图 77. 1934；陈嵘著. 中国树木分类学:413. 图 312. 1937；卢炯林等主编. 河南木本植物图鉴:77. 图 229. 1998；中国科学院西北植物研究所编著. 秦岭植物志 第一卷 种子植物（第二册）:515. 1974；中国科学院武汉植物研究所编著. 湖北植物志 第二卷:163~164. 图 933. 1979；河北农业大学主编. 果树栽培学 下册 各论:69~111. 1963；王遂义主编. 河南树木志:259~260. 图 259:1~4. 1994；李法曾主编. 山东植物精要:293. 图 1036. 2004。

形态特征:落叶乔木,高达 10.0 m。枝常具枝刺。小枝嫩时密被灰白色绒毛;2 年生枝紫褐色,或暗褐色,疏被绒毛,或近无毛。冬芽长卵球状,先端渐尖,鳞片外面被灰白色绒毛。叶菱 - 卵圆形,或长卵圆形,长 4.0~8.0 cm,宽 2.5~3.5 cm,先端渐尖,基部宽楔形,或近圆形,边缘具粗锐锯齿,两面无毛,嫩时密被灰白色绒毛;叶柄长 2.0~3.0 cm,被灰白色绒毛;托叶膜质,线 - 披针形,长约 2 mm,两面被绒毛,早落。花序为伞形总状花序,具花 10~15 朵;总花梗被灰白色绒毛;苞片膜质,线形,长 5~8 mm,两面微被绒毛,早落;花径 1.5~2.0 cm;萼筒外面密被灰白色绒毛,萼片三角 - 卵圆形,长约 3 mm,先端急尖,边缘全缘,两面密被绒毛;花瓣卵圆形,白色,长 5~8 mm,宽 3~4 mm,先端钝圆,基部具短爪;雄蕊 20 枚,花药紫色,长约等于花瓣之半;雌花子房花柱 2~3 枚,基部微被毛。梨果近球状,褐色,具浅色斑点,萼片脱落;花梗被灰白色绒毛。花期4月;果实成熟期8~9月。

产地:杜梨产于我国安徽、江苏、浙江、江西、湖北、湖南等省。河南各地有零星栽培。郑州市紫荆山公园有栽培。

识别要点:杜梨为落叶乔木。枝常具枝刺。小枝嫩时密被灰白色绒毛。芽鳞外面、幼叶两面、叶柄、苞片、萼筒外面、萼片三两面密被绒毛;花瓣卵圆形,白色;雄蕊花药紫色。梨果近球状,褐色萼片脱落。

生态习性:杜梨喜光,喜温暖湿润气候及肥沃湿润的酸性土、钙质土,耐旱,也耐水湿,耐寒力差,对水分要求高,耐热,适宜温暖湿润地区栽培。根系发达。

图 85　杜梨 Pyrus betulaefolia Bunge
1. 果枝;2. 果实横切面;3. 花瓣;4. 花纵剖(选自《中国树木志》)。

繁育与栽培技术要点:杜梨通常采用播种育苗。其技术,见河北农业大学主编. 果树栽培学 下册 各论:69~111. 1963。栽培技术通常采用穴栽,大苗、幼树采用带土穴栽。

主要病虫害:杜梨与西洋梨等相同。其防治:见中国农业科学研究院果树研究所编著. 苹果、梨、葡萄病虫害及其防治:129~180. 1970。

主要用途:杜梨可作西洋梨品种嫁接砧木,可在"四旁"栽植作观赏。木材供作家具等用。

(ⅩⅠ)苹果属

Malus Mill. ,Gard. Dict. abridg. ed. 4. 1754;郑万钧主编. 中国树木志　第二卷:1041. 1985;丁宝章等主编. 河南植物志(第二册):195. 1988;朱长山等主编. 河南种子植物检索表:172~174. 1994;中国科学院中国植物志编辑委员会. 中国植物志 第三十六卷:372. 1974;中国科学院西北植物研究所编著. 秦岭植物志 第一卷 种子植物(第二册):516. 1974;中国科学院武汉植物研究所编著. 湖北植物志 第二卷:164~165. 1979;周汉藩著. 河北习见树木图说(THE FAMILIAR TREES OF HOPEI by H. F. Chow):192. 1934;周以良主编. 黑龙江树木志:280. 1986;王遂义主编. 河南树木志:260. 1994;*Pyrus* Linn. sect. *Malus* DC. ,Prodr. II. 635. 1825.

形态特征:落叶,稀半常绿乔木,或灌木,通常不具刺。冬芽卵球状;芽鳞数枚覆瓦状排列。单叶,互生,边缘具锯齿,或分裂,在芽中呈席卷状,或对折状;具叶柄和托叶。花序为伞形总状花序。花瓣近圆形,或倒卵圆形,白色、浅红至艳红色;雄蕊15~50枚,花药黄色,花丝白色;雌花子房下位,3~5室,花柱3~5枚,基部合生,无毛,或被毛。每室有2胚珠。梨果,通常无石细胞,或少数种类有石细胞,萼片宿存,或脱落,子房壁软骨质,3~5室。每室2枚胚珠。梨果,无石细胞,或微有石细胞;肉果皮软骨质。种子褐色。花期4月;果实成熟期8~9月。

本属模式种:苹果 Malus pumila Mill. 。

产地:本属植物有35种,分布于北温带各国。我国约20多种。河南有14种,各地有栽培。郑州市紫荆山公园有4种栽培。

本属植物分种检索表

1. 果实球状,具6~8条钝纵棱 ……………………………… 八棱海棠 Malus robusta(Carr.) Rehd.
1. 果实无明显钝纵棱。
　2. 果实球状,小型,径2.0 cm 以下。
　　3. 萼片先端钝圆,脱落;花柱4 枚,或5 枚。果实小型,径1.0 cm 以下,梨状,或倒卵球状,成熟时略带紫色 …………………………… 垂丝海棠 Malus halliana Koehne
　　3. 萼片先端急尖,比萼筒短,或等长。边缘具紧贴尖细锯齿。果实近球状,径约2.0 cm,黄色,萼片宿存,基部不下陷,梗洼隆起;果梗细长存……… 海棠花 Malus spectabilis(Ait.) Borkh.
　2. 果实球状,径4.0 cm 以上。幼枝、幼叶密被白色绒毛…………………… 苹果 Malus pumilaMill.

1. 海棠花　图 86　图版 23:9、10、12

Malus spectabilis(Ait.) Borkh. ,Theor. – Prakt. Handb. Forst. 2:1279. 1803;陈嵘著. 中国树木分类学:419. 图 317. 1937;贺士元等主编. 北京植物志 上册:397. 图 344. 1962;丁宝章等主编. 河南植物志(第二册):198. 图 988. 1988;朱长山等主编. 河南种子植物检索表:173. 1994;郑万钧主编. 中国树木志 第二卷:1050 ~ 1052. 图 463. 1985;中国科学院中国植物志编辑委员会. 中国植物志第三十六卷:385 ~ 386. 1974;卢炯林等主编. 河南木本植物图鉴:73. 图 219. 1998. 周汉藩著. 河北习见树木图说 (THE FAMILIAR TREES OF HOPEI by H. F. Chow):195 ~ 197. 图 72. 1934;河北农业大学主编. 果树栽培学下册 各论:5 ~ 6. 1963;王遂义主编. 河南树木志:264. 图 263:3 ~ 4. 1994;李法曾主编. 山东植物精要:296. 图 1048. 2004; *Pyrus spectabilis* Ait. in Hort. Kew. 2:175. 1789; *Malus microcarpa* Makino var. *spectabilis* Carr. , Étrang. Pomm. Microcarp. 114. 1883; *Malus sinensis* Dunmont de Courset,Bot. Cultivated ed. 2, V. 429. 1811; *Pyrus sinensis* Dunmont de Courset ex Jackson, Ind. Kew. II. 669 (pro synon.)1895.

图 86　海棠花 Malus spectabilis
(Ait.) Borkh.
1. 花枝;2. 果枝(选自《中国树木志》)。

　　形态特征:落叶小乔木,高 2.5 ~ 8.0 m;树态峭立。小枝粗壮,圆柱状,直立性强,幼时被短柔毛,后无毛,老时红褐色,或紫褐色,无毛。冬芽卵球状,先端渐尖,微被柔毛,紫褐色,有数枚外露鳞片。叶椭圆形至卵圆 – 长椭圆形,长 5.0 ~ 10.0 cm,宽 2.5 ~ 5.0 cm,先端急尖、渐尖,基部宽楔形,或近圆形,边缘具紧贴尖细锯齿,幼时两面稀疏短柔毛,后无毛;叶柄长 1.5~2.0 cm,被短柔毛;托叶膜质,线-披针形,先端渐尖,边缘疏生腺齿,早落。花序为伞形总状花序,具花 4~7 朵,生于小枝顶端。苞片膜质,线-披针形,早落;花径 4.0~5.0 cm;萼筒外面密被白色长绒毛;萼片三角-卵圆形,先端急尖、渐尖,反曲,边缘全缘,外面疏被绒毛,内面密被白色绒毛,萼片比萼筒近等长;单花具花瓣 14~18 枚,宽卵圆形,外面粉色,或一侧粉红色,而一侧白色,内面的、白色,长 2.5~3.0 cm,宽 1.5~4.5 cm,边缘全缘,或皱折,基部具白色短爪,爪长 2 mm;花瓣在芽中呈粉红色;雄蕊 20~25 枚,花丝长短不等,长约花瓣之半;雌蕊子房花柱 5 枚,基部被白色绒色,比雄蕊稍长;花梗细长,长3.0~4.5 cm,幼时被长柔毛。果实近球状,径 1.0~1.5 cm,黄色,萼片宿存,基部不下陷,梗洼隆起;果梗细长,先端肥厚,长 3.0~4.0 cm。花期 3~4 月;果实成熟期 8~9 月。

产地:海棠花产于河北、山东、陕西、江苏、浙江、云南等省。河南平原各地多栽培。郑州市紫荆山公园有栽培。

识别要点:海棠花小枝红褐色,幼时疏生柔毛;叶幼嫩时上下两面具稀疏短柔毛,以后脱落,老叶无毛;花在蕾时甚红艳,开放后呈淡粉红色;果实近球状,径约 2.0 cm,黄色,萼片宿存,基部不下陷,果味苦。

生态习性:海棠花喜光,耐寒,耐干旱,忌水湿。在北方干燥地带生长良好。

繁育与栽培技术要点:海棠花通常以分株繁殖,亦可用播种、压条及根插等方法繁殖。栽培技术通常采用穴栽,大苗、幼树采用带土穴栽。

主要病虫害:海棠花主要病虫害有海棠锈病、腐烂病、蚜虫、山楂叶螨、梨花网蝽等。其防治技术,见杨有乾等编著. 林木病虫害防治. 河南科学技术出版社,1982;中国农业科学研究院果树研究所编著. 苹果、梨、葡萄病虫害及其防治:1~128. 1970。

主要用途:海棠花由于花色艳丽,多栽培于庭院供绿化用。海棠花姿潇洒,花开似锦,是中国北方著名的观赏树种。海棠花常植人行道两侧、亭台周围、丛林边缘、水滨池畔等;也可作盆栽及切花材料。海棠花对二氧化硫有较强的抗性,用于城市街道绿地和矿区绿化。

变种、变型:

1.1 海棠花 原变型

Malus spectabilis(Ait.)Borkh. f. **spectabilis**

1.2 重瓣粉海棠 红海棠(中国树木志) 变型 图版 23:11

Malus spectabilis(Ait.)Borkh. f. **riversii**(Kirchn.)Rehd. in Bibliography of Cultivated Trees and Shrubs;270. 1949;*Malus spectabilis*(Ait.)Borkh. var. *riversii* Nash. ,郑万钧主编. 中国树木志 第二卷:1052. 1985;王遂义主编. 河南树木志:264. 1994;丁宝章等主编. 河南植物志(第二册):198. 1988。

本变种幼枝、幼叶、叶柄与幼花梗密被短柔毛。花序为伞房花序,具花(1~)4~6 朵;花径 3.0~3.5 cm。花与叶同时开放。单花具花瓣 11~15 枚,匙-宽椭圆形,长 1.5~1.8 cm,宽 1.0~1.4 cm,基部具短爪,爪长 1 mm,粉红色;雄蕊 20~25 枚,花丝长短不齐;雌蕊子房上位,具子房柄,子房密被短柔毛,花柱 5 枚,水粉色,稀无雌蕊;萼筒短,外面无毛;萼片 5 枚,三角-卵圆形,长 2 mm,先端钝尖,边缘全缘,外面无毛,与萼筒近等长;花梗细弱,长 3.0 ~ 5.0 cm,下垂,稀疏柔毛,紫色。花期 3 ~ 4 月;果实成熟期 8 ~ 9 月。

产地:重瓣粉海棠河南平原各地多栽培。郑州市紫荆山公园有栽培。

1.3　重瓣红海棠　*河南新记录变型*

Malus spectabilis(Ait.) Borkh. f. **roseiplena** Schelle in Mitt. Deutsch. Dendr. Ges. 1915(24):191.1916.

本变种小枝紫褐色,具光泽。幼枝、幼叶、叶柄与幼花梗紫色,密被短柔毛。花序为伞房花序,具花 2 ~ 6 朵;花径 4.0 ~ 4.5 cm。花与叶同时开放。单花具花瓣 5 ~ 9 枚,紫红色,匙 - 宽椭圆形,长 1.5 ~ 1.8 cm,宽 1.0 ~ 1.4 cm,基部具短爪,爪长 2 mm;雄蕊 10 枚,花丝近等长;雌蕊子房上位,密被短柔毛,花柱 1 枚,淡紫色;萼筒短, 密被短柔毛;萼片 5 枚,三角形,长 2 mm,先端尖,边缘全缘,外面密被短柔毛,与萼筒近等长;花梗细弱,长 20 ~ 2.5 cm,密被短柔毛,紫红色。花期 3 月。

产地:重瓣红海棠河南平原各地多栽培。郑州市紫荆山公园有栽培。

1.4　重瓣白海棠　*河南新记录变种*

Malus spectabilis(Ait.) Borkh. var. **albiplena** Schelle in Mitt. Deutsch. Dendr. Ges. 1915(24):191.1916;丁宝章等主编. 河南植物志(第二册):198. 1988。

本变种单花白色,重瓣。

产地:重瓣白海棠河南郑州市紫荆山公园有栽培。

2.　**垂丝海棠**　图 87　图版 24:1 ~ 3

Malus halliana Koehne,Gatt. Pomac. 27. 1890;陈嵘著. 中国树木分类学:421. 图 320. 1937;裴鉴等主编. 江苏南部种子植物手册:354. 图 567. 1959;丁宝章等主编. 河南植物志(第二册):200 ~ 201. 图 992. 1988;朱长山等主编. 河南种子植物检索表:173. 1994;郑万钧主编. 中国树木志 第二卷:1044 ~ 1045. 图 459:12 ~ 13. 1985;中国科学院中国植物志编辑委员会. 中国植物志 第三十六卷:380 ~ 381. 图版 51:16 ~ 17. 1974;卢炯林等主编. 河南木本植物图鉴:74. 图 221. 1998;中国科学院武汉植物研究所编著. 湖北植物志 第二卷:165 ~ 166. 1979;王遂义主编. 河南树木志:262. 图 261:5 ~ 6. 1994;李法曾主编. 山东植物精要:295. 图 1044. 2004;*Pyrus halliana* Voss,Vilmor. Blumengart. 1:277. 1894;*Malus floribunda* Van Houtte var. *parkmanni* Koidz. in Bot. Mag. Tokyo,25:76. 1911;*Pyrus spectabilis* sensu Tanaka,Useful Pl. Jap. 156. f. 634. 1895,non Aiton,1789.

形态特征:落叶乔木,高达 5.0 m;树冠开展。小枝细弱,微弯曲,圆柱状,幼时被毛,后无毛,紫色,或紫褐色。冬芽卵球状,先端渐尖,无毛,或仅在鳞片边缘具缘毛,紫色。叶卵圆形,或椭圆形至长椭 - 卵圆形,长 3.5 ~ 8.0 cm,宽 2.5 ~ 4.5 cm,先端长渐尖,基部楔形至近圆形,边缘具圆钝细锯齿,中脉有时被短柔毛,其余部分无毛,表面深绿色,具光泽,并常带紫晕;叶柄长 0.5 ~ 2.5 cm,幼时被稀疏柔毛,后无毛;托叶小,膜质,披针形,内面被毛,早落。花序为伞房花序,具花 4 ~ 6 朵;花径 3.0 ~ 3.5 cm;萼筒外面无毛;萼片三角 - 卵圆形,长 3 ~ 5 mm,先端钝,边缘全缘,外面无毛,内面密被绒毛,与萼筒等长,或稍短;单花具花瓣 5 枚,倒卵圆形,长约 1.5 cm,基部具短爪,粉红色,常在 5 数以上;雄蕊 20 ~ 25 枚,花丝长短不齐,约等于花瓣之半;雌蕊花柱 4 枚,或 5 枚,较雄蕊为长,基部被长绒毛,顶花有时缺少雌蕊;花梗细弱,长 2.0 ~ 4.0 cm,下垂,稀疏柔毛,紫色。果实梨状,或倒卵球状,径 6 ~ 8 mm,幼时绿色,成熟时略带紫色,成熟很迟;萼片脱落;果梗长 2.0 ~ 5.0 cm。花期 3 ~ 4 月;果实成熟期 9 ~ 10 月。

产地:垂丝海棠产于我国长江流域及西南各省(区、市)。河南各地均有栽培。郑州市紫荆山公园有栽培。

识别要点:垂丝海棠为落叶乔木。小枝细弱,紫色,或紫褐色。叶边缘具钝细锯齿。花萼片先端圆钝。果实梨状,小,萼片脱落;果梗长,长 2.0 ~ 5.0 cm。

生态习性:垂丝海棠性喜光,不耐阴,也耐寒,喜温暖、湿润环境,适生于阳光充足、背风之处。土壤要求不严,微酸性,或微碱性土壤均可成长,但以土层深厚、疏松、肥沃、排水良好略带黏质的生长更好。栽培容易,唯不耐水涝与重盐碱地。盆栽须防止水渍,以免烂根。

繁育与栽培技术要点:垂丝海棠通常采用播种育苗,也可用分株、压条等方法。栽培技术通常采用穴栽,大苗、幼树采用带土穴栽。

主要病虫害:垂丝海棠常见虫害有角蜡蚧、苹果蚜、红蜘蛛等,主要病害有锈病。其防治技术,见杨有乾等编著. 林木病虫害防治. 河南科

图 87　垂丝海棠 Malus halliana Koehne
（选自《安徽植物志》）。

学技术出版社,1982;中国农业科学研究院果树研究所编著. 苹果、梨、葡萄病虫害及其防治:1 ~ 128. 1970。

主要用途:垂丝海棠嫩枝、嫩叶紫红色。花粉红色,下垂,早春期间甚为美丽,各地常见栽培供观赏用。对二氧化硫有较强的抗性,适用于城市街道绿地和厂矿区绿化。也是制作盆景的材料。若挖取古老树桩盆栽,通过艺术加工,可形成苍老古雅的桩景珍品。

3. 八棱海棠　图版 24:4 ~ 5

Malus robusta(Carr.)Rehd. in Jour. Arnold Arb. 2:54 1920;宋良红等主编. 碧沙岗海棠:21. 2011;*Malus prunifolia*(Willd.)Borkhausen,Forstbot. 2:1278. 1803;*Malus baccata* Borkhausen × *prunifolia*(Willd.)Borkhausen in Koehne,Deutsche Dendr. 360. 1893,p. p. ; *Pyrus prunifolia* Willd. ,Phytogr. 8. 1794.

形态特征:落叶乔木,高达 5.0 m;树冠开展;树皮黑褐色,细纵裂。小枝细,青褐色,无毛;幼枝圆柱状,淡黄绿色,密被长柔毛。叶卵圆形、椭圆形,长 3.5 ~ 7.5 cm,宽 3.0 ~ 5.0 cm,表面绿色、淡黄绿色,无毛,沿中脉被柔毛,背面及脉密被长柔毛,先端短尖,基部楔形,或近圆形,通常两边不对称,边缘具细锯齿,具缘毛;叶柄长 2.0 ~ 3.0 cm。花序为伞房花序,具花 2 ~ 5 朵;花径 2.5 ~ 3.0 cm;萼筒外面密被柔毛;萼片三角 - 卵圆形,长 3 ~ 5 mm,先端钝,边缘全缘,外面密被长柔毛。单花具花瓣 5 枚,倒卵圆形,长约 1.5 cm,

基部具短爪,白色;雄蕊多数,花丝长短不齐,疏被短柔毛;雌蕊花柱 4～5 枚;花梗细弱,长 3.0～3.5 cm。果实球状,径 1.5～2.0 cm,淡黄绿色,微具 6～8 枚纵钝棱;萼片宿存;果梗长 5.0～5.0 cm。花期 3～4 月;果实成熟期 9～10 月。

产地:八棱海棠在我国北方各地有栽培。郑州市紫荆山公园有栽培。

识别要点:八棱海棠幼枝、叶、叶柄、萼筒、花梗及果梗密被长柔毛。

生态习性、繁育与栽培技术要点、主要病虫害、主要用途:八棱海棠同海棠花。

4. 苹果　图 88　图版 24:6～7

Maluspumila Mill. in Gard. Dict. ed. 8. M. no. 3. 1768;陈嵘著. 中国树木分类学: 417. 图 315. 1937;贺士元等主编. 北京植物志 上册:398. 1962;丁宝章等主编. 河南植物志(第二册):196～197. 图 985. 1988;朱长山等主编. 河南种子植物检索表:173. 1994;中国科学院中国植物志编辑委员会. 中国植物志 第三十六卷:381～382. 1974;中国科学院植物研究所主编. 中国高等植物图鉴 第二册:236. 图 2201. 1983;卢炯林等主编. 河南木本植物图鉴:72. 图 214. 1998;王遂义主编. 河南树木志:262. 图 261:5～6. 1994;*Pyrus malus* Linn. Sp. Pl. 479. 1753;*Pyrus malus* Linn. var. *pumila* Henry in Elwes & Henry, Trees Gt. Brit. Irel. 6:1570. 1912;*Malus dasyphylla* Borkh. Theor. – Prakt. Handb. 2:1271. 1803;*Marus domestica* Borkh. Theor. – Prakt. Handb. 2:1272. 1803;*Morus communis* Poir. Encycl. Méth. Bot. 5:560. 1840;*Malus pumila* Mill. var. *domestica* Schneid. III. Handb. Laubh. 1:715. f. 396. 1906;*Malus dasyphylla* Borkh. var. *domestica* Koidz. in . Acta Phytotar. Geobot. 3:189. 1934.

形态特征:落叶乔木,高 15.0 m。小枝紫褐色,无毛;幼枝密被绒毛。叶卵圆形,或椭圆形、椭－卵圆形,长 4.5～10.0 cm,宽 3.0～5.5 cm,先端长渐尖,基部楔形至近圆形,边缘具圆钝锯齿,表面深绿色,具光泽;叶柄长 1.5～3.0 cm,幼时被稀疏柔毛,后无毛。花序为伞房花序,具花 3～7 朵,顶生。花径 3.0～3.5 cm;萼筒外面密被绒毛。单花具花瓣 5 枚,倒卵圆形,长约 2.0 cm,粉红色;雄蕊 20 枚,花丝长短不齐;雌蕊花柱 5 枚,基部被长绒毛;花梗长 2.0～4.0 cm,被稀疏柔毛。果实球状,径 4.0 cm 以上;萼片宿存。花期 4～5 月;果实成熟期 9～10 月。

产地:苹果原产于中欧各国和我国新疆。我国黄河流域以北各地广泛栽培。郑州市紫荆山公园有栽培。

识别要点:苹果为落叶乔木。幼枝密被绒毛。叶卵圆形,或椭圆形、椭－卵圆形,先端长渐尖,基部楔形至近圆形,边缘具圆钝锯

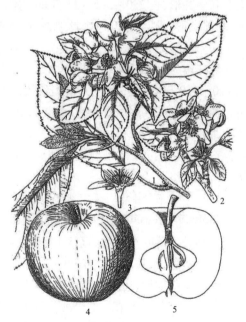

图 88　苹果 Malus pumila Mill.
1. 枝与叶;2. 花枝;3. 花纵剖;4. 果实;5. 果实纵剖
(选自《山东植物精要》)。

齿。花序为伞房花序,具花 3~7 朵,顶生。单花具花瓣 5 枚,倒卵圆形,粉红色;雄蕊 20 枚,花丝长短不齐;雌蕊花柱 5 枚,基部被长绒毛。果实球状;萼片宿存。

生态习性、繁育与栽培技术要点、主要病虫害、主要用途:苹果与海棠花、垂丝海棠相同。

5. 苹果属杂交品种

1.1 '红丽'海棠 河南新记录品种 图版 24:8~10

Malus × 'Red Splendor';宋良红等主编. 碧沙岗海棠:39~40. 彩片 5 张,2011。

本品种为落叶小乔木,高 5.0~10.0 m;树冠开展。小枝圆柱状,紫色,或紫褐色,无毛。叶椭圆形,长 3.5~7.0 cm,宽 2.0~4.0 cm,表面深绿色,具光泽,并常带紫晕,先端短尖,基部楔形,边缘具钝细锯齿,中脉有时具短柔毛;叶柄长 2.0~3.0 cm,无毛。花序为伞房花序,具花 4~6 朵;花径 3.0~3.5 cm。单花具花瓣 5 枚,倒卵圆形,长约 1.5 cm,基部具短爪,粉红色;雄蕊 20~25 枚,花丝长短不齐;雌蕊花柱 5 枚;花梗细弱,长 2.0~4.0 cm,无毛,紫色。果实梨状,或卵球状,径 6~10 mm,成熟时紫红色,具光泽;萼片脱落;果梗长 2.0~4.0 cm。花期 4 月;果实成熟期 9 月。

产地:'红丽'海棠原产地不详。我国北方各地均有栽培。郑州市紫荆山公园有栽培。

1.2 '绚丽'海棠 河南新记录品种 图版 24:11~13

Malus × 'Radiant';宋良红等主编. 碧沙岗海棠:49~40. 彩片 6 张,2011。

本品种为落叶小乔木,高 3.0~5.0 m;树冠开展。小枝圆柱状,紫褐色,具光泽,无毛。叶椭圆形,长 2.0~3.5~11.5 cm,宽 1.0~2.0~5.5 cm,表面深绿色,先端短尖、钝圆,基部楔形,或近圆形,边缘具细锯齿,或重锯齿,背面中脉基部被短柔毛,或无毛;叶柄长 1.0~2.0~3.5 cm,紫色,无毛。花序为伞房花序,具花 3~5 朵;花径 2.5~3.0 cm。单花具花瓣 5 枚,倒卵圆形,长约 1.5 cm,基部具短爪,紫红色;雌蕊花柱 5 枚;花梗细弱,长 2.0~5.0 cm,无毛,紫色。果实梨状,或卵球状,上部渐细,径 6~12 mm,成熟时橙红色,背阴面亮淡黄绿色;萼片宿存,基部具小凸起;果梗长 4.0~5.0 cm,紫绿色,无毛。花期 4 月;果实成熟期 9 月。

产地:'绚丽'海棠原产于美国。我国北方各地均有栽培。郑州市紫荆山公园有栽培。

1.3 '宝石'海棠 河南新记录品种 图版 25:1~3

Malus × 'Jewelberry';宋良红等主编. 碧沙岗海棠:35~36. 彩片 4 张,2011。

本品种为落叶小乔木,高 3.0~5.0 m;树冠开展。小枝圆柱状,紫褐色,具光泽,无毛。幼枝紫色,被短绒毛。叶椭圆形,长 3.5~7.0 cm,宽 2.0~3.0 cm,表面绿色,先端短尖、钝圆,基部楔形,边缘具圆锯齿,背面无毛,幼时紫红色,被短绒毛;叶柄无毛。花序为伞房花序,具花 3~5 朵。单花具花瓣 5 枚,匙－圆形,基部具爪,外面紫红色,基部白色,先端钝圆。萼外面被短绒毛。花梗紫红色,密被短绒毛。果实卵球状,径 8~10 mm,成熟时紫红色,具光泽;萼片宿存;果梗长 2.5~3.5 cm,紫红色。花期 4 月;果实成熟期 9 月。

产地:'宝石'海棠原产地不详。我国北方各地均有栽培。郑州市紫荆山公园有栽培。

（三）蔷薇亚科

Rosaceae Necker subfam. **Rosoideae** Focke in Nat. Pflanzenfam. III. 13. 1888；郑万钧主编. 中国树木志 第二卷：1060. 1985；中国科学院中国植物志编辑委员会. 中国植物志第三十七卷：1. 1974。

形态特征：落叶，或常绿灌木，草本。复叶，稀单叶；具托叶。雌蕊心皮离生，多数，或少数，稀单数；子房上位，稀下位；每子房室具 1～2 枚悬垂，或直立胚珠。花托杯状、坛状、扁平，或隆起。聚合瘦果，稀小核果，着生于花托上，或膨大花托肉质内。

产地：本亚科植物有 35 属。我国有 21 属。木本植物有 6 属。河南各地有 14 属、92 种栽培。郑州市紫荆山公园有 2 属、5 种栽培。

（Ⅻ）蔷薇属

Rosa Linn. ，Sp. Pl. 491. 1753；Gen. Pl. ed. 5，217. 1754；郑万钧主编. 中国树木志第二卷：1060. 1985；丁宝章等主编. 河南植物志（第二册）：203～204. 1988；朱长山等主编. 河南种子植物检索表：182～186. 1994；中国科学院中国植物志编辑委员会. 中国植物志 第三十七卷：360～361. 1974；中国科学院西北植物研究所编著. 秦岭植物志 第一卷 种子植物（第二册）：563. 1974；中国科学院武汉植物研究所编著. 湖北植物志 第二卷：172. 1979；周以良主编. 黑龙江树木志：314. 1986；王遂义主编. 河南树木志：281. 1994。

形态特征：落叶，或常绿灌木。茎直立，或攀缘，常具皮刺，或刺毛，稀无皮刺。叶互生，奇数羽状复叶，稀单叶。小叶边缘具锯齿；托叶贴生，或着生于叶柄上，稀无托叶。花两性，辐射对称，单生，或花序为伞房状花序，稀花序为聚伞房状花序、圆锥状花序。萼筒球状、坛状、杯状、颈部缢缩；萼片 5 枚，稀 4 枚，覆瓦状排列，稀羽状分裂；花瓣 5 枚，稀 4 枚，覆瓦状排列，白色、黄色、粉红色、红色；花盘环绕萼筒口部；雄蕊多数，分为数轮，着生花盘周围；雌蕊心皮离生，多数，稀少数，离生，着生萼筒内。每子房室具 1 枚、悬垂胚珠，花柱顶生至侧生，外伸，分离，或合生，柱头头状，露出花托之，或伸出。瘦果木质，多数，稀少数，包藏于肉质花筒内，形成"蔷薇果"。

本属模式种：百叶蔷薇 Rosa centifolia Linn. 。

产地：本属植物约 200 种，分布于北半球温带、亚热带各国。我国约有 82 种，各省（区、市）均有分布与栽培。河南有 29 种分布与栽培。郑州市紫荆山公园有 6 种、2 杂种栽培。

本属植物分种检索表

1. 落叶，或半常绿攀缘灌木。小枝无毛，具散生钩刺。
  2. 花序为伞房花序。单花具花瓣 5 枚、多瓣，白色，或黄色 ·············· 木香 Rosa banksiae Ait.
  2. 花序为聚生伞房花序。单花具花瓣多瓣，花形、花色多变 ··· 杂种藤本月季 hybrida Wichuraiana
1. 直立落叶丛生灌木，或落叶丛生灌木，攀缘灌木。小叶 3～13 枚。
    3. 小叶 7～13 枚。小枝褐色，无毛，被皮刺，无针刺。花单生叶腋，黄色 ··············
    ··· 黄刺玫 Rosa xanthina Lindl.
    3. 小叶 5～9 枚，或 3～9 枚。

4. 小叶 5～9 枚,背面密被绒毛及腺毛。花单生叶腋;花梗密被绒毛毛及腺毛 ……………
………………………………………………………………… 玫瑰 Rosa rugosa Thunb.
　5. 小叶 3～9 枚。
　　6. 小叶 3～5(～7)枚。
　　　7. 小叶 7～9 枚,稀 5 枚,背面被柔毛。花序为圆锥花序 …………………………
…………………………………………………………… 野蔷薇 Rosa multiflora Thunb.
　　　7. 小叶 5～9 枚,两面无毛。花几朵簇生,稀单生 ……… 月季花 Rosa chinensis Jacq.
　　6. 小叶 3～9 枚 ………………………………………… 现代月季 Rosa hybryda Hort.

1. 黄刺玫　图 89　图版 25:4～6

Rosa xanthina Lindl. , Ros. Monogr. 132. 1820;刘慎谔主编. 东北木本植物图志:
312. 图版 108. 图 225. 1955;中国科学院植物研究所主编. 中国高等植物图鉴 第二册:
245. 图版 2220. 1983;丁宝章等主编. 河南植物志(第二册):211. 图 1006. 1988;朱长山
等主编. 河南种子植物检索表:184. 1994;郑万钧主编. 中国树木志 第二卷:1082. 图
479:5～6. 1985;中国科学院中国植物志编辑委员会. 中国植物志 第三十七卷:378～
379. 图版 57:5～6. 1974;卢炯林等主编. 河南木本植物图鉴:89. 图 267. 1998;中国科
学院西北植物研究所编著. 秦岭植物志 第一卷 种子植物(第二册):510～511. 图 430.
1974;周以良主编. 黑龙江树木志:321. 323. 图版 91:1～2. 1986;王遂义主编. 河南树木
志:288～289. 图 290:1～2. 1994;*Rosa xanthinoides* Nakai in Bot. Mag. Tokyo,32:218.
1918,et Fl. Sylv. Kor. 7:33. t. 6. 1918;*Rosa pimpinellifolia* Bunge in Mém. Acad. Sci. St.
Pétersb. Sav. Étrang. II. 100. 1833.

　　形态特征:落叶丛生、直立灌木,高 2.0～
3.0 m。小枝粗壮,密集,褐色,或褐红色,无毛,
具密生皮刺,无针刺。奇数羽状复叶,小叶对
生。小叶 7～13 枚,连叶柄长 3.0～5.0 cm;小
叶宽卵圆形,或近圆形,稀椭圆形,先端圆钝,基
部宽楔形,或近圆形,边缘具圆钝锯齿,表面无
毛,幼嫩时背面稀疏柔毛,后无毛;叶轴、叶柄被
稀疏柔毛和小皮刺;托叶狭披针形,大部贴生于
叶柄,离生部分呈耳状,边缘具锯齿和腺体。花
单生叶腋,重瓣,或半重瓣,黄色,无苞片;花径

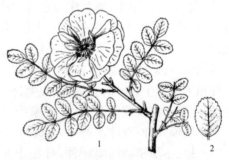

图 89　黄刺玫 Rosa xanthina Lindl.
1. 花枝;2. 小叶(选自《中国树木志》)。

3.0～4.0 cm;萼筒、萼片外面无毛,萼片披针形,边缘全缘,先端渐尖,内面被稀疏柔毛,边
缘较密缘毛;花瓣黄色,宽倒卵圆形,先端微凹,基部宽楔形;雌蕊子房花柱离生,被长柔
毛,稍伸出萼筒外,比雄蕊短很多;花梗长 1.0～1.5 cm,无毛,无腺体。果近球状,或倒卵
球状,紫褐色,或黑褐色,径 8～10 mm,无毛,花后萼片反折。花期 4～6 月;果实成熟期
7～8 月。

　　产地:黄刺玫产于我国东北区、华北区各地。河南各地有栽培。郑州市紫荆山公园有
栽培。

　　识别要点:黄刺玫直立落叶丛生灌木,小枝褐色,或褐红色,无毛,有散生皮刺,无针

刺,花为黄色。

生态习性:黄刺玫为落叶灌木。喜光,稍耐阴,耐寒力强。对土壤要求不严,耐干旱和瘠薄,在盐碱土中也能生长,以疏松、肥沃土地为佳。不耐水涝。

繁育与栽培技术要点:黄刺玫黄刺玫的繁殖主要用分株法。因黄刺玫分蘖力强,重瓣种一般不结果,分株繁殖方法简单、迅速,成活率又高。单瓣种既可用播种育苗,也可用嫁接、扦插、压条法进行繁殖。栽培技术通常采用穴栽,丛株采用带土穴栽。

主要病虫害:黄刺玫主要病虫害有白粉病、介壳虫等。其防治技术,见杨有乾等编著.林木病虫害防治. 河南科学技术出版社,1982。

主要用途:黄刺玫可供观赏。也可作水土保持林树种。果实可食、制果酱。花可提取芳香油;花、果药用,能理气活血、调经健脾。

2. 木香　图90　图版25:7~9

Rosa banksiae Aiton f. ,Hort. Kew. ed. 2,3:258. 1811;丁宝章等主编. 河南植物志(第二册):205~206. 图999. 1988;朱长山等主编. 河南种子植物检索表:182. 1994;郑万钧主编. 中国树木志 第二卷:1070. 1985;卢炯林等主编. 河南木本植物图鉴:90. 图270. 1998;中国科学院植物研究所主编. 中国高等植物图鉴 第二册:252. 图版2234. 1983;中国科学院西北植物研究所编著. 秦岭植物志 第一卷 种子植物(第二册):565. 1974;中国科学院西北植物研究所编著. 秦岭植物志 第一卷 种子植物(第二册):575. 1974;裴鉴等. 江苏南部种子植物手册:360. 1959;中国科学院中国植物志编辑委员会. 中国植物志 第三十七卷:445~447. 1974;中国科学院植物研究所主编. 中国高等植物图鉴 第二册:252. 图2234. 1972;中国科学院武汉植物研究所编著. 湖北植物志 第二卷:181. 图963. 1979;王遂义主编. 河南树木志:283~284. 图284:4. 1994;*Rosa banksiae* R. Br. var. *albo - plena* Rehd. in Bailey, Cycl. Am. Hort. IV. 552. 1902;*Rosa banksiae* Aiton. , Cat. Pl. Yunnan,234(1917),nom. .

形态特征:落叶,或半常绿攀缘灌木,高达10.0 m。小枝圆柱状,无毛,具散生钩刺,或无刺。奇数羽状复叶,具小叶5~7枚;叶轴疏被柔毛,具皮刺。小叶椭圆–卵圆形,或长椭圆–披针形,长2.0~5.0 cm,宽0.0~1.8 cm,先端急尖,或微钝,基部近圆形,或宽楔形,边缘具尖细锯齿,表面深绿色,无毛,背面沿中脉疏被柔毛;小叶柄疏被柔毛,具皮刺;托叶线–披针形,膜质,与叶柄离生、早落。花序为伞形花序。花

图90　木香 Rosa banksiae Aiton f.
(选自《中国高等植物图鉴》)。

径1.5~2.5 cm,花瓣倒卵圆形,5 枚、多瓣,白色,或黄色,先端长渐尖,边缘全缘;萼筒、萼片外面无毛,内面被白色柔毛,萼片长卵圆形,边缘全缘;雌蕊子房花柱离生,密被柔毛,柱头突出。蔷薇果近球状,红色,径3~5 mm,无毛,萼片脱落。花期4~7月;果实成熟期10月。

产地：木香原产于我国南部、西南部各省（区）。现在全国各地广为栽培。河南各地有栽培。郑州市紫荆山公园有栽培。

识别要点：木香为落叶，或半常绿攀缘灌木。小枝无毛，具散生钩刺。花序为伞形花序。萼片长卵圆形，边缘全缘。单花具花瓣 5 枚、多瓣，白色，或黄色。

生态习性：木香与黄刺玫相近。

繁育与栽培技术要点：木香其主要用分株法。也可用压条、扦插法进行繁殖。栽培技术通常采用穴栽，丛株采用带土穴栽。

主要病虫害：木香主要病虫害有白粉病、蚜虫、介壳虫等。其防治技术，见杨有乾等编著. 林木病虫害防治. 河南科学技术出版社，1982。

主要用途：木香花适合庭院观赏，通常丛植，花架用。

3. 玫瑰　　图 91　　图版 25：10 ~ 13

Rosa rugosa Thunb. , Fl. Jap. 213. 1784；裴鉴等主编. 江苏南部种子植物手册：358. 1959；中国科学院中国植物志编辑委员会. 中国植物志 第三十七卷：401 ~ 402. 1974；中国科学院植物研究所主编. 中国高等植物图鉴 第二册：247. 图 2223. 1983；丁宝章等主编. 河南植物志（第二册）：213. 图 1008. 1988；朱长山等主编. 河南种子植物检索表：183. 1994；郑万钧主编. 中国树木志 第二卷：1078 ~ 1079. 1985；卢炯林等主编. 河南木本植物图鉴：89. 图 266. 1998；中国科学院西北植物研究所编著. 秦岭植物志 第一卷 种子植物（第二册）：567 ~ 568. 1974；中国科学院武汉植物研究所编著. 湖北植物志 第二卷：174. 图 949. 1979；周以良主编. 黑龙江树木志：320 ~ 321. 图版 90：4 ~ 6. 1986；王遂义主编. 河南树木志：289. 图 290：3 ~ 4. 1994；*Rosa ferox* Lawrance，Coll. Roses，t. 42. 1799；*Rosa pubescens* Baker in Willott，Gen. Ros. II. 499. 1914. non Roxburgh 1831，nec Schneider 1861，nec Leman. 1818；*Rosa ferox* Aiton，Hort. Kew. ，ed. 2，3：262. 1811；*Rosa regeliana* Lind. & And. in III. Hort. 18：11，t. 47. 1871；*Rosa kamtchatica* Thory in Redoute，Roses，I. 47. t. 11，t（non Ventenat）. 1871.

图 91　玫瑰 Rosa rugosa Thunb.
（选自《中国高等植物图鉴》）。

形态特征：落叶丛生灌木，高达 2.0 m。小枝较粗，密被绒毛、针刺、腺毛及淡黄色皮刺。奇数羽状复叶，叶轴被绒毛，疏生小皮刺及腺毛。小叶 5 ~ 9 枚，椭圆形，或椭圆 – 倒卵圆形，长 1.5 ~ 5.0 cm，先端急尖，或微钝，基部圆形，或宽楔形，边缘具尖锐锯齿，表面深绿色，无毛，叶脉下陷，具皱纹，背面灰绿色，密被绒毛及腺毛，中脉凸起，网脉显著；叶柄被绒毛，疏生小皮刺及腺毛；托叶与叶柄连合，离生部分卵圆形，边缘具腺锯齿，背面被绒毛。花单生，或 3 ~ 6 朵簇生；萼片卵圆 – 披针形，先端尾渐尖，常具羽状裂片为叶形，表面疏被柔毛，背面密被柔毛及腺毛；苞片卵圆形，外面被绒毛，边缘具腺毛；

花径4.0~5.5 cm。单花花瓣倒卵圆形,具花瓣5枚、重瓣、半重瓣,白色,或紫红色;雌蕊子房花柱离生,被柔毛,柱头稍突出。蔷薇果扁球状,砖红色,径2.0~2.5 cm,肉质,无毛,萼片宿存。花期5~6月;果实成熟期8~9月。

产地:玫瑰原产于我国华北地区,现在全国各地广为栽培。日本及朝鲜半岛有栽培。河南各地均有栽培。郑州市紫荆山公园有栽培。

识别要点:玫瑰为落叶丛生灌木。小枝密被绒毛、针刺、腺毛及淡黄色皮刺。奇数羽状复叶,叶轴被绒毛,疏生小皮刺及腺毛。小叶背面及叶柄被绒毛,疏生小皮刺及腺毛。花萼片先端尾渐尖,常具羽状裂片为叶形,背面密被柔毛及腺毛;苞片外面被绒毛,边缘具腺毛。单花花瓣倒卵圆形,具花瓣5枚、重瓣、半重瓣,白色,或紫红色。蔷薇果扁球状,砖红色,肉质,无毛,萼片宿存。

生态习性:玫瑰与黄刺玫相近。

繁育与栽培技术要点:玫瑰其主要用分株法,也可用压条法、扦插法进行繁殖。栽培技术通常采用穴栽,丛株采用带土穴栽。

主要病虫害:玫瑰主要病虫害有白粉病、介壳虫、蝼蛄、金龟子等。其防治技术,见杨有乾等编著. 林木病虫害防治. 河南科学技术出版社,1982。

主要用途:玫瑰适合庭园观赏,通常丛植,花架用。花可食,还是特用经济林树种,花提取玫瑰油,是主要的化妆轻工业品的重要原料。

4. 月季花　图92　图版26:1~4

Rosa chinensis Jacq. ,Obs. Bot. 3:7. t. 55. 1768;侯宽昭编著. 广州植物志:297. 图152. 1956;裴鉴等主编. 江苏南部种子植物手册:357. 1959;中国科学院中国植物志编辑委员会. 中国植物志 第三十七卷:422~423. 图版67:4~7. 1974;中国科学院植物研究所主编. 中国高等植物图鉴 第二册:252. 图2233. 1983;丁宝章等主编. 河南植物志(第二册):207~208. 图1001. 1988;朱长山等主编. 河南种子植物检索表:183. 1994;郑万钧主编. 中国树木志 第二卷:1069. 图473:4~7. 1985;卢炯林等主编. 河南木本植物图鉴:88. 图264. 1998;中国科学院西北植物研究所编著. 秦岭植物志 第一卷 种子植物(第二册):571~572. 1974;中国科学院武汉植物研究所编著. 湖北植物志 第二卷:174~175. 图950. 1979;王遂义主编. 河南树木志:284~285. 图285:3~4. 1994;*Rosa sinica* Linn. ,Syst. Vég. ed. 13,394. 1774; *Rosa nankinensis* Lourn. ,Fl. Cochinch. 324. 1790; *Rosa indica* sensu Lour. , Fl. Cochinch. 323. 1790.

图92　月季花 Rosa chinensis Jacq.
(选自《中国高等植物图鉴》)。

形态特征:落叶丛生灌木,高1.0~2.0 m。小枝较粗,圆柱状,具钩状皮刺,或无刺,近无毛。奇数羽状复叶,叶轴疏生皮刺及腺毛。小叶 3~5(~7)枚,宽卵圆形,或卵圆－长圆形,长 2.0~6.0 cm,宽 1.0~3.0 cm,先端长渐尖、渐尖,基部近圆形,或宽楔形,边缘具尖锯齿,表面深绿色,无毛,背面灰绿色,顶生小叶具叶柄,侧生小叶近无叶柄;叶轴较长,疏生小皮刺及腺毛;托叶与叶柄连合,顶端分裂部分为耳状,边缘被腺毛。花单生,或几朵簇生,径 4.0~6.0 cm;花梗 2.5~5.0 cm,被腺毛,或无毛;萼片卵圆形,先端尾尖,稀叶形,边缘具羽状裂片,稀全缘,外面无毛,内面密被长柔毛。单花具花瓣 5 枚、重瓣、半重瓣,紫红色、粉红色,稀白色,倒卵圆形,先端凹缺,基部楔形;花柱离生。果实卵球状、梨状,红色,径 1.0~2.0 cm;萼片宿存。花期 4~11 月;果实成熟期 6~11 月。

产地:月季花原产于我国。现在全国各省(区、市)广为栽培。河南各地有栽培。郑州市紫荆山公园有栽培。

识别要点:月季花为落叶丛生灌木。小枝具钩状皮刺,或无刺,近无毛。奇数羽状复叶,叶轴疏生皮刺及腺毛。小叶 3~5(~7)枚;托叶与叶柄连合,顶端分裂部分为耳状,边缘被腺毛。花单生,或几朵簇生。单花具花瓣 5 枚、重瓣、半重瓣,紫红色、粉红色,稀白色。果扁球状,红色,无毛,萼片宿存。

生态习性:月季花与玫瑰相近。

繁育与栽培技术要点:月季花主要用分株法,也可用压条法、扦插、分株法进行繁殖。栽培技术通常采用穴栽,丛株采用带土穴栽。

主要病虫害:月季花主要病虫害有白粉病、介壳虫、蝼蛄、金龟子等。其防治技术,见杨有乾等编著. 林木病虫害防治. 河南科学技术出版社,1982。

主要用途:月季花花期长,多品种,适合庭园观赏,通常丛植、花架用。花可食,还是特用经济林树种。花提取玫瑰油,是主要的化妆轻工业品的重要原料。

5. 野蔷薇　图 93　图版 26:5~8

Rosa multiflora Thunb. ,Fl. Jap. 214. 1784;——Hook. f. in Curtis's Bot. Mag. 116:t. 7119. 1890;——Willmott, Gen. Ros. 1:23. t. 1911;——Rehd. et Wils. in Sarg. Pl. Wils. II. 304. 1915;——Ohwi,Fl. Jap. 541. 1965;裴鉴等主编. 江苏南部种子植物手册:358. 1959;中国科学院植物研究所主编. 中国高等植物图鉴 第二册:249. 图 2228. 1972。中国科学院中国植物志编辑委员会. 中国植物志 第三十七卷:428~429. 1985。

形态特征:攀缘灌木。小枝圆柱状,通常无毛,具短、粗的稍弯曲皮刺。奇数羽状复叶。小叶 5~9 枚,近花序的小叶有时 3 枚,连叶柄长 5.0~10.0 cm;小叶倒卵圆形、长圆形,或卵圆形,长 1.5~5.0 cm,宽 8~28 mm,先端急尖,或圆钝,基部近圆形,或楔形,边缘具尖锐单锯齿,稀混有重锯齿,表面无毛,背面被柔毛;小叶柄和叶轴被柔毛,或无毛,或有散生腺毛;托叶篦齿状,大部贴生于叶柄,边缘有腺毛,或无腺毛。花多朵。花序为圆锥花序;花梗长 1.5~2.5 cm,无毛,或具腺毛,有时基部具篦齿状小苞片;花径 1.5~2.0 cm,萼片披针形,稀中部具 2 枚线形裂片,外面无毛,内面被柔毛;花瓣白色,宽倒卵圆形,先端微凹,基部楔形;花柱束状,无毛,比雄蕊稍长。果近球状,直径 6~8 mm,红褐色,或紫褐色,具光泽,无毛,萼片脱落。

产地:野蔷薇在江苏、山东、河南等省有栽培。日本、朝鲜半岛也有分布。郑州市紫荆山公园有栽培。

识别要点:野蔷薇为攀缘灌木。小枝圆柱状,具短、粗的稍弯曲皮刺。奇数羽状复叶。小叶 5~9 枚,先端急尖,或圆钝,基部近圆形,或楔形,边缘具尖锐单锯齿,稀混有重锯齿,表面无毛,背面被柔毛;小叶柄和叶轴被柔毛,或无毛,有散生腺毛;托叶篦齿状,边缘有腺毛,或无腺毛。花序为圆锥花序;花梗长 1.5~2.5 cm,无毛,或具腺毛;花瓣白色;花柱束状,无毛。

生态习性:野蔷薇与月季花、玫瑰相近。

繁育与栽培技术要点:野蔷薇主要用分株法,也可用压条法、扦插、分株法进行繁殖。栽培技术通常采用穴栽,丛株采用带土穴栽。

主要病虫害:野蔷薇主要病虫害有白粉病、介壳虫、蝼蛄、金龟子等。其防治技术,见杨有乾等编著. 林木病虫害防治. 河南科学技术出版社,1982。

图 93　野蔷薇 Rosa multiflora Thunb.
(选自《中国高等植物图鉴》)。

主要用途:野蔷薇花期长,品种多,适合庭园观赏,通常丛植、绿篱、护坡及棚架绿化材料用。花可食,还是特用经济林树种。花提取玫瑰油,是主要的化妆轻工业品的重要原料。

变种:

1.1　野蔷薇　原变种

Rosa multiflora Thunb. var. **multiflora**

1.2　粉团蔷薇　红刺玫　变种

Rosa multiflora Thunb. var. cathayensis Rehd. & Wils. in Sara. Pl. Wils. II. 304. 1915;——Rehd. in Journ. Arn. Arb. 13:311. 1932;裴鉴等主编. 江苏南部种子植物手册:358. 1959;中国科学院西北植物研究所编著. 秦岭植物志 第一卷 种子植物(第二分册):572. 图 474. 1974;*Rosa gentiliana* Lévl. et Vant. in Bull. Soc. Bot. Fr. 55:55. 1908;——Willmott, Gen. Ros. 2:513. t. 1914;*Rosa macrophylla* Lindl. var. *hypolcuca* Lévl. Fl. Kouy – Tcheou 354. 1915. nom. nud. ;*Rosa cathayensis* (Rehd.) Bailey in Gent. Herb. 1:29. 1920;Hu Icon Pl. Sin. 2:26. pl. 76. 1929;广州植物志:295. 1956;*Rosa calva* var. *cathayensis* Bouleng. in Bull. Jard. Bot. Bruxell. 9:271. 1933;*Rosa multiflora* var. *gentiliana*(Lévl. & Vant.)Yü et Tsai in Bull. Fan. Mém. Inst. Biol. Bot. sér. 7:117. 1936;*Rosa kwangsiersis* Li in Journ. Arn. Arb. 26:63. 1945;中国科学院中国植物志编辑委员会. 中国植物志 第三十七卷:429. 图版 68:1~3. 1985。

本变种花为粉红色,单瓣。

产地:粉团蔷薇河北、河南、山东、安徽、浙江、甘肃、陕西、江西、湖北、广东、福建等省有分布与栽培。郑州市紫荆山公园有栽培。

1.3　七姊妹　十姊妹　变种　图版 26:7

Rosa multiflora Thunb. var. **carnea** Thory in Redoute, Roses, 2:67. t. 1821; *Rosa multiflora* Thunb. var. *platyphylla* Thory in Redoute, Roses, 2:69. t. 1821; 中国科学院西北植物研究所编著. 秦岭植物志第一卷 种子植物(第二分册):573. 1974; *Rosa lebrunei* Lévl. in Bull. Acad. Geog. Bot. 25:46. 1915, et Cat. Pl. Yunnan 235. 1917; *Rosa blinii* Lévl. in Bull. Acad. Geog. Bot. 25:46. 1915, et Cat. Pl. Yunnan 234. 1917; *Rosa muftiflora* Thunb. var. *carnea* Thory f. *platyphylla* Rehd. & Wils. in Sargent, Pl. Wils. II. 306. 1915; 中国科学院中国植物志编辑委员会. 中国植物志 第三十七卷:429. 1985。

本变种花重瓣,粉红色。

产地:七姊妹河南有栽培。郑州市紫荆山公园有栽培。

1.4　白玉棠　变种

Rosa multiflora Thunb. var. albo - plena Yu et Ku in Bull. Bot. Res. 1(4):12. 1981; 中国科学院中国植物志编辑委员会. 中国植物志 第三十七卷:429. 431. 1985。

本变种花白色,重瓣。

产地:白玉棠河南有栽培。郑州市紫荆山公园有栽培。

6. 现代月季　图版 26:9 ~ 18

Rosa hybrida Hort. ,陈俊愉等编. 园林花卉(增订本):122 ~ 123. 1980。

形态特征:攀缘灌木,或藤木。小枝圆柱状,具弯曲尖刺。奇数羽状复叶。小叶 3 ~ 9 枚,卵圆形、倒卵圆形、边缘具锯齿;叶柄和托叶合生。花序为伞房花序,顶生、单生,或丛生。单花具花瓣 5 ~ 80 多枚。

产地:现代月季花河南有栽培。郑州市紫荆山公园有栽培。

注:郑州市月季公园有月季品种约 500 种以上;郑州植物园有月季品种 260 种以上。

7. 杂种藤本月季　图版 27:1 ~ 3

Hybrida Wichuraiana,陈俊愉等编. 园林花卉(增订本):124. 1980。

形态特征:攀缘藤木。叶形变化大。花形变化大。花期初夏至秋季。

产地:杂种藤本月季河南有栽培。郑州市紫荆山公园有栽培。

品种:

1.1　'藤和平'*　图版 27:4

Hybrida Wichuraiana 'Climbing Peace'

本品种主要形态特征:攀缘藤木。花期初夏至秋季。单花具花瓣多枚;花色以黄色为主,并有红色相混,变化大。

产地:'藤和平'河南有栽培。郑州市紫荆山公园有栽培。

注:*尚待查证。

（四）李亚科

Prunoideae Focke in Engl. &. Prantl, Nat. Pflanzenfam. 3(4):10. 1888; 郑万钧主编. 中国树木志 第二卷:1117. 1985; 中国科学院中国植物志编辑委员会. 中国植物志 第三十八卷:1. 1986。

　　形态特征:落叶乔木,或灌木,具枝刺。单叶,互生;具托叶。花序为伞形花序、总状花序。花瓣白色、粉红色,稀无花瓣;雌蕊心皮1枚,稀2～5枚;子房上位,1室,具2枚垂悬胚珠。果实为核果,含1粒种子,稀2粒种子;外果皮及中果皮肉质,内果皮骨质,成熟时不开裂,稀开裂。

　　产地:本亚科植物有10属。我国产9属。河南有4属、38种分布与栽培。郑州市紫荆山公园有4属、10种栽培。

本亚科植物分属检索表

1. 幼叶多席卷式,少为对折式。果实有沟,外被毛,或被蜡粉。
　　2. 侧芽3枚,两侧为花芽,具顶芽。花1～2朵。果核常具孔穴,稀光滑 ……………………………………………………………………… 桃属 Amygdalus Linn.
　　2. 侧芽单生,无顶芽。果核常光滑,或具不明显孔穴。
　　　　3. 花先叶开放。花子房被短柔毛;无柄,或具短柄。果实被短柔毛 …… 杏属 Armeniaca Mill.
　　　　3. 花叶同时开放。花子房无毛;具短柄。果实无毛,被蜡粉 ……………… 李属 Prunus Linn.
1. 幼叶为对折式。果实无沟,不被毛,不被蜡粉 …………………………… 樱属 Cerasus Mill.

(ⅩⅢ) 桃属

Amygdalus Linn. ,Sp. Pl. 472. 1753;中国科学院中国植物志编辑委员会. 中国植物志 第三十八卷:8～9. 1986;朱长山等主编. 河南种子植物检索表:187. 1994;王遂义主编. 河南树木志:294. 1994。

　　形态特征:落叶乔木,或灌木。枝无刺,或具刺。芽3枚,或2枚并生,两侧为花芽,中间为叶芽。幼叶在芽内对折状,后花开放,稀花叶同时开放。叶柄与边缘具腺体。花单生,稀2朵在1芽内,粉红色,稀白色;雄蕊多数;雌蕊1枚,子房被毛,1室,2胚珠;几无梗,或具短梗,稀具长梗。果实核果,外被短柔毛,稀无毛;果肉多汁,成熟时开裂,腹部缝合线明显,果洼大;核扁球状、球状、椭圆体状,表面具深浅不同的纵、横纹和孔穴,稀平滑。

　　本属模式种:扁桃 Amygdalus communis Linn.。

　　产地:本属科植物有40多种。我国有12种。河南有5种。郑州市紫荆山公园有3种栽培。

Ⅰ) 扁桃亚属

Amygdalus Linn. sungen. Amygdalus Linn. ,Sp. Pl. 473. 1753;中国科学院中国植物志编辑委员会. 中国植物志 第三十八卷:9. 1986。

　　形态特征:果实成熟时,干燥无汁,开裂,稀不开裂。

1. 榆叶梅　图94　图版27:5～6

Amygdalus triloba Ricker in Proc. Biol. Soc. Wash. 30:18. 1917;陈嵘著. 中国树木分类学:472. 图356. 1937;中国科学院植物研究所主编. 中国高等植物图鉴 第二册:305. 图2339. 1983;丁宝章等主编. 河南植物志(第二册):264. 图1078. 1988;朱长山等主编. 河南种子植物检索表:187. 1994;郑万钧主编. 中国树木志 第二卷:1163～1064. 图518. 1985;中国科学院中国植物志编辑委员会. 中国植物志 第三十八卷:14～15. 1986;卢炯林等主编. 河南木本植物图鉴:101. 图302. 1998;周汉藩著. 河北习见树木图

说(THE FAMILIAR TREES OF HOPEI by H. F. Chow):224~225. 图 85. 1934;周以良主编. 黑龙江树木志:309. 311. 图版 86:3~5. 1986;王遂义主编. 河南树木志:295. 图 297:4~5. 1994;李法曾主编. 山东植物精要:300. 图 1063. 2004;——*Amygdalopsis lindleyi* Carr. in Rev. Hort. 1862:91. f. 10. t. 1862;*Prunus ulmifolia* Franch. in Ann. Sci. Nat. Bot. sér. 6,16:281. 1883;*Amygdalus ulmifolia*(Franch.)M. Popov in Bull. App. Bot. Genet. 22,3:362. 1929;*Prunus triloba* Lindl. in Gard. Chron. 1857:268. 1857;*Cerasus triloba*(Lindl.)Bar. et Liou,刘慎谔主编. 东北木本植物志:326. 图版 112 241. 1955;*Amygdalus ulmifolia* M. Popov in Bull. App. Bot. (Plant Breed.)sér. 8, 1:241. 1932.

形态特征:落叶灌木,稀小乔木。枝条开展,具多数短小枝。小枝灰色;1 年生枝灰褐色,无毛,或幼时微被短柔毛。冬芽短小,长 2~3 mm。短枝上叶常簇生,1 年生枝上叶单叶,互生;叶倒卵 – 椭圆形、倒卵圆形,长 2.0~6.0 cm,宽 1.0~4.0 cm,先端短渐尖,常 3 裂,基部楔形 – 宽楔形,表面疏被柔毛,或无毛,背面被短柔毛,边缘具粗锯齿,或重锯齿;叶柄长 5~10 mm,被短柔毛。花 1~2 朵,先于叶开放,径 2.0~3.0 cm;花梗长 4~8 mm;萼筒宽钟状,长 3~5 mm,无毛,或幼时微被毛;萼片卵圆形,或卵圆 – 披针形,无毛,近先端疏生小锯齿;花瓣近圆形,或宽倒卵圆形,长 6~10 mm,先端圆钝,稀微凹,粉红色;雄蕊 25~30 枚,短于花瓣;雌蕊子房密被短柔毛,花柱稍长于雄蕊。果实近球状,径 1.0~1.8 cm,先端具短小尖头,红色,外被短柔毛;果梗长 5~10 mm;果肉薄,成熟时开裂;核近球状,具厚硬壳,径 1.0~1.6 cm,两侧几不压扁,先端圆钝,表面具不整齐的网纹。花期 4~5 月;果实成熟期 5~7 月。

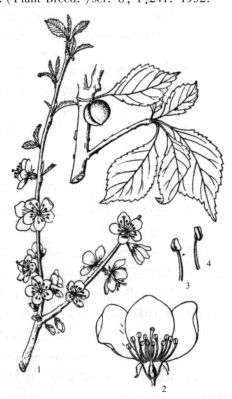

图 94   榆叶梅 Amygdalus triloba Ricker
1. 花枝;2. 花纵剖;3、4. 雄蕊;5. 果枝(选自《中国树木志》)。

产地:榆叶梅产于黑龙江、吉林、辽宁、内蒙古、河北、山西、陕西、甘肃、山东、江西、江苏、浙江等省(区)。生于低至中海拔的坡地,或沟旁乔、灌木林下,或林缘。目前,全国各地多数公园内均有栽植。中亚地区也有分布。河南各地有栽培。郑州市紫荆山公园有栽培。

识别要点:榆叶梅落叶灌木,叶片倒卵圆 – 椭圆形,先端短渐尖,常 3 裂,边缘具粗锯齿,或重锯齿;基部楔形 – 宽楔形。

生态习性:榆叶梅为温带树种,耐寒。耐旱、喜光。对土壤的要求不严,但不耐水涝,喜中性至微碱性、肥沃、疏松的沙壤土。

繁育与栽培技术要点:榆叶梅可采用分株、嫁接、压条、扦插、播种等方法进行繁殖。

其中采用分株及嫁接方法繁殖为多。栽培技术通常采用穴栽,大苗、幼树采用带土穴栽。

主要病虫害:榆叶梅主要病虫害主要有褐斑病、白纹羽病、蚜虫、刺蛾、红蜘蛛、卷叶蛾、舟形毛病等。其防治技术,见杨有乾等编著. 林木病虫害防治. 河南科学技术出版社,1982。

主要用途:榆叶梅叶似榆树叶,花如梅花。其树形圆满;枝条红褐,花朵繁盛,是园林绿化常用树种之一,早春与迎春、连翘、桃花竞相开放,红黄相映,可谓五彩缤纷。山坡、草坪、路边、水旁,无论是片植、孤植、配植,均可成景。若在景石边与连翘、竹子、松柏类植物相配,则更富有情趣。

Ⅱ) 桃亚属

Amygdalus Linn. sungen. Persica Linn. ,Sp. Pl. 473. 1753;中国科学院中国植物志编辑委员会. 中国植物志 第三十八卷:17. 1986;*Persica* Mill. ,Gard. Dict. Abridg. ed. 4. 1754.

形态特征:果实成熟时,干燥无汁,开裂,稀不开裂。

1. 桃树　图95　图版27:7～9

Amygdalus persica Linn. ,Sp. Pl. 677. 1753;刘慎谔主编. 东北木本植物图志:319. 图版110. 图234. 1955;中国科学院植物研究所主编. 中国高等植物图鉴 第二册:304. 图2338. 1983;丁宝章等主编. 河南植物志(第二册):256～257. 图1081. 1988;朱长山等主编. 河南种子植物检索表:187. 1994;郑万钧主编. 中国树木志 第二卷;中国科学院中国植物志编辑委员会. 中国植物志 第三十八卷:17～20. 1986;卢炯林等主编. 河南木本植物图鉴:102. 图301. 1998;中国科学院西北植物研究所编著. 秦岭植物志 第一卷 种子植物(第二册):582～583. 1974;中国科学院武汉植物研究所编著. 湖北植物志 第二卷:219. 图1030. 1979;周汉藩著. 河北习见树木图说(THE FAMILIAR TREES OF HOPEI by H. F. Chow):220～222. 图83. 1934;河北农业大学主编. 果树栽培学 下册 各论:111～134. 1963;王遂义主编. 河南树木志:296～296. 图298:4～7. 1994;汪祖华等主编. 中国果树志 桃卷:85. 2001;李法曾主编. 山东植物精要:299. 图1060. 2004;*Persica vulgaris* Mill. ,Gard. Dict. ed. 8,465. 1768;*Prunus persica*(Linn.)Batsch, Beytr. Entw. Pragm. Gesch. Natur. I. 30. 1801;*Amygdalus persica* Linn. , Spec. 472. 1753;*Prunus persica* (Linn.)Stokes,Bot. Mat. Med. III. 100. 1812;*Prunus persica*(Linn.)Stokes. *β . vulgaris* Maxim. in Bull. Acad. Sci. St. Pétersb. 29;82(in Mél. Biopl. 11;668). 1883;*Prunus - persica* Weston,Bot. Univ. 1;7. 1770;*Amygdalus persica* Linn. *b. persica* Endlicher,Gen. Pl. 1250. 1840.

形态特征:落叶乔木,高3.0～8.0 m;树冠宽大,侧枝开展;树皮暗红褐色,老时粗糙呈鳞片状。小枝细长,无毛,具光泽,绿色,向阳处转变成红色;具大量小皮孔。冬芽圆锥状,先端钝,被短柔毛,常2～3枚簇生,中间为叶芽,两侧为花芽。叶长圆－披针形、椭圆－披针形,或倒卵圆－披针形,长7.0～15.0 cm,宽2.0～3.5 cm,先端渐尖,基部宽楔形,表面无毛,背面脉腋间具少数短柔毛,或无毛,边缘具细锯齿,或粗锯齿,齿端具腺体,或无腺体;叶柄粗壮,长1.0～2.0 cm,常具1至数枚腺体,稀无腺体。花单生,先于叶开放,径2.5～3.5 cm;萼筒钟状,被短柔毛,稀几无毛,绿色而具红色斑点;萼片卵圆形至长圆形,先端圆钝,外面被短柔毛;花瓣长圆－椭圆形至宽倒卵圆形,粉红色,稀白色;雄蕊 20 ～ 30 枚,花药绯红色;花柱几与雄蕊等长,或稍短;雌蕊子房被短柔毛;花梗极短,或几无梗。果实形状和大小均有变异,卵球状、宽椭圆体状,或扁球状,径(3.0 ～)5.0 ～ 7.0(～ 12.0)cm,长几与宽相等,色泽变化由淡绿白色至橙黄色,常在向阳面具红晕,外面密被短柔毛,稀无毛,腹缝明显,果梗短而深入果洼;果肉白色、浅绿白色、黄色、橙黄色,或红色,多汁有香味,甜,或酸甜;核大、离核,或粘核,椭圆体状,或近球状,两侧扁平,先端渐尖,表面具纵、横沟纹和孔穴。种仁味苦,稀味甜。花期 3 ～ 4 月;果实成熟期因品种而异,通常为 6 ～ 10 月。

图 95　桃树 Prunus persica Linn.
1. 花枝;2. 果枝;3. 花的纵剖面;4. 雄蕊;5. 果核(选自《中国树木志》)。

产地:桃树原产于我国,各省(区、市)广泛栽培。世界各地均有栽植。我国主要经济栽培地区在华北、华东各省,较为集中的地区有北京海淀区、平谷县,天津蓟县、山东蒙阴、肥城、益都、青岛、河南商水、开封、河北抚宁、遵化、深县、临漳、陕西宝鸡、西安、甘肃天水、四川成都、辽宁大连、浙江奉化、上海南汇、江苏无锡、徐州。河南各地有栽培。郑州市紫荆山公园有栽培。

识别要点:桃树叶长圆－披针形、椭圆－披针形,或倒卵圆－披针形,背面在脉腋间具少数短柔毛,或无毛;花单生,先于叶开放。花瓣长圆状－椭圆形至宽倒卵圆形,粉红色。果实卵球状、宽椭圆体状,或扁球状,外面密被短柔毛,腹缝明显;果梗短而深入果洼。

生态习性:桃树喜光,耐旱,喜肥沃而排水良好土壤,不耐水湿。碱性土及黏重土均不适宜。喜夏季高温,有一定的耐寒力。

繁育与栽培技术要点:桃树繁殖以嫁接为主,各地多用切接,或芽接。参见:河北农业大学主编. 果树栽培学 下册 各论:111 ～ 134. 1963。栽培技术通常采用穴栽,大苗、幼树采用带土穴栽。

主要病虫害:桃树主要病虫害有木腐病、桃缩叶病、蚜虫、浮尘子、红蜘蛛、流胶等。其防治技术,见杨有乾等编著. 林木病虫害防治. 河南科学技术出版社,1982。

主要用途:桃花烂漫芳菲,妩媚可爱,不论食用种、观赏种,盛开时节皆"桃之夭夭,灼灼其华",加之品种繁多,着花繁密,栽培简易,故南北园林皆多应用。园林中食用桃可在风景区大片栽种,或在园林中游人少到处辟专园种植。观赏种则山坡、水畔、石旁、墙际、庭院、草坪边俱宜。

此外,碧桃尚宜盆栽、催花、切花,或作桩景等。桃树干上分泌的胶质,俗称桃胶,可用作黏合剂等,为一种聚糖类物质,水解能生成阿拉伯糖、半乳糖、木糖、鼠李糖、葡糖醛酸等,可食用,也供药用。入药有破血、和血、益气之效。桃仁为镇咳祛痰药,花能利尿泻下,枝、叶、根亦可药用。木材坚实致密,可作工艺用材。

变种、变型:

1.1　桃树　原变种

Amygdalus persica Linn. var. **persica**

1.2　碧桃　千叶桃花　变型　图版27:12～14

Amygdalus persica Linn. f. **duplex**(West.)Rehd. in Journ. Arnold Arb. 3:24. 1921;丁宝章等主编. 河南植物志(第二册):266. 1988;王遂义主编. 河南树木志:296. 1994;汪祖华等主编. 中国果树志 桃卷:85. 2001;*Prunus persica* (Linn.) Batsch f. *duplex* (West.)Rehd. in Journ. Arnold Arb. 3:24. 1921;*Amygdalus persica* (Linn.) Batsch 2. *persica* – *duplex* West. ,Bot. Univ. 1:7. 1770.

本变型植株为矮化落叶灌木。花重瓣。单花具花瓣15枚,匙–圆形,内面花瓣多皱,淡红色,基部圆形,具白色短爪;雄蕊30枚左右,花丝白色,无毛;子房下位,花柱线状,细长,与雄蕊近等长,密被白色短柔毛;萼筒无毛;萼裂片9～10枚,反卷,背面密被白色短柔毛。叶绿色,或红色。结果很少。

产地:碧桃河南各地广泛栽培。郑州市紫荆山公园有栽培。

1.3　白花碧桃　变种　图版27:15

Amygdalus persica Linn. var. **albo – plena** [Nash] in Journ. New York Bot. Gard. 20:11. 1919, nom. ;*Prunus persica*(Linn.) Batsch f. *albo – pendula* Schneider,III. Handb. Laubh. 1:594. 1906;*Amygdalus persica* Linn. var. *sinensis* Hort. fl. *albo semipleno* J. E. P [lanchon] in Fl. des Serr. 10:1. t. 969. 1854.

本变种植株为矮化落叶灌木。单花具花瓣5枚,半重瓣,匙–圆形,多皱褶,白色,基部楔形,具短爪;雄蕊35枚左右,花丝白色,无毛;子房下位,花柱线状,细长,与雄蕊近等长,密被白色短柔毛;萼筒绿色,无毛;萼裂片5枚,开展,背面密被白色短柔毛。

产地:白花碧桃河南各地广泛栽培。郑州市紫荆山公园有栽培。

1.4　红花碧桃　变种　图版27:16

Amygdalus persica Linn. var. **sinensis** Lemaire in Jard. Fleur. 4:t. 328. f. 1854. "(A. P. fl. pleno)" in tab. ;*Prunus persica*(Linn.) Batsch f. *rubro – plens* Schneider,III. Handb. Laubh. 1:594. 1906;*Amygdalus persica* Linn. var. *sinensis* Hort. fl. *rubro semipleno* J. E. P [lanchon] in Fl. des Serr. 10:1. t. 969. 1854;陈俊愉等编. 园林花卉(增订本):518. 1980。.

本变种植株为矮化落叶灌木。单花具花瓣匙–圆形,多皱褶,粉色,基部楔形,具短爪;雄蕊40枚左右,花丝白色,稀粉色,无毛;子房下位,花柱线状,细长,长与雄蕊近等长,或略高,密被白色短柔毛;萼筒绿色,无毛;萼裂片5枚,开展,绿色,背面密被白色短柔毛。

产地:红花碧桃河南各地广泛栽培。郑州市紫荆山公园有栽培。

1.5　紫叶桃　变种　图版27:17～18

Amygdalus persica Linn. var. **atropurpureis** Jager in Jager Beissner,Ziergeh. ,ed. 2,

30. 1884；*Prunus persica* Linn. var. *rubro - plena* Schneid. ,陈俊愉等编. 园林花卉（增订本）:519. 1980；*Prunus persica*（Linn.）Batsch f. *rubro - plens* Schneider，III. Handb. Laubh. 1:594. 1906.

本变种落叶灌木。叶整个生长季保持红紫色。

产地:紫叶桃河南各地广泛栽培。郑州市紫荆山公园有栽培。

1.6　垂枝桃　变种　图版 28:1

Amygdalus persica Linn. var. **plena** Aiton,Hort. Kew. 2:161. 1789；丁宝章等主编. 河南植物志（第二册）:266 ~ 267. 1988；王遂义主编. 河南树木志:296. 1994；汪祖华等主编. 中国果树志 桃卷:85. 2001；*Prunus persica*（Linn.）Batsch f. *pendula* Dippel,Handb. Laubh. 3:606. 1893,"（ f. ）"；*Prunus persica*（Linn.）Batsch f. *pendula*（West.）Rehd. in Jour. Arnod Arb. 3:24. 1921；*Amygdalus - Persica* Vulgaris 2. *persica - duplex* West. , Bot. Univ. 1:7. 1770；*Amygdalus - Persica* Vulgaris 2. *plena* West. ,Fl. Angl. 2. 1775.

本变种枝条柔软,下垂。叶绿色,或紫红色。单花具花瓣 5 枚,匙 - 圆形,粉红色,基部楔形,具短爪。

产地:垂枝桃河南各地广泛栽培。郑州市紫荆山公园有栽培。

1.7　寿星桃　变种　图版 28:2 ~ 4

Amygdalus persica Linn. var. **densa** Makino,陈俊愉等编. 园林花卉（增订本）:519. 1980；王遂义主编. 河南树木志:296. 1994；汪祖华等主编. 中国果树志　桃卷:85. 2001；河北农业大学主编. 果树栽培学 下册 各论:112. 1963。

本变种植株矮小。枝条紧密,节间短。叶宽披针形,深绿色。花蕾密集,有深红色、粉红色、白色等。花重瓣、单瓣。花色有红色、粉红色、白色等。单花花瓣 5 ~ 6 轮,花瓣数达 27 枚,花丝有粉白色、白色,花丝数 37 枚,花药黄色。品种很多。

产地:寿星桃河南各地广泛栽培。郑州市紫荆山公园有栽培。

1.8　塔形桃　新改隶组合变种　图版 27:10。

Amygdalus persica Linn. var. **fastigiata**（Carr.）T. B. Zhao,J. T. Chan et Z. X. Chen,var. trans. nov. ；*Persica fastigiata* Carr. in Rev. Hoprt. 1870:557,in textu 1871；*Prunus persica* f. *pyramidalis* Dippel,Handb. Laybh. 3:606. 1893.

本变种树冠塔形；侧枝及小枝直立伸展。叶狭披针形,深绿色。

产地:塔形桃河南各地广泛栽培。郑州市紫荆山公园有栽培。

2. 山毛桃　图 96　图版 28:5 ~ 7

Amygdalus davidiana（Carr.）C. de Vos.（Handb. Boom. Heest. II. 16. 1887. nom. nud. ）ex Henry in Rev. Hort. 1902:290. f. 120. 1902；俞德浚. 中国果树分类学:29. 图 6. 1979；刘慎谔主编. 东北木本植物图志:319. 图版 110. 图 234. 1955；中国科学院植物研究所主编. 中国高等植物图鉴 第二册:304. 图 2337. 1983；丁宝章等主编. 河南植物志（第二册）:265. 图 1080. 1988；朱长山等主编. 河南种子植物检索表:187. 1994；郑万钧主编. 中国树木志 第二卷:1160 ~ 1062. 图 516. 1985；中国科学院中国植物志编辑委员会. 中国植物志 第三十八卷:20. 21 ~ 23. 图版 3:1 ~ 3. 1986；卢炯林等主编. 河南木本植物图鉴:100. 图 300. 1998；中国科学院西北植物研究所编著. 秦岭植物志 第一卷 种子

植物(第二册):582. 图 479. 1974;中国科学院武汉植物研究所编著. 湖北植物志 第二卷:219. 图 1031. 1979;周汉藩著. 河北习见树木图说(THE FAMILIAR TREES OF HOPEI by H. F. Chow 1934):222~224. 图 84. 1934;周以良主编. 黑龙江树木志:296. 图版 80:4~6. 1986;河北农业大学主编. 果树栽培学 下册 各论:112. 1963;王遂义主编. 河南树木志:295. 图 298:1~3. 1994;汪祖华等主编. 中国果树志 桃卷:80~81. 图 7-4. 2001; *Persica davidiana* Carr. in Rev. Hort. 1872:74. f. 10. 1872; *Prunus persica* (Linn.) Batsch var. *davidiana* Maxim. in Bull. Acad. Sci. St. Pétersb. 29:81. 1883; *Persica davidiana* (Carr.) Franch. in Nouv. Arch. Mus. Hist. Nat. Paris, sér. 2, 5:255(Pl. David. I. 1 – 3. 1884)1883; *Amygdalus davidiana*(Carr.) Yü, 中国果树分类学 29. 图版 6:1~5. 1979; *Prunus davidiana*(Carr.) Franch. in Pl. David. I. 103. 1884; *Persica davidiana* Carr. in Rev. Hort. 1872:74. f. 10. 1872.

形态特征:落叶乔木,高达 10.0 m;树冠宽大,侧枝开展;树皮暗红褐色,老时粗糙呈鳞片状。小枝细长,直立,无毛,具光泽,褐色。侧芽圆锥状,2~3 枚并生。叶卵圆-披针形,长 5.0~13.0 cm,宽 1.5~4.0 cm,先端长渐尖,基部宽楔形,表面绿色,无毛,背面淡绿色,无毛,边缘具细锐锯齿;叶柄粗壮,长 1.0~2.0 cm,无毛,具腺体。花单生,先于叶开放。花径 2.0~3.0 cm;花瓣倒卵圆形,或近圆形,长 1.0~1.5 cm,宽 0.8~1.2 cm,粉红色,先端钝圆,稀微凹;雄蕊多数,几与花瓣等长,或稍短;雌蕊子房被短柔毛;花柱几与雄蕊等长,或稍短。果实为核果,球状,具纵沟,径 2.3~3.5 cm,淡黄色,外面密被短柔毛,果肉薄,成熟后不开裂,离核。核小,球状,具沟纹及孔穴。花期 3~4 月;果实成熟期 7~8 月。

产地:山毛桃原产于我国,各省(区、市)广泛栽培。河南各地广泛栽培。郑州市紫荆山公园有栽培。

图 96　山毛桃 Amygdalus davidian (Carr.) C. de Vos. ex Henry
1. 花枝;2. 花纵剖;3. 花瓣;4. 果枝;5. 果核(选自《中国树木志》)。

识别要点:山毛桃为落叶乔木;树冠宽大。侧芽圆锥状,2~3 枚并生。叶卵圆-披针形。花单生,先于叶开放。果实为核果,球状,具纵沟,淡黄色,外面密被短柔毛,果肉薄,成熟后不开裂,离核。核小,球状,具沟纹及孔穴。

生态习性:山毛桃喜光,耐旱,喜肥沃而排水良好土壤,不耐水湿。碱性土及黏重土均不适宜。喜夏季高温,有一定的耐寒力。

繁育与栽培技术要点:山毛桃繁殖采用播种育苗。参见河北农业大学主编. 果树栽培学 下册 各论:1~68. 1963。栽培技术通常采用穴栽,大苗、幼树采用带土穴栽。

主要病虫害:山毛桃与桃树相同。

主要用途:山毛桃树繁而美。园林中常大片栽种,供观赏。木材坚实致密,可作工艺用材。

(XIV) 杏属

Armeniaca Mill. ,Gard. Dict. abridg. ed. 4,1. 1754,nom. subnud. ;郑万钧主编. 中国树木志 第二卷:1151. 1985;中国科学院中国植物志编辑委员会. 中国植物志 第三十八卷:24 ~ 25. 1986;朱长山等主编. 河南种子植物检索表:188. 1994;王遂义主编. 河南树木志:297. 1994;*Prunus* Linn. ,Gen. Pl. 1737. p. p. ;*Prunophora* Necker,Elem. Bot. II. 70. no. 718. 1790,p. p. ;*Prunus* Linn. subg. *Prunophora*(Necker)Focke sect. *armeniaca* (Mill.) Koch,Syn. Fl. Germ. Helv. 1 : 205. 1837;——*Prunus* Linn. subg. *Prunophora* (Necker)Focke in Engl. & Prantl,Nat. Pflanzenfam. 3(3):52. 1888,p. p. ;*Prunus* Linn. subg. *Armeniaca*(Mill.)Nakai,Fl. Sylv. Kor. 5:38. 1915.

形态特征:落叶乔木,极稀灌木。枝无刺,极少具刺。叶芽和花芽并生,2 ~ 3 个簇生于叶腋。幼叶在芽中席卷状;叶柄常具腺体。花常单生,稀 2 朵,先于叶开放,近无梗,或具短梗;萼 5 裂;花瓣 5 枚,着生于花萼口部;雄蕊 15 ~ 45 枚;雌花心皮 1 枚,花柱顶生;子房被短柔毛,1 室,具 2 胚珠。果实为核果,两侧多少扁平,纵沟明显,果肉肉质而有汁液,成熟时不开裂,稀干燥而开裂,外被短柔毛,稀无毛,离核,或粘核;核两侧扁平,表面光滑、粗糙,或呈网状,罕具蜂窝状孔穴。种仁味苦,或甜;子叶扁平。

本属模式种:杏树 Armeniaca vulgaris Linn. 。

产地:本属植物有 8 种。我国有 7 种,分布与栽培以黄河流域各省为中心。河南有 3 种、5 变种、品种很多。郑州市紫荆山公园有 2 种栽培。

本属植物分种检索表

1. 树皮灰褐色,纵裂。叶边缘具圆钝锯齿,叶基部常具 1 ~ 6 枚腺体。花单生。果核表面稍粗糙,或平滑,腹棱较圆,背棱较直,腹面具龙骨状棱 ························· 杏树 Armeniaca vulgaris Lam.
1. 树皮灰褐色,平滑。叶边缘常具小锐锯齿;叶柄常具腺体。花单生,或有时 2 朵同生于 1 枚芽内。果核腹面和背棱上均有明显纵沟,表面具蜂窝状孔穴 ·············· 梅树 Armeniaca mume Sieb.

1. 杏树　图 97　图版 28:8 ~ 10

Armeniaca vulgaris Lam. ,Encycl. Méth. Bot. 1:2. 1789;刘慎谔主编. 东北木本植物图志:318. 1955;俞德浚. 中国果树分类学:45. 图 14. 1979;郑万钧主编. 中国树木志第二卷:1151 ~ 1152. 图 507. 1985;陈嵘著. 中国树木分类学:465. 图 358. 1937;中国科学院植物研究所主编. 中国高等植物图鉴 第二册:307. 图 2343. 1983;中国科学院中国植物志编辑委员会. 中国植物志 第三十八卷:25 ~ 27. 图版 4:1 ~ 3. 1986;丁宝章等主编. 河南植物志(第二册):262 ~ 263. 图 1076. 1988;朱长山等主编. 河南种子植物检索表:188. 1994;卢炯林等主编. 河南木本植物图鉴:98. 图 293. 1998;中国科学院西北植物研究所编著. 秦岭植物志 第一卷 种子植物(第二册):580 ~ 581. 图 479. 1974;中国科学院武汉植物研究所编著. 湖北植物志 第二卷:220 ~ 221. 图 1034. 1979;周汉藩著. 河北习见树木图说(THE FAMILIAR TREES OF HOPEI by H. F. Chow):215～216. 图80. 1934;周以良主编. 黑龙江树木志:294. 296. 图版80:1～3. 1998;河北农业大学主编. 果树栽培学 下册 各论:135～147. 1963;王遂义主编. 河南树木志:297～298. 图300:1～3. 1994;李法曾主编. 山东植物精要:300. 图1064. 2004;*Prunus armeniaea* Linn. , Sp. Pl. 474. 1753;*Prunus tiliaefolia* Salisb. , Prodr. 350. 1796;*Prunus armeniaca* Linn. var. *typica* Maxim. in Bull. Acad. Sci. St. Pétersb. 29:86. 1883.

　　形态特征:落叶乔木,高达15.0 m;树冠圆球状、扁圆球状,或长圆体状;树皮灰褐色,纵裂。多年生枝浅褐色;皮孔大而横生似唇形。1年生枝浅红褐色,或绿色,具光泽,无毛;具多数小皮孔。单叶,互生,宽卵圆形,或圆形,长5.0～9.0 cm,宽4.0～8.0 cm,先端急尖至短渐尖,基部圆形至近心形,边缘具圆钝锯齿,表面无毛,背面叶脉间具短柔毛;叶柄长2.0～5.0 cm,无毛,基部常具1～6枚腺体。花单生,径2.0～3.0 cm,先于叶开放。花萼紫绿色;萼筒圆筒状,外面基部被短柔毛;萼片卵圆形至卵圆－长圆形,先端急尖,或圆钝,花后反折;花瓣圆形至倒卵圆形,白色,或带红色,具短爪;雄蕊20～45枚,稍短于花瓣;雌花子房被短柔毛,花柱稍长雄蕊,或几与雄蕊等长,下部具柔毛;花梗短,长1～3 mm,被短柔毛。果实球状,稀倒卵球状,径约2.5 cm以上,白色、黄色至黄红色,常具红晕,微被短柔毛;果肉多汁,成熟时不开裂;果核卵球状,或椭圆体

图97　杏树 Armeniaca vulgaris Lam.

1.花枝;2.果枝;3.雄蕊;4.雌蕊;5.果核(选自《树木学》)。

状,两侧扁平,先端圆钝,基部对称,稀不对称,表面稍粗糙,或平滑,腹棱较圆,常稍钝,背棱较直,腹面具龙骨状棱。种仁味苦,或甜。花期3～4月;果实成熟期6～7月。

　　产地:杏树原产于我国天山一带,现全国各地广泛栽培,尤以华北、西北和华东地区种植较多,少数地区逸为野生。新疆伊犁一带有野生成纯林,或与新疆野苹果林混生。世界各地均有栽培。河南各地广泛栽培。郑州市紫荆山公园有栽培。

　　识别要点:杏树为落叶乔木。树皮灰褐色,纵裂。小枝皮孔大而横生似唇形。叶基部常具1～6枚腺体。果为黄色,或略带红晕。

　　生态习性:杏树为喜光树种,适应性强,深根性,耐干旱、耐瘠薄,抗寒、抗风,寿命可达百年以上,为低山丘陵地带的主要栽培果树。

　　繁育与栽培技术要点:杏树以种子繁育为主,也可由实生苗作砧木作嫁接品种。参见:河北农业大学主编. 果树栽培学 下册 各论:135～147. 1963。栽培技术通常采用穴

栽,大苗、幼树采用带土穴栽。

　　主要病虫害:杏树主要病虫害有杏褐腐病、杏疮痂病、杏细菌性穿孔病、介壳虫等。其防治技术,见杨有乾等编著. 林木病虫害防治. 河南科学技术出版社,1982。

　　主要用途:杏树在早春开花,先花后叶,具观赏性。杏是常见水果之一,含有丰富的营养,其肥厚多汁,甜酸适度,着色鲜艳,主要供生食,也可加工用。木质地坚硬,是做家具的好材料;杏树枝条可作燃料;杏叶可作饲料。杏仁供食用及入药,入药有止咳祛痰、定喘润肠之效等。

　　2. 梅树　　图98　　图版28;11～13

Armeniaca mume Sieb. in Verh. Batav. Genoot. Kunst. Wetensch. 12,1;69. no. 367 (Syn. Pl. Oecon [1828?])1830,nom. ;俞德浚. 中国果树分类学:51. 图17. 1979;陈嵘著. 中国树木分类学:463. 图357. 1937;丁宝章等主编. 河南植物志(第二册):263. 图1077. 1988;郑万钧主编. 中国树木志　第二卷:1153～1154. 图509. 1985;中国科学院植物研究所主编. 中国高等植物图鉴 第二册:306. 图2341. 1983;中国科学院中国植物志编辑委员会. 中国植物志 第三十八卷:31～33. 图版4;11～12. 1986;朱长山等主编. 河南种子植物检索表:188. 1994;卢炯林等主编. 河南木本植物图鉴:99. 图296. 1998;中国科学院西北植物研究所编著. 秦岭植物志 第一卷 种子植物(第二册):581. 1974;中国科学院武汉植物研究所编著. 湖北植物志 第二卷:220. 图1033. 1979;周汉藩著. 河北习见树木图说(THE FAMILIAR TREES OF HOPEI by H. F. Chow):218～220. 图82. 1934;王遂义主编. 河南树木志:298～299. 图301. 1994;李法曾主编. 山东植物精要:301. 图1066. 2004;*Prunus mume* Sieb. & Zucc. ,Fl. Jap. I. 29. t. 11. 1836;*Prunus mume* (Sieb.)Sieb. & Zucc. ,Fl. Jap. 29. pl. 11. 1835;*Prunus mume* Sieb. & Zucc. var. *typica* Maxim. in Bull. Acad. Sci. St. Pétersb. 29;84. 1883.

　　形态特征:落叶乔木,高达10.0 m;树皮灰褐色,平滑。小枝绿色,常具枝刺,无毛。芽鳞无毛。单叶,互生,卵圆形,或卵圆－椭圆形,长3.5～8.0 cm,宽2.5～5.0 cm,先端尾尖、渐尖,基部宽楔形至圆形,边缘常具小锐锯齿,灰绿色,幼时两面被短柔毛,后脱落,或仅背面脉腋间具短柔毛;叶柄长1.0～2.0 cm,幼时被毛,后脱落,常具腺体。花先于叶开放。花单生,稀2朵同生于1枚芽内,径2.0～2.5 cm。花萼通常红褐色,但有些品种花萼为绿色,或绿紫色;萼筒宽钟状,无毛,稀被短柔毛;萼片卵圆形,或近圆形,先端圆钝;花瓣倒卵圆形,白色至粉红色;雄蕊短于花瓣,或稍长于花瓣;雌蕊子房密被柔毛,花柱短于雄蕊,或稍长于雄蕊;花梗短,长1～3 mm,常无毛。果实近球状,径2.0～3.0 cm,黄色,或绿白色,被柔毛,味酸;果肉与核粘贴;核椭圆体状,先端圆形而具小突尖头,基部渐狭成楔形,两侧微扁,腹棱稍钝,腹面和背棱上均有明显纵沟,表面具蜂窝状孔穴。花期3～4月;果实成熟期5～6月(华北区果实成熟期7～8月)。

　　产地:梅树在我国各地均有栽培,但以长江流域以南各省(区、市)最多,江苏北部和河南南部也有少数品种。西南区山区有梅树分布。日本和朝鲜也栽培。河南各地广泛栽培。郑州市紫荆山公园有栽培。

　　识别要点:梅树为落叶乔木;树皮灰褐色,平滑。单叶,互生,边缘常具小锐锯齿;叶柄常具腺体。花先于叶开放。花单生,稀2朵同生于1枚芽内。果实近球状,果肉与核粘贴;核腹面和背棱上均有明显纵沟,表面具蜂窝状孔穴。

生态习性:梅树喜温暖气候,耐寒性不强,较耐干旱,不耐涝,寿命长,可达千年。花期对气候变化特别敏感,梅喜空气湿度较大,但花期忌暴雨。

繁育与栽培技术要点:梅树一般采用播种育苗。优良品种采用嫁接法和压条法进行繁殖。栽培技术通常采用穴栽,大苗、幼树采用带土穴栽。

主要病虫害:梅树病害种类很多,最常见的有白粉病、缩叶病、炭疽病等。其防治技术,见杨有乾等编著. 林木病虫害防治. 河南科学技术出版社,1982。

主要用途:梅树原产于我国南方,已有三千多年的栽培历史,无论作观赏或果树均有许多品种。许多类型不但露地栽培供观赏,还可以栽为盆花,制作梅桩。鲜花可提取香精,花、叶、根和种仁均可入药。果实可食、盐渍、或干制,或熏制成乌梅入药,有止咳、止泻、生津、止渴之效。梅又能抗根线虫危害,可作核果类果树的砧木。

图 98　梅树 Armeniaca mume Sieb.

1. 花枝;2. 花的纵剖面;3. 果枝;4. 果实的纵剖面(选自《树木学》)。

变种、变型:

1.1　梅树　原变种

Armeniaca mume Sieb. var. **mume**

1.2　红梅　变型

Armeniaca mume Sieb. **f. alhandii** Carr. in Rev. Hort. 1885;564. t. 1885;丁宝章等主编. 河南植物志 第二册:263. 1988;王遂义主编. 河南树木志:299. 1994。

本变种花红色,或粉红色。

产地:红梅河南各地广泛栽培。郑州市紫荆山公园有栽培。

1.3　绿梅　绿萼型　变型

Armeniaca mume Sieb. f. viridicalyx(Makino)T. Y. Chen,中国科学院中国植物志编辑委员会. 中国植物志 第三十八卷:33. 1986。

本变型花白色,或淡黄白色;萼片绿色。

产地:绿梅河南各地广泛栽培。郑州市紫荆山公园有栽培。

1.4　白梅　变种

Armeniaca mume Sieb. var. **alba** Carr. in Rev. Hoert. 1885;566. f. 102. 1885 (f.)；——*Prunus mume* Sieb. f. *alba*（Carr.）Rehd. in Journ. Arnold Arb. 2：21. 1912.

本变种花白色。

产地：白梅河南各地广泛栽培。郑州市紫荆山公园有栽培。

1.5　重瓣白梅　变型

Armeniaca mume Sieb. f. **albo – plena**（Bailey）Rehd. in Bibliography of Cultivated Trees and Shrubs：324. 1949；*Prunus mume* Sieb. var. *alba plena* A. Wagner in Gartenfl. 52：169. t. 1513b . 1903；*Prunus mume* Sieb. var. *alba – plena* Hort. ex Bailey. Stand. Cycl. Hort. 5：2824. 1916.

本变型花重瓣，白色。

产地：重瓣白梅河南各地广泛栽培。郑州市紫荆山公园有栽培。

1.6　红白梅　洒金型　变型

Armeniaca mume Sieb. f. **viridicalyx** T. Y. Chen et H. H. Lu，中国科学院中国植物志编辑委员会. 中国植物志 第三十八卷：33. 1986。

本变型落叶小乔木。小枝细，褐色。叶椭圆 – 卵圆形，或倒卵圆形，长 5.0 ~ 12.0 cm，宽 2.5 ~ 7.0 cm，先端渐尖，或骤尾尖，基部圆形，稀楔形，边缘具尖锐重锯齿，齿端渐尖，有小腺体，表面深绿色，无毛，背面淡绿色，沿脉被稀疏柔毛，侧脉 7 ~ 10 对；叶柄长 1.3 ~ 1.5 cm，密被柔毛，顶端具 1 ~ 2 个腺体，稀无腺体；托叶披针形，有羽裂腺齿，被柔毛，早落。花序为伞形总状花序，总梗极短，具花 1 ~ 3 朵。花先叶开放。花径 3.0 ~ 3.5 cm。萼筒球状，长 4 ~ 5 mm，宽约 4 mm，无毛；萼片 5 枚，圆形，长约 5 mm，先端钝圆，边缘具锯齿；单花具花瓣 15 枚，近白色、粉红色与白底红条、白底红斑点，椭圆 – 卵圆形，先端钝圆；雄蕊多数，短于花瓣，花丝粉色；子房密被短柔毛，花柱粉色，基部疏被柔毛；花梗长 1.5 ~ 2.0 cm，无毛。花期 3 月；果实成熟期 7 ~ 8 月。

产地：红白梅河南各地广泛栽培。郑州市紫荆山公园有栽培。

（XV）李属

Prunus Linn. ，Sp. Pl. 473. 1753；Gen. Pl. ed. 5，213. no. 546. 1754. p. p. ；郑万钧主编. 中国树木志 第二卷：1117 ~ 1118. 1985；中国科学院中国植物志编辑委员会. 中国植物志 第三十八卷：34. 1986；丁宝章等主编. 河南植物志（第二册）：258. 1988；朱长山等主编. 河南种子植物检索表：188. 1994；中国科学院西北植物研究所编著. 秦岭植物志 第一卷 种子植物（第二册）：578. 1974；王遂义主编. 河南树木志：299. 1994；*Prunus* Mill. ，Gard. Dict. ed. 8. 1768；*Prunophora* Neck. ，Elem. Bot. II. 718. 1790；*Druparia* （Clarville）Man. ，Herb. Suisse 158 ~ 159. 1811. p. p. ；*Prunus* Seringe in DC. ，Prodr. II. 523. 1825；*Prunus* Linn. sect. *Prunus* Benth. & Hook. f. ，Gen. Pl. 1：610. 1865；*Prunus* Linn. subgen. l. *Prunophora*（Neck.）Focke in Engl. & Prantl，Nat. Pflanzam. 3（3）：52. 1888；*Prunus* Linn. sect. *Prunophora* Fiori & Paolettii，Fl. Anal. Ital. 12：557. 1897.

形态特征：落叶小乔木，或灌木；分枝多。顶芽常无，腋芽单生；芽鳞数枚，覆瓦状排列。单叶，互生，在芽中席卷状，或对折状，基部边缘及叶柄先端具 2 枚小腺体；托叶早落。花两性，单生、2 ~ 3 朵簇生。花叶同时开放，或花先叶开放。单花具花瓣 5 枚，覆瓦状排列，白色、粉红色、红色；萼片 5 枚，覆瓦状排列；雄蕊 20 ~ 30 枚，着生于萼筒边缘，或萼筒内壁上;雌蕊1枚,子房上位,心皮无毛,具2枚垂悬胚珠;花柱顶生,柱头稍扩大。核果肉质,或干燥,外面有沟纹,无毛,被蜡粉;核两侧平滑,稀有沟纹,具种子1枚。本属选模式种:Prunus domestica Linn.。

　　产地:本属植物30余种,主产于北半球温带各国。我国原有及广泛栽培有7种。现品种很多各省(区、市)均有与栽培。河南有2种,各地广泛栽培。郑州市紫荆山公园有2种栽培。

本属植物分种检索表

1. 落叶乔木。小枝淡紫褐色、红褐色、黄红色,无毛。叶边缘具圆钝重锯齿,混有单锯齿,齿端具小腺体。花3朵并生;花瓣白色,带紫色脉纹……………………………………李树 Prunus salicina Lindl.
1. 落叶灌木。小枝灰褐色。叶边缘具缺刻状尖锐重锯齿;托叶线形,边缘具腺齿。花1~3朵簇生;花瓣白色,或粉红色…………………………………………郁李 Cerasus japonica(Thunb.)Lois.

1. 李树　图99　图版29:1~4

Prunus salicina Lindl. in Trans. Hort. Soc. Lond. 7:239. 1828;陈嵘著. 中国树木分类学:461. 1937;裴鉴等主编. 江苏南部种子植物手册:341. 1959;中国科学院植物研究所主编. 中国高等植物图鉴 第二册:316. 图 2361. 1983;俞德浚. 中国果树分类学:55. 图18. 1979;周汉藩著. 河北习见树木图说(THE FAMILIAR TREES OF HOPEI by H. F. Chow):211~213. 图78. 1934;中国科学院西北植物研究所编著. 秦岭植物志 第一卷 种子植物(第二册):580. 1974;郑万钧主编. 中国树木志 第二卷:1138. 1985;丁宝章等主编. 河南植物志(第二册):261~262. 图1074. 1988;朱长山等主编. 河南种子植物检索表:188. 1994;卢炯林等主编. 河南木本植物图鉴:100. 图298. 1998;中国科学院中国植物志编辑委员会. 中国植物志 第三十八卷:39~40. 图版5:4~5. 1986;中国科学院武汉植物研究所编著. 湖北植物志 第二卷:219~220. 图1032. 1979;周以良主编. 黑龙江树木志:305. 307. 图版84:1~3. 1986;河北农业大学主编. 果树栽培学 下册 各论:148~158. 1963;王遂义主编. 河南树木志:299~300. 图302. 1994;李法曾主编. 山东植物精要:301. 图1067. 2004;*Prunus triflora* Roxb., Hort. Bengal 38. 1814, nom. nud., et Fl. Ind. II. 501. 1832. saphalm. "trifolia" Hook. f., Fl. Brit. Ind. II. 315. 1878;*Prunus ichagana* Schneid. in Fedde Repert. Sp. Nov. I. 50. 1905;*Prunus batan* André in Rev. Hort. 1895:t. 1895;*Prunus masu* Hort ex Kochne,1. c. 1912. pro syn. ;*Prunus domestica* auct. non. Linn. : Bunge in Mén. Div. Sav. Acad. Sci. Pétersb. II. 96. 1835;*Prunus communis* auct. non Hudson:Maxim. in Bull. Acad. Sci. St. Péterb. 29:88. 1833.

　　形态特征:落叶乔木,高9.0~12.0 m;树皮暗灰褐色,起伏不平。小枝淡紫褐色、红褐色、黄红色,无毛;嫩枝绿色,被疏柔毛。冬芽卵球状,红紫褐色,无毛;芽鳞覆瓦状排列。叶长椭圆形、长圆-倒卵圆形,稀长圆-卵圆形,长6.0~12.0 cm,宽3.0~5.0 cm,先端渐尖、急尖,或尾尖,基部楔形,边缘具圆钝重锯齿,混有单锯齿,齿端有小腺体,表面深绿色,具光泽,无毛,背面淡绿色,沿脉被稀疏柔毛,脉腋间被柔毛;叶柄长1.0~2.0 cm,顶端具2枚腺体,稀无腺体;托叶膜质,线形,边缘具腺齿,被柔毛,早落。花3朵并生,先叶开放,径 1.5～2.2 cm;萼筒钟状,长 7～8 mm,宽约 3 mm,外面无毛,内面基部疏被柔毛;萼片长圆－卵圆形,长约 5 mm,先端急尖,边缘具疏齿;花瓣白色,带紫色脉纹,长圆－卵圆形,先端啮蚀状,基部楔形,具短爪下;雄蕊多数,花丝长短不等,2 轮排列;雌蕊 1 枚,花柱比雄蕊长,柱头盘状。核果近球状,径 3.5～5.0 cm。花期 4 月;果实成熟期 7～8 月。

产地:李树产于我国陕西、甘肃、四川、贵州、湖南、湖北、江苏、浙江、江西等省。河南各地广泛栽培。郑州市紫荆山公园有栽培。

识别要点:李树为落叶乔木;树皮暗灰褐色,起伏不平。小枝淡紫褐色、红褐色、黄红色,无毛。叶边缘具圆钝重锯齿,混有单锯齿,齿端有小腺体;叶柄顶端具 2 枚腺体,稀无腺体。花 3 朵并生;花瓣白色,带紫色脉纹;雄蕊多数,花丝长短不等,2 轮排列;雌蕊 1 枚,花柱比雄蕊长,柱头盘状。核果近球状。

图 99　李树 Prunus salicina Lindl.
(选自《中国高等植物图鉴》)。

生态习性:李树喜光,耐寒,耐旱,根系发达,不耐盐碱,怕水淹。

繁育与栽培技术要点:李树通常采用嫁接繁殖。参见:河北农业大学主编. 果树栽培学 下册 各论:1～68. 1963。栽培技术通常采用穴栽,大苗、幼树采用带土穴栽。

主要病虫害:李树主要病虫害有白粉病、褐斑病、叶穿孔病、枯枝病、蚜虫、黄刺蛾、大袋蛾、梨小食心虫等。其防治技术,见杨有乾等编著. 林木病虫害防治. 河南科学技术出版社,1982。

主要用途:李树花、果美丽,常植于庭院观赏;宜丛植于草坪、山石旁、林缘、建筑物前面;或点缀于庭院路边。果实可食。种仁入药,有显著降压作用。

2. 紫叶李　变种　图版 29:5

Prunus cerasifera Ehrhar f. **atropurpurea**(Jacq.) Rehd. in Bibliography of Cultivated Trees and Shrubs;320. 1949;*Prunus salicina* Lindl. f. *atropurpurea*(Jaeq.) Rehd. ,朱长山等主编. 河南种子植物检索表:188. 1994;*Prunus cerasifera* Ehrhar f. *atropurpurea* Jacq. ,郑万钧主编. 中国树木志 第二卷:1150. 1985;*Prunus cerasifera* Ehrhar var. *pissardii* Koehne,丁宝章等主编. 河南植物志 第二册:267～268. 图 1083. 1988;*Prunus cerasifera* Ehrhar fl. *purpureis* Späth,Cat. 1882－3 1882;*Prunus cerasifera* Ehrhar var. *atropurpurea* Jager in Jager & Beissner,Ziergch. ed. 2,262. 1884;*Prunus cerasifera* Ehrhar β. *myrobalana* II. *pissartii* Ascheison & Graebner,Syn. Mitteleur. Fl. 6,2:125. 1906;*Prunus cerasifera* Ehrhar var. *pissardii* Bailey in Stand. Cycl. Hort. 5;2825. 1916;*Prunus myrobalana*(f.)*purpurea* Späth 1882 ex Zabei in Beissner et al. ,Handb. Laubh. –Ben. 251. 1903.

本变种:落叶小乔木,高9.0~12.0 m。小枝紫褐色、红褐色,疏被短柔毛、长柔毛;嫩枝疏被短柔毛、长柔毛。叶长椭圆形、长圆－倒卵圆形,稀长圆－卵圆形,长(2.5~)4.0~8.0 cm,宽(1.5~)3.0~5.0 cm,先端渐尖、急尖,基部楔形、近圆形,边缘具尖锯齿,或重尖锯齿,表面深绿色,具紫色晕,或边缘及锯齿紫色,无毛,背面沿脉被白色长柔毛。幼叶紫色;背面沿脉及叶柄密被白色柔毛。花叶同时开放。1~3朵腋生。单花具花瓣5枚,白色,匙－卵圆形,长约5 mm,先端钝圆,基部楔形,具短爪;萼筒钟状,长约3 mm,宽约3 mm,外面无毛;萼片匙－圆形,长约2 mm,先端钝圆;雄蕊多数,花丝长短不等;雌蕊1枚,子房绿色,无毛;花柱线状。花期3月。

产地:紫叶李为优良观赏树种,我国华北地区广泛栽培。河南各地广泛栽培。郑州市紫荆山公园有栽培。

3. 郁李　图100　图版29:6~9

Prunus japonica Thunb. ,Fl. Jap. 201. 1784;刘慎谔主编. 东北木本植物图志:328. 图版113:243. 1955;俞德浚. 中国果树分类学:79. 图30. 1979;陈嵘著. 中国树木分类学:480. 图376. 1937;中国科学院植物研究所主编. 中国高等植物图鉴 第二册:310. 图2350. 1983;丁宝章等主编. 河南植物志(第二册):267~268. 图1083. 1988;朱长山等主编. 河南种子植物检索表:190. 1994;卢炯林等主编. 河南木本植物图鉴:103. 图307. 1998;郑万钧主编. 中国树木志 第二卷:1145~1146. 图502. 1985;中国科学院中国植物志编辑委员会. 中国植物志 第三十八卷:85~86. 1986;周以良主编. 黑龙江树木志:298. 图版81:3~4. 1986;李法曾主编. 山东植物精要:304. 图1079. 2004;*Prunus japonica* (Thunb.)Lois. in Duham. Trait. Arb. Arbust. ed. augm. V. 33. 1812;*Microcerasus japonica* Roem. ,Fam Nat. Rég. Vég. Syn. III. 95. 1847; *Prunus japonica* Thunb. var. *typica* Matsum in Bot. Mag. Tokyo,14:135. 1900. p. p. .

形态特征:落叶灌木,高1.0~1.5 m。小枝灰褐色;嫩枝绿色,或红褐色,无毛。冬芽卵球状,无毛。叶卵圆形,或卵圆－披针形,长3.0~7.0 cm,宽1.5~2.5 cm,先端渐尖,基部圆形,或宽楔形,边缘具缺刻状尖锐重锯齿,表面深绿色,无毛,背面淡绿色,无毛,或脉上疏被柔毛,侧脉5~8对;叶柄长2~3 mm,无毛,或被稀疏柔毛;托叶线形,长4~6 mm,边缘具腺齿。花1~3朵簇生。花叶同时开放,或先叶开放;萼筒陀螺状,长宽近相等,长2.5~3

图100　郁李 Prunus japonica Thunb.
1. 花枝;2. 果枝;3. 花纵剖;4. 果(选自《中国树木志》)。

mm,无毛,萼片椭圆形,比萼筒略长,先端圆钝,边缘具细齿;花瓣5枚,白色,或粉红色,倒卵圆－椭圆形;雄蕊约32枚;花柱与雄蕊近等长,无毛;花梗长5~10 mm,无毛,或被疏柔毛。核果近球状,深红色,径约1.0 cm;核表面光滑。花期5月;果实成熟期7~8月。

产地:郁李产于我国黑龙江、吉林、辽宁、河北、山东、浙江等省。河南各地广泛栽培。郑州市紫荆山公园有栽培。日本和朝鲜半岛也有分布。

识别要点:郁李为落叶灌木。小枝灰褐色。叶边缘具缺刻状尖锐重锯齿;托叶线形,边缘具腺齿。花1~3朵簇生。花叶同开开放,或先叶开放;萼筒陀螺状;花瓣5枚,白色,或粉红色,倒卵圆-椭圆形;雄蕊约32枚。核果近球状,深红色;核表面光滑。

生态习性:郁李喜光,耐寒,耐旱,也较耐水湿,根系发达。适宜于多种土壤上生长,多生于山坡林下、灌丛中,或栽培。

繁育与栽培技术要点:郁李通常采用播种育苗。栽培技术通常采用穴栽,大苗、幼树采用带土穴栽。

主要病虫害:郁李主要病虫害有白粉病、褐斑病、叶穿孔病、枯枝病、蚜虫、黄刺蛾、大蓑蛾、梨小食心虫等。其防治技术,见杨有乾等编著. 林木病虫害防治. 河南科学技术出版社,1982。

主要用途:郁李花、果美丽,常植于庭院观赏;宜丛植于草坪、山石旁、林缘、建筑物前;或点缀于庭院路边,或与棣棠、迎春等其他花木配植,也可作花篱栽植。种仁入药,名郁李仁。郁李、郁李仁酊剂有显著降压作用。

（XVI）樱属

Cerasus Mill. ,Gard. Dict. Abr. ed. 4,28. 1754;郑万钧主编. 中国树木志 第二卷:1129. 1985;中国科学院中国植物志编辑委员会. 中国植物志 第三十八卷:41~42. 1986;朱长山等主编. 河南种子植物检索表:189~191. 1994;王遂义主编. 河南树木志:300. 1994;*Prunus – Cerasus* Weston,Bot. Univ. I. 224. 1770;*Cerasophora* Necker,Elem. Bot. 1:71. no. 719. 1790;*Prunus* Linn. sect. *Cerasus* Persoon,Syn. Fl. II. 34. 1806;*Cerasus* Mill. sect. *Cerasophora* DC. ex Ser. in DC. Prodr. II. 535. 1825;*Prunus* Linn. subgen. *Cerasus* Focke in Engl. & Prantl,Nat. Pflanzenfam. 3,3:54. 1888;*Cersus* Adanson,Fam. Pl. 305. 1763.

形态特征:落叶乔木,或灌木。腋芽单生,或3芽并生,中间为叶芽,两侧为花芽。单叶,互生,幼叶在芽中为对折状,边缘具锯齿,或缺刻状锯齿;具叶柄和脱落的托叶,叶柄、托叶和锯齿常有腺体。花后叶开放,或花叶同时开放。花常数朵着生在伞形花序、伞房状花序,或短总状花序上,或1~2朵花生于叶腋内,常有花梗,花序基部有芽鳞宿存,或有明显苞片;萼筒钟状,或管状,萼片反折,或直立开张;花瓣白色,或粉红色,先端圆钝、微缺,或深裂;雄蕊15~50;雌蕊1枚,花柱和子房被毛,或无毛。核果成熟时肉质多汁,不开裂;核球状,或卵球状,核面平滑,或稍有皱纹。

本属模式种:欧洲酸樱桃 Cerasus vulgaris Mill. 。

产地:本属植物有百余种,分布北半球温带亚洲、欧洲至北美洲各国均有记录。我国80余种,主要种类分布在我国西部和西南部各省（区、市）。日本和朝鲜半岛也有分布。我国80余种,各省均产。河南有17种,品种很多。郑州市紫荆山公园有1种栽培。

1. 山樱花　图101　图版29:10~12

Cerasus serrulata(Lindl.)G. Don ex London,Hort. Brit. 480,1830;中国科学院植物研究所主编. 中国高等植物图鉴 第二册:312. 图2354. 1983;陈嵘著. 中国树木分类学:

477. 图 370. 1937;刘慎谔主编. 东北木本植图志:324. 图版 CXI:238. 1955;丁宝章等主编. 河南植物志(第二册):271. 图 1088. 1988;朱长山等主编. 河南种子植物检索表:190. 1994;郑万钧主编. 中国树木志 第二卷:1136. 1985;卢炯林等主编. 河南木本植物图鉴:104. 图 311. 1998;王遂义主编. 河南树木志:305~306. 图 308:2~3. 1994;李法曾主编. 山东植物精要:303. 图 1075. 2004;*Padus serrulata*(Lindl.)Sokolov, Gep. Kyct. CCCP. III. 762. 1954;*Prunus pseudocerasus sensu* Hemsley in Jour. Linn. Soc. Lond. Bot. 23:221. 1887,p. p. non Lindl.;*Cerasus sachalinensis* Komarov & Klobukova – Alisova,Key Pl. Far East Rég. U. S. S. R. 657. 1932;*Prunus serrulata* Lindl. in Trans. Hort. Soc. Lond. VII. 138. 183;*Prunus serrulata* Lindl. var. *spontanea* Wils.,Cherries Jap. 28. 1916;*Cerasus serrulata* G. Don. in Loudon,Hort. Brit. 480. 1830;*Prunus lenuiflora* Koehne in Sargent,Pl. Wils. I. 209. 1912. p. p..

形态特征:落叶乔木,高 3.0~8.0 m;树皮灰褐色,或灰黑色。小枝灰白色,或淡褐色,无毛。冬芽卵球状,无毛。叶卵圆-椭圆形,或倒卵圆-椭圆形,长 5.0~9.0 cm,宽 2.5~5.0 cm,先端渐尖,基部圆形,或宽楔形,边缘具渐尖单锯齿及重锯齿,齿尖具小腺体,表面深绿色,无毛,背面淡绿色,无毛,或沿脉被细柔毛,侧脉 6~8 对;叶柄长 1.0~1.5 cm,无毛,先端具 1~3 枚腺体;托叶线形,长 5~9 mm,边缘具腺齿,早落。花序为伞房总状花序,或近伞形花序,有花 2~3 朵;总苞片褐红色,倒卵圆-长圆形,长约 8 mm,宽约 4 mm,外面无毛,内面被长柔毛;总梗长 5~10 mm,无毛;苞片褐色,或淡绿褐色,长 5~8 mm,宽 2.5~4 mm,边缘具腺齿;萼筒管状,长 5~6 mm,宽 2~3 mm,先端扩大,萼片三角-披针形,先端渐尖,或急尖,边缘全缘;花瓣白色,稀粉红色,倒卵圆形,先端下凹;雄蕊 3~8 枚;雌蕊花柱无毛;花梗长 1.5~2.5 cm,无毛,或被极稀疏柔毛。核果球状,或卵球状,紫黑色,径 8~10 mm。花期 4~5 月;果实成熟期 6~7 月。

图 101 山樱花 Cerasus serrulata(Lindl.)
G. Don ex London
1. 花枝;2. 花纵剖;3. 果枝;4. 果纵切(示果核)(选自《山东植物精要》)。

产地:山樱花产于黑龙江、河北、山东、江苏、浙江、安徽、江西、湖南、贵州等省。河南各地广泛栽培。郑州市紫荆山公园有栽培。日本、朝鲜也有分布。

识别要点:山樱花为落叶乔木,高3.0~8.0 m。叶边缘具渐尖单锯齿及重锯齿,齿尖具小腺体;叶柄先端具1~3枚腺体;托叶边缘具腺齿,早落。花序为伞房总状花序,或近伞形花序,有花2~3朵;总苞片褐红色,外面无毛,内面被长柔毛;苞片边缘具腺齿;花瓣白色,稀粉红色,倒卵圆形,先端下凹;雄蕊3~8枚;雌蕊花柱无毛。核果。

生态习性:山樱花喜光。喜肥沃、深厚而排水良好的微酸性土壤,中性土也能适应,不耐盐碱。耐寒,忌积水与低湿。

繁育与栽培技术要点:山樱花采用播种育苗。栽培技术通常采用穴栽,大苗、幼树采用带土穴栽。

主要病虫害:山樱花主要病虫害有流胶病、叶枯病、根瘤病、蚜虫、红蜘蛛、介壳虫等。

主要用途:山樱花植株优美,花朵鲜艳亮丽,是园林绿化中优秀的观花树种。山樱花被广泛用于绿化道路、小区、公园、庭院、河堤等,绿化效果明显。山樱花的移栽成活率极高。

变种:

1.1 山樱花 原变种

Cerasus serrulata(Lindl.)G. Don ex London var. **serrulata**

1.2 日本晚樱 图版30:1~4

Cerasus serrulata G. Don var. **lannesiana**(Carr.)Makino in Journ. Jap. Bot. 5:13, 45. 1928:裴鉴等. 江苏南部种子植物手册345. 图548. 1959;郑万钧主编. 中国树木志第二卷:1136~1137. 1985;朱长山等主编. 河南种子植物检索表:190. 1994;*Prunus serrulata* Lindl. var. *lannesiana*(Carr.)Makino in Journ. Jap. Bot. 5:13,45. 1928;*Prunus serrulata* Lindl. f. *lannesiana*(Carr.)Koehne in Mitt. Deutsch. Dendr. Ges. 18:176. 1909;*Cerasus lannesiana* Carr in Rev. Hort. 1872:198;1873:351. t. 1873;*Prunus lannesiana* Wils.,Cherries Jap. 43. 1916;*Cerasus lannesiana* Carr. in Rev. Hort. 1872,198.

形态特征:落叶乔木,高3.0~10.0 m;树皮灰褐色,或灰黑色;皮孔唇形。小枝灰白色,或淡褐色,无毛。冬芽卵球状,无毛。叶卵圆-椭圆形,或倒卵圆-椭圆形,长5.0~9.0 cm,宽2.5~5.0 cm,先端渐尖,基部圆形,或宽楔形,边缘具渐尖重锯齿,齿端有长芒,齿尖具小腺体,表面深绿色,无毛,背面淡绿色,无毛,侧脉5~8对;叶柄长1.0~1.5 cm,无毛,先端具1~3枚圆形腺体;托叶线形,长5.0~8.0 mm,边缘具腺齿,早落。花序为伞房总状花序,或近伞形花序,有花2~3朵;总苞片褐红色,倒卵圆-长圆形,长约8.0 mm,宽约4.0 mm,外面无毛,内面被长柔毛;总梗长5.0~10.0 mm,无毛;苞片褐色,或淡绿褐色,长5.0~8.0 mm,宽2.5~4.0 mm,边缘具腺齿;花梗长1.5~2.5 cm,无毛,或被极稀疏柔毛;萼筒管状,长5.0~6.0 mm,宽2.0~3.0 mm,先端扩大,萼片三角-披针形,长约5.0 mm,先端渐尖,或急尖,边缘全缘;花瓣粉色,倒卵圆形,先端下凹;雄蕊3~8枚;花柱无毛。核果球状,或卵球状,紫黑色,径8.0~10.0 mm。花期4~5月;果实成熟期6~7月。

产地:日本晚樱原产于日本。我国各地庭园均有栽培。河南各地广泛栽培。郑州市紫荆山公园有栽培。

识别要点:日本晚樱树皮灰褐色;皮孔唇形。叶边缘具渐尖重锯齿,齿端有长芒。花期3~5月。花大、重瓣、颜色鲜艳,花粉红色,或白色;花萼钟状而无毛,花期长。

生态习性:日本晚樱属浅根性树种,喜阳光、深厚、肥沃而排水良好的土壤,有一定的耐寒能力。

繁育与栽培技术要点:日本晚樱播种繁殖、嫁接繁殖。

主要病虫害:日本晚樱主要病虫害有根瘤病、炭疽病、褐斑穿孔病、蚜虫、红蜘蛛、介壳虫等。其防治技术,见杨有乾等编著. 林木病虫害防治. 河南科学技术出版社,1982。

主要用途:日本晚樱其花大而芳香,盛开时繁花似锦。一般以群植为佳,最宜行集团状群植。

二十九、含羞草科

Mimosaceae Reichenbach,Handb. Nat. Pflanzensyst. 227. 1837;中国科学院昆明植物研究所编著. 云南植物志 第十卷:284. 2006;——Subfam. I. *Mimosoideae* Taubert. in Engl. & Prantl,Nat. Pflanzenfam. III. (3):99. 1891;*Moseae* R. Br. in Flinders,Voy. Terra Austr. 2:551. 1814.

形态特征:乔木,或灌木,稀草本。叶互生,常为二回羽状复叶,叶柄具显著叶枕;羽片常对生;叶轴,或叶柄上常有腺体。花小,两性,稀杂性和中性,辐射对称,组成头状、穗状、总状花序,或再排成圆锥花序;花萼管状,5 齿裂;花瓣与萼齿同数,镊合状排列,分离,或合生成管状;雄蕊与花冠裂片同数,或为其倍数,或多数,分离,或基部合成管;花药小,2室,纵裂;子房上位,1 室,胚珠数枚,花柱细长,柱头小。荚果,有时具节或横裂;种子扁平,种皮坚硬,具马蹄形痕。

本科模式属:?

产地:本科植物有 50~60 属,约 3 800 种,分布于全世界热带、亚热带地区,少数分布于温带地区,热带美洲分布最多。我国连引入栽培的有 17 属,约 66 种。郑州市紫荆山公园有 1 属、1 种栽培。

(Ⅰ)合欢属

Albizia Durazz. ,Mag. Tosc. 3:10. 1772;——Hutch. ,Gen. Fl. Pl. 1:294. 1964;——Elias in Journ. Arn. Arb. 55:109. 1974;*Serialbizzia* Kosterm. in Bull. Org. Sci. Res. Indonesia 20(11):15. 1954;中国科学院中国植物志编辑委员会. 中国植物志 第三十九卷:55~56. 1988;傅立国等主编. 中国高等植物 第七卷:15~16. 2001。

形态特征:落叶乔木,或灌木,无刺。叶为二回羽状复叶,互生;总叶柄及叶轴上具腺体。小叶对生,1 至多对。花小,常两型,5 基数,两性,稀杂性,具梗,或无梗。花序为头状花序、聚伞花序,或穗状花序,再排成腋生,或顶生的圆锥花序。花萼钟状,或漏斗状,具 5齿,或 5 浅裂;花瓣常成漏斗状,上部具 5 裂片;雄蕊 20~50 枚,花丝突出于花冠之外,基部合生成管;花药小,无腺体,或具腺体;子房胚珠多数。荚果带状;种子扁球状,无假种皮。

本属模式种:合欢 Albizia julibrissin Durazz. 。

产地:本属植物约 150 种,产于亚洲、非洲、大洋洲及美洲的热带、亚热带地区。我国有 17 种。河南有分布。

1. 合欢　图 102　图版 30:5～7

Albizia julibrissin Durazz. in Mag. Tosc. 3:11. 1772;陈嵘著. 中国树木分类学:497. 图 390. 1937;中国科学院植物研究所主编. 中国高等植物图鉴 第二册:323. 图 2376. 1972;中国科学院中国植物志编辑委员会. 中国植物志第三十九卷:65. 67. 图版 23:1～4. 1988;傅立国等主编. 中国高等植物 第七卷:19～20. 图 29. 2001;李法曾主编. 山东植物精要:305. 图 1082. 2004。

形态特征:落叶乔木,高达 10.0 m;树冠开展。小枝具纵棱。嫩枝、花序和叶轴被绒毛,或短柔毛。托叶线 – 披针形,早落。二回羽状复叶,叶插近基部及最顶一对羽片着生处各有 1 枚腺体;羽片 4～12 对,栽培时有达 20 对;小叶 10～30 对,线 – 长圆形,长 6～12 mm,宽 1～4 mm,向上偏斜,先端具小尖头,边缘具缘毛,背面被短柔毛,或仅中脉被短柔毛;中脉紧靠上边缘。花序为头状花序于枝顶排成圆锥花序。花粉红色;花萼管状,长 3 mm;花冠长 8 mm,裂片三角形,长 1.5 mm;花萼、花冠外均被短柔毛;花丝长 2.5 cm。荚果带状,长 9.0～15 cm,宽 1.5～2.5 cm,嫩荚被柔毛,老荚无毛。花期 6～7 月;果实成熟期 8～10 月。

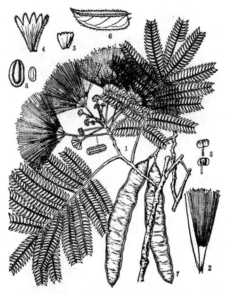

图 102　合欢 Albizia julibrissin Durazz.
1. 花枝;2. 雄蕊及雌蕊;3. 花萼;4. 花冠;5. 雄蕊;
6. 小叶;7. 果枝;8. 种子(选自《中国树木志》)。

产地:合欢产于我国东北至华南及西南部各省(区、市)。非洲、中亚至东亚各地均有分布;北美洲各国亦有栽培。河南各地有栽培。郑州市紫荆山公园有栽培。

识别要点:落叶乔木。小枝具纵棱。叶为二回羽状复叶;羽片 4～12 对,栽培时有达 20 对;小叶 10～30 对,线 – 长圆形。花序为头状花序于枝顶排成圆锥花序。花粉红色;花萼、花冠外均被短柔毛。荚果带状,嫩荚被柔毛,老荚无毛。

生态习性:合欢喜温暖气候,喜光、不耐阴、深根性。在土层深厚,土壤肥沃、湿润的壤土、沙壤土上生长最快。但在低洼、积水、重盐碱地及干旱、瘠薄沙地、黏土地上,生长不良,或不能生长。

繁育与栽培技术要点:合欢采用播种育苗。繁育与栽培技术,见赵天榜等. 河南主要树种育苗技术:104～106. 1982。栽培技术通常采用穴栽,大苗、幼树采用带土穴栽。

主要病虫害:合欢常遭蝼蛄、金龟子、介壳虫、天牛等危害。其防治技术,见杨有乾等编著. 林木病虫害防治. 河南科学技术出版社,1982。

主要用途:合欢冠大,姿伟,为优良的绿化观赏树种。木材坚实,是家具用材。

三十、苏木科　云实科

Caesalpiniaceae Klotzsch & Garcke, Bot. Ergeb. Reise Prinz. Waldemar,157. 1862;郑万钧主编. 中国树木志 第二卷:1178. 1985;中国科学院中国植物志编辑委员会. 中国植物志 第三十九卷:74. 76. 1988;中国科学院西北植物研究所编著. 秦岭植物志 第一卷 种子植物(第三册):586. 1981;傅立国等主编. 中国高等植物 第七卷:22. 2001; *Caesalpiniaceae* R. Br. in Flinders. Voy. Terra Austr. II. (App. 3) 551. 1814, nom. altern. ; *Caesalpiniaceae* Hutch. et Dalz. , Fl. W. Trop. Afr. 1:325. 1928; *Caesalpiniaceae* Taubert in Nat. Pflanzenfam. III. 3:125. 1892; *Leguminosae* P. F. Gmelin subfam. *Caesalpinoideae* Taubert in Nat. Pflanzenfam. III. 3:125. 1892; *Lomentaceae* Linn. , Philos. Bot. ed. 2, 38. 1763, p. p. ; *Leguminosae* P. F. Gmelin, Otia Bot. 57, 174. 1760; *Leguminosae* P. F. Gmelin subord. *Caesalpiniaceae* Bentham in Hook. Journ. Bot. 2:73. 1840.

形态特征:落叶乔木、灌木,稀藤本、草本。叶互生,为一回羽状复叶,或二回羽状复叶,稀单叶(单小叶);托叶早落;具小托叶,或无小叶托叶。花两性,稀单性,通常两侧对称,稀辐射对称。花序为总状花序、圆锥花序,稀穗状花序。花苞片小,或大为花萼状;萼片5枚,稀4枚,离生,或下部合生;覆瓦状排列,稀镊合状排列。单花具花瓣5枚,或少1枚,稀无花瓣,近轴一枚在最内,其余覆瓦状排列;雄蕊10枚,或较少,稀多数,花丝分离,或部分连合;花药2室,纵裂,稀孔裂;雌花子房上位,1室,具1枚至多数倒生胚珠。果实荚果,开裂,或不开裂;核果状、翅果。种子稀具假种皮。

本科模式属:云实属 Caesalpinia Linn. 。

产地:本科植物约有180属、约3 000种,多分布于热带、亚热带各国。我国现有21属、约113种、4亚种、12变种,分布于华南区、西南区各省(区、市)。河南各地分布与栽培有8属、8种。郑州市紫荆山公园有3属、8种栽培。

Ⅰ. 苏木族　云实族

Caesalpiniaceae Klotzsch & Garcke trib. **Caesalpinieae** Engl. , Syll. Pflanzenfam. 1: 238. 1963;郑万钧主编. 中国树木志 第二卷:1179 ~ 1180. 1985;中国科学院中国植物志编辑委员会. 中国植物志 第三十九卷:79. 1988; *Eucaesalpinieae* Benth. et Hook. f. , Gen. Pl. I. 565. 1865.

形态特征:叶为二回羽状复叶,稀兼有一回羽状复叶。花两侧对称至辐射对称;花托盘状;萼片生于花托边缘,不整齐。单花具花瓣5枚,稀4枚,雄蕊离生,花药基着,或背着,药室纵裂;雌蕊子房,或子房柄生于花托底部,离生,具胚珠2枚至多枚,稀1枚。

产地:本族植物约有47属。我国现有10属。

本科分属检索表

1. 单叶,互生。

　　2. 叶边缘全缘,掌状脉,先端短尖,不裂。花簇生,或总状花序。荚果小,长3.0 ~ 12.0 cm,具狭翅 ·················· 紫荆属 Cercis Linn.

　　2. 叶边缘先端 2 裂,稀不裂,或深裂至基部,掌状脉。花伞房状总状花序,或圆锥花序。花萼边
　　　缘呈佛焰苞状、匙状,或 2～5 齿裂。荚果大,长 15.0～30.0 cm,宽 1.5～2.0 cm,无狭翅……
　　　………………………………………………………………………………… 羊蹄甲属 Bauhinia Linn.
　　1. 叶偶数羽状复叶 ……………………………………………………… 皂荚属 Gleditsia Linn.

（Ⅰ）皂荚属

Gleditsia Linn. ,Sp. Pl. 1056. 1753;Gen. Pl. ed. 5,476. no. 1025. 1754;郑万钧主
编. 中国树木志　第二卷:1199～1200. 1985;中国科学院中国植物志编辑委员会. 中国
植物志 第三十九卷:80. 82. 1988;中国科学院西北植物研究所编著. 秦岭植物志 第一卷
种子植物(第三册):6. 1981;中国科学院武汉植物研究所编著. 湖北植物志 第二卷:242.
1979;周汉藩著. 河北习见树木图说(THE FAMILIAR TREES OF HOPEI by H. F. Chow):
239～240. 1934;周以良主编. 黑龙江树木志:364. 1986;丁宝章等主编. 河南植物志(第
二册):292. 1988;朱长山等主编. 河南种子植物检索表:199. 1994;王遂义主编. 河南树
木志:316. 1994;傅立国等主编. 中国高等植物 第七卷:24. 2001。

　　形态特征:落叶乔木,或灌木。干、枝上具分枝粗刺。芽叠生。叶互生,常簇生于短枝
上,一回偶数羽状复叶,或兼二回偶数羽状复叶,叶轴和羽轴具槽。小叶多数,偏斜,边缘
具细锯齿,或钝锯齿,稀全缘;托叶小,早落。花序为总状花序、穗状花序,稀圆锥花序。花
杂性,或单性异株。单花具花瓣 3～5 枚;雄蕊 6～10 枚,离生,花丝被长曲柔毛,花药背
着,纵裂;雌蕊子房花柱短;萼筒钟状,3～5 裂。荚果长带状,压扁,成熟后不开裂,或迟
裂。每果具种子多粒。种子具角质胚乳。

　　本属模式种:美国皂荚 Gleditsia triacanthos Linn. 。

　　产地:本属植物约 16 种,分布于美洲、中亚、东亚及热带非洲各国。我国有 6 种、2 变
种。河南有 5 种,各地引种栽培。郑州市紫荆山公园有 3 种栽培。

　　1. 皂荚　图 103　图版 30:8～12

Gleditsia sinensis Lam. ,Encycl. Méth. Bot. 2:456. 1788;郑万钧主编. 中国树木志
第二卷:1202～1204. 图 543. 1985;中国科学院中国植物志编辑委员会. 中国植物志 第
三十九卷:86～87. 图版 29:6～10. 1988;裴鉴等主编. 江苏南部种子植物手册:379. 图
609. 1959;中国科学院植物研究所主编. 中国高等植物图鉴 第二册:346. 图 2422. 1983;
中国树木志编委会主编. 中国主要树种造林技术:661～664. 图 106. 1978;中国科学院西
北植物研究所编著. 秦岭植物志 第一卷 种子植物(第三册):6. 图 4. 1981;陈嵘著. 中国
树木分类学:505～506. 508. 图 400. 1937;中国科学院植物研究所编辑. 中国主要植物
图说　5　豆科:80. 图 81. 1955;丁宝章等主编. 河南植物志(第二册):522. 1988;朱长
山等主编. 河南种子植物检索表:199. 1994;卢炯林等主编. 河南木本植物图鉴:110. 图
328. 1998;中国科学院武汉植物研究所编著. 湖北植物志 第二卷:242. 图 1067. 1979;周
汉藩著. 河北习见树木图说(THE FAMILIAR TREES OF HOPEI by H. F. Chow):241～
242. 图 93. 1934;王遂义主编. 河南树木志:317. 图 319:1～6. 1994;傅立国等主编. 中
国高等植物 第七卷:26～27. 图 38. 2001;李法曾主编. 山东植物精要:306. 图 1087.
2004;? *Gleditsia horrida* Salisbury, Prodr. Stirp. Chap. Allert. 323. 1797;? *Gleditsia*

triacanthos Linn. γ. *horrida* Aiton, Hort. Kew. 3：444. 1789；*Gleditsia horrida* Willd.，Sp. Pl. 4，2：1089. 1806，non Salisbury，1797；*Gleditsia macracantha* Desf.，Hist. Arb. II. 246. 1809；*Gleditsia officinalis* Hemsl. in Kew Bull. 1892：82. 1892；*Gleditsia chinensis* Loddiges ex C. F. Ludwig，Neu. Wilde Baumz. 21. 1783. pro syn.．

形态特征：落叶乔木、小乔木，高达 30.0 m；树皮暗灰色，或灰黑色，粗糙。刺呈分枝状，基部粗圆，长达 16.0 cm。小枝无毛。叶二回偶数羽状复叶，长 10.0～26.0 cm；叶轴被柔毛。小叶（2～）3～9 对，卵圆形、倒卵圆形、长圆卵圆形，或卵圆－披针形，长 2.0～12.5 cm，宽 1.0～6.0 cm，边缘具细钝锯齿，先端钝圆，具短尖头，基部楔形，或近圆形，微偏斜，无毛，主脉被毛，表面被短柔毛，背面无毛，主脉被毛；小叶柄长 1～5 mm，被短柔毛。花杂性，花序为总状花序，腋生，或顶生，长 5.0～14.0 cm，花序梗被短柔毛。雄花：径 9～10 mm；花梗长 2～10 mm，被柔毛；雄蕊 6～8 枚，退化雌蕊长 2.5 mm；两性花：径 10～12 mm；雄蕊 8 枚、雌蕊子房被毛；花梗长 2～5 mm，被柔毛。荚果带状，长 12.0～37.0 cm，宽 2.0～4.0 cm，弯，或直，扁，两面隆起，黑色，木质，果经冬季不落，成熟后通常不开裂。每果具种子多粒。种子小，长圆体状，扁平，长约 1.0 cm，亮棕色。花期 4～5 月；果实成熟期 10 月。

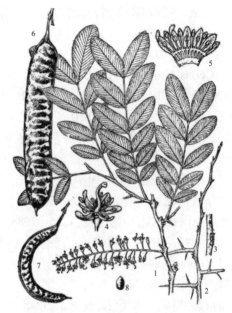

图 103　皂荚 Gleditsia sinensis Lam.
1. 花枝；2. 小枝及枝刺；3. 小枝示叠生芽；4、5. 花及其纵剖；6. 果；7. 果（猪牙皂）；8. 种子（选自《中国树木志》）。

产地：皂荚原产于我国黄河流域以南各省（区、市）。河南各地均有栽培。郑州市紫荆山公园引种栽培 1 种。

别要点：皂荚落叶大乔木。枝状刺圆锥状、基部圆柱状。荚果木质两面微隆起，不扭曲，无毛；果梗长 2～10 mm。

生态习性：皂荚为温带树种，喜光、不耐阴、深根性。在土层深厚，土壤肥沃、湿润的壤土、沙壤土上生长最快。但在低洼、积水、重盐碱地及干旱、瘠薄沙地、黏土地上生长不良。

繁育与栽培技术要点：皂荚采用播种育苗。繁育与栽培技术，见赵天榜等. 河南主要树种育苗技术：104～106. 1982。栽培技术通常采用穴栽，大苗、幼树采用带土穴栽。

主要病虫害：皂荚主要虫害有蝼蛄、金龟子、介壳虫、天牛等。其防治技术，见杨有乾等编著. 林木病虫害防治. 河南科学技术出版社，1982。

主要用途：皂荚干高、冠大，姿态雄伟，为优良的绿化观赏树种。果荚含碱，可用于洗衣服等。木材坚实，是优良的家具用材。

Ⅱ. 紫荆族　羊蹄甲族

Caesalpiniaceae Klotzsch & Garcke trib. Cercideae Bronn，Form. Pl. Legum. 131.

1822；郑万钧主编. 中国树木志 第二卷：1225. 1985；中国科学院中国植物志编辑委员会.
中国植物志 第三十九卷：140. 1988；*Bauhinieae* Benth. in Hook. Journ. Bot. 2：74. 1840.

形态特征：单叶全缘，或 2 裂，稀深裂为 2 小叶。萼 5 齿裂，稀 5 裂片，覆瓦状排列。
单花具花瓣 5 枚，花药丁字着生；子房具胚珠 2 枚至多数。种子具胚乳。

产地：本族植物 2 属，我国均产。河南有 2 属、7 种，各地引种栽培。郑州市紫荆山公
园有 1 属、4 种栽培。

（Ⅱ）紫荆属

Cercis Linn. ，Sp. Pl. 347. 1754；Gen. Pl. ed. 5，176. no. 458. 1754；A. Rehder in
MANUAL OFCULTIVATED TREES AND SHRUBS Hardy in North America：484. 1940；李顺
卿著. 中国森林植物学（SHUN – CHING LESS. FOREST BOTANY OF CHINA）. 628.
1935；丁宝章等主编. 河南植物志（第二册）：286. 1988；朱长山等主编. 河南种子植物检
索表：200. 1994；王遂义主编. 河南树木志：318. 1994；郑万钧主编. 中国树木志 第二卷：
1225. 1985；中国科学院中国植物志编辑委员会. 中国植物志 第三十九卷：141. 1988；中
国科学院西北植物研究所编著. 秦岭植物志 第一卷 种子植物（第三册）：4. 1981；郑万钧
主编. 中国树木志　第二卷：1225. 1985；中国科学院武汉植物研究所编著. 湖北植物志
第二卷：245. 1979；周汉藩著. 河北习见树木图说（THE FAMILIAR TREES OF HOPEI by
H. F. Chow）：244. 1934；王遂义主编. 河南树木志：318. 1994；傅立国等主编. 中国高等
植物 第七卷：38. 2001。

形态特征：落叶乔木，或灌木，单生，或簇生。芽有时叠生。单叶，互生，圆形、心形，稀
三角 – 圆形等，边缘全缘，先端短尖、渐尖，稀凹缺，掌状 5（~7）出脉，背面主脉基部间具
腺斑，或无毛；托叶小，鳞片形、膜质、早落。总状花序单生于 2 年生以上枝上，或多数花呈
总状花序簇生于 2 年生以上枝，或主干上；总花序梗长 2.0 cm 以下，或 2.0 ~ 10.0 cm，密
被短柔毛；苞片鳞片形、膜质、外面密被短柔毛，边缘密具缘毛。花蝶形；花先叶开放，或花
叶近同时开放。花两性、两侧对称，紫色、紫红色、粉红色、水粉色，稀白色；花梗长 1.0 ~
2.3 cm，通常基部具小苞片 1 ~ 3 枚，第 1 枚小苞片以下通常疏被短柔毛；花冠假蝶形，萼
短钟状，微斜，紫色、紫红色，或紫绿色，边缘不等 5 裂，裂齿短三角形，或钝圆，喉部具一短
花盘。单花具花瓣 5 枚，花瓣大小不等，旗瓣最小，下部 2 瓣较大；雄蕊 10 枚，离生，花丝
基部通常密被短柔毛，花药背部着生，药室纵裂；雌蕊子房紫色、粉红色、绿色，稀白色，稀
被短柔毛；具短柄。每子房室具胚珠 2 ~ 10 枚；花柱线形，柱头头状。荚果扁狭长带形，压
扁，两端渐尖，腹缝线一侧常有狭翅，稀无翅，成熟后不开裂，稀开裂。每果具种子 1 粒至
多粒。种子小，扁圆，具光泽，无胚乳，胚直立。

本属模式种：南欧紫荆 Cercis siliquastrum Linn. 。

产地：本属植物 11 种。其中有加拿大紫荆 Cercis canadaensis Linn. 、北美紫荆 Cercis
occidentalis Torr. 、肾叶紫荆 Cercis reniformis Engelm. 3 种分布于北美洲；南欧紫荆 1 种分
布于欧洲东部和南部；中国分布有 6 种，如紫荆、黄山紫荆、垂丝紫荆 Cercis racemosa
Oliv. 、广西紫荆 Cercis chunlana Metc. 、湖北紫荆、毛果紫荆 Cercis pubicarpa T. B. Zhao，
J. T. Chen et Z. X. Chen，sp. nov. 。河南有 2 属、7 种，各地引种栽培。郑州市紫荆山公
园有 4 种栽培。

本属植物分种检索表

1. 乔木。总状花序梗短,长度为 0.5 ~ 1.5 cm。叶圆形、心形,或三角圆形,基部心形、深心形,或浅心形,5 ~ 7 出脉,背面主脉基部及脉腋间有疏短柔毛。果翅宽 2 ~ 2.5 mm ……………………
………………………………………………………………………… 湖北紫荆 Cercis glabra Pamp.
1. 灌木,或小乔木。花簇生,或总状花序梗长度不及 1.8 cm。
　2. 灌木。花簇生。荚果木质,无翅,喙粗直,成熟后开裂,裂瓣常扭曲。叶边缘全缘,具疏缘毛,表面无毛,背面沿脉上常有短柔毛,或无毛 ……………… 黄山紫荆 Cercis chingii Chun
　2. 灌木,或小乔木。
　　3. 花 5 朵簇生。荚果具狭翅,喙细小而弯曲,成熟后,裂瓣不开裂 ……………………
…………………………………………………………………… 紫荆 Cercis chinensis Bunge
　　3. 落叶小乔木。花 3 ~ 5 朵,稀 8 朵,簇生;花玫瑰红色至粉 红色、淡水粉 ………………
……………………………………………… 加拿大紫荆 Cercis canadensis Linn.

1. 湖北紫荆　图 104　图版 31 : 1 ~ 4

Cercis glabra Pamp. in Nuov. Giorn. Bot. Ital. n. sér. 17 : 393. f. 9. 1910;陈嵘著.中国树木分类学 : 522. 1937;朱长山主编. 河南种子植物检索表 : 200. 1994;武全安主编.中国云南野生植物花卉 : 84. 1999;郑万钧主编. 中国树木志 第二卷 : 1229. 图 557 : 10 ~ 12. 1985;中国科学院中国植物志编辑委员会. 中国植物志 第三十九卷 : 142. 144. 图版 48 : 10 ~ 11. 1988;卢炯林等主编. 河南木本植物图鉴 : 111. 图 333. 1998;中国科学院昆明植物研究所编著. 云南植物志 第八卷 : 411 ~ 412. 图版 105 : 1 ~ 6. 1997;王遂义主编.河南树木志 : 318. 图 321. 1994;朱长山,李学德. 河南紫荆属订正 : 云南植物学研究,18（2） : 175. 1996;傅立国等主编. 中国高等植物 第七卷 : 40. 图 60. 2001;*Cercis yunnanensis* H. H. Hu et W. C. Cheng in Bull. Fam. Mérn. Inst. Biol. 1 : 193. 1948;*Cercis likiangensis* Chun,陈嵘著. 中国树木分类学 : 522. 1937。

形态特征:落叶乔木,高 6.0 ~ 16.0 m;树皮灰黑色。小枝灰黑色,无毛,皮孔小而少;幼枝绿色,无毛。叶较大,圆形、心形,或三角 - 圆形,厚纸质,长 5.0 ~ 13.5 cm,宽 4.5 ~ 14.2 cm,先端钝圆,或急尖,基部心形、深心形,或浅心形,5 出脉,或 7 出脉,边缘全缘,表面绿色,主脉淡红色,无毛,具光泽,背面无毛,主脉疏被短柔毛,其基部脉腋间疏被短柔毛,或簇生短柔毛;叶柄较粗壮,表面绿色、紫红色,背面绿色,具疏腺点,无腺斑,长 2.0 ~ 4.5 cm,两端稍膨大,淡绿色,无毛。花序为总状花序,花序梗长 5 ~ 10 mm,被较密短柔毛。每花序具花 4 ~ 14 朵;花先叶开放,或花叶同时开放。花萼无毛;花稍大,长 1.3 ~ 1.5 cm,淡紫红色,或粉红色;花丝基部被短柔毛;花梗细,长 1.0 ~ 2.3 cm,无毛。荚果狭长带形,极压扁,长 9.0 ~ 14.0 cm,宽 1.2 ~ 1.5 cm,紫红色、绿色,或绿色微带紫色,无毛,干后黑褐色,先端渐尖,基部半楔形,背、腹缝线不等长,背缝线稍长,向外弯拱;果翅狭,宽 2 ~ 2.5 mm;果颈长 2 ~ 4 mm;果梗紫色,长 2 ~ 3 mm,基部节长约 1.5 mm,疏被短柔毛,或无毛。每果具种子 5 ~ 8 粒;种子近圆形,长 3 ~ 5 mm,宽 3 ~ 4 mm,扁平,黑褐色、栗褐色,具光泽。花期 4 月;果熟期 8 ~ 9 月。

产地:湖北紫荆原产于我国湖北。河南、陕西、四川、贵州、云南、广西、广东、湖南石原、浙江天目山、安徽霍山与金寨等省（区、市）山区有天然分布和栽培。河南伏牛山区有天然林分布,平原地区有大面积引种栽培。
郑州市紫荆山公园有栽培。

识别要点:湖北紫荆为落叶乔木;树皮
灰黑色。小枝灰黑色,无毛,皮孔小而少;
幼枝绿色,无毛。叶圆形、心形等,表面绿
色,无毛,具光泽,背面主脉疏被短柔毛,其
基部脉腋间疏被短柔毛,或簇生短柔毛。
总状花序;花序梗被较密短柔毛;每花序具
花 4 ~ 14 朵。荚果狭长带形,极压扁,无毛;
果梗紫色,疏被短柔毛,或无毛。

生态习性:湖北紫荆为落叶大乔木,喜
光树种,不耐遮阴,在天然林中占居上层,
在林下生长发育不良。其适应性能很强,
能在海拔 1 500 m 以上,多种气候、土壤条
件下生长;对土壤质地要求不严,但以土层
深厚,土壤肥沃、疏松、湿润条件下生长较
快,在 10 年生树高平均 7.5 m,年平均胸径
1.47 cm;在土壤瘠薄立地条件下,胸径年生
长量 0.4 ~ 0.5 cm。此外,还具有干性好、
株型丰满、适生范围广、抗病虫害、抗逆性
强、开花稠密,以及材质优良等特性。

图 104 湖北紫荆 Cercis glabra Pamp.
1. 花枝;2. 果枝;3. 花外形;4. 花瓣;5. 雄蕊;6. 雌蕊
(选自《云南植物志》)。

繁育与栽培技术要点:

(1)播种育苗。其技术首先是选择土层深厚,土壤肥沃、疏松、湿润排水良好的沙壤
土,或黏壤土。然后,施入基肥,进行浅耕细耙,搂平筑床。通常采用平床育苗。一般苗床
长 10.0 m、宽 1.0 m。苗床做好搂平后,引大水灌溉,待水分渗干后,再松土约 10.0 cm
后,搂平准备播种。播种时间,可在春季晚霜期后 10 ~ 15 天进行。播种通常采用条状撒
播,行距 50.0 ~ 70.0 cm,播后,覆细土约 1.5 cm,经常保持地表湿润,利于种子发芽出苗。
幼苗出土后,严防日灼、立枯病发生与金龟子等危害。苗高 5.0 ~ 10.0 cm 时,及时间株、
定苗。间苗时,要留大、留优,保留一定距离。苗木速生期:6 月上旬至 9 月下旬,及时进
行灌溉、施肥及中耕、除草,还要排涝防害,严防病虫害及水害。生长后期,停止灌溉和施
氮肥,防止苗木徒长,促进木质化,提高苗木越冬抗寒能力。

(2)嫁接育苗。通常采用插皮嫁接。其技术要点是:① 选用壮苗,或幼树作砧木,从
需要一定高度主干处剪去,或锯掉其上枝、干,以备所用;② 选用优良变种、品种的 1 ~ 2
年生壮枝作接穗。③ 嫁接时,首先用利刀将砧木切口周边削平,并垂直切开皮层,再用光
滑用具撬开皮层;然后,将选用的枝条剪成具有 3 ~ 5 芽的接穗,再在接穗基部 3.0 cm 左
右处斜削成平面,再将带皮层的一面两侧削去皮层。然后,将削好的接穗插入砧木切口
处。最后,用塑胶薄膜带包扎界面处。为防止雨水,可在嫁接好的界面处套上塑料袋。嫁
接成活后,及时去掉塑料袋。然后,及时除萌、灌溉、施肥及中耕、除草,还要排涝防害,严

防病虫害,确保苗木健壮生长。此外,还可天然下种。

湖北紫荆造林时,通常采用幼树栽植。起苗时,必须根据其地径粗细,一般保持一侧根系长度,20.0~30.0 cm,并带土球移栽。土球直径大小,应根据树龄和要求不同而有区别。湖北紫荆在平原地区、山间平地,以"四旁"栽植最广。"四旁"是指在河旁、路旁、村旁、宅旁。栽植方法有:

(1)裸根栽植:是指1~3年生实生苗在栽植时不带土进行移栽。其技术是:① 选择土层深厚、土壤肥沃湿润、排灌方便的沙壤土,或壤土;② 选用1~3年生进行优质壮苗进行穴植;植穴大小,应根据植苗大小而定,一般植穴为1.0 m × 1.0 m × 1.0 m,而行株距一般3.0~5.0 m;③ 栽植后,及时灌溉、施肥及中耕、除草,还要排涝防害,严防病虫害、日灼及水害;④ 严防人为损害。移栽苗木生长健壮后及时嫁接新优变种。

(2)带土栽植:是指胸径5.0 cm以上的大苗,或幼树在栽植时必须带土进行移栽。移栽时,在距栽植树干基部周围(直径大小依树大小而定)挖一深而宽的沟(沟的深度与宽度依人便于包扎土球时工作为宜)。土球包扎紧,在运输与栽时土球不散最佳。特别是胸径大于30.0 cm以上的大树,要更加重视。

主要病虫害:湖北紫荆主要虫害有蝼蛄、金龟子、介壳虫、天牛等。其防治技术,见杨有乾等编著. 林木病虫害防治. 河南科学技术出版社,1982。

主要用途:湖北紫荆为我国中原地区主要园林观赏树种之一。它具有开花稠密、花紫红色等,是优良的切花、插花资源;其生长快、干性好、株型丰满、适生范围广、抗病虫害、抗逆性强等特点,为绿化、美化祖国大地提供了优质新资源,为园林设计者和苗木种植者提供了一个可靠的依据。其木质坚硬,纹理美观,常用于制作多种家具、用品和制作胶合板用材等。

亚种、变种:

1)湖北紫荆 原亚种

Cercis glabra Pamp. subsp. **glabra.**

变种:

1.1　湖北紫荆　原变种

Cercis glabra Pamp. var. **glabra**(Pamp.)T. B. Zhao,G. H. Tian et J. T. Chen

1.2　全无毛湖北紫荆　新变种

Cercis glabra Pamp. var. **omni－glabra** T. B. Zhao,Z. X. Chen et J. T. Chen,var. nov.

A var. nov. recedit:ramulis juvnilibus glabris. foliis juvenilibus et petiolis juvenilibus purpureo－rubidis. Racemis 13~15－floribusis,pedunculis 5~10 mm. floribusis subroseis,pedicellis,ovariis et fructibus juvenilibus omni－glabris;calycibus crateriformibus glabris;5－lolobis purple－rubris,glabris;pedicellis 1.8~2.5 cm subroseis vel purple－rubris.

Henan;Zhengzhou City. 15－05－2015. T. B. Zhao,Z. X. Chen et J. T. Chen,No. 201506151(leaf－,branchlet－ et pods－juvenile,holotypus hic disighnatus HNAC);05－04－2015. T. B. Zhao et al. ,No.201504051(branchlet et raceme,flower).

本新变种与湖北紫荆原变种 Cercis glabra Pamp. var. glabra 主要区别:幼枝无毛。幼叶、幼叶柄紫红色。总状花序,具花13~15朵;总花梗长5~10 mm。花粉色,花梗、子房、幼果完全无毛;萼筒碗状,黑紫色,无毛;萼裂 5 枚,紫红色,无毛;花梗长 1.8~2.2 cm,粉色,或紫红色。

产地:河南。郑州市有栽培。2015 年 6 月 15 日。赵天榜和陈志秀等,No. 201506151(幼枝、叶与幼果)。模式标本存河南农业大学。2016 年 6 月 5 日。赵天榜、陈俊通等,No. 201604061(枝、叶与幼果)。

1.3　紫果湖北紫荆　新变种

Cercis glabra Pamp. var. **purpureofructa** T. B. Zhao,Z. X. Chen et J. T. Chen,var. nov.

A var. nov. recedit:ramulis pendulis. ramulis juvenilibus glabris. foliisis juvenilibus ad nervos sparse villosis albis. floribusis purpureorubris. fructibus juvenilibus purpureorubris nitidis.

Henan:Zhengzhou City. 15 - 05 - 2015. T. B. Zhao,Z. X. Chen et J. T. Chen,No. 201505151(leaf - ,branchlet - et pods - juvenile,holotypus hic disighnatus HNAC).

本新变种与湖北紫荆原变种 Cercis glabra Pamp. var. glabra 主要区别:小枝下垂。幼枝无毛。幼叶背面沿脉疏被白色长柔毛。花紫红色。幼果紫红色,具光泽。

产地:河南。郑州市有栽培。2015 年 5 月 15 日。赵天榜和陈志秀等,No. 201505151(幼枝、叶与幼果)。模式标本存河南农业大学。2016 年 4 月 1 日。赵天榜、陈俊通等,No. 201604011(枝与总状花序、花)。

2)毛湖北紫荆　毛紫荆　新改隶组合亚种　图 105

Cercis glabra Pamp. subsp. **pubescens**(S. Y. Wang)T. B. Zhao,Z. X. Chen et J. T. Chen subsp. transl. nov. ,Cercis pubescens S. Y. Wang,丁宝章等主编. 河南植物志 第二册:287. 图 1107. 1988。

落叶乔木,高 15.0 m。小枝深灰色、暗褐色,无毛;幼枝紫红色、紫绿色,具光泽,密被淡黄褐色短柔毛。叶圆形、宽卵圆形,长 7.0~11.0 cm,宽 8.0~11.5 cm,先端急尖,或钝圆,基部心形、近心形,5~7 出脉,表面绿色、淡黄绿色,无毛,具光泽,背面淡绿色,无毛,主脉基部沿脉被疏柔毛及基部脉腋间有淡褐色绒毛,边缘波状全缘;叶柄细长,长 3.0~4.5 cm,无毛。总状花序,2~3 枚簇生,每花序具花 2~5 朵;花序梗密被淡黄褐色短柔毛。花紫红色、淡紫红色;雄蕊花丝基部密被短柔毛;子房无毛、花梗无毛。荚果带状,常为紫色,无毛,两端尖,长 10.0~12.0 cm,沿腹缝线具宽 1~1.5 mm 狭翅;果梗纤细,长 2.0~2.5 cm,无毛。每果具种子 5~8 粒。花期 4~5 月;果实成熟期 9 月。

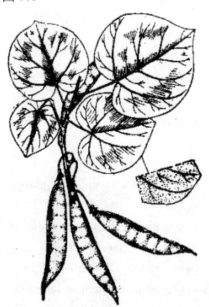

图 105　毛湖北紫荆 Cercis glabra Pamp. subsp. **pubescens**(S. Y. Wang)T. B. Zhao,Z. X. Chen et J. T. **Chen**

(选自《河南植物志》)。

产地:毛湖北紫荆河南伏牛山区的西峡、卢氏、南召、栾川等县山区有大面积天然林分布。模式标本,王遂义等采自栾川县龙峪湾。河南各地、市均有栽培。郑州市河南大学有引种栽培。

变种:

1.1　毛湖北紫荆　原变种

Cercis glabra Pamp. subsp. pubescens(S. Y. Wang)T. B. Zhao,Z. X. Chen et J. T. Chen var. **pubescens**.

1.2　少花湖北紫荆　少花紫荆　新改隶组合变种　图版31:6

Cercis glabra Pamp. var. **pauciflora**(H. L. Li)T. B. Zhao,Z. X. Chen et J. T. Chen,var. transl. nov. , *Cercis pauciflora*. Li in Bull. Torrey Bot. Club 71:423. op. cit. 1944.

本变种落叶小乔木,高5.0~6.0 m;侧枝少,平展。小枝黑褐色,具光泽,无毛;幼枝绿色,无毛。叶近圆形、心形,纸质,长4.0~9.5~14.0 cm,宽4.5~10.0~16.5 cm,先端短尖,基部近截形、心形,5~7出脉,边缘全缘,表面绿色,无毛,具光泽,背面淡灰绿色,无毛,基部脉腋间疏被短柔毛;叶柄细,长2.0~3.5 cm,无毛,先端稍膨大,淡绿色。花先叶开放。总状花序;花序梗长3~5 mm,密被短柔毛;花序具花1~3朵,簇生于2年生枝上。花淡紫色,或水粉色。荚果狭长带形,压扁,灰绿色,微被白粉,无毛,长6.0~8.0 cm,宽1.4~1.7 cm,背、腹缝线近等长,先端渐尖,具针尖,背缝线具翅,翅宽约2 mm,无毛,基部狭楔形;果梗长1.5~2.0 cm,无毛,疏具小腺点。每果具种子1~5粒。花期3月;果实成熟期11月。

产地:少花湖北紫荆原产于四川。河南郑州市有栽培。郑州市紫荆山公园有栽培。

1.3　垂枝湖北紫荆　新变种　图版31:5

Cercis glabra Pamp. var. **purpureofructa** T. B. Zhao,Z. X. Chen et J. T. Chen,var. nov.

A var. nov. recedit:ramis nutantibus, ramulis pendulis. ramulis juvenilibus et ramulis dense pubescentibus. foliis subtus in praecipue nervis sparse pubescentibus,inter se magnopere punctatis glandulosis, supra et subtus in juvenilibus densioribus, margine integris dense ciliatis. floribus pallide purpureo – rubidis;pedicellis minutis, 1. 0 ~ 2. 5 cm, sparse pubescentibus et glandulis. leguminibus purpureo – rubidis vel minute purpureis 7. 0 ~ 14. 0 cm longis,1. 0 ~ 1. 5 cm latis, apice longe acuminatis basi anguste cuneatis. alis fructibus angustis 1 ~ 1. 5 mm latis;pedicellis fructibus purpureis basi 1 – nodis sparse pubescentibus vel glabris.

Henan:Zhengzhou City. 15 – 04 – 2014. T. B. Zhao,Z. X. Chen et al. ,No. 201404151 (flos et branch);20 – 06 – 2015. T. B. Zhao,Z. X. Chen et al. , No. 201506201(leaf, branchlet et pods,holotypus hic disighnatus HNAC).

本新变种侧枝低垂;长枝下垂。幼枝、小枝密被短柔毛。叶背面主脉基部脉腋间具紫色腺斑,沿主脉疏被短柔毛;幼时两面被较密短柔毛,边缘全缘,密具缘毛。花淡紫红色、水粉色;花梗细,长1.0~2.5 cm,疏被短柔毛及小腺点。荚果紫红色,或微带紫色,长7.0~14.0 cm,宽1.0~1.1 cm,先端渐长尖,基部狭楔形;果翅宽1.0~1.5 mm;果梗紫色,基部 1 节疏被短柔毛,或无毛。

产地:河南。郑州市有栽培。2014 年 4 月 15 日。赵天榜和陈志秀等,No. 201405151
(花枝)。2015 年 6 月 20 日。赵天榜和陈志秀等,No. 201506201(枝、叶与果序)。模式标
本存河南农业大学。

2. 黄山紫荆　河南新记录种　图 106　图版 31:7~13

Cercis chingii Chun in Journ. Arn. Arb. 8:20. 1927;李顺卿著. 中国森林植物学
(SHUN－CHING LESS. FOREST BOTANY OF CHINA):630. 1935;陈嵘著. 中国树木分
类学:522. 1937;中国科学院中国植物志编辑委员会. 中国植物志 第三十九卷:145. 图
版 48:8~9. 1988;郑万钧主编. 中国树木志 第二卷:1226~1228. 图 557:5~7. 1985;陈
振荣编著. 浙江树木图鉴:331. 图 42－11:1~2. 2009;中国科学院植物研究所编辑. 中
国主要植物图说 5　豆科:40. 图版 35. 1955;黄山风景区管理委员会编. 黄山珍稀植物:
112. 彩图 3 张. 2006。

形态特征:落叶丛生灌木,高 2.0~6.0
m;树皮灰色,或灰褐色,平滑。小枝暗褐
色、紫褐色,或灰白色,后黑褐色,无毛;皮孔
小而密。幼枝棕绿色,密被短柔毛;皮孔小
而密,白色。芽鳞黑色,具缘毛。叶圆形、卵
圆形,或肾形,近革质,长 3.5~11.0 cm,宽
3.0~12.0 cm,先端短尖、急尖,具长 5~8
mm 的尖头,或圆钝,基部心形、圆形,或楔
形、平截,5 出脉,边缘全缘,疏被缘毛,表面
绿色,无毛,背面淡绿色,或苍白色,主脉基
部及脉腋间常有较密短柔毛;叶柄细,长
1.5~4.0 cm,两端稍膨大,密被短柔毛。花
先叶开放。花序为总状花序,具花 6~10
朵;花序梗长 0.5~1.0 cm,疏被短柔毛;苞
片具缘毛;花序具花 6~10 朵;萼长约 6
mm,无毛;花淡紫红色、水粉色,后渐变白
色;花梗细,紫红色,长 0.8~1.5 cm,无毛,
或疏被弯曲长柔毛及小腺点,基部通常具 1

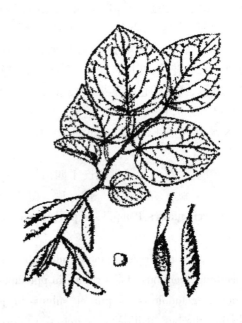

图 106　黄山紫荆 Cercis chingii Chun
（选自《安徽植物志》）。

枚小苞片;苞片外面密被弯曲长柔毛及缘毛。荚果黄褐色,坚硬,无毛,狭长带形,压扁,长
5.0~8.5 cm,宽 1.0~1.5 cm,先端长尖,具长 8~10 mm 的尖喙,基部楔形;果无翅,成熟
后两瓣裂,裂瓣常扭曲;果梗长 1.0~1.5 cm,无毛,基部约 2 mm 处密被短柔毛。每果具
种子3~8粒;种子扁卵圆状,长及宽5~6 mm,着生在黄白色海绵状组织中。花期 3~4
月;果实成熟期 10~11 月。

产地:黄山紫荆产于我国安徽黄山。现浙江、安徽、广东等有引种栽培。河南郑州市
紫荆山公园有引种栽培。

识别要点:黄山紫荆为落叶丛生灌木。小枝皮孔小而密,白色。芽鳞黑色,具缘毛。

叶圆形、卵圆形,或肾形;叶柄细,两端稍膨大,密被短柔毛。花先叶开放。总状花序具花6～10朵;花苞片外面密被弯曲长柔毛及缘毛。荚果坚硬,无毛,无翅,成熟后两瓣裂,裂瓣常扭曲。种子着生在黄色海绵状组织中。

生态习性:黄山紫荆与紫荆相近。

繁育与栽培技术要点:黄山紫荆通常采用播种育苗。其技术:见湖北紫荆繁育与栽培技术。

主要病虫害:黄山紫荆与紫荆相同。

主要用途:黄山紫荆为我国平原地区主要园林观赏树种之一。还是盆景制作的优良树种之一。

3. 紫荆　图107　图版32:1～4

Cercis chinensis Bunge in Mém. Div. Sav. Acad. Sci. St. Pétersb. Étrang. 2:95 (Enum. Pl. Chin. Bor. 21. 1833). 1835;陈嵘著. 中国树木分类学:521. 图418. 1937;中国科学院中国植物志编辑委员会. 中国植物志 第三十九卷:144～145. 图版48:5～7. 1988;郑万钧主编. 中国树木志 第二卷:1228～1229. 图558. 1985;中国科学院植物研究所主编. 中国高等植物图鉴 第二册:332. 图2394. 1983;丁宝章等主编. 河南植物志(第二册):288. 图1108. 1988;朱长山等主编. 河南种子植物检索表:200. 1994;卢炯林等主编. 河南木本植物图鉴:111. 图332. 1998;王遂义主编. 河南木本植物志:318～319. 图322:3～5. 1994;陈振荣编著. 浙江树木图鉴:331. 图42－11:1～2. 2009;中国科学院中国植物志编辑委员会. 中国植物志 第三十九卷:144～145. 图版22:5～7. 1988;卢炯林等主编. 河南木本植物图鉴:111. 图332. 1998;中国科学院西北植物研究所编著. 秦岭植物志 第一卷 种子植物(第三册):4～5. 图2. 1981;中国科学院武汉植物研究所编著. 湖北植物志 第二卷:245～246. 图1074. 1979;周汉藩著. 河北习见树木图说(THE FAMILIAR TREES OF HOPEI by H. F. Chow):244～245. 图95. 1934;中国科学院植物研究所编辑. 中国主要植物图说5. 豆科:39～40. 图版31. 1955;中国科学院昆明植物研究所编著. 云南植物志 第八卷:410～411. 1997;朱长山, 李学德. 河南紫荆属订正:云南植物学研究, 18(2):204. 1996;傅立国等主编. 中国高等植物 第七卷:40～41. 图61. 2001;李法曾主编. 山东植物精要:307. 图1093. 2004;*Cercis chinensis* Bunge f. *rosea* Hsu in Acta Phytotax Sin 11:193. 1966;*Cercis japonica* Siebold ex Planchon in Fl. Des Serr. 8, 269. t. 849. 1853;——A. Rehder in MANUAL OFCULTIVATED TREES AND SHRUBS: Hardy in North America:485. 1940.

形态特征:落叶灌木,或小乔木,高2.0～5.0 m,通常为灌木状;树皮灰色,或灰白色。小枝灰褐色,或灰白色,后黑褐色,被短柔毛,或无毛;幼枝疏被短柔毛,后无毛。单叶,互生,近圆形,纸质,长5.0～13.0 cm,宽5.0～12.0 cm,先端骤尖,短尖,基部心形至深心形,5出脉,边缘全缘,表面绿色,无毛,背面淡绿色,无毛,主脉上常被短柔毛;叶柄细短,长1.5～3.0 cm,两端稍膨大,无毛。幼叶绿色,边缘具膜质透明狭边,幼叶柄带紫色晕。花先叶开放。花3～5朵,簇生于2年生以上枝上,或主干上。花萼长约4 mm,具密缘毛。花淡紫红色,或粉红色、水粉色,龙骨瓣具深红色斑纹,长1.0～1.3 cm;子房嫩绿色;花梗细,长3～9 mm。荚果绿色,无毛,狭长带形,压扁,长4.0～8.0 cm,宽1.0～1.2 cm,先端急尖,或短渐尖,喙细而弯曲,基部长渐狭,两缝线对称,或近对称;果翅宽约 1.5 mm;果梗长 1.0～1.5 cm,无毛。每果具种子 2～6 粒;种子宽长圆形,长 5～6 mm,宽约 4 mm,压扁,黑褐色,具光泽。花期 4 月;果实成熟期 9～10 月。

产地:紫荆产于我国浙江、安徽、广东、广西、四川、云南、河北、北京、河南等省(区、市)。河南各地(市)均有栽培。郑州市紫荆山公园有栽培。

识别要点:紫荆通常灌木状。单叶,互生,近圆形。花先叶开放。花 3～5 朵簇生于 2 年生以上枝上,或主干上。花淡紫红色,或粉红色、水粉色,龙骨瓣具深红色斑纹。荚果绿色,狭长带形,压扁先端急尖,或短渐尖,喙细而弯曲,基部长渐狭,两缝线对称,或近对称;果翅宽约 1.5 mm。

图 107　紫荆 Cercis chinensis Bunge
1. 花枝;2. 叶枝;3. 花;4. 花瓣;5. 雄蕊及雌蕊;
6. 雄蕊;7. 雌蕊;8. 果;9. 种子(选自《中国树木志》)。

生态习性:紫荆为温带树种,喜光、不耐阴、深根性。在土层深厚,土壤肥沃、湿润的壤土、沙壤土上生长最快。但在低洼、积水、重盐碱地及干旱、瘠薄沙地、黏土地上生长不良。

繁育与栽培技术要点:紫荆采用播种育苗。其技术,见湖北紫荆繁育与栽培技术。此外,还可天然下种。

主要病虫害:紫荆主要虫害有蝼蛄、金龟子、介壳虫、天牛等。其防治技术,见杨有乾等编著. 林木病虫害防治. 河南科学技术出版社,1982。

主要用途:紫荆通常灌木状,为优良的绿化观赏树种。花可食。

变种:

1.1　紫荆　原变型

Cercis chinensis Bunge f. **chinensis**

1.2　白花紫荆　变型　河南新记录变型　图版 32:5

Cercis chinensis Bunge f. **alba** Hsu,徐炳声. 中国东南部植物区系资料,I. 植物分类学报,11(2):193. 1966;中国科学院中国植物志编辑委员会. 中国植物志 第三十九卷. 145. 1988;郑万钧主编. 中国树木志 第二卷:1229. 1985;中国科学院中国植物志编辑委员会. 中国植物志 第三十九卷:145. 1988。

本变种落叶灌木,高 3.0～4.0 m。幼枝、幼叶柄及幼叶背面沿脉密被短柔毛;小枝褐色,密被短柔毛。叶圆形,长 3.0～10.0 cm,宽 3.5～10.5 cm,表面深绿色、绿色,具光泽、无毛,5 出脉,背面淡绿色,无毛,主脉密被短柔毛,先端短尖、钝圆,基部圆形、平截,或浅心形,边缘全缘,基部具疏缘毛;叶柄两端膨大,表面绿色,上、下节膨大为淡黄色、密被短柔毛。花先叶开放。总状花序梗长度小于 3 mm,密被短柔毛,具花 3～5 朵,簇生于 2 年生以上枝上。花先叶开放。花白色;花梗长 1.0~1.5 cm,疏具小腺点。荚果绿色,无毛,狭长带形,压扁,长 4.5~7.5 cm,宽 1.0~1.2 cm,先端短渐尖,喙细长而尖,基部狭楔形;果翅宽约 2 mm;果梗长 1.0~1.5 cm,疏被腺点、基部疏被短柔毛。每果具种子 3~6 粒。花期 4 月;果熟期 9~10 月。

产地:白花紫荆产于上海复旦大学。P. S. Hsu(徐炳声)模式标本 1548。河南郑州市紫荆山公园有栽培。

1.3　短毛紫荆　毛紫荆(广西植物)变种　河南新记录变种

Cercis chinensis Bunge var. **pubescens** Z. F. Wei,卫兆芬. 中国无忧花属、仪花属和紫荆属资料. 广西植物,3(1):15. 1983;中国科学院中国植物志编辑委员会. 中国植物志第三十九卷:145. 1988;朱长山,李学德. 河南紫荆属订正:云南植物学研究,18(2):204. 1996。

本变种落叶灌木。幼枝密被短柔无。小枝淡褐色,密被淡褐色短柔毛。叶近圆形,长 6.0~8.5 cm,宽 6.0~8.0 cm,表面深绿色,具光泽,5~7 出脉,沿脉有少数柔毛,背面淡绿色,密被短柔毛,先端短尖,基部心形,边缘全缘;叶柄长 2.0~3.5 cm,密被短柔毛。花先叶开放。花 3~5 朵,簇生,紫色、淡紫色。荚果带状,压扁,长 5.0~7.0 cm,宽 1.0~1.2 cm,先端尖,喙细长而尖,基部狭楔状;果翅宽约 1 mm,无毛;果梗长 1.0~1.5 cm。花期 4 月;果熟期 9 月。

产地:短毛紫荆产于江苏、浙江、上海、湖北、河南、北京等省(市)有栽培。河南伏牛山区有分布,各地有栽培。郑州市紫荆山公园有栽培。

1.4　粉红紫荆(广西植物)　变型　河南新记录变型

Cercis chinensis Bunge f. **rosea** Hsu,徐炳声. 中国东南部植物区系资料,I. 植物分类学报,11(2):193. 1966;中国植物志 第三十九卷:145. 1988;卫兆芬. 中国无忧花属、仪花属和紫荆属资料. 广西植物,3(1):15. 1983。

本变型小枝、幼枝、叶柄密被短柔毛。花先叶开放。花 8~15 朵呈簇。花小苞片外面密被短柔毛,具缘毛。花紫红色;雄蕊花丝淡粉色,基部疏被短柔毛;子房亮淡绿色,无毛,花柱淡粉色,无毛;花梗淡粉色,疏被短柔毛。

产地:粉红紫荆产于上海。河南郑州市紫荆山公园有引种栽培。

1.5　密花毛紫荆　新变种

Cercis chinensis Bunge var. **densiflora** T. B. Zhao,Z. X. Chen et J. T. Chen, var. nov.

A var. nov. recedit:1~2 – ramulis,ramulis juvenilibus et petiolis dense pubescentibus. foliis subtus praecipue nervis dense pubescentibus. 3~5 – floribus fasciculatis. 10~35 – fasciculia in arboricolis 1 magnopere nodis. Floribus purpurascentibus, ovariis basi glandulis parvis.

Henan;Zhengzhou City. 2014 – 05 – 04. T. B. Zhao,Z. X. Chen et al. ,No. 201504051 (branchlet et mult – fasciculatis,holotypus hic disighnatus HNAC).

本新变种 1~2 年生枝、幼枝、叶柄密被短柔毛。叶背主脉密被短柔毛,基部具紫褐色腺斑。花 3~5 朵簇生;10~35 簇集生于主干上一个大型木瘤上。花淡紫色;子房基部具小腺点。

产地:密花毛紫荆河南郑州市有栽培。2014 年 4 月 5 日。赵天榜、陈志秀等, No. 201405041(枝和多数花簇)。模式标本存河南农业大学。

品种:

2.1　紫荆　原品种

Cercis chinensis Bunge '**Chinensis**'

2.2　'小果'毛紫荆　新品种　图版

Cercis chinensis Bunge '**Xiaoguo**',cv. nov.

本新品种花淡紫红色,或粉红色;子房基部密被短柔毛。荚果小,长 2.0～3.5 cm,宽 1.0～1.2 cm,先端喙细长而弯曲,基部狭楔形,果翅两边棱上被短柔毛;果梗疏被腺点与短柔毛。

产地:'小果'毛紫荆河南郑州市有栽培。2015 年 6 月 24 日。选育者:米建华、赵天榜、陈志秀等。

2.3　'瘤密花'毛紫荆　新品种　图版 32:6

Cercis chinensis Bunge '**Liu Mihua**',cv. nov.

本新品种落叶灌木。1～2 年生枝、幼枝、叶柄密被短柔毛。叶背无毛,沿主脉密被短柔毛,其基部具紫褐色腺斑;叶柄紫色,密被短柔毛。多数总状花序簇生于主干大型木瘤上。总状花序梗及苞片密被短柔毛。花淡紫色;子房基部具小腺点。坐果率不及 1.0 %。荚果小,长 3.0～5.0 cm,宽 1.0～1.3 cm,先端长尖,基部狭楔形。

产地:'瘤密花'毛紫荆河南郑州市有栽培。2015 年 4 月 5 日。选育者:赵天榜、陈志秀等。

2.4　'无毛瘤密花'紫荆　新品种

Cercis chinensis Bunge '**Wumao Liu Mihua**',cv. nov.

本新品种10～25 枚总状花序簇生于主干大型木瘤上。小枝、幼枝无毛。叶两面无毛,背面基部具紫褐色腺斑,边缘具紫色狭边和疏腺点、无缘毛;叶柄紫色,无毛。花 8～15 朵呈簇。多簇集生于主干 1 个大木瘤上。雄花花丝基部具小苞片 1～3 枚,外面密被短柔毛,无缘毛;子房具很少小腺点;荚果长 5.0～11.0 cm,宽 1.0～1.5 cm;果梗疏具腺点,无毛。

产地:'无毛 瘤密花'紫荆河南郑州市有栽培。2014 年 4 月 5 日。选育者:赵天榜、陈志秀等。

2.5　'大果'毛紫荆　新品种

Cercis chinensis Bunge '**Daguo**',cv. nov.

本新品种小枝灰褐色,密被短柔毛;幼枝绿色,密被短柔毛。叶近圆形,纸质,背面脉上密被短柔毛,先端短尖,基部 Λ 形、心形、边缘全缘,具疏缘毛;叶柄长 2.0～～3.0 cm,密被短柔毛。花簇生,淡紫色。荚果宽带状,无毛,长 6.5～7.5 cm,宽 1.5～2.0 cm,翅宽约 2 mm,无毛,基部狭楔形;果梗长 1.5～1.8 cm,无毛。

产地:'大果'毛紫荆河南郑州市紫荆山公园有栽培。2015 年 6 月 18 日。选育者:米建华等。

2.6 '两季花'毛紫荆　新品种

Cercis chinensis Bunge '**Ejihua**', cv. nov.

本新品种小枝灰褐色,疏被黑色小点状毛。芽鳞密被棕色短柔毛。叶近圆形、心形,两面无毛;叶柄疏被黑色小点状毛。花簇生。每簇具花 3~5 朵,稀 1 朵、6~8 朵。花淡紫色;雄蕊花丝淡红色,无毛;子房亮淡绿色,花柱淡粉色;果梗基部 2 短节疏被短柔毛。荚果带状,微被短柔毛,长 6.0~8.0 cm,宽 1.2~1.5 cm,先端渐长尖,具长约 3 mm 的针状喙;果梗长 1.5~1.8 cm,疏被黑色小点状毛。

产地:'两季花'毛紫荆河南郑州市有栽培。2015 年 9 月 20 日。选育者:赵天榜、陈俊通等。

2.7 '紫果'毛紫荆　新品种　图版 32:7

Cercis chinensis Bunge '**Ziguo**', cv. nov.

本新品种小枝灰褐色,密被短柔毛;幼枝绿色,密被短柔毛。叶近圆形,背面脉上密被短柔毛,先端短尖,基部心形,边缘全缘,具疏缘毛;叶柄长 2.0~3.0 cm,密被短柔毛。花簇生,淡紫色。荚果带状,紫红色,初密被短柔毛,后无毛。

产地:'紫果'毛紫荆河南郑州市紫荆山公园有栽培。2015 年 6 月 18 日。选育者:赵天榜、陈志秀、陈俊通。

2.8 '金帆'紫荆　品种　河南新记录品种　图版 32:8

Cercis chinensis Bunge '**Jinfan**'

本品种叶近圆形、心形,两面无毛,淡黄色,或淡绿黄色。

产地:'金帆'紫荆河南郑州市、遂平县有栽培。郑州市紫荆山公园有栽培。

4. 加拿大紫荆　河南新记录种　图 108　图版 32:9~11

Cercis canadensis Linn. , Sp. Pl. 374. 1753;——A. Rehd. in Manual of Cultivated Trees and Shrubs;Hardy in North America;485. 1940.

形态特征:落叶乔木,高 5.0~12.0 m;树冠宽球状。小枝灰褐色,无毛;幼枝绿色,具光泽,无毛。叶宽卵圆形,或近圆形,纸质,长 4.5~12.0 cm,宽 4.5~10.0 cm,先端短尖,基部心形、∧形,5 出脉,表面绿色,无毛,具光泽,背面淡绿色,被短柔毛,或无毛,密被白色亮点,边缘全缘,无缘毛;叶柄细长,长 1.5~3.0 cm,两端稍膨大,无毛。花先叶开放。总状花序梗长 3~5 mm,密被短柔毛;苞片无毛。总状花序具花 3~5 朵,稀 8 朵,簇生于 2 年生枝上。花小,玫瑰红色至粉红色、淡水粉色,长 1.0~1.3 cm;花梗细,绿色,长 5~12 mm,无毛,其基部 1~3 节处密被短柔毛及苞片、疏被腺点;苞片外面无毛。荚果狭长圆形,绿色,压扁,长 6.0~8.0 cm,宽

图 108　加拿大紫荆 Cercis canadensis Linn
（陈志秀绘）。

1.2～1.4 mm,先端渐尖,具短尖,基部狭楔形,腹缝线具翅,翅宽 1～1.5 mm,背、腹缝不等长;果梗长 1.0～1.5 cm,无毛,疏被腺点。每果具种子 5～8 粒;种子近圆体状,小,压扁,黑褐色,具光泽。花期 4～5 月;果实成熟期 9～10 月。

产地:加拿大紫荆原产加拿大。河南郑州市紫荆山公园有栽培。

识别要点:加拿大紫荆通常落叶小乔木。单叶,互生,近圆形。花先叶开放。花 3～5 朵簇生于 2 年生以上枝上,或主干上。花小,玫瑰红色至粉红色、淡水粉色;花梗细,基部 1～3 节处密被短柔毛及苞片、疏被腺点。果梗长 1.0～1.5 cm,无毛,疏被腺点。

生态习性:加拿大紫荆为温带树种,喜光、不耐阴。在土层深厚,土壤肥沃、湿润的壤土、沙壤土上生长最快。但在低洼、积水、重盐碱地及干旱、瘠薄沙地、黏土地上生长不良。

繁育与栽培技术要点:加拿大紫荆采用播种育苗。其技术,见湖北紫荆繁育与栽培技术。此外,还可天然下种。

主要病虫害:加拿大紫荆主要虫害有蝼蛄、金龟子、介壳虫、天牛等。其防治技术,见杨有乾等编著. 林木病虫害防治. 河南科学技术出版社,1982。

主要用途:加拿大紫荆为优良的绿化观赏树种。

品种:

1.1　加拿大紫荆　原品种

Cercis canadensis Linn. var. ' canadensis '

1.2　'紫叶'加拿大紫荆　河南新记录品种　图版 32:12～14

Cercis canadensis Linn. ' Golden Stem '*

形态特征:落叶乔木,高 5.0～8.0 m。小枝深紫色、紫褐色,具光泽,无毛;幼枝紫红色、紫色,具光泽,无毛。叶圆形,长(3.0～)4.5～10.5 cm,宽 5.5～11.0 cm,先端短尖、钝尖,基部心形,5 出脉,边缘全缘,具紫红色狭边,表面初紫色、紫绿色,后渐变为淡紫绿色,具光泽,主脉基部具紫色腺斑,主脉与网脉红色,无毛,背面淡紫绿色,无毛,主脉基部两侧疏被短柔毛及基部脉腋间有疏短柔毛;叶柄细长,长 2.0～4.0 cm,亮紫色,两端稍膨大,上端稍膨大处疏被短柔毛或无毛,他处无毛。幼叶、柄及表面主脉紫红色、紫绿色,具光泽。花先叶开放。总状花序;花序总梗紫红色,长 5～15 mm,密被短柔毛、多节;节下苞片,苞片具缘毛,节上密被短柔毛。总状花序具花 3～5～9 朵,簇生于 2 年生枝上。花萼暗紫红色,长约 4 mm,具缘毛;花小,紫红色,长 1.0～1.2 cm;花丝紫色,基部被短柔毛;花梗细,紫红色,长 1.0～1.5 cm,无毛,其基部具 1～4 节,具短柔毛;苞片被缘毛。无荚果。花期 4 月;果实成熟期 9～10 月。

产地:'紫叶'加拿大紫荆产于加拿大。郑州市紫荆山公园有栽培。

注:＊尚待进一步查证。

（Ⅲ）羊蹄甲属　河南新记录属

Bauhinia Linn. ,Sp. Pl. 374. 1753;郑万钧主编. 中国树木志 第二卷:1230. 1985;中国科学院中国植物志编辑委员会. 中国植物志 第三十九卷:145～146. 1988;中国科学院西北植物研究所编著. 秦岭植物志 第一卷 种子植物(第三册):5. 1981;中国科学院武汉植物研究所编著. 湖北植物志 第二卷:246. 1979;傅立国等主编. 中国高等植物 第七卷:41. 2001。

形态特征:乔木、灌木,或藤本,有时具卷须。单叶,互生,顶端常2裂,稀不裂,或深裂至基部,掌状脉。伞房状总状花序,或圆锥花序。花萼边缘佛焰苞状、匙状,或2~5齿裂。单花具花瓣5枚,近等长;雄蕊(1~3~5)~10枚,有时具退化雄蕊;花丝不等长,离生;花药丁字形着生;子房具胚珠多枚。荚果扁平。种子具胚乳。

本属模式种:Bauhinia divaricata Linn.。

产地:本属约有600种,分布于热带、亚热带。我国约有40种、4亚种、11变种。河南引种栽培1种。郑州市紫荆山公园有引种1种栽培。

1. 洋紫荆　河南新记录种　图109　图版32:15~17

Bauhinia variegata Linn. , Sp. Pl. 375. 1753;郑万钧主编. 中国树木志 第二卷:1234. 图561. 1985;中国科学院中国植物志编辑委员会. 中国植物志 第三十九卷:159. 图版50:6. 1988;侯宽昭编著. 广州植物志:313. 图167. 1956;广东省植物研究所编辑. 海南植物志 第二卷:218. 1965;傅立国等主编. 中国高等植物 第七卷:43. 图64. 2001;*Bauhinia variegata* Linn. ,Chinensis DC. Orodr. 2:514. 1825;中国科学院植物研究所主编. 中国高等植物图鉴 第二册:338. 图2405. 1983;*Phanera variegata*(Linn.)Beuth. , Pl. Jungh. 2:262. 1825.

形态特征:落叶乔木;树皮暗褐色、灰白色,平滑。小枝具棱,疏被短柔毛。单叶,互生,近革质,近圆形、宽卵圆形,长(5.0~)7.0~16.0 cm,宽(7~)12.0~17.0 cm,先端2裂,或深裂至1/3,基部浅心形-深心形、圆形,掌状9~13基出脉,表面淡绿色,无毛,背面淡灰绿色,微被短柔毛,基出脉被较密长柔毛,边缘全缘,疏被缘毛;叶柄细,长2.0~4.0 cm,疏被短柔毛。花序为短总状花序,花大而少。单花具花瓣5枚,倒卵圆-长圆形、倒披针形,长3.5~5.0 cm,具瓣柄,紫红色、淡红色,或淡蓝色带红色,或暗紫色,杂以红色,或黄色斑点;发育雄蕊5枚,退化雄蕊1~5枚;雌蕊子房具长柄,被短柔毛;花萼佛焰苞状,被短柔毛,一边开裂。荚果扁平、带形,长15.0~30.0 cm,宽1.5~2.0 cm,黑褐色,具喙,基部具柄。每果具种子10~15枚。种子具胚乳。花期11~12月及2~3月;果实成熟期6月及10月。

图109　洋紫荆 Bauhinia variegata Linn.
(选自《中国高等植物图鉴》)。

产地:洋紫荆产于我国云南、广西、广东、福建、海南、台湾、香港等省(区)。印度有分布。郑州市紫荆山公园有引种栽培。

识别要点:洋紫荆单叶,互生,圆形、宽卵圆形,先端2裂,或深裂至1/2,掌状9~11基出脉,边缘全缘,疏被缘毛。短总状花序,花大而少。单花具花瓣5枚,倒卵圆状长圆形,淡红色,或淡蓝色带红色,或暗紫色,杂以红色,或黄色斑点;发育雄蕊5枚;子房具长柄,被短柔毛;花萼佛焰苞状,边缘全缘。荚果扁平、条形,长15.0~30.0 cm。

生态习性:洋紫荆为北亚热带树种,喜温暖湿润气候,怕寒冷。适生于湿润、深厚、肥沃的沙壤土。

繁育与栽培技术要点:洋紫荆育苗常采用播种育苗。栽培技术通常采用穴栽,大苗、幼树采用带土穴栽。

主要病虫害:洋紫荆引栽河南时间较短,冬季盆栽放入温室。其主要病虫害有介壳虫等。其防治方法,见杨有乾等编著. 林木病虫害防治. 河南科学技术出版社,1982。

主要用途:洋紫荆花大而香,可作绿化与盆栽树种。花、叶、幼果可食。木材可作家具用材。

三十一、蝶形花科

Fabaceae Linn. ,Vég. Kingd. 544. 1864;郑万钧主编. 中国树木志 第二卷:1298 ~ 1299. 1985;中国科学院中国植物志编辑委员会. 中国植物志 第四十卷:1 ~ 2. 1994;中国科学院西北植物研究所编著. 秦岭植物志 第一卷 种子植物(第三册):8. 1981;傅立国等主编. 中国高等植物 第七卷:60. 2001;*Papilionoideae* Giseke in Linn. Praelect. Ord. Nat. Pl. 415. 1792. "Fabaceae";*Fabaceae* Lindl. ,Vég. Kingd. 544. 1846;*Papilionoideae* Giseke β . *Fabaceae* Reichenb. ,Consp. Règ. Vég. 149. 1829,nom. subnud. ;*Faboideae* nom. Alt. , Reichenb. Consp. Rég. Vég. 149. 1828. "Papilionaceae".

形态特征:乔木、灌木、草本,直立,或攀缘藤本。叶互生,稀对生,或轮生,羽状复叶、掌状复叶,多为 3 小叶,稀单叶,或鳞叶,具托叶,稀托叶为刺。花两性,单生,或花两侧对称;萼筒状,4 ~ 5 齿裂。单花具花瓣 5 枚,稀无花瓣,覆瓦状排列,近轴一侧为旗瓣,花蕾时旗瓣在最外面,侧面 2 片为翼瓣,下部 2 片为龙骨瓣在内面,或仅有旗瓣;雄蕊(9 ~)10 枚;单雌蕊,子房上位、1 室,边缘胎座。荚果常开裂、不裂。种子无胚乳,或少量胚乳。

本科模式属:槐属 * Sophora Linn. 。

注: * 尚待查证。

产地:本科植物约 440 属、约 12 000 种,广布全世界各国。我国的 108 属、1 100 种,其中木本科植物 57 属、约 450 种。河南分布与栽培有 5 属、57 种。郑州市紫荆山公园有 5 属、6 种栽培。

本科植物分属检索表

1. 复叶,或单叶。
　　2. 落叶灌本。偶数羽状复叶,叶轴顶端常刺状。小叶 2 ~ 7 对生。花龙骨瓣先端直伸　　　　　
　　　　…………………………………………………………………………… 锦鸡儿属 Caragana Fabr.
　　2. 落叶灌本,或乔木。奇数羽状复叶,或掌状复叶,或 3 小叶复叶。
　　　3. 具皮刺、托叶刺,或枝刺。小叶对生。
　　　　4. 奇数羽状。托叶不为刺状,早落。
　　　　　5. 无枝刺。花序生于新枝顶端。单花具花瓣 5 枚;雄蕊 10 枚,花丝分离,或基部稍合生。
　　　　　荚果念珠状 ……………………………………………………… 槐属 Sophora Linn.
　　　　　5. 具枝刺。花序生于前 1 年生枝上。单花具花瓣 5 枚;雄蕊为两体雄蕊(9 + 1)枚。荚果
　　　　　扁平,成熟后开裂 ………………………………………… 刺槐属 Robinia Linn.

4. 落叶藤本,或落叶灌本。单花雄蕊为两体雄蕊(9+1)枚。

  6. 落叶藤本。芽具芽鳞3枚。奇数羽状复叶;托叶早落。花萼具5齿。花旗瓣及翼瓣基部具2枚胼胝;子房具短柄 …………………………………… 紫藤属 Wisteria Nutt.

  6. 落叶灌本,稀小乔木。偶数羽状复叶,叶轴顶端常刺状;托叶早落,或刺状宿存。花旗瓣直立,两侧反曲,基部具长爪;翼瓣常具耳,基部具长爪;龙骨瓣直伸;子房无柄,稀具柄 ……………………………………… 胡枝子属 Lespedeza Michx.

Ⅰ. 槐族

Fabaceae Linn. trib. **Sophoreae** Spreng in Anleit. 2,2:741. 1818;郑万钧主编. 中国树木志　第二卷:1306. 1985;中国科学院中国植物志编辑委员会. 中国植物志 第四十卷:6. 1994。

  形态特征:落叶乔木、灌木,稀具刺,稀草本。羽状复叶。小叶1枚至多数,边缘全缘。花序为总状花序、圆锥花序,顶生、腋生,或与叶对生。单花具雄蕊10枚,稀部分退化,离生,或基部稍合生;花丝分离,或基部合生,花药同型。荚果多型状,不分节。

  本族模式属:槐属 Sophora Linn. 。

  产地:本族植物有47~66属。我国有木本植物6属、约60种。

(Ⅰ) 槐属

Sophora Linn. ,Sp. Pl. 373. 1753;Gen. Pl. ed. 5,175. no. 456. 1754;郑万钧主编. 中国树木志　第二卷:1339. 1985;丁宝章等主编. 河南植物志(第二册):295~296. 1988;朱长山等主编. 河南种子植物检索表:201. 1994;中国科学院中国植物志编辑委员会. 中国植物志 第四十卷:64~65. 1994;郑万钧主编. 中国树木志 第二卷:1226~1228. 1985;中国科学院西北植物研究所编著. 秦岭植物志 第一卷 种子植物(第三册):11. 1981;中国科学院武汉植物研究所编著. 湖北植物志 第二卷:250. 1979;周汉藩著. 河北习见树木图说(THE FAMILIAR TREES OF HOPEI by H. F. Chow):247. 1934;周以良主编. 黑龙江树木志:374. 1986;王遂义主编. 河南树木志:320. 1994;傅立国等主编. 中国高等植物 第七卷:82. 2001;*Edwordsia* Salisb. in Trans. Linn. Soc. Lond. 9:298. t. 26. 1808;*Styphnolobium* H. W. Schott in Wien. Zeitschr. Kunst Litt. 3:844. 1830;*Vexibia* Rafin. ex B. D. Jackson in Index Kew. 2:1193(1895), sphalm. ;*Ammothannus* Bunge in Arb. Naturf. Ver. Riga I. 213. t. 12. 1847;*Goebelia* Bunge ex Boiss,Fl. Or. 2:628. 1872;*Keyserlingia* Bunge ex Boiss. op. cit. 629. 1872;*Cephalostigmaton* Yakovl. in Proc. Leningr. Chem. –Pharm. Inst. 21:47. 1967.

  形态特征:落叶,或常绿乔木、灌木;多年生草本,稀攀缘状。芽小,芽鳞不明显。奇数羽状复叶。小叶多数,边缘全缘,对生、近对生;托叶小,稀无。花序为总状花序、圆锥花序,顶生、腋生,或与叶对生。单花具花瓣5枚,形状、大小多变,翼瓣单侧生,或双侧生,具皱褶,或无;萼筒宽钟状、杯状,萼齿5枚,上方2枚近合生呈2唇形;雄蕊10枚,分离,或基部稍合生;单雌蕊子房具柄,或无;胚珠多数。荚果圆柱状、串珠状,果皮肉质、革质,稀具翅。

  本属模式种:绒毛槐 Sophora tomentosa Linn. 。

　　产地:本属植物约有 70 种,多分布于东亚和北美洲各国。我国有 21 种、14 变种、2 变型。河南有 4 种、2 变种。郑州市紫荆山公园有引种栽培。

　　本属植物分种检索表
　　1. 奇数羽状复叶。小叶 7 ~ 17 枚 ⋯⋯⋯⋯⋯⋯⋯⋯⋯⋯⋯⋯⋯⋯ 槐树 Sophora japonica Linn.
　　1. 奇数羽状复叶。小叶 11 ~ 21 枚 ⋯⋯⋯⋯⋯⋯⋯⋯⋯ 白刺花 Sophora davidii(Franch.)Pavilini

　　1. 槐树　图 110　图版 33:1 ~ 3

　　Sophora japonica Linn. , Mant. Pl. 68. 1767;郑万钧主编. 中国树木志 第二卷:
1340 ~ 1341. 图 627. 1985;丁宝章等主编. 河南植物志(第二册):296 ~ 297. 图 1122.
1988;朱长山等主编. 河南种子植物检索表:201. 1994;中国科学院中国植物志编辑委员
会. 中国植物志 第四十卷:92 ~ 95. 图版 27:13 ~ 18. 1994;陈嵘著. 中国树木分类学:
524. 1937;中国科学院植物研究所编辑. 中国主要植物图说 5　豆科:134. 图 125. 1955;
中国科学院植物研究所主编. 中国高等植物图鉴 第二册:356. 图 2441. 1983;卢炯林等
主编. 河南木本植物图鉴:115. 图 346. 1998;中国科学院西北植物研究所编著. 秦岭植
物志 第一卷 种子植物(第三册):11 ~ 13. 图
6. 1981;中国科学院武汉植物研究所编著. 湖
北植物志 第二卷:250 ~ 251. 图 1082. 1979;
中国树木志编委会主编. 中国主要树种造林
技术:626 ~ 630. 图 100. 1978;周汉藩著. 河
北习见树木图说(THE FAMILIAR TREES OF
HOPEI by H. F. Chow):248 ~ 250. 图 96.
1934;赵天榜等主编. 河南主要树种栽培技
术:185 ~ 188. 图 22. 1994;王遂义主编. 河南
树木志:320 ~ 321. 图 324:3 ~ 8. 1994;傅立
国等主编. 中国高等植物 第七卷:83. 图 117.
2001;李法曾主编. 山东植物精要:310. 图
1095. 2004;*Styphnolobium japonica* H. W.
Schott in Wien Zeit. Kunst. Litt. 3:844. 1830;
Styphnolobium sinenesis Forrest in Rev. Hort.
157. 1899;*Styphnolobium mairei* Lévl. in Bull.
Acad. Geog. Bot. 25:48. 1915, non Pamp.
1910,et Cat. Pl. Yunnan 161. 1916.

图 110　槐树 Sophora japonica Linn.
1. 果枝;2. 花序;3. 花萼、雄蕊及雌蕊;4. 旗瓣腹
面;5. 旗瓣背面示爪;6. 翼瓣;7. 龙骨瓣;8. 种子(选自
《中国树木志》)。

　　形态特征:落叶乔木,高达 25.0 m;树皮
灰黑色,粗糙纵裂。小枝绿色;皮孔明显,淡黄
色。无顶芽;侧芽为叶柄下芽,青紫色,被毛。奇数羽状复叶;托叶多变。小叶 7 ~ 17 枚,
对生,或近互生,卵圆形、长圆形,或披针 - 卵圆形,长(2.5 ~)4.5 ~ 6.0 cm,宽 1.5 ~ 3.0
cm,先端渐尖,基部圆形,或宽楔形,边缘全缘,表面绿色,具光泽,无毛,背面苍白色,被平

伏毛;叶柄短,长2.0~4.0 mm;小托叶钻状,长6~8 mm,早落。花序为圆锥花序,顶生,长达30.0 cm。单花具花瓣5枚,覆瓦状排列,黄白色,长1.0~1.5 cm;雄蕊10枚,分离,或基部稍合生;单雌蕊子房具柄,胎珠多数;花萼钟状,萼齿5枚,近等大,被灰白色短柔毛。荚果肉质,不裂开,串珠状,长2.5~8.0 cm,悬挂树上长期不落。花期6~9月;果实成熟期9~11月。

产地:槐树产于我国,自辽宁南部,西北至陕西、甘肃南部,西南至四川、云南等省均有分布与栽培,尤以华北平原栽培较广。河南各地有栽培。郑州市紫荆山公园有栽培。

识别要点:槐树为奇数羽状复叶。小叶7~17枚。圆锥花序顶生。荚果肉质,不裂开,串珠状,悬挂树上,长期不落。

生态习性:槐树为温带树种,幼时稍耐阴。适生于湿润、深厚、肥沃的沙壤土,在中性、酸性、石灰性土及轻盐碱土上均能生长,在低洼积水地上生长不良。深根性树种,根系发达,抗有害气体、抗污染能力强。同时,寿命长。河南登封县少林寺藏经阁后有古槐一株,相传秦时所植,封为五品大夫。

繁育与栽培技术要点:槐树育苗常采用播种育苗。优良品种,或类型,可采用嫁接育苗。

(1)播种育苗。首先是选择土层深厚,土壤肥沃、疏松、湿润,排水良好的沙壤土,或黏壤土。然后,施入基肥,进行浅耕细耙,搂平筑床。通常采用平床育苗。一般苗床长10.0 m、宽1.0 m。苗床做好搂平后,引大水灌溉,待水分渗干后,再松土约10.0 cm后,搂平准备播种。可选择豆青槐、白槐优良类型的健壮孤立木作采种母树。果实成熟后,将果序采后,放水中1~2天,使其吸水膨胀后,捣碎果肉,用水冲净后,阴干袋藏。播种时间,可在春季晚霜期后10~15天进行。播种前,可用50℃左右温水催芽,待有2/3的种子裂口后,进行播种。播种通常采用条状撒播,行距40.0~70.0 cm,播后,覆细土约1.5 cm,经常保持地表湿润,利于种子发芽出苗。幼苗出土后,严防日灼、立枯病发生与金龟子等危害。苗高5.0~10.0 cm时,及时间株、定苗。间苗时,要留大、留优,保留一定距离。苗木速生期:6月上旬至9月下旬,及时进行灌溉、施肥及中耕、除草,还要排涝防害,严防病虫害及水害。生长后期,停止灌溉和施氮肥,防止苗木徒长,促进木质化,提高苗木越冬抗寒能力。

(2)嫁接育苗。嫁接通常采用插皮嫁接技术。其嫁接技术要点是:① 选用壮苗,或幼树作砧木,从需要一定高度主干处剪去或锯掉其上枝、干,以备所用。② 选用优良变种、品种的1~2年生壮枝作接穗。③ 嫁接时,首先用利刀将砧木切口周边削平,并垂直切开皮层,再用光滑且具撬开皮层;然后,将选用的枝条剪成具有3~5芽的接穗,再在接穗基部3.0 cm左右处斜削成平面,再将带皮层的一面两侧削去皮层。然后,将削好的接穗插入砧木切口处。最后,用塑胶薄膜带包扎界面处。为防止雨水,可在嫁接好的界面处套上塑料袋。嫁接成活后,及时去掉塑料袋。然后,及时除萌、灌溉、施肥及中耕、除草,还要排涝防害,严防病虫害,确保苗木健壮生长。见赵天榜等. 河南主要树种育苗技术:101~103. 1982;赵天榜等主编. 河南主要树种栽培技术:185~188. 1994。栽培技术通常采用穴栽,大苗、幼树采用带土穴栽。

主要病虫害:槐树主要病虫害有槐树腐烂病、蚜虫、槐尺蠖、中国黑星蚜、日本蜡蚧、红蜘蛛等。其防治方法,见中国树木志编委会主编. 中国主要树种造林技术:626 ～ 630.
1978;赵天榜等主编. 河南主要树种栽培技术:185 ～ 188. 1994;杨有乾等编著. 林木病虫
害防治. 河南科学技术出版社,1982。

　　主要用途:槐树花期长,可作蜜源树种。花、果入药有收敛、止血效能。抗污染、耐烟
尘,宜作为城市、工矿区绿化树种。木材以色之别,可分白槐、豆青槐及黑槐 3 种,可分别
作为家具用材。

　　变型与品种:

　　1.1　槐树　原变型

Sophora japonica Linn. f. **japonica**

　　1.2　龙爪槐　变型　图版 33:5

Sophora japonica Linn. f. **pendula**(Sweet)Zabel in Beissn. et al. Handb. Laubh. -
Ben. 256. 1903. "(f.);丁宝章等主编. 河南植物志(第二册):297. 1988;朱长山等主
编. 河南种子植物检索表:201. 1994;郑万钧主编. 中国树木志 第二卷:1360. 1985;中国
科学院中国植物志编辑委员会. 中国植物志 第四十卷:93. 1994;陈嵘著. 中国树木分类
学:524. 1937;中国科学院植物研究所编辑. 中国主要植物图说 5. 豆科;中国科学院植
物研究所编辑. 中国主要植物图说 5　豆科:135. 图 126. 1955;中国科学院西北植物研
究所编著. 秦岭植物志 第一卷 种子植物(第三册):13. 图 6. 1981;周汉藩著. 河北习见
树木图说(THE FAMILIAR TREES OF HOPEI by H. F. Chow):250. 1934;*Sophora pendula*
Spach,Hist. Nat. Vég. I. 161. 1834;*Sophora japonica* Linn. β *pendula* Loud. Cat. ex
Sweet,Hort. Brit. 107. 1827;*Sophora pendula* Spach,cv. ' Pendula',王遂义主编. 河南树
木志:321. 1994;*Sophora pendula* Spach var. *pendula* Loud. ,王遂义主编. 河南树木志:
321. 1994。

　　本变型小枝拱形下垂。

　　产地:龙爪槐河南各地有栽培。郑州市紫荆山公园有栽培,供观赏。

　　1.3　'金枝'槐　品种　图版 33:4

Sophora japonica Linn. ' **Jinzhi**' *

　　本品种枝条秋冬金黄色,春季叶金黄色。

　　产地:'金枝'槐河南各地有栽培。郑州市紫荆山公园有栽培。栽培供观赏。

　　注:*选育者尚待查证。

　　2. 白刺花　图 111　图版 33:6 ～ 8

Sophora davidii(Franch.)Skeels in U. S. Dept. Agr. Bur. Pl. Indust. Seeds Pl. Imp.
Invent. 36;68. no. 33061. 1913;郑万钧主编. 中国树木志 第二卷:1342 ～ 1344. 图 829:
1 ～ 3. 1985;中国科学院中国植物志编辑委员会. 中国植物志 第四十卷:97. 98. 图版 24:
9 ～ 15. 1994;陈嵘著. 中国树木分类学:526. 1937;中国科学院植物研究所编辑. 中国主
要植物图说 5　豆科:138. 图 130. 1955;朱长山等主编. 河南种子植物检索表:201.
1994;卢炯林等主编. 河南木本植物图鉴:116. 图 347. 1998;中国科学院武汉植物研究所
编著. 湖北植物志 第二卷:251 ～ 252. 图 1084. 1979;王遂义主编. 河南树木志:320. 图
324:1 ～ 2. 1994;傅立国等主编. 中国高等植物 第七卷:85. 图 121. 2001;李法曾主编.

山东植物精要:310. 图 1097. 2004;中国科学院植物研究所主编. 中国高等植物图鉴 第二册:358. 图 2445. 1983;*Sophora moorcroftiana*（Benth.）Baker var. *davidii* Franch. in Nuov. Arch. Mus. Hist. Nat. Paris,sér. 2,5:253. t. 14. 1885,et Pl. David. 1:101. 1884;*Sophora moorcroftiana* sensu Kanitz in Mag. Tudom. Akad. Ertek. Termesz. Kor. 15,2:8. 1885;*Sophora moorcroftiana*（Benth.）Baker subsp. *viciifolia*（Hance）Yakovi. in Proc. Leningr. Chem. – Pharm. Inst. 21:53. 1967;*Caragana chamlago* B. Meyer in U. S. Dep. Agr. Bur. Pl. Indust. Bull. 219:67. 1909;*Sophora viciifolia* Hance in Journ. Bot. 19:209. 1881;*Sophora davidii*（Franch.）Kom. ex Pavolini in Nuov. Giprn. Bot. Ital. no. sér. 15: 412. 1908,nom. .

　　形态特征:落叶灌木,高 1.0～4.0 m。小枝短,具刺尖。枝、叶轴被平伏柔毛。奇数羽状复叶;托叶钻状、刺状,疏被短柔毛。小叶 11～21枚,椭圆形,或长倒卵圆形,长 1.0～1.5 cm,宽5.5～11 mm,先端钝圆,或微凹,基部钝圆,边缘全缘,表面绿色,近无毛,背面疏被长柔毛,主脉较密;叶柄短;托叶针刺状,宿存。花序为总状花序,顶生,具花 5～14 朵。单花具花瓣 5 枚,白色、淡黄色,长约 1.5 cm,旗瓣倒卵圆形,或匙形,反曲,基部具细长柄,翼瓣长倒卵圆 – 长圆形,具1 枚锐尖耳,皱褶,龙骨瓣基部具三角形耳;雄蕊10 枚,花丝下部 1/3 合生;单雌蕊子房密被黄褐色柔毛,胚珠多数;萼杯状,长 4～6 mm,紫色,被绢毛,裂片三角形;花梗长约 4 mm,被绢毛。荚果肉质,不裂开,不为典型串念珠状,长 6.0～8.0cm,宽 6～7 mm,具长喙、近无毛;果实成熟开裂。种子卵球状,长约 4 mm。花期 3～8 月;果实成熟期 6～10 月。

图 111　白刺花 Sophora davidii
（Franch.）Skeels
1. 花枝;2. 花;3. 果（选自《中国树木志》）。

　　产地:白刺花产于我国,河北、河南、山西、陕西、甘肃、四川、云南、贵州等省均有分布与栽培,尤以华北平原栽培较广。河南各地有栽培。郑州市紫荆山公园有栽培。

　　识别要点:白刺花为奇数羽状复叶。小叶 11～21 枚。圆锥花序顶生。荚果肉质,不裂开,念珠状,悬挂树上,长期不落。

　　生态习性:白刺花为温带树种,幼时稍耐阴。适生于湿润、深厚、肥沃的沙壤土,在中性、酸性、石灰性土及轻盐碱土上,均能生长,在低洼积水地上,生长不良。深根性树种,根系发达,抗有害气体、抗污染能力强。同时,寿命长。

　　繁育与栽培技术要点:白刺花常采用播种育苗。栽培技术通常采用穴栽,大苗、幼树采用带土穴栽。

　　主要病虫害:白刺花主要病虫害有腐烂病、蚜虫、槐尺蠖、日本蜡蚧、红蜘蛛等。其防治技术,见杨有乾等编著. 林木病虫害防治. 河南科学技术出版社,1982。

主要用途:白刺花花期长,可作蜜源树种,是优良的盆栽树种。

Ⅱ. 刺槐族

Fabaceae Linn. trib. **Robinieae**(Benth.)Hutch. ,Gen. Pl. I. 366. 1964;郑万钧主编. 中国树木志　第二卷:1359. 1985;中国科学院中国植物志编辑委员会. 中国植物志 第四十卷:225 ~ 226. 1994;*Galegeae* Bronn subtrib. *Robiniinae* Benth. et Hook. f. ,Gen. Pl. I. 445. 1865.

形态特征:乔木、灌木,或草本;稀具腺毛。偶数羽状复叶,或奇数羽状复叶;具小托叶,有时刺状,或无。小叶对生,或近对生。花序为总状花序,腋生,或簇生老枝节部;萼齿上方 2 枚连合较多,稀呈 2 唇形;旗瓣有附属体,翼瓣弯曲,龙骨瓣内弯;雄蕊为两体雄蕊(9 + 1)枚,对旗瓣 1 枚离生,或基部合生;雌蕊子房具柄,无毛。荚果扁平,成熟后开裂。种子无种阜。

本族模式属:刺槐属 Robinia Linn. 。

产地:本族植物约有 20 属。我国有 1 属、引入 1 属。河南有 1 属、1 种。郑州市紫荆山公园有 1 属、1 种栽培。

(Ⅱ) 刺槐属

Robinia Linn. ,Sp. Pl. 722. 1753;Gen. Pl. ed. 5 ,322. no. 775. 1754;郑万钧主编. 中国树木志　第二卷:1360. 1983;丁宝章等主编. 河南植物志(第二册):358. 1988;中国科学院中国植物志编辑委员会. 中国植物志 第四十卷:228. 1994;中国科学院西北植物研究所编著. 秦岭植物志 第一卷 种子植物(第三册):39. 1981;中国科学院武汉植物研究所编著. 湖北植物志 第二卷:288 ~ 289. 1979;周汉藩著. 河北习见树木图说(THE FAMILIAR TREES OF HOPEI by H. F. Chow):251 ~ 252. 1934;王遂义主编. 河南树木志:330. 1994;傅立国等主编. 中国高等植物 第七卷:126. 2001.

形态特征:落叶灌木、乔木。腋芽为叶柄下芽,无顶芽。植株各部具腺刚毛(花冠例外)。奇数羽状复叶;托叶刚毛状、刺状。小叶对生,边缘全缘;具小托叶。花序为总状花序,腋生,下垂。花萼钟状,具 5 齿裂,上方 2 萼齿近合生,旗瓣近圆形,反曲,翼瓣弯曲,龙骨瓣内弯;雄蕊为两体雄蕊,对旗瓣 1 枚离生,其余 9 枚合生(9 + 1)。荚果扁平,成熟后开裂。

本属模式种:刺槐 Robinia pseudoacacia Linn. 。

产地:本属植物约 20 种,多分布于墨西哥和北美洲各国。我国栽培 2 种、2 变种。河南各地有栽培。郑州市紫荆山公园有栽培。

1. 刺槐　图 112　图版 33:9 ~ 11

Robinia pseudoacacia Linn. ,Sp. Pl. 722. 1753;郑万钧主编. 中国树木志 第二卷:1360 ~ 1361. 图 639. 1983;丁宝章等主编. 河南植物志(第二册):358 ~ 359. 图 1221. 1988;朱长山等主编. 河南种子植物检索表:210. 1994;陈嵘著. 中国树木分类学:544. 图 441. 1937;中国科学院植物研究所编辑. 中国主要植物图说 5　豆科:302. 图 302. 1955;中国科学院植物研究所主编. 中国高等植物图鉴 第二册:400. 图 2529. 1983;中国科学院中国植物志编辑委员会. 中国植物志 第四十卷:228 ~ 229. 图版 71:1 ~ 8. 1994;卢炯林等主编. 河南木本植物图鉴:117. 图 351. 1998;中国科学院西北植物研究所编著. 秦

岭植物志 第一卷 种子植物(第三册):39～40. 图29. 1981;中国科学院武汉植物研究所编著. 湖北植物志 第二卷:289. 图1150. 1979;中国树木志编委会主编. 中国主要树种造林技术:631～641. 图101. 1978;周汉藩著. 河北习见树木图说(THE FAMILIAR TREES OF HOPEI by H. F. Chow):252～254. 图97. 1934;潘志刚等编著. 中国主要外来树种引种栽培:462～472. 图67. 1994;赵天榜等主编. 河南主要树种栽培技术:189～197. 图23. 1994;王遂义主编. 河南树木志:330～331. 图336:1～6. 1994;傅立国等主编. 中国高等植物 第七卷:126. 图186. 2001;李法曾主编. 山东植物精要:312. 图1103. 2004;*Robinia acacia* Linn.,Syst. Nat. ed. 10,2:1161. 1759;*Pseudoacacia odorata* Moench,Méth. Pl. 145. 1794.

图 112　刺槐 Robinia pseudoacacia Linn.
1. 花枝;2. 花萼;3. 旗瓣;4. 翼瓣腹面;5. 龙骨瓣背面示爪;6. 雄蕊;7. 雌蕊;8. 果;9. 种子(选自《中国树木志》)。

　　形态特征:落叶乔木,高达25.0 m;树皮灰褐色至深褐色,深纵裂。幼枝具棱,微被毛,后脱落;小枝具皮刺,刺长约2.0 cm。奇数羽状复叶,长10.0～25.0(～40.0)cm;叶轴上面具槽沟。小叶5～25 枚,对生、近对生,椭圆形、卵圆形,或长圆形,长1.5～5.5 cm,宽1.5～2.2 cm,先端钝圆,或微凹,具芒尖,基部圆形、宽楔形,边缘全缘;小叶柄长1～3 mm,小叶托叶针芒状。花序为总状花序,长10.0～20.0 cm,腋生、下垂。单花具花瓣5 枚,覆瓦状排列,白色;旗瓣近圆形,长约1.6 cm,宽约2.0 cm,先端凹缺,基部圆,反折,内面具黄斑;翼瓣斜倒卵圆形,长约1.6 cm,基部一侧具圆耳;龙骨瓣镰刀状、三角形,长约1.2 cm,无毛,柄长约3 mm;雄蕊为两体雄蕊(9＋1)枚。荚果扁平,狭长圆形,长4.0～12.0 cm,宽1.0～1.7 cm,腹缝线具窄翅,具种子2～15 枚,成熟后开裂。种子无种阜。花期4～6 月;果实成熟期8～9 月。

　　产地:刺槐原产于北美洲各国。现在我国北迄辽宁、内蒙古,南达台湾、广东,西至新疆等地,均有栽培。河南各地有栽培。郑州市紫荆山公园有栽培。

　　识别要点:刺槐小枝具皮刺。奇数羽状复叶。小叶5～25 枚。总状花序腋生、下垂。单花具花瓣5 枚,白色,旗瓣基部具黄斑;雄蕊为两体雄蕊9＋1 枚。荚果扁平,腹缝线具窄翅。种子无种阜。

　　生态习性:刺槐为温带树种,在年均气温8～14℃,年降水量500～900 mm 条件下,生长良好;在年平均气温5℃ 以下,年降水量400 mm 以下地区,地上部分常遭冻死。刺槐为喜光树种,不耐阴,浅根系,侧根发达,有根瘤菌,能在干旱、瘠薄的沙地、黄土地上生长。在土层深厚、土壤肥沃、湿润的壤土、沙壤土上生长最快,平均胸径年生长量1.0～1.5 cm。根系发达、萌蘖力强,是营造水土保持林、沟壑造林、沙地造林的优良树种。不耐水湿。

繁育与栽培技术要点:刺槐可采用播种育苗,首先是选择土层深厚,土壤肥沃、疏松、湿润,排水良好的沙壤土,或黏壤土。然后,施入基肥,进行浅耕细耙,搂平筑床。通常采用平床育苗。一般苗床长 10.0 m、宽 1.0 m。苗床做好搂平后,引大水灌溉,待水分渗干后,再松土约 10.0 cm 后,搂平准备播种。刺槐果实成熟后,将果序采后,晒干,取出种子后袋藏。播种时间,可在春季晚霜期后 10 ~ 15 天进行。播种前,可用 50℃ 左右温水催芽,种子吸水膨胀后,筛出膨胀种子进行播种。没膨胀种子再进行催芽。播种通常采用条状撒播,行距 40.0 ~ 70.0 cm,播后,覆细土约 1.5 cm,经常保持地表湿润,利于种子发芽出苗。幼苗出土后,严防日灼、立枯病发生与金龟子等危害。苗高 5.0 ~ 10.0 cm 时,及时间株、定苗。间苗时,要留大、留优,保留一定距离。苗木速生期:6 月上旬至 9 月下旬,及时进行灌溉、施肥及中耕、除草,还要排涝防害,严防病虫害及水害。生长后期,停止灌溉和施氮肥,防止苗木徒长,促进木质化,提高苗木越冬抗寒能力。此外,还可进行插根、分蘖繁殖。见赵天榜等. 河南主要树种育苗技术:107 ~ 109. 1982;赵天榜等主编. 河南主要树种栽培技术:189 ~ 197. 1994。栽培技术通常采用穴栽,大苗、幼树采用带土穴栽。

主要病虫害:刺槐主要病虫害有紫纹羽病、刺槐蚜虫、豆荚螟、刺槐种子麦蛾、刺槐种子小蜂、刺槐小皱蝽等。其防治方法,见中国树木志编委会主编. 中国主要树种造林技术:631 ~ 641. 1978;赵天榜等主编. 河南主要树种栽培技术:189 ~ 179. 1994;杨有乾等编著. 林木病虫害防治. 河南科学技术出版社,1982。

主要用途:槐树花期长,可作蜜源树种。花、果入药有收敛、止血效能。抗污染、耐烟尘,宜作为城市、工矿区绿化树种。木材以色之别,可分白槐、豆青槐及黑槐 3 种,可分别作为家具用材。

Ⅲ. 灰毛豆族

Fabaceae Linn. trib. **Tephrosieae**(Benth.) Hutch. , Gen. Pl. Ⅰ:394. 1964;郑万钧主编. 中国树木志 第二卷:1359. 1985;中国科学院中国植物志编辑委员会. 中国植物志 第四十卷:126 ~ 127. 1994;*Galegeae* subtrib. *Tephrosieae* Benth. et Hook.f. , Gen. Pl. Ⅰ:444. 1964.

形态特征:乔木、灌木、藤本,或草本。奇数羽状复叶。小叶对生,边缘全缘。花序为总状花序顶生、腋生,或与复叶对生,花数朵簇生老枝节部;通常具小苞片;萼齿三角形,上方 2 枚不同程度连合,下方 1 齿较长;旗瓣基部有附属体;两体雄蕊(9 + 1)枚;雌蕊子房花柱无毛。荚果扁平,成熟后开裂。种子无种阜。

本族模式属:灰叶属 Tephrosia Pers. 。

产地:本族植物约有 50 属。我国有 10 属。河南有 1 属。

(Ⅲ) 紫藤属

Wosteria Nutt. , Gen. Amer. 2:115. 1818, nom. conserv. ;郑万钧主编. 中国树木志 第二卷:1382. 1985;丁宝章等主编. 河南植物志(第二册):356. 1988;中国科学院中国植物志编辑委员会. 中国植物志 第四十卷:183 ~ 184. 1994;中国科学院植物研究所编辑. 中国主要植物图说 5 豆科:294. 1955;中国科学院西北植物研究所编著. 秦岭植物志 第一卷 种子植物(第三册):37. 1981;中国科学院武汉植物研究所编著. 湖北植物志 第二卷:287. 1979;王遂义主编. 河南树木志:329. 1994;傅立国等主编. 中国高等植物 第七卷:114. 2001。

形态特征:落叶藤本。芽具芽鳞3枚。奇数羽状复叶,互生;托叶早落。小叶对生,边缘全缘;具小托叶。总状花序下垂。萼具5齿。花旗及翼瓣基部具2枚胼胝体;两体雄蕊(9 + 1)枚,花药同型;子房具短柄。荚果长条状,成熟后迟裂。

本属模式种:灌木紫藤 Wisteria frutescens(Linn.)Poir.。

产地:本属植物约有10种,分布于东亚和北美洲各国。我国有5种、1变种。河南有3种。郑州市紫荆山公园有1种栽培。

1. 紫藤　图113　图版33:12~14

Wisteria sinensis(Sims)Sweet,Hort. Brit. 121. 1827;郑万钧主编. 中国树木志 第二卷:1362~1363. 图657. 1985;丁宝章等主编. 河南植物志(第二册):357. 图1219. 1988;朱长山等主编. 河南种子植物检索表:210. 1994;陈嵘著. 中国树木分类学:546. 图442. 1937;中国科学院植物研究所编辑. 中国主要植物图说5　豆科:295. 图296. 298. 1955;中国科学院中国植物志编辑委员会. 中国植物志 第四十卷:184. 186. 图版56:1~5. 1994;卢炯林等主编. 河南木本植物图鉴:118. 图353. 1998;中国科学院植物研究所主编. 中国高等植物图鉴 第二册:398. 图2526. 1983;中国科学院西北植物研究所编著. 秦岭植物志 第一卷 种子植物(第三册):37~38. 图28. 1981;中国科学院武汉植物研究所编著. 湖北植物志 第二卷:2872. 图1147. 1979;王遂义主编. 河南树木志:330. 图335:1~3. 1994;傅立国等主编. 中国高等植物 第七卷:114~115. 图166. 2001;李法曾主编. 山东植物精要:311. 图1099. 2004;*Glycine sinensis* Sims in Bot. Mag. 46:t. 2083. 1819;*Wisteria chinensis* DC.,Prodr. 2:390. 1825;*Wisteria praecox* Hand. Mazz. in Sitzungsb. Akad. Wiss. Wien. 58:177. 1921,et Symb. Sin. VII. 551. 1929;*Glycine sinensis* Sims in Bot. Mag. 46:t. 2083. 1819;*Wistaria consequana* Loudon,Hort. Brit. 315. 1830;*Millettia chinensis* Bentham in Junghuhn,Pl. Junghuhn,249,in adnot,1852;*Wistaria polystachya* K. Koch,Dendr. 1:62. p. p. 1869;*Wistaria brachybotrys* sensu Maxim. in Bull. Soc. Nat. Mosc. 54. 9(Fl. As. Or. Fragm.). 1879. nom.;*Phaseolodes floribundum* O. Kuntze,Rev. Gen. 1:201. p. p. 1891;*Kraunhia floribunda* Taubert in Engl. & Prantl,Nat. Pflanzenfam. III. abt. 3,271. 1894;*Kraunhia floribunda* Taubert β. *sinensis* Makino in Tokyo,Bot. Mag. Tokyo,25:18. 1911.

形态特征:落叶大藤本。茎左旋。小枝幼时被白色柔毛。芽具芽鳞3枚。奇数羽状复叶,互生,长15.0~30.0 cm;托叶早落。小叶7~13枚,对生,卵圆-椭圆形、卵圆-披针形,长4.5~8.0 cm,宽2.0~4.0 cm,先端渐尖、尾尖,基部圆形,或楔形,边缘全缘,幼叶两面密被平伏柔毛,后无毛;小托叶刺毛状,长4~5 mm,宿存。花序为总状花序,着生于去年枝上,长15.0~30.0 cm,下垂;花序梗被白色柔毛。花冠紫色,或紫堇色,长约2.5 cm;花萼杯状,长5~6 mm,宽7~8 mm,密被细柔毛,上方2齿钝,下方3齿为卵圆-三角形;花冠被细柔毛,上方2齿钝,下方3齿为卵圆-三角形;旗瓣圆形,先端微凹,开后反折,基部具2枚胼胝体;翼瓣长圆形,两体雄蕊(9 + 1)枚,花药同型;雌蕊子房线形,密被绒毛;具短柄。荚果长条状,长10.0~15.0 cm,宽1.5~2.0 cm,密被绒毛,具喙,成熟

后悬垂不落,每果具种子1～5粒。花期
4～5月;果实成熟期9～10月。

产地:紫藤产于我国,北讫辽宁、内蒙
古、河北、广东、山东、山西,南达江苏、湖
南,以及陕西、甘肃、四川等省均有栽培。
河南各地有栽培。郑州市紫荆山公园有栽
培。

识别要点:紫藤为落叶大藤本。小枝
被柔毛。奇数羽状复叶,互生。小叶7～13
枚,对生,边缘全缘,幼叶两面密被平伏柔
毛。总状花序下垂;花序梗被白色柔毛。
花冠紫色,或紫堇色。花旗及翼瓣基部具2
枚胼胝体;两体雄蕊(9 + 1)枚。荚果长条
状,具喙,成熟后迟裂。

生态习性:紫藤为温带树种,喜光,不
耐阴。在土层深厚,土壤肥沃、湿润的壤
土、沙壤土上生长最快,萌蘖力强。

繁育与栽培技术要点:紫藤主要采用
播种育苗。其技术与刺槐播种育苗相同。
此外,还可进行插根、分蘖繁殖。栽培技术
通常采用穴栽,丛株采用带土穴栽。

主要病虫害:紫藤主要病虫害有蚜虫、蝼蛄、金龟子、介壳虫等。其防治方法,见杨有
乾等编著. 林木病虫害防治. 河南科学技术出版社,1982。

主要用途:紫藤花期长,可作蜜源树种。花、叶、果入药有祛虫等作用。还可搭花架,
作城市、工矿区绿化树种。

图 113　紫藤 Wisteria sinensis(Sims) Sweet
1. 花枝;2. 花;3. 花瓣;4. 花萼及雄蕊;5. 雌蕊;6. 果
实;7. 种子(选自《中国树木志》)。

IV. 山羊豆族

Fabaceae Linn. trib. **Galegeae**(Br.)Torrey et Gray,Fl. N. Amer. 1838;中国科学院
中国植物志编辑委员会. 中国植物志 第四十二卷 第一分册:1. 1993。

形态特征:落叶灌本,或草本,被单毛,或丁字毛。羽状复叶;托叶贴生,稀合生。小叶
多数,稀1～3枚,边缘全缘。花序为总状花序,稀单生,无小苞片。花旗瓣基部狭,或具瓣
柄,翼瓣常具耳;龙骨瓣钝至锐尖,两体雄蕊(9 + 1)枚,稀单体;雌蕊花柱有时被毛。

本族模式属:山羊豆属 Galea Lionn. 。

产地:本族植物约有20属,分布于北美洲、东亚和欧洲各国。我国有15属。河南有
3种。郑州市紫荆山公园有1种栽培。

(IV) 锦鸡儿属

Caragana Lam. ,Encycl. Méth. Bot. 1;615. 1785;郑万钧主编. 中国树木志 第二卷:
1441. 1985;丁宝章等主编. 河南植物志(第二册):361. 1988;朱长山等主编. 河南种子
植物检索表:211～212. 1994;中国科学院中国植物志编辑委员会. 中国植物志 第四十二

卷 第一分册:13. 1993;中国科学院西北植物研究所编著. 秦岭植物志 第一卷 种子植物
(第三册):41～42. 1981;中国科学院武汉植物研究所编著. 湖北植物志 第二卷:289.
1979;周以良主编. 黑龙江树木志:358. 1986;王遂义主编. 河南树木志:332. 1994;傅立国
等主编. 中国高等植物 第七卷:264. 2001;——*Robinia* Linn. ,Sp. Pl. 722. 1753,p. p. .

　　形态特征:落叶灌本,稀小乔木。偶数羽状复叶,或假掌状复叶;叶轴顶端常呈刺状,
刺早落,或宿存;托叶呈刺状宿存,稀早落。小叶对生,边缘全缘,先端具针尖头;无小托
叶。花单生、并生,或簇生叶腋,具关节;苞片 1 枚,或 2 枚,着生关节处,稀退化为刚毛状,
或无。花冠黄色,稀淡紫色、浅红色;旗瓣带橘红色、土黄色;翼瓣常具耳,基部具长柄;龙
骨瓣具柄;花萼管状、钟状,具 5 齿裂,裂片不等长;两体雄蕊(9 + 1)枚;雌蕊子房无柄,
稀具柄。

　　本属模式种:树锦鸡儿 Caragana arborescens(Linn.)Lam. 。

　　产地:本属植物有 100 余种,分布于中亚、东亚和欧洲各国。我国约 62 种、9 变种、12
变型。郑州市紫荆山公园有 1 种栽培。

　　1. 锦鸡儿　图 114　图版 34:1～2

Caragana sinica(Buc'hoz) Rehd. in Journ. Arn. Arb. 22:576. 1941;郑万钧主编. 中
国树木志 第二卷:1448. 1983;丁宝章等主编. 河南植物志(第二册):362. 图 1228.
1988;朱长山等主编. 河南种子植物检索表:211. 1994;中国科学院中国植物志编辑委员
会. 中国植物志 第四十二卷 第一分册:18～19. 图版4:15～21. 1993;陈嵘著. 中国树木
分类学:548. 1937;中国科学院植物研究所编辑. 中国主要植物图说　5　豆科:320. 图
311. 1955;中国科学院植物研究所主编. 中国高等植物图 第二册:408. 图版 2545. 1983;
中国科学院西北植物研究所编著. 秦岭植物志 第一卷 种子植物(第三册):45～46. 图
34. 1981;卢炯林等主编. 河南木本植物图鉴:124. 图 371. 1998;中国科学院武汉植物研
究所编著. 湖北植物志 第二卷:289～290. 图 1151. 1979;王遂义主编. 河南树木志:334.
图 340:1～8. 1994;傅立国等主编. 中国高等植物 第七卷:267～268. 图 399. 2001;李法
曾主编. 山东植物精要:322. 图 1142. 2004;*Robinia sinica* Buc'hoz,Pl. Nouv. Dwcoul.
24. t. 22. 1779,"R. sinensié" in tab. ;*Robinia chamlagu* L'herit. ,Stirp. Nov. 161. t. 77.
1784;*Caragana chinensis* Turcz. ex Maxim. , Prim. Fl. Amur. 470. 1859;*Aspalathus
chamlagu* O. Kuntze, Rev. Gen. P1. I. 161. 1891;*Caragana chamlagu* Lam. , Encycl.
Méth. Bot. 1;616. 1785;*Caragana chinensis* Turczaninov ex Maixm. in Mém. Div. Sav.
Acad. Sci. St. Pétersb. 9:470(Ind. Fl. Pekin.). 1859. Encycl. .

　　形态特征:落叶灌木,高约 2. 0 m;树皮深褐色。小枝具棱、无毛;托叶刺三角状,长
7～15(～25)mm。小叶 2 对,羽状,稀假掌状,倒卵圆形,或长圆 - 倒卵圆形,长 1. 0～3. 5
cm,宽5～15 mm,先端圆,或微凹,具针尖,或无,基部宽楔形,或楔形,边缘全缘,表面深
绿色,背面淡绿色。花单生,花冠黄色,常带红色,长 2. 8～3. 0 cm,旗瓣窄倒卵圆形,具短
爪,翼瓣长于旗瓣,短爪长为瓣长的 1/2,耳短;两体雄蕊(9 + 1)枚;雌蕊子房无毛;花
萼钟状,长 1. 2～1. 4 cm,具 5 齿,基部偏斜。荚果圆柱状,长 3. 0～3. 5 cm,径约 5 mm。
花期 4～5 月;果实成熟期 7 月。

　　产地:锦鸡儿产于我国河北、江苏、湖北、湖南、浙江、福建、江西、四川、贵州、云南等

地。河南各地有栽培。郑州市紫荆山公园有栽培。

识别要点:锦鸡儿为落叶灌木。小枝具棱。托叶刺三角状。小叶 2 对,羽状,稀假掌状。花单生,花冠黄色,常带红色,旗瓣具短爪,翼瓣长于旗瓣,爪长为瓣长的 1/2,耳短;两体雄蕊(9 + 1)枚;子房无毛。荚果圆柱状。

生态习性:锦鸡儿为温带树种,喜光树种,不耐阴。在土层深厚,土壤肥沃、湿润的壤土、沙壤土上生长最快。萌蘖力强。

繁育与栽培技术要点:锦鸡儿主要采用播种育苗。此外,还可进行插根、分蘖繁殖。其育苗技术与刺槐育苗技术相同。

主要病虫害:锦鸡儿主要病虫害有蚜虫、蝼蛄、金龟子、介壳虫等。其防治方法,见杨有乾等编著. 林木病虫害防治. 河南科学技术出版社,1982。

主要用途:锦鸡儿供观赏、作绿篱。根皮入药有活血、利尿等作用。同时,耐干旱、瘠薄,是护坡、护沟造林的优良灌木。

图 114 锦鸡儿 *Caragana sinica*
(Buc'hoz) Rehd.
(选自《中国高等植物图鉴》)。

V. 山蚂蝗族

Fabaceae Linn. trib. **Desmodieae**(Benth.) Hutch. ,Gen. Pl. I. 477. 1964;中国科学院中国植物志编辑委员会. 中国植物志 第四十一卷:1. 1995; *Fabaceae* Lindl. trib. *Hedysareae* subtrib. *Demodiinae* Benth. in Benth. et Hook. f. ,Gen. Pl. I,449. 1865. Pro. Parte ut Desmodieae .

形态特征:灌本、亚灌本,或草本,稀乔木。羽状复叶,稀掌状 3 小叶。小叶 3(~9)枚,或单叶。花序为总状花序,或圆锥花序,稀头状花序,或伞形花序藏于 1 叶状苞片内,单生,或成对腋生;两体雄蕊(9 + 1)枚,稀单体。荚果多节,稀 1 节。

本族模式属:山蚂蝗属 Desmodium Desv. 。

产地:本族植物有 3 亚族、28 属。我国有 2 亚族、18 属。郑州市紫荆山公园有 1 属、1 种栽培。

(V) 胡枝子属

Lespedeza Michx. ,Fl. Bor. – Amer. 2;70. 1803;郑万钧主编. 中国树木志 第二卷:1504. 1985;丁宝章等主编. 河南植物志(第二册):392. 1988;朱长山等主编. 河南种子植物检索表:216 ~217. 1994;中国科学院中国植物志编辑委员会. 中国植物志 第四十一卷:131. 1995;中国科学院西北植物研究所编著. 秦岭植物志 第一卷 种子植物(第三册):78. 1981;中国科学院武汉植物研究所编著. 湖北植物志 第二卷:304. 1979;周以良主编. 黑龙江树木志:366. 1986;王遂义主编. 河南树木志:338. 1994;傅立国等主编. 中国高等植物 第七卷:181 ~182. 2001; *Hedysarum* Linn. ,Sp. Pl. 745. 1753. p. p. .

形态特征:落叶灌木、半灌木,稀草本。羽状复叶,具 3 小叶。小叶边缘全缘,先端具芒尖;托叶钻状,宿存。花序为总状花序,或花束;苞片小,宿存;小苞片 2 枚,着生于花基部。花双生苞腋内;花两型:有花冠者结实、不结实,无花冠者均结实;花梗顶端无关节;花萼钟状,5 齿裂;雄蕊 10 枚,两体雄蕊(9 + 1)枚。荚果扁平,具网脉,内具 1 粒种子。

本属模式种:无柄花胡枝子 Lespedeza sessiliflora Michx. 。

产地:本属植物约有 60 种,分布很广。我国有 26 种。河南有 12 种,各地有栽培。郑州市紫荆山公园有 1 种栽培。

1. 胡枝子 图 115 图版 34:3 ~ 5

Lespedeza bicolor Turcz. in Bull. Soc. Nat. Mosc.13:69. 1840;郑万钧主编. 中国树木志 第二卷:1507. 图 740:1 ~ 9. 1985;丁宝章等主编. 河南植物志(第二册):393. 1279. 1988;朱长山等主编. 河南种子植物检索表:216. 1994;中国科学院中国植物志编辑委员会. 中国植物志 第四十一卷:143. 145. 图版 34:1 ~ 8. 1995;陈嵘著. 中国树木分类学:550. 1937;中国科学院植物研究所编辑. 中国主要植物图说 5 豆科:519. 图 510. 1955;刘慎谔主编. 东北木本植物图志:342. 图版 116. 图 225. 1955;卢炯林等主编. 河南木本植物图鉴:129. 图 387. 1998;中国科学院植物研究所主编. 中国高等植物图鉴 第二册:40058. 图 2646. 1983;中国科学院西北植物研究所编著. 秦岭植物志 第一卷 种子植物(第三册):79. 1981;周以良主编. 黑龙江树木志:367. 369. 图版 108:1 ~ 4. 1986;王遂义主编. 河南树木志:338 ~ 339. 图 346:1 ~ 6. 1994;傅立国等主编. 中国高等植物 第七卷:187 ~ 188. 图 281. 2001;李法曾主编. 山东植物精要:313. 图 1109. 2004;*Lespedeza bicolor* Turcz. ,Forma microphylla Miqul in Ann. Mus. Lugd. – Bat. III. 47. p. p. , 1867;*Lespedeza bicolor affinis* Maxim. in Mém. Sav. Ètrang. Acad Sci St Pétergsb. IX. 470 (Prim. Amur.) 1859;*Lespedeza cyrtobotrya* Somokou – zoussets,XIV. 19(non Miquei). 1874.

图 115 胡枝子 **Lespedeza bicolor** Turcz.
(选自《中国高等植物图鉴》)。

形态特征:落叶灌木,高达 3.0 m。多分枝;幼枝被短毛,后无毛。羽状复叶,具 3 小叶;托叶 2 枚,窄披针形;小叶先端有芒尖,无小托叶。叶卵圆 – 长圆形、宽椭圆形,或圆形,长 1.5 ~ 7.0 cm,宽 1.0 ~ 3.5 cm、先端圆,或微凹,稀具刺尖,基部圆形、宽楔形,边缘全缘,表面深绿色,无毛,背面灰绿色,疏被柔毛,后无毛;叶柄密被柔毛。花序为总状花序,大型;总花梗长 4.0 ~ 10.0 cm,密被柔毛;小苞片 2 枚,黄褐色,被短柔毛;萼筒钟状,密被柔毛,具 5 齿裂;花冠紫色;雌蕊子房被毛;花梗短,密被柔毛。荚果实斜倒卵球状,长约 1.0 cm,密被短柔毛。花期 7 ~ 9 月;果实成熟期 9 ~ 10 月。

产地:胡枝子产于我国东北、华北、西北地区,以及湖北、湖南、浙江、安徽等省。日本、朝鲜半岛、西伯利亚东部地区也有分布。河南伏牛山区等有分布,各地有栽培。郑州市紫荆山公园有栽培。

识别要点:胡枝子落叶灌木。幼枝被毛,后无毛。3 小叶;小叶先端有芒尖,无小托叶。叶背面灰绿色,疏被柔毛,后无毛;叶柄密被柔毛。花序为总状花序,大型;总花梗密被柔毛。萼筒钟状,密被柔毛,具 5 齿裂;花冠紫色。果实斜卵球状,被柔毛。

生态习性:胡枝子为温带树种。喜光,稍耐阴。在土层深厚,土壤肥沃、湿润的壤土、沙壤土上生长最快。萌蘖力强。在干旱、瘠薄的沙地、黏土地上均可生长。

繁育与栽培技术要点:胡枝子主要采用播种育苗。此外,还可进行插条、分蘖繁殖。其繁育与栽培技术,见:赵天榜等主编. 河南主要树种栽培技术:189 ~ 179. 1994。栽培技术通常采用穴栽,丛株采用带土穴栽。

主要病虫害:胡枝子主要病虫害有蚜虫、蝼蛄、金龟子、介壳虫、胡枝子豆象等。其防治方法,见杨有乾等编著. 林木病虫害防治. 河南科学技术出版社,1982。

主要用途:胡枝子是一种优质肥料、饲料、燃料、编织材料和固土护坡、改良土壤特用经济树种。

三十二、芸香科

Rutaceae Juss.,Gen. Pl. 296. 1786;丁宝章等主编. 河南植物志(第二册):421. 1988;朱长山等主编. 河南种子植物检索表:222 ~ 223. 1994;郑万钧主编. 中国树木志 第四卷:4046. 2004;中国科学院中国植物志编辑委员会. 中国植物志 第四十三卷 第二分册:1. 1999;中国科学院西北植物研究所编著. 秦岭植物志 第一卷 种子植物(第三册):130 ~ 131. 1981;中国科学院武汉植物研究所编著. 湖北植物志 第二卷:324. 1979;周汉藩著. 河北习见树木图说(THE FAMILIAR TREES OF HOPEI by H. F. Chow):254. 1934;周以良主编. 黑龙江树木志:376. 1986;王遂义主编. 河南树木志:345 ~ 346. 1994;傅立国等主编. 中国高等植物 第三卷:398. 2001。

形态特征:乔木、灌木,攀缘藤本,稀草本。单叶,或复叶,互生,稀对生,常具透明油点;无托叶。花两性,或单性,稀杂性同株,辐射对称,稀两侧对称。花序为聚伞花序,稀总状花序、穗状花序,稀花单生、叶上生花。单花具花瓣 4 ~ 5 枚,稀 2 ~ 3 枚,覆瓦状排列,或镊合状排列,多分离,稀下部合生,极少(花瓣与萼片不分)花被片 5 ~ 8 枚,排成 1 轮;雄蕊 4 ~ 5 枚,或为其倍数,花丝分离,或部分合生呈束状、环状,花药 2 室,纵裂;雌蕊由 4 ~ 5 枚心皮组成,稀较少,或较多心皮组成;心皮合生,或分离,蜜腺明显、环状,稀柄状;雌蕊子房上位,稀半下位;花柱合生,或分离,柱头头状;具内生花盘。每子房室具胚珠 2 枚,稀 1 枚至多枚胚珠。果实为蒴果、蓇葖果、浆果、核果、翅果。

本科模式属:芸香属 Ruta Linn.。

产地:本科植物约有 150 属、1 600 多种,分布于热带、亚热带各国,少数分布于温带各国。我国有 29 属、151 种、28 变种。河南有 11 属、27 种、3 变种,各地有栽培。郑州市紫荆山公园有 4 属、5 种栽培。

本科植物分属检索表

1. 果实为蓇葖果，表面密被瘤状突起的腺点。奇数羽状复叶。茎、枝具皮刺 ……………………… …………………………………………………………… 花椒属 Zanthoxylum Linn.
1. 果实为柑果，表面无瘤状突起的腺点。
  2. 落叶小乔木。指状 3 出复件。花子房、果实被短柔毛 ……………… 枳属 Poncirus Raf.
  2. 常绿小乔木。单身复叶，稀单叶。花子房、果实很少有毛。
    3. 子房 2~6 室。每室具胚珠 2 枚 ……………………… 金橘属 Fortunella Swingle
    3. 子房 7~14 室，或更多。每室具胚珠 2 枚至多数 …………………… 柑橘属 Citrus Linn.

（一）芸香亚科

Rutaceae Juss. subfam. **Rutoideae** in Engl. &. Prantl, Nat. Pflanzenfam. 3, 4: 110. 1896；中国科学院中国植物志编辑委员会. 中国植物志 第四十三卷 第二分册：8. 1999。

形态特征：雌蕊由 4~5 枚心皮组成，稀 1~3 枚心皮组成，基部合生，或分离。蓇葖果，沿背腹两缝线开裂，或腹缝线开裂。果瓣内果皮、外果皮明显区别。

产地：本亚科植物有 5 族、约 86 属。我国现有 2 族、9 属，分布与栽培很广。

（Ⅰ）花椒属

Zanthoxylum Linn. , Sp. Pl. 270. 1753；Gen. Pl. ed. 5, 130. no. 335. 1754, p. p. ；丁宝章等主编. 河南植物志（第二册）：422. 1988；朱长山等主编. 河南种子植物检索表：223~225. 1994；郑万钧主编. 中国树木志 第四卷：4047. 2004；中国科学院中国植物志编辑委员会. 中国植物志 第四十三卷 第二分册：8. 40. 1999；中国科学院西北植物研究所编著. 秦岭植物志 第一卷 种子植物（第三册）：135~136. 1981；中国科学院武汉植物研究所编. 湖北植物志 第二卷：325. 1979；周汉藩著. 河北习见树木图说（THE FAMILIAR TREES OF HOPEI by H. F. Chow）：255. 1934；王遂义主编. 河南树木志：348. 1994；傅立国等主编. 中国高等植物 第三卷：399. 2001；*Zanthoxylum* Linn. subfam. *Zanthoxyleae* Presl, WŠeob. Rostlin. 1：282. 1846；*Fagara* Duhamel. , Traiae Arb. Arbust. I. 229. t. 97. 1755；*Thylax* Rafinesque, Med. Bot. II. 114. 1830；*Xanthoxylum* Engl. in Engl. & Prantl, Nat. Pflanzenfam. III. 4：115. 1896, ed. 2, 19a. 214. 1931；*Zanthoxylum* Linn. subgen. *Thylax*（Raf.）Rehd. in Journ. Arn. Arb. 26：71. 1945.

形态特征：落叶，或常绿乔木、灌木，稀木质藤本。茎、枝具皮刺。叶互生，奇数羽状复叶，或 3 小叶，稀单叶。小叶对生、近对生，有透明油点，边缘具小裂齿，锯齿缝间具油点，稀全缘。花单性，雌雄异株。花序为腋生、顶生伞房状复花序，或圆锥状复花序。单花具花被片 4~8 枚，无萼片与花瓣之分。若排为 2 轮，外轮为萼片，内轮为花瓣，均为 4 枚；雄花具雄蕊 4~10 枚，具发育不良的雌蕊呈垫状凸起；雌花无退化雄蕊；雌蕊由离生心皮 2~5枚组成；每心皮具胚珠 2 枚，花柱 2~4 裂，稀不裂，柱头头状。蓇葖果红色，被油点。每果瓣具 1 粒种子。种子黑色，具光泽。

本属模式种：Zanthoxylum clava - herculis Linn. 。

产地：本属植物约有 250 种，分布于亚洲、非洲、大洋洲及北美洲热带、亚热带地区，温带较少。我国约有 39 种、14 变种，分布很广。河南有 10 种、2 变种，分布与栽培很广。郑州市紫荆山公园有 2 种栽培。

本属植物分种检索表

1. 小叶 5～9 枚，稀 3、11 枚。花序为顶生聚伞花序。单花具花瓣 4～8 枚；雄花具雄蕊 4～8 枚，通常 5～7 枚；雌花心皮 4～6 枚，稀 7 枚，常为 3～4 枚 ……… 花椒 Zanthoxylum bungeanum Maxim.
1. 小叶 3～9 枚。花序为腋生聚伞花序。单花具花瓣 6～8 枚；雄花具雄蕊 6～8 枚；雌花心皮 2～3 枚，稀 4 枚 …………………………………………… 竹叶椒 Zanthoxylum armatum DC.

1. 花椒 图 116 图版 34:6～7

Zanthoxylum bungeanum Maxim. in Bull. Acad. Sci. St. Pétersb. 16:212. 1871 et in Mél. Biol. 8:2. 1871, pro parte, exclud. Syn. Z. Simulans Hance；丁宝章等主编. 河南植物志(第二册):424. 图 1322. 1988；朱长山等主编. 河南种子植物检索表:224. 1994；卢炯林等主编. 河南木本植物图鉴:315. 图 943. 1998；郑万钧主编. 中国树木志 第四卷:4049～4051. 图 2118:5～8. 2004；中国科学院中国植物志编辑委员会. 中国植物志 第四十三卷 第二分册:44～47. 1999；中国科学院植物研究所主编. 中国高等植物图鉴 第二册:539. 图 2808. 1983；中国科学院西北植物研究所编著. 秦岭植物志 第一卷 种子植物(第三册):137～138. 图 114. 1981；中国科学院武汉植物研究所编著. 湖北植物志 第二卷:330～331. 图 1219. 1979；中国树木志编委会主编. 中国主要树种造林技术:1168～1174. 图 184. 1978；赵天榜等主编. 河南主要树种栽培技术:316～322. 图 39. 1994；王遂义主编. 河南树木志:351. 图 361:4～7. 1994；傅立国等主编. 中国高等植物 第三卷:411. 图 637. 2001；李法曾主编. 山东植物精要:340. 图 1216. 2004；*Zanthoxylum bungei* Pl. et Linden ex Hance in Journ. Bot. 13:131. 1875；*Zanthoxylum bungei* Pl. et Linden var. *imperforatum* Franch. in Mém. Sci. Nat. Cherbourg. 24:205. 1884；*Zanthoxylum fraxinoides* Hemsl. in Ann. Bot. 9:148. 1895；*Zanthoxylum simulans* Hance var. *imperforatum* (Franch.) Reeder et Chao in Journ. Arn. Arb. 32:70. 1951. Exclud. syn.；*Zanthoxylum nitidum* sensu DC.；Bunge in Mém. Div. Sav. Acad. Sci. St. Pétersb. 2:87 (Enum Pl. Chin. Bor. 13. 1833). 1835；*Zanthoxylum piperitum* DC.，Prodr. 1:725. 1824；*Zanthoxylum usitatum* auct. non. Pierre ex Lannes.；Diels in Not. Roy. Bot. Gard. Edinb. 6:97. 1912, nom. nud.；*Zanthoxylum fraxinoides* Pl. et Linden in Ann. Sci. no. sér. 3(19):82. 1853, nom. nud. Forb. et Hemsl. in Journ. Linn. Soc. Bot. 23:105. 1886, p. p. quoad Pl. Chin. bor. .

形态特征:落叶，或常绿灌木，或小乔木，高 3.0～7.0 m。茎、干具大型皮刺。小枝具小型皮刺，被短柔毛。叶互生，奇数羽状复叶；叶轴两侧具狭翅，被短柔毛，背面具小型皮刺。小叶 5～9 枚，稀 3、11 枚，对生，卵圆－长圆形、椭圆形，或宽卵圆形，长 1.5～7.0 cm，宽 8～30 mm，有透明油点，形态特征:落叶，或常绿灌木，或小乔木，高 3.0～7.0 m。茎、干具大型皮刺。小枝具小型皮刺，被短柔毛。叶互生，奇数羽状复叶；叶轴两侧具狭翅，被短柔毛，背面具小型皮刺。小叶 5～9 枚，稀 3、11 枚，对生，卵圆－长圆形、椭圆形，或宽卵圆形,长 1.5 ~ 7.0 cm,宽 8 ~ 30 mm,有透明油点,先端急尖、短渐尖,常微凹,基部圆形,或钝圆,稀两侧不对称,边缘具细钝锯齿,齿缝处有大而透明油腺点,表面主脉微凹,背面主脉常有斜向上的皮刺,主脉基部两侧密被长柔毛。花单性。花序为顶生聚伞花序,长 2.0 ~ 6.0 cm;花序梗被短柔毛。单花具花瓣 4 ~ 8 枚,排为 1 轮,长 1 ~ 2 mm;雄花具雄蕊 4 ~ 8 枚,通常 5 ~ 7 枚,花丝线形,药隔近顶处具色较深的腺点,退化子房先端 2 叉裂,花盘环状增大;雌花具心皮 4 ~ 6 枚,稀 7 枚,常为 3 ~ 4 枚;子房无柄,花柱略侧生而外弯,柱头头状。蓇葖果通常 2 ~ 3 枚,红色、紫红色,密被瘤状突起腺点。花期 3 ~ 5 月;果实成熟期 7 ~ 9 月。

图 116　花椒 Zanthoxylum bungeanum Maxim.
（选自《中国高等植物图鉴》）。

产地:花椒在我国除东北区、新疆自治区外,华北、西北、华东、中南、西南区各省(市、区)均有分布与栽培。河南各地有栽培。郑州市紫荆山公园有栽培。

识别要点:花椒茎、干具大型皮刺。小枝具小型皮刺,被短柔毛。叶奇数羽状复叶;叶轴具小型皮刺。小叶 5 ~ 9 枚,稀 3、11 枚,对生,有透明油点,边缘齿缝处有大而透明油腺点。蓇葖果红色、紫红色,密被瘤状突起腺点。

生态习性:花椒适应性很强,分布与栽培很广,但不耐寒冷。为喜光树种。在土层深厚,土壤肥沃、湿润的壤土、沙壤土上生长最快。根系发达,萌蘖力强。在干旱、瘠薄的沙地、黏土地上均可生长,但低注、重盐碱地,不宜栽培。

繁育与栽培技术要点:花椒主要采用播种育苗。其繁育与栽培技术,见赵天榜等主编. 河南主要树种栽培技术:316 ~ 322. 1994;赵天榜等. 河南主要树种育苗技术:192 ~ 193. 1982。栽培技术通常采用穴栽,丛株采用带土穴栽。

主要病虫害:花椒主要病虫害有蚜虫、蝼蛄、金龟子、介壳虫、花椒天牛、花椒凤蝶等。其防治方法,见赵天榜等主编. 河南主要树种栽培技术:316 ~ 322. 1994;杨有乾等编著. 林木病虫害防治. 河南科学技术出版社,1982。

主要用途:花椒是一种油料、香料特用经济树种。幼叶、果皮为调味品。种子可榨油,食用,或作工业用油。根系发达,萌蘖力强,是荒地、荒坡水土保持林的优良灌木。且枝刺多,也是一种绿篱树种。

2. 竹叶椒　图 117　图版 34:8

Zanthoxylum armatum DC. ,Prodr. I,727. 1824;丁宝章等主编. 河南植物志(第二册):425 ~ 426. 图 1324. 1988;朱长山等主编. 河南种子植物检索表:223. 1994;卢炯林等主编. 河南木本植物图鉴:314. 图 942. 1998;中国科学院中国植物志编辑委员会. 中国植物志 第四十三卷 第二分册:43 ~ 44. 图版 10:3. 1999;中国科学院植物研究所主编.

中国高等植物图鉴 第二册:540. 图 2810. 1983;中国科学院西北植物研究所编著. 秦岭植物志 第一卷 种子植物(第三册):139~140. 图 116. 1981;中国科学院武汉植物研究所编著. 湖北植物志 第二卷:328~329. 图 1214. 1979;王遂义主编. 河南树木志:350. 图 359;3~6. 1994;傅立国等主编. 中国高等植物 第三卷:410~411. 图 636. 2001;李法曾主编. 山东植物精要:340. 图 1218. 2004;*Zanthoxylum alatum* Roxb.,Fl. Ind. ed. 2,3:768. 1832;*Zanthoxylum planispinum* Sieb. & Zucc. in Abh. Akad. Munchen 4(2):138. 1846;*Zanthoxylum alatum* Roxb. var. *planispinum*(Sieb. & Zucc.)Rehd. & Wils. in Sargent,Pl. Wils. II. 125. 1914;*Zanthoxylum alatum* Roxb. var. *subtrifoliolatum* Franch.,Pl. Delav. 124. 1889;*Zanthoxylum arenosum* Reeder et Cheo in Jopurn. Arn. Arb. 32:71. 1951;*Zanthoxylum bungei* auct. non Planch.;Hance in Ann. Sci. no. sér. 5,5:209. 1866;*Zanthoxylum alatum* sensu Hemsley in Jorn. Linn. Soc. Lond. Bot. 23:105. 1886,non Roxbugh 1832.

　　形态特征:落叶,或常绿灌木,或小乔木。茎、干具大型木质化皮刺,刺基部扁、宽。小枝皮刺直;幼枝梢被锈褐色短柔毛。叶互生,奇数羽状复叶;叶轴两侧具狭翅,背面具小型皮刺,或小叶基部具托叶状皮刺 1 对。小叶 3~9 枚,稀 11 枚,对生,纸质,披针形,或椭圆－披针形,长 3.0~12.0 cm,宽 1.0~3.0 cm,具透明油点,先端急尖、渐尖,基部楔形,边缘具疏裂齿,具油点,稀近全缘,表面腺点少,背面主脉有小刺,主脉两侧被丛状柔毛。花序为腋生聚伞花序,长 2.0~6.0 cm;花序梗无毛,或被锈褐色短柔毛。单花具花瓣 6~8 枚,三角形、钻形,先端尖,长约 1.5 mm;雄花具雄蕊 5~6 枚,花丝线形,药隔处具 1 枚色较深的腺点;不育雌蕊呈垫状凸起,先端 2~3 浅裂;雌花心皮 2~3 枚,子房花柱略侧生而外弯,分离,柱头略为头状。蓇葖果通常 1~2 枚,稀 3 枚,红色,具大型突起腺点。花期 3~5 月;果实成熟期 6~8 月。

图 117　竹叶椒 Zanthoxylum armatum DC.
（选自《中国高等植物图鉴》）。

　　产地:竹叶椒在我国分布与花椒相似。河南各山区有天然分布。郑州市紫荆山公园有栽培。

　　识别要点:竹叶椒茎、干具大型木质化皮刺。奇数羽状复叶;叶轴两侧具狭翅,背面具小型皮刺,或小叶基部具托叶状皮刺 1 对。花序为腋生聚伞花序。单花具花瓣 6~8 枚;雄花具雄蕊 5~6 枚,药隔处具 1 枚色较深的腺点;雌花心皮 2~3 枚。蓇葖果通常 1~2 枚,稀 3 枚,红色,具大型突起腺点。

　　生态习性:竹叶椒与花椒适应性相似。

　　繁育与栽培技术要点:竹叶椒主要采用播种育苗。其繁育与栽培技术,见赵天榜等主编. 河南主要树种栽培技术:316～322. 1994。栽培技术通常采用穴栽,丛株采用带土穴栽。

主要病虫害:竹叶椒主要病虫害有蚜虫、蝼蛄、金龟子、介壳虫、花椒天牛、花椒凤蝶等。其防治方法,见赵天榜等主编. 河南主要树种栽培技术:316～322. 1994;杨有乾等编著. 林木病虫害防治. 河南科学技术出版社,1982。

主要用途:竹叶椒。种子可榨油,食用,或作工业用油。根系发达,萌蘖力强,是荒地、荒坡水土保持林的优良灌木。且枝刺多,也是一种绿篱树种。

(二) 柑橘亚科

Rutaceae Juss. subfam. **Aurantioideae** Engl. in Engl. &. Prantl,Nat. Pflanzenfam. 3, 4:110. 1896,et 1. c. 19 a:213. 1931;中国科学院中国植物志编辑委员会. 中国植物志第四十三卷 第二分册:113～114. 1999。

形态特征:灌木,或乔木。雌蕊由4～5枚心皮组成,稀1～3枚心皮组成,基部合生,或分离。浆果,也称柑果,具革质外果皮,或硬果壳。种子无胚乳。

产地:本亚科植物有2族、6亚族、33属。我国现有2族、5亚族、12属,分布与栽培很广。

(Ⅱ) 金橘属

Fortunella Swingle in Journ. Wash. Acad. Sci. V. 164～167. 1915;丁宝章等主编. 河南植物志(第二册):439. 1988;郑万钧主编. 中国树木志 第四卷:4103. 2004;中国科学院中国植物志编辑委员会. 中国植物志 第四十三卷 第二分册:169. 1999;中国科学院西北植物研究所编著. 秦岭植物志 第一卷 种子植物(第三册):145～146. 1981;中国科学院武汉植物研究所编著. 湖北植物志 第二卷:343. 1979;河北农业大学主编. 果树栽培学 下册 各论:400. 1963;王遂义主编. 河南树木志:356. 1994;傅立国等主编. 中国高等植物 第三卷:441～442. 2001。

形态特征:常绿灌木。小枝绿色,具棱,枝刺腋生,或无刺。单小叶,或单叶,互生,边缘全缘,或不明显钝锯齿,表面密被具透明的腺点;叶柄具狭翅。花两性,1朵至数朵腋生。单花具花瓣5枚,稀4枚,覆瓦状排列;雄蕊为花瓣4～5倍,花丝常合为5束,稀4束,具花盘;子房3～6室,稀8室,每室具胚珠2枚,花柱长,柱头头状;萼5裂,稀4裂。柑果小,球状、卵球状,果皮味甜,或酸,密被油点。

本属模式种:金橘 Fortunella margarita(Lour.)Swingle。

产地:本属植物约有6种,分布于亚洲南部、东部各国。我国有5种及杂交种,分布与栽培于长江以南各省(区、市)。河南有1种,为盆栽。郑州市紫荆山公园有1种栽培。

1. 金橘　羊奶橘　图118　图版34:9～10

Fortunella margarita(Lour.)Swingle in Journ. Wash. Sci. V. 175. 1915,et in Webb. et Batc. Citrus Indust. I. 347. 1943;丁宝章等主编. 河南植物志(第二册):439～440. 图1344. 1988;朱长山等主编. 河南种子植物检索表:226. 1994;郑万钧主编. 中国树木志第四卷:4105. 图2146:2. 2004;中国科学院中国植物志编辑委员会. 中国植物志 第四十三卷 第二分册:172～173. 图版45:4～5. 1999;中国科学院植物研究所主编. 中国高等

植物图鉴 第二册:556. 图 2841. 1983;中国科学院西北植物研究所编著. 秦岭植物志 第一卷 种子植物(第三册):146. 图 124. 1981;中国科学院武汉植物研究所编著. 湖北植物志 第二卷:343 ～ 344. 图 1239. 1979;王遂义主编. 河南树木志:356. 1994;傅立国等主编. 中国高等植物 第三卷:443. 图 692. 2001;李法曾主编. 山东植物精要:342. 图 1225. 2004;*Citrus japonica* Thunb. in Nov. Act. Upsal. III. 199. 1780,et Fl. Jap. 1784.

形态特征:常绿灌木,高达 3.0 m。多分枝,通常无刺。单小叶,互生,卵圆 - 披针形,或长圆形,长 4.0 ～ 8.0 cm,宽 2.0 ～ 3.0 cm,先端钝尖,基部楔形,边缘全缘,或不明显波状细齿,表面深绿色,具光泽,背面青绿色,具透明的腺点;叶柄长 6 ～ 16 mm,具狭翅,与叶片连接处有关节。花两性,1 至数朵腋生;具短梗。单花具花瓣 5 枚;雄蕊 20 ～ 25 枚,长短不等,不同程度合生为若干束;雌蕊着生于略高的花盘上;子房 4 ～ 5 室。柑果长圆体状、球状,长 2.5 ～ 4.0 cm,金黄色,果皮肉质、厚、平滑,多腺点,有香味,肉瓣 4 ～ 5 瓣。种子卵球状。

图 118 金橘 Fortunella margarita
(Lour.) Swingle
(选自《中国高等植物图鉴》)。

产地:金橘在我国分布与栽培于长江流域以南各省(区、市)。河南有 1 种,为盆栽。郑州市紫荆山公园有栽培。

识别要点:金橘为常绿灌木。枝上通常无刺。单叶,互生;叶柄具狭翅,与叶片连接处有关节。花两性,1 至数朵腋生。单花具花瓣 5 枚;雄蕊 20 ～ 25 枚,长短不等,不同程度合生为若干束;雌蕊着生于略高的花盘上;子房 4 ～ 5 室。

生态习性:金橘喜温暖、湿润气候,怕寒冷;喜酸性、湿润与肥沃的壤土、沙壤土;不适于在干燥、瘠薄的沙土、重黏土、重盐碱地上生长。

繁育与栽培技术要点:金橘主要采用嫁接育苗。其繁育与栽培技术,见河北农业大学主编. 果树栽培学 下册 各论:397 ～ 437. 1963。

主要病虫害:金橘主要病虫害有蚜虫、蝼蛄、金龟子、介壳虫等。其防治方法,见杨有乾等编著. 林木病虫害防治. 河南科学技术出版社,1982。

主要用途:金橘是一种经济树种。果可生食,也可作蜜饯。也是一种观赏树种。

(Ⅲ) 枳属

Poncirus Raf. ,Sylva. Tellur. 143. 1838;丁宝章等主编. 河南植物志(第二册):438. 1988;郑万钧主编. 中国树木志 第四卷:4093 ～ 4094. 2004;中国科学院中国植物志编辑委员会. 中国植物志 第四十三卷 第二分册:163 ～ 164. 1999;中国科学院西北植物研究所编著. 秦岭植物志 第一卷 种子植物(第三册):144 ～ 145. 1981;中国科学院武汉植物研究所编著. 湖北植物志 第二卷:342. 1979;王遂义主编. 河南树木志:356. 1994;傅立国等主编. 中国高等植物 第三卷:441. 2001。

形态特征:落叶,或常绿灌木,或小乔木。分枝多,刺多,且长。小枝有2种类型:长枝和短枝。枝曲折,压扁状,绿色,有棱角,具刺粗壮,刺基部扁平。冬芽小,近球状,无毛。叶为指状3出叶,互生;叶轴具翅,稀单叶,或2枚小叶。小叶卵圆形、椭圆形,或倒卵圆形,长1.5~5.0 cm,宽1.0~3.0 cm,先端圆而微凹,基部楔形,边缘全缘,或不明显钝锯齿,表面深绿色,具光泽,具透明的腺点,近无毛;叶柄具狭翅。花两性,单生,或2~3朵并于去年枝节上;具短梗。花先叶开放。单花具花瓣5枚,稀4~6枚,黄色,长1.8~3.0 cm;萼裂片5枚,稀4~6枚,雄蕊为花瓣4倍,或与花瓣同数,花丝分离;雌蕊子房6~8室,密被细毛。每室具胚珠4~8枚;花柱短,柱头头状。柑果球状,径3.0~5.0 cm,橙黄色,密被细毛,果皮粗糙,具多油点。

本属模式种:枳 Poncirus trifoliata(Linn.)Raf.。

产地:本属植物2种,原产于我国,分布与栽培于长江流域以南各省(区、市)。河南各地有栽培。郑州市紫荆山公园有1种栽培。

1. 枳　枸橘　图119　图版34:11~14

Poncirus trifoliata(Linn.)Raf.,Sylva Tellur. 143. 1838;丁宝章等主编. 河南植物志(第二册):438~439. 图1343. 1988;朱长山等主编. 河南种子植物检索表:226. 1994;卢炯林等主编. 河南木本植物图鉴:321. 图961. 1998;郑万钧主编. 中国树木志 第四卷:4094. 图2143. 2004;中国科学院中国植物志编辑委员会. 中国植物志 第四十三卷 第二分册:165. 167~168. 图版44. 1999;中国科学院植物研究所主编. 中国高等植物图鉴 第二册:555. 图2840. 1983;中国科学院西北植物研究所编著. 秦岭植物志 第一卷 种子植物(第三册):145. 图123. 1981;中国科学院武汉植物研究所编著. 湖北植物志 第二卷:342~343. 图1138. 1979;王遂义主编. 河南树木志:356. 图368. 1994;傅立国等主编. 中国高等植物 第三卷:441. 图688. 2001;李法曾主编. 山东植物精要:342. 图1224. 2004;*Citrus trifoliata* Linn.,Sp. Pl. ed. 2,1101. 1763;*Citrus trifoliata* Thunb.,Fl. Jap. 294. 1784;*Citrus triptera* sensu Carr. in Rev. Hort. 1869:15. f. 2. 1869,non Desfontaines,1829;*Limonia trichocarpa* Hance in Journ. Bot. 15:258. 1882;*Pseudaegle sepiaria* Miq. in Ann. Mus. Bot. Lugd. – Bat. 2:83. 1845.

形态特征:落叶灌木,或小乔木,高达5.0 m。小枝压扁状,绿色,有纵棱角,具刺粗壮,刺基部扁平,长1.0~4.0 cm。冬芽小,近球状,无毛。叶为指状3出叶,稀4~5枚,互生,叶柄具翅。小叶卵圆形、椭圆形,或倒卵圆形,长1.5~5.0 cm,宽1.0~3.0 cm,先端圆而微凹,基部楔形,边缘全缘,或不明显钝锯齿,表面深绿色,具光泽,具透明的腺点,幼时中脉被

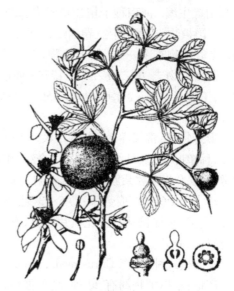

图119　枳 **Poncirus trifoliata**(Linn.)Raf.
(选自《中国高等植物图鉴》)。

细毛,后无毛;叶柄长 1.0～3.0 cm,具狭翅。花杂性,雄花和两性花同株,或异株。花单生,或 2 朵并于去年枝上;具短梗。花先叶开放。花有完全花和不完全花 2 种。不完全花雄蕊发育,雌蕊不发育。花径 3.5～8.0 cm。单花具花瓣 5 枚,稀 4～6 枚,白色,匙形,长 1.5～3.0 cm;萼裂片 5 枚,稀 4～6 枚,长 5～7 mm;雄蕊数常为 20 枚,花丝分离,不等长;雌蕊子房 6～8 室。每室具胚珠 4～8 枚;花柱短,柱头头状。柑果球状,径 3.0～5.0 cm,橙黄色,密被细毛,果皮粗糙,具油点。花期 3～4 月;果实成熟期 9～11 月。

产地:枳原产于我国,分布与栽培于长江流域以南各省(区、市)。河南各地有栽培。郑州市紫荆山公园有栽培。

识别要点:枳全株多分枝,具棱角,通常刺粗壮,刺基部扁平。叶为 3 出复叶,稀 4～5 枚;叶柄具狭翅。花杂性,雄花和两性花同株,或异株。柑果球状,橙黄色,密被细毛,果皮粗糙,具油点。

生态习性:枳喜温暖、湿润气候,怕寒冷;喜酸性、湿润与肥沃的壤土、沙壤土;不适于在干燥、瘠薄的沙土、重黏土、重盐碱地上生长。

繁育与栽培技术要点:枳主要采用播种育苗。其繁育与栽培技术,见赵天榜等主编. 河南主要树种栽培技术:316～322. 1994。栽培技术通常采用穴栽,丛株采用带土穴栽。

主要病虫害:枳主要病虫害有蚜虫、蝼蛄、金龟子、介壳虫等。其防治方法,见杨有乾等编著. 林木病虫害防治. 河南科学技术出版社,1982。

主要用途:枳是一种经济树种。果入药,能破气消食。常作柑橘砧木用。也是一种观赏和绿篱树种。

(IV) 柑橘属

Citrus Linn. ,Sp. Pl. 782. 1753;丁宝章等主编. 河南植物志(第二册):440. 1988;朱长山等主编. 河南种子植物检索表:226～227. 1994;中国科学院中国植物志编辑委员会. 中国植物志 第四十三卷 第二分册:175～177. 1999;中国科学院西北植物研究所编著. 秦岭植物志 第一卷 种子植物(第三册):146. 1981;中国科学院武汉植物研究所编著. 湖北植物志 第二卷:344. 1979;河北农业大学主编. 果树栽培学 下册 各论:401. 1963;王遂义主编. 河南树木志:356. 1994;傅立国等主编. 中国高等植物 第三卷:443～444. 2001。

形态特征:常绿灌木,或小乔木。小枝具刺;幼枝扁,具棱。叶为单身复叶,翼叶通常明显,稀单叶,边缘具细钝裂齿,稀全缘,密具油点;叶柄具翅,或无翅,具透明的腺点。花通常两性,1 朵至数朵簇生叶腋,辐射对称,稀为总状花序。单花具花瓣 5 枚,白色;雄蕊 20～25 枚,或 60 枚,成数束;萼 5～3 裂;雌蕊子房 7～15 室,或更多。每室具 4～8 数枚胚珠,或更多,花柱长,脱落,花盘片明显,有蜜腺。柑果大,球状,或扁球状,橙黄色。种子子叶肉质,无胚乳。

本属模式种:枸橼 Citrus medica Linn. 。

产地:本属植物约有 20 种、品种很多,分布于亚洲热带、亚热带各国。我国分布与引种栽培约有 15 种,以长江以南各省(区、市)很普遍。河南有 6 种、1 变种,南阳有栽培,郑州、开封等市多为盆栽。郑州市紫荆山公园有 1 种栽培。

1. 柑橘　图120　图版35:1~2

Citrus reticulata Blanco,Fl. Filip. 610. 1837;丁宝章等主编. 河南植物志(第二册):
443. 图1350. 1988;朱长山等主编. 河南种子植物检索表:227. 1994;中国科学院中国植
物志编辑委员会. 中国植物志 第四十三卷 第二分册:201~203. 1999;中国科学院植物
研究所主编. 中国高等植物图鉴 第二册:561. 图2851. 1983;卢炯林等主编. 河南木本植
物图鉴:322. 图964. 1998;中国科学院西北植物研究所编著. 秦岭植物志 第一卷 种子植
物(第三册):147. 1981;中国科学院武汉植物研究所编著. 湖北植物志 第二卷:345.
1979;河北农业大学主编. 果树栽培学 下册 各论:397~437. 1963;王遂义主编. 河南树
木志:357. 图369:3~5. 1994;李法曾主编. 山东植物精要:343. 图1231. 2004;*Citrus
nobilis* Lour. ,Fl. Cochinch. 466. 1790;*Citrus deliciosa* Tenore. ,Ind. Sem. Hort. Bot. Nap.
9. 1840;*Citrus reticulata* Blanco var. *austera* Swingle in Journ. Wash. Acad. Sci. 32:25.
1942,et in Webb. ,et Batc. Citrus's Indust. I. 415. 1943;*Cirtus madurensis* Lour. ,海南植物
志 第三卷:53. 1974;傅立国等主编. 中国高等植物 第三卷:448. 图701. 2001。

形态特征:常绿灌木,或小乔木,高达3.0 m。
小枝弱,具刺。叶为单身复叶,革质,披针形至卵
圆－披针形,长5.5~8.0 cm,宽2.9~4.0 cm,先
端渐尖,基部楔形,边缘全缘,或具细锯齿,或圆
裂齿,表面深绿色,具光泽,具透明的腺点;叶柄
细,翅不明显,顶端具关节。花单生,或2~3朵簇
生叶腋。单花具花瓣5枚,黄白色;雄蕊20~25
枚,常3~5枚合成一束;萼片5枚;雌蕊子房7~
14室,稀较多。柑果扁球状等,径5.0~7.0 cm,
橙黄色,或淡红黄色,平滑、粗糙,肉瓢与果皮易
剥离,果心中空。花期4~5月;果实成熟期10~
12月。

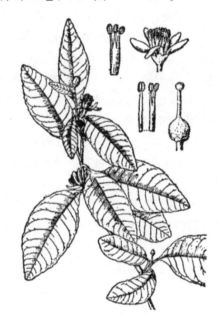

产地:柑橘原产于我国,长江以南各省(区、
市)广泛栽培。河南淅川县露地栽培。河南各地
有栽培。郑州市紫荆山公园温室内有栽培。

识别要点:柑橘为常绿灌木,或小乔木。小
枝具刺。叶为单身复叶,革质,边缘全缘,或具细
锯齿,具透明的腺点;叶柄顶端具关节。单花具

图120　柑橘 Citrus reticulata Blanco
(选自《中国高等植物图鉴》)。

花瓣5枚,黄白色;雄蕊20~25枚,常3~5枚合成一束。柑橘果扁球状,肉瓢与果皮易剥
离,果心中空。

生态习性:柑橘喜温暖、湿润气候,怕寒冷;喜酸性、湿润与肥沃的壤土、沙壤土;不适
于在干燥、瘠薄的沙土、重黏土、重盐碱地上生长。

繁育与栽培技术要点:柑橘主要采用播种育苗。其繁育与栽培技术,见河北农业大学
主编. 果树栽培学 下册 各论:397~437. 1963。

主要病虫害:柑橘有蚜虫、蝼蛄、金龟子、介壳虫等危害。其防治方法,见杨有乾等编

著. 林木病虫害防治. 河南科学技术出版社,1982。

主要用途:柑橘是一种经济树种。果入药,有理气化痰、活血散结之效。柑橘果为我国南方著名水果之一。也是一种观赏树种。

2. 佛手 变种 图121 图版35:3~4

Citrus medica Linn. var. **sarcodactylis**(Noot.)Swingle in Sarg. Pl. Wils. II. 141. 1914 in Webb. et Batc. Citrus Inudst. I. 398. 1943,et in Reuth. et al. 1. c. I. 372. 1967; 丁宝章等主编. 河南植物志(第二册):440~441. 图1346. 1988;朱长山等主编. 河南种子植物检索表:226. 1994;卢炯林等主编. 河南木本植物图鉴:321. 图963. 1998;中国科学院中国植物志编辑委员会. 中国植物志 第四十三卷 第二分册:1866. 1999;中国科学院植物研究所主编. 中国高等植物图鉴 第二册:577. 图2844. 1983;*Citrus limonia* var. *digitata* Risso,Hist. Nat. Orang. Cult. Depart. Alp. Marit. 1813;*Citrus sarcodactylis* Noot. , Fl. Fr. Feuill. Java,No. 1,t. 3. 1863;*Citrus medica* Linn. subsp. *genuina* var. *chhangura* Bonavia apuq Engl. in Engl. & Prantl,Nat. Pflanzenfam. III. Abt. IV. 200. 1895.

形态特征:常绿小乔木。小枝绿色,具短硬刺,无毛。叶为单叶,长圆形,先端钝圆,稀微凹;叶柄短,无翅。雌蕊子房在花柱脱落后分裂。柑果长圆体状,常分裂呈拳状,或张开如指状肉条,其裂数为心皮数;果皮厚,通常无种子。果裂如拳者,称拳佛手;开张如指者,称开佛手。

产地:佛手在我国长江以南各省(区、市)广泛栽培。河南各地区为盆栽。郑州市紫荆山公园有栽培。

识别要点:佛手柑果常分裂呈拳状,或张开如指,其裂数为心皮数。

生态习性:佛手喜温暖、湿润气候,怕寒冷;喜酸性、湿润与肥沃的壤土、沙壤土;不适于在干燥、瘠薄的沙土、重黏土、重盐碱地上生长。

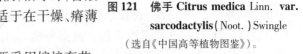

图121 佛手 Citrus medica Linn. var. sarcodactylis(Noot.)Swingle (选自《中国高等植物图鉴》)。

繁育与栽培技术要点:佛手主要采用嫁接育苗。其繁育与栽培技术,见河北农业大学主编. 果树栽培学 下册 各论:397~437. 1963。

主要病虫害:佛手主要病虫害有蚜虫、蝼蛄、金龟子、介壳虫等。其防治方法,见杨有乾等编著. 林木病虫害防治. 河南科学技术出版社,1982。

主要用途:佛手是一种经济树种。果入药,有理气化痰、活血散结之效。为我国南方著名盆栽观赏树种。

三十三、苦木科

Simarubaceae Lindl. ,Introd. Nat. Syst. Bot. 137. 1830;丁宝章等主编. 河南植物志(第二册):444~445. 1988;朱长山等主编. 河南种子植物检索表:227. 1994;郑万钧主编. 中国树木志 第四卷:4107. 2004;中国科学院中国植物志编辑委员会. 中国植物志 第

四十三卷 第三分册:1. 1997;中国科学院西北植物研究所编著. 秦岭植物志 第一卷 种子植物(第三册):149. 1981;中国科学院武汉植物研究所编著. 湖北植物志 第二卷:347. 1979;周汉藩著. 河北习见树木图说(THE FAMILIAR TREES OF HOPEI by H. F. Chow): 262. 1934;王遂义主编. 河南树木志:357~358. 1994;傅立国等主编. 中国高等植物 第三卷:367. 2001;*Simarubeae* DC. in Ann. Mus. Hist. Nat. Paris,17:422. 1811;*Simarubeae* trib. *Simarubeae* Horaninov,Char. Ess. Fam. Rég. Vég. 180. 1847.

形态特征:落叶灌木,或乔木;树皮有苦味,内皮层极苦。叶羽状复叶,稀单叶,互生,无托叶、无腺点。花序为总状花序、圆锥花序,腋生、顶生。花小,单性、杂性,稀两性。单花具花瓣3~5枚,覆瓦状排列,或镊合状排列,多半分离,或合生为管状,稀无花瓣;雄蕊与花瓣同数,或为其2倍;花丝分离,基部有时具1枚鳞片,着生于花盘基部;花药卵球状,或长椭圆体状,2室,纵裂;花盘内生于雄蕊与子房之间,环状,或杯状,边缘全缘、分裂,稀子房发育为子房柄;雌蕊子房上位,2~5室。每室具胚珠1枚,稀2枚,中轴胎座,心皮常基部分裂,花柱2~5枚,分离,或靠合,柱头头状。果实翅果、核果、蒴果。种子单生,具胚乳,或无胚乳。

本科模式属:苦木属 Simarouba Aublet。

产地:本科植物约有20属、120种,产于热带、亚热带各国,少数种分布温带各国。我国有5属、11种、3变种,分布于黄河流域及其以南各省(区、市)。河南有2属、5种、4变种,各地有栽培。郑州市紫荆山公园有1属、1种栽培。

(Ⅰ)臭椿属

Ailanthus Desf. in Mém. Acad. Sci. Paris 1786:265. 1788(nom. cons.);丁宝章等主编. 河南植物志(第二册):445. 1988;朱长山等主编. 河南种子植物检索表:227~228. 1994;郑万钧主编. 中国树木志 第四卷:4107. 2004;中国科学院中国植物志编辑委员会. 中国植物志 第四十三卷 第三分册:1~2. 1997;中国科学院西北植物研究所编著. 秦岭植物志 第一卷 种子植物(第三册):150. 1981;中国科学院武汉植物研究所编著. 湖北植物志 第二卷:347. 1979;周汉藩著. 河北习见树木图说(THE FAMILIAR TREES OF HOPEI by H. F. Chow):265. 1934;王遂义主编. 河南树木志:358. 1994;傅立国等主编. 中国高等植物 第三卷:367. 2001。

形态特征:落叶,或常绿乔木;树皮有苦味,内皮层极苦。小枝粗壮,灰褐色;无顶芽。叶互生,奇数羽状复叶,或偶数羽状复叶。小叶13~41枚,对生、近对生,边缘全缘,基部通常具1~4枚圆钝齿,齿端背面具圆腺焦,有臭味。花序为圆锥花序,腋生、顶生。花小,雌雄同株、异株、杂性,或单性异株。单花具花瓣5枚,长圆形,或卵圆形,边缘内折,长于萼片数倍,镊合状排列;萼片5枚,覆瓦状排列;雄蕊10枚,着生于花盘基部,在雌花中雄蕊不发育;1~5枚心皮分离,或仅基部合生;花丝多半钻状;花药长圆-卵球状,侧向,或半内向纵裂;花盘短,边缘10浅裂;雄花中子房退化,或无;两性花及雌花中花盘5~6裂,稀更少。每室具悬垂胚珠1枚,着生于内壁中部;花柱钻状,分离,柱头平展,或反折,柱头头状。果实翅果。

本属模式种:具腺臭椿 Ailanthus glandulosa Desf. 。

产地:本属植物约有10种,产于亚洲至大洋洲北部热带、亚热带及温带地区。我国有

5 种、2 变种,分布于黄河流域及其以南各省(区、市)。河南有 4 种、4 变种,各地有栽培。郑州市紫荆山公园有栽培。

　　1. 臭椿　图 122　图版 35:5～7

Ailanthus altissima(Mill.)Swingle in Journ. Wsh. Acad. Sci. 6:459. 1916;丁宝章等主编. 河南植物志(第二册):445～446. 图 1352. 1988;朱长山等主编. 河南种子植物检索表:227. 1994;卢炯林等主编. 河南木本植物图鉴:323. 图 969. 1998;郑万钧主编. 中国树木志 第四卷:4109～4111. 图 2149. 2004;中国科学院中国植物志编辑委员会. 中国植物志 第四十三卷 第三分册:4～5. 图版 1:1～7. 1997;陈嵘著. 中国树木分类学:5980. 图 490. 1937;中国科学院植物研究所主编. 中国高等植物图鉴 第二册:561. 图 2852. 1983;中国科学院昆明植物研究所编著. 云南植物志 第一卷:183. 图 43:3～5. 1977;江苏省植物研究所辑. 江苏植物志 下册:404. 1982;中国科学院西北植物研究所编著. 秦岭植物志 第一卷 种子植物(第三册):151～152. 图 127. 1981;中国科学院武汉植物研究所编著. 湖北植物志 第二卷:347～348. 图 1245. 1979;中国树木志编委会主编. 中国主要树种造林技术:756～760. 图 125. 1978;周汉藩著. 河北习见树木图说(THE FAMILIAR TREES OF HOPEI by H. F. Chow):265～267. 图 102. 1934;赵天榜等主编. 河南主要树种栽培技术:198～202. 图 24. 1994;王遂义主编. 河南树木志:359. 图 371:1～4. 1994;傅立国等主编. 中国高等植物 第三卷:368～369. 图 580. 2001;李法曾主编. 山东植物精要:344. 图 1232. 2004;*Taxicodendrom altissima* Mall. , Card. Dict. ed. 8. 1768;*Alboian peregrina* Buchoz,Herb. Color. Am. t. 57. 1783;*Rhus cacopdendron* Ehrh. in Hannox. Mag. 227. 1783;*Alboian cacopdendron*(Ehrh.)Schinz et Thell. in Mém. Soc. Nat. Sc. Cherbourg. 38:679. 1012.

　　形态特征:落叶乔木,高达 30.0 m;树干直,侧枝开展;树皮有苦味,内皮层极苦。小枝粗壮,灰褐色;叶痕明显,无顶芽。叶互生,奇数羽状复叶,长 30.0～60.0 cm;叶柄长 7.0～13.0 cm。小叶 13～27 枚,对生、近对生,卵圆－披针形,长 7.0～11.0 cm,宽 2.0～4.5 cm,先端尖、渐尖,中、上部边缘全缘,被细缘毛,基部一侧偏斜,另侧近半圆形,其通常两侧具 1～4 枚圆钝齿,稀 5～6 枚,齿端背面具圆腺体,有臭味,表面深绿色,近无毛,背面灰绿色,被白粉,有时脉腋被微柔毛。花序为圆锥花序,长 10.0～30.0 cm,腋生、顶生。花单性,或杂性。单花具花瓣 5 枚,淡黄绿色,基部两侧被粗毛;萼片 5 枚,覆瓦状排列;雄蕊 10 枚,雄蕊长于花瓣,花丝基部被粗毛;在雄花中花丝长于花瓣,雌花中花丝短于花瓣;雌蕊子房由 5 心皮组成;花柱扭曲,黏合,柱头 5 裂。果实翅果,长圆－纺锤形,质薄,长 3.0～5.0 cm,宽 9～12 mm,先端扭曲。种子位于翅果中央。花期 5～7 月;果实成熟期 9～10 月。

　　产地:臭椿在我国北部、西北部及西南部各省(区、市)均有分布与广泛栽培。河南伏牛山区有天然分布,各地区广泛栽培。郑州市紫荆山公园有栽培。

　　识别要点:臭椿树皮有苦味,内皮层极苦。小枝粗壮,无顶芽。叶互生,奇数羽状复叶。小叶 13～27 枚,中、上部边缘全缘,基部两侧具 1～4 枚圆钝齿,齿端背面具圆腺焦,有臭味。单花具花瓣 5 枚,两面被微毛;雄花中具雄蕊 10 枚,雄蕊长于花瓣,花丝基部被粗毛;两性花中雄蕊短于花瓣。果实翅果,长圆－纺锤形,先端扭曲。种子位于翅果中央。

生态习性:臭椿对气候条件适应性很强,在绝对最高温47℃、绝对最低温 - 35℃ 条件下,均能生长;在年均气温2～18℃、年降水量400～1 400 mm条件下,生长正常,年胸径生长量达2.0 cm以上;在干燥、瘠薄的沙土、重黏土、重盐碱地上也能生长;在土层深厚、土壤湿润与肥沃的壤土、沙壤土上生长最快。臭椿喜光,不耐遮阴。深根性树种,根系发达在土层极薄石质山地也能生长。

繁育与栽培技术要点:臭椿主要采用嫁接育苗,也可采用扦插育苗,优良品种还可嫁接育苗。其育苗技术,见赵天榜等主编. 河南主要树种栽培技术:198～202. 1994;赵天榜等. 河南主要树种育苗技术:123～124. 1982。

主要病虫害:臭椿主要病虫害有蚜虫、蝼蛄、金龟子、介壳虫、臭椿皮灯蛾、樗蚕、斑衣蜡蝉等。其防治方法,见杨有乾等编著. 林木病虫害防治. 河南科学技术出版社,1982。

主要用途:臭椿适应性很强,是黄土丘陵区、石质山区主要造林先锋树种。树姿优美,抗烟、抗污染,是城乡、工矿区绿化主要树种。木纤维是造纸的优质原料。叶可养蚕。种子榨油供工业用。

图 122　臭椿 Ailanthus altissim(Mill.) Swingle
1. 果枝;2. 雄花;3. 雌花;4. 果 (选自《中国树木志》)。

木材纹理直,易加工,是建筑、家具用材;其

品种:

1.1　臭椿　原品种

Ailanthus altissima(Mill.) Swingle ‘**Altissima**’

1.2　‘红叶’臭椿　品种　图版35:8～10

Ailanthus altissima(Mill.) Swingle ‘**Hongye**’

本品种:落叶乔木,高25.0 m以上;树干直,侧枝开展。小枝粗壮,红褐色,或灰褐色,有时被锈色柔毛。叶互生,奇数羽状复叶。小叶卵圆 - 披针形,长7.0～11.0 cm,宽2.0～4.5 cm,先端渐尖,幼叶、幼枝紫红色。花序为圆锥花序,长10.0～25.0 cm,腋生、顶生。花单性,或杂性。单花具花瓣5枚,绿白色。果实翅果,长圆 - 纺锤形,红褐色,或褐色,长3.0～5.0 cm,宽9～12 mm,先端扭曲。花期6月;果实成熟期8～9月。

产地:‘红叶’臭椿河南各地有栽培。郑州市紫荆山公园有栽培。

三十四、楝科

Meliaceae Vent. ,Tabl. Rég. Vég. 3:159. 1799;丁宝章等主编. 河南植物志(第二册):450. 1988;朱长山等主编. 河南种子植物检索表:228. 1994;郑万钧主编. 中国树木

志 第四卷:4126. 2004;中国科学院中国植物志编辑委员会. 中国植物志 第四十三卷 第三分册:34. 1997;中国科学院西北植物研究所编著. 秦岭植物志 第一卷 种子植物(第三册):151～152. 1981;中国科学院武汉植物研究所编著. 湖北植物志 第二卷:349. 1979;周汉藩著. 河北习见树木图说(THE FAMILIAR TREES OF HOPEI by H. F. Chow):267. 1934;王遂义主编. 河南树木志:360. 1994;傅立国等主编. 中国高等植物 第三卷:375. 2001;*Melieae* Juss., Gen. Pl. 263. 1789.

形态特征:落叶乔木,或灌木,稀亚灌木。叶互生,稀对生,奇数羽状复叶,稀3小叶,或单叶;无托叶。小叶互生、对生,边缘全缘,或具锯齿,基部偏斜。花序为圆锥花序、总状花序、穗状花序,或复聚伞花序。花两性,或杂性异株,辐射对称。单花具花瓣4～5枚,稀3～7枚,覆瓦状排列、镊合状排列、旋卷状排列,分离,或下部与雄蕊管连合;雄蕊4～12枚,花丝合成管状,稀分离;花药着生于花丝管状的内面,或先端,内藏,或突出;花盘着生于雄蕊花丝管内侧,或无;雌蕊子房上位,分离,或与花盘合生,2～5室,稀1室,或更多。每室具1～2枚胚珠,或更多胚珠;花柱单生,或无,柱头盘状,或头状,顶端具槽纹,或2～4枚小齿。果实蒴果、浆果,或核果。种子具翅,或无翅,常具假种皮。

本科模式属:楝属 Melia Linn.。

产地:本科植物约有50属、1 400多种,多分布于热带、亚热带各国,温带种较少。我国有15属、约62种、12变种,引入3属、3种,分布于华南、中南各省(区、市)。河南有4属、6种、5变种,平原各地区广泛栽培。郑州市紫荆山公园有1属、1种栽培。

本科植物分属检索表

1. 枝、叶无香味。叶为二至三回羽状复叶。核果。种子无翅 ·····················楝属 Melia Linn.
1. 枝、叶具香味。叶为一回羽状复叶。蒴果。种子具翅··············香椿属 Toona(Endl.)Roem.

(Ⅰ)楝属

Melia Linn. ,Sp. Pl. 384. 1753;Gen. Pl. ed. 5,182. no. 473. 1754;丁宝章等主编. 河南植物志(第二册):452. 1988;朱长山等主编. 河南种子植物检索表:228. 1994;郑万钧主编. 中国树木志 第四卷:4128. 2004;中国科学院中国植物志编辑委员会. 中国植物志 第四十三卷 第三分册:99～100. 1997;中国科学院西北植物研究所编著. 秦岭植物志 第一卷 种子植物(第三册):153. 1981;中国科学院武汉植物研究所编著. 湖北植物志 第二卷:350. 1979;周汉藩著. 河北习见树木图说(THE FAMILIAR TREES OF HOPEI by H. F. Chow):268. 1934;王遂义主编. 河南树木志:361. 1994;傅立国等主编. 中国高等植物 第三卷:3396. 2001;*Azedarach* Mill. ,Gard. Dict. abrig. ed. 4. 1754.

形态特征:落叶乔木,或灌木。小枝粗壮,被单毛及星状毛;叶痕、皮孔明显。叶互生,一回至三回奇数羽状复叶。小叶边缘具锯齿,或缺齿,稀全缘;具小叶柄。花序为圆锥花序,腋生,多分枝,由多个二歧聚伞花序组成,分枝被星状毛。花两性,萼5～6深裂,覆瓦状排列。单花具花瓣5～6枚,倒卵圆-长圆形、倒披针形、线状匙形,白色,或紫色;雄花花丝合成细长管,短于花瓣,管顶端边缘具10～12齿裂,裂齿又2～3细裂,管部具10～12线纹,口部开展;雄蕊10～12枚,生于雄蕊花丝管内侧上缘裂齿间;花盘浅杯状;雌花子房近球状,3～6室。每室具2枚胚珠。果实核果,外果皮革质,中果皮肉质,内果皮木质,花柱细长;柱头头状,3～6浅裂。每室具胚珠2枚。果实核果,每室具种子1粒。种子椭圆体状,紫褐色。

本属模式种:楝树 Melia azedarach Linn.。

产地:本属植物约有3种,多分布于热带、亚热带各国,温带各国种类分布较少。我国有2种,主要分布于黄河流域各省(区、市)。河南有2种、1变种,平原各地区广泛栽培。郑州市紫荆山公园有1种栽培。

1. 楝树　图123　图版35:11～12

Melia azedarach Linn. ,Sp. Pl. 384. 1753;丁宝章等主编. 河南植物志(第二册):452. 图1356. 1988;朱长山等主编. 河南种子植物检索表:228. 1994;卢炯林等主编. 河南木本植物图鉴:325. 图974. 1998;郑万钧主编. 中国树木志 第四卷:4128. 2004;陈嵘著. 中国树木分类学:598. 图497. 1937;中国科学院植物研究所主编. 中国高等植物图鉴 第二册:566. 图2862. 1983;陈焕镛主编. 海南植物志 第三卷:61. 图566. 1974;中国科学院中国植物志编辑委员会. 中国植物志 第四十三卷 第三分册:100～101. 图版22:6～7. 1997;江苏省植物研究所辑. 江苏植物志 下册:406. 图1398. 1982;昆明植物研究所编著. 云南植物志 第一卷(种子植物):220. 图52:8－10. 1977;中国科学院西北植物研究所编著. 秦岭植物志 第一卷 种子植物(第三册):153～154. 图129. 1981;中国科学院武汉植物研究所编著. 湖北植物志 第二卷:350～351. 图1249. 1979;中国树木志编委会主编. 中国主要树种造林技术:594～598. 图93. 1978;赵天榜等主编. 河南主要树种栽培技术:181～184. 图21. 1994;王遂义主编. 河南树木志:361～362. 图373:1～4. 1994;傅立国等主编. 中国高等植物 第三卷:396～397. 图616. 2001;李法曾主编. 山东植物精要:345. 图1235. 2004;*Melia azedarach* Linn. β. *semperflorens* Linn. ,Sp. Pl. 385. 1753;*Melia japonica* G. Don var. *semperflorens* Makino in Bot. Mag. Tokyo,18:67. 1904;*Melia sempervirens* Swartz,Nov. Gen. Sp. Pl. 67. 1788;*Melia florida* Salisb. ,Prodr. Stirp. Chap. Allert. 317. 1796;*Melia sambucina* Blume,Bijdr. 162. 1825;*Melia australis* Sweet, Hort. Brit. II. 85. 1830;*Melia japonica* G. Don,Gen. Syst. Fl. Nederl. Ind. 162. 1835;*Melia bukayun* Royle,III. Bot. Himal. 144. 1835,nom. nud. ;*Melia commelinii* Medicus ex Steudel,Nomencl. Bot. ed. 2,2:118. 1841,pro syn. ;*Melia cochichinensis* Roem. ,Fam. Nat. Rég. Vég. 1:95. 1846;*Melia orientalis* Roemer,Fam. Nat. Syn. 95. 1846;*Melia toosendan* Sieb. & Zucc. ,Math. – Phys. Cl. Akad. Wiss. Münch. 4,2:159(Fl. Jap. Fam. Nat. 2:51). 1846;*Melia sempervirens* Kuntze,Rev. Gen. 1:109. 1891.

形态特征:落叶乔木,高约20.0 m;侧枝开展;树皮灰褐色,纵裂。小枝粗壮,轮生状,灰褐色,稀被短柔毛,后无毛;叶痕、皮孔明显。叶互生,二回至三回奇数羽状复叶,长20.0～40.0 cm;叶轴初被毛,后无毛。小叶对生,卵圆形、椭圆形、披针形,长3.0～7.0 cm,宽2.0～3.0 cm,先端短渐尖,基部圆形,或楔形,通常偏斜,边缘具钝锯齿,幼叶被星状毛,后无毛,表面深绿色,无毛,背面灰绿色,无毛,主脉明显突起,气味特殊。花序为圆锥花序,长15.0～20.0 cm,与叶轴等长,腋生,幼时被浅褐色星状毛,后无,或宿存。单花具花瓣5枚,淡紫色,倒卵圆－匙形,长约1.0 cm,外面被柔毛,内面无毛;雄蕊10枚,花丝合成雄蕊管,紫色,无毛,或被毛,长 7 ~ 8 mm,管口钻状,2 ~ 3 齿裂的狭裂片 10 枚,花药 10 枚,长椭圆体状,黄色,着生于裂片内侧,与裂片互生;雌蕊子房球状,5 ~ 6 室,无毛,花柱细长,柱头头状,浅裂,3 ~ 5 浅裂。每室具 2 枚胚珠。果实核果,黄绿色、黄色,近球状,或椭圆体状,长 1.0 ~ 2.0 cm,外果皮革质,中果皮肉质,内果皮木质。每室具种子 1 粒。种子椭圆体状,红褐色。花期 4 ~ 5 月;果实成熟期 10 ~ 11 月。

图 123　楝树 Melia azedarach Linn.
1. 花枝;2. 花;3. 果序(选自《中国树木志》)。

产地:楝树产于我国,主要分布于河南、陕西、河北、山东、湖北、广东、广西、海南、台湾等省(区)。河南各地区广泛栽培。郑州市紫荆山公园有栽培。

识别要点:楝树落叶乔木。小枝粗壮,轮生状。叶二回至三回奇数羽状复叶,叶轴初被毛,后无毛。小叶对生,幼叶被星状毛,气味特殊。花序为圆锥花序,腋生,幼时被浅褐色星状毛。雄蕊花丝合成雄蕊管,紫色,外面有毛。果实核果,外果皮革质,中果皮肉质,内果皮木质。

生态习性:楝树与臭椿相似。其要点,见赵天榜等主编. 河南主要树种栽培技术:181 ~ 184. 1994。

繁育与栽培技术要点:楝树采用播种育苗。其育苗与栽培技术,见赵天榜等主编. 河南主要树种栽培技术:198 ~ 202. 1994;赵天榜等. 河南主要树种育苗技术:95 ~ 98. 1982。

主要病虫害:楝树主要病虫害有蚜虫、蝼蛄、金龟子、介壳虫、溃疡病、日本蜡蚧、锈壁虱等。其防治方法,见杨有乾等编著. 林木病虫害防治. 河南科学技术出版社,1982。

主要用途:楝树适应性很强,是黄土丘陵区、石质山区主要造林先锋树种。树姿优美,抗烟、抗污染,是城乡、工矿区绿化主要树种。楝树花期长,为优良蜜源植物。木材纹理直,易加工,是建筑、家具用材。叶可养蚕。果榨油,或酿酒供工业用,其饼为优质肥料。

(Ⅱ) 香椿属

Toona Roem. ,Fam. Nat. Rég. Vég,Syn. 1:131. 1846;丁宝章等主编. 河南植物志(第二册):450. 1988;朱长山等主编. 河南种子植物检索表:229. 1994;中国科学院中国植物志编辑委员会. 中国植物志 第四十三卷 第三分册:36. 1997;傅立国等主编. 中国高等植物 第三卷:376. 2001。

形态特征:落叶乔木;侧枝开展。小枝粗壮,叶痕、皮孔明显。叶互生,羽状复叶。小叶边缘全缘,或具疏锯齿,先端渐长尖,基部偏斜,具透明腺点,有香味。花序为圆锥花序,顶生、腋生,多分枝。花两性,萼 4 ~ 5 裂。单花具花瓣 4 ~ 5 枚,绿白色,花盘盘状、垫状、短柱状,具 5 棱;雄蕊 4 ~ 5 枚,生于花盘顶部,与萼片对生,分离,稀具退化雄蕊;雌花子房 5 室。每室具 8 ~ 10 枚胚珠。蒴果革质,或木质,5 瓣裂。种子多数,具翅。

本属模式种:红椿 Toona ciliata Roem. 。

产地:本属植物约有 15 种,多分布于热带、亚热带各国,温带各国种类分布较少。我国有 4 种,主要分布于黄河流域各省(区、市)。河南有 2 种、2 变种,平原各地区广泛栽培。郑州市紫荆山公园有 1 种栽培。

1. 香椿　图 124　图版 35:13 ~ 15

Toona sinensis(A. Juus.) Roem. ,Fam. Nat. Rég. Vég,Syn. 1:131. 1846;丁宝章等主编. 河南植物志(第二册):450 ~ 451. 图 1355. 1988;朱长山等主编. 河南种子植物检索表:229. 1994;侯宽昭、陈德昭. 植物分类学报, 4:41. 1955;中国科学院植物研究所主编. 中国高等植物图鉴 第二册:573. 图 2826. 1972;陈焕镛主编. 海南植物志 第三卷:75. 1974;昆明植物研究所编著. 云南植物志 第一卷(种子植物):210. 图 48:8 ~ 10. 1977;江苏省植物研究所辑. 江苏植物志 下册:405. 图 1397. 1982;吴征镒主编. 西藏植物志 第三卷:36. 图 13:1 ~ 3. 1986;侯昭宽编著. 广东植物志 第二卷:303. 1991;陈嵘著. 中国树木分类学:602. 图 501. 1937;中国科学院中国植物志编辑委员会. 中国植物志 第四十三卷 第三分册:37 ~ 38. 图版 9 :1 ~ 5. 1997;赵天榜等主编. 河南主要树种栽培技术:366 ~ 370. 图 45. 1994;傅立国等主编. 中国高等植物 第三卷:376 ~ 377. 图 589:1 ~ 5. 2001;李法曾主编. 山东植物精要:345. 图 1234. 2004;—— Harms in Engl. & Prantl, Nat. Pflanzenfam. 3(4):269. 1895, ed. 2, 19b(1):46. 1940;*Cedrela sinensis* A. Juss. in Mém. Mus. Hist. Nat. Paris. 19:255. 294. 1830;*Ailanthus flavescens* Carr. in Rev. Hortic. 366. 1865; *Cedrela sinensis* Franch. in Nouv. Arch. Mus. Paris. sér. 2, 5:220. 1883; *Toona sinensis* Roem. var. *grandis* Pamp. in Nouv. Giorn. Bot. ltal. no. sér. 17:171. 1911.

图 124　香椿 **Toona sinensis**(A. Juus.) Roem.
(选自《中国高等植物图鉴》)。

形态特征:落叶乔木,高 10. 0 ~ 15. 0 m;侧枝开展;树皮灰褐色,纵裂。小枝粗壮,灰褐色,无毛;幼枝被短柔毛,后无毛;叶痕、皮孔明显。叶互生,偶数羽状复叶,长 30. 0 ~ 50. 0 cm;叶轴初被毛,后无毛。小叶 10 ~ 22 枚,对生,或近对生,纸质,长椭圆形、卵 – 披针形,长 5. 0 ~ 15. 0 cm,宽 2. 5 ~ 4. 0 cm,先端尾尖,基部一侧圆形、一侧楔形,通常偏斜,边缘具疏锯齿,稀全缘,表面深绿色,无毛,背面灰绿色,主脉脉腋有束毛,具香气味。花序为圆锥花序,长 30. 0 ~ 60. 0 cm,下垂。单花具花瓣 5 枚,白色,长椭圆形,长约 5 mm;萼杯状,边缘具 5 钝齿,或波状齿,被柔毛及缘毛;雄蕊 5 枚,退化 5 枚;子房圆锥状,具 5 条细沟纹,无毛。每室具 8 ~ 10

枚胚珠。果实蒴果,黄褐色,椭圆体状,长 1.0～1.5 cm,外果皮革质。种子一端具薄翅。花期 5～6 月;果实成熟期 10 月。

产地:香椿产于我国,主要分布于河南、陕西、河北、山东、湖北等省。河南各地区广泛栽培。郑州市紫荆山公园有栽培。

识别要点:香椿落叶乔木。小枝粗壮,灰褐色,无毛,叶痕、皮孔明显。叶互生,偶数状复叶。小叶 10～22 枚,对生,或近对生,纸质,长椭圆形,先端尾尖,基部一侧圆一侧楔形,通常偏斜,边缘具疏锯齿,稀全缘,具香气味。花序为圆锥花序,下垂。单花具花瓣 5 枚,白色;萼边缘具钝齿,或波状齿,被柔毛及缘毛;雄蕊 5 枚,退化 5 枚;子房圆锥状,具 5 条细沟绞,无毛。果实蒴果,黄褐色,椭圆体状,外果皮革质。种子一端具薄翅。

生态习性:香椿为我国温带及亚热带树种,对气候条件适应性很强,在绝对最高气温 47℃、绝对最低气温 −18℃ 条件下,均能生长;在年均气温 13～20℃、年降水量 600～1 500 mm 条件下,生长正常,年胸径生长量达 2.0 cm 以上。在干燥、瘠薄的沙土、重黏土、重盐碱地上也能生长;在土层深厚、土壤湿润与肥沃的壤土、沙壤土上,生长最快,年平均胸径长量达 2.0 cm 以上。臭椿喜光,不耐遮阴。深根性树种。

繁育与栽培技术要点:香椿采用播种育苗、插根与分株繁殖与温室栽培技术等。繁育与栽培技术,见赵天榜等主编. 河南主要树种栽培技术:198～202. 1994;赵天榜等. 河南主要树种育苗技术:95～98. 1982。

主要病虫害:香椿主要病虫害有蚜虫、蝼蛄、金龟子、介壳虫、根腐病、叶锈病、白腐病等。其防治方法,见杨有乾等编著. 林木病虫害防治. 河南科学技术出版社,1982。

主要用途:香椿适应性很强。木材纹理直,是优良的建筑、家具用材。幼枝、嫩叶具香味,可食用。

品种:

1.1　香椿　原品种

Toona sinensis(A. Juus.)Roem. **'Sinensis'**

1.2　'光皮'香椿　新品种　图版 35:16

Toona sinensis(A. Juus.)Roem. **'Guangpi'**, cv. nov.

本新品种树皮光滑,灰白色。

产地:'光皮'香椿河南有栽培。选育者:陈俊通、赵天榜、米建华等。郑州市紫荆山公园有栽培。

三十五、大戟科

Euphorbiaceae Jaume St. – Hilaire, Expos. Fam. Nat. Pl. 2:276, t. 108(1805, after Match);丁宝章等主编. 河南植物志(第二册):458～459. 1988;朱长山等主编. 河南种子植物检索表:230～231. 1994;郑万钧主编. 中国树木志 第三卷:2934. 1997;中国科学院中国植物志编辑委员会. 中国植物志 第四十四卷 第一分册:1. 1994;中国科学院西北植物研究所编著. 秦岭植物志 第一卷 种子植物(第三册):153～157. 1981;中国科学院武汉植物研究所编著. 湖北植物志 第二卷:356. 1979;王遂义主编. 河南树木志:363. 1994;傅立国等主编. 中国高等植物 第三卷:10. 2001。

形态特征:草本,灌木,或乔木,稀藤本;多数含白色汁液,稀淡红色。叶互生,稀对生,轮生,单叶,或复叶,稀为鳞片状;具托叶 2 枚,稀基部具 1~2 枚腺体。叶边缘全缘,或具锯齿,稀掌状深裂;羽状脉,或掌状脉,花序为聚伞花序、总状花序、圆锥花序,稀杯状花序。花小,单性,辐射对称,雌雄同株,或异株。单花通常无花瓣,稀有花瓣;萼片离生,或基部连生,有时退化,或无,在芽内为镊合状排列,或覆瓦状排列;花盘杯状,或分裂为腺体,稀无花盘;雄蕊 1 枚至多数,花丝离生,或连合为柱状,雄花中有退化雄蕊;花药 2~4 室,药室纵裂,稀顶孔开裂,或横裂;雌蕊子房上位,通常 3 室,稀 1~2 室,或多室,花柱与子房同数,离生,或部分连生。每室具 1~2 枚倒生胚珠。果实为蒴果、核果状,稀浆果状。种子胚乳,胚直立。

本科模式属:大戟属 Euphorbia Linn.。

产地:本科植物约有 300 属、5 000 种,广布全世界,以热带地区为多。我国现有 72 属、约 460 种,分布于各省(区、市)。河南有 16 属、47 种、2 变种。郑州市紫荆山公园有 4 属、4 种栽培。

本科植物分属检索表

1. 单叶,2 列及三出复叶。花具花盘;子房 3 室。
  2. 叶为三出复叶。单花具萼片及雄蕊各 5 枚 ………………………………… 重阳木属 Bischofia Bl.
  2. 单叶,2 列。花无花瓣,具花盘,或腺点;雄花具退化子房 …………………………………………
    …………………………………………………… 叶底珠属 Securinega Comm. ex Juss.
1. 单叶。花无花盘。
   3. 花药 2 室。灌木,或乔木。叶为掌状脉。单花具雄蕊 8 枚 ……… 山麻杆属 Alchornea Sw.
   3. 落叶乔木。单叶。花雌雄同序,稀异序。萼 3 浅裂 ……………… 乌桕属 Sapium P. Br

(一) 叶下珠亚科

Euphorbiaceae Jaume St. – Hilaire subfam. **Phyllanthoideae** Ascherson in Fl. Prov. Brandenburg 1:59. 1864;中国科学院中国植物志编辑委员会. 中国植物志 第四十四卷 第一分册:3~4. 1994;*Phyllanthaceae* Hurusawa in Rep. Jap. Bot. Gard. Assoc. 1957:71~73. f. 1. 1975;*Phyllanthaceae* Klotzsch in Monatsber,Akad. Wiss. Berlin,1859:246(Linné's Nat. Pflanzenkl. Tricoccae). 1859.

形态特征:植株无韧皮部及乳汁管,稀具乳汁管组织,乳汁红色、淡红色。单叶,稀 3 出复叶。花序各式。萼片 5 枚,多数分离,常覆瓦状排列;有花瓣及花盘,或只有花瓣,稀花瓣及花盘均无;雄蕊少数至多数,常分离;常具退化雌蕊;雌蕊子房 3~12 室,花柱分离,或合生。每室具 2 枚胚珠。果实为蒴果、核果,或浆果,开裂,或不开裂。

本亚科模式属:叶下珠族 Trib. Phyllantheae Dumort.。

产地:本亚科植物在我国有 10 属。

I. 叶下珠族

Euphorbiaceae Jaume St. – Hilaire trib. **Phyllantheae** Dumort. in Anal. Fam. Pl. 45. 1928;中国科学院中国植物志编辑委员会. 中国植物志 第四十四卷 第一分册:68. 1994。

形态特征:落叶灌木,乔木,或草本。单叶,羽状脉,边缘全缘,或具叶柄。花单性,单生、簇生,或组成各种花式。花萼合生,或 4 ~ 6 枚裂片,具花瓣与花盘,或缺一,或全无;雄蕊 2 ~ 86 枚,花丝离生,或合生,花药 2 室,纵裂;雌蕊子房 1 ~ 15 室,花柱离生,或合生为柱状。每室具胚珠 2 枚。果实为蒴果,或浆果状、核果状,不开裂,或开裂为 3 个果爿。

本族模式属:叶下珠属 Jaume St. – Hilaire Phyllanthus Linn. 。

产地:本族植物在我国有 10 属。

(Ⅰ) 白饭树属　一叶萩属　叶底珠属

Flueggea Wills. , Sp. Pl. 4:637. 1806;——Webster in Allertonia（4）:273. 1984;*Acidoton* P. Br. Civ. Nat. Hist. Jamaica 335. 1756;nom. rejic. , non Acidoton Sw.（1788）; nom. cons. ;*Securinega* Commerson ex Juss. sect. *Fluggea*（Willd.）Pist. et Kuntze,15（2）:448. 1866;*Acidoton* P. Browne sect. *Flueggea* Post et Kuntze,Lex. Gen. Phan. 5. 1903;中国科学院中国植物志编辑委员会. 中国植物志 第四十四卷 第一分册:68 ~ 69. 1994;丁宝章等主编. 河南植物志(第二册):461. 1988。

形态特征:直立灌木,或小乔木,通常无刺。单叶互生,常排成 2 列,边缘全缘,或具细钝齿;羽状脉;叶柄短;具托叶。花小。雌雄异株,稀同株,单生、簇生,或组成密集聚伞花序;苞片不明显;无花瓣;雄花:花梗纤细;萼片 4 ~ 7 枚,覆瓦状排列,边缘全缘,或具锯齿;雄蕊 4 ~ 7 枚,着生在花盘基部,且与花盘腺体互生,顶端长于萼片,花丝分离,花药直立,外向,2 室,纵裂;花盘具腺体 4 ~ 7 枚,分离,或靠合,稀合生;花粉粒近圆球状,具 3 孔沟;退化雌蕊小,2 ~ 3 裂,裂片伸长;雌花:花梗圆柱状,或具纵棱;萼片与雄花的相同;花盘碟状,或盘状,全缘,或分裂;子房 3(稀 2 或 4)室,分离,每室具横生胚珠 2 粒,花柱 3 枚,分离,顶端 2 裂,或全缘。蒴果,圆球状,或三棱状,基部具宿存的萼片,果皮革质,或肉质,3片裂,或不裂而呈浆果状;中轴宿存。种子通常三棱状;种皮脆壳质,平滑,或具疣状凸起;胚乳丰富,胚直,或弯曲;子叶扁而宽,长于胚根。

本属模式种:聚花白饭树 Flueggea leucopyra Will d. 。

产地:本属植物约 12 种,分布于亚洲、美洲、欧洲及非洲的热带至温带各国。我国产 4 种,除西北外,全国各省(区、市)均有分布。河南有 4 种。郑州市紫荆山公园有 1 种栽培。

1. 一叶萩　叶底珠　图 125　图版 36:1

Flueggea suffruticosa（Pall. ）Baill. , Etud. Gen. Euphorb. 502. 1858, et in Nouv. Arch. Mus. Paris II, 7: 76. 1884;——Walk. Fl. Okinawa 626. 1976;——Webster in Allertonia 3（4）:279. 1984;*Pharnaceum ? suffruticosum* Pall. Reise Russ. Reichs 3（2）:716, Pl. E,f. 2. 1776;*Chenopodium ? suffruticosum* Pall. Reise Russ,Reichs 3（1）:424. 1776;nomen. ;*Xylophylla ramiflora* Ait. Hort. Kew. 1: 376. 1789; nom. illeg. ;*Phyllanthus ramiflorus* Pers. Syn. Pl. 2:591. 1807;*Geblera suffruticosa* Fisch. et Mey. Index Sem. Hort. Petropol. 1:28. 1835;*Geblera chinensis* Rupr. in Bull. Cl. Phys. – Math Acad. Imp. Sci. Saint – Petersb. 15:357. 1857;*Phyllanthus fluggeoides* Muell. Arg. in Linnaea 32:16. 1862;*Securinega fluggeoides*（Muell. – Arg. ）Muell. Arg. in DC. Prodr. 15（2）:450. 1866;——Hutch. in Sarg. Pl. Wilson. II. 520. 1916;*Securinega ramiflora*（Ait. ）Muell. Arg. in DC.

Prodr. 15（2）：449. 1866；——Hand. – Mazz. Symb. Sin. 7：221. 1931. nom. illeg.；
Phyllanthus argyi Lévl. in Mém. Acad. Ci. Barcelona 12：550. 1916；*Securinega suffruticosa*
（Pall.）Rehd. in Journ. Arn. Arb. 13：338. 1932，et 14：229. 1933；Pei et Cheng in Contr.
Biol. Lab. Sci. Soc. Chin. Bot. Ser. 4（9）：166. 1934；——H. Keng in Taiwania 6：65.
1955；——Li，Woody Fl. Taiwan 439，fig. 169. 1963；——Airy Shaw in Kew Bull. 25（3）：
493. 1971；——Hsieh in Li，Fl. Taiwan 3：496，Pl. 701. 1977；*Flueggea flueggeoides* Webster
in Brittonia 18：373. 1967；中国科学院中国植物志编辑委员会. 中国植物志 第四十四卷
第一分册：69～70. 图版 19：4～9. 1994；丁宝章等主编. 河南植物志（第二册）：462～
463. 图 1368. 1988；中国高等植物图鉴 第二册：587. 图 2903. 1972。

　　形态特征：落叶灌木，高达 1.5 m，多分枝。
小枝淡绿色，无毛，具棱。单叶，互生，椭圆形，
或卵圆形，长 1.5～5.0 cm，宽 1.0～2.0 cm，先
端尖，或钝圆，基部宽楔形，表面绿色，无毛，背
面灰绿色，边缘全缘，或不整齐波状齿，或细锯
具短叶柄。花小，单性，雌雄异株，单生、簇生，
或花序为聚伞花序、团伞花序、总状花序，或圆
锥花序，下垂。花无花瓣；雄花：萼片卵圆形，
3～6 枚，稀 2 枚，离生，1～2 轮，覆瓦状排列；花
盘分裂，离生，且与萼片互生腺体 3～6 枚；雄蕊
2～6 枚，花丝离生，或合生为柱状，花药 2 室，
纵裂，无退化雌蕊；雌花：萼片与雄花同数，或较
多；花盘腺体小，离生，或合生为杯状、坛状；雌
蕊子房 3 室，稀 4～12 室，花柱与子房同数，离
生，或合生，先端全缘，2 裂小，圆柱状，长的 1
mm，2 裂；雄花单生；花柱 3 裂。果实为蒴果，
三棱 – 扁球状，3 室，红褐色，无毛，3 瓣裂。花
期 7～8 月；果实成熟期 8～9 月。

图 125　一叶萩 Flueggea suffruticosa
（Pall.）Baill.
（选自《中国高等植物图鉴》）。

　　产地：一叶萩广布于我国东北、华北、华东区各省，陕西、四川等省也有分布。河南有
分布。郑州市紫荆山公园有栽培。蒙古、俄罗斯、日本、朝鲜半岛也有分布。

　　识别要点：一叶萩为落叶灌木，多分枝。小枝淡绿色，无毛，具棱。花单性，雌雄异株；
雄花（3～）12 朵叶腋簇生；花盘腺体 2 裂，与萼片互生；退化子房小，圆柱状；雄花单生；花
盘几不分裂，花柱 3 裂。果实为蒴果，三棱 – 扁球状，红褐色，无毛，3 瓣裂。

　　生态习性：一叶萩多生于向阳山坡灌丛、疏林中。适应性很强。在多种气候、立地条
件下，均可生长。

　　繁育与栽培技术要点：一叶萩通常天然更新。也可播种育苗和分株繁殖。栽培技术
通常采用穴栽，丛株采用带土穴栽。

　　主要病虫害：一叶萩病虫害有介壳虫、蚜虫等。其防治技术，见杨有乾等编著. 林木
病虫害防治. 河南科学技术出版社，1982。

主要用途:一叶萩茎皮纤维长,可作编织用。叶、花入药用。

(二) 大戟亚科

Euphorbiaceae Jaume subfam. **Euphorbioideae**,中国科学院中国植物志编辑委员会. 中国植物志 第四十四卷 第三分册:1. 1997。

形态特征:植株具韧皮部及乳汁管,乳汁管无节,乳汁白色。单叶。花序为总状花序、穗状花序及特化的大戟花序。苞片基部常有 2 枚腺体;萼片覆瓦状排列,或无萼片,而由 4~5 枚苞片联合呈花萼状总苞;单花夫花瓣;花盘中间无退化雄蕊,或无花盘;雄花在蕾中直立;雌蕊子房 4~2 室,稀 1 室,花柱分离,或合生。每室具 1 枚胚珠。果实为蒴果,开裂为 3 至 2 瓣裂的分果爿,中轴宿存。

产地:本亚植物在我国有 2 族、7 属、100 种,分布于各省(区、市)。

Ⅱ. 乌桕族

Euphorbiaceae Jaume St. – Hilaire trib. **Hippomaneae** Reichb. , Consp. Rég. Vég. 194. 1828;中国科学院中国植物志编辑委员会. 中国植物志 第四十四卷 第三分册:2. 1997。

形态特征:植株具乳汁。叶生,稀对生,边缘全缘;叶柄具 2 枚腺体。花雌雄异株,或同株无花冠。花序为穗状花序,稀为总状花序,顶生、腋生。雌雄花同序时,雌花少,着生于花序轴基部,雄花多,着生于花序轴中、上部;苞片具 2 枚腺体。雄花萼片 2~5 枚,离生,或合生具裂片 2~5 齿裂,稀齿裂很小,或无;雄蕊 2 ~3 枚,稀多数,花丝离生,或合为单体雄蕊;雌蕊子房 2~3 室,稀多室,花柱 3 枚,近离生,或部分连合。每室具 12 枚胚珠。果实为蒴果。

本族模式属:Hippomane Linn. 。

产地:本族植物在我国有 5 属。河南有分布,各地有栽培。郑州市紫荆山公园有 1 属、1 种栽培。

(Ⅱ) 乌桕属

Sapium P. Browne,Civ. Nat. Hist. Jamaica,338. 1756;丁宝章等主编. 河南植物志 (第二册):478. 1988;朱长山等主编. 河南种子植物检索表:234. 1994;郑万钧主编. 中国树木志 第三卷:3020. 1997;中国科学院中国植物志编辑委员会. 中国植物志 第四十四卷 第三分册:12 ~13. 1997;中国科学院西北植物研究所编著. 秦岭植物志 第一卷 种子植物(第三册):178 ~179. 1981;中国科学院武汉植物研究所编著. 湖北植物志 第二卷:382. 1979;王遂义主编. 河南树木志:372. 1994;傅立国等主编. 中国高等植物 第三卷:113. 2001;*Triadica* Lour. , Fl. Cochinch. 610. 1790,p. p. ;*Sapiopsis* J. Müell. Argov. in Linn. ,32:84. 1863.

形态特征:落叶灌木,或乔木,各部含白色汁液。单叶,互生,稀近对生,边缘全缘,或具锯齿,羽状脉,无毛;叶柄先端具 2 枚腺体,稀无;托叶小。花单性,雌雄同株,稀异株。雌雄花同序时,雌花少,着生于花序轴基部,雄花多,着生于花序轴中、上部;密生为顶生穗状花序、穗状圆锥花序,或总状花序,稀生于上部叶腋;单花无花瓣、无花盘;苞片具 2 枚腺体。雄花小、黄色、淡黄色,无退化雌蕊,生于花序上部;每苞腋具花 2 ~3 朵;花萼膜质,杯状,2 ~3 浅裂,或 2 ~3 枚小齿;雄蕊 2 ~3 枚,花丝离生,花药 2 室,纵裂。雌花生于花序基部,每苞腋具花 1 朵;花萼膜质,杯状,3 深裂,或管状具 3 齿,稀萼片 2 ~3 枚,雌蕊子房 2 ~3 室,花柱 3 枚,分离,或基部合生,柱头外卷。每室具 1 枚胚珠。果实为蒴果,通常背室开裂为 3 枚果爿,稀浆果状。种子球状,被蜡质的假种皮,或无。

本属模式种:Sapium jamaicense Swartz。

产地:本属植物约有 120 种,广布于热带地区,少数种分布于亚热带各国。我国有 9 种,分布于黄河流域以南各省(区、市)。河南有 4 种、4 变种,各地有栽培。郑州市紫荆山公园有 1 种栽培。

1. 乌桕　图 126　图版 36:2 ~5

Sapium sebiferum(Linn.)Roxb.,Fl. Ind. ed. 2,3:693. 1832;丁宝章等主编. 河南植物志(第二册):478 ~479. 图 1393. 1988;朱长山等主编. 河南种子植物检索表:234. 1994;郑万钧主编. 中国树木志 第三卷:3020. 图 1549. 1997;金平亮三著. 台湾植物志 第三卷:496. 1977;陈焕镛主编. 海南植物志 第二卷:182. 图 395. 1965;中国科学院植物研究所主编. 中国高等植物图鉴 第二册:617. 图 2963. 1983;中国科学院中国植物志编辑委员会. 中国植物志 第四十四卷 第一分册:14. 16. 图版 3:1 ~4. 1997;卢炯林等主编. 河南木本植物图鉴:259. 图 775. 1998;中国科学院西北植物研究所编著. 秦岭植物志 第一卷 种子植物(第三册):179 ~180. 图 154. 1981;中国科学院武汉植物研究所编著. 湖北植物志 第二卷:382 ~383. 图 1288. 1979;中国树木志编委会主编. 中国主要树种造林技术:1032 ~1046. 图 170. 1978;赵天榜等主编. 河南主要树种栽培技术:249 ~253. 图 31. 1994;王遂义主编. 河南树木志:372 ~373. 图 386:3 ~7. 1994;傅立国等主编. 中国高等植物 第三卷:113 ~114. 图 183. 2001;李法曾主编. 山东植物精要:351. 图 1257. 2004;*Croton sebiferum* Linn.,Sp. Pl. 1004. 1753;*Triadica sinensis* Lour.,Fl. Cochinch, 610. 1790;*Stillingia sebifera* Michaux, Fl. Bor. Amer. 2:213. 1803;*Excoecaria sebifera* Müell. Arg. in DC. Prodr. 15, 2:1210. 1866;*Stillingfleetia sebifera* Bojer, Hort. Maurit. 284. 1837;*Stillingia sinensis* Baillon,Èt. Gen. Eephorb. 512,t. 7. f. 26 –30. 1858.

形态特征:落叶乔木,高达 15.0 m;树皮灰褐色,纵裂。小枝细,无毛。各部含白色乳汁。叶互生,菱形、菱 – 卵圆形、稀菱 – 倒卵圆形,长 3.0 ~10.0 cm,宽 3.0 ~9.0 cm,先端短尖、长渐尖,基部近圆形,或宽楔形,边缘全缘,侧脉 6 ~10 对,表面绿

图 126　乌桕 Sapium sebiferum(Linn.) Roxb.
（选自《中国高等植物图鉴》）。

色,无毛,表面深绿色,背面灰绿色;叶柄长 1.5 ~ 3.5 cm,先端具 2 枚盘状腺体。花序为顶生穗状花序,长 4.5 ~ 14.0 cm。花单性,雌雄同株。单花无花瓣、无花盘;雄花苞片杯状,顶端不规则 3 裂,每苞片内具花 10 ~ 15 朵,小苞片 3 枚,边缘撕裂状;花萼杯状,边缘具不规则细齿;雄蕊 3 枚,稀 2 枚,伸出花萼外,花药球状;雌花少数,着生于花序基部,苞片 3 深裂,每苞片内具花 1 朵,萼片卵圆形,或卵圆 - 披针形;子房光滑,3 室,花柱 3 枚,基部合生,上部反卷。果实为蒴果,近球状,径约 1.5 cm。种子球状,具白色蜡质层。花期 4 ~ 7 月;果实成熟期 10 ~ 11 月。

产地:乌桕分布于我国黄河流域以南各省(区、市)。河南伏牛山区、桐柏山区、大别山区有分布,平原各地区广泛栽培。郑州市紫荆山公园有栽培。

识别要点:乌桕为落叶乔木。各部含白色乳汁。单叶,互生,菱形、菱 - 卵圆形;叶柄先端具 2 枚盘状腺体。花序为顶生穗状花序。雌雄同株;单花无花瓣及花盘。果实为蒴果,近球状。种子球状,具白色蜡质层。

生态习性:乌桕分布与栽培很广,在北纬 18°30′ ~ 36°、东经 99° ~ 121°41′ 均有分布与栽培;喜温暖、湿润气候。在干燥、瘠薄的沙土、重黏土、重盐碱地上也能生长;在土层深厚、土壤湿润与肥沃的壤土、沙壤土上生长最快。乌桕喜光,不耐遮阴。深根性树种,根系发达,在土层极薄石质山地,也能生长。耐水湿,在水稻田埂上也能良好生长。

繁育与栽培技术要点:乌桕采用播种育苗,也可采用嫁接技术繁育优良品种。其育苗与栽培技术,见赵天榜等主编. 河南主要树种栽培技术:249 ~ 253. 1994;中国树木志编委会主编. 中国主要树种造林技术:1033 ~ 1046. 1978;赵天榜等. 河南主要树种育苗技术:186 ~ 189. 1982。

主要病虫害:乌桕有蚜虫、小地老虎、蝼蛄、金龟子、介壳虫、乌桕毒蛾、樗蚕、水青蛾、大柏蚕、乌桕卷叶蛾等危害。其防治方法,见杨有乾等编著. 林木病虫害防治. 河南科学技术出版社,1982;中国树木志编委会主编. 中国主要树种造林技术:1033 ~ 1046. 1978。

主要用途:乌桕为我国优良的特用经济树种。种子外具蜡质,可制蜡照明,还可榨油,供工业用。树姿优美,抗烟、抗污染,是城乡、工矿区绿化主要树种。花期长,为优良蜜源植物。木材纹理直,易加工,是建筑、家具用材。叶可养蚕。种子榨油,其饼为优质肥料。

(Ⅲ) 秋枫属　　重阳木属

Bischofia Bl. ,Bijdr. Fl. Nederl. Ind. 1168. 1865;丁宝章等主编. 河南植物志(第二册):466. 1988;郑万钧主编. 中国树木志 第三卷:2964. 1997;中国科学院中国植物志编辑委员会. 中国植物志 第四十四卷 第一分册:184. 1997;中国科学院西北植物研究所编著. 秦岭植物志 第一卷 种子植物(第三册):164. 1981;中国科学院武汉植物研究所编著. 湖北植物志 第二卷:367 ~ 368. 1979;王遂义主编. 河南树木志:367. 1994;傅立国等主编. 中国高等植物 第三卷:59. 2001;*Micyoelus* Wight et Arn. in Edinb. New Philos. Journ. 14:298. 1837;*Stylodiscus* Benn. in Horst. Pl. Jav. Rar. 133,tab. 29. 1838.

形态特征:落叶乔木。叶互生,三出复叶,稀 5 小叶;具长柄。花序为腋生,总状花序,或圆锥花序,下垂。花单性,雌雄同株。单花通常无花瓣;无花盘;萼 5 枚,离生,半圆形,内凹为勺状;雄花,萼片镊合状排列,初包围雄蕊,后外弯,雄蕊 5 枚,分离,环绕花盘与萼片对生;花丝极短;退化雌蕊短宽;雌花有退化雄蕊 5 枚;子房上位,3 ~ 4 室。每室具 2 枚胚珠,花柱 2 ~ 4 枚,长而肥厚。果实为核果,球状。种子长球状,无种阜,外种皮质脆。

　　本属模式种:秋枫 Bischofia javanica Bl. 。

　　产地:本属植物有 2 种,广布于印度和我国秦岭以南各省(区、市),以及太平洋各岛。我国有 2 种。河南有 1 种。郑州市紫荆山公园有 1 种栽培。

　　1. 重阳木　图 127　图版 36:6 ~ 8

Bischofia racemosa Cheng et C. D. Chu,Airy Shaw in Kew Bull. 27(2):271. 1972;丁宝章等主编. 河南植物志(第二册):466 ~ 467. 图 1374. 1988;朱长山等主编. 河南种子植物检索表:232. 1994;郑万钧主编. 中国树木志 第三卷:2967. 图 1521. 1997;中国科学院中国植物志编辑委员会. 中国植物志 第四十四卷 第一分册:187 ~ 188. 图版 56:1. 1997;卢炯林等主编. 河南木本植物图鉴:255. 图 764. 1998;中国科学院植物研究所主编. 中国高等植物图鉴 第二册:592. 图 2913. 1983;中国科学院西北植物研究所编著. 秦岭植物志 第一卷 种子植物(第三册):164. 图 140. 1981;中国科学院武汉植物研究所编著. 湖北植物志 第二卷:368. 图 1268. 1979;王遂义主编. 河南树木志:367 ~ 368. 图 379. 1994;傅立国等主编. 中国高等植物 第三卷:59. 图 97. 2001;李法曾主编. 山东植物精要:348. 图 1247. 2004;*Ciltis polycarpa* Lévl. in Fedde,Rep. Sp. Nov. II. 296. 1912,et Fl. Kouy – Tcheou 424. 1915;*Bischofia racecmosa* Cheng et C. D. Chu in Scientia Sylvae 8 (1):13. 1963.

　　形态特征:落叶乔木,高达 10.0 m;树皮浅棕褐色、黑褐色,纵裂。叶互生,三出复叶;具长柄。小叶卵圆形,或卵圆 – 椭圆形,长 6.0 ~ 14.0 cm,宽 4.5 ~ 7.0 cm,先端渐尖、短尾尖,基部圆形,或微心形,通常偏斜,边缘具细锯齿,表面深绿色,无毛,背面灰绿色,主脉明显突起,具透明腺点,有香味;小叶柄长约 5 mm;顶生小叶柄长 2.5 ~ 3.5 cm。花序为总状花序,下垂。雄花序长 8.0 ~ 13.0 cm;雌花序较疏散;花柱 2 ~ 3 枚。果实成熟时红褐色。

　　产地:重阳木分布于我国秦岭、淮流域及其以南各省(区、市)。河南各地有栽培。郑州市紫荆山公园有栽培。

　　识别要点:重阳木为落叶乔木;树皮浅棕褐色、黑褐色,纵裂。叶互生,三出复叶;具长柄。花序为总状花序,下垂。雄花序长 8.0 ~ 13.0 cm;雌花序较疏散;花柱 2 ~ 3 枚。果实成熟时红褐色。

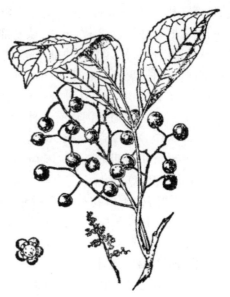

图 127　重阳木 Bischofia racemosa
Cheng et C. D. Chu
(选自《中国高等植物图鉴》)。

　　生态习性:重阳木喜温暖、湿润气候,不耐寒,黄河以北地区易遭冻害。在干燥、瘠薄的沙土、重黏土、重盐碱地上生长不良;在土层深厚、土壤湿润与肥沃的壤土、沙壤土上生长最快。乌桕喜光,不耐遮阴。深根性树种,根系发达,在土层极薄石质山地也能生长。

繁育与栽培技术要点:重阳木采用播种育苗。其繁育与栽培技术,见赵天榜等主编.
河南主要树种栽培技术:198~202. 1994。栽培技术通常采用穴栽,大苗、幼树采用带土
穴栽。

主要病虫害:重阳木有蚜虫、蝼蛄、金龟子、介壳虫、溃疡病、日本蜡蚧、锈壁虱等危害。
其防治方法,见杨有乾等编著. 林木病虫害防治. 河南科学技术出版社,1982。

主要用途:重阳木适应性较强,树姿优美,是城乡绿化主要树种。木材纹理直,是建
筑、家具用材。

(Ⅳ) 山麻杆属

Alchornea Sw. ,Prodr. 98. 1788,et Fl. Ind. Occ. II. 1153,t. 24. 1800;丁宝章等主
编. 河南植物志(第二册):477. 1988;郑万钧主编. 中国树木志 第三卷:3028. 1997;中国
科学院中国植物志编辑委员会. 中国植物志 第四十四卷 第二分册:66~67. 1996;中国
科学院西北植物研究所编著. 秦岭植物志 第一卷 种子植物(第三册):173. 1981;中国科
学院武汉植物研究所编著. 湖北植物志 第二卷:380~381. 1979;王遂义主编. 河南树木
志:371. 1994;傅立国等主编. 中国高等植物 第三卷:77. 2001。

形态特征:落叶灌木,或乔木。单叶,互生,边缘全缘,或具锯齿,基部3~5出脉,或羽
状脉;叶柄先端具2枚腺体。花序为顶生,或腋生穗状花序、总状花序,或圆锥花序。花单
性,雌雄异株,或同株。同株时,雄花序腋生,雌花序顶生。单花无花瓣;雄花花萼2~5深
裂,镊合状排列;雄蕊8枚,花丝基部连合;雌花花萼3~8裂;子房2~3室,稀4室。每室
具1枚胚珠,花柱线形,3枚,分离,或基部连合,顶部不裂,或2裂。果实蒴果,2~3瓣裂。
种子球状,无种阜,稀具退化种阜,胚乳肉质。

本属模式种:美洲山麻杆 Alchornea ltifolia Sw.。

产地:本属植物约有70种,广布于热带、亚热带各国。我国约有2种、2变种,分布于
秦岭以南各省(区、市)。河南有1种,各地有栽培。郑州市紫荆山公园有1种栽培。

1. 山麻杆　图128　图版36:9

Alchornea davidii Franch. in Nouv. Arch. Mus. Hist. Nat. Paris,sér. 2,7:74. t. 6
(Pl. David. 1:264)1884;丁宝章等主编. 河南植物志(第二册):477. 图1390. 1988;朱长
山等主编. 河南种子植物检索表:234. 1994;郑万钧主编. 中国树木志 第三卷:3030.
1997;陈嵘著. 中国树木分类学:617. 图513. 1937;中国科学院植物研究所主编. 中国高
等植物图鉴 第二册:602. 图2934. 1983;中国科学院中国植物志编辑委员会. 中国植物
志 第四十四卷 第二分册:69~70. 1996;卢炯林等主编. 河南木本植物图鉴:258. 图772.
1998;中国科学院西北植物研究所编著. 秦岭植物志 第一卷 种子植物(第三册):173~
174. 图149. 1981;中国科学院武汉植物研究所编著. 湖北植物志 第二卷:81. 图1286.
1979;王遂义主编. 河南树木志:371. 图385. 1994;傅立国等主编. 中国高等植物 第三
卷:78. 图127. 2001.李法曾主编. 山东植物精要:350. 图1253. 2004。

形态特征:落叶灌木,高1.0~3.0 m。小枝密被茸毛。单叶,互生,宽卵圆形,或近圆
形,长7.0~20.0 cm,宽6.0~20.0 cm,先端短尖,基部浅心形,具腺体和2枚线状小托
叶,边缘全缘,或具锯齿,基部3出脉;叶柄长3.0~9.0 cm,被柔毛。雄花序为腋生穗状
花序,长1.5~3.0 cm;雄花密集,萼片3~4枚;雄蕊6~8枚;雌花序为顶生总状花序;雌

花疏,萼片 3 ~ 4 枚,窄卵圆形;子房密被毛,花柱离生。果实为蒴果,球状,被毛。花期 3 ~ 5 月;果实成熟期 6 ~ 7 月。

产地:山麻杆分布于我国黄河流域以南各省(区、市)。河南伏牛山区、桐柏山区、大别山区有分布,平原各地区广泛栽培。郑州市紫荆山公园有栽培。

识别要点:山麻杆为落叶灌木。小枝密被茸毛。叶基部具腺体和 2 枚线状小托叶,边缘全缘,或具锯齿,基部 3 出脉。雄花序为腋生穗状花序;雌花序为顶生总状花序;雌花子房密被毛,花柱离生。果实为蒴果,球状,被毛。

图 128　山麻杆 Alchornea davidii Franch.
(选自《中国高等植物图鉴》)。

生态习性:山麻杆分布于我国西南地区。喜温暖、湿润气候。在干燥、瘠薄的沙土、重黏土地上也能生长;在土层深厚、土壤湿润与肥沃的壤土、沙壤土上生长良好。萌蘖力强。

繁育与栽培技术要点:山麻杆采用播种育苗,也可采用分株繁育。栽培技术通常采用穴栽,丛株采用带土穴栽。

主要病虫害:山麻杆主要病虫害有蚜虫、小地老虎、蝼蛄、金龟子、介壳虫等。其防治方法,见杨有乾等编著. 林木病虫害防治. 河南科学技术出版社,1982。

主要用途:山麻杆可作造纸原料。种子可榨油,供制肥料用。全株入药,可杀虫。适应性强,可作水土保特林先锋树种,还可绿化用。

三十六、黄杨科

Buxaceae Dumortier,Comment. Bot. 54. 1822;丁宝章等主编. 河南植物志(第二册):492 ~ 493. 1988;朱长山等主编. 河南种子植物检索表:236 ~ 237. 1994;郑万钧主编. 中国树木志 第二卷:1933;中国科学院西北植物研究所编著. 秦岭植物志 第一卷 种子植物(第三册):181. 1981;中国科学院中国植物志编辑委员会. 中国植物志 第四十五卷 第一分册:16 ~ 17. 1980;中国科学院武汉植物研究所编著. 湖北植物志 第二卷:396. 1979;王遂义主编. 河南树木志:373. 1994;傅立国等主编. 中国高等植物 第三卷:1. 2001。

形态特征:常绿灌木、小乔木,稀草本。单叶,互生,或对生,边缘全缘,或具齿牙,羽状脉,或离基 3 出脉;无托叶。花小,整齐,无花瓣,单性,雌雄同株,或异株。花序为总状花序,或密集的穗状花序,或簇生,具苞片;雄花萼片 4 枚;雌雄花:萼片 6 枚、2 轮,无花瓣,覆瓦状排列,雄蕊 4 枚,或 6 枚,与萼片对生,分离,花药大,2 室,花丝多少扁阔;雌蕊通常由 3 心皮(稀由 2 心皮)组成,子房上位,3 室,稀 2 室,花柱 2 ~ 3 枚,常分离,宿存。每室有 2 枚并生、下垂的倒生胚珠,脊向背缝线。果实为室背裂开的蒴果,或核果状浆果。种子黑色、光亮,胚乳肉质,胚直,有扁薄,或肥厚的子叶。

本科模式属:黄杨属 Buxus Linn. 。

产地:本科植物有 6 属、约 100 种,分布于热带、亚热带和温带各国。我国有 3 属、27

种,分布于西南部、西北部、中部、东南部,直至台湾省。河南有 2 属、3 种,各地有栽培。郑州市紫荆山公园有 2 属、2 种栽培。

（Ⅰ）黄杨属

Buxus Linn. ,Sp. Pl. 983. 1753;Gen. Pl. ed. 5,423. no. 934 . 1754;丁宝章等主编. 河南植物志(第二册):493. 1988;朱长山等主编. 河南种子植物检索表:237. 1994;郑万钧主编. 中国树木志 第三卷:1933. 1985;中国科学院中国植物志编辑委员会. 中国植物志 第四十五卷 第一分册:17. 1980;中国科学院西北植物研究所编著. 秦岭植物志 第一卷 种子植物(第三册):182. 1981;中国科学院武汉植物研究所编著. 湖北植物志 第二卷:396～397. 1979;王遂义主编. 河南树木志:373. 1994;傅立国等主编. 中国高等植物 第三卷:1. 2001。

形态特征:常绿灌木,或小乔木。小枝四棱状。单叶,对生,革质,或薄革质,边缘全缘,羽状脉,具光泽;具短叶柄。花单性,雌雄同株,花序总状花序、穗状花序,或密集的头状花序,具苞片多枚,腋生,或顶生。雌雄花同序。雌花一朵,生花序顶端;雄花数朵,生花序下方,或四周;花小;雄花:萼片 4 枚,分内外 2 列,雄蕊 4 枚,与萼片对生,不育雌蕊 1 枚;雌花:具小苞片 3 枚,萼片 6 枚,子房 3 室,花柱 3 枚,柱头常下延。果实为蒴果,球状,或卵球状,成熟时沿室背裂为三瓣,宿存花柱,每瓣两角上各有半爿花柱,外果皮和内果皮脱离。种子长圆体状,有三侧面;种皮黑色,有光泽,胚乳肉质。

本属模式种:锦熟黄杨 Buxus sempervirens Linn. 。

产地:本属植物约有 70 种,广布于热带、亚热带各国。我国约有 30 种,分布于黄河流域以南各省(区、市)。河南有 3 种,各地有栽培。郑州市紫荆山公园有 2 种栽培。

本属植物分种检索表

1. 叶革质,宽椭圆形、宽倒卵圆形、卵圆－椭圆形,或长圆形,基部楔形。单花具雄蕊 4 枚,长为萼片 2 倍 ……………………………………… 黄杨 Buxus sinica(Rehd. & Wils.)Cheng
1. 叶薄革质,长圆－倒披针形,或倒卵圆－匙形,基部窄楔形。单花具雄蕊 4 枚,略长于萼片 ……………………………………………………… 雀舌黄杨 Buxus bodinieri Lévl.

1. 黄杨　图 129　图版 36:10～12

Buxus sinica(Rehd. & Wils.)Cheng,stat. nov. ,南京林学院树木学教研组编. 树木学 上册:318. 1962;陈嵘著. 中国树木分类学:637. 1937;广东省植物研究所编辑. 海南植物志 第二卷:339. 1965;中国科学院植物研究所主编. 中国高等植物图鉴 第二册:628. 图 2986. 1983;云南植物志 第一卷:146. 图版 36:1～3. 1977;丁宝章等主编. 河南植物志(第二册):494. 图 1413. 1988;朱长山等主编. 河南种子植物检索表:237. 1994;郑万钧主编. 中国树木志 第三卷:1934. 图 986:1～4. 1985;中国科学院中国植物志编辑委员会. 中国植物志 第四十五卷 第一分册:37～38. 1980;卢炯林等主编. 河南木本植物图鉴:187. 图 560. 1998;中国科学院西北植物研究所编著. 秦岭植物志 第一卷 种子植物(第三册):181～183. 图 157. 1981;中国科学院武汉植物研究所编著. 湖北植物志 第二卷:397. 图 1301. 1979;王遂义主编. 河南树木志:373～374. 图 387:1～2. 1994;傅立国等主编. 中国高等植物 第三卷:3. 图5. 2001;李法曾主编. 山东植物精要:355. 图1273. 2004;*Buxus microphylla* Sieb. & Zucc. var. *sinica* Rehd. & Wils. in Sargent, Pl. Wils. II. 165. 1914;*Buxus microphylla* Sieb. & Zucc. subsp. *sinica*(Rehd. & Wils.) Hatusima in Journ. Dept. Agr. Kyusyu Univ. 6(6):326. f. 25:a–p. Pl. 22(7). f. 1. 1942;*Buxus sempervirens* auct. non Linn.;Hemsl. in Journ. Linn. Soc. 26:418. 1894.

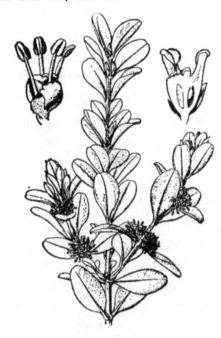

图 129　黄杨 Buxus sinica(Rehd. & Wils.) Cheng
（选自《中国高等植物图鉴》）。

形态特征:常绿灌木,或小乔木,高 1.0 ~ 7.0 m。枝圆柱形,有纵棱,灰白色;小枝 4 棱状,被短柔毛,或外方相对两侧面无毛,节间长 0.5 ~ 2.0 cm。叶革质,宽椭圆形、宽倒卵圆形、卵圆 – 椭圆形,或长圆形,长 1.0 ~ 3.0 cm,宽 0.7 ~ 1.5 cm,先端钝圆,或微凹,基部楔形,表面绿色,具光泽,中脉凸出,近基部常被微细毛,侧脉明显,背面中脉平坦,或稍凸出,中脉上常密被白色钟乳体;叶柄长 1 ~ 2 mm,被毛。雌雄同株;簇生叶腋、枝端。单花无花瓣;雄花:约 10 朵,无花梗,外萼片卵圆 – 椭圆形,内萼片近圆形,4 枚,长 2 ~ 3 mm,无毛,不育雌蕊具棒状柄;雄蕊 4 枚,长为萼片 2 倍;雌花:单生于花簇顶部;萼片 6 枚,2 轮,长 3 mm;花柱 3 枚,粗扁,柱头粗厚、倒心形;雌蕊子房 3 室。蒴果近球状,沿背室 3 瓣裂;花柱宿存。花期 3 ~ 4 月;果实成熟期 8 ~ 9 月。

产地:黄杨产于我国陕西、甘肃、湖北、四川、贵州、广西、广东、江西、浙江、安徽、江苏、山东各省(区)。河南有分布,多生于山谷、溪边、林下,海拔 1 200 ~ 2 600 m;各地有栽培。郑州市紫荆山公园有栽培。

识别要点:黄杨为常绿灌木,或小乔木。小枝四棱状,被短柔毛,或外方相对两侧面无毛。叶革质,先端圆钝,或微凹。蒴果近球状,沿背室 3 瓣裂;花柱宿存。

生态习性:黄杨喜光;在长期荫庇环境中,叶片虽可保持翠绿,但易导致枝条徒长,或变弱。喜温暖、湿润气候,可耐连续一个月左右的阴雨天气,但忌长时间积水。耐热、耐寒,可经受夏日暴晒和耐 –20℃ 左右的严寒,但夏季高温、潮湿时,应多通风、透光。对土壤要求不严,以轻松肥沃的沙质壤土为佳,盆栽亦可以蛭石、泥炭,或土壤配合使用,耐碱性较强。

繁育与栽培技术要点:黄杨通常采用扦插育苗,也可播种育苗。栽培技术通常采用穴栽,丛株采用带土穴栽。

主要病虫害:黄杨主要病虫害有蚜虫、黄杨尺蠖和天牛等。其防治方法,见杨有乾等编著. 林木病虫害防治. 河南科学技术出版社,1982。

主要用途:黄杨四季常青,可用作盆景制作和绿篱用。木材结构细、致密,耐腐,适用于木雕、乐器等工艺品。

2. 雀舌黄杨　图 130　图版 36：13～14

Buxus bodinieri Lévl. in Pedde, Rep. Sp. nov. 11：549. 1913；中国科学院昆明植物研究所编著. 云南植物志 第一卷：147. 图版 35：15～17. 1977；丁宝章等主编. 河南植物志（第二册）：493～494. 图 1412. 1988；朱长山等主编. 河南种子植物检索表：237. 1994；郑万钧主编. 中国树木志 第二卷：1939. 图 986：8～10. 1985；中国科学院中国植物志编辑委员会. 中国植物志 第四十五卷 第一分册：36. 图版 9：15～21. 1980；卢炯林等主编. 河南木本植物图鉴：187. 图 561. 1998；王遂义主编. 河南树木志：374. 图 387：3～7. 1994；傅立国等主编. 中国高等植物 第三卷：5. 图 8. 2001；李法曾主编. 山东植物精要：355. 图 1274. 2004；*Buxus harlandii* Hance in Journ. Linn. Soc. 13：123. 1873, p. p.；*Buxus microphylla* Sieb. & Zucc. var. *platyphylla*（Schneid.）Hand. – Mazz., Symb. Sin. 7：237. 1931, excl. syn. et pl. ex Yunnan；*Buxus microphylla* Sieb. & Zucc. var. *aemulans* Rehd. & Wils. in Sargent, Pl. Wils. II. 169. 1916, p. p. excl. Henry, No. 7808 et Veitch Exped. no. 433.

图 130　雀舌黄杨 Buxus bodinieri Lévl.
（选自《中国高等植物图鉴》）。

形态特征：常绿灌木，高 3.0～4.0 m。小枝四棱状，被短柔毛，后变无毛。单叶，对生，薄革质，通常长圆 – 倒披针形，或倒卵圆 – 匙形，中部以上最宽，长 2.0～4.0 cm，宽 8～18 mm，先端钝圆，或钝尖，往往浅凹，或具小尖凸头，基部窄楔形，表面绿色，具光泽，背面苍灰色，中脉凸出，被白色钟乳体，侧脉极多，与中脉成 50°～60°角，表面中脉基部多数被微细毛；叶柄长 1～2 mm，疏被柔毛。花密集为球状花序；总梗长约 2.5 mm，腋生。雄花约 10 朵，萼片 4 枚，覆瓦状排列，外轮萼片卵圆形，长约 2.5 mm，膜质，内凹，背部被疏柔毛，内轮萼片近圆形，长与宽约 2 mm，膜质，内凹，边缘无缘毛；雄蕊 4 枚，长约 3 mm，略长于萼片；花药椭圆体伏，先端无突尖，背部着生；近无梗；不育雌蕊柱状柄，顶端膨大，长为萼片 2/3，顶端膨大；雌花：萼片 6 枚，排列 2 轮；子房 3 室，长 2 mm，花柱 3 枚，柱头倒心状。蒴果球状，3 瓣裂，室背开裂。种子黑色，具光泽。花期 5 月；果实成熟期 11 月。

产地：雀舌黄杨为我国特有种，产于云南、四川、贵州、广西、广东、江西、浙江、湖北、河南、甘肃、陕西（南部）等省（区）；生平地，或山坡林下，海拔 400～2 700 m。河南各地有栽培。郑州市紫荆山公园有栽培。

识别要点：雀舌黄杨常绿灌木。单叶，对生，薄革质，通常长圆 – 倒披针形，或倒卵圆 – 匙形，中部以上最宽，背面中脉被白色钟乳体。花密集为球状序，腋生。蒴果球状，3

瓣裂。

生态习性:雀舌黄杨喜温暖、湿润和阳光充足环境,耐干旱,要求疏松、肥沃和排水良好的沙壤土。耐修剪,较耐寒,抗污染。

繁育与栽培技术要点:雀舌黄杨主要用扦插。栽培技术通常采用穴栽,丛株采用带土穴栽。

主要病虫害:雀舌黄杨主要病虫害有卷叶蛾、蚜虫、黄杨尺蠖和天牛等。其防治方法,见杨有乾等编著. 林木病虫害防治. 河南科学技术出版社,1982。

主要用途:雀舌黄杨枝叶繁茂,叶形别致,四季常青,常用于绿篱、花坛和盆栽,修剪成各种形状,是点缀小庭院和入口处的好材料。

三十七、漆树科

Anacardiaceae Lindl. ,Introd. Nat. Syst. Bot. 127. 1830;丁宝章等主编. 河南植物志(第二册):497~498. 1988;郑万钧主编. 中国树木志 第四卷:4215. 2004;中国科学院中国植物志编辑委员会. 中国植物志 第四十五卷 第一分册:66~67. 1980;中国科学院西北植物研究所编著. 秦岭植物志 第一卷 种子植物(第三册):185. 1981;中国科学院武汉植物研究所编著. 湖北植物志 第二卷:401. 1979;周汉藩著. 河北习见树木图说(THE FAMILIAR TREES OF HOPEI by H. F. Chow):270~271. 1934;王遂义主编. 河南树木志:376. 1994;傅立国等主编. 中国高等植物 第三卷:345. 2001;*Terebintaceae* Juss. ,Gen. Pl. 368. 1753;*Spondiaceae* Kunth in Ann. Sci. Nat. 2:333. 1824.

形态特征:落叶乔木、灌木,稀藤本、亚灌木;韧皮部具乳液。叶互生,稀对生,奇数羽状复叶,叶轴无翅,或掌状3小叶,稀单叶;无托叶,稀具托叶。花小,辐射对称,单性、杂性,或两性。花序为顶生、腋生圆锥状花序。双被花、单被花,或无被花。单花具花瓣3~5枚,离生,或基部连合,覆瓦状排列,或镊合状排列,脱落,或宿存,稀花后增大;雄蕊3~5枚,稀6~10枚;花药2室;基部具内生花盘;花盘环状、坛状,或杯状,边缘全缘,或5~10浅裂,雌蕊子房具心皮1~5枚,稀多枚,分离,或合生;子房上位,稀半下位、下位,1室,稀2~5室,花柱通常1枚,稀3~5枚,常分离。每室具1枚倒生胚珠。核果。种子无胚乳,或少胚乳,胚弯曲。

本科模式属:腰果属 Anacardium Linn. 。

产地:本科植物约60余属、600种,分布热带、亚热带各国,北温带地区种类分布较少。我国有16属、54种,引种2属、4种。河南有4属、7种、4变种。郑州市紫荆山公园有1属、2种栽培。

（Ⅰ）盐肤木属

Rhus Linn. ,Sp. Pl. 265. 1753;Gen. Pl. ed. 5,129. no. 331. 1754;丁宝章等主编. 河南植物志(第二册):500. 1988;朱长山等主编. 河南种子植物检索表:238~239. 1994;郑万钧主编. 中国树木志 第四卷:4231. 2004;中国科学院中国植物志编辑委员会. 中国植物志 第四十五卷 第一分册:100. 1980;中国科学院西北植物研究所编著. 秦岭植物志 第一卷 种子植物(第三册):189. 1981;中国科学院武汉植物研究所编著. 湖北植物志 第二卷:401. 1979;周汉藩著. 河北习见树木图说(THE FAMILIAR TREES OF HOPEI by H.

F. Chow）:276~277. 1934；王遂义主编. 河南树木志:379. 1994；傅立国等主编. 中国高等植物 第三卷:354. 2001。

形态特征:落叶乔木,或灌木。叶互生,奇数羽状复叶、掌状 3 小叶,或单叶;叶轴圆柱状,具翅,或无翅。小叶边缘具锯齿,或全缘;具小叶柄,或无小叶柄。花序为顶生聚伞圆锥状花序,或复穗状花序。花小,密生、杂性,或单性异株。花萼 5 裂,裂片覆瓦状排列,宿存。单花具花瓣 5 枚,覆瓦状排列;雄蕊 5 枚,着生于花盘基部,花盘环状;花药背着,内向纵裂;雌蕊子房无柄,1 室,花柱先端 3 裂,基部多少合生。每室有 1 枚胚珠。核果球状,略扁,红色,被腺毛、具节毛,或单毛;外果与中果皮连合,内果皮分离,中果皮非蜡质。

本属模式种:Rhus coriaria Linn.。

产地:本属植物约 250 种,分布热带、亚热带和温带各国。我国有 6 种。河南有 3 种、1 变种,各地有栽培。郑州市紫荆山公园有 2 种栽培。

本属植物分种检索表

1. 小枝被锈色柔毛。叶奇数羽状复叶。小叶 5~13 枚,背面被锈色短柔毛。雌花柱柱头头状。核果扁球状,密被节毛和腺毛 ·················· 盐肤木 Rhus chinensis Mill.
1. 小枝被黄色长茸毛。叶奇数羽状复叶。小叶 11~13 枚,背面密被锈色茸毛。雌花花柱被红色刺毛。核果扁球状,被红色刺毛,聚为紧密的火炬状果穗 ············· 火炬树 Rhus typhina Linn.

1. 盐肤木　图 131　图版 37:1~3

Rhus chinensis Mill. ,Gard. Dict. ed. 8 ,R. no. 7. 1768；丁宝章等主编. 河南植物志（第二册）:500~501. 图 1419. 1988；朱长山等主编. 河南种子植物检索表:238. 1994；郑万钧主编. 中国树木志 第四卷:4232~4233. 图 2229:1~6. 2004；中国科学院中国植物志编辑委员会. 中国植物志 第四十五卷 第一分册:100~101. 1980；中国科学院植物研究所主编. 中国高等植物图鉴 第二册:632. 图 2994. 1983；陈嵘著. 中国树木分类学:646. 图 539. 1937；卢炯林等主编. 河南木本植物图鉴:333. 图 998. 1998；中国科学院西北植物研究所编著. 秦岭植物志 第一卷 种子植物（第三册）:181~183. 图 157. 1981；中国科学院武汉植物研究所编著. 湖北植物志 第二卷:405. 图 1323. 1979；周汉藩著. 河北习见树木图说（THE FAMILIAR TREES OF HOPEI by H. F. Chow）:277~278. 图 106. 1934；王遂义主编. 河南树木志:379~380. 图 394:1~4. 1994；傅立国等主编. 中国高等植物 第三卷:354. 图 559. 2001；李法曾主编. 山东植物精要:356. 图 1277. 2004；*Rhus semialata* Murr. in Comm. Doc. Goetting. 6:27. t. 23. 1784；*Rhus semialata* Murr. var. *osbeckii* DC. ,Monog. Phan. II. 67. 1825；*Rhus osbeckii* Decaisne ex Steud. ,Nom. Bot. 2,2:452. 1841；*Rhus javanica* auct. non Linn. ;Thunb. ,Fl. Jap. 121. 1785.

形态特征:落叶小乔木,或灌木。小枝棕褐色,被锈色柔毛。叶互生,奇数羽状复叶,叶轴具宽翅,密被锈褐色柔毛。小叶 5~13 枚,卵圆 - 椭圆形,或长圆形,长 6.0~12.0 cm,宽 3.0~7.0 cm,先端短尖,基部圆形,顶生小叶基部宽楔形,偏斜,边缘具圆锯齿、粗锯齿,背面粉绿色,密被锈色短柔毛,脉上密被锈色短柔毛;无小叶柄。花序为顶生圆锥花序。雄花序长 30.0~40.0 cm,密被锈色柔毛;雌花序长 15.0~20.0 cm,密被锈色柔毛;

苞片小。雄花:单花具花瓣5枚,覆瓦状排列,花瓣倒卵圆-长圆形,外卷,白色,萼裂片外面被微柔毛,边缘具缘毛;雌蕊子房不育;雌花:单花具花瓣5枚,覆瓦状排列,花瓣椭圆-卵圆形,白色,萼裂片三角-卵圆形,边缘具缘毛,内面下部被毛;雄蕊极短;花盘无毛;雌蕊子房卵球状,密被白色微柔毛,花柱3裂,柱头头状。核果扁球状,密被节毛和腺毛,成熟时橘红色。花期7~9月;果实成熟期10~11月。

图 131　盐肤木 Rhus chinensis Mill.
(选自《中国高等植物图鉴》)。

产地:盐肤木分布很广,除我国东北北部、内蒙古、青海、新疆外,其他各省(市、区)均有分布与栽培。河南山区有分布,平原各地有栽培。郑州市紫荆山公园有栽培。

识别要点:盐肤木小枝被锈色柔毛。叶奇数羽状复叶;叶轴具宽翅,密被锈褐色柔毛。小叶5~13枚,背面粉绿色,被锈色短柔毛,脉上密被锈色短柔毛。雄花、雌花密被锈色柔毛。核果扁球状,密被毛,成熟时橘红色。

生态习性:盐肤木喜温暖、湿润和阳光充足环境,也较耐阴,要求疏松、肥沃和排水良好的沙壤土。耐修剪,抗污染。

繁育与栽培技术要点:盐肤木主要用播种育苗、分株繁育。栽培技术通常采用穴栽,大苗、幼树采用带土穴栽。

主要病虫害:盐肤木病虫害有蝼蛄、金龟子、介壳虫、光肩星天牛等。其防治方法,见杨有乾等编著. 林木病虫害防治. 河南科学技术出版社,1982。

主要用途:盐肤木枝叶繁茂,常用庭院观赏树种。枝叶繁茂,可培养五倍子,供鞣革、医药、塑料等工业用。种子含油率20.0%~25.0%,用于制肥皂、润滑油。木材可制家具。

2. 火炬树　图132　图版37:4~5

Rhus typhina Linn. (praes. [resp.]Torner),Cent. Pl. no. 14. 1756;卢炯林等主编. 河南木本植物图鉴:334. 图 1000. 1998;朱长山等主编. 河南种子植物检索表:238. 1994;潘志刚等编著. 中国主要外来树种引种栽培:525~529. 1994;王遂义主编. 河南树木志:380. 图 394:5. 1994;李法曾主编. 山东植物精要:356. 图 1278. 2004;*Rhus typhium* Crantz,Inst. Herb. 2:275. 1766;*Rhus hirta* Linn. var. *typhium* Farwell in Rep. Michigan Acad. Sci. 15:180. 1913.

形态特征:落叶小乔木,或灌木。小枝棕褐色,被灰色茸毛;幼枝黄褐色,密被红褐色长茸毛。芽包于叶柄基部。叶互生,奇数羽状复叶,叶轴具宽翅,密被锈褐色茸毛。小叶7~31枚,长圆形-披针形,长5.0~15.0 cm,宽3.0~7.0 cm,先端长渐尖,基部圆形,或宽楔形,表面深绿色,边缘具圆锯齿、粗锯齿,表面绿色,背面粉绿色,密被锈色茸毛;无小叶柄。雌雄异株;花序为顶生、直立圆锥花序,长 10.0～20.0 cm;花序梗及花梗密被锈色茸毛。花小,密生,淡绿色,具 5 枚雄蕊,雌蕊退化,稀具雌蕊。雌花花柱被红色刺毛,稀具退化雄蕊。核果扁球状,被红色刺毛,聚为紧密的火炬状果穗。种子扁球状,黑褐色。花期 6～7 月;果实成熟期 9～10 月。

图 132　火炬树 Rhus typhina Linn.
（选自《山东植物精要》）。

产地:火炬树原产于北美洲各国。我国除东北北部、内蒙古、青海、新疆外,其他各省（区、市）均有栽培。河南各地区有栽培。郑州市紫荆山公园有栽培。

识别要点:火炬树为落叶小乔木,或灌木。小枝被黄色长茸毛。叶奇数羽状复叶,叶轴具宽翅,密被锈褐色柔毛。小叶 7～31 枚,长圆形至披针形,背面密被锈色茸毛。花序为顶生、直立圆锥花序;花序梗及花梗密被锈色茸毛。雌花花柱被红色刺毛。核果扁球状,被红色刺毛,聚为紧密的火炬状果穗。

生态习性:火炬树喜温暖、湿润和阳光充足环境,也较耐阴,要求疏松、肥沃和排水良好的沙壤土。抗污染,分蘖力强。

繁育与栽培技术要点:火炬树主要用分株、留根繁育。栽培技术通常采用穴栽,大苗、幼树采用带土穴栽。

主要病虫害:火炬树病虫害有蝼蛄、金龟子、介壳虫等。其防治方法,见杨有乾等编著. 林木病虫害防治. 河南科学技术出版社,1982。

主要用途:火炬树枝叶繁茂,常用庭院观赏树种。

三十八、冬青科

Aquifoliaceae DC. ,Theor. Elem. Bot. 217. 1813 ,"Aquifoliacées";丁宝章等主编. 河南植物志(第二册):506. 1988;朱长山等主编. 河南种子植物检索表:239～240. 1994;郑万钧主编. 中国树木志 第三卷:3532. 1997;中国科学院中国植物志编辑委员会. 中国植物志 第四十五卷 第二分册:1～2. 1999;中国科学院西北植物研究所编著. 秦岭植物志 第一卷 种子植物(第三册):192. 1981;中国科学院武汉植物研究所编著. 湖北植物志 第二卷:408. 1979;王遂义主编. 河南树木志:383. 1994;傅立国等主编. 中国高等植物 第七卷:834. 2001;*Frangulaceae* DC. in Lamarck & DC. ,Fl. France ed. 4,2:619. 1805,p. p. .

形态特征:常绿,或落叶乔木、灌木。单叶,互生,稀对生,或假轮生,革质、纸质,稀膜质,边缘具锯齿、腺锯齿,或刺齿、全缘;具叶柄;托叶小,早落,或无。花单性,辐射对称,雌雄异株,或杂性,稀两性、小、整齐。花序为聚伞花序、假伞形花序、总状花序、圆锥花序,或簇生,稀单生。单花具花瓣 4～8 枚,离生,或基部合生,覆瓦状排列,稀镊合状排列;雄蕊 4～8 枚,与花瓣互生,花药 2 室,内向纵裂;或 4～12 枚一轮;雌花无花盘,雌蕊子房上位,心皮 2～5 枚,合生,2～多室,每室有 1 枚胚珠,稀 2 枚胚珠。果实浆果状核果,每室具 1 粒种子。种子具胚乳,胚小,位于胚乳顶端。

本科模式属:冬青属 Ilex Linn. 。

产地:本科植物有 4 属、400～500 种,分布于南、北半球温带与热带各国。我国有 1 属、约 204 种,分布于云南、四川、贵州、广西、广东、江西、浙江、湖北、甘肃、陕西(南部)等省(区)。河南有 1 属、6 种,各地有栽培。郑州市紫荆山公园有 1 属、1 种栽培。

(Ⅰ) 冬青属

Ilex Linn. ,Sp. Pl. 125. 1753;Gen. Pl. ed. 5,60. 1754;丁宝章等主编. 河南植物志(第二册):507. 1988;朱长山等主编. 河南种子植物检索表:239～240. 1994;郑万钧主编. 中国树木志 第三卷:3533. 1997;中国科学院中国植物志编辑委员会. 中国植物志 第四十五卷 第二分册:2～3. 1999;中国科学院西北植物研究所编著. 秦岭植物志 第一卷 种子植物(第三册):193. 图157. 1981;中国科学院武汉植物研究所编著. 湖北植物志 第二卷:408～409. 1979;王遂义主编. 河南树木志:383. 1994;傅立国等主编. 中国高等植物 第七卷:834. 2001。

形态特征:常绿,或落叶乔木、灌木。芽小,具鳞片 3 枚。单叶,互生,稀对生,革质、纸质,稀膜质,边缘具锯齿、腺锯齿,或刺齿、全缘;具叶柄,托叶小,早落,或无。叶椭圆形、倒卵圆形、宽椭圆形等,边缘具锯齿,或刺状锯齿,稀全缘;具叶柄,或无;托叶小,宿存。花序为聚伞花序、伞形花序,单生于当年枝叶腋,或簇生于 2 年枝叶腋,稀单花腋生。花小,白色,或粉红色,稀红色,辐射对称,异基数,常败育为单性。雌雄异株;雄花:花萼 4～8 裂,花瓣 4～8 枚,长圆形,稀倒卵圆形,基部合生,或分离;雄蕊 4～8 枚,与花瓣互生,花丝短,花药长椭圆－卵圆体状,内向,2 室,纵裂;败育子房上位,近球状,或叶枕状,具喙。雌花:花萼 4～8 裂,花瓣 4～8 枚,伸展,基部稍合生;败育雄蕊箭头状,或心形,无花盘;雌蕊子房上位,1～10 室,通常 4～8 室,无毛,或被短柔毛,柱头头状、盘状、柱状。每室有 1～2 枚下垂胚珠,中轴胎座。果实浆果状核果,球状,红色,或黑色,稀黄褐色;萼宿存。

本属模式种:枸骨叶冬青 Ilex aquifolium Linn. 。

产地:本属植物约有 400 种,分布于南、北半球温带与热带各国。我国约有 200 种,分布于秦岭山脉、长江流域以南各省(区、市)。河南有 6 种,各地有栽培。郑州市紫荆山公园有 1 种栽培。

1. 枸骨　图 133　图版 37:6～8

Ilex cornuta Lindl. et Paxt. ,Flow. Gard. I. 43. f. 27. 1850,et in Garn. Chon. 1850;311. 1850;丁宝章等主编. 河南植物志(第二册):510～511. 图1433. 1988;朱长山等主编. 河南种子植物检索表:239. 1994;郑万钧主编. 中国树木志 第三卷:3564. 图1823:1～2. 1997;中国科学院中国植物志编辑委员会. 中国植物志 第四十五卷 第二分册:85～87. 图版11:5～8. 1999;中国科学院植物研究所主编. 中国高等植物图鉴 第二册:650. 图3029. 1983;浙江省植物志编辑委员会. 浙江植物志 第四卷:14. 图4－21. 1993;卢炯林等主编. 河南木本植物图鉴:273. 图819. 1998;李法曾主编. 山东植物精要:357 图1282. 2004;中国科学院武汉植物研究所编著. 湖北植物志 第二卷:417. 图1343. 1979;王遂义主编. 河南树木志:384～385. 图399:4～6. 1994;傅立国等主编. 中国高等

植物 第七卷:851. 图 1032. 2001; *Ilex cornuta* Lindl. in Paxt. f. *a. typica* Loes, op. cit. 281. 1901; *Ilex cornuta* Lindl. in Paxt. f. *gaetana* Loes. , op. cit. 281. 1901; *Ilex furcata* Limdl. in Hortis; Goppert in Gartenfl. 1853:322. 1854; *Ilex burfordi* [S. R.] Howell, Descr. Cat. Howell Nurs. 19. 1935, nom. ? an prius. ; *Ilex cornuta* Lindl. in Paxt. Fl. Gard. 1:43, f. 27. 1850; *Ilex cornuta* Lindl. et Paxt. f. *burfordii* (De Françe) Rehd. in Bibliography Cultivated Trees and Shrubs;400. 1949; *Ilex cornuta* Lindl. et Paxt. var. *fortunei* (Lindl.) S. Y. Hu in Journ. Arn. Arb. 30:356. 1949; *Ilex fortunei* Lindl. in Gard. Chron. 1857:868. 1857.

形态特征:常绿小乔木、灌木,高达5.0 m;树皮灰白色,平滑。小枝粗而密且开展,具纵脊及隆起叶痕;幼枝具纵脊及沟,沟内被毛,或无毛。单叶,互生,厚革质,椭圆形、四方-长圆形,或卵圆形,长4.0~9.0 cm,宽2.0~4.0 cm,先端宽而具3枚突尖刺,中央刺反曲,基部圆形,或平截,两侧边缘各具硬尖的刺齿1~3枚刺尖,稀边缘全缘,边部稍反曲,表面深绿色,无毛,具光泽,背面灰绿色,无毛;叶柄长2~8 mm,被毛。花小,杂性,簇生于去年枝上,基部宿存鳞片,被毛,具缘毛;苞片卵圆形,被毛,具缘毛。雄花:花萼盘状,裂片膜质,宽三角形,疏被柔毛,具缘毛;花瓣4枚,长圆-卵圆形,长3~4 mm,反折,基部合生,黄色,或白色;雄蕊4枚,萼片4枚;花梗长5~6 mm,具1~2枚宽三角形小苞片;退化子房近球状。雌花:花梗基部具2枚三角形小苞片;花萼与花瓣像雄花;退化雄蕊长为花瓣4/5,略长于子房;雌蕊子房4枚,花柱极短,盘状,4浅裂;花梗长8~9 mm。

图 133　枸骨 Ilex cornuta Lindl. et Paxt.
(选自《中国高等植物图鉴》)。

果实浆果状核果,球状,径8~10 mm,鲜红色;果梗长0.8~1.5 cm。果核4粒,凹凸不平,背常具沟。花期4~5月,果实成熟期9月。

产地:枸骨分布于我国长江流域中、下游以南各省(区、市)。河南大别山区、桐柏山区有分布,平原各地广为栽种。郑州市紫荆山公园有栽培。

识别要点:枸骨常绿小乔木、灌木。小枝密而开展。单叶,互生,厚革质,边缘具硬尖的刺齿2~6枚。花杂性。单花具花瓣、雄蕊、萼片、子房均4枚。果实浆果状核果,球状。

生态习性:枸骨喜温暖、湿润和阳光充足环境,也较耐阴,要求疏松、肥沃和排水良的沙壤土。耐修剪,抗污染。

繁育与栽培技术要点:枸骨主要用播种育苗及扦插繁殖。栽培技术通常采用穴栽,丛株采用带土穴栽。

主要病虫害:枸骨主要害虫为介壳虫。其防治方法,见杨有乾等编著. 林木病虫害防治. 河南科学技术出版社,1982。

主要用途:枸骨叶、果入药,有散风通络等效。枝叶繁茂,四季常青,果红色艳,常用于绿篱、花坛和盆栽,修剪成各种形状,是点缀小庭院的好材料。

变种、品种:

1.1　枸骨　原变种

Ilex cornuta Lindl. et Paxt. var. **cornuta**

1.2　无刺枸骨　变种　图版37:9~10

Ilex cornuta Lindl. et Paxt. var. **fortunei** (Lindl) S. Y. Hu in Journ. Arm. Arb. 30:356. 1949.

本变种叶缘无刺齿。

产地:无刺枸骨河南各地有栽种。郑州市紫荆山公园有栽培。

1.3　'弯枝'枸骨　新品种

Ilex cornuta Lindl. et Paxt. '**Wanzhi**', cv. nov.

本新品种小枝拱形下垂,稍弯曲。

产地:'弯枝'枸骨河南郑州市紫荆山公园有栽培。选育者:赵天榜、陈俊通和米建华。

三十九、卫矛科

Celastraceae Horaninov, Prim. Linn. Syst. Nat. 95. 1834;丁宝章等主编. 河南植物志(第二册):511. 1988;朱长山等主编. 河南种子植物检索表:240. 1994;郑万钧主编. 中国树木志 第三卷:3614~3615. 1997;中国科学院中国植物志编辑委员会. 中国植物志 第四十五卷 第三分册:1. 1999;中国科学院西北植物研究所编著. 秦岭植物志 第一卷 种子植物(第三册):197. 1981;中国科学院武汉植物研究所编著. 湖北植物志 第二卷:423~424. 1979;周汉藩著. 河北习见树木图说(THE FAMILIAR TREES OF HOPEI by H. F. Chow):281. 1934;王遂义主编. 河南树木志:386. 1994;傅立国等主编. 中国高等植物 第七卷:774. 2001;*Celastrineae* DC., Prodr. 2:2. 1825. p. p. .

形态特征:常绿,或落叶乔木、灌木,或木质藤本,直立、攀缘,或匍匐。单叶,对生,或互生,稀3叶轮生,边缘具锯齿,稀全缘;托叶小,早落,或无,稀宿脱。花小,通常两性,或退化为单性,或杂性同株,稀异株。花序为聚伞花序,1至多次分枝,具苞片及小苞片。单花具花瓣4~5枚,覆瓦状排列,或镊合状排列,稀基部贴合;雄蕊4~5枚,稀10枚,与花瓣互生,花药2室,稀1室;花萼基部与花盘下部合生,4~5裂,宿存;花盘肥厚,圆形,或方形,边缘全缘,或浅裂,稀呈杯状,或花盘不明显,或无花盘;雌花具心皮2~5枚,合生,子房上位,2~5室,稀退化为1室,每室具2~6枚胚珠,稀1枚胚珠,柱头浅裂。果实核果、蒴果、翅果,或浆果。种子通常具红色,或白色假种皮,稀无假种皮,具胚乳。

本科模式属:南蛇藤属 Celastrus Linn. 。

产地:本科植物约有60属、850多种,分布于南、北半球温带与热带、亚热带各国。我国有12属、201种,分布很广。河南有2属、23种、14变种,各地有栽培。郑州市紫荆山公园有1属、4种栽培。

（Ⅰ）卫矛属

Euonymus Linn. , Sp. Pl. 197. 1753 "Evonymus"; Gen. Pl. ed. 5, 91. on. 240. 1754; 丁宝章等主编. 河南植物志(第二册):511. 1988;朱长山等主编. 河南种子植物检索表:240~243. 1994;郑万钧主编. 中国树木志 第三卷:3615~3616. 1997;中国科学院中国植物志编辑委员会. 中国植物志 第四十五卷 第三分册:3~4. 1999;中国科学院西北植物研究所编著. 秦岭植物志 第一卷 种子植物(第三册):197~198. 1981;中国科学院武汉植物研究所编著. 湖北植物志 第二卷:424. 1979;周汉藩著. 河北习见树木图说 (THE FAMILIAR TREES OF HOPEI by H. F. Chow):281~282. 1934;周以良主编. 黑龙江树木志:386~387. 1986;王遂义主编. 河南树木志:387. 1994;傅立国等主编. 中国高等植物 第七卷:775. 2001;*Melanocarya* Turcz. in Bull. Soc. Nat. Mosc. 31, 1:453. 1858; *Pragmotessera* Pierre, Fl. For. Cochinch. 4: t. 309. p. [2] 1894; *Genitia* Nakai in Acta Phytotax Geobot 13:21. 1943.

形态特征:常绿、半常绿,或落叶乔木、灌木,或木质藤本,稀匍匐,具生气根。小枝常4棱。单叶,对生,或互生,稀3叶轮生,边缘具锯齿,稀全缘;托叶小,早落。花序为聚伞圆锥花序,具3出至多次分枝、腋生。花小,两性。单花具花瓣4~5枚,花瓣较花萼长大,淡绿色、淡黄色,稀紫色;雄蕊4~5枚,着生于花盘上面,与花瓣互生,花药"个"字着生,或基着,2室,稀1室;花萼绿色,基部与花盘下部合生;花盘肉质肥厚,圆形,或方形,边缘全缘,或4~5浅裂,稀呈杯状,或无;雌花具心皮4~5枚,子房部分花盘与合生,子房上位,4~5室,花柱短,或近无;柱头4~5浅裂。每室具1~2枚胚珠,稀4、6、12枚。果实蒴果,具棱,纵裂,花萼宿存,花瓣脱落。种子具1条明显种脊,稀具分枝种脊,被肉质假种皮。

本属模式种:欧卫矛 Euonymus europaeus Linn. 。

产地:本属植物约有220种,分布亚洲温带各国及澳大利亚。我国有110种、10变种、4变型,分布很广。河南有18种、14变种,各地有栽培。郑州市紫荆山公园有4种栽培。

本属植物分种检索表

1. 落叶乔木。小枝稍4棱,无黑色瘤点、无木栓质翅。叶椭圆形至卵圆形。蒴果具4棱角,或深裂 ………………………………………………………… 白杜 Euonymus maackii Rupr.
1. 常绿乔木、灌木、匍匐,蔓生灌木、半常绿灌木。蒴果近球状,具4枚浅沟。
  2. 茎枝无气生根。
    3. 蒴果无翅
      4. 常绿乔木、灌木。叶革质,椭圆形,或倒卵形。花白绿色,径7~8 mm。果皮无深色细点 ………………………………………………………… 冬青卫矛 Euonymus japonicus Thunb.
      4. 半常绿灌木。叶纸质,椭圆形,或倒卵圆形。花黄绿色,径7~8 mm。果皮有深色细点 ………………………………………………………… 胶州卫矛 Euonymus kiautschovicus Loes.
    3. 蒴果具薄而外展翅,翅长12~15 mm ……… 陕西卫矛 Euonymus schensianus Maxim.
  2. 匍匐,或蔓生灌木。茎枝无气生根。花序为聚伞花序,具花7~30朵。蒴果橙红色,无突起棱。种子具橙红色假种皮 ……………… 扶芳藤 Euonymus fortunei(Turcz.)Hand. – Mazz.

1. 扶芳藤　图 134　图版 37:11 ~ 14

Euonymus fortunei(Turcz.) Hand. – Mazz. ,Symb. Sin. 7:660. 1933;丁宝章等主编. 河南植物志(第二册):527. 图 1460. 1988;朱长山等主编. 河南种子植物检索表:240. 1994;郑万钧主编. 中国树木志 第三卷:3621. 图 1850. 1997;中国科学院中国植物志编辑委员会. 中国植物志 第四十五卷 第三分册:9. 1999;中国科学院植物研究所主编. 中国高等植物图鉴 第二册:664. 图 3058. 1983;卢炯林等主编. 河南木本植物图鉴:285. 图 853. 1998;中国科学院西北植物研究所编著. 秦岭植物志 第一卷 种子植物(第三册):205 ~ 206. 图 179. 1981;中国科学院武汉植物研究所编著. 湖北植物志 第二卷:434. 图 1373. 1979;王遂义主编. 河南树木志:397. 图 415:1 ~ 2. 1994;傅立国等主编. 中国高等植物 第七卷:780. 图 1184. 2001;李法曾主编. 山东植物精要:359. 图 1289. 2004;*Eleodendrom fortunei* Turcz. in Bull. Soc. Nat. Mosc. 36,1:603. 1863;*Euonymus japonica* Thunb. var. *radicans* Miq. in Ann. Mus. Lugd. – Bat. II. 86. 1865.

图 134　扶芳藤 Euonymus fortunei

(Turcz.) Hand. – Mazz.

(选自《中国高等植物图鉴》)。

形态特征:常绿匍匐藤本。茎、枝常生气根。小枝绿色,无毛。单叶,对生,薄革质,椭圆形,稀长圆 – 卵圆形、卵圆形等,长 3.5 ~ 8.0 cm,宽 1.0 ~ 4.0 cm,先端尖,或短锐尖,基部楔形,或宽楔形,边缘具浅粗钝锯齿,表面深绿色,主脉隆起,背面灰绿色,叶脉明显,无毛;叶柄长约 5 mm。花序为聚伞花序,3 ~ 4 次分枝,腋生,长 4.0 ~ 10.0 cm,花 3 ~ 7 朵,密集;总花梗长 1.5 ~ 4.0 cm,顶端二歧分枝;每分枝具多数短梗花组成球状小聚伞花序,分枝中央有 1 单花。单花具花瓣 4 枚,径 6 ~ 7 mm,绿白色;花盘近方形;雄蕊着生于花盘边缘,花丝细长;雌花子房三角锥状,4 棱,明宣。果实蒴果,近球状,橙红色,径约 1.0 cm,稍具 4 条纵浅凹线;果序梗长 2.0 ~ 3.5 cm。种子具鲜红色假种皮。花期 6 ~ 7 月;果实成熟期 9 ~ 10 月。

产地:扶芳藤分布于我国长江流域中、下游以南各省(区、市)。河南大别山区、桐柏山区等有分布,平原各地广为栽种。郑州市紫荆山公园有栽培。

识别要点:扶芳藤为常绿匍匐藤本。茎、枝常生气根。花为聚伞花序,腋生;总花梗顶端二歧分枝;每分枝具多数短梗花组成球状小聚伞花序,分枝中央有 1 单花。果实蒴果,近球状,黄红色,稍具 4 条纵浅凹线。种子具橙红色假种皮。

生态习性:扶芳藤喜温暖、湿润和阳光充足环境,也较耐阴,要求疏松、肥沃和排水良好的沙壤土。耐修剪,抗污染。

繁育与栽培技术要点:扶芳藤主要用扦插繁殖。栽培技术通常采用穴栽,丛株采用带土穴栽。

主要病虫害:扶芳藤主要害虫为介壳虫。其防治方法,见杨有乾等编著. 林木病虫害防治. 河南科学技术出版社,1982。

主要用途:扶芳藤茎、叶入药,有活血、散瘀之效。枝叶繁茂,四季常青,果红色艳,常用于绿篱、花坛和护墙之用。

变种:

1.1 扶芳藤 原变种

Euonymus fortunei(Turcz.)Hand. – Mazz. var. **fortunei**

1.2 爬行卫矛 攀缘扶芳藤 变种 图版38:1~2

Euonymus fortunei(Turcz.)Hand. – Mazz. var. **radicans**(Sieb. & Zucc.)Rehd. in Journ. Arnold Arb. 19:77. 1939;*Euonymus radicans* Sieb. & Zucc. , Cat. Rais. Pl. Jap. Chine, 33. 1863, nom. ;*Euonymus japonica* Thunb. var. *radicans* Miquel in Ann. Mus. Lugd. – Bat. II. 86. (Prol. Fl. Jap. 18). 1865.

本变种叶较小而厚,长卵圆形,叶缘锯齿尖,而扶芳藤叶缘为钝齿,背面叶脉不明显。

产地:爬行卫矛河南各地有栽种。郑州市紫荆山公园有栽培。

2. 冬青卫矛 大叶黄杨 图135 图版38:3~6

Euonymus japonica Thunb. ,Fl. Jap. 100. 1784;丁宝章等主编. 河南植物志(第二册):525. 图1458. 1988;朱长山等主编. 河南种子植物检索表:241. 1994;郑万钧主编. 中国树木志 第三卷:3619~3620. 图1849. 1997;中国科学院中国植物志编辑委员会. 中国植物志 第四十五卷 第三分册:14~15. 图版1:1~3. 1999;中国科学院植物研究所主编. 中国高等植物图鉴 第二册:665. 图3059. 1983;卢炯林等主编. 河南木本植物图鉴:284. 图851. 1998;中国科学院西北植物研究所编著. 秦岭植物志 第一卷 种子植物(第三册):206. 1981;中国科学院武汉植物研究所编著. 湖北植物志 第二卷:433. 图1371. 1979;潘志刚等编著. 中国主要外来树种引种栽培:525~529. 1994;王遂义主编. 河南树木志:396. 图414:1~2. 1994;傅立国等主编. 中国高等植物 第七卷:782. 图1189. 2001;李法曾主编. 山东植物精要:359. 图1290. 2004;*Masakia japonica*(Thunb.)Nakai in Jorn. Jap. Bot. 24:11. 1949;*Euonymus japonicus* Thunb. in Nov. Act. Soc. Sci. Upasl. III. 218. 1780.

形态特征:常绿灌木,或乔木,高达15.0 m以上。小枝绿色,具4棱,无毛。单叶,对生,薄革质,狭椭圆形、倒卵圆形,长3.0~7.0 cm,宽2.0~3.0 cm,先端钝圆,或急尖,基部楔形,边缘具细钝锯齿,表面深绿色,无毛;叶柄长6~10 mm。花序为聚伞花序,腋生;花序梗长2.0~5.0 cm,二回至三回二歧分枝;每分枝具5~12朵花组成小聚伞花序;花梗3~5 mm。单花具花瓣4枚,近卵圆形,径5~7 mm,绿白色;雄蕊花药长圆体状,内向,花丝长2~4 mm;花盘肥大;雌蕊子房具2枚胚珠。果实蒴果,近球状,淡红色,径约1.0 cm,稍具4浅沟;果梗4棱。每室具种子1粒。种子具橙红色假种皮。花期6~7月;果实成熟期9~10月。

产地:冬青卫矛分布于我国各省(区、市)。河南大别山区、桐柏山区、伏牛山区等有天然分布,平原各地广为栽种。郑州市紫荆山公园有栽培。河南伏牛山区南召县有高达

20.0 m、胸径达 80.0 cm 以上的大树。

识别要点:冬青卫矛常绿灌木,或大乔木。小枝绿色,具 4 棱,无毛。单叶,对生,薄革质。花序为聚伞花序,腋生,二回至三回二歧分枝;每分枝具 5～12 朵花组成小聚伞花序。单花具花瓣 4 枚,绿白色。果实蒴果,近球状,淡红色,径约 1.0 cm,稍具 4 浅沟;果梗 4 棱。种子具橙红色假种皮。

生态习性:冬青卫矛喜温暖、湿润和阳光充足环境,也较耐阴,要求疏松、肥沃和排水良好的沙壤土。在土壤干旱、瘠薄的地方也能生长。耐修剪,抗污染。

繁育与栽培技术要点:冬青卫矛主要用扦插繁殖、分株与播种育苗。栽培技术通常采用穴栽,丛株采用带土穴栽。

主要病虫害:冬青卫矛主要害虫有蝼蛄、金龟子、介壳虫等。其防治方法,见杨有乾等编著. 林木病虫害防治. 河南科学技术出版社,1982。

图 135　冬青卫矛 Euonymus japonica Thunb.
(选自《中国高等植物图鉴》)。

主要用途:冬青卫矛茎、叶入药,有活血、散瘀之效。枝叶繁茂,四季常青,果红色艳,常用于绿篱、花坛和护墙之用。

变型:

1.1　冬青卫矛　原变型

Euonymus japonica Thunb. f. **japonica**

1.2　金边冬青卫矛　金边黄杨　变型　图版 38:7

Euonymus japonica Thunb. f. **aureo – marginata**（Reg.）Rehd. in Bibliography of Cultivated Trees and Shrubs:408. 1949;中国科学院西北植物研究所编著. 秦岭植物志 第一卷 种子植物(第三册):206. 1981;卢炯林等主编. 河南木本植物图鉴:248. 1988;丁宝章等主编. 河南植物志(第二册):526. 1988;朱长山等主编. 河南种子植物检索表:241. 1994;*Euonymus japonicus* Thunb. var. *aureo – marginatus* Nicholson,III. Dict. Gard. 2:540. 1885,nom. ;*Euonymus japonica* Thunb. cv. ' Aureo – marginata',王遂义主编. 河南树木志:396. 1994。

本变型叶具黄色边缘。

产地:金边冬青卫矛河南各地广为栽种。郑州市紫荆山公园有栽培。

1.3　银边冬青卫矛　银边黄杨　变型　图版 38:8

Euonymus japonica Thunb. f. **albo – marginata**（T. Moore）Rehd. in Bibliography of Cultivated Trees and Shrubs:408. 1949;*Euonymus japonica* Thunb. *latifolius albo – marginatus* T. Moore in Proc. Hort. Soc. Lond. 3:282. 1863;丁宝章等主编. 河南植物志

（第二册）:525~526. 1988;朱长山等主编. 河南种子植物检索表:241. 1994 卢炯林等主编. 河南木本植物图鉴:248. 1988;*Euonymus japonica* Thunb. cv.'Aureo - marginata', 王遂义主编. 河南树木志:396. 1994。

本变型叶具白色边缘。

产地:银边冬青卫矛河南各地广为栽种。郑州市紫荆山公园有栽培。

3. 白杜　丝棉木　图136　图版38:9~11

Euonymus bungeana Maxim. in Mém. Div. Sav. Acad. Sc. St. Pétersb. 9:470(Prim. Fl. Amur.). 1859;丁宝章等主编. 河南植物志 第二册:516~517. 图1442. 1988;朱长山等主编. 河南种子植物检索表:241~242. 1994;郑万钧主编. 中国树木志 第三卷:3629. 图1858. 1997;中国科学院中国植物志编辑委员会. 中国植物志 第四十五卷 第三分册:47. 1999;刘慎谔主编. 东北木本植物图志:376. 图版73 - 282.1955;卢炯林等主编. 河南木本植物图鉴:278. 图834. 1998;中国科学院植物研究所主编. 中国高等植物图鉴 第二册:670. 图3070. 1983;中国科学院西北植物研究所编著. 秦岭植物志 第一卷 种子植物(第三册):201. 1981;中国科学院武汉植物研究所编著. 湖北植物志 第二卷:420~430. 图1363. 1979;周汉藩著. 河北习见树木图说(THE FAMILIAR TREES OF HOPEI by H. F. Chow):283~285. 图109. 1934;王遂义主编. 河南树木志:390~391. 图405:1~2. 1994;傅立国等主编. 中国高等植物 第七卷:790. 图1207. 2001;李法曾主编. 山东植物精要:359. 图1285. 2004;*Euonymus micranthus* sensu Bunge in Mém. Div. Sav. Acad. Sc. St. Pétersb. 2:88 (Enum. Pl. Chin. Bor. 14. 1899). 1835,non D. Don 1825;*Euonymus bungeanus* Maxim., Prim, Fl. Amur. 470. 1859;*Euonymus forbesii* Hance in Journ. Bot. 18:259. 1880;*Euonymus mongolicus* Nakai in Rep. Ist. Sci. Exped "Manchoukou" sect. 4,pt. I. 7. t. 2. 1934;*Euonymus bungeanus* Maxim. var. *mongolicus*(Nakai) Kitagawa,1. c. 3, append. I. 307. 1939;*Euonymus ouykiakiensis* Pamp. in Nouv. Giorn. Bot. Ital. no. sér. 17:119. 1910,syn. nov.; *Euonymus bungeanus* Maxim. in Bull. Phys. – Math. Acad. Sc. St. Pétersb. 15:358. 1859.

图136　白杜 **Euonymus bungeana** Maxim.
（选自《中国高等植物图鉴》）。

形态特征:落叶乔木,高达10.0 m以上;树皮灰色,纵裂。小枝绿色、灰绿色,具4棱,无毛。单叶,对生,狭椭圆 - 卵圆形、卵圆形,稀椭圆 - 披针形,长4.0~10.0 cm,宽2.0~5.0 cm,先端长渐尖,基部宽楔形、近圆形,边缘具细锯齿,稀具深尖锐齿,表面深绿色,无毛,背面淡绿色,无毛;叶柄长2.0~3.5 cm。花序为聚伞花序,1~2次分枝;花序梗长1.0~2.0 cm;每分枝具3~7朵。单花具花瓣4枚,淡绿白色,或黄绿色;雄蕊花药紫红色,与花丝等长;花盘肥大。果实蒴果,倒圆心状,粉红色,径约1.0 cm,上部4浅裂。种子具橙色至橙红色假种皮。花期5~6月;果实成熟期8~9月。

产地:白杜分布于我国各省(区、市)。河南大别山区、桐柏山区、伏牛山区等有分布,平原各地广为栽种。郑州市紫荆山公园有栽培。

识别要点:白杜为落叶乔木;树皮灰色,纵裂。小枝绿色、灰绿色,具4棱,无毛。单叶,对生,边缘具细锯齿,稀具深尖锐齿。花序为聚伞花序,1~2次分枝;花序梗长1.0~2.0 cm;每分枝具3~7朵。果实蒴果,倒圆锥状,粉红色。种子具橙色至橙红色假种皮。

生态习性:白杜喜温暖、湿润和阳光充足环境,也较耐阴,要求疏松、肥沃和排水良好的沙壤土。

繁育与栽培技术要点:白杜主要用播种育苗。栽培技术通常采用穴栽,大苗、幼树采用带土穴栽。

主要病虫害:白杜病虫害有蝼蛄、金龟子、介壳虫等。其防治方法,见杨有乾等编著.林木病虫害防治.河南科学技术出版社,1982。

主要用途:白杜根皮入药,有活血、治痛之效。枝叶繁茂,果红色艳,常用庭院观赏树种。木材细致,可作雕刻、细木工之用。

4. 陕西卫矛 金丝吊蝴蝶 图137 图版38:12~13

Euonymus schensianus Maxim. in Bull. Acad. Sci. St. Pétersb. 27:445. 1881;——Blakel. in Kew Bull. 1951:281. 1951;中国科学院西北植物研究所编著. 秦岭植物志 第二卷:209. 图183. 1981;中国科学院植物研究所主编. 中国高等植物图鉴 补编 第二册:238. 图8816. 1983;傅立国等主编. 中国高等植物 第七卷:800. 图1227:3~4. 2001;中国科学院中国植物志编辑委员会. 中国植物志第四十五卷第三册:84. 图版16:3~4. 1999;郑万钧主编. 中国树木志 第三卷:3651. 图1874. 1997;中国科学院武汉植物研究所编著. 湖北植物志 第二卷:437. 图1370. 1979;丁宝章等主编. 河南植物志(第二册):519~520. 图1446. 1988;*Euonymus crinitus* Pamp. in Nuov. Giorn. Bot. Ital. 17:417. 1910;*Euonymus elegantissima* Loes. et Rehd. in Sargent, Pl. Wils. I. 496. 1913;*Euonymus kweichowensis* C. H. Wang in China Journ. Bot. 1:51. 1936;*Euonymus integrifolius* Blakel. 1. c. 1948:242. 1945;*Euonymus haoi* Loes. ex Wang in China Journ. Bot. 1:50. 1936。

形态特征:落叶藤本状灌木,高2.0 m。小枝圆柱状,灰绿色,稍带灰红色。叶花时薄纸质,果时纸质,或稍厚,披针形,或狭长卵圆形,长4.0~12.0 cm,宽1.5~2.0 cm,先端急尖,或短渐尖,基部宽楔形,或近圆形,边缘具纤毛状细齿;叶柄细,长2~6 mm。花序长大,由多数聚伞

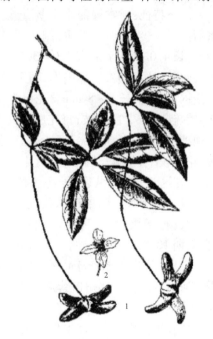

图137 陕西卫矛 Euonymus schensianus Maxim.
1. 枝、叶与果枝;2. 花(选自《秦岭植物志》)。

花序组成;花序梗,5.0～7.0 cm。多花,4 数,黄绿色;花瓣卵圆形,稍带红色;雄蕊无花丝;花梗长 1.5～2.0 cm。蒴果四方状,或扁球状,4 翅,带状,长 1.5～2.0 cm,宽 6～8 mm,稀翅较短。种子黑色,或棕褐色,被橘黄色假种皮。

产地:陕西卫矛产于陕西、甘肃、四川、湖北、贵州等省。河南有栽培。郑州市紫荆山公园有栽培。

识别要点:陕西卫矛藤本灌木。花序长大,由多数聚伞花序组成;具长梗。花 4 数,黄绿色;花瓣稍带红色。蒴果四方状,或扁球状,具 4 翅。种子黑色,或棕褐色,被橘黄色假种皮。

生态习性、繁育与栽培技术要点、主要病虫害:陕西卫矛同扶芳藤。

主要用途:果形奇特,常用于庭院观赏、园林美化树种。

5. 胶州卫矛　图 138　图版 38:14

Euonymus kiautschovicus Loes. in Engl. Bot. Jahrb. 30:453. 1902;——Blakel. in Kew Bull. 1951:270. 1951;——Rehd. Man. Cultivated Trees and Shrubs:ed. 2,558. 1940; et 5th print 558. 1951;中国科学院植物研究所主编. 中国高等植物图鉴 第二册:665. 图 3060. 1972;中国科学院中国植物志编辑委员会. 中国植物志 第四十五卷 第三册:9～10. 1999;傅立国等主编. 中国高等植物 第七卷:780. 图 1185. 2001;李法曾主编. 山东植物精要:359. 图 1288. 2004;丁宝章等主编. 河南植物志 第二册:526～527. 图 1459. 1988。

形态特征:半常绿灌木。茎直立。枝被细密瘤突,具气生根。叶纸质,倒卵圆形,或宽椭圆形,长 4.0～6.0 cm,宽 2.0～3.5 cm,先端急尖、钝圆,或短渐尖,基部楔形,稍下延,边缘具极浅锯齿;叶柄长 5～8 mm。花序为聚伞花序花,较疏散,2～3 次分枝,每花序多具 15 朵;花序梗细,4 棱状,长 1.5～2.5 cm。花黄绿色,4 数,花萼较小,花瓣长圆形,花盘小,方形,花丝细弱,花药近球状,纵裂;子房 4 棱突出显著,与花盘几近等大。蒴果近球状,顶部有粗短宿存柱头;种子黑色,假种皮全包种子。花期 7 月,果期 10 月。

产地:胶州卫矛产于山东青岛、胶州湾一带。河南有栽培。郑州市紫荆山公园有栽培。

识别要点:胶州卫矛半常绿灌木。茎直立。枝被细密瘤突,具气生根。花序为聚伞花序花,较疏散,2～3 次分枝,每花序多具 15 朵;花序梗细,4 棱状。子房 4 棱突出显著,与花盘几近等大。

图 138　胶州卫矛 Euonymus
kiautsch－vicus Loes.
(选自《中国高等植物图鉴》)。

生态习性、繁育与栽培技术要点、主要病虫害、主要用途:胶州卫矛同扶芳藤。

四十、槭树科

Aceraceae Jaume in St. Hilaire,Expos. Fam. Nat. Pl. 2:15,t. 73. 1805,exclud. gen. nonnull.；丁宝章等主编. 河南植物志(第二册):535. 1988；朱长山等主编. 河南种子植物检索表:245. 1994；郑万钧主编. 中国树木志 第四卷:4242. 2004；中国科学院中国植物志编辑委员会. 中国植物志 第四十六卷:66. 1981；中国科学院西北植物研究所编著. 秦岭植物志 第一卷 种子植物(第三册):217. 1981；中国科学院武汉植物研究所编著. 湖北植物志 第二卷:455 ~ 456. 1979；周汉藩著. 河北习见树木图说(THE FAMILIAR TREES OF HOPEI by H. F. Chow):285. 1934；王遂义主编. 河南树木志:404. 1994；傅立国等主编. 中国高等植物 第三卷:314. 2001。

形态特征:落叶乔木,或灌木,稀常绿乔木,或灌木。单叶,对生,稀羽状复叶,或掌状复叶,不裂,或掌状分裂裂；具叶柄,无托叶。花两性、杂性,或单性,辐射对称；雄花与两性花同株,或异株。花序为穗状花序、伞房花序、圆锥花序、聚伞花序,侧生、顶生。花萼片4 ~ 5枚,覆瓦状排列。单花具花瓣4 ~ 5 枚,或无花瓣；花盘杯状,稀不发育；雄蕊4 ~ 12枚,通常8 枚；子房由心皮2 枚组成,子房上位,2 室,2 裂,花柱2 裂,生于子房2 裂间,基部连合；柱头常反卷。每室具2 枚胚珠,仅1 枚发育。果实为小坚果,具双翅。

本科模式属:槭属 Acer Linn. 。

产地:本科植物2 属、200 多种,分布于亚洲、欧洲、美洲各国。我国有2 属、140 种,分布很广。河南有2 属、24 种、10 变种,各地有栽培。郑州市紫荆山公园有1 属、3 种栽培。

(Ⅰ)槭属

Acer Linn. ,Sp. Pl. 1507. 1753；Gen. Pl. ed. 5,474. no. 1023. 1754；丁宝章等主编. 河南植物志(第二册):536. 1988；朱长山等主编. 河南种子植物检索表:245 ~ 249. 1994；郑万钧主编. 中国树木志 第四卷:4244. 2004；中国科学院中国植物志编辑委员会. 中国植物志 第四十六卷:69 ~ 70. 1981；中国科学院西北植物研究所编著. 秦岭植物志 第一卷 种子植物(第三册):218. 1981；中国科学院武汉植物研究所编著. 湖北植物志 第二卷:455 ~ 456. 1979；周汉藩著. 河北习见树木图说(THE FAMILIAR TREES OF HOPEI by H. F. Chow):286. 1934；周以良主编. 黑龙江树木志:396 ~ 397. 1986；王遂义主编. 河南树木志:404 ~ 405. 1994；傅立国等主编. 中国高等植物 第三卷:315. 2001。

形态特征:落叶乔木、灌木。冬芽芽鳞覆瓦状排列,或具2 枚、4 枚对生鳞片。单叶,稀复叶具3 ~ 11 枚小叶,对生,不分裂,或分裂；具柄,无托叶。雄花与两性花同株,或异株,稀单性,雌雄异株。花序为总状花序、伞房花序、圆锥花序。萼片4 枚,或5 枚。单花具花瓣4 枚,或5 枚,稀无花瓣；花盘环状、大,稀不发育；雄蕊4 ~ 12 枚,通常8 枚,生于花盘内侧、外侧,稀生于花盘上；子房2 室,花柱2 裂,稀不裂,柱头反卷。小坚果一端具长翅。

本属模式种:桐叶槭 Acer pseudo – platanus Linn. 。

产地:本属植物约200 多种,主要分布于亚洲、欧洲、美洲各国。我国约有140 多种,分布很广。河南有23 种、10 变种,各地有栽培。郑州市紫荆山公园有3 种、1 变种栽培。

本属植物分种检索表

1. 单叶。

　　2. 叶裂片边缘全缘，或具粗齿。

　　　　3. 伞房花序。单叶对生,5 裂,稀 3 裂,背面无白粉··············· 五角枫 Acer truncatum Bunge

　　　　3. 圆锥花序。单叶对生,3 裂,背面具白粉 ····················· 三角枫 Acer buergerianum Miq.

　　2. 叶裂片边缘单锯齿,或重粗齿 ··

　　　　···················· 鸡爪槭 Acer palmatum Thunb. f. atropurpureum(Van Houtte)Schwerin

1. 复叶。小叶 5 ~ 7 枚,稀 3 枚。总状花序。小枝无毛,被白粉 ····· 梣叶槭 Acer negundo Linn.

1. 三角枫　图 139　图版 39:1 ~ 3

Acer buergerianum Miq. in Ann. Mus. Bot. Lugd. – Bat. 2;88(Prol. Fl. Jap. 20) 1866;丁宝章等主编. 河南植物志(第二册):540. 图 1474. 1988;朱长山等主编. 河南种子植物检索表:247. 1994;郑万钧主编. 中国树木志 第四卷:4297. 图 2275 1. 2004;中国科学院中国植物志编辑委员会. 中国植物志 第四十六卷:183. 185. 图版 55:1. 1981;卢炯林等主编. 河南木本植物图鉴:337. 图 1009. 1998;中国科学院植物研究所主编. 中国高等植物图鉴 第二册:705. 图 3139. 1983;中国科学院西北植物研究所编著. 秦岭植物志 第一卷 种子植物(第三册):227. 1981;中国科学院武汉植物研究所编著. 湖北植物志 第二卷:463. 图 1422. 1979;王遂义主编. 河南树木志:410 ~ 411. 图 430:1 ~ 3. 1994;傅立国等主编. 中国高等植物 第三卷:332. 图 517. 2001;李法曾主编. 山东植物精要:361. 图 1297. 2004;*Acer trifidum* Hook. & Arn. , Bot. Beech. Voy. 174. 1841;*Acer palmatum* Thunb. var. *subtrilabum*, K. Koch in Ann. Mus. Bot. Lugd. – Bat. 1:251. 1864, nom. ;*Acer trifidum* Thunb. f. *buergerianum* Schwer. in Gartenfl. 42：358 (Var. Acer, 19). 1893; *Acer buergerianum* Miq. var. *trinerve*(Dipp.)Rehd. in Journ. Arn. Arb. 3:217. 1922.

图 139　三角枫 Acer buergerianum Miq.
（选自《中国高等植物图鉴》）。

　　形态特征:落叶乔木,高达 20.0 m;树皮褐色、灰褐色,鳞片状剥落。幼枝被短柔毛,后无无。单叶,对生,卵圆形、倒卵圆形,长 6.0 ~ 10.0 cm,宽 3.0 ~ 6.0 cm,先端 3 裂,中央裂片三角形,先端急尖、锐尖、长渐尖,基部圆形,边缘中部以下全缘,上部具疏锯齿,表面深绿色,无毛,表面浅绿色,幼时密被柔毛,后有微毛;叶柄长 2.5 ~ 5.0 cm,淡紫绿色,幼时密被柔毛,后无毛。花序为伞房花序、顶生;总花梗长 1.5 ~ 2.0 cm,被短柔毛。单花具花瓣 5 枚,淡黄色,窄披针形,或匙 - 披针形,较萼片窄;萼片 5 枚,黄绿色,卵圆形,无毛;雄蕊 5 枚;花盘微裂,无毛;子房密被长柔毛,花柱无毛,2 裂。果实为翅果,黄褐色,长 2.0 ~ 3.0 cm,小坚果凸出,翅张开为锐角,或直立。花期 4 月;果实成熟期 8 ~ 9 月。

产地：三角枫分布于我国中南部各省（区、市）。日本有分布。河南有 1 种、1 变种，各地有栽培。郑州市紫荆山公园有栽培。

识别要点：三角枫为落叶乔木；树皮鳞片状剥落。单叶，对生，先端 3 裂；叶柄幼时密被柔毛。花序为伞房花序、顶生；总花梗被短柔毛。单花具花瓣 5 枚，黄绿色；雌花子房密被长柔毛。果翅张开为锐角，或直立。

生态习性：三角枫喜温暖、湿润和阳光充足环境，也较耐阴，要求疏松、肥沃和排水良好的沙壤土。在土壤干旱、瘠薄的地方也能生长。抗污染。

繁育与栽培技术要点：三角枫主要用播种育苗。栽培技术通常采用穴植。幼树采用带土穴植。

主要病虫害：三角枫病害虫有蝼蛄、金龟子、介壳虫等。其防治方法，见杨有乾等编著. 林木病虫害防治. 河南科学技术出版社，1982。

主要用途：三角枫枝叶繁茂，常用庭院观赏树种。木材细致，可作家具用材。

变种：

1.1　三角枫　原变种

Acer buergerianum Miq. var. **buergerianum**

1.2　垂枝三角枫　新变种　图版 39：4

Acer buergerianum Miq. var. **pendula** J. T. Chen，T. B. Zhao et J. H. Mi，var. nov.

A var. nov. recedit：ramulis cinerei – purpureis glabris；ramulis juvenilibus dense pubescentibus. foliis obqangul – ovatis 3. 5 ~ 5. 0 cm longis，1. 5 ~ 5. 0 cm latisapice non lobis rare 3 – lobis margine integris，subtus viridulis dense pubescentibus；pedunculis fructibus 1. 5 ~ 2. 0 cm longis，dense pubescentibus. dense pubescentibus.

Henan：Zhengzhou City. 23 – 06 – 2016. J. T. Chen，No. 201606231（leaf，branchlet et fruit，holotypus hic disighnatus HNAC）.

本新变种小枝细，灰紫色，无毛；幼枝灰绿色，密被短柔毛。叶倒三角 – 卵圆形，长 3. 5 ~ 5. 0 cm，宽 1. 5 ~ 5. 0 cm，先端不裂，或 3 裂，边缘全缘，背面淡绿色，密被短柔毛；叶柄无毛。总果梗长 1. 5 ~ 2. 0 cm，密被短柔毛。

产地：河南。2016 年 6 月 23 日。陈俊通和赵天榜，No. 201606235。模式标本（枝、叶和果实）存河南农业大学。郑州市紫荆山公园有栽培。

2. 元宝枫　图 140　图版 39：5 ~ 7

Acer truncatum Bunge in Mém. Div. Sav. Acad. Sc. St. Pétersb. 2：84（Enum. Pl. Chin. Bor. 10. 1833）1835；丁宝章等主编. 河南植物志（第二册）：538. 图 1471. 1988；朱长山等主编. 河南种子植物检索表：247. 1994；中国科学院中国植物志编辑委员会. 中国植物志 第四十六卷：93 ~ 94. 图版 18：2. 1981；陈嵘著. 中国树木分类学：705. 图 592. 1937；卢炯林等主编. 河南木本植物图鉴：336. 图 1007. 1998；中国科学院植物研究所主编. 中国高等植物图鉴 第二册：698. 图 3126. 1983；中国科学院西北植物研究所编著. 秦岭植物志 第一卷 种子植物（第三册）：221 ~ 222. 1981；中国树木志编委会主编. 中国主要树种造林技术：761 ~ 765. 图 126. 1978；周汉藩著. 河北习见树木图说（THE FAMILIAR TREES OF HOPEI by H. F. Chow）：287 ~ 289. 图 110. 1934；周以良主编. 黑

龙江树木志:410～411. 图版 123:4～5. 1986;王遂义主编. 河南树木志:406～407. 图 424:1. 1994;傅立国等主编. 中国高等植物 第三卷:319. 图 499. 2001;李法曾主编. 山东植物精要:361. 图 1294. 2004;*Acer laetum* C. A. Mey. var. *truncatum* Regel in Bull. Phys. – Math. Acad. Sc. St. Pétersb. 15:217(in Mél. Biol. 2:601) 1857;*Acer lobelii* Tenore,subsp. *truncatum* Wesmael in Bull. Soc. Bot. Belg. 29:56. 1890;*Acer lobulatum* Nakai in Journ. Jap. Bot. 18:608. 1942;*Acer cappadoeicum* Gleditsch subsp. *truncatum* (Bunge)E. Murr. ,Kalmia 8:5. 1977.

形态特征:落叶乔木,高 5.0～10.0 m;树皮鳞片状剥落。幼枝被短柔毛,后无毛。单叶,对生,长 5.0～10.0 cm,宽 8.0～12.0 cm,常 5 裂,稀 7 裂,裂片三角－卵圆形,或披针形,先端急尖、锐尖、尾尖,边缘全缘,长 3.0～5.0 cm,宽 1.5～2.0 cm,稀中央裂片再 3 裂,表面深绿色,无毛,背面浅绿色,幼时密被柔毛,后有微毛,脉腋被丛毛;叶柄长 2.5～5.0 cm,稀长 9.0 cm,淡紫绿色,幼时密被柔毛,后无毛。花杂性,雄花与两性花同株。花序为伞房花序、顶生;总花梗长 1.0～2.0 cm,被短柔毛。单花具花瓣 5 枚,淡黄色,或淡白色,长圆－卵圆形,长 5～7 mm;雄蕊 8 枚,花药黄色;花盘微裂;雌花由心皮 2 枚组成,子房上位,2 室,花柱 2 裂,无毛,生于子房 2 裂片间,基部连合。每室有 1～2 枚胚珠。果实为双翅果。

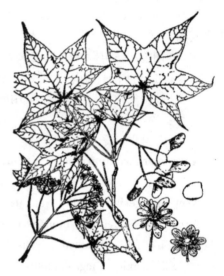

图 140 元宝枫 Acer truncatum Bunge
(选自《中国高等植物图鉴》)。

产地:元宝枫分布于我国吉林、辽宁、河北、山西、山东、江苏等省。河南、陕西、甘肃山区有分布。河南有 1 种、1 变种,各地有栽培。郑州市紫荆山公园有栽培。

识别要点:元宝枫为落叶乔木。单叶,对生,常 5 裂,稀 7 裂。花杂性,雄花与两性花同株。花序为伞房花序、顶生。单花具花瓣 5 枚,淡黄色,或淡白色;子房上位,2 室,花柱 2 裂,无毛,生于子房 2 裂片间,基部连合。果实为双翅果。

繁育与栽培技术要点:元宝枫采用播种育苗。其繁育与栽培技术,见赵天榜等. 河南主要树种育苗技术:95～98. 1982。栽培技术通常采用穴植。幼树采用带土穴植。

生态习性、主要病虫害、主要用途:元宝枫与三角枫相同。

3. 梣叶槭 复叶槭 图 141 图版 39:8～10

Acer negundo Linn. ,Sp. Pl. 1056. 1753;丁宝章等主编. 河南植物志(第二册):551. 图 1492. 1988;朱长山等主编. 河南种子植物检索表:241. 1994;郑万钧主编. 中国树木志 第四卷:4336. 图 2302:2. 2004;中国科学院中国植物志编辑委员会. 中国植物志 第四十六卷:273～274. 图版 82:2. 1981;卢炯林等主编. 河南木本植物图鉴:343. 图 1028. 1998;中国科学院植物研究所主编. 中国高等植物图鉴 第二册:715. 图 3159. 1983;中国科学院西北植物研究所编著. 秦岭植物志 第一卷 种子植物(第三册):234.

1981;陈嵘著. 中国树木分类学:720. 图 612. 1937;周汉藩著. 河北习见树木图说(THE FAMILIAR TREES OF HOPEI by H. F. Chow):293～295. 图 113. 1934;潘志刚等编著. 中国主要外来树种引种栽培:533～536. 1994;王遂义主编. 河南树木志:414～415. 图 436:4. 1994;李法曾主编. 山东植物精要:362. 图 1303. 2004;*Acer faureit* Lévl. et Vant. in Bull. Soc. Bot. Fr. 53:590. 1906.

形态特征:梣叶槭为落叶乔木,高达 20.0 m;树皮灰褐色,或黄褐色,细条裂。 小枝灰绿色,无毛,被白粉。冬芽包于叶 柄基部。叶奇数羽状复叶,长 10.0～ 25.0 cm,对生。小叶 3～7 枚,稀 9 枚, 卵圆形至椭圆－披针形,长 8.0～10.0 cm,宽 2.0～6.0 cm,先端渐尖,基部钝 圆、宽楔形,边缘具 3～5 枚粗锯齿,稀全 缘;顶生小叶 3 裂,小叶柄长 3.0～4.0 cm;侧生小叶柄长 3～5 mm,表面绿色, 无毛,背面淡绿色,初微被毛,后无毛,脉 腋被丛毛;总叶柄长 5.0～8.0 cm,幼时 被毛,后无毛。雄花花序为伞房花序,雌 花花序为总状花序;花序梗长 2.0～3.5 cm,下垂,被短柔毛。花小,雌雄异株。 单花无花瓣、无花盘;雄蕊 4 枚,花丝很 长;子房无毛。果实为翅果,长 3.0～3.5 cm,扁平,无毛,两翅呈锐角,或近直角。 花期4～5月;果实成熟期 9 月。

图 141　梣叶槭 **Acer negundo** Linn.
(选自《中国高等植物图鉴》)。

产地:梣叶槭原分布于北美洲各国。我国长城以南各省(区、市)多栽培。河南有 1 种,各地有栽培。郑州市紫荆山公园有栽培。

识别要点:梣叶槭落叶乔木。小枝灰绿色,无毛,被白粉。奇数羽状复叶,对生。小叶 3～7 枚,稀 9 枚。雄花花序为伞房花序,雌花花序为总状花序;花序梗长 2.0～3.5 cm,下 垂,被短柔毛。单花无花瓣、无花盘。果实为翅果,扁平,两翅呈锐角,或近直角。

生态习性:梣叶槭与三角枫相似。

繁育与栽培技术要点:梣叶槭主要用播种育苗。栽培技术通常采用穴植。幼树采用 带土穴植。

主要病虫害:梣叶槭病虫害有蝼蛄、金龟子、介壳虫、光肩星天牛等。其防治方法,见 杨有乾等编著. 林木病虫害防治. 河南科学技术出版社,1982。

主要用途:梣叶槭枝叶繁茂,常用庭院观赏树种。

4. 鸡爪槭　图 142　图版 39:11～12

Acer palmatum Thunb. in Nova Acta Soc. Sc. Upsal. 4:40. 1783;丁宝章等主编. 河 南植物志(第二册):542. 图 1477. 1988;卢炯林等主编. 河南木本植物图鉴:338. 图

1012. 1998；王遂义主编. 河南树木志：407～408. 图 426：1～3. 1994；中国科学院中国植物志编辑委员会. 中国植物志 第四十六卷：129～130. 图版 32：4. 1981；朱长山等主编. 河南种子植物检索表：248. 1994；*Acer polymorphum* Sieb. & Zucc. in Abh. Phys.－Math. Cl. Aksd. Wiss. Müench. 4(2)：50(Pl. Jap. Fam. Nat. 1：158). 1845.

形态特征：落叶小乔木，高 5.0～8.0 m；树皮深灰褐色。小枝细，紫色，或灰紫色，无毛。单叶，对生，近圆形，薄纸质，长 7.0～10.0 cm，5～9 掌状深裂，通常 7 深裂，裂片通常披针形，先端长渐尖，边缘具锯齿，表面紫色，或紫红色，无毛，幼叶鲜红色，初微被毛，后无毛；叶柄长 4.0～6.0 cm，幼时被毛，后无毛。雄花花序为伞房花序，雌花花序为总状花序，花序梗长 2.0～3.5 cm，下垂，被短柔毛。花小，紫色，杂性同株；单花具花瓣 5 枚，萼片 5 枚；雄蕊 8 枚，花丝白色；子房无毛，花柱 2 裂；花盘微裂，位于雄蕊之外。果实为翅果，幼时紫色，成熟后棕黄色。花期 5 月；果实成熟期 9～10 月。

产地：鸡爪槭产于我国。湖北等省山区有分布。河南各地有栽培。郑州市紫荆山公园有栽培。

图 142　鸡爪槭 Acer palmatum Thunb.
（选自《中国高等植物图鉴》）。

识别要点：单叶，5～9 掌状深裂，通常 7 深裂，裂片通常披针形，先端长渐尖，边缘具锯齿，表面紫色，或紫红色，无毛，幼叶鲜红色，初微被毛，后无毛。雄花花序为伞房花序，雌花花序为总状花序。花小，紫色，杂性同株；单花具花瓣 5 枚，萼片 5 枚；雄蕊 8 枚；花盘微裂，位于雄蕊之外。

生态习性：鸡爪槭与三角枫相似。繁育与栽培技术与三角枫相同。

主要病虫害：鸡爪槭病虫害有蝼蛄、金龟子、介壳虫、光肩星天牛等。其防治方法，见杨有乾等编著. 林木病虫害防治. 河南科学技术出版社，1982。

主要用途：鸡爪槭常用庭院观赏树种。

变型、变种：

1.1　鸡爪槭　原变型

Acer palmatum Thunb. f. **palmatum**

1.2　红枫　变型　图版 39：13

Acer palmatum Thunb. f. **atropurpureum**(Van Houtte) Schwer in Gartenfl. 42：653. 1893；郑万钧主编. 中国树木志 第四卷：4273. 2004；丁宝章等主编. 河南植物志 第二册：542. 1988；王遂义主编. 河南树木志：408. 1994；卢炯林等主编. 河南木本植物图鉴：338. 1998；朱长山等主编. 河南种子植物检索表：248. 1994。

本变型落叶乔木，高 5.0～10.0 m；树皮灰褐色，细条裂。小枝细，紫红色，或灰紫色，无毛。单叶，对生，近圆形，长 7.0～10.0 cm，5～9 掌状深裂，通常 7 深裂，裂片通常披针形,先端长渐尖,边缘具细锯齿,表面紫色,或紫红色,无毛,幼叶鲜红色,初微被毛,后无毛;叶柄长4.0~6.0 cm,幼时被毛,后无毛。雄花花序为伞房花序,雌花花序为总状花序,花序梗长2.0~3.5 cm,下垂,被短柔毛。花小,紫色,杂性,雄花与两性花同株;单花无花瓣、无花盘;雄蕊4枚,花丝很长;子房无毛。果实为翅果,幼时紫色,成熟后棕黄色。花期4~5月;果实成熟期9月。

产地:红枫产于我国。湖北等省山区有分布。河南各地有栽培。郑州市紫荆山公园有栽培。

生态习性、繁育与栽培技术,红枫与三角枫相同。

主要病虫害:红枫病虫害有蝼蛄、金龟子、介壳虫、光肩星天牛等。其防治方法,见杨有乾等编著. 林木病虫害防治. 河南科学技术出版社,1982。

主要用途:红枫常用庭院观赏树种。

1.3 小叶鸡爪槭 变种

Acer palmatum Thunb. var. **thunbergii** Pax in Bot. Jahrb. 7:202. 1886 & in Engl. Pflanzenreich 8(Ⅳ.)25:1002;中国科学院中国植物志编辑委员会. 中国植物志 第四十六卷:130. 1981;丁宝章等主编. 河南植物志 第二册:542. 1988;卢炯林等主编. 河南木本植物图鉴:338. 1998;王遂义主编. 河南树木志:408. 1994;郑万钧主编. 中国树木志 第四卷:4273. 2004。

本变种叶小,长、宽约4.0 cm,7掌状深裂。翅果小,翅较短。

产地:小叶鸡爪槭河南各地有栽培。郑州市紫荆山公园有栽培。

1.4 多裂鸡爪槭 变种 图版39:14

Acer palmatum Thunb. var. **dissectum**(Thunb.)Miquel in Arch. Néerl. Sci. Nat. 2:469. 1867;丁宝章等主编. 河南植物志 第二册:542. 1988;卢炯林等主编. 河南木本植物图鉴:338. 1998;王遂义主编. 河南树木志:408. 1994;朱长山等主编. 河南种子植物检索表:248. 1994;郑万钧主编. 中国树木志 第四卷:4273. 2004;*Acer dissectum* Thunberg,Fl. Jap. 16 1784.

本变种叶7~9掌状深裂,通常7深裂,裂片披针形,先端长渐尖,边缘具羽状缺开。

产地:多裂鸡爪槭河南各地有栽培。郑州市紫荆山公园有栽培。

1.5 三红鸡爪槭 新变种 图版39:15

Acer palmatum Thunb. var. **trirufa** J. T. Chen,T. B. Zhao et J. H. Mi,var. nov.

A var. nov. recedit:foliis parvis ca. 4.0 cm longis et latis. Ramulis, petiolis et alatis rufis.

Henan:Zhengzhou City. 23 - 06 - 2016. J. T. Chen, No. 201606239(leaf, branchlet et fruit,holotypus hic disighnatus HNAC).

本新变种叶小,长、宽约4.0 cm,5掌状深裂。小枝、叶柄与果翅淡红色。

产地:河南各地有栽培。2016年6月23日。陈俊通和赵天榜,No. 201606239。模式标本(枝、叶和果实)存河南农业大学。郑州市紫荆山公园有栽培。

四十一、七叶树科

Hippocastanaceae Torrey & Gray,Fl. N. Am. 1:250. 1838;丁宝章等主编. 河南植物志(第二册):551. 1988;朱长山等主编. 河南种子植物检索表:249. 1994;郑万钧主编. 中国树木志 第四卷:4337. 2004;中国科学院中国植物志编辑委员会. 中国植物志 第四十六卷:274. 1981;中国科学院西北植物研究所编著. 秦岭植物志 第一卷 种子植物(第三册):234. 1981;中国科学院武汉植物研究所编著. 湖北植物志 第二卷:471. 1979;周汉藩著. 河北习见树木图说(THE FAMILIAR TREES OF HOPEI by H. F. Chow):295. 1934;王遂义主编. 河南树木志:415. 1994;傅立国等主编. 中国高等植物 第三卷:310. 2001;*Hippocastaneae* DC.,Théor. Elem. Bot.,ed. 2,44. 1819.

形态特征:落叶,稀常绿乔木,稀灌木。顶芽大。叶对生,或腋生,掌状复叶;无托叶。小叶 3~9 枚;具柄,无托叶。花序为聚伞圆锥花序,侧生小花序为蝎尾状聚伞花序,或二歧聚伞花序,顶生。花杂性,雄花常与两性花同株,不整齐,或近整齐;花萼 4~5 裂,基部联合为钟状、管状,或离生。单花具花瓣 4~5 枚,与萼片互生,不等大,基部具窄细爪;雄蕊 5~9 枚,长短不等,着生于花盘内部;花盘环状,或偏斜,不裂,或微裂;子房上位,3 室,花柱细长。每室有 2 枚胚珠。果实为蒴果,1~3 室,3 裂,每室具种子 1 粒。种子大,近球状;种脐大,乳白色;无胚乳;子叶肥厚,富含淀粉。

本科模式属:Hippocastanum Tourn. ex Rupp. 。

产地:本科植物有 2 属、30 多种,分布于北温带各国。我国有 1 属、11 种。河南有 1 属、5 种,各地有栽培。郑州市紫荆山公园有 1 属、1 种栽培。

(Ⅰ)七叶树属

Aesculus Linn.,Sp. Pl. 344. 1753;丁宝章等主编. 河南植物志(第二册):551~552. 1988;郑万钧主编. 中国树木志 第四卷:4337. 2004;中国科学院中国植物志编辑委员会. 中国植物志 第四十六卷:274. 1981;中国科学院西北植物研究所编著. 秦岭植物志 第一卷 种子植物(第三册):234. 1981;中国科学院武汉植物研究所编著. 湖北植物志 第二卷:471. 1979;周汉藩著. 河北习见树木图说(THE FAMILIAR TREES OF HOPEI by H. F. Chow):295. 1934;王遂义主编. 河南树木志:415. 1994;傅立国等主编. 中国高等植物 第三卷:310~311. 2001。

形态特征:落叶乔木,稀灌木。顶芽大。叶对生,或腋生,掌状复叶;具长叶柄,无托叶。小叶 3~9 枚,常 5~7 枚,纸质,长圆形、倒卵圆形、长倒披针形,边缘具锯齿;具小叶柄。花序为聚伞圆锥花序,直立,顶生;侧生小花序为为蝎尾状聚伞花序。花杂性,雄花常与两性花同株,不整齐;花萼钟状、管状,4~5 裂,不等大,镊合状排列。单花具花瓣 4~5 枚,大小不等,倒卵圆形、倒披针形,或匙形,具爪;花盘为环状,或偏斜,微裂,或不裂;雄蕊 5~8 枚,通常 7 枚,生于花盘内部;子房上位,3 室,花柱细长。每室具 2 枚胚珠。果实为蒴果,1~3 室,每室通常具种子 1 粒。种子大,近球状;种脐大,乳白色;无胚乳;子叶肥厚,富含淀粉。

本属模式种:欧洲七叶树 Aesculus hippocastanum Linn. 。

产地:本科植物有 30 多种,分布于亚洲、欧洲、美洲北温带各国。我国有 9 种、引进 2

种。河南有 1 属、5 种,各地有栽培。郑州市紫荆山公园有 1 种栽培。

1. 七叶树　图 143　图版 40:1～3

Aesculus chinensis Bunge in Mém. Div. Sav. Acad. Sc. St. Pétersb. 2:84(Enum. Pl. Chin. Bor. 10:1833)1835;丁宝章等主编. 河南植物志(第二册):552. 图 1493. 1988;朱长山等主编. 河南种子植物检索表:249. 1994;郑万钧主编. 中国树木志 第四卷:4338～4339. 图 2303. 2004;中国科学院中国植物志编辑委员会. 中国植物志 第四十六卷:276～277. 图版 83:1～5. 1981;卢炯林等主编. 河南木本植物图鉴:343. 图 1029. 1998;中国科学院植物研究所主编. 中国高等植物图鉴 第二册:715. 图 3160. 1983;中国科学院西北植物研究所编著. 秦岭植物志 第一卷 种子植物(第三册):234～235. 图 200. 1981;周汉藩著. 河北习见树木图说(THE FAMILIAR TREES OF HOPEI by H. F. Chow):296～298. 图 114. 1934;王遂义主编. 河南树木志:415～416. 图 437:1～3. 1994;傅立国等主编. 中国高等植物 第三卷:311～312. 图 491. 2001;李法曾主编. 山东植物精要:363. 图 1304. 2004。

形态特征:落叶乔木,高达 25.0 m;树皮灰褐色,或深褐色,细条裂。小枝无毛。芽被树脂。叶对生,奇数掌状复叶;叶柄长 10.0～12.0 cm,被细柔毛。小叶 5～7 枚,纸质,长圆 - 披针形、长倒披针形,稀长椭圆形,长 8.0～16.0 cm,宽 3.0～5.5 cm,先端渐尖,基部楔形,边缘具细锐锯齿,表面绿色,背面淡绿色,无毛,沿脉疏被柔毛,侧脉 13～17 对;小叶柄长 0.5～1.8 cm。花杂性,雄花与两性花同株。花序为圆锥花序,连花序梗长 21.0～25.0 cm;花序梗疏被柔毛;小花序具花 5～10 朵组成;花萼钟状、管状,长 3～5 mm,外面微被毛,先端 5裂,不等大,边缘具缘毛。单花具花瓣 4 枚,不等大,长圆 - 倒卵圆形、长圆 - 倒披针形,长 8～10 mm,白色,边缘具缘毛,基部具爪;雄蕊 6枚,长 1.8～3.0 cm,花药淡黄色;子房在雄花中不发育;花梗长 2～4 mm。果实为蒴果,球状,径 3.0～5.0 cm,密被黄褐色瘤点。种子近球状,径 2.0～3.5 cm,栗褐色;种脐白色,大型,约占种子 1/2。

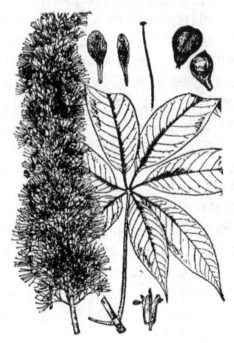

图 143　七叶树 Aesculus chinensis Bunge
(选自《中国高等植物图鉴》)。

产地:七叶树原产于我国,分布于河北、山西、陕西、湖北等省。河南太行山、伏牛山、桐柏山、大别山区有分布,平原各地有栽培。郑州市紫荆山公园有栽培。

识别要点:七叶树落叶乔木。叶对生,奇数羽状复叶。小叶 5～7 枚。花杂性;花序为圆锥花序,连花序梗长 21.0～25.0 cm。果实为蒴果,球状。种子种脐白色,大型,约占种子 1/2。

生态习性：七叶树喜温暖、湿润和阳光充足环境。在土壤疏松、肥沃和排水良好的沙壤土上，生长最好。在土壤干旱、瘠薄的地方也能生长。

繁育与栽培技术要点：七叶树主要用播种育苗。其繁育与栽培技术，见中国树木志编委会主编. 中国主要树种造林技术：956～961. 1978。栽培技术通常采用穴栽，大苗、幼树采用带土穴栽。

主要病虫害：七叶树病虫害有蝼蛄、金龟子、介壳虫、光肩星天牛等。其防治方法，见杨有乾等编著. 林木病虫害防治. 河南科学技术出版社，1982。

主要用途：七叶树枝叶繁茂，常用庭院观赏树种。种子入药，有理气之效。还含大量淀粉供食用。木材可制家具。

四十二、无患子科

Sapindaceae Juss. in Ann. Mus. Hist. Nat. Paris,18:476. 1811；丁宝章等主编. 河南植物志（第二册）：553. 1988；朱长山等主编. 河南种子植物检索表：249. 1994；郑万钧主编. 中国树木志 第四卷：4157. 2004；中国科学院中国植物志编辑委员会. 中国植物志 第四十七卷 第一分册：1. 1985；中国科学院西北植物研究所编著. 秦岭植物志 第一卷 种子植物（第三册）：235. 1981；中国科学院武汉植物研究所编著. 湖北植物志 第二卷：472. 1979；周汉藩著. 河北习见树木图说（THE FAMILIAR TREES OF HOPEI by H. F. Chow）：298. 1934；王遂义主编. 河南树木志：416. 1994；傅立国等主编. 中国高等植物 第三卷：266～267. 2001。

形态特征：落叶，或常绿乔木，或灌木，稀攀缘草本，或木质藤本。叶3小叶复叶、羽状复叶，或掌状复叶，稀单叶，互生，通常无托叶。花小，单性，稀两性、杂性，辐射对称，或两侧对称。花序为总状花序、圆锥状花序，或聚伞花序，顶生、腋生。雄花：单花具花瓣4～5枚，稀6枚，离生，或无花瓣，稀退化为1～2枚，极小，或无，离生，覆瓦状排列，内面基部具小鳞片，或被毛；花盘肉质，边缘全缘，或分裂，环状、碟状、杯状，或偏于一侧，稀无花盘；雄蕊8枚，稀5～10枚，或多数，着生于花盘内，或花盘上，稀基部连合至中部连生，花丝线形，稀锥状，被毛，离生，花药2室，纵裂，退化雌蕊小，密被毛。雌花：花瓣与花盘同雄花；雌蕊子房由2～4心皮组成，上位，3室，稀1室，或4室，边缘全缘，或2～4浅裂；花柱不分裂，或2～4浅裂。每室具1～2枚胚珠，稀多数，中轴胎座，退化雌蕊密被毛。种子具假种皮，或无，无胚乳。

本科模式属：无患子属 Sapindus Linn.。

产地：本科植物约有150属、2 000多种，分布于热带各国，北温带各国种类较少。我国有25属、52种、2亚种、3变种。河南有4属、5种，各地有栽培。郑州市紫荆山公园有2属、3种栽培。

本科植物分属检索表

1. 叶一回至二回奇数羽状复叶。小叶边缘浅裂、具锯齿，稀全缘。花两性、单性、杂性，两侧对称。花序为圆锥花序，顶生，稀腋生。萼片5枚，稀4枚深裂，镊合状排列，边缘具缘毛；单花具花瓣4～5枚，披针形，鲜黄色，不等大，内面具2枚深裂、肉质小鳞片，或无；花盘3～4裂，稀5裂。果实为蒴果,囊状,具3棱,果皮膜质,膨大为膀胱状,成熟后3瓣裂。种子黑色,无棱……………
……………………………………………………………………………………………… 栾树属 Koelreuteria Laxm.

1. 叶奇数羽状复叶。小叶边缘具锯齿。花杂性同株,辐射对称。花序为顶生总状花序。萼片5枚,
覆瓦状排列。单花具花瓣5枚,倒卵圆形,白色,具爪,无鳞片;花盘5裂,每1裂片背面具一黄龟
角状体。果实为蒴果,近球状,果皮厚木栓质,成熟后3瓣裂。种子近球状,黑色,具棱………
…………………………………………………………………………………… 文冠果属 Xanthoceras Bunge

(Ⅰ) 栾树属

Koelreuteria Laxm. in Nov. Comm. Acad. Sci. Petrop. 16(1771):561,t. 18. 1772;
丁宝章等主编. 河南植物志(第二册):555. 1988;朱长山等主编. 河南种子植物检索表:
250. 1994;郑万钧主编. 中国树木志 第四卷:4181~4182. 2004;中国科学院中国植物志
编辑委员会. 中国植物志 第四十七卷 第一分册:54~55. 1985;中国科学院西北植物研
究所编著. 秦岭植物志 第一卷 种子植物(第三册):238. 1981;中国科学院武汉植物研究
所编著. 湖北植物志 第二卷:473. 1979;周汉藩著. 河北习见树木图说(THE FAMILIAR
TREES OF HOPEI by H. F. Chow):299. 1934;王遂义主编. 河南树木志:417. 1994;傅立
国等主编. 中国高等植物 第三卷:286. 2001。

形态特征:落叶乔木,或灌木。冬芽小,具鳞片2枚。叶互生,一回或二回奇数羽状复
叶;无托叶。小叶互生,或对生,边缘浅裂,或具锯齿,稀全缘。花小,两性、单性、杂性,两
侧对称。花序为圆锥花序,顶生,稀腋生,分枝多。萼片5枚,稀4枚,深裂,镊合状排列,
外面被微柔毛,具缘毛;单花具花瓣4~5枚,披针形,鲜黄色,不等大,具爪,内面具2枚深
裂、肉质小鳞片,或无;花盘厚,3~4裂,稀5裂,偏于一侧,上端具圆裂齿;雄蕊8枚,稀较
少;花丝线形,离生,被长柔毛,或无毛;雌蕊子房3室,花柱不分裂,具3棱,或浅3裂。每
室有2枚胚珠。果实为蒴果,囊状,具3棱,室背3瓣裂,果瓣膜质,膨大为膀胱状,成熟后
3瓣裂。种子球状,黑色,无假种皮。

本属模式种:栾树 Koelreuteria paniculata Laxm.。

产地:本属植物有4种。1种产于斐济群岛。我国有3种、1变种。河南有2种,各地
有栽培。郑州市紫荆山公园有2种栽培。

本属植物分种检索表

1. 小叶5~17枚,边缘具锯齿 …………………………………… 栾树 Koelreuteria paniculata Laxm.
1. 小叶5~11枚,边缘全缘 ………………………… 全缘叶栾树 Koelreuteria integrifoliola Merr.

1. 栾树　图144　图版40:4~7

Koelreuteria paniculata Laxm. in Nov. Comm. Acad. Sci. Perop. 1616(1771):561,
t. 18. 1772;丁宝章等主编. 河南植物志(第二册):556. 图1497. 1988;朱长山等主编.
河南种子植物检索表:250. 1994;郑万钧主编. 中国树木志 第四卷:4182~4183. 图
2195. 2004;中国科学院中国植物志编辑委员会. 中国植物志 第四十七卷 第一分册:
55~56. 图版19:1~5. 1985;中国科学院植物研究所主编. 中国高等植物图鉴 第二册:
723. 图3175. 1983;卢炯林等主编. 河南木本植物图鉴:327. 图980. 1998;中国科学院

西北植物研究所编著. 秦岭植物志 第一卷 种子植物(第三册):238. 图 203. 1981;中国科学院武汉植物研究所编著. 湖北植物志 第二卷:473～474. 图 1441. 1979;周汉藩著. 河北习见树木图说(THE FAMILIAR TREES OF HOPEI by H. F. Chow):299～301. 图 115. 1934;王遂义主编. 河南树木志:417～418. 图 439:1～5. 1994;傅立国等主编. 中国高等植物 第三卷:286. 图 451. 2001;李法曾主编. 山东植物精要:363. 图 1305. 2004; *Sapindus chinensis* Murray, Linn. Syst. Vég. ed. 13, 315. 1774; *Koelreuteria chinensis* Hoffmgg. , Verzeich. Pflanzenkult. 70. 1824; *Koelreuteria apiculata* Rehd. & Wils. in Sargent, Pl. Wils. II. 191. 1914; *Koelreuteria kaniculata* Laxm. var. *apiculata* (Rehd. & Wils.) Rehd. in Journ. Arn. Arb. 20:418. 1939; *Koelreuteria bipinnata* Franch. var. *apiculata* How et Ho, op. cit. 407. 1955, excl. Specim. Kweichow. et Kwangsi .

形态特征:落叶乔木,高达 15.0 m;树皮暗褐色,纵裂;侧枝开展。小枝暗褐色、灰褐色;皮孔密而凸起,密被弯曲短柔毛。叶互生,奇数羽状复叶,稀二回或不完全二回奇数羽状复叶,长 20.0～50.0 cm。小叶 7～18枚,纸质,卵圆形,或卵圆－披针形,长 2.5～10.0 cm,宽 2.5～6.0 cm,先端短尖、渐尖、基部楔形、近平截,边缘具锯齿、缺齿,或缺裂成羽状小叶状,表面深绿色,无毛,中脉被弯曲短柔毛,背面浅灰绿色,脉腋被短柔毛,稀小叶背面被短柔毛;具短叶柄。花小,两性、单性、杂性,两侧对称。花序为圆锥花序,顶生,长 25.0～40.0 cm,密被柔毛。萼片卵圆形,长约 2 mm,边缘具腺状缘毛。单花具花瓣 4 枚,黄色,中心紫色,披针形,长5～9 mm,基部被弯曲毛,具爪,被长柔毛;花盘边缘具小裂片;雄蕊 8 枚,花丝线形,密被白色长柔毛;鳞片紫红色;雌蕊子房 3 室,具

图 144 栾树 Koelreuteria paniculata Laxm.

1. 花枝;2. 雄蕊;3. 雌花去花瓣示花盘及雌蕊;4. 果序—部分(选自《中国树木志》)。

3 棱状,棱缘被缘毛,退化子房密被毛。果实为蒴果,卵球状,长 4.0～5.0 cm,具 3 棱,先端钝圆,具尖头,膜质,膨大为膀胱状,边缘具膜质翅。种子球状,黑色。花期 5～9 月;果实成熟期 10～11 月。

产地:栾树分布很广,除我国东北北部、内蒙古、青海、新疆等地外,其他各省(区、市)均有分布与栽培。河南山区有分布,平原地区有栽培。郑州市紫荆山公园有栽培。日本、朝鲜半岛也有分布。

识别要点:栾树落叶乔木。叶互生,奇数羽状复叶,稀二回或不完全二回奇数羽状复叶。花序为圆锥花序花,顶生。单花具花瓣 4 枚,黄色,中心紫色,披针形。果实为蒴果,卵球状,膜质,膨大为膀胱状,边缘具膜质翅。种子球状,黑色。

生态习性:栾树喜温暖、湿润和阳光充足环境,在土壤疏松、肥沃和排水良好的沙壤土

上,生长最好。在土壤干旱、瘠薄的地方也能生长。

繁育与栽培技术要点:栾树采用播种育苗。栽培技术通常采用穴栽,大苗、幼树采用带土穴栽。

主要病虫害:栾树病虫害有蝼蛄、金龟子、介壳虫、光肩星天牛等。其防治方法,见杨有乾等编著. 林木病虫害防治. 河南科学技术出版社,1982。

主要用途:栾树常用庭院观赏树种。木材可制家具。

2. 全缘叶栾树 黄山栾树 图145 图版40:8~12

Koelreuteria integrifoliola Merr. in Philip. Journ. Sci. 21:500. 1922;丁宝章等主编. 河南植物志(第二册):557. 图1499. 1988;朱长山等主编. 河南种子植物检索表:250. 1994;中国科学院中国植物志编辑委员会. 中国植物志 第四十七卷 第一分册:56. 58. 1985;郑万钧主编. 中国树木志 第四卷:4184. 2004;卢炯林等主编. 河南木本植物图鉴:327. 图981. 1998;中国科学院植物研究所主编. 中国高等植物图鉴 第二册:724. 图3177. 1983;中国科学院武汉植物研究所编著. 湖北植物志 第二卷:475. 图1443. 1979;王遂义主编. 河南树木志:418. 图439:6. 1994;李法曾主编. 山东植物精要:363. 图1306. 2004;*Koelreuteria bipinnata* Franch. var. *integrifoliola*(Merr.)T. Chen,植物分类学报,17:3. 1979。

形态特征:落叶乔木,高达20.0 m;树皮灰褐色,纵裂;侧枝开展。小枝棕褐色,无毛。叶互生,二回奇数羽状复叶,长20.0~30.0 cm,第一回羽片长10.0~20.0 cm,总轴近无毛。小叶5~11枚,互生,厚纸质,长椭圆-卵圆形,长3.5~9.0 cm,宽2.0~2.5 cm,先端渐尖,基部近圆形,边缘全缘,表面深绿色,具光泽,无毛,背面浅灰绿色,脉上被短柔毛;具短叶柄。花序为圆锥花序,顶生,长达30.0 cm,花序分枝和花梗被柔毛。单花子房和花丝基部被柔毛。果实为蒴果,卵球状,长4.0~5.0 cm,宽2.5~3.0 cm,具3棱,先端钝圆,具尖头,膜质,膨大为膀胱状,边缘具膜质翅。种子球状,黑色,无假种皮。花期5~7月;果实成熟期10~11月。

图145 全缘叶栾树 Koelreuteria integrifoliola Merr.

(选自《中国高等植物图鉴》)。

产地:黄山栾树分布很广。我国浙江、江西、安徽、湖北、河南等省均有分布与栽培。河南大别山、桐柏山、伏牛山区南坡有分布,平原地区有栽培。郑州市紫荆山公园有栽培。日本、朝鲜半岛也有分布。

识别要点:黄山栾树为落叶乔木。小枝棕褐色,无毛。叶互生,二回奇数羽状复叶。小叶5~11枚,边缘全缘。花序为圆锥花序,顶生,长达30.0 cm,花序分枝和花梗被柔毛。单花子房和花丝基部被柔毛。果实为蒴果,卵球状,膜质,膨大为膀胱状,边缘具膜质翅。

生态习性：黄山栾树喜温暖、湿润和阳光充足环境，在土壤疏松、肥沃和排水良好的沙壤土上，生长最好。在土壤干旱、瘠薄的地方也能生长。

繁育与栽培技术要点：黄山栾树主要用播种育苗。栽培技术通常采用穴栽，大苗、幼树采用带土穴栽。

主要病虫害：黄山栾树病虫害有蝼蛄、金龟子、介壳虫、光肩星天牛等。其防治方法，见杨有乾等编著. 林木病虫害防治. 河南科学技术出版社,1982。

主要用途：黄山栾树常用庭院观赏树种。木材可制家具。

（Ⅱ）文冠果属

Xanthoceras Bunge, Enum. Pl. China Bor. Coll. 11. 1831；丁宝章等主编. 河南植物志（第二册）:557~558. 1988；郑万钧主编. 中国树木志 第四卷:4191. 2004；中国科学院中国植物志编辑委员会. 中国植物志 第四十七卷 第一分册:69. 72. 1985；中国科学院西北植物研究所编著. 秦岭植物志 第一卷 种子植物（第三册）:238~239. 1981；周汉藩著. 河北习见树木图说（THE FAMILIAR TREES OF HOPEI by H. F. Chow）:301. 1934；周以良主编. 黑龙江树木志:412. 1986；王遂义主编. 河南树木志:418. 1994；傅立国等主编. 中国高等植物 第三卷:291. 2001；*Xanthoceras* Bunge in Mém. Div. Sav. Acad. Sci. St. Pétersb. 2:85（Enum. Pl. Chin. Bor. 11. 1833）. 1835.

形态特征：落叶小乔木，或灌木。叶互生，奇数羽状复叶，长 15.0~30.0 cm。小叶边缘具锯齿。花小，杂性，雄花与两性花同株，不在同一花序上，辐射对称。花序为顶生总状花序。苞片大，卵圆形；萼片 5 枚，长圆形，覆瓦状排列。单花具花瓣 5 枚，倒卵圆形，白色，具爪，无鳞片；花盘 5 裂，裂片与花瓣互生，每 1 裂片背面具一黄色角状体；雄蕊 8 枚，内藏，药隔顶端与药室基部均有 1 枚球状腺体；雌蕊子房长圆体状，3 室，花柱短粗，顶生，直立，柱头乳头状。每室具 7~8 枚胚珠，排为 2 纵行。果实为蒴果，近球状，3 棱角，果皮厚木栓质，成熟后 3 瓣裂。种子近球状，黑色，具棱。

本属模式种：文冠果 Xanthoceras sorbifolium Bunge。

产地：本属植物有 1 种，产于我国东北区、华北区各省（区、市）。朝鲜半岛有分布。河南有栽培 1 种，各地有栽培。郑州市紫荆山公园有 1 种栽培。

1. 文冠果　图 146　图版 41:1~3

Xanthoceras sorbifolium Bunge in Mém. Div. Sav. Acad. Sci. St. Pétersb. 2：85（Enum. Pl. Chin. Bor. 11. 1833）1835；丁宝章等主编. 河南植物志（第二册）:558. 图 1500. 1988；朱长山等主编. 河南种子植物检索表:250. 1994；郑万钧主编. 中国树木志 第四卷:4191. 图 2203. 2004；中国科学院中国植物志编辑委员会. 中国植物志 第四十七卷 第一分册:72. 图版 72. 1985；中国科学院植物研究所主编. 中国高等植物图鉴 第二册:725. 图 3179. 1983；陈嵘著. 中国树木分类学:685. 图 576. 1937；卢炯林等主编. 河南木本植物图鉴:327. 图 979. 1998；中国科学院西北植物研究所编著. 秦岭植物志 第一卷 种子植物（第三册）:238~239. 图 204. 1981；中国树木志编委会主编. 中国主要树种造林技术:956~961. 图 159. 1978；周汉藩著. 河北习见树木图说（THE FAMILIAR TREES OF HOPEI by H. F. Chow）:302~303. 图 116. 1934；周以良主编. 黑龙江树木志:412~413. 图版 125. 1986；王遂义主编. 河南树木志:418~419. 图 440. 1994；傅立

国等主编. 中国高等植物 第三卷:291. 图 459. 2001;李法曾主编. 山东植物精要:364. 图 1307. 2004。

形态特征:落叶小乔木,或灌木;树皮灰褐色,纵裂。小枝紫褐色,幼枝被短柔毛,后无毛。叶互生,奇数羽状复叶,长 15.0～30.0 cm。小叶 9～19 枚,长圆－披针形,或狭椭圆形,长 2.5～6.0 cm,宽 1.0～2.0 cm,先端短尖、渐尖,基部楔形、近圆形,边缘具锐锯齿,表面深绿色,无毛,背面浅灰绿色,被星状毛;顶生小叶常 3 深裂。花先叶开放,或花叶同时开放。花序为顶生圆锥花序,或腋生总状花序,长 10.0～30.0 cm。花小、单性、杂性,两性,花序顶生;雄花序腋生,长 10.0～20.0 cm,直立;花序基部芽鳞宿存。苞片长 5～10 mm;萼片 5 枚,长圆形,长 6～7 mm,两面被绒毛。单花具花瓣 5 枚,倒卵圆形,白色,基部具紫红色、黄紫色斑纹,长约 1.7 cm,爪两侧被毛;花盘 5 裂,每裂片背面附一橙黄色长角状物,长为雄蕊的 1/2;雄蕊 8 枚,长约 1.5 cm;雌蕊子房长圆体状,被灰色绒毛,3 室。每室有 7～8 枚胚珠。果实为蒴果,近球状,果皮厚木栓质,径 4.0～6.0 cm,成熟后 3 瓣裂。种子近球状,黑色,具棱。花期 4～5 月;果实成熟期 7～9 月。

图 146　文冠果 Xanthoceras sorbifolium Bunge
(选自《中国高等植物图鉴》)。

产地:文冠果特产于我国东北区、华北区各省(区、市)。河南各地有栽培。郑州市紫荆山公园有栽培。

识别要点:文冠果落叶小乔木,或灌木;树皮灰褐色,纵裂。叶为奇数羽状复叶。花序为顶生圆锥花序,或腋生总状花序。花小,单性、杂性,两性。果实为蒴果,近球状,果皮厚木栓质,成熟后 3 瓣裂。种子近球状,黑色,具棱。

生态习性:文冠果为喜光树种,在气温 -41.4℃ 条件下,可安全越冬。性温暖、湿润和阳光充足环境,也较耐旱,在低洼地、粗沙地、重盐碱地,生长不良。要求疏松、肥沃和排水良好的沙壤土。

繁育与栽培技术要点:文冠果主要用播种育苗、分株繁育,优良品种可采用嫁接技术。其繁育与栽培技术,见中国树木志编委会主编. 中国主要树种造林技术:956～961. 1978。

主要病虫害:文冠果病虫害有蝼蛄、金龟子、介壳虫、光肩星天牛、黄化病等。其防治方法,见杨有乾等编著. 林木病虫害防治. 河南科学技术出版社,1982。

主要用途:文冠果为经济树种。种子合油率 30.0 %～36.0 %,可食用,也可入药,治高血压病。也常用庭院观赏树种。木材可制家具。

四十三、鼠李科

Rhamnaceae R. Brown. ex Dumortier,Florula Belg. 104. 1827,nom. subnud. ;丁宝章等主编. 河南植物志(第二册):574. 1988;朱长山等主编. 河南种子植物检索表:253～254. 1994;郑万钧主编. 中国树木志 第三卷:3786. 1997;中国科学院中国植物志编辑委员会. 中国植物志 第四十八卷 第一分册:1～2. 1982;中国科学院西北植物研究所编著. 秦岭植物志 第一卷 种子植物(第三册):248. 1981;周汉藩著. 河北习见树木图说(THE FAMILIAR TREES OF HOPEI by H. F. Chow):303～304. 1934;王遂义主编. 河南树木志:424～425. 1994;傅立国等主编. 中国高等植物 第三卷:138. 2001。

形态特征:灌木、藤本状灌木,或乔木,稀草本,通常具刺,或无刺。单叶,互生,或近对生,边缘全缘,或具锯齿,具羽状脉,或3～5基出脉;托叶小,早落,或宿存,稀变为刺。花小,整齐,两性,或单性,稀杂性,辐射对称;雌雄异株;花序为聚伞花序、穗状圆锥花序、聚伞总状花序、聚伞圆锥花序,或花单生,或数朵簇生。花通常4基数,稀5基数;萼钟状,或筒状,淡黄绿色,萼片镊合状排列。花瓣通常较萼片小,极凹,匙形,或兜状,基部常具爪,或无花瓣,花瓣着生于花盘边缘下的萼筒上;雄蕊与花瓣对生,为花瓣抱持;花丝短,花药2室,纵裂,花盘明显发育,杯状、碗状、盘状,边缘全缘、具圆齿,或浅裂;雌蕊子房上位、半下位至下位,通常3室,或2室,稀4室,花柱不分裂,或3裂。每室有1枚倒生胚珠,基生胎座。核果、浆果状核果、蒴果状核果,或蒴果,沿腹缝线开裂,或不开裂,或果实顶端具纵向的翅,或具平展的翅状边缘,萼筒宿存。种子具胚乳,或无胚乳,胚大而直,黄色,或绿色。

本科模式属:鼠李属 Rhamnus Linn. 。

产地:本科植物约有58属、900种以上,广泛分布于温带至热带地区。我国产14属、133种、32变种和1变型,全国各省(区、市)均有分布,以西南和华南的种类最为丰富。河南有7属、26种、2变种。郑州市紫荆山公园有2属、2种栽培。

本科植物分属检索表

1. 枝常具皮刺。有下垂脱落性小枝。叶小型;具短柄,托叶通常变成针刺。花序具短总花梗。子房2室,稀3～4室;花柱2浅裂,稀3～4浅裂、深裂 ……………………… 枣属 Zizyphus Mill.
1. 枝常无皮刺。无下垂脱落性小枝。叶大型;具长柄。花序总花梗结果时增大,肉质,扭曲。子房3室;花柱3浅裂至深裂。果序分枝增粗,成熟时肉质、扭曲、甜味…… 枳椇属 Hovenia Thunb.

Ⅰ. 枣族

Rhamnaceae R. Brown. ex Dumortier trib. **Zizipheae** Brongn. , Enum. Gen. 122. 1843;中国科学院中国植物志编辑委员会. 中国植物志 第四十八卷 第一分册:96. 1982。

形态特征:灌木常具皮刺。雌蕊子房上位,稀下半部。核果,内果皮硬骨质,1～3室。种皮膜质,或纸质。

产地:本族植物我国有6属。

(Ⅰ) 枣属

Zizyphus Mill. ,Gard. Dict. abridg. ed. 4,3. 1754;丁宝章等主编. 河南植物志(第二

册）:575. 1988;朱长山等主编. 河南种子植物检索表:257~258. 1994;郑万钧主编. 中国树木志 第三卷:3862. 1997;中国科学院中国植物志编辑委员会. 中国植物志 第四十八卷 第一分册:113~114. 1982;中国科学院西北植物研究所编著. 秦岭植物志 第一卷 种子植物（第三册）:249. 1981;王遂义主编. 河南树木志:437. 1994;傅立国等主编. 中国高等植物 第三卷:172. 2001;

形态特征:落叶,或常绿乔木、灌木,或藤状灌木;枝常具皮刺。单叶,互生,边缘具齿,稀全缘,具基生 3 出脉、稀 5 出脉;具短柄,托叶通常变成针刺。花序为聚伞花序、聚伞总状花序,或聚伞圆锥花序,腋生、顶生;具总花梗。花小,黄绿色,两性,5 基数;萼片卵圆 - 三角形,或三角形,内面有凸起中肋;花瓣倒卵圆形,或匙形,具爪,与雄蕊等长,稀无花瓣;花盘厚,肉质,5 裂,或 10 裂;雌蕊子房球状,上位,下半部,或大部藏于花盘内,2 室,稀 3~4 室,每室有 1 胚珠,花柱 2 浅裂,稀 3~4 浅裂、深裂。核果球状,或长圆体状,先端具小尖头,基部有宿存萼筒,中果皮肉质,或软木栓质,内果皮硬骨质,或木质,1~2 室,稀 3~4 室。每室具 1 粒种子。种子无胚乳,或少胚乳;子叶肥厚。

本属模式种:枣树 Ziziphus jujuba Mill. 。

产地:本属植物约有 100 种,广泛分布于温带至热带、亚热带各国。我国有 12 种、3 变种,全国各省（区、市）均有分布与栽培。河南 1 种、2 变种、多品种,各地有栽培。郑州市紫荆山公园有 1 种栽培。

1. 枣树　图 147　图版 41:4~5

Ziziphus jujuba Mill. ,Gard. Dict. ed. 8,Z. no. 1. 1768;陈嵘著. 中国树木分类学:749. 图 637. 1937;陈焕镛主编. 海南植物志 第三卷:3. 1974;中国科学院植物研究所主编. 中国高等植物图鉴 第二册:754. 图 3273. 1983;丁宝章等主编. 河南植物志（第二册）:576. 图 1523. 1988;朱长山等主编. 河南种子植物检索表:257~258. 1994;郑万钧主编. 中国树木志 第三卷:3863~3866. 图 1991:1~4. 1997;中国科学院中国植物志编辑委员会. 中国植物志 第四十八卷 第一分册:133. 135. 图版 36:1~4. 1982;卢炯林等主编. 河南木本植物图鉴:302. 图 905. 1998;中国科学院西北植物研究所编著. 秦岭植物志 第一卷 种子植物（第三册）:249~250. 1981;中国树木志编委会主编. 中国主要树种造林技术:1070~1078. 图 174. 1978;赵天榜等主编. 河南主要树种栽培技术:342~356. 图 43. 1994;周汉藩著. 河北习见树木图说（THE FAMILIAR TREES OF HOPEI by H. F. Chow）:305~307. 图 117. 1934;王遂义主编. 河南树木志:437~438. 图 462:1~4. 1994;傅立国等主编. 中国高等植物 第三卷:173. 图 281:1~4. 2001;李法曾主编. 山东植物精要:369. 图 1328. 2004;*Ziziphus sativa* Gaertn. , Fruct. Sem. 1:202. 1788;*Ziziphus vulgaris* Lam. , Encycl. Méth. Bot. 3:316. 1789;*Ziziphus sinensis* Lam. , Encycl. Méth. 3:316. 1789;*Ziziphus jujuba* Mill. var. *inermis*（Bunge）Rehd. in Journ. Arnold Arb. 2:220. 1922;*Ziziphus sativa* Gaertn. ,Fruct. Sem. 1:202. 1788;*Ziziphus vulgaris* Lam. var. *inermis* Bunge in Mém. Div. Sav. Acad. Sci. St. Pétersb. 2:88（Enum. Pl. Chin. Bor. 14. 1833）. 1835;*Rhamnus zizyphus* Linn. ,Sp. Pl. 194. 1753.

形态特征:落叶乔木,稀灌木,高达 15.0 m;树皮褐色,或灰褐色,纵裂。枝有长枝、短枝、"枣股"、"枣吊" 4 种。长枝光滑,紫红色,或灰褐色,呈"之"字形曲折,具 2 枚托叶

刺,长刺可达3.0 cm,粗直;短刺下弯,长4~6
mm;短枝短粗,自老枝发出;当年生小枝绿色,
下垂,单生,或2~7个簇生于短枝上。叶纸
质,卵圆形、卵圆 - 椭圆形,或卵圆 - 长圆形;
长3.0~7.0 cm,宽1.5~4.0 cm,先端钝圆,稀
锐尖,具小尖头,基部近圆形,稍不对称,边缘
具圆齿状锯齿,表面深绿色,无毛,具光泽,背
面浅绿色,无毛,或沿脉被疏微毛,基生3出
脉;叶柄长1~6 mm,或在长枝上的可达1.0
cm,无毛,或被疏微毛;托叶刺纤细,后期常脱
落。"枣股"上具脱落小枝,称"枣吊",晚秋与
叶同时脱落。花单生,或2~8朵密集成腋生
聚伞花序;花梗长2~3 mm;萼片卵圆 - 三角
形;花瓣倒卵圆形,基部有爪,与雄蕊近等长;
花盘厚,肉质,圆形,5裂;雌蕊子房下部藏于花

图 147　枣树 Ziziphus jujuba Mill.
(选自《中国高等植物图鉴》)。

盘内,与花盘合生,2室,花柱2半裂。每室有1胚珠。核果长圆体状,或长卵球状,长
2.0~3.5 cm,径1.5~2.0 cm,成熟时红色,后变红紫色,中果皮肉质,厚,味甜,核先端锐
尖,基部锐尖,或钝,2室,具1粒种子,或2粒种子;果梗长2~5 mm。种子扁椭圆体状,长
约1.0 cm,宽8 mm。花期5~7月;果实成熟期8~9月。

产地:枣树原产于我国,分布于吉林、辽宁、河北、山东、山西、陕西、河南、甘肃、新疆、
安徽、江苏、浙江、江西、福建、广东、广西、湖南、湖北、四川、云南、贵州、重庆等省(区、市)
山区、丘陵,平原广为栽培。现在亚洲、欧洲和美洲等国常有引种栽培。河南新郑等市有
大面积栽培,各地有栽培。郑州市紫荆山公园有栽培。

识别要点:枣树为落叶乔木。枝有长枝、短枝、"枣股"、"枣吊"4种。"枣股"上具脱
落小枝,称"枣吊",晚秋与叶同时脱落。核果成熟时红色,后变红紫色,中果皮肉质,厚,
味甜,核先端锐尖,基部锐尖,或钝。

生态习性:枣树喜光,适应性强,喜干冷气候,也耐湿热,对土壤要求不严,耐干旱瘠
薄,也耐低湿。

繁育与栽培技术要点:枣树通常采用断根育苗,分株移栽,也可采用嫩枝扦插。其繁
育与栽培技术,见赵天榜等. 河南主要树种育苗技术:206~209. 1982;赵天榜等主编. 河
南主要树种栽培技术:342~356. 1994。

主要病虫害:枣树有枣红蜘蛛、枣龟蜡蚧、枣粉蚧、梨圆蚧、桑白蚧、蚱蝉、枣黏虫、枣实
虫、六星吉丁虫、六星黑点蠹蛾和豹纹蠹蛾等10多种害虫。其防治方法,见杨有乾等编
著. 林木病虫害防治. 河南科学技术出版社,1982。

主要用途:枣树的果实味甜,含有丰富的维生素 C、P,除供鲜食外,常可以制成蜜枣、
红枣、熏枣、黑枣、酒枣及牙枣等蜜饯和果脯,还可以作枣泥、枣面、枣酒、枣醋等,为食品工
业原料。枣又供药用,有养胃、健脾、益血、滋补、强身之效,枣仁和根均可入药,枣仁可以
安神,为重要药品之一。枣树花期较长,芳香多蜜,为良好的蜜源植物。枣树适应性极强,

是沙区农林间作优良树种,是黄土丘陵区、荒山造林、水土保持林及经济林的主要树种之一。木材坚硬、耐用,是优良的家具用材。

Ⅱ. 鼠李族

Rhamnaceae R. Brown. ex Dumortier trib. Rhamneae Hook. f. in Benth. et. Hook. t, Gen. Pl. 1:373. 1862;中国科学院中国植物志编辑委员会. 中国植物志 第四十八卷 第一分册:3. 1982。

形态特征:雌蕊子房上位,或半下位2室。果实为浆果状核果,或蒴果状核果。

产地:本族植物我国有6属。

(Ⅱ) 枳椇属

Hovenia Thunb. ,Fl. Jap. 101. 1784;丁宝章等主编. 河南植物志(第二册):574. 1988;朱长山等主编. 河南种子植物检索表:256~257. 1994;郑万钧主编. 中国树木志 第三卷:3835. 1997;中国科学院中国植物志编辑委员会. 中国植物志 第四十八卷 第一分册:88. 1982;中国科学院西北植物研究所编著. 秦岭植物志 第一卷 种子植物(第三册):253. 1981;周汉藩著. 河北习见树木图说(THE FAMILIAR TREES OF HOPEI by H. F. Chow):311~312. 1934;王遂义主编. 河南树木志:433. 1994;卢炯林等主编. 河南木本植物图鉴:299. 图896. 1998;傅立国等主编. 中国高等植物 第三卷:19. 2001。

形态特征:落叶乔木。小枝粗,质脆,幼枝被短柔毛,或茸毛。芽具2枚大鳞片。单叶,互生,基部3出脉,边缘具锯齿;具长叶柄。花小,两性。花序为聚伞圆锥花序,腋生、顶生,具长总花梗,多花;总花梗结果时增大,肉质,扭曲。单花具花瓣5枚,白色,或黄绿色,花瓣与萼片互生,生于花盘下,两侧内卷,肉质,基部具爪,被柔毛,边缘与萼筒离生;萼筒5裂,裂片三角形;雄蕊5枚,花丝线形,花药背部着生;花盘厚,肉质,近圆形,被短柔毛;雌蕊子房上位,1/2~2/3藏于花盘内,3室,花柱3浅裂至深裂。每室具1枚胚珠。浆果状核果,球状,花柱残在,萼筒宿存,不开裂,外果皮革质,与内果皮膜质分离。果序分枝增粗,成熟时肉质、拐曲,甜味。种子扁球状。

本属模式种:北枳椇 Hovenia dulcis Thunb. 。

产地:本科植物有3种、2变种,主要分布于中国、日本、朝鲜半岛和印度。我国有3种、2变种。河南有2种,各地有栽培。郑州市紫荆山公园有1种栽培。

1. 枳椇　图148

Hovenia acerba Lindl. in Bot. Règ. 6 t. 501. 1820;陈嵘著. 中国树木分类学:744. 1937;丁宝章等主编. 河南植物志(第二册):574~575. 图1522. 1988;朱长山等主编. 河南种子植物检索表:256~257. 1994;郑万钧主编. 中国树木志 第三卷:3837. 图1979:4~5. 1997;中国科学院中国植物志编辑委员会. 中国植物志 第四十八卷 第一分册:91~92. 图版25:4~5 1982;中国科学院西北植物研究所编著. 秦岭植物志 第一卷 种子植物(第三册):253. 图219. 1981;周汉藩著. 河北习见树木图说(THE FAMILIAR TREES OF HOPEI by H. F. Chow):312~314. 图120. 1934;裴鉴等主编. 江苏南部种子植物手册:474. 1959;王遂义主编. 河南树木志:434. 图457:4~5. 1994;卢炯林等主编. 河南木本植物图鉴:299. 图896. 1998;傅立国等主编. 中国高等植物 第三卷:19. 2001;中国科学院植物研究所主编. 中国高等植物图鉴 第二册:751. 图3231. 1983;*Hovenia inaequalis*

DC. , Prodr. 2:40. 1825;*Hovenia parviflora* Nakai et Y. Kimura,1. c. 478. 1939,syn. nov. ; *Hovenia dulcis* auct. non Thunb. Lindl. in Bot. Rég. 7:1821,in append. et Bot. Mag. 50:t. 2360. 1823;*Zizyphus esquirolii* Lévl. in Fedde,Rép. Sp. Nov. 10:148. 1911, pro syn. ; *Hovenia dulcis* Thunb. , Teste Rehd. in Journ. Arn. Arb. 125:17. 1934;*Hovenia dulcis* Thunb. ,Fl. Jap. 101. 1784.

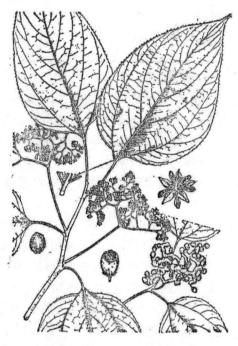

图 148　枳椇 Hovenia acerba Lindl.
（选自《树木学》）。

形态特征:落叶乔木,高达 25.0 m;树皮灰黑色,纵裂。小枝被锈色柔毛,后脱落。单叶互生,宽卵圆形,或心 – 卵圆形,稀卵圆 – 椭圆形,长 8.0～17.0 cm,宽 6.0～12.0 cm,先端短渐尖,基部近圆形,稍偏斜,边缘具不整齐钝锯齿,表面深绿色,具光泽,无毛,背面淡绿色,无毛,沿脉常被细毛,或脉腋常被细毛,或无毛,基部 3 出脉,淡红色,侧脉羽状;叶柄长 2.0～5.0 cm,无毛。花序为二歧聚伞花序,对称,腋生、顶生;具长总花序梗,被棕色柔毛,多花。花两性;萼片无毛;花瓣椭圆 – 匙形,长 2～2.2 mm,宽 1. 6～2 mm,具短爪;花盘被短柔毛;花柱半裂,稀浅裂至深裂。浆果状核果,球状,径 5～7 mm,不开裂,黄褐色、棕褐色。果序分枝增粗,成熟时肉质、拐曲,甜味。种子扁平,赤褐色,具光泽。花期 5～7月;果实成熟期 8～10 月。

产地:枳椇产于亚洲温带各国。我国黄河流域及其以南各省(区、市)有分布与栽培。河南各山区有分布,平原各地有栽培。印度、尼泊尔、不丹、缅甸也有分布。郑州市紫荆山公园有 1 种栽培。

识别要点:枳椇为落叶乔木。小枝被锈色柔毛,后脱落。单叶,互生。花序为二歧聚伞花序,对称,腋生、顶生;具长总花序梗,被棕色柔毛,多花。果序分枝增粗,成熟时肉质、拐曲,甜味。

生态习性:枳椇喜温暖、湿润的气候;喜阳光充足,潮湿环境,生长适气温为 20～30 ℃。对土壤要求不严,酸性土、盐碱地、坡地均能生长。

繁育与栽培技术要点:枳椇用种子繁殖。栽培技术通常采用穴栽,大苗、幼树采用带土穴栽。

主要病虫害:枳椇病虫害有蝼蛄、金龟子、介壳虫、光肩星天牛、叶斑病等。其防治技术,见杨有乾等编著. 林木病虫害防治. 河南科学技术出版社,1982。

主要用途:枳椇果序分枝增粗,成熟时肉质、拐曲,甜味,可食。为庭院、宅旁绿化树种,供观赏,也是水土保持林的主要树种之一。木材可作家具。

四十四、葡萄科

Vitaceae Linn. ,Nat. Syst. Bot. ed. 2,30. 1836；丁宝章等主编. 河南植物志（第二册）：590. 1988；朱长山等主编. 河南种子植物检索表：258. 1994；郑万钧主编. 中国树木志 第三卷：3880. 1997；中国科学院中国植物志编辑委员会. 中国植物志 第四十八卷 第二分册：1. 1998；中国科学院西北植物研究所编著. 秦岭植物志 第一卷 种子植物（第三册）：263. 1981；王遂义主编. 河南树木志：438. 1994；傅立国等主编. 中国高等植物 第三卷：182. 2001。

形态特征：攀缘木质藤本，稀草质攀缘藤本，具有卷须，或直立灌木，或小乔木，无卷须。单叶、或羽状复叶、掌状复叶，互生；托叶小，贴生于叶柄上、脱落，稀大而宿存。花小，辐射对称，两性，或杂性同株，或异株。花序为伞房状多歧聚伞花序、复二歧聚伞花序，或圆锥状多歧聚伞花序。单花具花瓣 4 ~ 5 枚，镊合状排列，分离，或顶端黏合；萼片细小，碟状、浅杯状，4 ~ 5 裂，或不裂；雄蕊 4 ~ 5 枚，与花瓣对生，着生于花盘基部，或与花盘裂片互生，花丝细钻状，花药 2 室，内向开裂；花盘环状，或浅裂，稀极不明显；在两性花中雄蕊发育，在单性雌花中雄蕊小、败育，花盘环状，或分裂；发育雌蕊子房上位，2 室，或多室。每室有 1 ~ 2 枚胚珠；花柱钻状，或圆锥状。果实为浆果，1 ~ 6 室，每室具种子 1 粒至数粒。种子胚小，有胚乳。

本科模式属：葡萄属 Vitis Linn. 。

产地：本科植物约有 12 属、约 700 种，主要分布于热带和亚热带各国，少数种类分布于温带各国。我国有 9 属、约 150 种，南北各省（区、市）均产，野生种类主要集中分布于华中、华南及西南各省（区、市），东北、华北各省（区、市）种类较少。河南有 4 属、31 种，各地有栽培。郑州市紫荆山公园有 2 属、4 种栽培。

本科植物分属检索表

1. 落叶攀缘木质藤本。茎皮片状剥落；具卷须，卷须与叶对生。单叶，互生，稀掌状复叶。花单性，或杂性。花序为圆锥花序、圆锥状花序；花序梗有时具卷须。花萼小，杯状，或盘状，边缘近全缘，或 5 浅裂。单花具花瓣 5 枚，顶端相互黏合成帽状，后脱落；花盘具 5 枚蜜腺，位于雌蕊子房之下，边缘 5 裂；子房基部与花盘合生 ·················· 葡萄属 Vitis Linn.
1. 落叶，稀常绿攀缘木质藤本。小枝卷须具分歧，顶端膨大呈吸盘，稀无卷须。单叶，互生，或为 3 ~ 5 枚掌状复叶。花两性，稀单性。花序为聚伞花序，与叶对生，或顶生为圆锥花序。单花具花瓣 5 枚，离生；花盘不明显 ·················· 爬山虎属 Parthenocissus Planch.

（I）葡萄属

Vitis Linn. ,Sp. Pl. 293. 1753,exclud. sp. non. ;Gen. Pl. ed. 5,95. no. 250. 1754；丁宝章等主编. 河南植物志（第二册）：591. 1988；朱长山等主编. 河南种子植物检索表：258 ~ 260. 1994；郑万钧主编. 中国树木志 第三卷：3881. 1997；中国科学院中国植物志编辑委员会. 中国植物志 第四十八卷 第二分册：136. 1998；中国科学院西北植物研究所编著. 秦岭植物志 第一卷 种子植物（第三册）：263. 1981；周以良主编. 黑龙江树木志：426. 1986；王遂义主编. 河南树木志：439. 1994；傅立国等主编. 中国高等植物 第三卷：217.

2001。

　　形态特征:攀缘木质藤本;茎皮片状剥落;具卷须,卷须与叶对生。单叶,稀掌状复叶,或羽状复叶,互生;小叶边缘具锯齿、分裂;具托叶,早落。花小,单性,或杂性异株,稀两性。花序为聚伞圆锥花序;花序梗有时具卷须。花萼小,碟状,或盘状,萼片小,边缘近全缘,或5浅裂。单花具花瓣5枚,顶端相互黏合成帽状脱落;花盘明显,边缘5裂;雄蕊与花瓣对生;花盘有5枚蜜腺,位于雌蕊子房之下,边缘5裂;在雌花中雄蕊败育;雌蕊子房基部与花盘合生,2室,花柱短,圆锥状。每室有2枚胚珠。果实为浆果,近球状,内具2~4粒种子。种子梨状,腹面有2条沟。

　　本属模式种:葡萄 Vitis vinifera Linn.。

　　产地:本属植物约有60种,产于亚洲温带各国。我国约有38种,黄河流域及其以南各省(区、市)有分布与栽培。河南12种、3变种、品种很多,平原各地有栽培,山区有野生种分布。郑州市紫荆山公园有1种栽培。

　　1. 葡萄　图149　图版41:6~8

Vitis vinifera Linn. ,Sp. Pl. 293. 1753;丁宝章等主编. 河南植物志(第二册):596~597. 图1552. 1988;朱长山等主编. 河南种子植物检索表:259. 1994;郑万钧主编. 中国树木志 第三卷:3888~3889. 图2004. 1997;中国科学院中国植物志编辑委员会. 中国植物志 第四十八卷 第二分册:166. 168. 1998;陈嵘著. 中国树木分类学:755. 图641. 1937;中国科学院植物研究所主编. 中国高等植物图鉴 第二册:769. 图3268. 1983;刘慎谔主编. 东北木本植物图志410. 1955;裴鉴等主编. 江苏南部种子植物手册:478. 图779. 1959;江苏省植物研究所辑. 江苏植物志 下册:471. 图1509. 1982;贺士元主编. 河北植物志 第二卷:114. 图1017. 1988;福建省科学技术委员会编著. 福建植物志 第三卷:367. 图256. 1988;卢炯林等主编. 河南木本植物图鉴:303. 图907. 1998;中国科学院西北植物研究所编著. 秦岭植物志 第一卷 种子植物(第三册):264. 1981;周以良主编. 黑龙江树木志:428~429. 图版130:4~5. 1986;河北农业大学主编. 果树栽培学 下册 各论:177~250. 1963;王遂义主编. 河南树木志:443. 1994;傅立国等主编. 中国高等植物 第三卷:223. 图360. 2001;李法曾主编. 山东植物精要:370. 图1330. 2004。

　　形态特征:落叶木质藤本;茎皮片状剥落。幼枝圆柱状,被毛,质无毛。卷须2叉分枝。叶纸质,心-五角形、近圆形,长7.0~25.0 cm,宽7.0~15.0 cm,3~5掌状裂,或牙齿裂至中部,基部心形,边缘具粗锯齿,表面绿色,无毛,或背面被毛,基部5出脉;叶柄长4.0~8.0

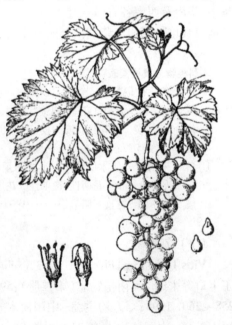

图149　葡萄 Vitis vinifera Linn.
(选自《中国高等植物图鉴》)。

cm。花序为圆锥花序,疏散,与叶对生。花杂性,异株。花小。单花具花瓣 5 枚,淡黄绿色,顶端合生成帽状,脱落;雄蕊 5 枚,在雌花中败育,或退化;在雄花中雌蕊败育;花盘发达,5 浅裂;雌花子房 2 室。每室有 2 枚胚珠。果实为浆果,近球状,或椭圆体状,被白粉。花期 4~5 月;果实成熟期 8~9 月。

产地:葡萄原产于亚洲西部各国。我国黑龙江、吉林、辽宁、河北、山西、山东、安徽、浙江、河南等省均有大面积栽培。郑州市紫荆山公园有栽培。

识别要点:葡萄为落叶木质藤本;茎皮片状剥落。幼枝卷须有分枝。叶心 - 五角形、近圆形,3~5 掌状裂。花序为圆锥花序与叶对生。花杂性异株。果实为浆果,近球状,或椭圆体状,被白粉。

生态习性:葡萄喜光,光照时数长短对葡萄生长发育、产量和品质有很大影响。喜高温,要求相当多的热量。对土壤要求不严,可生长在河滩、盐碱地、山石坡地等,但是不同的土壤条件对葡萄的生长和结果有不同的影响。

繁育与栽培技术要点:葡萄扦插育苗、嫁接繁殖。可进行无土栽培。其繁育与栽培技术,见河北农业大学主编. 果树栽培学 下册 各论:177~250. 1963。

主要病虫害:危害葡萄生长的病虫害主要有霜霉病、黑痘病、白腐病、白粉病、根癌病和透翅蛾、金龟子、蜂类、吸果夜蛾等危害,如不有效防治,将严重影响葡萄产量和品质。其防治技术,见杨有乾等编著. 林木病虫害防治. 河南科学技术出版社,1982;中国农业科学研究院果树研究所中编著. 苹果、梨、葡萄病虫害及其防治:181~208. 1970。

主要用途:葡萄含有矿物质钙、钾、磷、铁以及多种维生素,以及多种人体必需氨基酸。其性平,味甘酸,无毒,可补血强智利筋骨,健胃生津除烦渴,益气逐水利小便。还可盆栽,供观赏。

(Ⅱ) 地锦属　爬山虎属

Parthenocissus Planch. in A. & DC., Monog. Phan. 5:447. 1881;丁宝章等主编. 河南植物志(第二册):664. 1988;朱长山等主编. 河南种子植物检索表:261. 1994;郑万钧主编. 中国树木志 第三卷:3925. 1997;中国科学院中国植物志编辑委员会. 中国植物志 第四十八卷 第二分册:12~13. 1998;中国科学院西北植物研究所编著. 秦岭植物志 第一卷 种子植物(第三册):270. 1981;周以良主编. 黑龙江树木志:423. 1986;王遂义主编. 河南树木志:448. 1994;傅立国等主编. 中国高等植物 第三卷:183. 2001;*Hedera* Linn., Sp. Pl. 202. 1753, quoad sp. 2;*Psedera* Necker, Elem. Bot. 1:158. 1790.

形态特征:落叶,稀常绿攀缘木质藤本。小枝圆柱状,无毛,髓白色;卷须具分歧,顶端膨大呈吸盘,稀无卷须。叶互生,单叶,或为 3~5 枚掌状复叶,分裂,或不分裂,边缘具锯齿;具长柄。花两性,稀单性。花序为聚伞花序,与叶对生,或顶生为圆锥花序。单花具花瓣 5 枚,离生;雄蕊 5 枚;花盘不明显;花萼 5 浅裂;雌蕊子房 2 室。每室具胚珠 2 枚。浆果近球状,内含 1~4 粒种子。花期 6~7 月;果实成熟期 8~10 月。

本属模式种:五叶地锦 Parthenocissus quinquefolia(Linn.) Planch.。

产地:本属植物约有 13 种,产于亚洲及北美洲各国。我国约有 10 种,各省(区、市)有分布与栽培。河南各山区有 6 种,平原各地有栽培。郑州市紫荆山公园有 3 种栽培。

本属植物分种检索表

1. 叶通常 3 裂。长枝叶常分为 3 小叶,或全裂。花序为聚伞花序,生于短枝顶 2 叶间。单花具花瓣 5 枚,先端反折;雄蕊 5 枚,与花瓣对生;萼边缘全缘;花盘贴生于子房,不明显 ……………………………………………………………… 地锦 Parthenocissus tricuspidata(Sieb. & Zucc.) Planch.
1. 叶为掌状 3 ~ 5 小叶。
　2. 叶为掌状 5 小叶。花序为聚伞花序,与叶对生 …………………………………………… ……………………………………… 五叶地锦 Parthenocissus quinquefolia(Linn.) Planch.
　2. 叶为掌状 3 小叶。花序为聚伞花序,顶生,或与叶对生…………………………………… ……………………………………… 三叶地锦 Parthenocissus himalayana(Royle) Planch.

1. 地锦　爬山虎　爬墙虎　图 150　图版 41:9 ~ 10

Parthenocissus tricuspidata(Sieb. & Zucc.) Planch. in A. & DC. , Monog. Phan. 5: 452. 1887;丁宝章等主编. 河南植物志(第二册):665. 图 1563. 1988;朱长山等主编. 河南种子植物检索表:261. 1994;郑万钧主编. 中国树木志 第三卷:3926. 图 2031. 1997;中国科学院中国植物志编辑委员会. 中国植物志 第四十八卷 第二分册:21. 23. 图版 4: 1 ~ 6. 1998;陈嵘著. 中国树木分类学:760. 图 647. 1937;金平亮三著. 台湾植物志 第三卷:672. 1972;中国科学院植物研究所主编. 中国高等植物图鉴 第二册:775. 图 3280. 1983;刘慎谔主编. 东北木本植物图志 412. 图版 CXXXII. 图 320. 1955;贺士元主编. 河北植物志 第二卷:118. 图 1021. 1988;福建省科学技术委员会编著. 福建植物志 第三卷: 374. 图 262. 1988;卢炯林等主编. 河南木本植物图鉴:309. 图 925. 1998;中国科学院西北植物研究所编著. 秦岭植物志 第一卷 种子植物(第三册):271 ~ 272. 图 235. 1981;周以良主编. 黑龙江树木志:424. 425. 图版 129:2 ~ 3. 1986;王遂义主编. 河南树木志: 448 ~ 449. 图 474:1 ~ 5. 1994;傅立国等主编. 中国高等植物 第三卷:186 ~ 187. 图 302. 2001;*Ampelopsis tricuspidata* Sieb. & Zucc. in Abh. Phys. – Math. Cl. Akad. Wiss. Münch. 4,2:196(Fl. Jap. Fam. Nat. 1:88). 1845;*Quinaria tricuspidata* Koehne,Deutsch. Dendr. 383. 1893;*Psedera tricuspidata* Rehd. in Rhodora,10:29. 1908;*Psedera thunbergii*(Sieb. & Zucc.) Nakai,Fl. Syst. Kor. 1212:11. t. 1. 1922;*Vitis taquetii* Lévl. in Bull. Acad. Intern. Géog. Bot. 20:11. 1910;*Parthenocissus thunbergii*(Sieb. & Zucc.) Nakai in Journ. Bot. 6: 254. 1930;*Cissus thubergii* Sieb. & Zucc. in Abh. Math. – Phys. Akad. Wiss. Münch. 4 (2):195(87). 1845.

形态特征:落叶木质藤本,长达 10.0 m 以上。小枝圆柱形,无毛;卷须短,具5 ~ 9分枝,顶端膨大呈吸盘。单叶,宽卵圆形,长 6.0 ~ 20.0 cm,宽8.0 ~ 18.0 cm,通常 3 浅裂,先端裂片急尖,基部心形,边缘具小牙齿,表面绿色,无毛,背面浅绿色,脉上被毛;基部 5 出脉。长枝叶常分为 3 小叶,或全裂;叶柄长 4.0 ~ 12.0 cm。花序为多歧聚伞花序,长 2.5 ~ 12.5 cm,生于短枝顶 2 叶间;花序梗 1.0 ~ 3.5 cm,常无毛。单花具花瓣 5 枚,长椭圆形,长约 3 mm,黄绿色,无毛,先端反折;雄蕊 5 枚,与花瓣对生;花萼盘状,边缘全缘,稀波状,无毛;花盘贴生于子房,不明显;雌蕊子房 2 室。每室具胚珠 2 枚。浆果蓝色,球状,径 1.0 ~ 1.5 cm。花期 5 ~ 7 月;果实成熟期 9 ~ 10 月。

产地:地锦在我国分布很广,各省(区、市)均有分布与栽培。河南各地均有分布与栽培。郑州市紫荆山公园有栽培。

识别要点：爬山虎为落叶木质藤本。小枝上卷须短，多分枝；顶端有吸盘。叶宽卵圆形，通常3裂。长枝叶常分为3小叶，或全裂。花序为聚伞花序，生于短枝顶2叶间。单花具花瓣5枚，先端反折；雄蕊5枚，与花瓣对生；萼边缘全缘；花盘贴生于子房，不明显。

生态习性：地锦喜光树种，也能耐阴。对土壤要求不严，可生长在树干上、墙壁上、悬崖上。萌蘖力、分枝力很强。

繁育与栽培技术要点：地锦扦插育苗、分蘖繁殖。栽培技术通常采用穴栽。

主要病虫害：地锦病虫害主要有白粉病、介壳虫等危害。其防治方法，见杨有乾等编著. 林木病虫害防治. 河南科学技术出版社，1982。

主要用途：地锦有护坡及房屋垂直绿化之用。其根、茎入药，可消毒之用。

2. 五叶地锦　图151　图版41：11~14

图150　地锦 Parthenocissus tricuspida
（Sieb. & Zucc.）Planch.
（选自《中国高等植物图鉴》）。

Parthenocissus quinquefolia（Linn.）Planch. in A. & DC. Monog. Phan. 5：448. 1887；刘慎谔主编. 东北木本植物图志：441. 图版 CXXXII. 图319. 1955；郑万钧主编. 中国树木志 第三卷：3933. 1997；丁宝章等主编. 河南植物志（第二册）：607. 1988；朱长山等主编. 河南种子植物检索表：261. 1994；中国科学院中国植物志编辑委员会. 中国植物志 第四十八卷第二分册：20. 1998；卢炯林等主编. 河南木本植物图鉴：307. 图921. 1998；潘志刚等编著. 中国主要外来树种引种栽培：540~541. 1994；王遂义主编. 河南树木志：450. 1994；傅立国等主编. 中国高等植物 第三卷：158. 图299. 2001；*Hedera quinquefolia* Linn.，Sp. Pl. ed. 2，1：292. 1762.

形态特征：木质藤本，长达5.0 m以上。小枝圆柱状，4纵棱，无毛，红褐色；卷须与叶对生，具5~9分枝，卷须顶端嫩时尖细卷曲，顶端具吸盘。叶为掌状5小叶；叶柄长达14.0 cm，带紫红色，无毛。小叶倒卵圆形、窄倒卵形，长5.5~15.0 cm，宽3.0~9.0 cm，最宽处在上部，或外侧小叶最宽处在近中部，先端短渐尖，基部楔形、宽楔形，边缘具粗牙齿，表面绿色，背面浅绿色，两面

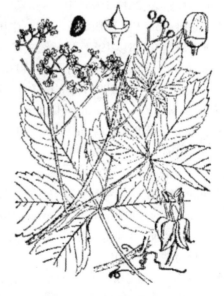

图151　五叶地锦 Parthenocissus
quinquefolia（Linn.）Planch.
（选自《北京植物志》）。

均无毛,或背面脉上微被疏柔毛,侧脉 5～7 对,网脉两面均不明显突出;具短柄,或几无柄。花序为圆锥状多歧聚伞花序,与叶对生,长 8.0～20.0 cm;花序梗长 3.0～5.0 cm,无毛;萼碟状,边缘全缘;花瓣 5 枚,长椭圆形,长约 3 mm,无毛;雄蕊 5 枚,花丝长 6～8 mm;花盘不明显;雌蕊子房卵锥状。每室具胚珠 2 枚。果实球状,蓝黑色,径 1.0～1.2 cm。花期 6～8 月;果实成熟期 9～10 月。

产地:五叶地锦原产于北美洲各国。我国东北区、华北区等有栽培。河南郑州、洛阳、信阳等地有栽培。郑州市紫荆山公园有栽培。

识别要点:五叶地锦为落叶木质藤本。小枝圆柱状,4 纵棱,红褐色;卷须与叶对生,具 5～9 分枝,卷须顶端嫩时尖细卷曲,顶端具吸盘。叶为掌状 5 小叶。花序为圆锥状多歧聚伞花序,与叶对生。果实球状,蓝黑色。

生态习性:五叶地锦喜光,适应性强,既耐寒,在中国东北地区可露地越冬,又耐热,在广东亦生长良好。耐贫瘠、干旱,耐阴、抗性强。

繁育与栽培技术要点:五叶地锦采用扦插、压条法繁殖。栽培技术通常采用穴栽。

主要病虫害:五叶地锦常受煤污病侵害。其防治方法,见杨有乾等编著. 林木病虫害防治. 河南科学技术出版社,1982。

主要用途:五叶地锦是垂直绿化墙面、廊架、山石,或老树干的好材料,也可做地被植物。

3. 三叶地锦　三叶爬山虎　图 152　图版 41:15

Parthenocissus himalayana(Royle)Planch. in A. & DC. Monog. Phan. 5:451. 1887;丁宝章等主编. 河南植物志(第二册):606～607. 图 1565. 1988;朱长山等主编. 河南种子植物检索表:261. 1994;中国科学院中国植物志编辑委员会. 中国植物志 第四十八卷第二分册:16～18. 图版 3:5. 1998;中国科学院植物研究所主编. 中国高等植物图鉴 第二册:776. 图 3281. 1983;吴征镒主编. 西藏植物志 第三卷:228. 图版 95:3～6. 1986;卢炯林等主编. 河南木本植物图鉴:308. 图 923. 1998;王遂义主编. 河南树木志:449～450. 图 475:1～2. 1994;傅立国等主编. 中国高等植物 第三卷:184. 图 296. 2001;*Vitis semicordata* Wall. in Roxb. Fl. Ind. 2:481. 1824;*Vitis himalayana*(Royle)Brandis var. *semicordata*(Wall)Laws. in Hook. f. Fl. Brit. Ind. 1:655. 1875;*Parthenocissus hinalayana*(Royle)Planch. in DC. Monog. Phan. 5:450. 1887;*Parthenocissus hinalayana*(Royle)Planch. var. *vestitus* Hand. – Mazz. ,Symb. Sin. 7:681. 1933;*Ampelopsis hinalayana* Royle,Ⅲ. Bot. Himal. 1:149. 1835;*Psedera himalayana*(Royle)Schneid. ,Ⅲ. Handb. Laubh. 2:313. f. 211k. 1909;*Vitis himalayana* Brandis,For. Fl. Brit. Ind. 100. 1874.

形态特征:落叶木质藤本。小枝圆柱状,几无毛;卷须短具 4～6 分枝,卷须顶端具吸盘。叶为掌状 3 小叶。小叶卵圆形、宽卵椭圆形,长 6.0～13.0 cm,宽 3.0～7.0 cm,先端渐尖、尾尖,基部楔形,边缘具明显尖锯齿,表面绿色,无毛,背面浅绿色,沿脉被疏柔毛;叶柄长 5.0～12.0 cm,无毛,或有毛。花序为多歧聚伞花序,顶生,或与叶对生,花序基部分枝,主轴不明显;花两性。单花具花瓣 5 枚,卵圆 – 椭圆形,长 1.8～2.8 mm,无毛;雄蕊 5 枚,与花瓣对生;萼全缘,浅碟状;花盘不明显;雌蕊子房扁球状,2 室,花柱短柱状。每室具胚珠 2 枚。浆果蓝色,近球状,径 6～8 mm。花期 6～7 月;果实成熟期 8～10 月。

产地：三叶地锦产于河南、云南、四川、湖北、湖南、甘肃等省。河南伏牛山区有分布。郑州、洛阳、信阳等地有栽培。郑州市紫荆山公园有栽培。

识别要点：三叶地锦为落叶木质藤本。小枝圆柱状，几无毛；卷须短具 4～6 分枝，卷须顶端具吸盘。叶为掌状 3 小叶。花序为多歧聚伞花序，顶生，或与叶对生。花两性。单花 5 基数，稀 4 数；花瓣短圆形，脱落后为盘状；雄蕊 5 枚，与花瓣对生；萼全缘，浅碟状。

生态习性：三叶地锦喜光，适应性强，既耐寒，又耐热。耐贫瘠、干旱、耐阴、抗性强。

繁育与栽培技术要点：三叶地锦播种法、扦插法及压条法繁殖。栽培技术通常采用穴栽，大苗、幼树采用带土穴栽。栽培技术通常采用穴栽。

主要病虫害：三叶地锦常受煤污病侵害，受害植物的叶片布满黑色的煤粉层，影响开花，降低观赏价值，甚至引起死亡。其防治方法，见杨有乾等编著. 林木病虫害防治. 河南科学技术出版社，1982。

主要用途：三叶地锦垂直绿化草坪及地被绿化墙面、廊架、山石或老树干的好材料，也可做地被植物。

图 152　三叶地锦 **Parthenocissus himalayana**（Royle）Planch.
（选自《中国高等植物图鉴》）。

四十五、椴树科

Tiliaceae Juss. ，Gen. Pl. 289. 1789，exclud. Gen. non. ；丁宝章等主编. 河南植物志第三册：1. 1997；朱长山等主编. 河南种子植物检索表：262. 1994；郑万钧主编. 中国树木志 第三卷：2736. 1997；中国科学院中国植物志编辑委员会. 中国植物志 第四十九卷 第一分册：47. 1989；中国科学院西北植物研究所编著. 秦岭植物志 第一卷 种子植物（第三册）：275. 1981；周汉藩著. 河北习见树木图说（THE FAMILIAR TREES OF HOPEI by H. F. Chow）：314. 1934；王遂义主编. 河南树木志：451. 1994。

形态特征：落叶乔木、灌木，稀草本和木质藤本。单叶，互生，稀对生，基出脉，边缘全缘，或具锯齿，稀浅裂；托叶小，早落，稀宿存。花两性，稀单性。雌雄异株，花辐射对称。花序为圆锥花序、聚伞花序；苞片早落，稀大而宿存。萼片 5 枚，稀 4 枚，分离，或多少合生，镊合状排列。单花具花瓣 4～5 枚，分离，或多少合生，稀无，内侧常具腺体，或有花瓣状退化雄蕊；雄蕊多枚，稀 5 枚，分离，或基部合为数束，花药 2 室，纵裂，或顶端孔裂；雌蕊子房上位，2～10 室，花柱单生，稀分裂。每室具胚珠 1 枚至数枚。果实蒴果、核果，浆果状，稀具翅。种子具胚乳。

本科模式属：椴树属 Tilia Linn. 。

产地:本科植物约有 52 属、500 多种,分布于热带、亚热带各国,少数种分布于温带地区。我国有 13 属、约 85 种。河南有 4 属、14 种、2 变种,各地有栽培。郑州市紫荆山公园有 1 属、1 种栽培。

(Ⅰ) 扁担杆属

Grewia Linn. ,Sp. Pl. 964. 1753;Gen. Pl. ed. 5,412. no. 914. 1754;丁宝章等主编. 河南植物志 第三册:6. 1997;郑万钧主编. 中国树木志 第三卷:2765. 1997;中国科学院中国植物志编辑委员会. 中国植物志 第四十九卷 第一分册:89. 1989;中国科学院西北植物研究所编著. 秦岭植物志 第一卷 种子植物(第三册):280. 1981;王遂义主编. 河南树木志:456. 1994。

形态特征:落叶小乔木、灌木,多分枝。幼枝被星状毛。单叶,互生,基部 3 出脉,边缘具锯齿,或浅裂;叶柄短;托叶小,早落。花两性、单性。雌雄异株;花序为聚伞花序,腋生,花序梗被毛,3 朵花。单花具花瓣 5 枚,花瓣短于萼片,腺体鳞片状,位于花瓣基部,常被长毛;雄蕊多枚,分离;萼片 5 枚,分离,外面被毛,内面无毛,稀被毛;雌雄蕊具短柄,无毛;雌蕊子房 2 ~ 4 室,花柱单生,柱头盾状。每室具胚珠 2 ~ 8 枚。果实核果,有纵沟,具 1 ~ 4 枚分核,核间具假隔膜。种子具胚乳,子叶扁平。

本属模式种:西方扁担杆 Microcos occidentalis Linn. 。

产地:本属植物约有 160 多种,分布于亚热带各国。我国约有 30 种,分布于长江流域以南各省(区、市)。河南有 1 种、1 变种,各地有栽培。郑州市紫荆山公园有 1 种栽培。

1. 扁担杆　图 153　图版 42:1 ~ 3

Grewia biloba G. Don,Gen. Hist. Dichlam. Pl. 1:549. 1831;丁宝章等主编. 河南植物志 第三册:6 ~ 7. 图 1574. 1997;郑万钧主编. 中国树木志 第三卷:2767 ~ 2769. 图 1417. 1997;中国科学院中国植物志编辑委员会. 中国植物志 第四十九卷 第一分册:94. 图版 24:5 ~ 9. 1989;中国科学院植物研究所主编. 中国高等植物图鉴 第二册:798. 图 3326. 1983;卢炯林等主编. 河南木本植物图鉴:251. 图 752. 1998;中国科学院西北植物研究所编著. 秦岭植物志 第一卷 种子植物(第三册):280. 图 242. 1981;王遂义主编. 河南树木志:456. 图 483. 1994;李法曾主编. 山东植物精要:375. 图 1350. 2004;*Grewia parviflora* Bunge var. *glabrescens* Rehd. & Wils. in Sargent,Pl. Wils. II. 371. 1915;*Grewia eaquirolii* Lévl. ,Fl. Kouy – Tchéou 419. 1915;*Celastrus euonymoidea* Lévl. ,Fl. Kouy – Tcheou,419. 1915,pro syn. ;*Grewia tenuifolia* Kanehira et Sasaki in Trans. Nat. Hist. Soc. Form. 13:377. 1928;*Grewia glabrescens* Benth. ,Fl. Hongk. 42. 1861;*Grewia parviflora* Bunge in Mém. Acad. Sci. St. Pétersb. Sav. Ėtrang. II. 83. 1835;*Grewia parviflora* auct. non Bunge Diels in Bot. Jahrb. 29:468. 1900.

形态特征:落叶小乔木、灌木,多分枝。幼枝被星状粗毛。单叶,互生,薄革质,椭圆形、倒卵圆 – 椭圆形,长 4.0 ~ 9.0 cm,宽 2.5 ~ 4.0 cm,先端锐尖,基部楔形、钝圆,边缘具细锯齿,表面绿色,背面浅绿色,两面被星状粗毛,基部 3 出脉,中脉具侧脉 3 ~ 5 对;叶柄长 4 ~ 8 mm,被粗毛;托叶钻状。花序为聚伞花序,腋生,多花;花序梗长小于 1.0 cm;苞片钻状;萼片狭长圆形,长 4 ~ 7 mm 分离,外面被毛,内面无毛;雌雄蕊具短柄,被毛;雌蕊子房被毛,柱头盘状,边缘浅裂。核果橙黄色,或黑红色,疏被短柔毛,或无毛,2 裂,具 2 ~

4 枚分核。花期 6~7 月；果实成熟期 7~9 月。

产地：扁担杆分布于我国长江流域以南各省（区、市）。河南有 1 种、1 变种，各地有栽培。郑州市紫荆山公园有栽培。

识别要点：扁担杆幼枝被星状粗毛。单叶，互生，两面被星状毛，基部 3 出脉。花序为聚伞花序，腋生，多花；子房被毛。核果橙黄色，无毛，具 2~4 枚分核。

生态习性：扁担杆喜光，适应性强，既耐寒，又耐热。耐贫瘠、干旱，耐阴、抗性强。

繁育与栽培技术要点：扁担杆播种育苗。栽培技术通常采用穴栽，丛株采用带土穴栽。

主要病虫害：扁担杆病虫害有蝼蛄、金龟子、介壳虫、光肩星天牛等。其防治方法，见杨有乾等编著. 林木病虫害防治. 河南科学技术出版社，1982。

主要用途：扁担杆可作庭院绿化用。皮纤维优良，可作造纸原料。

图 153　扁担杆 Grewia biloba G. Don
（选自《中国高等植物图鉴》）。

四十六、锦葵科

Malvaceae Neck. in Act. Acad. Elect. Sci. Theod. – Palat. 2：488. 1770. nom. subnud.；丁宝章等主编. 河南植物志 第三册：9. 1997；朱长山等主编. 河南种子植物检索表：264. 1994；郑万钧主编. 中国树木志 第三卷：2889. 1997；中国科学院中国植物志编辑委员会. 中国植物志 第四十九卷 第二分册：1. 1984；中国科学院西北植物研究所编著. 秦岭植物志 第一卷 种子植物（第三册）：281. 1981；周汉藩著. 河北习见树木图说（THE FAMILIAR TREES OF HOPEI by H. F. Chow）：319. 1934；王遂义主编. 河南树木志：456~457. 1994；傅立国等主编. 中国高等植物 第五卷：68. 2003。

形态特征：草本、灌木、乔木，常被星状毛。单叶，或分裂，互生，脉掌状；具托叶。花单生、簇生。花序为聚伞花序，或圆锥花序。花两性，稀杂性，辐射对称；萼片 3~5 片，分离，或合生，镊合状排列；其下面附有总苞状小苞片（副萼）3 枚至多枚组成的总苞。单花具花瓣 5 枚，分离，但与雄蕊管的基部合生；雄蕊多数，花丝合成一管称雄蕊柱，花药 1 室，花粉被刺；雌蕊子房上位，2 室至多室，以 5 室较多，中轴胎座，花柱上部分枝，或为棒状，花柱与心皮同数，或为其 2 倍。每室被胚珠 1 枚至多枚。蒴果，室背开裂，或分裂几枚果爿，稀浆果状。种子肾状，或倒卵球状，被毛，或无毛，有胚乳。子叶扁平，折叠状，或卷折。

本科模式属：锦葵属 Malva Linn. 。

产地：本科植物约有 50 属、约 1 000 种，分布于热带至温带各国。我国有 16 属、81 种、36 变种及变型，全国各地均有栽培。河南有 6 属、13 种、3 变种，各地有栽培。郑州市紫荆山公园有 1 属、2 种栽培。

（Ⅰ）木槿属

Hibiscus Linn. ,Sp. Pl. 693. 1753；Gen. Pl. ed. 5,310,no. 756. 1754；丁宝章等主编. 河南植物志 第三册：14. 1997；朱长山等主编. 河南种子植物检索表：265～266. 1994；郑万钧主编. 中国树木志 第三卷：2898. 1997；中国科学院中国植物志编辑委员会. 中国植物志 第四十九卷 第二分册：61. 1984；中国科学院西北植物研究所编著. 秦岭植物志 第一卷 种子植物（第三册）：288. 1981；周汉藩著. 河北习见树木图说（THE FAMILIAR TREES OF HOPEI by H. F. Chow）：319～320. 1934；王遂义主编. 河南树木志：457. 1994；傅立国等主编. 中国高等植物 第五卷：91. 2003；*Ketmis* Mill. ,Gard. Dict. Abridg. ed. 4,2. 1754.

形态特征：草本、灌木，稀乔木。叶互生，掌状分裂，或不分裂，具掌状叶脉3～11条；具托叶。花两性。花常单生于叶腋，稀为聚伞花序。小苞片5枚，或多数，分离，或基部合生；花萼钟状，稀浅杯状，或管状，5齿裂，宿存；单花具花瓣5枚，多色，基部与雄蕊柱合生；雄蕊柱顶端平截，或5齿裂，花药多数，生于柱顶；雌蕊子房5室，花柱5裂，柱头头状。每室具胚珠3枚至多数。蒴果，背开裂成5枚果爿。种子肾状，被毛，或为腺状乳突。

本属的模式种：木槿 Hibiscus syriacus Linn. 。

产地：本属植物约有200种，分布于热带至亚热带各国。我国有24种、16变种及变型，主要分布与栽培于长江流域以南各省（区、市）。河南各地栽培有6种、1变种，各地有栽培。郑州市紫荆山公园有2种栽培。

本属植物分种检索表

1. 叶菱–卵圆形，基部楔形；小苞片6～8枚，条形，宽1～2 mm。花冠钟状，多色；花萼钟状，裂片三角形 ··· 木槿 Hibiscus syriacus Linn.
1. 叶卵圆–心形，基部心形；小苞片8枚，条形，宽约2 mm。花冠钟状，初白色，或淡红色，后深红色；裂片卵圆形 ·· 木芙蓉 Hibiscus mutabilis Linn.

1. 木槿　图 154　图版 42:4～10

Hibiscus syriacus Linn. ,Sp. Pl. 693. 1753；陈嵘著. 中国树木分类学：764. 图 650. 1937；云南植物研究所编著. 云南植物志 第二卷：229. 图 60:1～3. 1979；丁宝章等主编. 河南植物志 第三册：15. 图 1580:2～3. 1997；朱长山等主编. 河南种子植物检索表：265. 1994；郑万钧主编. 中国树木志 第三卷：2907. 图 1498. 1997；中国科学院中国植物志编辑委员会. 中国植物志 第四十九卷 第二分册：75～76. 图版 19:1～3. 1984；卢炯林等主编. 河南木本植物图鉴：253. 图 757. 1998；中国科学院植物研究所主编. 中国高等植物图鉴 第二册：817. 图 3364. 1983；中国科学院西北植物研究所编著. 秦岭植物志 第一卷 种子植物（第三册）：289～290. 图 249. 1981；周汉藩著. 河北习见树木图说（THE FAMILIAR TREES OF HOPEI by H. F. Chow）：321. 图 123. 1934；王遂义主编. 河南树木志：457. 图 484:2～3. 1994；傅立国等主编. 中国高等植物 第五卷：95. 图 156. 2003；李法曾主编. 山东植物精要：378. 图 1360. 2004；*Althaea furtex* Hort. ex Miller,Gard. Dict. ed. 8,[46. 520]1768, pro syn. ; *Ketmia syriaca* Scopoli,Fl. Carniol. ed 2,2:45. 1772；

Hibiscus rhombifolius Cavan. , Monadelph. Diss. 3：156. t. 69. f. 3. 1787；*Ketmia syrorum* Medicus，Einig. Künstl. Geschl. Malven – Fam. 45. 1787；*Ketmia srborea* Moench in Méth. 617. 1794；*Hibiscus floridus* Salisb. ，Prodr. 383. 1796；*Hibiscus acerifolius* Salisb. ex Hook. , Parad. London，I. t. 33，1806；*Hibiscus syriacus* Linn. var. *chinensis* Lindl. in. Journ. Hort. Soc. Lond. 8：58. 1853；*Hibiscus syriacus* Linn. var. *sinewsis* Lemaire in Jard. Fleur. 4：t. 370. 1854；*Hibiscus chinensis* auct. non DC. ；Forbes & Hemsl. in Journ. Linn. Soc. Bot. 23：88. 1886.

图 154　木槿 Hibiscus syriacus Linn.
（选自《中国高等植物图鉴》）。

　　形态特征：落叶灌木，高 3.0 ~ 4.0 m。小枝密被黄色星状绒毛。叶菱 – 卵圆形，长 3.0 ~ 10.0 cm，宽 2.0 ~ 4.0 cm，常 3 裂，或不裂，先端钝，基部楔形，边缘具不整齐齿缺，表面被星状柔毛，背面沿叶脉微被毛，或近无毛；叶柄长 5 ~ 25 mm；托叶线形，长约 6 mm，疏被柔毛。花单生于枝端叶腋间；花梗长 4 ~ 14 mm，密被星状短绒毛；小苞片 6 ~ 8 枚，条形，长 6 ~ 15 mm，宽 1 ~ 2 mm，密被星状疏绒毛；花萼钟状，密被星状短绒毛，裂片三角形；花冠钟状，多色，径 5.0 ~ 6.0 cm，密被星状短绒毛；花瓣倒卵圆形，长 3.5 ~ 4.5 cm，外面疏被纤毛和星状长柔毛；雄蕊柱长约 3.0 cm；花柱枝无毛。蒴果卵圆形、长圆形，径约 1.2 cm，密被黄色星状毛。种子肾状，背部被黄白色长柔毛。花期 6 ~ 10 月；果实成熟期 10 ~ 11 月。

　　产地：木槿原产于我国，现今台湾、福建、广东、广西、云南、贵州、四川、湖南、湖北、安徽、江西、浙江、江苏、山东、河北、陕西等省（区）均有栽培。河南各地有栽培。郑州市紫荆山公园有栽培。

　　识别要点：木槿为落叶灌木。小枝密被黄色星状绒毛。叶表面被星状柔毛。花单生于枝端叶腋间；花梗被星状短绒毛。花冠钟状，多色，密被星状短绒毛。蒴果密被黄色星状毛。种子肾状，背部被黄白色长柔毛。

　　生态习性：木槿喜光，稍耐阴。喜温暖、湿润气候，较耐寒，但在北方地区栽培需保护越冬。对土壤要求不严，在重黏土中也能生长。萌蘖性强，耐修剪。花期长。

　　繁育与栽培技术要点：木槿的繁殖方法有播种、压条、扦插、分株，但生产上主要运用扦插繁殖和分株繁殖。栽培技术通常采用穴栽，丛株采用带土穴栽。

　　主要病虫害：木槿生长期间病虫害较少，病害主要有炭疽病、叶枯病、白粉病等；虫害主要有红蜘蛛、蚜虫、蓑蛾、夜蛾、天牛等。其防治方法，见杨有乾等编著. 林木病虫害防治. 河南科学技术出版社，1982。

　　主要用途：木槿是夏、秋季的重要观花灌木。南方多作花篱、绿篱；北方作庭园点缀及室内盆栽。木槿对二氧二硫与氯化物等有害气体具有很强的抗性，同时还具有很强的滞尘功能,是工厂、矿区的主要绿化树种。木槿花的营养价值极高,含有蛋白质、脂肪、粗纤维,以及还原糖、维生素 C、氨基酸、铁、钙、锌等,并含有黄酮类活性化合物。木槿花蕾,食之口感清脆,完全绽放的木槿花,食之滑爽。木槿的花、果、根、叶和皮均可入药,具有防治病毒性疾病和降低胆固醇的作用。

变种、变型:

1.1　木槿　原变种

Hibiscus syriacus Linn. f. **syriacus**

1.2　大花木槿　变型

Hibiscus syriacus Linn. f. **grandiflirus** Hort. ex Rehd. , Manual Cultivated Trees and Shrubs;619. 1927;中国科学院中国植物志编辑委员会. 中国植物志 第四十九卷 第二分册;78. 1984。

本变型花特大,单瓣,桃红色。

产地:大花木槿产于广西、江西、江苏等地。河南有栽培。

1.3　白花单瓣木槿　变种　图版 42:10

Hibiscus syriacus Linn. var. **totus – albus** T. Moore in Gard. Chron. no. sér. 10,524. f. 91,1878;中国科学院云南植物研究所编著. 云南植物志 第二卷:230. 1979;中国科学院中国植物志编辑委员会. 中国植物志 第四十九卷 第二分册:79. 1984;中国科学院西北植物研究所编著. 秦岭植物志 第一卷 种子植物(第三册): 290. 1981。

本变种花单瓣,纯白色。

产地:白花单瓣木槿产于台湾、广东、四川、云南、福建等地。河南有栽培。

1.4　白花重瓣木槿　变型　图版 42:6

Hibiscus syriacus Linn. f. **albus – plenus** Loudon, Cultivated Trees and Shrubs; 62. 1875;中国科学院云南植物研究所编著. 云南植物志 第二卷:230. 1979;中国科学院中国植物志编辑委员会. 中国植物志 第四十九卷 第二分册:78. 1984;中国科学院西北植物研究所编著. 秦岭植物志 第一卷 种子植物(第三册):289 ~ 290. 图 249. 1981;*Hibiscus syriacus* Linn. var. *albus – plenus* Loudon,Manual Cut. Trees and Shrubs;62. 1875.

本变型花白色,重瓣,径6.0 ~ 10.0 cm。

产地:白花重瓣木槿产于台湾、广东、四川、云南、福建、湖北、浙江等地。河南有栽培。

1.5　粉紫花重瓣木槿　变型　图版 42:8

Hibiscus syriacus Linn. f. **amplissimus** Gagnep. f. in Rev. Hort. Paris 1861;132. 1861;中国科学院中国植物志编辑委员会. 中国植物志 第四十九卷 第二分册:78. 1984。

本变型花粉紫色,内面基部洋红色,重瓣。

产地:粉紫花重瓣木槿产于山东、四川、云南,福建、湖北、浙江等地。河南有栽培。

1.6　牡丹木槿　变型

Hibiscus syriacus Linn. f. **paeoniflorus** Gagnep. f. in Rev. Hort. Paris 1861;132. 1861;中国科学院中国植物志编辑委员会. 中国植物志 第四十九卷 第二分册:79. 1984;中国科学院西北植物研究所编著. 秦岭植物志 第一卷 种子植物(第三册):290. 1981;*Hibiscus syriacus* Linn. var. *paeoniflorus* Gagnep. f. in Rev. Hort. (Paris)1861;132. 1861.

本变型花粉红色，或淡紫色，重瓣，径7.0～9.0 cm。

产地：牡丹木槿产于浙江、江西、山东、贵州等地。河南有栽培。

1.7　紫花重瓣木槿　变型

Hibiscus syriacus Linn. f. **violaceus** Gagnep. f. in Rev. Hort. Paris 1861：132. 1861；中国科学院云南植物研究所编著. 云南植物志 第二卷：230. 1979；中国科学院中国植物志编辑委员会. 中国植物志 第四十九卷 第二分册：79. 1984。

本变型青紫色，重瓣。

产地：紫花重瓣木槿产于四川、云南、贵州、湖北、浙江等地。河南有栽培。

2.　木芙蓉　图155　图版42：11～12

Hibiscus mutabilis Linn. ,Sp. Pl. 694. 1753；丁宝章等主编. 河南植物志 第三册：14～15. 图1580：2～3. 1997；朱长山等主编. 河南种子植物检索表：265. 1994；郑万钧主编. 中国树木志 第三卷：2904～2907. 图1497. 1997；中国科学院中国植物志编辑委员会. 中国植物志 第四十九卷 第二分册：75～76. 图版19：1～3. 1984；卢炯林等主编. 河南木本植物图鉴：252. 图755. 1998；中国科学院植物研究所主编. 中国高等植物图鉴 第二册：817. 图3363. 1983；王遂义主编. 河南树木志：457. 图484：1. 1994；傅立国等主编. 中国高等植物 第五卷：95. 图155. 2003；李法曾主编. 山东植物精要：378. 图1361. 2004。

图155　木芙蓉 Hibiscus mutabilis Linn.
（选自《中国高等植物图鉴》）。

形态特征：落叶灌木，或小乔木，高3.0～5.0 m。小枝密被黄色星状绒毛。叶卵圆－心形，长10.0～15.0 cm，宽6.0～10.0 cm，常5～7裂，裂片三角形，先端渐尖，基部心形，边缘具不整齐圆钝锯齿，表面疏被星状柔毛和细点，背面沿叶脉微被毛，或近无毛；叶柄长5.0～20.0 cm；托叶披针形，长约6 mm，疏被柔毛，早落。花单生于枝端叶腋间；花梗长5.0～8.0 cm，密被星状短绒毛，近顶端具节；小苞片8枚，条形，基部合生，长1.0～1.6 cm，宽约2 mm，密被星状绵毛；花萼钟状，长约3.0 cm，密被星状短绒毛，裂片5枚，卵圆形，先端渐尖；花冠钟状，初白色，或淡红色，后深红色，径约8.0 cm，密被星状短绒毛；花瓣5枚，近圆形，基部具髯毛；雄蕊柱长2.0～3.0 cm，无毛；花柱分枝5枚，疏被柔毛，柱头头状。蒴果扁球状，径约2.5 cm，密被黄色刚毛和绵毛，果片5枚。种子肾状，背部被黄白色长柔毛。花期8～10月；果实成熟期10～11月。

产地：木芙蓉原产于我国，现今台湾、福建、广东、广西、云南、贵州、四川、湖南、湖北、安徽、江西、浙江、江苏、山东、河北、陕西等省（区）均有栽培。河南各地有栽培。郑州市紫荆山公园有栽培。

识别要点:木芙蓉为落叶灌木,或小乔木。叶卵圆 – 心形,表面疏被星状柔毛和细点,背面沿叶脉微被毛,或近无毛。花单生于枝端叶腋间;花梗长 5.0 ~ 8.0 cm,密被星状短绒毛,近顶端具节;小苞片 8 枚,密被星状绵毛;花萼钟状,裂片 5 枚;花瓣 5 枚,近圆形,基部具髯毛;雄蕊柱长 2.0 ~ 3.0 cm,无毛;花柱分枝 5 枚,疏被柔毛,柱头头状。蒴果扁球状,密被黄色刚毛和绵毛,果爿 5 枚。种子肾状,背部被黄白色长柔毛。

生态习性、繁育与栽培技术要点、主要病虫害、主要用途:木芙蓉与木槿相似。

变种:

1.1　木芙蓉　原变种

Hibiscus mutabilis Linn. var. **mutabilis**

1.2　重瓣木芙蓉　变种

Hibiscus mutabilis Linn. var. **plenus** Hort.

本变种花多瓣。

产地:重瓣木芙蓉原产于我国,现今多省(区、市)均有栽培。河南各地有栽培。郑州市紫荆山公园有栽培。

四十七、梧桐科

Sterculiaceae Ventenat. ,Jard. Maimais. 2 ;91. 1803. "Sterculiacees";丁宝章等主编. 河南植物志 第三册:18. 1997;朱长山等主编. 河南种子植物检索表:266. 1994;郑万钧主编. 中国树木志 第三卷:2813. 1997;中国科学院中国植物志编辑委员会. 中国植物志 第四十九卷 第二分册:112 ~ 113. 1984;中国科学院西北植物研究所编著. 秦岭植物志 第一卷 种子植物(第三册):291. 1981;周汉藩著. 河北习见树木图说(THE FAMILIAR TREES OF HOPEI by H. F. Chow):322 ~ 323. 1934;王遂义主编. 河南树木志:458. 1994;傅立国等主编. 中国高等植物 第五卷:34. 2003;*Malvaceae* Cavan. , Monadelph. Diss. 5:267. 1788,p. p. .

形态特征:落叶灌木,或乔木,稀草本、藤本,常被星状毛;茎皮富含纤维,常具黏液。单叶,稀掌状分裂,互生,稀近对生,边缘全缘、具齿,稀分裂;托叶早落。花单性、两性、辐射对称。花序为聚伞花序、圆锥花序、总状花序、伞房花序,腋生,稀顶生,稀单花。单花具萼片 5 枚,稀 3 ~ 4 枚,镊合状排列,稍合生,稀分离;单花具花瓣 5 枚,或无,分离,或基部与雌雄蕊柄合生,旋转状覆瓦状排列,通常具雌雄蕊柄;雄蕊 5 枚,或多数,花丝合成筒状、有 5 枚舌状,或条状,花药 2 室,纵裂;退化雄蕊 5 枚,稀 10 枚,与萼片对生,或无退化雄蕊;雌蕊子房上位,由 2 ~ 5 枚,稀 10 ~ 12 枚多少合生心皮组成,或单心皮组成,5 室,稀 2 ~ 12 室,花柱 1 枚,或与心皮同数。每室具 2 枚,或较多倒生胚珠,稀 1 枚。蒴果、蓇葖果,成熟后开裂、不开裂。稀浆果、核果。种子具胚乳,或无。

本科的模式属:苹婆属 Sterculia Linn. 。

产地:本科植物有 68 属、约 1 100 种,多分布于热带、亚热带各国,温带地区种类少。我国有 19 属、82 种、3 变种,主要分布于华南区、西南区。河南有 3 属、3 种,各地有栽培。郑州市紫荆山公园栽培有 1 属、1 种。

（Ⅰ）梧桐属

Firmiana Marsigli in Sagg. Accad. Sci. Padov. 1:106. t. 1786；丁宝章等主编. 河南植物志 第三册:18. 1997；郑万钧主编. 中国树木志 第三卷:2831. 1997；中国科学院中国植物志编辑委员会. 中国植物志 第四十九卷 第二分册:133. 1984；中国科学院西北植物研究所编著. 秦岭植物志 第一卷 种子植物（第三册）:291. 1981；周汉藩著. 河北习见树木图说（THE FAMILIAR TREES OF HOPEI by H. F. Chow）:323. 1934；王遂义主编. 河南树木志:458. 1994；傅立国等主编. 中国高等植物 第五卷:40. 2003。

形态特征:落叶乔木、灌木。单叶,互生,掌状 3~5 裂,或边缘全缘。花单性、杂性同株。花序为圆锥花序,稀总状花序,顶生,或腋生。萼 4~5 深裂近基部,萼片向外卷曲,花瓣状,无花瓣;雄蕊柄顶端具花药 10~25 枚,有退化雌蕊;雌花子房上位,5 室,花柱基部连合,基部花药不育,柱头 5 枚,分离。蓇葖果,果皮膜质,具柄,成熟前开裂为叶状。种子球状,4~5 粒生于果皮内缘,具胚乳。

本属的模式种:梧桐 Firmiana platanifolia（Linn.）Schott & Endl.。

产地:本属植物约有 15 种,多分布于亚洲、非洲东部各国。我国有 3 种。河南有 1 种,各地有栽培。郑州市紫荆山公园栽培有 1 种。

1. 梧桐　图 156　图版 42:13~15

Firmiana plantanifolia（Linn. f.）Marsili in Sagg. Sci. Lett. Acc. Padova 1:106~116. 1786；丁宝章等主编. 河南植物志 第三册:18~19. 图 1583. 1997；朱长山等主编. 河南种子植物检索表:266. 1994；郑万钧主编. 中国树木志 第三卷:2831~2833. 图 1454. 1997；中国科学院中国植物志编辑委员会. 中国植物志 第四十九卷 第二分册:133~134. 图版 37:1~7. 1984；侯昭宽编著. 广州植物志:237~238. 图 115. 1956；广东省植物研究所编辑. 海南植物志 第二卷:75. 1965；中国科学院植物研究所主编. 中国高等植物图鉴 第二分册:823. 图 3376. 1983；卢炯林等主编. 河南木本植物图鉴:252. 图 754. 1998；中国科学院西北植物研究所编著. 秦岭植物志 第一卷 种子植物（第三册）:291~292. 图 251. 1981；周汉藩著. 河北习见树木图说（THE FAMILIAR TREES OF HOPEI by H. F. Chow）:323~325. 图 124. 1934；王遂义主编. 河南树木志:458~459. 图 485. 1994；傅立国等主编. 中国高等植物 第五卷:41. 图 71. 2003；李法曾主编. 山东植物精要:380. 图 1368. 2004；*Sterculia plantanifolia* Linn. f. , Suppl. 423. 1781；*Firmiana simplex*（Linn.）F. W. Wight in U. S. Dep. Agri. Bur. Pl. Indust. Seeds Pl. Imp. Inv. 15:67. 1909；*Firmiana chinensis* Medicus ex Steud. , Nomencl. Bot. 814. 1821, pro syn. ；*Sterculia pyriformis* Bunge in Mém. Div. Sav. Acad. Sci. St. Pétersb. 2:83（Enum. Pl. Chin. Bor. p. 1833）. 1835；*Firmiana platanifolia* Schott & Endl. , Melet. Bot. 33. 1832；*Hibiscus simplex* Linn. , Sp. Pl. ed. 2,2:977. 1763；*Sterculia platanifolia* Linn. f. , Suppl. 423. 1781。

形态特征:落叶乔木,高达 20.0 m;树皮青绿色、灰绿色,平滑。小枝粗状,青绿色;叶痕大。单叶,互生,心形,长 15.0~30.0 cm,宽 15.0~30.0 cm,掌状 3~5 裂;裂片长圆形、卵圆-三角形,边缘全缘,基部心形,表面绿色,无毛,或微被毛,背面被星状毛;叶柄长 15.0~30.0 cm。花单性、杂性同株。花序为圆锥花序,长 20.0~50.0 cm,顶生,下部分枝长达 12.0 cm。花小,淡黄绿色;萼 5 深裂近基部,萼片条形,长约 1.0 cm,向外卷,外面被淡黄色柔毛,内面基部被柔毛;雄花雄蕊柄与萼等长,顶端具花药 15 枚,退化子房梨状,小;雌花的子房球状,被毛。蓇葖果,长 6.0～11.0 cm,宽 1.5～2.5 cm,膜质,成熟前沿腹缝线开裂为叶状,外面被短茸毛,或无毛,内缘着生 2～4 粒种子。种子球状,具皱纹。花期 6～7 月;果实成熟期 9～10 月。

产地:梧桐原产于我国,长城以南各省(区、市)多有分布与栽培。日本也有分布。河南有 1 种,各地有栽培。郑州市紫荆山公园有栽培。

识别要点:梧桐为落叶大乔木;树皮青绿色,平滑。单叶,互生。花序为圆锥花序。蓇葖果成熟前沿腹缝线开裂为叶状,内缘着生 2～4 粒种子。

生态习性:梧桐喜温暖、湿润和阳光充足的环境,不耐阴。对土壤要求不严,但在肥沃、湿润、排水良好的沙质土壤中生长最好。怕水淹,在低洼积水、重盐碱地上,根皮常腐烂而死亡。

图 156 梧桐 **Firmiana platanifolia**（Linn.）
Schott & Endl.

1. 花枝;2. 果;3. 雄蕊的花丝筒及花药;4. 雌花 5. 幼苗(选自《树木学》)。

繁育与栽培技术要点:梧桐用播种育苗法。繁育与栽培技术,见赵天榜等. 河南主要树种育苗技术:126～127. 1982。栽培技术通常采用穴栽,大苗、幼树采用带土穴栽。

主要病虫害:梧桐主要虫害有盾蚧、蚜虫、红蜘蛛等。其防治方法,见杨有乾等编著. 林木病虫害防治. 河南科学技术出版社,1982。

主要用途:梧桐树皮青绿色,为我国久经栽培的园林观赏植物。种子含油率40.0％,榨油可食用。花、根、种叶供药用,有清热和解毒的功效。树皮、木材纤维为造纸优良原料。木材可作家具用材。

四十八、山茶科

Theaceae Mirbel in Nouv. Bull. Sci. Soc. Philom. Paris [sér. 2] 3:381. 1813,"Theacees";丁宝章等主编. 河南植物志 第三册:28. 1997;朱长山等主编. 河南种子植物检索表:268. 1994;郑万钧主编. 中国树木志 第三卷:3034. 1997;中国科学院中国植物志编辑委员会. 中国植物志 第四十九卷 第三分册:1. 1998;中国科学院西北植物研究所编著. 秦岭植物志 第一卷 种子植物(第三册):299. 1981;王遂义主编. 河南树木志:465. 1994;傅立国等主编. 中国高等植物 第四卷:572～573. 2000。

形态特征:常绿,或半常绿乔木,或灌木。单叶,互生,革质,羽状脉,边缘全缘,或具锯齿;具柄,无托叶。花两性,稀单性,雌雄异株,单生,或数朵簇生;具柄,或无柄。苞片 2 枚至多枚,宿存,或脱落,或苞萼不分;萼片5枚至多枚,脱落,或宿存,稀向花瓣过渡;花瓣5枚至多枚,基部连生,稀分离,白色、红色及黄色;雄蕊多数,排成多轮,稀为4~5枚,花丝分离,或基部合生;花药2室,背部着生,或基部着生,纵裂;雌蕊子房上位,稀半下位,2~10室;花柱分离,或连合,柱头与心皮同数。每室胚珠2枚至多枚,中轴胎座,稀为基底胎座。果为蒴果、核果及浆果状。种子球状、多角形,或扁平,稀具翅;胚乳少,或缺,子叶肉质。

本科模式属:山茶属 Camellia Linn. 。

产地:本科植物约有36属、700种,分布于热带和亚热带各国,尤以亚洲各国最为集中。我国有15属、480余种。河南有4属、12种,各地有栽培。郑州市紫荆山公园栽培有1属、1种。

(I) 山茶属

Camellia Linn. ,Sp. Pl. 698. 1753;Gen. Pl. ed. 5,311. no. 759. 1754;丁宝章等主编. 河南植物志 第三册:29. 1997;朱长山等主编. 河南种子植物检索表:269. 1994;郑万钧主编. 中国树木志 第三卷:3035. 1997;中国科学院中国植物志编辑委员会. 中国植物志 第四十九卷 第三分册:3~4. 1998;中国科学院西北植物研究所编著. 秦岭植物志 第一卷 种子植物(第三册):300. 1981;王遂义主编. 河南树木志:466. 1994;傅立国等主编. 中国高等植物 第四卷:573. 2000;*Thea* Linn. ,Sp. Pl. 315. 1753;*Tsubuki* Adans. ,Fam. Pl. 399. 1763;*Calpandria* Blume, Bijdr. Fl. Nederland Indie 178. 1825;*Theaphylla* Rafinesque Med. ,Fl. II. 267. 1830;*Sasanqua* Nees ex Esenbeck in Sieb. II. 13. 1832;*Kemelia* Rafinesque, Sylva Tekkur 139. 1838;*Piquetia* (Pierre) H. Hallier in Beih. Bot. Centralbl. 39, 2:162. 1929;*Camelliastrum* Nakai in Journ. Jap. Bot. 16:699. 1940;*Yunnanea* Hu in Act. Phytotax. Sin. 5:282. 1956. syn. nov. ;*Kailosocarpus* Hu in Scientia 170. 1957. nom. nud. syn. nov. ;*Glyptocarpa* Hu in Act. Phytotax. Sin. 10:25. 1955. syn. nov. ;*Tkea* Linn. ,Gen. Pl. ed. 5,232. no. 593. 1754.

形态特征:常绿灌木,或乔木。叶革质,羽状脉,边缘具锯齿;具柄,稀近无柄。花两性,顶生,或腋生。单花,或2~3朵并生;具短柄;苞片2~6枚,或更多;萼片5~16枚,分离,或基部连生,稀更多,有时苞片与萼片逐渐转变,组成苞被,6~15枚,脱落,或宿存;花冠白色、黄色,或红色,基部多少连合;花瓣5~12枚,基部常连合,稀分离;栽培品种常为重瓣,覆瓦状排列;雄蕊多数,排成2~6轮,外轮花丝常于下半部连合成花丝管,并与花瓣基部合生;花药纵裂,背部着生,稀基部着生;雌蕊子房上位,3~5室,花柱3~4裂;每室有胚珠数枚。果为蒴果,5~3片自上部裂开,稀从下部裂开,果片木质,或栓质。种子圆球状,种皮角质,胚乳丰富。

本属模式种:山茶 Camellia japonica Linn. 。

产地:本科植物有280多种,分布于亚洲热带和亚热带各国,尤以亚洲最为集中。我国有238种。河南有4种,各地有栽培。郑州市紫荆山公园栽培有1属、1种。

1. 山茶　图157　图版43:1~2

Camellia japonica Linn. ,Sp. Pl. 698. 1753;丁宝章等主编. 河南植物志 第三册:29~30. 图1592:2~3. 1997;朱长山等主编. 河南种子植物检索表:269. 1994;郑万钧主

编. 中国树木志 第三卷:3058~3060. 图1563:4~5. 1997;中国科学院中国植物志编辑委员会. 中国植物志 第四十九卷 第三分册:87. 图版20:4~5. 1998;卢炯林等主编. 河南木本植物图鉴:260. 图778. 1998;中国科学院植物研究所主编. 中国高等植物图鉴 第二册:852. 图3434. 1983;中国科学院西北植物研究所编著. 秦岭植物志 第一卷 种子植物(第三册):301. 1981;王遂义主编. 河南树木志:467. 图492:2~3. 1994;傅立国等主编. 中国高等植物 第四卷:589~590. 图944. 2000;李法曾主编. 山东植物精要:381. 图1374. 2004;*Thea camellia* Hoffm., Verz. Pflanzenfam. 117. 1824;*Thea japonica* Baill., Hist. Pl. 4:229. f. 253. 1873, nom.;*Thea japonica*(Linn.) Baill. var. *spontanea* Makino in Bot. Mag. Tokyo,25:160. 1908;*Thea hozanensis* Hayata,Ic. Pl. Formos. 7:2. f. 2. 1918.

形态特征:常绿小乔木,高达9.0 m。嫩枝无毛。单叶,互生,革质,椭圆形,长5.0~10.0 cm,宽2.5~5.0 cm,先端钝尖,或急短尖,基部宽楔形,表面深绿色,具光泽,无毛,背面浅绿色,无毛,侧脉7~8 对,侧脉近缘前互相网结,边缘具细锯齿;叶柄长8~15 mm,无毛。花顶生,红色,无柄;苞片及萼片9~10 枚,半圆形至圆形,长4~20 mm,外面被绢毛,组成长2.5~3.0 cm的杯状苞被,花后脱落;花瓣6~7枚,外侧2 枚近圆形,外面被毛,内侧5 枚基部合生,倒卵圆形,长3.0~4.5 cm,外面被毛;雄蕊3 轮,长2.5~3.0 cm,外轮花丝基部连生,花丝管长1.5 cm,无毛;外轮雄蕊离生;雌蕊子房无毛,花柱长2.5 cm,先端3 裂。蒴果近球状,径2.5~3.0 cm,2~3 室,每室有种子1~2粒,3 片裂开,果片厚木质。花期1~5 月;果实成熟期9~10 月。

图157　山茶 *Camellia japonica* Linn.
(选自《中国高等植物图鉴》)。

产地:山茶主要产于我国山东青岛、江西、四川、广东、广西、福建及台湾,其他各地广泛栽培。河南各地有栽培。郑州市紫荆山公园栽培有1 种。

识别要点:山茶为常绿乔木。叶革质,表面深绿色,具光泽。蒴果近球状,成熟时3 片裂开,果片厚木质。花期1~5 月。

生态习性:山茶喜半阴、忌烈日。喜温暖、湿润气候,生长适温为18~25℃,始花温度为2 ℃。略耐寒,一般品种能耐 -10 ℃的低温,耐暑热,但超过36 ℃生长受抑制。喜空气湿度大,忌干燥,宜在年降水量1 200 mm 以上的地区生长。喜肥沃、疏松的微酸性土壤,pH 以5.5~6.5 为佳。

繁育与栽培技术要点:山茶常用扦插、嫁接、播种等方法。栽培技术通常采用穴栽,丛株采用带土穴栽。

主要病虫害:山茶主要病虫害有炭疽病、藻斑病、枯枝病、根腐病、介壳虫等。其防治方法,见杨有乾等编著. 林木病虫害防治. 河南科学技术出版社,1982。

主要用途：山茶为我国十大传统名花之一的花中娇客，花形多样，颜色艳丽缤纷，是我国的传统园林花木，可配置于疏林边缘。通过其种子榨取的食用油是较高级的一类。花入药为止血良药，也是早春优良的蜜源。花采后，晒干，或烘干，可作茶用。山茶的种子含油，榨出的茶油供食用及工业用油。

四十九、金丝桃科　滕黄科

Guttiferae Choisy in DC. , Prodr. 1：557. 1824；郑万钧主编. 中国树木志 第三卷：3341. 1997；中国科学院中国植物志编辑委员会. 中国植物志 第五十卷 第二分册：1. 1999；中国科学院西北植物研究所编著. 秦岭植物志 第一卷 种子植物（第三册）：302～303. 1981；王遂义主编. 河南树木志：472. 1994。

形态特征：草本，或灌木，稀乔木。单叶，对生，或轮生，边缘全缘，常具透明腺点，或斑点；无托叶。花两性，辐射对称。单花，或花序为聚伞花序。花萼片4～5枚，覆瓦状排列，或旋转状排列；雄蕊多数，离生，或合生为3～5束；雌蕊子房上位，1～5室，具中轴胎座，或侧膜胎座；胚珠多数；花柱1～5枚，分离，或合生。果实为蒴果。种子无胚乳。

本科模式属：金丝桃属 Hy Pericum Linn. 。

产地：本科植物约有10属、400多种，分布于亚洲热带、亚热带和温带各国。我国有3属、约60种，分布很广。河南有1属、11种，各地有栽培。郑州市紫荆山公园栽培有1属、1种。

（I）金丝桃属

Hypericum Linn. ，Sp. Pl. 783. 1753；Gen. Pl. ed. 5，341. no. 808. 1754；丁宝章等主编. 河南植物志 第三册：37. 1997；朱长山等主编. 河南种子植物检索表：270～271. 1994；郑万钧主编. 中国树木志 第三卷：3342. 1997；中国科学院中国植物志编辑委员会. 中国植物志 第五十卷 第二分册：2～3. 1999；中国科学院西北植物研究所编著. 秦岭植物志 第一卷 种子植物（第三册）：303. 1981；王遂义主编. 河南树木志：472. 1994；*Sarothra* Linn. ，Sp. Pl. 272. 1753；Gen. Pl. ，ed. 5，133. 1754；*Spachelodes* Y. Kimura in Journ. Jap. Bot. II. 832. 1935，nom. superfl. ；*Takasagaya* Y. Kimura in Bot. Mag. Tokyo，50：498. 1936.

形态特征：灌木，或草本。叶对生，边缘全缘，常具透明腺体，或黑色、红色腺体；具柄，或无柄，无托叶。单花至多花；花序为聚伞花序，顶生，稀腋生。花两性。单花具花瓣4～5枚，常偏斜，芽时旋转排列，黄色、金黄色，稀白色、粉红色、淡紫色；萼片4～5枚；雄蕊成束与花瓣对生，或为3～4束，与共萼片对生，每束雄蕊多达80枚；无退化雄蕊及不育雄蕊束；雌蕊子房3～5室，具中轴胎座，或1室，具侧膜胎座。蒴果室间开裂，或沿胎座开裂。

本属模式种：Hypericum perforatum Linn. 。

产地：本属植物有400多种，分布于亚洲热带、亚热带和温带各国。我国约有55种、8亚种，分布很广。河南有11种，各地有栽培。郑州市紫荆山公园栽培有1种。

1. 金丝桃　图158　图版43：3

Hypericum monogynum Linn. ，Sp. Pl. ed. 2，1107. 1763；中国科学院植物研究所主编. 中国高等植物图鉴 第二册：876. 图3481. 1983；丁宝章等主编. 河南植物志 第三册：

38. 图1600:7~9. 1997;朱长山等主编. 河南种子植物检索表:270. 1994;郑万钧主编.
中国树木志 第三卷:3342~3344. 图1698:3~4. 1997;中国科学院中国植物志编辑委员
会. 中国植物志 第五十卷 第二分册:12~14. 图版3:7~9. 1999;卢炯林等主编. 河南木
本植物图鉴:272. 图816. 1998;中国科学院西北植物研究所编著. 秦岭植物志 第一卷 种
子植物(第三册):302~306. 图265. 1981;王遂义主编. 河南树木志:473~474. 图499:
7~9. 1994;李法曾主编. 山东植物精要:382. 图1375. 2004;*Hypericum chinense* Linn. ,
Syst. Nat. ed. 10, 2: 1184. 1759;*Hypericum aureum* Lour. , Fl. Cochinch. 472. 1790;
Hypericum salicifolium Sieb. & Zucc. in Abh. Bayer. Acad. Wiss. , München 4(2): 162.
1843;*Hypericum chinense* Linn. var. *salicifolium*(Sieb. & Zucc.)Choisy in Zoll. Syst. Verz.
Ind. Archip. I. 150. 1854;*Hypericum chinense* Linn. *a. obtusifolium* et *γ latifolium* Kuntze,
Rev. Gen. Pl. I. 60. 1891;*Norysca chinensis*(Linn.)Spach, Hist. Vég. Phan. 5: 427. 1836,
in Ann. Sci. no. sér. 2, Bot. V. 364. 1836;*Norysca aurea*(Lour.)Bl. in Mus. Bot.
Lugd. – Bat. II. 22. 1852;*Hypericum pratttii* auct. non Hemsl. ;Rehd. in Sargent, Pl. Wils.
II. 404. 1915, pro parte quoad Wils. 1604. 2420;*Hypericum monogynum* Linn. , Sp. Pl. ed.
10, 2: 1107. 1763.

　　形态特征:半常绿小灌木,高约1.0 m,
丛状,或疏开张枝条,无毛。茎红褐色,幼
时具纵棱及两侧压扁,后圆柱状。叶对生,
长圆形、椭圆形,长3.0~10.0 cm,宽2.0~
3.0 cm,先端钝尖,基部渐窄略抱茎,表面
绿色,背面淡绿色。花序为顶生近伞房状
花序,具花1~15~30朵;萼片卵圆–长圆
形,先端锐尖–圆形,边缘全缘;花瓣三角–
倒卵圆形,长2.0~3.4 cm,宽1.0~2.0
cm,金黄色–柠檬黄色,边缘全缘;雄蕊5
束,每束有雄蕊25~35枚,长1.8~3.2
cm,与花瓣几等长,花药黄色、暗橙色:雌蕊
子房卵球状;花柱长1.2~2.0 cm,约为子
房的3.5~5倍。蒴果宽卵球状,长约1.0
cm,萼宿存。花期5~8月;果实成熟期
8~9月。

图158　金丝桃 Hypericum monogynum Linn.
(选自《中国高等植物图鉴》)。

　　产地:金丝桃产于我国河北、陕西、山
东、江苏、安徽、浙江、江西、福建、台湾、湖
北、湖南、广东、广西、四川及贵州等省
(区)。河南各地有栽培。郑州市紫荆山公园有栽培。日本也有引种。

　　识别要点:金丝桃为丛状半常绿小灌木,丛状,或疏开张枝条,无毛。茎红褐色,幼时
具纵棱及两侧压扁,后圆柱状。花序为顶生近伞房状花序,具花1~15~30朵。花瓣三角–
倒卵圆形;雄蕊5束,每束有雄蕊25~35枚。蒴果宽卵球状,萼宿存。

生态习性:金丝桃多生于山坡、路旁,或灌丛中。对气候、立地条件适应性很强。喜光,也耐阴。

繁育与栽培技术要点:金丝桃的繁殖常用分株法繁殖。栽培技术通常丛株采用带土穴栽。

主要病虫害:金丝桃主要病虫害有叶斑病、吹棉蚧等。其防治方法,见杨有乾等编著.林木病虫害防治.河南科学技术出版社,1982。

主要用途:金丝桃花叶秀丽,是南方庭院的常用观赏花木。可植于林荫树下,或者庭院角隅等。花叶秀丽,花冠如桃花,雄蕊金黄色,细长如金丝绚丽可爱。叶子很美丽,长江以南冬夏长青,是南方庭院中常见的观赏花木。植于庭院假山旁及路旁,或点缀草坪。华北多盆栽观赏,也可作切花材料。

五十、柽柳科

Tamaricaceae Horaninov,Prim. Linn. Syst. Nat. 85. 1834;丁宝章等主编. 河南植物志 第三册:41～42. 1997;郑万钧主编. 中国树木志 第三卷:2691. 1997;中国科学院中国植物志编辑委员会. 中国植物志 第五十卷 第二分册:142. 1999;中国科学院西北植物研究所编著. 秦岭植物志 第一卷 种子植物(第三册):307. 1981;周汉藩著. 河北习见树木图说(THE FAMILIAR TREES OF HOPEI by H. F. Chow):325～326. 1934;王遂义主编. 河南树木志:474. 1994;傅立国等主编. 中国高等植物 第五卷:174. 2003;*Tamariscineae* Desv. in Ann. Sci. Nat. 4:348. 1825.

形态特征:落叶灌木、亚灌木,或乔木。单叶,互生,小,鳞片状,抱茎,具泌盐腺体;无托叶。花小,两性,整齐,单生。花序为总状花序、穗状花序、圆状花序。单花具花瓣4～5枚,离生,覆瓦状排列,花后脱落,或宿存;下位花盘肥厚,蜜腺状;花萼4～5深裂,分离,宿存;雄蕊4～5枚,稀较多,离生,着生于花盘上,稀基部连合成束,或连合至中部成筒,花丝分离,花药丁字着生,2室,纵裂;雌蕊由2～5枚心皮组成,子房上位,1室,侧膜胎座,稀具隔,或基底胎座,具多枚侧生胚珠,稀少数;花柱短,3～5枚,分离,或连合。蒴果,室背开裂。种子先端具毛,胚直立。

本科模式属:柽柳属 Tamarix Linn. 。

产地:本科植物有3属、约110种,分布荒漠地区。我国有3属、32种。河南有2属、3种,各地有栽培。郑州市紫荆山公园栽培有1属、1种。

(Ⅰ)柽柳属

Tamarix Linn. ,Sp. Pl. 270. 1753,exclud. sp. 2,et Gen. Pl. ed. 5,131. no. 337. 1754;丁宝章等主编. 河南植物志 第三册:42. 1997;郑万钧主编. 中国树木志 第三卷:2693～2694. 1997;中国科学院中国植物志编辑委员会. 中国植物志 第五十卷 第二分册:146～147. 1999;中国科学院西北植物研究所编著. 秦岭植物志 第一卷 种子植物(第三册):307～308. 1981;周汉藩著. 河北习见树木图说(THE FAMILIAR TREES OF HOPEI by H. F. Chow):326. 1934;周以良主编. 黑龙江树木志:438. 1986;王遂义主编. 河南树木志:474. 1994;傅立国等主编. 中国高等植物 第五卷:176. 2003;*Tamariscus* Mill. , Gard. Dict. Abridg. ,ed. 4,3. 1754,p. p. .

形态特征:落叶灌木,或乔木;分枝多,细柔。无芽小枝冬季与叶同时脱落。叶小,互生,鳞片状,抱茎,或鞘状,无毛,稀被毛,具泌盐腺体;无托叶。花小,梗短,或无。花序为总状花序,或圆锥花序;花梗很短。花两性,稀单性。单花具花瓣 4~5 枚,白色,或淡红色;萼 4~5 深裂,宿存;花盘多形状,4~5 深裂;雄蕊 4~5 枚,离生,花药心状,丁字着生,2 室纵裂;雌蕊由 3~4 枚心皮组成,子房上位,1 室,侧膜胎座,具多枚侧生胚珠,花柱短,3~4 枚,棒状、短粗,柱头头状。蒴果 3 瓣裂。种子细小,被白色长柔毛。

本属模式种:Tamarix gallica Linn. 。

产地:本属植物约有 90 种,广布于亚洲、非洲与欧洲各国。我国约有 18 种、1 变种,分布于长江以北各省(区、市)。河南有 2 种,各地有栽培。郑州市紫荆山公园栽培有 1 种。

1. 柽柳　图 159　图版 43:4~6

Tamarix chinensis Lour. ,Fl. Cochinch. 1:228. 1790;丁宝章等主编. 河南植物志 第三册:42. 图 1606. 1997;朱长山等主编. 河南种子植物检索表:272. 1994;郑万钧主编. 中国树木志 第三卷:2702. 图 1830. 1997;中国科学院中国植物志编辑委员会. 中国植物志 第五十卷 第二分册:157. 159. 图版 43:1~7. 1999;卢炯林等主编. 河南木本植物图鉴:245. 图 735. 1998;中国科学院植物研究所主编. 中国高等植物图鉴 第二册:895. 图 3519. 1983;中国科学院西北植物研究所编著. 秦岭植物志 第一卷 种子植物(第三册):308. 图 267. 1981;中国树木志编委会主编. 中国主要树种造林技术:1303~1305. 图 206. 1978;周汉藩著. 河北习见树木图说(THE FAMILIAR TREES OF HOPEI by H. F. Chow):330~332. 图 127. 1934;王遂义主编. 河南树木志:474~475. 图 501. 1994;傅立国等主编. 中国高等植物 第五卷:180~181. 图 300. 2003;李法曾主编. 山东植物精要:383. 图 1381. 2004;*Tamarix gallica* Linn. *β . chinensis*(Lour.)Ehrenb. ,Linnaea II. 267. 1827;*Tamarix elegans* Spach,Hist. Nat. Vég. Phan. V. 481. 1836;*Tamarix juniperina* Bunge in Mém. Acad. Sci. Pétersb. Sav. Étrang. II. 103. 1835;*Tamarix chinensis* Lour. ,Fl. Cochinch. I. 228. 1790;*Tamarix indica* Bunge in Mém. Sav. Étrang. Acad. Sci. Pétersb. ,II. 102(Enum. Pl. Chin. Bor. 28)(non Willdenow). 1833.

形态特征:落叶灌木,或乔木,高 5.0~10.0 m;树皮灰褐色、红褐色。分枝多,细柔。小枝紫红色;幼枝绿色,纤细而下垂;无芽小枝冬季与叶同时脱落。叶小,鳞片状,钻状,或卵圆-披针形,长 1~3 mm,先端渐尖、内弯,基部鞘状抱茎。花小,梗短,或无。春季花序为总状花序,长 2.0~5.0 cm,生于去年小枝上;夏秋花序为总状花序,生于新枝上;常聚为疏散、下垂的顶生圆锥花序。单花具花瓣 5 枚,卵圆-椭圆形,先端外弯,粉红色,宿存;萼片卵圆形,长为花瓣 1/2;雄蕊 5 枚,较花瓣长,生于花盘裂片之间;花盘 10 裂,或 5 裂;花柱 3 枚,棒状。蒴果狭锥状,长约 3.5 mm,3 瓣裂。种子细小,先端具无梗簇毛。花、果成熟期 4~9 月。

产地:柽柳分布于我国东北区、华北区,以及长江流域以南各省(区、市)。河南有分布与栽培。郑州市紫荆山公园有栽培。

识别要点:柽柳为落叶灌木,或乔木。小枝紫红色;幼枝绿色,纤细而下垂。叶小鳞片状,很小。花序为总状花序,常聚为疏散、下垂的顶生圆锥状花序。蒴果狭锥状,3 瓣裂。

种子多数,细小,先端具无梗簇毛。

生态习性:柽柳适应性很强,黄河沿岸滩地,常天然下种形成片林,多株簇生。且耐盐碱,在土壤 pH 9.0 以上仍能生长。树干多弯曲;侧枝、小枝下垂。喜光,不耐庇荫。

繁育与栽培技术要点:柽柳繁殖常用分株、扦插和天然下法繁殖。栽培技术通常采用穴栽,丛株采用带土穴栽。

主要病虫害:柽柳病虫害有介壳虫、天牛等危害。其防治方法,见杨有乾等编著. 林木病虫害防治. 河南科学技术出版社,1982。

图 159　柽柳 Tamarix chinensis Lour.

1. 春花枝一部分;2. 夏花枝一部分;3. 嫩枝上的叶;4. 花;
5. 苞片;6. 花药;7. 花盘(选自《中国植物志》)。

主要用途:柽柳枝细、下垂、随风飘摇,是庭院的常用观赏花木,也是盆景制作的佳品。枝可编筐。还是沙碱地区的先锋造林树种。

五十一、大风子科

Flacourtiaceae Dumortier, Anal. Fam. Pl. 44,49. 1829. "Flacurtiaceae";丁宝章等主编. 河南植物志 第三册:56. 1997;郑万钧主编. 中国树木志 第三卷:2557. 1997;中国科学院中国植物志编辑委员会. 中国植物志 第五十二卷 第一分册:1. 1999;中国科学院西北植物研究所编著. 秦岭植物志 第一卷 种子植物(第三册):324. 1981;王遂义主编. 河南树木志:476. 1994;*Flacurtianae* Richard in Mém. Mus. Hist. Nat. Paris,1:366. 1815. nom. .

形态特征:落叶灌木,或乔木。单叶,互生,稀对生,常排成 2 列,或螺旋式,边缘全缘,或锯齿,或具腺齿;托叶小,早落,或无托叶。花小,两性,或单性,雌雄异株,稀杂性同株,稀同序。花单生,或簇生叶腋。花序为顶生总状花序、腋生总状花序、聚伞花序、圆锥花序;花梗有关节。单花具花瓣 2~7 枚,稀更睑,或无花瓣,稀为翼瓣,分离,或基部联合,覆瓦状排列,或镊合状排列,稀螺旋状排列;花托常具腺体,或腺体变为花盘,稀变为花盘管;萼片 2~7 枚,稀 2~15 枚,分离,或基部联合为萼管,覆瓦状排列,稀镊合状排列和螺旋状排列;雄蕊多数,稀少数,常与花瓣同数而对生;花丝分离,稀联合为管状、束状与腺体互生。雌蕊由 2~10 枚心皮组成;子房上位、半下位,稀下位,1 室,有 2~10 个侧膜胎座和 2 枚至多枚胚珠;花柱、柱头常与胎座同数。蒴果、浆果、核果。种子常具假种皮,或种子有狭翅,稀被毛。

本科模式属:刺篱木属 Flacourtia Comm ex L'hérit. 。

产地:本科植物约有93 属、1 300 多种,广布于亚热带、热带各国。我国现有 15 属、54 种。河南有 2 属、2 种、1 变种,各地有栽培。郑州市紫荆山公园栽培有 1 属、1 种。

（I）山桐子属

Idesia Maxim. in Bull. Acad. Sc. St. Pétersb. sér. 3,10:485（in Mém. Biol. 6:19）. 1866；丁宝章等主编. 河南植物志 第三册:56. 1997；朱长山等主编. 河南种子植物检索表:276. 1994；郑万钧主编. 中国树木志 第三卷:2588. 1997；中国科学院中国植物志编辑委员会. 中国植物志 第五十二卷 第一分册:56. 1999；中国科学院西北植物研究所编著. 秦岭植物志 第一卷 种子植物（第三册）:325. 1981；王遂义主编. 河南树木志:476. 1994；*Polycarpa* Linden ex Carr. in Rev. Hort. 330. 1868.

形态特征:落叶乔木。单叶,互生,宽卵圆形,基部 5～7 出掌状脉,边缘具锯齿;叶柄长,具瘤状腺体;托叶小,早落。花单性异株,或杂性;花序为顶生圆锥花序,具长序梗。单花无花瓣;苞片小,早落;雄花:萼片 3～6 枚,常 5 枚,黄绿色,密被细毛;雄花淡绿色,雄蕊多数及 1 枚退化雌蕊,花丝分离,被短柔毛;花药椭圆体状,纵裂,基部着生,具退化子房;雌花:淡紫色,萼片 3～6 枚,两面密被柔毛;子房近球状,子房上位,1 室,基部具多数退化雄蕊,具 5（3～6）枚侧膜胎座;花柱 5（3～6）枚,柱头肥厚。浆果。

本属模式种:山桐子 Idesia polycarpa Maxim.。

产地:本属植物 1 种,广布于东亚温带各国。我国有 1 种。河南有 1 种、1 变种,各地有栽培。郑州市紫荆山公园栽培有 1 种。日本、朝鲜半岛有分布。

1. 山桐子　图 160　图版 43:7

Idesia polycarpa Maxim. in Bull. Acad. Sci. St. Pétersb. sér. 3,10:485. 1866；丁宝章等主编. 河南植物志 第三册:56～57. 图 1618:1～4. 1997；朱长山等主编. 河南种子植物检索表:276. 1994；郑万钧主编. 中国树木志 第三卷:2589～2590. 图 1312. 1997；中国科学院中国植物志编辑委员会. 中国植物志 第五十二卷 第一分册:56～58. 图版 13:1～5. 1999；陈嵘著. 中国树木分类学:853. 图 749. 1937；方文培. 峨眉植物志 第一卷 第二册:图 177. 1944；中国科学院植物研究所主编. 中国高等植物图鉴 第二册:926. 图 3582. 1983；卢炯林等主编. 河南木本植物图鉴:239. 图 716. 1998；中国科学院西北植物研究所编著. 秦岭植物志 第一卷 种子植物（第三册）:325～326. 图 284. 1981；王遂义主编. 河南树木志:477. 图 503:1～4. 1994；*Polycarpa maximowiczii* Linden ex Carr. in Rev. Hort. 1868:300. 330. f. 36. 1868；*Idesia polycarpa* Maxim. var. *latifolia* Diels in Bot. Jahrb. 29:478. 1900.

形态特征:落叶乔木,高 10.0～21.0 m;树皮光滑,淡灰白色。幼枝、芽被柔毛。单叶,互生,卵圆形至卵圆 - 心形,长 13.0～20.0 cm,宽 12.0～15.0 cm,先端尾尖、渐尖,基部心形,边缘具粗腺锯齿,表深绿色,具光泽,无毛,背面被白粉,基出 5～7 掌状脉,沿脉密被柔毛,脉腋具簇生毛;叶柄长 6.0～15.0 cm,柱状,无毛,中部以下具 2～4 枚紫红色腺体。花单性,雌雄异株,或杂性;花序为圆锥花序,长 12.0～20.0 cm,下垂。单花无花瓣;萼片 3～6 枚,通常 6 枚,覆瓦状排列,长卵圆形,黄绿色,被密毛;雄花具雄蕊多数,花丝被毛,具退化子房;雌蕊子房上位,球状,无毛,1 室,花柱 5 枚,或 6 枚。每室有 3～6 枚侧膜胎座。浆果球状,红色,或橙褐色,长 5～10 mm;果柄长 1.0～2.5 cm。花期 5 月;果实成熟期 10～11 月。

产地:山桐子分布于我国秦岭至伏牛山脉以南各省（区、市）。日本、朝鲜半岛有分布。河南大别山区、桐柏山区及伏牛山区有分布与栽培,平原地区有栽培。郑州市紫荆山公园有栽培。

识别要点:山桐子落叶乔木;树皮光滑,灰白色。单叶,互生,背面被白粉,基出5~7掌状脉,脉腋密被柔;叶柄具2~4枚紫红色腺体。浆果球状,红色,或橙褐色;果柄长1.0~2.5 cm。

生态习性:山桐子适应性强,常天然下种形成片林。喜温暖气候,在肥沃、疏松的微酸性土壤上生长为佳。

繁育与栽培技术要点:山桐子繁殖常用天然下种、播种育苗繁殖。栽培技术通常采用穴栽,大苗、幼树采用带土穴栽。

主要病虫害:山桐子病虫害有介壳虫、天牛等。其防治方法,见杨有乾等编著.林木病虫害防治. 河南科学技术出版社,1982。

主要用途:山桐子是庭院的观赏树木。材质优良,可作建筑、家具用材。

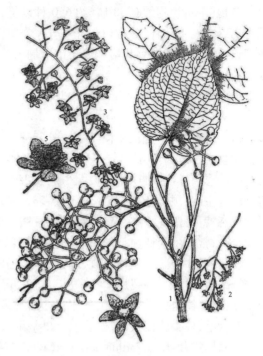

图160　山桐子 Idesia polycarpa Maxim.

1. 果枝;2. 雌花序之一部分;3. 雄花序之一部分;4. 雌花;5. 雄花(选自《树木学》)。

五十二、瑞香科

Thymelaeaceae C. F. Meissner in DC. ,Prodr. 14:493. 1857;丁宝章等主编. 河南植物志 第三册:71. 1997;郑万钧主编. 中国树木志 第三卷:2611. 1997;中国科学院中国植物志编辑委员会. 中国植物志 第五十二卷 第一分册:87. 1999;中国科学院西北植物研究所编著. 秦岭植物志 第一卷 种子植物(第三册):329. 1981;王遂义主编. 河南树木志:479. 1994;傅立国等主编. 中国高等植物 第七卷:513. 2001;*Thymelaeae* Juss. ,Gen. Pl. 76. 1789.

形态特征:落叶、常绿乔木 、灌木,或草本。单叶,互生,对生,或近对生,羽状脉,边缘全缘,基部具关节,羽状脉;具短叶柄,无托叶。花两性、或单性,雌雄同株,或异株,辐射对称。花序为头状花序、总状花序、圆锥花序、伞形花序,或穗状花序,稀花单生、簇生、顶生,或片腋生,常具总苞。单花无花瓣,或为鳞片状,花萼花冠状,白色、黄色、淡绿色,稀红色、紫色,常连合为钟状、漏斗状、筒状萼筒,外面被毛,或无毛,裂片4~5枚,蕾时覆瓦状排列;雄蕊4~5枚,或为萼裂片2倍,2轮,分离,稀退化为2枚;花药卵圆形、长圆形、线形,2室,内向,直裂,稀侧裂;花盘环状、杯状,或鳞片状,稀无;雌蕊子房上位,心皮2~5枚合生,稀1枚,常无柄,1室,稀2室;花柱常顶生、近顶生,或偏生,柱头头状,或近盘状。每室具有1枚悬垂,侧生,或倒生胚珠1枚。果实核果、坚果、浆果,稀蒴果。

本科模式属:欧瑞香属 Thymelaea Mill. 。

产地:本科植物约有 48 属、约 650 种以上,广布于南北两半球的热带和温带各国。我国有 10 属、约 100 种,各省(区、市)均有分布,但主产于长江流域及以南地区。河南有 5 属、7 种、1 变种,各地有栽培。郑州市紫荆山公园栽培有 1 属、1 种。

(Ⅰ) 结香属

Edgeworthia Meissn. in Denksch. Regensb. Bot. Ges. Ⅲ. 280. 1841;Gilg in Engl. & Prantl, Not. Pflanzenfam. 3(6a):238. 1894;丁宝章等主编. 河南植物志 第三册:76. 1997;郑万钧主编. 中国树木志 第三卷:2639. 1997;中国科学院中国植物志编辑委员会. 中国植物志 第五十二卷 第一分册:389~390. 1999;中国科学院西北植物研究所编著. 秦岭植物志 第一卷 种子植物(第三册):335. 1981;王遂义主编. 河南树木志:484. 1994; 傅立国等主编. 中国高等植物 第七卷:537. 2001。

形态特征:落叶灌木,多分枝;树皮强韧。单叶,互生,厚膜质,窄椭圆形至倒披针形, 边缘全缘,常簇生于枝顶;具短柄。花两性,组成紧密的头状花序,顶生,或腋生;花序梗短,或极长花序梗。花先叶开放,或花叶同时开放。单花无花瓣;花萼圆筒状,常内弯,外面密被银色长柔毛;萼裂片 4 枚,等长,向外开展,外面密被毛,内面无毛,喉部无鳞片;雄蕊 8 枚,在萼筒内排成 2 轮;花盘环状,分裂;雌蕊子房无柄,1 室,被长柔毛,花柱细长,下部被丝状毛,柱头圆柱状,密被乳点。果坚果状;果皮革质;基部为宿存萼片。

本属模式种:Edgeworthia gardneri(Wall.)Meisn.。

产地:本属植物有 5 种,分布于亚洲喜马拉雅地区直至日本。我国有 4 种。河南有 1 种。郑州市紫荆山公园栽培有 1 种。

1. 结香　图 161　图版 43:8~11

Edgeworthia chrysantha Lindl. in Journ. Hort. Soc. Lond. 1:148. 1846;中国科学院植物研究所主编. 中国高等植物图鉴 第二册:961. 图 3652. 1983;贵州植物志编辑委员会. 贵州植物志第三卷:179. 图版 74:1~4. 1986;丁宝章等主编. 河南植物志 第三册: 76. 图 1630. 1997;朱长山等主编. 河南种子植物检索表:281. 1994;郑万钧主编. 中国树木志 第三卷:2641. 图 1344:1~2. 1997;中国科学院中国植物志编辑委员会. 中国植物志 第五十二卷 第一分册:391~392. 1999;卢炯林等主编. 河南木本植物图鉴:241. 图 723. 1998;中国科学院西北植物研究所编著. 秦岭植物志 第一卷 种子植物(第三册): 335~336. 图 294. 1981;王遂义主编. 河南树木志:484. 图 510. 1994;傅立国等主编. 中国高等植物 第七卷:537~538. 图 842. 2001;李法曾主编. 山东植物精要:393. 图 1418. 2004;*Edgeworthia papyrifera*(Sieb.)Sieb. & Zucc. in Abh. Bay. Akad. Wiss. Phys. – Math. 4(3):199. 1846;*Edgeworthia papyrifera*(Sieb.)Sieb. & Zucc. in Abh. Akad. Mundh. Ⅳ. Pt. Ⅲ. 199(Fl. Jap. Fam. Nat. Ⅱ. 75). 1846;*Edgeworthia tomentosa* (Thunb.)Nakai in Bot. Mag. Tokyo,33:206. 1919,et in Journ. Am. Arb. Ⅴ. 82. 1924; *Edgeworthia gardneri* auct non Meisn: Hook. f. Fl., Brit. Ind. Ⅴ. 195. 1886, p. p.; *Edgeworthia gardneri* Hemsl. in Journ. Linn. Soc. 24:396(non Meisner). 1891.

形态特征:落叶灌木,高达 2.0 m。小枝粗而少,棕红色,三叉状分枝;具皮孔。单叶簇生于枝顶,纸质,椭圆 – 长圆形、椭圆 – 披针形,长 6.0~20.0 cm,宽 2.0~5.0 cm,先端钝尖,基部窄楔形,下延,边缘全缘,表面绿色,疏被银灰色丝状毛,背面被银灰色丝状毛,侧脉 10 ～ 20 对,叶脉隆起,疏被毛;叶柄被毛。花先叶开放。花序为头状花序,顶生,或侧生,具花 30 ～ 50 朵呈球状,外面 10 枚左右被长毛、早落总苞;花序梗粗壮,长 10.0 ～ 2.0 cm,密被灰白色长硬毛。单花无花瓣;花萼长 1.3 cm,宽 4 ～ 5 mm,外面密被灰白色丝状毛,内面无毛,黄色,裂片 4 枚,卵圆形,花瓣状,长约 3.5 mm,宽约 3 mm;雄蕊 8 枚,在萼筒内排成 2 轮,上列 4 枚与花萼裂片对生,下列 4 枚与花萼裂片互生,花丝极短;雌蕊子房椭圆体状,无柄,上部被丝状毛,花柱细长,柱头圆柱状,具乳突;花盘浅杯状,膜质,边缘不整齐。果卵球状,果皮革质,绿色,顶端被毛。花期 3 ～ 5 月;果实成熟期 7 ～ 10 月。

产地:结香广布于亚热带、热带及温带各国。我国黄河流域以南各省(区、市)有分布与栽培。河南有 1 种,各地有栽培。郑州市紫荆山公园有栽培。

图 161　结香 Edgeworthia chrysantha Lindl.
(选自《山东植物精要》)。

识别要点:结香为落叶灌木。枝粗而少,棕红色,三叉状分枝。单叶簇生于枝顶,表面疏被银灰色丝状毛,背面被银灰色丝状毛。花序为头状花序,顶生,或侧生,具花 30 ～ 50 朵呈球状,外面 10 枚左右被长毛、早落总苞;花序梗粗壮,密被灰白色长硬毛。单花无花瓣;雌花子房椭圆体状,无柄,上部被毛,花柱细长,柱头腺状圆柱状,具乳突。

生态习性:结香适应性强。喜温暖气候,在肥沃、疏松的酸性土壤上生长为佳。不耐寒。河南郑州地区多盆栽,冬季置于温室内。

繁育与栽培技术要点:结香繁殖常用播种育苗繁殖。也可分株、扦插、压条。栽培技术通常采用穴栽,丛株采用带土穴栽。

主要病虫害:结香病虫害有介壳虫、天牛、白绢病、病毒性缩叶病等。其防治方法,见杨有乾等编著. 林木病虫害防治. 河南科学技术出版社,1982。

主要用途:结香茎皮纤维可做高级纸及人造棉原料。结香树冠球状,枝叶美丽,宜栽在庭园,或盆栽观赏。全株入药,消肿止痛。

五十三、胡颓子科

Elaeagnaceae Horaninov,Prim. Linn. Syst. Nat. 60. 1834;丁宝章等主编. 河南植物志 第三册:78. 1997;朱长山等主编. 河南种子植物检索表:281 ～ 282. 1994;郑万钧主编. 中国树木志 第三卷:3749. 1997;中国科学院中国植物志编辑委员会. 中国植物志 第五十二卷 第二分册:1. 1983;中国科学院西北植物研究所编著. 秦岭植物志 第一卷 种子植物(第三册):337. 1981;王遂义主编. 河南树木志:484. 1994;傅立国等主编. 中国高等植物 第七卷:466. 2001;*Elaegnoideae* Vent. ,Tabl. Règ. Vég. 2:232. 1799.

形态特征:灌木,稀乔木。全体被盾形鳞片,或星状毛。单叶,互生,稀对生,或轮生,边缘全缘,羽状叶脉;具柄,无托叶。花两性,或单性,稀杂性;单生,或 2～8 朵簇生,或为总状花序。花白色,或黄褐色;花萼筒状,先端 4 裂,稀 2 裂,花蕾时镊合状排列;无花瓣;雄蕊着生于萼筒喉部,或着生于裂片基部,与裂片同数,或为其倍数;雌蕊子房上位,1 室,具 1 枚胚珠,花柱单一。果实为瘦果,或坚果,为增厚的肉质萼筒所包围,核果状;种皮骨质,或膜质;无胚乳,或几无胚乳,具 2 枚肉质子叶。

本科模式属:胡颓子属 Elaeagnus Linn. 。

产地:本科植物有 3 属、80 余种,主要分布于北半球温带、亚热带各国。我国有 2 属、约 60 种,遍布全国各地。河南有 2 属、7 种、1 亚种、1 变种,各地有栽培。郑州市紫荆山公园栽培有 1 属、1 种。

(Ⅰ) 胡颓子属

Elaeagnus Linn. ,Sp. Pl. 12l. 1753;Gen. Pl. ed. 5,57. no. 148. 1754;丁宝章等主编. 河南植物志 第三册:78. 1997;朱长山等主编. 河南种子植物检索表:282. 1994;郑万钧主编. 中国树木志 第三卷:3750. 1997;中国科学院中国植物志编辑委员会. 中国植物志第五十二卷 第二分册:1～2. 1983;中国科学院西北植物研究所编著. 秦岭植物志 第一卷 种子植物(第三册):338. 1981;周以良主编. 黑龙江树木志:442～443. 1986;王遂义主编. 河南树木志:485. 1994;傅立国等主编. 中国高等植物 第七卷:466～467. 2001;*Octarillum* Lour. ,Fl. Cochinch. 90. 1794;*Aeleagnus* Cav. ,Descr. Pl. Lecc. Publ. 350. 1802.

形态特征:灌木,或小乔木,通常具刺,稀无刺,全体被银白色,或黄褐色盾状鳞片,或星状毛。单叶,互生,两面幼时被银白色,或黄褐色鳞片、星状柔毛,后常脱落。花两性,稀杂性,腋生。花萼筒状,上部 4 裂,下部紧包围子房,在子房上面通常明显收缩;雄蕊 4 枚,着生于萼筒喉部,与裂片互生;花丝极短,花药长圆体状,或椭圆体状,丁字着生,内向;雌花子房 2 室,花柱单一,细弱伸长,顶端常弯曲,无毛,或被星状柔毛,稀具鳞片,柱头偏向一边膨大,或棒状;花盘不发达。果实为坚果,为膨大肉质化的萼筒所包围,呈核果状,长圆体状,或椭圆体状,稀近球状、红色、或黄红色;果核椭圆体状,具 8 棱,内面通常具白色丝状毛。

本属模式种:沙枣 Elaeagnus angustifolia Linn. 。

产地:本属植物约有 80 种,分布于亚洲、欧洲南部及北美洲各国。我国有 50 多种,分布于黄河流域以南各省(区、市)。日本也有分布。河南有 1 属、7 种、1 变种,各地有栽培。郑州市紫荆山公园栽培有 1 种。

1. 胡颓子　图 162　图版 43:12～14

Elaeagnus pungens Thunb. ,Fl. Jap. 68. 1784;陈嵘著. 中国树木分类学:873. 图767. 1937;裴鉴等. 江苏南部种子植物手册:516. 1959;中国科学院植物研究所主编. 中国高等植物图鉴 第二册:965. 图 3659. 1983;丁宝章等主编. 河南植物志 第三册:79. 图1633:1～4. 1997;朱长山等主编. 河南种子植物检索表:282. 1994;郑万钧主编. 中国树木志 第三卷:3766. 图 1947:3～6. 1997;中国科学院中国植物志编辑委员会. 中国植物

志第五十二卷 第二分册:36~38. 1983;卢炯林等主编. 河南木本植物图鉴:290. 图 870. 1998;王遂义主编. 河南树木志:485~486. 图 511:1~4. 1994;傅立国等主编. 中国高等植物 第七卷:472~473. 图 746. 2001。

形态特征:常绿灌木,高达4.0 m,具刺。幼枝密被锈色鳞片。单叶,互生,革质,椭圆形,或宽椭圆形,稀长圆形,长5.0~10.0 cm,宽1.8~5.0 cm,先端钝尖,基部楔形、近圆形,边缘微反卷,或皱波状,表面幼时被银白色和少数褐色鳞片,后脱落,具光泽,背面密被银白色和少数褐色鳞片,侧脉7~9对;叶柄深褐色,长5~8 mm。花单生,或2~3朵簇生,白色,或淡白色,下垂,密被鳞片;萼筒筒状,或漏斗-筒状,长5~7 mm,裂片三角形,长3 mm;花柱直立,无毛;花梗长3~5 mm。果实椭圆体状,长1.2~1.4 cm,幼时被褐色鳞片,成熟时红色;果梗长4~6 mm。花期9~12月;果实成熟期翌年4~6月。

产地:胡颓子产于我国长江流域及其以南各省(区、市)。如江苏、浙江、福建、安徽、江西、湖北、湖南、贵州、广东、广西等。日本也有分布。河南大别山区、桐柏山区和伏牛山区也有分布,各地有栽培。郑州市紫荆山公园有栽培。

图 162　胡颓子 **Elaeagnus pungens** Thunb.
（选自《中国高等植物图鉴》）。

识别要点:胡颓子为常绿灌木。幼枝密被锈色鳞片。单叶,互生,两面幼时被银白色和少数褐色鳞片。花单生,或2~3朵簇生,白色,或淡白色,下垂,密被鳞片。果实椭圆体状,幼时被褐色鳞片,成熟时红色。

生态习性:胡颓子喜高温、湿润气候,其耐盐性、耐旱性和耐寒性强,抗风强。萌芽及生根能力极强。多分布于山地杂木林内、向阳沟谷旁,栽培较少。

繁育与栽培技术要点:胡颓子采用扦插、分株繁殖。也可进行播种育苗。栽培技术通常采用穴栽,丛株采用带土穴栽。

主要病虫害:胡颓子常见病虫害有叶斑病、溃疡病、介壳虫、锈病等。其防治技术,见杨有乾等编著. 林木病虫害防治. 河南科学技术出版社,1982。

主要用途:胡颓子株形自然,红果下垂,适于丛植,也用于林缘、沙地栽培,还可作绿篱。果实可食用。

五十四、千屈菜科

Lythraceae Lindl. , Nat. Syst. Bot. ed. 2,100. 1836;丁宝章等主编. 河南植物志 第三册:83. 1997;朱长山等主编. 河南种子植物检索表:283~266. 1994;郑万钧主编. 中国

树木志 第四卷:5021. 2004;中国科学院中国植物志编辑委员会. 中国植物志 第五十二卷 第二分册:67. 1983;中国科学院西北植物研究所编著. 秦岭植物志 第一卷 种子植物(第三册):341. 1981;周汉藩著. 河北习见树木图说(THE FAMILIAR TREES OF HOPEI by H. F. Chow):331~332. 1934;王遂义主编. 河南树木志:489. 1994;傅立国等主编. 中国高等植物 第七卷:499. 2001。

形态特征:草本、灌木,或乔木。枝通常四棱状,稀具棘状短枝。叶对生,稀轮生,或互生,边缘全缘,背面有时具黑色腺点;托叶细小,或无托叶。花两性,通常辐射对称,稀左右对称,单生,或簇生,或组成顶生,或腋生的穗状花序、总状花序、圆锥花序,或聚伞状圆锥花序;花萼筒状,或钟状,平滑,或具棱,稀有距,与子房分离而包围子房,3~6 裂,稀至 16 裂,镊合状排列,裂片间有附属体;花瓣着生萼筒边缘,与萼裂片同数,或无花瓣,在花芽时呈皱褶状,雄蕊通常为花瓣的倍数,稀较多,或较少,着生于萼筒上,但位于花瓣的下方,花丝长短不一,在芽时常内折,花药 2 室,纵裂;雌蕊子房上位,通常无柄,2~6 室,每室具倒生胚珠数枚至多枚,稀 3 枚,或 2 枚,中轴胎座,花柱单生,长短不一,柱头头状,稀 2 裂。蒴果革质,或膜质,2~6 室,稀 1 室,横裂、瓣裂,或不规则开裂,稀不裂。种子形状不一,具翅,或无翅,无胚乳;子叶平坦,稀折叠。

本科模式属:千屈菜属 Lythrum Linn.。

产地:本科植物约有 25 属、550 种,广布于全世界各地,但主要分布于热带和亚热带各国。我国有 11 属、约 47 种,南北各地均有分布与栽培。河南有 4 属、7 种,各地有栽培。郑州市紫荆山公园栽培有 1 属、1 种。

(Ⅰ) 紫薇属

Lagerstroemia Linn. ,Syst. Nat. ed. 10,2;1076. 1372(1759);丁宝章等主编. 河南植物志 第三册:86. 1997;朱长山等主编. 河南种子植物检索表:284. 1994;郑万钧主编. 中国树木志 第四卷:5024~5025. 2004;中国科学院中国植物志编辑委员会. 中国植物志 第五十二卷 第二分册:92. 1983;中国科学院西北植物研究所编著. 秦岭植物志 第一卷 种子植物(第三册):341~342. 1981;周汉藩著. 河北习见树木图说(THE FAMILIAR TREES OF HOPEI by H. F. Chow):332. 1934;王遂义主编. 河南树木志:489. 1994;傅立国等主编. 中国高等植物 第七卷:508. 2001;*Orias* Dode in Bull. Soc. Bot. Fr. 56;232. 1909.

形态特征:落叶,或常绿灌木,或乔木。单叶,对生、近对生,或聚生于小枝的上部,边缘全缘;托叶极小,圆锥状,脱落。花两性,辐射对称。花序为顶生,或腋生圆锥花序;花梗在小苞片着生处具关节;花萼半球状,或陀螺状,革质,常具棱,或翅,5~9 裂;花瓣通常 6 枚,或 5~9 枚,基部有细长爪,边缘波状,或有皱纹;雄蕊 6 枚至多枚,着生于萼筒近基部,花丝细长,长短不一;雌蕊子房无柄,3~6 室,花柱长,柱头头状。每室有多数胚珠。蒴果木质,基部有宿存的花萼包围,多少与萼黏合,成熟时室背开裂为 3~6 果爿。种子顶端有翅。

本属模式种:Lagerstroemia indica Linn.。

产地:本属植物约有 55 种,分布于亚洲热带、亚热带各国,澳大利亚也有分布。我国有 16 种、引入 2 种。河南有 2 种,各地有栽培。郑州市紫荆山公园栽培有 1 种。

1. 紫薇　图 163　图版 44:1～7

Lagerstroemia indica Linn. ,Sp. Pl. ed. 2,734. 1762;中国科学院华南植物研究所编辑. 海南植物志 第一卷:424. 1964;中国科学院植物研究所主编. 中国高等植物图鉴 第二册:972. 图 3674. 1983;丁宝章等主编. 河南植物志 第三册:87～88. 图 1640:1～2. 1997;朱长山等主编. 河南种子植物检索表:284. 1994;郑万钧主编. 中国树木志 第四卷:5026. 图 2776. 2004;中国科学院中国植物志编辑委员会. 中国植物志 第五十二卷 第二分册:94. 图版 24:1～2. 1983;卢炯林等主编. 河南木本植物图鉴:395. 图 1185. 1998;中国科学院西北植物研究所编著. 秦岭植物志 第一卷 种子植物(第三册):342. 图 300. 1981;周汉藩著. 河北习见树木图说(THE FAMILIAR TREES OF HOPEI by H. F. Chow):333～324. 图 128. 1934;王遂义主编. 河南树木志:489～490. 图 517:1～2. 1994;傅立国等主编. 中国高等植物 第七卷:509～510. 图 798. 2001;李法曾主编. 山东植物精要:396. 图 1429. 2004;*Lagerstroemia elegans* 〔Wallich ex〕Paxton in Paxton's Mag. Bot. 14:269. t. 1848;*Lagerstroemia indica* Linn. var. *pallida* Benth. in Hooker,Journ. Bot. & Kew Gard. Misc. IV. 82. 1852.

　　形态特征:落叶灌木,或小乔木,高达 10.0 m 以上;树皮平滑,灰色,或灰褐色;枝、干多扭曲。小枝纤细,具 4 棱,略呈翅状。单叶,互生,或近对生,纸质,椭圆形、宽长圆形,或倒卵圆形,长 2.5～7.0 cm,宽 1.5～4.0 cm,先端短尖,或钝圆,稀微凹,基部宽楔形,或近圆形,无毛,或背面沿中脉有微柔毛;无柄,或叶柄很短。花淡红色、紫色、白色,径 3.0～4.0 cm,常组成 7.0～20.0 cm 的顶生圆锥花序;花序梗及花梗被柔毛;花萼长 7～10 mm,无棱,两面无毛,裂片 6 枚,三角形,直立,无附属体;花瓣 6 枚,皱缩,长 1.2～2.0 cm,具长爪;雄蕊 36～42 枚,外面 6 枚长,着生于花萼上;雌蕊子房 3～6 室,无毛。蒴果椭圆－球状,或宽椭圆体状,长 1.0～1.3 cm,幼时绿色－黄色,成熟时呈紫黑色,室背开裂;种子有翅,长约 8 mm。花期 6～9 月;果实成熟期 9～12 月。

图 163　紫薇 Lagerstroemia indica Linn.
1. 果枝;2. 花(选自《中国树木志》)。

　　产地:紫薇广布于亚热带、热带及温带各国。我国黄河流域以南各省(区、市)有分布与栽培。湖北山区有野生。河南各地有栽培。郑州市紫荆山公园有栽培。

　　识别要点:紫薇为落叶灌木,或小乔木;树皮平滑;枝、干多扭曲。小枝纤细,具 4 棱,略呈翅状。花淡红色、紫色、白色,常组成 7.0～20.0 cm 的顶生圆锥花序;花序梗及花梗被柔毛。雄蕊 36～42 枚。蒴果椭圆－球状,或宽椭圆体状,成熟时呈紫黑色,室背开裂;种子有翅。

　　生态习性:紫薇适应性强。喜温暖、湿润气候,在肥沃、疏松的酸性土壤上生长为佳。

耐修剪。花期长。

繁育与栽培技术要点:紫薇繁殖常用分株、扦插、压条、嫁接。栽培技术通常采用穴栽,大苗、幼树采用带土穴栽。

主要病虫害:紫薇病虫害有介壳虫、天牛、白绢病、病毒性缩叶病等。其防治方法,见杨有乾等编著. 林木病虫害防治. 河南科学技术出版社,1982。

主要用途:紫薇花期长,宜栽在庭园栽培,或盆栽观赏。

变种:

1.1　紫薇　原变种

Lagerstroemia indica Linn. var. **indica**

1.2　翠薇　变种　图版44:7

Lagerstroemia indica Linn. var. rubra Lav. , 陈俊愉等编著. 园林花卉:533. 1980。

本变种花堇紫色,叶翠绿。

产地:翠薇在我国黄河流域以南各省(区、市)有分布与栽培。河南各地有栽培。郑州市紫荆山公园有栽培。

1.3　银薇　变种　图版44:5

Lagerstroemia indica Linn. var. **alba** Nicholson, III. Dict. Gard. 2: 231. 1885; *Lagerstroemia indica* Linn. f. *alba* (Nichols.) Rehd. in Bibliography of Cultivated Trees and Shrubs:484. 1948;中国科学院中国植物志编辑委员会. 中国植物志 第五十二卷 第二分册:94. 1983;王遂义主编. 河南树木志:490. 1994。

本变种花白色,或略带淡紫色。

产地:银薇在我国黄河流域以南各省(区、市)有分布与栽培。河南各地有栽培。郑州市紫荆山公园有栽培。

1.4　红薇　变种　图版44:6

Lagerstroemia indica Linn. var. amabilis Makino, 陈俊愉等编著. 园林花卉:533. 1980。

本变种花桃红色,小枝微红。

产地:红薇在我国黄河流域以南各省(区、市)有分布与栽培。河南各地有栽培。郑州市紫荆山公园有栽培。

五十五、石榴科

Punicaceae Horaninov, Prim. Linn. Syst. Nat. 81. 1834, p. p. quoad *Granateae*;丁宝章等主编. 河南植物志 第三册:88. 1997;郑万钧主编. 中国树木志 第三卷:3481. 1997;中国科学院中国植物志编辑委员会. 中国植物志 第五十二卷 第二分册:120. 1983;中国科学院西北植物研究所编著. 秦岭植物志 第一卷 种子植物(第三册):345. 1981;王遂义主编. 河南树木志:490. 1994;*Myrtoideae* Ventenat, Tabl. Rég. Vég. 3:317. 1799, p. p. quoad Punica (p. 328);*Granateae* D. Don in Edinb. New Philos. Journ. 1: 134. 1826; *Myrtaceae* trib. *Garanteae* Lindley, Nat. Syst. Bot. ed. 2,45. 1836;*Granateae* Reichenbach, Handb. Nat. Pflanzensyst. 247. 1837;*Lythrarieae* Bentham & Hook. f. , Gen. Pl. ed. 5,

212. no. 544. 1754.

形态特征:落叶乔木,或灌木。冬芽小,具 2 对鳞片。单叶,通常对生,或近簇生,稀呈螺旋状排列,边缘全缘;无托叶。花顶生,或近顶生,单生,或 2～5 朵簇生,两性,辐射对称;萼管近钟状,革质,与子房贴生,且高于子房,裂片 5～9 枚,镊合状排列,宿存;花瓣 5～9枚,多皱褶,覆瓦状排列;雄蕊多数,生于萼筒内壁上部,花丝分离,芽中内折,花药背部着生,2 室,纵裂;子房下位,或半下位,心皮多数,1 轮,或 2～3 轮,初呈同心环状排列,后渐成叠生(外轮移至内轮之上),最低一轮具中轴胎座,较高的 1～2 轮具侧膜胎座,胚珠多数。浆果球状,顶端有宿存花萼裂片,果皮厚;种子多数。种皮外层肉质,内层骨质;胚直,无胚乳,子叶旋卷。

本科模式属:石榴属 Punica Linn. 。

产地:本科植物有 1 属、2 种,产于地中海至亚洲西部各国。我国引入栽培的有 1 种。河南栽培有 1 属、1 种,各地有栽培。郑州市紫荆山公园栽培有 1 属、1 种。

(Ⅰ) 石榴属

Punica Linn. ,Sp. Pl. 472. 1753;Gen. Pl. ed. 5,212. no. 544. 1754;丁宝章等主编. 河南植物志 第三册:88. 1997;朱长山等主编. 河南种子植物检索表:284. 1994;郑万钧主编. 中国树木志 第三卷 :3481. 1997;中国科学院中国植物志编辑委员会. 中国植物志 第五十二卷 第二分册:120. 1983。

形态特征属与科同。

本属模式种:石榴 Punica granatum Linn. 。

产地:本科植物有 1 属、2 种。河南栽培有 1 属、1 种,各地有栽培。郑州市紫荆山公园栽培有 1 属、1 种。

1. 石榴　图 164　图版 44:8～10、13

Punica granatum Linn. ,Sp. Pl. 472. 1753;陈嵘著. 中国树木分类学:896. 1937;丁宝章等主编. 河南植物志 第三册:88. 1997;朱长山等主编. 河南种子植物检索表:284. 1994;郑万钧主编. 中国树木志 第三卷:3481. 图 1781. 1997;中国科学院中国植物志编辑委员会. 中国植物志 第五十二卷 第二分册:120～121. 1983;卢炯林等主编. 河南木本植物图鉴:273. 图 818. 1998;中国科学院植物研究所主编. 中国高等植物图鉴 第二册:979. 图 3687. 1983;中国科学院西北植物研究所编著. 秦岭植物志 第一卷 种子植物(第三册):345. 1981;河北农业大学主编. 果树栽培学 下册 各论:343～353. 1963;王遂义主编. 河南树木志:490. 1994;李法曾主编. 山东植物精要:397. 图 1431. 2004;*Punica florida* Salisbury,Prodr. Stirp. Chap. Allert. 354. 1796;*Punica spinosa* Lamarck,Fl. France 3:483. 1778.

形态特征:落叶灌木,或乔木,高通常 3.0～5.0 m,稀达 10.0 m。枝顶常呈尖锐长刺;幼枝具棱角,无毛;老枝近圆柱状。单叶,纸质,通常对生,或近簇生,稀呈螺旋状排列,长圆 - 披针形,长 2.0～9.0 cm,先端短尖、钝尖,或微凹,基部短尖、稍钝圆 表面绿色,具光泽,侧脉稍细密,边缘全缘;叶柄长 1～10 mm 无托叶。花大,1～5 朵生于枝顶;萼筒长 2.0～3.0 cm,通常红色,或淡黄白色,裂片略外展,卵圆 - 三角形,长 8～13 mm,外面近先端具 1 枚黄绿色腺体,边缘具小乳突;花瓣通常大,红色、黄色,或白色,稀杂色,长 1.5～

3.0 cm,宽 1.0～2.0 cm,多皱,先端钝圆;雄蕊多数,花丝黄白色,无毛,长达13 mm;花柱长超过雄蕊;子房具叠生子室,下部 3～7 室,中轴胎座,上部 5～7 室,侧膜胎座。浆果近球状,径 5.0～12.0 cm,通常淡黄褐色,或淡黄绿色,有时白色,稀暗紫色。种子红色至乳白色,肉质的外种皮可食,内种皮木质。花期 5～6 月;果实成熟期 9～10 月。

产地:石榴原产巴尔干半岛至伊朗及其邻近地区,全世界的温带和热带各国都有种植。我国汉代张骞出使西域,带回石榴种,现全国各省(区、市)广泛栽培。河南各地均有栽培。郑州市紫荆山公园有栽培。

识别要点:石榴为落叶灌木,或乔木。枝顶常成尖锐长刺;幼枝具棱角,无毛,老枝近圆柱形。叶通常对生,纸质,长圆－披针形。花大,1～5 朵生于

图 164　石榴 Punica granatum Linn.
1. 花枝;2. 花去花瓣纵切;3. 果实(选自《树木学》)。

枝顶。花瓣通常大,红色、黄色,或白色,稀杂色;雄蕊多数,花丝黄白色;子房具叠生子室,下部 3～7 室,中轴胎座,上部 5～7 室,侧膜胎座。浆果近球状。种子红色至乳白色,肉质的外种皮可食。

生态习性:石榴喜温暖向阳的环境,耐旱、耐寒,也耐瘠薄,不耐旱,不耐涝和庇荫。对土壤要求不严,但以肥沃、疏松、排水良好的沙壤土生长发育最好。

繁育与栽培技术要点:石榴采用插枝、压条繁殖。品种还可嫁接繁殖。繁育与栽培技术,见河北农业大学主编. 果树栽培学 下册 各论:343～353. 1963。

主要病虫害:石榴树从 4 月底到 5 月上、中旬易发生刺蛾、蚜虫、蜡象、介壳虫、斜纹夜蛾等害虫。坐果后,病害主要有白腐病、黑痘病、炭疽病等。其防治技术,见杨有乾等编著. 林木病虫害防治. 河南科学技术出版社,1982。

主要用途:石榴树姿优美,枝叶秀丽,初春嫩叶抽绿,婀娜多姿;盛夏繁花似锦,色彩鲜艳;秋季累果悬挂,或孤植,或丛植于庭院,游园之角,对植于门庭之出处,列植于小道、溪旁、坡地、建筑物之旁,也宜做成各种桩景和供瓶插花观赏。石榴还可食用、药用,果实成熟,果味浓郁,酸甜可口,有消食生津的功效。叶片还具有吸附大气尘埃、吸收空气中二氧化硫、氯气、硫化氢、铅蒸气等有毒气体的作用,可净化空气,减轻污染。

变种:

1.1　石榴　原变型

Punica granatum Linn. var. **granatum**

1.2　玛瑙石榴　变种

Punica granatum Linn. var. **legrelliae** Lemaire in Ⅲ. Hort. 5:t. 156(1858. Jan.);中国科学院中国植物志编辑委员会. 中国植物志 第五十二卷 第二分册:121. 1983;中国科学院西北植物研究所编著. 秦岭植物志 第一卷 种子植物(第三册):346. 1981;*Punica granatum* Linn. f. *legrelliae*(Lem.)Rehd. in Bibliography of Cultivated Trees and Shrubs:484. 1949;*Punica granatum* Linn. f. *legrellei* Van Houtte in Fl. des Serr. 13:175. t. 1385. 1858.

本变种花期 5 ~ 6 月。花重瓣,多为朱红色,亦有红色和黄白色条纹。

产地:玛瑙石榴在河南各地均有栽培。郑州市紫荆山公园有栽培。

1.3　月季石榴　变种

Punica granatum Linn. var. **nana**(Linn.)Pers.,Syn. Pl. 2:3. 1806. "*β γ*";中国科学院中国植物志编辑委员会. 中国植物志 第五十二卷 第二分册:121. 1983;朱长山等主编. 河南种子植物检索表:284. 1994;*Punica nana* Linn.,Sp. Pl. 472. 1753;*Punica nana* Pers Syn. Pl. 2:3. 1806.

本变种小灌木。小枝长四棱状、刺状,细密而柔软。叶披针形,长 1.0 ~ 3.0 cm,宽 3 ~ 5 mm;长枝上叶对生,短枝叶簇生,表面浓绿色,亮光泽。花萼硬,红色,肉质,开放之前成葫芦状。花朵小,朱红色,重瓣,花期长。果较小,古铜红色,挂果期长。

产地:月季石榴在河南各地均有栽培。郑州市紫荆山公园有栽培。

1.4　重瓣红石榴　变种　图版 44:12

Punica granatum Linn. var. **planflora** Hayne Getr. Darst. Arzneyk. Gew. 10:7. 35. 1827;李法曾主编. 山东植物精要:397. 2004。

本变种灌木。花朵大,红色,重瓣,瓣皱。

产地:重瓣红石榴在河南各地均有栽培。郑州市紫荆山公园有栽培。

1.5　白花石榴　变种　图版 44:11

Punica granatum Linn. *β*. **albescens** DC.,Prodr. 3:4. 1828;贺士元等. 北京植物志 上册:617. 1984;*Punica granatum* Linn. var. *flore albo* Andrews,Bot. Repos. 2:t. 96. 1800;*Punica granatum* Linn. f. *alba* Voss in Puttlitz & Meyer,Lanlex. 3,260. 1912;*Punica granatum* Linn. f. *albescens*(DC.)Rehd. in in Bibliography of Cultivated Trees and Shrubs:484. 1949.

本变种灌木。花近白色,单瓣。

产地:白石榴在河南各地均有栽培。郑州市紫荆山公园有栽培。

1.6　黄花石榴　变种

Punica granatum Linn. var. **flavescens** Sweet,Hort. Brit. ed. 2,195. 1830;贺士元等. 北京植物志 上册:617. 1984;*Punica granatum* Linn. f. *flavescens*(Sweet)Rehd. in in Bibliography of Cultivated and Shrubs:484. 1949;*Punica granatum* Linn. var. 5. *flavum* Hort. ex Loudon,Arb. Brit. 2:940. 1838.

本变种灌木。花黄色,单瓣。

产地:黄花石榴在河南各地均有栽培。郑州市紫荆山公园有栽培。

1.7　重瓣白花石榴　变种

Punica granatum Linn. *e.* **multiplex** Sweet, Hort. Brit. ed. 2, 195. 1830; 贺士元等. 北京植物志 上册: 617. 1984; *Punica granatum* Linn. f. *multiplex* (Sweet) Rehd. in Bibliography of Cultivated Trees and Shrubs: 484. 1949.

本变种灌木。花白色,重瓣。

产地:重瓣白花石榴在河南各地均有栽培。郑州市紫荆山公园有栽培。

五十六、蓝果树科

Nyssaceae Endlicher, Gen. Pl. 328. 1837; *Nyssaceae* Jussieu ex Lindley, Introd. Nat. Syst. Bot. 73. 1830, pro syn. Sub "Santalaceae"; 中国科学院中国植物志编辑委员会. 中国植物志 第五十四卷: 1~2. 1978; 丁宝章等主编. 河南植物志 第三册: 88~89. 1997; 朱长山等主编. 河南种子植物检索表: 284. 1994; 中国科学院植物研究所主编. 中国高等植物图鉴 补编 第二册: 587. 1983; 傅立国等主编. 中国高等植物 第七卷: 687. 2001; 应俊生等主编. 中国种子植物特有属: 466. 1994; 王遂义主编. 河南树木志: 491. 1994。

形态特征:落叶乔木,稀灌木状。单叶、互生,具叶柄,无托叶。叶倒卵圆形、椭圆形,或长圆－椭圆形,边缘全缘,或锯齿状。花序为头状花序、总状花序,或伞形花序。花单性,或杂性;雌雄同株,或异株,常无花梗,或具短花梗。雄花:花萼小,裂片齿状、短裂,或不发育;花瓣5~10枚;雄蕊为花瓣2倍,或较少,常呈2轮排列;花盘肉质,扁形,无毛。雌花:花萼管状,部分常与子房合生,上部常5裂,裂片齿状;单花具花瓣5枚,稀多至10枚;花盘褥状,无毛,稀不发育;子房下位,1室,或6~10室。每室具1枚下垂倒生胚珠;花柱钻状,上部微弯,稀分叉。果实为核果,或翅果,先端宿存花萼及花盘;1室,或3~5室。每室具1枚下垂种子。种子外种皮纸质,或膜质。

本科模式属:喜树属 Camptotheca Decne. 。

产地:本科植物约有3属、10余种,分布亚洲和美洲各国。我国有2属、9种,除东北、西北地区及内蒙古外,全国其他各地均有分布与栽培。河南有1属、1种,各地有栽培。郑州市紫荆山公园栽培有1属、1种。

（Ⅰ）喜树属

Camptotheca Decne. in Bull. Soc. Bot. Fr. 20: 157. 1873; ——Wanger. in Engl. Pflanzenr. 41(ⅠV. 220 a): 16. 1910; 丁宝章等主编. 河南植物志 第三册: 89. 1997; 傅立国等主编. 中国高等植物 第七卷: 687. 2001; 中国科学院中国植物志编辑委员会. 中国植物志 第五十四卷: 144~145. 1978; 王遂义主编. 河南树木志: 491. 1994; 应俊生等主编. 中国种子植物特有属: 466. 1994。

形态特征:与喜树形态特征相同。

本属模式属:喜树 Camptotheca acuminata Decne. 。

产地:本科植物1属、1种,特产我国。郑州市紫荆山公园栽培有1属、1种。

1. 喜树　图 165　图版 45:1~2

Camptotheca acuminata Decne. in Bull. Soc. Bot. Fr. 20: 157. 1873; ——Franch. in Nouv. Arch. Mus. Hist. Paris II. 8. 241, t. 9 (Pl. David. 2: 59. t. 9). 1886; ——

Wanger. in Engl. Planzener. 41(Ⅳ. 220 a):17, f. 3. 1910;——Fang. Icon. Pl. Omeiens. Ⅰ:pl. 15. 1942;丁宝章等主编. 河南植物志 第三册:89. 图1641:1~3. 1997;卢炯林等主编. 河南木本植物图鉴:156. 图467. 1998;王遂义主编. 河南树木志:491~492. 图518:1~3. 1994;中国科学院中国植物志编辑委员会. 中国植物志 第五十四卷:145. 图版41. 1978;*Camptotheca yunnanensis* Dode, op. cit. 55:551. f. c. 1980.

形态特征:落叶乔木,树干通直,树皮灰色、浅纵裂。单叶、互生,椭圆形,或长圆形,长12.0~18.0 cm,宽6.0~12.0 cm,先端短渐尖,基部圆形,或宽楔形,边缘全缘,或具粗锯齿,背面疏被短柔毛,沿脉较密;叶柄长1.5~3.0 cm,无托叶。幼叶微被柔毛。花序为头状花序,顶生,或腋生,常2~6枚,稀9枚组成复花序,上部为雄花序,下部为雌花序,总花梗长4.0~6.0 cm。花杂性;雌雄同株;无花梗。苞片3枚,卵圆-三角形,长2.5~3.0 mm;花萼小,杯状,裂片5枚,边缘缘毛。单花具花瓣5枚,卵圆-长圆形,长2.0 mm,外面密被短柔毛,早落;雄蕊10枚,着生于花盘外围,花丝不等长,外轮长于花瓣,内轮较短;花药4室;子房下位,1室,胚珠下垂,花柱长约4.0 mm,先端2~3裂。果序头状,具40~50枚果实;果实为瘦果,长2.0~3.0 cm,通常3棱,先端具宿存花盘;每室具1箇种子;无果柄。花期5~7月;果实成熟期9~11月。

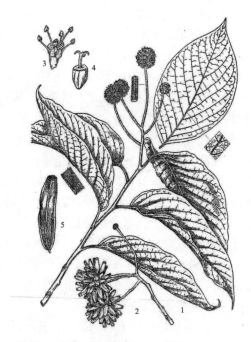

图165 喜树 Camptotheca acuminate Decne.
1. 花枝;2. 果枝;3. 雄花;4. 雌花(花瓣已落);5. 果(选自《树木学》)。

产地:喜树产于我国黄河流域以南各省(区、市)。河南有1属、1种,各地有栽培。郑州市紫荆山公园栽培有1属、1种。

识别要点:喜树为落叶乔木。单叶、互生,椭圆形。花序为头状花序,顶生,或腋生,上部为雄花序,下部为雌花序;雌雄同株;无花梗。果序头状;果实为瘦果,通常3棱,无果梗。

生态习性:喜树喜温暖向阳的环境,耐旱、耐寒,也耐瘠薄,不耐涝和庇荫。对土壤要求不严,但以肥沃、疏松、排水良好的沙壤土最好。

繁育与栽培技术要点:喜树采用播种育苗。栽培技术通常采用穴栽。

主要病虫害:喜树有刺蛾、蚜虫、介壳虫等害虫。其防治技术,见杨有乾等编著. 林木病虫害防治. 河南科学技术出版社,1982。

主要用途:喜树是庭院及"四旁"优良绿化树种。根、果实、树皮及叶含喜树碱入药,能抗癌治病;外用能治银屑病。

五十七、五加科

Araliaceae Vent. ,Tabl. Rég. Vég. 3:2. 1799;丁宝章等主编. 河南植物志 第三册: 111. 1997;朱长山等主编. 河南种子植物检索表:289～290. 1994;郑万钧主编. 中国树木志 第二卷:1720. 1985;中国科学院中国植物志编辑委员会. 中国植物志 第五十四卷: 1～2. 1978;中国科学院西北植物研究所编著. 秦岭植物志 第一卷 种子植物(第三册): 357. 1981;周汉藩著. 河北习见树木图说(THE FAMILIAR TREES OF HOPEI by H. F. Chow):334～335. 1934;王遂义主编. 河南树木志:495. 1994;傅立国等主编. 中国高等植物 第三卷:488. 2001。

形态特征:乔木、灌木、或木质藤本,稀多年生草本,具刺,或无刺。单叶、互生,稀轮生,3 小叶复叶、掌状复叶、或羽状复叶,互生,常簇生枝顶;托叶通常与叶柄基部合生成鞘状,稀无托叶。花整齐,两性,或杂性,稀单性异株。花序为聚生花序、头状花序、总状花序、或穗状花序,再组成圆锥状复花序;苞片 5 齿裂,或不裂,宿存,或早落;小苞片不显著;花梗无关节或有关节;萼筒与子房合生,边缘波状,或具萼齿;花瓣 5～10 枚,分离,在花芽中镊合状排列,或覆瓦状排列,稀合生成帽盖体;雄蕊与花瓣同数而互生,稀为花瓣的 2 倍,或多数,着生于花盘外缘;花药丁字状着生;子房下位,2～15 室,稀 1 室,或多数,花柱与子房室同数,离生,或部分结合,或全部合生成柱状,稀无花柱;胚珠倒生,单个悬垂于子房室的顶端。果实为浆果,或核果,外果皮通常肉质,内果皮骨质、膜质、或肉质而与外果皮不易区别。种子通常侧扁,具胚乳。

本科模式属:尚待查明。

产地:本科植物约有 80 属、900 多种,分布于两半球热带至温带各国。我国有 22 属、160 多种,除新疆未发现外,全国各地均有分布。河南有 8 属、15 种、6 变种,各地有栽培。郑州市紫荆山公园栽培有 4 属、4 种。

本科植物分属检索表

1. 常绿灌木、小乔木,或落叶灌木,直立,或蔓生,稀小乔木。
　2. 落叶灌木,直立,或蔓生,稀小乔木。枝有刺,稀无刺。叶为掌状复叶、3 小叶复叶。单花具花瓣 5 枚,稀 4 枚;雄蕊 5 枚,稀 4 枚,花丝细长;雌花子房 5～2 室,花柱宿存。果实球状,具 5～2 棱 ……………………………………………………………… 五加属 Acanthopanax Miq.
　2. 常绿小乔木、灌木,稀攀缘。
　　3. 掌状复叶,稀单叶(我国无);托叶和叶柄基部合生为鞘状。单花具花瓣 5～11 枚;雄蕊 5～11 枚;雌花子房常 5 室,稀 4～11 室;花柱合生成柱状,或离生,或无花柱。核实球状、卵球状,常 5 棱,多达 11 棱,棱有时不明显 ……………… 鹅掌柴属 Scheffera J. R. & G. Forst.
　　3. 单叶,掌状分裂。花两性,或杂性。单花具花瓣 5 枚;雄蕊 5 枚;雌花子房 5 室,或 10 室;花柱 5 枚,或 10 枚,离生 ……………………………… 八角金盘属 Fatsia Decne. & Planck.
1. 常绿攀缘灌木,具气生根。单叶,边缘全缘,在不育枝上的通常有裂片,或裂齿。花序为伞形花序,单生,或组成顶生总状花序。雌花子房 5 室,花柱合生成短柱状 ……… 常春藤属 Hedera Linn.

(Ⅰ) 五加属

Acanthopanax Miq. in Ann. Mus. Bot. Lubd. – Bat. 1:10. 1863;丁宝章等主编. 河

南植物志 第三册:114. 1997;朱长山等主编. 河南种子植物检索表:290~291. 1994;郑万钧主编. 中国树木志 第二卷:1772. 1985;中国科学院中国植物志编辑委员会. 中国植物志 第五十四卷:88. 1978;中国科学院西北植物研究所编著. 秦岭植物志 第一卷 种子植物(第三册):364. 1981;周以良主编. 黑龙江树木志:446. 1986;王遂义主编. 河南树木志:498. 1994;傅立国等主编. 中国高等植物 第三卷:511. 2001;*Panax* Linn. subgen. *acanthopanax* Decne. & Planch. in Rev. Hort. 1854:105. 1854;*Eleutherococcus* Maxim. in Mém. Div. Sav. Acad. Sci. St. Pétersb. 9:132(Prim. Fl. Amur.). 1859;*Acanthopanax* Decne. & Planch. ex Benth. in Benth. & Hook. f. Gen. Pl. I. 938. 1867;*Acanthopanax* Seem. in Journ. Bot. V. 238. 1867;*Cephalopanax* Baill. in gdansonia 12:149. 1879;*Evodiopanax* Nakai in Journ. Arn. Arb. V. 7. 1924.

　　形态特征:落叶灌木,直立,或蔓生,稀小乔木。枝具刺,稀无刺。叶为掌状复叶,具3~5枚小叶;无托叶,或不明显。花两性,稀单性异株。花序为伞形花序,或头状花序,通常组成复伞形花序,或圆锥状花序;花梗无关节,或具不明显关节;萼筒边缘有5~4小齿,稀全缘;单花具花瓣5枚,稀4枚,镊合状排列;雄蕊5枚,稀4枚,花丝细长;子房5~2室,花柱5~2枚,宿存。果实球状,具5~2棱。种子的胚乳均匀。

　　本属的模式种:疏刺五加 Acanthopanax spinosus(Linn. f.)Miq. 。

　　产地:本属植物约有35种,分布于亚洲各国。我国约有20种,分布几遍及全国各地。河南有1属、8种、2变种,几遍及全省。郑州市紫荆山公园栽培有1属、1种。

本属植物分种检索表

1. 花紫黄色,子房5室,花柱合生成柱状 ···
　　·································· 刺五加 Acanthopanax senticosus(Rupr. & Maxim.)Harms
1. 花黄绿色,子房3~3室,花柱丝状,分离 ········· 五加 Acanthopanax gracilistylus W. W. Smith

1. 五加　图 166

Acanthopanax gracilistylus W. W. Smith in Not. Bot. Gard. Edinb. X. 6. 1917;陈嵘著. 中国树木分类学:924. 图819. 1937;丁宝章等主编. 河南植物志 第三册:114. 1997;朱长山等主编. 河南种子植物检索表:291. 1994;郑万钧主编. 中国树木志 第二卷:1780~1781. 图905. 1997;中国科学院中国植物志编辑委员会. 中国植物志 第五十四卷:107~108. 图版14:6~8. 1978;裴鉴等主编. 江苏南部种子植物手册:538. 图874. 1959;中国科学院植物研究所主编. 中国高等植物图鉴 第二册:1035. 图3800. 1983;卢炯林等主编. 河南木本植物图鉴:162. 图484. 1998;王遂义主编. 河南树木志:501~502. 图528:4~6. 1994;李法曾主编. 山东植物精要:405. 图1459. 2004;*Acanthopanax hondae* Matsuda. in Bot. Mag. Tokyo, 31:333. 1917;*Acanthopanax spinosus*(Linn. f.)Miq. : Hance in Journ. Bot. 18:261. 1880.

　　形态特征:落叶灌木,高达3.0 m,直立,或蔓生。小枝细,下垂,无毛,节上具扁钩状刺,稀无刺。叶为掌状复叶;叶柄长3.0~8.0 cm,被细刺,无毛。小叶5枚,稀3~4枚,长枝上叶互生,短枝上叶簇生,倒卵圆形,或倒披针形,长2.5~8.0 cm,宽1.5~4.0 cm,先端短尖,或短渐尖,基部楔形,边缘具钝细齿,背面脉腋被簇毛,沿脉被刚毛,其他处无毛;小叶近无柄。花两性,稀单性异株。花序为伞形花序,单生,稀2朵腋生,或多花簇生;花序梗长1.0~2.0 cm,无毛;边缘近全缘,或具5枚小齿。单花具花瓣5枚,长圆–卵圆形,黄绿色;雄蕊5枚;子房2室,细长,分离,或基部合生。果实扁球状,黑色。花期4~7月;果实成熟期6~10月。

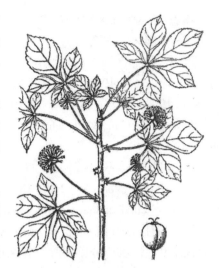

图 166　　五加 Acanthopanax gracilistylus
W. W. Smith
(选自《中国高等植物图鉴》)。

产地:五加分布于我国黄河流域以北各省(区、市)。河南平原各地均有栽培。郑州市紫荆山公园有栽培。

识别要点:五加为落叶灌木,小枝节上具扁钩状刺,稀无刺。叶为掌状复叶。花两性,稀单性异株。花序为伞形花序,单生,稀2朵腋生,或多花簇生。果实扁球状,黑色。

生态习性:五加喜温暖向阳的环境,耐旱、耐寒,也耐瘠薄,不耐涝和庇荫。对土壤要求不严,但以肥沃、疏松、排水良好的沙壤土最好。

繁育与栽培技术要点:五加采用播种育苗,也可分株、压条繁殖。栽培技术通常采用穴栽。

主要病虫害:五加有刺蛾、蚜虫、介壳虫等害虫。其防治技术,见杨有乾等编著. 林木病虫害防治. 河南科学技术出版社,1982。

主要用途:五加根皮入药,称"五加皮",为强壮剂,有祛风湿等之效。还可作绿篱、绿化之用。

2. 刺五加　图 167　图版 45:3~5

Acanthopanax sentiosus(Rupr. & Maxim.) Harms in Engl. & Prantl. Nat. Pflanzenfam. (3)8:50. 1894 & in Mitt. Deutsch. Dendr. Ges. 27:7. 1918;钟心煊. 科学社丛刊 1:188. 1924;孔宪武. 北研丛刊 2:351. 1944;陈嵘著. 中国树木分类学:925. 1937;丁宝章等主编. 河南植物志 第三册:116. 图 1661:4~7. 1997;朱长山等主编. 河南种子植物检索表:291. 1994;中国科学院中国植物志编辑委员会. 中国植物志 第五十四卷:99~100. 图版 12:7~10. 1978;刘慎谔等主编. 东北木本植物图鉴:436. pl. 138. f. 340. 1955;中国科学院植物研究所主编. 中国高等植物图鉴 第二册:1036. 图 3801. 1983;卢炯林等主编. 河南木本植物图鉴:160. 图 480. 1998;王遂义主编. 河南树木志:500. 图 526:4~7. 1994;李法曾主编. 山东植物精要:405. 图 1459. 2004;*Hedera senticosa* Rupr. & Maxim. in Bull. Phys. – Math. Acad. St. – Pétersb. 15:134. 1856, 367. 1857;*Eleutherococcus senticosus*(Rupr. & Maxim.) Maxim. in Mém. Div. Sav. Acad. Sci. St. Pétersb. 9:132. 1859;*Eleutherococcus senticosus*(Rupr. & Maxim.) Maxim. f. *subinermis* Reghel in Mém. Acad. Sci. St. Pétersb. 4(7):73. 1861;*Eleutherococcus senticosus*(Rupr. & Maxim.) Maxim. f. *fincrmis* Komarov. Fl. Mansh. 3:121. 1905, in textu. ;*Acanthopanax* senticosus(Rupr. & Maxim.) Harms f. *subinermis*(Reghel) Harms in Mitt. Deutsch. Dendr. Gen. 27:8. 1918.

形态特征:落叶灌木,高 1.0~6.0 m,分枝多。1~2 年生小枝密生刺,稀无刺。刺直、细、针状,向下,刺脱落痕圆形,稀无刺。叶为掌状复叶;叶柄长 3.0~10.0 cm,被细刺,无毛。小叶 5 枚,稀 3 枚,纸质,椭圆 – 倒卵圆形,或长圆形,长 5.0~13.0 cm,宽 3.0~7.0 cm,先端渐尖,基部宽楔形,表面粗糙,深绿色,脉上被粗毛,背面淡绿色,脉上被短柔毛,边缘锐重锯齿;小叶柄长 0.5~2.5 cm,稀被棕色短柔毛,或细刺。花序为伞形花序,单生枝顶,或 2~6 个组成圆锥花序,具多花;总花序梗长 5.0~7.0 cm,无毛。花紫黄色,萼无毛,边缘近全缘,或具 5 枚小齿;花瓣 5 枚,卵圆形,雄蕊 5 枚,长 1.5~2 mm;子房 5 室,花柱合生呈柱状;花序梗长 1.0~2.0 cm,无毛,基部被毛。果实球状,或卵球状,黑色,5 棱;花柱宿存。花期 4~7 月;果实成熟期 8~10 月。

产地:刺五加分布于我国黄河流域以北各省(区、市)并广泛栽培。河南平原各地均有栽培。郑州市紫荆山公园有栽培。

图 167 刺五加 Acanthopanax sentiosus

(Rupr. & Maxim.) Harms

1. 枝、叶与花枝;2. 小叶局部;3. 花;4. 果(选自《河北树木志》)。

识别要点:刺五加为落叶灌木,分枝多。1~2 年生小枝密生刺,稀无刺。叶为掌状复叶。小叶 5 枚,稀 3 枚,椭圆 – 倒卵圆形,或长圆形,先端渐尖,基部宽楔形,表面粗糙,深绿色,脉上被粗毛,边缘锐重锯齿。花序为伞形花序,单生枝顶,或 2~6 个组成圆锥花序,具多花。花紫黄色,萼无毛,边缘近全缘;花瓣 5 枚,卵圆形;雄蕊 5 枚;子房 5 室,花柱合生呈柱状。果实球状,或卵球状,黑色,5 棱;花柱宿存。

生态习性:刺五加喜温暖向阳的环境,耐旱、耐寒,也耐瘠薄,不耐涝和庇荫。对土壤要求不严,但以肥沃、疏松、排水良好的沙壤土最好。

繁育与栽培技术要点:刺五加采用播种育苗,也可分株、压条繁殖。栽培技术通常采用穴栽。

主要病虫害:刺五加有刺蛾、蚜虫、介壳虫等害虫。其防治技术,见杨有乾等编著. 林木病虫害防治. 河南科学技术出版社,1982。

主要用途:刺五加根皮入药,为强壮剂,有祛风湿等之效。还可作绿篱、绿化之用。

(Ⅱ)八角金盘属 河南新记录属

Fatsia Decne. & Planck. in Rev. Hort. 1854:105. 1854,nom. subnud. ;丁宝章等主编. 河南植物志 第三册:111. 1997;郑万钧主编. 中国树木志 第二卷:1726. 1997;中国

科学院中国植物志编辑委员会. 中国植物志 第五十四卷:12. 1978;傅立国等主编. 中国
高等植物 第三卷:490. 2001;*Diplofatsia* Nakai in Journ. Arn. Arb. V. 18. 1924.

形态特征:常绿灌木,或小乔木。单叶,掌状分裂;托叶不明显。花两性,或杂性。花
序为聚生为伞形花序组成顶生圆锥花序;花梗无关节;萼筒边缘全缘,或具 5 枚小齿;花瓣
5 枚,在花芽中镶合状排列;雄蕊 5 枚;子房 5 室,或 10 室;花柱 5 枚,或 10 枚,离生;花盘
隆起。果实卵球状。

本属模式种:八角金盘 Fatsia japonica(Thunb.)Decne & Planck. 。

产地:本属植物有 2 种,分布于亚洲各国。我国有 1 种,分布几遍及全国。日本有 1
种。河南有 1 种,各地有栽培。郑州市紫荆山公园栽培有 1 属、1 种。

1. 八角金盘　河南新记录种　图 168　图版 45:6 ~ 7

Fatsia japonia(Thunb.)Decne & Planch. in Rev. Hort. 1854:105. 1854;丁宝章等主
编. 河南植物志 第三册:111. 1997;朱长山等主编. 河南种子植物检索表:290. 1994;郑
万钧主编. 中国树木志 第二卷:1726 ~ 1727. 图 881:1 ~ 3. 1997;卢炯林等主编. 河南木
本植物图鉴:159. 图 475. 1998;潘志刚等编著. 中国主要外来树种引种栽培:622 ~ 623.
1994;*Aralia japonica* Thunb. ,Fl. Jap. 128. 1784.

形态特征:常绿灌木,或小乔木,高达 5.0 m,
常丛生状。茎黄褐色,具光滑,无刺。叶多集生
枝顶,大,革质,近圆形,径 12.0 ~ 30.0 cm,5 ~ 9
枚掌状深裂,裂片长椭圆 - 卵圆形,先端短渐尖,
基部心形,边缘具疏离粗锯齿,表面暗亮绿色,具
光滑,背面色较浅,有粒状突起,边缘有时呈金黄
色;两面侧脉隆起,网脉在背面稍显着;叶柄长
10.0 ~ 30.0 cm。花序为伞形圆锥花序,顶生,径
3.0 ~ 5.0 cm;花序轴被褐色绒毛;花两性,或杂
性。花萼近全缘,无毛;花瓣 5 枚,卵圆 - 三角形,
长 2.5 ~ 3 mm,黄白色,无毛;雄蕊 5 枚,花丝与花
瓣等长;子房下位,5 室,每室有 1 胚球;花柱 5
枚,分离;花盘凸起半圆形。浆果近球状,径 5
mm,熟时黑色,花柱宿存。花期 10 ~ 11 月;果实
成熟期翌年 4 月。

产地:八角金盘原产于日本。我国有引种栽
培,现华北区、华东区及云南省有栽培。河南各
地有栽培。郑州市紫荆山公园有栽培。

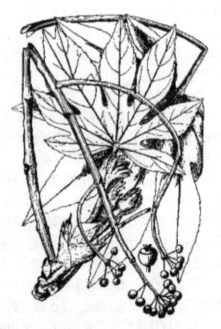

图 168　八角金盘 Fatsia japonia
(Thunb.)Decne & Planch.
(选自《江苏植物志》)。

识别要点:八角金盘为常绿灌木,或小乔木。
叶大,革质,近圆形,5 ~ 9 枚掌状深裂,边缘有时呈金黄色,故称“八角金盘”。花序为伞
形花序;花序轴被褐色绒毛。单花具花瓣 5 枚,卵圆 - 三角形,黄白色,无毛。

生态习性:八角金盘喜湿暖、湿润的气候,耐阴,不耐干旱,有一定耐寒力。宜种植在
排水良好和湿润的沙壤土中。

繁育与栽培技术要点:八角金盘用扦插、播种和分株繁殖。栽培技术通常采用穴栽。

主要病虫害:八角金盘主要病害有烟煤病、叶斑病和黄化病。其防治技术,见杨有乾等编著.林木病虫害防治.河南科学技术出版社,1982。

主要用途:八角金盘入药能化痰止咳,散风除湿,化瘀止痛。主治咳嗽痰多、风湿痹痛、痛风、跌打损伤。适宜配植于庭院、门旁、窗边、墙隅及建筑物背阴处,也可点缀在溪流滴水之旁,还可成片群植于草坪边缘及林地。另外,还可小盆栽供室内观赏。对二氧化硫抗性较强,适于厂矿区、街坊种植。还可以吸收有害气体,净化空气。

(Ⅲ) 常春藤属

Hedera Linn. ,Sp. Pl. 202. 1753,excl. spec. 2;Gen. Pl. ed. 5,94. no. 249. 1754;丁宝章等主编. 河南植物志 第三册:112. 1997;郑万钧主编. 中国树木志 第二卷:1737. 1997;中国科学院中国植物志编辑委员会. 中国植物志 第五十四卷:73. 1978;中国科学院西北植物研究所编著. 秦岭植物志 第一卷 种子植物(第三册):359. 1981;王遂义主编. 河南树木志:496. 1994;傅立国等主编. 中国高等植物 第三卷:492. 2001。

形态特征:常绿攀缘灌木,具气生根。单叶,在不育枝上叶边缘通常有裂片,或裂齿,在花枝上叶边缘常不分裂;叶柄细长,无托叶。花序为伞形花序,单生,或组成顶生总状花序;苞片小;花梗无关节。花两性;萼筒近全缘,或具5枚小齿;花瓣5枚,在花芽中镊合状排列;雄蕊5枚;子房5室,花柱合生成短柱状。果实球状。种子卵球状;胚乳嚼烂状。

本属模式种:洋常春藤 Hedera helix Linn. 。

产地:本属植物有5种,分布于亚洲、欧洲、非洲北部各国。我国有2变种,遍及全国。河南有1变种,各地有栽培。郑州市紫荆山公园栽培有1属、1变种。

1. 常春藤　变种　图169　图版45:8~9

Hedera nepalensis K. Koch var. **sinensis**(Tobl.) Rehd. in Journ. Arn. Arb. 4:250. 1923;陈焕镛. 中山大学农林植物所专刊,1:280. 1924;裴鉴等主编. 江苏南部种子植物手册:535. 图870. 1959;中国科学院植物研究所主编. 中国高等植物图鉴 第二册:1031. 图3791. 1983;陈嵘著. 中国树木分类学:934. 1937;丁宝章等主编. 河南植物志 第三册:112~113. 图1658. 1997;朱长山等主编. 河南种子植物检索表:290. 1994;郑万钧主编. 中国树木志 第二卷:1737. 图886:1~10. 1997;中国科学院中国植物志编辑委员会. 中国植物志 第五十四卷:74~75. 图版10:1~10. 1978;卢炯林等主编. 河南木本植物图鉴:157. 图471. 1998;中国科学院西北植物研究所编著. 秦岭植物志 第一卷 种子植物(第三册):359~360. 图316. 1981;王遂义主编. 河南树木志:497. 图523. 1994;*Hedera helix* sensu Hance in Journ. Bot. 20:6. 1882;*Hedera himalaica* Tobl. var. *sinensis* Tobl. ,Gatt. Hedera,79. f. 39 – 42. 1912. "H. sinensis"in textu p. 80;*Hedera himalaica* sensu Harms & Rehd. in Sargent,Pl. Wils. Ⅱ. 555. 1916. p. p. ;*Hedera siensis* Tobl. ,Gatt. Hedera,80. 1912 .

形态特征:常绿攀缘藤本;茎长达30.0 m,灰棕色,或黑棕色,具气生根;小枝疏生锈色鳞片。叶革质,不育枝上叶通常为三角-卵圆形,或三角-长圆形,稀三角形,或箭形,长5.0~12.0 cm,宽3.0~10.0 cm,先端短渐尖,基部截形,稀心形,边缘全缘,或3裂;花枝上的叶通常为椭圆-卵圆形至椭圆-披针形,略歪斜而为菱形,稀卵圆形,或披针形,稀

为宽卵圆形,或箭形,长 5.0 ~ 16.0 cm,宽
1.5 ~ 10.5 cm,先端渐尖,或长渐尖,基部楔
形,或宽楔形,稀圆形,边缘全缘,或 1 ~ 3 浅
裂,表面深绿色,具光泽,背面淡绿色,或淡黄
绿色,无毛,或疏生鳞片,侧脉和网脉两面均
明显,叶柄细长,长 2.0 ~ 9.0 cm,具鳞片,无
托叶。花序为伞形花序,单个顶生,或 2 ~ 7
朵簇生;花序梗长 1.0 ~ 3.5 cm,通常有鳞片;
苞片小,三角形,长 1.0 ~ 2.0 mm;花梗长约
1.0 cm;花淡黄白色,或淡绿白色,芳香;萼筒
密生棕色鳞片,边缘近全缘;花瓣 5 枚,三
角 – 卵圆形,外面有鳞片;雄蕊 5 枚,花药紫
色;子房 5 室;花盘隆起,黄色;花柱全部合生
成柱状。果实球状,红色,或黄色,径 7 ~ 13
mm。花期 8 ~ 9 月;果实成熟期翌年 4 月。

图169　常春藤 Hedera nepalensis K. Koch
var. **sinensis**(Tobl.)Rehd.
1. 花枝;2. 不育枝;3 ~ 6. 不育枝的叶;7. 星状鳞
片;8. 花;9. 子房横切面;10. 果实(选自《云南植物
志》)。

　　产地:常春藤变种分布地区广,在我国北
自甘肃东南部、陕西南部、河南、山东,南至广
东、江西、福建,西自西藏波密,东至江苏、浙
江的广大区域内均有生长。河南各地有栽培。郑州市紫荆山公园有栽培。越南也有分
布。

　　识别要点:常春藤变种为常绿攀缘藤本,具气生根。小枝疏生锈色鳞片。叶革质,多
种形状。花序为伞形花序,单生,或 2 ~ 7 朵簇生;花序梗通常有鳞片;萼筒密生棕色鳞片,
边缘近全缘;花瓣 5 枚,外面有鳞片;雄蕊 5 枚,花药紫色。果实球状,红色,或黄色。

　　生态习性:常春藤变种为阴性藤本植物,也能生长在全光照的环境中。在温暖、湿润
的气候条件下生长良好,不耐寒。对土壤要求不严,喜湿润、疏松、肥沃的土壤,不耐盐碱。

　　繁育与栽培技术要点:常春藤变种的茎蔓容易生根,通常采用扦插繁殖。栽培技术通
常采用穴栽。

　　主要病虫害:常春藤变种病害主要有叶斑病、炭疽病、细菌叶腐病、根腐病、疫病等。
虫害以卷叶虫螟、介壳虫和红蜘蛛的危害较为严重。其防治方法,见杨有乾等编著. 林木
病虫害防治. 河南科学技术出版社,1982。

　　主要用途:常春藤变种在庭院中可用以攀缘假山、岩石,或在建筑阴面作垂直绿化材
料。还可做药用。

(Ⅳ) 鹅掌柴属

Scheffera J. R. & G. Forst. nom. conserv. Char. Gen. 45. t. 23. 1775;丁宝章等主
编. 河南植物志 第三册:124. 1997;郑万钧主编. 中国树木志 第二卷:1755. 1997;中国
科学院中国植物志编辑委员会. 中国植物志 第五十四卷:25 ~ 26. 1978;傅立国等主编.
中国高等植物 第三卷:505. 2001;*Sciodaphyllum* P. Br., Hist. Jam. 190. pl. f. 1, 2.
1756. nom. rejie.;*Heptapleurum* Gaertn., Fruet. & Sem. II. 472. t. 178. 1791;*Agalma*

Miq. ,Fl. Ind. Bat. I. 752. 1855.

形态特征:常绿乔木、灌木,稀攀缘。小枝粗壮,被星状绒毛,或无毛。叶为掌状复叶,稀单叶(我国无);叶柄长,托叶和叶柄基部合生为鞘状。花序为伞形花序、总状花序、头状花序、穗状花序,再组成圆锥状花序;花梗无关节。单花具花瓣 5～11 枚,蕾时镊合状排列;萼筒边缘全缘,或具细齿;雄蕊 5～11 枚;雌蕊子房常 5 室,稀 4 室至 11 室;花柱离生,或基部合生,或合成柱状,或无花柱。核实球状、卵球状,常具 5 棱,多达 11 棱,有时棱不明显。种子扁平。

本属模式种:新西兰鹅掌柴 Scheffera digitata J. R. & G. Forst. 。

产地:本属植物约有 400 种,分布于南、北半球热带、亚热带。我国约有 38 种,分布于西南和东南各省(区、市)。河南有 2 种,各地有栽培。郑州市紫荆山公园有 1 属、1 种栽培。

1. 鹅掌柴　图 170　图版 45:10～13

Schefflera octophylla(Lour.) Harms in Engl. & Prantl, Nat. Pflanzenfam. 3(8):38. 1894;丁宝章等主编. 河南植物志 第三册:124. 图 1669. 1997;郑万钧主编. 中国树木志 第二卷:1765. 图 887:1～5. 1997;中国科学院中国植物志编辑委员会. 中国植物志 第五十四卷:50～51. 图版 6:6～10 . 1978;陈嵘著. 中国树木分类学:937. 图 830. 1937;中国科学院植物研究所主编. 中国高等植物图鉴 第二册:1028. 图 3786. 1983;卢炯林等主编. 河南木本植物图鉴:158. 图 474. 1998;傅立国等主编. 中国高等植物 第三卷:507. 图 799. 2001;*Arulia octophylla* Lour. , Fl. Cochinch. 187. 1790 & in ed. Willd. 233. 1793;*Paratropia cantoniensis* Hook. & Arn. , Bot. Beechey Voy. 189. 1841; *Agalma octophyllum* Seem. in Journ. Bot. II. 298 (Revis. Heder. 24. 1868)1864;*Heptapleurum octophyllum* Benth. ex Hance in Journ. Linn. Soc. Bot. 13:105. 1873;*Agalma lutchuense* Nakai in Journ. Aen. Arb. V. 20. 1924.

图 170　鹅掌柴 Schefflera octophylla
(Lour.) Harms
(选自《中国高等植物图鉴》)。

形态特征:乔木,或灌木,高达 15.0 m。幼枝密被星状毛,后较少。叶为掌状复叶;叶柄不等长,长 15.0～30.0 cm,疏被星状毛,或无毛。小叶 6～9 枚,稀 11 枚,椭圆形、倒卵圆－椭圆形,稀椭圆－披针形,长 7.0～17.0 cm,宽 3.0～6.0 cm,幼时密被星状毛,先端急尖,或短渐尖,基部楔形、宽楔形,稀圆

形,边缘全缘,幼树叶边缘具锯齿,或羽裂,背面沿脉及脉腋被毛;小叶柄细,不等长,长 1.5～5.0 cm,疏被星状毛,或无毛。花序为顶生圆锥花序,长 20.0～30.0 cm,幼时主轴及分枝密被星状毛,后无毛,稀分枝具少数单花。单花具花瓣 5～6 枚,白色,反曲,无毛;雄

蕊5~6枚,比花瓣长;萼幼密被星状毛,后无毛,边缘近全缘,或具5~6枚细齿,被缘毛;子房5~10室;花盘平坦;花柱全部合生成柱状,长约1 mm,柱头头状。果实球状,黑色,径约5 mm。花期11~12月;果实成熟期12月至翌年1月。

产地:鹅掌柴分布于我国粤江流域各省(区、市)。越南、日本、印度也有分布。河南各地有栽培。郑州市紫荆山公园有栽培。

识别要点:鹅掌柴为乔木。叶为掌状复叶。小叶6~10枚,稀11枚,幼时密被星状毛,边缘全缘,幼树叶边缘具锯齿,或羽裂;叶柄不等长。花序为顶生圆锥花序,长20.0~30.0 cm,幼时主轴及分枝密被星状毛。果实球状,黑色,花柱宿存,柱头头状。

生态习性:鹅掌柴在温暖、湿润的气候条件下生长良好,不耐寒。对土壤要求不严,喜湿润、疏松、肥沃的土壤,不耐盐碱。

繁育与栽培技术要点:鹅掌柴通常采用扦插繁殖。栽培技术通常采用穴栽。

主要病虫害:鹅掌柴病虫害主要有叶斑病、卷叶虫螟、介壳虫和红蜘蛛的危害较为严重。其防治方法,见杨有乾等编著. 林木病虫害防治. 河南科学技术出版社,1982。

主要用途:鹅掌柴为庭院盆栽观赏植物。还可入药,治流感等病。花期冬季,为南方冬季蜜源植物之一。

五十八、山茱萸科

Cornaceae Link. ,Handb. Erkenn. Gew. 2 :2. 1831;丁宝章等主编. 河南植物志 第三册 :177~178. 1997;朱长山等主编. 河南种子植物检索表 :304. 1994;郑万钧主编. 中国树木志 第二卷 :1679. 1997;中国科学院中国植物志编辑委员会. 中国植物志 第五十六卷 :1. 1990;中国科学院西北植物研究所编著. 秦岭植物志 第一卷 种子植物(第三册) :433. 1981;周汉藩著. 河北习见树木图说(THE FAMILIAR TREES OF HOPEI by H. F. Chow) ;339~340. 1934;王遂义主编. 河南树木志 :505. 1994;傅立国等主编. 中国高等植物 第七卷 :690. 2001。

形态特征:常绿、落叶乔木,灌木,稀草本。单叶,对生,稀互生,或近轮丛,边缘全缘,或具锯齿;无托叶,或托叶纤毛状。花小,两性,稀单性异株。花序为顶生圆锥花序、聚伞花序、伞形花序、头状花序等。单花具花瓣3~5枚,白色,稀黄色,绿色及紫红色,镊合状排列,或覆瓦状排列;花萼管状与子房合生,先端具齿状裂片3~5枚;雄蕊3~5枚,与花瓣互生,生于花盘基部;雌蕊子房下位,2室,稀1~5室,花柱单一,柱头头状。每室具1枚倒生、下垂胚珠;核果,或浆果状核果。种子具胚乳。

本科模式属:山茱萸属 Cornus Linn.。

产地:本科植物约有15属、约110种,分布于北温带至热带各国。我国有9属、约60种。河南有5属、14种、2变种,各地有栽培。郑州市紫荆山公园栽培有3属、1种。

本科植物分属检索表

1. 落叶乔木,或灌木,稀常绿。单叶,对生,厚纸质,边缘全缘。
　2. 落叶乔木、灌木。小枝无毛,稀被贴生短柔毛。花序为腋生伞形花序,具总苞片。雄花花丝钻状;雌花子房具胚珠1枚。果核骨质 ························ 山茱萸属 Cornus Linn.

2. 落叶乔木,或灌木,稀常绿。小枝被丁字毛。花序为伞房状复聚伞花序,无总苞片。雄花花丝
线形;雌花子房具胚珠2枚;核骨质,有种子2粒 …………………… 梾木属 Swida Opiz.

1. 常绿小乔木。或灌木。单叶,对生,厚革质至厚纸质,边缘具锯齿。花单性,或杂性,雌雄异株,
花序为圆锥花序。花具2枚小苞片;萼片4齿;花瓣4枚,先端常尾尖;雄花雄蕊4枚;花盘肉质,
4棱状。果实浆果状,宿存萼齿与花柱 …………………… 桃叶珊瑚属 Aucuba Thunb.

（Ⅰ）山茱萸属

Cornus Linn. ,Sp. Pl. 117. 1753;Gen. Pl. ed. 5,54. no. 139. 1754;丁宝章等主编.
河南植物志 第三册:183. 1997;朱长山等主编. 河南种子植物检索表:306. 1994;郑万钧
主编. 中国树木志 第二卷:1696. 1997;中国科学院中国植物志编辑委员会. 中国植物志
第五十六卷:83. 1990;中国科学院西北植物研究所编著. 秦岭植物志 第一卷 种子植物
(第三册):438. 1981;周汉藩著. 河北习见树木图说(THE FAMILIAR TREES OF HOPEI
by H. F. Chow):340. 1934;周以良主编. 黑龙江树木志:454. 1986;王遂义主编. 河南树
木志:510. 1994;傅立国等主编. 中国高等植物 第七卷:703. 2001;*Chamaepericlymenum*
Hill. ,Brit. Herbal. 331. 1756;*Eukrania* Rafinesque ex B. D. Jackson,Index Kew. 1:912.
1894;*Cornella* Rydberg in Bull. Torrey Bot. Club. 33:147. 1906;*Arctocrania*(Endl.)Nakai
in Bot. Mag. Tokyo,23:39. 1909.

形态特征:落叶乔木、灌木。小枝对生,无毛,稀被贴生短柔毛。单叶,对生,厚纸质,
卵圆形,椭圆形,卵圆 – 披针形,边缘全缘;具柄。花序为腋生伞形花序,具总苞片;苞片鳞
片状,革质,或纸质,覆瓦状排列,早落。花先叶开放。花小,两性。单花具花瓣4枚,镊合
状排列;花萼管陀螺状,具4枚齿裂;花瓣4枚,黄色,披针形,镊合状排列;雄蕊4枚,花药
长圆体状,2室,花丝钻状;花盘垫状,明显;雌蕊子房下位,2室,胚珠单生;花柱柱状,柱头
平头状。核果长圆体状,核骨质。

本属模式属:欧洲山茱萸 Cornus sanguinca Linn. 。

产地:本属植物有4种,分布于欧洲中部与南部、亚洲东部、北美洲东部各国。我国有
2种。河南有2种,各地有栽培。郑州市紫荆山公园栽培有1属、1种。

1. 山茱萸　图171　图版46:1～4

Cornus officinalis Sieb. & Zucc. ,Fl. Jap. 1:100. t. 50. 1839;中国科学院植物研究
所主编. 中国高等植物图鉴 第二册:1105. 图3940. 1983;丁宝章等主编. 河南植物志 第
三册:183～184. 图1728:1～2. 1997;朱长山等主编. 河南种子植物检索表:306. 1994;
郑万钧主编. 中国树木志 第二卷:1696. 图861. 1997;《四川植物志》编辑委员会. 四川
植物志 第二卷:351. 图版134. 图1～图6. 1981;中国科学院中国植物志编辑委员会. 中
国植物志 第五十六卷:84. 图版32:1. 1990;卢炯林等主编. 河南木本植物图鉴:154. 图
460. 1998;中国科学院西北植物研究所编著. 秦岭植物志 第一卷 种子植物(第三册):
438～439. 图372. 1981;周汉藩著. 河北习见树木图说(THE FAMILIAR TREES OF
HOPEI by H. F. Chow):340～342. 图131. 1934;王遂义主编. 河南树木志:511～512.
图538:1～2. 1994;傅立国等主编. 中国高等植物 第七卷:704. 图1087. 2001;李法曾主
编. 山东植物精要:418. 图1504. 2004;*Macrocarpium officinale* Nakai in Bot. Mag. Tokyo,

23:38. 1909；*Cornus officinalis* Harms in Bot. Jahrb. 24. 506（non Sieb. & Zucc.）1900；
Cornus chinensis Wang. in Fedde,Rep. Sp. Nov. VI. 100. 1908.

形态特征:落叶乔木,或灌木,高4.0～10.0 m;树皮灰褐色,剥落。小枝细圆柱状,无毛,稀被贴生短柔毛。冬芽顶生及腋生,卵球状,被黄褐色短柔毛。叶对生,纸质,卵圆－披针形,或卵圆－椭圆形,长5.5～12.0 cm,宽2.5～4.5 cm,先端渐尖,基部宽楔形,或近圆形,边缘全缘,表面绿色,无毛,背面浅绿色,稀被白色贴伏短柔毛,脉腋密生淡褐色丛毛,主脉在表面明显,背面凸起,近于无毛,侧脉6～7对,弓形内弯;叶柄细圆柱状,长0.6～1.2 cm,表面有浅沟,背面半圆形,稍被贴生疏柔毛。花序为伞形花序,生于枝侧,有总苞片4枚,卵圆形,厚纸质至革质,长约8 mm,带紫色,两侧略被短柔毛,开花后脱落;总花梗粗壮,长约2 mm,微被灰色短柔毛;花小,两性,花先叶开放;花萼裂片4枚,宽三角形,与花盘等长,或稍长,长约6 mm,无毛;花瓣4枚,舌－披针形,长3.3 mm,黄色,向外反卷;雄蕊4枚,与花瓣互生,长1.8 mm,

图171　山茱萸 Cornus officinalis
Sieb. & Zucc.
1. 花枝;2. 果枝;3. 花(选自《中国树木志》)。

花丝钻状,花药椭圆体状,2室;花盘垫状,无毛;雌蕊子房下位,花托倒卵圆形,长约1 mm,密被贴生疏柔毛,花柱圆柱状,长1.5 mm,柱头截形;花梗纤细,长0.5～1.0 cm,密被疏柔毛。核果长椭圆体状,长1.2～1.7 cm,径5～7 mm,红色至紫红色;核骨质,狭椭圆体状,长约12 mm,具几条不整齐的肋纹。花期3～4月;果实成熟期9～10月。

产地:山茱萸分布于我国山西、陕西、甘肃、山东、江苏、浙江、安徽、江西、河南、湖南等省。朝鲜半岛、日本也有分布。河南西峡、内乡县有大面积人工栽培。郑州市紫荆山公园有栽培。

识别要点:山茱萸为落叶乔木;树皮灰褐色,剥落。叶对生,纸质,卵圆－披针形,或卵圆－椭圆形,背面浅绿色,稀被白色贴伏短柔毛,脉腋密生淡褐色丛毛。花序为伞形花序。花小,两性,花瓣4枚,黄色,向外反卷;雄蕊4枚,与花瓣互生。核果长椭圆体状,红色至紫红色。

生态习性:山茱萸在温暖、湿润的气候条件下生长良好,不耐寒。对土壤要求不严,喜湿润、疏松、肥沃的土壤,不耐盐碱。

繁育与栽培技术要点:山茱萸通常采用播种育苗。优良品种采用嫁接繁殖。繁育与栽培技术,见赵天榜等. 河南主要树种育苗技术:212～213. 1982。栽培技术通常采用穴栽,丛株采用带土穴栽。

主要病虫害:对山茱萸危害较为严重的病虫害有叶斑病、卷叶螟、介壳虫和红蜘蛛等。其防治方法,见杨有乾等编著. 林木病虫害防治. 河南科学技术出版社,1982。

　　主要用途:山茱萸为特用经济林树种。果肉称"萸肉"、"枣皮"。还可入药,治流感、健胃、补肝肾等。花期冬季,为南方冬季蜜源植物之一。

(Ⅱ) 梾木属

Swida Linn. in Bercht. et Opiz, Oekon. – Techn. Fl. Böhmens 2 (1):174 ("Swjda"). 1838;丁宝章等主编. 河南植物志 第三册:179. 1997;朱长山等主编. 河南种子植物检索表:305~306. 1994;郑万钧主编. 中国树木志　第二卷:1680. 1997;中国科学院中国植物志编辑委员会. 中国植物志 第五十六卷:41. 1990;中国科学院西北植物研究所编著. 秦岭植物志 第一卷 种子植物(第三册):433. 1981;王遂义主编. 河南树木志:506. 1994;傅立国等主编. 中国高等植物 第七卷:692. 2001;*Cornus* Linn. ,Sp. Pl. 117. 1753;Gen. Pl. ed. 5,54. num. 139. 1754,p. p. .

　　形态特征:落叶乔木,或灌木,稀常绿。小枝被丁字毛。芽顶生,或腋生,卵球状,或狭卵球状。单叶,对生,纸质,稀革质,卵圆形,或椭圆形,边缘全缘,通常背面被丁字毛。花序为伞房状聚伞花序,或圆锥状聚伞花序,顶生,无花瓣状总苞片。花小,两性;花萼管状,先端有齿状裂片4枚;花瓣4枚,白色,卵圆形,或长圆形,镊合状排列;雄蕊4枚,着生于花盘外侧,花丝线形,花药长圆体状,2室;花盘垫状;花柱圆柱状,柱头头状,或盘状;雌蕊子房下位,2室。核果球状,稀椭圆体状;核骨质,有种子2粒。

　　本属模式种:欧洲红瑞木 Swida sanguinea Opiz。

　　产地:本属植物约有42种,分布于北温带至热带各国。我国有25种、20变种。河南有9种、1变种,各地有栽培。郑州市紫荆山公园栽培有1属、2种。

本属植物分种检索表

1. 花柱圆柱状,柱头盘状。小枝血红色。果核两侧压扁 …………………… 红瑞木 Swida alba Opiz
1. 花柱棍棒状。
　　2. 叶背面密被粉白色乳头状突起 ………………………… 梾木 Swida macrophylla(Wall.)Sojak
　　2. 叶背面无乳头状突起 ………………………………… 毛梾 Swida walteri(Wanger.)Sojak

　　1. 红瑞木　图172　图版46:5~7

Swida alba Opiz in Seznam,94. 1852;刘慎谔主编. 东北木本植物图志:438. 图版139. 图341. 1955;中国科学院植物研究所主编. 中国高等植物图鉴 第二册:1100. 图3930. 1983;丁宝章等主编. 河南植物志 第三册:179. 1997;朱长山等主编. 河南种子植物检索表:305. 1994;郑万钧主编. 中国树木志 第二卷:1682~1683. 图848. 1997;中国科学院中国植物志编辑委员会. 中国植物志 第五十六卷:43~44. 图版15:1~6. 1990;卢炯林等主编. 河南木本植物图鉴:150. 图449. 1998;中国科学院西北植物研究所编著. 秦岭植物志 第一卷 种子植物(第三册):434. 1981;周以良主编. 黑龙江树木志:454. 456. 图版139:1~4. 1986;王遂义主编. 河南树木志:507. 图533:4~5. 1994;傅立国等主编. 中国高等植物 第七卷:694. 图1069. 2001;李法曾主编. 山东植物精要:417. 图1502. 2004;*Cornus alba* Linn. ,Mant. Pl. I. 40. 1767;*Cornus tatarica* Mill. ,Gard. Diet. ed. 8,no. 7. 1768;*Cornus sibirica* Lodd. in Loudon,Hort. Brit. 50. 1830.

形态特征:落叶灌木,高达3.0 m;树皮紫红色。幼枝被淡白色短柔毛,后无毛,被蜡状白粉;小枝血红色,无毛,被白粉。单叶,对生,纸质,椭圆形,稀卵圆形,长5.0~8.5 cm,宽2.0~5.5 cm,先端突尖,基部楔形,或宽楔形,边缘全缘,或波状反卷,表面暗绿色,疏被白色短柔毛,背面浅绿色,稀被白色贴伏短柔毛,脉腋密生淡褐色丛毛,主脉在表面明显,背面凸起,近于无毛,侧脉4~6对,弓形内弯。花序为伞房状聚伞花序,顶生;花序梗长1.1~2.2 cm,被白色短柔毛。花小,花瓣4枚,卵圆-椭圆形,白色,或淡黄白色,背面贴伏短柔毛;雄蕊4枚,花药淡黄色,2室;花盘垫状;花柱圆柱状,柱头盘状;雌蕊子房下位,2室。核果长圆体状,成熟时乳白色,或蓝白色。果核两侧压扁。花期6~7月;果实成熟期8~10月。

图172　红瑞木 Swida alba Opiz
1. 果枝;2. 花;3. 果(选自《中国树木志》)。

产地:红瑞木产于我国,黑龙江、吉林、辽宁、内蒙古、河北、陕西、甘肃、青海、山东、江苏、江西等省(市)有分布与栽培。朝鲜半岛、俄罗斯及欧洲地区也有分布。河南平原各地有栽培。郑州市紫荆山公园有栽培。

识别要点:红瑞木为落叶灌木;树皮紫红色。幼枝被淡白色短柔毛,后被蜡状白粉;老枝血红色,无毛,被白粉。单叶,对生,背面稀被白色贴伏短柔毛,脉腋密生淡褐色丛毛。花序为伞房状聚伞花序,顶生,被白色短柔毛。核果长圆体状,成熟时乳白色,或蓝白色。

生态习性:红瑞木喜欢潮湿、温暖的生长环境,适宜的生长温度为22~30℃,光照充足。红瑞木喜肥,在排水通畅、养分充足的环境,生长速度非常快。夏季注意排水,冬季在北方有些地区容易遭受冻害。

繁育与栽培技术要点:红瑞木用播种和压条法繁殖。栽培技术通常采用穴栽,丛株采用带土穴栽。

主要病虫害:红瑞木主要病虫害有叶斑病、白粉病、蚜虫、茎腐病等。其防治技术,见杨有乾等编著. 林木病虫害防治. 河南科学技术出版社,1982。

主要用途:红瑞木在园林中多丛植草坪上,或与常绿乔木相间种植,得红绿相映之效果。枝、干全年红色,是园林造景的异色树种。种子含油量约为30.0%,可供工业用。入药有清热解毒、止痢、止血之效。

2. 毛梾　图173　图版46:11~13

Swida walteri(Wanger.) Sojak in Novit. Bot. & Del Sem. Hort. Bot. Univ.; Carol. Prag. 11. 1910;中国科学院植物研究所主编. 中国高等植物图鉴 第二册:1103. 图3935. 1972;《四川植物志》编辑委员会主编. 四川植物志 第一卷:347. 图版132:1~4. 1981;中国科学院中国植物志编辑委员会. 中国植物志 第五十六卷:78. 80. 1990;傅立国等主编. 中国高等植物 第七卷:697. 图1075. 2001;李法曾主编. 山东植物精要:418. 图1503. 2004;*Cornus walteri* Wanger. in Fedde, Repert. Sp. Nov. 6:99. 1908 et in Engl.

Pflanzenreich, 41 (IV. 229) :71. 1910; Rehd. in Sarg. , Pl. Wils. II. 576. 1916? *Cornus Henryi* Hemsl. apud Wanger. in Engl. Pflanzenreich, 41 (IV. 229) : 90. 1910; *Cornus yunnanensis* Li in Journ. Arn. Arb. 25 (3) :312. 1944; *Swida walteri* (Wanger.) Sojak var. *insignis* (Fang et W. K. Hu) Fang et W. K. Hu in Bull. Bot. Res. 4 (3) :105. 1984, syn. nov. ; *Swida walteri* (Wanger.) Sojak var. *confertiflora* (Fang et W. K. Hu) Fang et W. K. Hu in Bull. Bot. Res. 4 (3) :108. 1984, syn. nov. ; *Cornus wilsoniana* auct. non Wanger. : Hemsl. in Kew Bull. ,334. 1909, pro parte.

图173 毛梾 Swida walteri (Wanger.) Sojak
1. 果枝;2. 花;3. 花(去花瓣及雄蕊);4. 雄蕊;
5. 果纵剖示①种子②横隔③内果皮④中果皮⑤外果
皮;6. 叶部分放大示毛(选自《中国树木志》)。

形态特征:落叶乔木。树皮厚,黑褐色,块状裂。幼枝对生,稍有棱角,密被灰白色短柔毛,后无毛。叶对生,纸质,椭圆形、长圆椭圆形,或宽卵圆形,长4.0~15.5 cm,宽1.7~8.0 cm,先端渐尖,基部楔形,稀稍不对称,表面深绿色,稀被短柔毛,背面淡绿色,密被灰白色短柔毛;叶柄幼时被短柔毛,后无毛。花序为伞房状聚伞花序,顶生,花密。花白色,芳香,萼4裂片,绿色,齿状三角形,外侧被黄白色短柔毛;花瓣4枚,长圆–披针形,表面无毛,背面被贴生短柔毛;雄蕊4枚,无毛,花丝线形,花药淡黄色,丁字形着生;花盘明显,垫状,或腺体状;花柱棍棒状,密被灰白色贴生短柔毛;花梗细圆柱状,稀疏短柔毛。核果球状,成熟时黑色;核骨质,扁圆球状,具不明显的肋纹。花期5月;果实成熟期9月。

产地:毛梾产于辽宁、河北、山西,以及华东区、华中区、华南区、西南区各省(区、市)。河南平原各地有栽培。郑州市紫荆山公园有栽培。

识别要点:毛梾为落叶乔木。树皮块状裂。幼枝对生。叶对生。花序为伞房状聚伞花序,顶生,花密。花白色,芳香,萼4裂片,花瓣4枚,长圆披针形,表面无毛,背面有贴生短柔毛。核果球状,成熟时黑色;核骨质,扁圆球状,有不明显的肋纹。

生态习性:毛梾在温暖、湿润的气候条件下生长良好。对土壤要求不严,喜湿润、疏松、肥沃的土壤,不耐盐碱。

繁育与栽培技术要点:毛梾通常采用播种育苗。栽培技术通常采用穴植。

主要病虫害:毛梾主要病虫害与红瑞木相同。

主要用途:毛梾是木本油料植物,果实含油率可达27.0 %~38.0 %,供食用,或作高级润滑油。木材坚硬,可作家具、车辆、农具等用。叶和树皮可提制栲胶,又可作为园林绿化和水土保持林树种。

3. 梾木　图 174　图版 46：8 ~ 10

Swida macrophylla（Wall.）Sojak in Novit. Bot. & Del. Sem. Hort. Bot. Univ. Carol. Prag. 10. 1960；中国科学院中国植物志编辑委员会. 中国植物志 第五十六卷：75 ~ 76. 图版 26：5 ~ 8. 1990；傅立国等主编. 中国高等植物 第七卷：695. 图 1071. 2001；中国科学院植物研究所主编. 中国高等植物图鉴 2，1101 图 3931. 1972；《四川植物志》编辑委员会主编. 四川植物志 第一卷：343. 图版 127：5 ~ 8. 1981；*Cornus macrophylla* Wall. in Roxb.，Fl. Ind. ed. Carey et Wallich，1：431. 1820；——D. Don Prodr. Fl. Nepal，141. 1825；——De Candolle，Prodr. 4：272. 1830；—— Clarke in Hook. f.，Fl. Brit. Ind. 2：44. 1879，pro parte；——Hemsl. in Journ. Linn. Soc. Bot. 23：345. 1888，pro parte et in Kew Bull. 330. 1909；——Wanger. in Engl. Pflanzenreich，41（IV. 229）：71. 1910；——Rehd. in Sarg.，Pl. Wils. II. 575. 1916；Chun in Hu & Chun，Icon. Pl. Sin. 1：45. pl. 43. 1927；——Rehd. in Journ. Arn. Arb. 9：100. 1929；——Chien in Sinensia，2（6）：99. 1937；——Hand. - Mazz.，Symb. Sin. 7（3）：689. 1933；——Li in Journ. Arn. Arb. 25：311. 1944 et in Taiwania，1（1）99. 1948 et Fl. Taiwan，3：911. pl. 863. 1977；*Cornus brachypoda* C. A. Meyer in Mém. Acad. Pétersb. 7：223. 1844；*Cornus crispula* Hance in Journ. Bot. no. sér. Lo：216. 1881；*Cornus corynostylis* Koehne in Gartenfl. 45：286. pl. 51. f. 4 A - B. 1896；*Cornus taiwnensis* Kanehira，Formos. Trees，281. 1917；*Swida macrophylla*（Wall.）Sojak var. *longipedunculata*（Fang et W. K. Hu）Fang et W. K. Hu in Bull. Bot. Res. 4（3）：108. 1984，syn. nov.；*Cornus longipetiolata* auct. non Hayata：Kanehira，Formos. Trees，531. f. 490. 1917；*Cornus alba* auct. non Linn.：Thunb.，Fl. Jap. 62. 63. 1984；*Cornus sanguinea* auct. non Linn.：Thunb.，Fl. Jap. 62. 1987.

图 174　梾木 Swida macrophylla
（Wall.）Sojak
1. 果枝；2. 花；3. 果（选自《中国树木志》）。

形态特征：落叶乔木。树皮灰褐色。幼枝粗壮，灰绿色，具棱角，微被灰色贴生短柔毛，后无毛。叶对生，纸质，宽卵圆形，或卵 - 长圆形，长 9.0 ~ 16.0 cm，宽 3.5 ~ 8.8 cm，先端锐尖，或短渐尖，基部圆形，稀宽楔形，边缘具波状小齿，表面深绿色，幼时疏被平贴小柔毛，后无毛，背面灰绿色，密被或疏被平贴短柔毛；叶柄长 1.5 ~ 3.0 cm，老后变为无毛，基部略呈鞘状。花序为伞房状聚伞花序，顶生；总花梗红色。花白色；萼裂片 4 枚，宽三角形，稍长于花盘；花瓣 4 枚，背面被贴生柔毛；雄蕊 4 枚，花丝略粗，花药长卵状，2 室，丁字形着生；花盘垫状，无毛；花柱圆柱状，顶端粗壮略呈棍棒状，柱头扁平，略有浅裂；子房下位，花托密被灰白色的平贴短柔毛；花梗疏被灰褐色短柔毛。核果近球状，成熟时黑色；核骨质，扁球状。花期 6 ~ 7 月;果实成熟期 8 ~ 9 月。

产地:楝木产于山西、陕西、甘肃、山东、台湾、西藏以及长江以南各省(区)。河南平原各地有栽培。郑州市紫荆山公园有栽培。

识别要点:楝木为落叶乔木。幼枝粗壮,具棱角,微被灰色贴生短柔毛,后无毛。叶对生边缘具波状小齿,叶柄基部略呈鞘状。花序为伞房状聚伞花序,顶生。花白色;萼裂片4 枚;花瓣 4 枚;雄蕊 4 枚;花柱呈棍棒状。核果近球状,成熟时黑色。

生态习性、繁育与栽培技术要点、主要病虫害、主要用途:楝木同毛楝。

(Ⅲ) 桃叶珊瑚属

Aucuba Thunb. , Diss. Nov. Gen. Pl. Ⅲ. 61. 1783;丁宝章等主编. 河南植物志 第三册:187. 1997;郑万钧主编. 中国树木志 第二卷:1697. 1997;中国科学院中国植物志编辑委员会. 中国植物志 第五十六卷:6. 1990;傅立国等主编. 中国高等植物 第七卷:740. 2001。

形态特征:常绿小乔木。或灌木。小枝绿色,圆柱状。冬芽圆锥状,常生于枝顶。单叶,对生,厚革质至厚纸质,表面深绿色,具光泽,稀具淡黄色斑点,背面淡绿色,边缘具粗锯齿、细锯齿,或腺锯齿,稀全缘。花单性,雌雄异株;花序为圆锥花序、总状花序,常有1 ~ 3 束组成。花小,具 2 枚小苞片;萼片小,4 枚三角形齿;花瓣枚 4 枚,镊合状排列,紫红色,黄色至绿色,先端常尾尖、短尖;雄花:雄蕊 4 枚,花丝粗壮,花药 2 室,稀 1 室,背部着生,稀丁字着生;花盘肉质,4 棱状;雌花:花柱粗短,柱头头状,雌蕊子房下位,1 室。果实为核果,肉质,宿存萼齿与花柱。

本属模式种:青木 Aucuba japonica Thunb. 。

产地:本属植物约有 11 种,分布于喜马拉雅地区各国至日本。我国有 10 种。河南有9 种、2 变种,各地有栽培。郑州市紫荆山公园栽培有 1 属、1 种。

1. 青木　图 175　图版 47:1

Aucuba japonica Thunb. , Diss. Nov. Gen. Pl. Ⅲ. 61. 1783 et Fl. Jap. 64. t. 12. 13. 1784;中国科学院中国植物志编辑委员会. 中国植物志 第五十六卷 10. 1990;傅立国等主编. 中国高等植物 第七卷:705. 图 1089. 2001;李法曾主编. 山东植物精要:417. 图1500. 2004;——DC. Prodr. 4:274. 1830;——Forb. et Hemsl. in Journ. Linn. Soc. Bot. 23:346. 1886;——Schneid. Handb. Laubh. 2:454. 1909;——Nakai in Bot. Mag. Tokyo,23:42. 1909;——Hayata, Fl. Mont. Formos. Ⅲ. 1909 et I. c. Pl. Formos. 2:63. 1912;——Wanger. in Engl. Pflanzenreich, 41(Ⅳ. 229):38. 1910;——Ohwi, Fl. Jap. 868. 1955;*Eubasis dichotoma* Salisb. Prodr. 68. 1796.

形态特征:常绿灌木。枝、叶对生。叶革质,长椭圆形,长 8.0 ~ 20.0 cm,宽5.0 ~12.0 cm,先端渐尖,基部近于圆形,或阔楔形,表面亮绿色,背面淡绿色,叶缘上部具 2 ~ 6对疏锯齿,或近全缘。圆锥花序顶生,总梗、小花梗被毛;花瓣近于卵圆形,或卵圆 - 披针形,暗紫色,先端具短尖头,具小苞片 2 枚;子房被疏毛,花柱粗壮,柱头偏斜。果卵圆状,暗紫色,或黑色,具种子 1 枚。花期 3 ~ 4 月;果实成熟期翌年 4 月。

产地:青木产于浙江南部及台湾省。日本南部、朝鲜也有分布。河南各地有栽培。

识别要点:常绿灌木。枝、叶对生。叶革质,长椭圆形,或卵状长椭圆形,叶缘上部具

2～6对疏锯齿,或近全缘。圆锥花序顶生;花瓣暗紫色,先端具短尖头,具小苞片2枚。果卵圆状,暗紫色,或黑色。

生态习性:青木极耐阴,暴晒时会引起灼伤而焦叶。喜湿润、排水良好的肥沃的土壤。不甚耐寒。对烟尘和大气污染的抗性强。

繁育与栽培技术要点:青木可行扦插法繁殖。栽培技术通常采用穴栽,丛株采用带土穴栽。

主要病虫害:青木有叶斑病、白粉病、蚜虫、茎腐病等危害。其防治技术,见杨有乾等编著. 林木病虫害防治. 河南科学技术出版社,1982。

图175　青木 Aucuba japonica Thunb.
(选自《河北植物志》)。

主要用途:青木是优良观赏树种,宜栽植于园林的庇荫处,或树林下。华北地区多盆栽,供室内布置厅堂、会场用。

变种:

1.1　青木　原变种

Aucuba japonica Thunb. var. **japonica**

1.2　花叶青木　洒金叶珊瑚、洒金东瀛珊瑚　变种　图176　图版47:2～4

Ancuba japonica Thunb. var. **variegata** D'ombr. in Fl. Mag. 5:t. 277. 1866;中国科学院中国植物志编辑委员会. 中国植物志 第五十六卷 10. 1990;傅立国等主编. 中国高等植物 第七卷:705～706. 2001。

本变种植株高1.0～1.5 m。叶片具大小不等的黄色斑点,或淡黄色斑点。

产地:我国各大城市公园及庭园中均有引种栽培。郑州市紫荆山公园有栽培。

五十九、杜鹃花科

图176　花叶青木 Ancuba japonica Thunb. var. **variegata** D'ombr.
1. 花枝;2. 果枝;3. 雌花(选自《安徽植物志》)。

Ericaceae DC. in Lamarck & DC., Fl. France ed. 3,3:675. 1805;丁宝章等主编. 河南植物志 第三册:189. 1997;朱长山等主编. 河南种子植物检索表:307. 1994;郑万钧主编. 中国树木志第四卷:3198. 2004;中国科学院中国植物志编辑委员会. 中国植物志 第五十七卷　第一分册:1. 1999;中国科学院西北植物研究所编著. 秦岭植物志 第一卷 种子植物(第四册):7. 1983;王遂义主编. 河南树木志:513. 1994;傅立国等主编. 中国高等植物 第五卷:553. 2003;*Bicornes* Linn., Philos. Bot. ed. 2,34. 1763. p. p.。

形态特征:常绿,或落叶灌木、亚灌木,稀小乔木。单叶,互生,稀对生,或轮生,边缘全缘,或具锯齿;无托叶。花两性,辐射对称,或稍两侧对称。花单生,或花序为圆锥花序、总状花序和伞形花序,顶生,或腋生。花萼片4~5裂,宿存,稀花后肉质;花冠漏斗状、钟状、坛状、筒状,或高脚碟状,稀离生,4~5裂,稀4、6、8裂,覆瓦状排列,生于肉质花盘上;雄蕊为花冠裂片2倍,稀同数,或更多,着生于肉质花盘基部;花药通常顶端孔裂,稀纵裂,常具附属物;花盘盘状,具厚圆齿;雌蕊子房上位,或下位,(2~)5(~12)室,稀更多,中轴胎座。每室皮具倒生胚珠多数,稀单生;花柱不分裂,柱头头状,或盘状。果实蒴果,或浆果,稀浆果状蒴果。种子细小,具直立胚珠。

本科模式属:尚待查证。

产地:本科植物全世界约有103属、3 350种,分布于世界各国。我国有15属、约757种,分布于各省(区、市)。河南有2属、9种,伏牛山区有分布,各地有栽培。郑州市紫荆山公园栽培有1属、1种。

（Ⅰ）杜鹃花属

Rhododendron Linn., Sp. Pl. 392. 1753; Gen. Pl. ed. 5, 185. no. 484. 1754. "Rhododendrum";丁宝章等主编. 河南植物志 第三册:193. 1997;朱长山等主编. 河南种子植物检索表:307~308. 1994;郑万钧主编. 中国树木志 第四卷:3200. 2004;中国科学院中国植物志编辑委员会. 中国植物志 第五十七卷　第一分册:13~14. 1999;中国科学院西北植物研究所编著. 秦岭植物志 第一卷 种子植物(第四册):8. 1983;周以良主编. 黑龙江树木志:463. 1986;王遂义主编. 河南树木志:513~514. 1994;傅立国等主编. 中国高等植物 第五卷:557. 2003。

形态特征:常绿,或落叶灌木、乔木,稀垫状。冬芽芽鳞被鳞片,覆瓦状排列。单叶,互生,稀近对生,常集生枝顶,边缘全缘,或具缘毛状细齿;具叶柄。花单生,或簇生。花序为伞形总状花序,顶生,稀腋生。花萼片5~8裂,或不明显裂片,宿存;花冠高脚碟状、漏斗状、钟状,稀管状,通常两侧对称,5裂,或6~8裂;雄蕊5~10枚,稀15~27枚;花药无附属物,通常顶端孔裂;花盘5~14裂;雌蕊子房5室,稀6~20室,花柱细长。果实蒴果,通常室间开裂,5~10枚果爿。

本属模式种:锈红杜鹃 Rhododendron ferrugineum Linn.。

产地:本属植物约有960种,分布于北温带,亚洲各国最多。我国约有542种,除新疆、宁夏外,各省(区、市)均有分布。河南有8种、1亚种,伏牛山区有分布,各地有栽培。郑州市紫荆山公园有栽培。

1. 毛叶杜鹃　河南新记录种　图版47:5~6

Rhododendron radendum Fang in Contr. Boil. Lab. Sci. Soc. China Bot. 12:1939;中国科学院中国植物志编辑委员会. 中国植物志 第五十七卷 第一分册:184~185. 1999。

形态特征:常绿小灌木,高达1.0 m。幼枝密被鳞片与刚毛。芽鳞早落。叶革质,长圆-披针形、倒卵圆-披针形、卵圆-披针形,长1.0~1.8 cm,宽3~6 mm,先端急尖、钝圆,基部钝圆,边缘全缘、反卷,表面绿色,具光泽,被鳞片,中脉具刚毛,背面密被鳞片;叶柄粗壮,长2~3 mm,被鳞片与刚毛。花序为头状花序,顶生,具花8~10朵。花萼片5裂,裂片圆形,外面密被鳞片;花冠狭管状,长8~12 mm,粉红色至粉紫色,5裂,裂片卵圆

形,外面被鳞片与刚毛;雄蕊5枚,内藏;雌蕊子房密被淡黄色鳞片,花柱很短。花期5~6
月。

产地:毛叶杜鹃主要分布于我国四川。河南各地有栽培。郑州市紫荆山公园有栽培。

识别要点:毛叶杜鹃为常绿小灌木。幼枝密被鳞片与刚毛。叶背面密被鳞片;叶柄被
鳞片与刚毛。花序为头状花序,顶生,具花8~10朵。花萼片外面密被鳞片;花冠狭管状,
粉红色至粉紫色,5裂,裂片外面被鳞片与刚毛;雌蕊子房密被淡黄色鳞片。

生态习性:毛叶杜鹃喜温暖、湿润气候,喜光、怕寒冷。在排水良好、肥沃的酸性土壤
上生长良好。

繁育与栽培技术要点:毛叶杜鹃主要采用分株繁殖。栽培技术通常采用穴栽,丛株采
用带土穴栽。

主要病虫害:毛叶杜鹃有介壳虫等危害。其防治技术,见杨有乾等编著. 林木病虫害
防治. 河南科学技术出版社,1982。

主要用途:毛叶杜鹃是优良盆栽观赏树种。郑州地区多盆栽供室内布置厅堂、会场
用,冬季放于温室内越冬。

六十、柿树科

Ebenaceae Ventenat,Tabl. Rég. Vég. 2:443. 1799;丁宝章等主编. 河南植物志 第三
册:224. 1997;朱长山等主编. 河南种子植物检索表:313. 1994;郑万钧主编. 中国树木志
第四卷:3998. 2004;中国科学院中国植物志编辑委员会. 中国植物志 第六十卷 第一分
册:84~85. 1987;中国科学院西北植物研究所编著. 秦岭植物志 第一卷 种子植物(第四
册):56. 1983;周汉藩著. 河北习见树木图说(THE FAMILIAR TREES OF HOPEI by H.
F. Chow):342. 1934;王遂义主编. 河南树木志:520. 1994;*Guiacanae* Juss. ,Gen. Pl.
155. 1789. p. p. .

形态特征:常绿,或落叶灌木、乔木。单叶,互生,稀对生,或轮生,2列,边缘全缘;无
托叶。花单性,雌雄异株,或杂性,雌花单生、腋生;雄花生在聚伞花序上,或簇生,稀单生。
花萼3~7裂,在雌花、两性花中宿存,常在果期增大,裂片蕾时覆瓦状排列,或镊合状排
列;花冠檐部增大,3~7裂,早落,裂片旋转排列,稀覆瓦状排列,或镊合状排列;雄蕊常为
花冠裂片2~4倍,稀与裂片同数而互生,花丝短,分离,或2枚连生成对,花药2室,内向
纵裂;雌花常具退化雄蕊,或无雄蕊;雌蕊子房上位,2~16室,中轴胎座;花柱2~8裂,分
离,或基部合生。每室具倒生悬垂胚珠1~2枚。果实浆果。种子皮薄,具胚乳;子叶叶
状。

本科模式属:Ebenus Burm. ex Huntze。

产地:本科植物全世界有3属、约有500多种,分布于两半球热带及亚热带各国。我
国有1属、约41种,多分布于长江流域以南各省(区、市)。河南有1属、3种、1变种、1变
型,伏牛山区有分布,各地有栽培。郑州市紫荆山公园有1属、2种。

(Ⅰ)柿属

Diospyros Linn. ,Sp. Pl. 1057. 1753;Gen. Pl. ed. 5,478. no. 1027. 1754;丁宝章等
主编. 河南植物志 第三册:224. 1997;朱长山等主编. 河南种子植物检索表:313~314.

1994;郑万钧主编. 中国树木志 第四卷:3998. 2004;中国科学院中国植物志编辑委员会.
中国植物志 第六十卷　第一分册:86. 1987;中国科学院西北植物研究所编著. 秦岭植物
志 第一卷 种子植物(第四册):56~57. 1983;周汉藩著. 河北习见树木图说(THE
FAMILIAR TREES OF HOPEI by H. F. Chow):343. 1934;王遂义主编. 河南树木志:
520~521. 1994;*Maba* J. R. et G. Forst. ,Charact. Gen. Pl. 121. t. 61. 1776.

形态特征:常绿、半常绿,或落叶灌木、乔木. 小枝无顶芽. 芽卵球体状,芽鳞3枚.
单叶,互生,革质,边缘全缘. 雄花花序为聚伞花序,腋生,稀生于侧生老枝上. 花单性,雌
雄异株,稀杂性,白色,或淡黄色;花萼4裂,稀3~7裂,稀先端平,绿色;雌花萼果时膨大;
花冠钟状、壶状、筒状,檐部3~7浅裂,裂片右旋转排列,稀覆瓦状排列;雄花小,雄蕊4枚
至多枚,通常16枚;雌蕊子房上位,2~16室,常为4室;花柱2~5枚,分离,或基部合生,
通常先端2裂;在雌花中有退化雄蕊1~16枚,或无退化雄蕊. 每室具胚珠1~2枚. 果
实浆果、肉质,基部具增大、宿存花萼. 种子较大,长扁椭圆体状;子叶叶状.

本属模式种:君迁子 Diospyros lotus Linn. 。

产地:本属植物全世界约有500种,分布于两半球热带及亚热带、温带各国. 我国有
57种、6变种、1变型,多分布于黄河流域以南各省(区、市). 河南有3种、1变种、1变型,
各地有栽培. 郑州市紫荆山公园有2种.

本属植物分种检索表

1. 幼枝灰色,被短柔毛. 叶薄革质. 花单性,雌雄异株;雄花具雄蕊16枚. 果实径1.0~2.0 cm,
　果实成熟后蓝黑色,常被白蜡层,具小型种子3~4粒…………………… 君迁子 Diospyros lotus Linn.
1. 幼枝密被锈褐色柔毛. 叶厚革质. 花杂性;雄花具雄蕊16~24枚. 果实径3.5~8.5 cm,果实
　成熟后橙黄色至淡红色,常被白蜡层,通常无种子,稀具大型1~3粒 ……………………………
　………………………………………………………………………… 柿树 Diospyros kaki Thunb.

1. 君迁子　图177　图版47:7

Diospyros lotus Linn. ,Sp. Pl. 1057. 1753;丁宝章等主编. 河南植物志 第三册:226.
图1771:3~4. 1997;朱长山等主编. 河南种子植物检索表:313. 1994;郑万钧主编. 中国
树木志 第四卷:4005~4007. 图2083:1~5. 2004;中国科学院植物研究所主编. 中国高
等植物图鉴 第三册:305. 图4564. 1983;中国科学院中国植物志编辑委员会. 中国植物
志 第六十卷 第一分册:105~106. 图版20:1~5. 1987;卢炯林等主编. 河南木本植物图
鉴:314. 图941. 1998;中国科学院西北植物研究所编著. 秦岭植物志 第一卷 种子植物
(第四册):59~60. 图61. 1983;周汉藩著. 河北习见树木图说(THE FAMILIAR TREES
OF HOPEI by H. F. Chow):343~344. 图132. 1934;王遂义主编. 河南树木志:522. 图
549:3~4. 1994;李法曾主编. 山东植物精要:426. 图1534. 2004;*Diospyros kaki* Thunb. ,
Fl. Jap. 158. 1784;*Diospyros kaki* Thunb. γ. *glabra* A. DC. in DC. Prodr. 8:22. 1844;
Diospyros japonica Sieb. & Zucc. in Abh. Math. – Phys. Kl. Ak. Wiss. Münch. 4,3:136.
(Fl. Jap. Fam. Nat. II. 21)1846;*Diospyros umlovok* Griffith, Itin. Notes, 355, no. 137.
1848;*Diospyros pseudolotus* Naudin in Nouv. Arch. Mus. Hist. Nat. Paris, sér. 2,3:220.

1880.

形态特征：落叶乔木，高达 30.0 m。小枝
紫褐色，无顶芽；幼枝灰色，被短柔毛。芽卵球
体状，芽鳞 3 枚。单叶，互生，纸质，椭圆形 -
圆形，长 5.0 ~ 13.0 cm，宽 2.5 ~ 6.0 cm，先端
渐尖、短尖，基部楔形，或近圆形，边缘全缘，表
面暗绿色，幼时密被短柔毛，后无毛，背面粉绿
色，被灰色短柔毛；叶柄长 0.5 ~ 2.0 cm，稀被
毛。花单性，雌雄异株；花冠壶状，淡黄色，或
淡红色；花萼 4 裂，稀 5 裂，裂片近圆形，反曲，
外面下部被粗毛，内面被棕色粗毛，边缘具缘
毛；退化雄蕊 8 枚；雄花 2 ~ 3 朵簇生，近无梗；
雄蕊 16 枚，每 2 枚成对；药隔两面被毛，具退化
雌蕊；雌花单生，具退化雄蕊 8 枚，长约 2 mm，
被白色粗毛；雌蕊子房 8 室，花柱 4 枚，稀基部
被白色长粗毛；花萼钟状，4 深裂，稀 5 裂，宿
存，先端急尖，内面被毛，边缘具缘毛，常在果
期增大。果实浆果、近球状，径 1.0 ~ 2.0 cm，
肉质，外面常被白蜡层，基部具增大而宿存花
萼，初淡黄色，熟时蓝黑色，被白粉；萼 4 裂，宿

图 177　君迁子 Diospyros lotus Linn.
1. 果枝；2. 雌花；3. 雌花冠开展；4. 雄花；5. 雄花
冠开展（选自《中国树木志》）。

存，近无柄；具小型种子 3 ~ 4 粒。种子皮厚，长椭圆体状；子叶叶状。花期 5 ~ 6 月；果实
成熟期 10 ~ 11 月。

产地：君迁子分布于我国长江流域以南各省（区、市）。河南伏牛山区、桐柏山区、大
别山区有分布，平原地区有栽培。郑州市紫荆山公园有栽培。

识别要点：君迁子落叶乔木。小枝无顶芽；幼枝灰色，被短柔毛。单叶椭圆 - 圆形。
花单性，雌雄异株；雄花 2 ~ 3 朵簇生；雄蕊 16 枚；雌花花萼深裂，宿存，内面被毛，边缘具
缘毛，常在果期增大。果实浆果，外面常被白蜡层，基部具增大而宿存花萼。

生态习性：君迁子与柿树相同。喜光，深根性，耐干旱、瘠薄土壤，夏日暴晒会引起叶
片灼伤。喜湿润、肥沃、排水良好的土壤。不甚耐寒。对烟尘和大气污染的抗性强。

繁育与栽培技术要点：君迁子采用播种繁殖。其繁育与栽培技术，见赵天榜等主编.
河南主要树种栽培技术：335 ~ 341. 1994。栽培技术通常采用穴栽，大苗、幼树采用带土
穴栽。

主要病虫害：君迁子与柿树相同。其防治方法，见杨有乾等编著. 林木病虫害防治.
河南科学技术出版社，1982。

主要用途：君迁子主要用途是作柿树砧木用。木材坚硬、纹理细致，可作器具、家具、
雕刻之用。还是浅山、丘陵、黄土丘陵区营造水土保持林的树种。也是"四旁"的绿化、美
化良种。

2. 柿树　图 178　图版 47:8~10

Diospyros kaki Linn. f. ,Suppl. Pl. 439. 1781;丁宝章等主编. 河南植物志 第三册:
225. 图 1771:1~2. 1997;朱长山等主编. 河南种子植物检索表:313. 1994;郑万钧主编.
中国树木志 第四卷:4018. 图 2093:1. 2004;中国科学院中国植物志编辑委员会. 中国植
物志 第六十卷　第一分册:141~143. 145. 图版 34:1. 1987;裴鉴等主编. 江苏南部种子
植物手册:576. 图 930. 1959;中国科学院植物研究所主编. 中国高等植物图鉴 第三册:
301. 图 4556. 1983;卢炯林等主编. 河南木本植物图鉴:314. 图 940. 1998;中国科学院
西北植物研究所编著. 秦岭植物志 第一卷 种子植物(第四册):58~59. 图 60. 1983;中
国树木志编委会主编. 中国主要树种造林技术:1079~1089. 图 175. 1978;周汉藩著. 河
北习见树木图说(THE FAMILIAR TREES OF HOPEI by H. F. Chow):345~347. 图 134.
1934;赵天榜等主编. 河南主要树种栽培技术:335~341. 图 42. 1994;王遂义主编. 河南
树木志:521~522. 图 549:1~2. 1994;李法曾主编. 山东植物精要:426. 图 1535. 2004;
Diospyros lobata Lour. , Pl. Cochich. I. 227. 1790; *Diospyros chinensis* Blume, Cat. Eem.
Maarkw. Gewass. Buitenz. 110. 1823; *Diospyros schi – tze* Bunge in Mém. Div. Sav. Acad.
Sci. Pétersb. 2:116. 1835(Enum. Pl. Chin. Bor. 42. 1832) ;? *Diospyros sinensis* Naud. in
Nouv. Archiv. Mus. Hist. Nat. Paris,sér. 2,III. 221,t. 3,pl. 9. 1880;et in Bull,Soc. d'
Acclim. France,sér. 3,8:379. 1881; *Diospyros kaki* Thunb. var. *domestica* Makino in Tokyo,
Bot. Mag. 22:159. 1908 (Observ. Fl. Japan); *Diospyros chinensis* Blume, Cat. Hort.
Buitenz. 110(nomen. nudum). 1823.

图 178　柿树 Diospyros kaki Linn. f.
(选自《中国高等植物图鉴》)。

　　形态特征:落叶乔木,高达 15.0 m;树皮灰
黑色,小块状开裂。小枝灰褐色,无顶芽,被棕
色、褐色柔毛;幼枝灰色,密被锈褐色柔毛。芽
卵球体状,芽鳞 3 枚。单叶,互生,革质,椭圆
形、椭圆 – 卵圆形、长圆形、倒卵圆形,长 7.0~
20.0 cm,宽 4.0~9.0 cm,先端渐尖,基部宽楔
形,或近圆形,边缘全缘,表面暗绿色,具光泽,
无毛,背面淡黄绿色,被短柔毛,沿脉密被淡褐
色柔毛;叶柄粗壮,长 1.0~2.0 cm。花杂性。
雄花花萼大,4 深裂,两面被毛;花冠钟状,4 深
裂,黄白色,雄蕊 16~24 枚;雌花单生叶腋,花
萼 4 深裂,宿存,密被灰色柔毛,常在果期增大,
花冠壶状、近钟状,4 裂,具退化雄蕊 8 枚;雌蕊
子房 8 室;花柱自基部分离,被短柔毛。果实浆
果,扁球状、卵球状,径 3.5~8.5 cm,肉质,橙
黄色至淡红色,外面常被白蜡层,基部具增大而
宿存花萼,长 3.0~4.0 cm,4 深裂,厚革质;通常无种子,稀具大型种子 1~3 粒。种子皮
厚,长椭圆体状;子叶叶状。花期 5~6 月;果实成熟期 9~10 月。

　　产地:柿树广泛分布于我国各省(区、市)并广泛栽培。河南各地区栽培很普遍,尤以

荥阳、博爱为集产区,其中栽培品种达 30 种以上。郑州市紫荆山公园有栽培。

识别要点:柿树为落叶乔木;树皮灰黑色,小块状开裂。小枝灰褐色,无顶芽;幼枝密被锈褐色柔毛。单叶,互生,革质。花杂性。雄花萼大,4 深裂,两面被毛;花冠钟状,4 深裂,黄白色;雄蕊 16～24 枚;雌花单生叶腋,花萼 4 深裂,宿存,密被灰色柔毛。果实浆果,扁球状、卵球状,橙黄色-淡红色,外面常被白蜡层,基部具增大而宿存花萼,4 深裂,厚革质。

生态习性:柿树为中庸树种,喜温暖气候,能耐-20℃ 低温。根系发达,对土壤要求不严格,耐干旱、瘠薄土壤,不耐盐碱。但在湿润、肥沃、排水良好的土壤上生长良好,结果丰产。对烟尘和大气污染的抗性强。

繁育与栽培技术要点:柿树通常采用君迁子苗作砧木,嫁接繁殖。繁育与栽培技术,见赵天榜等.河南主要树种育苗技术:203～205.1982;赵天榜等主编.河南主要树种栽培技术:335～341.1994。栽培技术通常采用穴栽,大苗、幼树采用带土穴栽。

主要病虫害:柿树病虫害有蟪蛄、金龟子、介壳虫、光肩星天牛、黄化病、柿蒂虫等。其防治方法,见中国树木志编委会主编.中国主要树种造林技术:1079～1089.1978;赵天榜等主编.河南主要树种栽培技术:335～341.1994;杨有乾等编著.林木病虫害防治.河南科学技术出版社,1982。

主要用途:柿树是十分优良的果树树种。果实可鲜食,也可作柿饼。柿霜入药,可治口内炎症。木材坚硬、纹理细致,可作器具、家具、雕刻之用。还是浅山、丘陵、黄土丘陵区发展果树、进行果农间作、营作水土保持林的树种。还是"四旁"的绿化、美化良种。

亚种:

1.1　柿树　原亚种

Diospyros kaki Thunb. subsp. **kaki**

1.2　特异柿树　新亚种　　图版 47:11～12

Diospyros kaki Thunb. subsp. **insueta** T. B. Zhao,Z. X. Chen et J. T. Chen,subsp. nov.

Subspecies nov. ramis pendulis glabris. ramulis flavovirentibus in juvenilibus dense villosis. ramulis in serum autumnum puirpureo-brunneis nitidis dense villosis. fructibus in serum autumnum parvis globosis planis,ca. 1. 5 cm longis diameteribus 1. 5～1. 8 cm,lobis calycibus sub post extus pilosis,intus dense villosis. fructibus basibus in circumnexis 4～8-tunmoribus,marginibus rumpentibus pluri tunmoribus supra pilosis.

Henan:Zhengzhou City. 2015-09-24. T. B. Zhao,G. H. Mi et J. T. Chen,No. 201509241(ramula fola et fructibus,holotypus hic disignatus,HNAC).

本新亚种枝下垂,无毛。幼枝黄绿色,密被长柔毛;晚秋枝紫褐色,具光泽,密被长柔毛。秋季果小,扁球状,长约 1. 5 cm,径 1. 5～1. 8 cm,萼裂片向后反,外面疏柔毛,内面密被长柔毛。果周具 4～8 枚肉瘤状突起,边缘分裂成多个扁瘤突,表面疏被柔毛。

产地:河南。郑州市紫荆山公园有栽培。2015 年 9 月 24 日。赵天榜和米建华,No. 201509241(枝、叶和秋果)。模式标本存河南农业大学。

形态特征补记:特异柿树落叶乔木;树皮灰黑色,鳞片状开裂。小枝下垂,紫褐色,具光泽,无毛;皮孔小而密,黄色突起,具顶芽;晚秋枝紫褐色,具光泽,密被长柔毛;皮孔小而密,紫红色突起,具亮光泽。顶芽鳞密被橙黄长柔毛。单叶,互生,革质,椭圆形、椭圆-卵圆形等,边缘全缘,被缘毛,表面绿色,具光泽,疏被柔毛,沿脉密被橙黄长柔毛,背面绿色,密被橙黄色长柔毛。雌花梗、萼筒密被柔毛。果实浆果扁球状,长、宽约5.0 cm,肉质,外面常被白蜡层,基部具增大而宿存花萼4枚。第2次果生于2次枝顶部叶腋。果小,扁球状,长约1.5 cm,径1.5~1.8 cm,花柱小,黑色;萼4~5裂片,裂片长、宽1.0~1.5 cm,向后反,表面疏柔毛,背面密被柔毛,果周具4~8枚肉瘤状突起,似花盘边缘分裂成扁瘤突,表面疏被柔毛;果梗长1.0~1.5 cm,密被黄锈色柔毛。

六十一、木樨科

Oleaceae Lindl. ,Introd. Nat. Syst. Bot. 224. 1830;丁宝章等主编. 河南植物志 第三册:232. 1997;朱长山等主编. 河南种子植物检索表:315~321. 1994;郑万钧主编. 中国树木志 第四卷:4387. 2004;中国科学院中国植物志编辑委员会. 中国植物志 第六十一卷:2. 1992;中国科学院西北植物研究所编著. 秦岭植物志 第一卷 种子植物(第四册):65. 1983;周汉藩著. 河北习见树木图说(THE FAMILIAR TREES OF HOPEI by H. F. Chow):347. 1934;王遂义主编. 河南树木志:527. 1994;傅立国等主编. 中国高等植物 第十卷:23. 2004。

形态特征:乔木,灌木,或藤本。枝通常为假二杈分枝;具盾状鳞片及单毛。叶对生,稀互生,或轮生。单叶,或3出复叶,羽状复叶,稀羽状分裂,边缘全缘,或具齿;具叶柄,无托叶。花辐射对称,两性,稀单性,或杂性,雌雄同株、异株,或杂性异株。花序为聚伞花序排成圆锥花序、总状花序、伞状花序、头状花序,顶生,或腋生,或聚伞花序簇生叶腋,稀单花。花萼杯状、钟状,4裂,稀12裂,稀无花萼;花冠4裂,稀12裂,浅裂、深裂,或近离生,或2裂成对,而部分分离,稀无花冠;雄蕊2枚,稀4枚,着生于花冠管上,或花冠裂片基部,花药2室,纵裂;雌花子房上位,由2心皮组成2室,花柱单1,或无,柱头2裂,或头状。每室具胚珠2枚,稀1枚,或8枚,胚珠下垂,稀向上。果实为翅果、蒴果、核果、浆果,或浆果状翅果。种子具胚乳,或无胚乳。

本科模式属:木樨榄属 Olea Linn. 。

产地:本科植物约有27属、400多种,广布于两半球的热带、亚热带和温带各国,亚洲各国种类尤为丰富。我国有12属、178种、6亚种、25变种、15变型,全国南北各地均有分布与栽培。河南有8属、4种、2亚、4变种,伏牛山区有分布,各地有栽培。郑州市紫荆山公园有2亚科、5族、8属、16种。

(一) 木樨亚科

Oleaceae Lindl. sbufam. **Oleoideae** Knobl. in Nat. Pflanzenfam. VI. 2:5. 1902;中国科学院中国植物志编辑委员会. 中国植物志 第六十一卷:4. 1992。

形态特征:雌花子房具下垂胚珠2枚,或8枚,胚珠着生于子房上部。果为翅果、蒴果、核果,或浆果状核果。

产地:本亚科植物有3族、约23属。我国有3族、9属。郑州市紫荆山公园有4族、7

属、13 种。

I. 梣族

Oleaceae Lindl. trib. **Fraxineae** Bentham & Hook. f. , Gen. Pl. 2 :673. 1876；中国科学院中国植物志编辑委员会. 中国植物志 第六十一卷:4. 1992。

形态特征:叶对生。单叶,或奇数羽状复叶。花两性、单性,或杂性,雌雄同株,或异株。花萼 4 裂,或无花萼;花冠 4 裂,或无花冠。果为翅果,翅着生于果端,或四周。

产地:本族植物有 2 属。我国有 2 属。郑州市紫荆山公园有 8 属、16 种。

本科植物分属检索表

1. 子房每室具下垂胚珠 2 枚,胚珠着生子房上部。果为翅果、核果,或浆果状核果;蒴果,则决不呈现扁球状。
  2. 果为翅果,或蒴果。
    3. 翅果。
      4. 翅生于果四周。单叶 ················ 雪柳属 Fontanesia Labill.
      4. 翅生于果顶端。叶为奇数羽状复叶 ············· 白蜡树属 Fraxinus Linn.
    3. 蒴果。种子有翅。
      5. 花黄色,花冠裂片明显长于花冠管。枝中空或具片状 ········· 连翘属 Forsythia Vahl
      5. 花紫色、红色、粉红色,或白色,花冠裂片明显短于花冠管,或近等长。枝实心 ········
      ················ 丁香属 Syringa Linn.
  2. 果为核果,或浆果状核果。
    6. 核果。花序多腋生,稀顶生。
      7. 花冠裂片在花蕾时呈覆瓦状排列。花多簇生,稀为短小圆锥花序 ········
      ················ 木樨属 osmanthus Lour.
      7. 花冠裂片在花蕾时呈镊合状排列。花常排列成圆锥花序 ········
      ················ 流苏树属 Chionanthus Linn.
    6. 浆果状核果,或核果状而开裂。花序顶生,稀腋生 ········· 女贞属 Ligustrum Linn.
1. 子房每室具向上胚珠 1～2 枚,胚珠着生子房基部,或近基部。浆果双生,或其中 1 枚不孕而成单生 ················ 素馨属 Jasminum Linn.

(I) 雪柳属

Fontanesia Labill. , Icon. Pl. Syr. 1 :9. t. 1. 1791；丁宝章等主编. 河南植物志 第三册:225. 1997；朱长山等主编. 河南种子植物检索表:316. 1994；郑万钧主编. 中国树木志 第四卷:4018. 图 2093 :1. 2004；中国科学院中国植物志编辑委员会. 中国植物志 第六十一卷:4. 1992；中国科学院西北植物研究所编著. 秦岭植物志 第一卷 种子植物(第四册):65. 1983；王遂义主编. 河南树木志:528. 1994；傅立国等主编. 中国高等植物 第十卷:23. 2004。

形态特征:落叶灌木,或小乔木。小枝 4 棱状。单叶,对生,常为披针形,边缘全缘,或具齿;无柄,或具短柄。花序为圆锥花序,或总状花序,顶生,或腋生;花小,两性,花萼 4 裂,宿存;花冠白色、黄色,或淡红白色,深 4 裂,基部合生;雄蕊 2 枚,着生于花冠基部,花丝细长,花药长圆体状;雌蕊子房 2 室,花柱短,柱头 2 裂,宿存。每室具下垂胚珠 2 枚,果为翅果,扁平,环生窄翅。种子种皮薄;胚乳丰富,胚根向上。

本属模式种:Fontanesia phillyreoides. Labill.。

产地:本属植物有2种。我国和地中海地区各国各产1种。河南有1种,各地有栽培。郑州市紫荆山公园栽培1种。

1. 雪柳　图179　图版47:13~14

Fontanesia fortunei Carr. in Rev. Hort. Paris 1859:43. f. 9. 1859;中国科学院植物研究所主编. 中国高等植物图鉴 第三册:342. 图4638. 1983;丁宝章等主编. 河南植物志 第三册:225. 图1771:1~2. 1997;朱长山等主编. 河南种子植物检索表:316. 1994;郑万钧主编. 中国树木志 第四卷:4018. 图2093:1. 2004;中国科学院中国植物志编辑委员会. 中国植物志 第六十一卷:4~5. 图版1:1~4. 1992;卢炯林等主编. 河南木本植物图鉴:347. 图1040. 1998;中国科学院西北植物研究所编著. 秦岭植物志 第一卷 种子植物(第四册):66. 图66. 1983;王遂义主编. 河南树木志:528. 图556. 1994;傅立国等主编. 中国高等植物 第十卷:24. 图32. 2004;李法曾主编. 山东植物精要:430. 图1549. 2004;*Fontanesia phillyraeoides* Labill. var. *sinensis* Debeaux in Act. Soc. Linn. Bordeaux,30:93(Contr. Fl. Chine II. Fl. Shanghai,41). 1875;*Fontanesia chinensis* Hance in Journ. Bot. 17:136. 1879;*Fontanesia phillyreoides* Labill. *β*. *fortunei*(Carr.)Koehne,Deutsch Dendrol. 505. 1893;*Fontanesia argyi* Lévl. in Mém. Acad. Ci. Art. Barcelona sér. 3,12(22):557. 1916;*Fontanesia phillyreoides* Labill. subsp. *fortunei*(Carr.)Yaltirik in Fl. Turkey & E. Aegean Is. 6:147. 1978,"Fontanesia philliraeoides";*Fontanesia phillyreoides* auct. non Labill. 1791;Hemsl. in Journ. Linn. Soc. Bot. 26:87. 1889.

形态特征:落叶灌木,或小乔木,高达8.0 m;树皮灰褐色,条状剥落。小枝淡黄色、灰褐色,或淡绿色,4棱状,无毛。单叶,对生,纸质,披针形、卵圆-披针形,或狭卵圆形,长3.0~12.0 cm,宽0.8~2.5 cm,先端锐尖至渐尖,基部楔形,边缘全缘,两面无毛;叶柄长1~5 mm,表面具细沟,光滑,无毛。花序为圆锥花序,顶生,或腋生;顶生花序长2.0~6.0 cm;腋生花序较短,长1.5~4.0 cm。花两性,或杂性同株;花萼杯状,4深裂,裂片卵圆形,膜质,长0.5 mm;花冠4深裂至基部,裂片卵圆-披针形,长2~3 mm,宽0.5~1.5 mm,先端钝,基部合生;雄蕊花丝长伸出,或不伸出花冠外,花药长圆体状。果黄棕色,扁倒卵球状至扁倒卵圆-椭圆体状,扁平,先端微凹,花柱宿存,边缘具窄翅。种子小,具3棱。花期4~6月;果实成熟期6~10月。

图179　雪柳 Fontanesia fortunei Carr.
1. 花枝;2. 花;3. 果枝;4. 果(选自《中国树木志》)。

产地:雪柳产于我国河北、陕西、山东、江苏、安徽、浙江、河南及湖北东部。广东、云南有栽培。河南各地有栽培。郑州市紫荆山公园有栽培。

识别要点:雪柳落叶灌木,或小乔木;树皮灰褐色,条状剥落。小枝四棱状,无毛。单叶,对生,纸质,披针形、卵圆-披针形,或狭卵圆形。花序为圆锥花序;顶生花序长,腋生圆锥花序较短。花两性,或杂性同株。果黄棕色,扁倒卵球状至扁倒卵圆-椭圆体状,先端微凹,花柱宿存,边缘具窄翅。

生态习性:雪柳喜光,稍耐阴;喜肥沃、排水良好的土壤;喜温暖气候,亦较耐寒。生水沟、溪边或林中,多见于海拔800 m以下地区。

繁育与栽培技术要点:雪柳播种繁殖。栽培技术通常采用穴栽,丛株采用带土穴栽。

主要病虫害:雪柳病虫害有金龟子、布袋蛾、腐烂病等。其防治技术,见杨有乾等编著. 林木病虫害防治. 河南科学技术出版社,1982。

主要用途:雪柳叶子细如柳叶,开花季节白花满枝,可切花用,也是非常好的蜜源植物。在庭院中孤植观赏,可丛植于池畔、坡地、路旁、崖边,或树丛边缘。也是作防风林的树种。嫩叶可代茶。根可治脚气。枝条可编筐。茎皮可制人造棉。也可作绿篱。

(Ⅱ) 白蜡树属　梣属

Fraxinus Linn. ,Sp. Pl. 1057. 1753;Gen. Pl. ed. 5,477. no. 1026. 1754;丁宝章等主编. 河南植物志 第三册:233. 1997;朱长山等主编. 河南种子植物检索表:316～317. 1994;郑万钧主编. 中国树木志 第四卷:4018. 图2093:1. 2004;中国科学院中国植物志编辑委员会. 中国植物志 第六十一卷:5. 7. 1992;中国科学院西北植物研究所编著. 秦岭植物志 第一卷 种子植物(第四册):66. 1983;周汉藩著. 河北习见树木图说(THE FAMILIAR TREES OF HOPEI by H. F. Chow):348～349. 1934;周以良主编. 黑龙江树木志:481. 1986;王遂义主编. 河南树木志:528. 1994;傅立国等主编. 中国高等植物 第十卷:24. 2004。

形态特征:落叶,或常绿乔木,稀灌木。芽大,多数具芽鳞2～4对,稀裸芽。嫩枝在上下节间交互呈两侧扁平状。叶为奇数羽状复叶,或3小叶,稀单叶,对生;叶柄基部常增厚,或扩大。小叶边缘具锯齿,稀全缘,羽状脉。花序为圆锥花序,顶生,或腋生枝端,或腋生去年枝上。花小,单性、两性,或杂性,雌雄同株,或异株;花萼小,钟状,或杯状,萼齿4枚,或为不齐裂片,稀无花萼;花冠4裂至基部,白色至淡黄色,或无花冠;雄蕊通常2枚,花药2室,纵裂;雌蕊子房上位,2室,花柱较短。每室具下垂胚珠2枚。果实为翅果,具长翅。种子具胚乳。

本属模式种:欧梣 Fraxinus excelsior Linn. 。

产地:本属植物有60余种,大多数分布于北半球暖温带各国,少数伸展至热带地区森林中。我国产27种、1变种,遍及全国各省(区、市)。河南有12种、2变种,伏牛山区有分布,各地有栽培。郑州市紫荆山公园有2种栽培。

本属植物分种检索表

1. 落叶乔木,或灌木。花序顶生,或腋生新枝上 ····················· 白蜡树 Fraxinus chinensis Roxb.

1. 常绿、半常绿乔木。

　2. 花序为圆锥花序,顶生新枝上。芽裸露,被锈色糠秕状毛。小枝灰白色,稀为棕色,被细短柔毛,或无毛,具疣点状凸起的皮孔 ························· 光蜡树 Fraxinus griffithii C. B. Clarke

2. 花序为圆锥花序,生于前 1 年生枝上叶腋。顶芽圆锥状,被褐色糠秕状毛。小枝红棕色,被黄
色柔毛 ····························· 美国红梣 Fraxinus penasylvanica Marsh.

1. 白蜡树　图 180　图版 48:1~3

Fraxinus chinensis Roxb. ,Fl. Ind. 1:150. 1820;陈嵘著. 中国树木分类学:1058. 图
941. 1937;中国科学院植物研究所主编. 中国高等植物图鉴 第三册:345. 图 4644. 1983;
中国科学院昆明植物研究所编著. 云南植物志 第四卷:611. 1986;郑万钧主编. 中国树
木志 第四卷:4397~4398. 图 2093:1. 2004;中国科学院中国植物志编辑委员会. 中国植
物志 第六十一卷:30. 32. 图版 8:7~10. 1992;丁宝章等主编. 河南植物志 第三册:235.
图 1780. 1997;朱长山等主编. 河南种子植物检索表:317. 1994;卢炯林等主编. 河南木
本植物图鉴:348. 图 1042. 1998;中国科学院西北植物研究所编著. 秦岭植物志 第一卷
种子植物(第四册):70. 1983;中国树木志编委会主编. 中国主要树种造林技术:1233~
1239. 图 194. 1978;周汉藩著. 河北习见树木图说(THE FAMILIAR TREES OF HOPEI by
H. F. Chow):353~354. 图 136. 1934;赵天榜等主编. 河南主要树种栽培技术:203~
212. 图 25. 1994;王遂义主编. 河南树木志:530. 图 558. 1994;傅立国等主编. 中国高等
植物 第十卷:28. 图 39. 2004;李法曾主编. 山东植物精要:429. 图 1544. 2004。

形态特征:落叶乔木,高 10.0~15.0 m;树
皮灰褐色,纵裂。幼枝灰绿色,具 4 棱,无毛;
小枝黄褐色,粗糙,无毛,或疏被长柔毛。芽宽
卵球状,或圆锥状,被棕色柔毛,或被腺毛。奇
数羽状复叶,长 15.0~25.0 cm;叶柄长 4.0~
6.0 cm,基部不增厚;叶轴表面具浅沟,初时疏
被柔毛,后无毛。小叶 5~7 枚,稀 9 枚,硬纸
质,卵圆形、倒卵圆 – 长圆形至披针形,长
3.0~10.0 cm,宽 2.0~4.0 cm;顶生小叶与侧
生小叶近等大,或稍大,先端锐尖至渐尖,基部
钝圆,或楔形,边缘具整齐锯齿,表面无毛,背
面无毛,沿中脉两侧被白色长柔毛;小叶柄长
3~5 mm。花序为圆锥花序,顶生,或新枝叶腋
生,长 8.0~10.0 cm;花序梗长 2.0~4.0 cm,
无毛,或被细柔毛。花性异株,或同株;雄花密
集,花萼小,杯状,长约 1 mm,无花冠;雌花花
萼大,长筒状,长 2~3 mm,4 浅裂,花柱细长,
柱头 2 裂。翅果倒披针形,长 3.0~4.0 cm。
花期 4~5 月;果实成熟期 7~9 月。

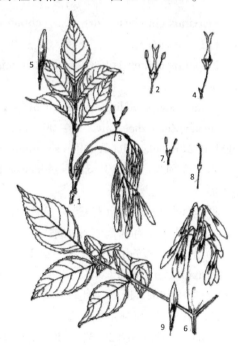

图 180　白蜡树 Fraxinus chinensis Roxb.
1、6. 果枝花枝;2. 两性花;3、7. 雄花;4、8. 雌花;
5、9. 翅果(选自《中国树木志》)。

产地:白蜡树产于我国,辽宁、吉林、河北及黄河流域以南各省(区、市)均有分布与栽
培。越南、朝鲜半岛也有分布。河南黄河故道沙区有大面积白蜡树矮林栽培;各地有栽

培。郑州市紫荆山公园有栽培。

识别要点:白蜡树为落叶乔木。小枝黄褐色,粗糙,无毛,或疏被长柔毛。芽被棕色柔毛,或腺毛。奇数羽状复叶。花序为圆锥花序,顶生,或腋生枝梢。花性异株,或同株。翅果倒披针形。

生态习性:白蜡树为喜光树种,幼苗耐阴,对霜冻较敏感。喜深厚、肥沃、湿润的土壤,常见于平原,或河谷地带,较耐轻盐碱性土。萌芽力强,耐修剪、台刈,可萌芽更新。寿命长。

繁育与栽培技术要点:白蜡树通常采用播种育苗、扦插和分株繁殖。其繁育与栽培技术,见赵天榜等主编. 河南主要树种栽培技术:203~212. 1994;赵天榜等. 河南主要树种育苗技术:221~223. 1982。栽培技术通常采用穴栽,大苗、幼树采用带土穴栽。

主要病虫害:白蜡树主要病虫害有白蜡绵粉蚧、柳木蠹蛾、灰盔蜡蚧、四点象天牛等。其防治方法,见杨有乾等编著. 林木病虫害防治. 河南科学技术出版社,1982。

主要用途:白蜡树树干通直,枝叶繁茂而鲜绿,秋叶橙黄,是优良的行道树、庭院树、公园树;可用于湖岸绿化和工矿区绿化。养白蜡虫生产白蜡。木材纹理通直,柔软坚韧,是运动器材的优质用材。枝条柔软,供编制各种用具。叶可作饲料用。

变种:

1.1　白蜡树　原变种　图版

Fraxinus chinensis Roxb. var. **chinensis**

1.2　狭翅白蜡树　新变种　图版48:4

Fraxinus chinensis Roxb. var. **angustisamara** T. B. Zhao,Z. X. Chen et J. T. Chen,var. nov.

A var. nov. recedit:samaris fructibus anguste loratis,apice mucronatis.

Henan:Zhengzhou City. 15 – 09 – 2015. T. B. Zhao,Z. X. Chen et J. T. Chen,No. 201510052(ramula,folia et inflorescentibus fructibus,holotypus hic disighnatus HNAC).

本新变种与白蜡树 Fraxinus chinensis Roxb. var. chinensis 主要区别:果翅狭带状,先端短尖。

产地:河南。郑州市有栽培。2015 年 10 月 5 日。赵天榜等,No. 201510052(枝、叶和果序)。模式标本存河南农业大学。

2. 光蜡树　河南新记录种　图181　图版48:5~7

Fraxinus griffithii C. B. Clarke in Hook. f. ,Fl. Brit. Ind. 3:605. 1882;陈嵘著. 中国树木分类学:1062. 1937;中国科学院植物研究所主编. 中国高等植物图鉴 第三册:343. 图 4639. 1983;陈焕镛主编. 海南植物志 第三卷:217. 图669. 1974;郑万钧主编. 中国树木志 第四卷:4018. 图2093:1. 2004;中国科学院中国植物志编辑委员会. 中国植物志 第六十一卷:10. 11. 图版3:1~2. 1992;傅立国等主编. 中国高等植物 第十卷:25. 图33. 2004;*Fraxinus formosana* Hayata in Journ. Coll. Sci. Univ. Tokyo,III. 189. 1911;*Fraxinus guilingensis* S. Lee & F. N. Wei in Guihaia 2(3):130. 1982.

形态特征:常绿、半常绿乔木,高 10.0~20.0 m,胸径达 60.0 cm;树皮灰白色,粗糙,呈薄片状剥落。芽裸露,被锈色糠秕状毛。小枝灰白色,稀为棕色,被细短柔毛,或无毛,具疣点状凸起的皮孔。奇数羽状复叶,长10.0~25.0 cm;叶柄长4.0~8.0 cm,基部略扩大;叶轴具浅沟,或平坦,无毛,或被微毛。小叶5~7(~11)枚,革质,或薄革质,卵圆形至长卵圆形,长5.0~14.0 cm,宽1.0~5.0 cm,基部1对小叶通常略小,先端斜骤尖至渐尖,基部钝圆、楔形,或歪斜不对称,边缘近全缘,边部略反卷,表面无毛,光亮,背面具细小腺点,侧脉5~6对,稀具10对明显的侧脉;小叶柄着生处具关节,长约1.0 cm。花序为圆锥花序,顶生,长10.0~25.0 cm,多花;叶状苞片匙状线形,长3~10 mm,初时被细柔毛;花序梗圆柱状,长4.0~5.0 cm,被细柔毛;花梗细,长3 mm;小苞片长约1 mm;花萼杯状,长约1 mm,萼齿宽三角形,被微毛,或无毛;花冠白色,裂片舟形,长约2 mm,卷曲;两性花的花冠裂片与雄蕊等长,花药大,长于花

图181　光蜡树 Fraxinus griffithii C. B. Clarke
（选自《中国高等植物图鉴》）。

丝;雌蕊短,长约1 mm,花柱稍长,柱头点状。翅果宽披针形,长2.5~3.0 cm,宽4~5 mm,先端钝圆。花期5~7月;果实成熟期10~11月。

产地:光蜡树产于我国福建、台湾、湖北、湖南、广东、海南、广西、贵州、四川、云南等省(区)。日本、菲律宾、印度尼西亚、孟加拉国和印度也有分布。郑州市紫荆山公园有栽培。

识别要点:光蜡树为常绿、半常绿乔木。芽裸露,被锈色糠秕状毛。小枝灰白色,稀为棕色,被细短柔毛,或无毛,具疣点状凸起的皮孔。奇数羽状复叶。小叶5~7(~11)枚;小叶柄着生处具关节。花序为圆锥花序,顶生;花序梗圆柱状,长4.0~5.0 cm,被细柔毛。翅果宽披针形。

生态习性:光蜡树生态习性与白蜡树相近,但不耐寒。郑州市栽培在背风向阳的小环境内,光蜡树为常绿;反之,则落叶。

繁育与栽培技术要点:光蜡树通常采用播种育苗、扦插和分株繁殖。栽培技术通常采用穴栽,大苗、幼树采用带土穴栽。

主要病虫害:光蜡树主要虫害有白蜡绵粉蚧等。其防治方法,见杨有乾等编著.林木病虫害防治.河南科学技术出版社,1982。

主要用途:光蜡树树干通直,枝叶繁茂而鲜绿,是优良的人行道、庭院、公园树种。木材纹理通直,柔软坚韧,是运动器材的优质用材。

3.美国红梣　图182

Fraxinus penasylvanica Marsh.,Ark. Amer. 92. 1785;——Sarg. Silv. N. Amer. 6 49. f. 271. 1894, et Man. Trees N. Amer. 770. 1905;——Lingelsh. in Engl. Pflanzcm. 72

（Ⅳ－243）:41.1920;华北树木志编辑委员会编辑.华北树木志:574.图610.1984;中国科学院中国植物编辑委员会.中国植物志 第六十一卷:35.1992;傅立国等主编.中国高等植物 第十卷:29.图41.2004;李法曾主编.山东植物精要:429.图1546.2004。

形态特征:常绿、半常绿乔木,高10.0~20.0 m;树皮灰白色,粗糙,皲裂。顶芽圆锥状,尖头,被褐色糠秕状毛。小枝红棕色,圆柱状,被黄色柔毛。叶为奇数羽状复叶。小叶5~7枚,革质,长圆－披针形、狭卵圆形,或椭圆形,长4.0~13.0 cm,宽2.0~8.0 cm,表面黄绿色,无毛,中脉凹入,背面淡绿色,疏被绢毛,脉上较密,先端渐尖,或急尖,基部宽楔形,边缘近全缘,或具不明显钝锯齿。花序为圆锥花序,生于前1年生枝上叶腋,长5.0~20.0 cm。花密集,雄花与两性花异株;花叶同时开放;花序梗短;花梗纤细,被黄色柔毛;雄花花萼小,萼齿不规则深裂,花药长圆体状,花丝短;两性花花萼较宽,萼齿浅裂,花柱细,柱头2裂。翅状坚果,圆柱状,明显具棱,翅上中部最宽,先端钝圆,或具短尖头,翅下部近坚果中部。花期4月;果实成熟期8~10月。

图182　美国红梣 Fraxinus penasylvanica Marsh.
1.枝一段(冬态示芽);2.雄花序;3.雄花;4.雌花序;5.雌花;6.复叶;7.翅果(选自《中国高等植物图鉴》)。

产地:美国红梣原产于美国。我国引种栽培很久、很广。河南各地有栽培。郑州市紫荆山公园有栽培。

识别要点:美国红梣为常绿、半常绿乔木。顶芽圆锥状,被褐色糠秕状毛。小枝红棕色,圆柱状,被黄色柔毛。小叶5~7枚,革质,边缘近全缘,或具不明显钝锯齿。花序为圆锥花序。花密集,与叶同时开放。翅状坚果,圆柱状,明显具棱。

生态习性、繁育与栽培技术要点、主要病虫害、主要用途:美国红梣生态习性与白蜡树相近,但不耐寒。

Ⅱ.丁香族

Oleaceae Lindl. trib. **Syringeae** G. Don,Gen. Hist. Dichlam. Pl. 4:44. 51. 1837;中国科学院中国植物志编辑委员会.中国植物志 第六十一卷:39~40.1992。

形态特征:叶对生。单叶,稀复叶,边缘全缘,稀分裂。花两性;花冠4裂。蒴果。种子具翅。

产地:本族植物有2属。我国有2属。郑州市紫荆山公园有2属、5种栽培。

（Ⅲ）连翘属

Forsythia Vahl,Enum. Pl. 1:39. 1804;丁宝章等主编. 河南植物志 第三册:237.
1997;朱长山等主编. 河南种子植物检索表:317. 1994;郑万钧主编. 中国树木志 第四
卷:4405. 2004;中国科学院中国植物志编辑委员会. 中国植物志 第六十一卷:41. 1992;
中国科学院西北植物研究所编著. 秦岭植物志 第一卷 种子植物(第四册):73~74.
1983;周以良主编. 黑龙江树木志:478. 1986;王遂义主编. 河南树木志:532. 1994;傅立
国等主编. 中国高等植物 第十卷:31. 2004;*Rangium* Juss. in Dict. Sci. Nat. 24:200.
1822.

形态特征:直立灌木,或蔓性落叶灌木。小枝中空,或具片状髓。鳞芽。单叶,对生,
稀3深裂至3出复叶,边缘具锯齿,或全缘;具叶柄。花两性,1~6朵着生于叶腋,先于叶
开放;花萼深4裂;花冠黄色,钟状,深4裂,裂片披针形、长圆形－宽卵圆形,花蕾时呈覆
瓦状排列;雄蕊2枚,着生于花冠筒基部,花药2室,纵裂,雄蕊长于雌蕊;雌蕊子房2室,
每室具下垂胚珠4~10枚;花柱异长,具长花柱的花,雄蕊短于雌蕊,具短花柱的花。果为
蒴果,果皮木质,或革质,2室,室背开裂。种子一侧具翅;子叶扁平;胚根向上。

本属模式种:连翘 Forsythia suspensa(Thunb.)Vahl。

产地:本属植物约有11种,除1种产于欧洲东南部各国外,其余均产于亚洲东部各
国。我国现有7种、1变种,其中1种系栽培。河南有4种,各地有栽培。郑州市紫荆山
公园有1属、2种栽培。

本属植物分种检索表

1. 小枝节间中空。单叶,或3裂至3出复叶,叶边缘除基部外具锐锯齿,或粗锯齿 ……………
   …………………………………………………… 连翘 F. suspensa(Thunb.)Vahl
1. 小枝节间具片状髓。单叶,对生,叶边缘通常上半部具不规则锐锯齿,或粗锯齿,稀近全缘,叶缘
   具锯齿,叶两面无毛 …………………………………… 金钟花 F. viridissima Lindl.

1. 连翘　图183　图版48:8~10

Forsythia suspensa(Thunb.)Vahl,Enum. pl. 1:39. 1804;陈嵘著. 中国树木分类学:
1036. 图921. 1937;中国科学院植物研究所主编. 中国高等植物图鉴 第三册:347. 图
4648. 1983;丁宝章等主编. 河南植物志 第三册:237~238. 图1783:1~3. 1997;朱长山
等主编. 河南种子植物检索表:317. 1994;郑万钧主编. 中国树木志 第四卷:4406. 图
2348:1~3. 2004;中国科学院中国植物志编辑委员会. 中国植物志 第六十一卷:42~43.
图版12:1~3. 1992;卢炯林等主编. 河南木本植物图鉴:351. 图1052. 1998;中国科学院
西北植物研究所编著. 秦岭植物志 第一卷 种子植物(第四册):75~76. 图74. 1983;王
遂义主编. 河南树木志:532. 图561:1~3. 1994;傅立国等主编. 中国高等植物 第十卷:
31. 图45. 2004;李法曾主编. 山东植物精要:430. 图1550. 2004;*Ligustrum suspensum*
Thunb. in Nov. Act. Soc. Sci. Upsal. 3:207. 209. 1780;*Syringa suspensa* Thunb. ,Fl. Jap.
19. t. 3. 1784;*Forsythia fortunei* Lindl. in Gard. Chron. 1864:412. 1864;*Forsythia suspensa*
(Thunb.)Vahl var. *sieboldii* Zabel in Gartenfl. 34:36. 1885; *Forsythia sieboldii* Dipp. ,

Handb. Laudb. 1:109. f. 63. 1889；*Forsythia suspensa*（Thunb.）Vahl var. *fortunei*（Lindl.）Rehd. in Gartenfl. 40:398. f. 82:7 - 9. 1891，"*a*"；*Forsythia suspensa*（Thunb.）Vahl var. *fortunei* f. *typica* Koehne in Gartenfl. 55:204. f. 22 *a*. 1906；*Forsythia suspensa*（Thunb.）Vahl var. *latifolia* Rehd. in Sargent Pl. Wils. I. 302. 1912；*Rangium suspensum*（Thunb.）Ohwi in Acta Phytotax. Geobot. 1:140. 1932.

形态特征：落叶灌木。多年生枝开展，或下垂，棕色、棕褐色，或淡黄褐色。小枝土黄色，或灰褐色，略呈 4 棱状，疏生皮孔，节间中空。单叶，或 3 裂至 3 出复叶。叶卵圆形、宽卵圆形，或椭圆 - 卵圆形至椭圆形，长 2.0 ~ 10.0 cm，宽 1.5 ~ 5.0 cm，先端锐尖，基部圆形、宽楔形，边缘除基部外具锐锯齿，或粗锯齿，表面深绿色，背面淡黄绿色，两面无毛；叶柄长 0.8 ~ 1.5 cm，无毛。花通常单生，或 2 朵至数朵着生于叶腋，先于叶开放；花梗长 5 ~ 6 mm；花萼绿色，裂片长圆形，或长圆 - 椭圆形，长 6 ~ 7 mm，先端钝，或锐尖，边缘具缘毛，与花冠管近等长；花冠黄色，裂片倒卵长圆形，或长圆形，长 1.2 ~ 2.0 cm，宽 6 ~ 10 mm。蒴果卵球状、卵圆 - 椭圆体状，或长椭圆体状，长 1.2 ~ 2.5 cm，径 0.6 ~ 1.2 cm，先端喙状渐尖，表面疏生皮孔；果梗长 0.7 ~ 1.5 cm。花期 3 ~ 4 月；果实成熟期 7 ~ 9 月。

图 183　连翘 Forsythia suspen（Thunb.）Vahl
（选自《中国高等植物图鉴》）。

产地：连翘产于我国河北、山西、陕西、山东、湖北、四川省及安徽西部。其他各地均有栽培，日本也有栽培。河南伏牛山区、太行山区有分布，各地有栽培。郑州市紫荆山公园有栽培。

识别要点：连翘为落叶灌木。小枝略呈 4 棱状，节间中空。花通常单生，或 2 朵至数朵着生于叶腋；花萼绿色，裂片与花冠管近等长；花冠黄色。蒴果卵球状、卵圆 - 椭圆体状，或长椭圆体状，先端喙状渐尖，表面疏生皮孔。

生态习性：连翘喜光，有一定程度的耐阴性；耐寒；耐干旱、贫瘠，怕涝；对土壤和气候要求不严格；喜温暖干燥和光照充足的环境，在排水良好、富含腐殖质的沙壤土上生长良好。在阳光充足的阳坡生长好，结果多；在阴湿处枝、叶徒长，结果量较少，产量低。抗病虫害能力强。多生山坡灌丛、林下，或草丛中，或山谷、山沟疏林中。

繁育与栽培技术要点：连翘以种子繁殖和扦插育苗为主，亦可压条、分株繁殖。栽培技术通常采用穴栽，丛株采用带土穴栽。

主要病虫害：连翘主要病虫害有叶斑病、柳蝙蛾、缘纹广翅蜡蝉、蜡蝉、桑白盾蚧、常春藤圆盾蚧、圆斑卷叶象虫、炫夜蛾、松栎毛虫、白须绒天蛾等。其防治技术，见杨有乾等编著. 林木病虫害防治. 河南科学技术出版社,1982。

主要用途:连翘籽含油率达25.0 %～33.0 %,籽油含胶质,挥发性能好,是绝缘油漆工业和化妆品的良好原料,具有很好的开发潜力。油可供制造肥皂及化妆品,又可制造绝缘漆及润滑油等。连翘提取物可作为天然防腐剂用于食品保鲜。连翘株姿优美、生长旺盛。早春先叶开花,且花期长、花量多,盛开时满枝金黄,芬芳四溢,令人赏心悦目,是早春优良观花灌木,可以作花篱、花丛、花坛等用。连翘是很好的蜜源植物。连翘有广谱抗菌作用,对金黄色葡萄球菌、贺氏痢疾杆菌有很强的抑制作用,对其他致病菌、流感病毒、真菌都有一定的抑制作用。有抗炎作用。清热解毒,消肿散结,疏散风热。

品种:

1.1　连翘　原品种

Forsythia suspensa（Thunb.）Vahl '**Suspensa**'

1.2　'金叶'连翘　品种　图版48:11

Forsythia suspensa（Thunb.）Vahl '**Aurea**'

本品种为落叶小灌木。叶为金黄色。

产地:'金叶'连翘河南遂平县栽培较多。郑州市紫荆山公园有栽培。

1.3　'金脉'连翘　品种

Forsythia suspensa（Thunb.）Vahl '**Goldvein**'*

本品种叶色嫩绿,叶脉金黄色。

产地:'金脉'连翘河南各地有栽培。郑州市紫荆山公园有栽培。

注:*尚待查证。

2. 金钟花　图184　图版48:12～14

Forsythia viridissima Lindl. in Journ. Hort. Soc. London 1:226. 1846;陈嵘著. 中国树木分类学:1036. 图920. 1937;中国科学院植物研究所主编. 中国高等植物图鉴 第三册:348. 图4650. 1983;丁宝章等主编. 河南植物志 第三册:238. 1997;朱长山等主编. 河南种子植物检索表:317. 1994;郑万钧主编. 中国树木志 第四卷:4407. 图2348:4～6. 2004;中国科学院中国植物志编辑委员会. 中国植物志 第六十一卷:45. 图版12:4～6. 1992;卢炯林等主编. 河南木本植物图鉴:352. 图1054. 1998;中国科学院西北植物研究所编著. 秦岭植物志 第一卷 种子植物(第四册):75. 1983;周以良主编. 黑龙江树木志: 479. 481. 图版147:5～7. 1986;王遂义主编. 河南树木志:532. 1994;傅立国等主编. 中国高等植物 第十卷:32. 图46. 2004;李法曾主编. 山东植物精要:430. 图1551. 2004; *Rangium viridissimum*(Lindl.)Ohwi in Acta Phytotax. Geobot. 1:140. 1932.

形态特征:落叶灌木,高达3.0 m,全株除花萼裂片边缘具睫毛外,其余均无毛。小枝绿色,或黄绿色,呈4棱状,具片状髓。单叶,对生,长椭圆－披针形,或倒卵圆－长椭圆形,长3.5～15.0 cm,宽1.0～4.0 cm,先端锐尖,基部楔形,边缘通常上半部具不规则锐锯齿,或粗锯齿,稀近全缘,表面深绿色,背面淡绿色,两面无毛,中脉和侧脉在表面凹入,背面凸起;叶柄长6～12 mm。花1～3朵,稀4朵着生于叶腋,先叶开放;花梗长3～7 mm;花萼长3.5～5 mm,裂片绿色,卵圆形、宽卵圆形,或宽长圆形,长2～4 mm,具缘毛;花冠深黄色,长1.1～2.5 cm,花冠管长5～6 mm,裂片狭长圆－长圆形,长0.6～1.8 cm,

宽3~8 mm,内面基部具橘黄色条纹,反卷;雄蕊长 3.5~5 mm;雌蕊长 5.5~7 mm。蒴果卵球状,或宽卵球状,长 1.0~1.5 cm,宽0.6~1.0 cm,基部稍圆,先端喙状渐尖,具皮孔;果梗长3~7 mm。花期 3~4 月;果实成熟期8~11月。

产地:金钟花产于我国江苏、安徽、浙江、江西、福建、湖北、湖南省及云南西北部。尤以长江流域一带各省栽培较为普遍。河南伏牛山区、桐柏山区、大别山区有分布,平原地区有栽培。郑州市紫荆山公园有栽培。

识别要点:金钟花为落叶灌木,全株除花萼裂片边缘具缘毛外,其余均无毛。小枝呈四棱,具片状髓。单叶,对生,边缘通常上半部具不规则锐锯齿,或粗锯齿,稀近全缘,花1~3 朵,稀 4 朵着生于叶腋;花冠深黄色,内面基部具橘黄色条纹,反卷;花冠深黄色,花冠管内面基部具橘黄色条纹,反卷。蒴果卵球状,或宽卵球状,先端喙状渐尖,具皮孔。

图 184　金钟花 Forsythia viridissima Lindl.
(选自《中国高等植物图鉴》)。

生态习性:金钟花喜光照,又耐半阴;还耐热、耐寒、耐旱、耐湿;在温暖、湿润、背风面阳处,生长良好。在黄河以南地区夏季不需遮阴,冬季无需入室。对土壤要求不严,盆栽要求疏松肥沃、排水良好的沙质土。

繁育与栽培技术要点:金钟花可扦插、压条、分株、播种繁殖,以扦插为主。栽培技术通常采用穴栽,丛株采用带土穴栽。

主要病虫害:金钟花有蝼蛄、介壳虫、金龟子、布袋蛾等危害。其防治技术,见杨有乾等编著. 林木病虫害防治. 河南科学技术出版社,1982。

主要用途:金钟花先叶而花,金黄灿烂,可丛植于草坪、墙隅、路边、树缘、院内庭前等处。可丛植,也可片植;是春季良好的观花植物。金钟花的果壳、根,或叶入药味苦,性凉,清热;解毒;散结。

(Ⅳ) 丁香属

Syringa Linn.,Sp. Pl. 9. 1753;Gen. Pl. ed. 5,9. no. 22. 1754;丁宝章等主编. 河南植物志 第三册:238. 1997;朱长山等主编. 河南种子植物检索表:318~319. 1994;郑万钧主编. 中国树木志 第四卷:4410. 2004;中国科学院中国植物志编辑委员会. 中国植物志 第六十一卷:50~51. 1992;中国科学院西北植物研究所编著. 秦岭植物志 第一卷 种子植物(第四册):76. 1983;周汉藩著. 河北习见树木图说(THE FAMILIAR TREES OF HOPEI by H. F. Chow):356~357. 1934;周以良主编. 黑龙江树木志:489. 1986;王遂义主编. 河南树木志:533. 1994;傅立国等主编. 中国高等植物 第十卷:33. 2004。

形态特征:落叶灌木,或小乔木。小枝近圆柱状,或带 4 棱状;具皮孔。无顶芽。单叶,对生,边缘全缘,稀分裂,稀羽状复叶;具叶柄。花序为聚伞花序排列成圆锥花序,顶生,或侧生。花两性,与叶同时开放,或后叶开放;具花梗,或无花梗;花萼小,钟状,具4齿裂,或近截形,宿存;花冠漏斗状,裂片4枚,开展或近直立,花蕾时呈镊合状排列;雄蕊2枚,着生于花冠筒上,内藏,或伸出;雌蕊子房2室,每室具下垂胚珠2枚,花柱丝状,短于雄蕊,柱头2裂。果为蒴果,微扁,2室,室背开裂。种子扁平,具翅;子叶扁卵圆形,胚根向上。

本属模式种:欧丁香 Syringa vulgaris Linn. 。

产地:本属植物约有19种,主要分布于亚洲各国,欧洲有2种。我国约有17种,主要分布于西南及黄河流域以北各省(区、市)。河南9种、2亚种、2变种,各地有栽培。郑州市紫荆山公园有1属、3种栽培。

本属植物分种检索表

1. 落叶灌木,或小乔木。
  2. 小枝无毛,或被腺毛。单叶,对生,卵圆形等。花具花梗,或无花梗;花萼小,钟状,具4齿裂,宿存;花冠紫色,或淡紫色 ………………………………………… 欧丁香 Syringa vulgaris Linn.
  2. 小枝密被腺毛。单叶,对生,卵圆形 - 肾形。花具花梗;花冠紫色
        ……………………………………………………………………… 紫丁香 Syringa oblata Lindl.
1. 落叶大乔木,或小乔木,高4.0~15.0 m。花序为圆锥花序,直立。花两性;花冠白色,花冠管近柱状,裂片卵圆形 ………………………… 暴马丁香 Syringa amurensis Rupr.

1. 欧丁香 图185 图版49:1~2

Syringa vulgaris Linn. ,Sp. Pl. 9. 1753;陈嵘著. 中国树木分类学:1054. 图937. 1937;丁宝章等主编. 河南植物志 第三册:239. 1997;朱长山等主编. 河南种子植物检索表:319. 1994;中国科学院中国植物志编辑委员会. 中国植物志 第六十一卷:75~76. 图版20:3~6. 1992;卢炯林等主编. 河南木本植物图鉴:355. 图1065. 1998;中国科学院西北植物研究所编著. 秦岭植物志 第一卷 种子植物(第四册):81~82. 图80. 1983;周以良主编. 黑龙江树木志:501. 图版150:6~7. 1986;王遂义主编. 河南树木志:534. 图563:1~4. 1994;傅立国等主编. 中国高等植物 第十卷:36~37. 图53. 2004;李法曾主编. 山东植物精要:431. 图1553. 2004;*Syrina caerulea* Jonston,Hist. Nat. Arb. 2:219. t. 122. f. 1769;*Syringa latifolia* Salisb. ,Prodr. Stirp. Chap. Allert. 13. 1796;*Lilacum vulgaris* Renault,Fl. Dép. Orne,100. 1804.

形态特征:落叶灌木,或小乔木,高3.0~7.0 m。小枝近圆柱状,棕褐色,微具4棱,无毛,或被腺毛。单叶,对生,卵圆形、宽卵圆形,或长卵圆形,长3.0~13.0 cm,宽2.0~9.0 cm,先端渐尖,基部楔形、宽楔形,或心形,边缘全缘,表面深绿色,背面淡绿色;叶柄长1.0~3.0 cm。花序为聚伞花序,直立,长10.0~20.0 cm。花两性,与叶同时开放,或后叶开放;具花梗,或无花梗;花萼小,钟状,具4齿裂,或近截形,宿存;花冠紫色,或淡紫色,长0.8~1.5 cm,花冠管近柱状,长0.6~1.0 cm,裂片直角开展。果为蒴果。花期4~5月;果实成熟期6~7月。

产地:欧丁香原产于东南欧地区。我国现今黄河流域以南各地广泛栽培。河南各地

有栽培。郑州市紫荆山公园有栽培。

识别要点:欧丁香为落叶灌木,或小乔木。小枝近圆柱状,棕褐色,微具4棱,无毛,或被腺毛。单叶,对生,卵圆形等。花序为聚伞花序,直立。花两性,花与叶同时开放,或后叶开放;具花梗,或无花梗;花萼小,钟状,具4齿裂,宿存;花冠紫色,或淡紫色,花冠管近柱状,长裂片直角开展。

生态习性:欧丁香喜光照,又耐半阴。在温暖、湿润、背风面阳处,生长良好。对土壤要求不严,以疏松、肥沃、排水良好的沙质壤土为宜。

繁育与栽培技术要点:欧丁香通常采用压条、分株繁殖。栽培技术通常采用穴栽,丛株采用带土穴栽。

主要病虫害:欧丁香有蝼蛄、介壳虫、金龟子、布袋蛾等危害。其防治技术,见:杨有乾等编著. 林木病虫害防治. 河南科学技术出版社,1982。

图 185　欧丁香 Syringa vulgaris Linn.
1. 枝、叶与花序枝;2. 花冠展开(示雄蕊着生位置);3 花去掉花冠(选自《山东植物精要》)。

主要用途:欧丁香可丛植于草坪、墙隅、路边、院内庭前等处。可丛植,也可片植;是春季良好的观花植物。

2. 紫丁香　华北紫丁香　图 186　图版 49:3~4

Syringa oblata Lindl. in Gard. Chron. 1859:868. 1850;丁宝章等主编. 河南植物志第三册:239~240. 图 1785:5~7. 1997;朱长山等主编. 河南种子植物检索表:318. 1994;陈嵘著. 中国树木分类学:1053. 图 936. 1937;中国科学院植物研究所主编. 中国高等植物图鉴 第三册:351. 图 4655. 1983;中国科学院中国植物志编辑委员会. 中国植物志 第六十一卷:71~73. 75. 图版 20:1~2. 1992;卢炯林等主编. 河南木本植物图鉴:352. 图 1055. 1998;中国科学院西北植物研究所编著. 秦岭植物志 第一卷 种子植物(第四册):80. 图 79. 1983;周汉藩著. 河北习见树木图说(THE FAMILIAR TREES OF HOPEI by H. F. Chow):357~358. 图 138. 1934;周以良主编. 黑龙江树木志:494. 图版 151:3~5. 1986;王遂义主编. 河南树木志:534~535. 图 563:5~7. 1994;傅立国等主编. 中国高等植物 第十卷:35~36. 图 52. 2004;李法曾主编. 山东植物精要:431. 图 1552. 2004;*Syringa vulgaris* Linn. var. *oblata* Franch. in Rev. Hort. 1891:330. 1891;*Syringa oblata* Lindl. *a. typica* Lingelsh. in Engl. Pflanzer. IV. 243(Heft 72):88. 1920;*Syringa chinensis* sensu Bunge in Mém. Div. Sav. Sci. St. Pétersb. 2:116(Enum. Pl. Chin. Bor. 42. 1833). 1835,non Willdenow 1796;*Syringa vulgaris* sensu Hemsl. in Journ. Soc. Lond. Bot. 26:83. 1889,non Linn. 1753.

形态特征:落叶灌木,或小乔木,高 3.0~7.0 m。小枝近圆柱状,密被腺毛。单叶,对生,卵圆形-肾形,宽大于长,长 2.0~14.0 cm,宽 2.0~15.0 cm,先端渐尖、锐尖,基部截形、宽楔形，或心形，边缘全缘，表面深绿色，背面淡绿色；叶柄长 1.0～3.0 cm。花序为聚伞花序，直立，长 16.0～20.0 cm。花两性，与叶同时开放，或后叶开放；具花梗；花冠紫色，长 1.1～2.0 cm，花冠管近柱状，长0.8～1.7 cm，裂片直角开展；花药黄色。果为蒴果。花期4～5月；果实成熟期6～10月。

产地：紫丁香原产于我国，现今黄河流域各省（区）广泛栽培。河南各地有栽培。郑州市紫荆山公园有栽培。

识别要点：紫丁香为落叶灌木，或小乔木。小枝密被腺毛。单叶，对生，卵圆－肾形。花序为聚伞花序，直立。花两性，与叶同时开放，或后叶开放；具花梗；花冠紫色，花冠管近柱状，裂片直角开展；花药黄色。

生态习性、繁育与栽培技术要点、主要病虫害与主要用途：紫丁香与欧丁香相同。

变种：

1.1　紫丁香　原变种

Syringa oblata Lindl. var. **oblata**

1.2　白丁香　变种　图版49：5

图186　紫丁香 Syringa oblata Lindl.
（选自《中国高等植物图鉴》）。

Syringa oblata Lindl. var. **alba** Hort. ex Rehd. in Bailey，Cycl. Am. Hort. ［4］：1763. 1902；中国科学院中国植物志编辑委员会. 中国植物志 第六十一卷：72～73. 1992；中国科学院西北植物研究所编著. 秦岭植物志 第一卷 种子植物（第四册）：81. 1983；朱长山等主编. 河南种子植物检索表：318. 1994；王遂义主编. 河南树木志：535. 1994；傅立国等主编. 中国高等植物 第十卷：36. 2004；*Syringa oblata* Lindl. var. *affinis*（Henry）Lingelsh. in Engl. Pfanzenreich，Hheft 72（Ⅳ. 243）：88. 1920.

本变种枝被细短柔毛。叶较小，基部截形、圆楔形、近圆形，或近心形，背面被细柔毛。花白色。

产地：白丁香原产于我国，现今黄河流域以南各地广泛栽培。河南各地有栽培。郑州市紫荆山公园有栽培。

3. 暴马丁香　图187　图版49：6～10

Syringa amurensis Rupr. in Bull. Phys. – Math. Acad. Sci. St. Pétersb. 15：371（in Mél. Biol. 2：551. 1858）. 1857；丁宝章等主编. 河南植物志 第三册：239. 1997；朱长山等主编. 河南种子植物检索表：319. 1994；中国科学院中国植物志编辑委员会. 中国植物志 第六十一卷：81～82. 图版 22：1～2. 1992；陈嵘著. 中国树木分类学：1041. 图 923. 1937；卢炯林等主编. 河南木本植物图鉴：355. 图 1063. 1998；中国科学院植物研究所主

编. 中国高等植物图鉴 第三册:352. 图4658. 1983;中国科学院西北植物研究所编著. 秦岭植物志 第一卷 种子植物(第四册):83～84. 1983;周以良主编. 黑龙江树木志:499～500. 图版153:4～6. 1986;傅立国等主编. 中国高等植物 第十卷:39. 图58:1～3. 2004;李法曾主编. 山东植物精要:432. 图 1556. 2004;*Syringa reticulata*(Bl.)Hara var. *mandshrica*(Maxim.)Hara in Journ. Jap. Bot. 17:21. 1941;*Syringa reticulata*(Bl.)Hara var. *amurensis*(Rupr.)Pringle in Phytologia 52(5):285. 1983;*Syringa amurensis* Regel., Tent. Fl. Ussur. 104. 1861;*Syringa amurensis* Ruor. in Bull. Phys.－Math. Acad. Sci. St. Pétersb. 15:371(in Mél. Biol. 2:551. 1858.)1857;*Ligustrina amurensis*(Rupr.)Rupr. *a. mandshurica* Maxim. in Bull. Acad. Sci. St. Pétersb. 20:431(in Mél. Boil. 9:395). 1875.

形态特征:落叶大乔木, 或小乔木, 高4.0～15.0 m。小枝近圆柱状, 无毛。单叶, 对生, 卵圆形、宽卵圆形、长圆－卵圆形,长2.5～13.0 cm,宽1.0～8.0 cm,先端尾渐尖、锐尖,基部截形、宽楔形, 或圆形,边缘全缘,表面黄绿色,背面黄绿色;叶柄长1.0～2.5 cm。花序为圆锥花序,直立,长10.0～27.0 cm。花两性;花冠白色,呈辐射状,长4～5 mm;花冠管近柱状,长约1.5 mm,裂片卵圆形,长2～3 mm,先端锐尖;花药黄色。果为蒴果,长1.5～2.5 cm。花期6～7月;果实成熟期8～10月。

产地:暴马丁香原产我国黑龙江、吉林、辽宁,现今黄河流域各省(区)广泛栽培。河南各地有栽培。郑州市紫荆山公园有栽培。

识别要点:暴马丁香为落叶大乔木, 或小乔木。小枝近圆柱状, 无毛。花序为圆锥花序,直立。花两性;花冠白色,呈辐射状;花冠管近柱状,裂片卵圆形,长2～3 mm,先端锐尖。

图 187　暴马丁香 **Syringa amurensis** Rupr.
（选自《中国高等植物图鉴》）。

生态习性、繁育与栽培技术要点、主要病虫害与主要用途:暴马丁香与欧丁香相同。

Ⅲ. 木樨族

Oleaceae Lindl. trib. **Oleneeae** Lindl., Introd. Nat. Syst. Bot. 224. 1830;中国科学院中国植物志编辑委员会. 中国植物志 第六十一卷:85. 1992。

形态特征:单叶,对生。花两性、单性, 或杂性;雌雄异株, 或雄花、两性花异株;花冠4裂、浅裂、深裂至近离生, 或基部成对合生。核果、浆果状核果,稀核果状开裂。

产地:本族植物约有19属。我国有5属。郑州市紫荆山公园有1属、2种栽培。

（Ⅴ）木樨属

Osmanthus Lour., Fl. Cochinch. 1:29. 1790;丁宝章等主编. 河南植物志 第三册:242. 1997;朱长山等主编. 河南种子植物检索表:319. 1994;郑万钧主编. 中国树木志 第四卷:4424. 2004;中国科学院中国植物志编辑委员会. 中国植物志 第六十一卷:85.

1992；中国科学院西北植物研究所编著. 秦岭植物志 第一卷 种子植物（第四册）：84～85.
1983；周汉藩著. 河北习见树木图说（THE FAMILIAR TREES OF HOPEI by H. F. Chow）：
360. 1934；王遂义主编. 河南树木志：537. 1994；傅立国等主编. 中国高等植物 第十卷：
40. 2004。

　　形态特征：常绿乔木，或灌木。单叶，对生，羽状脉，边缘全缘，或具细锯齿；具短叶柄。
花序为聚伞花序簇生于叶腋，或为小圆锥花序。花两性，或单性，雌雄异株，或雄花、两性
花异株；苞片 2 枚，基部合生；花萼钟状，4 裂；花冠黄白色、白色，花冠筒钟状、坛状、短圆
筒状，浅裂、深裂、深裂近基部，裂片 4 枚，蕾时覆瓦状排列；雄蕊 2 枚，稀 4 枚，着生于花冠
管上部，花丝极短，花药近外向开裂；雌蕊子房 2 室，柱头头状，或 2 浅裂。每室具下垂胚
珠 2 枚。核果，内果皮骨质。

　　本属模式种：木樨 Osmanthus fragrans Lour.。

　　产地：本属植物约有 30 种，主要分布于亚洲、美洲各国。我国有 25 种、3 变种，主要
分布于西南及黄河流域以北各省（区、市）。河南 2 种，各地有栽培。郑州市紫荆山公园
有 1 种栽培。

本属植物分种检索表

1. 叶革质，边缘全缘，或上部具细锯齿，两面无毛。花冠黄白色、淡黄色、黄色、橙黄色，或橘红色
　…………………………………………………… 木樨 Osmanthus fragrans（Thunb.）Lour.
1. 叶厚革质，边缘具 2～8 枚针刺状齿，稀全缘。花冠白色 ………………………………………
　…………………………………………… 柊树 Osmanthus heterohyllus（G. Don）P. S. Green

1. 木樨　桂花　图 188　图版 49：11～14

Osmanthus fragrans（Thunb.）Lour. ，Fl. Cochinch. 29. 1790；陈嵘著. 中国树木分类
学：1020. 图 903. 1937；中国科学院植物研究所主编. 中国高等植物图鉴 第三册：354. 图
4661. 1983；丁宝章等主编. 河南植物志 第三册：242～243. 图 1789：1～4. 1997；朱长山
等主编. 河南种子植物检索表：319. 1994；卢炯林等主编. 河南木本植物图鉴：356. 图
1066. 1998；郑万钧主编. 中国树木志 第四卷：4435. 图 2366：4～6. 2004；中国科学院中
国植物志编辑委员会. 中国植物志 第六十一卷：107～108. 图版 29：4～6. 1992；中国科
学院西北植物研究所编著. 秦岭植物志 第一卷 种子植物（第四册）：83～85. 图 83.
1983；周汉藩著. 河北习见树木图说（THE FAMILIAR TREES OF HOPEI by H. F. Chow）：
361～362. 图 140. 1934；赵天榜等主编. 河南主要树种栽培技术：371～380. 图 46.
1994；王遂义主编. 河南树木志：537～538. 图 567：1～4. 1994；傅立国等主编. 中国高等
植物 第十卷：43. 图 66. 2004；李法曾主编. 山东植物精要：432. 图 1558. 2004；*Olea
fragrans* Thunb. in Nov. Act. Soc. Sci. Upsal. 4：39. 1783；*Olea acuminata* Wall. ex G.
Don，Gen. Hist. Dichlam. Pl. 4：49. 1837；*Olea acuminata* Wall. ex G. Don var. *longifolia*
DC. ，Prodr. 8：285. 1844；*Olea fragrans* Thunb. var. *acuminata*（Wall. ex G. Don）Blume，
Mus. Bot. Lugd. – Bat. 1：316. 1850；*Olea ovalis* Miq. in Journ. Bot. Néerl. 1：111. 1861；
Olea sinensis Hort. ex Lavallee，Arb. Segrez. 169. 1877，pro syn. ；*Osmanthus fragrans* Thunb.

var. *latifolius* Making in Bot. Mag. Tokyo, 16：32. 1902；*Osmanthus fragrans* Thunb. f. *latifolius*（*Makino*）*Makino* in Bot. Mag. Tokyo, 22：15. 1908；*Osmanthus asiaticus* Nakai, Trees and Shrubs Jap. 1：264. f. 144. 1922；*Osmanthus latifolius*（Makino）Koidz. in Bot. Mag. Tokyo, 11：337. 1926；*Osmanthus fragrans* Thunb. var. *thunbergii* Makino in Journ. Jap. Bot. 4（1）：4. 1927；*Osmanthus acuminatus*（Wall. ex G . Don）Nakai in Bot. Mag. Tokyo, 44：14. 1930；*Osmanthus longibracteatus* H. T. Chang in Acta Sci. Nat. Univ. Sunyatsen. II. 5. 1982；*Osmanthus fragrans* Lour. , Fl. Cochinch. 28. 1790.

图 188　木樨 Osmanthus fragrans（Thunb. ）Lour.
1. 花枝；2. 果枝；3. 花冠展开（选自《中国树木志》）。

　　形态特征：常绿乔木，或灌木，高 3.0～5.0 m，最高达 18.0 m；树皮灰褐色。小枝黄褐色，无毛。单叶，互生，革质，椭圆形、长椭圆形，或椭圆－披针形，长 7.0～15.0 cm，宽 2.6～5.0 cm，先端渐尖，基部楔形，边缘全缘，或上部具细锯齿，两面无毛，腺点在两面连成小水泡状突起，表面中脉凹入，背面凸起，侧脉 6～9 对；叶柄长 0.8～1.5 cm，无毛。花序为聚伞花序，2～3 枝花序簇生于叶腋，每花序具花 9 朵；苞片宽卵圆形，质厚，长 2～4 mm，具小尖头，无毛；花梗细弱，长 4～10 mm，无毛；花萼长约 1 mm；花冠黄白色、淡黄色、黄色、橙黄色，或橘红色，长 3～4 mm，花冠筒长 0.5～1 mm；雄蕊着生于花冠筒中部，花丝极短，长约 0.5 mm，花药长约 1 mm，药隔先端具不明显小尖头；雌蕊长约 1.5 mm，花柱长约 0.5 mm。核果椭圆体状，长 1.0～2.4 cm，呈紫黑色。花期 9～10 月；果实成熟期翌年 3 月。

　　产地：木樨原产于我国西南地区。现黄河流域各省广泛栽培。河南各地有栽培。郑州市紫荆山公园有栽培。

　　识别要点：木樨为常绿乔木，或灌木。叶革质，边缘全缘，或上部具细锯齿。花序为聚伞花序，2～3 枝花序簇生于叶腋。每花序具花 9 朵；花冠黄白色、淡黄色、黄色、橙黄色，或橘红色，长 3～4 mm，花冠筒长 0.5～1 mm；雄蕊着生于花冠筒中部，花丝极短，花药长约 1 mm，药隔先端具不明显小尖头；雌蕊长约 1.5 mm，花柱长约 0.5 mm。核果椭圆体状，长 1.0～2.4 cm，呈紫黑色。

　　生态习性：木樨喜光照，又耐半阴。在温暖、湿润、背风面阳处，生长良好。对土壤要求不严，以疏松肥沃、排水良好的沙质土为宜。

　　繁育与栽培技术要点：木樨可扦插、压条、分株、播种繁殖，以扦插为主。繁育与栽培技术，见赵天榜等主编. 河南主要树种栽培技术：305～311. 1994。栽培技术通常采用穴栽，丛株采用带土穴栽。

主要病虫害:木樨主要虫害有蝼蛄、介壳虫、金龟子、布袋蛾等。其防治技术,见杨有乾等编著. 林木病虫害防治. 河南科学技术出版社,1982。

主要用途:木樨可丛植于草坪、墙隅、路边、院内、庭前等处,也可片植;是春季良好的观花植物。金钟花的果壳、根,或叶入药味苦,性凉,清热;解毒;散结。花为名贵香料,并作食品香料。

变种:

1.1　木樨　原变种

Osmanthus fragrans(Thunb.)Lour. var. **fagrans**

1.2　金桂　变种

Osmanthus fragrans(Thunb.)Lour. var. **thunbugii** Mak. ∗ ,陈俊愉等编. 园林花卉(增订本):550. 1980。

本变种花黄色。

产地:金桂河南各地有栽培。郑州市紫荆山公园有栽培。

1.3　银桂　变种

Osmanthus fragrans(Thunb.)Lour. var. **latifolius** Mak. ∗ ,陈俊愉等编. 园林花卉(增订本):549～550. 1980。

本变种花黄白色,或淡黄色。

产地:银桂河南各地有栽培。郑州市紫荆山公园有栽培。

1.4　丹桂　变种

Osmanthus fragrans(Thunb.)Lour. var. **aurantiacus** Mak. ∗ ,陈俊愉等编. 园林花卉(增订本):550. 1980。

本变种花橙色、橘红色、橙红色,或浅橙色。

产地:丹桂河南各地有栽培。郑州市紫荆山公园有栽培。

注:∗尚待查证。

2.　柊树　图189　图版50:1～3

Osmanthus heterohyllus(G. Don)P. S. Green in Not. Bot. Gard. Edinb. 22(5): 508. 1958;陈嵘著. 中国树木分类学:1021. 1937;中国科学院植物研究所主编. 中国高等植物图鉴 第三册:355. 图4663. 1974;丁宝章等主编. 河南植物志 第三册:243. 图1789: 5～7. 1997;朱长山等主编. 河南种子植物检索表:319. 1994;卢炯林等主编. 河南木本植物图鉴:356. 图1067. 1998;郑万钧主编. 中国树木志 第四卷:4431. 图2364;1～2. 2004;中国科学院中国植物志编辑委员会. 中国植物志 第六十一卷: 98. 图版27:1～2. 1992;王遂义主编. 河南树木志:537～538. 图567;5～7. 1994;傅立国等主编. 中国高等植物 第十卷:42～43. 图64. 2004;李法曾主编. 山东植物精要:432. 图1559. 2004;*Ilex heterophylla* G. Don,Gen. Syst. 2:17. 1832;*Olea ilicifolia* Hassk. ,Cat. Hort. Bogor. 118. 1844;*Olea aquifolium* Sieb. & Zucc. in Abh. Bayer. Akad. Wiss. Math. Phys. 4(3):166. 1846;*Osmanthus aquifolium* Sieb. ex Sieb. & Zucc. in Abh. Bayer. Akad. Wiss. Math. Phys. 4(3):166. 1846,pro syn. .

形态特征:常绿小乔木,或灌木,高3.0～6.0 m;树皮光滑,灰褐色。小枝黄褐色,疏

被短柔毛。单叶,互生,厚革质,长椭圆形、椭圆 -
长椭圆形,稀卵圆形,长 4.0 ~ 7.0 cm,宽1.5 ~ 3.0
cm,先端渐尖,具针刺状,基部楔形 - 宽楔形,边缘
具 2 ~ 8 枚针刺状齿,稀全缘,表面腺点呈小水泡
状突起,被短柔毛,背面中脉基部被短柔毛,小水
泡状腺点较密;叶柄长 5 ~ 12 mm,无毛。花 5 ~ 8
朵簇生于叶腋。花冠白色;苞片被毛;雄花中不育
雌蕊柱状。核果卵球状,长 1.2 ~ 1.5 cm,蓝黑色。
花期 11 ~ 12 月;果实成熟期翌年 5 ~ 6 月。

　　产地:柊树原产于我国。河南各地有栽培。
郑州市紫荆山公园有栽培。

　　识别要点:柊树叶革质,边缘具 2 ~ 8 枚针刺
状齿,稀全缘。花白色。核果卵球状,蓝黑色。

　　生态习性、繁育与栽培技术要点、主要病虫
害:柊树与木樨相似。

　　主要用途:柊树可丛植于草坪、墙隅、路边、院
内庭前等处,也可片植;是良好的观花植物;花还
为名贵香料。

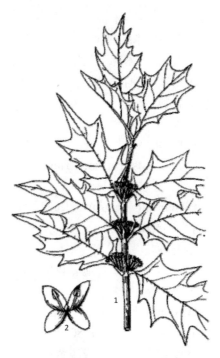

图 189　柊树 Osmanthus heterohyll
(G. Don) P. S. Green
1. 花枝;2. 花冠开展(选自《中国树木志》)。

(Ⅵ) 流苏树属

Chionanthus Linn. ,Sp. Pl. 8. 1753. exclud.
sp. 2;Gen. Pl. ed. 5,9. no. 21. 1754;丁宝章等主编. 河南植物志 第三册:244. 1997;朱
长山等主编. 河南种子植物检索表:319. 1994;郑万钧主编. 中国树木志 第四卷:4462.
2004;中国科学院中国植物志编辑委员会. 中国植物志 第六十一卷:118 ~ 119. 1992;中
国科学院西北植物研究所编著. 秦岭植物志 第一卷 种子植物(第四册):85 ~ 86. 1983;
周汉藩著. 河北习见树木图说(THE FAMILIAR TREES OF HOPEI by H. F. Chow):362.
1934;王遂义主编. 河南树木志:538. 1994;傅立国等主编. 中国高等植物 第十卷:45.
2004。

　　形态特征:落叶灌木,或乔木;树干灰色、灰褐色,或灰黑色;老树皮呈纸状剥裂。单
叶,对生,边缘全缘,或具小锯齿;具叶柄。花序为圆锥花序,腋生。花两性,或雌雄异株;
花萼小,4 深裂;花冠白色,或黄色,花冠筒短,裂片 4 枚,深裂至近基部,或基部合丛为短
筒,或基部成对合生;裂片狭长,花蕾时呈内向镊合状排列;雄蕊 2 枚,稀 4 枚,着生于花冠
管上,花药椭圆体状,药室近外向开裂;雌蕊子房 2 室,花柱短,柱头 2 浅裂,或不裂。每室
具下垂胚珠 2 枚。果为核果,内果皮骨质。种子 1 枚;种皮薄,胚乳肉质;子叶扁平;胚根
短,向上。

　　本属模式种:Chionanthus virginicus Linn. 。

　　产地:本属植物约有 2 种,分布于北美洲各国。我国有 1 种。河南有 1 种,各地有栽
培。郑州市紫荆山公园有 1 种栽培。日本及朝鲜半岛有分布。

1. 流苏树　图 190　图版 50:4～6

Chionanthus retusus Lindl. & Paxt. in Paxton's Flow. Gard. 3:85. f. 273. 1853;周汉藩. 河北习见树木图说:221. 图 142. 1934;陈嵘著. 中国树木分类学:1029. 图 913. 1937;中国科学院植物研究所主编. 中国高等植物图鉴 第三册:358. 图 4669. 1983;丁宝章等主编. 河南植物志 第三册:244. 图 1790. 1997;朱长山等主编. 河南种子植物检索表:319. 1994;郑万钧主编. 中国树木志 第四卷:4463. 图 2378:1～3. 2004;中国科学院中国植物志编辑委员会. 中国植物志 第六十一卷:119～120. 图版 33:1～3. 1992;卢炯林等主编. 河南木本植物图鉴:356. 图 1068. 1998;中国科学院西北植物研究所编著. 秦岭植物志 第一卷 种子植物(第四册):83～85. 图 84. 1983;周汉藩著. 河北习见树木图说(THE FAMILIAR TREES OF HOPEI by H. F. Chow):363～364. 图 141. 1934;王遂义主编. 河南树木志:538. 图 568. 1994;傅立国等主编. 中国高等植物 第十卷:45. 图 71. 2004;李法曾主编. 山东植物精要:432. 图 1506. 2004;*Linociera chinensis* Fisch. ined. ex Maxim. in Mém. Div. Sav. Acad. Sci. St. Pétersb. 9:474(Prim. Fl. Amur.). 1859. nom. ;*Chionanthus chinensis* Maxim. in Bull. Acad. Sci. St. Pétersb. 20:430(in Mém. Biol. 9:393. 1875;*Chionanthus coreanus* Lévl. in Fedde,Rep. Sp. Nov. 8:280. 1910;*Chionanthus retusus* Lindl. & Paxt. var. *fauriei* Lévl. in Fedde. Rep. sp. nov. 11:297. 1912;*Chionanthus serrulatus* Hayata,Icon. Pl. Formos. III. 150. t. 28. 1913;*Chionanthus retusa* Lindl. & Paxt. var. *mairei* Lévl. in Fedde,Rep. Sp. Nov. 13:175. 1914;*Chionanthus duclouxii* Hickel in Bull. Soc. Dendr. France 1914:72. f. 1914;*Chionanthus retusa* Lindl. & Paxt. var. *coreanus*(Lévl.)Nakai in Bot. Mag. Tokyo,32:114. 1918;*Chionanthus retusus* Lindl. & Paxt. var. *serrulatus*(Hayata)Koidz. in Bot. Mag. Tokyo,39:5. f. 303. 1925.

形态特征:落叶灌木,或乔木,高达 20.0 m;树干灰色、灰褐色,或灰黑色。小枝灰褐色,或黑灰色,圆柱状,开展,无毛;幼枝淡黄色,或褐色,疏被短柔毛,或密被短柔毛。单叶,对生,革质,或薄革质,长圆形、椭圆形,或圆形,长 3.0～12.0 cm,宽 2.5～6.5 cm,先端圆钝,稀凹入,或锐尖,基部圆,或宽楔形至楔形,稀浅心形,边缘全缘,或具小锯齿,叶缘稍反卷,具缘毛,幼时表面沿脉被长柔毛,背面密被长柔毛,或疏被长柔毛,中

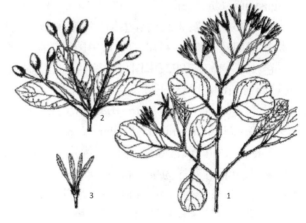

图 190　流苏树 **Chionanthus retusus** Lindl. & Paxt.
1. 花枝;2. 果枝;3. 花(选自《中国树木志》)。

脉在背面凹入,背面凸起,侧脉 3～5 对,两面网脉凸起;叶柄长 0.5～2.5 cm,密被黄色卷曲柔毛。花序为聚伞状圆锥花序,长 3.0～12.0 cm,顶生于枝端,近无毛;苞片线形,长 2～10 mm,疏被柔毛,或密被柔毛。花单性,而雌雄异株,或两性花;花萼长 0.5～3 mm;花冠白色,4 深裂,裂片线 - 倒披针形,长 1.0～2.5 cm,宽 0.5～3.5 mm;花冠筒短,长

1.5～4 mm;雄蕊藏于花冠筒内,或稍伸出,花丝长在 0.5 mm 之下,花药长卵球状,长 1.5～2 mm,药隔突出;雌蕊子房卵球状,长 1.5～2 mm,柱头球状,稍 2 裂;花梗长 0.5～ 2.0 cm,纤细,无毛。果椭圆球状,被白粉,长 1.0～1.5 cm,径 6～10 mm,熟时蓝黑色,或黑色。花期3～5月;果实成熟期9～10月。

产地:流苏树产于我国辽宁南部至长城以南至云南、四川、广东、福建、台湾各地有栽培。朝鲜半岛、日本也有分布。河南各地有栽培。郑州市紫荆山公园有栽培。

识别要点:流苏树为落叶灌木,或乔木。幼枝淡黄色,或褐色,疏被短柔毛,或密被短柔毛。单叶,对生,革质,或薄革质,长圆形、椭圆形,或圆形,边缘全缘,或具小锯齿,叶缘稍反卷,幼时表面沿脉被长柔毛,背面密被长柔毛,或疏被长柔毛,具缘毛。花序为聚伞状圆锥花序,长 3.0～12.0 cm。果椭圆球状,被白粉熟时蓝黑色,或黑色。

生态习性:流苏树喜光,不耐庇荫,耐寒、耐旱,忌积水,生长速度较慢,寿命长,耐瘠薄,对土壤要求不严,但以在肥沃、通透性好的沙壤土中生长最好,有一定的耐盐碱能力,在 pH 8.7、含盐量 0.2 % 的轻度盐碱土中能正常生长。多生于稀疏混交林中,或灌丛中,或山坡、河边。

繁育与栽培技术要点:流苏树播种、扦插和嫁接繁殖。栽培技术通常采用穴栽,丛株采用带土穴栽。

主要病虫害:流苏树主要虫害有褐斑病、金龟子、介壳虫等。其防治技术,见杨有乾等编著. 林木病虫害防治. 河南科学技术出版社,1982。

主要用途:流苏树花、嫩叶晒干可代茶,味香。成年树植株高大优美、枝叶繁茂,花期如雪压树,且花形纤细,秀丽可爱,气味芳香,是优良的园林观赏树种。

(Ⅶ) 女贞属

Ligustrum Linn. ,Sp. Pl. 7. 1753;Gen. Pl. ed 5,8. 1754;丁宝章等主编. 河南植物志 第三册:245. 1997;朱长山等主编. 河南种子植物检索表:320. 1994;郑万钧主编. 中国树木志 第四卷:4476～4478. 2004;中国科学院中国植物志编辑委员会. 中国植物志 第六十一卷:136～137. 1992;中国科学院西北植物研究所编著. 秦岭植物志 第一卷 种子植物(第四册):87. 1983;王遂义主编. 河南树木志:539. 1994;傅立国等主编. 中国高等植物 第十卷:48～49. 2004;*Parasyringa* W. W. Smith in Trans. Bot. Soc. Edinb. 27,1: 93. 1916;*Faulia* Rafinesque,Fl. Tellur. 2:84. 1837.

形态特征:落叶,或常绿、半常绿的灌木、小乔木,或乔木。单叶,对生,纸质,或革质,边缘全缘;具叶柄。花序为聚伞状圆锥花序,顶生,稀腋生。花两性;花萼钟状,4 齿裂,或不规则齿裂、平截;花冠白色,近辐射状、漏斗状,或高脚碟状,花冠筒长于裂片,或近等长,裂片 4 枚,花蕾时呈镊合状排列;雄蕊 2 枚,着生于近花冠筒喉部,内藏,或伸出,花药椭圆体状,药室近外向开裂;雌蕊子房近球状,2 室,花柱丝状,长或短,柱头 2 浅裂。每室具下垂胚珠 2 枚。果实为浆果状核果,内果皮膜质,或纸质,稀为核果状而室背开裂。种子种皮薄;胚乳肉质;子叶扁平;胚根短,向上。

本属模式种:Ligustrum vulgare Linn.。

产地:本属植物约有 45 种,主要分布于亚洲、欧洲各国及澳大利亚。我国约有 29 种、1 亚种、9 变种、1 变型。河南有 5 种,各地有栽培。郑州市紫荆山公园有 1 属、2 种栽培。

本属植物分种检索表

1. 常绿乔木。小枝无毛。叶大型,厚革质,长6.0~17.0 cm,宽3.0~8.0 cm,表面深绿色,具光泽。花序为圆锥花序;花序轴及分枝轴无毛。核果肾状 ………………… 女贞 Ligustrum lucidum Ait.

1. 常绿叶灌木。花序轴及分轴被短柔毛。
　2. 小枝圆柱状,密被黄色短柔毛。叶长3.0~4.5 cm,宽1.0~1.8 cm。花序为圆锥花序。花白色;花冠筒裂片与萼筒等长。核果近球状,成熟时黑色,被白粉 …… 小蜡 Ligustrum sinense Lour.
　2. 小枝圆柱状,无毛。叶长1.0~3.0 cm,宽5~11 mm。花序为穗状花序。花白色;花冠筒与裂片等长,花无梗。果实宽椭圆体状,成熟时带紫红色 …… 小叶女贞 Ligustrum quihoui Carr.

1. 女贞　图191　图版50:7~9

Ligustrum lucidum Ait. f. ,Hort. Kew. ed. 2,1:19. 1810;陈嵘著. 中国树木分类学:1824. 图908. 1937;中国科学院植物研究所主编. 中国高等植物图鉴 第三册:361. 图4675. 1983;丁宝章等主编. 河南植物志 第三册:245~246. 图1791. 1997;朱长山等主编. 河南种子植物检索表:320. 1994;郑万钧主编. 中国树木志 第四卷:4485. 图2394. 2004;中国科学院昆明植物研究所编著. 云南植物志 第四卷:637. 图版180:1~4. 1986;中国科学院中国植物志编辑委员会. 中国植物志 第六十一卷:153~154. 1992;卢炯林等主编. 河南木本植物图鉴:358. 图1072. 1998;中国科学院西北植物研究所编著. 秦岭植物志 第一卷 种子植物(第四册):88~89. 1983;王遂义主编. 河南树木志:539~540. 图569. 1994;傅立国等主编. 中国高等植物 第十卷:53. 图84. 2004;李法曾主编. 山东植物精要:433. 图1561. 2004;*Phillyrea paniculata* Roxb. ,Fl. Ind. 1:100. 1820;*Ligustrum nepalense* Wall. *β*. *glabrum* Hook. in Bot. Mag. 56:t. 2921. 1829;*Olea clavata* G. Don,Gen. Hist. Dichlam. Pl. 4:48. 1838;*Olea clavata* G. Don,Gen. Syst. IV. 49. 1838;*Ligustridium japonicum* Spach,Hist. Nat. Vég. Phan. 8:271. 1839, p. p. ;*Ligustridium japonicum* Hort. ex Decaisne in Fl. des Serres,22. 8(pro syn. non Thunb.). 1877;*Visiania paniculata* DC. ,Prodr. 8:289. 1844;*Ligustrum hookeri* Decne. in Fl. Serr. Jard. 22:10. 1877;*Ligustrum sinense latifolium robustum* T. Moore in Gard Chron. n. sér. 10:752. f. 125. 1878;*Ligustrum guirolii* Lévl. in Fedde,Rep. Sp. Nov. 10:147. 1911,et Fl. Kouy - Tcheou 295. 1914;*Esquirolia sinensis* Lévl. in Fedde, Rep. Sp. Nov. 10:441. 1912;*Ligustrum lucidum* Ait. var. *esquirolii* Lévl. ,Cat. Pl. Yunnan 181. 1916;*Ligustrum roxburghii* Blume,Mus. Bot. Lugd. - Bat. I. 315. (non C. B. Clarke)1850;*Ligustrum japonicum* auct. non Thunb. 1784;Rehd. in Journ. Arn. Arb. 25:305. 1934.

　　形态特征:常绿乔木,高15.0~25.0 m;树皮灰褐色。小枝黄褐色、灰色,或紫红色,圆柱状,无毛。单叶,对生,革质,卵圆形、长卵圆形,或椭圆形,长6.0~17.0 cm,宽3.0~8.0 cm,先端锐尖至渐尖,基部圆形,或近圆形,稀宽楔形,边缘全缘,表面深绿色,具光亮,两面无毛,侧脉4~9对;叶柄长1.0~3.0 cm。花序为圆锥花序,顶生,长8.0~20.0 cm,宽8.0~25.0 cm;花序轴及分枝轴无毛,紫色,或黄棕色,果时具棱;花序基部苞片常与叶同型;小苞片披针形,或线形,长0.5~6 cm,宽0.2~1.5 cm,凋落;花萼无毛,长1.5~2 mm,齿不明显,或近截形;花冠长4~5 mm,花冠筒长1.5~3 mm,裂片长2~2.5 mm,反折;花丝长1.5~3 mm,花药长圆体状,长1~1.5 mm;花柱长1.5~2 mm,柱头棒状;花无梗,或近无梗,长不超过 1 mm。核果肾状,长 7 ~ 10 mm,径 4 ~ 6 mm,深蓝黑色,成熟时呈红黑色,被白粉;果梗长 0 ~ 5 mm。花期 5 ~ 7 月;果实成熟期 7 ~ 12 月。

产地:女贞产于我国黄河流域以南各省(区、市),河南、陕西、甘肃也有分布与栽培。郑州市紫荆山公园有栽培。朝鲜半岛、印度、尼泊尔有分布与栽培。

识别要点:女贞常绿乔木。小枝无毛。叶大型、厚革质,长 6.0 ~ 17.0 cm,宽 3.0 ~ 8.0 cm,表面深绿色,具光泽。花序为圆锥花序,顶生。核果肾状,成熟时呈红黑色,被白粉。

生态习性:女贞阳性树种,喜光,喜温暖环境。适生于深厚、肥沃、湿润的土壤,对土壤的适应性强,酸性、中性、碱性土及轻度盐碱土均可生长。深根性,侧根广展,抗风力强。忌积水,不耐干旱和贫瘠。生长慢,寿命长。

图 191　女贞 Ligustrum lucidum Ait. f.
1. 果枝;2. 花枝;3. 花;4. 部分花冠和雄蕊;5. 果(选自《中国树木志》)。

繁育与栽培技术要点:女贞采用播种繁殖。栽培技术通常采用穴栽,丛株采用带土穴栽。

主要病虫害:女贞主要病虫害有锈病、立枯病、介壳虫等。其防治技术,见杨有乾等编著. 林木病虫害防治. 河南科学技术出版社,1982。

主要用途:女贞枝叶茂密,四季常青,是园林中常用的观赏树种,可于庭院孤植,或丛植,亦可作为行道树。因其适应性强,生长快又耐修剪,也用作绿篱。女贞果实药用,具性凉,味甘、苦,有滋养肝肾、强腰膝、乌须明目的功效。

2. **小叶女贞**　图 192　图版 50:10

Ligustrum quihoui Carr. in Rev. Hort. Paristatis 1869:377. 1869;陈嵘著. 中国树木分类学:11027. 1937;中国科学院植物研究所主编. 中国高等植物图鉴 第三册:362. 图 4678. 1983;丁宝章等主编. 河南植物志 第三册:246. 图 1792:3 ~ 5. 1997;朱长山等主编. 河南种子植物检索表:320. 1994;中国科学院中国植物志编辑委员会. 中国植物志 第六十一卷:153 ~ 154. 1992;卢炯林等主编. 河南木本植物图鉴:358. 图 1074. 1998;王遂义主编. 河南树木志:540. 图 570:3 ~ 5. 1994; *Ligustrum brachystachyum* Decne. in Nouv. Arch. Mus. Hist. Nat. Paris ser. 2. 2:35. 1879, "brachystachyum"; *Ligustridium argyi* Lévl. in Mem. Acal. Ci. Art. Barcelona ser. 3,12(22):557. 1916; *Ligustrum quihoui* Carr. var. *brachystachyum* (Decne.) Hand. – Mazz. Symb. Sin. 7: 1011. 1936; *Ligustrum quihoui* Carr. var. *trichopodum* Y. C. Yang in Contr. Biol. Lab. Sci. Soc. China Bot. Ser. 12:111. 1939.

形态特征:常绿、半常绿灌木,高
2.0～3.0 m。小枝灰绿色,圆柱状,被短柔
毛。单叶,对生,长卵圆形,或椭圆形,长
1.0～3.0 cm,宽5～11 mm,先端钝圆,或微
凹,基部窄楔形,或楔形,边缘全缘,略向外
反卷,表面深绿色,具光亮,绿色,无毛,或微
凹,基部窄楔形,或楔形,边缘全缘,略向外反
卷,表面深绿色;叶柄长1～3 mm。花序为穗
状花序,顶生,长7.0～21.0 cm,花序轴及分
枝轴被短柔毛。花白色;花冠筒与裂片等长;
无花梗。果实宽椭圆体状,长8～9 mm,径
4～6 mm,成熟时带紫红色,具光泽,无毛;无
果梗。花期5～8月;果实成熟期9～11月。

产地:小叶女贞产于我国,分布很广。河
南各省山区有分布,平原有栽培。郑州市紫
荆山公园有栽培。

识别要点:小叶女贞为常绿灌木,高2.0～
3.0 m。单叶,对生,长卵圆形,或椭圆形,先

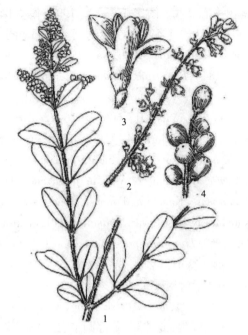

图192　小叶女贞 Ligustrum quihoui Carr.
1.花枝;2.花序;3.花;4.果穗(选自《树木学》)。

端钝圆,基楔形,边缘全缘,向下微反,表面深绿色,具光亮,绿色,无毛。花序为穗状花序,
花序轴及分枝轴被短柔毛。花白色;花冠筒与裂片等长;无梗。果实宽椭圆体状,成熟时
带紫红色;无果梗。

生态习性:小叶女贞与小蜡相似。

繁育与栽培技术要点:小叶女贞采用播种繁殖。栽培技术通常采用穴栽,丛株采用带
土穴栽。

主要病虫害:小叶女贞主要病虫害有锈病、立枯病、介壳虫等。其防治技术,见杨有乾
等编著. 林木病虫害防治. 河南科学技术出版社,1982。

主要用途:小叶是园林中常用的观赏树种,可于庭院孤植,或丛植。因其适应性强,生
长快又耐修剪,也用作绿篱。

3. 小蜡　图193　图版50:11～14

Ligustrum sinense Lour. ,Fl. Cochinch. 1:23. 1790;丁宝章等主编. 河南植物志 第
三册:246. 图1792:1～2. 1997;朱长山等主编. 河南种子植物检索表:320. 1994;郑万钧
主编. 中国树木志 第四卷:4487～4488. 图2396:1～8. 2004;陈嵘著. 中国树木分类学:
1026. 图911. 1937;中国科学院植物研究所主编. 中国高等植物图鉴 第三册:362. 图
4677. 1983;丁宝章等主编. 河南植物志 第三册:245～246. 图1791. 1997;郑万钧主编.
中国树木志 第四卷:4485. 图2394. 2004;金平亮三著. 台湾植物志 第四卷:141. 图942.
1978;中国科学院中国植物志编辑委员会. 中国植物志 第六十一卷:158～159. 图版44:
1～8. 1992;卢炯林等主编. 河南木本植物图鉴:357. 图1070. 1998;中国科学院西北植
物研究所编著. 秦岭植物志 第一卷 种子植物 (第四册):88～89. 1983;王遂义主编. 河

南树木志:540. 图 570:1～2. 1994;傅立国等主编. 中国高等植物 第十卷:53. 图 86. 2004;李法曾主编. 山东植物精要:433. 图 1563. 2004;*Ligustrum calleryanum* Decaisne in Nouv. Arch. Mus. Hist. Nat. Paris,sér. 2,2:235. 1879;*Ligustrum stauntoni* DC. ,Prodr. 8: 294. 1844;*Ligustrum deciduum* Hemsl. in Journ. Linn. Soc. Bot. 26:90. 1889;*Ligustrum sienese* Lour. var. *stauntonii*(DC.) Rhed. in Bailey, Cycl. Am. Hort. 2:913. 1900 et in Sargent,Pl. Wils. II. 606. 1916;*Ligustrum sinense* Lour. var. *nitidum* Rehd. in Bailey, Stand. Cycl. Hort. 4:1700. 1915 et in Sargent, Pl. Wils. II. 606. 1916;*Ligustrum microcarpum* Kanehira & Sasaki in Trans. Nat. Hist. Soc. Formos. 21:146. 1931;*Ligustrum nokoense* Masamune & Mori in Journ Soc. Trop. Agr. 4:191. 1932 "nokoensis";*Ligustrum shakaroense* Kanehira, Formos. Trees rev. ed. 620, f. 576. 1936;*Ligustrum microcarpum* Kanehira & Sasaki var. *shakaroense*(Kanehira)Shimizu & Kao in Acta Phytotax,Geobot. 20: 69. 1962;*Ligustrum pricei* auct. non Hayata 1915;Mansf. 1. c. 59,Beibl. 132:56. 1924.

形态特征:落叶,或常绿灌木,或小乔木。小枝圆柱状,密被黄色短柔毛。单叶,对生,薄革质,椭圆形,长 3.0～4.5 cm,宽 1.0～1.8 cm,先端锐尖,或钝圆,基部圆形,或宽楔形,边缘全缘,表面绿色,具光亮,两面无毛,侧脉 4～9 对;叶柄长 3～6 mm,被短柔毛。花序为圆锥花序,顶生,或腋生,长 6.0～10.0 cm;花序枝及分枝密被短柔毛。花白色;花萼钟状,被柔毛,或无毛,裂片与萼筒等长;花冠裂片略长于冠筒;花冠筒长 1.5～2.5 mm;雄蕊 2 枚,外伸。核果近球状,径 4～8 mm,成熟时黑色,被白粉。花期 3～6 月;果实成熟期 9～11 月。

图 193　小蜡 Ligustrum sinense Lour.
1、2. 花枝;3. 花;4. 果枝;5～8. 叶形变异(选自《中国树木志》)。

产地:小蜡产于我国长江流域以南各省(区、市)。河南、陕西、甘肃等省也分布与栽培。河南伏牛山区、桐柏山区有分布,各地有栽培。郑州市紫荆山公园有栽培。

识别要点:小蜡为落叶,或常绿灌木,或小乔木。小枝圆柱状,密被黄色短柔毛。单叶,对生,薄革质,椭圆形,边缘全缘,两面无毛;叶柄被短柔毛。花序为圆锥花序,顶生,花序枝及分枝密被短柔毛。花白色;花萼钟状,被柔毛,裂片与萼筒等长;花冠裂片略长于冠筒;雄蕊 2 枚,外伸。核果近球状。

生态习性:小蜡为阳性树种,喜光,喜温暖环境。适生于深厚、肥沃、湿润的土壤,对土壤的适应性强,酸性、中性、碱性土及轻度盐碱土均可生长。忌积水,不耐干旱和贫瘠。

繁育与栽培技术要点:小蜡采用播种繁殖。栽培技术通常采用穴栽,丛株采用带土穴栽。

主要病虫害:小蜡主要病虫害有立枯病、蝼蛄、介壳虫等。其防治技术,见杨有乾等编著. 林木病虫害防治. 河南科学技术出版社,1982。

主要用途:小蜡枝叶茂密,在园林中常用作绿篱。

品种:

1.1　小蜡　原品种

Ligustrum sinense Lour. '**Sinense**'

1.2　'金叶'小蜡　品种　图版 50:15

Ligustrum sinense Lour. '**Jinye**' *

本品种叶黄色,或淡黄色。

产地:'金叶'小蜡河南各地有栽培。郑州市紫荆山公园有栽培。

注: * 尚待查证。

(二)素馨亚科

Oleaceae Lindl. sbufam. **Jasminoideae** Knobl. in Engl. & Plantl. Nat. Pflanzenfam. 4(2):13. 1895;中国科学院中国植物志编辑委员会. 中国植物志 第六十一卷:174. 1992。

形态特征:雌花子房具向上胚珠 1~2 枚,胚珠着生于子房基部,或近基部。果为浆果,双生,或单生,或为扁球状蒴果。胚根向下。

产地:本亚科植物有 2 族、约 4 属。我国有 2 族、3 属。河南有 1 族、1 属。郑州市紫荆山公园有 1 族、1 属、4 种栽培。

Ⅳ. 素馨族

Oleaceae Lindl. trib. **Jasmineae** in Engl. Gen. 573. 1838;中国科学院中国植物志编辑委员会. 中国植物志 第六十一卷:174. 1992。

形态特征:叶对生、互生,稀轮生;单叶、3 出复叶,或奇数羽状复叶。花两性,花萼具齿 4~12 枚;花冠具裂片 4~12 枚。浆果双生,或其中一个不育而成单生,或为扁球状蒴果。

产地:本族植物约 3 属。我国有 2 属。河南有 1 族、1 属、4 种。郑州市紫荆山公园有 1 族、1 属、4 种栽培。

(Ⅷ) 素馨属　茉莉属

Jasminum Linn. ,Sp. Pl. 7. 1753;Gen. Pl. ed. 5,7. 1754;丁宝章等主编. 河南植物志 第三册:248. 1997;朱长山等主编. 河南种子植物检索表:320~321. 1994;郑万钧主编. 中国树木志 第四卷:4438. 2004;中国科学院中国植物志编辑委员会. 中国植物志 第六十一卷:174~175. 1992;中国科学院西北植物研究所编著. 秦岭植物志 第一卷 种子植物(第四册):92. 1983;王遂义主编. 河南树木志:541. 1994;傅立国等主编. 中国高等植物 第十卷:57. 2004。

形态特征:常绿,或落叶小乔木,直立,或攀缘状灌木。单叶、3 小叶,或奇数羽状复叶,对生、互生,稀轮生,边缘全缘;叶柄有时具关节,无托叶。花序为聚伞花序组成圆锥状花序、总状花序、伞房状花序、伞状复花序;稀单花腋生,有时花序基部的苞片呈小叶状。花两性,花萼钟状、杯状或漏斗状,具齿 4~12 枚;花冠白色,或黄色,稀红色,或紫色,高脚碟状,或漏斗状,裂片 4~12 枚,花蕾时呈覆瓦状排列;雄蕊 2 枚,内藏,着生于花冠筒近中部,花丝短,花药背部着生,药室内向侧裂;雌花子房 2 室,每室具向上胚珠 1 ~ 2 枚,近基部侧面着生,花柱常异长,丝状,柱头头状,或棒状,2 裂。浆果双生,或其中一个不育而成单生,果成熟时黑色至蓝黑色,果皮肥厚,或膜质,果片球状,或椭圆体状。种子无胚乳;胚根向下。

本属模式种:素方花 Jasminum officinale Linn. 。

产地:本属植物有 200 余种,分布于非洲、亚洲各国、澳大利亚,以及太平洋南部诸岛屿;南美洲仅有 1 种。我国有 47 种、1 亚种、4 变种、4 变型,其中 2 种系栽培,分布于秦岭山脉以南各省(区、市)。河南有 2 种、1 亚种,各地有栽培。郑州市紫荆山公园有 3 种栽培。

本属植物分种检索表

1. 枝条下垂。叶对生,3 出复叶,小枝基部常具单叶。
    2. 小枝四棱状,棱上多少具狭翼。顶生小叶长 1.0 ~ 3.0 cm,宽 0.3 ~ 1.1 cm,无柄,或基部延伸成短柄。花萼裂片 5 ~ 6 枚 ………………………… 迎春花 Jasminum nudiflorum Lindl.
    2. 小枝四棱状,具沟。顶生小叶长 2.5 ~ 6.5 cm,宽 0.5 ~ 2.2 cm,基部延伸成短柄。花萼钟状,裂片 5 ~ 8 枚 ………………………… 野迎春 Jasminum mesnyi Hancein
1. 奇数羽状复叶。小叶常 3 ~ 5 枚,稀 7 枚,或单叶。花序为聚伞花序、伞状聚伞花序,顶生 ……
    ………………………… 探春花 Jasminum floridum Bunge

1. 迎春花　图 194　图版 51:1 ~ 3

Jasminum nudiflorum Lindl. in Journ. Hort. Soc. London 1:153. 1846;陈嵘著. 中国树木分类学:1033. 图 917. 1937;中国科学院植物研究所主编. 中国高等植物图鉴 第三册:366. 图 4685. 1983;丁宝章等主编. 河南植物志 第三册:249. 图 1795. 1997;朱长山等主编. 河南种子植物检索表:320. 1994;郑万钧主编. 中国树木志 第四卷:4444. 图 2369:1 ~ 2. 2004;中国科学院中国植物志编辑委员会. 中国植物志 第六十一卷:184 ~ 185. 图版 49:1 ~ 2. 1992;卢炯林等主编. 河南木本植物图鉴:359. 图 1075. 1998;中国科学院西北植物研究所编著. 秦岭植物志 第一卷 种子植物(第四册):94 ~ 95. 1983;王遂义主编. 河南树木志:542 ~ 543. 图 573. 1994;傅立国等主编. 中国高等植物 第十卷:63. 图 104. 2004;李法曾主编. 山东植物精要:434. 图 1568. 2004;*Jasminum angulare* sensu Bunge in Mém. Div. Sav. Acad. Sci. St. Pétersb. 2:116(Enum. Pl. Bor. 42. 1833). 1835,non Vahl 1805;*Jasminum sieboldianum* Blume,Mus. Bot. Ludg. – Bat. 1:280. 1850.

形态特征:灌木,直立,或匍匐,高达 5.0 m。枝条下垂,稍扭曲,无毛;小枝四棱状,棱上多少具狭翼。叶对生,三出复叶;小枝基部常具单叶;叶轴具狭翼;叶柄长 3 ~ 10 mm,无毛。小叶卵圆形、长卵圆形,或椭圆形,狭椭圆形,稀倒卵圆形,先端具短尖头,基部楔形,边缘反卷,中脉在表面微凹入,背面凸起,侧脉不明显;顶生小叶片较大,长 1.0 ~ 3.0 cm,宽 0.3 ~ 1.1 cm,无柄,或基部延伸成短柄,侧生小叶片长 0.6 ~ 2.3 cm,宽 0.2 ~ 11 cm,无柄;单叶为卵圆形,或椭圆形,有时近圆形,长 0.7 ~ 2.2 cm,宽 0.4 ~ 1.3 cm。花单生叶腋,稀生于小枝顶端;苞片小叶状,披针形、卵圆形,或椭圆形,长 3 ~ 8 mm,宽 1.5 ~ 4 mm;

花梗长 2～3 mm；花萼绿色，裂片 5～6 枚，窄披针形，长 4～6 mm，宽 1.5～2.5 mm，先端锐尖；花冠黄色，径 2.0～2.5 cm，花冠筒长 0.8～2.0 cm，基部直径 1.5～2 mm，高脚碟状，裂片 5～6 枚，长圆形，或椭圆形，长 0.8～1.3 cm，宽 3～6 mm，先端锐尖，或圆钝。花期 2～4 月；果实成熟期 7～8 月。

产地：迎春花产于我国河北、山东、河南、福建、贵州、甘肃、陕西、四川等省及云南西北部、西藏东南部普遍栽培。河南各地有栽培。郑州市紫荆山公园有栽培。

识别要点：迎春花为常绿灌木，直立，或匍匐，高达 5.0 m。枝条下垂，稍扭曲，无毛；小枝四棱状，棱上多少具狭翼。叶对生，3 出复叶；小枝基部常具单叶；叶轴具狭翼。花单生叶腋，稀生于小枝顶端；

图 194　迎春花 Jasminum nudiflorum Lindl.
1. 花枝；2. 花冠展开（选自《中国树木志》）。

苞片小叶状；花冠黄色，花冠筒高脚碟状，裂片 5～6 枚。

生态习性：迎春花喜光，稍耐阴，略耐寒，怕涝，在华北地区可露地越冬，要求温暖而湿润的气候，疏松肥沃和排水良好的沙质土，在酸性土中生长旺盛，碱性土中生长不良。根部萌发力强。枝条着地部分极易生根。

繁育与栽培技术要点：迎春花以扦插为主，也可用压条、分株繁殖。栽培技术通常丛株采用带土穴栽。

主要病虫害：迎春花主要病虫害有花叶病、灰霉病、斑点病、叶斑病等。其防治技术，见杨有乾等编著. 林木病虫害防治. 河南科学技术出版社，1982。

主要用途：迎春花枝条披垂，冬末至早春先花后叶，花色金黄，叶丛翠绿。在园林绿化中宜配置在湖边、溪畔、桥头、墙隅，或在草坪、林缘、坡地，房屋周围也可栽植，可供早春观花。药用价值：叶、花叶有活血解毒、消肿止痛、跌打损伤、创伤出血，发汗，解热利尿等功效。用于治疗发热头痛、小便涩痛之症。

2. 探春花　迎夏　图 195　图版 51：4～5

Jasminum floridum Bunge 4Mém. Div. Sav. Acad. Sci. St. Pétersb. 2：116（Enum. Pl. Chin. Bor. 42. 1833）. 1835；陈嵘著. 中国树木分类学：1034. 图 918. 1937；中国科学院植物研究所主编. 中国高等植物图鉴 第三册：365. 图 4684. 1983；丁宝章等主编. 河南植物志 第三册：248. 图 1794：1～3. 1997；朱长山等主编. 河南种子植物检索表：320. 1994；郑万钧主编. 中国树木志 第四卷：4018. 图 2093：1. 2004；中国科学院中国植物志编辑委员会. 中国植物志 第六十一卷：182～183. 图版 48：5～6. 1992；卢炯林等主编. 河南木本植物图鉴：359. 图 1076. 1998；中国科学院西北植物研究所编著. 秦岭植物志 第一卷 种子植物（第四册）：93. 图 90. 1983；王遂义主编. 河南树木志：542. 图 572：1～3.

1994；傅立国等主编. 中国高等植物 第十卷：59. 图96. 2004；李法曾主编. 山东植物精
要：433. 图 1566. 2004；*Jasminum subulatum* Lindl. in Bot. Rég. 18（Misc. not.）：57.
1842；*Jasminum floridum* Bunge var. *spinescens* Diels in Bot. Jahrb. 29：534. 1901；*Jasminum
argyi* Lévl. in Mém. Acad. Cl. Art. Barcelona 12（no. 22）. 557（Cat. Pl. Kiang－Sou，
17）. 1916，sphalm. "Argy.".

　　形态特征：常绿灌木，高达3.0 m。小枝
绿色，具4棱，无毛。奇数羽状复叶，互生。
小叶常3~5枚，稀7枚，或单叶，卵圆形、卵
圆－长圆形、椭圆形，稀倒卵圆形、圆形，长
0.7~3.5 cm，宽0.5~2.0 cm，先端渐尖，表
面中脉微凹入，背面凸起，侧脉不明显；顶生
小叶片较大，长1.0~3.0 cm，宽0.3~1.1
cm，无柄，或基部延伸成短柄，侧生小叶片长
0.7~1.2 cm；具柄；单叶卵圆形，或椭圆形，
稀近圆形，长1.0~2.5 cm，宽0.5~2.0 cm。
花序为聚伞花序、伞状聚伞花序，顶生，具花
3~5朵；苞片锥状；花萼筒绿色，具5棱，裂
片锥状，长1~3 mm；花冠黄色，近漏斗状；花
冠筒长0.9~1.5 cm，裂片长圆形，或卵圆
形，长4~8 mm，先端锐尖。浆果球状、长圆
体状，成熟时黑色。花期5~6月；果实成熟
期9~10月。

图195　探春花 Jasminum floridum Bunge
（选自《中国高等植物图鉴》）。

　　产地：探春花分布于我国甘肃、陕西、湖
北、四川、河南等省。江苏等地有栽培。河南
各地有栽培。郑州市紫荆山公园有栽培。

　　识别要点：探春花为常绿灌木。小枝绿色，具棱。奇数羽状复叶。小叶常3~5枚，稀
7枚，或单叶。花序为聚伞花序、伞状聚伞花序，顶生。花冠黄色，近漏斗状；花冠筒裂片
长圆形，或卵圆形。花期5~6月。

　　生态习性：探春花喜光，耐阴，耐寒性较强，北方冬季风雨季节安然无恙。

　　繁育与栽培技术要点：探春花繁殖用扦插、压条均可，方法同迎春花。栽培技术通常
丛株采用带土穴栽。

　　主要病虫害：探春花病虫害同迎春花。

　　主要用途：探春花枝条长而柔弱，下垂，或攀缘，碧叶黄花，可于堤岸、台地和阶前边缘
栽植，特别适用于宾馆、大厦顶棚布置，也可盆栽观赏。

　　3. 野迎春　云南黄馨、云南黄素馨　河南新记录种　图196　图版51：6~7

Jasminum mesnyi Hance in Journ. Bot. 20：37. 1882；中国科学院中国植物志编辑委
员会. 中国植物志 第六十一卷：183~184. 1992；傅立国等主编. 中国高等植物 第十卷：
63. 图103. 2004；中国科学院昆明植物研究所编著. 云南植物志 第四卷：650. 1986；陈嵘

著. 中国树木分类学: 1034. 1937;——Hemsl. in Journ. Linn. Soc. Bot, 26: 79. 1889;——Lévl. in Fedde, Rep. Sp. Nov. 13:150. 1914;——Chung in Mem. Sci. Soc. China 1:216. 1924;——Kobuski in Journ. Arn. Arb. 13:152. 1932,40:386. 1959;—— Hand. – Mazz. Symb. Sin. 7:1012. 1936;——Rehd. Man. Cultivated Trees and Shrubs:ed. 2,791. 1940;——Chia in Acta Phytotax. Sin. 2:29. 1952;——Hara in Enum. Fl. Pl. Nepal 3:80. 1982;——Miao in Bull. Bot. Res. 4(1):91. 1984; *Jasminum primulinum* Hemsl. in Kew Bull. 1895:109. 1895;——Oliv. in Hook. I. c. Pl. 24: t. 2384. 1895;——Hemsl. in Curtis's Bot. Mag. 130:t. 7981. 1904;——Lévl. in Fedde, Rep. Sp. Nov. 13:150. 1914;——Chung in Mem. Sci. Soc. China 1:216. 1924;——Rehd. Man. Cult. Trees & Shrubs:ed. 2,792. 1940.

形态特征:半常绿灌木。枝条下垂。小枝四棱状,具沟。叶对生,三出复叶,或具单叶。小叶近革质,长卵圆形,或长卵－披针形,顶生小叶长 2.5~6.5 cm,宽 0.5~2.2 cm,基部延伸成短柄,侧生小叶小,长 1.5~4.0 cm,宽 0.6~2.0 cm,无柄,先端钝,具小尖头,基部楔形,两面无毛,边缘反卷,具缘毛。花常单生于叶腋,稀双生,或单生于小枝顶端;苞片叶状,倒卵圆形,长 5~10 mm,宽 2~4mm;花萼钟状,裂片 5~8 枚,披针形;花冠黄色,漏斗状,径 2.0~4.5 cm,裂片 6~8 枚;花梗粗壮。栽培时出现重瓣。果椭圆体状,两心皮基部愈合。花期 11 月至翌年 8 月;果实成熟期 3~5 月。

图 196　野迎春 Jasminum mesnyi Hance
（选自《河北植物志》）。

产地:野迎春产于四川、贵州、云南等省。河南有栽培。郑州市紫荆山公园有栽培。

识别要点:野迎春半常绿灌木。小枝四棱状,具沟。叶对生,三出复叶。小叶近革质,顶生小叶大,侧生小叶小,边缘反卷。花常单生于叶腋;苞片叶状;花萼钟状,裂片 5~8 枚,披针形;花冠黄色,漏斗状,较大,有重瓣。

生态习性:野迎春喜温暖、湿润的自然条件,土壤以富含腐殖质的沙质壤土为好。

繁育与栽培技术要点:野迎春采用扦插繁殖和分株繁殖。栽培技术采用穴栽,丛株采用带土穴栽。

主要病虫害:野迎春病虫害与迎春相同。

主要用途:野迎春花大美丽,是温带和亚热带地区广泛栽培的观赏花卉。

六十二、夹竹桃科

Apocynaceae Lindl. ,Nat. Syst. Bot. ed. 2,299. 1836;丁宝章等主编. 河南植物志 第三册:271. 1997;朱长山等主编. 河南种子植物检索表:325~326. 1994;郑万钧主编. 中

国树木志 第四卷:4495. 2004;中国科学院中国植物志编辑委员会. 中国植物志 第六十三卷:1. 1977;中国科学院西北植物研究所编著. 秦岭植物志 第一卷 种子植物(第四册):129. 1983;王遂义主编. 河南树木志:564. 1994。

　　形态特征:乔木,直立灌木,或木质藤木,稀多年生草本;具乳汁,或水液。单叶,对生、轮生,稀互生,边缘全缘,稀具细齿,羽状脉;无托叶,或退化成腺体,稀有假托叶。花两性、辐射对称,单生,或花序为聚伞花序,顶生,或腋生;花萼裂片 5 枚,稀 4 枚,基部合生成筒状,或钟状,裂片通常为双盖覆瓦状排列,基部内面通常具腺体;花冠合瓣,高脚碟状、漏斗状、坛状、钟状、盆状,稀辐状,裂片 5 枚,稀 4 枚,覆瓦状排列,其基部边缘向左覆盖,或向右覆盖,稀镊合状排列,花冠喉部通常具副花冠,或鳞片,或毛状附属体;雄蕊 5 枚,着生在花冠筒上,或花冠喉部,内藏,或伸出,花丝分离,花药 2 室,分离,或互相黏合并贴生在柱头上;花粉颗粒状;花盘环状、杯状,或舌状,稀无花盘;子房上位,稀半下位,1～2 室,或 2 枚心皮离生,或 2 枚心皮合生组成,花柱 1 枚,基部合生,或分离,柱头环状、头状,或棒状,2 裂;胚珠 1 枚至多枚。果实为浆果、核果、蒴果,或蓇葖果。种子通常一端被毛,稀两端被毛,或仅有膜翅,或毛、翅均无,通常有胚乳及直胚。

　　本科模式属为:罗布麻属 Apocynum Linn.。

　　产地:本科植物约有 250 属、2 000 余种,分布于全世界热带、亚热带各国,少数在温带地区。我国有 46 属、176 种、33 变种,主要分布于长江流域以南各省(区、市)及台湾等沿海岛屿,少数种分布于北部及西北部各省(区)。河南有 4 属、5 种、1 变种,各地有栽培。郑州市紫荆山公园有 3 属、5 种栽培。

本科植物分属检索表

1. 常绿直立灌木,或小乔木。叶轮生,稀对生,革质。花序为伞房状排成伞房状花序,顶生。花红色;栽培品种白色,或黄色等;花冠圆筒状,上部呈钟状,喉部具 5 枚宽鳞片状副花冠;雄蕊着生在花冠筒中部以上;无花盘 ………………………………………… 夹竹桃属 Nerium Linn.
1. 攀缘灌木。叶对生。
 　2. 花序为聚伞花序,稀为圆锥状花序,顶生、腋生,或近腋生。花白色,或紫色;花冠圆筒状,5 棱,喉部缢状,5 棱,喉部缢缩;雄蕊着生在花冠筒膨大之处;花盘环状,5 裂 …………………………………………………………………… 络石属 Trachelosprmus Lem.
 　2. 花单生叶腋,极少 2 朵。花冠漏斗状,花冠筒比花萼长,花冠裂片斜形;雄蕊着生在花冠筒中部以下;花盘由 2 枚,或数枚舌片组成 ……………………… 蔓长春花属 Vinca Linn.

(一) 夹竹桃亚科

Apocynaceae Lindl. subfam. **Apocynoideae** Woodson in Ann. Bot. Gard. 17:9. 1930;中国科学院中国植物志编辑委员会. 中国植物志 第六十三卷:115. 1977。

　　形态特征:雄蕊互相黏合并贴生在柱头上;花药箭头状,先端渐尖,基部具耳,稀非箭头状;花冠裂片向左覆盖,稀向右覆盖。果实为蓇葖果。种子先端被长种毛。

　　产地:本亚科植物我国有 6 族,主要分布于长江流域以南地区。

I. 夹竹桃族

Apocynaceae Lindl. subtrib. **Apocyneae** Airy Shaw in Willis,Dict. Fl. Ferns rev. VII.

78. 1966；中国科学院中国植物志编辑委员会. 中国植物志 第六十三卷：146. 1977；*pocynaceae subtrib. Apocyneae* Horaninov，Tetractya Nat. 27. 1843，nom. subnud.

形态特征：常绿直立灌木、半灌木，或小乔木。花冠喉部具副花冠。

产地：本族植物我国有 4 属。

（Ⅰ）夹竹桃属

Nerium Linn. ，Sp. Pl. 209. 1753；丁宝章等主编. 河南植物志 第三册：274. 1997；朱长山等主编. 河南种子植物检索表：326. 1994；郑万钧主编. 中国树木志 第四卷：4532. 2004；中国科学院中国植物志编辑委员会. 中国植物志 第六十三卷：146～147. 1977 图；中国科学院西北植物研究所编著. 秦岭植物志 第一卷 种子植物（第四册）：129. 1983；王遂义主编. 河南树木志：546. 1994。

形态特征：常绿直立灌木，或小乔木。枝条灰绿色，含水液。叶轮生，稀对生，革质，羽状脉，侧脉密生而平行；具柄。花序为伞房状聚伞房状花序，顶生，具总花梗。花萼 5 裂，裂片披针形，双覆盖瓦状排列，内面基部具腺体；花冠漏斗状，红色；栽培品种白色，或黄色；花冠筒圆筒状，上部扩大呈钟状，喉部具 5 枚宽鳞片状副花冠，每片先端撕裂；花冠裂片 5 枚，稀重瓣，裂片斜倒卵圆形，蕾时向右覆盖；雄蕊 5 枚，着生在花冠筒中部以上，花丝短，花药箭头状，腹部附着柱头周围，基部具耳，先端渐尖，药隔延长成丝状，被长柔毛；无花盘；子房由 2 枚离生心皮组成，花柱丝状，或中部以上加厚，柱头近球状，基部膜质环状，先端具尖头。每心皮有胚珠多颗。蓇葖果双生，离生，长圆体状。种子长圆体状，种皮被短柔毛，顶端具种毛。

本属模式种：Nerium oleander Linn. 。

产地：本属植物约有 4 种，分布于地中海沿岸各国及亚洲热带、亚热带各国，少数种分布于温带地区。我国引种栽培有 2 种、1 变种，主要分布于长江流域以南各省（区、市）及台湾等。河南有 1 种，各地有栽培。郑州市紫荆山公园有 1 种栽培。

1. 夹竹桃　图 197　图版 51:8～9

Nerium indicum Mill. ，Gard. Dict. ed. 8，no. 2. 1786；中国科学院植物研究所主编. 中国高等植物图鉴 第三册：441. 图 4836. 1983；广东省植物研究所编辑. 海南植物志 第三卷：248. 图 696. 1974；丁宝章等主编. 河南植物志 第三册：274～275. 图 1820. 1997；朱长山等主编. 河南种子植物检索表：326. 1994；郑万钧主编. 中国树木志 第四卷：4532～4533. 图 2433. 2004；中国科学院中国植物志编辑委员会. 中国植物志 第六十三卷：147. 149. 图版 49. 1977；卢炯林等主编. 河南木本植物图鉴：360. 图 1079. 1998；中国科学院西北植物研究所编著. 秦岭植物志 第一卷 种子植物（第四册）：129～130. 图 127. 1983；潘志刚等编著. 中国主要外来树种引种栽培：658～660. 1994；王遂义主编. 河南树木志：546. 图 577. 1994；李法曾主编. 山东植物精要：438. 图 1583. 2004；*Nerium odorum* Soland in Aiton Hort. Kew，ed. 1,1：297. 1789；*Nerium oleander* Linn. var. *indicum* Degener et Greenwell in Degener Fl. Hawaii Family 305. 1952.

形态特征：常绿直立灌木，或小乔木，高达 5.0 m。1 年生枝嫩绿色，幼时具棱，被微毛，后无毛。叶 3～4 枚轮生，枝下部对生，革质，窄披针形，先端急尖，基部楔形，边缘反卷，长 11.0～15.0 cm，宽 2.0～2.5 cm，表面深绿，无毛，叶背浅绿色，幼时被疏微毛，后无毛,表面中脉陷入,背面凸起,侧脉纤细,密生而平行,每边达120条,直达叶缘;叶柄扁平,基部稍宽,长5~8 mm,幼时被微毛,后无毛。花序为聚伞花序,顶生;总花梗长约3.0 cm,被微毛;苞片披针形,长7 mm,宽1.5 mm;花萼5深裂,红色,披针形,长3~4 mm,外面无毛,内面基部具腺体;花冠深红色,或粉红色(栽培品种有白色,或黄色)。花冠为单瓣呈5裂时,其花冠为漏斗状,长和径约3.0 cm,其花冠筒圆筒形,上部扩大呈钟状,长1.6~2.0 cm,花冠筒内面被长柔毛,花冠喉部具5枚宽鳞片状副花冠,每片先端撕裂,并伸出花冠喉部之外,花冠裂片倒卵圆形,先端圆形,长约1.5 cm,宽约1.0 cm;花冠具花瓣15~18枚时,裂片组成3轮,内轮为漏斗状,外面2轮为辐射状,分裂至基部,或每2~3片基部连合,裂片长

图197　夹竹桃 Nerium indicum Mill.

1.花枝;2.花的纵剖面,示撕裂状附属体、雄蕊及雌蕊;3.雄蕊;4.雌蕊(选自《树木学》)。

2.0~3.5 cm,宽约1.0~2.0 cm,每裂片基部具长圆形而先端撕裂的鳞片;雄蕊着生在花冠筒中部以上,花丝短,被长柔毛,花药箭头状,内藏,与柱头连生,基部具耳,先端渐尖,药隔延长呈丝状,被柔毛;无花盘;心皮2枚,离生,被柔毛,花柱丝状,柱头近球状。每心皮具胚珠多颗。蓇葖果双生,离生,平行,或并连,长圆体状,两端较窄,长10.0~23.0 cm,径6.0~10 mm,绿色,无毛,具细纵条纹。种子长圆体状,褐色,种皮被锈色短柔毛,先端具黄褐色丝优毛。花期几乎全年,夏秋为最盛;果期一般在冬春季。

产地:夹竹桃原产于伊朗、印度、尼泊尔。现广植于世界热带、亚热带及温带各国。我国各省(市、区)广泛栽培,尤以南方为多。黄河以北地区栽培冬季须在温室越冬。河南各地有栽培。郑州市紫荆山公园有栽培。

识别要点:夹竹桃为常绿直立灌木,或小乔木。叶3~4枚轮生,稀对生,革质,窄披针形,先端急尖,基部楔形,叶缘反卷。花序为聚伞花序,顶生。花萼5深裂,红色,披针形;花冠深红色,或粉红色(栽培品种有白色,或黄色)。蓇葖果双生,离生,平行,或并连,长圆体状。花期几乎全年,夏秋为最盛;果期一般在冬春季。

生态习性:夹竹桃喜光,喜温暖湿润气候,不耐寒,忌水渍,耐一定程度干燥空气。适生于排水良好、肥沃的中性土壤,微酸性、微碱土也能适应。

繁育与栽培技术要点:夹竹桃扦插繁殖为主,也可分株和压条。栽培技术通常采用穴栽,丛株采用带土穴栽。

主要病虫害：夹竹桃主要病虫害有褐斑病、介壳虫等。其防治方法，见杨有乾等编著．林木病虫害防治．河南科学技术出版社，1982。

主要用途：夹竹桃品种很多，花色多种，是著名的观赏花卉。夹竹桃有抗烟雾、抗灰尘、抗毒物和净化空气、保护环境的能力。夹竹桃还分泌对人身有害的气味，应引起注意和重视。

品种：

1.1　夹竹桃　原品种

Nerium indicum Mill．'**Indicum**'

1.2　'白花'夹竹桃　品种　　图版51:8（左）、10

Nerium indicum Mill．'**Paihua**'，*Nerium indicum* Mill. cv. Paihua，中国科学院中国植物志编辑委员会．中国植物志 第六十三卷:149．1977；朱长山等主编．河南种子植物检索表:325～326．1994．

本品种花白色。花期几乎全年。

产地：'白花'夹竹桃河南各地有栽培。郑州市紫荆山公园有栽培。

（Ⅱ）络石属

Trachelosprmus Lem. in Jard. Fleur. 1: t. 61. 1851；丁宝章等主编．河南植物志 第三册:276．1997；朱长山等主编．河南种子植物检索表:326．1994；郑万钧主编．中国树木志 第四卷:45～46．2004；中国科学院中国植物志编辑委员会．中国植物志 第六十三卷:207．1977；中国科学院西北植物研究所编著．秦岭植物志 第一卷 种子植物（第四册）:131～132．1983；王遂义主编．河南树木志:547．1994。

形态特征：攀缘灌木，全株具白色乳汁，无毛，或被柔毛。叶对生，具羽状脉。花序为聚伞花序，稀为圆锥状花序，顶生、腋生，或近腋生。花白色，或紫色；花萼5裂，裂片双盖覆瓦状排列，花萼内面基部具5～10枚腺体，腺体顶端作细齿状；花冠高脚碟状，花冠筒圆筒状，5棱，在雄蕊着生处膨大，喉部缢缩，先端5裂，裂片长圆状镰刀形，或斜倒卵－长圆形，向右覆盖；雄蕊5枚，着生在花冠筒膨大之处，通常隐藏，稀花药顶端露出花喉外，花丝短，花药箭头状，基部具耳，先部短渐尖，腹部粘生在柱头的基部；花盘环状，5裂；子房由2枚离生心皮所组成，花柱丝状；每心皮有胚珠多颗。蓇葖果双生。种子顶端具白色丝毛。

本属模式种：素馨花络石 Trachelospermum jasminoides（Lindl.）Lem.。

产地：本属植物约有30种，分布于亚洲热带、亚热带及温带各国。我国有10种、6变种，各省（市、区）广泛栽培，尤以南方为多。河南有2种，各地有栽培。郑州市紫荆山公园有1种栽培。

1. 络石　图198　图版51:11～12

Trachelospermum jasminoides（Lindl.）Lem. in Jard. Fleur. 1:t. 61. 1851；陈嵘著．中国树木分类学:1074．1937；贺士元等．北京植物志 中册:756．图678．1957；中国科学院植物研究所主编．中国高等植物图鉴 第三册:453．图4860．1983；广东省植物研究所编辑．海南植物志 第三卷:244．图691．1973；丁宝章等主编．河南植物志 第三册:277．图1822:5～8．1997；朱长山等主编．河南种子植物检索表:326．1994；郑万钧主编．中国树木志 第四卷:4547～4548．图2445．2004；中国科学院中国植物志编辑委员会．中国植

物志 第六十三卷:216. 218. 1977;卢炯林等主编. 河南木本植物图鉴:361. 图 1081.
1998;中国科学院西北植物研究所编著. 秦岭植物志 第一卷 种子植物(第四册):133.
1983;王遂义主编. 河南树木志:547～548. 图 578:5～8. 1994;李法曾主编. 山东植物精
要:438. 图 1582. 2004;*Rhynchospermum jasminoides* Lindl. in Journ. Hort. Soc. Lond. 1:
74. f. 1846.

形态特征:常绿木质藤本,长达 10.0 m,具
乳汁。茎圆柱状,赤褐色,无气生根。小枝被
黄色柔毛,后无毛。叶革质,或近革质,椭圆
形,或宽倒卵圆形,长 2.0～10.0 cm,宽 1.0～
4.0 cm,先端锐尖至渐尖,基部狭楔形,表面无
毛,背面初被疏短柔毛,后无毛,侧脉每边 6～
12 条;叶柄短,被短柔毛,后无毛。花序为二歧
聚伞花序,腋生,或顶生;花白色,芳香;总花梗
长 2.0～5.0 cm,被柔毛,后无毛;苞片及小苞
片狭披针形,长 1～2 mm;花萼 5 深裂,裂片线
状披针形,先部反卷,外面被有长柔毛及缘毛,
内面无毛,基部具 10 枚鳞片状腺体;花冠筒圆
筒状,中部膨大,外面无毛,内面喉部及雄蕊着
生处被短柔毛,花冠裂片长圆－镰刀状,长5～

图 198　络石 Trachelospermum jasminoides
（Lindl.）Lem.
（选自《中国高等植物图鉴》）。

10 mm,无毛;雄蕊着生在花冠筒中部,花药箭
头状,基部具耳;花盘环状,5 裂;子房由 2 枚离
生心皮组成,无毛。每心皮具多枚胚珠。蓇葖果双生,叉开,无毛,线－披针形,先端渐尖,
长 10.0～20.0 cm。种子褐色,线形,长 1.5～2.0 cm。花期 3～7 月;果实成熟期 7～12
月。

产地:络石产于我国,分布很广。山东、安徽、江苏、浙江、福建、台湾、江西、河北、河
南、湖北、湖南、广东、广西、云南、贵州、四川、陕西等省(区)都有分布。生于山野、溪边、
路旁、林缘或杂木林中,常缠绕于树上或攀缘于墙壁上、岩石上,亦有移栽于园圃,供观赏。
日本、朝鲜半岛和越南也有分布。河南伏牛山区、桐柏山区有分布,各地有栽培。郑州市
紫荆山公园有栽培。

识别要点:络石为常绿木质藤本,具乳汁。茎赤褐色,圆柱状。小枝被黄色柔毛,后无
毛。叶革质,或近革质,椭圆形,或宽倒卵圆形。花序为二歧聚伞花序,腋生,或顶生;花白
色。蓇葖果双生,叉开,无毛,线－披针形,向先端渐尖。种子褐色,线形。

生态习性:络石对气候的适应性强,能耐寒冷,亦耐暑热,但忌严寒。适生于排水良
好、肥沃的中性土壤,微酸性、微碱土也能适应。

繁育与栽培技术要点:络石一般采用扦插繁殖,扦插极易成活。栽培技术通常采用穴
栽。

主要病虫害:络石主要虫害有介壳虫等。其防治方法,见杨有乾等编著. 林木病虫害
防治. 河南科学技术出版社,1982。

（二）鸡蛋花亚科

Apocynaceae Lindl. subfam. **Plumerioideae** K. Schum. in Engl. & Prantl, Nat. Pflanzenfam. 4, 2: 122. 1895；中国科学院中国植物志编辑委员会. 中国植物志 第六十三卷: 8～9. 1977。

形态特征：花冠裂片左旋覆盖；雄蕊离生，或附于柱头而藏于花喉内，药室先端钝，基部圆形；子房由离生心皮，或合生心皮所组成。果实为核果、蒴果、浆果及蓇葖果。种子无种毛，或先端被缘毛，或具膜翅。

产地：本亚科植物我国有 5 族。

Ⅱ. 鸡蛋花族

Apocynaceae Lindl. trib. Plumerieae A. DC. , Prodr. 8: 345. 1844；中国科学院中国植物志编辑委员会. 中国植物志 第六十三卷: 78. 1977。

形态特征：子房由 2 枚离生心皮组成，胚珠内侧着生。种子无柔毛，先端具膜翅。

产地：本族植物我国有 4 属。

（Ⅲ）蔓长春花属　河南新记录属

Vinca Linn. , Sp. Pl. 209. 1753；Gen. Pl. ed. 5, 98. no. 261. 1754；中国科学院中国植物志编辑委员会. 中国植物志 第六十三卷: 86. 1977。

形态特征：半灌木，蔓性，有水腺。叶对生。花单生叶腋，极少 2 朵；花萼 5 裂；花冠漏斗状，花冠筒比花萼长，花冠裂片斜形；雄蕊 5 枚，着生在花冠筒中部以下，花丝扁平，花药先端具 1 丛毛的膜贴于柱头；花盘由 2 枚，或数枚舌片组成；子房由 2 枚心皮组成，花柱先端膨大，柱头被毛，基部具一增厚圆盘。蓇葖果双生，离生，直立，具种子 6～8 粒。

本属模式种：小蔓长春花 Vinca minor Linn. 。

产地：本属植物有 10 余种，分布于欧洲各国。我国引栽 2 种、1 变种。河南有 1 种，各地有栽培。郑州市紫荆山公园有 1 种栽培。

1. 蔓长春花　河南新记录种　图 199　图版 51: 13～14

Vinca major Linn. , Sp. Pl. 209. 1753；裴鉴等主编. 江苏南部种子植物手册: 599. 1956；中国科学院植物研究所主编. 中国高等植物图鉴 第三册: 430. 图 4814. 1983；中国科学院中国植物志编辑委员会. 中国植物志 第六十三卷: 86. 88. 图版 29. 1977。

形态特征：半灌木，蔓性；茎平卧。花茎直立。叶对生，椭圆形，长 2.0～6.0 cm，宽 1.5～4.0 cm，先端急尖，基部下延，侧脉约 4 对；叶柄长约 1.0 cm。花单生叶腋。花萼具 5 枚裂片；花冠筒漏斗状，比花萼长；花冠蓝色，裂片倒卵圆形，长约 1.2 cm，宽约 7 mm，先端圆形；雄蕊着生在花冠筒中部以下，花丝短、扁平，花药先端具毛；子房由 2 枚心皮组成。蓇葖果长约 5.0 cm。

产地：蔓长春花原产于欧洲各国。我国江苏、浙江、福建、台湾等省（区、市）有栽培。河南有栽培。郑州市紫荆山公园有栽培。

识别要点：蔓长春花为半灌木，蔓性；茎平卧。花茎直立。叶对生，椭圆形。花单生叶腋。花萼具 5 枚裂片；花冠筒漏斗状；花冠蓝色；雄蕊着生在花冠筒中部以下，花药先端具毛。

图 199　蔓长春花 **Vinca major** Linn.
（选自《中国高等植物图鉴》）。

生态习性：蔓长春花喜温暖气候、忌严寒。适生于排水良好、肥沃的微酸性、中性土壤。

繁育与栽培技术要点：蔓长春花一般采用扦插繁殖，扦插极易成活。栽培技术通常采用穴栽。主要病虫害：蔓长春花有介壳虫等危害。其防治方法，见杨有乾等编著. 林木病虫害防治. 河南科学技术出版社,1982。

主要用途：蔓长春花是著名的观赏花卉。

变种：

1.1　蔓长春花　原变种

Vinca major Linn. var. **major**

1.2　黄斑蔓长春花　河南新记录变种

Vinca major Linn. var. **variegata** Loudon, Arb. Brit. 2：1254. 1838；中国科学院中国植物志编辑委员会. 中国植物志 第六十三卷：88. 1977；中国高等植物图鉴 第三册：430. 1974；——*Vinca major* Linn. f. *variegata*（Loud.）Rehd. in Bibliraphy of Cultivated Trees and Shrubs：580. 1949 .

本变种叶边缘白色，具黄色斑点。

产地：黄斑蔓长春花河南有栽培。郑州市紫荆山公园有栽培。

六十三、马鞭草科

Verbenaceae Juss. in Ann. Mus. Hist. Nat. Paris,5：254. 1804；丁宝章等主编. 河南植物志 第三册：320. 1997；朱长山等主编. 河南种子植物检索表：339～340. 1994；郑万钧主编. 中国树木志 第四卷：4731. 2004；中国科学院中国植物志编辑委员会. 中国植物志 第六十五卷 第一分册：1. 1982；中国科学院西北植物研究所编著. 秦岭植物志 第一卷 种子植物（第四册）：196～197. 1983；王遂义主编. 河南树木志：552. 1994；傅立国等主编. 中国高等植物 第十一卷：346. 1999；*Vitices* Juss.,Gen. Pl. 106. 1789.

形态特征：灌木、乔木,稀藤本、草本。小枝 4 棱状。单叶,或掌状复叶,稀羽状复叶,对生,稀轮生、互生；无托叶。花序为聚伞花序、总状花序、穗状圆锥花序、伞房状聚伞花序,腋生,或顶生。花两性,稀杂性,两侧对生,稀辐射对称。花萼 4～5 齿裂,稀 6～8 齿裂,或深裂,宿存；花冠筒圆筒状,裂片 4～5 枚,2 唇形,或裂片略不相等,稀多裂,裂片外展,边缘全缘,或下唇中裂片边缘流苏状；雄蕊 4 枚,2 强,稀 2 枚,或 5 枚,生于花冠筒部；花药基着,或背着,药室内向纵裂,或先端孔裂；花盘小,不显著；雌花子房上位,2～5 室。每室具胚珠 2 枚,或每室具隔膜为 4～10 室,每室具 1 枚胚珠；花柱顶生。核果、浆果、桨果,或离果（裂为 2 个或 4 个小果）。

本科模式属：马鞭草属 Verbena Linn. 。

产地：本科植物有 80 多属、3 000 多种,分布于热带、亚热带各国,少数种分布于温带地区。我国有 21 属、约有 175 种、31 变种、10 变型。其分布很广,如山东、安徽、江苏、浙江、福建、台湾、江西、河北、河南、湖北、湖南、广东、广西、云南、贵州、四川、陕西等省（区）都有分布。河南有 7 属、18 种、2 变种，各地有栽培。郑州市紫荆山公园有 2 族、2 属、2 种栽培。

本科植物分属检索表

1. 落叶灌木、乔木。小枝常 4 棱状。叶掌状复叶，稀单叶，对生。小叶边缘全缘，或具锯齿、浅裂 –
   深裂。花序为聚伞花序组成的圆锥状花序、伞房状花序，或近穗状花序。花雄蕊 4 枚；雌花子房
   2 ~ 4 室。每室具胚珠 1 ~ 2 枚。核果球状、卵球状 – 倒卵球状 …………………… 牡荆属 Vitex Linn.
1. 灌木、乔木，稀藤本，或草本。单叶对生，稀 3 ~ 5 叶轮生。小叶边缘全缘，或具锯齿。花序为顶
   生，或腋生聚伞花序，或聚伞花序组成伞房状花序、圆锥状花序，或头状花序。花雄蕊 4 ~ 6 枚；
   雌花子房 4 室，通常 1 ~ 3 室内胚珠不发育。每室具胚珠 1 枚。果实为浆果状核果，果实成熟后
   分裂为 4 枚小坚果，或发育不全为 1 ~ 3 枚分核 ………………… 大青属 Clerodendrum Linn.

Ⅰ. 牡荆族

Verbenaceae Juss. trib. **Viticeae** Briq. in Engl. & Prantl, Nat. Pflanzenfam. 4（3a）：169. 1897；中国科学院中国植物志编辑委员会. 中国植物志第六十五卷 第一分册：81. 1982。

形态特征：花多少两侧对生。核果 4 室。每室 1 粒种子。

产地：本族植物有 11 属。我国有 6 属。郑州市紫荆山公园有 1 族、1 属、1 种栽培。

（Ⅰ）牡荆属

Vitex Linn. ，Sp. Pl. 638. 1753；Gen. Pl. ed. 5，285. no. 708. 1754；丁宝章等主编. 河南植物志 第三册：326. 1997；朱长山等主编. 河南种子植物检索表：341. 1994；郑万钧主编. 中国树木志 第四卷：4771. 2004；中国科学院中国植物志编辑委员会. 中国植物志第六十五卷 第一分册：131. 1982；中国科学院西北植物研究所编著. 秦岭植物志 第一卷种子植物（第四册）：200. 1983；王遂义主编. 河南树木志：556. 1994；傅立国等主编. 中国高等植物 第十一卷：374. 1999。

形态特征：落叶灌木、乔木。小枝常 4 棱状。叶掌状复叶，稀单叶，对生。小叶边缘全缘，或具锯齿、浅裂 – 深裂。花序为聚伞花序组成的圆锥状花序、伞房状花序，或近穗状花序。花萼钟状，稀管状，或漏斗状，常 5 枚齿裂，或截形，稀 2 唇形，外面微被柔毛和黄色腺体，宿存；花冠 5 裂，2 唇形，上唇 2 裂，下唇 3 裂，中裂片大，白色、浅蓝色、淡蓝紫色，或淡黄色，果实增大；花冠；雄蕊 4 枚，2 长、2 短，或近等长；雌蕊子房 2 ~ 4 室。每室具胚珠 1 ~ 2 枚。核果球状、卵球状 – 倒卵球状。种子无胚乳。

本属模式种：穗花牡荆 Vitex agnus – castus Linn. 。

产地：本属植物约有 250 种，分布于热带、亚热带各国，少数种分布于温带地区。我国有 14 种、7 变种、3 变型，分布于长江流域以南各省（区、市）。河南有 1 种、2 变种，河南伏牛山区、太行山区有分布，各地有栽培。郑州市紫荆山公园有 1 种栽培。

1. 黄荆　图 200　图版 52：1 ~ 4

Vitex negundo Linn. ，Sp. Pl. 638. 1753；丁宝章等主编. 河南植物志 第三册：326. 图 1876：1 ~ 2. 1997；朱长山等主编. 河南种子植物检索表：341. 1994；郑万钧主编. 中国

树木志 第四卷:4775. 图 2602. 2004;陈嵘著. 中国树木分类学:1090. 1937;裴鉴等主编.
江苏南部种子植物手册:627. 图 1017. 1959;中国科学院植物研究所主编. 中国高等植物
图鉴 第三册:595. 图 5143. 1983;广东植物研究所编辑. 海南植物志 第四卷:2. 图 943.
1977;云南植物研究所编著. 云南植物志 第二卷:392. 图版 93:1~2. 1977;中国科学院
中国植物志编辑委员会. 中国植物志第六十五卷 第一分册:141~142. 图版 71. 1982;卢
炯林等主编. 河南木本植物图鉴:369. 图 1106. 1998;中国科学院西北植物研究所编著.
秦岭植物志 第一卷 种子植物(第四册):200~201. 图 188. 1983;王遂义主编. 河南树木
志:556. 图 587:1~3. 1994;傅立国等主编. 中国高等植物 第十一卷:376. 图 596. 1999;
李法曾主编. 山东植物精要:454. 图 1642. 2004;*Vitex bicolor* Willd. ,Enum. Hort. Berol.
660. 1809;*Vitex arborea* Desf. ,Cat. Hort. Paris ed. III. 391. 1829;*Vitex panicalata* Lamk. ,
Encycl. Méth. II. 612. 1781;*Vitex negundo* Linn. var. *bicolor* Zam,Verb. Malay. Archip.
191. 1919,et in Bull. Jard. Bot. Buitenz. sér. 3,3:56. 1921,et in Bot. Jahrb. 69:27.
1925.

　　形态特征:落叶灌木、小乔木。小枝 4 棱
状,密被灰白色绒毛。叶对生,掌状复叶。小
叶(3~)5 枚;先端小叶长 4.0~13.0 cm,宽
1.0~4.0 cm,具柄;侧生小叶长圆-披针形至
披针形,先端渐尖,基部楔形,边缘全缘,或具
少数锯齿,表面无毛,背面密被灰白色绒毛,常
无柄。花序为圆锥状花序,长 10.0~27.0
cm;花萼钟状,5 裂;花冠紫色,2 唇形;雄蕊伸
出花冠外;雌蕊子房近无毛,2~4 室。核果球
状;萼宿存。花期 4~6 月;果实成熟期 7~10
月。

　　产地:黄荆分布很广。我国各省(区、市)
均有分布。非洲、南美洲各国也有分布。河南
各山区均分布,平原地区有栽培。郑州市紫荆
山公园有栽培。

　　识别要点:黄荆小枝 4 棱状,密被灰白色
绒毛。叶对生,掌状复叶具(3~)5 小叶。小
叶长圆状披针形-披针形,背面密被灰白色绒
毛;侧生小叶常无柄。花序为圆锥状花序;花

图 200　黄荆 Vitex negundo Linn.
1. 复叶;2. 花枝;3. 花;4. 雄蕊;5. 宿萼包果(选自
《中国树木志》)。

萼钟状,5 裂;花冠紫色,2 唇形;雄蕊伸出花冠外。核果球状;萼宿存。

　　生态习性:黄荆对气候的适应性强,能耐寒冷,亦耐暑热。在各种立地条件下,均能生
长。

　　繁育与栽培技术要点:黄荆一般采用播种育苗,也可扦插和分株繁殖。栽培技术通常
丛株采用带土穴栽。

　　主要病虫害:黄荆主要病虫害有介壳虫等危害。其防治方法,见杨有乾等编著. 林木

病虫害防治. 河南科学技术出版社,1982。

主要用途:黄荆枝条柔软,可编筐、篓。茎、叶入药,可治痢疾。种子入药,可镇静、止痛。特别耐干旱、瘠薄,是荒山、荒坡营造水土保持林的优良灌木树种之一。在园林中多作盆景栽培,供观赏,还是优良的蜜源植物。

变种:

1.1　黄荆　原变种

Vitex negundo Linn. var. **negundo**

1.2　荆条　变种

Vitex negundo Linn. var. **heterophylla**(Franch.) Rehd. in Journ. Arnold Arb. 28: 258. 1947;中国科学院中国植物志编辑委员会. 中国植物志 第六十五卷 第一分册:145. 1982;中国科学院西北植物研究所编著. 秦岭植物志 第一卷 种子植物(第四册):201. 1983;朱长山等主编. 河南种子植物检索表:341. 1994;王遂义主编. 河南树木志:556 ~ 557. 1994;傅立国等主编. 中国高等植物 第十一卷:377. 1999;*Vitex incisa* Lam. var. *heterophylla* Franch. in Nouv. Arch. Mus. Paris sér. 2,6:112. 1883;*Vitex chinensis* Mill. , Gard. ed. 8, no. 5. 1768;*Vitex incisa* Lamk. ,Encycl. Méth. II. 612. 1788;*Vitex negundo* Linn. var. *incisa*(Lam.)C. B. Clarke in Hook. f. Fl. Brit. Ind. 4:584. 1885;*Vitex incisa* Lam. var. *heterophylla* Franch. in Nouv. Arch. Mus. Hist. Nat. Paris 11,6:112. 1883.

形态特征:落叶灌木、小乔木。小枝4棱状,密被灰白色绒毛。叶对生,掌状复叶。小叶5枚,边缘具粗锯齿,背面淡绿色,被灰白色柔毛。

产地:荆条河南各山区均有分布,平原地区有栽培。郑州市紫荆山公园有栽培。

Ⅱ. 大青族

Verbenaceae Juss. trib. **Clerodendreae** Briq. in Engl. & Prantl,Nat. Pflanzenfam. 4 (3a):173. 1897;中国科学院中国植物志编辑委员会. 中国植物志 第六十五卷 第一分册:150. 1982。

形态特征:花多少两侧对生;雄蕊4枚、2长2短。核果4室,每核1室。每室1粒种子。

产地:本族植物有11属。我国有1属、引种1属。郑州市紫荆山公园有1族、1属、1种栽培。

(Ⅱ) 大青属

Clerodendrum Linn. ,Sp. Pl. 637. 1753. "Clerodendron";Gen. Pl. ed. 5,285. no. 707. 1754;丁宝章等主编. 河南植物志 第三册:327. 1997;朱长山等主编. 河南种子植物检索表:341. 1994;郑万钧主编. 中国树木志 第四卷:4784. 2004;中国科学院中国植物志编辑委员会. 中国植物志 第六十五卷 第一分册:150. 1982;王遂义主编. 河南树木志:557. 1994。

形态特征:灌木、乔木,稀藤本,或草本。单叶,对生,稀3~5叶轮生,边缘全缘,或具锯齿。花大。花序为顶生聚伞花序,或腋生聚伞花序,或聚伞花序组成伞房状花序、圆锥状花序,或头状花序。花苞片宿存,或早落;花萼钟状、杯状、筒状,常5齿裂,宿存,花后增大;花冠筒状,冠檐端5裂,裂片不等;雄蕊4~6枚;雌花子房4室,通常1~3室内胚珠不发育,柱头 2 裂。每室具胚珠 1 枚。果实为浆果状核果,果实成熟后分裂为 4 枚小坚果,或发育不全为 1~3 枚分核。

本属模式种:欠愉大青 Clerodendrum infortunatum Linn.。

产地:本属植物约有 400 种,分布于热带、亚热带各国,少数种分布于温带地区。主要分布于东半球各国。我国有 34 种、6 变种。河南有 3 种,各地有栽培。郑州市紫荆山公园有 1 种栽培。

1. 海州常山　图 201　图版 52:5~7

Clerodendrum trichotomum Thunb. ,Fl. Jap. 256. 1784;丁宝章等主编. 河南植物志 第三册:329. 图 1878:3~4. 1997;朱长山等主编. 河南种子植物检索表:341. 1994;郑万钧主编. 中国树木志 第四卷:4796~4797. 图 2622. 2004;卢炯林等主编. 河南木本植物图鉴:373. 图 1119. 1998;中国科学院植物研究所主编. 中国高等植物图鉴 第三册:601. 图 5156. 1983;王遂义主编. 河南树木志:558. 图 589:3~4. 1994。

形态特征:落叶灌木、小乔木。幼枝、叶柄被黄褐色短柔毛,或近无毛。小枝髓具淡黄色薄片横隔。单叶,对生,纸质,宽卵圆形、卵圆形、三角-卵圆形,长 5.0~16.0 cm,宽 3.0~13.0 cm,先端渐尖,基部截形,或宽楔形,稀近心形,边缘全缘,或具波状齿,幼时两面被疏白色短柔毛,后无毛;叶柄长 2.0~8.0 cm。花序顶生、腋生为聚伞伞房花序,2 歧分枝、花序轴等被黄褐色短柔毛。花苞片叶状,早落;花萼长 1.1~1.5 cm,紫红色,5 棱,5 深裂,裂片三角-披针形、卵圆形;花冠白色、粉红色,花冠筒细,长约 2.0 cm,檐部裂片长椭圆形,花柱与花丝超于花冠外。核果近球状。花期 6~8 月;果实成熟期 8~11 月。

图 201　海州常山 Clerodendrum trichotomum Thunb.
1.花枝;2.花(选自《中国树木志》)。

产地:海州常山分布于温带、亚热带各国。朝鲜半岛、日本、菲律宾等也有分布。我国自辽宁、甘肃、陕西及华北、中南、西南区各省(区、市)均有分布。河南各山区有分布,平原各地有栽培。郑州市紫荆山公园有栽培。

识别要点:海州常山为落叶灌木、小乔木。枝髓具淡黄色薄片横隔。幼枝、叶柄被黄褐色短柔毛,或近无毛。单叶,对生。花序顶生、腋生为伞房状聚伞花序;花序轴被黄褐色短柔毛;花萼钟紫红色,5 裂;花冠白色、带粉红色。

生态习性:海州常山对气候的适应性很强,耐寒冷,亦耐暑热。在各种立地条件下,均能生长。

繁育与栽培技术要点:海州常山一般采用播种育苗,也可分株繁殖。栽培技术通常采用穴栽,丛株采用带土穴栽。

主要病虫害:海州常山主要虫害有介壳虫、金龟子等。其防治方法,见杨有乾等编著.林木病虫害防治. 河南科学技术出版社,1982。

主要用途:海州常山枝条柔软,可编筐、篓。根、茎、叶入药,可清热利尿、止痛。也可盆景栽培、供观赏。

六十四、茄科

Solanaceae Persoon,Syn. Pl. I;214. 1805;丁宝章等主编. 河南植物志 第三册:395. 1997;朱长山等主编. 河南种子植物检索表:358~359. 1994;郑万钧主编. 中国树木志 第四卷:5058. 2004;中国科学院中国植物志编辑委员会. 中国植物志 第六十七卷　第一分册:1. 1978;中国科学院西北植物研究所编著. 秦岭植物志 第一卷 种子植物（第四册）:292. 1983;王遂义主编. 河南树木志:561. 1994;傅立国等主编. 中国高等植物 第九卷:203. 1999;*Solaneae* Juss.,Gen. Pl. 124. 1789.

形态特征:1 年至多年生草本、亚灌木,落叶、常绿灌木、小乔木。枝、叶柄无皮刺,或具皮刺。单叶,边缘全缘,或分裂,稀羽状复叶,互生,或花枝上 2 叶对生;无托叶。花单生、簇生。花序为聚伞花序、伞房花序、总状花序、圆锥花序,稀总状花序,顶生、腋生。花两性,稀杂性,辐射对称,或稍两侧对生;花萼通常 5 枚牙齿、5 枚中裂,或 5 枚深裂,稀具 2、3、4~10 枚裂片,或无裂片,花后增大,或不增大,宿存,稀裂片基部周裂脱落,仅基部宿存;花冠钟状、漏斗状、高脚碟状、坛状,檐部 5 裂,稀 4~7、10 浅裂、中裂,或 5 枚深裂,裂片蕾时覆瓦状排列、镊合状排列、折合而旋转;雄蕊 5 枚,花冠着生,与裂片互生;花药卵球状,分离,或结合,纵裂;子房上位,2 心皮合成,2 室,或 1 室,或有假隔膜在下部分隔为 4 室,稀 3~6 室;花柱线状,柱头头状,不裂,或 2 浅裂。果实为浆果、蒴果。每果内种子多粒。种子盘状、肾状。种子胚乳丰富,胚直立、弯为球状,或螺旋状弯曲。

本科模式属:茄属 Solanum Linn.。

产地:本科植物约有80 属、3 000 种,分布于热带、亚热带、温带各国。我国有 24 属、105 种、35 变种,分布于全国各省（区、市）。河南有 13 属、28 种、8 变种,河南伏牛山区、太行山区等有分布,各地有栽培。郑州市紫荆山公园有 1 属、1 种栽培。

（Ⅰ）枸杞属

Lycium Linn.,Sp. Pl. 191. 1753;Gen. Pl. ed. 5,88. no. 232. 1754;丁宝章等主编. 河南植物志 第三册:397. 1997;朱长山等主编. 河南种子植物检索表:359. 1994;郑万钧主编. 中国树木志 第四卷:5058~5059. 2004;中国科学院中国植物志编辑委员会. 中国植物志 第六十七卷 第一分册:8. 1978;中国科学院西北植物研究所编著. 秦岭植物志 第一卷 种子植物（第四册）:293. 1983;周以良主编. 黑龙江树木志:513. 图版 153:4~6. 1986;王遂义主编. 河南树木志:561. 1994;傅立国等主编. 中国高等植物 第九卷:204. 1999。

形态特征:落叶灌木、小乔木。枝、干具棘刺,稀无刺。单叶,互生,短枝上叶簇生,边缘全缘;具短柄。花小,单生、簇生叶腋。花萼钟状,具不等 2~5 齿裂,或裂片,花后宿存;花冠漏斗状,稀筒状,或近钟状,4~5 裂,裂片基部具耳片,或不显;雄蕊 5 枚,着生于花冠筒中、下部;花丝基部具一环状绒毛,或无毛;花药短,纵裂;子房 2 室,柱头 2 浅裂。浆果,球状、长圆体状,成熟时红色。每果内种子多粒。种子小,肾状、扁平;胚弯为半环状,位于周边。

本属模式种:枸杞属 Lycium afrum Linn.。

产地:本属植物约有 80 种,主要分布于南美洲各国,欧洲、亚洲温带各国分布较少。我国有 7 种、3 变种,分布于我国中、北部各省(区、市)。河南 1 种,河南伏牛山区、太行山区等有分布,各地有栽培。郑州市紫荆山公园有 1 种栽培。

1. 枸杞　图 202　图版 52:8 ~ 11

Lycium chinense Mill. ,Gard. Dict. ed. 8,*L*. no. 5. 1768;丁宝章等主编. 河南植物志 第三册:398. 图 1933. 1997;朱长山等主编. 河南种子植物检索表:359. 1994;郑万钧主编. 中国树木志 第四卷:5061 ~ 5062. 2004;中国科学院中国植物志编辑委员会. 中国植物志 第六十七卷 第一分册:15 ~ 16. 图版 3:1 ~ 4. 1978;卢炯林等主编. 河南木本植物图鉴:396. 图 1186. 1998;中国科学院植物研究所主编. 中国高等植物图鉴 第三册:708. 图 5370. 1983;中国科学院西北植物研究所编著. 秦岭植物志 第一卷 种子植物(第四册):294. 图 243. 1983;中国树木志编委会主编. 中国主要树种造林技术:330 ~ 333. 图 42. 1978;周以良主编. 黑龙江树木志:513. 515. 图版 158. 1986;王遂义主编. 河南树木志:561 ~ 562. 图 593. 1994;傅立国等主编. 中国高等植物 第九卷:207. 图 339. 1999;李法曾主编. 山东植物精要:472. 图 1703. 2004;孙立元等主编. 河北树木志:495 ~ 496. 图 570. 1997;*Lycium barbarum* Thhunb. *β* . *chinense* Aiton,Hort. Kew. 1:257. 1789;*Lycium trewianum* Roemer et Schultes, Syst. Vég. 4:693. 1819;*Lycium sinense* Grenier et Godron, Fl. France II. 542. 1850;*Lycium rhombifolium* Dipp. in Dosch et Scriba,Excurs Grossb. ed. 3, 218. 1888; *Lycium rhombifolium* Dipp. ex Dosch et Scriba, Excurs. Fl. Grossh. Hess ed. 3,218. 1888; *Lycium chinense* Mill. var. *ovatum* C. K. Schneid. ,III. Hando. Laubholzk. II. 611. f. 395. f. – g. 1907 – 12;*Lycium gistocarpum* Dunal var. *ovatum* Danal in DC. Prodr. 13 (1):510. 1852.

图 202　枸杞 Lycium chinense Mill.

1. 花果枝;2. 花萼、花盘及雌蕊;3、4. 花冠及雄蕊;5. 种子(选自《树木学》)。

形态特征:落叶多分枝灌木。枝细,多弯垂,灰白色,无毛;具枝刺,刺长 0. 5 ~ 2. 0 cm。单叶,互生,或 2 ~ 4 枚簇生短枝上,卵圆形、长椭圆形,或卵圆 – 披针形,长 1. 0 ~ 5. 0 cm,宽 0. 5 ~ 2. 5 cm,两面无毛,先端短尖,或钝圆,基部楔形、狭楔形,边缘全缘;叶柄长 5 ~ 10 mm,无毛。花小,单生、双生叶腋。单花花萼 3 裂,或不规则 4 ~ 5 齿裂,裂片被缘毛;花冠漏斗状,淡紫色,长 0.9~1.2 cm,5 深裂,裂片基部具紫色条纹,边缘具缘毛,基部具耳片;筒部稍短于、近等于檐部裂片;雄蕊 5 枚,花丝基部具环状绒毛,呈椭圆状毛丛,与毛丛等高处的花冠筒内密生一环绒毛;子房 2 室,花柱稍长于雄蕊。浆果,卵球状,长5~15 mm,成熟时红色。每果内种子多粒。种子小,肾状,黄色。花期 5~8 月;果实成熟期 8~10 月。

产地:枸杞主要分布于亚洲、欧洲温带各国。我国各省(区、市)均有分布。河南各地均有分布与栽培。郑州市紫荆山公园有 1 种栽培。

识别要点:枸杞为落叶多分枝灌木。枝细,多弯垂,灰白色,无毛,具枝刺。单叶,互生,或 2~4 枚簇生短枝上。花小,单生、簇生叶腋。单花花萼 3 裂,或不规则 4~5 齿裂,裂片被缘毛;花冠漏斗状,淡紫色。浆果,卵球状,成熟时红色。

生态习性:枸杞喜光,对气候、立地条件适应性很强。喜土层深厚、肥沃、湿润的沙壤土,萌蘖力很强,耐修剪等。

繁育与栽培技术要点:枸杞一般采用扦插育苗,也可分株繁殖。其繁育与栽培技术,见赵天榜主编. 河南主要树种栽培技术:381~386. 1994;赵天榜等. 河南主要树种育苗技术:210~211. 1982。栽培技术通常采用穴栽,丛株采用带土穴栽。

主要病虫害:枸杞主要病虫害有枸杞蚜虫、介壳虫、金龟子、枸杞蛀果蛾、枸杞实蝇、白粉病等。其防治方法,见杨有乾等编著. 林木病虫害防治. 河南科学技术出版社,1982。

主要用途:枸杞枝条柔软,可编筐、篓。根、茎、叶入药,可清热、利尿。果实可食,具有安心、养神之效。也可盆景栽培,供观赏。也是特用经济树种,还是沙区、干旱地区造林树种。

六十五、玄参科

Scrophulariaceae Lindl. ,Nat. Syst. Bot. ed. 2,288. 1836;丁宝章等主编. 河南植物志 第三册:415. 1997;朱长山等主编. 河南种子植物检索表:364~372. 1994;郑万钧主编. 中国树木志 第四卷:5088. 2004;中国科学院中国植物志编辑委员会. 中国植物志 第六十七卷 第一分册:1. 1979;中国科学院西北植物研究所编著. 秦岭植物志 第一卷 种子植物(第四册):310. 1983;王遂义主编. 河南树木志:562. 1994;傅立国等主编. 中国高等植物 第十卷:66~67. 2004。

形态特征:草本、灌木、乔木。单叶,互生、对生,或轮生,边缘全缘;无托叶。花两性,常两侧对生。花序为总状花序、穗状花序、聚伞状花序,组成圆锥状花序。花萼钟状,具不等 2~5 齿裂,宿存;花冠合瓣,轮状、圆筒状,稀钟状,4~5 裂,裂片覆瓦状排列,二唇形;雄蕊 4 枚,2 强,稀 2 枚,或 4 枚不发育,或第 5 枚退化;花药 2 室,纵裂,具花盘,或花盘退化;雌花子房上位,2 枚心皮组成,2 室,柱头 2 裂。每室具胚珠多数,中轴胎座,花柱单生,柱头 2 裂,或不裂。蒴果、浆果,长卵球状、长圆体状。每果内种子多粒。种子小,肾状、扁平。

本科模式属:尚待查证＊。

产地:本科植物约有 200 属、3 000 种,主要分布于世界各国。我国有 60 属、634 种,分布于全国中、北部各省(区、市)。河南有 21 属、50 种,各地有栽培。郑州市紫荆山公园有 1 属、3 种栽培。

（Ⅰ）泡桐属

Paulownia Sieb. & Zucc. ,Fl. Jap. 1:25. t. 10. 1835;丁宝章等主编. 河南植物志 第三册:418. 1997;朱长山等主编. 河南种子植物检索表:366~367. 1994;郑万钧主编. 中国树木志 第四卷:5088. 2004;蒋建平主编. 泡桐栽培学:25~26. 1990;龚桐. 植物分类学报,14(2):38~50.1976;中国科学院中国植物志编辑委员会. 中国植物志 第六十七卷 第一分册:28. 31. 1979;中国科学院西北植物研究所编著. 秦岭植物志 第一卷 种子植物（第四册）:317. 1983;王遂义主编. 河南树木志:562. 1994;傅立国等主编. 中国高等植物 第十卷:76. 2004。

形态特征:落叶大乔木。小枝粗,节间髓心中空。侧芽叠生,芽鳞 2~4 对。单叶,对生,稀 3~4 枚,轮生,边缘全缘,或 3~5 浅裂;具中空长柄。花序为聚伞圆锥花序,顶生。花萼 5 裂,宿存;花大,紫色、白色、淡紫色;花冠漏斗状、钟状、倒圆锥状,二唇形,上唇 2 裂,常向上反折,下唇 3 裂,较长,多直伸;雄蕊 4 枚,2 强、2 弱,稀 5~6 枚,花药叉分;雌花子房 2 室。蒴果,卵球状、长圆体状、卵球 – 椭圆体状,木质,室背开裂。每果内种子很多粒。种子小,扁平,具膜翅。

本属模式种:毛泡桐 Paulownia tomentosa(Thunb.)Steud. 。

产地:本属植物约有 10 种,主要分布于亚洲各国。我国为主产国,有 7 种、3 变种,分布于我国中部、北部各省(区、市)。河南有 5 种,各地均有栽培。郑州市紫荆山公园有 3 种栽培。

本属植物分种检索表

1. 叶背面密被星状绒毛,或具极短柄枝状毛。花蕾洋梨 – 倒卵球状。花冠较大,多少压扁。
  2. 蒴果特大,长 6.0~10.0 cm。花序为狭圆锥花序,长约 25.0 cm。花为小聚伞花序,具花 3~8 朵。花冠漏斗状,白色、淡紫色,稀淡黄白色、红紫色 ……… 白花泡桐 Paulownia fortunei(Seem.)Hemsl.
  2. 蒴果较小,长 3.0~6.0 cm。
    3. 背面密被灰白色,或淡灰黄色星状绒毛。花序为聚伞圆锥花序,长 10.0~30.0 cm。花冠管状漏斗形,淡紫色 ………………… 楸叶泡桐 Paulownia catalpifolia Gong Tong
    3. 叶背面密被灰白色,或淡灰黄色枝状毛,先端短尖,基部心形,边缘全缘,或 3~5 浅裂。花冠钟状漏斗形,淡紫色,长 5.5~7.5 cm,被短柔毛 …… 兰考泡桐 Paulownia elongata S. Y. Hu
1. 叶背面密被星状绒毛,或具极短柄枝状毛。花蕾近球状。花冠漏斗 – 钟状,不变 ……………… ……………………………………………………………… 毛泡桐 Paulownia tomentosa Steud.

1. 白花泡桐　　图 203　　图版 53:1~5

Paulownia fortunei(Seem.)Hemsl. ,Gard. Chron. sér. 3,7:448. 1890,et Journ. Linn. Soc. Bot. 26:180. 1890,p. p. excl. Specum. Shangtung;丁宝章等主编. 河南植物志 第三册:419~420. 图 1952:5~7. 1997;朱长山等主编. 河南种子植物检索表:366~367. 1994;郑万钧主编. 中国树木志 第四卷:5089~5090. 图 2819. 2004;蒋建平主编. 泡桐栽培学:28. 30~32. 图:2~3. 1990;中国科学院植物研究所主编. 中国高等植物图鉴 第四册:12. 图 5438. 1983;中国科学院中国植物志编辑委员会. 中国植物志 第六十七卷 第一

分册:39. 图版 13. 1979;卢炯林等主编. 河南木本植物图鉴:397. 图 1190. 1998;赵天榜等主编. 河南主要树种栽培技术:144~154. 图 17. 1994;王遂义主编. 河南树木志:564. 图 595:5~7. 1994;傅立国等主编. 中国高等植物 第十卷:78~79. 图 122. 2004;李法曾主编. 山东植物精要:480. 图 1733. 2004;*Campsis fortunei* Seem. in Journ. Bot. V. 373. 1867;*Paulownia imporialis* auct. non. Sieb. & Zucc. in Hance,Journ. Bot. 23:326. 1886;*Paulownia mikado* Ito,Journ. Hort. Soc. Jap. 23,1:5. 1910;*Paulownia duclouxii* Dode in Bull. Soc. Dendr. France 161. 1908;*Paulownia longifolia* Hand. – Muzz. ,Symb. Sin. VII. 832. 1936, nom. nud. ;*Paulownia fortunei* Hemsl. in Jopurn. Linn. Soc. Bot. 26:180. 1890;*Paulownia imporialis* Hance in Journ. Journ. Bot. 23:326(non Sieb. & Zucc.). 1885.

形态特征:落叶大乔木,高达 25.0 m;树皮灰褐色;侧枝少,多开展。幼枝被黄褐色毛,后无毛。单叶,对生,长卵圆形、椭圆 – 长卵圆形,长 10.0~25.0 cm,宽 6.0~15.0 cm,背面密被灰白色星状绒毛,先端渐尖,基部心形,边缘全缘,或 3~5 浅裂;叶柄长 6.0~14.0 cm,密被灰白色星状绒毛。花序为圆筒状花序、狭圆锥花序,长 15.0~30.0 cm,顶生,多分枚呈小聚伞花序,具花 3~8 朵。花蕾长倒卵球状,长 1.5~1.8 cm,径 0.8~1.2 cm;花萼倒圆锥 – 钟状,长 2.0~2.5 cm,浅裂至 1/4~1/3,外面毛易落;花冠漏斗状,白色、淡紫色,稀淡黄白色、红紫色,基部细,长 8.0~12.0 cm,无皱褶,内面密有紫色斑块。蒴果椭圆体状、椭圆 – 倒卵球状,长 6.0~10.0 cm,先端具长约 6 mm 喙尖;果皮木质。每果内种子很多粒。种子小,扁平,具膜翅。花期 3~4 月;果实成熟期 10~11 月。

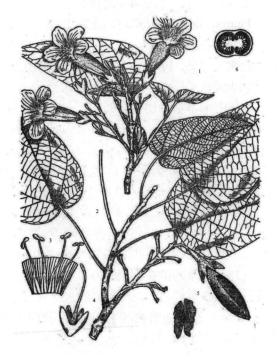

图 203　白花泡桐 Paulownia fortunei
(Seem.) Hemsl.
1. 花枝;2. 果枝;3. 花冠及雄蕊;4. 花萼及雄蕊;5. 种子;
6. 子房剖面图(选自《树木学》)。

产地:白花泡桐分布于我国长江流域及其以南各省(区、市)均有分布与栽培。河南各地广泛栽培。郑州市紫荆山公园有栽培。

识别要点:白花泡桐落叶大乔木。单叶,对生,背面密被灰白色星状绒毛。花序为圆筒状花序、狭圆锥花序,长约 25.0 cm,顶生。花为小聚伞花序,具花 3~8 朵;花冠管状 – 漏斗状,白色、淡紫色,无皱褶,内面密有紫色斑块。

生态习性:白花泡桐对气候的适应性强,能耐寒冷气候。喜光性强,不耐阴。在土层深厚、土壤肥沃、湿润的沙壤土地上,胸径年生长量可达 10.0 cm 以上。在土壤干旱、瘠薄的立地条件下,生长不良;在低洼、夏季积水的立地条件下,不能生长。根萌芽能力很强。

树皮碰伤后,愈合能力很弱,常引起木质部腐烂。

繁育与栽培技术要点:白花泡桐一般采用插根繁殖。其繁殖技术,见蒋建平主编. 泡桐栽培学. 1990;赵天榜等主编. 河南主要树种栽培技术:144～154. 1994。

主要病虫害:白花泡桐主要病虫害有介壳虫、大袋蛾、蝼蛄、金龟子、破腹病等。其防治方法,见杨有乾等编著. 林木病虫害防治. 河南科学技术出版社,1982;蒋建平主编. 泡桐栽培学. 1990。

主要用途:白花泡桐生长迅速,木材淡黄白色,纹理直,质轻,不翘不裂,耐腐,是航空模型、乐器、箱板、窗帘等良材。其枝疏、叶大、透光良好,是华北平原优良的农桐间作良种,还是"四旁"植树的速生用材和绿化树种。

2. 楸叶泡桐　图 204　图版 53:6～9

Paulownia catalpifolia Gong Tong,龚彤. 植物分类学报,14(2):41. Pl. 3. f. 1. 1976;丁宝章等主编. 河南植物志 第三册:419. 图 11952:1～4. 1997;朱长山等主编. 河南种子植物检索表:366. 1994;蒋建平主编. 泡桐栽培学:32～33. 图 2～4. 1990;中国科学院中国植物志编辑委员会. 中国植物志 第六十七卷 第一分册:37. 图版 12. 1979;卢炯林等主编. 河南木本植物图鉴:398. 图 1193. 1998;王遂义主编. 河南树木志:564. 图 595:1～4. 1994;*Paulownia fortunei* auct. non. Seem.;in Journ Linn. Soc. 26:180. 1890. p. p.;*Paulownia elongata* S. Y. Hu.,Quart. Journ. Taiw. Mus. 12:no. 1 & 2. 44. 1959.

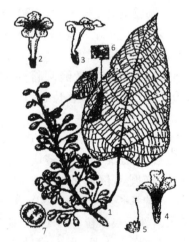

形态特征:落叶大乔木,高达 15.0 m;树皮灰褐色,或灰黑色,粗糙,纵裂。单叶,对生,长卵圆形,长12.0～28.0 cm,宽 10.0～18.0 cm,表面深绿色,无毛,背面密被灰白色,或淡灰黄色星状绒毛,先端长渐尖,基部深心形,边缘全缘;叶柄长 10.0～18.0 cm,密被绒毛。花序为聚伞圆锥花序,长 10.0～30.0 cm,花序枝及花梗密被黄色绒毛。花萼倒圆锥－钟状,长 1.4～2.5 cm,裂至 1/3,外面密被绒毛;花冠管状漏斗形,淡紫色,长 3.5～5.5 cm,被短柔毛。蒴果椭圆体状,幼时密被星状毛,长 3.0～4.5 cm,径 2.0～2.5 cm,具喙;果皮木质,密被绒毛。每果内具种子很多粒。种子小,扁平,具膜翅。花期 4～5 月;果实成熟期 10 月。

图 204　楸叶泡桐 Paulownia catalpifolia Gong Tong

1. 叶与蕾枝;2. 花正面;3. 花侧面;4. 花纵剖面;5. 花萼与子房;6. 毛;7. 子房横切面(选自《泡桐图志》)。

产地:楸叶泡桐分布于我国黄河流域各省(区、市)。河南各地广泛栽培。郑州市紫荆山公园有栽培。

识别要点:楸叶泡桐树皮灰褐色,或灰黑色,粗糙,纵裂。单叶,对生,长卵圆形,表面深绿色,无毛,背面密被灰白色,或淡灰黄色星状绒毛,先端长渐尖,基部深心形,边缘全缘。花序为聚伞圆锥花序;花序枝及花梗密被黄色绒毛。花冠管状漏斗形,淡紫色,被短柔毛。蒴果椭圆体状,幼时密被星状毛。

生态习性、繁育与栽培技术要点:楸叶泡桐生态习性、繁育与栽培技术,见蒋建平主编. 泡桐栽培学. 1990;赵天榜等主编. 河南主要树种栽培技术:144～154. 1994。

　　主要病虫害:楸叶泡桐主要病虫害与白花泡桐相同。其防治方法,见杨有乾等编著.
林木病虫害防治. 河南科学技术出版社,1982;蒋建平主编. 泡桐栽培学. 1990。

　　主要用途:楸叶泡桐用途与白花泡桐用途相同。

　3. 兰考泡桐　图 205　图版 53:10~12

Paulownia elongata S. Y. Hu, Quart. Journ. Taiw. Mus. 12:no. 1 & 2. 41. Pl. 3.
1959,p. p. excl. specim Shantung;龚彤. 植物分类学报,14(2):42. Pl. 3. f. 2. 1976;丁
宝章等主编. 河南植物志 第三册:419. 图 1951:4~6. 1997;朱长山等主编. 河南种子植
物检索表:366. 1994;蒋建平主编. 泡桐栽培学:37~38. 图 2~7. 1990;中国科学院中国
植物志编辑委员会. 中国植物志 第六十七卷 第一分册:37. 图版 12. 1979;卢炯林等主
编. 河南木本植物图鉴:397. 图 1198. 1998;王遂义主编. 河南树木志:563~564. 图
594:4~6. 1994;*Paulownia fortunei* auct. non. Hemsl.:Pai in Contr. Inst. Bot. Nat. Acad.
Peiping 2:187. 1934. p. p.

　　形态特征:落叶大乔木,高达 20.0 m;树皮
灰褐色,或灰黑色,粗糙,纵裂。单叶,对生,卵
圆形,或宽卵圆形,长 15.0~25.0 cm,宽12.0~
20.0 cm,表面深绿色,无毛,背面密被灰白色,
或淡灰黄色枝状毛,先端短尖,基部心形,边缘
全缘,或 3~5 浅裂;叶柄长 10.0~18.0 cm,密
被绒毛。花序为聚伞圆锥花序,长 40.0~60.0
cm,花序枝及花梗密被黄色绒毛。花萼倒圆锥
钟状,长 1.2~2.2 cm,裂至 1/3,外面密被绒
毛;花冠钟状漏斗形,淡紫色,长 5.5~7.5 cm,
被短柔毛。蒴果卵球状,被星状毛,长3.0~5.0
cm,径 2.0~3.0 cm,具喙;果皮木质。花期 4~
5 月;果实成熟期 10 月。

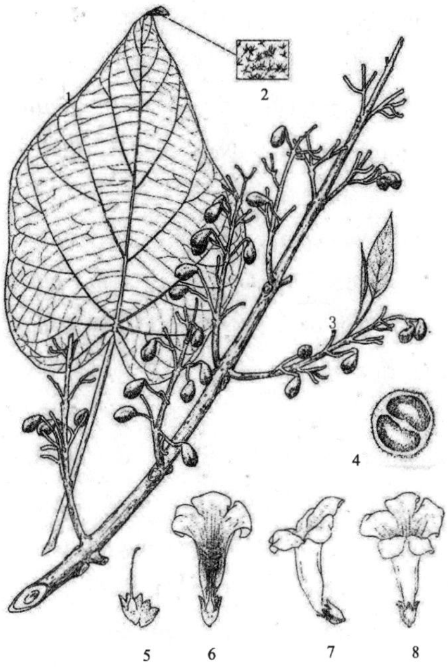

　　产地:楸叶泡桐分于我国黄河流域各省
(区、市)。河南各地广泛栽培。郑州市紫荆山
公园有栽培。

　　识别要点:楸叶泡桐树皮灰褐色,或灰黑
色,粗糙,纵裂。单叶,对生,长卵圆形,表面深
绿色,无毛,背面密被灰白色,或淡灰黄色星状
绒毛,先端长渐尖,基部深心形,边缘全缘。花
序为聚伞圆锥花序,花序枝及花梗密被黄色绒

图 205　兰考泡桐 Paulownia lankauensis
S. Y. Hu

1.叶形;2.叶背面部分放大图(示毛);3.花序及
花蕾;4.子房横切面;5.花萼及子房;6.花纵剖面;
7.花侧面观;8.花正面观(选自《泡桐图志》)。

毛。花冠管状漏斗形,淡紫色,被短柔毛。蒴果椭圆体状,幼时密被星状毛。

　　生态习性、繁育与栽培技术要点:楸叶泡桐生态习性、繁育与栽培技术,见蒋建平主
编. 泡桐栽培学. 1990;赵天榜等主编. 河南主要树种栽培技术:144~154. 1994。

　　主要病虫害:楸叶泡桐主要病虫害与白花泡桐相同。其防治方法,见杨有乾等编著.
林木病虫害防治. 河南科学技术出版社,1982;蒋建平主编. 泡桐栽培学. 1990。

主要用途:楸叶泡桐用途与白花泡桐用途相同。

4. 毛泡桐　图 206

Paulownia tomentosa(Thunb.)Steud.,Nomencl. Bot. ed. 2,2:278. 1841;丁宝章等主编. 河南植物志 第三册:242~243. 图 1951:1~4. 1997;郑万钧主编. 中国树木志 第四卷:5089~5090. 图 2819. 2004;中国科学院中国植物志编辑委员会. 中国植物志 第六十七卷:第一分册:33. 图版 10. 1979;朱长山等主编. 河南种子植物检索表:366. 1994;蒋建平主编. 泡桐栽培学:38~39. 图:2~8. 1990;卢炯林等主编. 河南木本植物图鉴:397. 图 1191. 1998;王遂义主编. 河南树木志:563. 图 594:1~3. 1994;中国科学院植物研究所主编. 中国高等植物图鉴 第四册:12. 图 5437. 1983;中国科学院西北植物研究所编著. 秦岭植物志 第一卷 种子植物(第四册):317~319. 图 260. 1983;傅立国等主编. 中国高等植物 第十卷:77. 图 119. 2004;李法曾主编. 山东植物精要:479. 图 1730. 2004;中国树木志编辑委员会主编. 中国主要树种造林技术:438. 441. 图 64:1~5. 1978;*Bignonia tomentosa* Thunb., Nov. Act. Rég. Soc. Sci. Upsal. 4:35. 39. 1783;*Bignonia tomentosa* Thunb., Fl. Jap. 252. 1785; *Incarvillea tomentosa* (Thunb.)Spreng., Syst. Vég. 2:836. 1825;*Paulownia imporialis* Sieb. & Zucc.,Fl. Jap. I. 27. t. 10. 1835;*Paulownia imporialis* Sieb. & Zucc. var. γ. *lanata* Dode in Bull. Soc. Dendr. 160. 1908;*Paulownia gradifolia* Hort. ex Wettst. in Pflanzenfam. 4,35. 67. 1891,in Olas.;*Paulownia tomentosa* (Thunb.) Steud. var. *lanata* (Dode) Schnneid. III. Handb. Laubh. II. 618. 1911; *Paulownia tomentosa* (Thunb.) Steud. var. *lanata* (Dode) Schnneid. III. Handb. Laubh. II. 618. 1911; *Paulownia recurva* Rehd. in Sargent,Pl. Wils. I. 577. 1913;*Paulownia tomentosa*(Thunb.)Steud. var. *japonica* Elwes,Gard. Chron. sér.,3,69:273. 1921;*Paulownia fortunei*(Seem.)Hemsl. var. tsinlingensis Pai,国立北平植物研究所丛刊,3(1):59. 1935.

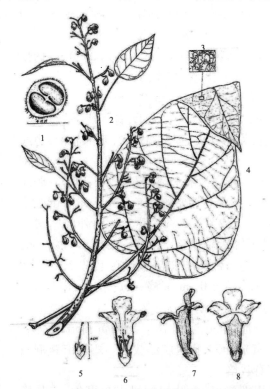

图 206　毛泡桐 Paulownia tomentosa Steudel
1. 子房横切面;2. 花序及花蕾;3. 叶背面部分放大图(示毛);4. 叶形;5. 花萼及子房;6. 花纵剖面;7. 花侧面观;8. 花正面观(选自《泡桐图志》)

形态特征:落叶大乔木,高达 20.0 m;树皮灰褐色;侧枝少,多开展。幼枝密被黏质腺毛。单叶,对生,卵圆形、宽卵圆形,长 20.0~40.0 cm,宽 15.0~28.0 cm,表面绿色,密被柔毛和腺毛,沿脉被分枝毛,背面密被长柄、白色分枝毛及腺毛,先端急尖,基部心形,边缘全缘,或波状浅裂;叶柄长 10.0～26.0 cm,密被黏质腺毛和分枝毛。花序为宽聚伞圆锥花序,长 40.0～60.0 cm,稀达 80.0 cm,顶生。花萼钟状,长约 1.0 cm,5 裂,裂至中部,外面密被绒毛;花冠漏斗－钟状,鲜紫色,长 5.5～7.5 cm,驼曲,径约 4.5 cm,内面有深紫色斑点及黄色条纹,外面密长腺毛。蒴果,卵球状,幼枝密被黏质腺毛,长 3.0～4.0 cm,径2.0～3.0 cm,具长喙;果皮木质,密被黏质腺毛。每果内种子很多粒。种子小,扁平,具膜翅。花期 4～5 月;果实成熟期 9～10 月。

产地:毛泡桐分于我国黄河流域各省(区、市)。河南各地广泛栽培。郑州市紫荆山公园有栽培。日本、朝鲜半岛也有分布与栽培。

识别要点:毛泡桐幼枝密被黏质腺毛。叶表面密被柔毛和腺毛,沿脉被分枝毛,背面密被长柄、白色分枝毛及腺毛;叶柄密被黏质腺毛和分枝毛。花冠鲜紫色,内面有深紫色斑点及黄色条纹,外面密长腺毛。蒴果幼枝密被黏质腺毛。

生态习性、繁育与栽培技术要点、主要病虫害、主要用途:毛泡桐与白花泡桐等相同。

六十六、紫葳科

Bignoniaceae Pers. ,Syn. Pl. 2:168. 1806,p. p. ;丁宝章等主编. 河南植物志 第三册:453. 1997;朱长山等主编. 河南种子植物检索表:372～373. 1994;郑万钧主编. 中国树木志 第四卷:4698. 2004;中国科学院中国植物志编辑委员会. 中国植物志 第六十九卷:1. 1990;中国科学院西北植物研究所编著. 秦岭植物志 第一卷 种子植物(第四册):363. 1983;周汉藩著. 河北习见树木图说(THE FAMILIAR TREES OF HOPEI by H. F. Chow):365. 1934;王遂义主编. 河南树木志:564～565. 1994;傅立国等主编. 中国高等植物 第十卷:418. 2004。

形态特征:落叶大乔木、灌木、木质藤本,稀草本;常具卷须,或气生根。叶对生、互生,稀轮生,单叶、羽状复叶,稀掌状复叶;顶生小叶,或叶轴有时呈卷须状,卷须先端钩状,或具吸盘;叶柄基部,或脉腋常具腺体;无托叶,或叶具假托叶。花两性,左右对称,通常大而美丽。花序为聚伞花序、总状花序、圆锥花序,顶生、腋生,或总状簇生,稀老茎生花;苞片、小苞片存在,或脱落。花萼筒状、钟状,平截,先端具 2～5 齿,或具钻状腺齿,或一边开裂为佛焰苞状;花冠合瓣,钟状、漏斗状,或筒状,常 2 唇形,5 裂,上唇 2 裂,下唇 3 裂,蕾时覆瓦状排列,或镊合状排列;能育雄蕊 4 枚,稀 2 枚,退化雄蕊 1 枚,或不具退化雄蕊 3 枚,稀 5 枚雄蕊均退化,着生于花冠筒上;花药成对靠合,或叉开;花盘杯状,肉质;雌蕊子房上位,2 室,稀 1 室,隔膜发达为 4 室,中轴胎座,或侧膜胎座;胚珠多数、叠生,花柱细长,柱头 2 裂。蒴果,形状各异,稀浆果状,肉质,不开裂。种子扁,具翅,或两端具束毛。

本科模式属:紫葳属 Eignonia Linn. 。

产地:本科植物约有 120 属、650 多种,主要分布于两半球热带、亚热带各国,温带地区分布少。我国有 12 属、约 35 种,引入 16 属、19 种,分布于我国各省(区、市)。河南有 4 属、8 种。其中,梓树属植物在河南伏牛山区有分布,平原各地均有栽培。郑州市紫荆山公园有 3 属、5 种栽培。

本科植物分属检索表

1. 落叶乔木。
  2. 落叶乔木。小枝无顶芽。单叶,对生,稀3叶轮生,边缘全缘,或3~5裂,基部3~5出脉,通常背面脉腋间有暗紫色腺斑。花序为总状花序,顶生。花萼不规则深裂,或二唇形;花冠钟状,上唇2裂,下唇3裂;发育雄蕊2枚;花盘明显,或退化。蒴果,长柱状,革质,成熟后2瓣裂。种子两端着生1束白色长柔毛 ………………………………………… 梓树属 Catalpa Scop.
  2. 落叶乔木。幼枝具黏液。叶为一回至三回羽状复叶,对生;小叶边缘全缘。花为圆锥花序,顶生,或腋生。花萼钟状,先端5裂,或平截;花冠漏斗状、高脚碟状,檐部二唇形,裂片5枚,圆形,平展;发育雄蕊2枚,稀具5枚能育雄蕊;花盘杯状,稍肉质。蒴果圆柱状,稀旋纽,具2棱。种子两端具白色膜翅 …………………………………… 菜豆树属 Radermachera Zoll. & Mor.
1. 落叶木质藤本。茎具攀缘性气生根。叶为一回奇数羽状复叶,对生;小叶边缘具锯齿。花两性。花序为圆锥花序,或花束顶生。花萼钟状,近革质,5裂至中部;花冠漏斗状,红色、橙红色,自花萼以上膨大,檐部微二唇形,先端偏斜,裂片5枚,半圆形;雄蕊4枚,2强,弯曲,不外露;花盘发达;雌蕊子房2室,具多数胚珠。蒴果短棒状,室背开裂。种子扁平,具2枚膜质翅 ……………………
………………………………………………………………………… 凌霄属 Campsis Lour.

（Ⅰ） 梓树属

Catalpa Scop. ,Introd. Hist. Nat. 170. 1771;丁宝章等主编. 河南植物志 第三册:453~454. 1997;朱长山等主编. 河南种子植物检索表:373. 1994;郑万钧主编. 中国树木志 第四卷:4701. 2004;中国科学院中国植物志编辑委员会. 中国植物志 第六十九卷:13. 1990;中国科学院西北植物研究所编著. 秦岭植物志 第一卷 种子植物(第四册):364. 1983;周汉藩著. 河北习见树木图说(THE FAMILIAR TREES OF HOPEI by H. F. Chow):365~366. 1934;周以良主编. 黑龙江树木志:515. 1986;王遂义主编. 河南树木志:565. 1994;傅立国等主编. 中国高等植物 第十卷:422. 2004。

　　形态特征:落叶乔木。小枝无顶芽。单叶对生,稀3叶轮生,边缘全缘,或3~5裂,基部3~5出脉,通常背面脉腋间有暗紫色腺斑。花两性。花序为圆锥花序、伞房花序,或总状花序,顶生。花萼2唇形,或不规则深裂;花冠钟状,上唇2裂,下唇3裂;发育雄蕊2枚,不外露,着生于花冠基部,具不育雄蕊,花丝弯曲,花药分离;花盘明显,或退化;雌蕊子房2室,胚珠多数,花柱长于雄蕊,先端2裂。蒴果,长柱状,革质,成熟后2瓣裂;种子多数。种子两端着生1束白色长柔毛。

　　本属模式种:美国梓树 Catalpa bignonioides Walt. 。

　　产地:本属植物约有13种,主要分布于亚洲东部和美洲。我国现有7种,分布于我国黄河与长江流域各省(区、市)。河南有4种。其中,梓树属在河南伏牛山区有分布,平原各地均有栽培。郑州市紫荆山公园有1属、2种栽培。

本属植物分种检索表

1. 枝、叶等无毛,或被柔毛。
  2. 叶背面基部脉腋间具紫色腺斑。花冠淡粉红色至白色 …… 楸树 Catalpa bungei C. A. Mey.
  2. 叶背面基部脉腋间具绿色腺斑。花冠白色…… 黄金树 Catalpa speciosa(Ward. ex Berney)Engelm.
1. 枝、叶等密被分枝状毛。花冠粉红色至紫红色 ………………… 灰楸 Catalpa farghesii Bureau

1. 楸树　图 207　图版 53:13～16

Catalpa bungei C. A. Mey. in Bull. Acad. Sci. St. Pétersb. 2:49. 1837;丁宝章等主编. 河南植物志 第三册:454～455. 图 1991:6～8. 1997;朱长山等主编. 河南种子植物检索表:373. 1994;郑万钧主编. 中国树木志 第四卷:4703～4704. 图 2554. 2004;陈嵘著. 中国树木分类学:1112. 1937;中国科学院植物研究所主编. 中国高等植物图鉴 第四册:102. 图 5618. 1983;中国科学院中国植物志编辑委员会. 中国植物志 第六十九卷:16～17. 1990;卢炯林等主编. 河南木本植物图鉴:366. 图 1098. 1998;中国科学院西北植物研究所编著. 秦岭植物志 第一卷 种子植物(第四册):365～366. 图 306. 1983;赵天榜等主编. 河南主要树种栽培技术:175～180. 图 20. 1994;中国树木志编委会主编. 中国主要树种造林技术:584～590. 图 91. 1978;周汉藩著. 河北习见树木图说(THE FAMILIAR TREES OF HOPEI by H. F. Chow):368～370. 图 143. 1934;王遂义主编. 河南树木志:566. 图 566:6～8. 1994;傅立国等主编. 中国高等植物 第十卷:423. 图 630. 2004;中国科学院中国植物志编辑委员会. 中国植物志第六十九卷:16～17. 1990;李法曾主编. 山东植物精要:487. 图 1757. 2004;*Catapa syringfolia* sensu Bunge in Mém. Div. Sav. Acad. Sci. St. Pétersb. 2:119(Enum. Pl. Chin. 45. 1833). 1835. non Sime 1806.

形态特征:落叶乔木,高 15.0～30.0 m;树干通直;树皮暗灰色,纵裂;侧枝斜上伸展。单叶,对生,三角－卵圆形至长圆卵圆形,长5.0～16.0 cm,宽 6.0～12.0 cm,表面深绿色,两面无毛,先端长渐尖,基部近截形,或宽楔形,基部脉腋间具紫色腺斑,边缘全缘;长壮枝上叶基部浅裂;叶柄长 2.0～8.0 cm。花两性。花序为顶生伞房状总状花序,具花 2～12 朵。花冠淡粉红色至淡红色,长 3.0～3.5 cm,内面具 2 条黄色条纹及暗紫色斑点。蒴果,长柱状,长 25.0～45.0 cm,径约 6 mm,果皮革质,成熟后 2 瓣裂。种子两端着生束状白色长柔毛。花期 5～6 月;果实成熟期 9～10 月。

产地:楸树特产于我国。栽培已有三千多年的悠久历史。其分布与栽培于黄河、长江流域各省(区、市)。河南各地广泛栽培。郑州市紫荆山公园有栽培。

图 207　楸树 Catalpa bungei C. A. Mey.
1. 花枝;2. 果;3. 种子(选自《中国树木志》)。

识别要点:楸树落叶乔木,树干通直;树皮暗灰色,纵裂;侧枝斜上伸展。单叶,对生,两面无毛。花两性。花序为顶生伞房状总状花序,具花 2～12 朵。花冠淡粉红色至淡红色,内面具 2 条黄色条纹及暗紫色斑点。蒴果,长柱状,下垂,长 25.0～45.0 cm。种子两端着生束状白色长柔毛。

生态习性:楸树分布于我国温带地区,以温暖、湿润气候为宜。喜光树种,多散生。适应性强,在多种立地条件下,均可生长。但以土层深厚、土壤肥沃、湿润的沙壤土地上生长为好。在重盐碱地、低洼、长期积水立地条件下,不能生长。根萌芽能力很强。

　　繁育与栽培技术要点:楸树通常采用播种育苗、插根繁殖。其繁育与栽培技术,见赵天榜等主编. 河南主要树种栽培技术. 175～180. 19904;赵天榜等. 河南主要树种育苗技术:151～154. 1982。栽培技术通常采用穴栽,大苗、幼树采用带土穴栽。

　　主要病虫害:楸树主要病虫害有楸螟、楸根瘤线虫病等。其防治方法,见杨有乾等编著. 林木病虫害防治. 河南科学技术出版社,1982。

　　主要用途:楸树树干通直、树体壮观,是优良的观赏、绿化树种。木材细致坚实、致密,是建筑、模具、家具、器具、车船、雕刻等优质良材。对二氧化硫、氯气等有较强的抗性,也是厂矿区的优良观赏绿化树种。

　　变种:

　　1.1　楸树　原变种

Catalpa bungei C. A. Mey. var. **bungei**

　　1.2　褶裂楸树　新变种　图版 53:17

Catalpa bungei C. A. Mey. var. **plicata** T. B. Zhao,Z. X. Chen et J. T. Chen, var. nov.

A var. nov. recedit:floribus albis,superne corpusculis pauci － carneis in tubis floribus, inferne carneis;5 － lobis plicatis,subter lobis basi 2 － lobulus albis;2 － variegatis luteolis et aciculatis purpurascentibus et subroseis in faucibus.

Henan:Zhongzhou City. 2016 － 04 － 15. T. B. Zhao et al. , No. 201604155 (ramulus, folia et flores,holotypus hic disighnatus HNAC).

　　本新变种花白色,冠筒上面被很少水粉色微粒,下面水粉色;喉部 5 枚裂片皱褶,下面中部裂片基部具 2 枚白色小裂片;喉部具 2 枚淡黄色斑块,且有淡紫色和粉红色线纹。花期 4 月上旬。

　　产地:河南。伏牛山区有分布。郑州市有栽培。2016 年 4 月 15 日。赵天榜、陈志秀等,No. 201604155(枝、叶和花序)。模式标本存河南农业大学。

　　2. 黄金树　图 208　图版 54:1～2

Catalpa speciosa(Ward. ex Berney) Engelm. in Bot. Gaz. 5:1. 1880;丁宝章等主编. 河南植物志 第三册:455. 图 1992:6～7. 1997;朱长山等主编. 河南种子植物检索表: 373. 1994;郑万钧主编. 中国树木志 第四卷:4703. 2004;陈嵘著. 中国树木分类学: 1113. 1937;中国科学院植物研究所主编. 中国高等植物图鉴 第四册:103. 图 5620. 1983;中国科学院中国植物志编辑委员会. 中国植物志 第六十九卷:16. 1990;卢炯林等主编. 河南木本植物图鉴:367. 图 1101. 1998;王遂义主编. 河南树木志:566. 图 567: 6～7. 1994;傅立国等主编. 中国高等植物 第十卷:423. 图 629. 2004;中国科学院中国植物志编辑委员会. 中国植物志 第六十九卷:16. 1990;李法曾主编. 山东植物精要:487. 图 1757. 2004。

　　形态特征:落叶乔木,高 10.0～30.0 m;树皮暗灰色,纵裂。单叶,对生,宽卵圆形至卵圆－长圆形,长 15.0～30.0 cm,宽 11.0～20.0 cm,表面绿色,近无毛,背面密被短柔毛,先端渐尖,基部截形,或心形,基部脉腋间具绿色腺斑,边缘全缘,稀具 1～2 枚裂齿;叶柄长 10.0～15.0 cm。花序为圆锥花序,顶生,长 15.0～30.0 cm。花冠白色,长约 3.0

cm,下唇裂片微凹,内面具 2 条黄色条纹及紫色斑点。蒴果,长柱状,长 25.0～45.0 cm,径约 8 mm,果皮革质,成熟后 2 瓣裂。种子两端着生束状白色长柔毛。花期 5～6 月;果实成熟期 9～10 月。

产地:黄金树原产于美国。我国在黄河、长江流域各省(市、区)有栽培。河南各地广泛栽培。郑州市紫荆山公园有栽培。

识别要点:黄金树落叶乔木。叶宽卵圆形至卵圆－长圆形,表面绿色,背面密被短柔毛,先端渐尖,基部截形,或心形,基部脉腋间具绿色腺斑,边缘全缘,稀具 1～2 枚裂齿。花序为圆锥花序,顶生。花冠白色,下唇裂片微凹,内面具 2 条黄色条纹及紫色斑点。蒴果,长柱状,下垂。

生态习性、繁育与栽培技术要点、主要病虫害、主要用途:黄金树与楸树相似。

3. 灰楸　图 209　图版 54:3

Catalpa farghesii Bureau in Nouv. Arch. Mus. Hist. Nat. Paris, sér. 3,6:195. 1894;——Rehd. in Sarg. Pl. Wils. I. 305. 1912;——Chun in Sunyatsenia 1:303. 1934;陈嵘著. 中国树木分类学 1112. 1937;中国科学院植物研究所主编. 中国高等植物图鉴 第四册:103,图 5619. 1975;中国科学院昆明植物研究所编著. 云南植物志 第二卷:704～706,图版 196:4～5. 1979;李法曾主编. 山东植物精要:487. 图 1760. 2004;傅立国等主编. 中国高等植物 第十卷:423～424. 图 613. 2004;中国科学院中国植物志编辑委员会. 中国植物志 第六十九卷 19. 图版 5:4～5. 1990;*Catalpa vestita* Diels in Bot. Jahrb. 29：577. 1901;——Rehd. in Sargent, Pl. Wils. I. 305. 1912;——J. Paclt in Candollea 13:255. 1952.

图 208　黄金树 **Catalpa speciosa**(Ward. ex Berney) Engelm.

(选自《中国高等植物图鉴》)。

形态特征:灰楸为落叶乔木。幼枝、花序、叶柄均有分枝毛。叶纸质,三角－圆形,长 13.0～20.0 cm,宽 10.0～13.0 cm,先端渐尖,基部微心形,基部 3 出脉,幼叶表面有分枝毛,背面较密,后无毛;叶柄长 3.0～10.0 cm。花序为伞房状总状花序,顶生,具花 7～15 朵。花萼 2 深裂,裂片卵圆形。花冠淡红色至淡紫色,内面具紫色斑点,钟状;雄蕊 2 枚,内藏,退化雄蕊 3 枚,花丝着生于花冠基部。花柱细长,长约 2.5 cm,柱头 2 裂;子房 2 室,胚珠多数。蒴果细圆柱状,下垂,长 55.0～80.0 cm,2 裂。种子薄膜质,两端具丝状毛。花期 4～5 月;果熟期 9～10 月。

产地:灰楸产陕西、甘肃、河北、山东、河南、湖北、湖南、广东、广西、四川、贵州、云南等省(区)。

识别要点:落叶乔木。幼枝、花序、叶柄均有分枝毛。花序为伞房状总状花序,顶生,具花 7～15 朵。花萼 2 深裂。花冠淡红色至淡紫色,内面具紫色斑点,钟状。蒴果,细圆柱状,下垂。

生态习性、繁育与栽培技术要点、主要病虫害、主要用途:灰楸同楸树。

变种:

1.1 灰楸 原变种

Catalpa farghesii Bureau var. **farghesii**

1.2 白花灰楸 新变种 图版54:4~8

Catalpa fargesii Bureau var. **alba** T. B. Zhao,J. T. Chen et J. H. Mi, var. nov.

A var. nov. recedit:foliis triangulis 7.0 ~ 10.0 cm longis,4.5 ~ 6.0 cm latis apice acuminatis basi cordatis, trinervis, glantibus paribus brunneis in dorsalibus;petiolis 4.0 ~ 8.0 cm longis. floribus albis, superne corpusculis pauci – carneis in tubis floribus, inferne albis; 2 – variegatis luteolis et aciculatis purpurascentibus in faucibus.

图 209 灰楸 Catalpa farghesii Bureau
(选自《中国高等植物图鉴》)。

Henan:Zhengzhou City. 2016 – 04 – 07. J. T. Chen et al. ,No.201604071(ramulus, folia et flores,holotypus hic disighnatus HNAC).

本新变种叶三角形,长 7.0 ~ 10.0 cm,宽 4.5 ~ 6.0 cm,先端渐尖,基部截形,3 出脉,背面较密分枝毛,脉腋具褐色腺斑;叶柄长 4.0 ~ 8.0 cm。花白色,冠筒上面被很少水粉色微粒,下面白色;喉部具 2 枚淡黄色斑块,且有淡紫色线纹。

产地:河南。伏牛山区有分布。郑州市有栽培。2016 年 4 月 7 日。陈俊通、赵天榜、米建华,No.201604072(枝、叶和花序)。模式标本存河南农业大学。

(Ⅱ)凌霄属

Campsis Lour. ,Fl. Cochinch. 377. 1790;丁宝章等主编. 河南植物志 第三册:456. 1997;朱长山等主编. 河南种子植物检索表:373. 1994;郑万钧主编. 中国树木志 第四卷:4711. 2004;中国科学院中国植物志编辑委员会. 中国植物志 第六十九卷:12. 1990;中国科学院西北植物研究所编著. 秦岭植物志 第一卷 种子植物(第四册):367. 1983;王遂义主编. 河南树木志:566 ~ 567. 1994;傅立国等主编. 中国高等植物 第十卷:249. 2004。

形态特征:落叶木质藤本。茎具攀缘性气生根。叶为一回奇数羽状复叶,对生。小叶边缘具锯齿。花两性。花序为圆锥花序,或花束顶生。花萼钟状,近革质,5 裂至中部;花冠分钟状、漏斗状,红色、橙红色,自花萼以上膨大,檐部微二唇形,先端偏斜,裂片 5 枚,大而开展,半圆形;雄蕊 4 枚,2 强,弯曲,不外露;花盘发达;雌蕊子房 2 室,具多数胚珠,花盘发达。蒴果短棒状,室背开裂。种子扁平,具 2 枚膜质翅。

本属模式种:凌霄 Campsis grandiflora(Thunb.)K. Schum. 。

产地:本属植物有 2 种。1 种产于我国和日本,1 种产于北美洲。我国现有 2 种,全国各省(区、市)均有栽培。河南有 2 种,各地有栽培。郑州市紫荆山公园有 1 属、2 种栽培。

本属植物分种检索表

1. 小叶卵圆形至卵圆－披针形。花萼裂片与萼筒等长 ··· 凌霄 Campsis grandiflora(Thunb.) K. Loisel.
1. 小叶椭圆形至卵圆－长圆形。花萼筒长于花萼裂片 ······ 美国凌霄 Campsis radicans(Linn.)Seem.

1. 凌霄 图210 图版54:9~11

Campsis grandiflora(Thunb.)K. Schum. in Nat. Pflanzenfam. IV. 3b:230. 1894;丁宝章等主编. 河南植物志 第三册:456. 图1993. 1997;朱长山等主编. 河南种子植物检索表:373. 1994;郑万钧主编. 中国树木志 第四卷:4711~4712. 图2559:1~3. 2004;中国科学院中国植物志编辑委员会. 中国植物志 第六十九卷:33. 图版1:1~3. 1990;陈嵘著. 中国树木分类学:1115. 图1005. 1937;中国科学院植物研究所主编. 中国高等植物图鉴 第四册:104. 图5621. 1983;卢炯林等主编. 河南木本植物图鉴:368. 图1102. 1998;中国科学院西北植物研究所编著. 秦岭植物志 第一卷 种子植物（第四册）:367~368. 图308. 1983;王遂义主编. 河南树木志:567. 图598. 1994;傅立国等主编. 中国高等植物 第十卷:429. 图638. 2004;李法曾主编. 山东植物精要:488. 图1762. 2004;*Bignonia grandiflora* Thunb.,Fl. Jap. 253. 1784;*Bignonia chinensis* Lam.,Encycl. Méth. 1:423. 1785;*Campsis adrepens* Lour.,Fl. Cochinch. 2:377. 1790;——*Tecoma grandiflora* Loisel.,Herb. Amst. 5:t. 286. 1821;*Tecoma chinensis* K. Koch,Dendr. 2:307. 1872;*Campsis chinensis* Voss,Vilmor. Blumengärt. 1:801. 1896.

形态特征:落叶攀缘木质藤本。小枝紫褐色,具攀缘性气生根。叶为奇数羽状复叶,对生;小叶7~9枚,卵圆形至卵圆－披针形,长3.0~9.0 cm,宽1.5~5.0 cm,先端渐尖、尾尖,基部宽楔形,两侧不等大,边缘具粗锯齿,两面无毛,侧脉6~7对。花两性。花序为大型、顶生圆锥花序,长15.0~20.0 cm。花萼钟状,长约3.0 cm,5裂至中部,萼筒灰－淡黄绿色,无光泽;裂片三角形,长约1.0 cm;花冠漏斗状,外面橙黄色,内面鲜红色,长约5.0 cm,裂片半圆形;雄蕊着生于花冠筒近基部,花丝线形,长2.0~2.5 cm,花药黄色、个字形着生;花柱线形,长约3.0 cm,柱头扁平,2裂。蒴果,长棒状,顶端钝圆,室背开裂。花期5~8月;果实成熟期10~11月。

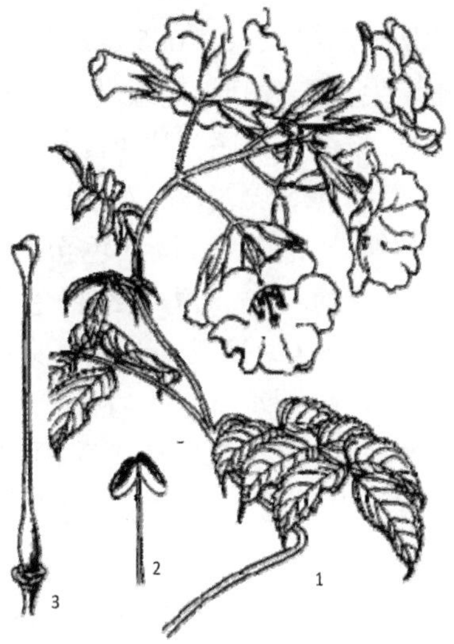

图210 凌霄 Campsis grandiflora
(Thunb.)K. Schum.
1. 花枝;2. 雄蕊;3. 花盘和雌蕊(选自《中国树木志》)。

产地:凌霄主要分布于我国。现黄河以南各省(区、市)均有栽培。河南各地有栽培。郑州市紫荆山公园有栽培。

识别要点:凌霄落叶木质藤本。小枝紫褐色,具攀缘性气生根。叶为奇数羽状复叶。小叶卵圆形至卵圆－披针形。花序为大型、顶生圆锥花序。花萼钟状,5裂至中部,萼筒裂片与萼筒等长;花冠漏斗状,外面橙黄色,内面鲜红色。

生态习性:凌霄分布于我国温带地区。喜光树种。适应性强,在多种立地条件下,均可生长。但以土层深厚、土壤肥沃、湿润的沙壤土地上生长为好。茎生根能力很强。

繁育与栽培技术要点:凌霄通常采用扦插、压条与分株繁殖。栽培技术通常采用穴栽,丛株采用带土穴栽。

主要病虫害:凌霄主要虫害有蝼蛄、介壳虫等。其防治方法,见杨有乾等编著. 林木病虫害防治. 河南科学技术出版社,1982。

主要用途:凌霄主要用于花架、花棚等,是优良的观赏、垂直绿化树种。

2. 美国凌霄　厚萼凌霄　图211　图版54:12~14

Campsis radicans(Linn.)Seem. in Journ. Bot. 5:372. 1867;丁宝章等主编. 河南植物志 第三册:456. 1997;朱长山等主编. 河南种子植物检索表:373. 1994;郑万钧主编. 中国树木志 第四卷:4713. 2004;陈嵘著. 中国树木分类学:1115. 1937;广东省植物研究所编辑. 海南植物志 第三卷:259. 1974;中国科学院中国植物志编辑委员会. 中国植物志 第六十九卷:33~34. 1990;卢炯林等主编. 河南木本植物图鉴:368. 图1103. 1998;潘志刚等编著. 中国主要外来树种引种栽培:682~684. 1994;王遂义主编. 河南树木志:567. 1994;李法曾主编. 山东植物精要:488. 图1763. 2004;*Bignonia radicans* Linn. ,Sp. Pl. 624. 1753;*Tecoma radicans* Juss. ex Spreng. ,Vég. Syst. II. 834. 1823.

形态特征:落叶木质藤本,具攀缘性气生根。叶为奇数羽状复叶。小叶7~11枚,椭圆形至卵圆–长圆形,长3.5~6.5 cm,宽2.0~4.0 cm,先端尾渐尖,基部楔形,边缘具齿,表面深绿色,背面淡绿色,被毛。花序为顶生圆锥花序。花萼钟状,长约2.0 cm,5浅裂,裂齿卵圆–三角形,微外卷;花冠筒细长,漏斗状,橙红色至鲜红色,长6.0~9.0 cm,径约4.0 cm;萼筒红褐色,具光泽。蒴果,长柱状,长8.0~12.0 cm,先端具喙尖。花期5~8月;果实成熟期10~11月。

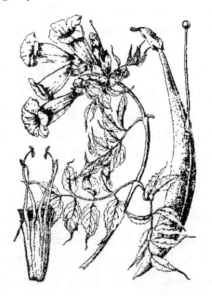

产地:美国凌霄原产于美国西南部。我国黄河流域以南各地广泛栽培。河南各地有栽培。郑州市紫荆山公园有栽培。

识别要点:美国凌霄为落叶木质藤本,具攀缘性气生根。叶为奇数羽状复叶。小叶7~11枚。花序为顶生圆锥花序。花萼钟状,5浅裂,裂齿卵圆–三角形,微外卷;花冠筒细长,漏斗状,橙红色至鲜红色。

图211　美国凌霄 Campsis radicans
（Linn.）Seem.
（选自《江苏植物志》）。

生态习性、繁育与栽培技术要点、主要病虫害及用途:美国凌霄与凌霄相同。

主要用途:凌霄主要用于花架、花棚等,是优良的观赏、垂直绿化树种。在我国各地园林绿化中广泛栽培观赏。

（Ⅲ）菜豆树属　河南新记录属

Radermachera Zoll. & Mor. in Zoll. Syst. Verz. Ⅲ. 53. 1855；郑万钧主编. 中国树木志 第四卷:4707. 2004；中国科学院中国植物志编辑委员会. 中国植物志 第六十九卷: 26. 1990；*Stereospermum* sect. 3. *Radermachera* Benth. in Benth et Hook. f. Gen. Pl. Ⅱ. 1047；*Radermachera* Zoll. & Mor. sect. *Alatae* van Steenis in Acta Bot. Neerl. Ⅱ. 307. 1953.

形态特征:落叶乔木。幼枝具黏液。叶为一回至三回羽状复叶,对生。小叶边缘全缘;具柄。花序为聚伞圆锥花序,顶生,或腋生。苞片及小苞片线状,或叶状。花萼芽时闭合,钟状,先端 5 裂,或平截;花冠漏斗状、高脚碟状、檐部微二唇形,裂片 5 枚,圆形,平展;雄蕊 4 枚,2 强,具退化雄蕊,稀具 5 枚能育雄蕊;花盘杯状,稍肉质;雌蕊子房圆柱状,2 室,胎珠多数,花柱细长,柱头 2 裂,舌状。蒴果,圆柱状,稀旋扭,具 2 棱,隔膜扁柱状,木栓质。种子扁平,两端具白色膜翅。

本属模式种:菜豆树 Radermachera sinica(Hance) Hemsl. 。

产地:本属植物约有 16 种。产于亚洲热带各国。我国有 7 种,广东、广西、云南、台湾均有分布与栽培。河南有 1 种,郑州市紫荆山公园有 1 种栽培。

1. 菜豆树　河南新记录种　图 212　图版 54:15 ~ 16

Radermachera sinica(Hance) Hemsl. in Hook. f. Icon. Pl. 28:sub. Pl. 2728. 1902；郑万钧主编. 中国树木志 第四卷:4709 ~ 4710. 图 2557. 2004；中国科学院中国植物志编辑委员会. 中国植物志 第六十九卷:30 ~ 31. 1990；*Stereospermum* sinicum Hance in Journ. Bot. 20: 16. 1882；*Radermachera tonkinensis* Dop. in Bull. Mus. Hist. Nat. Paris 32:233. 1926.

形态特征:落叶乔木,高达 15.0 m;树皮浅灰色,深纵裂。叶为二回羽状复叶,稀三回羽状复叶;叶轴长约 30.0 cm,无毛。小叶卵圆形,或卵圆 – 披针形,长 4.0 ~ 7.0 cm,宽 2.0 ~ 3.5 cm,先端尾渐尖,基部宽楔形,边缘全缘,两面无毛,侧生小叶基部一侧有少数腺体;具柄,无毛。花序为圆锥花序,直立,顶生,长 25.0 ~ 35.0 cm,径约 30.0 cm。苞片线 – 披针形,长达 10.0 cm 早落。花萼齿卵圆 – 披针形,长约 1.2 cm;花冠钟状、漏斗状,白色,或淡黄色,长 6.0 ~ 8.0 cm,裂片 5 枚,圆形,具皱纹,长约

图 212　菜豆树 Radermachera sinica(Hance) Hemsl.

1. 花枝;2. 花;3. 果实;4. 种子(选自《中国树木志》)。

2.5 cm;雄蕊 4 枚,2 强,退化雄蕊丝状;雌蕊子房 2 室,胚珠多数,每室 2 列,花柱细长,柱头 2 裂。蒴果,果皮革,圆柱状,下垂,长达 85.0 cm,径约 1.0 cm,稍弯曲,多沟纹。花期 5 ~ 9 月;果实成熟期 10 ~ 12 月。

产地:菜豆树主要分布于我国台湾、广东、海南、广西、贵州、云南等省(区)。河南郑州市紫荆山公园有栽培。

识别要点:菜豆树为落叶乔木。叶为二回羽状复叶,稀三回羽状复叶。花为圆锥花序,直立,顶生。蒴果,果皮革质,圆柱状,长达85.0 cm,径约1.0 cm,稍弯曲,多沟纹。

生态习性:菜豆树分布于我国亚热带地区。喜光树种。适应性强,在多种立地条件下,均可生长。但以土层深厚、土壤肥沃、湿润的沙壤土地上,生长为好。但不耐寒冷。

繁育与栽培技术要点:菜豆树通常采用播种繁殖。栽培技术通常采用穴栽。

主要病虫害:菜豆树有蝼蛄、介壳虫等危害。其防治方法,见杨有乾等编著. 林木病虫害防治. 河南科学技术出版社,1982。

主要用途:菜豆树木材具光泽,质细,作建筑、家具、雕刻等用, 是优良观赏绿化树种。根、茎、叶、果入药,可治高烧、消肿及毒蛇咬伤等。

六十七、忍冬科

Caprifopliaceae Ventenat,Tabl. Rég. Vég. 2:593. 1799;丁宝章等主编. 河南植物志第三册:491. 1997;朱长山等主编. 河南种子植物检索表:381～382. 1994;郑万钧主编. 中国树木志 第二卷:1814. 1985;中国科学院中国植物志编辑委员会. 中国植物志 第七十二卷:1～2. 1988;中国科学院西北植物研究所编著. 秦岭植物志 第一卷 种子植物(第五册):28. 图308. 1985;王遂义主编. 河南树木志:573～574. 1994;傅立国等主编. 中国高等植物 第十一卷:1. 2005。

形态特征:落叶,或常绿灌木、木质藤本、小乔木,稀草本。单叶,对生,稀轮生,稀羽状复叶,或掌状分裂,羽状脉,稀基部三出脉,或离基三出脉,或掌状脉,边缘全缘、具锯齿;具柄短,稀2叶柄基部连合,无托叶,稀托叶小不显著,或退化成腺体。花序为聚伞花序,或轮伞花序,或聚伞花序集合成伞房式花序,或圆锥式复花序,稀聚伞花序中央的花退化仅具2朵花,排成总状花序,或穗状花序,稀花单生。花两性,稀杂性;具苞片和小苞片,或无,稀小苞片增大成膜质的翅;萼筒贴生于子房,萼裂片,或萼齿4～5枚,稀2枚,宿存,或脱落;花冠合瓣,辐状、钟状、筒状、高脚碟状,或漏斗状,裂片4～5枚,稀3枚,覆瓦状排列,稀镊合状排列,稀两唇形,上唇2裂,下唇3裂,或上唇4裂,下唇单一,具蜜腺,或无蜜腺;无花盘,或花盘环状,或具侧生腺体1枚;雄蕊5枚,或4枚而2强,着生于花冠筒,花药背着,2室,纵裂,通常内向,稀外向,内藏,或伸出于花冠筒外;雌蕊子房下位,2～5(7～10)室,中轴胎座,每室含1枚至多枚胚珠,部分子房室常不发育。果实为浆果、核果,或蒴果,具1粒至多粒种子。种子具骨质外种皮,平滑,或具槽纹,内含1枚直立的胚和丰富、肉质的胚乳。

本科模式属:忍冬属 Lonicera Linn.。

产地:本科植物有18属、约380多种,主要分布于北半球温带各国。我国有12属、200余种,大多分布于华中和西南各省(区、市)。河南有8属、49种、2亚种、6变种,河南伏牛山区、太行山区等有分布,各地有栽培。郑州市紫荆山公园有5族、5属、9种栽培。

本科植物分属检索表

1. 奇数羽状复叶；托叶叶状，或退化成腺体。小叶边缘具锯齿。花序为复聚伞花序，或圆锥花序。浆果状核果，红黄色，或紫黑色，具核 3 ~ 5 枚 …………………… 接骨木属 Sambucus Linn.

1. 单叶，对生，稀轮生，边缘全缘，或具锯齿、牙齿，稀掌状分裂。

  2. 落叶，常绿，或灌木，或乔木，常被星状毛。

    3. 蒴果革质，或木质，具喙，2 瓣裂，中轴与花柱基部残留 ………… 锦带花属 Weigela Thunb.

    3. 核果、浆果，或坚果。花萼齿和花柱宿存。

      4. 核果、浆果。花萼齿和花柱宿存。

        5. 果实为核果，卵球状，或球状。叶边缘全缘，或具锯齿、牙齿，稀掌状分裂。花序为聚伞花序，集生为伞房状花序、圆锥状花序 ………… 荚蒾属 Viburnum Linn.

        5. 果实为浆果。叶边缘全缘，稀波状，或浅裂；无托叶，稀叶柄间具托叶，花序下的 1 ~ 2 对叶相连成盘状。花通常成对腋生于总花梗顶端，简称" 双花 "………… 忍冬属 Lonicera Linn.

      4. 坚果。落叶灌木。叶对生，稀 3 叶轮生。花序为聚伞花序，或圆锥状复聚伞花序；雌花子房 3 室，2 室不孕；萼片花后增大、宿存 ……………………… 六道木属 Abelia R. Br.

I ． 接骨木族

Caprifopliaceae Ventenat trib. **Sambuceae**（H. B. K.）Fritsch in Nat. Pflanzenfam. IV. 4;161. 1891；中国科学院中国植物志编辑委员会. 中国植物志 第七十二卷:4. 1988。

形态特征：灌木，稀草本。奇数羽状复叶。花序为伞形花序，或圆锥花序。花冠辐状；雄蕊 5 枚，花药外向；雌蕊子房 3 ~ 5 室，花柱短，或几无，柱头 3 ~ 5 裂。每室具 1 枚胚珠。核果浆果状，或蒴果，具核 3 ~ 5 粒。

产地：本族植物有 1 属、约 20 多种，主要分布于北半球温带各国。我国有 1 属、5 ~ 6 种，大多分布于华中和西南各省（区、市）。郑州市紫荆山公园有 1 族、1 属、1 种栽培。

（I）接骨木属

Sambucus Linn. ,Sp. Pl. 269. 1753；Gen. Pl. ed. 5 ,130. no. 334. 1754；丁宝章等主编. 河南植物志 第三册:491. 1997；朱长山等主编. 河南种子植物检索表:382. 1994；郑万钧主编. 中国树木志 第二卷:1841. 1985；中国科学院中国植物志编辑委员会. 中国植物志 第七十二卷:4 ~ 5. 1988；中国科学院西北植物研究所编著. 秦岭植物志 第一卷 种子植物(第五册):29. 1985；周以良主编. 黑龙江树木志:533 ~ 532. 1986；王遂义主编. 河南树木志:574. 1994；傅立国等主编. 中国高等植物 第十一卷:2. 2005。

形态特征：落叶乔木，或灌木，稀草本。小枝粗，具发达的髓。奇数羽状复叶，对生；托叶叶状，或退化成腺体。小叶边缘具锯齿。花序为复伞花序，或圆锥花序，顶生。花冠小，5 裂，白色，或黄白色；萼筒短，萼齿 5 枚；雄蕊 5 枚，开展，很少直立，花丝短，花药外向；雌蕊子房 3 ~ 5 室，花柱短，或几无，柱头 2 ~ 3 裂。浆果状核果，红黄色，或紫黑色，具核 3 ~ 5 枚。种子三棱状，或椭圆体状；胚与胚乳等长。

本属模式种：西洋接骨木 Sambucus nigra Linn. 。

产地：本属植物约 20 多种，主要分布于北半球温带、亚热带各国。我国有 4 ~ 5 种，大多分布于华中和西南各省（区、市）。河南有 3 种，各地有栽培。郑州市紫荆山公园有 1 种栽培。

1. 接骨木　图 213　图版 55:1～2

Sambucus williamsii Hance in Ann. Sci. Nat. sér. 5,5:217. 1866;中国科学院植物研究所主编. 中国高等植物图鉴 第四册:321. 图 6056. 1983;丁宝章等主编. 河南植物志 第三册:492. 图 2037. 1997;朱长山等主编. 河南种子植物检索表:382. 1994;郑万钧主编. 中国树木志 第二卷:1842～1843. 图 937. 1985;刘慎谔主编. 东北木本植物图志:496. 1955;中国科学院中国植物志编辑委员会. 中国植物志 第七十二卷:8. 10～11. 图版 2. 1988;卢炯林等主编. 河南木本植物图鉴:182. 图 544. 1998;中国科学院西北植物研究所编著. 秦岭植物志 第一卷 种子植物(第五册):31～32. 图 22. 1985;周以良主编. 黑龙江树木志:538～539. 图版 167:2～3. 1986;王遂义主编. 河南树木志:574～575. 图 606. 1994;傅立国等主编. 中国高等植物 第十一卷:3. 图 3. 2005;李法曾主编. 山东植物精要:499. 图 1798. 2004;*Sambucus foetidissima* Nakai et Kitag. in Rep. Ist. Sci. Exp. Manchoukuo 4（1）:12. 1934;*Sambucus manshurica* Kitag. in Rep. Ist. Sci. Res. Manchoukuo 4:117. 1940;*Sambucus latipinna* Nakai var. *pendula* Skv. :刘慎谔主编. 东北木本植物图志:576. 1955;*Sambucus latipinna* Nakai in Bot. Mag. Tokyo,30:290. 1916;*Sambucus sieboldiana* auct. non Bl. ;Graebn. in Bot. Jahrb. 29:584. 1901;*Sambucus coreana* auct. non Kom. :刘慎谔主编. 东北木本植物图志:499. 1955;*Sambucus latipinna* auct. non Nakai:刘慎谔主编. 东北木本植物图志:497. 1955;*Sambucus foetidissima* Nakai f. *flava* Skv. et Wang－Wei:刘慎谔主编. 东北木本植物图志:567. 1955。

形态特征:落叶灌木,或小乔木,高 5.0～8.0 m;树皮暗灰色。小枝淡黄色,无毛,具明显皮孔,髓部淡黄褐色,叶为羽状复叶,具小叶 5～7 枚,稀 3 枚、11 枚。小叶卵圆形、狭椭圆形至长圆－披针形,长 5.0～15.0 cm,宽 1.2～7.0 cm,先端尖、渐尖至尾尖,边缘具不整齐锯齿,稀基部,或中部以下具 1 枚至数枚腺齿,基部楔形,或圆形,稀心形,两侧不对称,最下一对小叶具长约 5 mm 的柄;托叶小,带形,或退化为腺状体。花与叶同时开放。花序为圆锥状聚伞花序,顶生,长 5.0～11.0 cm,宽 4.0～14.0 cm,花序分枝多。花冠小,5 裂,白色,或黄白色;萼筒短,杯状,萼齿 5 枚,三角－披针形;雄蕊 5 枚,开展,很少直立,花丝短,花药外向,黄色;雌蕊子房 3～5 室,花柱短,或几无,柱头 3 裂。果实球状、椭圆体状,红色,稀蓝紫色,萼片宿存。花期 4～5 月;果实成熟期 9～12 月。

图 213　接骨木 Sambucus williamsii Hance
1. 果枝;2. 果;3. 花(选自《中国树木志》)。

产地:接骨木产于中国黑龙江、吉林、辽宁、河北、山西、陕西、甘肃;山东、江苏、安徽、浙江、福建、河南、湖北、湖南、广东、广西、四川、贵州及云南等省(区)。河南各地有栽培。郑州市紫荆山公园有栽培。

识别要点:接骨木为落叶灌木,或小乔木。小枝髓部淡黄褐色。叶为羽状复叶,具小叶 3 ~ 11 枚。花序为圆锥状聚伞花序,顶生;花序分枝多。花冠小,5 裂,白色,或黄白色;雄蕊 5 枚,开展;雌蕊子房 3 ~ 5 室,花柱短,或几无,柱头 3 裂。果实球状、椭圆体状,红色,稀蓝紫色,萼片宿存。

生态习性:接骨木适应性较强,对气候要求不严。喜光,又稍耐阴,较耐寒,又耐旱。以肥沃、疏松的土壤为好。根系发达,萌蘖性强。常生于林下、灌木丛中。忌水涝。抗污染性强。

繁育与栽培技术要点:接骨木播种、扦插、分株均可繁殖。栽培技术通常采用穴栽,丛株采用带土穴栽。

主要病虫害:接骨木常见溃疡病、叶斑病和白粉病危害。其防治技术,见杨有乾等编著. 林木病虫害防治. 河南科学技术出版社,1982。

Ⅱ. 荚蒾族

Caprifopliaceae Ventenat trib. **Viburnum** Linn. ,Sp. Pl. 267. 1753;中国科学院中国植物志编辑委员会. 中国植物志 第七十二卷:12. 1988。

形态特征:灌木,稀小乔木。单叶。花序为伞形花序、圆锥花序,或伞房花序,稀簇生。花冠辐状、钟状、筒状;雄花花药内向;雌蕊子房 1 室,花柱短,柱头 2 ~ 3 裂。每室具 1 枚胚珠。核果浆,具核 1 粒。

产地:本族植物有 1 属、约 200 种,主要分布于北半球温带各国。我国有 1 属、74 种,大多分布于华中和西南各省(区、市)。郑州市紫荆山公园有 5 属、9 种栽培。

（Ⅱ）荚蒾属

Viburnum Linn. ,Sp. Pl. 267. 1753;Gen. Pl. ed. 5,129. no. 332. 1754;丁宝章等主编. 河南植物志 第三册:494. 1997;朱长山等主编. 河南种子植物检索表:382 ~ 384. 1994;郑万钧主编. 中国树木志 第二卷:1814. 1985;中国科学院中国植物志编辑委员会. 中国植物志 第七十二卷:12. 1988;中国科学院西北植物研究所编著. 秦岭植物志 第一卷 种子植物（第五册）:34. 1985;周以良主编. 黑龙江树木志:539. 图版 167:2 ~ 3. 1986;王遂义主编. 河南树木志:575. 1994;傅立国等主编. 中国高等植物 第十一卷:4. 2005。

形态特征:落叶,常绿或灌木,或乔木,常被簇状毛。单叶,对生,稀 3 枚轮生,边缘全缘,或具锯齿、牙齿,稀掌状分裂。花小,两性。花序为聚伞花序,集生为伞房花序、圆锥花序,稀簇生,有时具白色大型不孕边花,或由大型不孕花组成;苞片和小苞片通常微小而早落;花辐射对称,萼 5 齿裂,宿存;花冠白色,稀淡红色,辐状、钟状、漏斗状,或高脚碟状,裂片 5 枚,通常开展,很少直立,蕾时覆瓦状排列;雄蕊 5 枚,着生于花冠筒内,与花冠裂片互生,花药内向,宽椭圆体状,或近球状;雌花子房 1 室,花柱粗短,柱头头状,或浅 2 ~ 3 浅裂;胚珠 1 枚。果实为核果,卵球状,或球状,萼齿和花柱宿存;核骨质。

本属模式种:绵毛荚蒾 Viburnum lantana Linn. 。

产地:本属植物约有 200 种,主要分布于东亚、北美洲各国。我国约有 70 多种,分布于华中和西南各省(区、市)。河南有 14 种、2 变种,河南各地有栽培。郑州市紫荆山公园有 1 属、1 种、1 变种栽培。

1. 日本珊瑚树　变种　图 214　图版 55:3 ~ 5

Viburnum odoratissmum Ker – Gawl. var. **awabuki**（K. Koch）Zabei ex Rumpl.，Gartenbau – Lex III. 877. 1902;郑万钧主编. 中国树木志 第二卷:1827 ~ 1828. 图 930 2. 1985;丁宝章等主编. 河南植物志 第三册:499 ~ 500. 图 2043:1 ~ 3. 1997;朱长山等主编. 河南种子植物检索表:382. 1994;中国科学院中国植物志编辑委员会. 中国植物志 第七十二卷:57 ~ 58. 图版 12:6 ~ 9. 1988;裴鉴等主编. 江苏南部种子植物手册:716. 图 1156. 1959;卢炯林等主编. 河南木本植物图鉴:178. 图 533. 1998;中国科学院西北植物研究所编著. 秦岭植物志 第一卷 种子植物（第五册）:44 ~ 45. 图 34. 1985;王遂义主编. 河南树木志:579 ~ 580. 图 611:1 ~ 3. 1994;傅立国等主编. 中国高等植物 第十一卷:21. 图 28:1 ~ 5. 2005;李法曾主编. 山东植物精要:499. 图 1800. 2004;*Viburnum awabuki* K. Koch,Wochenschr. Gaertn. Pflanzenfam. 10:108. 1867;*Viburnum odoratissmum* Ker – Gawl. var. *arboricolum*（Hayata）Yamamoto in Journ. Soc. Trop. Agr. 8:69. 1936．

形态特征:常绿乔木,高达 10.0 ~ 15.0 m。小枝灰色,或灰褐色,具小瘤状皮孔。叶革质,椭圆形、倒卵圆 – 长圆形,稀近圆形,长 7.0 ~ 16.0 cm,宽 2.5 ~ 5.0 cm,先端短尖、钝尖,基部宽楔形,稀圆形,边缘中部以上具波状粗钝锯齿、近基部全缘,稀全缘,表面深绿色,具光泽,两面无毛,或脉上散生簇状微毛,背面有散生暗红色微腺点,脉腋常具簇状毛,侧脉 6 ~ 8 对,弧形,近缘前互相网结,中脉凸起,基部暗红色;叶柄长 1.5 ~ 3.0 cm,无毛,或被簇状微毛。花序为圆锥花序,顶生,或侧生;总花梗长 9.0 ~ 15.0 cm,具淡黄色小瘤状突起。花冠筒长 3.5 ~ 4 mm,白色、黄白色;雌蕊柱头高出萼齿。果核倒卵球状,或倒卵 – 椭圆体状。花期 5 ~ 6 月;果实成熟期 9 ~ 11 月。

图 214　日本珊瑚树 Viburnum odoratissmum Ker – Gawl. **var. awabuki**（K. Koch）Zabei ex Rumpl.
（选自《中国高等植物图鉴》）。

产地:日本珊瑚树产于我国浙江,现江苏、安徽、湖北、江西等省（区、市）有栽培。河南有栽培。郑州市紫荆山公园有栽培。日本、朝鲜半岛南部也有分布。

识别要点:日本珊瑚树为常绿乔木。小枝具小瘤状皮孔。叶革质,椭圆形、倒卵圆形,两面脉上散生簇状微毛,背面有散生暗红色微腺点,脉腋常具簇状毛。花序为圆锥花序,顶生,或侧生,总花梗具淡黄色小瘤状突起。花冠筒。果核倒卵球状,或倒卵 – 椭圆体状。

生态习性:日本珊瑚树喜温暖、稍耐寒,喜光,稍耐阴。在潮湿、肥沃的中性土壤中生长迅速旺盛,也能适应酸性,或微碱性土壤。根系发达,萌芽性强,耐修剪,对有毒气体抗性强。

繁育与栽培技术要点:日本珊瑚树的繁殖主要靠扦插,或播种繁殖。栽培技术通常采用穴栽,丛株采用带土穴栽。

主要病虫害:日本珊瑚树主要病虫害有履蚧、吹绵蚧、康氏粉蚧、扁刺蛾等。其防治技术,见杨有乾等编著. 林木病虫害防治. 河南科学技术出版社,1982。

主要用途:日本珊瑚树枝繁叶茂,遮蔽效果好,又耐修剪,因此在绿化中被广泛应用,常用做绿篱。入药用于治疗感冒,跌打损伤,骨折。

2. 绣球荚蒾　图215　图版55:6~7

Viburnum macrocephalum Fort. in Journ. Hort. Soc. Lond. 2:244. 1847;郑万钧主编. 中国树木志 第二卷:1821. 图925:2. 1985;裴鉴等主编. 江苏南部种子植物手册:716. 1959;中国科学院中国植物志编辑委员会. 中国植物志 第七十二卷:24~25. 1988;朱长山等主编. 河南种子植物检索表:383. 1994;卢炯林等主编. 河南木本植物图鉴:177. 图530. 1998;中国科学院西北植物研究所编著. 秦岭植物志 第一卷 种子植物(第五册):37. 1985;王遂义主编. 河南树木志:576~577. 1994;傅立国等主编. 中国高等植物 第十一卷:10. 2005;李法曾主编. 山东植物精要:499. 图1801. 2004;*Viburnum macrocephalum* Fort. *a. sterile* Dipp., Handb. Laubh. 1:178. 1889;*Viburnum keteleeriii macrocephalum* Carr. in Rev. Hort. 1863:271. 1863.

形态特征:落叶,或半常绿灌木,高达4.0 m。芽、幼枝、叶柄及花序被灰白色,或黄白色星状毛,后无毛。叶纸质,椭圆形、卵圆形、卵圆-椭圆形,长5.0~11.0 cm,先端钝尖,基部楔形、圆形,微心形,边缘具细锯齿,表面初被星状毛,后仅中脉被毛,背面被星状毛,侧脉5~6对,弧形,近缘前互相网结;叶柄长1.0~1.5 cm。花序为聚伞花序,全为大型不孕花组成,或侧生,总花梗长达10.0 cm,具淡黄色小瘤状突起。萼筒筒状,无毛;花冠辐状,白色,径1.5~4.0 cm;萼筒筒状,无毛;花冠辐状,白色,径1.5~4.0 cm;花瓣倒卵圆形;雄蕊长约3 mm。花期4~5月;果实成熟期8~10月。

图215　绣球荚蒾 Viburnum macrocephalum Fort.

(选自《山东植物精要》)。

产地:绣球荚蒾产于我国浙江、江苏、安徽、湖南、湖北、江西等省。河南有栽培。郑州市紫荆山公园有栽培。

识别要点:绣球荚蒾为落叶,或半常绿灌木。芽、幼枝、叶柄及花序被灰白色,或黄白色星状毛,后无毛。叶纸质,椭圆形等。花序为聚伞花序,全为大型不孕花组成,总花梗长达10.0 cm,具淡黄色小瘤状突起。萼筒筒状,无毛;花冠辐状,白色,径1.5~4.0 cm;萼筒筒状,无毛;花瓣倒卵圆形;雄蕊长约3 mm。不结果实。

生态习性:绣球荚蒾喜温暖气候,稍耐寒,喜光,稍耐阴。在潮湿、肥沃的中性土壤中生长迅速旺盛,也能适应酸性,或微碱性土壤。

繁育与栽培技术要点:绣球荚蒾繁殖主要靠扦插,或压条繁殖。栽培技术通常采用穴栽,丛株采用带土穴栽。

主要病虫害:绣球荚蒾主要虫害与珊瑚树相同。

主要用途:绣球荚蒾为著名观赏树种,各地常有栽培。

变型:

1.1　绣球荚蒾　原变型

Viburnum macrocephalum Fort. f. **macrocephalum**

1.2　天目琼花　变型　图 216　图版 55:8~10

Viburnum macrocephalum Fort. f. **keteleeri** (Carr.) Rehd. in Bibliography of Cultivated Trees and Shrubs:603. 1949;郑万钧主编. 中国树木志 第二卷:1821. 图 925:3. 1985;中国科学院中国植物志编辑委员会. 中国植物志 第七十二卷:24~25. 1988;中国科学院植物研究所主编. 中国高等植物图鉴 第四册:312. 图 6038. 1983;朱长山等主编. 河南种子植物检索表:383. 1994;王遂义主编. 河南树木志:577. 1994;傅立国等主编. 中国高等植物 第十一卷:10. 图 6. 2005;李法曾主编. 山东植物精要:500. 图 1802. 2004;裴鉴等主编. 江苏南部种子植物手册:716. 图 1157. 1959;*Viburnum keteleeriii* Carr. in Rev. Hort. 1863:269. f. 31. 1863;*Viburnum arborescens* Hemsl. in Journ. Linn. Soc. Lond. Bot. 23:349. 1888;*Viburnum macrocephalum keteleeriii* Nichols. , III. Dict. Gard. 4:155. f. 168. 1887.

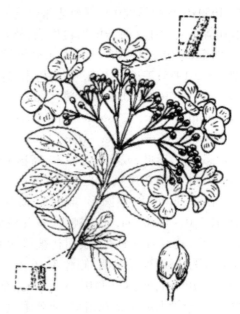

图 216　天目琼花 Viburnum macroce – phalum Fort. f. **keteleeri**(Carr.) Rehd. (Carr.) Rehd.
(选自《中国树木志》)。

形态特征:落叶灌木,高达 4.0 m。幼枝星状毛,后无毛。冬芽无鳞片。叶纸质,椭圆形、卵圆形、卵圆 – 椭圆形,长 5.0~8.0 cm,先端钝,或略尖,基部楔形、圆形,边缘具细锯齿,背面疏被星状毛,侧脉 5~6 对;叶柄长 1.5~2.0 cm。花序为聚伞花序,第一级有 4~5 条分枝,由白色、大型不孕边花组成,中部为可孕花;萼筒筒状,无毛,萼檐具 5 枚微齿;雄蕊 5 枚。核果长椭圆体状,长 8~12 mm,先红色,后黑色。花期 4~5 月;果实成熟期 8~10 月。

产地:天目琼花产于我国,浙江、江苏、安徽、湖南、湖北、江西等省(市、区)有栽培。河南鸡公山、桐柏山区有分布、各地有栽培。郑州市紫荆山公园有栽培。

用途:天目琼花为著名观赏树种,各地常有栽培。

1.3　小瓣天目琼花　新变型　图版 55:11

Viburnum macrocephalum Fort. f. parva T. B. Zhao, J. T. Chen et J. H. Mi, f. nov. A f. nov. tepalis albis rotundatis campis longis et latis 8~10 mm.

Henan:Zhengzhou City. 10 – 04 – 2016. T. B. Zhao et al. , No. 201604107 (folia, ramulus et flos,holotypus hic disignatus,HNAC)。

本新变型花瓣白色,圆形,平展,长与宽 8 ~ 10 mm。

产地:河南有栽培。郑州市紫荆山公园有栽培。2016 年 4 月 10 日。赵天榜等,No. 201604107(叶、枝和花)。模式标本存于河南农业大学。

Ⅲ. 锦带花族

Caprifopliaceae Ventenat trib. **Diervilleae** C. A. Mey. in Bull. Phys. – Math. Acad. Sci. St. Pétersb. 13:219. 1855;中国科学院中国植物志编辑委员会. 中国植物志 第七十二卷:131. 1988。

形态特征:灌木。单叶。花单生,或花序为伞形花序。花冠钟状、漏斗状,不整齐,或近整齐;雄蕊 5 枚;雌蕊子房 2 室,花柱细长。每室具多枚胚珠。蒴果,革质,或木质,具多粒种子。

产地:本族植物有 2 属、约 10 余种,主要分布于北半球温带各国。我国有 1 属、3 ~ 4 种。河南有 1 属、2 种。郑州市紫荆山公园有 1 族、1 属、1 种栽培。

(Ⅲ) 锦带花属

Weigela Thunb. in Svenska Vetensk. Acad. Handl. [sér. 2],1:137. t. 5. 1780;丁宝章等主编. 河南植物志 第三册:509. 1997;朱长山等主编. 河南种子植物检索表:385. 1994;郑万钧主编. 中国树木志 第二卷:1844. 1985;中国科学院中国植物志编辑委员会. 中国植物志 第七十二卷:131 ~ 132. 1988;中国科学院西北植物研究所编著. 秦岭植物志 第一卷 种子植物（第五册）:82 ~ 83. 1985;周以良主编. 黑龙江树木志:544. 1986;王遂义主编. 河南树木志:586. 1994;傅立国等主编. 中国高等植物 第十一卷:47. 2005。

形态特征:落叶灌木,或小乔木。幼枝呈四棱状;小枝髓心坚实。冬芽具数枚鳞片。单叶,对生,边缘具锯齿,边缘棕红色;具柄,或几无柄,无托叶。花单生,或由 2 ~ 6 朵组成聚伞花序,侧生,或顶生;花萼筒状,萼檐 5 裂,裂片深达中部,或基底;花冠筒钟状、漏斗状,白色、粉红色至深红色,5 裂,裂片不整齐,或近整齐;雄蕊 5 枚,着生于花冠筒中部,内藏,花药内向;雌蕊子房上部一侧具 1 枚球状腺体,子房 2 室,含多数胚珠,花柱细长,柱头头状,常伸出花冠筒外。蒴果圆柱状,革质,或木质,具喙,2 瓣裂,中轴与花柱基部残留。种子小,无翅,或具狭翅。

本属模式种:日本锦带花 Weigela japonica Thunb. 。

产地:本属植物约有 10 余种,主要分布于东亚、北美洲各国。我国约有 4 种,分布于华中和西南各省(区、市)。河南有 2 种、1 变种,各地有栽培。郑州市紫荆山公园有 1 属、1 种栽培。

1. 锦带花　图 217　图版 56:1 ~ 4

Weigela florida(Bunge) A. DC. in Ann. Sci. Nat. Bot. sér. 2,11:241. 1839;郑万钧主编. 中国树木志 第二卷:1844. 图 938:1. 1985;中国科学院植物研究所主编. 中国高等植物图鉴 第四册:283. 图 5979. 1983;丁宝章等主编. 河南植物志 第三册:509. 图 2052:1 ~ 2. 1997;朱长山等主编. 河南种子植物检索表:385. 1994;陈嵘著. 中国树木分类学:1167. 1957;中国科学院中国植物志编辑委员会. 中国植物志 第七十二卷:132. 图版 34:

1～2. 1988；卢炯林等主编. 河南木本植物图鉴:173. 图 517. 1998；中国科学院西北植物研究所编著. 秦岭植物志 第一卷 种子植物（第五册）:83～84. 图 69. 1985；周以良主编. 黑龙江树木志:544. 546. 图版 170:1～4. 1986；王遂义主编. 河南树木志:587. 图 620:1～2. 1994；傅立国等主编. 中国高等植物 第十一卷:47. 图 73. 2005；李法曾主编. 山东植物精要:502. 图 1814. 2004；*Calysphyrum floridum* Bunge, Enum. Pl. Chin. Bor. 33. 1833；*Diervilla florida* Sieb. & Zucc. , Fl. Jap. 1:75. 1838；*Weigela pauciflora* A. DC. in Ann. Sci. Nat. Bot. sér. 2,11:241. 1839；*Calysphyrum floridum* Bunge, in Mém. Sav. Div. Sav. Acad. Sci. St. Pétersb. 2:108（Enum. Pl. Chin. Bor. 34. 1833）. 1835.

形态特征:落叶灌木,高达 3.0 m。小枝粗,无毛,或被柔毛;幼枝 4 棱状。叶椭圆形、卵圆 – 椭圆形,或倒卵圆 – 椭圆形,长 5.0～10.0 cm,先端渐尖,基部宽楔形、近圆形,边缘具细锯齿,表面疏被柔毛,脉上较密,背面密被短柔毛,或绒毛;具短柄至无柄。花单生,或聚伞花序具花 1～4 朵,顶生,或腋生;萼筒长筒状,长 1.2～1.5 cm,疏被毛,萼齿长 8～12 mm,深达萼檐中部;花冠玫瑰色,或粉红色、紫色,长 3.0～4.0 cm,外面疏被柔毛,裂片不等,开展,内面浅红色,花药黄色;雌蕊子房上部腺体黄绿色,花柱细长,柱头 2 裂。蒴果长 1.5～2.5 cm,疏被毛,先端具喙。种子无翅。花期 4～6 月;果实成熟期 10 月。

产地:锦带花分布于我国黄河流域以北各省（区、市）。江苏、河南等省有栽培。郑州市紫荆山公园有栽培。

图 217　锦带花 Weigela florida
（Bunge）A. DC.
（选自《中国高等植物》）。

识别要点:锦带花为落叶灌木。幼枝 4 棱状。花序具花 1～4 朵;花冠玫瑰色,或粉红色、紫色,外面疏被柔毛。蒴果长 1.5～2.5 cm。种子无翅。

生态习性:锦带花喜光,也耐阴,耐寒,适应性强,对土壤要求不严,能耐瘠薄土壤,在深厚、湿润、富含腐殖质的土壤中生长最好,要求排水性能良好,忌水涝。生长迅速强健,萌芽力强。

繁育与栽培技术要点:锦带花扦插、播种、压条及分株均可。栽培技术通常采用穴栽。

主要病虫害:锦带花病虫害很少。

主要用途:锦带花是很好的庭院观花树种。

品种:

1.1　锦带花　原品种

Weigela florida（Bunge）A. DC. **'Florida'**

1.2　'红王子'锦带　品种　图版 56:5～6

Weigela florida（Bunge）A. DC. **'Red Prince'** *

本品种花朵密集,花冠胭脂红色。盛花期5~7月。

产地:红王子锦带河南各地有栽培。郑州市紫荆山公园有栽培。

注:＊尚待查证。

Ⅳ. 忍冬族

Caprifopliaceae Ventenat trib. Lonicereae R. Br. in Abel. Narr. Journ. China App. B. 376. 1818,et ex DC. Prodr. 4:329. 1830,p. p. typ. ;中国科学院中国植物志编辑委员会. 中国植物志 第七十二卷:134~135. 1988。

形态特征:灌木,或木质藤本。单叶,边缘全缘,或锯齿,或缺裂。花成对生于总花梗顶上,或成为轮伞花序。花冠钟状、筒状、漏斗状,整齐,或二唇形,基部常一侧肿大,或呈囊状;雄蕊5枚;雌蕊子房2~5(7~10)室。浆果。

产地:本族植物有2属、约200多种,主要分布于北半球温带各国。我国有2属、104种。郑州市紫荆山公园有1属、3种栽培。

(Ⅳ) 忍冬属

Lonicera Linn. , Sp. Pl. 173. 1753,exclud. sp. nonnull. ;Gen. Pl. ed. 5,80. no. 210. 1754;丁宝章等主编. 河南植物志 第三册:509~510. 1997;朱长山等主编. 河南种子植物检索表:385~388. 1994;郑万钧主编. 中国树木志 第二卷:1848. 1985;中国科学院中国植物志编辑委员会. 中国植物志 第七十二卷:143~144. 1988;中国科学院西北植物研究所编著. 秦岭植物志 第一卷 种子植物（第五册）:52. 1985;周以良主编. 黑龙江树木志:521. 523. 图版167:2~3. 1986;王遂义主编. 河南树木志:587. 1994;傅立国等主编. 中国高等植物 第十一卷:49~50. 2005。

形态特征:落叶,或常绿灌木,或缠绕藤本,稀小乔木状。小枝髓部白色,或黑褐色,稀中空,老枝皮常条状剥落。单叶,对生,稀3~4枚轮生,纸质、厚纸质至革质,边缘全缘,稀波状,或浅裂;无托叶,稀具叶柄间托叶,稀花序下的1~2对叶相连成盘状。花通常成对生于腋生的总花梗顶端,简称"双花";3~6朵花一轮;每双花具2枚苞片和2枚小苞片;苞片小,或大如叶,小苞片稀连合为杯状、坛状,包被萼筒,或无;萼檐5齿裂,稀口缘浅波状,或杯状,稀下延呈帽边状突起;花冠白色、黄色、淡红色,或紫红色,钟状、筒状,或漏斗状,5(~4)齿裂,整齐,或二唇形,上唇4裂,花冠筒基部常一侧肿大,或呈囊状;雄蕊5枚,花药丁字着生;雌蕊子房3~2(~5)室,花柱纤细,柱头头状。果实浆果,成熟时红色、蓝黑色,或黑色;种子具浑圆的胚。

本属模式种:轮花忍冬 Lonicera caprifolium Linn. 。

产地:本属植物约有200种,主要分布于温带、亚热带各国。我国约有98种,分布于华中和西南区各省(市、区)。河南有17种、2亚种、2变种,各地有栽培。郑州市紫荆山公园有1属、3种栽培。

本属植物分种检索表

1. 半常绿藤本,或常绿灌木。
   2. 半常绿藤本。总花梗密被柔毛及腺毛。花腋生,两朵着生。萼筒无毛,萼齿先端具长毛,外面及边缘密被毛;花冠白色,后变黄色,外面被糙毛及长腺毛。果实成熟后为蓝黑色 ························忍冬 Lonicera japonica Thunb.

2. 常绿灌木。花腋生,两朵着生;花冠乳白色,外面密被红褐色短腺毛。果实成熟后为蓝紫色
……………………………………………………………… 亮叶忍冬 Lonicera nitida Wils.

1. 落叶小乔木,常为灌木状。

　　3. 叶两面脉上被短柔毛及微腺毛,边缘密被缘毛,叶脉及叶柄被腺毛。花冠白色、黄色 ……
……………………………………………………… 金银忍冬 Lonicera maackii(Rupr.)Maxim.

　　3. 叶边缘具短糙毛。花冠二唇形,红色,粉色,或白色 ……… 新疆忍冬 Lonicera tatarica Linn.

1. 忍冬　金银花　图 218　图版 56:7~9

Lonicera japonica Thunb. , Fl. Jap. 89. 1784;郑万钧主编. 中国树木志 第二卷:
1862. 图 945. 1985;丁宝章等主编. 河南植物志 第三册:524~525. 图 2064:1~2. 1997;
朱长山等主编. 河南种子植物检索表:385. 1994;中国科学院中国植物志编辑委员会. 中
国植物志 第七十二卷:236~238. 图版 62:1~4. 1988;中国科学院植物研究所主编. 中
国高等植物图鉴 第四册:297. 图 6008. 1983;卢炯林等主编. 河南木本植物图鉴:166. 图
496. 1998;中国科学院西北植物研究所编著. 秦岭植物志 第一卷 种子植物(第五册):
72~73. 图 58. 1985;王遂义主编. 河南树木志:599~600. 图 632:1~2. 1994;傅立国等
主编. 中国高等植物 第十一卷:81~82. 图 125. 2005;李法曾主编. 山东植物精要:501.
图 1808. 2004;*Caprifolium japonicum* Dum. , Cour. Bot. Cult. ed. ,2,7:209. 1814;*Nintooa
japonica* Sweet. , Hort. Brit. ed. 2, 258. 1930;*Lonicera faurici* Lévl. et Vant. in Fedde,
Repert. Sp. Nov. V. 100. 1908;*Lonicera japonica* Thunb. var. *sempervillosa* Hayata,1. c.
Pl. Formos. 9:47. 1920.

　　形态特征:半常绿藤本;茎皮条状剥落。
枝中空;幼枝暗红褐色,密被黄褐色糙毛、短
柔毛及腺毛,下部无毛。叶纸质,对生,形状
变化较大,通常卵圆形、卵圆 – 披针形、倒卵
圆 – 长圆形,长 3.0~9.5 cm,先端短钝尖、渐
尖,稀凹,基部宽楔形至圆形,边缘具糙缘毛;
小枝上部叶两面密被糙毛;叶柄长 4~8 mm,
密被短柔毛。双花生于幼枝叶腋,总花梗密
被柔毛及腺毛;苞片大,卵圆形,长 2.0~3.0
cm,两面短柔毛,稀近无毛;小苞片长约 1.0
mm,被糙毛及腺毛;萼筒长约 2.0 mm,无毛,
萼齿卵圆 – 三角形、长三角形,先端具长毛,
外面及边缘密被毛;花冠白色,后变黄色,长
2.0~6.0 cm,唇形,外面被糙毛及长腺毛。
果实成熟后为蓝黑色,球状。花期 4~6 月;
果实成熟期 10~11 月。

　　产地:忍冬分布于我国辽宁以南,华东
区、华中区、西南区各省(区、市)。河南有分

图 218　忍冬 Lonicera japonica Thunb.
(选自《中国高等植物》)。

布,新密市有大面积人工栽培。郑州市紫荆山公园有栽培。朝鲜半岛、日本和俄罗斯远东地区也有分布。

识别要点:忍冬为半常绿藤本。茎皮条状剥落。枝中空;幼枝暗红褐色,密被黄褐色糙毛及腺毛。双花生于幼枝叶腋,总花梗密被柔毛及腺毛;花冠白色,后变黄色,外面被糙毛及长腺毛。果实成熟后为蓝黑色,球状。

生态习性:忍冬性喜强光,稍耐旱,在微潮偏干的环境中生长良好。喜温暖、土壤肥沃的环境,亦较耐寒。

繁育与栽培技术要点:忍冬采用播种育苗及分株繁殖。栽培技术通常采用穴栽,丛株采用带土穴栽。

主要病虫害:忍冬病主要虫害有蚜虫、蝼蛄、介壳虫及尺蠖等。其防治技术,见杨有乾等编著. 林木病虫害防治. 河南科学技术出版社,1982。

主要用途:忍冬是园林绿化中最常见的树种之一,花是优良的蜜源,全株可药用。茎皮可制人造棉。还是特用经济树种,也是盆栽良木。

2. 金银忍冬　图 219　图版 56:10～15

Lonicera maackii(Rupr.) Maxim. in Mém. Div. Sav. Acad. Sci. St. Pétersb. 9:136 (Prim. Fl. Amur.). 1859;郝景盛. 中国北部植物图志 第三卷:39. 图 13. 1934;中国科学院植物研究所主编. 中国高等植物图鉴 第四册:294. 图 6001. 1983;丁宝章等主编. 河南植物志 第三册:523～524. 图 2062:4～5. 1997;朱长山等主编. 河南种子植物检索表:388. 1994;郑万钧主编. 中国树木志 第二卷:1858～1860. 图 943:1. 1985;中国科学院中国植物志编辑委员会. 中国植物志 第七十二卷:222～223. 图版 55:4～5. 1988;卢炯林等主编. 河南木本植物图鉴:165. 图 493. 1998;中国科学院西北植物研究所编著. 秦岭植物志 第一卷 种子植物(第五册):71. 图 56. 1985;周以良主编. 黑龙江树木志:527. 528. 图版 163:1～4. 1986;王遂义主编. 河南树木志:598. 图 630:4～5. 1994;傅立国等主编. 中国高等植物 第十一卷:75～76. 图 113. 2005;李法曾主编. 山东植物精要:501. 图 1810. 2004;*Xylosteum maackii* Rupr. in Bull. Phys. – Math. Acad. Sci. St. Pétersb. 15: 369. 1857;*Caprifolium maackii* O. Ktze. ,Rev. Gen. Pl. I. 274. 1891;*Lonicera maackii* (Rupr.)Maxim. var. *typica* Nakai in Journ. Jap. Bot. 14:366. 1938.

形态特征:落叶小乔木,高达 6.0 m,常呈灌本状。小枝中空;幼枝被柔毛及微腺毛。叶纸质,对生,变化大,卵圆 – 椭圆形、卵圆 – 披针形,长 5.0～8.0 cm,先端渐尖、长渐尖,基部宽楔形 – 圆形,两面

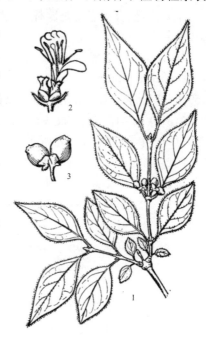

图 219　金银忍冬 Lonicera maackii

(Rupr.) Maxim.

1. 果枝;2. 花;3. 果(选自《中国树木志》)。

脉上被短柔毛及微腺毛,边缘密被缘毛,叶脉及叶柄被腺毛。双花生于幼枝叶腋,总花梗被腺毛;总花梗长 1 ~ 2 mm;苞片条形,稀条 - 披针形、叶状,长 3 ~ 8.6 mm,小苞片合生成对,先端平截,被缘毛,与萼筒近等长,或稍短;相邻 2 萼筒分离,无毛,或被微腺毛;萼檐钟状,膜质,萼齿三角形,或披针形,不等,先端裂隙达萼檐 1/2;花冠白色、黄色,长 1.0 ~ 2.0 cm,唇形,筒长为唇瓣 1/2,外面被短柔毛,或无毛,内面被短柔毛;雄蕊与花柱长约为花冠 2/3;花丝及花柱被短柔毛。果实球状,成熟后为暗红色,径 5 ~ 6 mm。花期 4 ~ 6 月;果实成熟期 8 ~ 10 月。

产地:金银忍冬分布于我国东北区、华北区、华东区、西南区各省(区、市)。甘肃、河南有分布与栽培。郑州市紫荆山公园有栽培。朝鲜半岛、日本和俄罗斯远东地区也有分布。

识别要点:金银忍冬为落叶小乔木,常呈灌木状。小枝中空;幼枝被柔毛及微腺毛。叶纸质,对生,边缘密被缘毛,叶脉及叶柄被腺毛。双花生于幼枝叶腋,总花梗被腺毛;花冠白色、黄色,筒长为唇瓣 1/2。果实球状,成熟后为暗红色。

生态习性:金银忍冬性喜强光,稍耐旱,在微潮偏干的环境中生长良好。喜温暖、土壤肥沃的环境,亦较耐寒。

繁育与栽培技术要点:金银忍冬可采用播种和扦插 2 种繁殖。栽培技术通常采用穴栽。

主要病虫害:金银忍冬主要虫害有蚜虫、蝼蛄、介壳虫及尺蠖等。其防治技术,见杨有乾等编著. 林木病虫害防治. 河南科学技术出版社,1982。

主要用途:金银忍冬是园林绿化中最常见的树种之一,花是优良的蜜源,全株可药用。茎皮可制人造棉。

3. 新疆忍冬　图 220　图版 57:1

Lonicera tatarica Linn. , Sp. Pl. 173. 1753;刘慎谔等主编. 东北木本植物图志:517. 图版 CLXVII,418 及图版 CLXVIII,12 ~ 14. 1955;中国科学院植物研究所主编. 中国高等植物图鉴 第四册:293,图 5999. 1975;中国科学院中国植物志编辑委员会. 中国植物志 第七十二卷:216. 图版 54:1 ~ 4. 1988;杨昌友主编. 新疆树木志:415. 图 270. 2011;*Caprifolium tataricum* O. Ktze., Rev. Gen. Pl. 1:274. 1891;—— P. S. Green in Journ. Arn. Arb. 47:86,fig. 7. 1965.

形态特征:落叶灌木,高达 3.0 m。叶纸质,卵圆形,或卵圆 - 长圆形,长 2.0 ~ 5.0 cm,先端尖,稀渐尖,或钝圆形,基部圆,或近心形,边缘具短糙毛;叶柄短。花冠二唇形,红色,粉色,或白色,筒短于唇瓣,基部常有浅囊,上唇两侧裂深达唇瓣基部,中裂较浅;花柱被短柔毛。

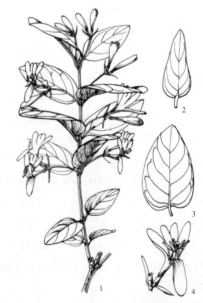

图 220　新疆忍冬 Lonicera tatarica Linn.
　1. 花枝;2 ~ 3. 叶片;4. 花(选自《新疆树木志》)。

浆果球状,红色。花期 5~6 月;果实成熟期 7~8 月。

产地:新疆忍冬产于我国新疆北部。河南省各地有栽培。郑州市紫荆山公园有栽培。

识别要点:新疆忍冬落叶灌木。叶卵圆形,或卵圆 - 长圆形,先端尖,稀渐尖,或钝圆,基部圆,或近心形,边缘具短糙毛。花冠二唇形,红色,粉色,或白色。浆果球状,红色。

生态习性:新疆忍冬性喜光,耐旱,耐寒。

繁育与栽培技术要点:新疆忍冬可采用播种和扦插 2 种繁殖。栽培技术通常采用穴栽。

主要病虫害:新疆忍冬主要虫害有蚜虫、蝼蛄、介壳虫及尺蠖等。其防治技术,见杨有乾等编著. 林木病虫害防治. 河南科学技术出版社,1982。

主要用途:新疆忍冬是园林绿化中优良的观花灌木。

4. 亮叶忍冬　图版 57:2~3

Lonicera nitida Wils. in Gard. Chron. sér. 3,50:102. 1911;中国科学院中国植物志编辑委员会. 中国植物志 第七十二卷:192~193. 图版 48:9~10. 1988;傅立国等主编. 中国高等植物 第十一卷:66. 2005;——Boerner in Mittel. Deutsch. Dendr. Ges. 45:93. 1933;*Lonicera ligustrina* Wall. subsp. *yunnanensis* (Franch.) Hsu et H. J. Wang in Acta Phytotax. Sinica 17(4):77. 1979;*Lonicera ligustrina* Wall. *β*. *yunnanensis* Franch. in Journ. de Bot. 10:317. 1896;*Lonicera pileata* Oliv. f. *yunnanensis*(Franch.) Rehd. ,Syn. Lonicera 76. 1903.

形态特征:常绿灌木,高 1.2~1.5 m。叶革质,深绿色,近圆形至宽卵圆形,稀卵圆形、长卵圆形,或长圆形,先端圆,或钝圆,表面具光泽,无毛,或具微糙毛。花腋生,并列着生两朵花,乳白色,长 4~7 mm,冠筒外面密被红褐色短腺毛。浆果,蓝紫色;种子长约 2 mm。花期 4~6 月,果实成熟期 9~10 月。

产地:亮叶忍冬产于陕西、甘肃、四川和云南等地。欧洲各国广为引种。河南有栽培。郑州市紫荆山公园有栽培。

识别要点:亮叶忍冬为常绿灌木。叶革质,深绿色。花乳白色,筒外面密被红褐色短腺毛。浆果,蓝紫色。

生态习性:亮叶忍冬耐寒力强,亦耐高温;耐阴性良好;对土壤要求不严,耐盐性良好。

繁育与栽培技术要点、主要病虫害同金银忍冬。

主要用途:亮叶忍冬枝条匍匐生长,可用于点缀花境,亦可作盆栽观赏,同时也是优良的木本地被植物。

品种:

1.1　亮叶忍冬　原品种

Lonicera nitida Wils. ' **Nitida**'

1.2　'匍枝'亮叶忍冬　品种

Lonicera nitida Wils. ' **Puzhi**' *

本品种为常绿灌木。枝叶密集。小枝细长横展。叶对生,细小,革质,卵圆形至卵圆 - 椭圆形,长 1.5~1.8 cm,宽 5~7 mm,边缘全缘,表面亮绿色,背面淡绿色。花腋生,并列着生两朵花,花冠管状,淡黄色,具清香,浆果蓝紫色。

产地:'匍枝'亮叶忍冬原产于中国。河南各地有栽培。郑州市紫荆山公园有栽培。

注:＊尚待查证。

V. 北极花族

Caprifopliaceae Ventenat trib. **Dumortier** Anal, Fam. Pl. 33. 1929;中国科学院中国植物志编辑委员会. 中国植物志 第七十二卷:108. 1988。

形态特征:灌木,稀匍匐小灌木。单叶。花单生,或花序为聚伞花序,稀总状花序、圆锥花序。花冠钟状、高脚碟状、漏斗状,整齐,或不整齐;雄蕊5枚,或2枚、2强;雌蕊子房仅1~2室能育。每室1枚胚珠,花柱细长。核果浆果状,或瘦果状,具1~3粒种子。

产地:本族植物有6属、约40余种,主要分布于北半球温带各国。我国有6属、16种。郑州市紫荆山公园有1属、2种栽培。

（V）六道木属

Abelia R. Br. in Abel, Narr. Journ. China, App. B. 376. 1818;丁宝章等主编. 河南植物志 第三册:505~506. 1997;朱长山等主编. 河南种子植物检索表:384~385. 1994;郑万钧主编. 中国树木志 第二卷:1868. 1985;中国科学院中国植物志编辑委员会. 中国植物志 第七十二卷:116. 1988;中国科学院西北植物研究所编著. 秦岭植物志 第一卷 种子植物(第五册):80. 1985;周以良主编. 黑龙江树木志:518. 图版163:1~4. 1986;王遂义主编. 河南树木志:584. 1994;傅立国等主编. 中国高等植物 第十一卷:41. 2005。

形态特征:落叶灌木,稀常绿灌木。小枝细。单叶,对生,稀3叶轮生,边缘全缘,或具齿牙,或具圆锯齿;具短柄,无托叶。花单生、双生,或多花总花梗顶生、腋生,稀花序为三歧聚伞花序,或伞房花序。苞片2枚,或4枚;萼筒窄长,长圆形,萼檐裂片2、4、5枚,裂片开展,花后增大、宿存;花冠筒状、高脚碟状、钟状,整齐,或稍唇形,基部两侧不等,或一侧膨大为浅囊,4~5裂;雄蕊4枚,等长,或2强;雌蕊子房3室,其中2室各具2列不孕胚珠,仅1室具1枚能孕胚珠。果实为革质瘦果,长圆体状。

本属模式种:糯米条 Abelia chinensis R. Br.。

产地:本属植物约有20多种,分布于中国、日本、中亚各国及墨西哥。我国有9种,西藏、云南有分布。河南有5种,伏牛山区、太行山区等有分布,各地有栽培。郑州市紫荆山公园有1属、2种栽培。

本属植物分种检索表

1. 落叶灌木。萼裂片4枚 ················· 六道木 Abelia biflora Turcz.
1. 半常绿灌木。
　　2. 花萼裂片2~5枚 ················· 大花六道木 Abelia grandiflora(André) Rehd.
　　2. 花萼裂片5枚 ················· 糯米条 Abelia chinensis R. Br.

1. 六道木　图 221　图版 57:4~6

Abelia biflora Turcz. in Bull. Soc. Nat. Mosc. 10,7:152. 1837;丁宝章等主编. 河南植物志 第三册:586. 图618:5~7. 1997;朱长山等主编. 河南种子植物检索表:385. 1994;郑万钧主编. 中国树木志 第二卷:1870. 图948:2. 1985;中国科学院中国植物志编辑委员会. 中国植物志 第七十二卷:125. 图版32:1~3. 1988;中国科学院植物研究所主编.中国高等植物图鉴 第四册:305.图6024.1983;郝景盛.中国北部植物图志 第三卷:79.图版32.1937;刘慎谔主编.东北植物图志:505.567.1955;卢炯林等主编.河南木本植物图鉴:180.图539.1998;王遂义主编.河南树木志:586.图618:5～7.1994;傅立国等主编.中国高等植物 第十一卷:44～45.图69.2005;李法曾主编.山东植物精要:503.图1817.2004;*Zapelia biflora*(Turcz.)Makino in Makino 9:175.1948;*Abelia davidii* Hance in Journ.Bot.4:329.1868,et 13:132.1875.

形态特征:落叶灌木,高达3.0 m。幼枝被倒生刚毛;老枝无毛。单叶,对生,长圆形、长圆-披针形,长2.0～7.0 cm,宽0.5～2.0 cm,先端尖、长渐尖,基部钝圆形-楔形,边缘全缘,或中部以上羽状浅裂,具1～4对疏生粗锯齿,表面深绿色,背面浅绿白色,两面疏被柔毛,脉上密被长柔毛,边缘具缘毛;叶柄长2～7 mm,基部膨大成对合生,被刺毛。花2枚,并生小枝末端;花梗长5～10 mm,被刺毛;小苞片3齿状,1长2短,宿存;萼筒圆筒状,疏生刺毛;萼裂片4枚,倒卵圆-长圆形,长约1.0 cm;花冠高脚钟状,白色、淡黄色,或淡红色,外面被柔毛及倒生刺毛,裂片4枚,倒卵圆-长圆形,内面被刺毛;雄蕊4枚,2强;雌蕊子房3室,仅1室发育,花柱长约1.0 cm,柱头头状。果实微弯,长5～10 mm,被刺毛,宿存4枚萼裂片。花期5～6月;果实成熟期8～9月。

图221　六道木 Abelia biflora Turcz.
（选自《中国高等植物图鉴》）。

产地:六道木产于我国辽宁、河北、山西、内蒙古、陕西等省(区)。河南伏牛山区有分布,平原地区有栽培。郑州市紫荆山公园有栽培。

识别要点:六道木为落叶灌木。幼枝被倒生刺毛。单叶,对生,边缘全缘,或中部以上羽状浅裂,具1～4对疏生粗锯齿,具缘毛;叶柄基部膨大成对合生,被刺毛。花单生叶腋;花梗被刺毛;萼筒内面被短刺毛;花冠外面被柔毛及倒生刺毛。果实微弯被刺毛。

生态习性:六道木冬性喜强光,稍耐旱,在微潮偏干的环境中生长良好。喜温暖、土壤肥沃的环境,亦较耐寒。

繁育与栽培技术要点:六道木与忍冬相同。

主要病虫害:六道木有蚜虫、蝼蛄、介壳虫及尺蠖等危害。其防治技术,见杨有乾等编著.林木病虫害防治.河南科学技术出版社,1982。

主要用途:六道木是园林绿化中最常见的树种之一。花是优良的蜜源。

2.大花六道木　河南新记录种　图版57:7～8

Abelia grandiflora(André)Rehd.in Bailey,Cycl.Am.Hort.[1]:1.1900;中国科学院中国植物志编辑委员会.中国植物志 第七十二卷:110.1988;*Abelia uniflora* R.Br.in

Wallich,Pl. As. Rar. 1 15. 1830；*Linnaea uniflora* A. Braun & Vatke in Oester. Bot. Zeitschr. 22：292. 1872；*Abelia chinensis* R. Br. in Abel,Narr. Journ. China App. B. 376. 1818.

　　形态特征:半常绿灌木,高0.5～2.0 m。幼枝紫褐色,或红色,微被短柔毛,后无毛。单叶,对生,长圆形,长2.0～3.0 cm,宽0.5～1.5 cm,先端长渐尖,基部钝圆,边缘全缘,中部以上边缘钝锯齿,表面深绿色,背面浅绿色,或两面淡黄色,沿脉绿色,无毛;叶柄长1～2 mm,微被短柔毛。花序具花3～5枚,腋生及顶生紫褐色小枝末端;花序梗紫褐色。花萼筒倒三角－筒状,长5～7 mm,疏被微短柔毛;萼裂片3～5枚,倒卵圆－长圆形,长2～3 mm,宽1～1.5 mm,先端钝圆。花冠筒高脚喇叭状,白色,裂片4枚,扁三角形;雄蕊4枚,2强;花梗紫褐色,长1 mm,无毛。果实瘦果状核状,长约10 mm,宿存4枚、椭圆形、淡褐色萼裂片。花期7～10月;果实成熟期10～11月。

　　产地:河南伏牛山区、太行山区等有分布,各地有栽培。郑州市紫荆山公园有栽培。

　　生态习性、繁育与栽培技术要点、主要病虫害、主要用途:大花六道木与六道木相同。

　　注:大花六道木系 Abelia chinensis R. Br. × Abelia. uniflora R. Br. 杂种。

　　3. 糯米条　图222　图版57:9～10

Abelia chinensis R. Br. in Abel,Narr. Journ. China App. B. 376. 1818;丁宝章等主编. 河南植物志 第三册:585～586. 图617:1～3. 1997;中国科学院中国植物志编辑委员会. 中国植物志 第七十二卷:125. 图版32:1～3. 1988;中国科学院植物研究所主编. 中国高等植物图鉴 第四册:303. 图6019. 1983;卢炯林等主编. 河南木本植物图鉴:181. 图541. 1998;王遂义主编. 河南树木志:584～585. 图617:1～3. 1994;*Abelia rupestris* Lindl. in Bot. Reg.32:t. 8. 1846;*Abelia Hanceana* Martius ex Hanceana in Ann. Sci. Nat. Bot. sér.5,5:216. 1866;*Linnaea chinensis* A. Braun & Vatke in Oester. Bot. Zeitschr. 22:291. 1872.

　　形态特征:落叶多分枝灌木,高0.5～2.0 m。小枝紫褐色,微被短柔毛,后无毛。单叶,对生,卵圆形,长2.0～3.0 cm,宽0.5～1.5 cm,先端长渐尖,基部圆形,边缘中部以上钝锯齿,表面深绿色,背面浅绿色,两面无毛;叶柄长1～2 mm,微被短柔毛。花序为聚伞花序,具花3～5枚,腋生及顶生紫褐色小枝末端;花序梗紫褐色。花萼筒倒三角筒状,长5～7 mm,疏被微短柔毛;花萼裂片5枚,倒卵圆－长圆形,长5 mm,宽1～1.5 mm,先端钝圆,边缘具缘毛。花冠筒漏斗状,长1.0～1.2 cm,白色,裂片5枚,内面密被腺毛;雄蕊4枚,外伸;花梗紫褐色,长1 mm,无毛。果实瘦果状核状,长约5 mm,被短柔毛,萼裂片4枚,椭圆形、淡褐色,宿存。

图222　糯米条 Abelia chinensis R. Br.
（选自《山东植物精要》）。

花期9～10月；果实成熟期11月。

生态习性、繁育与栽培技术要点、主要病虫害、主要用途：糯米条与六道木相同。

产地：河南伏牛山区、太行山区等有分布，各地有栽培。郑州市紫荆山公园有栽培。

（Ⅵ）蝟实属

Kolkwitzia Graebn. in Bot. Jahrb. 29：593. 1901，et in Kew Bull. 9：354. 1909；郝景盛，中国北部植物图志3：8 和 14. 1934；中国科学院中国植物志编辑委员会. 中国植物志 第七十二卷：114. 1988；丁宝章等主编. 河南植物志 第三册：505. 1997；王遂义主编. 河南树木志：583. 1994；——Weberling in Blumea 14：332. 1966.

形态特征：落叶灌木。冬芽具数对明显被柔毛的鳞片。叶对生，具短柄，无托叶。由贴近的两花组成的聚伞花序呈伞房状，顶生，或腋生于具叶的侧枝之顶；苞片2枚；萼檐5裂，裂片狭，被疏柔毛，开展；花冠钟状，5裂，裂片开展；雄蕊4枚，2强，着生于花冠筒内，花药内向；相近两朵花的二萼筒相互紧贴，其中一枚的基部着生于另一枚的中部，幼时几已连合，椭圆形，密被长刚毛，顶端各具1狭长的喙，基部与小苞片贴生；雄蕊二强，内藏；子房3室，仅1室发育，含1枚胚珠。两枚瘦果状核果合生，外被刺刚毛，各冠以宿存的萼裂片。

产地：蝟实属为我国特有的单种属，产于山西、陕西、甘肃、河南、湖北及安徽等省。

1. 蝟实　图223　图版58：1～4

Kolkwitzia amabilis Graebn. in Bot. Jahrb. 29：593. 1901；郝景盛. 中国北部植物图志3：89. 图版37. 1934；陈嵘著. 中国树木分类学：1166. 1957；中国科学院植物研究所主编. 中国高等植物图鉴 第四册：301. 图6016. 1975；中国科学院中国植物志编辑委员会. 中国植物志 第七十二卷：114. 116. 图版28. 1988；丁宝章等主编. 河南植物志 第三册：505. 图2049. 1997；王遂义主编. 河南树木志：583～584. 图616. 1994；卢炯林等主编. 河南木本植物图鉴：181. 图543. 1998。

形态特征：多分枝直立灌木，高达3.0 m。幼枝红褐色，被短柔毛及糙毛；老枝光滑，茎皮剥落。叶椭圆形至卵圆－椭圆形，长3.0～8.0 m，宽1.5～2.5 cm，顶端尖，或渐尖，基部圆形，或阔楔形，边缘全缘，稀具浅齿状，表面深绿色，两面散生短柔毛，脉上和边缘密被直柔毛和缘

图223　蝟实 Kolkwitzia amabilis Graebn.
（选自《中国高等植物图鉴》）。

毛；叶柄长1～2 mm。伞房状聚伞花序具长1.0～1.5 cm 的总花梗，花梗几不存在；苞片披针形，紧贴子房基部；萼筒外面密生长刚毛，上部缢缩似颈，裂片钻状披针形，长0.5 cm，被短柔毛；花冠淡红色，长1.5～2.5 cm，径1.0～1.5 cm，基部甚狭，中部以上突然扩大，外面被短柔毛，裂片不等，其中2枚稍宽短，内面具黄色斑纹；花药宽椭圆体状；花柱有

软毛,柱头球状,不伸出花冠筒外。果实密被黄色刺刚毛,顶端伸长如角,冠以宿存的萼齿。花期 5~6 月;果实成熟期 8~9 月。

产地:蝟实为我国特有的单种属,产于山西、陕西、甘肃、河南、湖北及安徽等省。

识别要点:蝟实为落叶灌木。幼枝被倒生刺毛。单叶,对生,边缘全缘,或中部以上羽状浅裂,具 1~4 对疏生粗锯齿,具缘毛;叶柄基部膨大成对合生,被刺毛。花单生叶腋;花梗被刺毛;萼筒内面被短刺毛;花冠外面被柔毛及倒生刺毛。果实微弯被刺毛。

生态习性:蝟实喜光,稍耐旱。喜温暖、土壤肥沃的环境,亦较耐寒。

繁育与栽培技术要点:蝟实与六道木相同。

主要病虫害:蝟实主要虫害有蚜虫、蝼蛄、介壳虫及尺蠖等。其防治技术,见杨有乾等编著. 林木病虫害防治. 河南科学技术出版社,1982。

主要用途:蝟实是园林绿化中最常见的美丽树种之一。

六十八、禾本科

Gramineae Necker in Act. Acad. Elect. Theod. – Palat. 2:455. 1770,nom. subnud. ;丁宝章等主编. 河南植物志 第四册:34~35. 1998;朱长山等主编. 河南种子植物检索表:444~555. 1994;郑万钧主编. 中国树木志 第四卷:5243. 2004;中国科学院中国植物志编辑委员会. 中国植物志 第九卷 第一分册:1~2. 1996;中国科学院西北植物研究所编著. 秦岭植物志 第一卷 种子植物(第一册):54. 1976;王遂义主编. 河南树木志:602. 1994。

形态特征:草木,稀木本。地下茎有,或无。地上茎称竿,常中空,稀实心。叶互生,二列,平行脉,具叶鞘和叶片,叶鞘和叶片交接处具叶舌,叶片基部两侧突出部分为叶耳。花序为穗状花序、总状花序,或圆锥花序;花序由小穗组成。每小穗有 1 枚至数枚花,基部常有 2 枚不孕苞片,称颖(分内颖外颖)。花两性、单性、中性,小,外有外稃、内稃,稃内 2~3 枚浆片,3~6 枚雄蕊及雌蕊 1 枚;子房上位,1 室。每室内具 1 枚胚珠,柱头羽毛状。果实颖果,稀坚果状。

本科模式属:早熟禾属 Poa Linn. 。

产地:本科植物 66 属、约 10 000 种,分布于世界各国。我国有 225 属、约 1 200 种。河南有 108 属、263 种,河南各山区等有分布,平原地区有分布与栽培。郑州市紫荆山公园有 1 属、1 种栽培。

(一) 竹亚科

Gramineae Necker subfam. **Bambusoideae** Nees,Bamb. Bras. in Linnaea 9:461. 464. 1835. "Bambusoideae";郑万钧主编. 中国树木志 第四卷:5243. 2004;中国科学院中国植物志编辑委员会. 中国植物志 第九卷 第一分册:4~5. 1996;中国科学院西北植物研究所编著. 秦岭植物志 第一卷 种子植物(第一册):54~55. 1976;王遂义主编. 河南树木志:602 ~603. 1994;*Gramineae* subfam. *Bambusoideae* (Aschers. & Gracbn.) Rehd. in Journ. Arnold. Arb. 26:78. 1945;中国科学院中国植物志编辑委员会. 中国植物志 第九卷 第一分册:4~5. 1996。

形态特征:多年生乔木状、灌木状。竹竿(地上茎)和竹鞭(地下茎)归3个类型:1.合轴丛生型,2.单轴散生型,3.复轴混生型。秆箨具箨鞘、箨耳、箨舌、箨叶。单叶,互生,2列,平行脉;叶柄短,与叶鞘相连处有一关节,叶鞘易脱落。箨叶为普通叶,中脉显著;无叶柄。

本亚科模式属:簕竹属 Bambusa Schreb.。

产地:本亚科植物约有 70 多属、1 000 种左右,分布于全世界各国。我国现有 37 属、约 500 多种,分布于全国各省(区、市)。河南有 6 属、23 种、2 变种、1 变型,河南伏牛山区等有分布,平原地区有栽培。郑州市紫荆山公园有 2 族、2 属、2 种栽培。

本亚科分属检索表

1. 灌木,丛生,株高 1.0～2.0 m。每节具 1 枚分枝。叶片大型 ………… 箬竹属 Indocalamus Nakai
1. 乔木,丛生,株高 10.0 m 以上。每节具 1～2 枚分枝,稀多枚分枝。叶片小型 ………………
……………………………………………………………………… 刚竹属 Phuyllostachys Sieb. & Zucc.

Ⅰ.倭竹族

Gramineae Necker trib. Shibataeeae Nakai in Journ. Jap. Bot. 9:83. 1933(incl. Gen. Shibataea Makino tantum);——Nakai emend. Keng f. in Journ. Nanjing Univ. (Nat. Sci. ed.)22(3):409. 1986;*Phyllostachydeae* Keng et Keng f. in Clav. Fam spermatophyt sin(中国种子植物分科检索表)ed. 2. 55,69. 1957;——Omnino sine Lat. descr. Shibataeinae (Nakai)Soderstrom et Ellis,Grass Syst. Evolut. (ed. Soder strom et al.) 237,238. 1987,pro subtrib. sub Bambuseae. (senso lato);中国科学院中国植物志编辑委员会. 中国植物志 第九卷 第一分册:202～203. 1996。

形态特征:地下茎单轴,或复轴型,具竹鞭。竿和枝条的节间呈圆筒状,或在有枝的一侧之节间下部多少扁平,或具明显的沟槽,稀竿下部的节间可略呈四棱,或三棱;秆节具单芽,或并生 2 枚 3 芽,每节分 1 枝至 3 枝,或数枝。秆箨大都早落。叶具显著的小横脉。花枝不分枝,或分枝呈总状,或圆锥状,稀小枝与假小穗混合生在同一节上,基部有 1 枚先出叶和数枚苞片;假小穗以 1 枚至数枚着生在缩短的末级花枝各节之苞片腋内,也可直接生于具叶小枝的下部各节,稀单生枝顶;假小穗具 1 枚先出叶及 0 枚至 8 苞片;小穗含数花,顶端花不孕,稀基部花,不孕;颖片 1～3 枚,或无;外稃膜质至革质,先端具锐尖头,具多脉,稀具小横脉;内稃具 2 脊;鳞被一般 3 片;雄蕊 2～3 枚,稀 4～6 枚,花丝线形,分离;子房无毛。果实颖果,稀坚果状。

本族模式属:倭竹属 Shibataea Makino ex Nakai.。

产地:本族植物 9 属,主要分布在东亚的温带各国。我国有 8 属、100 余种。郑州市紫荆山公园有 1 属、1 种栽培。

(Ⅰ)刚竹属

Phuyllostachys Sieb. & Zucc. in Abh. Akad. München. III. 745. 1843〔1844?〕,nom. cons. non Torrey 1836;丁宝章等主编. 河南植物志 第四册:45. 1998;朱长山等主编. 河南种子植物检索表:456～558. 1994;郑万钧主编. 中国树木志 第四卷:5308.

2004；中国科学院中国植物志编辑委员会. 中国植物志 第九卷 第一分册：243～244.
1996；中国科学院西北植物研究所编著. 秦岭植物志 第一卷 种子植物（第一册）：62.
1976；王遂义主编. 河南树木志：603. 1994。

形态特征：乔木状。地下茎为单轴型。竿圆筒状；竿之节间于分枝一侧为扁平状，或凹为纵槽；每节具2个分枝。秆箨革质，通常新竿抽枝之前脱落。每小枚具1枚至数枚小叶。小叶互生，二列排列，边缘具细锯齿，或一边全缘，另一边具细锯齿。花序由多数小穗组成。小穗基部具叶状、鳞片状苞片（佛焰苞），具2～6朵小花；颖片1～3枚，或不发育，5条至多条脉，背脊不明显；内稃等长，或稍短干外稃，背部具2脊，先端分裂为2枚芒状小尖头；鳞被3枚，稀较少，位于两侧者其形不对称，均具细脉甜，上部边缘具细缘丰；雄蕊3枚，稀较少；花丝细长，伸出花外，花药黄色；子房无毛，具柄，花柱细长，柱头3枚，稀较少，羽毛状。颖果长椭圆体状，近内稃的一侧具纵向腹沟。

本属模式种：桂竹 Phyllostachys bambusoides Sieb. & Zucc. 。

产地：本属植物有50多种，为我国均产，分布很广。日本、印度、朝鲜半岛等也有种类分布。河南有19种，河南伏牛山区等有分布，平原地区有栽培。郑州市紫荆山公园有1属、1种栽培。

1. 金竹

Phyllostachys sulphurea（Carr. ）A. et C. Riv. in Bull. Soc. Acclim. III. 5：773. 1878；陈守良，贾良志主编. 中国竹谱 81. 1988；中国科学院中国植物志编辑委员会. 中国植物志 第九卷 第一分册：251. 1996；*Bambusa sulfurea* Carr. in Rev. Hort. 1873：379. 1873；*Phyllostachys castilloni* var. *holochrysa* Pfitz. in Deut. Dendr. Ges. Mitt. 14：60. 1905；*Phyllostachys quilioi* A. et C. Riv. var. *castillonis – holochrysa* Regel ex H. de Leh. , Leb. , Bamb. 1：118. 1906；*Phyllostachys mitis* A. et C. Riv. var. *sulphurea*（Carr. ）H. de Leh. in l. c. 2：214. pl. 8. 1907；*Phyllostachys bambusoides* Sieb. & Zucc. var. *castilloni – holochrysa*（Pfitz. ）H. de Leh. in Act. Congr. Int. Bot. Brux. 2：228. 1910；*Phyllostachys reticulata*（Rupr. ）C. Koch. var. *sulphurea*（Carr. ）Makino in Bot. Mag. Tokyo 26：24. 1912；*Phyllostachys bambusoides* Sieb. & Zucc. var. *sulphurea* Makino ex Tsuboi, Illus. Jap. Sp. Bamb. ed. 2：7. pl. 5. 1916；*Phyllostachys reticulata*. var. *holochysa*（Pfitz. ）Nakai in Journ. Jap. Bot. 9：341. 1933；*Phyllostachys bambusoides* Sieb. Sieb. & Zucc. cv. Allgold McClure in Journ. Arn. Arb. 37：193. 1956. et in Agr. Handb. USDA No. 114：23. 1957；*Phyllostachys viridis*（R. A. Young）McClure f. *youngii* C. D. Chu et C. S. Chao in Act. Phytotax. Sin. 18.（2）：169. 1980, non *Phyllostachys viridis*（R. A. Young）McClure cv. 'sulphurea' Robert Young McClure1956.

形态特征：竿金黄色。

产地：金竹原产于我国浙江。河南各地有栽培。郑州市紫荆山公园有栽培。

品种：

1.1 金竹 原品种

Phyllostachys sulphurea（Carr. ）A. et C. Riv. **'Sulphurea'**

1.2　刚竹　品种　图 224　图版 58:5～8

Phyllostachys sulphurea(Carr.) A. et C. Riv. ' **Viridis** ',中国科学院中国植物志编辑委员会. 中国植物志 第九卷 第一分册:251. 253. 图版 66:1～6. 1996;中国树木志编委会主编. 中国主要树种造林技术. 875. 图 147. 1978;陈守良,贾良志主编. 中国竹谱:82. 1988;丁宝章等主编. 河南植物志 第四册:47～48. 图 2316. 1998;朱长山等主编. 河南种子植物检索表:456. 1994;卢炯林等主编. 河南木本植物图鉴:409. 图 1227. 1998;中国科学院西北植物研究所编著. 秦岭植物志 第一卷 种子植物(第一册):63. 图 56. 1976;王遂义主编. 河南树木志:47～48. 图 2316. 199;中国树木志编委会主编. 中国主要树种造林技术:875. 图 147. 1978;李法曾主编. 山东植物精要:66. 图 175. 2004;*Phyllostachys mitis* A. et C. Riv. in Bull. Soc. Acclim. 3,5:689. 1878, tantum descr., excl. Syn;*Phyllostachys faberi* Rendle in Journ. Linn. Soc. Bot. 36:439. 1904;*Phyllostachys sulphurea* (Carr.) A. et C. Riv. var. *viridis* R. A. Young in Journ. Wash. Acad. Sci. 27:345. 1937;*Phyllostachys viridis*(R. A. Young) McClure in Journ. Arn. Arb. 37:192. 1956. et in Agr. Handb. USDA no. 114:62. f. 50. 1957;*Phyllostachys chlorina* Wen in Bull. Bot. Res. 2(1):61. f. 1. 1982;*Phyllostachys villosa* Wen in Bull. Bot. Res. 2(1):71. f. 9.1982;*Phyllostachys meyeri* McMlure f. *sphaeroides* Wen in Bull. Bot. Res. 2(1):74. 1982.

图 224　刚竹 Phyllostachys sulphurea
(Carr.) A. et C. Riv. ' **Viridis** '

1. 一段竹竿;2. 近竿基部秆箨背面;3、4. 近竿中部秆箨腹面;5. 叶枝;6. 叶鞘顶端与叶片连接处;7. 花枝;8. 小穗;9. 雄蕊;10. 雌蕊(选自《树木学》)。

　　形态特征:茎为单轴型。竿圆筒状,高 6.0～15.0 m;幼时无毛,微被白粉,绿色,长成后竿为绿色、黄绿色,中间节长 20.0～45.0 cm,壁厚约 5 mm;竿环在较粗大秆中不分枝的各节上不明显;箨环微隆起。箨背面乳黄色,或绿黄褐色,又多少带灰色,有绿色脉纹,无毛,微被白粉,有淡褐色、褐色圆斑点及斑块;箨耳及鞘继毛俱缺;箨舌绿黄色,拱形、截形,边缘具淡绿色、白色缘毛;箨片狭三角形－带形,外翻,微皱曲,绿色,具橘黄色边缘。未级小枝具 2～5 枚小叶;叶鞘无毛,或上部有细毛;叶耳及鞘继毛均发达;小叶互生,二列排列,长圆－披针形,或披针形,长 5.6～13.0 cm,宽 1.1～2.2 cm。笋期 5 月中旬。

　　产地:刚竹原产于我国,黄河及长江流域各省(区、市)。河南永城等地有分布与栽培。郑州市紫荆山公园有栽培。

识别要点:刚竹竿圆筒状,绿色、黄绿色;箨耳及鞘缝毛俱缺。未级小枝具 2~5 枚小叶;叶耳及鞘口毛均发达。

生态习性:刚竹适应强,能在山区生长。喜肥沃排水良好的土壤。

繁育与栽培技术要点:刚竹可采用播种、分株、埋鞭繁殖。其繁育与栽培技术,见中国树木志编委会主编. 中国主要树种造林技术. 852~876. 1978。

主要病虫害:刚竹主要病虫害有地老虎、蛴螬、竹丛枝病、竹蝗、竹笋夜蛾等。其防治方法,见杨有乾等编著. 林木病虫害防治. 河南科学技术出版社,1982;中国树木志编委会主编. 中国主要树种造林技术. 852~876. 1978。

主要用途:刚竹四季常青,为优良的观赏花木。竹竿坚韧,是优良的建筑和家具用材。

1.3 '绿皮黄筋'竹　品种　图版 58:9

Phyllostachys sulphurea(Carr.)A. et C. Riv. **'Houzeau'**,中国科学院中国植物志编辑委员会. 中国植物志 第九卷 第一分册:253~254. 1996;陈守良,贾良志主编. 江苏植物志 上册:115. 图 239. 1977;*Phyllostachys viridis*(R. A. Young)McClure f. *houzeauana* McClure in Agr. Handb. USDA No. 114:65. 1957;*Phyllostachys sulphurea*(Carr.)A. et C. Riv. var. *viridis* R. A. Young f. *houzeauana*(C. D. Chu et S. C. Chao)C. S. Chao et S. A. Renv. i 羔白 n Kew Bull. 43:419. 1988;*Phyllostachys viridis*(Young)McClure f. *houzeau* C. D. Chu et C. S. Chao,林泉主编. 浙江植物志 第七册:60. 1993。

本品种竿节间纵槽为绿色。

产地:'绿皮黄筋'竹产于我国浙江、山东等省。河南有分布与栽培。郑州市紫荆山公园有栽培。

1.4 '黄皮绿筋'竹　品种　图版 58:10~11

Phyllostachys sulphurea(Carr.)A. et C. Riv. **'Robert Young'**,中国科学院中国植物志编辑委员会. 中国植物志 第九卷 第一分册:254. 1996;陈守良,贾良志主编. 江苏植物志 上册:155. 图 240. 1977;*Phyllostachys viridis*(Young)McClure cv. Robert Young McClure Journ. Arn. Arb. 37:195. 1956, et Agr. Handb. USDA No. 114:64. 1957;*Phyllostachys viridis*(Young)McClure f. *aurata* Wen in journ. Bamb. Res. 3(2):35. 1984;*Phyllostachys sulphurea*(Carr.)A. et C. Riv. var. *viridis* R. A. Young f. *robertii* C. S. Chao et S. A. Renv. in Kew Bull. 43:419. 1988;*Phyllostachys viridis*(Young)McClure f. *Youngii* C. D. Chu et C. S. Chao,浙江植物志编辑委员会主编. 浙江植物志 第七册:60. 1993。

本品种竿金黄色,下部节间有绿色纵条。叶常有淡黄色纵条纹。

产地:'黄皮绿筋'竹产于我国。河南各地有栽培。郑州市紫荆山公园有栽培。

II. 北美箭竹族

Gramineae Necker trib. **Arundinarieae** Nees in Lionnaes 9:466. 1835;中国科学院中国植物志编辑委员会. 中国植物志 第九卷 第一分册:381. 1996。

形态特征:竿直立,或先端垂悬为攀缘状,每节 1 芽;鳞被 3 枚;雄蕊 6 枚,或 3 枚,稀少;花丝分离;花柱 2 枚,或 3 枚,柱头 2 枚,或 3 枚。颖果。

产地:郑州市紫荆山公园有 1 属、1 种栽培。

（Ⅱ）箬竹属

Indocalamus Nakai in Journ. Arn. Arb. 6:148. 1925;丁宝章等主编. 河南植物志 第四册:66. 1998;朱长山等主编. 河南种子植物检索表:455. 1994;郑万钧主编. 中国树木志 第四卷:5419. 2004;中国科学院中国植物志编辑委员会. 中国植物志 第九卷 第一分册:676. 678. 1996;中国科学院西北植物研究所编著. 秦岭植物志 第一卷 种子植物（第一册）:55~56. 1976;王遂义主编. 河南树木志:611. 1994。

形态特征:灌木状竹类。地下茎为单轴型,或复轴型。竿散生,或丛生,直立,节间圆筒状,无沟槽;每节生1分枝,直展,秆环平,节内较长;秆箨宿存,紫抱主秆。叶大,侧脉多数。花序为圆锥状花序。小穗多数,具柄;小花朵数朵,颖片2枚,卵圆形,或披针形,先端渐尖、尾尖;外稃近革质,长圆形、披针形,具数条纵脉,先端渐尖、尾尖;内稃先端常2裂,背部具2脊,脊间先端稀被疏微毛;鳞被3枚;雄蕊3枚,花丝分离;雌花子房无毛,花柱2枚,分离,或基部稍连合,柱头2裂,羽毛状。颖果。

本属后选模式种:水银竹 Indocalamus sinicua(Hance) Nakai。

产地:本属植物约有20多种,均产于我国黄河流域以南各省(区、市)。河南有3种,河南伏牛山区等有分布,平原地区有栽培。郑州市紫荆山公园有1属、1种栽培。

1. 阔叶箬竹　图225　图版58:12~14

Indocalamus latifolius(Keng) McClure, Sunyatsenia 6(1):37. 1941;丁宝章等主编. 河南植物志 第四册:66. 1998;朱长山等主编. 河南种子植物检索表:455. 1994;郑万钧主编. 中国树木志 第四卷:5425. 图3030:3~6. 2004;陈守良,贾良志主编. 中国竹谱:104. 1988;中国科学院中国植物志编辑委员会. 中国植物志 第九卷 第一分册:689. 691. 图版211:1~3. 1996;卢炯林等主编. 河南木本植物图鉴:407. 图1220. 1998;中国科学院西北植物研究所编著. 秦岭植物志 第一卷 种子植物(第一册):57~58. 图52. 1976;王遂义主编. 河南树木志:611~612. 图644:1~3. 1994;李法曾主编. 山东植物精要:67. 图177. 2004;*Arundinaria latifolia* Keng in Sinensis 6(2):147. 153. f. 1. 1935;*Sasamorpha latifolia*(Keng) Nakai ex Migo in Journ. Shanghai Sci. Inst. III. 4(7):163. 1939;*Sasamorpha migoi* Nakai ex Migo, in Jorn. Shanghai Sci. Inst. III. 4(7):163. 1939;*Indocalamus migoi*(Nakai) Keng f. in Clav. Gen. et Sp. Gram. Prim. Sin. app. nom. Syst. 152. 1957;*Indocalamus lacunosus* Wen in Journ. Bamb. Res. 2(1):70. f. 21. 1983.

形态特征:灌木状竹类,高达3.0 m。竿中部节间长20.0~40.0 cm,中空。秆每节生1分枝,稀秆上部节上有2~3枚分枝。秆箨密被棕色倒生刺毛,边缘具棕色缘毛,无箨耳和继毛;箨舌先端具极短纤毛。箨叶三角-披针形,长1.5~2.0 cm,宽1~2 mm。每小枝具叶1~3枚。小叶椭圆-披针形,长12.0~40.0 cm,宽4.0~7.0 cm,侧脉7~15对,先端渐尖。花序为圆锥状花序,长10.0~20.0 cm,顶生;花序轴、分枝及小穗疏柔毛;小穗紫红色,具小花5~9朵,颖片疏被柔毛;外颖稃长0.5~1.0 cm;内颖长0.8~1.3 cm;外稃长1.3~1.5 cm,先端长渐尖,疏被柔毛,内稃背间被柔毛。

产地:阔叶箬竹原产于我国,黄河流域及其以南各省(区、市)有分布。河南伏牛山南坡、桐柏山区、大别山区等有分布与栽培,平原各地多栽培。郑州市紫荆山公园有栽培。

识别要点:阔叶箬竹为灌木状竹类,高达3.0 m。竿箨密被棕色倒生刺毛,边缘具棕色缘毛,无箨耳和继毛;箨舌先端具极短纤毛。花序为圆锥状花序,顶生;花序轴、分枝及小穗疏柔毛;小穗紫红色,具小花5~9朵,颖片疏被柔毛。

生态习性:阔叶箬竹适应强,能在多种气候、立地条件下生长。喜肥沃、湿润、排水良好的酸性土壤上生长。

繁育与栽培技术要点:阔叶箬竹采用分株繁殖。其繁育与栽培技术,见中国树木志编委会主编. 中国主要树种造林技术. 852 ~ 876. 1978。

主要病虫害:阔叶箬竹有地老虎、蛴螬、竹丛枝病、竹蝗、竹笋夜蛾等危害。其防治方法,见杨有乾等编著. 林木病虫害防治. 河南科学技术出版社,1982;中国树木志编委会主编. 中国主要树种造林技术. 852 ~ 876. 1978。

主要用途:阔叶箬竹四季常青,为优良的庭院栽培观赏竹种。

六十九、棕榈科

Arecaceae(Palmae),中国科学院中国植物志编辑委员会. 中国植物志 第十三卷 第一分册:2. 1991;丁宝章等主编. 河南植物志 第四册:306. 1998;朱长山等主编. 河南种子植物检索表:497. 1994;郑万钧主编. 中国树木志 第四卷:5150. 2004;中国科学院西北植物研究所编著. 秦岭植物志 第一卷 种子植物(第一册):275. 1976;王遂义主编. 河南树木志:614. 1994。

图 225　　阔叶箬竹 Indocalamus latifolius
(Keng) McClure
　1. 秆及秆箨;2. 花枝及枝叶;3. 小花;4. 雄蕊;5. 鳞被;6. 雌蕊(选自《中国树木志》)。

形态特征:常绿灌木、藤本,或乔木;干通常不分枝,单生,或丛生,稀攀援,干实心,被残存老叶柄的基部,或环状叶痕,稀仅有根茎而无地上茎。叶大,聚生茎端,羽状分裂,或掌状分裂,稀全缘,或近全缘;叶柄基部通常扩大成具纤维质叶鞘。花小,单性,或两性、杂性,雌雄同株,或异株,组成分枝,或不分枝的佛焰花序(或肉穗花序),花序通常大型、多分枝,被 1 枚,或多枚大型鞘状,或管状佛焰苞所包围,生于叶丛内,或叶鞘束下,常具苞片和小苞片;花被片 6 枚,稀 3 枚,或 9 枚,离生,或合生,覆瓦状排列,或镊合状排列;雄蕊 6 枚,稀多枚,或更少,花丝短,花药 2 室,纵裂,基着,或背着;退化雄蕊通常存在,稀无;子房 1 ~ 3 室,或 3 心皮离生,或基部合生,花柱短,柱头 3 枚,通常无柄;每心皮内具 1 ~ 2 枚胚珠。果实为核果,或浆果,1 ~ 3 室,外果皮纤维质,稀被覆瓦状鳞片。每果种子通常 1 粒,稀 2 ~ 3 粒,与内果皮分离,或黏合,被薄的外种皮,或肉质外种皮,胚乳均匀,或嚼烂状,胚顶生、侧生,或基生。

本科模式属:槟榔属 Areca Linn. 。

产地:本科植物约有 210 属、2 800 多种,分布于热带、亚热带各国,主产于热带亚洲及美洲各国,少数种产于非洲各国。我国约有 28 属、100 余种,产西南至东南部各省(区、市)。河南有 4 属、4 种,平原地区有栽培。郑州市紫荆山公园有 2 属、2 种栽培。

主要用途:棕榈科是具有独特造景功能("棕榈景观")的植物类群,也是世界上三个最重要的经济植物类群之一。

(I) 棕榈属

Trachycarpus H. Wendl. in Bull. Soc. Bot. France 8:429. 1861;丁宝章等主编. 河南植物志 第四册:306. 1998;朱长山等主编. 河南种子植物检索表:497. 1994;郑万钧主编. 中国树木志 第四卷:5158. 2004;中国科学院中国植物志编辑委员会. 中国植物志 第十三卷 第一分册:12～13. 1991;中国科学院西北植物研究所编著. 秦岭植物志 第一卷 种子植物(第一册):275. 1976;王遂义主编. 河南树木志:614. 1994;浙江植物志编辑委员会主编. 浙江植物志 第七卷:323. 1993;林有润主编. 观赏棕榈:17. 2003;——Benth. et Hook. f. in Hook. f. , Fl. Brit. Ind. 6:435～1892;——Becc. in Webbia 5(1):41. 1905 et in Ann. Roy. Bot. Gard. Calc. 13:272. 1931.

形态特征:乔木状,或灌木状;树干直立,具环状叶痕,上部具黑褐色叶鞘。叶簇生干端,呈圆扇形,掌状深裂,裂片在芽中内向折叠,窄长,多数,先端 2 浅裂;叶柄细长,两侧具微粗糙的瘤突,或细圆齿,先端具明显戟突。花生于叶丛中,佛焰苞多数,包着花序梗和分枝,外面被毛,基部膨大。花多单性,雌雄异株,稀雌雄同株,或杂性。花序粗壮,雌雄花序相似,多次分枝,或二次分枝;佛焰苞数个,包着花序梗和分欧。花 2～4 朵簇生在单生小花枝上;雄花花萼 3 深裂,或几分离,花瓣 3 枚,较花萼长 1 倍,离生,或合生;雄蕊 6 枚,花丝分离,花药背着,不发育;子房心皮 3 枚,分离,被毛。果实核果。

本属模式种:棕榈 Trachycarpus fortunei(Hook.)H. Wendl. 。

产地:本属植物约有 8 种,分布于我国、印度、日本等。我国西南、华南各省(区、市)广泛栽培。河南有 1 种,平原地区有栽培。郑州市紫荆山公园有 1 种栽培。

1. 棕榈　图 226　图版 59:1～4

Trachycarpus fortunei(Hook.)H. Wendl. in Bull. Soc. Bot. France 8:429. 1861;中国科学院植物研究所主. 中国高等植物图鉴 第五册:343. 图 7516. 1976;丁宝章等主编. 河南植物志 第四册:307. 1998;朱长山等主编. 河南种子植物检索表:444～555. 1994;郑万钧主编. 中国树木志 第四卷:5158～5159. 2862:1～4. 2004;中国科学院中国植物志编辑委员会. 中国植物志 第十三卷 第一分册:12～13. 图版2:1～4. 1991;卢炯林等主编. 河南木本植物图鉴:403. 图 1209. 1998;中国科学院西北植物研究所编著. 秦岭植物志 第一卷 种子植物(第一册):275～276. 1976;中国树木志编委会主编. 中国主要树种造林技术:1249～1254. 图197. 1978;王遂义主编. 河南树木志:614. 1994;李法曾主编. 山东植物精要:123. 图 400. 2004;浙江植物志编辑委员会主编. 浙江植物志 第七卷:323. 图 7－443. 1993;林有润主编. 观赏棕榈:19. 彩片 2 张 2003;钟如松编著. 引种棕榈图谱:252～253. 彩片 3 张 2004.——Bailey in Gent. Herb. 2:190. 1930;——Hand. - Mazz. ,Sym. Sin. 7(5):1360. 1936;——Burret in Notizbl. Bot. Gart. Mus. Berlin 13:589. 1937;*Chaemaerops fortunei* Hook. in Curtis's Bot. Mag. 86:t. 5221. 1860;*Trachycarpus excelsus* H. Wendl. in Bull. Soc. Bot. France 8:429. 1861;——Becc. et Hook. f. in Hook.

f., Fl. Brit. Ind. 6:278. 1892;——Diels, Fl. von C. China in Engler's Bot. Jahrb. 29:
233. 1900;——Rehd. in Journ. Arnold Arbor. 11:153. 1930;——Becc. in Ann. Roy.
Bot. Gard. 13:278. 1931. non est *Chaemaerops excelsa* Thunb. Quae – Rhapis excelsa
(Thunb.) Henry ex Rehd..

形态特征:乔木状,高达 15.0 m;树干圆柱状,稀分枝,顶端常有不易脱落的叶柄基部和残存叶鞘。叶簇生树干顶端,长 60.0 ~ 70.0 cm,宽 37.0 ~ 62.0 cm,深裂达中、下部,具深裂片 30 ~ 60 片,裂片软革质,先端具 2 枚裂片,或 2 齿,下垂,长 60.0 ~ 70.0 cm,宽 2.5 ~ 4.0 cm;叶柄长 40.0 ~ 100.0 cm,或更长,两侧具细圆齿,先端有明显的戟突。花雌雄异株。花序粗壮,多次分枝。雄花序长约 40.0 cm,具 2 ~ 3 分枝花序;分枝花序长 15.0 ~ 17.0 cm;花黄绿色;萼片 3 枚,几分离,花瓣宽卵圆形;雄蕊 6 枚,花丝分离;雌花序长 80.0 ~ 90.0 cm;花序梗长约 40.0 cm,具 3 枚佛焰苞包着,具 4 ~ 5 个圆锥分枝花序;分枝花序长约 35.0 cm;花瓣卵圆 – 圆形,长于萼片 1/3;淡绿色,通常 2 ~ 3 朵簇生;萼片宽卵圆形,3 裂,基部合生,退化雄蕊 6 枚;心皮被银色毛。果实核果,肾状,径 7 ~ 9 mm,成熟时由黄色变蓝褐色,被白粉,柱头残留在侧面附近。种子胚乳均匀,角质,胚侧生。花期 3 ~ 5 月;果实成熟期 11 ~ 12 月。

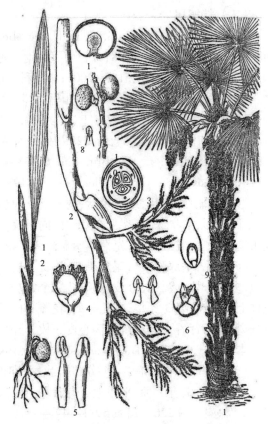

图 226　棕榈 Trachycarpus fortunei
(Hook.) H. Wendl.
1. 全相;2. 雄花序;3. 雌花图式;4. 雌花;5. 雄蕊;6. 雄花;
7. 雌花中的退化雄蕊;8. 柱头;9. 子房(选自《树木学》)。

产地:棕榈分布于我国长江流域以南各省(区、市)。河南各地有引种栽培。郑州市紫荆山公园有栽培。

识别要点:棕榈为乔木状;树干圆柱状,稀分枝,顶端常有不易脱落的叶柄基部和残存叶鞘。叶簇生树干顶端,长 60.0 ~ 70.0 cm,宽 37.0 ~ 62.0 cm,深裂达中、下部,具深裂片 30 ~ 60 片,裂片软革质,先端具 2 枚裂片,或 2 齿,下垂。果实核果,肾状,成熟时由黄色变蓝褐色,被白粉。

生态习性:棕榈性喜温暖、湿润的气候,较耐寒。喜肥沃、湿润、排水良好的酸性土壤上生长。

繁育与栽培技术要点:棕榈一般采用播种繁殖。栽培技术通常采用带土穴栽。

主要病虫害:棕榈主要病害为拟青霉菌。其防治技术,见杨有乾等编著. 林木病虫害防治. 河南科学技术出版社,1982。

主要用途:棕榈是具有独特造景功能("棕榈景观")的植物类群,也是世界上三大最重要的经济植物类群之一。可以食用精炼棕榈油,棕榈还具有药用价值。郑州市紫荆山公园有 1 种栽培。

(Ⅱ) 棕竹属

Rhapis Linn. f. ex Ait. Hort. Kew. 3:473. 1789;中国科学院中国植物志编辑委员会.中国植物志 第十三卷 第一分册:17~18. 1991。

形态特征:丛生灌木,茎小,具叶鞘。叶簇生茎端,呈扇形,掌状深裂,裂片折叠,边缘具微齿;叶柄先端具小戟突。雌雄异株,或杂性。花序基部具完全佛焰苞 2~3 枚。花单生,螺旋状着生于小花枝周围。雄花花冠倒卵圆形,或棍状,浅 3 裂,镊合状排列;雄蕊 6 枚,2 轮,雌花花萼多少具肉质的实心基部,子房由完全分离的 3 心皮组成,每心皮具 1 枚胚珠,退化雄蕊 6 枚。果实球状,或卵球状。

本属模式种:Rhapis excelsa(Thunb.)Henry ex Rehd. 。

产地:本属植物约有 12 种,分布于亚洲东部和东南部各国。我国约有 6 种。河南有 2 种,平原地区有栽培。郑州市紫荆山公园有 1 种栽培。

1. 棕竹 图 227 图版59:5~6

Rhapis excelsa(Thunb.)Henry ex Rehd. in Journ. Arnold Arbor. 11:153. 1930;中国高等植物图鉴 第五册:341. 图 7512. 1976;中国科学院中国植物志编辑委员会. 中国植物志 第十三卷 第一分册:20. 图版 4:1~3. 1991;——Merr. in Lingnan Sci. Journ. 13:55. 1934; *Chamaerops excelsa* Thunb. non Mart. (1849)Fl. Jap. 130. 1784;*Rhapis flabelliformis* L'Herit. ex Ait. Hort. Kew. 3:473. 1789;——Mart. Hist. Palm. 3:253. t. 144. 1849;——Becc. in Ann. Roy. Bot. Gard. Calc. 13:244. t. 16. 1931.

形态特征:丛生灌木,高 2.0~3.0 m。茎圆柱状,具节,被叶鞘。叶掌状深裂,裂片 4~10 枚,不均等,具 2~5 条肋脉,长 20.0~32.0 cm,宽 1.5~5.0 cm,宽线形,边缘及肋脉上具锯齿;叶柄两面凸起或上面稍平坦,顶端具小戟突。总状花序长约 30.0 cm,总花序梗及分枝花序基部各具 1 枚佛焰苞,密被褐色曲绒毛。雄花开花时,为棍棒状;花萼杯状,3 深裂,裂片半卵圆形;花冠 3 裂,裂片三角形;花丝粗,上部具膨大龙骨突起。雌花短而粗。果实倒卵球状。种子球状。花期 6~7 月。

图 227 棕竹 Rhapis excelsa(Thunb.)
Henry ex Rehd.

1. 植株;2. 叶下部,示叶柄顶端小戟突;3. 果序;
4. 叶部分放大,示细横纹(选自《中国树木志》)。

产地:棕竹产于我国南部至西南部各省(区、市)。河南各地有引种栽培。郑州市紫荆山公园有盆栽观赏。

识别要点：棕竹为丛生灌木。茎圆柱状，具节。叶掌状深裂，裂片 4～10 枚，不均等；叶柄顶端具小戟突。总花序梗及分枝花序基部各具 1 枚佛焰苞。雄花开花时，为棍棒状。果实倒卵球状。

生态习性：棕竹性喜温暖、湿润的气候，稍耐寒。喜肥沃、湿润、排水良好的酸性土壤上生长。

繁育与栽培技术要点：棕竹一般采用播种繁殖。栽培技术通常采用带土穴栽。

主要病虫害：棕竹主要病害为拟青霉菌。其防治技术，见杨有乾等编著. 林木病虫害防治. 河南科学技术出版社，1982。

主要用途：棕竹树形优美，是庭园绿化的好材料。根及叶鞘纤维入药。为热带亚热带的风景树种，是庭园绿化不可缺少的材料。郑州市紫荆山公园有 1 种栽培。

七十、百合科

Liliaceae Adanson，Fam. Pl. 2：42. 1763，p. p.；丁宝章等主编. 河南植物志 第四册：355. 1998；朱长山等主编. 河南种子植物检索表：506～509. 1994；中国科学院中国植物志编辑委员会. 中国植物志 第十四卷：1. 1980；中国科学院西北植物研究所编著. 秦岭植物志 第一卷 种子植物（第一册）：313. 1976；王遂义主编. 河南树木志：614～615. 1994；傅立国等主编. 中国高等植物 第十三卷：68～69. 2002。

形态特征：多年生草本，稀木本。具根状茎、球茎、鳞茎、块茎。茎直立、攀缘，稀叶变妫叶状枝、地下贮藏器官。叶基生、互生，稀对生、轮生，叶脉为弧形平行脉，稀网状脉。花两性。花序变化大，稀单性异株、杂性，辐射对称，稀两侧对称。单花具花被片 6 枚，稀 4 枚，或多数，离生，或不同程度合生，呈花冠状；雄花 4 枚，花丝离生，或贴生于花筒上；花药基着、丁字状着生，2 室，纵裂，稀合为 1 室，而横缝开裂；雌蕊 1 枚，子房上位，稀下位、半下位，3 室，中轴胎座，稀 1 室，侧膜胎座。每室具 1 至多枚倒生胚珠。浆果、蒴果，稀坚果。种子胚乳多，胚小。

本科模式属：百合属 Lilium Linn.。

产地：本科植物约有 240 属、约 4 000 种，广泛分布于热带、温带各国。我国约有 60 属、约 600 余种，遍布全国各省（区、市）。河南有 31 属、99 种、9 变种，遍布全省各地。郑州市紫荆山公园有 1 属、1 种栽培。

本科分属检索表

1. 花大；花被片长 3.0 cm 以上，离生 ┄┄┄┄┄┄┄┄┄┄┄┄┄┄┄┄┄ 丝兰属 Yucca Linn.
1. 花较小；花被片长不超过 3.0 cm，下部合生 ┄┄┄┄┄┄┄ 朱蕉属 CordylineCopmm. ex Juss.

（Ⅰ）朱蕉属

Cordyline Comm. & Juss.，Gen. 41. 1789，nom. conserv.；丁宝章等主编. 河南植物志 第四册：406. 1998；朱长山等主编. 河南种子植物检索表：522. 1994；中国科学院中国植物志编辑委员会. 中国植物志 第十四卷：273～274. 1980。

形态特征:常绿乔木状、灌木状。茎多少木质,常具分枝,上部具环状叶痕。叶集生于上部、顶端;具柄,或无柄,基部抱茎。花序为圆锥花序,生于上部叶腋,大型,多分枝;花梗短,或近无梗,关节位于顶端。单花具花被片 6 枚,下部合生为短筒状;雄花 6 枚,着生于花被上;花药背着,向内、侧向开裂;雌蕊子房上位,3 室。每室具 4 枚至多枚胚珠;花柱丝状;柱头小。浆果具 1 至数粒种子。

本属模式种:朱蕉 Cordyline fruticosa(Linn.) A. Cheval.。

产地:本属植物约有 15 种,广泛分布于大洋洲、南美洲及亚洲南部热带、亚热带地区。我国有 1 种。河南有 1 种,温室盆栽。郑州市紫荆山公园有 1 种栽培。

1. 朱蕉　图 228　　图版 59:7

Cordyline fruticosa(Linn.) A. Cheval.,Cat. Pl. Jard. Bot. Saigon. 66. 1919;丁宝章等主编. 河南植物志 第四册:406. 图 2784 3. 1998;朱长山等主编. 河南种子植物检索表:522. 1994;中国科学院中国植物志编辑委员会. 中国植物志 第十四卷:273 ~ 274. 图版 51:2. 1980;中国科学院中国植物研究所主编. 中国高等植物图鉴 第 五 册:545. 图 7920. 1983;*Asparagus terminatis* Linn., Sp. Pl. ed. 2, 2:450. 1762; *Cordyline terminatis* (Linn.) Kunth in Abh. Arad. Berl. 30. 1820; *Dracaena ferra* Linn., Syst. Nat. ed. 12,2:246. 1767; *Cordyline terminalis* (Linn.) Kunth var. *ferra* (Linn.) Baker in Journ. of Bot. 11:265. 1873; *Aletris chinensis* Lam., Ensycl. I. 79. 1873.

图 228　朱蕉 Cordyline fruticosa
(Linn.) A. Cheval.
1. 植株;2. 花序;3. 花;4. 雄蕊;5. 雌蕊(选自《中国树木志》)。

形态特征:常绿灌木状,直立,高 1.0 ~ 3.0 m。茎多少木质,稀具分枝。叶集生于茎、枝上端,长狭椭圆形,长 25.0 ~ 50.0 cm,宽 5.0 ~ 10.0 cm,绿色,或带紫红色;叶柄长,长 10.0 ~ 30.0 cm,基部变宽抱茎。花序为圆锥花序,大型,长 30.0 ~ 60.0 cm,侧枝基部具大苞片。每朵花有 3 枚苞片。花淡红色、青紫色 – 黄色,长约 1.0 cm;花梗很短;外轮花被片下部紧贴内轮形成花被筒状,上半部在盛花期时外弯,或反折;雄花着生于花被筒喉部,稍短于花被;花柱细长。

产地:朱蕉在我国栽培很广。河南在温室有盆栽。郑州市紫荆山公园有栽培。

识别要点:朱蕉常绿灌木状,直立,高 1.0 ~ 3.0 m。叶集生于茎、枝上端,长狭椭圆形,长 25.0 ~ 50.0 cm;叶柄长,基部变宽抱茎。花序为圆锥花序,大型;侧枝基部具大苞片。每朵花有 3 枚苞片。花淡红色、青紫色 – 黄色。

生态习性:朱蕉生态习性与芭蕉相同。

繁育与栽培技术要点:朱蕉通常采用播种育苗。栽培技术通常采用带土穴栽。

主要病虫害:朱蕉病虫害防治技术,见杨有乾等编著. 林木病虫害防治. 河南科学技术出版社,1982。

主要用途:叶纤维可作为造纸原料。热带、亚热带的风景树种,是庭园绿化不可缺少的材料。

(Ⅱ) 丝兰属

Yucca Linn. ,Sp. Pl. 319. 1753;丁宝章等主编. 河南植物志 第四册:405. 1998;中国科学院中国植物志编辑委员会. 中国植物志 第十四卷:272. 1980;王遂义主编. 河南树木志:615. 1994;

形态特征:常绿灌木状。茎多少木质,或有分枝。叶簇生于顶端;条状披针形,或长条形,顶端刺状,边缘具细齿,或丝裂。圆锥花序,从叶丛抽出,花近钟状,单花具花被片 6枚,离生;雄蕊 6 枚;花药丁字状着生;柱头 3 裂;子房长圆状,3 室。蒴果,或浆果具 1 至数粒种子。

本属模式种:Yucca aloifolia Linn. 。

产地:本属植物约有 30 种,分布于中美洲至北美洲地区。河南有 1 种,温室盆栽。郑州市紫荆山公园有 1 种栽培。

1. 凤尾兰　剑麻　图 229　图版 59:8 ~ 10

Yucca gloriosa Linn. ,Sp. Pl. 319. 1753;王遂义主编. 河南树木志:615. 1994;卢炯林等主编. 河南木本植物图鉴:403. 图 1207. 1998;*Yucca integerrima* Stokes,Bot. Mat. Med. 2:267. 1812;*Yucca acuminata* Sweet,Brit. Flow. Gard. 2:t. 195. 1827.

形态特征:常绿灌木。常具短茎,或有长茎,常分枝。叶坚硬,挺直,簇生干顶,窄披针形,长 40.0 ~ 80.0 cm,先端硬刺状,边缘无丝状纤维。花序为圆锥花序,顶生,长 1.0 ~ 1.5 m。花大,近钟状,或杯状,白色,或淡黄白色,先端带紫红色,下垂;花被裂片卵圆 - 菱形,长 4.0 ~ 5.5 cm,宽 1.5 ~ 2.0 cm。果实卵圆 - 长圆体状,长 5.0 ~ 6.0 cm,不裂,下垂。花期 7 ~ 9 月。

产地:凤尾兰原产于北美洲东部及东南部各国。我国各地广泛栽培。河南有栽培。郑州市紫荆山公园有栽培。

识别要点:凤尾兰为常绿灌木。叶坚硬,挺直,簇生干顶,窄披针形,先端硬刺状,边缘无丝状纤维。花序为圆锥花序。花大,近钟状,或杯状,白色,或淡黄白色,先端带紫红色,下垂。

图 229　凤尾兰 Yucca gloriosa Linn.
1. 植株;2. 花序(选自《中国树木志》)。

生态习性:凤尾兰性喜温暖、湿润气候,耐寒力弱。根分蘖能力强。喜肥沃、湿润、排水良好的酸性土壤上生长。

繁育与栽培技术要点:凤尾兰采用繁殖方法有:① 珠芽繁殖。珠芽在开花母株上长互 10.0～15.0 cm,即成熟自然脱落,收集后,移栽于苗床内,加强管理,苗高 20.0～25.0 cm 时,再移栽于苗圃。② 钻心繁殖。幼苗高 30.0～40.0 cm,叶片 30 枚左右时,用手拔除心计轴,然后用三角扁头钻插入茎端顶芽内,用力向下旋转几圈,破坏生长点,2 月左右,长出很多小苗,苗高 20.0～25.0 cm,即可取出幼苗,移栽于苗床内,加强管理。栽培技术,常用带土移栽。

主要病虫害:凤尾兰病虫害防治技术,见杨有乾等编著. 林木病虫害防治. 河南科学技术出版社,1982。

主要用途:凤尾兰叶纤维韧性强,可制作绳索,也是优良的庭园常绿植物。

七十一、芭蕉科

Musaceae,中国科学院中国植物志编辑委员会. 中国植物志 第十六卷 第二分册:1. 1981;中国科学院西北植物研究所编著. 秦岭植物志 第一卷 种子植物(第一册):389. 1976;丁宝章等主编. 河南植物志 第四册:478. 1998;朱长山等主编. 河南种子植物检索表:527. 1994;郑万钧主编. 中国树木志 第四卷:5158～5159. 图 2862:1～4. 2004;*Musoideae* K. Schum. in Engl. Pflanzenfam. 15a:538. 1930.

形态特征:多年生草本,具匍匐茎,或无。茎,或假茎,高大,不分枝,稀木质,或无地上茎。叶通常较大,螺旋状集生茎顶,或 2 列,由叶片、叶柄及叶鞘组成,叶脉羽状。花两性,或单性,两侧对称。花序为聚伞花序密集穗状,顶生,或腋生;总轴上部和中部为雄花,下部为雌花,生于一大型、颜色鲜艳的苞片(佛焰苞)中,或 1～2 朵至多数直接生于由根茎生出的花葶上;花被片合生为筒状,顶部 5 裂,外层 3 裂片为萼片,内被 2 裂片为花瓣,后面 1 枚花瓣离生,与花被筒对生;雄蕊 6 枚,1 枚退化,花药 2 室;雌灰子房下位,3 室,每唇胚珠多数,中轴胎座;花柱丝状,柱头 3,浅裂,或头状。浆果肉质,或革质。种子坚硬,有假种皮,或无,胚直,具粉质外胚乳及内胚乳。

本科模式属:芭蕉属 Musa Linn.。

产地:本科植物分 3 亚科、3 属、约 140 种,产于热带、亚热带各国。我国有 7 属、19 种,其中 3 属为引入属,分布与栽培南部及西南部各省(区、市)。河南有 3 属、3 种,各地有栽培。郑州市紫荆山公园有 1 属、1 种栽培。

(I) 芭蕉属

Musa Linn. ,Sp. Pl. 1043. 1753;丁宝章等主编. 河南植物志 第四册:479. 1998;朱长山等主编. 河南种子植物检索表:528. 1994;郑万钧主编. 中国树木志 第四卷:5114. 2004;中国科学院中国植物志编辑委员会. 中国植物志 第十六卷 第二分册:6. 1981;中国科学院西北植物研究所编著. 秦岭植物志 第一卷 种子植物(第一册):389. 1976。

形态特征:多年生丛生草本,具根茎,多次结实。假茎全由叶鞘紧密层层重叠而组成,基部不膨大,或稍膨大,但绝不十分膨大呈坛状;真茎在开花前短小。叶大型,长圆形;叶柄伸长,且在下部增大成一抱茎的叶鞘。花序直立,下垂,或半下垂,但不直接生于假茎上密集如球穗状;苞片扁平,或具槽,芽时旋转,或多少覆瓦状排列,绿色、褐色、红色,或暗紫色,但绝不为黄色,通常脱落,每一苞片内有花 1 列,或 2 列,下部苞片内的花在功能上为雌花,但偶有两性花上部苞片内的花为雄花,但有时在栽培或半栽培的类型中,其各苞片上的花均为不孕。合生花被片管状,先端具 5(3 + 2)齿,二侧齿先端具钩、角,或其他附属物,或无任何附属物;离生花被片与合生花被片对生;雄蕊 5 枚;子房下位,3 室。浆果伸长,肉质,有多数种子,但在单性结果类型中为例外;种子近球形、双凸镜形,或形状不规则。

本属模式种:芭蕉 Musa basjoo Sieb. & Zucc. 。

产地:本属植物约有 40 种,主产于亚洲东南部各国。我国分布与引栽有 10 种。河南有 1 种,各地有栽培。郑州市紫荆山公园有 1 种栽培。

1. 芭蕉　图 230　图版 59:11

Musa basjoo Sieb. & Zucc. in Verh. Batav. Gen. 12:18. 1830;丁宝章等主编. 河南植物志 第四册:479 ~ 480. 1998;朱长山等主编. 河南种子植物检索表:528. 1994;中国科学院中国植物志编辑委员会. 中国植物志 第十六卷 第二分册:12. 1981;中国科学院西北植物研究所编著. 秦岭植物志 第一卷 种子植物(第一册):389 ~ 390. 1976;李法曾主编. 山东植物精要:161. 图 539. 2004。

形态特征:植株高 2.5 ~ 4.0 m,丛生。叶长椭圆形,长 2.0 ~ 3.0 m,宽 20.0 ~ 40.0 cm,先端钝,基部圆形,或不对称;有粗大主脉,腹面凹陷,深 1.0 cm,平行脉;表面鲜绿色,具光泽;叶柄粗壮,长达 30.0 cm。花序顶生,下垂;苞片红褐色,或紫色;雄花生于花序上部,雌花生于花序下部;雌花在每一苞片内有 10 ~ 16 朵,排成 2 列;合生花被片长 4.0 ~ 4.5 cm,具 5(3 + 2)齿裂,离生花被片几与合生花被片等长,顶端具小尖头。浆果三棱状,长圆体状,长 5.0 ~ 7.0 cm,具 3 ~ 5 棱,近无柄,肉质,内具多数种子。种子黑色,具疣突及不规则棱角,宽 6.0 ~ 8.0 mm。

产地:芭蕉原产于日本琉球群岛。我国台湾可能有野生,秦岭淮河以南可以露地栽培,多栽培于庭园及农舍附近。河南各地有栽培。郑州市紫荆山公园有栽培。

图 230　芭蕉 Musa basjoo Sieb. & Zucc.
1. 植株;2. 花序;3. 雌花;4. 雄花;5. 雌蕊;6. 雄蕊(选自《安徽植物志》)。

识别要点:芭蕉植株高 2.5 ~ 4.0 m,丛生。叶长椭圆形,长 2.0 ~ 3.0 m,宽 20.0 ~ 40.0 cm,先端钝,基部圆形或不对称;有粗大主脉,腹面凹陷,深 1.0 cm,平行脉;叶面鲜绿色,有光泽;叶柄粗壮,长达 30.0 cm。

生态习性:芭蕉性喜温暖,耐寒力弱,茎分生能力强,耐半阴,适应性较强,生长较快。

繁育与栽培技术要点:通常采用分株繁殖和带土移栽。

主要病虫害:芭蕉病虫害防治技术,见杨有乾等编著. 林木病虫害防治. 河南科学技术出版社,1982。

　　主要用途:芭蕉叶纤维为芭蕉布(称蕉葛)的原料,亦为造纸原料,假茎煎服功能解热,假茎、叶利尿(治水肿,肛胀),花干燥后煎服治脑溢血,根与生姜、甘草一起煎服,可治淋症及消渴症,根治感冒、胃痛及腹痛。

附　　录

Ⅰ．郑州市紫荆山公园木本植物科、亚科、族、亚族、属、亚属名称、学名索引

Ⅱ. 郑州市紫荆山公园木本植物种、亚种、变种、变型及品种名称（异名称）、学名（异学名）索引

九画

Ⅲ. 中国桑属特异珍稀一新种——异叶桑

范永明[1]，陈俊通[2]，杨秋生[1]，赵天榜[1]

（1. 河南农业大学林学院，河南 郑州 450002；2. 北京林业大学园林学院，北京 100083）

摘　要　本文首次描述了中国桑属特异珍稀一新种，即异叶桑 Morus heterofolia T. B. Zhao, Z. X. Chen et J. T. Chen ex Q. S. Yang et Y. M. Fan, sp. nov.。本新种与蒙桑 Morus mongolica（Bureau）Schneid. 和鸡桑 Morus australis Poir. 相似，但区别：新种单株小枝有 4 种类型：（1）小枝灰绿色，密被短柔毛和疏被弯曲长柔毛；（2）小枝灰褐色，密被短柔毛，稀疏被长柔毛；（3）小枝褐色，无毛；（4）小枝紫褐色，具光泽，无毛，稀被极少短柔毛。单株叶有 42 种叶形，可归纳为 12 类：（1）叶卵圆形，（2）叶卵圆形、边缘凹缺，（3）叶三角 - 卵圆形、边缘凹缺，（4）叶规则圆形、边缘凹缺，（5）叶不规则圆形、边缘凹缺，（6）叶不规则形、边缘深裂，（7）叶撕裂状形、边缘条形，（8）叶不规则形、边缘条形，（9）叶不规则深裂、裂片不规则形；叶柄无毛。（10）叶不规则深裂，裂片具 1 ~ 2 枚小裂片，边缘小齿无芒刺、无缘毛；中部裂片不规则形，两面沿脉疏被短柔毛；叶柄密被柔毛。（11）叶卵圆形，两面无毛、凹缺边缘无缘毛，先端长尾尖，两侧无缘毛；叶柄无毛、疏被短柔毛，或密被多细胞弯曲长缘毛。（12）叶卵圆形，小型，长 2.0 ~ 4.5 cm，宽 1.8 ~ 4.5 cm。12 类叶片边缘齿端具芒刺，稀无芒刺，先端两侧边缘全缘，稀不规则凹缺，密被多细胞弯曲长缘毛、疏被短缘毛，稀无毛。雌株！花序梗无毛，或密被白色短柔毛；雌花花被片外面基部疏被短柔毛，内面基部疏被腺点；子房、花柱无毛。

关键词　中国；桑属；特异特征；新种；异叶桑

Morus heterofolia, a rare special new species of *Morus* Linn. from China

FAN Yongming[1]，CHEN Juntong[2]，YANG Qiusheng[1]，ZHAO Tianbang[1]

（1. Forestry College，Henan Agricultural University，Zhengzhou 450002，China；

2. College of Landscape Architecture，Beijing Forestry University，Beijing 100083，China）

Abstract　This article first describes China's rare special new species of Morus Linn, that is, Morus heterofolia T. B. Zhao, Z. X. Chen et J. T. Chen ex Q. S. Yang et Y. M. Fan, sp. nov.. This new species is similar to the Morus mongolica（Bureau）Schneid. and Morus australis Poir. but the difference：（1）Its branchlets are greyish-green，densely pubescent and sparsely curved villous；（2）branchlets are grayish-brown，densely pubescent，sparsely villous；（3）branchlets are brown，glabrous；（4）branchlets are

基金项目：河南省科技攻关项目（No. 102102110033）；郑州市重点科技攻关计划项目（No. 30800472）。
作者简介：范永明（1993—），男，河南漯河人，硕士研究生，主要从事植物分类与林木育种学研究。
通讯作者：杨秋生（1958—），男，辽宁阜新人，教授，博士生导师。

purplish brown, shiny, glabrous scarcely very few pubescent. The plant's leaves have 42 shapes, can be summarized as 12 categories: (1) Leaves are ovoid, (2) Leaves are ovoid and its margin is concave notch, (3) leaves are triangle-ovaid and its margin is concave notch, (4) leaves are regularly rounded and its margin is concave notch, (5) leaves are irregularly rounded and its margin is concave notch, (6) leaves are irregularly shaped and its margin is partite, (7) leaves are lacerated and its margin is striped, (8) leaves are irregularly shaped and its margin is striped, (9) leaves are irregularly partite and its lobes are irregularly shaped; Petioles are glabrous, (10) leaves are irregularly shaped and its lobes have 1 to 2 small lobes, the small teeth of its margin with concave notch without thorns and tricholoma; the central lobes are irregularly shaped, both surfaces along the veins with sparsely pubescent; Petioles are densely pubescent, (11) leaves are ovoid, both surfaces glabrous and its margin with concave notch without tricholoma, apex with long tail tip, both sides glabrous; Petioles are glabrous, sparsely pubescent or densely multicellularly curved tricholoma, (12) Leaves are ovoid, small and its leaves are 2. 0 ~ 4. 5 cm long, 1. 8 ~ 4. 5 cm broad. The serrated top with thorns of 12 types leaves marign, rare without thorns, apex both sides are margin entire, rare irregularly concave notch, densely multicellularly curved tricholoma and sparsely tricholom, rare glabrous. It is female plant ! Peduncle glabrous, or densely white pubescent; The base of it's female flower tepals outside is covered with sparsely pubescent, the base of inside with sparse gland; ovary and style are glabrous.

Key words　China; Morus Linn; specific characteristics; new species; Morus heterofolia

河南地处我国中原地区,地形与地貌复杂;气候冬寒少雪,春旱多风,夏热多雨,秋季凉爽,土壤类型繁多,因而植物资源丰富[1]。2016 年,作者在河南太行山地区采集植物标本时,发现桑属一特异新植物。它与蒙桑 Morus mongolica(Bureau) Schneid.[1-5]和鸡桑 Morus australis Poir..[1-3,6-8]有显著区别:该种小枝密被短柔毛、疏被弯曲长柔毛、无毛,或密被多细胞弯曲长柔毛。叶形多变而特异——单株叶 42 种叶形,可归为 12 种类。其主要特征:叶形多变,毛被多种;边缘全缘,或具 1~8 个不同形状的凹缺口,锯齿齿端具芒刺,稀无芒刺;凹缺口裂片多形状。雌株! 花序梗无毛,或密被白色短柔毛。单花具花被片外面基部疏被短柔毛,内面基部疏被腺点。作者经过 2 年的观察、引种与栽培试验研究。其结果证明,该种特异形态特征、性状稳定,并在其起源理论、形变理论及该属分类系统研究中具有重要科学意义。为此,现将研究结果,报道如下:

异叶桑　新种　图版 1

Morus heterofolia T. B. Zhao, Z. X. Chen et J. T. Chen ex Q. S. Yang et Y. M. Fan, sp. nov. , Fig. 1.

Species nov. Morus mongolica (Bureau) Schneid.[1-4] et Morus australis Poir.[1-2,5-7] similis, sed ramulis dense pubescentibus, curvi-villosis sparsis, glabris vel dense curvi-villosis multi-cellulosis. Folis multi-formatis propriis——42-folliforibus, seorsum 12-aggregatis. eis characteribus foliis multi-formatiis utrinsecis glabris, pubescentibus, curvi-villosis, curvi-villosis multi-cellulosis, raro pilis spinulosis adspersis; margine crenatis, raro bicrenatis, apice aristatis raro aristatis nullis, ringentibus depressis nullis vel 1 ~ 8-ringentibus depressis formatis diversis; lobatis multi-formatis: rotundis, ellipticis, fasciariis et al. , apice longi-caudatis, raro mucronatis, eis margine integeris, raro crenatis, dense longi-ciliaris multi-cellulosis curvis vel ciliaris nullis; petiolis glabris, villosis densis vel curvi-villosis multi-cellulosis curvis densis. Foeminnea ! amentaceïs axillaribus; pedunculis tenuibus, pendulis, glabris, vel dense pubescentibus albis. tepalis 4 in quoque folre, spathulati-ovatis, base extremis pubescentibus sparsis, intra basem sparse glandulosis; ovariis ovoideis, glabris, stylis cylindricis apice 2-lobatis. fructibus aggregatis breviter cylindricis 1. 5 ~ 2. 0 cm longis, diam. 0. 8 ~ 1. 0 cm, maturis atropurpureis; pedicellis aggregatis glabris vel curvi-villosi densis.

Arbuscula defcidua, c. 3. 0 m. alta (Fig. 1:1). Ramuli 4-formati: (1) ramuli cinerei-virides, dense pubescentibus et sparse curvi-villosis; (2) ramuli cinerei-brunnei, dense pubescentibus, raro villosis sparsis; (3) ramuli brunnei nitidi glabri; (4) ramuli purpurei-brunnei, nitidi glabri, raro pubescentibus minimis. Gemma ovoidea, dense pubescentibus. Folia multi-formata propri——42-foliiformia, seorsum 12-aggregati (Fig. 1:2-13): (1) folia ovata、elliptica, (5. 0 ~)11. 5 ~ 16. 5 cm longa, (2. 8 ~)4. 5 ~ 7. 0 cm lata, utrinque glabris, supra ad costas villosis minimis; margine crenatis, raro bicrenatis, apice aristatis, crenais angustis flavidis et brevi-ciliatis in marginalibus; apice longi-caudatis, 2. 0 ~ 4. 5 cm. longis, 2 ~ 5 mm. latis, raro caudatis, prope basin utrimque 3-crenatis, apice aristatis, margine repandis, minime brevi-ciliaris; base cordatis vel latuibus semi-cuneatis, minime integeris, brevi-ciliaris minimis; petiolis 2. 5 ~ 4. 0 cm. longis, glabris. (2) folia ovata vel triangulari-ovata, 6. 2 ~ 12. 5 cm. longa, 3. 3 ~ 7. 0 cm. lata, utrinque glabris, margine crenatis, raro bicrenatis, apice aristatis, raro aristatis nullis, margine 1-depressine ringenti irregulari rotundat, depressine integeris in margine, ciliaris nullis, apice longi-caudatis, raro caudatis, 1. 5 ~ 4. 0 cm. longis, 3. 5 ~ 7. 0 cm. latis, margine repandis, ciliaris nullis; base cordatis, latuibus semi-cuneatis vicissin marginatis dimidiatis, ciliaris nullis; petiolis 3. 0 ~ 4. 0 cm. Longis, glabris. (3) folia triangulari-ovata vel ovata, 8. 5 ~ 12. 0 cm. longa, 5. 5 ~ 7. 5 cm. lata, utrinque glabris; margine crenatis, raro bicrenatis, apice aristatis, margine 2 ~ 3-depressis ringentibus irregularibus rotundatis, eis margine integeris, ciliaris nullis; apice longi-caudatis, 2. 7 ~ 5. 0 cm. longis, 3 ~ 4 mm. latis; base cuneiformibus, cordatis vel latuibus semi-cuneatis vicissin marginatis dimidiatis, ciliaris nullis; petiolis 3. 0 ~ 4. 5 cm. longis, glabris. (4) folia rotunda, 5. 5 ~ 11. 5 cm. longa, 5. 0 ~ 7. 5 cm. lata, utrinque glabris; margine glandulis sparsis et crenatis, raro bicrenatis, apice aristatis; margine 4-depressis ringentibus irregularibus rotundatis, eis margine integeris, ciliaris nullis; apice longi-caudatis, raro mucronatis, 1. 5 ~ 2. 8 cm. longis, 2 ~ 3 mm. latis, margine integeris, ciliaris nullis, base vadosi-cordatis, truncatis, margine integeris, ciliaris nullis; petiolis 3. 5 ~ 4. 0 cm. longis, glabris. (5) folia rotunda, 9. 0 ~ 15. 0 cm. longa, 10. 0 ~ 11. 0 cm. lata, supra glabris ad venas dense villosis, subtus pilis spinosis adspersis, ad venas dense villosis; margine crenatis, raro bicrenatis, apice spiculatis minimis, aristatis nullis, eis margine longi-ciliaris multi-cellulosis curvis densis; apice longi-caudatis vel caudatis nullis, 1. 0 ~ 2. 3 cm. longis, 2 ~ 3 mm. latis, margine integeris, dense curvi-villosis multi-cellulosis curvis; base cordatis, margine 4-depressis ringentibus irregularibus rotundatis, eis margine integeris, dense curvi-villosis multi-cellulosis curvis; lobatis subrotundis, 3. 0 ~ 6. 5 cm. longis, 1. 5 ~ 6. 5 cm. latis, margine dense curvi-villosis multi-cellulosis curvis; petiolis 2. 5 ~ 3. 0 cm. longis, dense curvi-villosis multi-cellulosis curvis. (6) folia rotunda, 10. 0 ~ 12. 5 cm. longa, 7. 5 ~ 10. 0 cm. lata, utrinque glabris; apice longi-caudatis, 2. 5 ~ 5. 7 cm. longis, c. 3 mm. latis, margine integeris, raro longi-ciliaris multi-cellulosis curvis; margine 4-ringentibus depressis, eis margine integeris, raro longi-ciliaris multi-cellulosis curvis paucioibusus; (5 ~)6-lobatis, subrotundis vel ellipticis, 1. 5 ~ 4. 5 cm. longis, 1. 0 ~ 2. 5 cm. latis, apice fasciariis, (2 ~)5 ~ 15 mm. longis; petiolis 3. 5 ~ 4. 0 cm. longis, glabris. (7) ramuli cinerei-brunnei, dense curvi-villosis multi-cellulosis. perulae roseoli-brunnei, dense pubescentibus. folia rotunda, 12. 5 ~ 17. 0 cm. longa, 13. 0 ~ 18. 5 cm. lata, utrinque spinulosis sparsis, ad venas dense pubescentibus, villosis; apice acutis, fasciariis, 1. 5 ~ 2. 7 cm. longis, 3 ~ 5 mm. latis, margine integeris, longi-ciliaris multi-cellulosis curvis densioribus; base cordatis, margine 6 ~ 8-ringentibus depressis, eis margine integeris et dense longi-ciliaris multi-cellulosis curvis; 7 ~ 8-lobatis, raro 2 ringentibus depressis in lobatis, rotundis, ovatis vel irregularibus, 1. 5 ~ 2. 5 cm. longis, 2. 0 ~ 7. 0 cm. latis; apice triangularibus, 4 ~ 13 mm. longis, margine crenatis imparis vel bicrenatis, apice breviter pungentibus, aristatis nullis, margine longi-ciliaris multi-cellulosis curvis densis; petiolis 4. 0 ~ 4. 5 cm. longis, dense longi-ciliaris multi-cellulosis curvis. (8) ramuli lutei-brunnei, glabri. perala roseoli-brunnei, pubescentibus densioribus. folia subrotunda vel triangulari-ovata, 9. 5 ~ 16. 0 cm. longa, 6. 5 ~ 16. 5 cm. lata, utraque glabra; apice longi-acuminatis, fasciariis, 2. 5 ~ 3. 5 cm. longis, 3 ~ 5 mm. latis, margine integeris, ciliaris nullis; base cordatis vadosis, margine 5 ~ 8-ringentibus depressis, eis margine integeris, ciliaris nullis; 6 ~ 9-lobatis, subrotundis, ovatis vel irregularibus, 1. 0 ~ 6. 5 cm. longis, 1. 0 ~ 3. 0 cm. latis, apice triangularibus, 4 ~ 13 mm. longis; margine crenatis imparis vel biserratis, apice aristatis, margine longi-ciliaris multi-cellulosis curvis densis; petiolis 4. 5 ~ 5. 0 cm. longis, glabris. (9) ramuli atro-brunnei, dense villosis multi-cellulosis curvis. folia partita irregularia, 7. 0 ~ 12. 5 cm. longa, 6. 0 ~ 7. 5 cm. lata, superne glaberis, subtus minime spinulosis ad venas curvi-villosis densis; apice longi-caudatis, fasciariis, 3. 5 ~ 5. 5 cm. longis, 3 mm. latis, utroque longi-ciliaris multi-cellulosis curvis densis, sparse curvi-villosis, base partiti-cordatis, margine integeris, curvi-villosis multi-cellulosis densis; margine 5 ~ 6 ringentibus depressis; (6 ~) 7-lobatis, irregularibus, margine (1 ~)2 ~ 4 (~ 6) crenatis, apice aristatis; petiolis tenuibus, 2. 5 ~ 3. 0 cm. longis, dense pubescentibus et sparse curvi-villosis multi-cellulosis. (10) ramuli atro-brunnei, dense villosis multi-cellulosis curvis. folia partita irregularia, 8. 0 ~ 11. 0 cm. longa, 7. 0 ~ 9. 5 cm. lata, superne glaberis, subtus spinulosis sparsis, utroque ad venas curvi-villosis densis; apice longi-caudatis, fasciariis, 2. 5 ~ 4. 5 cm. longis, 3 mm. latis, utroque longi-ciliaris multi-cellulosis curvis densis; base partiti-cordatis, margine integeris, dense longi-ciliaris multi-cellulosis curvis, margine 5 ~ 6-ringentibus depressis, eis margine integeris, longi-ciliaris multi-cellulosis curvis densis; 4 ~ 7-lobatis irregularibus, 1. 5 ~ 5. 0 cm. longis, 0. 5 ~ 2. 5 cm. latis, apice breviter triangularibus vel triangulari-muceonatis, 3 ~ 10 mm. longis, margine 3 ~ 5-crenatis impariuss vel bicrenatis, apice aristatis nullis, margine longi-ciliaris multi-cellulosis curvis densis; petiolis tenuibus, 3. 5 ~ 4. 0 cm. longis, dense pubescentibus vel sparse curvi-villosis multi-cellulosis. (11) folia triangulari-ovata, partita irregularia, 7. 0 ~ 12. 0 cm. longa, 8. 0 ~ 12. 0 cm. lata, superne pubescentibus minimis, subtus pubescentibus sparsis, ad venas pubescentibus minimis, margine 3 ~ 5 partitis, raro lobatis; 2 ~ 10-lobis, margine crenatis imparis, aristatis nullis, ciliaris nullis, utroque ad venas pubescentibus minimis sparsis; apice longi-caudatis, 4. 0 ~ 4. 5 cm longis, 3 mm. latis, utraque ad venas pubescentibus minimis sparsis, margine longi-ciliaris multi-cellulosis curvis densis; petiolis 2. 8 ~ 3. 2 cm. longis, dense longi-ciliaris multi-cellulosis curvis. (12) folia rotunda, irregularia, parvia, 2. 0 ~ 4. 5 cm. longa, 1. 8 ~ 4. 5 cm. lata, superne glaberis vel pubescentibus paucibus, subtus glabris, ad venas glabris vel pubescentibus densis, margine longi-ciliaris multi-cellulosis curvis densis; apice acutis, 0. 8 ~ 1. 0 cm. longis, glabris, utroque ciliaris nullis vel longi-ciliaris multi-cellulosis curvis densis; petiolis 1. 5 ~ 2. 3 cm. longis, glabris vel curvi-villosis multi-cellulosis curvis densis. Foeminnei! amenta axillaries; pedunculis tenuibus, glabris vel dense pubescentibus albis, pendulis; flores femineis! 4-tepalis in quoque flore, spathulati-ovatis, extus pubescentibus sparsis in basibus, intra basem sparse glandulosis; ovariis ovoideis glabris; stulis cylindricis apice 2-lobatis. fructus consociati breviter cylindrica, 1. 5 ~ 2. 0 cm. longa, atro-purpurea matura. 4 mensis florens; fructi matura in 5 mensis.

Henan: Taihangshan. 25 – 042016. T. B. Zhao et Z. X. Chen, No. 201604251 – 11 (folia et gamocarpus, holotypus hic disignatus, HNAC). 15 – 10 – 2016. T. B. Zhao, Z. X. Chen et D. F. Zhao, No. 201610153. 22 – 04 – 2017. Y. M. Fan et T. B. Zhao, No. 201704225 – 12.

落叶小乔木,高约3.0 m(图版1:1)。小枝4种类型:(1)小枝灰绿色,密被短柔毛和疏被弯曲长柔毛;(2)小枝灰褐色,密被短柔毛,稀疏被长柔毛;(3)小枝褐色,无毛;(4)小枝紫褐色,具光泽,无毛,稀被极少短柔毛。芽卵球状,密被短柔毛。叶形多变而特异——42种叶形,可归为12种类(图版1:2~13),即:(1)叶卵圆形、椭圆形,长(5.0~)11.5~16.5 cm,宽(2.8~)4.5~7.0 cm,两面无毛,表面沿主脉被极少长柔毛;边缘具粗锯齿,稀具重锯齿,先端具芒刺,锯齿具淡黄色狭边及短缘毛;先端长尾尖,长2.0~4.5 cm,宽2~5 mm,稀尾尖,近基部两侧具3枚粗锯齿,齿端具刺芒,边缘微波状,被很少短缘毛;基部心形,或一侧半楔形,很少全缘,被很少短缘毛;叶柄长2.5~4.0 cm,无毛。(2)叶卵圆形、斜三角–卵圆形,长6.2~12.5 cm,宽3.3~7.0 cm,两面无毛,边缘具粗锯齿,稀具重齿端,齿端具芒刺,稀无芒刺,边缘具1个不规则圆形凹缺口,凹缺口边缘全缘,无缘毛;先端长尾尖,稀尾尖,长1.5~4.0 cm,宽3.5~7.0 cm,边缘微波状,无缘毛;基部心形,一侧半楔形,另外一侧边缘全缘,无缘毛;叶柄长3.0~4.0 cm,无毛。(3)叶三角–卵圆形,或卵圆形,长8.5~12.0 cm,宽5.5~7.5 cm,两面无毛;边缘具粗锯齿,稀具重锯齿,齿端具芒刺,具2~3个不规则圆形凹缺口,凹缺口边缘全缘,无缘毛;先端长尾尖,长 2.7 ~ 5.0 cm,宽 3 ~ 4 mm;基部楔形、心形,一侧半楔形,另外一侧边缘全缘,无缘毛;叶柄长 3.0 ~ 4.5 cm,无毛。(4)叶近圆形,长 5.5 ~ 11.5 cm,宽 5.0 ~ 7.5 cm,两面无毛,边缘具疏腺点及粗锯齿,稀具重锯齿,齿端具芒刺;边缘具 4 个不规则圆形凹缺口,凹缺口边缘全缘,无缘毛;先端长尾尖,稀短尖,长 1.5 ~ 2.8 cm,宽 2 ~ 3 mm,边缘全缘,无缘毛;基部浅心形、截形,边缘全缘,无缘毛;叶柄长 3.5 ~ 4.0 cm,无毛。(5)叶近圆形,长 9.0 ~ 15.0 cm,宽 10.0 ~ 11.0 cm,表面无毛,沿脉密被长柔毛,背面疏被刺毛,沿脉密被长柔毛;边缘具粗锯齿,稀具重锯齿,齿端刺极小,无芒刺,边缘密被多细胞弯曲长缘毛;先端长尾尖,或无尾尖,长 1.0 ~ 2.3 cm,宽 2 ~ 3 mm,边缘全缘,密被多细胞弯曲长缘毛;基部心形,边缘具 4 个狭窄圆形凹缺口,缺口边缘全缘,密被多细胞弯曲长缘毛;裂片近圆形,长 3.0 ~ 6.5 cm,宽 1.5 ~ 6.5 cm,边缘密被多细胞弯曲长缘毛;叶柄长 2.5 ~ 3.0 cm,密被多细胞弯曲长柔毛。(6)叶近圆形,长 10.0 ~ 12.5 cm,宽 7.5 ~ 10.0 cm,两面无毛;先端长尾尖,长 2.5 ~ 5.7 cm,宽约 3 mm,边缘全缘,被极少多细胞弯曲长缘毛;基部心形,边缘全缘,很少被多细胞弯曲长缘毛;边缘具 4 个凹缺口,凹缺口边缘全缘,被很少多细胞弯曲长缘毛;裂片(5 ~)6 枚,近圆形,或椭圆形,长 1.5 ~ 4.5 cm,宽 1.0 ~ 2.5 cm,先端条形,长(2 ~)5 ~ 15 mm;叶柄长 3.5 ~ 4.0 cm,无毛。(7)小枝灰褐色,密被多细胞弯曲长柔毛。芽鳞浅红褐色,密被短柔毛。叶近圆形,长 12.5 ~ 17.0 cm,宽 13.0 ~ 18.5 cm,两面疏被刺状短毛,沿脉密被短柔毛、长柔毛;先端尖,条形,长 1.5 ~ 2.7 cm,宽 3 ~ 5 mm,边缘全缘,被较密的多细胞弯曲长缘毛;基部心形,边缘具 6 ~ 8 个凹缺口,凹缺口边缘全缘和密被多细胞弯曲长缘毛;裂片 7 ~ 8 枚,稀裂片 2 次凹缺,近圆形、卵圆形,或不规则形,长 1.5 ~ 2.5 cm,宽 2.0 ~ 7.0 cm;先端三角形,长 4 ~ 13 mm,边缘具大小不等粗锯齿,或重锯齿,齿端具短刺尖,无芒刺,边缘密被多细胞弯曲长缘毛;叶柄长 4.0 ~ 4.5 cm,密被多细胞弯曲长柔毛。(8)小枝黄褐色,无毛。芽鳞浅红褐色,被较密的短柔毛。叶近圆形、三角 - 卵圆形,长 9.5 ~ 16.0 cm,宽 6.5 ~ 16.5 cm,两面无毛;先端长渐尖,条形,长 2.5 ~ 3.5 cm,宽 3 ~ 5 mm,边缘全缘,无毛;基部浅心形,边缘具 5 ~ 8 个凹缺口,凹缺口边缘全缘,无缘毛;裂片 6 ~ 9 枚,近圆形、卵圆形,或不规则形,长 1.0 ~ 6.5 cm,宽 1.0 ~ 3.0 cm,先端三角形,长 4 ~ 13 mm;边缘具大小不等粗锯齿,或重锯齿,齿端具芒刺,边缘密被多细胞弯曲长缘毛;叶柄长 4.5 ~ 5.0 cm,无毛。(9)小枝黑褐色,密被多细胞弯曲长柔毛。叶不规则形深裂,长 7.0 ~ 12.5 cm,宽 6.0 ~ 7.5 cm,表面无毛,背面微被短刺毛,沿脉密被弯曲长柔毛;先端长尾尖,条形,长 3.5 ~ 5.5 cm,宽 3 mm,两侧密被多细胞弯曲长缘毛,疏被弯曲长柔毛;基部深心形,边缘全缘,密被多细胞弯曲长缘毛;叶边缘具 5 ~ 6 凹缺口;裂片(6 ~)7 枚,不规则形,边缘锯齿具(1 ~)2 ~ 4(~ 6)枚,齿端具芒刺;叶柄纤细,长 2.5 ~ 3.0 cm,密被短柔毛和疏被多细胞弯曲长柔毛。(10)小枝黑褐色,密被多细胞弯曲长柔毛。叶不规则形深裂,长 8.0 ~ 11.0 cm,宽 7.0 ~ 9.5 cm,表面无毛,背面疏被短刺毛,两面沿脉密被弯曲长柔毛;先端长尾尖,条形,长 2.5 ~ 4.5 cm,宽 3 mm,两侧密被多细胞弯曲长缘毛;基部深心形,边缘全缘,密被多细胞弯曲长缘毛;边缘具 5 ~ 6 个凹缺口,凹缺口边缘全缘,密被多细胞弯曲长缘毛;裂片 4 ~ 7 枚,不规则形,长 1.5 ~ 5.0 cm,宽 0.5 ~ 2.5 cm,先端短三角形,或具三角形短尖头,长 3 ~ 10 mm,边缘具 3 ~ 5 枚大小不等锯齿,或重锯齿,齿端无芒刺,边缘密被多细胞弯曲长缘毛;叶柄纤细,长 3.5 ~ 4.0 cm,密被短柔毛,或疏被多细胞弯曲长柔毛。(11)叶三角 - 卵圆形,不规则形深裂,长 7.0 ~ 12.0 cm,宽 8.0 ~ 12.0 cm,表面极少被短柔毛,背面疏被短柔毛,沿脉很少被短柔毛,边缘 3 ~ 5 深裂,稀浅裂;裂片具 2 ~ 10 枚,边缘有不等的小齿,无芒刺,无缘毛,两面沿脉疏被很短柔毛;先端长尾尖,长 4.0 ~ 4.5 cm,宽 3 mm,两面沿脉疏被很短柔毛,边缘密被多细胞弯曲长缘毛;叶柄长 2.8 ~ 3.2 cm,密被多细胞弯曲长柔毛。(12)叶形圆形、不规则形,小型,长 2.0 ~ 4.5 cm,宽 1.8 ~ 4.5 cm,表面无毛,或很少短柔毛,背面无毛,沿脉无毛,或密被短柔毛,边缘密被多细胞弯曲长缘毛;先端短尖,长 0.8 ~ 1.0 cm,无毛,两侧无缘毛,或密被多细胞弯曲长缘毛;叶柄长 1.5 ~ 2.3 cm,无毛,或密被多细胞弯曲长柔毛。雌株! 葇荑花序腋生;花序梗细,无毛,或密被白色短柔毛,下垂;雌花! 单花具花被片 4 枚,匙 - 卵圆形,表面基部疏被短柔毛,内基部疏被腺点;子房卵球状,无毛;花柱圆柱状,先端 2 裂。聚合果短圆柱状,长 1.5 ~ 2.0 cm,成熟时黑紫色。花期 4 月;果实成熟期 5 月。

　　本新种与蒙桑 Morus mongolica(Bureau)Schneid.[14] 和鸡桑 Morus australis Poir.[1-2,5-7] 相似,但区别:小枝密被短柔毛、疏被弯曲长柔毛、无毛,或密被多细胞弯曲长柔毛。叶形多变而特异——42 种类型,可归为 12 种类。其主要特征:叶形多变,两面无毛、被短柔毛、弯曲长柔毛、多细胞弯曲长柔毛,稀被疏刺毛;边缘具钝锯齿,稀具重齿端,齿端具芒刺,稀无芒刺;边缘无凹缺口,或具 1 ~ 8 个不同形状的凹缺口;裂片多形状:近圆形、椭圆形、带形等;先端长尾尖,稀短尖,其边缘全缘,稀具锯齿,密被多细胞弯曲长缘毛,或无缘毛;叶柄无毛,或密被长柔毛、密被多细胞弯曲长柔毛。雌株! 葇荑花序腋生;花序梗细,下垂,无毛,或密被白色短柔毛。雌花! 单花具花被片 4 枚,匙 - 卵圆形,外面基部疏被短柔毛,内面基部疏被腺点;子房卵球状,无毛,花柱圆柱状,先端 2 裂。聚合果短圆柱状,长 1.5 ~ 2.0 cm,径 0.8 ~ 1.0 cm,成熟时黑紫色;果序梗无毛,或密被弯曲长柔毛。

　　河南:太行山区有分布。郑州市有引种栽培。2016 年 4 月 25 日。赵天榜和陈志秀,No. 201604251 - 11(叶类与果实)。模式标本,存河南农业大学。2016 年 10 月 15 日。赵天榜、陈志秀和赵东方,No. 201610153。2017 年 4 月 22 日。范永明和赵天榜,No. 201604225 - 12(叶类与果实)。

参 考 文 献

[1] 丁宝章,王遂义,高增义. 河南植物志(第一册)[M]. 郑州:河南人民出版社,1981:280 - 283.

[2] 中国科学院植物志编辑委员会. 中国植物志 第二十三卷 第一分册[M]. 北京:科学出版社,1998: 17 - 23.

[3] 中国农业科学院蚕业研究所. 中国桑树资源栽培[M]. 上海:上海科学技术出版社,1985:45 - 49.

[4] Shneid., Morus mongolica(Bureau)Schneid. in Sery. Pl. Wilson. [M]. Cambridge University, 1916, (3):296.

[5] Koidz.. Morus mongolica(Bureau)Schneid. var. diabolica Koidz. in Bot Mag[J]. Tokyo, 1917,(31): 36.

[6] Poir.. Morus australis Poir. [J]. Encycl. Méth, 1976(4):380.

[7] Cao. Morus australis Poir. var. hastifolia(Cao)Cao [[J]. Acta Bot. Yunnan, 1989, 11(1):26.

[8] C. Y. Wu. Morus australis Poir. var. inusitata(Lévl.)C. Y. Wu [J]. Acta Bot. Yunnan, 1989, 11(1):25.

图版 1　异叶桑 Morus heteromorphifolia T. B. Zhao, Z. X. Chen et J. T.
Chen ex Q. S. Yang et Y. M. Fan

1. 植株;2. (1)类叶形;3. (2)类叶形;4. (3)类叶形;5. (4)类叶形;6. (5)类叶形;7. (6)类叶形;
8. (7)类叶形;9. (8)类叶形;10. (9)类叶形;11. (10)类叶形;12. (11)类叶形;13. (12)类叶形

参考文献

Ⅰ. 英文参考文献（按本书科、亚科、族、亚族、属、亚属种等顺序）

一、苏铁科 Cycadaceae Persoon, Syn. Pl. 2:630. 1807

苏铁属 Cycas Linn., Sp. Pl. 1188. 1753; en. Pl. ed. 5, 495. 1754

苏铁 Cycas revoluta Thunb., Pl. Jap. 229. 1784

Palmas japonica Herm., Prodr. 361. 1691

Arbor calappoides sinensis Rumph., Herb. Amb. V. 92. t. 24. 1750

Cycas inermis Lour., Fl. Cochinch. II. 776. 1790. excl. syn.

Cycas revoluta Thunb. var. *inermis* Miq., Anal. Bot. Ind. II. 28. t. 3 – 4. 1851, et Prodr. Cycad. 16. 1861

Cycas inermis Oudem. in Arch. Néerl. II. 385. t. 20. 1867. ibidem III. l. 1868

华南苏铁 Cycas rumphii Miq. in Bull. Sci. Phys. et Nat. Neerl. 45. 1839

Cycas rumphii Miq. in Monogr. Cycad. 29. 1842, et Anal. Bot. Ind. II. t. 5. f. a – b. 1851

Olus calappoides Rumph., Herb. Amb. I. 86. t. 20 ~ 22. 1741

Cycas sp. Griff., Notul. Pl. Asiat. 4:16. 1854, et Icon. Pl. Asiat. 4:t. 360(sine num. f.). 1854

Cycas circinalis auct. non Linn. :Roxb. Hort. Bengal. 71. 1814, et Fl. Ind. III. 371. 1842

台湾苏铁 Cycas taiwaniana Carruth. in Journ. Bot. 31:2. t. 331. 1893

云南苏铁 Cycas siamensis Miq. in Bot. Zeitung 21:334. 1836

Cycas intermedia Hort. ex B. S. Williams, Gen. Pl. Catal. 42. 1878

*Cycas immersa*Craib in Kew Bull. 434. 1912

Cycas rumphii auct. non Miq. :S. Y. Hu in Taiwania 10:15. 1964. quoad Plant. Yuunnan

篦齿苏铁 Cycas pectinata Griff., Notul. Pl. Asiat. 4:1854, et Icon. Pl. Asiat. t. 360. f. 3. 1854

Cycas circinalis Linn. subsp. *vera* Schuster var. *pectinata*(Griff.)Schuster in Engl., Pflanzenfam. 99. 4(1):68. 1932

海南苏铁 Cycas hainanensia C. J. Chen

二、银杏科 Ginkgoaceae Engl. in Nat. Pflanzenfam. Nachtr. II – IV. 19. 1897

银杏属 Ginkgo Linn., Mant. Pl. 2:313. 1771

Salisburia adiantifolia Smith in Trans. Linn. Soc. London 3:330. 1797

Salisburia biloba Hoffmagg, Verz. Pflanzenkult. 109. 1824

Ginkgo biloba Mayr, Fremdl. Wald. & Parkb., 286. 1906

塔形银杏 Ginkgo biloba Linn. var. fastigiata(Mast.)in Kew Hand – list Conif. 19. 1896. nom.

Ginkgo biloba Linn. f. *fastigiata*(Henry)Rehd. in Bibliography of Cultivated Tress and Shrubs:1. 1949

Ginkgo biloba Linn. cv. ‘ Fastigiata ’(S. G. Harrison 1966)

垂枝银杏 Ginkgo biloba Linn. f. pendula(Van Geert)Beissner, Syst. Eintheil. Conif. 24. 1887

Ginkgo biloba Linn. var. *pendula* Carr., Traité Conif. ed. 2, 713. 1867

Saliburia adiantifolia Smith var. *pendula* Van Geert, Cat. 1862. 62. 1862

三、南洋杉科 Araucariaceae Henkel et W. Hochst. ,Syn. Nadelh. 17:1. 1865

南洋杉属 Araucaria Juss. ,Gen. Pl. 413. 1789

南洋杉 Araucaria cunninghamii Sweet,Hort. Brit. ed. 475. 1830

四、松科 Pinaceae Lindl. ,Nat. Syst. Bot. II. 313. 1836

云杉属 Picea A. Dietr. ,Fl. Gen. Berl. 2:794. 1824

云杉 Picea asperata Mast. in Journ. Linn. Soc. Bot. 37:419. 1906,et in Repert. Sp. Nov. 4:110. 1907

 Picea asperata Mast. var. *notabilis* Rehd. & Wils. in Sargent,Pl. Wils. II:23. 1914

 Picea asperata Mast. var. *ponderosa* Rehd. & Wils. in Sargent,Pl. Wils. II:23. 1914

 Picea heterolepis (Rehd. & Wils.)Cheng ex Rehd. ,Man. Cultivated Trees and Shrubs:ed. 2,24. 1910

 Picea notabilis(Rehd. & Wils.)Lacassagne in Trav. Lab. For. Toulouse,II,3,1:180,f. (Èt. Anat. Syst. Picea). 1934

 Picea ponderosa(Rehd. & Wils.)Lacassagne in Trav. Lab. For. Toulouse,II,3,1:203,f. (Èt. Anat. Syst. Picea). 1934

 Picea meyeri Rehd. & Wils. in Sargent,Pl. Wils. II:28. 1914

 Picea schrenkiana Fisch. & Mey. in Bull. Acad. Sci. St. Pétersb. 10:253(Enum. Pl. Schrenk Lect. 2: 12). 1842

雪松属 Cedrus Trew,Cedrorum Libani Hist. 4. 1757

雪松 Cedrus deodara(Roxb.)Loud. ,Hort. Brit. 388. 1830

 Pinus deodara Roxb. ,Hort. Bengal. 69. 1814. nom.

 Cedrus libani Rich. var. *deodara*(Roxb.)Hook. f. ,Himal. Journ. 1:257. 1854

松属 Pinus Linn. ,Sp. Pl. 1000. 1753,exclud. spec. nonnull. ;Gen. Pl. ed. 5,434. 1754,p. p.

 Apinus Necker. Elém. Bot. III. 209. 1790

油松 Pinus tabulaeformis Hort. ex Carr. ,Traité Conif. ed. 2,510. 1867

 Pinus leucosperma Maxim. in Bull. Acad. Sci. St. Pétersb. 16:558(in Mél. Biol. 11:347). 1881

 Pinus densiflora Sieb. & Zucc. var. *tabulaeformis*(Carr.)Fort. ex Mast. in Journ. Linn. Soc. Lond. Bot. 26:549. 1902

 Pinus taihangshanensis Hu et Yao,静生汇报,6(4):167. 1935

 Pinus tokunagai Nakai in Rep. First Sci. Exped. Manch. 4(2):164. t. 19. f. 24. 1935

 Pinus tabulaeformis Carr. var. *tokunagai*(Nakai)Takenouchi,实验林时报,3:290. t. 9. 1941. et in Journ. Jap. For. Soc. 24:123. 1942

 Pinus tabulaeformis Carr. vas. *bracteata* Takenouchi,l. c. 4:l. f. l. 1942

 Pinns sinensis auct. non Lamb. ;Shaw in Sargent,Pl. Wils. II. 15. 1914. p. p. ,et Gen. Pinus 60. 1914. p. p.

 Pinns sinensis sensu Mayr. ,Fremdl. Wald. & Parkbaume,349. f. 1906

 Pinus thunbergii sensu Franch. in Nouv. Arch. Mus. Hist. Nat. Paris,sér. 2,7:95(Pl. David. 1:285) 1884

 Pinus densiflora sensu Franch. in Journ. de Bot. 13:253. 1899,non Sieb. & Zucc. 1842

白皮松 Pinus bungeana Zucc. ex Endl. ,Syn. Conif. 166. 1847

 Pinus bungeana Zucc. in Endlicher,Syn. Conif. 166. 1847

五、杉科 Taxodiaceae Warming,Handb. Syst. Bot. 184. 1890

柳杉属 Cryptomeria D. Don in Trans. Linn. Soc. Lond. 18:166. 1841

柳杉 Cryptomeria fortunei(Liin. f.)D. Don in Trans. Linn. Soc. Lond. 18:167. 1841

    Cryptomeria japonica(Linn. f.)D. Don var. *sinensis* Sieb. in Sieb. & Zucc. ,Fl. Jap. II. 52. 1870

    Cryptomeria japonica(Linn. f.)D. Don var. *fortunei* Henry in Elesand Henry,Trees Gt. Brit. and Irel. I. 129. 1906

    Cryptomeria mairei Lévl. ,Cat. Pl. Yunnan 56. 1916

    Cryptomeria kauwii Hayata in Bot. Mag. Tokyo,31:117. f. 1917

    Cryptomeria mairei(Lévl.)Nakai in Journ. Jap. Bot. 13:395. 1937

    Cupressus japonica Linn. f. ,Suppl. Pl. 421. 1781

    Cryptomeria fortunei Hooibrenk ex Otto et Dietr. in Allg. Gartenzeit. 21:234. 1853

水杉 *Sequpia glyptostroboides*(Hu et Cheng)Weide in Repert. Sp. Nov. 66:185. 1962

六、柏科 Cupressaceae Bartling. ,Ord. Nat. Pl. 90. 95. 1830

侧柏亚科 Cupressaceae Bartling. Subfam. Thujoideae Pilger in Engl. u. Prantl,Pflanzenfam. ,ed. 2,13:377. 1926,excl. Fokienia

翠柏属 Calocedrus Kurz in Journ. Bot. 11:196. June 1873

    Libocedrus subgen. *Heydtria* Pilger in Engl. & Prantl,Pflanzenfam. ed. 2,13:389. 1926.

翠柏 Calocedrus macrolepis Kurz in Journ. Bot. 11:196. t. 133. f. 3. 1878

    Libocedrus macrolepis(Kurz)Benth. in Benth. et Kook. f. Gen. Pl. 3:426. 1880

    Thuja macrolepis(Kurz)Voss. in Mitt. Deutsch. Dendr. Ges. 16:88. 1907

    Heyderia macrolepis(Kurz)Li in Journ. Arn. Arb. 34(1):23. 1957

侧柏属 Platycladus Spach,Hist. Nat. Vég. Phan. 11:333. 1842,exclud. sp. nonnull.

    Thuja Linn. sect. *Biota* Lamb. ,Descr. Pinus ed. 8,2:129. 1832

    Boita D. Don ex Endl. ,Syn. Conif. 46. 1847

    Thuja Linn. subgen. *Biota*(Endl.)Engl. in Nat. Pflanzenfam. Nachtr. 25. 1897

    Thuja Linn. Sp. Pl. 1002. 1753;Gen. Pl. ed. 5,435,no. 957. 1754

侧柏 Platycladus orientalis(Linn.)Franco in Portugaliae Acta Biol. sér. B. Suppl. 33. 1949

    Thrja orientalis Linn. var. *argyi* Lévl. et Lemeé in Monde des Pl. 17:15. 1915

    Thuja chengii Gaussen in Trav. Lab. Forest. Toulouse 1,3(6):6. 1939

    Platycladus stricta Spach,Hist. Nat. Vég. Phan. 11:335. 1842

    Thuja orientalis Linn. ,Sp. Pl. 1002. 1753,ed. 2,2:1422. 1763

    Biota orientalis(Linn.)Endl. ,Syn. Conif. 47. 1847

千头柏 Platycladus orientalis (Linn.) Franco ' Sieboldii ',Dallimore and Jackson,rev. Harrison,Handb. Conif. and Ginkgo ed. 4,616. 1966

    Biota orientalis(Linn.)Endl. var. *sieboldii* Endl. ,Syn. Conif. 47. 1847

    Thuja orientalis Linn. var. *sieboldii*(Endl.)Laws. ,List. Pl. Fir Tribe 55. 1851

    Biota orientalis(Linn.)Endl. var. *nana* Carr. ,Traité Conif. 93. 1855

    Thuja orientalis Linn. var. *nana* Schneid. in Silva Tarouca Uns. Frei. – Nadelh. 286. 1913

    Thuja orientalis Linn. f. *sieboldii*(Endl.)Rehd. in Bibliography of Cultivated Trees and Shrubs:48. 1949

桧柏亚科 Cupressaceae Bartling. Subfam. Juniperoideae in Engl. u. Prantl,Pflanzenfam. ,ed. 2. 13:377. 1926

圆柏属 Sabina Mill. ,Gard. Dict. Abridg. 4,3. 1754

    Juniperus Linn. ,Sp. Pl. 1038. 1753;Gen. Pl. ed. 5,461. 1005. 1754

    Juniperus Linn. sect. *sabina* Spach in Ann. Sci. Nat. Bot. sér. 2,16:291. 1841

圆柏 Sabina chinensis(Linn.)Ant. ,op. cit. 54,t. 75. 76. f. a. t. 78. 1857

  Juniperus thunbergii Hook. & Arn. ,Bot. Beech. Voy. 271. 1838

  Juniperus fortunei Hort. ex Carr. ,Traité Conif. 11. 1855. pro syn.

  Juniperus chinensis Linn. ,Mant. Pl. 127. 1767

  Juniperus sinensis Hort. ex Carr. ,Traité Canif. ed. 2,33. 1867. pro syn.

  Sabina chinensis(Linn.)Ant. ,op. cit. 54. t. 75,76. 78. f. a. t. 1857.

龙柏 Sabina chinensis(Linn.)Ant. var. kaizuca Cheng et W. T. Wang

  Juniperus chinensis Linn. var. *kaizuca* Hort.

  Sabina chinensis(Linn.)Ant. var. *kaizuca* Cheng et W. T. Wang cv. ' Kaizuca '

鹿角桧 Sabina chinensis(Linn.)Ant. var. pfitzeriana Moldenke in Castanea 9:33. 1944

  Juniperus chinensis Linn. f. *pfitzeriana* Späth,Verzeich. no. 104. 142. 1899

  Juniperus chinensis Linn. f. *pfitzeriana*(Späth.)Rehd. in Bibliography of Cultivated Trees and Shrubs:60. 1949

塔柏 Sabina chinensis Ant. f. pyramidalis(Carr.)Beissner,Syst. Eintheil. Conif. 17. 1887. '' (f.)''

  Juniperus chinensis Linn. var. *japonica pyramidalis* Lasvallée,Arb. Segrez. 290. 1887

  Juniperus chinensis Linn. cv. ' Pfitzeriana ',Dallimore and Jackson,rev. Harrison,Handb. Conif. and Ginkgo. ed. 4,245. 1966

铺地柏 Sabina procumbens(Endl.)Iwata et Kusaka,Conuif. Jap. Illustr. 199. t. 79. 1954

  Juniperus chinensis Linn. var. *procumbens* Endl. ,Syn. Conif. 21. 1847

  Juniperus procumbens Sieb. in Jaarb. Nederl. Maatsch. Aanmoed. Tuinb. 1844:31 (Naamlist). 1844. nom.

刺柏属 Juniperus Linn. ,Sp. Pl. 1038. 1753. p. p. ;Gen. Pl. ed. 5,461,no. 1005. 1754

  Juniperus Linn. sect. *oxycedrus* Spach in Ann. Sci. Nat. Bot. sér. 2,16:288. 1841

刺柏 Juniperus formosana Hayata in Gard. Chron. sér. 3,43:198. 1908

  Juniperus formosana Hayata in Journ. Sci. Tokyo,25,19:209. t. 38(Fl. Mont. Formos.)1908

七、罗汉松科 Podocarpaceae Endl. ,Syn. Conif. 203. 1847

罗汉松属 Podocarpus L'Hér. ex Persoon,Syn. Pl. 2:580. 1807

罗汉松 Podocarpus macrophylla(Thunb.)D. Don in Lamb. Descr. Gen. Pinus 2:22. 1824

  Taxus macrophylla Thunb. ,Fl. Jap. 276. 1784

八、三尖杉科 Cephalotaxaceae Pilger in Neger,Pflanzenreich ,IV. 5(Heft 18):38 ,80. 1903 ,"subfam. *Taxoideae* trib. C. "

  Cephalotaxaceae F. W. Neger,Nadelh. 23,30(Samml. Göschem,No. 355)1907

三尖杉属 Cephalotaxus Sieb. & Zucc. ex Endl. ,Gen. Pl. Suppl. 2:27. 1842

粗榧 Cephalotaxus sinensis(Rehd. & Wils.)Li in Lloydia 16(3):162. 1953

  Cephalotaxus harringtonia(Forbes) Koch var. *sinensis*(Rehd. & Wils.)Rehd. ,Journ. Arn. Arb. 22:571. 1941

  Cephalotaxus drupacea Sieb. & Zucc. var. *sinensis* Rehd. & Wils. in Sarg. Pl. Wils. II:3. 1914

九、红豆杉科 Taxaceae S. E. Grey,Nat. Arr. Brit. Pl. 222. 226. 1821

红豆杉属 Taxus Linn. ,Gen. Pl. 312. 1737. Nr. 756

红豆杉 Taxus chinensis(Pilger)Rehd. in Journ. Arn. Arb. 1:51. 1919,pro parte,Man. Cult. Trees and Shrubs:41. 1927,pro parte,ed. 2. 3. 1940,pro parte,et Bibliogr. 3. 1949,excl syn. Tsuga mairei

Lemee et Lévl.

Taxus chinensis(Pilger)Rehd. in Dallimore and Jackson,Handb. Conif. 71. 1923,pro parte,ed. 3,97. 1948,
pro parte

Taxus baccata Linn. subsp. *cuspidata* Sieb. & Zucc. var. *chinensis* Pilger in Engl. ,Pflanzenr. 18 Heft,4
(5):112. 1903

Taxus baccata Linn. var. *sinensis* Henry in Elwee and Henry,Trees Gr. Brit. And Irel. 1:100. 1906

Taxus cuspidata Sieb. & Zucc. var. *chinensis*(Pilger)Schneid. ex Silva Tarouca, Uns. Freil. – Nadelh.
276. 1913

Taxus wallichiana Zucc. var. *chinensis*(Pilger)Florin in Acta Hort. Berg. 14(8):355. t. 5. textfig in p.
356. 1948

Taxus baccata auct. non Linn. ;Franch. in Nouv. Arch. Mus. Hist. Nat. Paris sér. 2. 7:103(Pl. David.
1:293)1884,et in Journ. de Bot. 13:264. 1889

Taxus cuspidata auct. non Sieb. & Zucc. ;Chun,Chinese Econ. Trees 43. f. 13. 1921,pro parte

Taxus wallichiana auct. non Zuca. ;S. Y. Hu in Taiwania 10:22. 1964,quoad specim. e Szechuan. et
Sikang.

十、杨柳科 Salicaceae Horaninov,Prim. Linn. Syst. Nat. 64. 1834

杨属 Populus Linn. ,Sp. Pl. 1034. 1753;Gen. Pl. 456. no. 996. 1754

毛白杨 Populus tomentosa Carr. in Rev. Hort. 1867:340. 1867

Populus pekinensis Linn. Henry in Rev. Hort. 1903:335. f. 142. 1903

Populus glabrata Dode in Mén. Soc. Nat. Autun. 18:185(Extr. Monogr. Ined. Populus,27). 1905

Populus glabrata Dode in Bull. Soc. Hist. Nat. Autun.18:185(Extr. Monogr. Populus,27). 1905

Populus glabrata Dode,Extr. Monog. Ined. Populus 27. Pl. 11. f. 25(a). 1905

加拿大杨　加杨 Populus × canadensis Moench,Verz. Ausl. Bäume Weissent. 81. 1785

Populus × euramericana(Dode)Guinier in Act. Bot. Neerland. 6(1):54. 1957

Populus × deltoides auct. Non Marshall,Ill. Handb. Laubh. 1:7. 1904

沙兰杨 Populus × canadensis Moench. 'Sacrau 79'

Populus × euramericana(Dode)Guinier,cv. 'Sacrau 79'

柳属 Salix Linn. ,Sp. Pl. 1015. 1753;Gen. Pl. ed. 5,447. no. 976. 1754

垂柳 Salix babylonica Linn. ,Sp. Pl. 1017. 1753

Salix chinensis Burm. ,Fl. Ind. I:211(err. typogr. 311). 1768

Salix cantoniensis Hance in Journ. Bot. 4:48. 1868

Salix babylonica Linn. var. *szechuanica* Gorz in Bull. Fan. Mém. Inst. Biol. 6:2. 1935

旱柳 Salix matsudana Koidz. in Bot. Mag. Tokyo,29:312. 1915

Salix jeholensis Nakai in Rep. First Sci. Exped. Mansh. sect. 4,4:74. 1936

Salix matsudana Koidz. in Tokyo Bot. Mag. 29:312. 1915

绦柳　倒栽柳 Salix matsudana Koidz. f. pendula Schneid. in Bailey,Gent. Herb. 1:18. 1920

馒头柳 Salix matsudana Koidz. f. umbraculifera Rehd. in Journ. Arn. Arb. 6:205. 1925

龙爪柳 Salix matsudana Koidz. f. tortuosa(Vilm.)Rehd. in op. cit. 206. 1925

银柳　银芽柳 Salix argyracea E. Wolf in Isw. Liesn. Inst. 13:50. 57. 1905,et in Fedde. Rep. Sp. Nov. 6:
215. 1909

Salix argyracea E. Wolf f. *obovata* Görz in Fedde. 1. c. 35:27. 1934

十一、胡桃科 Juglandaceae Horaninov,Ptim. Linn. Syst. Nat. 64. 1834

核桃属 Juglans Linn. ,Sp. Pl. 997. 1753,exclud. sp. 2;Gen. Pl. 431. no. 950. 1754

核桃 Juglans regia Linn. ,Sp. Pl. 997. 1753

    Juglans regia Linn. var. *sinensis* C. DC. in Ann. Sci. no. sér. 4,18:33. 1862

    Juglans duclouxiana Dode in Bull. Soc. Dendr. Françe 2,81. 1906

    Juglans duclouxiana Dode in op. cit. 81,f. (p. 82)1906

    Juglans sinensis(C. DC.)Dode in Bull. Soc. Dendr. Françe 1925:10. 19251

    Juglans hippocarya Dochnahl,Sich. Fnhr. Obstk. 4:22. 1860

魁核桃 Juglans major(Tott.)Heller in Muhlenbergia,1:50. 1904

    Juglans rupestris Engelm. β. *major* Torrey in Sitgreaves,Rep. Exp. Zuni & Colo. Riv. 171. t. 16. 1853

    Juglans rupestris Engelm. β. *major* Torrey in C. de Candolle in DC. ,Pordr. 16,2:138. 1864

    Juglans rupestris Engelm. β. *major* Torrey in Sargent,Silva N. Am. 7:126(in nota),t. 336. 1895"var."

    Juglans torreyi Dode in Bull. Soc. Dendr. Françe,1909:194. f. t. (p. 175)1909

    Juglans arizonica Dode in op. cit. 193. f. a. (p. 175)1909

    Juglans torreyi(Dode)N. Mex. ,Ariz. aned Colo. Intr. 1894? Zone VII.

    Juglans torreyi(Dode)N. Mex. ,A. Rehder in Manual of Cultivated Trees and Shrubs:118. 1940

枫杨属 Pterocarya Kunth in Ann. Sci. Nat. 2:345. 1824

枫杨 Pterocarya stenoptera DC. in Ann. Sci. Nat. Bot. sér. 4,18:34. 1862

    Pterocarya stenoptera DC. var. *typica* Franch. in Journ. de Bot. 12:317. 1898

    Pterocarya stenoptera DC. var. *kouichensis* Franch. ,in Journ. de Bot. 12:317. 1898

    Pterocarya stenoptera DC. var. *sinensis*(chinensis)Graebn. in Mitt. Deutsch. Gen. no. 20:215. 1911

    Pterocarya stenoptera DC. var. *brevialata* Pamp. in Nouv. Giorn. Bot. Ital. no. sér. 22:274. 1915

    Pterocarya laevigata Hort. ex Lavallée,Icon. Arb. Segr. 65. 1882,pro syn.

    Pterocarya chinensis Hort. ex Lavallée,Icon. Arb. Segr. 65. 1882. pro syn.

    Pterocarya japonica Hort. ex Dippel,Handb. Laubh. 2:329. f. 151. 1892

    Pterocarya japonica Dipp. ,Handb. Laubhk. II. 329. 1892

    Pterocarya esquirollii Lévl. ,Cat. Pl. Yunn. 135. 1916

    Pterocarya sinensis Hort. ex. Rehder in Bailey,Cycl. Am. Hort. 3:1464. 1901,pro syn. 1901

十二、壳斗科 Fagaceae(Reichenb.)A. Br. in Ascherson,Fl. Prov. Brandenb. 1:62,615. 1864

栎属 Quercus Linn. ,Sp. Pl. 994. 1753;Gen. Pl. 431. n. 949. 1754

沼生栎 Quercus palustris Münch. in Hausvat. 5:253. 1770

沼生栎 Quercus palustris Müench. var. palustris

多型叶沼生栎 Quercus palustris Müench. var. multiforma T. B. Zhao,J. T. Chen et Z. X. Chen

十三、榆科 Ulmaceae Mirb. in Elém. Phys. Vég. 2:905. 1815

榆属 Ulmus Linn. ,Sp. Pl. 225. 1753;Gen. Pl. 106. no. 281. 1754

榆树 Ulmus pumila Linn. ,Sp. Pl. 226. 1753,excl. syn. Plukenet.

    Ulmus pumilis Linn. *microphylla* Pers. Syn. Pl. 1:291. 1805

    Ulmus campestris Linn. δ. *pumilis* Maxim. in Bull. Acad. Sci. St. Pétersb. 18:290(in Mél. Biol. 9:23). 1873

    Ulmus pumilis Linn. var. *genuina* Skv. in Lingnan Sci. Journ. 6:208. 1928

Ulmus manshurica Nakai,Fl. Sylv. Kor. 19:22,f. t. 6,7. 1032

Ulmus pumilis Linn. var. *gordeiev* Skv.

榔榆 *Ulmus parvifolia* Jacq. ,Pl. Rar. Hort. Schoenbr. 3:6. t. 262. 1798

Ulmus chinensis Pers. in Syn. Pl. 1:291. 1805

Ulmus japonica Seib. in Verth. Batav. Gen. Kunst. Wetensch. 12:28(Syn. Pl. Oecon.). 1803,nom.

Ulmus campestris Linn. var. *chinensis* Loudon,Arb. Brit. 3:1377. f. 1231. 1838

Ulmus sieboldii Daveau in Bull. Soc. Dendr. Françe 1914:26. f. 1 d – d[1]. f. B – B[11]. 1914

Ulmus shirasawana Daveau in op. cit. 27,f. 1b – c[1]. 1914

Ulmus coreana Nakai,Fl. Sylv. Kor. 19:31. t. 11. 1932

Ulmus sieboldii Daveau f. *shirasawana* Nakai,op. cit. 32. 1932

Planea parvifolia Sweet,Hort. Brit. ed. 2,464. 1830

Microptelea parvifolia Spach in Ann. Sci. Nat. Bot. sér. 2,15:358. 1841

朴属 Celtis Linn. ,Sp. Pl. 1043. 1754;Gen. Pl. ed. 5,467. no. 1012. 1754

Solenostigma Endl. ,Prod. Fl. Norf. 41. 1983

Solenostigma Rafinesque,Sylv. Tellur. 32. 1838

朴树 Celtis sinensis Pers. ,Syn. Pl. 1:292. 1805

Celtis nervosa Hamsl. in Journ. Lionn. Soc. Bot. 26:450. 1894

Celtis bodinieri Lévl. in Fedde,Rep. Sp. Nov. 13:265. 1914

Celtis hunamnensis Hand. – Mazz. in Anzicg. Akad. Wiss. Wien. Math. – Nat. Kl. 59:53. 1922,et Symb. Sin. 7(1):102. Taf. Ⅲ. Abb. 1. 1929

Celtis tetrandra Roxb. subsp. *sinensis*(Pers.) Y. C. Tang in Acta Phytotax Sin. 17(1):51. 1979,nom. Illeg.

Celtis bungeana Bunge,Mus. Bot. Lgd. Bat. 2:71. 1852

Celtis chinensis Pers. ex Bunge in Mém. Div. Sav. Acad. Sci. St. Pétersb. 2:135(Enum. Pl. Chin. Bor. 61. 1833). 1835,non *Celtis sinensis* Persoon 1805

Celtis biondii Pamp. in Nuov. Giorn. Bot. Ital. no. sér. 17:252. f. 1910

Celtis davidiana Carr. in Rev. Hort. 1868:300. 1868

珊瑚朴 Celtis julianae C. K. Schneid. in Sargent,Pl. Wils. Ⅲ:265. 1916

Celtis julinnae Schneid. var. *calvescens* Schneid. in Sargent,Pl. Wils. Ⅲ. 266. 1916

榉属 Zelkova Spach in Ann. Sci. Nat. sér. 2,15:356. 1841

榉树 Zelkova serrata(Thunb.) Makino in Bot. Mag. Tokyo,17:13. 1903

Corchorus serrata Thunb. in Trans. Linn. Soc. Lond. 2:335. 1794

Ulmis keaki Seib. in Verh. Bat. Geroot. Kunst. Wetensch. 12:28(Syn. Pl. Oecon. Japan.). 1830

Planera acuminata Lindl. in Gard. 1862:428. 1862

Planera japonica Miq. in Ann. Mus. Bot. Lugd. – Bat. 2:66(Prol. Fl. Japan. 254). 1867

Zelkova acuminata Planch. in Compt. Rend. Acad. Sci. Paris,74:1496. 1872

Zelkova keaki Maxim. in Bull. Acad. Sci. St. Pétersb. 18:288(in Mél. Biol. 9:21). 1873

Abelicea hirta Schneid. ,Ⅲ. Handb. Laubh. 1:226. f. 143 – 144. 1904

Zelkova hirta Scheneid. ,op. cit. 806. 1906

Zelkova torokoensis Hayata,Icon. Pl. Form. 9:104. f. 33(3 – 4). 1920

Zelkova serata(Thunb.) Makino var. *tarokoensis*(Hayata) Linn. ,Journ. Wash. Acad. Sci. 42:40. 1952,et Fl. Taiwan Ⅱ. 116. 1926,syn. nov.

十四、桑科 Moracee Lindl. , Vég. Kingd. 266. 1846

构树族 Moraceae Lindl. trib. Broussonetieae Gaud. , Voy. Freyc. Bot. 508. 1826

构属 Broussonetia L' Hert. ex Vent. , Tableau Règ. Vég. 3:547. 1799

　　Smithiodendron Hu in Sunyatsenia III. 196. 1936

　　Allaeanthus Thw. in Hook. Journ. Bot. Kew Gard. Misc. 6:202. 1854

　　Stenochasma Miq. , Pl. Junghubn. 1:45. 1851

构树 Broussonetia papyifera(Linn.) L' Hért. ex Vent. Tableau Rég. Vég. 3:547. 1799

　　Morus papyifera Linn. , Sp. Pl. 986. 1753

　　Smithiodendron artocarpioideum Hu in Sunyatsenia III. 106. 1936

榕族 Moraceae Lindl. trib. Ficeae Trécul, in Ann. Sci. no. sér. 3,8:77. 139. 1847

榕属　无花果属 Ficus Linn. , Sp. Pl. 1059. 1753;Gen. Pl. ed 5,482. no. 1032. 1754

无花果 Ficus carica Linn. , Sp. Pl. 1059. 1753

　　Ficus sativa Poiteau & Turpinl in Duhamel, Traité Arb. Fruit. Nouv. Éd. 6:F. no. 1;t. 4, fasc. 1(1087) ,
　　nom. Altern.

印度榕 Ficus elastica Roxb. ex Hornem. , Hort. Beng. 65. 1814,nom. nud.

十五、紫茉莉科 Nyctaginaceae

叶子花属 Bougainvillea Comm. ex Juss. , Gen. Pl. 91. 1789(" Bougainvillea ")

叶子花 Bougainvillea spectabilis Willd. , Sp. Pl. II. 348. 1799

十六、芍药科 Paeoniaceae Bartling, Ord. Nat. Pl. 251. 1830

　　Ranunculaceae Juss. trib. *Paeonioideae* DC. , Prodr. 1:64. 1824

芍药属 Paeonia Linn. , Sp. Pl. 530. 1753;Gen. Pl. 235. no. 600. 1754

牡丹 Paeonia suffruticosa Andrews in Bot. Rep. 6:t. 373. 1804

　　Paeonia decomoosita Hand. – Mazz. in Acta Hort. Gothob. 13:39. 1939

　　Paeonia moutan Sims in Bot. Mag. 29:t. 1154. 1809,sensu lato.

　　Paeonia fruticosa Dumont de Courset, Bot. Cultivated ed. 2,4:462. 1811

　　Paeonia frutescens W. E. S. ex Link, Enum. Hort. Berol. 2:77. 1822,pro syn.

紫斑牡丹 Paeonia papaveracea Andr. in Bot. Rep. 7:463. 1807

　　Paeonia suffruticosa Andr. var. *papaveracea* (Andr.) Kerner, Hort. Semperv. t. 473. 1816, ex Index
　　Londin.

　　Paeonia moutam Sims var. *papaveracea*(Andr.)DC. , Règ. Vég. Syst. 1:387. 1817

　　Paeonia suffruticosa auct. non Andrews Stern, Stud. Gen. Paeonia 40. 1946

　　Paeonia suffruticosa Andr. var. *papaveracea*(Andr.)L. H. Bailey

　　Berberides Juss. in Gen. Pl. 286. 1789

十七、小檗科 Berberidaceae Torrey & Gray, Fl. N. Am. 1:49. 1839

　　Berberides Juss. in Gen. Pl. 286. 1789.

小檗属 Berberis Linn. , Sp. Pl. 330. 1753,p. p. typ. ;Gen. Pl. ed. 5,153. no. 379. 1754

日本小檗 Berberis thunbergii DC. , Règ. Vég. Syst. 2:9. 1821

'紫叶'小檗 *Berberis thunbergii* DC. f. *atropurpurea*(Chenault) A. Rehd. in Bibiography of Cultivated Trees
　　and Shrubs:173. 1949

　　Berberis thunbergii DC. f. *atropurpurea* Chenault in Rev. Hort. no. sér. 20:307. 1926

十大功劳属 Mahonia Nuttall, Gen. N. Amer. Pl. 1:211. 1818

Odostemon Rafin. in Am. Monthly Mag. 2:265. 1817

Berberis Linn. ,Sp. Pl. 330. 1753,p. p.

阔叶十大功劳 Mahonia bealii(Fort.)Carr. in Fl. des Serres,10:166. 1854

Berbetis bealii Fort. in Gard. Chron. 1850:212. 1850

Berbetis bealei Fort. var. *planifolia* Hook. f. ,Curtis's in Bot. Mag. 81:t. 4846,1855

Mahomia japonica(Fort.)DC. var. *planifolia*(Hook. f.)Lévl. in Enum. Arbres. :15,1877

Mahomia japonica(Fort.)DC. var. *planifolia*(Hook. f.)Ahrendt in Journ. Linn. Soc. Bot. 57:320. 1962, syn. nov.

十大功劳 Mahonia fortunei(Lindl.)Fedde in Bot. Jahrb. Syst. 31:130. 1910,p. p. typ.

Berberis fortunei Lindl. in Journ. Hort. Soc. Lond. 1:231,300. f. 1846

Mahonea fortunei(Lindl.)var. *szechuanica* Ahrendt in Journ. Linn. Soc. Bot. 57:328. 1961,syn. nov.

十八、南天竹科 Nandinaceae Horaninov,Prim. Linn. Syst. Nat. 90. 1834

南天竹属 Nandina Thunb. in Nov. Gen. Pl. I. 14. 1781

Nandina Thunb. ,Fl. Jap. :9. 1784

南天竹 Nandina domestica Thunb. ,Fl. Jap. 9. 1784

南天竹 Nandina domestica Thunb. var. domestica

线叶南天竹 Nandina domestica Thunb. *a.* longifolia Dippel, Handb. Laubh. 3:104. 1893

Nandina domestica Thunb. var. *linearifolia* C. Y. Wu in Acta Phytotax. Sin. 25(2):154. f .4. 1987

紫色南天竹 Nandina domestica Thunb. var. purpurea Lavallée,Arb. Segrez. 16. 1877,nom.

紫果南天竹 Nandina domestica Thunb. var. porphyocarpa Makino

十九、木兰科 Magnoliaceae Jaume,St. Hilaire,Expos. Fam. Nat. 2:74. 1805

鹅掌楸亚科 Magnoliaceae Jaume subfam. Liriodendroideae(Bark.)Law.

鹅掌楸属 Liriodendron Linn. ,Sp. Pl. 535. 1753

鹅掌楸 Liriodendron chinense(Hemsl.)Sarg. ,Trees and Shrubs:1:103. t. 52. 1903

Liriodendron tulipifera Linn. var. *?* *chinense* Hemsl. in Journ. Linn. Soc. Bot. 23:25. 1886

Liriodendron tulipifera Linn. var. *sinensis* Diels in Bot. Jahrb. 29:322. 1900

Liriodendron sp. *?* Marchant Moore in Bot. 13:225. 1875

木兰亚科 Magnoliaceae Jaume subfam. Magnolioideae Harms in Ber. Deutsch. Bot. Ges. 15:358. 1897

木兰属 Magnolia Linn. ,Sp. Pl. 535. 1753

荷花木兰 Magnolia grandiflora Linn. ,Syst. Nat. ed. 10,2:1802. 1759

玉兰亚科 Magnoliaceae Jaume subfam. Yulanialioideae D. L. Fu et T. B. Zhao

玉兰属 Yulania Spach in Hist. Nat. Vég. Phan. 7:462. 1839

Magnolia Linn. subgen. *Yulania*(Sapch)Reichebach in Der Dectsche Bot. ,1(1):192.1841.

Lassonia Buc'hoz,Pl. Nouv. Décour. 21. t. 19. f. 1. 1779,descr. Manca falsaque

Magnolia Linn. subgen. *Yulania*(Spach)Reichenbach in Der Dectsche Bot. ,I. 192. 1841

Magnolia Linn. subgen. *Pleurochasma* Dandy in J. Roy. Hort. Soc. ,75:161. 1950

Magnolia Linn. subgen. *Yulania*(Spach)Reichenbach in Der Dectsche Bot. ,1(1):192. 1841

玉兰 Yulania denudata(Desr.)D. L. Fu

Magnolia obovata Thunb. in Trans. Linn. Soc. Lond. II. 336. 1794,quoad syn. " Kaempfer Icon. t. 43 "

Magnolia obovata Thunb. 〔var. 〕*a.* denudata DC. ,Règ. Vég. Syst. I. 457. 1818,exclud. syn. Kaempferi et Thunb.

Magnolia obovata Thunb. var. *denudata*(Desr.)DC. ,Prodr. I. 81. 1824

Magnolia hirsuta Thunb. ,Pl. Jap. Nov. Sp. 8(nomen nudum). 1824,secund. specim. Originale

Magnolia precia Correa de Serra ex Vent. ,Jard. Malmais. sub t. 24. nota 2. 1803,nom.

Magnolia kobus sensu Sieb. & Zucc. in Abh. Math. – Phys. Cl. Akad. Wiss. Münch. 4(2):187(Fl. Jap. Fam. Nat. 1:79). 1845,p. p. ;non De Candolle,1817

Magnolia Yulan Desf. ,Hist. Arb. II. 6. 1809

Gwillimia Yulan(Desf.)C. de Vos,Handb. Boom. Heest. ed. 2,116. 1887

Yulania conspicua(Salisb.)Spach,Hist. Nat. Vég. 22:464. 1839

Magnolia conspicua Salisb. ,Parad. Lond. I. t. 38. 1806

Lassonia heptapeta Buc'hoz,Pl. Nouv. Découv. 21,t. 19. Paris 1779,descry. manca falsaque;Coll. Préc. Fl. Cult. Tom. 1,Pl. IV. 1776. f. 4~14

Magnolia heptapeta(Bu'choz)Dandy in Journ. Bot. 72:103. 1934

Magnolia denudata Desr. in Lama. Encycl. Méth. Bot. III. 675. 1791. exclud. syn. " Mokkwuren Kaempfer "

Magnolia denudata Desr. in Sargent,Pl. Wils. I. 399. 1913

Mokkwuren florealbo Kaempfer,Amoen. V. 845. 1712

Yulan cibot in Batteux,Mém. Hist. Chinois III. 441. 1778

Mokkwuren florealbo 1. Banks,Ioon. Kaempfer,t. 43. 1791

Magnolia precia Correa de Serra apud Ventenat,Jard. Malm. nota,2,ad. t. 24(nomen nudum)1803

望春玉兰 Yulania biondii(Pamp.)D. L. Fu

Magnolia aulacosperma Rehd. & Wils. in Sargent,Pl. Wils. I:396~397. 1913

Magnolia fargesii(Finet & Gagnep.)Cheng in Journ. Bot. Soc. China. 1(3):296. 1934

Magnolia conspicua Salisb. var. *fargesii* Finet & Gagnep. in Bull. Soc. Bot. France(Mém.)4:38. 1905

Magnolia obovata sensu Pavolini in Nuov. Giorn. Bot. Ital. no. sér. 17:275. 1910;18. t. 3 1911

Lassonia quinquepeta Buc'hoz,Pl. Nouv. Décour. ,21. t. 19. f. 2. 1779

Magnolia quinquepeta(Buc'hoz)Dandy,Journ. Bot. ,72:103. 1934,non Buc'hoz(1779)

Magnolia fargesii(Finet & Gagnep.)Cheng in Journ. Bot. Soc. China,1(3):296. 1934

Magnolia denudata Desr. var. *fargesii*(Finet & Gagnep.)Pamp. in Bull. Soc. Tosc. Ortic. ,20:200. 1915

Magnolia biondii Pamp. in Nuov. Giorun Bot. Ital. no. sér. 17:275. 1910

朱砂玉兰 Yulan Spach var. *soulangeana* Lindl. in Bot. Règ. 14:t. 1164. 1828

*Magnolia hybrida*Dipp. var. *soulangeana* Dipp. ,Handb. Laubh. III. 151. 1893

Magnolia conspicua Salisb. var. *soulangeana* Hort. ex Pamp. in Bull. Soc. Tosc. Ortic. 40:216. 1915,pro syn.

Magnolia × *soulangeana* Hamelin in Ann. Soc. Hort. Paris,I. 90. t. 1827

Magnolia speciosa Van Geel,Sert. Bot. Cl. XIII. t. 1832

Magnolia cyathiformis Rinz ex K. Koch,Dendr I. 376. 1869,pro syn. sub *Magnolia Yulan*

Gwillimia cyathiflora C. de Vos,Handb. Boom. Heest. ed. 2,115. 1887

Yulania japonica Spach γ. *incarnata* Spach,Hist. Nat. Vég. Phan. 7:466. 1839

Magnolia soulangiana Soul. in L. H. Bailey,MANUAL OF CULTIVATED PLANTS. 290~291. 1925

Magnolia × *soulangeana* [*M. denuata* × *M. liliflora*]Soul. – Bod. in Mém. Soc. Linn. Paris 1826. 269 (Nouv. Esp. Mag.). 1826

含笑属 Michelia Linn. ,Sp. Pl. 536. 1753;Gen. Pl. ed. 5,240. 1754

深山含笑 Michelia maudiae Dunn in Journ. Linn. Soc. Bot. 38:353. 1908

Michelia cingii W. C. Cheng in Contr. Biol. Lab. Sci. Soc. China Bot. sér. 10:110. 1936

二十、蜡梅科 Calycanthaceae Lindl. in Bot. Rég. 5:t. 404,p. [1] 1819

Calycanthaceae Horaninov,Prim. Linn. Syst. Nat. 81. 1834

蜡梅属 Chimonanthus Lindl. in Bot. Règ. V. t. 404. 1819

Meratia Lois. ,Herb. Amat. 3:173. t. 1818

蜡梅 Chimononthus praecox(Linn.)Link,Enum. Pl. Hort. Berol. 2:66. 1822

Calycanthus praecox Linn. ,Sp. Pl. ed. 2,718. 1762

Meratia fragrans Lois. ,Herb. Amat. 3:173. t. 1818

Meratia praecox Rehd. & Wils. in Sargent,Pl. Wils. I. 419. 1913

Chimonanthus fragrans Lindl. in Bot. Règ. 6:t. 451. f. *a*. 1 – 9. 1820

Chimonanthus fragraps Lindl. *β*. *grandiflora* Lindl. ,Bot. Règ. 6:t. 451. 1820

Chimonanthus parviflorus Raf. ,Alsogr. Am. 6. 1838

Chimonanthus praecox(Linn.)Link var. *concblor* Makino in Bot. Mag. Tokyo,23:23. 1909

Chimonanthus praecox(Linn.)Link var. *grandiflorus*(Lindl.)Makino in Bot. Mag. Tokyo,24:301. 1910

Chimonanthus praecox(Linn.)Link var. *intermedius* Makino in Bot. Mag. Tokyo,24:300. 1910

Butneria praecox(Linn.)Schneid. ,Dendr. Winterstud. 204. 241. f. 221(i. o). 1913

Meratia praecox(Linn.)Rehd. & Wilson in Sargent,Pl. Wils. I. 419. 1913

Chimonanthus yunnanensis Smith in Not. Bot. Gard. Edin. 8:182. 1914

Meratiu yunnanensis(Smith)Hu in Journ. Arn. Arb. 6:140. 1925

二十一、樟科 Lauraceae Lind. ,Nat. Syst. Bot. ed. 2,200. 1836

樟属 Cinnamomum Trew,Herb. Blackwell. Cent. 3,signaturem. t. 347. 1760

Camphora Fabr. ,Enum. Meth. Hort. Méd. Helmstad. 218,1759:Trew,1. c. signature 1. t. 347. 1760

Malabathrum Burm. ,Fl. Ind. I:214. 1768

Cecidodaphne Nees in Wall. Pl. Asiat. Rar. III. 72. 1831

Parthenoxylon Bl. ,Mus. Lugd. Bat. I. 916. 1851

樟树 Cinnamomum camphora(Linn.)Presl,Priorz,Rostin 2:36,et 47 ~ 56. t. 8. 1852

Laurus camphora Linn. ,Sp. Pl. 369. 1753

Persea capmhora Spreng. ,Syst. Vég. II. 268. 1825

Camphora officinarum C. G. Nees in Wall. Pl. Asiat. Rar. II. 72. 1831

Cinnamomum simondii Lecomte in Nouv. Arch. Mus. Hist. Nat. Paris 5° sér. 5:73. 1914

Cinnamomum camphora(Linn.)Sieb. var. *nominale* Hayata ex Matsum. et Hayata in Journ. Coll. Sci. Univ. Tokyo,XXII. 349. 1906

Cinnamomum camphoroides Hay. ,Icon. Pl. Formos. III. 158. 1913

Cinnamomum nominale(Hay.)Hay. ,Icon. Pl. Formos. III. 160. 1913,6. Suppl. :62. 1917

Cinnamomum camphora(Linn.)Nees et Eberm. var. *glaucescens*(Braun)Meissn. in DC. Prodr. 15(1): 24. 1864

Cinnamomum officinarum C. G. Nees von Esenbeek,in Wallich,Pl. As. Rar. II. 72. 1831

Cinnamomum officinarum Stend. Nom. Bot. ed. 2,1:271. 1840

月桂属 Laurus Linn. ,Sp. Pl. 369. 1753

月桂 Laurus nobilis Linn. ,Sp. Pl. 369. 1753

二十二、海桐花科 Pittosporaceae Rieb. & Zucc. ,Fl. Jap. 1:42. 1836,quoad Stachyurus

海桐花属 Pittosporum Banks ex Gaertner,Fruct. I:286. t. 59. 1788

海桐 Pittosporum tobira(Thunb.)Ait. in Hort. Kew. 2,2:37. 1811

  Evonymus tobira Thunb. in Nov. Act. Soc. Sci. Upsala,III. 19,208. 1780

二十三、山梅花科 Philadelphaceae Lindl. ,Nat. Syst. Bot. ed. 2,47. 1836

溲疏属 Deutzia Thunb. in Diss. Nov. Gen. 1:19. 1781

溲疏 Deutzia scabra Thunb. ,Fl. Jap. 185. t. 24.1784

  Deutzia sieboldiana Maxim. in Mém. Acad. Sci. St. Pétersb. sér. 7,10,16:26,t. 2,f. 19 – 26(Rev. Hydrang. As. Or.). 1867

  Deutzia crenata Sieb. & Zucc. ,Fl. Jap. I. 19. t. 6. 1835

重瓣溲疏 Deutzia scabra Thunb. f. plena(Maixm.)Schneid. in Mitt. Deutsch. Dendr. Ges. 1904(13):178. 1905

山梅花属 Philadelphus Linn. ,Sp. Pl. 470. 1753;Gen. Pl. ed. 5,211. no. 540. 1754

山梅花 Philadelphus incanus Koehne in Gartnfl. 45:562. 1896,exclud. Specim. Henry 8823

二十四、绣球科 Hydrangeaceae Dumortier,Anal. Fam. Pl. 38. 1829

  Saxifragaceae De Csndolle subfam. *Hydrangeoideae* A. Braun in Ascherson,Fl. Prov. Brandenb. 1:61. 1864

  Myrtoideae Ventenat,Tabl. Rég. Vég. 317. 1799,p. p. quoad Philadelphus

绣球属　八仙花属 Hydrangea Linn. ,Sp. Pl. 397. 1753;Gen. Pl. ed. 5,180,no. 492. 1754

  Hortensia Comm. ex Juss. ,Gen. Pl. 214. 1789

  Cornidia Ruiz & Pav. ,Prod. 53. 1794

  Sarcostyles Presl ex Ser. in DC. Prodr. 4:15. 1830

绣球 Hydrangea macrophylla(Thunb.)Seringe in DC. Prodr 4:15. 1830

  Viburum macrophyllum Thunb. ,Fl. Jap. 125. 1784

  Hortensia opuloides Lam. ,Encycl. Méth. Bot. 3:136. 1789

  Hortensis hortensis Smith,Icon. Pict. Pl. Rat. t. 12. 1792

  Hydrangea opuloides Hort. ex Savi,Fl. Ital. 3:65. 1824

  Hydrangea hortensis Sieb. in Nov. Act. Acad. Leop – Carol. 14,2:688. (Syn. Hydrang.)1829

  Hydrangea otaksa Sieb. & Zucc. ,Fl. Jap. 1 105. t. 52. 1840

  Hydrangea hortensia Sieb. var. *otaksa* A. Gra in Mém. Amer. Acad. no. sér. 6:312(Bot. Jap.). 1857

  Hydrangea opuloides Hort. var. *hortensis* Dipp. ,op cit. 322. 1893

  Hydrangea macrophylla(Thunb.)Seringe f. *otaka* Wils. f. *hortensia*(Maxim.)Rehd. in Journ. Arn. Arb. 7 (4):240. 1926

二十五、金缕梅科 Hamamelidaceae Lindl. ,Vég. Kingd. 784. 1846

金缕梅族 Hamamelidaceae Lindl. trib. Hamamelideae Niedenzu in Nat. Pflanzenfam. III. 2a. 121. 1891

继木属 Loropetalum R. Brown in Abel,Narr. Journ. China,App. B. 375. 1818

继木 Loropetalum chinense(R. Br.)Oliver in Trans. Linn. Soc. 23:459. f. 4. 1862

  Hamamelis chinensis R. Br. in Abel,Narr. Journ. China,375. f. 1818

蚊母树族 Hamamelidaceae Lindl. trib. Distylteae Hallier in Beihefte zum Bot. Centrabl. 14(2):252. 1903

蚊母树属 Distylium Sieb. & Zucc. ,Fl. Jap. 1:178. t. 94. 1835

蚊母树 Distylium chinensis(Sieb. & Zucc.)Diels in Bot Jahrb,24:380. 1900

Distylium racemosum Sieb. & Zucc. var. *chinensis* Franch. apud Hemsl in Jour. Soc. 23:290. 1887

二十六、杜仲科 Eucommiaceae Harms in Nat. Pflanzenfam. Nachtr. 2:111. 1906

Trochodendraceae Prantl in Engl. & Prantl,Nat. Pflanzenfam. III. 2:21,p. p. 1891

杜仲属 Eucommia Oliv. in Hook. Icon. Pl. 20:t. 1950. 1890

杜仲 Eucommia ulmoides Oliv. in Hook. Icon. 20:t. 1950. 1890

二十七、悬铃木科 Platanaceae Lindl. ,Nat. Syst. Bot. ed. 2,187. 1836

悬铃木属 Platanus Linn. ,Sp. Pl. ,999. 1753;Gen. Pl. ed. 5,433. no. 954. 1754

二球科悬铃木　英国梧桐 Platanus acerifolia(Ait.) Willd. ,Sp. Pl. ,4,1:474. 1805

　　Platanus orientalis Linn. var. *acerifolia* Ait. ,Hort. Kew III. 364. 1789

二十八、蔷薇科 Rosaceae Necker in Act. Acad. Elect. Sci. Theod. – Palat. 2:490. 1770, nom. subnud.

绣线菊亚科 Rosaceae Necker subfam. Spiraeoideae Agardh,Class. Pl. 20. 1825

　　Neilliaceae Miq. ,Fl. Ned. Ind. I. 390. 1855

　　Spiraeaceae Dumort. ,Comm. Bot. 53. 1822

　　Saxifragaceae subfam. *spiraeaceae* K. Koch,Dendr. I. 303. 1869

　　Rosaceae Necker subfam. I. *Spiraeoideae* Focke in op. cit. 13. 1888

绣线菊属 Spiraea Linn. ,Sp. Pl. 489. 1753,exclud. spec. non. ,et Gen. Pl. ed. 5,216. no. 554. 1754

　　Spiraea Linn. subgen. *Euspiraea* Schneid ,III. Handb. Laubh. 1:449. 1905

　　Spiraea Linn. subgen. *Protospiraea* Nakai,Fl. Sylv. Kor. 4:12. 1916

柳叶绣线菊 Spiraea salicifolia Linn. ,Sp. Pl. 489. 1753

粉花绣线菊　日本绣线菊 Spiraea japonica Linn. f. ,Suppl. Pl. 262. 1781

　　Spiraea callosa Thunb. ,Fl. Jap. 209. 1784

麻叶绣线菊 Spiraea cantoniensis Lour. ,Fl. Cochinch. 1:322. 1790

　　Spiraea revesiana Lindl. in Bot. Rég. 30:t. 10. 1844

　　Spiraea lanceolata Poir. in Lam. Encycl. Méth. Bot. 7:354. 1806

珍珠梅属 Sorbaria(Ser.) A. Br. in Aschers. ,Fl. Brandenb. 177. 1864

　　Spiraea Linn. ,Sp. Pl. 489. 1753. p. p.

　　Spiraea Linn. sect. *sorbaria* Ser. in DC. Prodr. 2:545. 1825

珍珠梅 Sorbaria sorbifolia(Linn.) A. Br. in Ascherson,Fl. Brandenb. 177. 1864

　　Spiraea sorbifolia Linn. ,Sp. Pl. 490. 1753

　　Sorbaria sorbifolia(Linn.) A. Br. var. *typica* Schneid. ,III. Handb. Laubh. 1:488. 1905

　　Sorbaria arborea Schneid. ,III. Handb. Laubh. I. 490. f. 297. 1905

　　Sorbaria arborea Bean in Kew Bull. 1914:53. 1914

　　Sorbaria sorbifolia(Linn.) A. Br. ex Aschers. in Fl. Brandenb. 177. 1864

　　Sorbaria sorbifolia Linn. ,Sp. Pl. 490. 1753

苹果亚科 Rosaceae Necker subfam. Maloideae Weber in Journ. Arn. Arb. 45:164. 1964

　　Pomaceae Linn. ,Phil. Bot. II. 35. 1763

　　Rosaceae Necker I. *Pomaceae* A. L. De Juss. ,Gen. Pl. 334. 1789

　　Pomariae Asch. ,Prov. Brans. I. 204. 1864

　　Rosaceae tribus *Pomeae* Benth. & Hook. ,Gen. Pl. I. 626. 1865

　　Rosaceae subfam. *Pomoideae* Focke in Engl. & Prantl,Nat. Pflanzenfam. 3(3):18. 1888

Malaceae Small, Fl. Southeast U. S. 529. 1903

火棘属 Pyracantha Roem. , Fam. Nat. Règ. Vég. Syn. 3：104. 219. 1847

Mespilus Linn. , Sp. Pl. 478. 1753；Gen Pl. ed. 5,214. no. 549. 1754, p. p.

Pyrus Benth. & Hook. f. , Gen. Pl. I. 626. 1865, p. p.

Sportella Hance, Journ. Bot. 15：207. 1877

Cotoneaster sect. *Pyracantha*(Roem.) Focke in Engl. & Prantl, Nat. Pflanzenfam. III. 3：21. 1888

火棘 Pyracantha fortuneana(Maxim.) Li in Journ. Arn. Arb. 25：420. 1944

Photinia fortuneana Maxim. in Bull. Acad. Sci. St. Pétersb. 19：179. 1873

Photinia fortuneana Maxim. in Mél. Boil. 9：179. 1873

Photinia crenato – serrata Hance in Journ. Bot. 18：261. 1880

Pyracantha yunnanensis Chitt. in Gard. Chron. sér. 3,70：325. 1921

Pyracantha crenato – serrata(Hance) Rehd. in Journ. Arn. Arb. 12：72. 1931

Pyracantha crenulata auct. non Roem. 1847；Schneid. III. Handb. Laubh. 1：761. 1906 & 2：1004. 1912. p. p.

Cotoneaster pyracantha auct. non Spach；Pritz. in Bot. Jahrb. 29：386. 1900

山楂属 Crataegus Linn. , Sp. Pl. 475. 1753, p. p. ；Gen. Pl. ed. 5,213. no 347. 1754

Mespilus Scop. , Fl. Carniol. 1：345. 1772. p. p.

山楂 Crataegus pinnatifida Bunge in Mém. Div. Sav. Acad. Sci. St. Pétersb. 2, 100 (Enum. Pl. Chin. Bor.). 1833 (1835)

Mespilus pinnatifida K. Koch, Dendr. 1：152. 1869

Crataegus oxyacantha Linn. γ. *pinnatifida* Regel in Acta Hort. Petrop. 1：118 (Rev. Spec. Gen. Crataegi). 1871 – 72

Crataegus pinnatifida Bunge α. *songarica* Dippel, Handb. Laubh. 2：447. 1893

Crataegus pinnatifida Bunge var. *typica* Schneid. , III. Handb. Laubh. 1：769. f. 435 a – f. 436 a – g. 1906

山里红 Crataegus pinnatifida Bunge var. major N. E. Br. in Gard. Chron. no. sér. 26：621. f. 121. 1886

Mespilus korolkowi Aschers. & Graebn. , Syn. Mitteleur. Fl. 6,2：43. 1906

Crataegus pinnatifida Bunge var. *korolkowi* Yabe, Enum. Pl. S. Manch. 63, t. 1. f. 3. 1912

Crataegus korolkowii Regel ex Schneider, III. Handb. Laubholzh, 1：770. f. 435 g – h. 436 e – h. 1906

石楠属 Photinia Lindl. in Trans. Linn. Soc. 13：103. 1821

Pourthiaea Dcne. in Nouv. Arch. Mus. Hist. Nat. Paris. 10：146. 1874

石楠 Photinia serrulata Lindl. in Trans Linn. Soc. Lond. 13：103. 1821, excl. syn. Thunberg.

Pourthiaea serrulata var. *aculeata* Lawrence in Gentes Herb. 8：80. 1949

Stranvaesia argyi Lévl. in Mém. Acad. Sci. Art. Barcelona sér. 3, 12：560. 1916. Pro. Syn. Sorbus calleryana Dcne

Crataegus glabra Loddiges, Bot. Cab. 3：t. 248. 1818, non Thunberg.

Mespilus glabra Colla, Hort. Ripul. 90, t. 36. 1824, excl. descript. , non *Crataegus glabra* Thunb. 1824

Crataegus serratifolia Desf. , Cat. Hort. Paris ed. 3,408. 1829

Photinia glabra(Thunb.) Maxim. β. *chinensis* Maxim. in Bull. Acad. Sci. St. Pétersb. 19：179(in Mél. Biol. 9：179). 1873

Photinia pustulata S. Moore in Journ. Bot. 138. 1878

椤木石楠 Photinia davidsoniae Rehd. & Wils. in Sargent, Pl. Wils. I：185. 1913

枇杷属 Eriobotrya Lindl. in Trans. Linn. Soc. Lond. 13:102. 1821

Photihia Benth. & Hook. f. in Gen. Pl. 1:627. 1865. p. p.

枇杷 Eriobotrya japonica(Thunb.)Lindl. in Trans. Linn. Soc. 13:102. 1821

Mespilus japonica Thunb. ,Fl. Jap. 206. 1784

Crataegus bibas Lour. ,Fl. Cochin. 319. 1790

Photinia japonica Franch. & Savat. ,Fl. Jap. 1:142. 1875

榠楂属 Cydonia Mill. Gard. Dict. ed. 8. 1768

Pyrus Linn. , Sp. Pl. 479. 1753,p. p. quoad. P. cydonia & Gen. Pl. ed. 5,214. no. 550. 1754. p. p.

Pyrus cydonia Weston,Bot. Univ. 1:230. 1770

榠楂 Cydonia oblonga Mill. Gard. Dict. ed. 8. C. no. 1. 1768

Pyrus cydonia Linn. ,Sp. Pl. 480. 1753

Cydonia vulgaris Pers. ,Syn. Pl. 2:658. 1807;DC. Prodr. 2:630. 1825

木瓜属 Pseudocydonia Schneid. in Fedde,Repert. Sp. Nov. III. 180. 1906,Pseudochaenomeles Carr. ,Revue
　　Hort. 1882:238. t. 52~55. 1882

Chaenomeles Lindl. in Trans. Linn. Soc. Lond. 13:97. 1822. " Choenomeles "

木瓜 Pseudocydonia sinensis Schneid. in Repert. Sp. Nov. Règ Vég. 3:181. 1906

Cydonia sinensis Thouin in Ann. Mus. Hist. Nat. Paris 19:145. t. 8,9. 1812

Pyrus sinensis Poiret,Encycl. Méth. Bot. Suppl. 4:452. 1816

Pyrus sinensis Sprengel in Linn. Syst. Vég. ed. 16,2:510. 1825

Pyrus cathayensis Hemsl. in Journ. Linn. Soc. Lond. Bot. 23:256. 1887,p. p. quoad. specim. e Kingsi

Chaenomeles sinensis Koehne,Gatt. Pomac. 29. 1890

Cydonia sinensis Thouin in Ann. Mus. Hist. Nat. Paris,19:145. t. 8. 9. 1812

Malus sinensis Dumont de Courset,Bot. Cultivated 5,428. 1811. exclud. syn. Willd. et Miller.

Chaenomeles sinensis Koehne,Gatt. Pomac. 29. 1890

Pseudocydonia sinensis Schneid. in Fedde,Repert. Sp. Nov. Règ Vég. 3:181. 1906

贴梗海棠属 Chaenomeles Lindl. in Trans. Linn. Soc. Lond. 13:97. 1822

贴梗海棠 Chaenomeles speciosa(Sweet)Nakai in Jap. Journ. Bot. 4:1927

Cydonia speciosa Sweet,Hort. Suburb. Lond. 113. 1818. Holotyp,pl. 692. in Curtis's Bot. Mag. 18:1803

Chenomeles lagenaria(Loisel.)Koidz. in Bot. Mag. Tokyo,23:173. 1909

Cydonia lagenaria Loisel. in Nouv. Duhame l6:255. pl. 76. 1813

木瓜海棠　毛叶木瓜 Chaenomeles cathayensis(Hemsl.)Schneid. ,III. Handb. Laubh. I. 730. f. 405. p -
　　p². f. 406. e - f. 1906,non *Pyrus cathayensis* Hemsl. in Journ. Linn. Soc. 23:257. 1887

Cydonia cathyensis Hemsl. in Hook. Icon. 27:pl. 2657. 2658. 1901

Cydonia japonica(Thunb.)Lindl. var. *cathyensis*(Hemsl.)Cardot in Bull. Mus. Hist. Nat. Paris 24:64.
　　1918

Chaenomeles speciosa(Sweet)Nakai var. *cathyensis*(Hemsl.)Harain,Journ. Jap. Bot. 32:139. 1957

Chaenomeles speciosa(Sweet)Nakai var. *wilsonii*(Rehd.)Hara in Journ. Jap. Bot. 32:39. 1957

梨属 Pyrus Linn. ,Sp. Pl. 479. 1753,p. p. ;Gen. Pl. ed. 5,214. no. 550. 1754. p. p. typ.

Pyrus Linn. sect. 1 *Pyrophorum* DC. ,Prodr. 2:633. 1825

杜梨 Pyrus betulaefolia Bunge in Mém. Div. Sav. Acad. Sci. St. Pétersb. Sav. Étrang. II. 101. 1835

苹果属 Malus Mill. ,Gard. Dict. abridg. ed. 4. 1754

Pyrus Linn. sect. *Malus* DC. ,Prodr. II. 635. 1825

海棠花 Malus spectabilis(Ait.) Borkh. ,Theor. – Prakt. Handb. Forst. 2:1279. 1803

  Pyrus spectabilis Ait. in Hort. Kew. 2:175. 1789

  Malus microcarpa Makino var. *spectabilis* Carr. ,Ètrang. Pomm. Microcarp. 114. 1883

  Malus sinensis Dunmont de Courset,Bot. Cultivated ed. 2,V. 429. 1811

  Malus microcarpa Makino var. *spectabilis* Carr. ,Ètrang. Pomm. Microcarp. 114. 1883

  Pyrus sinensis Dunmont de Courset ex Jackson,Ind. Kew. II. 669(pro synon.)1895

重瓣粉海棠　红海棠 Malus spectabilis(Ait.) Borkh. f. riversii(Kirchn.) Rehd. in Bibliography of Cultivated
  Trees and Shrubs:270. 1949

  Malus spectabilis(Ait.) Borkh. var. *riversii* Nash.

重瓣红海棠 Malus spectabilis(Ait.) Borkh. f. roseiplena Schelle in Mitt. Deutsch. Dendr. Ges. 1915(24):
  191. 1916

重瓣白海棠 Malus spectabilis (Ait.) Borkh. var. albiplena Schelle in Mitt. Deutsch. Dendr. Ges. 1915
  (24):191. 1916

垂丝海棠 Malus halliana Koehne,Gatt. Pomac. 27. 1890

  Pirus halliana Voss,Vilmor. Blumengart. 1:277. 1894

  *Malus floribunda*Van Houtte var. *parkmanni* Koidz. in Bot. Mag. Tokyo,25:76. 1911

  Pyrus spectabilis sensu Tanaka,Useful Pl. Jap. 156. f. 634. 1895,non Aiton 1789

八棱海棠 Malus robusta(Carr.) Rehd. in Journ. Arnold Arb. 2:54 1920

  Malus prunifolia(Willd.) Borkhausen,Forstbot. 2:1278. 1803

  Malus baccata Borkhausen × *prunifolia*(Willd.) Borkhausen,Deutsche Dendr. 360. 1893,p. p.

  Pyrus prunifolia Willd. Phytogr. 8. 1794

苹果 Malus pumila Mill. in Gard. Dict. ed. 8. M. no. 3. 1768

  Pyrus malus Linn. Sp. Pl. 479. 1753

  Pyrus malus inn. var. *pumila* Henry in Elwes & Henry, Trees Gt. Brit. Irel. 6:1570. 1912

  Malus dasyphylla Borkh. Theor. – Prakt. Handb. 2:1271. 1803

  Morus domestica Borkh. Theor. – Prakt. Handb. 2:1272. 1803

  Morus communis Poir. Encycl. Meth. Bot. 5:560. 1840

  Malus pumila Mill. var. *domestica* Schneid. III. Handb. Laubh. 1:715. f. 396. 1906

  Malus dasyphylla Borkh. var. *domestica* Koidz. in . Acta Phytotar. Geobot. 3:189. 1934

蔷薇亚科 Rosaceae Necker subfam. Rosoideae Focke in Nat. Pflanzenfam. III. :13. 1888

蔷薇属 Rosa Linn. ,Sp. Pl. 491. 1753;Gen. Pl. ed. 5,217. 1754

黄刺玫 Rosa xanthina Lindl. ,Ros. Monogr. 132. 1820

  Rosa xanthinoides Nakai in Bot. Mag. Tokyo,32:218. 1918,et Fl. Sylv. Kor. 7:33. t. 6. 1918

  Rosa pimpinellifolia Bunge in Mém. Acad. Sci. St. Pétersb. Sav. Ètrang. II. 100. 1833

木香 Rosa banksiae Aiton f. ,Hort. Kew. ed. 2,3:258. 1811

  Rosa banksiae R. Br. var. *albo – plena* Rehd. in Bailey,Cycl. Am. Hort. IV. 552. 1902

  Rosa banksiae Aiton. ,Cat. Pl. Yunnan,234(1917) ,nom.

玫瑰 Rosa rugosa Thunb. ,Fl. Jap. 213. 1784

  Rosa ferox Lawrance,Coll. Roses,t. 42. 1799

  Rosa pubescens Baker in Willott,Gen. Ros. II. 499. 1914. non Roxburgh 1831,nec Schneider 1861,nec
  Leman. 1818

  Rosa ferox Aiton,Hort. Kew. ed. 2,3:262. 1811

Rosa regeliana Lind. & And. in Ⅲ. Hort. 18：11，t. 47. 1871

Rosa kamtchatica Thory in Redoute，Roses，I. 47. t. 11，t(non Ventenat). 1871

月季花 *Rosa chinensis* Jacq.，Obs. Bot. 3：7. t. 55. 1768

Rosa sinica Linn.，Syst. Vég. ed. 13，394. 1774

Rosa nankinensis Lour.，Fl. Cochinch. 324. 1790

Rosa indica sensu Lour.，Fl. Cochinch. 323. 1790

野蔷薇 *Rosa multiflora* Thunb.，Fl. Jap. 214. 1784

粉团蔷薇　红刺玫 *Rosa multiflora* Thunb. var. *cathayensis* Rehd. & Wils. in Saraent，Pl. Wils. Ⅱ：304. 1915

Rosa gentiliana Lévl. et Vant. in Bull. Soc. Bot. Fr. 55：55. 1908

Rosa macrophylla Lindl. var. *hypolcuca* Lévl. Fl. Kouy‑Tcheou 354. 1915. nom. nud.

Rosa cathayensis(Rehd.) Bailey in Gent. Herb. 1：29. 1920；Hu Icon Pl. Sin. 2：26. Pl. 76. 1929

Rosa calva var. *cathayensis* Bouleng. in Bull. Jard. Bot. Bruxell. 9：271. 1933

Rosa multiflora var. *gentiliana*(Lévl. & Vant.) Yü et Tsai in Bull. Fan. Mém. Inst. Biol. Bot. sér. 7：117. 1936

Rosa kwangsiersis Li in Journ. Arn. Arb. 26：63. 1945

七姊妹　十姊妹 *Rosa multiflora* Thunb. var. *carnea* Thory in Redoute，Roses，2：67. t. 1821

Rosa multiflora Thunb. var. *platyphylla* Thory in Redoute，Roses，2：69. t. 1821

Rosa lebrunei Lévl. in Bull. Acad. Geog. Bot. 25：46. 1915；Cat. Pl. Yunnan 235. 1917

Rosa blinii Lévl. in Bull. Acad. Geog. Bot. 25：46. 1915；Cat. Pl. Yunnan 234. 1917

Rosa muftiflora Thunb. var. *carnea* Thory f. *platyphylla* Rehd. & Wils. in Sargent，Pl. Wils. Ⅱ：306. 1915

白玉棠 *Rosa multiflora* Thunb. var. *albo‑plena* Yü et Ku in Bull. Bot. Res. 1(4)：12. 1981

现代月季 *Rosa hybrida* Hort.

杂种藤本月季 *hybrida Wichuraiana* 陈俊愉等编. 园林花卉(增订本)：122~123. 1980，124. 1980

'藤和平'　'Climbing Peace'

李亚科 Prunoideae Focke in Engl. & Prantl，Nat. Pflanzenfam. 3(4)：10. 1888

桃属 Amygdalus Linn.，Sp. Pl. 472. 1753

扁桃亚属 Amygdalus Linn. sungen. Amygdalus Linn.，Sp. Pl. 473. 1753

榆叶梅 Amygdalus triloba Ricker in Proc. Biol. Soc. Wash. 30：18. 1917

Amygdalopsis lindleyi Carr. in Rev. Hort. 1862：91. f. 10. t. 1862

Prunus ulmifolia Franch. in Ann. Sci. Nat. Bot. sér. 6，16：281. 1883

Amygdalus ulmifolia(Franch.)M. Popov in Bull. App. Bot. Genet. 22，3：362. 1929

Prunus triloba Lindl. in Gard. Chron. 1857：268. 1857

Cerasus triloba(Lindl.)Bar. et Liou

Amygdalus ulmifolia M. Popov in Bull. App. Bot. (Plant Breed.)sér. 8，1：241. 1932

桃亚属 Amygdalus Linn. sungen. Persica Linn.，Sp. Pl. 473. 1753

Persica Mill.，Gard. Dict. Abridg. ed. 4. 1754

桃树 Amygdalus persica Linn.，Sp. Pl. 677. 1753

Amygdalus persica Linn.，Spec. 472. 1753

Amygdalus b. persica Endlicher，Gen. Pl. 1250. 1840

Persica vulgaris Mill.，Gard. Dict. ed. 8，465. 1768

Prunus persica(Linn.)Batsch，Beytr. Entw. Pragm. Gesch. Natur. I. 30. 1801

Prunus persica(Linn.)Stokes,Bot. Mat. Med. III. 100. 1812

Prunus persica(Linn.)Stokes. *β*. *vulgaris* Maxim. in Bull. Acad. Sci. St. Pétersb. 29:82(in Mél. Biopl. 11:668). 1883

Prunus – persica Weston,Bot. Univ. 1:7. 1770

碧桃 千叶桃花 Amygdalus persica Linn. f. duplex(West.)Rehd. in Journ. Arnold Arb. 3:24. 1921

Prunus persica(Linn.)Batsch f. *duplex*(West.)Rehd. in Journ. Arnold Arb. 3:24. 1921

Amygdalus persica – Prunus persica(Linn.)Batsch,2. *persica – duplex* West. ,Bot. Univ. 1:7. 1770

白花碧桃 Amygdalus persica Linn. var. albo – plena [Nash] in Journ. New York Bot. Gard. 20:11. 1919, nom.

Prunus persica(Linn.)Batsch f. *albo – pendula* Schneider,III. Handb. Laubh. 1:594. 1906

Amygdalus persica Linn. var. *sinensis* Hort. fl. *albo semipleno* J. E. P [lanchon] in Fl. des Serr. 10:1. t. 969. 1854

红花碧桃 Amygdalus persica Linn. var. sinensis Lemaire in Jard. Fleur. 4:t. 328. f. 1854. "(A. P. fl. pleno) " in tab.

Prunus persica(Linn.)Batsch f. *rubro – plens* Schneider,III. Handb. Laubh. 1:594. 1906

Amygdalus persica Linn. var. *sinensis* Hort. fl. *rubro semipleno* J. E. P [lanchon] in Fl. des Serr. 10:1. t. 969. 1854 .

垂枝桃 Amygdalus persica Linn. var. plena Aiton,Hort. Kew. 2:161. 1789

Prunus persica(Linn.)Batsch f. *pendula* Dippel,Handb. Laubh. 3:606. 1893,"(f.) "

Prunus persica(Linn.)Batsch f. *pendula*(West.)Rehd. in Jour. Arnod Arb. 3:24. 1921

Amygdalus – Persica 2. *persica – duplex* West. ,Bot. Univ. 1:7. 1770

Amygdalus – Persica vulgaris 2. plena West. ,Fl. Angl. 2. 1775

寿星桃 Amygdalus persica Linn. var. densa Makino,陈俊愉等编. 园林花卉(增订本):519. 1980

紫叶桃 Amygdalus persica Linn. var. foliis atropurpureis Jager in Jager Beissner,Ziergeh. ,ed. 2,30. 1884

Prunus persica Linn. var. *rubro – plena* Schneid.

Prunus persica(Linn.)Batsch f. *rubro – plens* Schneider,III. Handb. Laubh. 1:594. 1906

山桃 Amygdalus davidiana(Carr.)C. de Vos. (Handb. Boom. Heest. II. 16. 1887. nom. nud.)ex Henry in Rev. Hort. 1902:290. f. 120. 1902

Persica davidiana Carr. in Rev. Hort. 1872:74. f. 10. 1872

Prunus persica(Linn.)Batsch var. *davidiana* Maxim. in Bull. Acad. Sci. St. Pétersb. 29:81. 1883

Persica davidiana(Carr.)Franch. in Nouv. Arch. Mus. Hist. Nat. Paris,sér. 2,5:255(Pl. David. I:1 – 3. 1884)1883

Prunus davidiana(Carr.)Franch. in Pl. David. I:103. 1884

Persica davidiana Carr. in Rev. Hort .1872:74. f. 10. 1872

杏属 Armeniaca Mill. ,Gard. Dict. abridg. ed. 4,1. 1754,nom. subnud.

Prunus Linn. ,Gen. Pl. 1737. p. p.

Prunophora Necker,Elem. Bot. II. 70. no. 718. 1790,p. p.

Prunus Linn. subg. *Prunophora* (Necker) Focke sect. *armeniaca* (Mill.) Koch,Syn. Fl. Germ. Helv. 1: 205. 1837

Prunus Linn. subg. *Prunophora*(Necker)Focke in Engl. u. Prantl,Nat. Pflanzenfam. 3(3):52. 1888,p. p.

Prunus Linn. subg. *armeniaca*(Mill.)Nakai,Fl. Sylv. Kor. 5:38. 1915

杏树 Armeniaca vulgaris Lam. , Encycl. Méth. Bot. 1；2. 1789

Prunus armeniaea Linn. , Sp. Pl. 474. 1753

Prunus tiliaefolia Salisb. , Prodr. 350. 1796

Prunus armeniaca Linn. var. *typica* Maxim. in Bull. Acad. Sci. St. Pétersb. 29；86. 1883

梅树 Armeniaca mume Sieb. in Verh. Batav. Genoot. Kunst. Wetensch. 12，1；69. no. 367（Syn. Pl. Oecon ［1828？］）1830，nom.

Prunus mume Sieb. & Zucc. , Fl. Jap. I. 29. t. 11. 1836

Prunus mume（Sieb. ）Sieb. & Zucc. , Fl. Jap. 29. pl. 11. 1835

Prunus mume Sieb. & Zucc. var. *typica* Maxim. in Bull. Acad. Sci. St. Pétersb. 29；84. 1883

梅树 Armeniaca mume Sieb. var. mume

红梅 Armeniaca mume Sieb. f. alhandii Carr. in Rev. Hort. 1885；564. t. 1885

绿梅　绿萼型 Armeniaca mume Sieb. f. viridicalyx（Makino）T. Y. Chen，中国植物志. 第三十八卷；33. 1986

白梅 Armeniaca mume Sieb. var. alba Carr. in Rev. Hoert. 1885；566. f. 102. 1885（f. ）

Prunus mume Sieb. f. *alba*（Carr. ）Rehd. in Journ. Arnold Arb. 2；21. 1912

重瓣白梅 Armeniaca mume Sieb. f. albo – plena（Bailey）Rehd. in Bibliography of Cultivated Trees and Shrubs；324. 1949

Prunus mume Sieb. var. *alba plena* A. Wagner in Gartenfl. 52；169. t. 1513b . 1903

Prunus mume Sieb. var. *alba – plena* Hort. ex Bailey. Stand. Cycl. Hort. 5；2824. 1916

李属 Prunus Linn. , Sp. Pl. 473. 1753；Gen. Pl. ed. 5，213. no. 546. 1754. p. p.

Prunus Mill. , Gard. Dict. ed. 8. 1768

Prunophora Neck. , Elem. Bot. II. 718. 1790

Druparia（Clarville）Man. , Herb. Suisse 158 ~ 159. 1811. p. p.

Prunus Seringe in DC. , Prodr. II. 523. 1825

Prunus Linn. sect. *Prunus* Benth. & Hook. f. , Gen. Pl. I；610. 1865

Prunus Linn. subgen. l. *Prunophora*（Neck. ）Focke in Engl. & Prantl , Nat. Pflanzam. 3（3）；52. 1888

Prunus Linn. sect. *Prunophora* Fiori & Paolettii , Fl. Anal. Ital. 12；557. 1897

李树 Prunus salicina Lindl. in Trans. Hort. Soc. Lond. 7；239. 1828

Prunus triflora Roxb. , Hort. Bengal 38. 1814 , nom. nud. , et Fl. Ind. II. 501. 1832. saphalm. " trifolia " Hook. f. , Fl. Brit. Ind. II. 315. 1878

Prunus ichagana Schneid. in Fedde Repert. Sp. Nov. I. 50. 1905

Prunus batan André in Rev. Hort. 1895；t. 1895

Prunus masu Hort ex Kochne , 1. c. 1912. pro syn.

Prunus domestica auct. non. Linn. ；Bunge in Mén. Div. Sav. Acad. Sci. Pétersb. II. 96. 1835

Prunus communis auct. non Hudson；Maxim. in Bull. Acad. Sci. St. Péterb. 29；88. 1833

紫叶李 Prunus cerasifera Ehrhar f. atropurpurea（Jacq. ）Rehd. in Bibloigraphy of Cultivated Trees and Shrubs；320. 1949

Prunus cerasifera Ehrhar var. *pissardii* Koehne

Prunus cerasifera Ehrhar flo. *purpureis* Späth , Cat. 1882 – 3 ？ 1882

Prunus cerasifera Ehrhar var. *atropurpurea* Jager in Jager & Beissner , Ziergch. , ed. 2，262. 1884

Prunus cerasifera Ehrhar β . *myrobalana* II. *pissartii* Ascheison & Graebner , Syn. Mitteleur. Fl. 6，2；125. 1906

Prunus cerasifera Ehrhar var. *pissardii* Bailey in Stand. Cycl. Hort. 5:2825. 1916

Prunus myrobalana(f.)*purpurea* Späth 1882 ex Zabei in Beissner et al. ,Handb. Laubh. – Ben. 251. 1903

郁李 Prunus japonica Thunb. ,Fl. Jap. 201. 1784

Prunus japonica(Thunb.)Lois. in Duham. Trait. Arb. Arbust. ed,augm. V. 33. 1812

Microcerasus japonica Roem. ,Fam Nat. Règ. Vég. Syn. III. 95. 1847

Prunus japonica Thunb. var. *typica* Matsum in Bot. Mag. Tokyo,14:135. 1900. p. p.

櫻属 Cerasus Mill. ,Gard. Dict. Abr. ed. 4,28. 1754

Prunus – Cerasus Weston,Bot. Univ. I. 224. 1770

Cerasophora Necker,Elem. Bot. 1:71. no. 719. 1790

Prunus Linn. sect. *Cerasus* Persoon,Syn. Fl. II. 34. 1806

Cerasus Mill. sect. *cerasophora* DC. ex Ser. in DC. Prodr. II. 535. 1825

Prunus Linn. subgen. *Cerasus* Focke in Engl. & Prantl,Nat. Pflanzenfam. 3,3:54. 1888

Cersus Adanson,Fam. Pl. 305. 1763

山樱花 Cerasus serrulata(Lindl.)G. Don ex London,Hort. Brit. 480,1830

Padus serrulata(Lindl.)Sokolov,Gep. Kyct. CCCP. III. 762. 1954

Prunus pseudocerasus sensu Hemsley in Jour. Linn. Soc. Lond. Bot. 23:221. 1887,p. p. non Lindl.

Cerasus sachalinensis Komarov & Klobukova – Alisova,Key Pl. Far East Rég. U. S. S. R. 657. 1932

Prunus serrulata Lindl. in Trans. Hort. Soc. Lond. VII:138. 183

Prunus serrulata Lindl. var. *spontanea* Wils. ,Cherries Jap. 28. 1916

Cerasus serrulata G. Don. in Loudon,Hort. Brit. 480. 1830

Prunus lenuiflora Koehne in Sargent,Pl. Wils. I:209. 1912. p. p.

日本晚樱 Cerasus serrulata G. Don var. lannesiana(Carr.)Makino in Journ. Jap. Bot. 5:13,45. 1928

Prunus serrulata Lindl. var. *lannesiana*(Carr.)Makino in Journ. Jap. Bot. 5:13,45. 1928

Prunus serrulata Lindl. f. *lannesiana*(Carr.)Koehne in Mitt. Deutsch. Dendr. Ges. 18:176. 1909

Cerasus annesiana Carr in Rev. Hort. 1872:198;1873:351. t. 1873

Prunus lannesiana Wils. ,Cherries Jap. 43. 1916

Prunus serrulata Lindl. var. *lannesiana*(Carr.)Makino in Journ. Jap. Bot. 5:13,45. 1928

Cerasus lannesiana Carr. in Rev. Hort. 1872,198

二十九、含羞草科 Mimosaceae Reichenbach,Handb. Nat. Pflanzensyst. 227.1837

Moseae R. Br. in Flinders,Voy. Terra Austr. 2:551. 1814

合欢属 Albizia Durazz. ,Mag. Tosc. 3:10. 1772

Serialbizzia Kosterm. in Bull. Org. Sci. Res. Indonesia 20(11):15. 1954

合欢 Albizia julibrissin Durazz. in Mag. Tosc. 3:11. 1772

三十、苏木科　云实科 Caesalpiniaceae Klotzsch & Garcke, Bot. Ergeb. Reise Prinz. Waldemar,157. 1862

Caesalpineae R. Br. in Flinders. Voy. Terra Austr. II. (App. 3)551. 1814, nom. altern.

Caesalpiniaceae Hutch. et Dalz. ,Fl. W. Trop. Afr. 1:325. 1928

Caesalpiniaceae Taubert in Nat. Pflanzenfam. III. 3:125. 1892

Leguminosae P. F. Gmelin subfam. *Caesalpinoideae* Taubert in Nat. Pflanzenfam. III. 3:125. 1892

Lomentaceae Linn. , Philos. Bot. ed. 2,38. 1763, p. p.

Leguminosae P. F. Gmelin,Otia Bot. 57,174. 1760

Leguminosae P. F. Gmelin subord. *Caesalpinieae* Bentham in Hook. Journ. Bot. 2:73. 1840

苏木族　云实族 Caesalpiniaceae Klotzsch & Garcke trib. Caesalpinieae Engl. , Syll. Pflanzenfam. 1:238. 1963

Eucaesalpinieae Benth. et Hook. f. , Gen. Pl. 565. 1865

皂荚属 Gleditsia Linn. , Sp. Pl. 1056. 1753, et Gen. Pl. ed. 5, 476. no. 1025. 1754

皂荚 Gleditsia sinensis Lam. , Encycl. Méth. Bot. 2:456. 1788

? *Gleditsia horrida* Salisbury, Prodr. Stirp. Chap. Allert. 323. 1797

? *Gleditsia triacanthos* Linn. r. *horrida* Aiton, Hort. Kew. 3:444. 1789

Gleditsia horrida Willd. , Sp. Pl. 4, 2:1089. 1806, non Salisbury, 1797

Gleditsia macracantha Desf. , Hist. Arb. II. 246. 1809

Gleditsia officinalis Hemsl. in Kew Bull. 1892:82. 1892

Gleditsia chinensis Loddiges ex C. F. Ludwig, Neu. Wilde Baumz. 21. 1783. pro syn.

紫荆族　羊蹄甲族 Caesalpiniaceae Klotzsch & Garcke trib. Cercideae Bronn, Form. Pl. Legum. 131. 1822

Bauhinieae Benth. in Hook. Journ. Bot. 2:74. 1840

紫荆属 Cercis Linn. , Sp. Pl. 347. 1754, et Gen. Pl. ed. 5, 176. no. 458. 1754

湖北紫荆 Cercis glabra Pamp. in Nuov. Giorn. Bot. Ital. no. sér. 17:393. f. 9. 1910

Cercis yunnanensis H. H. Hu et W. C. Cheng in Bull. Fam. Mern. Inst. Biol. 1:193. 1948

毛湖北紫荆　毛紫荆 Cercis glabra Pamp. subsp. pubescens(S. Y. Wang)T. B. Zhao, Z. X. Chen et J. T. Chen

Cercis pubescens S. Y. Wang

少花紫荆 *Cercis pauciflora* L. Li in Bull. Torrey Bot. Club 71:423. op. cit. 425. 1944.

黄山紫荆 Cercis chingii Chun in Journ. Arn. Arb. 8:20. 1927

紫荆 Cercis chinensis Bunge in Mém. Div. Sav. Acad. Sci. St. Pétersb. Étrang. 2:95(Enum. Pl. Chin. Bor. 21. 1833). 1835

Cercis chinensis Bunge f. *rosea* Hsu in Acta Phytotax Sin 11:193. 1966

Cercis japonica Siebold ex Planchon in Fl. Des Serr. 8:269. t. 849. 1853

加拿大紫荆 Cercis canadensis Linn. , Sp. Pl. 374. 1753

紫叶加拿大紫荆 Cercis canadensis Linn. ' Golden Stem'

羊蹄甲属 Bauhinia Linn. , Sp. Pl. 374. 1753

洋紫荆 Bauhinia variegata Linn. , Sp. Pl. 375. 1753

Bauhinia variegata Linn. , Chinensis DC. , Orodr. 2:514. 1825

Phanera variegata(Linn.)Beuth. , Pl. Jungh. 2:262. 1825

三十一、蝶形花科 Fabaceae Lindl. , Vég. Kingd. 544. 1864

Papilionoideae Giseke in Linn. Praelect. Ord. Nat. Pl. 415. 1792. " Fabaceae"

Fabaceae Lindl. , Vég. Kingd. 544. 1846

Papilionoideae Giseke β . *Fabaceae* Reichenb. , Consp. Règ. Vég. 149. 1829, nom. subnud.

Faboideae nom. Alt. , Reichenb. Consp. Règ. Vég. 149. 1828. " Papilionaceae"

槐族 Fabaceae Lindl. trib. Sophoreae Spreng in Anleit. 2, 2:741. 1818

槐属 Sophora Linn. , Sp. Pl. 373. 1753; Gen. Pl. ed. 5, 175. no. 456. 1754

Edwordsia Salisb. in Trans. Linn. Soc. Lond. 9:298. t. 26. 1808

Styphnolobium H. W. Schott in Wien. Zeitschr. Kunst Litt. 3:844. 1830

Vexibia Rafin. ex B. D. Jackson in Index Kew. 2:1193(1895), sphalm.

Ammothannus Bunge in Arb. Naturf. Ver. Riga I. 213. t. 12. 1847

Goebelia Bunge ex Boiss,Fl. Or. 2:628. 1872

Keyserlingia Bunge ex Boiss. op. cit. 629. 1872

Cephalostigmaton Yakovl. in Proc. Leningr. Chem. – Pharm. Inst. 21:47. 1967

槐树 Sophora japonica Linn. ,Mant. Pl. 68. 1767

Styphnolobium japonica H. W. Schott in Wien Zeit. Kunst. Litt. 3:844. 1830

Styphnolobium sinenesis Forrest in Rev. Hort. 157. 1899

Styphnolobium mairei Lévl. in Bull. Acad. Geog. Bot. 25:48. 1915,non Pamp. 1910,et Cat. Pl. Yunnan
161. 1916

槐树 Sophora japonica Linn. var. japonica

龙爪槐 Sophora japonica Linn. f. pendula(Sweet)Zabel in Beissn. et al. Handb. Laubh. – Ben. 256. 1903.
"(f.)"

Sophora pendula Spach,Hist. Nat. Vég. I. 161. 1834

Sophora japonica Linn. β. *pendula* Loud. Cat. ex Sweet,Hort. Brit. 107. 1827

白刺花 Sophora davidii(Franch.)Skeels in U. S. Dept. Agr. Bur. Pl. Indust. Seeds Pl. Imp. Invent. 36:
68. no. 33061. 1913

Sophora moorcroftiana(Benth.)Baker var. *davidii* Franch. in Nuov. Arch. Mus. Hist. Nat. Paris,sér. 2,
5:253. t. 14. 1885,et Pl. David. 1:101. 1884

Sophora moorcroftiana sensu Kanitz in Mag. Tudom. Akad. Ertek. Termesz. Kor. 15,2:8. 1885

Sophora moorcroftiana(Benth.)Baker subsp. *viciifolia*(Hance)Yakovi. in Proc. Leningr. Chem. – Pharm.
Inst. 21:53. 1967

Caragana chamlago B. Meyer in U. S. Dep. Agr. Bur. Pl. Indust. Bull. 219:67. 1909

Sophora viciifolia Hance in Journ. Bot. 19:209. 1881

Sophora davidii(Franch.)Kom. ex Pavolini in Nuov. Giprn. Bot. Ital. no. sér. 15:412. 1908,nom.

刺槐族 Fabaceae Lindl. trib. Robinieae(Benth.)Hutch. ,Gen. Pl. 366. 1964

Galegeae subtrib. *Robiniinae* Benth. et Hook. f. ,Gen. Pl. 445. 1865

刺槐属 Robinia Linn. ,Sp. Pl. 722. 1753;Gen. Pl. ed. 5,322. no. 775. 1754

刺槐 Robinia pseudoacacia Linn. ,Sp. Pl. 722. 1753

Robinia acacia Linn. ,Syst. Nat. ed. 10,2:1161. 1759

Pseudoacacia odorata Moench,Méth. Pl. 145. 1794

灰毛豆族 Fabaceae Lindl. trib. Tephrosieae(Benth.)Hutch. ,Gen. Pl. I:394. 1964

Galegeae subtrib. *Tephrosieae* Benth. et Hook. f. ,Gen. Pl. I:444. 1964

紫藤属 Wisteria Nutt. ,Gen. Amer. 2:115. 1818,nom. conserv.

紫藤 Wisteria sinensis(Sims)Sweet,Hort. Brit. 121. 1827

Glycine sinensis Sims in Bot. Mag. 46:t. 2083. 1819

Wisteria chinensis DC. ,Prodr. 2:390. 1825

Wisteria praecox Hand. Mazz. in Sitzungsb. Akad. Wiss. Wien. 58:177. 1921,et Symb. Sin. VII. 551.
1929

Glycine sinensis Sims in Bot. Mag. 46:t. 2083. 1819

Wistaria consequana Loudon,Hort. Brit. 315. 1830

Millettia chinensis Bentham in Junghuhn,Pl. Junghuhn,249,in adnot,1852

Wistaria polystachya K. Koch,Dendr. 1:62. p. p. 1869

Wistaria brachybotrys sensu Maxim. in Bull. Soc. Nat. Mosc. 54. 9 (Fl. As. Or. Fragm.). 1879. nom.

    Phaseolodes floribundum O. Kuntze , Rev. Gen. 1 ; 201. p. p. 1891

Kraunhia floribunda Taubert in Engl. & Prantl , Nat. Pflanzenfam. III. abt. 3 , 271. 1894

Kraunhia floribunda Taubert β *sinensis* Makino in Tokyo Bot Mag. Tokyo , 25 ; 18. 1911

山羊豆族 Fabaceae Lindl. trib. Galegeae (Br.) Torrey et Gray , Fl. N. Amer. 1838

锦鸡儿属 Caragana Lam. , Encycl. Méth. Bot. 1 ; 615. 1785

    Robinia Linn. , Sp. Pl. 722. 1753 , p. p.

锦鸡儿 Caragana sinica (Buc'hoz) Rehd. in Journ. Arn. Arb. 22 ; 576. 1941

    Robinia sinica Buc'hoz , Pl. Nouv. Dwcoul. 24 , t. 22. 1779 , " *R. sinensis* " in tab.

    Robinia chamlagu L'herit. , Stirp. Nov. 161. t. 77. 1784

    Caragana chinensis Turcz. ex Maxim. , Prim. Fl. Amur. 470. 1859

    Aspalathus chamlagu O. Kuntze , Rev. Gen. Pl. 161. 1891

    Caragana chamlagu Lam. , Encycl. Méth. Bot. 1 ; 616. 1785

    Caragana chinensis Turczaninov ex Maixm. in Mém. Div. Sav. Acad. Sci. St. Pétersb. 9 ; 470 (Ind. Fl.

        Pekin.). 1859. Encycl.

山蚂蝗族 Fabaceae Lindl. trib. Desmodieae (Benth.) Hutch. , Gen. Pl. 477. 1964

    Fabaceae trib. *Hedysareae* subtrib. *Demodiinae* Benth. in Benth. et Hook. f. , Gen. Pl. 449. 1865. Pro.

        Parte ut Desmodieae

胡枝子属 Lespedeza Michx. , Fl. Bor. – Amer. 2 ; 70. 1803

    Hedysarum Linn. , Sp. Pl. 745. 1753. p. p.

胡枝子 Lespedeza bicolor Turcz. in Bull. Soc. Nat. Mosc. 13 ; 69. 1840

    Lespedeza bicolor Turcz. , Forma microphylla Miqul in Ann. Mus. Lugd. – Bat. III. 47. p. p. , 1867

    Lespedeza bicolor affinis Maxim. in Mém. Sav. Ètrang. Acad Sci. St Pétergsb. IX. 470 (Prim. Amur.) 1859

    Lespedeza cyrtobotrya Somokou – zoussets , XIV. 19 (non Miquei) 1874

三十二、芸香科 Rutaceae Juss. , Gen. Pl. 296. 1786

芸香亚科 Rutaceae Juss. subfam. Rutoideae Engl. in Engl. & Prantl , Nat. Pflanzenfam. 3 , 4 ; 110. 1896

花椒属 Zanthoxylum Linn. , Sp. Pl. 270. 1753 ; Gen. Pl. ed. 5 , 130. no. 335. 1754 , p. p.

    Zanthoxylum Linn. subfam. *Zanthoxyleae* Presl , WŠeob. Rostlin. 1 ; 282. 1846

    Fagara Duhamel. , Traiae Arb. Arbust. I. 229. t. 97. 1755

    Thylax Rafinesque , Med. Bot. II. 114. 1830

    Xanthoxylum Engl. in Engl. & Prantl , Nat. Pflanzenfam. III. 4 ; 115. 1896 ed. 2 , 19a. 214. 1931

        Zanthoxylum Linn. subgen. *Thylax* (Raf.) Rehd. in Journ. Arn. Arb. 26 ; 71. 1945

花椒 Zanthoxylum bungeanum Maxim. in Bull. Acad. Sci. St. Pétersb. 16 ; 212. 1871 et in Mél. Biol. 8 ; 2.

    1871 , pro parte , exclud. Syn. Z. Simulans Hance

    Zanthoxylum bungei Pl. et Linden ex Hance in Journ. Bot. 13 ; 131. 1875

    Zanthoxylum bungei Pl. et Linden var. *imperforatum* Franch. in Mém. Sci. Nat. Cherbourg. 24 ; 205. 1884

    Zanthoxylum fraxinoides Hemsl. in Ann. Bot. 9 ; 148. 1895

    Zanthoxylum simulans Hance var. *imperforatum* (Franch.) Reeder et Chao in Journ. Arn. Arb. 32 ; 70.

        1951. Exclud. syn.

    Zanthoxylum nitidum sensu DC. ; Bunge in Mém. Div. Sav. Acad. Sci. St. Pétersb. 2 ; 87 (Enum Pl. Chin.

        Bor. 13. 1833). 1835

    Zanthoxylum piperitum DC. , Prodr. 1 ; 725. 1824

Zanthoxylum usitatum auct. non. Pierre ex Lannes. ;Diels in Not. Roy. Bot. Gard. Edinb. 6;97. 1912, nom. nud.

Zanthoxylum fraxinoides Pl. et Linden in Ann. Sci. n. sér. 3(19);82. 1853,nom. nud. Forb. et Hemsl. in Journ. Linn. Soc. Bot. 23;105. 1886,p. p. quoad Pl. Chin. bor.

竹叶椒 Zanthoxylum armatum DC. ,Prodr. I. 727. 1824

Zanthoxylum alatum Roxb. ,Fl. Ind. ed. 2,3;768. 1832

Zanthoxylum planispinum Sieb. & Zucc. in Abh. Akad. Munchen 4(2);138. 1846

Zanthoxylum alatum Roxb. var. *planispinum*(Sieb. & Zucc.)Rehd. & Wils. in Sargent,Pl. Wils. II;125. 1914

Zanthoxylum alatum Roxb. var. *subtrifoliolatum* Franch. ,Pl. Delav. 124. 1889

Zanthoxylum arenosum Reeder et Cheo in Jopurn. Arn. Arb. 32;71. 1951

Zanthoxylum bungei auct. non Planch. ;Hance in Ann. Sci. no. sér. 5,5;209. 1866

Zanthoxylum alatum sensu Hemsley in Jorn. Linn. Soc. Lond. Bot. 23;105. 1886,non Roxbugh 1832

柑橘亚科 Rutaceae Juss. subfam. Aurantioideae Engl. in Engl. & Prantl,Nat. Pflanzenfam. 3,4;110. 1896, et 1. c. 19 a;213. 1931

金柑属　金橘属 Fortunella Swingle in Journ. Wash. Acad. Sci. V. 164~167. 1915

金橘　羊奶橘 Fortunella margarita(Lour.)Swingle in Journ. Wash. Sci. V. 175. 1915,et in Webb. et Batc. Citrus Indust. I. 347. 1943

Citrus japonica Thunb. in Nov. Act. Upsal. III. 199. 1780,et Fl. Jap. 1784

枳属 Poncirus Raf. ,Sylva. Tellur. 143. 1838

枳　枸橘 Poncirus trifoliata(Linn.)Raf. ,Sylva Tellur. 143. 1838

Citrus trifoliata Linn. ,Sp. Pl. ed. 2,1101. 1763

Citrus trifolia Thunb. ,Fl. Jap. 294. 1784

Citrus triptera sensu Carr. in Rev. Hort. 1869;15,f. 2. 1869,non Desfontaines,1829

Limonia trichocarpa Hance in Journ. Bot. 15;258. 1882

Pseudaegle sepiaria Miq. in Ann. Mus. Bot. Lugd. –Bat. 2;83. 1845

柑橘属 Citrus Linn. ,Sp. Pl. 782. 1753

柑橘 Citrus reticulata Blanco,Fl. Filip. 610. 1837

Citrus nobilis Lour. ,Fl. Cochinch. 466. 1790

Citrus deliciosa Tenore. ,Ind. Sem. Hort. Bot. Nap. 9. 1840

Citrus reticulata Blanco var. *austera* Swingle in Journ. Wash. Acad. Sci. 32;25. 1942,et in Webb. ,et Batc. Citrus Indust. I. 415. 1943

Cirtus madurensis Lour.

佛手 Citrus medica Linn. var. sarcodactylis(Noot.)Swingle in Sargent,Pl. Wils. I. 141. 1914 in Webb. et Batc. Citrus Inudst. I. 398. 1943,et in Reuth. et al. 1. c. I. 372. 1967

Citrus limonia var. *digitata* Risso,Hist. Nat. Orang. Cultivated Depart. Alp. Marit. 1813

Citrus sarcodactylis Noot. ,Fl. Fr. Feuill. Java,No. 1,t. 3. 1863

Citrus medica Linn. subsp. *genuina*,var. *chhangura* Bonavia apuq Engl. in Engl. & Prantl,Nat. Pflanzenfam. III. Abt. IV. 200. 1895

三十三、苦木科 Simarubaceae Lindley,Introd. Nat. Syst. Bot. 137. 1830

Simarubeae DC. in Ann. Mus. Hist. Nat. Paris,17;422. 1811

Simarubeae trib. *Simarubeae* Horaninov,Char. Ess. Fam. Règ. Vég. 180. 1847

臭椿属 Ailanthus Desf. in Mém. Acad. Sci. Paris 1786:265. 1788(nom. cons.)

臭椿 Ailanthus altissima(Mill.)Swingle in Journ. Wsh. Acad. Sci. 6:459. 1916

　　Taxicodendrom altissima Mall. ,Card. Dict. ed. 8. 1768

　　Alboian peregrina Buchoz,Herb. Color. Am. t. 57. 1783

　　Rhus cacopdendron Ehrh. in Hannox. Mag. 227. 1783

　　Alboian cacopdendron(Ehrh.)Schinz et Thell. in Mém. Soc. Nat. Sc. Cherbourg. 38:679. 1012

三十四、楝科 Meliaceae Vent. ,Tabl. Règ. Vég. 3:159. 1799

　　Melieae Juss. ,Gen. Pl. 263. 1789

楝属 Melia Linn. ,Sp. Pl. 384. 1753;Gen. Pl. ed. 5,182. no. 473. 1754

　　Azedarach Mill. ,Gard. Dict. abrig. ed. 4. 1754

楝树 Melia azedarach Linn. ,Sp. Pl. 384. 1753

　　Melia azedarach Linn. *β . semperflorens* Linn. ,Sp. Pl. 385. 1753

　　Melia japonica G. Don var. *semperflorens* Makino in Bot. Mag. Tokyo,18:67. 1904

　　Melia sempervirens Swartz,Nov. Gen. Sp. Pl. 67. 1788

　　Melia florida Salisb. ,Prodr. Stirp. Chap. Allert. 317. 1796

　　Melia sambucina Blume,Bijdr. 162. 1825

　　Melia australis Sweet,Hort. Brit. II. 85. 1830

　　Melia japonica G. Don,Gen. Syst. Fl. Nederl. Ind. 162. 1835

　　Melia bukayun Royle,III. Bot. Himal. 144. 1835,nom. nud.

　　Melia commelinii Medicus ex Steudel,Nomencl. Bot. ed. 2,2:118. 1841,pro syn.

　　Melia cochichinensis Roem. ,Fam. Nat. Règ. Vég. 1:95. 1846

　　Melia orientalis Roemer,Fam. Nat. Syn. 95. 1846

　　Melia toosendan Sieb. & Zucc. ,Math. – Phys. Cl. Akad. Wiss. Munch. 4,2:159(Fl. Jap. Fam. Nat. 2:
　　51). 1846

　　Melia sempervirens Kuntze,Rev. Gen. 1:109. 1891

香椿属 Toona(Endl.)Roem. ,Fam. Nat. Règ. Vég. ,Syn. 1:131. 1846

香椿 Toona sinensis(A. Juus.)Roem. ,Fam. Nat. Règ. Vég. ,Syn. 1:131. 1846

　　Cedrela sinensis A. Juss. in Mem. Mus. Hist. Nat. Paris. 19:255. 294. 1830

　　Ailanthus flavescens Carr. in Rev. Hortic. 366. 1865

　　Cedrela sinensis Franch. in Nouv. Arch. Mus. Paris. sér. 2, 5:220. 1883

　　Toona sinensis Roem. var. *grandis* Pamp. in Nouv. Giorn. Bot. ltal. no. ser. 17:171. 1911

三十五、大戟科 Euphorbiaceae Jaume St. – Hilaire,Expos. Fam. Nat. Pl. 2:276,t. 108
　　(1805,after Match)

叶下珠亚科 Euphorbiaceae Jaume subfam. Phyllanthoideae Ascherson in Fl. Prov. Brandenburg 1:59. 1864

　　Phyllanthaceae Hurusawa in Rep. Jap. Bot. Gard. Assoc. 1957:71 ~ 73. f. 1. 1975

　　Phyllanthaceae Klotzsch in Monatsber, Akad. Wiss. Berlin, 1859: 246 (Linné ' s Nat. Pflanzenkl.
　　Tricoccae). 1859

叶下珠族 Euphorbiaceae Jaume trib. Phyllantheae Dumort. in Anal. Fam. Pl. 45. 1928

白饭树属　一叶萩属　叶底珠属 Flueggea Wills. ,Sp. Pl. 4:637. 1806

　　Acidoton P. Br. Civ. Nat. Hist. Jamaica 335. 1756

　　Acidoton P. Browne sect. *Flueggea* Post et Kuntze,Lex. Gen. Phan. 5. 1903

Securinega Commerson ex Juss. sect. *Fluggea*(Willd.)Pist. et Kuntze,15(2):448. 1866

聚花白饭树 Flueggea leucopyra Willd.

一叶萩　叶底珠 Flueggea suffruticosa(Pall.)Baill. Etud. Gen. Euphorb. 502. 1858

　Pharnaceum ? suffruticosum Pall. Reise Russ. Reichs 3(2):716,Pl. E,f. 2. 1776

　Chenopodium ? suffruticosum Pall. Reise Russ, Reichs 3(1):424. 1776;nomen.

　Xylophylla ramiflora Ait. Hort. Kew. 1:376. 1789;nom. illeg.

　Phyllanthus ramiflorus Pers. Syn. Pl. 2:591. 1807

　Geblera suffruticosa Fisch. et Mey. Index Sem. Hort. Petropol. 1:28. 1835

　Geblera chinensis Rupr. in Bull. Cl. Phys. – Math Acad. Imp. Sci. Saint Pétersb. 15:357. 1857

　hyllanthus fluggeoides Muell. Arg. in Linnaea 32:16. 1862

　Securinega fluggeoides(Muell. – Arg.)Muell. Arg. in DC. Prodr. 15(2) :450. 1866

　Securinega ramiflora(Ait.)Muell. Arg. in DC. Prodr. 15(2):449. 1866;Hand. – Mazz. Symb. Sin. 7:
　　221. 1931;nom. illeg.

　Phyllanthus argyi Lévl. in Mém. Acad. Ci. Barcelona 12:550. 1916

　Securinega suffruticosa(Pall.)Rehd. in Journ. Arn. Arb. 13:338. 1932,et 14:229. 1933

　Flueggea flueggeoides Webster in Brittonia 18:373. 1967

大戟亚科 Euphorbiaceae Jaume subfam. Euphorbioideae

乌桕族 Euphorbiaceae Jaume trib. Hippomaneae Reichb. ,Consp. Règ. Vég. 194. 1828

乌桕属 Sapium P. Browne,Civ. Nat. Hist. Jamaica,338. 1756

　Triadica Lour. ,Fl. Cochinch. 610. 1790,p. p.

　Sapiopsis J. Müell. Argov. in Linnaea,32:84. 1863

乌桕 Sapium sebiferum(Linn.)Roxb. ,Fl. Ind. ed. 2,3:693. 1832

　Croton sebiferum Linn. ,Sp. Pl. 1004. 1753

　Triadica sinensis Lour. ,Fl. Cochinch,610. 1790

　Stillingia sebifera Michaux,Fl. Bor. Amer. 2:213. 1803

　Excoecaria sebifera Müell. Arg. in DC. Prodr. 15,2:1210. 1866

　Stillingfleetia sebifera Bojer,Hort. Maurit. 284. 1837

　Stillingia sinensis Baillon,Ėtud. Gen. Eephorb. 512,t. 7. f. 26 – 30. 1858

秋枫属　重阳木属 Bischofia Bl. ,Bischofia Bl. Bijdr. Fl. Nederl. Ind. 1168. 1865

　Micyoelus Wight et Arn. in Edinb. New Philos. Journ. 14:298. 1837

　Stylodiscus Benn. in Horst. Pl. Jav. Rar. 133,tab. 29. 1838

重阳木 Bischofia racemosa Cheng et C. D. Chu,Airy Shaw in Kew Bull. 27(2):271. 1972

　Ciltis polycarpa Lévl. in Fedde,Rep. Sp. Nov. II. 296. 1912,et Fl. Kouy – Tcheou 424. 1915

　Bischofia racecmosa Cheng et C. D. Chu in Scientia Sylvae 8(1):13. 1963

山麻杆属 Alchornea Sw. ,Prodr. 98. 1788,et Fl. Ind. Occ. II. 1153,t. 24. 1800

山麻杆 Alchornea davidii Franch. in Nouv. Arch. Mus. Hist. Nat. Paris,sér. 2,7:74. t. 6(Pl. David. 1:
　264)1884

三十六、黄杨科 Buxaceae Dumortier,Comment. Bot. 54. 1822

黄杨属 Buxus Linn. ,Sp. Pl. 983. 1753;Gen. Pl. ed. 5,423. no. 934 . 1754

黄杨 Buxus microphylla Sieb. & Zucc. var. *sinica* Rehd. & Wils. in Sargent,Pl. Wils. II. 165. 1914

　Buxus microphylla Sieb. & Zucc. subsp. *sinica*(Rehd. & Wils.)Hatusima in Journ. Dept. Agr. Kyusyu
　　Univ. 6(6):326. f. 25:a – p. Pl. 22(7),f. 1. 1942

Buxus sempervirens auct. non Linn. ; Hemsl. in Journ. Linn. Soc. 26 : 418. 1894

雀舌黄杨 Buxus bodinieri Lévl. in Pedde, Rep. Sp. nov. 11 : 549. 1913

Buxus harlandii Hance in Journ. Linn. Soc. 13 : 123. 1873, p. p.

Buxus microphylla Sieb. & Zucc. var. *platyphylla* (Schneid.) Hand. – Mazz. , Symb. Sin. 7 : 237. 1931, excl. syn. et pl. ex Yunnan

Buxus microphylla Sieb. & Zucc. var. *aemulans* Rehd. & Wils. in Sargent, Pl. Wils. II. 169. 1916, p. p. excl. Henry, No. 7808 et Veitch Exped. no. 433

三十七、漆树科 Anacardiaceae Lindl. , Introd. Nat. Syst. Bot. 127. 1830

Terebintaceae Juss. , Gen. Pl. 368. 1753

Spondiaceae Kunth in Ann. Sci. Nat. 2 : 333. 1824

盐肤木属 Rhus Linn. , Sp. Pl. 265. 1753 ; Gen. Pl. ed. 5, 129. no. 331. 1754

盐肤木 Rhus chinensis Mill. , Gard. Dict. , ed. 8, *R.* no. 7. 1768

Rhus semialata Murr. in Comm. Doc. Goetting. 6 : 27. t. 23. 1784

Rhus semialata Murr. var. *osbeckii* DC. , Monog. Phan. II. 67. 1825

Rhus osbeckii Decaisne ex Steud. , Nom. Bot. 2, 2 : 452. 1841

Rhus javanica auct. non Linn. ; Thunb. , Fl. Jap. 121. 1785

火炬树 Rhus typhina Linn. (praes. [resp.] Torner) , Cent. Pl. n. 14. 1756

Rhus typhium Crantz, Inst. Herb. 2 : 275. 1766

Rhus hirta Linn. var. *typhium* Farwell in Rep. Michigan Acad. Sci. 15 : 180. 1913

三十八、冬青科 Aquifoliaceae DC. , Theor. Elem. Bot. 217. 1813, " Aquifoliacées "

Frangulaceae DC. in Lamarck & DC. , Fl. France ed. 4, 2 : 619. 1805, p. p.

冬青属 Ilex Linn. , Sp. Pl. 125. 1753, et Gen. Pl. ed. 5, 60. 1754

枸骨 Ilex cornuta Lindl. et Paxt. , Flow. Gard. I. 43. f. 27. 1850, et in Garn. Chon. 1850 : 311. 1850

Ilex cornuta Lindl. in Paxt. f. *a. typica* Loes, op. cit. 281. 1901

Ilex cornuta Lindl. in Paxt. f. *gaetana* Loes. , op. cit. 281. 1901

Ilex furcata Limdl. in Hortis ; Goppert in Gartenfl. 1853 : 322. 1854

Ilex burfordi [S. R.] Howell, Descr. Cat. Howell Nurs. 19. 1935, nom. ? an prius.

Ilex cornuta Lindl. in Paxt. Fl. Gard. 1 : 43, f. 27. 1850

Ilex cornuta Lindl. et Paxt. f. *burfordii* (De France) Rehd. in Bibliography Cultivated Trees and Shrubs : 400. 1949

Ilex cornuta Lindl. et Paxt. var. *fortunei* (Lindl.) S. Y. Hu in Journ. Arn. Arb. 30 : 356. 1949

三十九、卫矛科 Celastraceae Horaninov, Prim. Linn. Syst. Nat. 95. 1834

Celastrineae DC. , Prodr. 2 : 2. 1825, p. p.

卫矛属 Euonymus Linn. , Sp. Pl. 197. 1753 " *Evonymus* " ; Gen. Pl. ed. 5, 91. on. 240. 1754

Melanocarya Turcz. in Bull. Soc. Nat. Mosc. 31, 1 : 453. 1858

Pragmotessera Pierre, Fl. For. Cochinch. 4 : t. 309. p. [2] 1894

Genitia Nakai in Acta Phytotax Geobot 13 : 21. 1943

扶芳藤 Euonymus fortunei (Turcz.) Hand. – Mazz. , Symb. Sin. 7 : 660. 1933

Eleodendrom fortunei Turcz. in Bull. Soc. Nat. Mosc. 36, 1 : 603. 1863

Euonymus japonica Thunb. var. *radicans* Miq. in Ann. Mus. Lugd. – Bat. II. 86. 1865

扶芳藤 Euonymus fortunei (Turcz.) Hand. – Mazz. var. fortunei

爬行卫矛 攀缘扶芳藤 Euonymus fortunei (Turcz.) Hand. – Mazz. var. radicans (Miq.) Rehd. in Journ. Arnold Arb. 19:77. 1939

Euonymus radicans Sieb. & Zucc., Cat. Rais. Pl. Jap. Chine, 33. 1863, nom.

Euonymus japonica Thunb. var. *radicans* Miquel in Ann. Mus. Lud – Bat. II. 86. (Prol. Fl. Jap. 18). 1865

冬青卫矛 大叶黄杨 Euonymus japonica Thunb., Fl. Jap. 100. 1784

Masakia japonica (Thunb.) Nakai in Jorn. Jap. Bot. 24:11. 1949

Euonymus japonicus Thunb. in Nov. Act. Soc. Sci. Upasl. III. 218. 1780

金边冬青卫矛 金边黄杨 Euonymus japonica Thunb. f. aureo – marginata (Reg.) Rehd. in Bibliography of Cultivated Trees and Shrubs:408. 1949

Euonymus japonicus Thunb. var. *aureo – marginatus* Nicholson, III. Dict. Gard. 2:540. 1885, nom.

银边冬青卫矛 银边黄杨 Euonymus japonica Linn. f. albo – marginata (T. Moore) Rehd. in Bibliography of Cultivated Trees and Shrubs:408. 1949

Euonymus japonica Linn. *latifolius albo – marginatus* T. Moore in Proc. Hort. Soc. Lond. 3:282. 1863

白杜 丝棉木 Euonymus bungeana Maxim. in Mém. Div. Sav. Acad. Sc. St. Pétersb. 9:470 (Prim. Fl. Amur.). 1859

Euonymus micranthus sensu Bunge in Mém. Div. Sav. Acad. Sc. St. Pétersb. 2:88 (Enum. Pl. Chin. Bor. 14. 1899). 1835, non D. Don 1825

Euonymus bungeanus Maxim., Prim, Fl. Amur. 470. 1859

Euonymus forbesii Hance in Journ. Bot. 18:259. 1880

Euonymus mongolicus Nakai in Rep. Ist. Sci. Exped " Manchoukou " sect. 4, pt. I. 7. t. 2. 1934

Euonymus bungeanus Maxim. var. *mongolicus* (Nakai) Kitagawa, 1. c. 3, append. I. 307. 1939

Euonymus ouykiakiensis Pamp. in Nouv. Giorn. Bot. Ital. no. sér. 17:119. 1910, syn. nov.

Euonymus bungeanus Maxim. in Bull. Phy. – Math. Acad. Sc. St. Pétersb. 15:358. 1859

陕西卫矛 金丝吊蝴蝶 Euonymus schensianus Maxim. in Bull. Acad. Sci. St. Pétersb. 27:445. 1881; Blakel. in Kew Bull. 1951:281. 1951

Euonymus crinitus Pamp. in Nuov. Giorn. Bot. Ital. 17:417. 1910

Euonymus elegantissima Loes. et Rehd. in Sarg., Pl. Wils. I:496. 1913

Euonymus kweichowensis C. H. Wang in China Journ. Bot. 1:51. 1936

Euonymus integrifolius Blakel., 1. c. 1948:242. 1945

Euonymus haoi Loes. ex Wang in China Journ. Bot. 1:50. 1936

胶州卫矛 Euonymus kiautschovicus Loes. in Engl. Bot. Jahrb. 30:453. 1902

四十、槭树科 Aceraceae Jaume in St. Hilaire, Expos. Fam. Nat. Pl. 2:15, t. 73. 1805, exclud. gen. nonnull.

槭属 Acer Linn., Sp. Pl. 1507. 1753; Gen. Pl. ed. 5,474. no. 1023. 1754

三角槭 Acer buergerianum Miq. in Ann. Mus. Bot. Lugd. – Bat. 2:88 (Prol. Fl. Jap. 20) 1866

Acer trifidum Hook. & Arn., Bot. Beech. Voy. 174. 1841

Acer palmatum Thunb. var. *subtrilabum* K. Koch in Ann. Mus. Bot. Lugd. – Bat. 1:251. 1864, nom.

Acer trifidum Thunb. f. *buergerianum* Schwer. in Gartenfl. 42:358 (Var. Acer, 19). 1893

Acer buergerianum Miq. var. *trinerve* (Dipp.) Rehd. in Journ. Arn. Arb. 3:217. 1922

元宝枫 Acer truncatum Bunge in Mém. Div. Sav. Acad. Sc. St. Pétersb. 2:84 (Enum. Pl. Chin. Bor. 10.

1833）1835

Acer laetum C. A. Mey. var. *truncatum* Regel in Bull. Phys. – Math. Acad. Sc. St. Pétersb. 15：217（in Mél. Biol. 2：601）1857

Acer lobelii Tenore, subsp. *truncatum* Wesmael in Bull. Soc. Bot. Belg. 29：56. 1890

Acer lobu – latum Nakai in Journ. Jap. Bot. 18：608. 1942

Acer cappadoeicum Gleditsch subsp. *truncatum*（Bunge）E. Murr., Kalmia 8：5. 1977

梣叶槭 复叶槭 Acer negundo Linn., Sp. Pl. 1056. 1753

Acer faureit Lévl. et Vant. in Bull. Soc. Bot. Fr. 53：590. 1906

鸡爪槭 Acer palmatum Thunb. in nova Acta Reg. Soc. Sc. Upsal. 4 40. 12783

Acer polymor – phyllum sensu Sieb. & Zucc. Abh. Phys. Math. Cl. Aksd. Wiss. Myench. 4（2）（2）50（Pl. Jap. Fam. Not. 1（2）158）. 1845

红枫 Acer palmatum Thunb. f. atropurpureum（Vann.）Schwer in Gartenfl. 42：653. 1893；

四十一、七叶树科 Hippocastanaceae Torrey & Gray, Fl. N. Am. 1：250. 1838

Hippocastaneae DC., Théor. Elem. Bot. ed. 2, 44. 1819

七叶树属 Aesculus Linn., Sp. Pl. 344. 1753

七叶树 Aesculus chinensis Bunge in Mém. Div. Sav. Acad. Sc. St. Pétersb. 2：84（Enum. Pl. Chin. Bor. 10：1833）1835

四十二、无患子科 Sapindaceae Juss. in Ann. Mus. Hist. Nat. Paris, 18：476. 1811

栾树属 Koelreuteria Laxm. in Nov. Comm. Acad. Sci. Petrop. 16（1771）：561, t. 18. 1772

栾树 Koelreuteria paniculata Laxm. in Nov. Comm. Acad. Sci. Perop. 1616（1771）：561, t. 18. 1772

Sapindus chinensis Murray, Linn. Syst. Vég. ed. 13, 315. 1774

Koelreuteria chinensis Hoffmgg., Verzeich. Pflanzenkult. 70. 1824

Koelreuteria apiculata Rehd. & Wils. in Sargent, Pl. Wils. II. 191. 1914

Koelreuteria kaniculata Laxm. var. *apiculata*（Rehd. & Wils.）Rehd. in Journ. Arn. Arb. 20：418. 1939

Koelreuteria bipinnata Franch. var. *apiculata* How et Ho, op. cit. 407. 1955, excl. Specim. Kweichow. et Kwangsi

全缘叶栾树　黄山栾树 Koelreuteria integrifoliola Merr. in Philip. Journ. Sci. 21：500. 1922

Koelreuteria bipinnata Franch. var. *integrifoliola*（Merr.）T. Chen

文冠果属 Xanthoceras Bunge, Enum. Pl. China Bor. Coll. 11. 1831

Xanthoceras Bunge in Mém. Div. Sav. Acad. Sci. St. Pétersb. 2：85（Enum. Pl. Chin. Bor. 11. 1833）1835

文冠果 Xanthoceras sorbifolium Bunge in Mém. Div. Sav. Acad. Sci. St. Pétersb. 2：85（Enum. Pl. Chin. Bor. 11. 1833）1835

四十三、鼠李科 Rhamnaceae R. Brown. ex Dumortier, Florula Belg. 104. 1827, nom. subnud.

枣族 Rhamnaceae R. Brown. ex Dumortier trib. Zizipheae Brongn., Enum. Gen. 122. 1843

枣属 Zizyphus Mill., Gard. Dict. abridg. ed. 4, 3. 1754

枣树 Ziziphus jujuba Mill., Gard. Dict. ed. 8, Z. no. 1. 1768

Ziziphus sativa Gaertn., Fruct. Sem. 1：202. 1788

Ziziphus vulgaris Lam., Encycl. Méth. Bot. 3：316. 1789

Ziziphus sinensis Lam., Encycl. Méth. 3：316. 1789

Ziziphus jujuba Mill. var. *inermis*(Bunge)Rehd. in Journ. Arnold Arb. 2:220. 1922

Ziziphus sativa Gaertn. ,Fruct. Sem. 1:202. 1788

Ziziphus vulgaris Lam. var. *inermis* Bunge in Mém. Div. Sav. Acad. Sci. St. Pétersb. 2:88(Enum. Pl. Chin. Bor. 14. 1833).1835

Rhamnus zizyphus Linn. ,Sp. Pl. 194. 1753

四十四、葡萄科 Vitaceae Lind. ,Nat. Syst. Bot. ed. 2,30. 1836

葡萄属 Vitis Linn. ,Sp. Pl. 293. 1753,exclud. sp. non. ;Gen. Pl. ed. 5,95. no. 250. 1754

葡萄 Vitis vinifera Linn. ,Sp. Pl. 293. 1753

地锦属　爬山虎属 Parthenocissus Planch. in A. & DC. ,Monog. Phan. 5:447. 1881

Hedera Linn. ,Sp. Pl. 202. 1753,quoad sp. 2

Psedera Necker,Elem. Bot. 1:158. 1790

地锦　爬山虎　爬墙虎 Parthenocissus tricuspidata(Sieb. & Zucc.)Planch. in A. & DC. ,Monog. Phan. 5:452. 1887

Ampelopsis tricuspidata Sieb. & Zucc. in Abh. Phys. – Math. Cl. Akad. Wiss. Münch. 4,2:196(Fl. Jap. Fam. Nat. 1:88). 1845

Quinaria tricuspidata Koehne,Deutsch. Dendr. 383. 1893

Psedera tricuspidata Rehd. in Rhodora,10:29. 1908

Psedera thunbergii(Sieb. & Zucc.)Nakai,Fl. Syst. Kor. 1212:11. t. 1. 1922

Vitis taquetii Lévl. in Bull. Acad. Intern. Géog. Bot. 20:11. 1910

Parthenocissus thunbergii(Sieb. & Zucc.)Nakai in Journ. Bot. 6:254. 1930

Cissus thubergii Sieb. & Zucc. in Abh. Phys. – Math. Akad. Wiss. Münch. 4(2):195. 1845

五叶地锦 Parthenocissus quinquefolia(Linn.)Planch. in A. & DC. Monog. Phan. 5:448. 1887

Hedera quinquefolia Linn. ,Sp. Pl. ed. 2,1. 292. 1762

三叶地锦　三叶爬山虎 Parthenocissus himalayana(Royle)Planch. in A. & DC. Monog. Phan. 5:451. 1887

Vitis semicordata Wall. in Roxb. Fl. Ind. 2:481. 1824

Vitis himalayana(Royle)Brandis var. *semicordata*(Wall)Laws. in Hook. f. Fl. Brit. Ind. 1:655. 1875

Parthenocissus hinalayana(Royle)Planch. in DC. Monog. Phan. 5:450. 1887

Parthenocissus hinalayana(Royle)Planch. var. *vestitus* Hand. – Mazz. ,Symb. Sin. 7:681. 1933

Ampelopsis hinalayana Royle,III,Bot. Himal. 1:149. 1835

Psedera himalayana(Royle)Schneid. ,III. Handb. Laubh. 2:313. f. 211k. 1909

Vitis himalayana Brandis,For. Fl. Brit. Ind. 100. 1874

四十五、椴树科 Tiliaceae Juss. ,Gen. Pl. 289. 1789,exclud. Gen. non.

扁担杆属 Grewia Linn. ,Sp. Pl. 964. 1753;Gen. Pl. ed. 5,412. no. 914. 1754

扁担杆 Grewia biloba G. Don,Gen. Hist. Dichlam. Pl. 1:549. 1831

Grewia parviflora Bunge var. *glabrescens* Rehd. & Wils. in Sarg. Pl. Wils. II:371. 1915

Grewia eaquirolii Lévl. ,Fl. Kouy – Tchéou 419. 1915

Celastrus euonymoidea Lévl. ,Fl. Kouy – Tcheou,419. 1915,pro syn.

Grewia tenuifolia Kanehira et Sasaki in Trans. Nat. Hist. Soc. Form. 13:377. 1928

Grewia glabrescens Benth. ,Fl. Hongk. 42. 1861

Grewia parviflora Bunge in Mém. Acad. Sci. St. Pétersb. Sav. Ètrang. II. 83. 1835

Grewia parviflora auct. non Bunge:Diels in Bot. Jahrb. 29:468. 1900

四十六、锦葵科 Malvaceae Neck. in Act. Acad. Elect. Sci. Theod. – Palat. 2:488. 1770. nom. subnud.

木槿属 Hibiscus Linn. ,Sp. Pl. 693. 1753;Gen. Pl. ed. 5,310,no. 756. 1754

  Ketmis Mill. ,Gard. Dict. Abridg. ed. 4,2. 1754

木槿 Hibiscus syriacus Linn. ,Sp. Pl. 693. 1753

  Althaea furtex Hort. ex Miller,Gard. Dict. ed. 8,[46. 520]1768,pro syn.

  Ketmia syriaca Scopoli,Fl. Carniol. ed 2,2:45. 1772

  Hibiscus rhombifolius Cavan. ,Monadelph. Diss. 3:156. t. 69. f. 3. 1787

  Ketmia syrorum Medicus,Einig. Künstl. Geschl. Malven – Fam. 45. 1787

  Ketmia srborea Moench in Méth. 617. 1794

  Hibiscus floridus Salisb. ,Prodr. 383. 1796

  Hibiscus acerifolius Salisb. ex Hook. ,Parad. London,I. t. 33,1806

  Hibiscus syriacus Linn. var. *chinensis* Lindl. in. Jour. Hort. Soc. Lond. 8:58. 1853

  Hibiscus syriacus Linn. var. *sinewsis* Lemaire in Jard. Fleur. 4:t. 370. 1854

  Hibiscus chinensis auct. non DC. ;Forbes & Hemsl. in Journ. Linn. Soc. Bot. 23:88. 1886

大花木槿 Hibiscus syriacus Linn. f. grandiflirus Hort. ex Rehd. ,Manual Cultivated Trees and Shrubs:619. 1927

白花单瓣木槿 Hibiscus syriacus Linn. var. totus – albus T. Moore in Gard. Chron. no. sér. 10,524. f. 91, 1878

白花重瓣木槿 Hibiscus syriacus Linn. f. albus – plenus Loudon,Cultivated Trees and Shrubs:62. 1875

  Hibiscus syriacus Linn. var. *albus – plenus* Loudon,Manual Cultivated Trees and Shrubs:62. 1875

粉紫重瓣木槿 Hibiscus syriacus Linn. f. amplissimus Gagnep. f. in Rev. Hort. Paris 1861:132. 1861

牡丹木槿 Hibiscus syriacus Linn. f. paeoniflorus Gagnep. f. in Rev. Hort. Paris 1861:132. 1861 *Hibiscus syriacus* Linn. var. *paeoniflorus* Gagnep. f. in Rev. Hort. (Paris)1861:132. 1861

紫花重瓣木槿 Hibiscus syriacus Linn. f. violaceus Gagnep. f. in Rev. Hort. Paris 1861:132. 1861

四十七、梧桐科 Sterculiaceae Ventenat. ,Jard. Maimais. 2:91. 1803. " Sterculiacees "

  Malvaceae Cavan. ,Monadelph. Diss. 5:267. 1788,p. p.

梧桐属 Firmiana Marsigli in Sagg. Accad. Sci. Padov. 1:106. t. 1786

梧桐 Firmiana plantanifolia(Linn. f.)Marsili in Sagg. Sci. Lett. Acc. Padova 1:106 ~ 116. 1786

  Sterculia plantanifolia Linn. f. ,Suppl. 423. 1781

  Firmiana simplex(Linn.)F. W. Wight in U. S. Dep. Agri. Bur. Pl. Indust. Seeds Pl. Imp. Inv. 15:67. 1909

  Firmiana chinensis Medicus ex Steud. ,Nomencl. Bot. 814. 1821,pro syn.

  Sterculia pyriformis Bunge in Mém. Div. Sav. Acad. Sci. St. Pétersb. 2:83(Enum. Pl. Chin. Bor. p. 1833). 1835

  Firmiana platanifolia Schott & Endl. ,Melet. Bot. 33. 1832

  Hibiscus simplex Linn. ,Sp. Pl. ed. 2,2:977. 1763

  Sterculia platanifolia Linn. f. ,Suppl. 423. 1781

四十八、山茶科 Theaceae Mirbel in Nouv. Bull. Sci. Soc. Philom. Paris[sér. 2]3:381. 1813," Theacees "

山茶属 Camellia Linn. ,Sp. Pl. 698. 1753;Gen. Pl. ed. 5,311. no. 759. 1754

Thea Linn. ,Sp. Pl. 315. 1753

Tkea Linn. ,Gen. Pl. ed. 5,232. no. 593. 1754

Tsubuki Adans. ,Fam. Pl. 399. 1763

Calpandria Blume,Bijdr. Fl. Nederland Indie 178. 1825

Theaphylla Rafinesque Med. ,Fl. II. 267. 1830

Sasanqua Nees ex Esenbeck in Sieb. II. 13. 1832

Kemelia Rafinesque,Sylva Tekkur 139. 1838

Piquetia(Pierre)H. Hallier in Beih. Bot. Centralbl. 39. 2,162. 1929

Camelliastrum Nakai in Journ. Jap. Bot. 16:699. 1940

Yunnanea Hu in Act. Phytotax. Sin. 5:282. 1956. syn. nov.

Kailosocarpus Hu in Scientia 170. 1957. nom. nud. syn. nov.

Glyptocarpa Hu in Act. Phytotax. Sin. 10:25. 1955. syn. nov.

山茶 Camellia japonica Linn. ,Sp. Pl. 698. 1753

Thea camellia Hoffm. ,Verz. Pflzenfam. 117. 1824

Thea japonica Baill. ,Hist. Pl. 4:229. f. 253. 1873,nom.

Thea japonica(Linn.)Baill. var. *spontanea* Makino in Bot. Mag. Tokyo,25:160. 1908

Thea hozanensis Hayata,Ic. Pl. Formos. 7:2. f. 2. 1918

四十九、金丝桃科 滕黄科 Guttiferae Choisy in DC. ,Prodr. 1:557. 1824

金丝桃属 Hypericum Linn. ,Sp. Pl. 783. 1753;Gen. Pl. ed. 5,341. no. 808. 1754

Sarothra Linn. ,Sp. Pl. 272. 1753,et Gen. Pl. ed. 5,133. 1754

Spachelodes Y. Kimura in Journ. Jap. Bot. II. 832. 1935,nom. superfl.

Takasagaya Y. Kimura in Bot. Mag. Tokyo,50:498. 1936

金丝桃 Hypericum monogynum Linn. ,Sp. Pl. ed. 2,1107. 1763

Hypericum chinense Linn. ,Syst. Nat. ed. 10,2:1184. 1759

Hypericum aureum Lour. ,Fl. Cochinch. 472. 1790

Hypericum salicifolium Sieb. & Zucc. in Abh. Bayer. Acad. Wiss. ,München 4(2):162. 1843

Hypericum chinense Linn. var. *salicifolium*(Sieb. & Zucc.)Choisy in Zoll. Syst. Verz. Ind. Archip. I. 150. 1854

Hypericum chinense Linn. *a. obtusifolium* et γ *latifolium* Kuntze,Rev. Gen. Pl. I. 60. 1891

Norysca chinensis(Linn.)Spach,Hist. Vég. Phan. 5:427. 1836,in Ann. Sci. no. sér. 2,Bot. V. 364. 1836

Norysca aurea(Lour.)Bl. in Mus. Bot. Lugd. – Bat. II. 22. 1852

Hypericum pratttii auct. non Hemsl. ;Rehd. in Sargent,Pl. Wils. II. 404. 1915,pro parte quoad Wilson 1604. 2420

Hypericum monogynum Linn. ,Sp. Pl. ed. 10,2:1107. 1763

五十、柽柳科 Tamaricaceae Horaninov,Prim. Linn. Syst. Nat. 85. 1834

Tamariscineae Desv. in Ann. Sci. Nat. 4:348. 1825

柽柳属 Tamarix Linn. ,Sp. Pl. 270. 1753,exclud. sp. 2;Gen. Pl. ed. 5,131. no. 337. 1754

Tamariscus Mill. ,Gard. Dict. Abridg. ed. 4,3. 1754,p. p.

柽柳 Tamarix chinensis Lour. ,Fl. Cochinch. 1:228. 1790

Tamarix gallica Linn. β. *chinensis*(Lour.)Ehrenb. ,Linnaea II. 267. 1827

Tamarix elegans Spach,Hist. Nat. Vég. Phan. V. 481. 1836

Tamarix juniperina Bunge in Mém. Acad. Sci. Pétersb. Sav. Ėtrang. II. 103. 1835

Tamarix chinensis Lour. ,Fl. Cochinch. I. 228. 1790

Tamarix indica Bunge in Mém. Sav. Ėtrang. Acad. Sci. Pétersb. ,II. 102(Enum. Pl. Chin. Bor. 28)(non Willldenow). 1833

五十一、大风子科 Flacourtiaceae Dumortier,Anal. Fam. Pl. 44,49. 1829. "*Flacurtiaceae*"

Flacurtianae Richard in Mém. Mus. Hist. Nat. Paris,1:366. 1815. nom.

山桐子属 Idesia Maxim. in Bull. Acad. Sc. St. Pétersb. sér. 3,10:485(in Mém. Biol. 6:19). 1866

Polycarpa Linden ex Carr. in Rev. Hort. 330. 1868

山桐子 Idesia polycarpa Maxim. in Bull. Acad. Sci. St. Pétersb. sér. 3,10:485. 1866

Polycarpa maximowiczii Linden ex Carr. in Rev. Hort. 1868:300. 330. f. 36. 1868

Idesia polycarpa Maxim. var. *latifolia* Diels in Bot. Jahrb. 29:478. 1900

五十二、瑞香科 Thymelaeaceae C. F. Meissner in DC. ,Prodr. 14:493. 1857

Thymelaeae Juss. ,Gen. Pl. 76. 1789

结香属 Edgeworthia Meissn. in Denksch. Regensb. Bot. Ges. III. 280. 1841;Gilg in Engl. & Prantl,Not. Pflanzenfam. 3(6a):238. 1894

结香 Edgeworthia chrysantha Lindl. in Journ. Hort. Soc. Lond. 1:148. 1846

Edgeworthia papyrifera(Sieb.)Sieb. & Zucc. in Abh. Bay. Akad. Wiss. Phys. – Math. 4(3):199. 1846

Edgeworthia papyrifera(Sieb.)Sieb. & Zucc. in Abh. Akad. Mundh. IV. Pt. III. 199(Fl. Jap. Fam. Nat. II. 75). 1846

Edgeworthia tomentosa(Thunb.)Nakai in Bot. Mag. Tokyo,33:206. 1919,et in Journ. Am. Arb. V. 82. 1924

Edgeworthia gardneri auct non Meisn:Hook. f. Fl,Brit. Ind. V. 195. 1886,p. p.

Edgeworthia gardneri Hemsl. in Journ. Lionn. Soc. 24:396(non Meisner). 1891

五十三、胡颓子科 Elaeagnaceae Horaninov,Prim. Linn. Syst. Nat. 60. 1834

Elaegnoideae Vent. ,Tabl. Rég. Vég. 2:232. 1799

胡颓子属 Elaeagnus Linn. ,Sp. Pl. 121. 1753;Gen. Pl. ed. 5,57. no. 148. 1754

Octarillum Lour. ,Fl. Cochinch. 90. 1794

Aeleagnus Cav. ,Descr. Pl. Lecc. Publ. 350. 1802

胡颓子 Elaeagnus pungens Thunb. ,Fl. Jap. 68. 1784

五十四、千屈菜科 Lythraceae Lindl. ,Nat. Syst. Bot. ,ed. 2,100. 1836

紫薇属 Lagerstroemia Linn. ,Syst. Nat. ed. 10,2:1076. 1372(1759)

Orias Dode in Bull. Soc. Bot. Fr. 56:232. 1909

紫薇 Lagerstroemia indica Linn. ,Sp. Pl. ed. 2,734. 1762

Lagerstroemia elegans[Wallich ex]Paxton in Paxton's Mag. Bot. 14:269. t. 1848

Lagerstroemia indica Linn. var. *pallida* Benth. in Hooker,Journ. Bot. & Kew Gard. Misc. IV. 82. 1852

翠薇 Lagerstroemia indica Linn. var. amabilis Makino

银薇 Lagerstroemia indica Linn. var. alba Nicholson,III. Dict. Gard. 2:231. 1885

Lagerstroemia indica Linn. f. *alba*(Nichols.)Rehd. in Bibliography of Cultivated Trees and Shrubs:484. 1948

五十五、石榴科 Punicaceae Horaninov, Prim. Linn. Syst. Nat. 81. 1834, p. p. quoad
Granateae

Myrtoideae Ventenat, Tabl. Règ. Vég. 3:317. 1799, p. p. quoad Punica(p. 328)

Granateae D. Don in Edinb. New Philos. Journ. 1:134. 1826

Myrtaceae trib. *Garanteae* Lindley, Nat. Syst. Bot. ed. 2,45. 1836

Onagraceae 3, *Circaceae* b. *Combreteae* γ. *Granateae* Reichenbach, Handb. Nat. Pflanzensyst. 247. 1837

Lythrarieae Bentham & Hook. f., Gen. Pl. ed. 5,212. no. 544. 1754

石榴属 Punica Linn., Sp. Pl. 472. 1753; Gen. Pl. ed. 5,212. no. 544. 1754

石榴 Punica granatum Linn., Sp. Pl. 472. 1753

Punica florida Salisbury, Prodr. Stirp. Chap. Allert. 354. 1796

Punica spinosa Lamarck, Fl. Françe 3 483. 1778

玛瑙石榴 Punica granatum Linn. var. legrelliae Lemaire in III. Hort. 5:t. 156(1858. Jan.)

Punica granatum Linn. f. *legrelliae* (Lem.) Rehd. in Bibliography of Cultivated Trees and Shrubs:484.
1949

Punica granatum Linn. f. *legrellei* Van Houtte in Fl. des Serr. 13:175. t. 1385. 1858.

月季石榴 Punica granatum Linn. var. nana(Linn.)Pers., Syn. Pl. 2:3. 1806. "β. ?"

Punica nana Linn., Sp. Pl. 472. 1753

Punica nana Pers Syn. Pl. 2:3. 1806

重瓣红石榴 Punica granatum Linn. var. planflora Hayne Getr. Darst. Arzneyk. Gew. 10:7. 35. 1827

白石榴 Punica granatum Linn. β. albescens DC., Prodr. 3:4. 1828

Punica granatum Linn. var. *flore albo* Andrews, Bot. Repos. 2:t. 96. 1800

Punica granatum Linn. f. *alba* Voss in Puttlitz & Meyer, Lanlex. 3,260. 1912

Punica granatum Linn. f. *albescens* (DC.) Rehd. in in Bibliography of Cultivated Trees and Shrubs:484.
1949

黄花石榴 Punica granatum Linn. var. flavescens Sweet, Hort. Brit. ed. 2,195. 1830

Punica granatum Linn. f. *flavescens*(Sweet)Rehd. in in Bibliography of Cultivated and Shrubs:484. 1949

Punica granatum Linn. var. 5. *flavum* Hort. ex Loudon, Arb. Brit. 2:940. 1838

重瓣白花石榴 Punica granatum Linn. *e.* multiplex Sweet, Hort. Brit. ed. 2,195. 1830

Punica granatum Linn. f. *multiplex*(Sweet)Rehd. in in Bibliography of Cultivated Trees and Shrubs:484.
1949

五十六、蓝果树科 Nyssaceae Endlicher, Gen. Pl. 328. 1837

Nyssaceae Jussieu ex Lindley, Introd. Nat. Syst. Bot. 73. 1830, pro syn. Sub "*Santalaceae*"

喜树属 Camptotheca Decne. in Bull. Soc. Bot. Fr. 20:157. 1873

喜树 Camptotheca acuminata Decne. in Bull. Soc. Bot. Fr. 20:157. 1873

Camptotheca yunnanensis Dode, op. cit. 55:551. f. c. 1980.

五十七、五加科 Araliaceae Vent., Tabl. Règ. Vég. 3:2. 1799

五加属 Acanthopanax Miq. in Ann. Mus. Bot. Lubd. – Bat. 1:10. 1863

Panax Linn. subgen. *acanthopanax* Decne. & Planch. in Rev. Hort. 1854:105. 1854

Eleutherococcus Maxim. in Mém. Div. Sav. Acad. Sci. St. Pétersb. 9:132(Prim. Fl. Amur.). 1859

Acanthopanax Decne. & Planch. ex Benth. in Benth. & Hook. f. Gen. Pl. I. 938. 1867

Acanthopanax Seem. in Journ. Bot. V. 238. 1867

Cephalopanax Baill. in gdansonia 12:149. 1879

Evodiopanax Nakai in Journ. Arn. Arb. V. 7. 1924

刺五加 Acanthopanax sentiosus (Rupr. & Maxim.) Harms in Engl. & Prantl. Nat. Pflanzenfam. (3) 8:50. 1894 & in Mitt. Deutsch. Dendr. Ges. 27:7. 1918

Hedera senticosa Rupr. & Maxim. in Bull. Phys. – Math. Acad. St. – Pétersb. 15:134. 1856, 367. 1857

Eleutherococcus senticosus (Rupr. & Maxim.) Maxim. in Mém. Div. Sav. Acad. Sci. St. Pétersb. 9:132. 1859

Eleutherococcus senticosus (Rupr. & Maxim.) Maxim. f. *subinermis* Reghel in Mém. Acad. Sci. St. Pétersb. 4(7):73. 1861

Eleutherococcus senticosus (Rupr. & Maxim.) Maxim. f. *fincrmis* Komarov. Fl. Mansh. 3:121. 1905, in textu.

Acanthopanax senticosus (Rupr. & Maxim.) Harms f. *subinermis* (Reghel) Harms in Mitt. Deutsch. Dendr. Gen. 27:8. 1918

八角金盘属 Fatsia Decne. & Planck. in Rev. Hort. 1854:105. 1854, nom. subnud.

Diplofatsia Nakai in Journ. Arn. Arb. V. 18. 1924

八角金盘 Fatsia japonia (Thunb.) Decne & Planch. in Rev. Hort. 1854:105. 1854

Aralia japonica Thunb. , Fl. Jap. 128. 1784

常春藤属 Hedera Linn. , Sp. Pl. 202. 1753, excl. spec. 2; Gen. Pl. ed. 5, 94. no. 249. 1754

常春藤 Hedera nepalensis K. Koch var. sinensis (Tobl.) Rehd. in Journ. Arn. Arb. 4:250. 1923

Hedera helix sensu Hance in Journ. Bot. 20:6. 1882

Hedera himalaica Tobl. var. *sinensis* Tobl. , Gatt. Hedera, 79. f. 39 – 42. 1912. " H. sinensis" in textu p. 80

Hedera himalaica sensu Harms & Rehd. in Sargent, Pl. Wils. II:555. 1916. p. p.

Hedera siensis Tobl. , Gatt. Hedera, 80. 1912

鹅掌柴属 Scheffera J. R. & G. Forst. nom. conserv. Char. Gen. 45. t. 23. 1775

Sciodaphyllum P. Br. , Hist. Jam. 190. pl. f. 1, 2. 1756, nom. rejie.

Heptapleurum Gaertn. , Fruet. & Sem. II. 472. t. 178. 1791

Agalma Miq. , Fl. Ind. Bat. I. 752. 1855

鹅掌柴 Schefflera octophylla (Lour.) Harms in Engl. & Prantl, Nat. Pflanzenfam. 3(8):38. 1894.

Arulia octophylla Lour. , Fl. Cochinch. 187. 1790 & in ed. Willd. 233. 1793

Paratropia cantoniensis Hook. & Arn. , Bot. Beechey Voy. 189. 1841

Agalma octophyllum Seem. in Journ. Bot. II. 298 (Revis. Heder. 24. 1868) 1864

Heptapleurum octophyllum Benth. ex Hance in Journ. Linn. Soc. Bot. 13:105. 1873

Agalma lutchuense Nakai in Journ. Aen. Arb. V. 20. 1924

五十八、山茱萸科 Cornaceae Link. , Handb. Erkenn. Gew. 2:2. 1831

山茱萸属 Cornus Linn. , Sp. Pl. 117. 1753; Gen. Pl. ed. 5, 54. no. 139. 1754

Chamaepericlymenum Hill. Brit. Herbal. 331. 1756

Eukrania Rafinesque ex B. D. Jackson, Index Kew. 1:912. 1894

Cornella Rydberg in Bull. Torrey Bot. Club. 33:147. 1906

Arctocrania (Endl.) Nakai in Bot. Mag. Tokyo, 23:39. 1909

山茱萸 Cornus officinalis Sieb. & Zucc. , Fl. Jap. 1:100. t. 50. 1839

Macrocarpium officinale Nakai in Bot. Mag. Tokyo, 23:38. 1909

Cornus officinalis Harms in Bot. Jahrb. 24. 506(non Sieb. & Zucc.)1900

Cornus chinensis Wang. in Fedde,Rep. Sp. Nov. VI. 100. 1908

梾木属 Swida Linn. in Bercht. et Opiz,Oekon. – Techn. Fl. Böhmens 2(1):174(" Swjda ")

Cornus Linn. ,Sp. Pl. 117. 1753;Gen. Pl. ed. 5,54. num. 139. 1754,p. p.

红瑞木 Swida alba Opiz in Seznam,94. 1852

Cornus alba Linn. ,Mant. pl. I. 40. 1767

Cornus tatarica Mill. ,Gard. Diet. ed. 8,no. 7. 1768

Cornus sibirica Lodd. in Loudon,Hort. Brit. 50. 1830

毛梾 Swida walteri (Wanger.) Sojak in Novit. Bot. & Del Sem. Hort. Bot. Univ. ;Carol. Prag. 11. 1910

Cornus walteri Wanger. in Fedde, Repert. Sp. Nov. 6:99. 1908 et in Engl. ,Pflanzenreich,41(IV. 229):
    71. 1910;Rehd. in Sarg. ,Pl. Wils. II:576. 1916;

? *Cornus Henryi* Hemsl. apud Wanger. in Engl. ,Pflanzenreich,41(IV. 229):90. 1910

Cornus yunnanensis Li in Journ. Arn. arb. 25(3):312. 1944

Swida walteri(Wanger.)Sojak var. *insignis*(Fang et W. K. Hu)Fang et W. K. Hu in Bull. Bot. Res.
    (3):105. 1984,syn. nov.

Cornus wilsoniana auct. non Wanger. ;Hemsl. in Kew Bull. ,334. 1909,pro parte

梾木 Swida macrophylla(Wall.)Sojak in Novit. Bot. & Del. Sem. Hort. Bot. Univ. Carol. Prag. 10. 1960

Cornus macrophylla Wall. in Roxb. , Fl. Ind. ed. Carey et Wallich,1:431. 1820

Cornus brachypoda C. A. Meyer in Mem. Acad. Pétersb. 7:223. 1844

Cornus crispula Hance in Journ. Bot. no. sér. Lo:216. 1881

Cornus corynostylis Koehne in Gartenfl. 45:286. pl. 51. fig. 4 A – B.1896

Cornus taiwnensis Kanehira,Formos. Trees,281. 1917

Swida macrophylla (Wall.) Sojak var. *longipedunculata*(Fang et W. K. Hu)Fang et W. K. Hu in Bull.
    Bot. Res. 4(3):108. 1984, syn. nov.

Cornus longipetiolata auct. non Hayata;Kanehira,Formos. Trees,531. f. 490. 1917

Cornus alba auct. non Linn. ;Thunb. ,Fl. Jap. 62. 63. 1984

Cornus sanguinea auct. non Linn. ;Thunb. ,Fl. Jap. 62. 1987

桃叶珊瑚属 Aucuba Thunb. ,Diss. Nov. Gen. Pl. 3:61. 1783

青木 Aucuba japonica Thunb. ,Nov. Gen. Pl. 3:61. 1783 et Fl. Jap. 64. t. 12. 13. 1784

花叶青木 洒金叶珊瑚 洒金东瀛珊瑚 Ancuba japonica Thunb. var. variegata D'ombr. in Fl. Mag. 5:t.
    277. 1866

五十九、杜鹃花科 Ericaceae DC. in Lamarck & DC. ,Fl. Françe ed. 3,3:675. 1805

Bicornes Linn. ,Philos. Bot. ed. 2,34. 1763. p. p.

杜鹃花属 Rhododendron Linn. ,Sp. Pl. 392. 1753;Gen. Pl. ed. 5,185. no. 484. 1754. "*Rhododendrum*"

毛叶杜鹃 Rhododendron radendum Fang in Contr. Boil. Lab. Sci. Soc. China Bot. 12:1939

六十、柿树科 Ebenaceae Ventenat,Tabl. Règ. Vég. 2:443. 1799

Guiacanae Juss. ,Gen. Pl. 155. 1789. p. p.

柿属 Diospyros Linn. ,Sp. Pl. 1057. 1753;Gen. Pl. ed. 5,478. no. 1027. 1754

*Maba*J. R. et G. Forst. ,Charact. Gen. Pl. 121. t. 61. 1776

君迁子 Diospyros lotus Linn. ,Sp. Pl. 1057. 1753

Diospyros kaki Thunb. ,Fl. Jap. 158. 1784

Diospyros kaki Thunb. γ. *glabra* A. DC. in DC. Prodr. 8：22. 1844

Diospyros japonica Sieb. & Zucc. in Abh. Math. – Phys. Kl. Ak. Wiss. Münich. 4，3：136.（Fl. Jap. Fam. Nat. II. 21）1846

Diospyros umlovok Griffith，Itin. Notes，355，no. 137. 1848

Diospyros pseudolotus Naudin in Nouv. Arch. Mus. Hist. Nat. Paris，sér. 2，3：220. 1880

柿树 Diospyros kaki Linn. f.，Suppl. Pl. 439. 1781

Diospyros lobata Lour.，Pl. Cochich. I. 227. 1790

Diospyros chinensis Blume，Cat. Eem. Maarkw. Gewass. Buitenz. 110. 1823

Diospyros schi – tze Bunge in Mém. Div. Sav. Acad. Sci. Pétersb. 2：116. 1835（Enum. Pl. Chin. Bor. 42. 1832）

? *Diospyros sinensis* Naud. in Nouv. Archiv. Mus. Hist. Nat. Paris，sér. 2，III. 221，t. 3，pl. 9. 1880；et in Bull，Soc. d' Acclim. Françe，sér. 3，8：379. 1881

Diospyros kaki Thunb. var. *domestica* Makino in Tokyo，Bot. Mag. 22：159. 1908（Observ. Fl. Japan）

　　Diospyros chinensis Blume，Cat. Hort. Buitenz. 110（nomen. nudum）. 1823

六十一、木樨科 Oleaceae Lindl.，Introd. Nat. Syst. Bot. 224. 1830

木樨亚科 Oleaceae Lindl. sbufam. Oleoideae Knobl. in Nat. Pflanzenfam. VI. 2：5. 1902

梣族 Oleaceae Lindl. trib. Fraxineae Bentham & Hook. f.，Gen. Pl. 2：673. 1876

雪柳属 Fontanesia Labill.，Icon. Pl. Syr. 1：9. t. 1. 1791

雪柳 Fontanesia fortunei Carr. in Rev. Hort. Paris 1859：43. f. 9. 1859

Fontanesia phillyraeoides Labill. var. *sinensis* Debeaux in Act. Soc. Linn. Bordeaux，30：93（Contr. Fl. Chine II. Fl. Shanghai，41）. 1875

Fontanesia chinensis Hance in Journ. Bot. 17：136. 1879

Fontanesia phillyreoides Labill. β. *fortunei*（Carr.）Koehne，Deutsch Dendrol. 505. 1893

Fontanesia argyi Lévl. in Mém. Acad. Ci. Art. Barcelona sér. 3，12（22）：557. 1916

Fontanesia phillyreoides Labill. subsp. *fortunei*（Carr.）Yaltirik in Fl. Turkey & E. Aegean Is. 6：147. 1978，" *Fontanesia philliraeoides* "

Fontanesia phillyreoides auct. non Labill. 1791；Hemsl. in Journ. Linn. Soc. Bot. 26：87. 1889

白蜡树属　梣属 Fraxinus Linn.，Sp. Pl. 1057. 1753；Gen. Pl. ed. 5，477. no. 1026. 1754

白蜡树 Fraxinus chinensis Roxb.，Fl. Ind. 1：150. 1820

光蜡树 Fraxinus griffithii C. B. Clarke in Hook. f.，Fl. Brit. Ind. 3：605. 1882

Fraxinus formosana Hayata in Journ. Coll. Sci. Univ. Tokyo，III. 189. 1911

Fraxinus guilingensis S. Lee & F. N. Wei in Guihaia 2（3）：130. 1982

丁香族 Oleaceae trib. Syringeae G. Don，Gen. Hist. Dichlam. Pl. 4：44. 51. 1837

连翘属 Forsythia Vahl，Enum. Pl. 1：39. 1804

Rangium Juss. in Dict. Sci. Nat. 24：200. 1822

连翘 Forsythia suspensa（Thunb.）Vahl，Enum. pl. 1：39. 1804

Ligustrum suspensum Thunb. in Nov. Act. Soc. Sci. Upsal. 3：207. 209. 1780

Syringa suspensa Thunb.，Fl. Jap. 19. t. 3. 1784

Forsythia fortunei Lindl. in Gard. Chron. 1864：412. 1864

Forsythia suspensa（Thunb.）Vahl var. *sieboldii* Zabel in Gartenfl. 34：36. 1885

Forsythia sieboldii Dipp.，Handb. Laudb. 1：109. f. 63. 1889

Forsythia suspensa（Thunb.）Vahl var. *fortunei*（Lindl.）Rehd. in Gartenfl. 40：398. f. 82：7 – 9. 1891，"a"

Forsythia suspensa(Thunb.)Vahl var. *fortunei* f. *typica* Koehne in Gartenfl. 55:204. f. 22 a. 1906

Forsythia suspensa(Thunb.)Vahl var. *latifolia* Rehd. in Sargent Pl. Wils. I:302. 1912

Rangium suspensum(Thunb.)Ohwi in Acta Phytotax. Geobot. 1:140. 1932

金钟花 Forsythia viridissima Lindl. in Journ. Hort. Soc. London 1:226. 1846

Rangium viridissimum(Lindl.)Ohwi in Acta Phytotax. Geobot. 1:140. 1932

丁香属 Syringa Linn. ,Sp. Pl. 9. 1753;Gen. Pl. ed. 5,9. no. 22. 1754

欧丁香 Syringa vulgaris Linn. ,Sp. Pl. 9. 1753

Syrina caerulea Jonston,Hist. Nat. Arb. 2:219. t. 122. f. 1769

Syringa latifolia Salisb. ,Prodr. Stirp. Chap. Allert. 13. 1796

Lilacum vulgaris Renault,Fl. Dép. Orne,100. 1804

紫丁香　华北紫丁香 Syringa oblata Lindl. in Gard. Chron. 1859:868. 1850

Syringa vulgaris Linn. var. *oblata* Franch. in Rev. Hort. 1891:330. 1891

Syringa oblata Lindl. *a. typica* Lingelsh. in Engl. Pflanzer. IV. 243(Heft 72):88. 1920

Syringa chinensis sensu Bunge in Mém. Div. Sav. Sci. St. Pétersb. 2:116(Enum. Pl. Chin. Bor. 42. 1833). 1835,non Willldenow 1796

Syringa vulgaris sensu Hemsl. in Journ. Soc. Lond. Bot. 26:83. 1889,non Linn. 1753

白丁香 Syringa oblata Lindl. var. alba Hort. ex Rehd. in Bailey,Cycl. Am. Hort. [4]:1763. 1902

Syringa oblata Lindl. var. *affinis*(Henry)Lingelsh. in Engl. Pfanzenreich,Hheft 72(IV. 243):88. 1920

暴马丁香 Syringa amurensis Rupr. in Bull. Phys. – Math. Acad. Sci. St. Pétersb. 15:371(in Mél. Biol. 2:551. 1858). 1857

Syringa reticulata(Bl.)Hara var. *mandshrica*(Maxim.)Hara in Journ. Jap. Bot. 17:21. 1941

Syringa reticulata(Bl.)Hara var. *amurensis*(Rupr.)Pringle in Phytologia 52(5):285. 1983

Syringa amurensis Regel. ,Tent. Fl. Ussur. 104. 1861

Syringa amurensis Ruor. in Bull. Phys. – Math. Acad. Sci. St. Pétersb. 15:371(in Mél. Biol. 2:551. 1858.)1857

Ligustrina amurensis(Rupr.)Rupr. *a. mandshurica* Maxim. in Bull. Acad. Sci. St. Pétersb. 20:431(in Mél. Boil. 9:395)1875

木樨榄族 Oleaceae Lindl. trib. Oleneeae Lind. ,Introd. Nat. Syst. Bot. 224. 1830

木樨属 Osmanthus Lour. ,Fl. Cochinch. 1:29. 1790

木樨　桂花 Osmanthus fragrans(Thunb.)Lour. ,Fl. Cochinch. 29. 1790

Olea fragrans Thunb. in Nov. Act. Soc. Sci. Upsal. 4:39. 1783

Olea acuminata Wall. ex G. Don,Gen. Hist. Dichlam. Pl. 4:49. 1837

Olea acuminata Wall. ex G. Don var. *longifolia* DC. ,Prodr. 8:285. 1844

Olea fragrans Thunb. var. *acuminata*(Wall. ex G. Don)Blume,Mus. Bot. Lugd. – Bat. 1:316. 1850

Olea ovalis Miq. in Journ. Bot. Néerl. 1:111. 1861

Olea sinensis Hort. ex Lavallee,Arb. Segrez. 169. 1877,pro syn.

Osmanthus fragrans Thunb. var. *latifolius* Making in Bot. Mag. Tokyo,16:32. 1902

Osmanthus fragrans Thunb. f. *latifolius*(Makino)Makino in Bot. Mag. Tokyo,22:15. 1908

Osmanthus asiaticus Nakai,Trees and Shrubs Jap. Proper 1:264. f. 144. 1922

Osmanthus latifolius(Makino)Koidz. in Bot. Mag. Tokyo,11:337. 1926

Osmanthus fragrans Thunb. var. *thunbergii* Makino in Journ. Jap. Bot. 4(1):4. 1927

Osmanthus acuminatus(Wall. ex G . Don)Nakai in Bot. Mag. Tokyo,44:14. 1930

Osmanthus longibracteatus H. T. Chang in Acta Sci. Nat. Univ. Sunyatsen. II. 5. 1982

Osmanthus fragrans Lour. ,Fl. Cochinch. 28. 1790

金桂 Osmanthus fragrans(Thunb.)Lour. var. thunbugii Mak.

银桂 Osmanthus fragrans(Thunb.)Lour. var. latifolius Mak.

丹桂 Osmanthus fragrans(Thunb.)Lour. var. aurantiacus Mak.

柊树 Osmanthus heterohyllus(G. Non)P. S. Green in Not. Bot. Gard. Edinb. 22(5):508. 12958

Ilex heterophylla G. Don,Gen. Syst. 2:17. 1832

Olea ilicifolia Hassk. ,Cat. Hort. Bogor. 118. 1844

Olea aquifolium Sieb. & Zucc. in Abh. Bayer. Akad. Wiss. Math. – Phys. 4(3):166. 1846

Osmanthus aquifolium Sieb. ex Sieb. & Zucc. in Abh. Bayer. Akad. Wiss. Math. Phys. 4(3):166.
1846,pro syn. .

流苏树属 Chionanthus Linn. ,Sp. Pl. 8. 1753. exclud. sp. 2;Gen. Pl. ed. 5,9. no. 21. 1754

流苏树 Chionanthus retusus Lindl. & Paxt. in Paxton's Flow. Gard. 3:85. f. 273. 1853

Linociera chinensis Fisch. ined. ex Maxim. in Mém. Div. Sav. Acad. Sci. St. Pétersb. 9:474(Prim. Fl.
Amur.). 1859. nom.

Chionanthus chinensis Maxim. in Bull. Acad. Sci. St. Pétersb. 20:430(in Mém. Biol. 9:393. 1875

Chionanthus coreanus Lévl. in Fedde,Rep. Sp. Nov. 8:280. 1910

Chionanthus retusus Lindl. & Paxt. var. *fauriei* Lévl. in Fedde. Rep. sp. nov. 11:297. 1912

Chionanthus serrulatus Hayata,Icon. Pl. Formos. III. 150. t. 28. 1913

Chionanthus retusa Lindl. & Paxt. var. *mairei* Lévl. in Fedde,Rep. Sp. Nov. 13:175. 1914

Chionanthus duclouxii Hickel in Bull. Soc. Dendr. Françe 1914:72. f. 1914

Chionanthus retusa Lindl. & Paxt. var. *coreanus*(Lévl.)Nakai in Bot. Mag. Tokyo,32:114. 1918

Chionanthus retusus Lindl. & Paxt. var. *serrulatus*(Hayata)Koidz. in Bot. Mag. Tokyo,39:5. f. 303.
1925

女贞属 Ligustrum Linn. ,Sp. Pl. 7. 1753;Gen. Pl. ed. 5,8. 1754

Parasyringa W. W. Smith in Trans. Bot. Soc. Edinb. 27,1:93. 1916

Faulia Rafinesque,Fl. Tellur. 2:84. 1837

女贞 Ligustrum lucidum Ait. f. ,Hort. Kew. ed. 2,1:19. 1810

Phillyrea paniculata Roxb. ,Fl. Ind. 1:100. 1820

Ligustrum nepalense Wall. *β. glabrum* Hook. in Bot. Mag. 56:t. 2921. 1829

Olea clavata G. Don,Gen. Hist. Dichlam. Pl. 4:48. 1838

Olea clavata G. Don,Gen. Syst. IV. 49. 1838

Ligustridium japonicum Spach,Hist. Nat. Vég. Phan. 8:271. 1839,p. p.

Ligustridium japonicum Hort. ex Decaisne in Fl. des Serres,XXII. 8(pro syn. non Thunb.). 1877

Visiania paniculata DC. ,Prodr. 8:289. 1844

Ligustrum hookeri Decne. in Fl. Serr. Jard. 22:10. 1877

Ligustrum sinense latifolium robustum T. Moore in Gard Chron. no. sér. 10:752. f. 125. 1878

Ligustrum guirolii LévI. in Fedde,Rep. Sp. Nov. 10:147. 1911,et Fl. Kouy – Tcheou 295. 1914

Esquirolia sinensis Lévl. in Fedde,Rep. Sp,Nov. 10:441. 1912

Ligustrum lucidum Ait. var. *esquirolii* Lévl. ,Cat. Pl. Yunnan 181. 1916

Ligustrum roxburghii Blume,Mus. Bot. Lugd. – Bat. I. 315. (non C. B. Clarke)1850

Ligustrum japonicum auct. non Thunb. 1784;Rehd. in Journ. Arn. Arb. 25:305. 1934

小叶女贞 Ligustrum quihoui Carr. in Rev. Hort. Paristatis 1869：377. 1869

  Ligustrum brachystachyum Decne. in Nouv. Arch. Mus. Hist. Nat. Paris ser. 2. 2：35. 1879，"brachystachyum"

  Ligustridium argyi Lévl. in Mem. Acal. Ci. Art. Barcelona ser. 3, 12(22)：557. 1916

  Ligustrum quihoui Carr. var. *brachystachyum*(Decne.)Hand. – Mazz. Symb. Sin. 7：1011. 1936

  Ligustrum quihoui Carr. var. trichopodum Y. C. Yang in Contr. Biol. Lab. Sci. Soc. China Bot. Ser. 12：111. 1939

小蜡 Ligustrum sinense Lour.，Fl. Cochinch. 1：23. 1790

  Ligustrum calleryanum Decaisne in Nouv. Arch. Mus. Hist. Nat. Paris，sér. 2,2：235. 1879

  Ligustrum stauntoni DC.，Prodr. 8：294. 1844

  Ligustrum deciduum Hemsl. in Journ. Linn. Soc. Bot. 26：90. 1889

  Ligustrum sienese Lour. var. *stauntonii*(DC.)Rhed. in Bailey，Cycl. Am. Hort. 2：913. 1900 et in Sargent，Pl. Wils. II. 606. 1916

  Ligustrum sinense Lour. var. *nitidum* Rehd. in Bailey，Stand. Cycl. Hort. 4：1700. 1915 et in Sargent，Pl. Wils. II：606. 1916

  Ligustrum microcarpum Kanehira & Sasaki in Trans. Nat. Hist. Soc. Formos. 21：146.1931

  Ligustrum nokoense Masamune & Mori in Journ Soc. Trop. Agr. 4：191. 1932 "nokoensis"

  Ligustrum shakaroense Kanehira，Formos. Trees rev. ed. 620，f. 576. 1936

  Ligustrum microcarpum Kanehira & Sasaki var. *shakaroense*(Kanehira)Shimizu & Kao in Acta Phytotax，Geobot. 20：69. 1962

  Ligustrum pricei auct. non Hayata 1915：Mansf. 1. c. 59，Beibl. 132：56. 1924

素馨亚科 Oleaceae Lindl. sbufam. Jasminoideae Knobl. in Engl. & Plantl，Nat. Pflanzenfam. 4(2)：13. 1895

素馨族 Oleaceae Lindl. trib. Jasmineae in Engl. Gen. 573. 1838

素馨属 Jasminum Linn.，Sp. Pl. 7. 1753；Gen. Pl. ed. 5,7. 1754

迎春花 Jasminum nudiflorum Lindl. in Journ. Hort. Soc. London 1：153. 1846

  Jasminum angulare sensu Bunge in Mém. Div. Sav. Acad. Sci. St. Pétersb. 2：116(Enum. Pl. Bor. 42. 1833). 1835，non Vahl 1805

  Jasminum sieboldianum Blume，Mus. Bot. Ludg. – Bat. 1：280. 1850

迎夏　探春花 Jasminum floridum Bunge in Mém. Div. Sav. Acad. Sci. St. Pétersb. 2：116(Enum. Pl. Chin. Bor. 42. 1833). 1835

  Jasminum subulatum Lindl. in Bot. Rég. 18(Misc. not.)：57. 1842

  Jasminum floridum Bunge var. *spinescens* Diels in Bot. Jahrb. 29：534. 1901

  Jasminum argyi Lévl. in Mém. Acad. Ci. Art. Barcelona 12(no. 22). 557(Cat. Pl. Kiang – Sou,17). 1916，sphalm. "Argy."

野迎春　云南黄馨　云南黄素馨 Jasminum mesnyi Hancein Journ. Bot. 20：37. 1882

  Jasminum primulinum Hemsl. in Kew Bull. 1895：109. 1895

六十二、夹竹桃科 Apocynaceae Lindl.，Nat. Syst. Bot. ed. 2，299. 1836

夹竹桃亚科 Apocynaceae Lindl. subfam. Apocynoideae Woodson in Ann. Bot. Gard. 17：9. 1930

夹竹桃族 Apocynaceae Lindl. subtrib. Apocyneae Airy Shaw in Willis，Dict. Fl. Ferns rev. VII. 78. 1966

  Apocynaceae subtrib. *Apocyneae* Horaninov，Tetractya Nat. 27. 1843，nom. subnud.

夹竹桃属 Nerium Linn.，Sp. Pl. 209. 1753

夹竹桃 Nerium indicum Mill. , Gard. Dict. ed. 8, no. 2. 1786

　　Nerium odorum Soland in Aiton Hort. Kew ed. 1, 1 : 297. 1789

　　Nerium oleander Linn. var. indicum Degener et Greenwell in Degener Fl. Hawaii Family 305. 1952

'白花'夹竹桃 Nerium indicum Mill. 'Baihua'

　　Nerium indicum Mill. cv. Paihua

络石属 Trachelosprmus Lem. in Jard. Fleur. 1 : t. 61. 1851

素馨花络石 Trachelospermum jasminoides(Lindl.) Lem.

络石 Trachelospermum jasminoides(Lindl.) Lem. in Jard. Fleur. 1 : t. 61. 1851

　　Rhynchospermum jasminoides Lindl. in Journ. Hort. Soc. Lond. 1 : 74. f. 1846

鸡蛋花亚科 Apocynaceae Lindl. subfam. Plumerioideae K. Schum. in Engl. & Prantl, Nat. Pflanzenfam. 4,
　　2 : 122. 1895

鸡蛋花族 Apocynaceae Lindl. trib. Plumerieae A. DC. , Prodr. 8 : 345. 1844

蔓长春花属 Vinca Linn. , Sp. Pl. 209. 1753 ; Gen. Pl. ed. 5, 98. no. 261. 1754

小蔓长春花 Vinca minor Linn.

蔓长春花 Vinca major Linn. , Sp. Pl. 209. 1753

黄斑蔓长春花 Vinca major Linn. var. variegata Loudon, Arb. Brit. 2 : 1254. 1838

　　Vinca major Linn. f. variegata(Loud.) Rehd. in Bibliography of Cultivated Trees and Shrubs : 580. 1949

六十三、马鞭草科 Verbenaceae Juss. in Ann. Mus. Hist. Nat. Paris, 5 : 254. 1804

　　Vitices Juss. , Gen. Pl. 106. 1789

牡荆族 Verbenaceae Juss. trib. Viticeae Briq. in Engl. & Prantl, Nat. Pflanzenfam. 4(3a) : 169. 1897

牡荆属 Vitex Linn. , Sp. Pl. 638. 1753 ; Gen. Pl. ed. 5, 285. no. 708. 1754

黄荆 Vitex negundo Linn. , Sp. Pl. 638. 1753

　　Vitex bicolor Willd. , Enum. Hort. Berol. 660. 1809

　　Vitex arborea Desf. , Cat. Hort. Paris ed. III. 391. 1829

　　Vitex panicalata Lamk. , Encycl. Méth. II. 612. 1781

　　Vitex negundo Linn. var. bicolor Zam, Verb. Malay. Archip. 191. 1919, et in Bull. Jard. Bot. Buitenz.
　　　　sér. 3, 3 : 56. 1921, et in Bot. Jahrb. 69 : 27. 1925

荆条 Vitex negundo Linn. var. heterophylla(Franch.) Rehd. in Journ. Arnold Arb. 28 : 258. 1947

　　Vitex incisa Lam. var. heterophylla Franch. in Nouv. Arch. Mus. Paris sér. 2, 6 : 112. 1883

　　Vitex chinensis Mill. , Gard. ed. 8. n. 5. 1768

　　Vitex incisa Lamk. , Encycl. Meth. II. 612. 1788

　　Vitex negundo Linn. var. incisa(Lam.) C. B. Clarke in Hook. f. Fl. Brit. Ind. 4 : 584. 1885

　　Vitex incisa Lam. var. heterophylla Franch. in Nouv. Arch. Mus. Hist. Nat. Paris 11, 6 : 112. 1883

大青族 Verbenaceae Juss. trib. Clerodendreae Briq. in Engl. & Prantl, Nat. Pflanzenfam. 4(3a) : 173. 1897

大青属 Clerodendrum Linn. , Sp. Pl. 637. 1753. " Clerodendron ", et Gen. Pl. ed. 5, 285. no. 707. 1754

海州常山 Clerodendrum trichotomum Thunb. , Fl. Jap. 256. 1784

六十四、茄科 Solanaceae Persoon, Syn. Pl. 1 : 214. 1805

　　Solaneae Juss. , Gen. Pl. 124. 1789

枸杞属 Lycium Linn. , Sp. Pl. 191. 1753 ; Gen. Pl. ed. 5, 88. no. 232. 1754

枸杞 Lycium chinense Mill. , Gard. Dict. ed. 8, L. no. 5. 1768

　　Lycium barbarum Thhunb. β. chinense Aiton, Hort. Kew. 1 : 257. 1789

Lycium trewianum Roemer et Schultes, Syst. Vég. 4:693. 1819

Lycium sinense Grenier et Godron, Fl. Françe II. 542. 1850

Lycium rhombifolium Dipp. in Dosch et Scriba, Excurs Grossb. ed. 3,218. 1888

Lycium rhombifolium Dipp. ex Dosch et Scriba, Excurs. Fl. Grossh. Hess ed. 3,218. 1888

Lycium chinense Mill. var. *ovatum* C. K. Schneid., Ⅲ. Hando. Laubholzk. II. 611. f. 395. f – g. 1907 – 12

Lycium gistocarpum Dunal var. *ovatum* Danal in DC. Prodr. 13(1):510. 1852.

六十五、玄参科 Scrophulariaceae Lind. , Nat. Syst. Bot. ed. 2,288. 1836

泡桐属 Paulownia Sieb. & Zucc. ,Fl. Jap. 1:25. t. 10. 1835

白花泡桐 Paulownia fortunei(Seem.)Hemsl. ,Gard. Chron. sér. 3,7:448. 1890,et Journ. Linn. Soc. Bot. 26:180. 1890,p. p. excl. Specum. Shangtung

Campsis fortunei Seem. in Journ. Bot. V:373. 1867

Paulownia imporialis auct. non. Sieb. & Zucc. in Hance,Journ. Bot. 23:326. 1886

Paulownia mikado Ito ,Journ. Hort. Soc. Jap. 23,1:5. 1910

Paulownia duclouxii Dode in Bull. Soc. Dendr. Françe 161. 1908

Paulownia longifolia Hand. – Muzz. ,Symb. Sin. VII. 832. 1936,nom. nud.

Paulownia fortunei Hemsl. in Jopurn. Linn. Soc. Bot. 26:180. 1890

Paulownia imporialis Hance in Journ. Journ. Bot. 23:326(non Sieb. & Zucc.). 1885

楸叶泡桐 *Paulownia fortunei* auct. non. Seem. ;in Journ Linn. Soc. 26:180. 1890. p. p.

Paulownia elongata S. Y. Hu. ,Quart. Journ. Taiw. Mus. 12:no. 1 & 2. 44. 1959.

兰考泡桐 Paulownia elongata S. Y. Hu ,Quart. Journ. Taiw. Mus. 12:no. 1 & 2. 41. Pl. 3. 1959,p. p. excl. specim Shantung

Paulownia fortunei auct. non. Hemsl. ;Pai in Contr. Inst. Bot. Nat. Acad. Peiping 2:187. 1934. p. p.

六十六、紫葳科 Bignoniaceae Pers. ,Syn. Pl. 2:168. 1806,p. p.

梓树属 Catalpa Scop. ,Introd. Hist. Nat. 170. 1771

楸树 Catalpa bungei C. A. Mey. in Bull. Acad. Sci. St. Pétersb. 2:49. 1837

Catapa syringfolia sensu Bunge in Mém. Div. Sav. Acad. Sci. St. Pétersb. 2:119(Enum. Pl. Chin. 45. 1833). 1835. non Sime 1806

灰楸 Catalpa farghesii Bureau in Nouv. Arch. Mus. Hist. Nat. Paris,ser. 3,6:195. 1894

凌霄属 Campsis Lour. ,Fl. Cochinch. 377. 1790

凌霄 Campsis grandiflora(Thunb.)K. Schum. in Nat. Pflanzenfam. IV. 3b:230. 1894

Bignonia grandiflora Thunb. ,Fl. Jap. 253. 1784

Bignonia chinensis Lam. ,Encycl. Meth. 1:423. 1785

Campsis adrepens Lour. ,Fl. Cochinch. 2:377. 1790

Tecoma grandiflora Loisel. ,Herb. Amst. 5:t. 286. 1821

Tecoma chinensis K. Koch ,Dendr. 2:307. 1872

Campsis chinensis Voss ,Vilmor. Blumengärt. 1:801. 1896

美国凌霄 厚萼凌霄 Campsis radicans(Linn.)Seem. in Journ. Bot. 5:372. 1867

Bignonia radicans Linn. ,Sp. Pl. 624. 1753

Tecoma radicans Juss. ex Spreng. ,Vég. Syst. II. 834. 1823

菜豆树属 Radermachera Zoll. & Mor. in Zoll. Syst. Verz. III. 53. 1855

Stereospermum sect. 3. *Radermachera* Benth. in Benth et Hook. f. Gen. Pl. II. 1047

Radermachera Zoll. & Mor. sect. *Alatae* van Steenis in Acta Bot. Neerl. II. 307. 1953

菜豆树 Radermachera sinica(Hance)Hemsl. in Hook. f. Icon. Pl. 28 : sub. Pl. 2728. 1902

    Stereospermum sinicum Hance in Journ. Bot. 20 : 16. 1882

    Radermachera tonkinensis Dop. in Bull. Mus. Hist. Nat. Paris 32 : 233. 1926

六十七、忍冬科 Caprifopliaceae Ventenat, Tabl. Règ. Vég. 2 : 593. 1799

接骨木族 Caprifopliaceae Ventenat trib. Sambuceae (H. B. K.) Fritsch in Nat. Pflanzenfam. IV. 4 : 161. 1891

接骨木属 Sambucus Linn. , Sp. Pl. 269. 1753 , et Gen. Pl. ed. 5 , 130. no. 334. 1754

接骨木 Sambucus williamsii Hance in Ann. Sci. Nat. sér. 5 , 5 : 217. 1866

    Sambucus foetidissima Nakai et Kitag. in Rep. Ist. Sci. Exp. Manchoukuo 4(1) : 12. 1934

    Sambucus manshurica Kitag. in Rep. Ist. Sci. Res. Manchoukuo 4 : 117. 1940

    Sambucus latipinna Nakai var. *pendula* Skv.

    Sambucus latipinna Nakai in Bot. Mag. Tokyo , 30 : 290. 1916

    Sambucus sieboldiana auct. non Bl. : Graebn. in Bot. Jahrb. 29 : 584. 1901

    Sambucus coreana auct. non Kom.

    Sambucus latipinna auct. non Nakai

    Sambucus foetidissima Nakai f. *flava* Skv. et Wang – Wei

荚蒾族 Caprifopliaceae Ventenat trib. Viburnum Linn. , Sp. Pl. 267. 1753

荚蒾属 Viburnum Linn. , Sp. Pl. 267. 1753

珊瑚朴 Viburnum odoratissmum Ker – Gawl. var. awabuki(K. Koch)Zabei ex Rumpl. , III. Gartenbau – Lex III. 877. 1902

    Viburnum awabuki K. Koch , Wochenschr. Gaertn. Pflanzenfam. 10 : 108. 1867

    Viburnum odoratissmum Ker – Gawl. var. *arboricolum* (Hayata)Yamamoto in Journ. Soc. Trop. Agr. 8 : 69. 1936

绣球荚蒾 Viburnum macrocephalum Fort. in Journ. Hort. Soc. Lond. 2 : 244. 1847

    Viburnum macrocephalum Fort. *a. sterile* Dipp. , Handb. Laubh. 1 : 178. 1889

    Viburnum keteleeriii macrocephalum Carr. in Rev. Hort. 1863 : 271. 1863

绣球荚蒾 Viburnum macrocephalum Fort. f. macrocephalum

天目琼花 Viburnum macrocephalum Fort. f. keteleeri (Carr.) Rehd. in Bibliography of Cultivated Treea and Shrubs : 603. 1949

    Viburnum keteleeriii Carr. in Rev. Hort. 1863 : 269. f. 31. 1863

    Viburnum arborescens Hemsl. in Journ. Linn. Soc. Lond. Bot. 23 : 349. 1888

    Viburnum macrocephalum keteleeriii Nichols. , III. Dict. Gard. 4 : 155. f. 168. 1887

    Viburnum macrocephalum auct. non Fort.

小瓣天目琼花 Viburnum macrocephalum Fort. f. parva T. B. Zhao , J. T. Chen et J. H. Mi

锦带花族 Caprifopliaceae trib. Diervilleae C. A. Mey. in Bull. Phys. – Math. Acad. Sci. St. Pétersb. 13 : 219. 1855

锦带花属 Weigela Thunb. in Svenska Vetensk. Acad. Handl. sér. 2 , 1 : 137. t. 5. 1780

锦带花 Weigela florida(Bunge)A. DC. in Ann. Sci. Nat. Bot. sér. 2 , 11 : 241. 1839

    Calysphyrum floridum Bunge , Enum. Pl. Chin. Bor. 33. 1833

    Diervilla florida Sieb. & Zucc. , Fl. Jap. 1 : 75. 1838

Weigela pauciflora A. DC. in Ann. Sci. Nat. Bot. sér. 2,11:241. 1839

Calysphyrum floridum Bunge,in Mém. Sav. Div. Sav. Acad. Sci. St. Pétersb. 2:108(Enum. Pl. Chin. Bor. 34. 1833). 1835

红王子锦带 Weigela florida(Bunge)A. DC. ' Red Prince'

忍冬族 Caprifopliaceae Ventenat trib. Lonicereae R. Br. in Abel. Narr. Journ. China App. B. 376. 1818,et ex DC. Prodr. 4:329. 1830,p. p. typ.

忍冬属 Lonicera Linn. ,Sp. Pl. 173. 1753,exclud. sp. nonnull.

忍冬 金银花 Lonicera japonica Thunb. ,Fl. Jap. 89. 1784

Caprifolium japonicum Dum. ,Cour. Bot. Cult. ed. 2,7:209. 1814

Nintooa japonica Sweet. ,Hort. Brit. ed. 2,258. 1930

Lonicera faurici Lévl. et Vant. in Fedde,Repert. Sp. Nov. V. 100. 1908

Lonicera japonica Thunb. var. *sempervillosa* Hayata,1. c. Pl. Formos. 9:47. 1920

金银忍冬 Lonicera maackii(Rupr.)Maxim. in Mém. Div. Sav. Acad. Sci. St. Pétersb. 9:136(Prim. Fl. Amur.). 1859

Xylosteum maackii Rupr. in Bull. Phys. – Math. Acad. Sci. St. Pétersb. 15:369. 1857

Caprifolium maackii O. Ktze. ,Rev. Gen. Pl. I:274. 1891

Lonicera maackii(Rupr.)Maxim. var. *typica* Nakai in Journ. Jap. Bot. 14:366. 1938

新疆忍冬 Lonicera tatarica Linn. ,Sp. Pl. 173. 1753

Caprifolium tataricum O. Ktze. ,Rev. Gen. Pl. 1:274. 1891

亮叶忍冬 Lonicera nitida Wils. in Gard. Chron. sér. 3, 50:102. 1911

——Boerner in Mittel. Deutsch. Dendr. Ges. 45:93. 1933

Lonicera ligustrina Wall. subsp. *yunnanensis*(Franch.)Hsu et H. J. Wang in Acta Phytotax. Sinica 17 (4):77. 1979

Lonicera ligustrina Wall. β. *yunnanensis* Franch. in Journ. de Bot. 10:317. 1896

Lonicera pileata Oliv. f. *yunnanensis*(Franch.)Rehd. ,Syn. Lonicera 76. 1903

'匍枝'亮绿忍冬 Lonicera nitida Wils. 'Maigrun'

北极花族 Caprifopliaceae Ventenat trib. Dumortier Anal,Fam. Pl. 33. 1929

六道木属 Abelia R. Br. in Abel,Narr. Journ. China,App. B. 376. 1818

六道木 Abelia biflora Turcz. in Bull. Soc. Nat. Mosc. 10,7:152. 1837

Zapelia biflora(Turcz.)Makino in Makinoa 9:175. 1948

Abelia davidii Hance in Journ. Bot. 4:329. 1868,et 13:132. 1875

大花六道木 Abelia grandiflora(André)Rehd. in Bailey,Cycl. Am. Hort. [1]:1. 1900

Abelia uniflora R. Br. in Wallich,Pl. As. Rar. 1 15. 1830

Linnaea uniflora A. Braun & Vatke in Oester. Bot. Zeitschr. 22:292. 1872

糯米条 Abelia chinensis R. Br. in Abel,Narr. Journ. China App. B. 376. 1818

Abelia rupestris Lindl. in Bot. Règ. 32:t. 8. 1846

Abelia Hanceana Martius ex Hanceana in Ann. Sci. Nat. Bot. sér. 5,5:216. 1866

Linnaea chinensis A. Braun & Vatke in Oester. Bot. Zeitschr. 22:291. 1872

六十八、禾本科 Gramineae Necker in Act. Acad. Elect. Theod. – Palat. 2:455. 1770,nom. subnud.

竹亚科 Gramineae Necker subfam. Bambusoideae Nees,Bamb. Bras. in Linnaea 9:461. 464. 1835.

"Bambusoideae"

Gramineae Necker subfam. *Bambusoideae* (Aschers. & Gracbn.) Rehd. in Journ. Arnold. Arb. 26:78. 1945

倭竹族 Gramineae Necker trib. Shibataeeae Nakai in Journ. Jap. Bot. 9:83. 1933 (incl. Gen. Shibataea Makino tantum)

——Nakai emend. Keng f. in Journ. Nanjing Univ. (Nat. Sci. ed.)22(3):409. 1986

Phyllostachydeae Keng et Keng f. in Clav. Fam spermatophyt sin（中国种子植物分科检索表）, ed. 2. 55, 69. 1957

刚竹属 Phuyllostachys Sieb. & Zucc. in Abh. Akad. München. III. 745. 1843 [1844?] , nom. cons. non Torrey 1836

金竹 Phyllostachys sulphurea(Carr.)A. et C. Riv. in Bull. Soc. Acclim. III. 5:773. 1878

Bambusa sulfurea Carr. in Rev. Hort. 1873:379. 1873

Phyllostachys castilloni var. *holochrysa* Pfitz. in Deut. Dendr. Ges. Mitt. 14:60. 1905

Phyllostachys quilioi A. et C. Riv. var. *castillonis – holochrysa* Regel ex H. de Leh. , Leb. , Bamb. 1:118. 1906

Phyllostachys mitis A. et C. Riv. var. *sulphurea*(Carr.)H. de Leh. in l. c. 2:214. pl. 8. 1907

Phyllostachys bambusoides Sieb. & Zucc. var. *castilloni – holochrysa*(Pfitz.)H. de Leh. in Act. Congr. Int. Bot. Brux. 2:228. 1910

Phyllostachys reticulata(Rupr.)C. Koch. var. *sulphurea*(Carr.)Makino in Bot. Mag. Tokyo 26:24. 1912

Phyllostachys bambusoides Sieb. & Zucc. var. *sulphurea* Makino ex Tsuboi, Illus. Jap. Sp. Bamb. ed. 2: 7. pl. 5. 1916

Phyllostachys reticulata. var. *holochysa*(Pfitz.)Nakai in Journ. Jap. Bot. 9:341. 1933

Phyllostachys bambusoides Sieb. Sieb. & Zucc. cv. Allgold McClure in Journ. Arn. Arb. 37:193. 1956. et in Agr. Handb. USDA No. 114:23. 1957

Phyllostachys viridis(R. A. Young)McClure f. *youngii* C. D. Chu et C. S. Chao in Act. Phytotax. Sin. 18. (2):169. 1980

Phyllostachys viridis(R. A. Young)McClure cv. Robert Young McClure 1956.

刚竹 Phyllostachys sulphurea(Carr.)A. et C. Riv. ' Viridis',

Phyllostachys mitis A. et C. Riv. in Bull. Soc. Acclim. 3,5:689. 1878, tantum descr. , excl. Syn;

Phyllostachys faberi Rendle in Journ. Linn. Soc. Bot. 36:439. 1904

Phyllostachys sulphurea(Carr.)A. et C. Riv. var. *viridis* R. A. Young in Journ. Wash. Acad. Sci. 27: 345. 1937

Phyllostachys viridis(R. A. Young)McClure in Journ. Arn. Arb. 37:192. 1956. et in Agr. Handb. USDA no. 114:62. f. 50. 1957

Phyllostachys chlorina Wen in Bull. Bot. Res. 2(1):61. f. 1. 1982

Phyllostachys villosa Wen in Bull. Bot. Res. 2(1):71. f. 9. 1982

Phyllostachys meyeri McMlure f. *sphaeroides* Wen in Bull. Bot. Res. 2(1):74. 1982.

'绿皮黄筋' 竹 *Phyllostachys viridis*(R. A. Young)McClure f. *houzeauana* McClure in Agr. Handb. USDA No. 114:65. 1957

Phyllostachys sulphurea(Carr.)A. et C. Riv. var. *viridis* R. A. Young f. *houzeauana*(C. D. Chu et S. C. Chao)C. S. Chao et S. A. Renv. In Kew Bull. 43:419. 1988

'黄皮绿筋' 竹 *Phyllostachys viridis*(Young)McClure cv. Robert Young McClure Journ. Arn. Arb. 37:195.

1956,et Agr. Handb. USDA No. 114:64. 1957

Phyllostachys viridis(Young)McClure f. *aurata* Wen in journ. Bamb. Res. 3(2):35. 1984

Phyllostachys sulphurea(Carr.)A. et C. Riv. var. *viridis* R. A. Young f. *robertii* C. S. Chao et S. A. Renv. in Kew Bull. 43:419. 1988

北美箭竹族 Gramineae Necker trib. Arundinarieae Nees in Lionnaes 9:466. 1835

箬竹属 Indocalamus Nakai in Journ. Arn. Arb. 6:148. 1925

阔叶箬竹 Indocalamus latifolius(Keng)McClure,Sunyatsenia 6(1):37. 1941

Arundinaria latifolia Keng in Sinensis 6(2):147. 153. f. 1. 1935

Sasamorpha latifolia(Keng)Nakai ex Migo in Jorn. Shanghai Sci. Inst. III. 4(7):163. 1939

Sasamorpha migoi Nakai ex Migo,in Jorn. Shanghai Sci. Inst. III. 4(7):163. 1939

Indocalamus migoi (Nakai)Keng f. in Clav. Gen. et Sp. Gram. Prim. Sin. app. nom. Syst. 152. 1957

Indocalamus lacunosus Wen in Journ. Bamb. Res. 2(1):70. f. 21. 1983

六十九、棕榈科 Arecaceae(Palmae)

棕榈属 Trachycarpus H. Wendl. in Bull. Soc. Bot. France 8:429. 1861

棕榈 Trachycarpus fortunei(Hook.)H. Wendl. in Bull. Soc. Bot. France 8:429. 1861

Chaemaerops fortunei Hook. in Curtis's Bot. Mag. 86:t. 5221. 1860

Trachycarpus excelsus H. Wendl. in Bull. Soc. Bot. France 8:429. 1861

棕竹属 Rhapis Linn. f. ex Ait. Hort. Kew. 3:473. 1789;

棕竹 Rhapis excelsa (Thunb.) Henry ex Rehd. in Journ. Arnold Arbor. 11: 153. 1930

Chamaerops excelsa Thunb. non Mart. (1849) Fl. Jap. 130. 1784

Rhapis flabelliformis L'Herit. ex Ait. Hort. Kew. 3:473. 1789;

七十、百合科 Liliaceae Adanson,Fam. Pl. 2:42. 1763,p. p.

朱蕉属 Cordyline Comm. & Juss. ,Gen. 41. 1789,nom. conserv.

朱蕉 Cordyline fruticosa(Linn.)A. Cheval. ,Cat. Pl. Jard. Bot. Saigon. 66. 1919

Asparagus terminatis Linn. ,Sp. Pl. ed. 2,2:450. 1762

Cordyline terminatis(Linn.)Kunth in Abh. Arad. Berl. 30. 1820

Dracaena ferra Linn. ,Syst. Nat. ed. 12,2:246. 1767

Cordyline terminalis(Linn.)Kunth var. *ferra*(Linn.)Baker in Journ. of Bot. 11:265. 1873

Aletris chinensis Lam. ,Ensycl. I. 79. 1873

丝兰属 Yucca Linn. ,Sp. pl. 319. 1753

凤尾兰　剑麻 Yucca gloriosa linn. ,Sp. pl. 319. 1753

Yucca integerrima Stokes,Bot. Mat. Med. 2:267. 1812

Yucca acuminata Sweet,Brit. Flow. Gard. 2:t. 195. 1827.

七十一、芭蕉科 Musaceae

Musoideae K. Schum. in Engl. Pflanzenfam. 15a:538. 1930

芭蕉属 Musa Linn. ,Sp. Pl. 1043. 1753

芭蕉 Musa basjoo Sieb. & Zucc. in Verh. Batav. Gen. 12:18. 1830

Ⅱ. 日文参考文献

工藤佑舜. 昭和八年. 日本有用樹木學（第三版）. 東京：丸善株式会社

大井次三郎. 昭和 31 年. 日本植物誌（第二版）：552. 東京：株式会社至文堂

白澤保美. 明治四十四年. 日本森林樹木図譜 上册. 東京：成美堂書店

最新園芸大辞典辞典編集委員会. 昭和五十八年. 最新園芸大辞典 第 7 卷 L・M. 東京：株式会社 誠文堂新光社

東京博物学研究会. 明治四十一年. 植物圖鑑. 東京：北隆館书店

浅山英一. 太田洋愛, 二口善雄画. 1986. 園芸植物圖譜. 東京：株式会社 平凡社

牧野富太郎. 昭和五十四年. 牧野 新日本植物圖鑑（改正版）. 地球出版株式会社, 東京：北隆館 笫 35 版

仓田　悟. 1971. 原色　日本林業樹木図鑑 第 1 卷（改正版）. 東京：地球出版株式会社

仓田　悟. 1971. 原色　日本林业樹木図鑑. 第 2 卷　改正版. 東京：地球出版株式会社

仓田　悟. 1971. 原色　日本林業樹木図鑑 第 3 卷. 東京：地球出版株式会社

朝日新闻社. 1987. 朝日園芸植物事典. 東京：朝日新闻社

野間省一. 昭五十五年（1980）. 談社園芸大百科事典. 第 1 卷 早春の花. 東京：株式会社

最新園園芸大辞典編集委員会. 最新園芸大辞典. 昭和五十八年

Ⅲ. 中文参考文献

二画

丁宝章, 王遂义, 高增义主编. 河南植物志 第一册[M]. 郑州：河南人民出版社, 1981.

丁宝章, 王遂义主编. 河南植物志 第二册[M]. 郑州：河南科学技术出版社, 1990.

丁宝章, 王遂义主编. 河南植物志 第三册[M]. 郑州：河南科学技术出版社, 1997.

丁宝章, 王遂义主编. 河南植物志 第四册[M]. 郑州：河南科学技术出版社, 1998.

丁宝章, 赵天榜, 陈志秀, 等. 中国木兰属植物腋花、总状花序的首次发现和新分类群[J]. 河南农业大学学报, 19(4)：359. 1985.

三画

卫兆芬. 中国无忧花属、仪花属和紫荆属资料[J]. 广西植物, 3(1)：15. 1983.

山西省林业科学研究院编著. 山西树木志[M]. 太原：山西人民出版出, 1985.

山西省林学会杨树委员会. 山西省杨树图谱[M]. 太原：山西人民出版社, 1985.

山西省林业科学研究院编著. 山西树木志[M]. 太原：山西人民出版社, 1985.

广东省植物研究所编辑. 海南植物志 第二卷[M]. 北京：科学出版社, 1965.

广东省植物研究所编辑. 海南植物志 第三卷[M]. 北京：科学出版社, 1974.

广东省植物研究所编辑. 海南植物志 第四卷[M]. 北京：科学出版社, 1977.

四画

中国树木志编委会主编. 中国主要树种造林技术[M]. 北京：农业出版社, 1987.

中国科学院中国植物志编辑委员会. 中国植物志[M]. 北京：科学出版社, 多卷.

中国科学院植物研究所主编. 中国高等植物图鉴[M]. 北京：科学出版社, 多卷.

中国科学院昆明植物研究所编著. 云南植物志 第二卷[M]. 北京：科学出版社, 1979.

中国科学院昆明植物研究所编著. 云南植物志 第三卷[M]. 北京：科学出版社, 多卷.

中国科学院植物研究所编辑. 中国主要植物图说 5. 豆科[M]. 北京：科学出版社, 1955.

中国科学院西北植物研究所编著. 秦岭植物志[M]. 北京:科学出版社,1983. 多卷.

中国科学院武汉植物研究所编著. 湖北植物志 第二卷[M]. 武汉:湖北人民出版社,多卷.

云南植物研究所编著. 云南植物志 第一卷[M]. 北京:科学出版社,1977.

王文采主编. 中国高等植物彩色图鉴[M]. 北京:科学出版社,多卷.

王少义主编. 牡丹[M]. 北京:科学出版社,2011.

王遂义主编. 河南树木志[M]. 郑州:河南科学技术出版社,1994.

王章荣,等编著. 鹅掌楸属树种杂交育种与利用[M]. 北京:中国林业出版社,2016.

王世光,薛永卿主编. 中国现代月季[M]. 郑州:河南科学技术出版社,2010.

王建勋,杨谦,赵杰,等. 朱砂玉兰品种资源及繁育技术[J]. 安徽农业科学,36(4):1424. 2008.

王莲英主编. 中国牡丹品种图志[M]. 北京:中国林业出版社,1998.

王浚明,黄品龙编著. 枣树栽培[M]. 郑州:河南科学技术出版社,1982.

方文培主编. 峨眉植物图志 第一卷 第二册[M]. 上海:商务印书馆,1942.

孔庆莱,吴德亮,李祥麟,等编著. 植物学大辞典[M]. 上海:商务印书馆,1933.

牛春山主编. 陕西杨树[M]. 西安:陕西科技出版社,1980.

内蒙古植物志编委会编著. 内蒙古植物志.[M]. 乌兰巴托:内蒙古人民出版社,多卷.

五画

卢炯林,余学友,张俊朴,等主编. 河南木本植物图鉴[M]. 香港:新世纪出版社,1998.

《四川植物志》编辑委员会主编. 四川植物志[M]. 成都:四川科学技术出版社,多卷.

田国行,傅大立,赵天榜,等. 玉兰新分类系统的研究[J]. 植物研究. 26(1):35. 2006.

田国行,傅大立,赵东武,等. 玉兰属植物资源与新分类系统的研究[J]. 中国农学通报,22(5):409. 2006.

史作宪,赵体顺,赵天榜,等主编. 林业技术手册[M]. 郑州:河南科学技术出版出,1988

六画

朱长山,杨好伟主编. 河南种子植物检索表[M]. 兰州:兰州大学出版社,1994.

朱长山,李学德. 河南紫荆属订正[J]. 云南植物学研究,18(2)175. 204. 1996

竹内亮著. 中国东北裸子植物研究资料[M]. 北京:中国林业出版社,1958.

刘玉壶主编. 中国木兰[M]. 北京:北京科学技术出版社,2004.

刘玉壶. 木兰科分类系统的初步研究[J]. 植物分类学报,22(2):89～109. 1984

刘秀丽. 中国玉兰种质资源调查及亲缘关系的研究[D]. 北京林业大学博士论文,2011.

刘慎谔主编. 东北木本植物图志[M]. 北京:科学出版社,1955.

安徽植物志协作组编. 安徽植物志[M]. 合肥:安徽科学技术出版社,多卷

安徽经济植物志增修编写办公室,安徽省人民政府经济文化研究中心. 安徽经济植物志[M]. 合肥:安徽科学技术出版社,1990.

孙军,赵东欣,赵东武,等. 望春玉兰品种资源与分类系统的研究[J]. 安徽农业科学,36(22):9492～9492. 9501. 2008.

孙军,赵东欣,傅大立,等. 玉兰种质资源与分类系统的研究[J]. 安徽农业科学,36(5):1826. 2008.

史作宪,赵体顺,赵天榜,等主编. 林业技术手册[M]. 郑州:河南科学技术出版社,1988.

西南林学院,云南省林业厅编著. 云南树木图志[M]. 昆明:云南科技出版社,1990.

邢福武主编. 中国的珍稀植物[M]. 长沙:湖南教育出版社,2005.

华北树木志编写组. 华北树木志[M]. 北京:中国林业出版社,1984.

江苏省植物研究所编. 江苏植物志 上册[M]. 南京:江苏人民出版社,1977.

江苏省植物研究所. 江苏植物志 下册[M]. 南京:江苏人民出版社,1982.

闫双喜,刘保国,李永华主编. 景观园林植物图鉴[M]. 郑州:河南科学技术出版社,1913.

七画

宋良红,李全红主编. 碧沙岗海棠[M]. 长春:东北师范大学出版社,2011.

陈嵘著. 中国树木分类学[M]. 上海:商务印书馆,1937.

陈焕镛主编. 中山大学农林植物所专刊[M]. 广州:中山大学农林植物研究所,1:280. 1924.

陈焕镛主编. 海南植物志 第一卷[M]. 北京:科学出版社,1964.

陈根荣编著. 浙江树木图鉴[M]. 北京:中国林业出版社,2009.

陈俊愉,刘师汉,等编. 园林花卉(增订本)[M]. 上海:上海科学技术出版社,1980.

陈有民主编. 园林树木学[M]. 北京:中国林业出版社,1988.

陈守良,贾良志主编. 中国竹谱[M]. 北京:科学出版社,1988.

侯昭宽编著. 广州植物志[M]. 北京:科学出版社,1956.

吴中伦. 中国松属的分类与分布[J]. 植物分类学报,5(3):155. 1956.

吴征镒主编. 西藏植物志[M]. 北京:科学出版社,多卷.

李书心主编. 辽宁植物志 上册[M]. 沈阳:辽宁科学技术出版社,1988.

李书心主编. 辽宁植物志 下册[M]. 沈阳:辽宁科学技术出版社,1989.

李淑玲,戴丰瑞主编. 林木良种繁育学[M]. 郑州:河南科学技术出版社,1996.

李顺卿著. 中国森林植物学(FOREST BOTANY OF CHINA)[M]. 上海:.商务印书馆,1935.

李振卿,陈建业,李红伟,等主编. 彩叶树种栽培与应用[M]. 北京:中国农业大学出版社,2011.

李法曾主编. 山东植物精要[M]. 北京:科学出版社,2004.

李芳东,乔 杰,王保平,等著. 中国泡桐属种质资源图谱[M]. 北京:中国林业出版社,2013.

杨有乾,李秀生编著. 林木病虫害防治[M]. 郑州:河南科学技术出版社,1982.

张天麟编著. 园林树木 1600 种[M]. 北京:中国建筑工业出版社,2010.

张启泰,冯志舟,杨增宏. 奇花异木(KURIOZAJ FLOROJ KAJ ARBOJ)[M]. 北京:中国世界语出版社,
    1989.

汪祖华等主编. 中国果树志 桃卷[M]. 北京:中国林业出版社,2001.

应俊生,张玉龙著. 中国种子植物特有属[M]. 北京:科学出版社,1994.

八画

郑万钧主编. 中国树木志[M]. 北京:中国林业出版社,4 卷.

郑万钧. 中国松杉植物研究 I（英文）[J]. 中国科学社生物研究所论文集植物组,8:301. 1933.

郑万钧. Keteleeria davidiana auct. non Beissn[J]. 中研丛刊,2:104. 1931.

郑万钧,傅立国,诚静容. 中国裸子植物[J]. 植物分类学报,13(4):59. 1975.

周以良等编著. 黑龙江树木志[M]. 哈尔滨:黑龙江科学技术出版社,1986.

周汉藩著. 河北习见树木图说(THE FAMILIAR TREES OF HOPEI by H. F. Chow)[M]. 北京:静生生物
    调查所(PUBLISHED BY THE PEKING NATURAL HISTORYBULLETIN),1934.

赵天榜,陈志秀,曾庆乐,等编著. 木兰及其栽培. 郑州:河南科学技术出版社,1992.

赵天榜,郑同忠,李长欣,等主编. 河南主要树种栽培技术[M]. 郑州:河南科学技术出版社,1994.

赵天榜,袁雷生,张雪敏. 河南主要树种育苗技术[M]. 郑州:河南科学技术出版社,1983.

赵天榜,陈志秀,高炳振,等主编. 中国蜡梅[M]. 郑州:河南科学技术出版社,1993.

赵天榜,田国行,傅大立,等主编. 世界玉兰属植物资源与栽培利用[M]. 北京:科学出版社,2013.

赵天榜,任志锋,田国行主编. 世界玉兰属植物种质资源志[M]. 郑州:黄河水利出版社,2013.

赵天榜,宋良红,田国行,等主编. 河南玉兰栽培[M]. 郑州:黄河水利出版社,2015.

赵东武,赵东欣. 河南玉兰亚属植物种质资源与开发利用的研究[J]. 安徽农业科学,36(22):9488～9490. 2008.

赵天锡,陈章水主编. 中国杨树集约栽培[M]. 北京:中国科学技术出版社,1994.

河南农学院园林系杨树研究组(赵天榜). 毛白杨类型的研究[J]. 中国林业科学,1:14～20. 1978.

河南农学院园林系杨树研究组(赵天榜). 毛白杨起源与分类的初步研究[J]. 河南农学院科技通讯,2:20～41. 1978.

河南农学院林业试验站(赵天榜). 侧柏播种育苗丰产经验总结[M]. 北京:中国林业出版社,1960.

河南农学院园林系编(赵天榜). 杨树. 郑州:河南人民出版社,1974.

河南农学院园林系编(赵天榜). 刺槐. 郑州:河南人民出版社,1979.

河南农学院园林系编(赵天榜). 悬铃木. 郑州:河南人民出版社,1978.

河南农学院园林系杨树研究组等(赵天榜). 沙兰杨、意大利 I-214 杨引种生长情况的初步调查报告. 河南农学院科技通讯,1978,2:66～76. 1978.

河北农业大学主编. 果树栽培学各论 下册[M]. 北京:农业出版社,1980.

河北植物志编辑委员会. 贺士元主编. 河北植物志 上册[M]. 石家庄:河北科学技术出版社,1986.

河北植物志编辑委员会. 河北植物志 下册[M]. 石家庄:河北科学技术出版社,1989.

武全安主编. 中国云南野生植物花卉[M]. 北京:中国林业出版社,1993.

金平亮三著. 台湾树木志[M]. 台北: 1917.

金平亮三著. 台湾树木志 增补改版[M]. 台北: 1936

林有润主编. 观赏棕榈[M]. 哈尔滨:黑龙江科学技术出版社,2003.

九画

贺士元,邢其华,尹祖棠,等编. 北京植物志(上册)[M]. 北京:北京出版社,1984.

贺士元,邢其华,尹祖棠,等编. 北京植物志(下册)[M]. 北京:北京出版出,1989.

郝景盛. 中国植物图志 第二册. 忍冬科(法文)Capifoliaceae, in Flore illustree du Nord la ChineHopei (Chihli) etses provinces voisines [M]. 北平:北平研究院,1934.

郝景盛著. 中国裸子植物志[M]. 北京:人民出版社,1941.

郝景盛著. 中国裸子植物志 再版[M]. 北京:人民出版社,1951.

南京林学院树木学教研组主编. 树木学(上册)[M]. 北京:农业出版社,1961.

南京林学院树木学教研组主编. 树木学(下册)[M]. 北京:农业出版社,1961.

俞德浚编著. 中国果树分类学[M]. 北京:农业出版社,1979.

贵州植物志编辑委员会编. 贵州植物志[M]. 贵州:贵州人民出版社出版社,多卷.

侯宽昭编著. 广州植物志[M]. 北京:科学出版社,1956.

侯宽昭编. 中国种子植物科属词典 修订版[M]. 北京:科学出版社,1984.

胡先骕. 中国东南诸省森林植物初步之观察[J].中国科学社生物研究所论文集,2(5):4. 15. 1926.

姜文荣,赵天榜,孙养正. 侧柏育苗丰产经验总结[J]. 林业科学,363～369. 1959.

钟如松编著. 引种棕榈图谱[M]. 北京:安徽科学技术出版社,2004.

十画

徐纬英主编. 杨树[M]. 哈尔滨:黑龙江人民出版社,1988.

徐炳声. 中国东南部植物区系资料 I[J].. 植物分类学报,11(2):193. 1966.

贾祖璋,贾祖珊. 中国植物图鉴[M]. 北京:中华书局,1955.

浙江植物志编辑委员会. 浙江植物志[M]. 杭州:浙江科技出版社,1993.

浙江植物志编辑委员会编辑. 浙江植物志 第二卷[M]. 杭州:浙江科学技术出版社,1992.

郭善基主编. 中国果树志 银杏卷[M]. 北京:中国林业出版社,1993.

郭成源,王海生,侯鲁文,等编著. 彩叶园林树木 150 种[M]. 北京:中国建筑工业出版社,2009.

钱崇澍. 安徽黄山植物之初步观察[J]. 中国科学社生物所论文集,3:27. 1927.

钱崇澍主编. 中国森林植物志 第一卷 第二册[M]. 北京:中国科学社生物研究所,1950.

十一画

龚桐. 中国泡桐属植物的研究[J]. 植物分类学报,14(2):38～50. 1976.

曹福亮主编. 中国银杏志[M]. 北京:中国林业出版社,2007.

曹福亮著. 中国银杏[M]. 南京:江苏科学技术出版社,2002.

商业部土产废品局等主编. 中国经济植物志[M]. 北京:科学出版社,2012.

黄山风景区管理委员会编. 黄山珍稀植物[M]. 北京:中国林业出版社,2006.

十二画

湖北省植物研究所编著. 湖北植物志 第一卷[M]. 武汉:湖北人民出版社,1976.

傅大立. 玉兰属的研究[J]. 武汉植物学研究,19(3):191～198. 2001.

傅大立,赵天榜,孙卫邦,等. 关于木兰属玉兰亚属分组问题的探讨[J]. 中南林学院学报,19(2):23～28. 1999.

傅立国,陈潭清,郎楷永,等主编. 中国高等植物[M]. 青岛:青岛出版社,多卷.

谢彩云主编. 绿城明珠[M]. 郑州:中州古籍出版社,2012.

十三画

潘志刚等编著. 中国主要外来树种引种栽培[M]. 北京:北京科学出版社,1994.

蒋建平主编. 泡桐栽培学[M]. 北京:中国林业出版社,1990.

福建省科学技术委员会,《福建植物志》编写组编著. 福建植物志[M]. 福州:福建科学技术出版社,多卷.

新疆植物志编辑委员会主编. 新疆植物志[M]. 乌鲁木齐:新疆科技卫生出版社,多卷.

十四画

裴鉴,单人骅,周太炎,等主编. 江苏南部种子植物手册[M]. 北京:科学出版社,1959.

裴鉴,周太炎. 中国药用植物志[M]. 北京:科学出版社,1955.

十五画

潘志刚,游应天,等编著. 中国主要外来树种引种栽培[M]. 北京:北京科学出版社,1994.

十七画

戴天澍,敬根才,张清华,等主编. 鸡公山木本植物图鉴[M]. 北京:中国林业出版社,1991.

图版 1 1. 中国梦，2. 听香亭，3. 方鼎，4. 梦溪园，5. 广场，6. 君子桥，7. 湖中倒影，8. 铜币雕塑，9. 商魂，10. 叠石，11. 温室，12. 荷花展，13. 荷花仙子（陈俊通、赵天榜、米建华摄影，1、8、12、13. 选自《绿城明珠》）。

图版2　1. 展览馆，2. 紫荆花展，3. 儿童乐园，4. 苏铁属植物引种实验，5. 观察荷花引进新品种，6. 选育新品种海桐，7. 龙腾虎跃，8. 职工技术培训，9. 职工技术比赛，10. 技术知识阅读点，11. 作者指导研究生、本科生，12. 河南农业大学林学院学生实习，13. 研究修剪技术（米建华、李娜、赵天榜、陈俊通及李小康摄影，2、7～9. 选自《绿城明珠》）。

图版 3 1. 春意，2. 冬，3. 和谐，4. 金秋，5. 老人娱乐，6. 老人娱乐，7. 树下休息，8. 迎春欢乐，9. 歌唱娱乐，10. 书法比赛，11. 晨练，12. 跳舞表演，13. 王莲与幼儿，14. 鹭荷共存（赵天榜摄影，1～3、8～10、11～14. 选自《绿城明珠》）。

图版 4　苏铁：1. 小孢子叶球，2. 小孢子叶球，3. 大孢子叶球，4. 大孢子叶与种子，5. 种子。**华南苏铁：**6. 株形，7. 叶与大孢子叶球。**云南苏铁：**8. 株形，9. 叶柄。**篦齿苏铁：**10. 小孢子叶球，11. 大孢子叶球。**海南苏铁：**12. 株形，13. 大孢子叶球与叶茎部（10、11. 选自《中国高等植物彩色图鉴》，其余系赵天榜、陈志秀摄影）。

图版 5 银杏：1. 树形，2. 枝、叶与种子，3. 垂枝银杏，4. 塔形银杏。**南洋杉**：5. 枝与叶，6. 盆景。**云杉**：7. 株形，8. 枝、叶与球果，9. 球果。**雪松**：10. 树形，11. 枝、叶与雄球花，12. 成熟雄球花，13. 种鳞与种子（陈志秀、王华、赵天榜摄影）。

图版6 油松： 1. 树形，2. 枝、叶与雄球花，3. 枝、叶与雄球花，4. 枝叶与球果。
白皮松： 5. 树皮，6. 树皮，7. 叶与雄球花序，8. 枝、叶与成熟球果。**柳杉：**
9. 树形，10. 枝与叶，11. 枝、叶与球果。**水杉：** 12. 树形，13. 枝、叶与雄花序，
14. 枝、叶与球果（赵天榜、陈志秀摄影）。

图版 7 **北美香柏**：1. 树形，2. 枝、叶与果实。**翠柏**：3. 树形，4. 枝与叶，5. 枝叶与果实。**侧柏**：6. 枝与叶，7. 枝、叶与球果，8. 盆栽，9. 球果。**圆柏**：10. 株形，11. 株形，12. 枝、叶与果实，13. 龙柏树形，14. 龙柏球，15. 鹿角桧（陈俊通、赵天榜摄影，5. 选自《中国高等植植彩色图鉴》）。

图版 8　铺地柏：1. 株形，2. 枝与叶。刺柏：3. 株形，4. 枝、叶与果实。
罗汉松：5. 株形，6. 叶与雄球花序，7. 叶与雌花，8. 枝、叶与种子，9. 盆
栽。粗榧：10. 株形，11. 枝、叶与雄球花序，12. 枝、叶与种子，13. 种子。
红豆杉：14. 枝、叶与种子（陈俊通、赵天榜摄影，4. 选自《中国高等植
物彩色图鉴》，14. 选自《黄山珍稀植物》）。

图版 9　毛白杨: 1. 树皮, 2. 枝、叶与芽。**小叶毛白杨:** 3. 树皮, 4. 叶, 5. 果序。
箭杆毛白杨: 6. 叶, 7. '大皮孔'箭杆毛白杨树皮, 8. '小皮孔'箭杆毛白杨树皮。
河北毛白杨: 9. 树皮, 10. 枝与叶, 11. 叶 (赵天榜摄影)。

图版10 加拿大杨：1. 树形，2. 树皮，3. 叶。沙兰杨：4. 树形，5. 树皮，6. 枝、叶与芽。垂柳：7. 树形，8. 叶，9. 雄花序，10. 雌花序，11. '金枝'垂柳枝与叶。旱柳：12. 树形，13. 绦柳树形，14. 龙爪柳树形（赵天榜、陈俊通摄影，9、10. 选自《中国高等植物彩色图鉴》）。

图版 11　垂枝银柳：1. 树形，2. 枝、叶与芽，3. 雄花序，4. 枝、叶与二次花。**核桃**：5. 树形，6. 幼枝、叶与雄花，7. 枝、叶与果实，8. 果实。**魁核桃**：9. 树形，10. 枝、叶与雄花序，11. 雌花，12. 果实，13. 果核（赵天榜、陈俊通、王志毅摄影）。

图版 12　腺毛魁核桃：1. 枝密被多细胞柄腺毛，2. 枝、叶与果实，3. 果核。**枫杨：**4. 树形，5. 枝、叶与果序，6. 齿翅枫杨果序，7. 枝与叶。**榆树：**8. 树干，9. 枝与叶，10. 果实。**椰榆：**11. 树形，12. 树皮，13. 枝、叶与雄花，14. 枝、叶与翅果（赵天榜、陈俊通、李小康、米建华摄影）。

图版 13　朴树: 1. 树形, 2. 枝、叶与果实。**珊瑚朴:** 3. 枝与叶。**榉树:** 4. 树形, 5. 枝与叶。**构树:** 6. 枝、叶与雌花球, 7. 深裂叶构树叶, 8. 无裂叶构树叶。**无花果:** 9. 株形, 10. 叶, 11. 果实。**印度榕:** 12. 树形, 13. 叶（赵天榜、陈志秀、王华摄影）。

图版14 光叶子花：1. 花1，2. 花2。牡丹：3. 花色1，4. 花色2，5. 花色3，6. 花色4。紫斑牡丹：7. 花。日本小檗：8. 枝与叶，9. '紫叶'小檗株形，10. '紫叶'小檗枝与叶，11. '金叶'小檗株形。阔叶十大功劳：12. 叶，13. 叶与果序。十大功劳：14. 株形，15. 花序（赵东欣、陈志秀、赵天榜摄影，15. 选自《中国高等植物彩色图鉴》）。

图版 15　南天竹：1. 枝与叶，2. 花序，3. 果序，4. 紫叶南天竹，5. 线叶南天竹，6. '绿果'南天竹果序，7. '黄果'南天竹果序，8. '褐果'南天竹果序。**鹅掌楸**：9. 树形，10. 花，11. 叶与果实（陈俊通、陈志秀、赵天榜摄影，10、11. 选自《鹅掌楸属树种杂交育种与利用》）。

图版 16　荷花木兰：1. 树形，2. 叶，3. 花，4. 叶与果实。**玉兰**：5. 树形，6. 枝、叶与玉蕾，7. 玉蕾，8. 玉兰枝、叶玉蕾与聚生蓇葖果，9. 花，10. 花被片，11. 枝、叶与聚生蓇葖果，12. 塔形玉兰（赵天榜摄影）。

图版 17 **望春玉兰：** 1. 树形，2. 枝与叶，3. 玉蕾，4. 花，5. 枝、叶与聚生蓇葖果，6. '小蕾'望春玉兰玉蕾。**朱砂玉兰：** 7. 枝、叶与玉蕾，8. 花，9. 枝、叶与花，10. '紫霞'朱砂玉兰。**深山含笑：** 11. 枝与叶，12. 花，13. 果实（赵天榜摄影，12、13. 选自《中国高等植物彩色图鉴》）。

图版 18　蜡梅：1. 枝与叶，2.'黄龙紫'蜡梅，3.'大花素心'蜡梅，4.'卷被素心'蜡梅，5. 枝、叶与果托。**樟树：**6. 树形，7. 枝、叶与果序。**月桂：**8. 株形，9. 枝、叶与花序。**海桐：**10. 株形，11. 枝、叶与花，12. 枝、叶与果实，13.'无棱果'海桐枝、叶与果实，14.'无棱果'海桐果实横切面（陈志秀、赵天榜摄影）。

图版 19 ‘弯枝’海桐：1. 树形，2. 枝、叶与果实，3. 枝、叶与果实。**溲疏**：4. 株形，5. 枝与叶，6. 枝、叶与花序，7. 花序。**山梅花**：8. 株形，9. 枝与叶，10. 果序。**绣球**：11. 株形，12. 叶与果序（9、10. 王珂摄影，其他系赵天榜摄影，7. 选自《中国高等植物彩色图鉴》）。

图版 20 **继木**：1. 枝与叶，2. 花，3. 红花檵木枝、叶与花。**蚊母树**：4. 株形，5. 枝、叶与果实。**杜仲**：6. 枝与叶，7. 果实。**二球悬铃木**：8. 枝、叶与果球。**粉花绣线菊**：9. 枝、叶与花序。**麻叶绣线菊**：10. 株形，11. 枝与叶，12. 花序（7. 王珂摄影，其他系赵天榜摄影，3. 选自《中国高等植物彩色图鉴》）。

图版21　珍珠梅：1. 叶，2. 枝、叶与花序，3. 花序，4. 幼果序。**山楂：**5. 株形，6. 叶与花，7. 枝、叶与果序，8. 枝、叶与果实，9. 山里红果实。**石楠：**10. 株形，11. 果序，12. '红叶'石楠株形，13. '红叶'石楠幼枝与幼叶（赵天榜、陈俊通摄影）。

图版 22 椤木石楠：1. 株形，2. 枝与叶，3. 枝与叶。**枇杷**：4. 叶，5. 花，6. 果实。**榅桲**：7. 叶与花，8. 枝、叶与果实，9. 盆栽。**木瓜**：10. 树形，11. 枝与叶，12. 花，13. 枝、叶与果实，14. 果实（陈俊通、陈志秀、赵天榜摄影）。

图版 23 **贴梗海棠**：1. 花、枝，2. 枝、叶与果实，3. 叶与果实，4. 果实。**木瓜海棠**：5. 枝与叶，6. 枝、叶与果实。**杜梨**：7. 叶与花，8. 枝、叶与果实。**海棠花**：9. 枝与叶，10. 枝、叶与花，11. 重瓣粉海棠花，12. 果实（赵天榜、陈俊通、陈志秀摄影）。

图版24 **垂丝海棠**：1. 株形，2. 花，3. 枝、叶与果实。**八棱海棠**：4. 叶，5. 枝、叶与果实。**苹果**：6. 枝与叶，7. 叶与果实。**'红丽'海棠**：8. 叶，9. 花，10. 果实。**'绚丽'海棠**：11. 幼枝与幼叶，12. 花，13. 果实（赵天榜摄影，9、12、13. 选自《碧沙岗海棠》）。

24

图版 25 '宝石'海棠：1. 幼枝与幼叶，2. 花，3. 果实。**黄刺玫**：4. 叶，5. 枝、叶与花，6. 枝、叶与果实。**木香**：7. 株形，8. 叶，9. 枝、叶与花序。**玫瑰**：10. 株形，11. 花色 1，12. 花色 2，13. 果实（赵天榜、陈俊通摄影，2、3. 选自《碧沙岗海棠》，6、9、12、13. 选自《中国高等植物彩色图鉴》）。

图版 26 **月季花:** 1. 花色 1, 2. 花色 2, 3. 花色 3, 4. 花色 4。**野蔷薇:** 5. 花色 1, 6. 花色 2, 7. 七姊妹, 8. 野蔷薇花。**现代月季:** 9. 花色 1, 10. 花色 2, 11. 花色 3, 12. 花色 4, 13. 花色 5, 14. 花色 6, 15. 花色 7, 16. 花色 8, 17. 花色 9, 18. 花色 10 (陈俊通摄影, 7、8. 选自《中国高等植物彩色图鉴》)。

图版 27　杂种藤本月季： 1. 株形，2. 花色，3. 花色，4. '藤和平'月季。**榆叶梅：** 5. 枝与叶，6. 叶。**桃树：** 7. 叶，8. 花枝，9. 果实，10. 塔形桃，11. 白色桃花。**碧桃：** 12. 株形，13. 枝与叶，14. 果实，15. 白花碧桃花，16. 红花碧桃花，17. 紫叶桃幼枝与叶，18. 紫叶桃果实（陈俊通、赵天榜摄影，8. 米建华摄影）。

图版 28　垂枝桃：1. 株形。**寿星桃：**2. 株形，3. 叶，4. 果实。**山毛桃：**5. 株形，6. 枝与叶，7. 叶与果实。**杏树：**8. 枝与叶，9. 花，10. 果实。**梅树：**11. 株形，12. 叶，13. 花（陈俊通、赵天榜摄影，10、13. 选自《中国高等植物彩色图鉴》）。

图版 29　李树: 1. 株形, 2. 叶, 3. 花, 4. 枝、叶与果实, 5. 紫叶李枝与叶。**郁李:** 6. 株形, 7. 枝与叶, 8. 花, 9. 果实。**山樱花:** 10. 花枝 1, 11. 花枝 2, 12. 果实。(3、4、8、9、10、13. 选自《中国高等植物彩色图鉴》, 11. 选自《黄山珍稀植物》)。

图版30　日本晚樱：1. 叶，2. 花色1，3. 花色2，4. 花色3。**合欢：**5. 枝与叶，6. 叶与花序，7. 枝、叶、花序与果实。**皂荚：**8. 树形，9. 枝与叶，10. 枝刺，11. 叶与雄花序，12. 果实（陈俊通、赵天榜摄影）。

图版 31　湖北紫荆：1. 树形，2. 叶，3. 花枝，4. 果枝，5. 垂枝湖北紫荆荚果，
6. 少花湖北紫荆荚果。**黄山紫荆：**7. 株形，8. 幼枝与幼叶，9. 花枝，10. 花枝，
11. 盆栽，12. 荚果，13. 荚果成熟开裂状与种子（陈俊通、赵天榜、赵东欣摄影）。

图版 32 **紫荆**：1. 株形，2. 叶，3. 花枝，4. 果枝，5. 白花紫荆花枝，6. '瘤密花'紫荆花簇生，7. '紫果'毛紫荆枝、叶与荚果，8. '金帆'紫荆枝与叶。**加拿大紫荆**：9. 株形，10. 枝与叶，11. 枝、叶与荚果。'紫叶'加拿大紫荆：12. 株形，13. 叶，14. 枝与花序。**洋紫荆**：15. 枝与叶，16. 花，17. 果实（赵东欣、赵天榜摄影）。

图版 33　槐树：1. 树形，2. 枝、叶与花序，3. 叶与果实，4. '金枝'槐，5. 龙爪槐树形。白刺花：6. 枝与花序，7. 枝、叶与果实，8. 古桩。刺槐：9. 树形，10. 叶，11. 花序。紫藤：12. 枝态，13. 枝、叶与二次花序，14. 果实（陈志秀、赵天榜摄影）。

图版34　锦鸡儿：1. 枝与叶，2. 枝、叶与花。胡枝子：3. 株形，4. 枝与叶，5. 枝、叶与花序。花椒：6. 叶，7. 枝、叶与果序。竹叶椒：8. 叶。金橘：9. 叶与花，10. 枝、叶与果序。枳：11. 株形（盆栽），12. 枝、叶，13. 枝、刺针与花，14. 枝、刺与果实（王珂、米建华、陈俊通、赵天榜摄影，2. 选自《黄山珍稀植物》）。

图版35 **柑橘:** 1. 枝与叶，2. 果实。**佛手:** 3. 花，4. 枝、叶与果实。**臭椿:** 5. 叶，6. 花序，7. 叶与果序，8. '红叶'臭椿树形，9. '红叶'臭椿幼枝、叶与花序，10. '红叶'臭椿叶。**棟树:** 11. 花序，12. 枝、叶与果序。**香椿:** 13. 幼叶，14. 叶，15. 果序，16. '光皮'香椿树皮（赵天榜、陈俊通摄影，3、4. 选自《中国高等植物彩色图鉴》）。

图版 36 一叶萩：1. 枝、叶与果实。乌桕：2. 树形，3. 枝、叶与花序，4. 果实，5. 乌桕籽。重阳木：6. 树形，7. 叶，8. 枝、叶与果序。山麻杆：9. 枝与叶。黄杨：10. 株形，11. 枝与叶，12. 枝、叶与果实。雀舌黄杨：13. 株形，14. 枝与叶（陈俊通、赵天榜摄影，11、12、14. 选自《中国高等植物彩色图鉴》）。

图版 37 **盐肤木：**1. 株形，2. 叶，3. 叶与花序。**火炬树：**4. 枝与叶，5. 枝、叶与果序。**枸骨：**6. 枝与叶，7. 枝、叶与花序，8. 枝、叶与果实，9. 无刺枸骨株形，10. 无刺枸骨枝、叶与果实。**扶芳藤：**11. 株形，12. 枝与叶，13. 花，14. 枝、叶与果实（1～3. 王珂摄影，13、14. 选自《中国高等植物彩色图鉴》，其他系赵天榜摄影）。

图版38　爬行卫矛：1.株形，2.枝、叶与果序。冬青卫矛：3.株形，4.叶，5.花序，6.造型，7.金边冬青卫矛，8.银边冬青卫矛。白杜：9.花，10.枝、叶与幼果，11.果实。陕西卫矛：12.枝、叶与花，13.枝、叶与果实。胶州卫矛：14.株形（1～10、14.赵天榜摄影，9、11.选自《中国高等植物彩色图鉴》）。

图版 39　三角枫：1. 树形，2. 叶与花序，3. 枝、叶与果序，4. 垂枝三角枫。元宝枫：5. 枝与叶，6. 枝、叶与花序，7. 枝、叶与翅果。梣叶槭：8. 树形，9. 叶，10. 枝、叶与果序。鸡爪槭：11. 枝与叶，12. 枝、叶与翅果，13. 红枫枝与叶，14. 多裂鸡爪槭，15. 三红鸡爪槭枝、叶与果实（陈俊通、赵东武、赵天榜摄影，6. 选自《中国高等植物彩色图鉴》）。

图版40 七叶树：1.叶，2.叶与花序，3.叶与果序。栾树：4.树形，5.花序，6.叶与果序，7.二次花序与果序。全缘叶栾树：8.树形，9.叶，10.花序，11.花序枝，12.果序与果实（李小康、王珂、赵天榜摄影）。

图版41　**文冠果**：1. 叶，2. 花序，3. 枝、叶与果序。**枣树**：4. 树形，5. 枣吊与果实。**葡萄**：6. 叶，7. 幼枝、叶与卷须，8. 果序。**地锦**：9. 叶，10. 叶与果序。**五叶地锦**：11. 株形，12. 叶，13. 果实，14. 幼枝与叶。**三叶地锦**：15. 叶（赵天榜、陈俊通、赵东武摄影）。

图版 42　扁担杆：1. 株形，2. 花，3. 果序。**木槿**：4. 单瓣木槿，5. 复瓣木槿，6. 白花重瓣木槿，7. 粉红花重瓣木槿，8. 粉紫花重瓣木槿，9. 异瓣重瓣木槿，10. 白花单瓣木槿花。**木芙蓉**：11. 叶，12. 花。**梧桐**：13. 叶，14. 果序，15. 果皮与种子（陈俊通、赵天榜摄影，2. 选自《中国高等植物彩色图鉴》）。

图版43　山茶: 1. 株形, 2. 花。金丝桃: 3. 枝、叶与花。柽柳: 4. 株形, 5. 花序1, 6. 花序2。山桐子: 7. 枝、叶与果序。结香: 8. 株形, 9. 枝与叶, 10. 初花, 11. 花。胡颓子: 12. 枝与叶, 13. 枝、叶与果实, 14. 枝与果实（王华、王珂、赵天榜摄影）。

图版 44　紫薇: 1. 株形，2. 枝与叶，3. 粉花紫薇，4. 淡黄花紫薇，5. 银薇，6. 红薇，7. 翠薇。**石榴**: 8. 株形，9. 花，10. 果实，11. 白花石榴，12. 重瓣红石榴花，13. 盆景（赵东武、陈俊通、赵天榜摄影）。

图版 45 喜树：1. 果序，2. 叶与果序。**刺五加**：3. 株形，4. 枝、叶、刺与花序，5. 枝、刺与果序。**八角金盘**：6. 株形，7. 叶与花序。**常春藤**：8. 株形，9. 攀缘树干。**鹅掌柴**：10. 叶，11. 枝、叶与花序，12. 枝、叶与果序，13. 盆栽（陈俊通、赵天榜摄影，11、12. 陈俊通提供）。

图版46　山茱萸：1. 株形，2. 枝与叶，3. 花序，4. 果实。**红瑞木**：5. 株形，6. 叶与花序，7. 枝、叶与果序。**梾木**：8. 枝与叶，9. 枝、叶与花序，10. 枝、叶与果序。**毛梾**：11. 枝与叶，12. 花序，13. 果序（陈俊通、赵天榜摄影，7、9、10、12、13. 选自《中国高等植物彩色图鉴》）。

图版 47 青木： 1. 枝、叶与果序，2. 花叶青木，3. 花叶青木，4. 花叶青木。
毛叶杜鹃： 5. 株形（盆栽），6. 花。**君迁子：** 7. 枝、叶与果实。**柿树：** 8. 树形，
9. 枝、叶与雌花，10. 枝与果实。**特异柿树：** 11. 枝、叶与果实（1），12. 枝、
叶与果实（2）。**雪柳：** 13. 枝、叶与果序，14. 叶与果（赵天榜、陈俊通摄影，
1. 选自《中国高等植物彩色图鉴》）。

图版 48　白蜡树：1. 树形，2. 枝与叶，3. 果序，4. 狭翅白蜡树叶与果序。光蜡树：5. 树形，6. 枝与叶，7. 枝叶与果序。连翘：8. 株形，9. 枝与叶，10. 花，11. '金叶'连翘枝与叶。金钟花：12. 株形，13. 枝与叶，14. 花枝（赵天榜、赵东武摄影）。

图版 49　欧丁香：1. 株形，2. 枝与叶。紫丁香：3. 枝与叶，4. 花序，5. 白丁香花序。暴马丁香：6. 树形，7. 树皮，8. 叶，9. 花序，10. 果序。木樨：11. 树形，12. 枝与叶，13. 花序，14. 果实（赵天榜、陈俊通、王华、王珂摄影）。

图版 50　柊树： 1. 树形，2. 枝与叶，3. 枝、叶与花。**流苏树：** 4. 枝与叶，5. 叶与花，6. 叶与果实。**女贞：** 7. 树形，8. 花序，9. 枝、叶与果序。**小叶女贞：** 10. 枝与叶。**小蜡：** 11. 株形，12. 枝与叶，13. 花序，14. 造型，15. '金叶'小蜡枝、叶与花序（陈俊通、赵天榜摄影，6. 选自《中国高等植物彩色图鉴》）。

图版51　迎春花：1. 株形，2. 枝与叶，3. 枝与花。**探春花**：4. 株形，5. 枝、叶与花。**野迎春**：6. 枝与叶，7. 枝与花。**夹竹桃**：8. 株形（左为'白花'夹竹桃，右为'红花'夹竹桃），9. 花，10. '白花'夹竹桃枝、叶与花。**络石**：11. 花，12. 枝、叶与果实。**蔓长春花**：13. 枝与叶，14. 枝、叶与花（陈俊通、赵天榜摄影，11、12. 选自《中国高等植物彩色图鉴》）。

图版52　黄荆：1. 叶，2. 枝、叶与花序，3. 枝、叶与果序，4. 盆栽。海州常山：5. 叶，6. 花序，7. 枝、叶与果序。枸杞：8. 株形，9. 枝与叶，10. 枝、叶与果实，11. 枝、叶与果实（陈志秀、赵天榜摄影，11. 选自《中国高等植物彩色图鉴》）。

图版 53 白花泡桐：1. 株形，2. 叶，3. 花序枝，4. 花，5. 果序。**楸叶花桐**：6. 树皮，7. 叶，8. 花序，9. 花。**兰考泡桐**：10. 叶，11. 花序，12. 花。**楸树**：13. 树形，14. 叶，15. 花序，16. 枝叶与果实，17. 褶裂楸树花（1～12. 选自《中国泡桐属种质资源图谱》，13～17. 赵天榜、米建华摄影）。

图版 54 **黄金树：** 1. 枝、叶与花序，2. 枝、叶与果实。**灰楸：** 3. 灰楸花。**白花灰楸：** 4. 树形，5. 树皮，6. 叶，7. 花序，8. 枝、叶与果实。**凌霄：** 9. 叶，10. 花序与花，11. 枝、叶与果实。**美国凌霄：** 12. 枝与叶，13. 枝、叶与花序，14. 花与果实。**菜豆树：** 15. 花，16. 枝、叶与果实（赵天榜、王华、王珂、陈俊通摄影，3、15、16. 选自《中国高等植物彩色图鉴》）。

图版 55　接骨木：1. 株形，2. 叶形。**日本珊瑚树**：3. 株形，4. 枝与叶，5. 枝、叶与果序。**绣球荚蒾**：6. 花序，7. 枝、叶与果序。**天目琼花**：8. 株形，9. 花序，10. 果实（左为天目琼花果实，右为小花天目琼花果实），11. 小瓣天目琼花花序（赵天榜、陈俊通、米建华摄影，6、7. 选自《中国高等植物彩色图鉴》）。

图版56 锦带花：1. 枝与叶，2. 叶，3. 枝、叶与花，4. 枝、叶与花，5. '红
王子'锦带花，6. '红王子'锦带花。忍冬：7. 株形，8. 枝与叶，9. 枝、叶与花。
金银忍冬：10. 株形，11. 枝与叶，12. 枝、叶与花，13. 枝、叶与花，14. 果实，
15. 枝、叶与果实（陈志秀、赵东方、赵天榜摄影）。

图版 57　新疆忍冬：1. 枝、叶与花。亮叶忍冬：2. 株形，3. 枝、叶与花。六道木：4. 株形，5. 主干，6. 枝、叶与果实。大花六道木：7. 株形，8. 枝、叶与花。糯米条：9. 枝、叶与花，10. 枝、叶与果实（李小康、王珂、陈俊通、赵天榜摄影）。

图版 58　蝟实：1. 枝与叶，2. 枝、叶与花序，3. 雌花，4. 果实。刚竹：5. 株形，6. 竿，7. 竿，8. 叶，9. '绿皮黄筋'竹，10. '黄皮绿筋'竹，11. '黄皮绿筋'竹。阔叶箬竹：12. 株形，13. 株形，14. 叶（陈俊通、赵天榜摄影，3. 选自《中国高等植物彩色图鉴》）。

图版 59 棕榈：1. 株形，2. 雄花序，3. 雄花序，4. 果序。**棕竹**：5. 株形（盆栽），6. 叶形。**朱蕉**：7. 株形。**凤尾兰**：8. 株形，9. 株形与花序，10. 花序。**芭蕉**：11. 株形（陈志秀、赵东方、赵东欣摄影）。